U0204621

机修钳工实用技术手册

（第二版）

邱言龙　主编

中国电力出版社
CHINA ELECTRIC POWER PRESS

内 容 提 要

随着“中国制造”的崛起，对技能型人才的需求增强，技术更新也不断加快。《机械工人实用技术手册系列》丛书应形势的需求，进行再版。本套丛书与劳动和社会保障部最新颁布的《国家职业标准》相配套，内容新、资料全、操作讲解详细。

本书是《机械工人实用技术手册系列》中的一本。全书共十五章，主要内容包括常用资料及其计算、机修钳工理论基础、机械基础知识、金属材料及其热处理、机修钳工作业准备、机修钳工基本操作、机修钳工常用量具和量仪、机修钳工常用修理工具和器具、机修钳工常用设备、机械装配调整及修理、机械设备诊断技术、机械设备维修技术、机床的安装调试及精度检验，同时特别介绍了典型机械设备维修工艺、机床电气维修等。

本书可供广大机修钳工和有关技术人员使用，也可供相关专业学生参考。

图书在版编目(CIP)数据

机修钳工实用技术手册/邱言龙主编．—2版．—北京：中国电力出版社，2018.6（2024.5重印）

ISBN 978-7-5198-2158-6

Ⅰ.①机...　Ⅱ.①邱...　Ⅲ.①机修钳工-技术手册　Ⅳ.①TG947-62

中国版本图书馆CIP数据核字(2018)第137067号

出版发行：中国电力出版社
地　　址：北京市东城区北京站西街19号（邮政编码100005）
网　　址：http://www.cepp.sgcc.com.cn
责任编辑：马淑范（010-63412397）
责任校对：闫秀英　朱丽芳
装帧设计：赵姗姗
责任印制：杨晓东

印　　刷：三河市航远印刷有限公司
版　　次：2008年12月第一版　2019年4月第二版
印　　次：2024年5月北京第六次印刷
开　　本：880毫米×1230毫米　32开本
印　　张：32.75
字　　数：926千字
定　　价：128.00元

《机修钳工实用技术手册(第二版)》

编　委　会

主　编　邱言龙

副主编　陈雪刚　刘继福

参　编　李文菱　雷振国　张　军　董　武

　　　　汪平宇

审　稿　王　兵　王秋杰　汪友英

前　言

新世纪以来，随着新一轮科技革命和产业变革的孕育兴起，全球科技创新呈现出新的发展态势和特征。这场变革是信息技术与制造业的深度融合，是以制造业数字化、网络化、智能化为核心，建立在物联网和务（服务）联网基础上，同时叠加新能源、新材料等方面的突破而引发的新一轮变革，给世界范围内的制造业带来了广泛而深刻的影响。

11 年前，为满足机械制造行业对技能型人才的需求，考虑到广大机械工人对内容起点低、层次结构合理的初、中级机械工人实用技术手册的需要，我们特组织一批职业技术院校、技师学院、高级技工学校有着多年理论教学经验和较高实际操作技能水平的教师，编写了这套《机械工人实用技术手册系列》丛书。首批丛书包括《车工实用技术手册》《钳工实用技术手册》《铣工实用技术手册》《磨工实用技术手册》《装配钳工实用技术手册》《机修钳工实用技术手册》《模具钳工实用技术手册》《工具钳工实用技术手册》和《焊工实用技术手册》共 9 本，后续又增加了《钣金工实用技术手册》《电工实用技术手册》和《维修电工实用技术手册》。这套丛书的出版发行，为广大机械工人理论水平的提升和操作技能的提高起到了很好的促进作用，受到广大读者的一致好评。应读者的迫切要求，丛书多本多次重印。

为贯彻落实党的十八大和十八届三中、四中全会精神，贯彻落实《国家中长期教育改革和发展规划纲要（2010～2020 年）》《国务院关于加快发展现代职业教育的决定》，加快发展现代职业教育，建设现代职业教育体系，服务实现全面建成小康社会的宏伟目标，教育部、国家发展改革委、财政部、人力资源和社会保障部、农业部、国务院扶贫办组织编制了《现代职业教育体系建设规划（2014～2020年）》，把我国现代职业教育和职业技能人才培养提高到了一个非常重要的高度。一是在传统的加工制造业方面，旨在加快培养适应工业转型升级需要的技术技能人才，使劳动者素质的提升与制造技术、生产工艺和流程的现代化保持同步，实现产业核心技术技能的传承、积累和创新发展，促进制造业由大变强。李克强总理在全国职教工作会议上强调，中国经济发展已进入换挡升级的中高速增长时期，要支撑经济社会持续、健康发展，实现中华民族伟大复兴的目标，就必须推动中国经济向全球产业价值链中高端升级。“这种升级的一个重要标志，就是让我们享誉全球的‘中国制造’，从‘合格制造’变成‘优质制造’‘精品制造’，而且还要补上服务业的短板。要实现这一目标，需要大批的技能人才作支撑。”二是在关系国家竞争力的重要产业部门和战略性新兴产业领域：坚持自主创新带动与技术技能人才支撑并重的人才发展战略，推动技术创新体系建设，强化协同创新，促进劳动者素质与技术创新、技术引进、技术改造同步提高，实现新技术产业化与新技术应用人才储备同步。与此同时，加强战略性新兴产业相关专业建设，培养、储备应用先进技术、使用先进装备和具有工艺创新能力的高层次技术技能人才。

截至2012年，中国制造业增加值为2.08万亿美元，占全球制造业的20%，与美国大致相当，但却大而不强，主要制约因素是自主创新能力不强，核心技术和关键元器件受制于人；产品质量问题突出；资源利用效率偏低；产业结构不合理，大多数产业尚处于价值链的中低端。

由百余名院士专家着手制定的《中国制造2025》为中国制造业未来10年设计了顶层规划和路线图，通过努力实现中国制造向中国创造、中国速度向中国质量、中国产品向中国品牌三大转变，推动中国到2025年基本实现工业化，迈入制造强国行列。

应对新一轮科技革命和产业变革，需立足我国转变经济发展方式实际需要，围绕创新驱动、智能转型、强化基础、绿色发展、人才为本等关键环节，以及先进制造、高端装备等重点领域，加快制造业转型升级、提质增效。

由此看来，技术技能型人才资源已经成为最为重要的战略资源，拥有一大批技艺精湛的专业化技能人才和一支训练有素的技术队伍，日益成为影响企业竞争力和综合实力的重要因素之一。机械工人就是这样一支肩负历史使命和时代需求的特殊队伍，他们将为我国从“制造大国”向“制造强国”，从“中国制造”向“中国智造”迈进作出巨大贡献。

在新型工业化道路的进程中，我国机械工业的发展充满了机遇和挑战。面对新的形势，广大机械工人迫切需要知识更新，特别是学习和掌握与新的应用领域有关的新知识和新技能，提高核心竞争力。为此，我们专门再版编著了本套《机械工人实用技术手册系列》丛书。丛书第二版在删除第一版中过于陈旧的知识和应用不多的技术的基础上，新增加的知识点、技能点占全书内容的25%～35%，更加能够满足广大读者对知识增长和技术更新的要求。

本套丛书力求简明扼要，不过于追求系统及理论的深度、难度，突出中、高级工实用技术的特点，既可看作是第一版的补充和延伸，又可看作是第一版的提高和升华，而且丛书从材料、工艺、技术、设备及标准、名词术语、计量单位等各个方面都贯穿着一个“新”字，以便于机械工人尽快与现代工业化生产接轨，更快、更好地适应现代高科技机械工业发展的需要。

本书由邱言龙主编，陈雪刚、刘继福任副主编，参与编写的人员还有李文菱、雷振国、董武、张军、汪平宇等。本书由王兵、王秋杰、汪友英担任审稿工作，王兵任主审，全书由邱言龙统稿。

由于编者水平所限，加之时间仓促，书中不足之处在所难免，望广大读者不吝赐教。读者可通过 E-mail：qiuxm6769@sina.com 与我们联系。

编　者

2019 年 4 月

第一版前言

2006年8月，由中国社会科学院人力资源研究中心主办，北京国际交流协会承办的“2006中国杰出人力资源管理者年会”在北京人民大会堂隆重开幕，本届年会的主题是：全球化背景下的人才战略与人力资源管理。年会旨在搭建一个人力资源部门管理者与组织领导者共同学习先进人力资源管理知识、共享人力资源管理经验、提升人力资源管理综合水平，从而促进组织持续发展的固定平台。全国人大常委会副委员长蒋正华出席大会并就中国人口战略问题和创新型人才培养问题作了重要讲话。蒋正华指出：我国是世界上人口最多、劳动力资源最丰富的一个国家，但我们不是人力资源强国。所以我们人口战略研究很重要的目标就是要把中国从一个人口数量的大国转变为人力资源的强国，或者讲是人才集中的强国。科技创新能力不高、劳动力素质偏低，这已经成为影响我国经济发展和国际竞争力的瓶颈。在自然资源、物质资源和人力资源这三大战略资源当中，现在看来，我们前两项的资源按照人均来说和世界上其他国家相比都是相对不足的，所以我们特别要在人力资源方面加强投入，这样才能够把我们潜在的人的优势转变为巨大的现实优势。这应该是我们今后在人口战略方面的重点。

高级技术工人应该具备技术全面、一专多能、技艺高超、生产实践经验丰富的优良的技术素质。他们需要担负组织和解决本工种生产过程中出现的关键或疑难技术问题，开展技术革新、技术改造，推广、应用新技术、新工艺、新设备、新材料以及组织、指导初、中级工人技术培训、考核、评定等工作任务。而要想这些技术工人做到这些，则需要不断的学习和提高。

为此我们编写了本书，以满足机修钳工学习的需要，帮助他们提高相关理论与技能操作水平。本书采用了国家新标准、法定计量单位和最新名词术语；本书立足于实用，在内容组织和编排上图文并茂、通俗易懂，特别强调实践，书中的大量实例来自生产实际和教学实践。

本书共十五章，主要内容包括常用资料及其计算、机修钳工相关知识、机械基础知识、金属材料及其热处理、机修钳工作业准备、机修钳工基本操作、机修钳工常用量具和量仪、机修钳工常用的修理工具和器具、机修钳工常用设备、机械装配调整及修理、机械设备诊断技术、机械设备维修技术、机床的安装调试及精度检验，特别介绍了典型机械设备维修工艺、机床电气维修等。

本书内容充实、重点突出、实用性强，除了必需的基础知识和专业理论以外，还包括许多典型的加工实例、操作技能及最新技术的应用，兼顾先进性与实用性，尽可能地反映现代加工技术领域内的实用技术和应用经验。

由于编者水平所限，加之时间仓促，书中错误在所难免，望广大读者不吝赐教，以利提高！欢迎读者通过 E-mail：qiuxm6769@sina.com 与作者联系！

编　者

2008 年 12 月于古城荆州

目 录

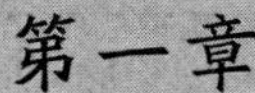

第一章

常用资料及其计算

第一节　常用字母、代号与符号

一、常用字母及符号

1. 拉丁字母（见表1-1）

表1-1　　拉　丁　字　母

大写	小写	大写	小写	大写	小写
A	a	J	j	S	s
B	b	K	k	T	t
C	c	L	l	U	u
D	d	M	m	V	v
E	e	N	n	W	w
F	f	O	o	X	x
G	g	P	p	Y	y
H	h	Q	q	Z	z
I	i	R	r		

2. 希腊字母（见表1-2）

表1-2　　希　腊　字　母

大写	小写	大写	小写	大写	小写
Α	α	Ι	ι	Ρ	ρ
Β	β	Κ	κ	Σ	σ
Γ	γ	Λ	λ	Τ	τ
Δ	δ	Μ	μ	Υ	υ
Ε	ε	Ν	ν	Φ	φ
Ζ	ζ	Ξ	ξ	Χ	χ
Η	η	Ο	ο	Ψ	ψ
Θ	θ	Π	π	Ω	ω

3. 罗马数字（见表 1-3）

表 1-3　　罗　马　数　字

数母	Ⅰ	Ⅱ	Ⅲ	Ⅳ	Ⅴ	Ⅵ	Ⅶ	Ⅷ	Ⅸ	Ⅹ	L	C	D	M
数	1	2	3	4	5	6	7	8	9	10	50	100	500	1000
汉字	壹	贰	叁	肆	伍	陆	柒	捌	玖	拾	伍拾	佰	伍佰	仟

注　罗马数字有七种基本符号：Ⅰ、Ⅴ、Ⅹ、L、C、D 和 M，两种符号拼列时，小数放在大数左边，表示大数和小数之差；小数放在大数右边，则表示小数与大数之和。在符号上面加一段横线，表示这个符号的数增加 1000 倍。

二、常用标准代号

常用标准代号见表 1-4。

表 1-4　　常用标准代号及其含义

序　号	代　号	含　义	序　号	代　号	含　义
1	CB	船　舶	12	NY	农　业
2	DL	电　力	13	QB	轻　工
3	FZ	纺　织	14	QC	汽　车
4	HB	航　空	15	QJ	航　天
5	HG	化　工	16	SH	石油化工
6	HJ	环境保护	17	SJ	电　子
7	JB	机　械	18	TB	铁路运输
8	JG	建筑工业	19	YB	黑色冶金
9	JT	交　通	20	YS	有色冶金
10	LY	林　业	21	YZ	邮　政
11	MH	民用航空	22	GB	国　标

注　标准分为强制性和推荐性标准。表中给出的是强制性标准代号，推荐性标准的代号是在强制性标准代号后面加“/T”。

三、电工常用文字符号

电工常用文字符号及其名称见表 1-5。

表 1-5　　电工常用文字符号及其名称

符　　号	名　　称	符　　号	名　　称	符　　号	名　　称
R	电阻(器)	KM	接触器	mA	毫安
L	电感(器)	A	安培	C	电容(器)
L	电抗(器)	A	调节器	W	瓦特
RP	电位(器)	V	晶体管	kW	千瓦
G	发电机	V	电子管	var	乏
M	电动机	U	整流器	Wh	瓦时
GE	励磁机	B	扬声器	Ah	安时
A	放大器(机)	Z	滤波器	warh	乏时
W	绕组或线圈	H	指示灯	Hz	频率
T	变压器	W	母线	$\cos\varphi$	功率因数
P	测量仪表	μA	微安	Ω	欧姆
A	电桥	kA	千安	MΩ	兆欧
S	开关	V	伏特	φ	相位
Q	断路器	mV	毫伏	n	转速
F	熔断器	kV	千伏	T	温度
K	继电器				

四、主要金属元素的化学符号、相对原子质量和密度

主要金属元素的化学符号、相对原子质量和密度见表 1-6。

表 1-6　　主要金属元素的化学符号、相对原子质量和密度

元素名称	化学符号	相对原子质量	密度 (g/cm^3)	元素名称	化学符号	相对原子质量	密度 (g/cm^3)
银	Ag	107.88	10.5	钼	Mo	95.95	10.2
铝	Al	26.97	2.7	钠	Na	22.997	0.97
砷	As	74.91	5.73	铌	Nb	92.91	8.6
金	Au	197.2	19.3	镍	Ni	58.69	8.9
硼	B	10.82	2.3	磷	P	30.98	1.82
钡	Ba	137.36	3.5	铅	Pb	207.21	11.34
铍	Be	9.02	1.9	铂	Pt	195.23	21.45
铋	Bi	209.00	9.8	镭	Ra	226.05	5
溴	Br	79.916	3.12	铷	Rb	85.48	1.53
碳	C	12.01	1.9～2.3	铹	Ru	101.7	12.2
钙	Ca	40.08	1.55	硫	S	32.06	2.07
镉	Cd	112.41	8.65	锑	Sb	121.76	6.67
钴	Co	58.94	8.8	硒	Se	78.96	4.81
铬	Cr	52.01	7.19	硅	Si	28.06	2.35
铜	Cu	63.54	8.93	锡	Sn	118.70	7.3
氟	F	19.00	1.11	锶	Sr	87.63	2.6
铁	Fe	55.85	7.87	钽	Ta	180.88	16.6
锗	Ge	72.60	5.36	钍	Th	232.12	11.5
汞	Hg	200.61	13.6	钛	Ti	47.90	4.54
碘	I	126.92	4.93	铀	U	238.07	18.7
铱	Ir	193.1	22.4	钒	V	50.95	5.6
钾	K	39.096	0.86	钨	W	183.92	19.15
镁	Mg	24.32	1.74	锌	Zn	65.38	7.17
锰	Mn	54.93	7.3				

第二节 常 用 数 表

一、π的重要函数表（见表1-7）

表1-7 π的重要函数表

π	3.141593	$\sqrt{2\pi}$	2.506628
π^2	9.869604	$\sqrt{\frac{\pi}{2}}$	1.253314
$\sqrt{\pi}$	1.772454	$\sqrt[3]{\pi}$	1.464592
$\frac{1}{\pi}$	0.318310	$\sqrt{\frac{1}{2\pi}}$	0.398942
$\frac{1}{\pi^2}$	0.101321	$\sqrt{\frac{2}{\pi}}$	0.797885
$\sqrt{\frac{1}{\pi}}$	0.564190	$\sqrt[3]{\frac{1}{\pi}}$	0.682784

二、π的近似分数表（见表1-8）

表1-8 π的近似分数表

近似分数	误　差	近似分数	误　差
$\pi\approx3.1400000=\frac{157}{50}$	0.0015927	$\pi\approx3.1417112=\frac{25\times47}{22\times17}$	0.0001185
$\pi\approx3.1428571=\frac{22}{7}$	0.0012644	$\pi\approx3.1417004=\frac{8\times97}{13\times19}$	0.0001077
$\pi\approx3.1418181=\frac{32\times27}{25\times11}$	0.0002254	$\pi\approx3.1416666=\frac{13\times29}{4\times30}$	0.0000739
$\pi\approx3.1417322=\frac{19\times21}{127}$	0.0001395	$\pi\approx3.1415929=\frac{5\times71}{113}$	0.0000002

三、25.4 的近似分数表（见表 1-9）

表 1-9 25.4 的近似分数表

近似分数	误差	近似分数	误差
$25.40000=\frac{127}{5}$	0	$25.39683=\frac{40\times40}{7\times9}$	0.00317
$25.41176=\frac{18\times24}{17}$	0.01176	$25.38461=\frac{11\times30}{13}$	0.01539

四、镀层金属特性（见表 1-10）

表 1-10 镀层金属特性

种类	密度 ρ (g/cm^3)	熔解点 (℃)	抗拉强度 σ_b (N/mm^2)	伸长率 δ (%)	硬度 (HV)
锌	7.133	419.5	100～130	65～50	35
铝	2.696	660	50～90	45～35	17～23
铅	11.36	372.4	11～20	50～30	3～5
锡	7.298	231.9	10～20	96～55	7～8
铬	7.19	1875	470～620	24	120～140

五、常用材料线膨胀系数（见表 1-11）

表 1-11 常用材料线膨胀系数 1/℃

材料	温度范围（℃）					
	20～100	20～200	20～300	20～400	20～600	20～700
工程用铜	(16.6～17.1)$\times10^{-6}$	(17.1～17.2)$\times10^{-6}$	17.6×10^{-6}	(18～18.1)$\times10^{-6}$	18.6×10^{-6}	
纯铜	17.2×10^{-6}	17.5×10^{-6}	17.9×10^{-6}			
黄铜	17.8×10^{-6}	18.8×10^{-6}	20.9×10^{-6}			
锡青铜	17.6×10^{-6}	17.9×10^{-6}	18.2×10^{-6}			
铝青铜	17.6×10^{-6}	17.9×10^{-6}	19.2×10^{-6}			
碳钢	(10.6～12.2)$\times10^{-6}$	(11.3～13)$\times10^{-6}$	(12.1～13.5)$\times10^{-6}$	(12.9～13.9)$\times10^{-6}$	(13.5～14.3)$\times10^{-6}$	(14.7～15)$\times10^{-6}$
铬钢	11.2×10^{-6}	11.8×10^{-6}	12.4×10^{-6}	13×10^{-6}	13.6×10^{-6}	
40CrSi	11.7×10^{-6}					
30CrMnsiA	11×10^{-6}					
4Cr13	10.2×10^{-6}	11.1×10^{-6}	11.6×10^{-6}	11.9×10^{-6}	12.3×10^{-6}	12.8×10^{-6}
1Cr18Ni9Ti	16.6×10^{-6}	17.0×10^{-6}	17.2×10^{-6}	17.5×10^{-6}	17.9×10^{-6}	18.6×10^{-6}
铸铁	(8.7～11.1)$\times10^{-6}$	(8.5～11.6)$\times10^{-6}$	(10.1～12.2)$\times10^{-6}$	(11.5～12.7)$\times10^{-6}$	(12.9～13.2)$\times10^{-6}$	

第三节 常用三角函数计算

一、30°、45°、60°的三角函数值（见表1-12）

表1-12　　30°、45°、60°的三角函数值

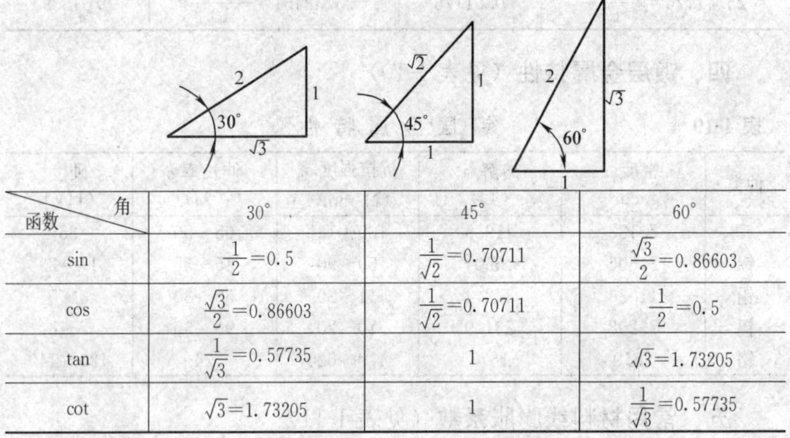

函数＼角	30°	45°	60°
sin	$\frac{1}{2}=0.5$	$\frac{1}{\sqrt{2}}=0.70711$	$\frac{\sqrt{3}}{2}=0.86603$
cos	$\frac{\sqrt{3}}{2}=0.86603$	$\frac{1}{\sqrt{2}}=0.70711$	$\frac{1}{2}=0.5$
tan	$\frac{1}{\sqrt{3}}=0.57735$	1	$\sqrt{3}=1.73205$
cot	$\sqrt{3}=1.73205$	1	$\frac{1}{\sqrt{3}}=0.57735$

二、常用三角函数计算公式（见表1-13）

表1-13　　常用三角函数计算公式

名称	图形	计算公式
直角三角形	A、B、C；a、b、c；α、β	α 的正弦 $\sin\alpha=\frac{a}{c}$ α 的余弦 $\cos\alpha=\frac{b}{c}$ α 的正切 $\tan\alpha=\frac{a}{b}$ α 的余切 $\cot\alpha=\frac{b}{a}$ α 的正割 $\sec\alpha=\frac{c}{b}$ α 的余割 $\csc\alpha=\frac{c}{a}$ $\alpha+\beta=90°$　$c^2=a^2+b^2$ 或 $c=\sqrt{a^2+b^2}$；$a=\sqrt{c^2-b^2}$ $b=\sqrt{c^2-a^2}$ 余角函数：$\sin(90°-\alpha)=\cos\alpha$ $\cos(90°-\alpha)=\sin\alpha$ $\tan(90°-\alpha)=\cot\alpha$ $\cot(90°-\alpha)=\tan\alpha$ 反三角函数： $x=\sin\alpha$ 时，反函数为 $\alpha=\arcsin x$ $x=\cos\alpha$ 时，反函数为 $\alpha=\arccos x$ $x=\tan\alpha$ 时，反函数为 $\alpha=\arctan x$ $x=\cot\alpha$ 时，反函数为 $\alpha=\text{arccot}\, x$

续表

名称	图　形	计　算　公　式
锐角三角形	C、A、B、a、b、c、α、β、γ	正弦定理：$\frac{a}{\sin\alpha}=\frac{b}{\sin\beta}=\frac{c}{\sin\gamma}$ 余弦定理：$a^2=b^2+c^2-2bc\cos\alpha$ 即：$\cos\alpha=\frac{b^2+c^2-a^2}{2bc}$ $b^2=a^2+c^2-2ac\cos\beta$ 即：$\cos\beta=\frac{a^2+c^2-b^2}{2ac}$ $c^2=a^2+b^2-2ab\cos\gamma$ 即：$\cos\gamma=\frac{a^2+b^2-c^2}{2ab}$
钝角三角形	C、A、B、a、b、c、α、β、γ	

第四节　常用几何图形计算

一、常用几何图形的面积计算公式（见表 1-14）

表 1-14　　**常用几何图形的面积计算公式**

名称	图　形	计　算　公　式
正方形	a、d	面积$A=a^2$ $a=0.707d$ $d=1.414a$
长方形	a、b、d	面积$A=ab$ $d=\sqrt{a^2+b^2}$ $a=\sqrt{d^2-b^2}$ $b=\sqrt{d^2-a^2}$
平行四边形	b、h	面积$A=bh$ $h=\frac{A}{b}$ $b=\frac{A}{h}$

续表

名称	图形	计算公式
菱形	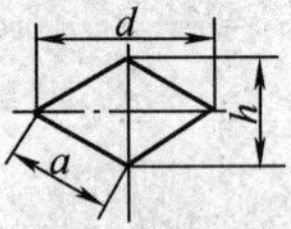	面积$A=\frac{dh}{2}$ $a=\frac{1}{2}\sqrt{d^2+h^2}$ $h=\frac{2A}{d}$ $d=\frac{2A}{h}$
梯形	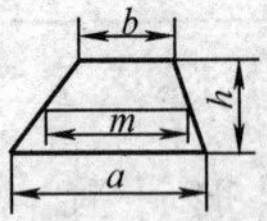	面积$A=\frac{a+b}{2}h$ $m=\frac{a+b}{2}$ $h=\frac{2A}{a+b}$ $a=\frac{2A}{h}-b$ $b=\frac{2A}{h}-a$
斜梯形	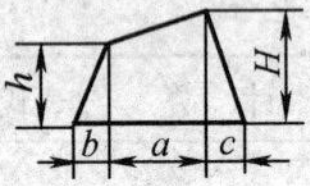	面积 $A=\frac{a(H+h)+bh+cH}{2}$
等边三角形	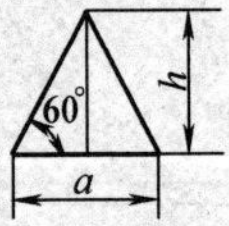	面积 $A=\frac{ah}{2}=0.433a^2=0.578h^2$ $a=1.155h$ $h=0.866a$
直角三角形	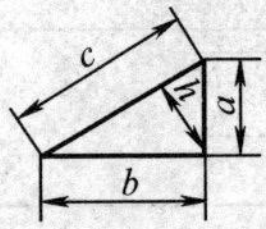	面积$A=\frac{ab}{2}$ $c=\sqrt{a^2+b^2}$ $h=\frac{ab}{c}$
圆形	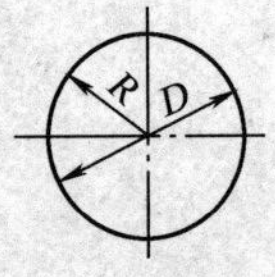	面积 $A=\frac{1}{4}\pi D^2=0.7854D^2=\pi R^2$ 周长$c=\pi D$ $D=0.318c$

续表

名称	图　形	计　算　公　式
椭圆形	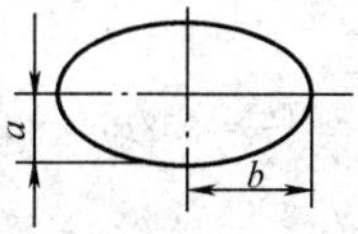	面积 $A=\pi ab$
圆环形	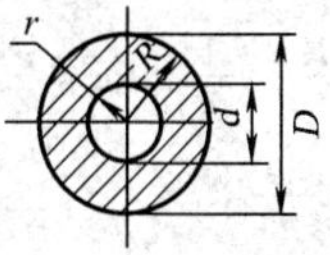	面积 $A=\frac{\pi}{4}(D^2-d^2)$ $=0.785(D^2-d^2)$ $=\pi(R^2-r^2)$
扇形	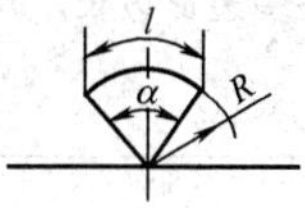	面积 $A=\frac{\pi R^2\alpha}{360}=0.008727\alpha R^2=\frac{Rl}{2}$ $l=\frac{\pi R\alpha}{180^\circ}=0.01745R\alpha$
弓形	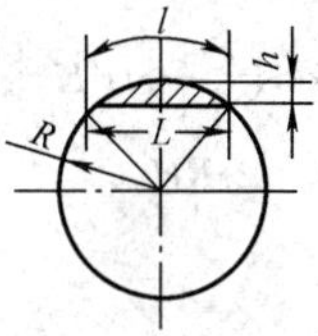	面积 $A=\frac{lR}{2}-\frac{L(R-h)}{2}$ $R=\frac{L^2+4h^2}{8h}$ $h=R-\frac{1}{2}\sqrt{4R^2-L^2}$
局部圆环形	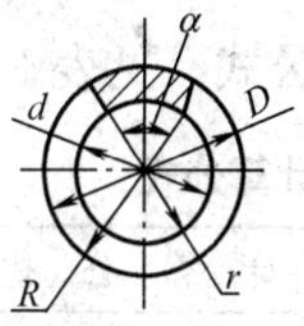	面积 $A=\frac{\pi\alpha}{360}(R^2-r^2)$ $=0.00873\alpha(R^2-r^2)$ $=\frac{\pi\alpha}{4\times360}(D^2-d^2)$ $=0.00218\alpha(D^2-d^2)$
抛物线弓形	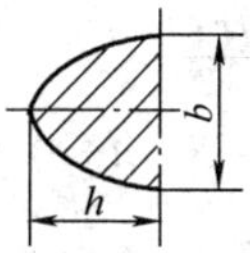	面积 $A=\frac{2}{3}bh$

续表

名称	图　形	计　算　公　式
角橼		面积 $A=r^2-\frac{\pi r^2}{4}=0.215r^2=0.1075c^2$
正多边形		面积 $A=\frac{SK}{2}n=\frac{1}{2}nSR\cos\frac{\alpha}{2}$ 圆心角 $\alpha=\frac{360°}{n}$ 内角 $\gamma=180°-\frac{360°}{n}$ 式中 S 为正多边形边长，n 为正多边形边数
圆柱体		体积 $V=\pi R^2H=\frac{1}{4}\pi D^2H$ 侧表面积 $A_0=2\pi RH$

二、常用几何体的表面积和体积计算公式（见表 1-15）

表 1-15　　常用几何体的表面积和体积计算公式

名称	图　形	计　算　公　式
斜底圆柱体		体积 $V=\pi R^2\frac{H+h}{2}$ 侧表面积 $A_0=\pi R(H+h)$

续表

名称	图　　形	计　算　公　式
空心圆柱体	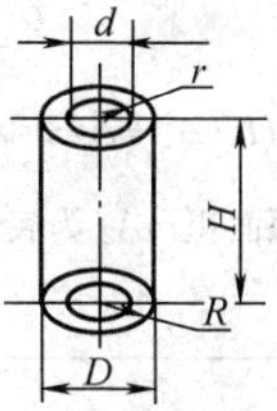	体积 $V=\pi H(R^2-r^2)$ $=\frac{1}{4}\pi H(D^2-d^2)$ 侧表面积 $A_0=2\pi H(R+r)$
圆锥体	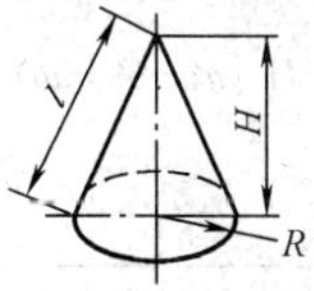	体积 $V=\frac{1}{3}\pi HR^2$ 侧表面积 $A_0=\pi Rl=\pi R\sqrt{R^2+H^2}$ 母线 $l=\sqrt{R^2+H^2}$
截顶圆锥体	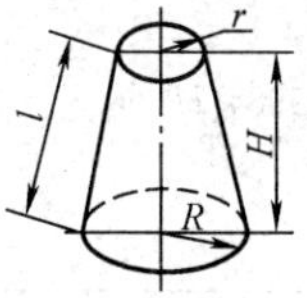	体积 $V=(R^2+r^2+Rr)\frac{\pi H}{3}$ 侧表面积 $A_0=\pi l(R+r)$ 母线 $l=\sqrt{H^2+(R-r)^2}$
正方体	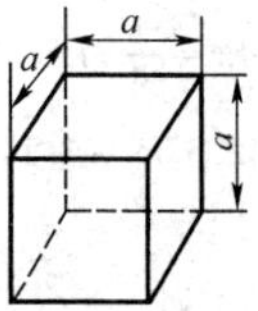	体积 $V=\alpha^3$
长方体	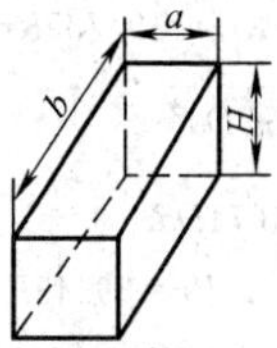	体积 $V=abH$
角锥体	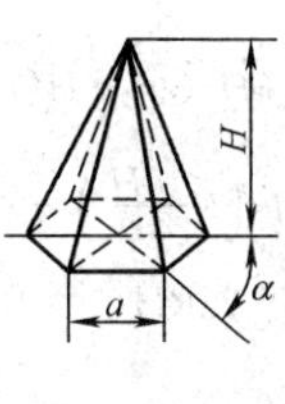	体积 $V=\frac{1}{3}H\times$底面积 $=\frac{na^2H}{12}\cot\frac{\alpha}{2}$ 式中 n 为正多边形边数 $\alpha=\frac{360°}{n}$

续表

名称	图　形	计 算 公 式
截顶角锥体	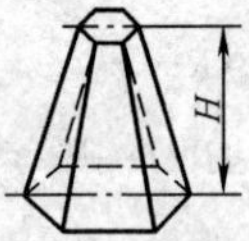	体积 $V=\frac{1}{3}H\ (A_1+A_2+\sqrt{A_1+A_2})$ 式中 A_1 为顶面积，A_2 为底面积
正方锥体	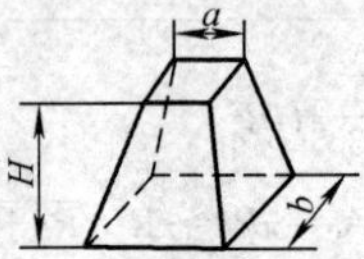	体积 $V=\frac{1}{3}H\ (a^2+b^2+ab)$
正六角体	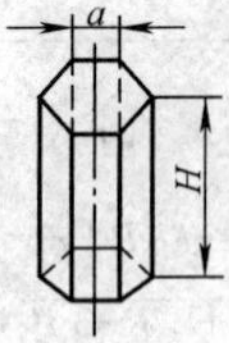	体积 $V=2.598a^2H$
球体		体积 $V=\frac{4}{3}\pi R^3=\frac{1}{6}\pi D^3$ 表面积 $A_n=12.57R^2=3.142D^2$
圆球环体	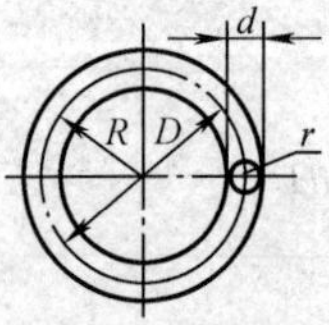	体积 $V=2\pi^2Rr^2=19.739Rr^2$ $=\frac{1}{4}\pi^2Dd^2$ $=2.4674Dd^2$ 表面积 $A_n=4\pi^2Rr=39.48Rr$
截球体	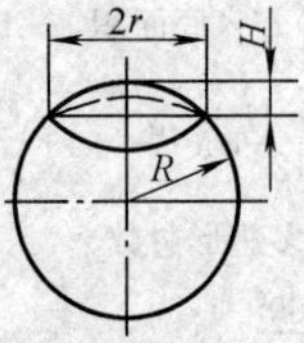	体积 $V=\frac{1}{6}\pi H\ (3r^2+H^2)$ $=\pi H^2\left(R-\frac{H}{3}\right)$ 侧表面积 $A_0=2\pi RH$

续表

名称	图　形	计　算　公　式
球台体	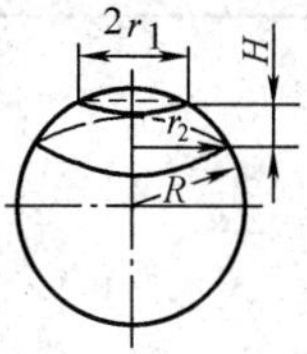	体积 $V=\frac{1}{6}\pi H\left[3\left(r_1^2+r_2^2\right)+H^2\right]$ 侧表面积 $A_0=2\pi RH$
内接三角形	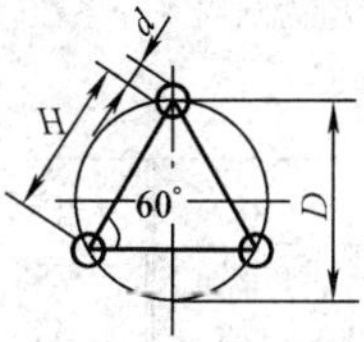	$D=(H+d)1.155$ $H=\frac{D-1.155d}{1.155}$
	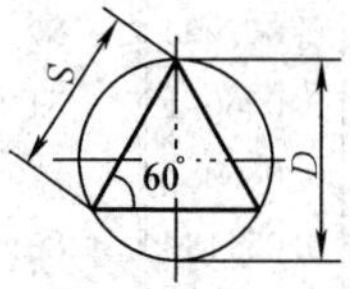	$D=1.154S$ $S=0.866D$
内接四边形	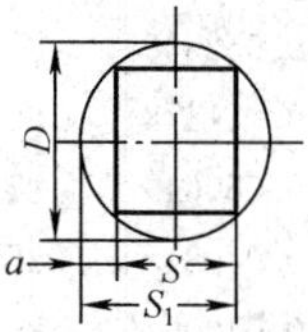	$D=1.414S$ $S=0.707D$ $S_1=0.854D$ $a=0.147D=\frac{D-S}{2}$
内接五边形	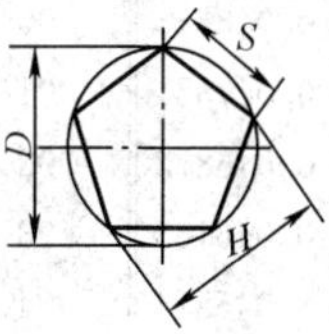	$D=1.701S$ $S=0.588D$ $H=0.951D=1.618S$
内接六边形	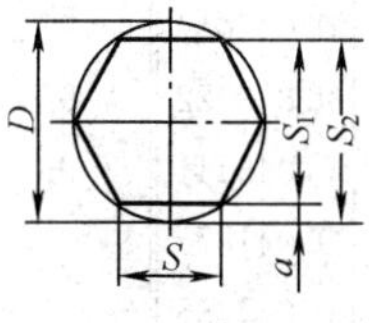	$D=2S=1.155S_1$ $S=\frac{1}{2}D$ $S_1=0.866D$ $S_2=0.933D$ $a=0.067D=\frac{D-S_1}{2}$

三、圆周等分系数表（见表 1-16）

表 1-16　　圆周等分系数表

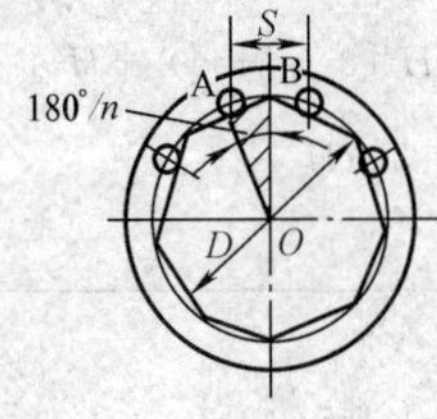

$$S=D\sin\frac{180^\circ}{n}=DK$$

$$K=\sin\frac{180^\circ}{n}$$

式中 n 为等分数，K 为圆周等分系数（查表）

等分数 n	系数 K	等分数 n	系数 K	等分数 n	系数 K	等分数 n	系数 K
3	0.86603	28	0.11197	53	0.059240	78	0.040265
4	0.70711	29	0.10812	54	0.058145	79	0.039757
5	0.58779	30	0.10453	55	0.057090	80	0.039260
6	0.50000	31	0.10117	56	0.056071	81	0.038775
7	0.43388	32	0.098015	57	0.055087	82	0.038302
8	0.38268	33	0.095056	58	0.054138	83	0.037841
9	0.34202	34	0.092269	59	0.053222	84	0.037391
10	0.30902	35	0.089640	60	0.052336	85	0.036951
11	0.28173	36	0.087156	61	0.051478	86	0.036522
12	0.25882	37	0.084805	62	0.050649	87	0.036102
13	0.23932	38	0.082580	63	0.049845	88	0.035692
14	0.22252	39	0.080466	64	0.049067	89	0.035291
15	0.20791	40	0.078460	65	0.048313	90	0.034899
16	0.19509	41	0.076549	66	0.047581	91	0.034516
17	0.18375	42	0.074731	67	0.046872	92	0.034141
18	0.17365	43	0.072995	68	0.046183	93	0.033774
19	0.16459	44	0.071339	69	0.045514	94	0.033415
20	0.15643	45	0.069756	70	0.044864	95	0.033064
21	0.14904	46	0.068243	71	0.044233	96	0.032719
22	0.14232	47	0.066792	72	0.043619	97	0.032881
23	0.13617	48	0.065403	73	0.043022	98	0.032051
24	0.13053	49	0.064073	74	0.042441	99	0.031728
25	0.12533	50	0.062791	75	0.041875	100	0.031410
26	0.12054	51	0.061560	76	0.041325		
27	0.11609	52	0.060379	77	0.040788		

四、角度与弧度换算表（见表 1-17）

表 1-17　　角度与弧度换算表

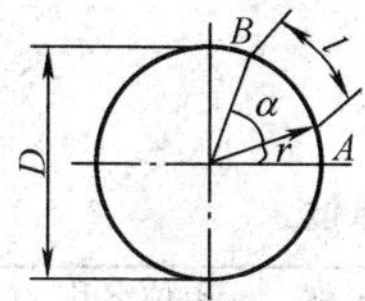

AB 弧长 $l = r \times$ 弧度数

或 $l = 0.017453r\alpha$（弧度）

$= 0.008727D\alpha$（弧度）

角度	弧　度	角度	弧　度	角度	弧　度
1″	0.000005	6′	0.001745	20°	0.349066
2	0.000010	7	0.002036	30	0.523599
3	0.000015	8	0.002327	40	0.698132
4	0.000019	9	0.002618	50	0.872665
5	0.000024	10	0.002909	60	1.047198
6	0.000029	20	0.005818	70	1.221730
7	0.000034	30	0.008727	80	1.396263
8	0.000039	40	0.011636	90	1.570796
9	0.000044	50	0.014544	100	1.745329
10	0.000048	1°	0.017453	120	2.094395
20	0.000097	2	0.034907	150	2.617994
30	0.000145	3	0.052360	180	3.141593
40	0.000194	4	0.069813	200	3.490659
50	0.000242	5	0.087266	250	4.363323
1′	0.000291	6	0.104720	270	4.712389
2	0.000582	7	0.122173	300	5.235988
3	0.000873	8	0.139626	360	6.283185
4	0.001164	9	0.157080	1rad（弧度）＝57°17′44.8″	
5	0.001454	10	0.174533		

第五节　法定计量单位及其换算

一、国际单位制（SI）

1. 国际单位制基本单位（见表 1-18）

表 1-18　国际单位制基本单位

量的名称	单位名称	单位符号	量的名称	单位名称	单位符号
长　度	米	m	热力学温度	开［尔文］	K
质　量	千克（公斤）	kg	物质的量	摩［尔］	mol
时　间	秒	s	发光强度	坎［德拉］	cd
电　流	安［培］	A			

2. 国际单位制的辅助单位（见表 1-19）

表 1-19　国际单位制的辅助单位

量 的 名 称	单 位 名 称	单 位 符 号
平 面 角	弧　度	rad
立 体 角	球 面 度	sr

3. 国际单位制中具有专门名称的导出单位（见表 1-20）

表 1-20　国际单位制中具有专门名称的导出单位

量 的 名 称	单位名称	单位符号	其他表示示例
频率	赫［兹］	Hz	s^{-1}
力	牛［顿］	N	$kg \cdot m/s^2$
压力，压强，应力	帕［斯卡］	Pa	N/m^2
能［量］，功，热量	焦［耳］	J	$N \cdot m$
功率，辐［射能］通量	瓦［特］	W	J/s
电荷［量］	库［仑］	C	$s \cdot A$
电位，电压，电动势	伏［特］	V	W/A
(电势）电容	法［拉］	F	C/V
电阻	欧［姆］	Ω	V/A
电导	西［门子］	S	A/V，Ω^{-1}
磁通［量］	韦［伯］	Wb	$V \cdot s$
磁通［量］密度，磁感应强度	特［斯拉］	T	Wb/m^2
电感	亨［利］	H	Wb/A
摄氏温度	摄氏度	℃	
光通量	流［明］	lm	$cd \cdot sr$
［光］照度	勒［克斯］	lx	lm/m^2
［放射性］活度	贝可［勒尔］	Bq	s^{-1}
吸收剂量	戈［瑞］	Gy	J/kg
剂量当量	希［沃特］	Sv	J/kg

4. 国家选定的非国际单位制单位（见表 1-21）

表 1-21　　　　国家选定的非国际单位制单位

量的名称	单位名称	单位符号	与 SI 单位的关系
时　间	分	min	1min＝60s
	[小] 时	h	1h＝60min＝3600s
	日（天）	d	1d＝24h＝86400s
平面角	[角] 秒	″	1″＝（π/648000）rad（π 为圆周率）
	[角] 分	′	1′＝60″＝（π/10800）rad
	度	°	1°＝60′＝（π/180）rad
旋转速度	转每分	r/min	1r/min＝（1/60）s^{-1}
长　度	海　里	n mile	1n mile＝1852m（只用于航程）
速　度	节	kn	1kn＝1n mile/h＝（1852/3600）m/s（只用于航行）
质　量	吨	t	1t＝10^3kg
	原子质量单位	u	1u≈1.6605655×10^{-27}kg
体　积	升	L，(l)	1L＝1dm^3＝$10^{-3}m^3$
能	电子伏	eV	1eV≈1.6021892×10^{-19}J
级　差	分贝	dB	
线密度	特 [克斯]	tex	1tex＝1g/km
面　积	公顷	hm^2	1hm^2＝10^4m^2

5. 国际单位制 SI 词头（见表 1-22）

表 1-22　　　　SI 词　头

因数	词头名称	符号	因数	词头名称	符号
10^{24}	尧 [它]	Y	10^{-1}	分	d
10^{21}	泽 [它]	Z	10^{-2}	厘	c
10^{18}	艾 [可萨]	E	10^{-3}	毫	m
10^{15}	拍 [它]	P	10^{-6}	微	μ
10^{12}	太 [拉]	T	10^{-9}	纳 [诺]	n
10^9	吉 [咖]	G	10^{-12}	皮 [可]	p
10^6	兆	M	10^{-15}	飞 [母托]	f
10^3	千	k	10^{-18}	阿 [托]	a
10^2	百	h	10^{-21}	仄 [普托]	z
10^1	十	da	10^{-24}	幺 [科托]	y

二、常用法定计量单位与非法定计量单位的换算（见表 1-23）

表 1-23　　常用法定计量单位与非法定计量单位的换算

物理量名称	物理量符号	法定计量单位		非法定计量单位		单位换算
		单位名称	单位符号	单位名称	单位符号	
长度	l，L	米	m	费密		1 费密＝1fm＝10^{-15}m
				埃	Å	1Å＝0.1mm＝10^{-10}m
				英尺	ft	1ft＝0.3048m
				英寸	in	1in＝0.0254m
				密耳	mil	1mil＝25.4×10^{-6}m
面积	A，(S)	平方米	m^2	平方英尺	ft^2	$1ft^2$＝0.0929030m^2
				平方英寸	in^2	$1in^2$＝6.4516×$10^{-4}m^2$
体积 容积	V	立方米	m^3	立方英尺	ft^3	$1ft^3$＝0.0283168m^3
		升	L，(l)	立方英寸	in^3	$1in^3$＝1.63871×$10^{-5}m^3$
				英加仑	UKgal	1UKgal＝4.54609dm^3
				美加仑	USgal	1USgal＝3.78541dm^3
质量	m	千克(公斤)	kg	磅	lb	1lb＝0.45359237kg
		吨	t	英担	cwb	1cwb＝50.8023kg
		原子质量单位	u	英吨	ton	1ton＝1016.05kg
				短吨	sh ton	1sh ton＝907.185kg
				盎司	oz	1oz＝28.3495kg
				格令	gr，gn	1gr＝0.0647989lg
				夸特	qr，qtr	1qr＝12.7006kg
				米制克拉		1 米制克拉＝2×10^{-4}kg
热力学温度	T	开［尔文］	K			表示温度差和温度间隔时：1℃＝1K
摄氏温度	t	摄氏度	℃			表示温度的数值时：摄氏温度值（℃） $t=T-273.15$
				华氏度	℉	表示温度差和温度间隔时： $1℉=1°R=\frac{5}{9}K$ 表示温度数值时：
				兰氏度	°R	$T=\frac{5}{9}(\theta+459.67)$ $t=\frac{5}{9}(\theta-32)$

续表

物理量名称	物理量符号	法定计量单位		非法定计量单位		单位换算
		单位名称	单位符号	单位名称	单位符号	
转速	n	转每分	r/min	转每秒	rpm	1rpm=1r/min
力	F	牛［顿］	N	达因	dyn	1dyn=10^{-5}N
				千克力	kgf	1kgf=9.80665N
				磅力	lbf	1lbf=4.44822N
				吨力	tf	1tf=9.80655×10^3N
压力，压强	p	帕［斯卡］	Pa	巴	bar	1bar=10^5Pa
正应力 切应力	σ τ			千克力每平方厘米	kgf/cm^2	1kgf/cm^2=0.0980665MPa
				毫米水柱	mmH_2O	1mmH_2O=9.80665Pa
				毫米汞柱	mmHg	1mmHg=133.322Pa
				托	Torr	1Torr=133.322Pa
				工程大气压	at	1at =98066.5Pa =98.0665kPa
				标准大气压	atm	1atm =101325Pa =101.325kPa
				磅力每平方英尺	lbf/ft^2	1lbf/ft^2 =47.8803Pa
				磅力每平方英寸	lbf/in^2	1lbf/in^2 =6894.76Pa =6.89476kPa
能［量］	E	焦［耳］	J	尔格	erg	1erg=10^{-7}J
功	W	电子伏	eV			1kW·h=3.6MJ
热量	Q			千克力米	kgf·m	1kgf·m=9.80665J
				英马力［小］时	hp·h	1hp·h=2.68452MJ
				卡	cal	1cal=4.1868J
				热化学卡	cal_{th}	1cal_{th}=4.1840J
				马力［小］时		1马力小时=2.64779MJ
				电工马力［小］时		1电工马力小时=2.68560MJ
				英热单位	Btu	1Btu=1055.06J=1.05506kJ

续表

物理量名称	物理量符号	法定计量单位		非法定计量单位		单位换算
		单位名称	单位符号	单位名称	单位符号	
功率	P	瓦［特］	W	千克力米每秒	kgf·m/s	1kgf·m/s=9.80665W
				马力（米制马力）	德 PS（法 ch,CV）	1PS=735.499W
				英马力	hp	1hp=745.700W
				电工马力		1 电工马力=746W
				卡每秒	cal/s	1cal/s=4.1868W
				千卡每［小］时	kcal/h	1kcal/h=1.163W
				热化学卡每秒	cal_{th}/s	$1cal_{th}/s=4.184W$
				伏安	V·A	1VA=1W
				乏	var	1var=1W
				英热单位每［小］时	Btu/h	1Btu/h=0.293071W
电导	G	西［门子］	S	欧姆	Ω	1Ω=1S
磁通［量］	Φ	韦［伯］	Wb	麦克斯韦	Mx	$1Mx=10^{-8}Wb$
磁通［量］密度，磁感应强度	B	特［斯拉］	T	高斯	Gs，G	$1Gs=10^{-4}T$
［光］照度	E	勒［克斯］	lx	英尺烛光	lm/ft^2	$1lm/ft^2=10.76lx$
速度	v u，v，w	米每秒	m/s	英尺每秒 英里每小时	ft/s mile/h	1ft/s=0.3048m/s 1mile/h=0.44704m/s
	c	千米每小时	km/h			1km/h=0.277778m/s
		米每分	m/min			1m/min=0.0166667m/s

续表

物理量名称	物理量符号	法定计量单位		非法定计量单位		单位换算
		单位名称	单位符号	单位名称	单位符号	
加速度	a	米每二次方秒	m/s^2	标准重力加速度	gn	$1gn=9.80665m/s^2$
				英尺每二次方秒	ft/s^2	$1ft/s^2=0.3048m/s^2$
				伽	Gal	$1Gal=10^{-2}m/s^2$
线密度，线质量	ρ_l	千克每米	kg/m	旦[尼尔]	den	$1den=0.111112\times10^{-6}kg/m$
				磅每英尺	lb/ft	1lb/ft=1.48816kg/m
				磅每英寸	lb/in	1lb/in=17.8580kg/m
密度	ρ	千克每立方米	kg/m^3	磅每立方英尺	lb/ft^3	$1lb/ft^3=16.0185kg/m^3$
				磅每立方英寸	lb/in^3	$1lb/in^3=276.799kg/m^3$
质量体积，比体积	v	立方米每千克	m^3/kg	立方英尺每磅	ft^3/lb	$1ft^3/lb=0.0624280m^3/kg$
				立方英寸每磅	in^3/lb	$1in^3/lb=3.61273\times10^{-5}m^3/kg$
质量流量	q_m	千克每秒	kg/s	磅每秒	lb/s	1lb/s=0.453592kg/s
				磅每小时	lb/h	$1lb/h=1.25998\times10^{-4}kg/s$
体积流量	q_V	立方米每秒	m^3/s	立方英尺每秒	ft^3/s	$1ft^3/s=0.0283168m^3/s$
		升每秒	L/S	立方英寸每小时	in^3/h	$1in^3/h=4.55196\times10^{-6}L/s$
转动惯量（惯性矩）	J (I)	千克二次方米	$kg\cdot m^2$	磅二次方英尺	$lb\cdot ft^2$	$1lb\cdot ft^2=0.0421401kg\cdot m^2$
				磅二次方英寸	$lb\cdot in^2$	$1lb\cdot in^2=2.92640\times10^{-4}kg\cdot m^2$
动量	p	千克米每秒	$kg\cdot m/s$	磅英尺每秒	$lb\cdot ft/s$	$1lb\cdot ft/s=0.138255kg\cdot m/s$
动量矩，角动量	L	千克二次方米每秒	$kg\cdot m^2/s$	磅二次方英尺每秒	$lb\cdot ft^2/s$	$1lb\cdot ft^2/s=0.0421401kg\cdot m^2/s$

续表

物理量名称	物理量符号	法定计量单位		非法定计量单位		单位换算
		单位名称	单位符号	单位名称	单位符号	
力矩	M	牛顿米	N·m	千克力米	kgf·m	1kgf·m=9.80665N·m
				磅力英尺	lbf·ft	1lbf·ft=1.35582N·m
				磅力英寸	lbf·in	1lbf·in=0.112985N·m
[动力]黏度	η (μ)	帕斯卡秒	Pa·s	泊	P	$1P=10^{-1}Pa\cdot s$
				厘泊	cP	$1cP=10^{-3}Pa\cdot s$
				千克力秒每平方米	$kgf\cdot s/m^2$	$1kgf\cdot s/m^2=9.80665Pa\cdot s$
				磅力秒每平方英尺	$lbf\cdot s/ft^2$	$1lbf\cdot s/ft^2=47.8803Pa\cdot s$
				磅力秒每平方英寸	$lbf\cdot s/in^2$	$1lbf\cdot s/in^2=6894.76Pa\cdot s$
运动黏度	ν	二次方米每秒	m^2/s	斯[托克斯]	St	$1St=10^{-4}m^2/s$
				厘斯[托克斯]	cSt	$1cSt=10^{-6}m^2/s=1mm^2/s$
				二次方英尺每秒	ft^2/s	$1ft^2/s=9.29030\times10^{-2}m^2/s$
				二次方英寸每秒	in^2/s	$1in^2/s=6.4516\times10^{-4}m^2/s$
热扩散率	a	平方米每秒	m^2/s	二次方英尺每秒	ft^2/s	$1ft^2/s=9.29030\times10^{-2}m^2/s$
				二次方英寸每秒	in^2/s	$1in^2/s=6.4516\times10^{-4}m^2/s$
质量能比能	e	焦耳每千克	J/kg	千卡每千克	kcal/kg	1kcal/kg=4186.8J/kg
				热化学千卡每千克	$kcal_{th}/kg$	$1kcal_{th}/kg=4184J/kg$
				英热单位每磅	Btu/lb	1Btu/lb=2326J/kg

续表

物理量名称	物理量符号	法定计量单位		非法定计量单位		单位换算
		单位名称	单位符号	单位名称	单位符号	
质量热容 比热容 比熵(质量熵)	c s	焦耳每千克开尔文	J/(kg·K)	千卡每千克开尔文	kcal/(kg·K)	1kcal/(kg·K)=4186.8J/(kg·K)
				热化学千卡每千克开尔文	$kcal_{th}$/(kg·K)	1$kcal_{th}$/(kg·K)=4184J/(kg·K)
				英热单位每磅华氏度	Btu/(lb·℉)	1Btu/(lb·℉)=4186.8J/(kg·K)
传热系数	K	瓦特每平方米开尔文	W/(m^2·K)	卡每平方厘米秒开尔文	cal/(cm^2·s·K)	1cal/(cm^2·s·K)=41868W/(m^2·K)
				千卡每平方米小时开尔文	kcal/(m^2·h·K)	1kcal/(m^2·h·K)=1.163W/(m^2·K)
				英热单位每平方英尺小时华氏度	Btu/(ft^2·h·℉)	1Btu/(ft^2·h·℉)=5.67862W/(m^2·K)
热导率	λ,k	瓦[特]每米开[尔文]	W/(m·K)	卡每厘米秒开尔文	cal/(cm·s·K)	1cal/(cm·s·K)=418.68W/(m·K)
				千卡每米小时开尔文	kcal/(m·h·K)	1kcal/(m·h·K)=1.163W/(m·K)
				英热单位每英尺小时华氏度	Btu/(ft·h·℉)	1Btu/(ft·h·℉)=1.73073W/(m·K)

三、单位换算

1. 长度单位换算（见表 1-24）

表 1-24　　长度单位换算

米（m）	厘米（cm）	毫米（mm）	英寸（in）	英尺（ft）	码（yd）	市尺
1	10^2	10^3	39.37	3.281	1.094	3
10^{-2}	1	10	0.394	3.281×10^{-2}	1.094×10^{-2}	3×10^{-2}
10^{-3}	0.1	1	3.937×10^{-3}	3.281×10^{-3}	1.094×10^{-3}	3×10^{-3}
2.54×10^{-2}	2.54	25.4	1	8.333×10^{-2}	2.778×10^{-2}	7.62×10^{-2}
0.305	30.48	3.048×10^2	12	1	0.333	0.914
0.914	91.44	9.10×10^2	36	3	1	2.743
0.333	33.333	3.333×10^2	13.123	1.094	0.366	1

2. 面积单位换算（见表 1-25）

表 1-25　　面积单位换算

米^2(m^2)	厘米^2(cm^2)	毫米^2(mm^2)	英寸^2(in^2)	英尺^2(ft^2)	码^2(yd^2)	市尺^2
1	10^4	10^6	1.550×10^3	10.764	1.196	9
10^{-4}	1	10^2	0.155	1.076×10^{-3}	1.196×10^{-4}	9×10^{-4}
10^{-6}	10^{-2}	1	1.55×10^{-3}	1.076×10^{-5}	1.196×10^{-6}	9×10^{-6}
6.452×10^{-4}	6.452	6.452×10^2	1	6.944×10^{-3}	7.617×10^{-4}	5.801×10^{-3}
9.290×10^{-2}	9.290×10^2	9.290×10^4	1.44×10^2	1	0.111	0.836
0.836	8361.3	0.836×10^6	1296	9	1	7.524
0.111	1.111×10^3	1.111×10^5	1.722×10^2	1.196	0.133	1

3. 体积单位换算（见表 1-26）

表 1-26　　体积单位换算

米^3(m^3)	升(L)	厘米^3(cm^3)	英寸^3(in^3)	英尺^3(ft^3)	加仑［(US)美］	加仑［(qal)英］
1	10^3	10^6	6.102×10^4	35.315	2.642×10^2	2.200×10^2
10^{-3}	1	10^3	61.024	3.532×10^2	0.264	0.220
10^{-6}	10^{-3}	1	6.102×10^{-2}	3.532×10^{-5}	2.642×10^{-4}	2.200×10^{-4}
1.639×10^{-5}	1.639×10^{-2}	16.387	1	5.787×10^{-4}	4.329×10^{-3}	3.605×10^{-3}
2.832×10^{-2}	28.317	2.832×10^4	1.728×10^3	1	7.481	6.229
3.785×10^{-3}	3.785	3.785×10^3	2.310×10^2	0.134	1	0.833
4.546×10^{-3}	4.546	4.546×10^3	2.775×10^2	0.161	1.201	1

4. 质量单位换算（见表 1-27）

表 1-27　质量单位换算

千克(kg)	克(g)	毫克(mg)	吨(t)	英吨(tn)	美吨(shtn)	磅(lb)
1000			1	0.9842	1.1023	2204.6
1	1000		0.001			2.2046
0.001	1	1000				
1016.05			1.0161	1	1.12	2240
907.19			0.9072	0.8929	1	2000
0.4536	453.59					1

5. 力的单位换算（见表 1-28）

表 1-28　力的单位换算

牛顿(N)	千克力(kgf)	达因(dyn)	磅力(lbf)	磅达(pdl)
1	0.102	10^5	0.2248	7.233
9.80665	1	9.80665×10^5	2.2046	70.93
10^{-5}	1.02×10^{-6}	1	2.248×10^6	7.233×10^3
4.448	0.4536	4.448×10^5	1	32.174
0.1383	1.41×10^{-2}	1.383×10^4	3.108×10^{-2}	1

6. 压力单位换算（见表 1-29）

表 1-29　压力单位换算

工程大气压(at)	标准大气压(atm)	千克力/毫米^2(kgf/mm^2)	毫米水柱(mmH_2O)	毫米汞柱(mmHg)	牛顿/米^2(N/m^2)
1	0.9678	0.01	10^4	735.6	98067
1.033	1		10332	760	101325
100	96.78	1	10^6	73556	98.07×10^5
0.0001	0.9678×10^{-4}		1	0.0736	9.807
0.00136	0.00132		13.6	1	133.32
1.02×10^{-5}	0.99×10^{-5}	1.02×10^{-7}	0.102	0.0075	1

7. 功率单位换算（见表 1-30）

表 1-30　　　　功率单位换算

瓦(W)	千瓦 (kW)	米制马力 (PS)	英制马力 (hp)	千克力·米/秒 (kgf·m/s)	英尺·磅力/秒 (ft·lbf/s)	千卡/秒 (kcal/s)
1	10^{-3}	1.36×10^{-3}	1.341×10^{-3}	0.102	0.7376	239×10^{-6}
1000	1	1.36	1.341	102	737.6	0.239
735.5	0.7355	1	0.9863	75	542.5	0.1757
745.7	0.7457	1.014	1	76.04	550	0.1781
9.807	9.807×10^{-3}	13.33×10^{-3}	13.15×10^{-3}	1	7.233	2.342×10^{-3}
1.356	1.356×10^{-3}	1.843×10^{-3}	1.82×10^{-3}	0.1383	1	0.324×10^{-3}
4186.8	4.187	5.692	5.614	426.935	3083	1

8. 温度单位换算（见表 1-31）

表 1-31　　　　温度单位换算

摄氏度（℃）	华氏度（℉）	兰氏①度（°R）	开尔文（K）
C	$\frac{5}{9}C+32$	$\frac{5}{9}C+491.67$	$C+273.15$②
$\frac{5}{9}(F-32)$	F	$F+459.67$	$\frac{5}{9}(F+459.67)$
$\frac{5}{9}(R-491.67)$	$R-459.67$	R	$\frac{5}{9}R$
$K-273.15$②	$\frac{5}{9}K-459.67$	$\frac{5}{9}K$	K

① 原文是 Rankine，故也叫兰金度。

② 摄氏温度的标定是以水的冰点为一个参照点作为 0℃，相对于开尔文温度上的 273.15K。开尔文温度的标定是以水的三相点为一个参照点作为 273.15K，相对于摄氏 0.01℃（即水的三相点高于水的冰点 0.01℃）。

9. 热导率单位换算（见表 1-32）

表 1-32　　　　热导率单位换算

瓦/(米·开) [W/(m·K)]	千卡/(米·时·摄氏度) [kcal/(m·h·℃)]	卡/(厘米·秒·摄氏度) [cal/(cm·s·℃)]	焦耳/(厘米·秒·摄氏度) [J/(cm·s·℃)]	英热单位/(英尺·时·华氏度) [Btu/(ft·h·℉)]
1.16	1	0.00278	0.0116	0.672
418.68	360	1	4.1868	242
1	0.8598	0.00239	0.01	0.578
100	85.98	0.239	1	57.8
1.73	1.49	0.00413	0.0173	1

10. 速度单位换算（见表 1-33）

表 1-33　速度单位换算

米/秒(m/s)	千米/时(km/h)	英尺/秒(ft/s)
1	3.600	3.281
0.278	1	0.911
0.305	1.097	1

11. 角速度单位换算（见表 1-34）

表 1-34　角速度单位换算

弧度/秒(rad/s)	转/分(r/min)	转/秒(r/s)
1	9.554	0.159
0.105	1	0.017
6.283	60	1

第六节　机械制造基础知识

一、圆锥的各部分尺寸计算

1. 圆锥表面

与轴线成一定角度，且一端相交于轴线的一条直线，围绕该轴线旋转形成的表面称为圆锥表面，如图 1-1 所示。

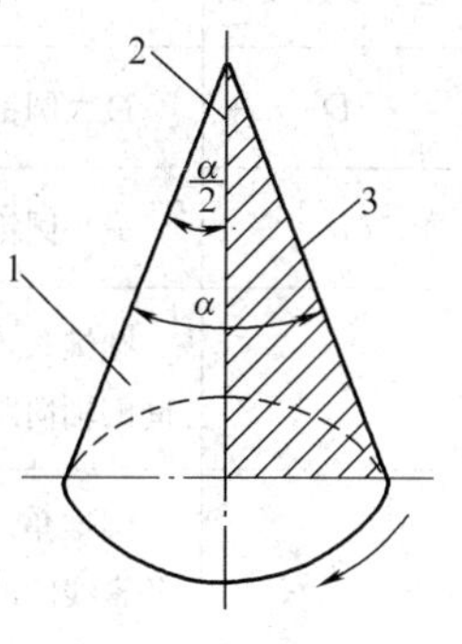

图 1-1　圆锥表面
1—圆锥表面；2—轴线；3—圆锥素线

2. 圆锥

由圆锥表面与一定尺寸所限定的几何体，称为圆锥。圆锥分外圆锥和内圆锥，如图 1-2 所示。

3. 圆锥的基本参数及计算

圆锥的基本参数及计算参见图 1-3 和表 1-35。

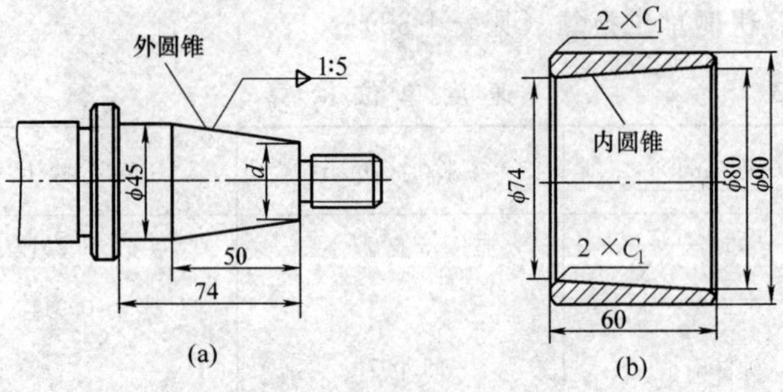

图 1-2　圆锥工件

（a）带外圆锥的工件；（b）带内圆锥的工件

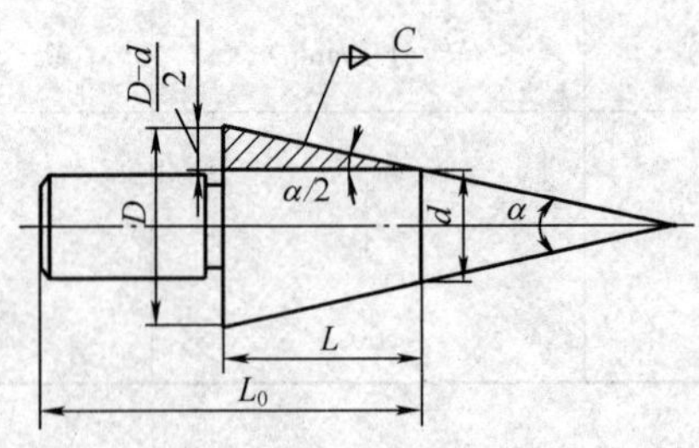

图 1-3　圆锥的基本参数

表 1-35　圆锥的基本参数及计算公式

基本参数代号	名称及定义	计算公式
D	最大圆锥直径，简称大端直径	$D=d+CL$
d	最小圆锥直径，简称小端直径	$d=D-CL$
L	圆锥长度。大端直径与小端直径之间的轴向距离	$L=\frac{D-d}{C}$
α	圆锥角。通过圆锥轴线的截面内两条素线间的夹角	$\tan(\alpha/2)=\frac{D-d}{2L}=\frac{C}{2}$
C	锥度。最大圆锥直径与最小圆锥直径之差与圆锥长度之比	$C=\frac{D-d}{L}=2\tan(\alpha/2)$

二、机械加工定位、夹紧符号

1. 定位支承符号（见表 1-36）

表 1-36　　定位支承符号

定位支承类型	符号			
	独立定位		联合定位	
	标注在视图轮廓线上	标注在视图正面[a]	标注在视图轮廓线上	标注在视图正面[a]
固定式				
活动式				

注　摘自 JB/T 5061—2006《机械加工定位、夹紧符号》。

[a] 视图正面是指观察者面对的投影面。

2. 定位和夹紧符号（见表 1-37）

表 1-37　　夹紧符号

夹紧动力源类型	符号			
	独立夹紧		联合夹紧	
	标注在视图轮廓线上	标注在视图正面	标注在视图轮廓线上	标注在视图正面
手动夹紧				
液压夹紧	Y	Y	Y	Y

续表

夹紧动力源类型	符号			
	独立夹紧		联合夹紧	
	标注在视图轮廓线上	标注在视图正面	标注在视图轮廓线上	标注在视图正面
气动夹紧	 Q	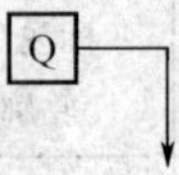 Q	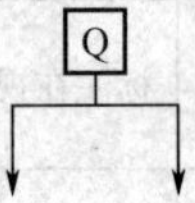 Q	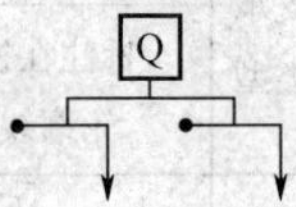 Q
电磁夹紧	 D	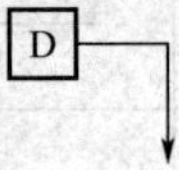 D	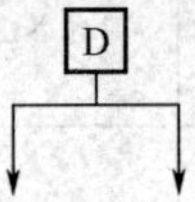 D	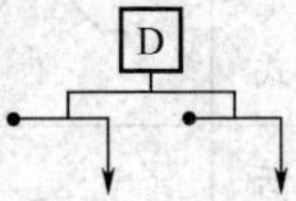 D

注　摘自JB/T 5061—2006《机械加工定位、夹紧符号》。表中字母为大写的汉语拼音字母。

3. 定位、夹紧元件及装置符号（见表1-38）

表1-38　　常用装置符号

序号	符　号	名称	简　图
1		固定顶尖	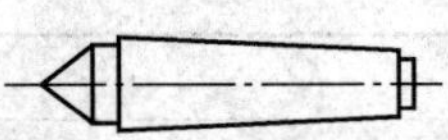
2		内顶尖	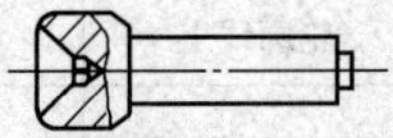
3		回转顶尖	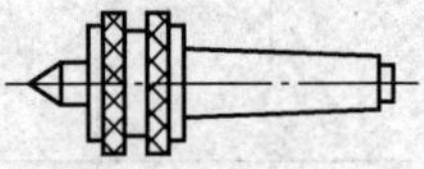
4		外拨顶尖	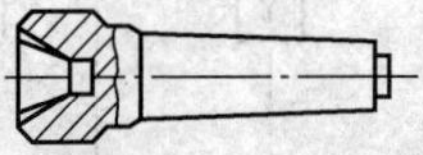

续表

序号	符　号	名称	简　图
5		内拨顶尖	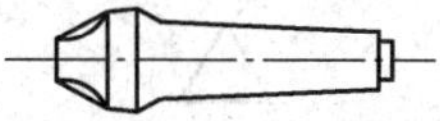
6	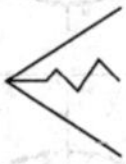	浮动顶尖	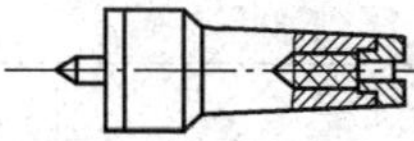
7		伞形顶尖	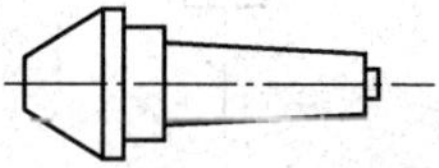
8	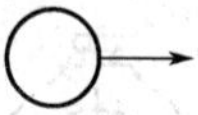	圆柱心轴	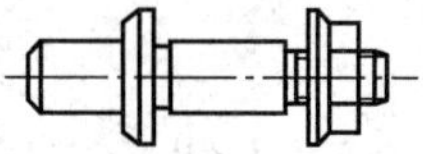
9		锥度心轴	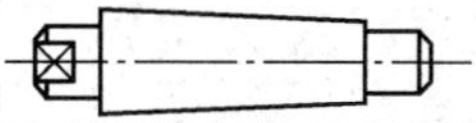
10		螺纹心轴	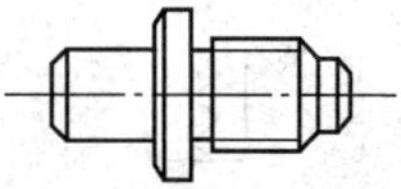 (花键心轴也用此符号)
11	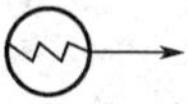	弹性心轴	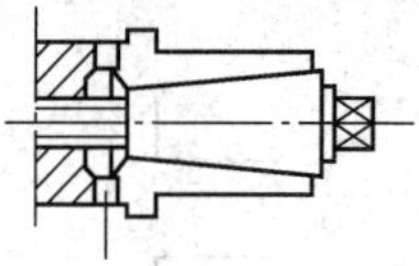 (包括塑料心轴)
		弹簧夹头	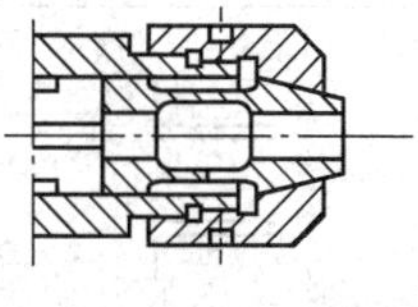

续表

序号	符　号	名称	简　图
12		三爪卡盘	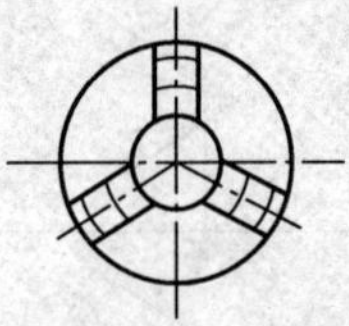
13		四爪卡盘	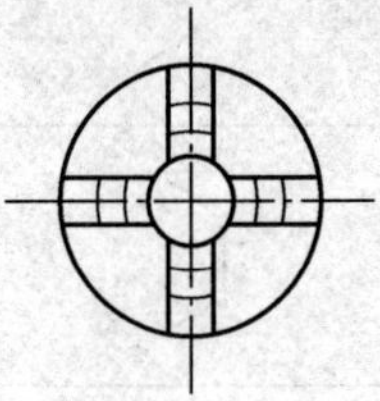
14		中心架	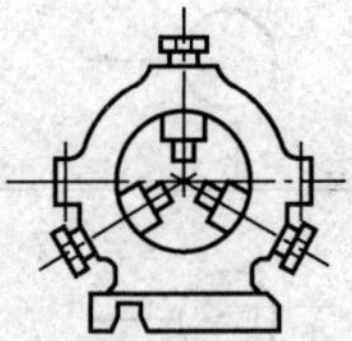
15	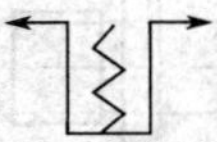	跟刀架	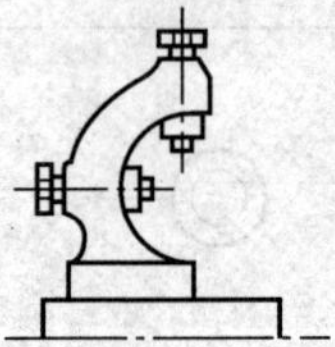
16		圆柱衬套	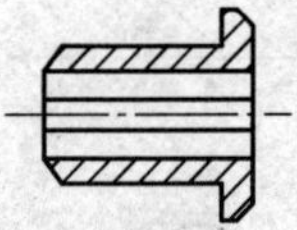
17	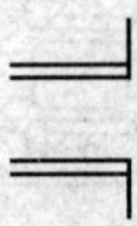	螺纹衬套	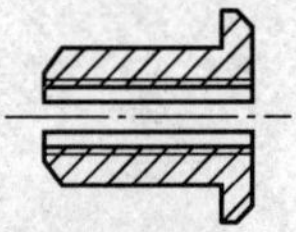

续表

序号	符 号	名称	简 图
18		止口盘	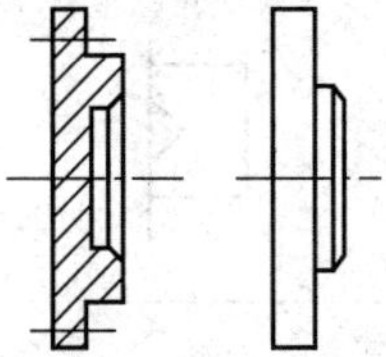
19		拨杆	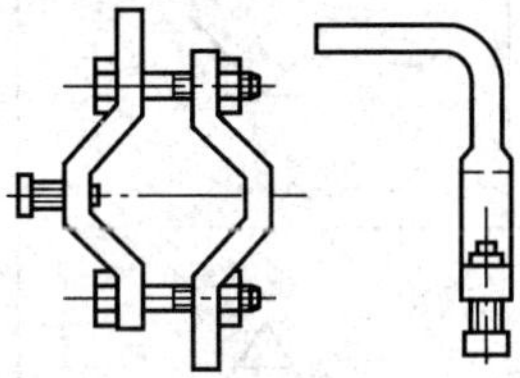
20		垫铁	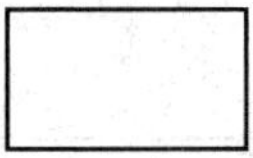
21	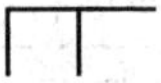	压板	
22		角铁	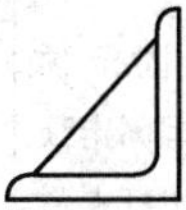
23		可调支承	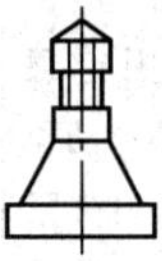
24	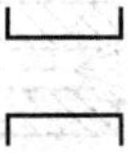	平口钳	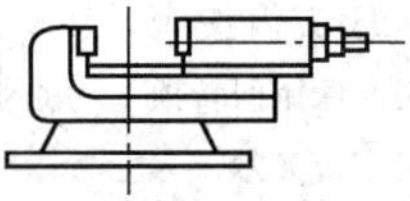

续表

序号	符号	名称	简图
25		中心堵	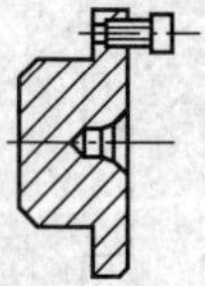
26		V形铁	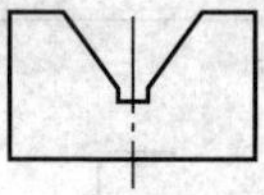
27		软爪	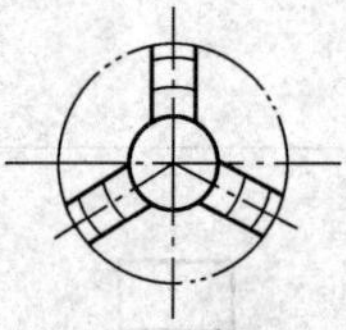

4. 定位、夹紧元件及装置符号综合标注示例（见表1-39）

表1-39　　定位、夹紧符号与装置符号综合标注示例

序号	说明	定位、夹紧符号标注示意图	装置符号标注或与定位、夹紧符号联合标注示意图
1	床头固定顶尖、床尾固定顶尖定位拨杆夹紧	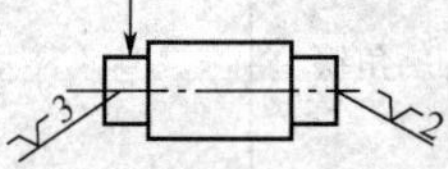	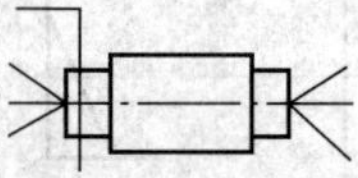
2	床头固定顶尖、床尾浮动顶尖定位拨杆夹紧	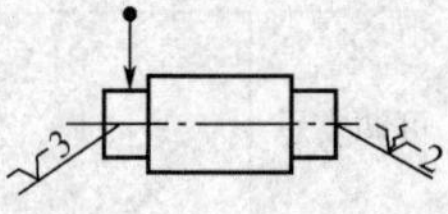	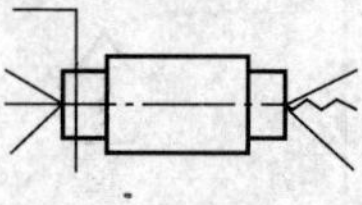
3	床头内拨顶尖、床尾回转顶尖定位夹紧	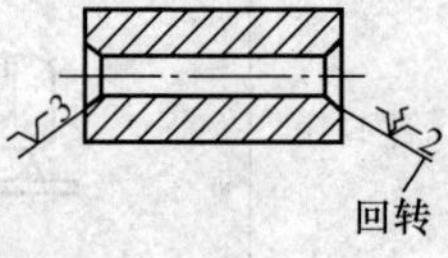 回转	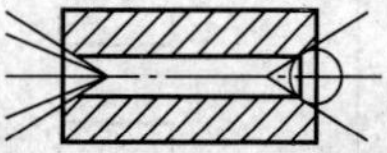

续表

序号	说　明	定位、夹紧符号标注示意图	装置符号标注或与定位、夹紧符号联合标注示意图
4	床头外拨顶尖、床尾回转顶尖定位夹紧	3　2　回转	
5	床头弹簧夹头定位夹紧，夹头内带有轴向定位，床尾内顶尖定位	2　2	
6	弹簧夹头定位夹紧	4	
7	液压弹簧夹头定位夹紧，夹头内带有轴向定位	Y　4	Y
8	弹性心轴定位夹紧	4	
9	气动弹性心轴定位夹紧，带端面定位	3　Q　2	Q　3
10	锥度心轴定位夹紧	5	

续表

序号	说　明	定位、夹紧符号标注示意图	装置符号标注或与定位、夹紧符号联合标注示意图
11	圆柱心轴定位夹紧，带端面定位	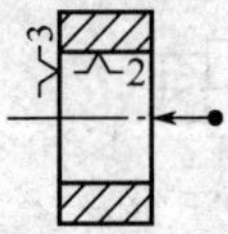	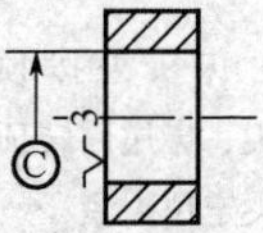
12	三爪卡盘定位夹紧	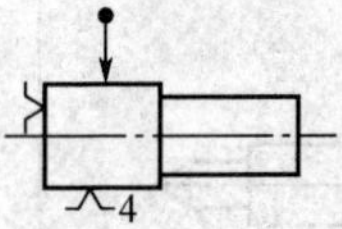	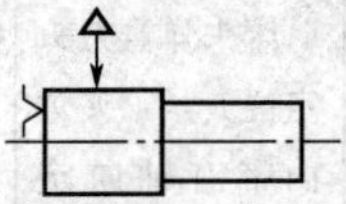
13	液压三爪卡盘定位夹紧，带端面定位	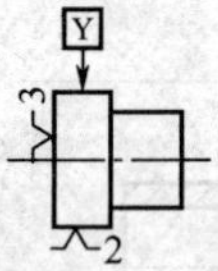	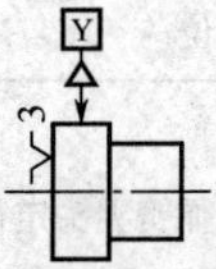
14	四爪卡盘定位夹紧，带轴向定位	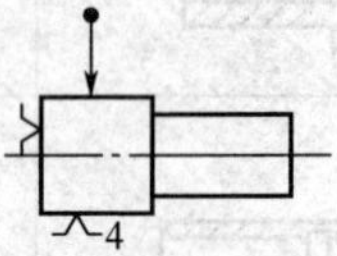	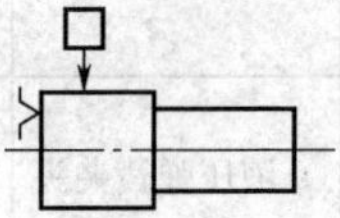
15	四爪卡盘定位夹紧，带端面定位	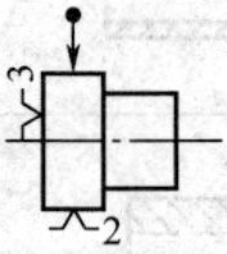	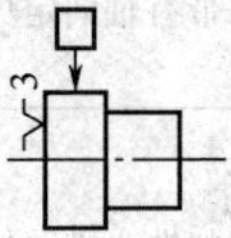
16	床头固定顶尖、床尾浮动顶尖定位，中部有跟刀架辅助支承，拨杆夹紧（细长轴类零件）	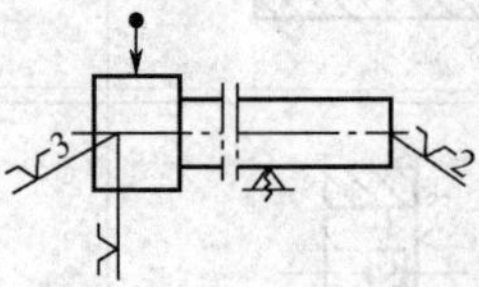	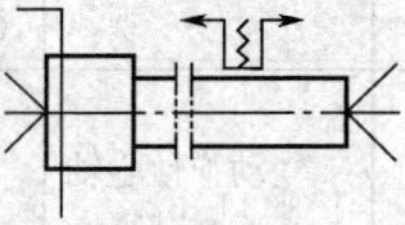
17	床头三爪卡盘带轴向定位夹紧，床尾中心架支承定位	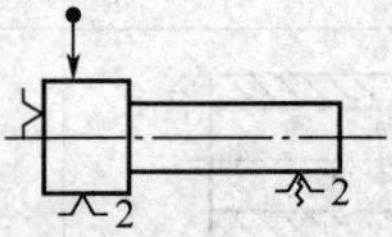	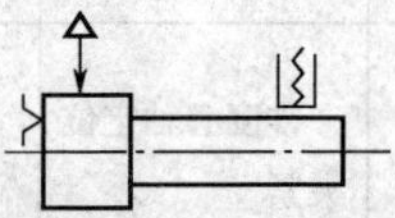

续表

序号	说　明	定位、夹紧符号标注示意图	装置符号标注或与定位、夹紧符号联合标注示意图
18	止口盘定位螺栓压板夹紧	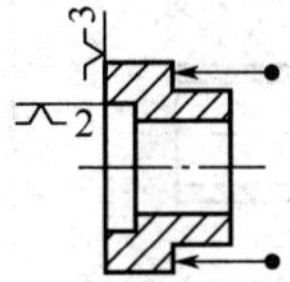	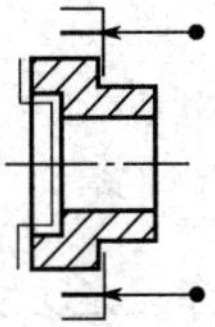
19	止口盘定位气动压板联动夹紧	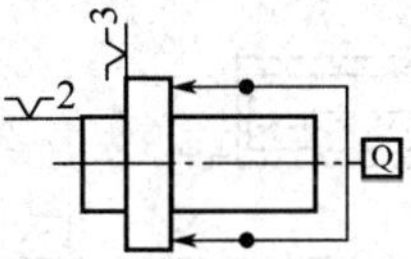	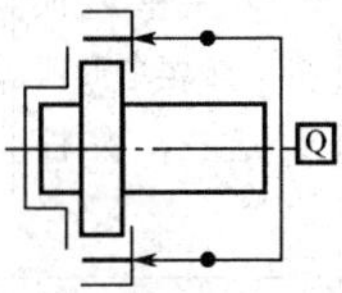
20	螺纹心轴定位夹紧	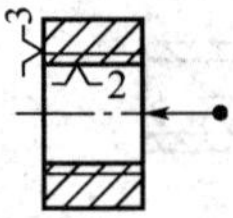	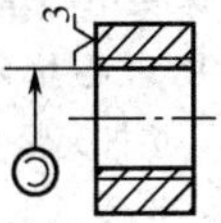
21	圆柱衬套带有轴向定位，外用三爪卡盘夹紧	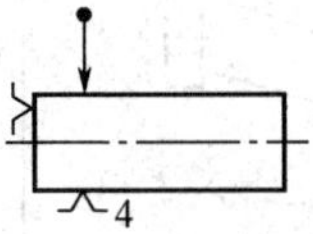	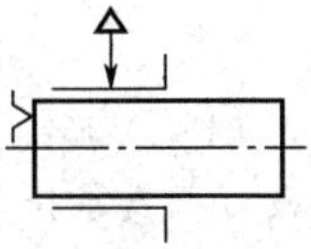
22	螺纹衬套定位，外用三爪卡盘夹紧	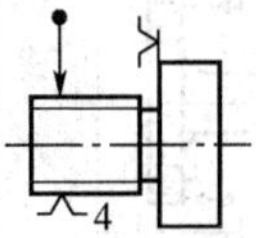	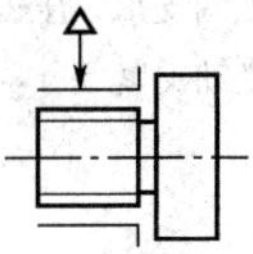
23	平口钳定位夹紧	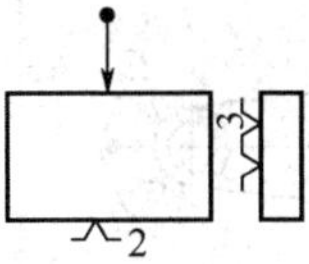	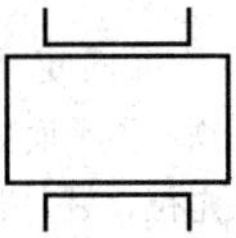
24	电磁盘定位夹紧	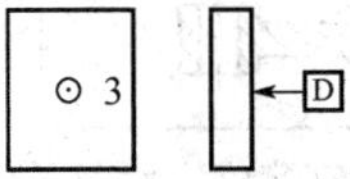	

续表

序号	说　　明	定位、夹紧符号标注示意图	装置符号标注或与定位、夹紧符号联合标注示意图
25	软爪三爪卡盘定位卡紧	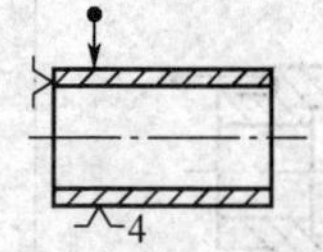	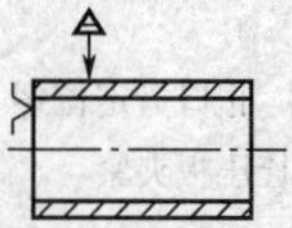
26	床头伞形顶尖，床尾伞形顶尖定位，拨杆夹紧	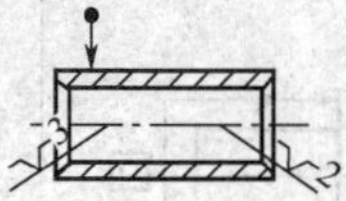	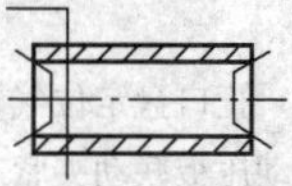
27	床头中心堵，床尾中心堵定位，拨杆夹紧	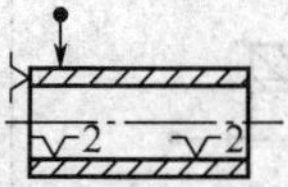	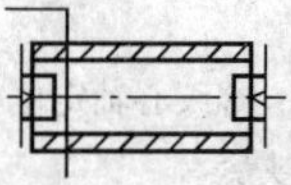
28	角铁、V形铁及可调支承定位，下部加辅助可调支承，压板联动夹紧	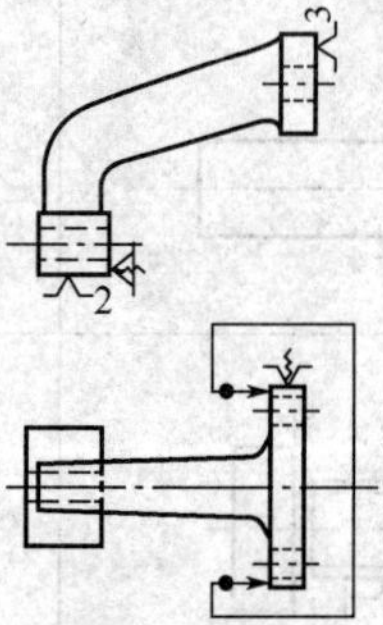	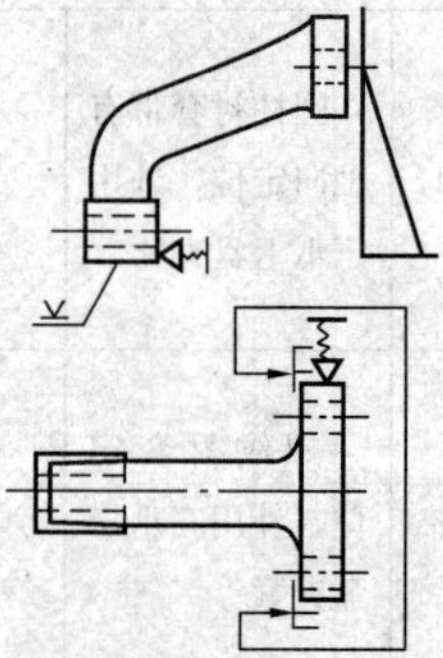
29	一端固定V形铁，下平面垫铁定位，另一端可调V形铁定位夹紧	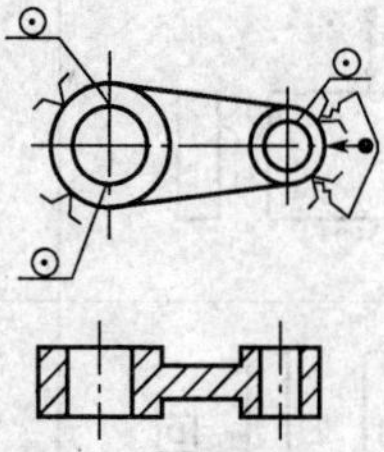	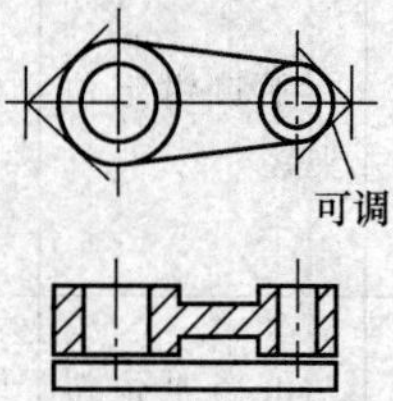 可调

注　摘自JB/T 5061—2006《机械加工定位、夹紧符号》。

5. 定位、夹紧符号标注示例（见表 1-40）

表 1-40　定位、夹紧符号的应用及相对应的夹具结构示例

序号	说明	定位、夹紧符号应用示例	夹具结构示例
1	安装在 V 形夹具体内的销轴（铣槽）	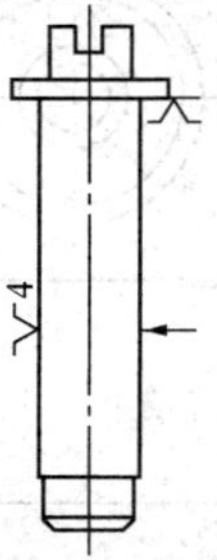 4 （三件同加工）	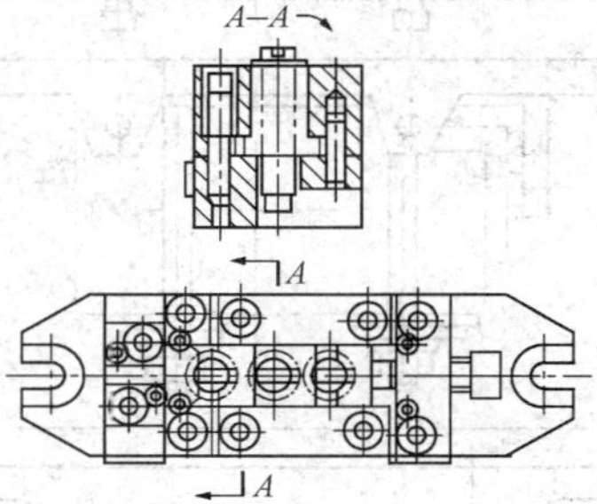 A—A A A
2	安装在铣齿底座上的齿轮（齿形加工）	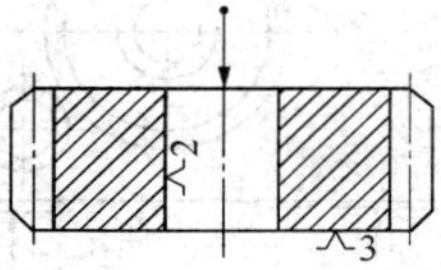 2 3	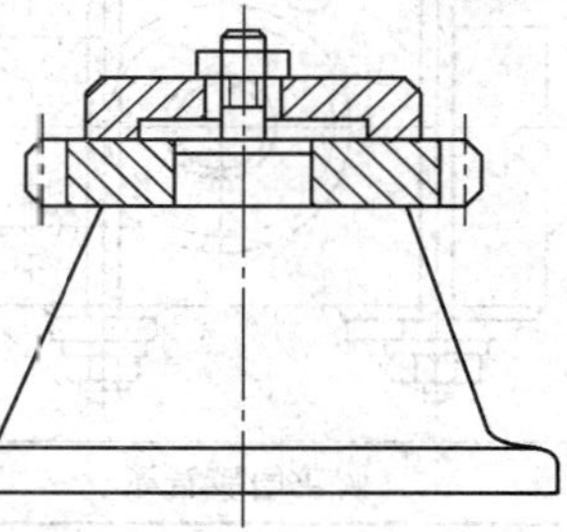

续表

序号	说明	定位、夹紧符号应用示例	夹具结构示例
3	安装在一圆柱销和一菱形销夹具上的箱体（箱体镗孔）	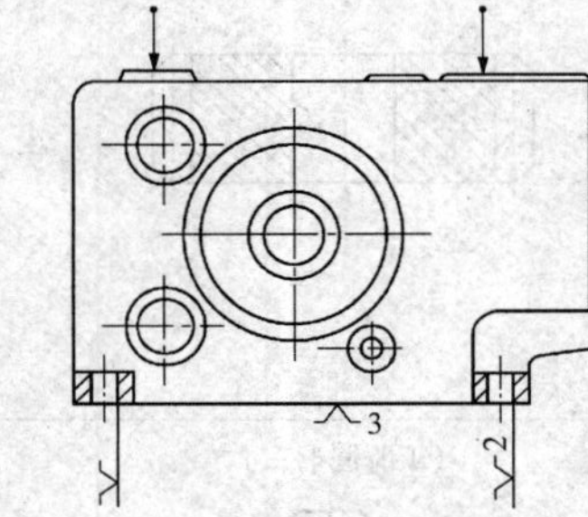 3 2	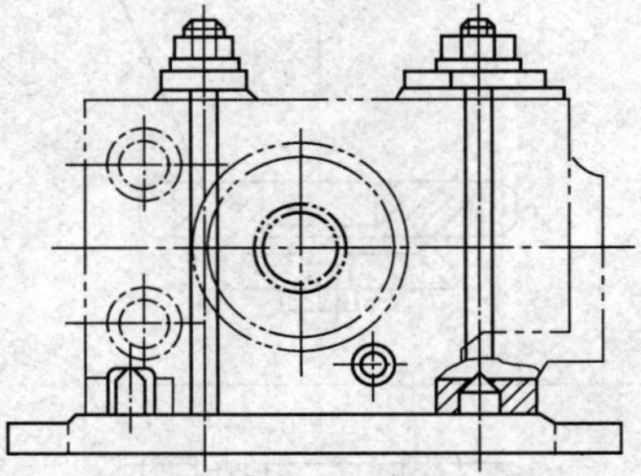
4	安装在三面定位夹具上的箱体（箱体镗孔）	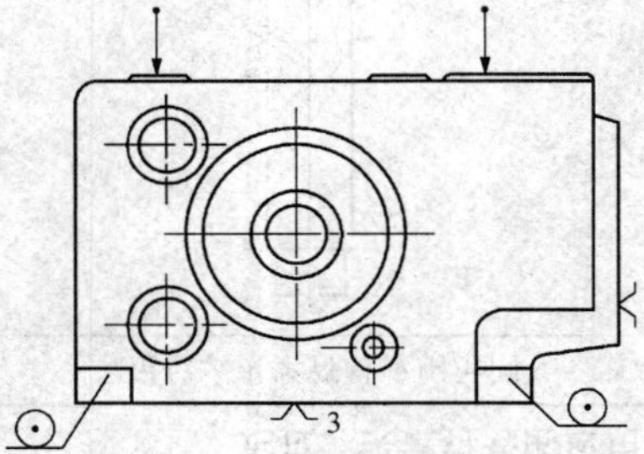 3	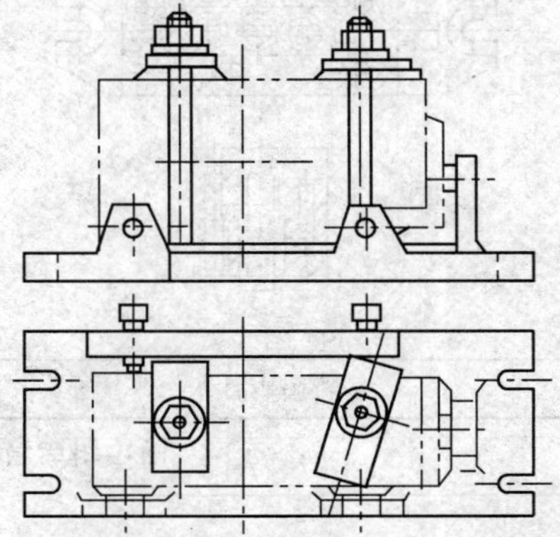

续表

序号	说明	定位、夹紧符号应用示例	夹具结构示例
5	安装在钻模上的支架（钻孔）	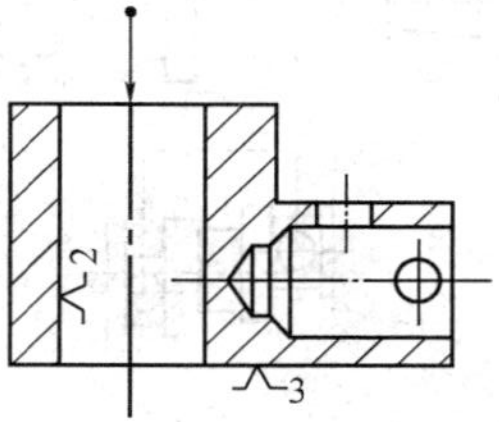 2 3	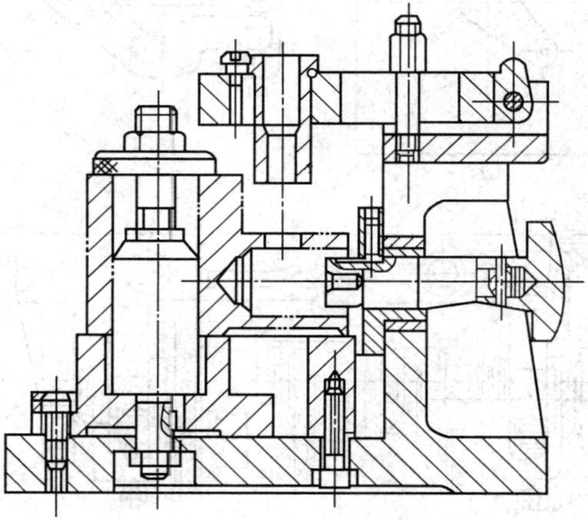

续表

序号	说明	定位、夹紧符号应用示例	夹具结构示例
6	安装在专用曲轴夹具上的曲轴（铣曲轴侧面）	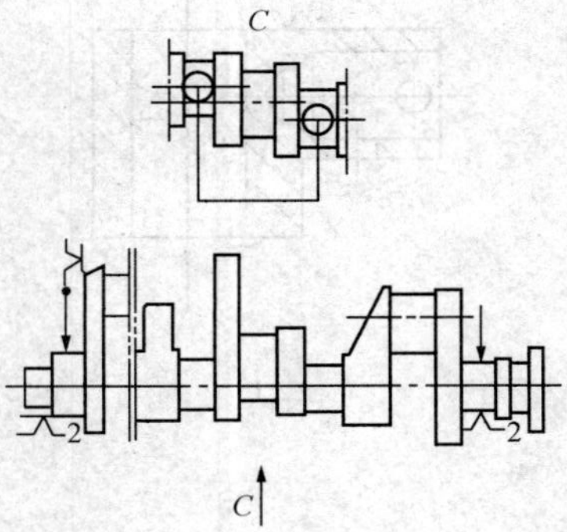	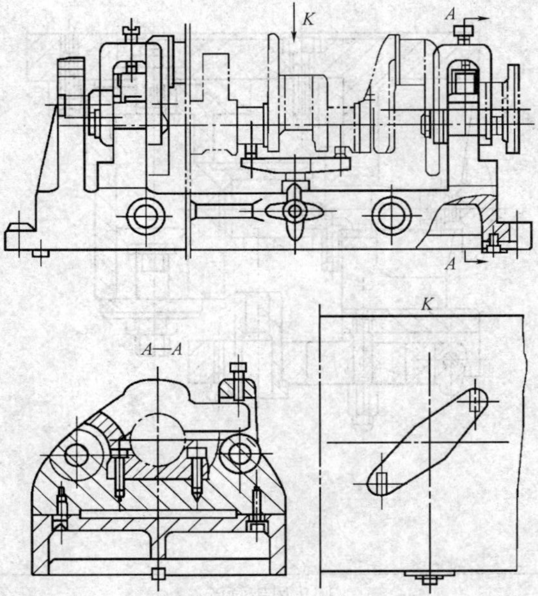

续表

序号	说明	定位、夹紧符号应用示例	夹具结构示例
7	安装在联动夹紧夹具上的垫块（加工端面）	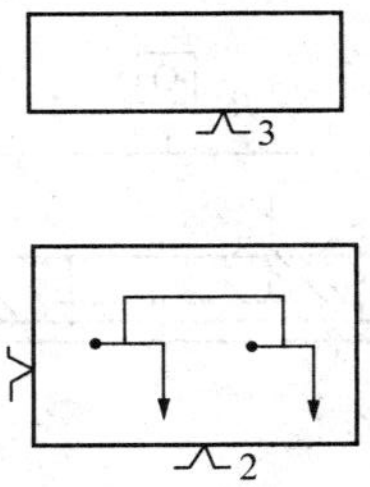 3 2	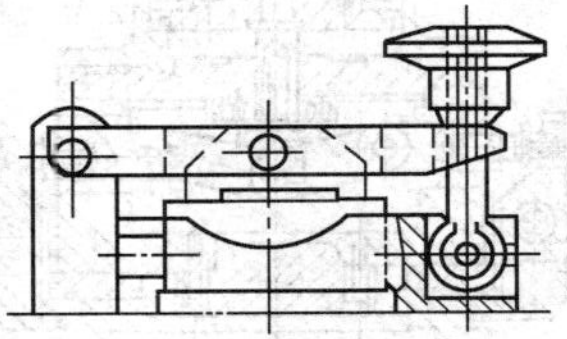
8	安装在联动夹紧夹具上的多件短轴（加工端面）	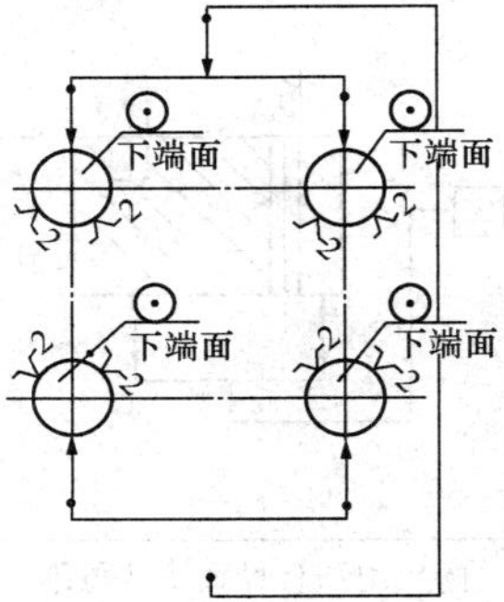 下端面 下端面 下端面 下端面	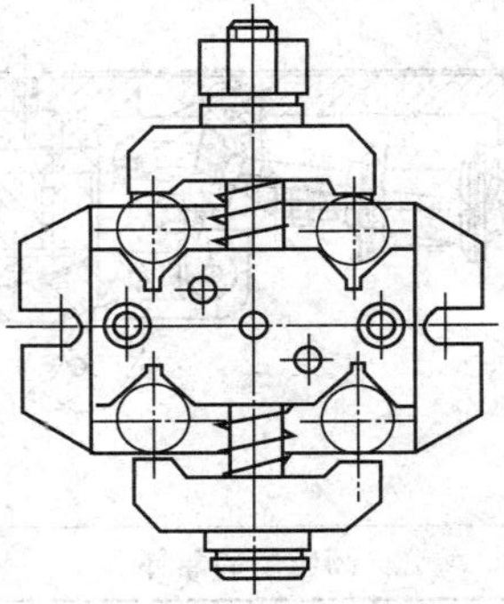

续表

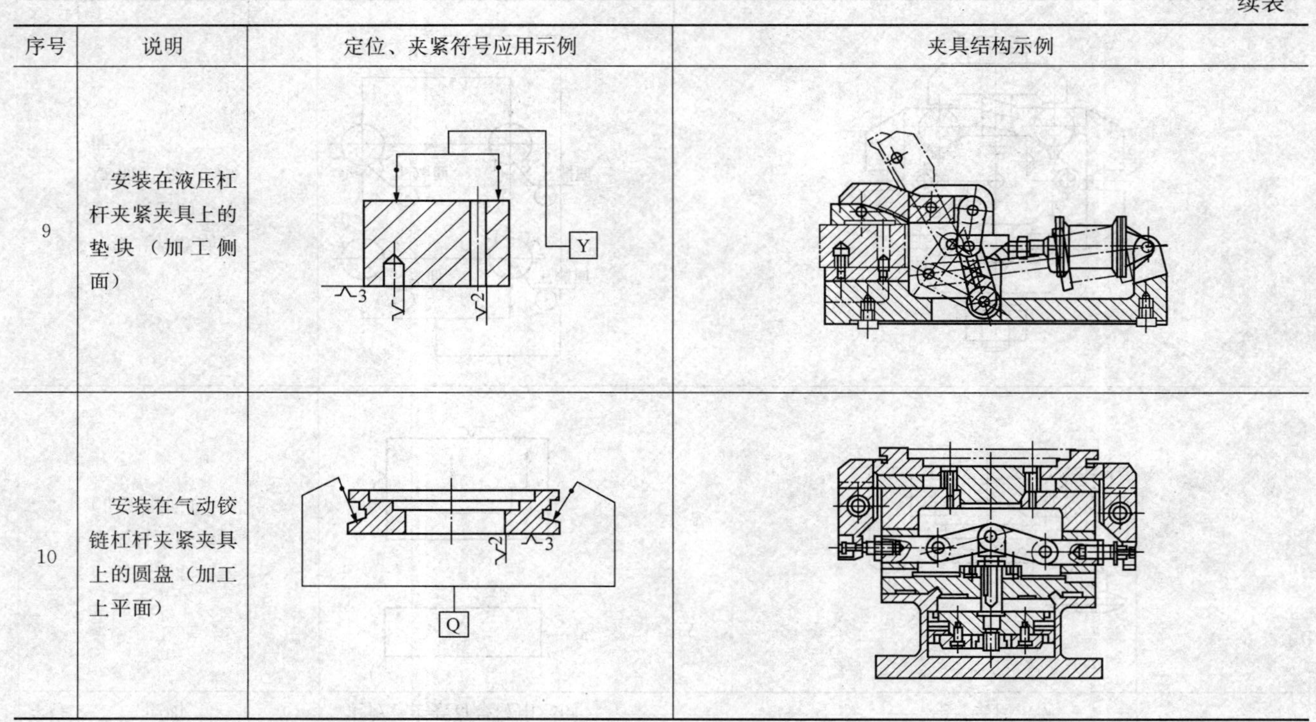

序号	说明	定位、夹紧符号应用示例	夹具结构示例
9	安装在液压杠杆夹紧夹具上的垫块（加工侧面）	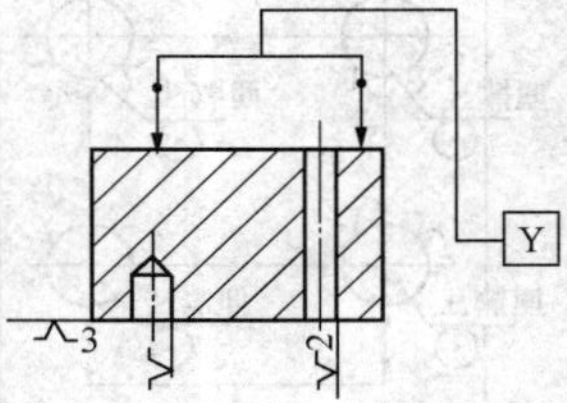 Y 3 2	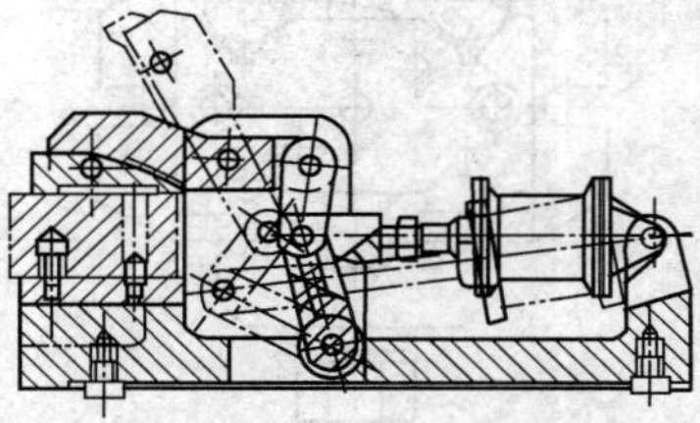
10	安装在气动铰链杠杆夹紧夹具上的圆盘（加工上平面）	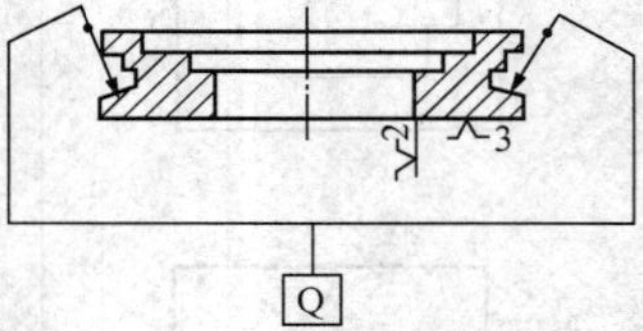 Q 3 2	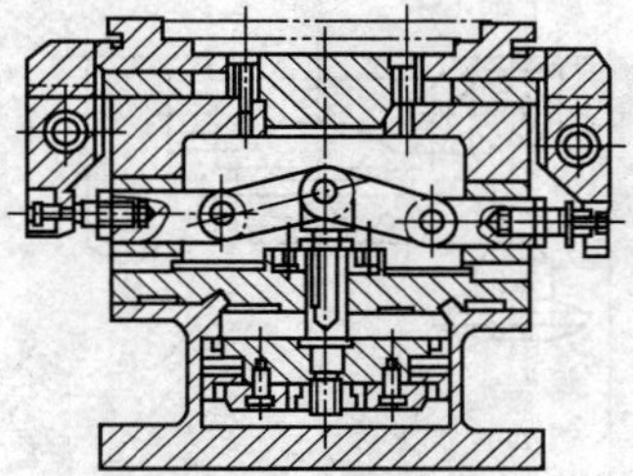

注　摘自JB/T 5061—2006《机械加工定位、夹紧符号》。

三、标准件与常用件的画法

1. 螺纹及螺纹紧固件的画法

(1) 螺纹的规定画法，见表1-41。

表 1-41　　螺纹的规定画法

种类	绘制说明	图例
外螺纹	螺纹的牙顶（大径）及螺纹终止线用粗实线表示；牙底（小径）用细实线表示，并画到螺杆的倒角或倒圆部分。 在垂直于螺纹轴线方向的视图中表示牙底的细实线圆只画约3/4圈，此时不画螺杆端面的倒角圆	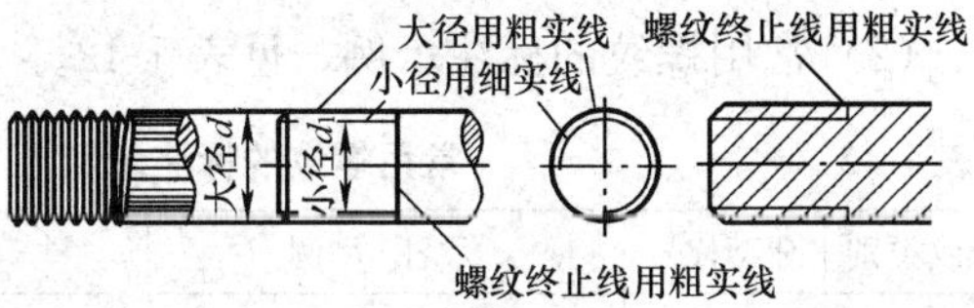
内螺纹	在螺孔作剖视时，牙底（大径）为细实线，牙顶（小径）及螺纹终止线为粗实线；不作剖视时，牙底、牙顶和螺纹终止线都为虚线。 在垂直于螺纹轴线的视图中，牙底画成约3/4圈的细实线圆，不画出螺纹孔口的倒角圆	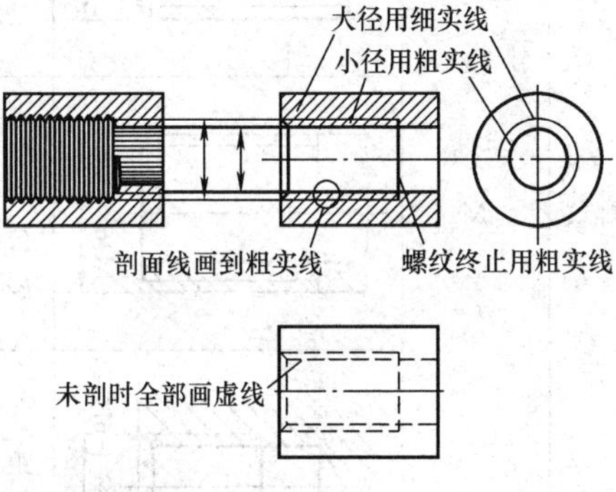
螺纹连接	国标中规定，在通过轴线的剖视图中表达螺纹连接时，其旋合部分应按外螺纹的画法表示，螺杆不剖，其余部分仍按各自的画法表示；在垂直于轴线的剖视图中，螺杆也作剖切	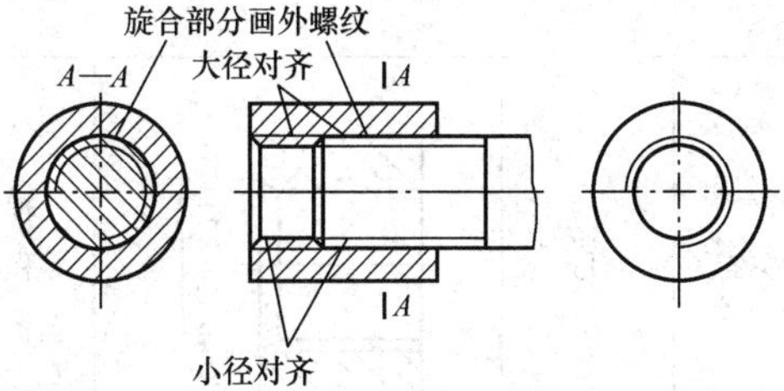

续表

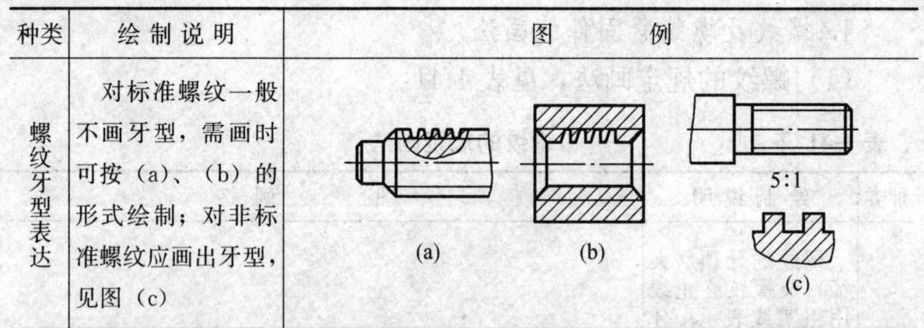

种类	绘制说明	图例
螺纹牙型表达	对标准螺纹一般不画牙型，需画时可按（a）、（b）的形式绘制；对非标准螺纹应画出牙型，见图（c）	(a) (b) 5:1 (c)

（2）常用螺纹的标注示例，见表1-42。

表 1-42　　常用螺纹的标注示例

螺纹类别	牙型代号	标注示例	标注的含义
普通螺纹	M	M20–5g 6g –48	粗牙普通螺纹，大径20mm，螺距2.5mm，右旋；螺纹中径公差带代号5g；大径公差带6g；旋合长度为48mm
		M36×2–6g	细牙普通螺纹，大径36mm，螺距2mm，右旋；螺纹中径和大径公差带代号相同，同为6g；中等旋合长度
		M24×1–6H	细牙普通螺纹，大径24mm，螺距1mm，右旋；螺纹中径和小径的公差带代号相同，同为6H；中等旋合长度
梯形螺纹	Tr	Tr40×14(P7)–7H	梯形螺纹，公称直径为40mm，导程14mm，螺距7mm，中径公差带代号为7H

续表

螺纹类别	牙型代号	标注示例	标注的含义
锯齿形螺纹	B	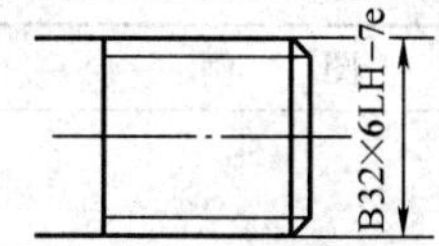 B32×6LH−7e	锯齿形螺纹，大径 32mm，单线，螺距 6mm，左旋，中径公差带代号 7e
非螺纹密封的管螺纹	G	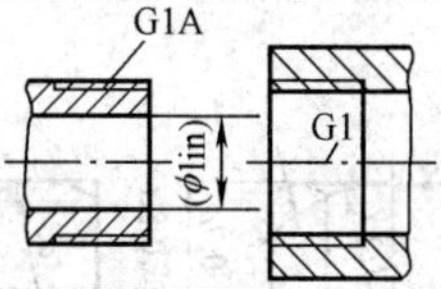 G1A (φ1in) G1	非螺纹密封的管螺纹，尺寸代号 1in，外螺纹公差等级为 A 级
用螺纹密封的管螺纹	R Rc Rp	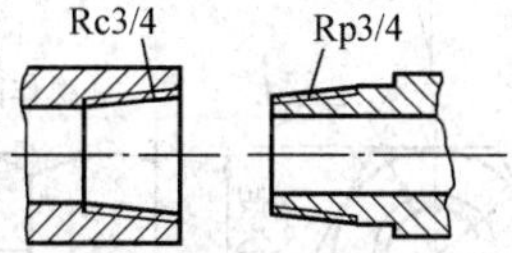 Rc3/4 Rp3/4	用螺纹密封的管螺纹，尺寸代号 3in/4，内、外均为圆锥螺纹

2. 螺纹紧固件

(1) 常用螺纹紧固件及标注举例，见表 1-43。

表 1-43　常用螺纹紧固件及标注举例

名称	图例	标记示例
六角头螺栓	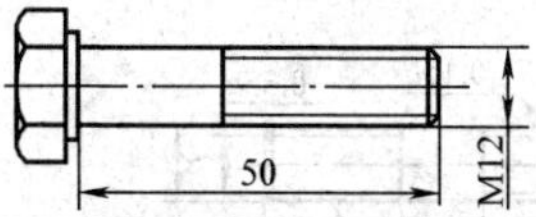 50 M12	螺栓 GB/T 5782—2000-M12×50
开槽沉头螺钉	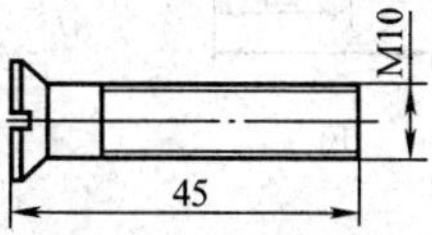 M10 45	螺钉 GB/T 68—2000-M10×45
双头螺柱	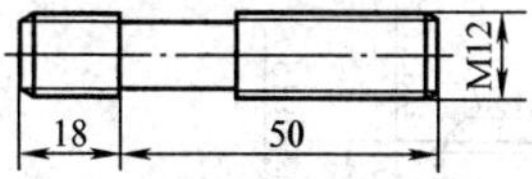 M12 18 50	螺柱 GB/T 899—1988-M12×50
六角螺母	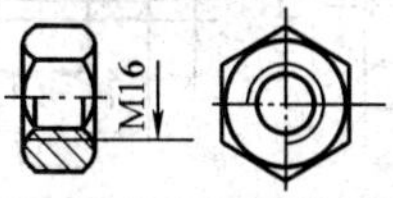 M16	螺母 GB/T 6170—2000-M16
垫圈	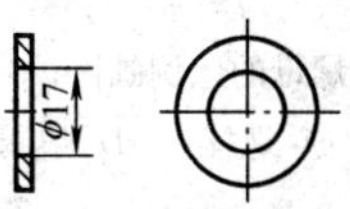 φ17	垫圈 GB/T 97.1—2002-16

（2）常用螺纹紧固件连接的画法，见表 1-44。

表 1-44　　　　　　　　螺纹紧固件连接的画法

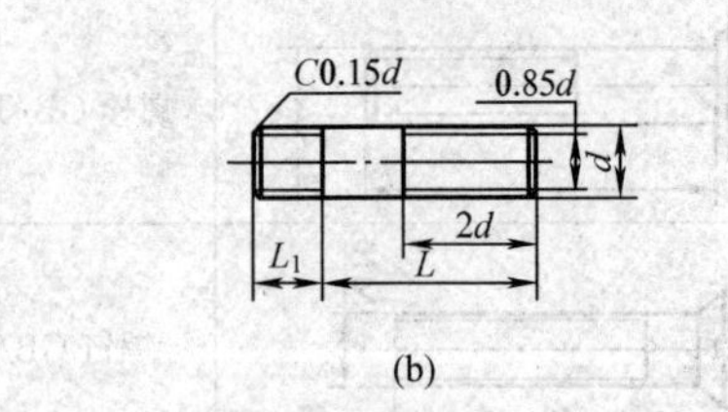

名称	图　例
常用螺纹紧固件的比例画法	(a) (b) 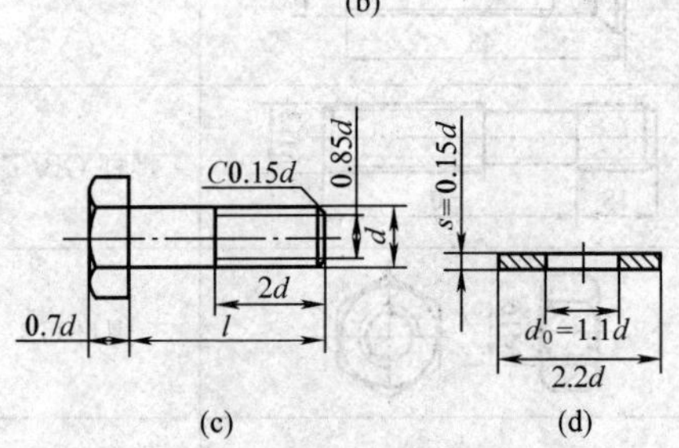 (c)　(d) （a）螺栓头和螺母的比例画法； （b）双头螺柱；（c）螺栓；（d）垫圈

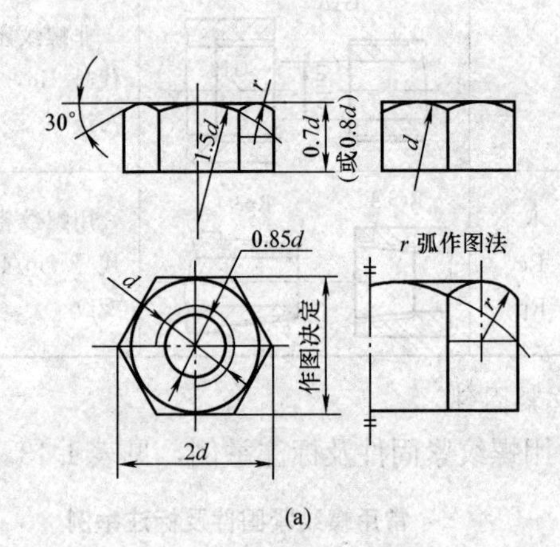

续表

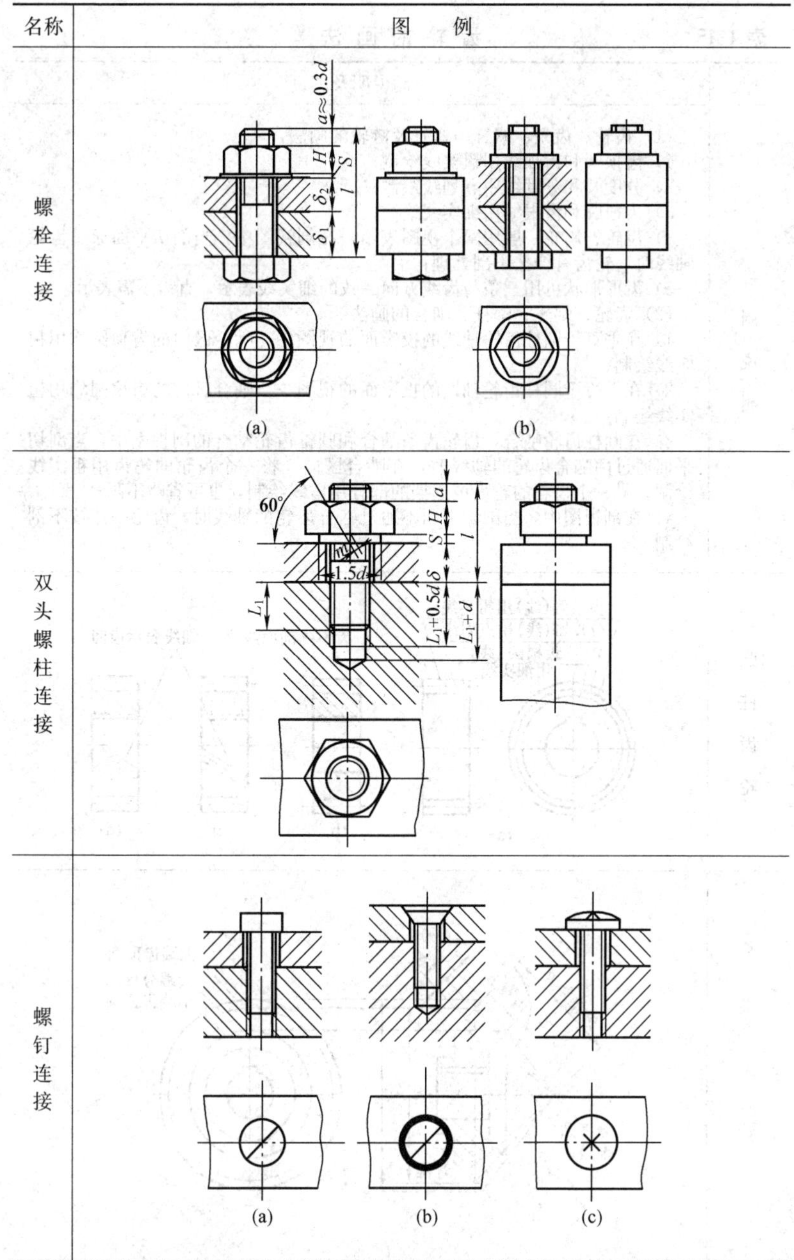
名称
图　例
螺栓连接
$a \approx 0.3d$
H
S
δ_2
l
δ_1
(a)
(b)
双头螺柱连接
60°
m
$1.5d$
a
H
S
l
δ
L_1
$L_1+0.5d$
L_1+d
螺钉连接
(a)
(b)
(c)

3. 齿轮的画法（见表 1-45）

表 1-45　　齿 轮 的 画 法

分类	绘制说明及图例
绘制说明	（1）齿轮、齿条、蜗杆、蜗轮及链轮的画法： 1）齿顶圆和齿顶线用粗实线绘制； 2）分度圆和分度线用点划线绘制； 3）齿根圆和齿根线用细实线绘制； 4）齿轮、蜗轮一般用两个视图表示，在剖视图中，当剖切平面通过齿轮轴线时，轮齿一律按不剖处理； 5）齿形形状可用三条与齿线方向一致的细实线表示，直齿不需表示。 （2）齿轮、蜗轮、蜗杆、啮合的画法： 1）在垂直于圆柱齿轮轴线的投影面的视图中，啮合区内的齿顶圆均用粗实线绘制； 2）在平行于圆柱齿轮轴线的投影面的视图中，啮合区内的齿顶圆均用粗实线绘制； 3）在圆柱齿轮啮合，齿轮齿条啮合和圆锥齿轮啮合的剖视图中，当剖切平面通过两啮合齿轮的轴线时，在啮合区内，将一个齿轮的轮齿用粗实线绘制，另一个齿轮的轮齿被遮挡的部分用虚线绘制，也可省略不画； 4）在剖视图中，当剖切平面不通过啮合齿轮的轴线时，齿轮一律按不剖绘制
圆柱齿轮	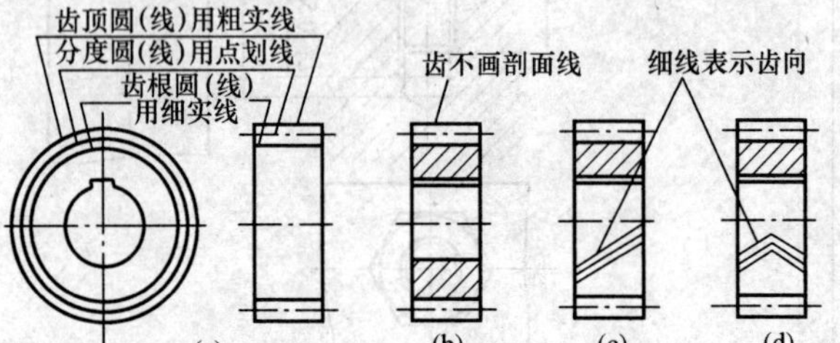 (a)　(b)　(c)　(d)
锥齿轮	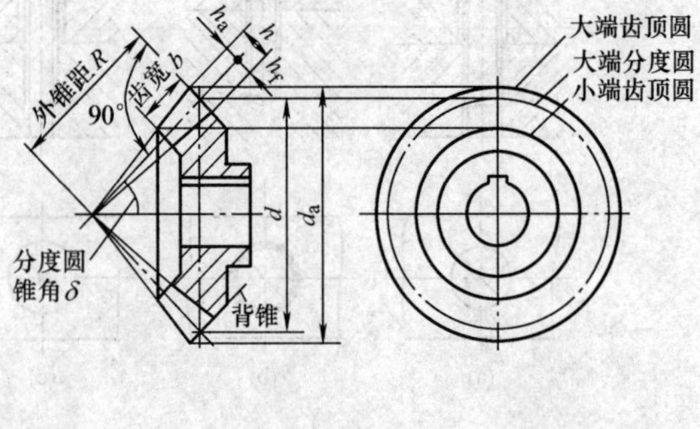

续表

分类	绘制说明及图例
齿条画法	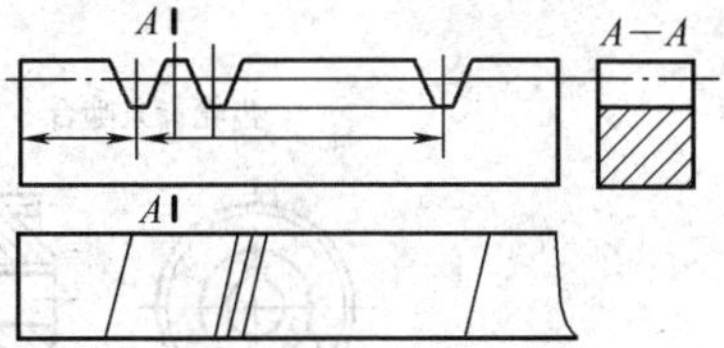 A　A—A A
蜗轮画法	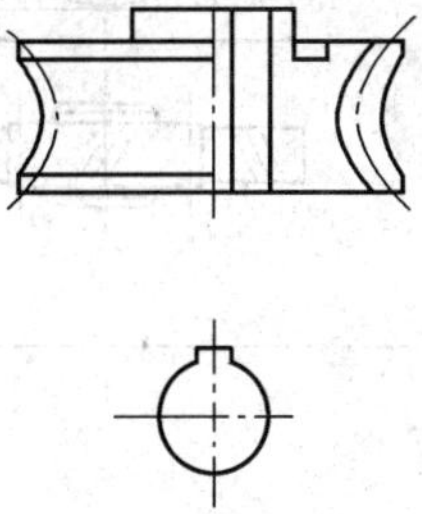
圆柱齿轮啮合画法	外啮合 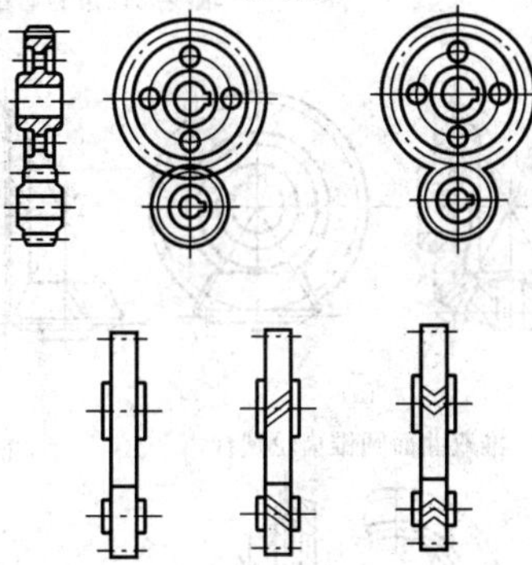 内啮合 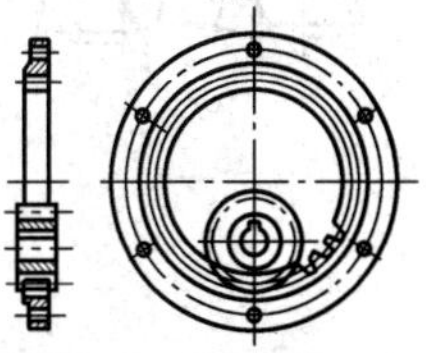

续表

分类	绘制说明及图例
齿轮齿条啮合	齿轮齿条啮合 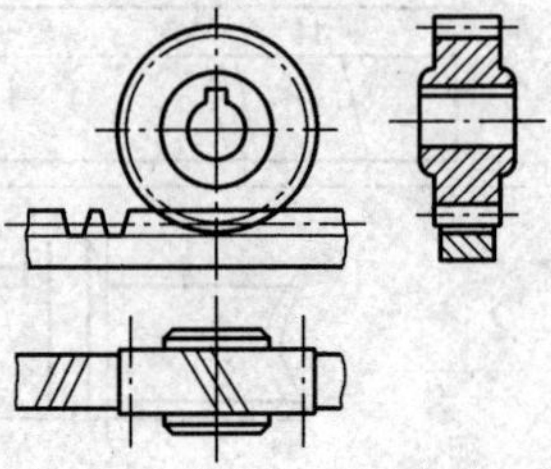
锥齿轮啮合	轴线成直角的啮合  (a) 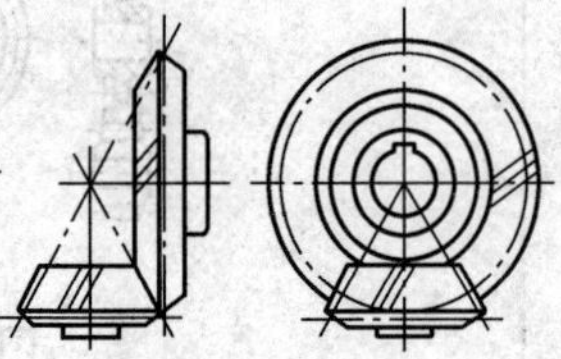 (b) 准双曲面圆锥齿轮啮合 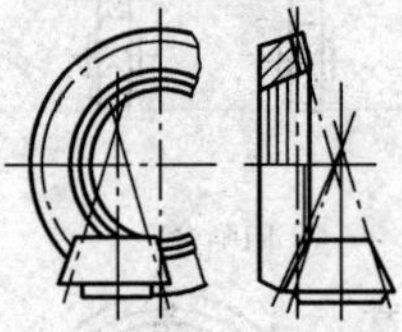 准渐开线锥齿轮啮合 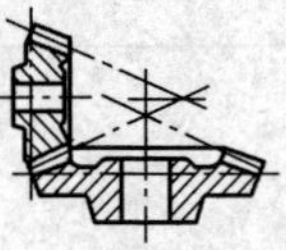 (c) (d)

续表

分类	绘制说明及图例
锥齿轮啮合	轴线成非直角的啮合 一般情况的齿轮啮合　平面与锥形齿轮的啮合 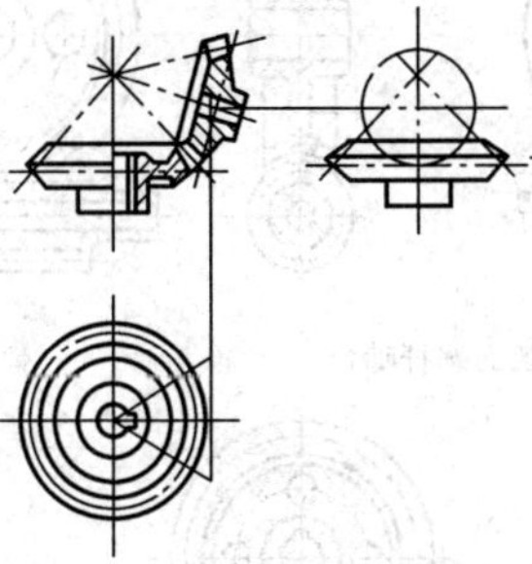 (e) 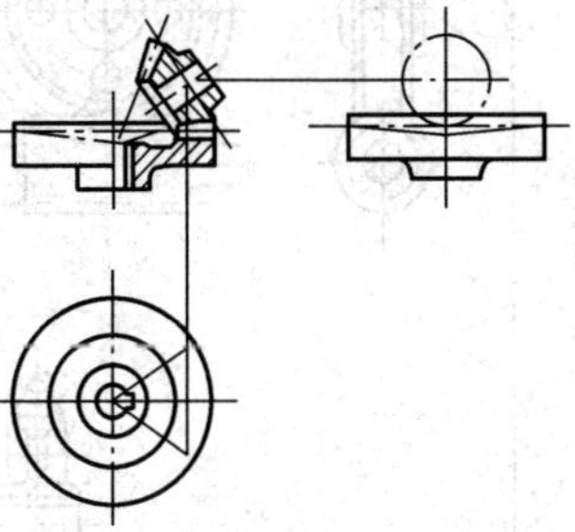　(f)
弧齿锥齿轮啮合	轴线成直角的啮合 　轴线成非直角的啮合 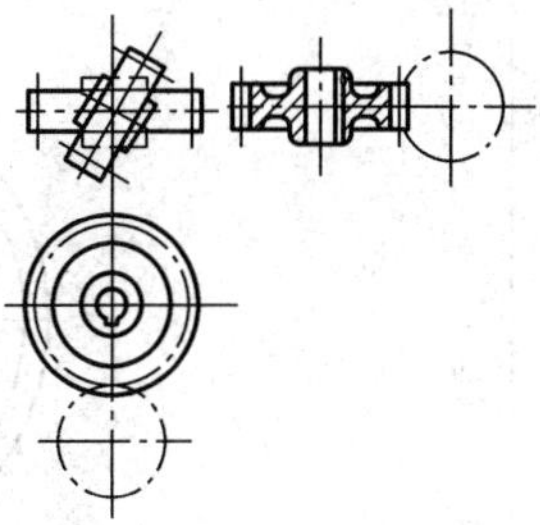

续表

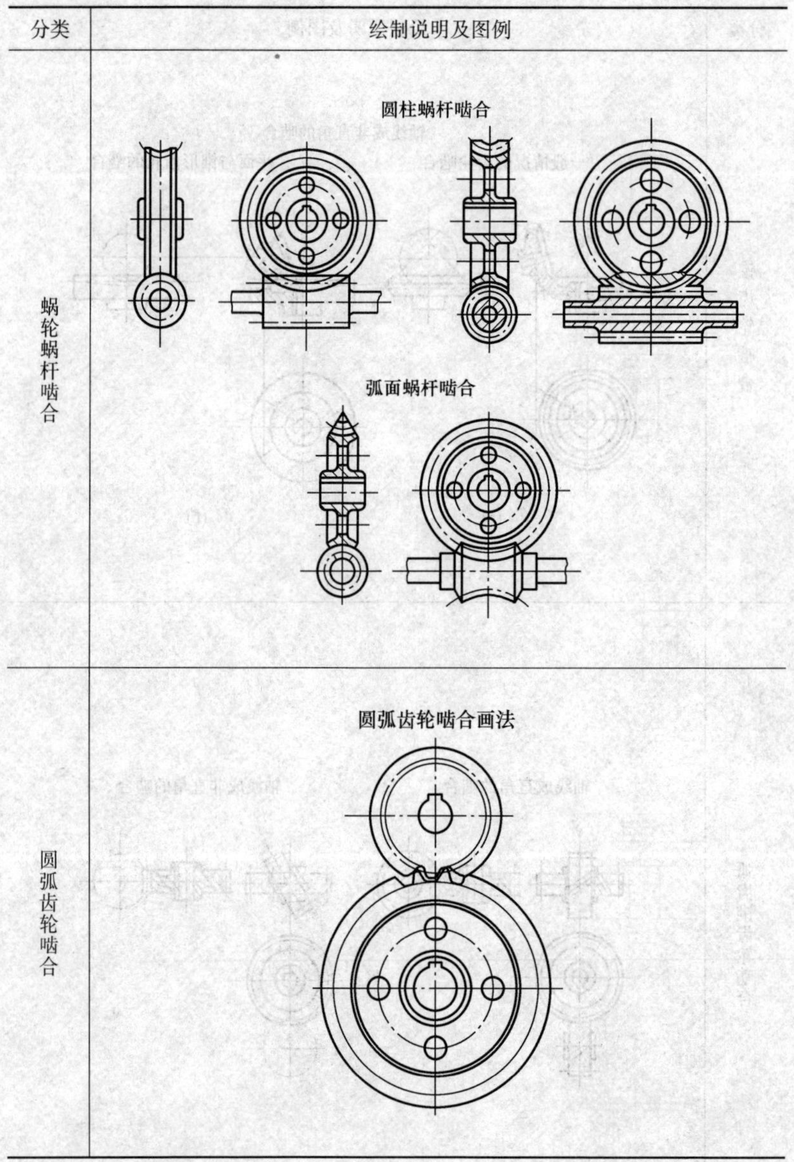

分类	绘制说明及图例
蜗轮蜗杆啮合	圆柱蜗杆啮合 弧面蜗杆啮合
圆弧齿轮啮合	圆弧齿轮啮合画法

四、孔的标注方法

1. 常见孔的尺寸标注方法（见表 1-46）

表 1-46　　　　常见孔的尺寸标注方法

类型		旁注法		普通注法	说明
光孔	一般孔	4×φ4↧10	4×φ4↧10	4×φ4 10	4×φ4 表示直径为 4mm 均匀分布的 4 个光孔。 孔深可与孔径连注，也可以分开注出
	精加工孔	4×φ4H7↧10 孔↧12	4×φ4H7↧10 孔↧12	4×φ4H7 10 12	光孔深为 12mm；钻孔后需精加工至 $\phi4^{+0.012}_{0}$，深度为 10mm
沉孔	锥形沉孔	6×φ7 ⌴φ13×90°	6×φ7 ⌴φ13×90°	90° φ13 6×φ7	6×φ7 表示直径为 7mm 均匀分布的 6 个孔。锥形部分尺寸可以旁注，也可直接注出
	柱形沉孔	4×φ6.4 ⌴φ12↧4.5	4×φ6.4 ⌴φ12↧4.5	φ12 4.5 4×φ6.4	柱形沉孔的小直径为 φ6.4 大直径为 φ12，深度为 4.5mm，均需标注
	锪平孔	4×φ9 ⌴φ20	4×φ9 ⌴φ20	φ20 4×φ9	锪平 φ20 的深度不需标注，一般锪平到不出现毛面为止

续表

类型		旁注法	普通注法	说明
螺孔	通孔	3×M6-7H　3×M6-7H	3×M6-7H	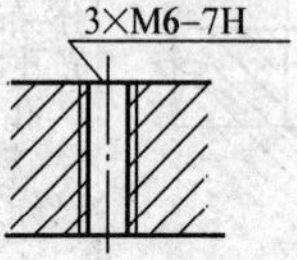  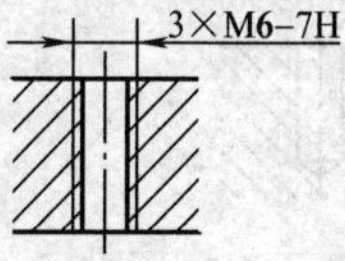 3×M6表示直径为6mm均匀分布的3个螺孔。 可以旁注，也可直接注出
	不通孔	3×M6-7H ↧10　3×M6-7H ↧10	3×M6-7H　10	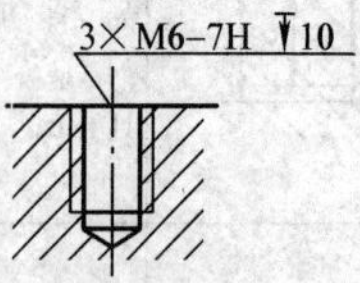 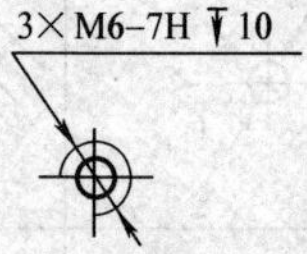 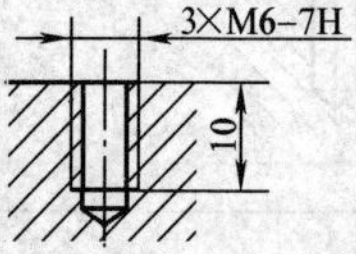 螺孔深度可与螺孔直径连注，也可分开注出
		3×M6-7H ↧10 孔↧12　3×M6-7H ↧10 孔↧12	3×M6-7H　10　12	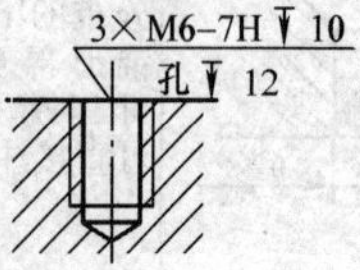 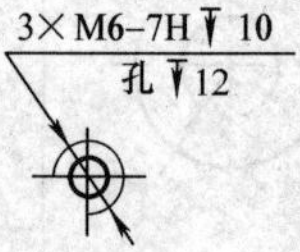 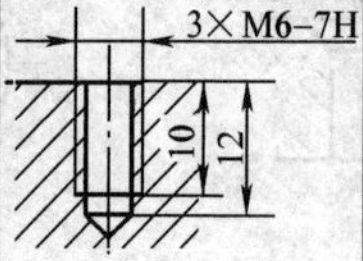 需要注出孔深时，应明确标注孔深尺寸

2. 中心孔

(1) 中心孔的符号，见表1-47。

表1-47　中心孔的符号（GB/T 145—2001）

要求	符号	标注示例	解释
在完工的零件上要求保留中心孔	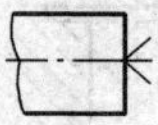	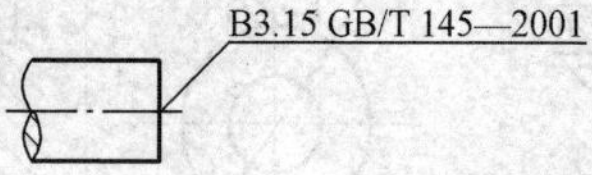 B3.15 GB/T 145—2001	要求作出B型中心孔 $d=3$，$D_{max}=7.5$ 在完工的零件上要求保留

续表

要　求	符　号	标　注　示　例	解　释
在完工的零件上可以保留中心孔	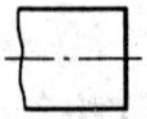	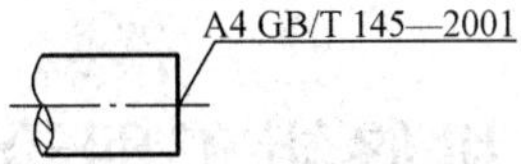 A4 GB/T 145—2001	用 A 型中心孔 $d=4$，$D_{max}=10$ 在完工的零件上是否保留都可以
在完工的零件上不允许保留中心孔	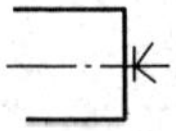	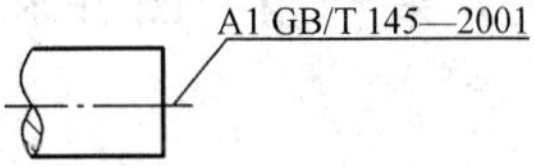 A1 GB/T 145—2001	用 A 型中心孔，$d=1.5$，$D_{max}=4$ 在完工的零件上不允许保留

（2）中心孔的标注方法，见表 1-48。

表 1-48　　　　中心孔的标注方法（GB/T 145—2001）

说　明	标　注　图　例
图样中的标准中心孔不必绘出详细结构，只需注出代号，如同一轴的两端中心孔相同，可只注出一端，但应标出其数量	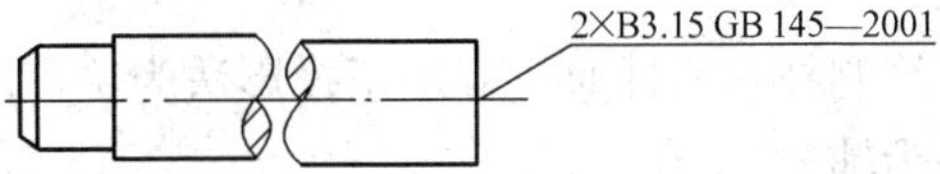 2×B3.15 GB 145—2001
如需指明中心孔的标准代号时，则可标注在中心孔型号的下方	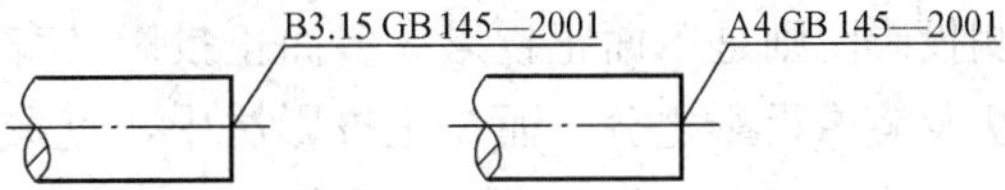 B3.15 GB 145—2001　A4 GB 145—2001
中心孔工作表面的粗糙度应在引出线上标出，若以中心孔的轴线为基准时，其基准代号的标注如图所示	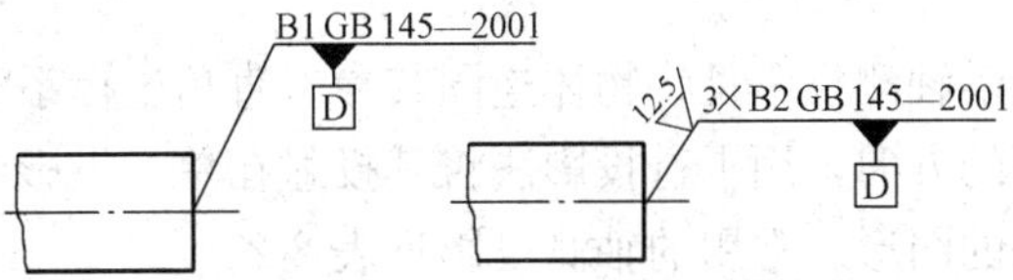 B1 GB 145—2001　D　12.5　3×B2 GB 145—2001　D

第二章 机修钳工理论基础

第一节 图样表示方法

一、投影法

投影法是图样表达的基础，空间机件也是通过采用不同的投影法所获得的图形来表达其形状的，不同的需要可采用不同的投影法。为此，投影法也是技术制图的基础。

投影法将按投射线的类型（平行或汇交）、投影面与投射线的相对位置（垂直或倾斜），以及物体的主要轮廓与投影面的相对关系（平行、垂直或倾斜）进行分类，其基本分类如图 2-1 所示。

绘制技术图样时，应以正投影法为主，以轴测投影法及透视投影法为辅。

1. 正投影法

正投影法有单面和多面之分，如六面基本视图属于多面正投影，轴测投影图则是单面正投影。多面正投影又有第一角画法、第三角画法及镜像投影之分。而在正投影法中，应采用第一角画法，必要时才允许使用第三角画法。正投影法中三种方法的区别见表 2-1。

2. 轴测投影

轴测投影是将物体连同其参考直角坐标系沿不平行于任一坐标面的方向，用平行投影法将其投射在单一投影面上所得的具有立体感的图形。常用的轴测投影见表 2-2。

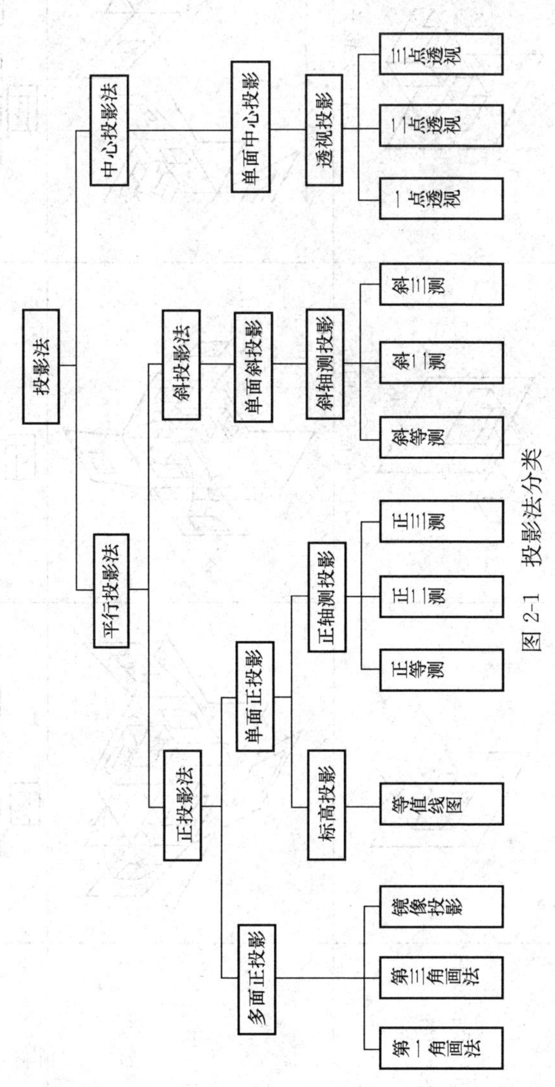
投影法
中心投影法
单面中心投影
透视投影
三点透视
二点透视
一点透视
平行投影法
斜投影法
单面斜投影
斜轴测投影
斜三测
斜二测
斜等测
正投影法
单面正投影
正轴测投影
正三测
正二测
正等测
标高投影
等值线图
多面正投影
镜像投影
第三角画法
第一角画法

图 2-1　投影法分类

表 2-1　　正投影法（摘自 GB/T 14692—2008《技术制图　投影法》）

区别＼投影法	第一角画法	第三角画法	镜像投影
视线、机件及投影平面之间的相对位置	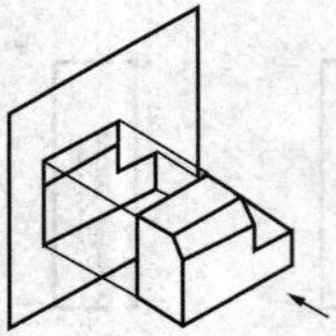	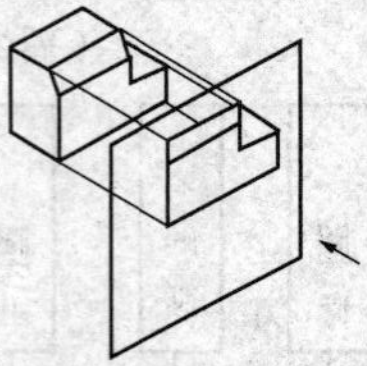 投影平面是透明的	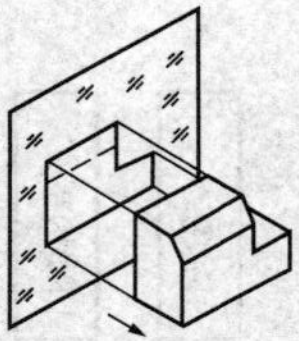 投影平面是镜子
六面展开的方向	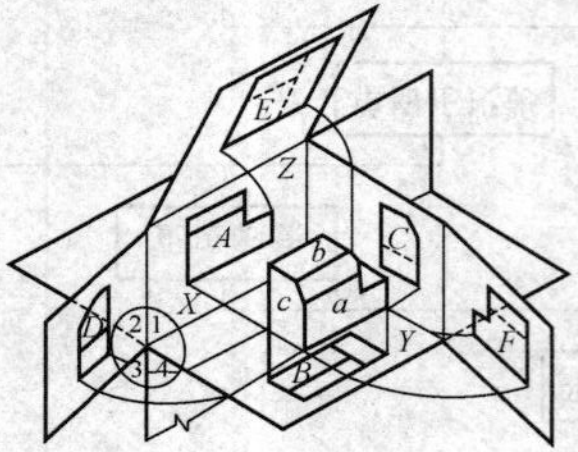	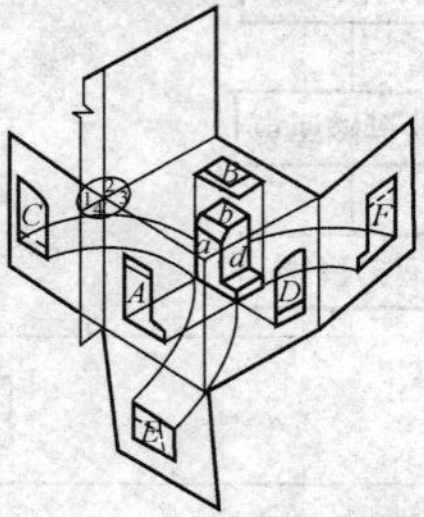	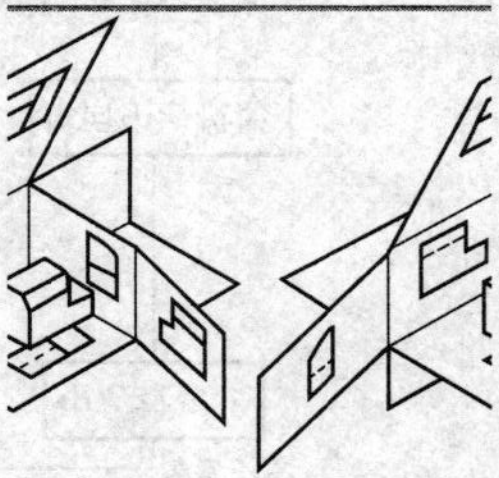
六面基本视图的配置	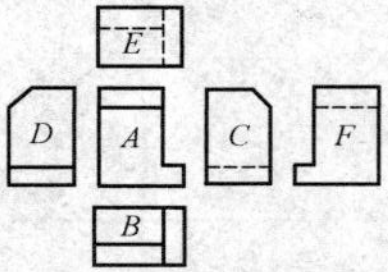	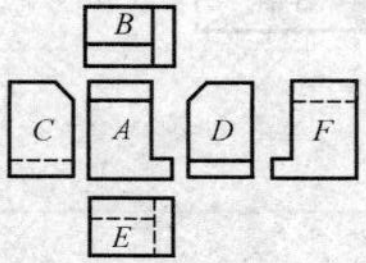	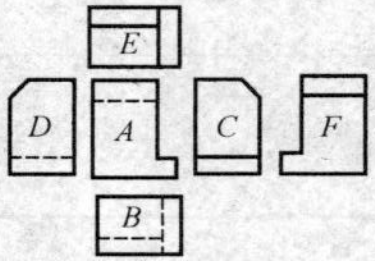

续表

区别＼投影法	第一角画法	第三角画法	镜像投影
图样上的识别符号	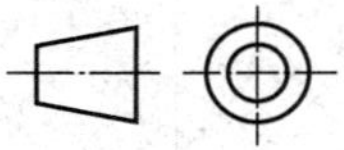	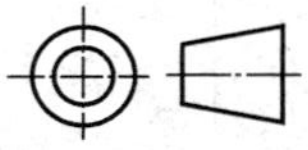	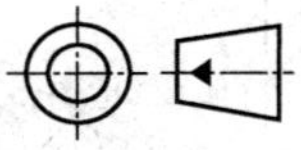
视图上的标注	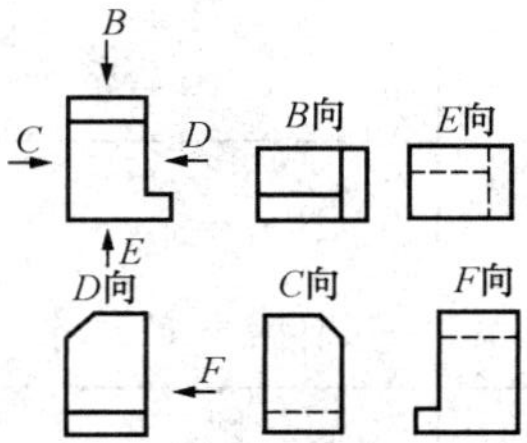 当不按基本视图配置时，可用两种表达方法： a. 在视图的上方标出“×向”； b. 在视图的下方标出图名		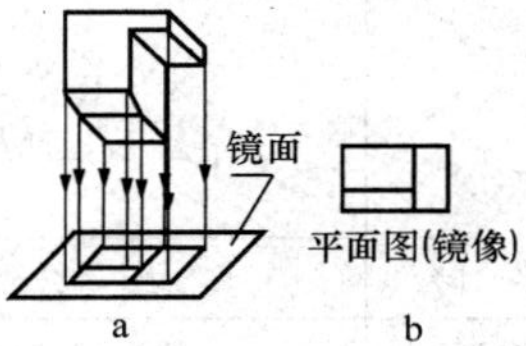 a　b

表 2-2　　常用的轴测投影（摘自 GB/T 14692—2008）

项目		正轴测投影			斜轴测投影		
特性		投影线与轴测投影面垂直			投影线与轴测投影面倾斜		
轴测类型		等测投影	二测投影	三测投影	等测投影	二测投影	三测投影
简称		正等测	正二测	正三测	斜等测	斜二测	斜三测
应用举例	伸缩系数	$p_1 = q_1 = r_1 = 0.82$	$p_1 = r_1 = 0.94$ $q_1 = \frac{p_1}{2} = 0.47$			$p_1 = r_1 = 1$ $q_1 = 0.5$	
	简化系数	$p = q = r = 1$	$p = r = 1$ $q = 0.5$			无	
	轴间角	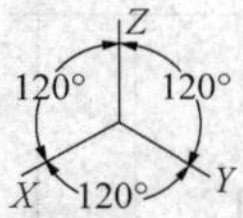 Z X Y 120° 120° 120°	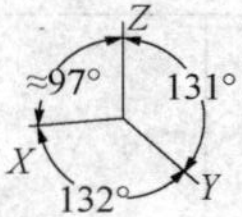 Z X Y ≈97° 131° 132°	视具体要求选用	视具体要求选用	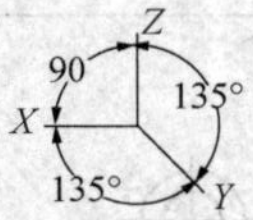 Z X Y 90 135° 135°	视具体要求选用
	例图	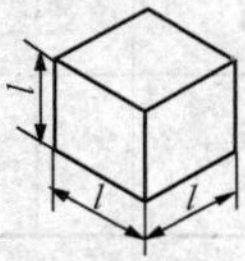 l l l	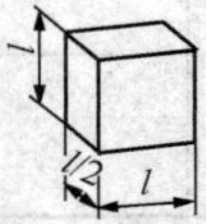 l l/2 l			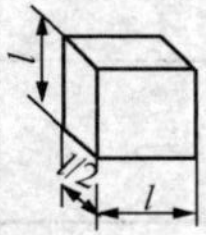 l l/2 l	

3. 透视投影

透视投影是用中心投影法将物体投射在单一投影面上所得到的具有立体感的图形。透视图中，观察者眼睛所在的位置（即投影中心）称为视点。透视视点的位置应符合人眼观看物体时的位置。视点离开物体的距离一般应使物体位于正常视锥范围内，正常视锥的顶角约为60°。透视投影的分类及其画法见表2-3。

表2-3　透视投影的分类及其画法（摘自GB/T 14692—2008）

分类	图例	说明
一点透视	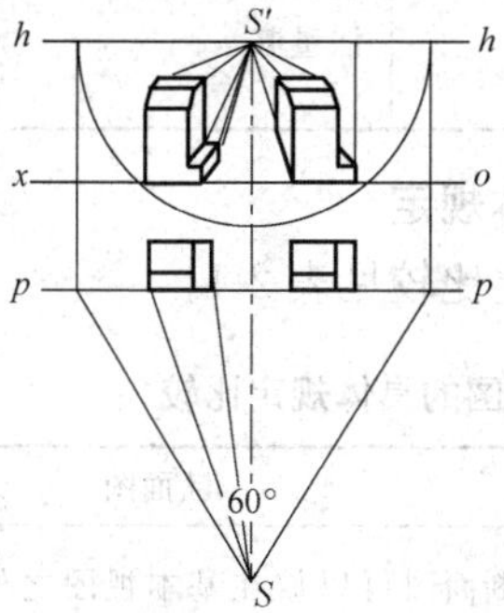 h S′ h x o p p 60° S	（1）一点透视中画面应与物体的长度和高度两组棱线的方向平行。 （2）物体宽度主方向的棱线与画面垂直，其灭点就是主点。 （3）画一点透视时，可用视线迹点法或距离点法作图
两点透视	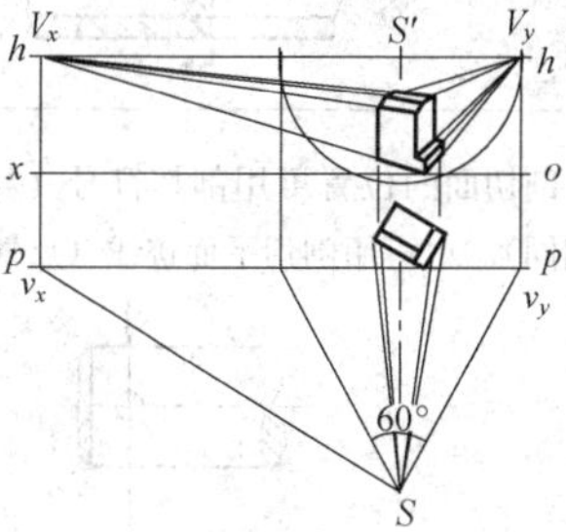 V_x S′ V_y h h x o p p v_x v_y 60° S	（1）两点透视中，画面应与物体高度方向的棱线平行。 （2）画面与物体的主要立面的偏角以20°～40°为宜。 （3）物体的长度和宽度两组主方向的棱线与画面相交，有两个灭点，均位于视平线h—h上。 （4）可用迹点灭点法或量点法画两点透视

续表

分类	图例	说明
三点透视	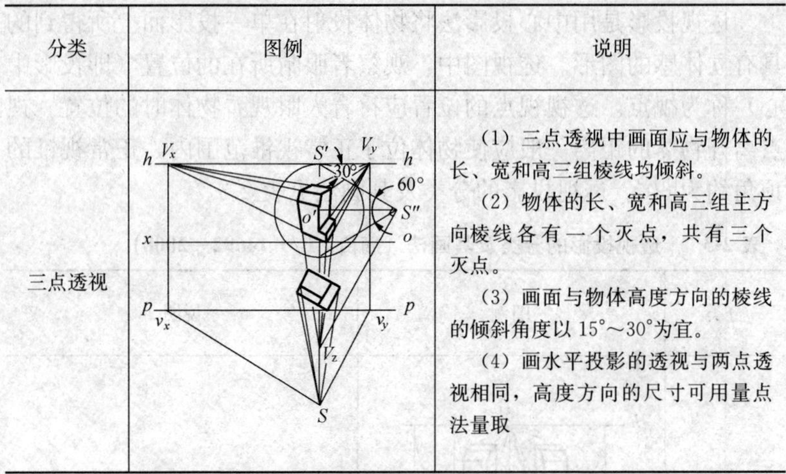	（1）三点透视中画面应与物体的长、宽和高三组棱线均倾斜。 （2）物体的长、宽和高三组主方向棱线各有一个灭点，共有三个灭点。 （3）画面与物体高度方向的棱线的倾斜角度以15°～30°为宜。 （4）画水平投影的透视与两点透视相同，高度方向的尺寸可用量点法量取

二、剖视图与断面图的具体规定

剖视图与断面图的具体规定比较见表2-4。

表2-4　剖视图与断面图的具体规定比较

序号	剖视图	断面图
1	剖视图可以配置在基本视图的位置，或按投影关系配置，也可配置在图样适当的位置上	断面图可以放在基本视图之外任何适当位置——移出断面，也可放在基本视图之内（用细实线画出）——重合断面
2	剖切符号用断开的粗实线画出，以表示剖切面的位置 剖切平面是两粗短划线 剖切柱面为粗的短圆弧	剖切面的位置可用剖切符号（与剖视图中的相同），也可用剖切平面迹线（点划线）表示

续表

序号	剖视图	断面图
3	当画由两个或两个以上的相交的剖切面剖切的剖视图时，可按旋转剖或采用展开画法，并应标注“×—×”展开，此展开图可看作是完整的全剖视图	由两个或多个相交的剖切平面剖切得出的移出断面，中间一般应断开 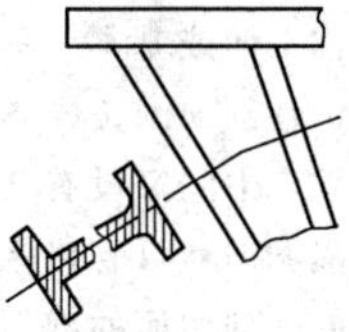
4		当剖切平面通过回转面形成的孔或凹坑的轴线时，或当剖切平面通过非圆孔会导致出现完全分离的两个断面时，这些结构应按剖视绘制 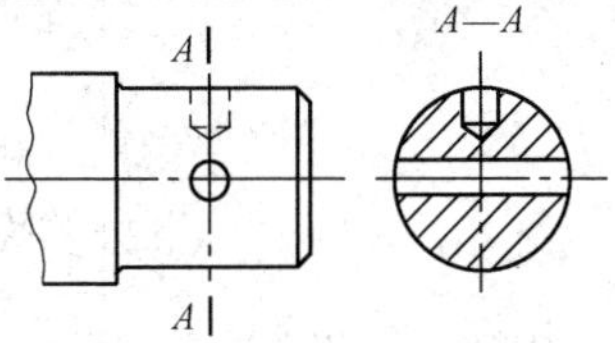
5	省略箭头的情况	
	当剖视图按投影关系配置，中间又没有其他图形隔开时可省略箭头	对称移出断面、按投影关系配置的不对称移出断面及对称重合断面 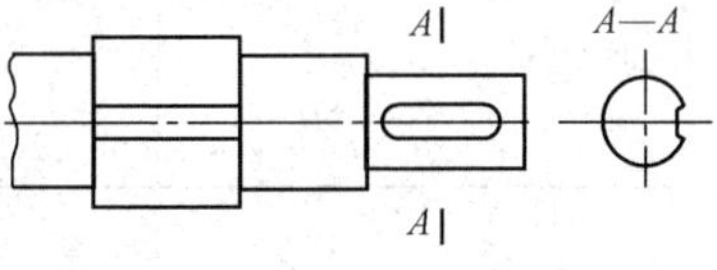
	省略字母的情况	
	一般不单独省略字母。对阶梯剖中转角处的字母，当地位不够或不易被误解时允许省略	配置在剖切符号延长线上的移出断面以及配置在剖切符号上的重合断面 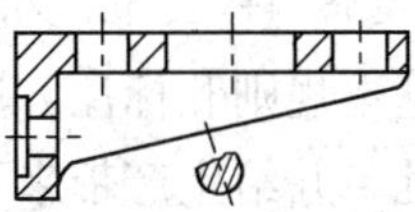

续表

序号	剖视图	断面图
6	当单一剖切平面通过机件的对称平面或基本对称的平面，且剖视图按投影关系配置，中间又没有其他图形隔开时，可省略标注。当单一剖切面的剖切位置明显时，局部剖视图的标注也可省略	对称的重合断面，配置在视图中断处的对称移出断面均不必标注 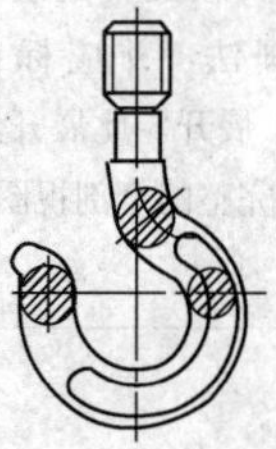
7	剖视图一般不允许旋转后画出，除用斜剖视所得到的剖视图之外	对移出断面，在不致引起误解时允许将图形旋转，并应标注“⌒×—×” 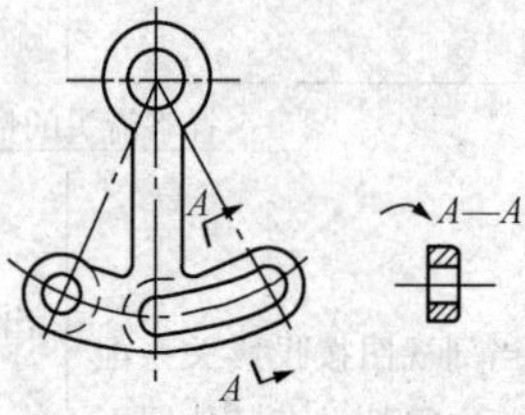 A A A—A

第二节　尺寸与公差的标注

一、尺寸标注的基本规则

GB/T 458.4—2003《机械制图　尺寸标注》中规定了有关标注尺寸的基本规则和标注方法，画图时必须遵守这些规定，否则就会引起混乱，并给生产带来不必要的损失。表 2-5 中列出了尺寸标注的基本规则，并适当地加以了说明。

表 2-5　　尺寸标注的基本规则（摘自 GB/T 458.4—2003）

项目	说明	图例
总则	1. 完整的尺寸、由下列内容组成： （1）尺寸线（细实线）和箭头。 （2）尺寸界线（细实线）。 （3）尺寸数字。 2. 图上所注尺寸数值为零件的真实大小，与图形的比例及绘图的准确度无关。 3. 尺寸单位是毫米时不需注明，采用其他单位时，必须注明单位的代号或名称。在同一图样中，每一个尺寸一般只标注一次	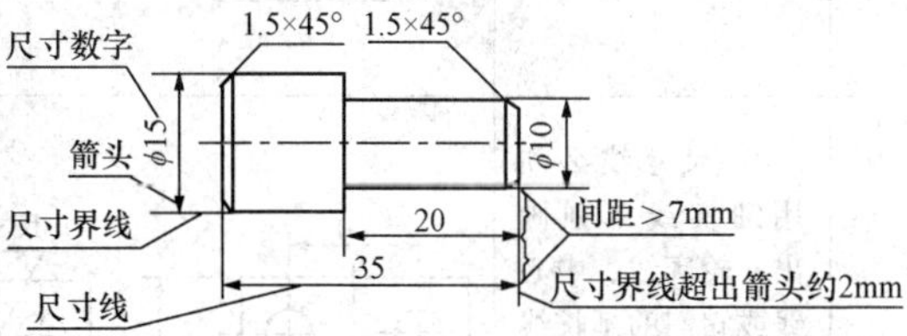
尺寸数字	尺寸数字一般标注在尺寸线的上方或中断处	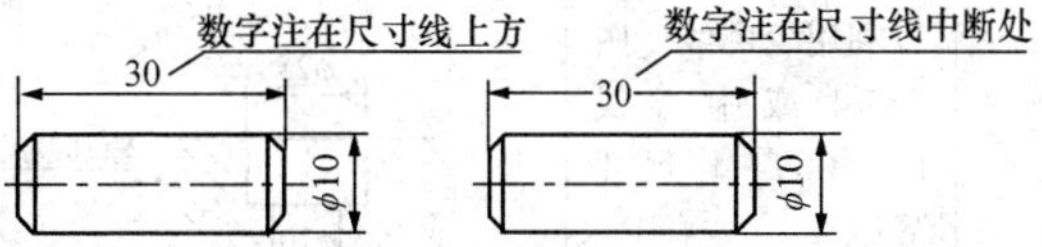
	直线尺寸的数字应按图（a）所示的方向填写，并尽量避免在图示 30°范围内标注尺寸。当无法避免时，可按图（b）标注。非水平方向的尺寸还可按图（c）标注	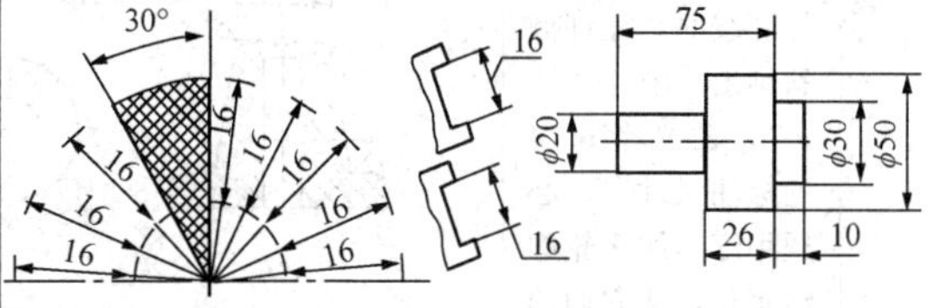

续表

项目	说明	图例
尺寸数字	数字不可被任何图线所通过。当不可避免时，必须把图线断开	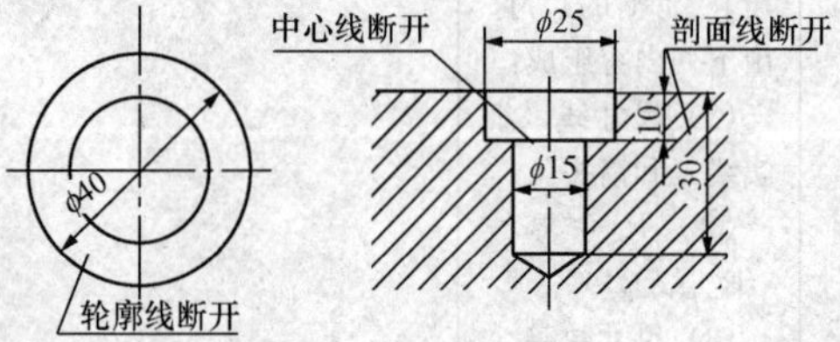
尺寸线	1. 尺寸线必须用细实线单独画出。轮廓线、中心线或它们的延长线均不可作尺寸线使用。 2. 标注直线尺寸时，尺寸线必须与所标注的线段平行	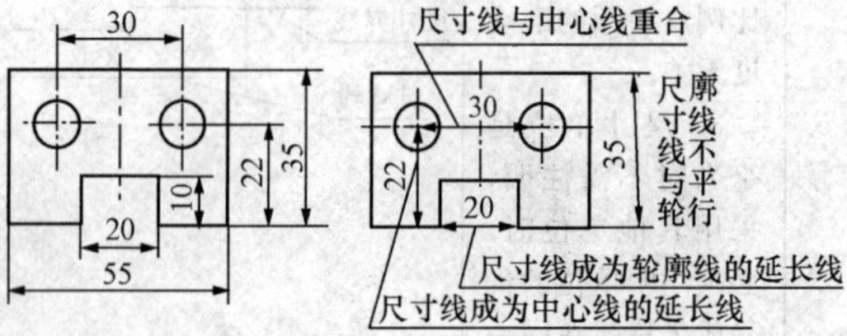 (a)正确 (b)错误
尺寸界线	1. 尺寸界线用细实线绘制，也可以利用轮廓线［图(a)］或中心线［图(b)］作尺寸界线。 2. 尺寸界线应与尺寸线垂直。当尺寸界线过于贴近轮廓线时，允许倾斜画出［图(c)］。 3. 在光滑过渡处标注尺寸时，必须用细实线将轮廓线延长，从它们的交点引出尺寸界线［图(d)］	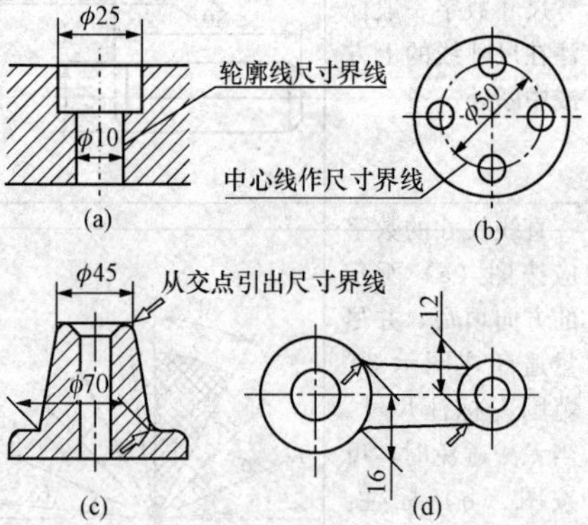 (a) (b) (c) (d)

续表

项目	说明	图例
直径与半径	1. 标注直径尺寸时，应在尺寸数字前加注直径符号“ϕ”；标注半径尺寸时，加注半径符号“R”。 2. 半径尺寸必须注在投影为圆弧处，且尺寸线应通过圆心	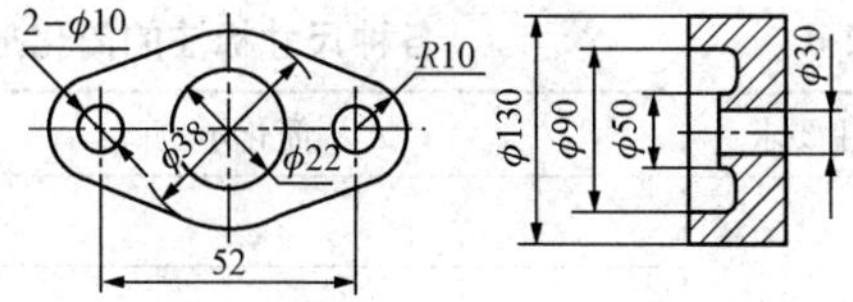 2−ϕ10　R10　ϕ38　ϕ22　52　ϕ130　ϕ90　ϕ50　ϕ30
狭小部位	1. 当没有足够位置画箭头或写数字时，可将其中之一布置在外面。 2. 位置更小时箭头和数字可以都布置在外面。 3. 标注一连串小尺寸时，可用小圆点或斜线代替箭头，但两端箭头仍应画出	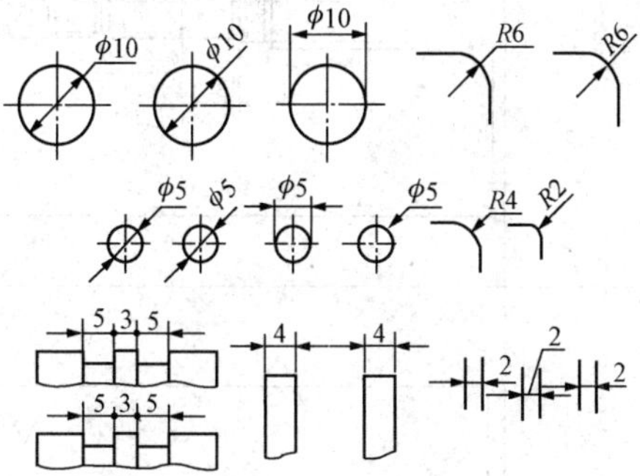 ϕ10　ϕ10　ϕ10　R6　R6　ϕ5　ϕ5　ϕ5　ϕ5　R4　R2　5 3 5　5 3 5　4　4　2　2　2
角度	1. 角度的尺寸界线必须沿径向引出。 2. 角度的数字一律水平填写。 3. 角度的数字应写在尺寸线的中断处，必要时允许写在外面，或引出标注	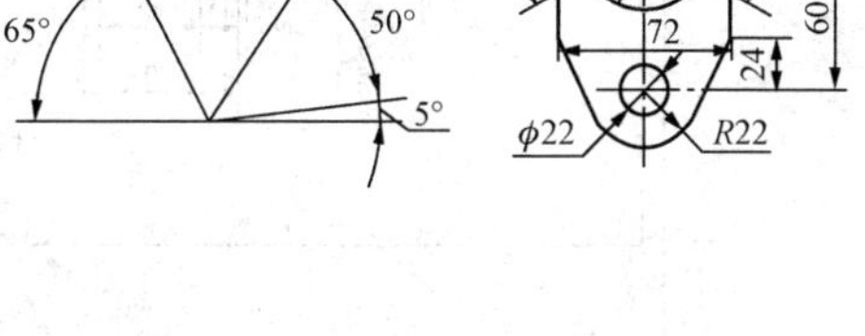 60°　65°　50°　5°　R28　30°　30°　72　24　60　ϕ22　R22

二、尺寸与公差简化标注法

在很多情况下，作图时只要不产生误解，也可以用简化形式标注尺寸。GB/T 16675.2—2012《技术制图　简化表示法　第 2 部分：尺寸标注》中就明确规定了各种尺寸标注的简化形式，见表 2-6。

表 2-6　　各种尺寸标注的简化形式

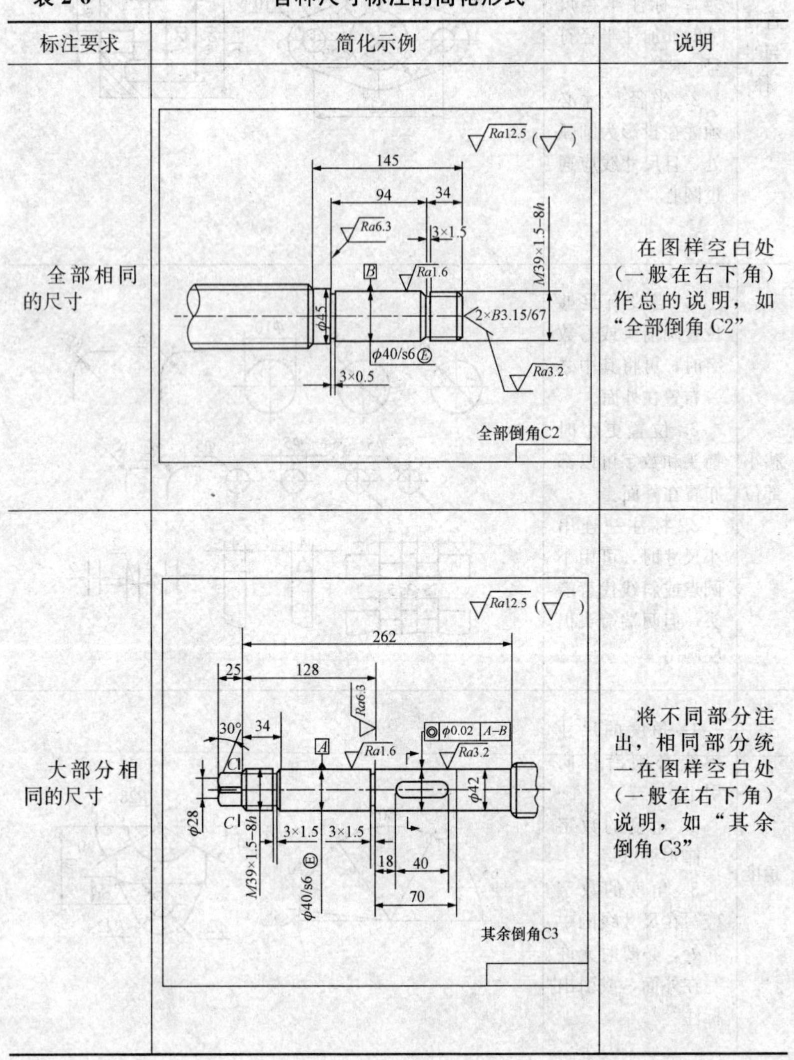

标注要求	简化示例	说明
全部相同的尺寸		在图样空白处（一般在右下角）作总的说明，如“全部倒角 C2”
大部分相同的尺寸		将不同部分注出，相同部分统一在图样空白处（一般在右下角）说明，如“其余倒角 C3”

续表

标注要求	简化示例	说明
相同的重复要素的尺寸	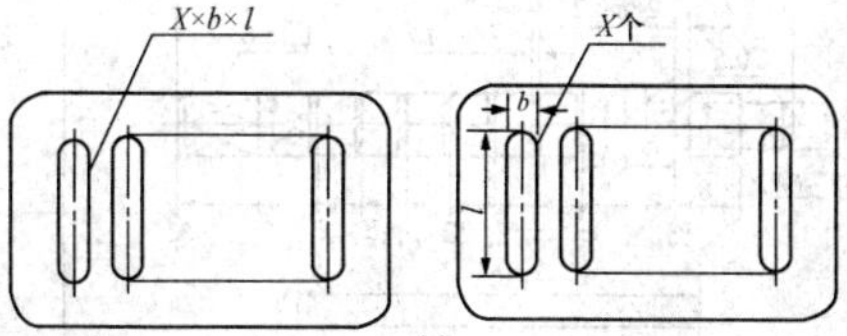 X×b×l X个 b l (a) 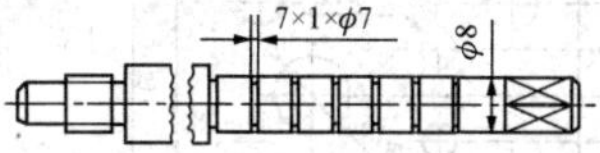 7×1×ϕ7 ϕ8 (b)	仅在一个要素上注清楚其尺寸和数量
均布要素尺寸	15° 8×ϕ4 EQS ϕ42 (a) 8×ϕ6 ϕ48 (b)	相同要素均布者，需标均布符号"EQS"［图(a)］。均布明显者，不需标符号"EQS"［图(b)］
尺寸数值相近，不易分辨的成组要素的尺寸	3×$\phi8^{+0.02}_{0}$ 2×$\phi8^{+0.058}_{0}$ 3×ϕ9 3×$\phi8^{+0.02}_{0}$ 2×$\phi8^{+0.058}_{0}$ 3×ϕ9 A B C B B A C A	采用不同标记的方法加以区别，也可采用标注字母的方法。 当字母或标记过多时，也可另列表说明而不直接标注在图形上

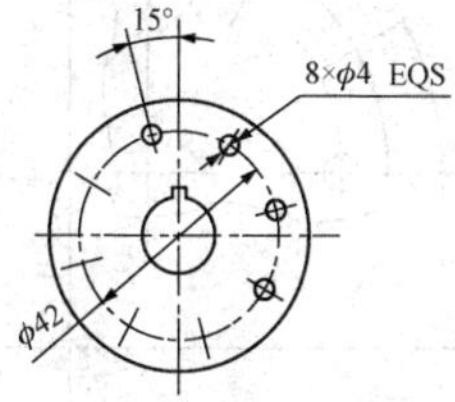

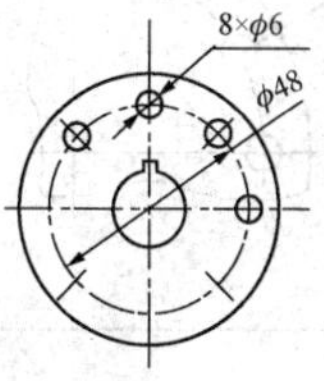

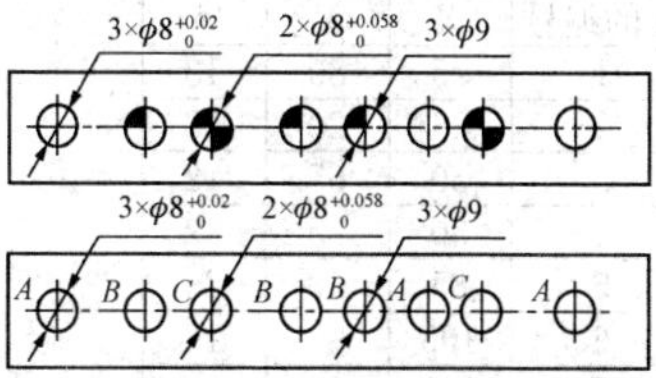

续表

<table>
<tr><th>标注要求</th><th>简化示例</th><th>说明</th></tr>
<tr><td>同一基准出发的尺寸</td><td>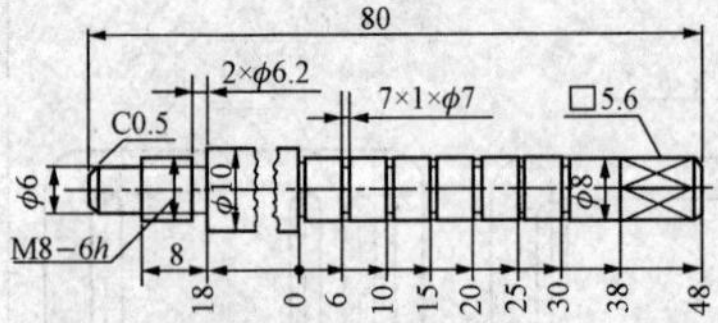

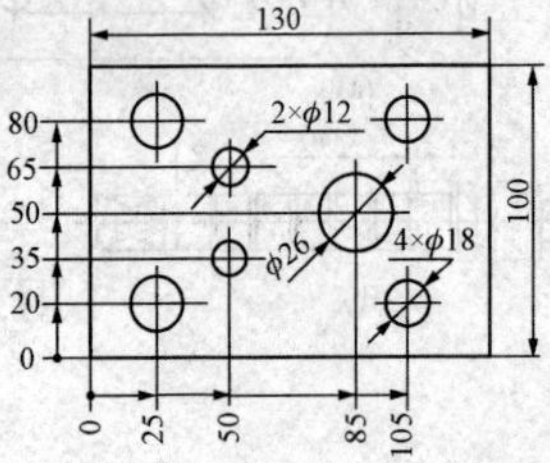

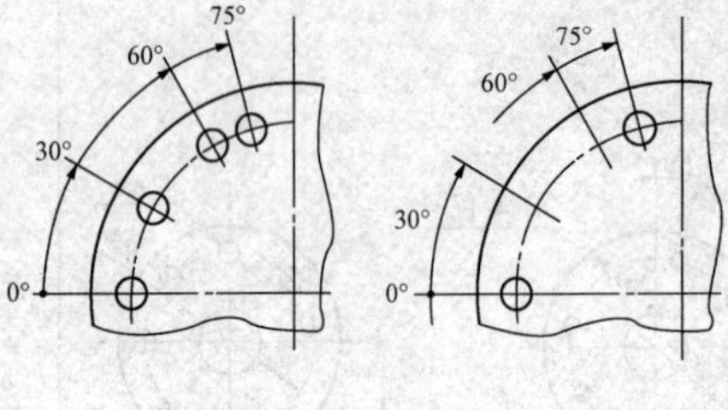
</td><td>标明基准，用单箭头标注相对于基准的尺寸数字</td></tr>
<tr><td>同一基准出发的尺寸</td><td>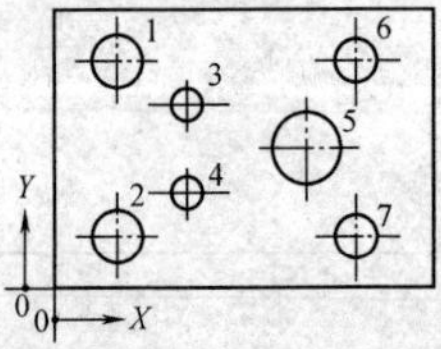

<table>
<tr><th>孔的编号</th><th>X</th><th>Y</th><th>φ</th></tr>
<tr><td>1</td><td>25</td><td>80</td><td>18</td></tr>
<tr><td>2</td><td>25</td><td>20</td><td>18</td></tr>
<tr><td>3</td><td>50</td><td>65</td><td>12</td></tr>
<tr><td>4</td><td>50</td><td>35</td><td>12</td></tr>
<tr><td>5</td><td>85</td><td>50</td><td>26</td></tr>
<tr><td>6</td><td>105</td><td>80</td><td>18</td></tr>
<tr><td>7</td><td>105</td><td>20</td><td>18</td></tr>
</table></td><td>也可用坐标形式列表标注与基准的关系</td></tr>
</table>

续表

标注要求	简化示例	说明
间隔相等的链式尺寸	10　20　4×20(=80)　100 45°　3×45°(=135°)	括号中的尺寸为参考尺寸
不连续的同一表面的尺寸	26　42　16　2×ϕ12　60	用细实线将不连续的表面相连，标注一次尺寸
两个形状相同但尺寸不同的零件的尺寸	250　1600(2500)　2100(3000) *L*1(*L*2)	用一张图表示，将另一件的名称或代号及不同的尺寸列入括号内
45°倒角	*C*2 2×*C*2	用符号 *C* 表示 45°，不必画出倒角，如两边均有 45°倒角，可用 2×*C*2 表示

续表

标注要求	简化示例	说明
滚花规格	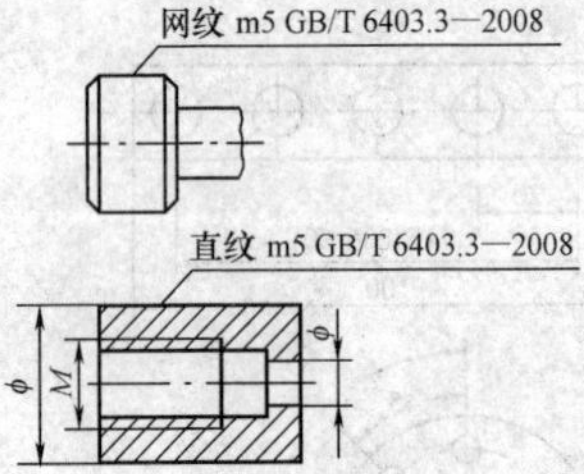 网纹 m5 GB/T 6403.3—2008 直纹 m5 GB/T 6403.3—2008 φ M φ	将网纹形式、规格及标准号标注在滚花表面上，外形圆不必画出滚花符号
同心圆弧或同心圆的尺寸	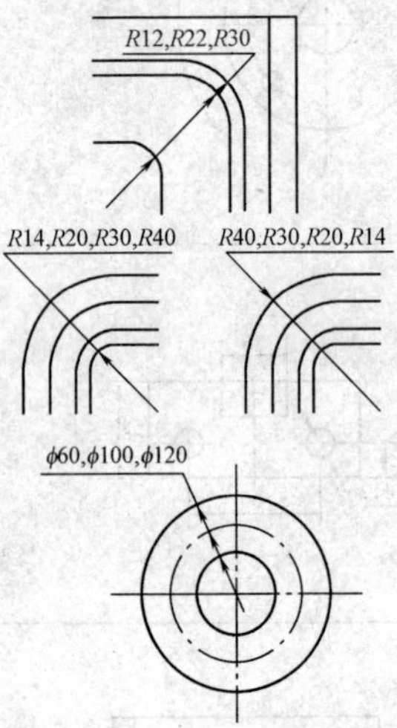 R12,R22,R30 R14,R20,R30,R40　R40,R30,R20,R14 φ60,φ100,φ120	用箭头指向圆弧并依次标出半径值，在不致引起误解时，除起始第一个箭头外，其余箭头可省略，但尺寸仍应以第一个箭头为首，依次表示
阶梯孔的尺寸	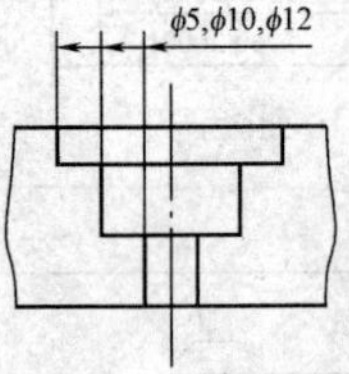 φ5,φ10,φ12	几个阶梯孔可共用一个尺寸线，并以箭头指向不同的尺寸界线，同时以第一个箭头为首，依次标出直径
不同直径的阶梯轴的尺寸	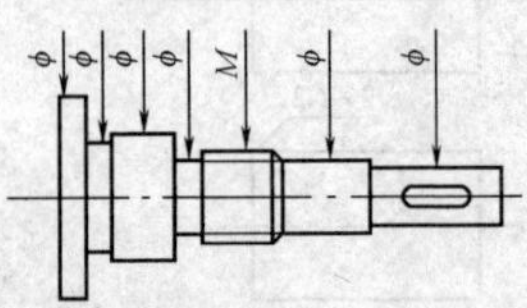 φ φ φ φ M φ φ	用带箭头的指引线指向各个不同直径的圆表面，并标出相应的尺寸

续表

标注要求	简化示例	说明
尺寸线终端形式	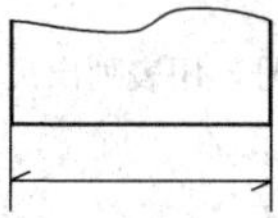	可使用单边箭头
不反映真实大小的投影面上的要素尺寸	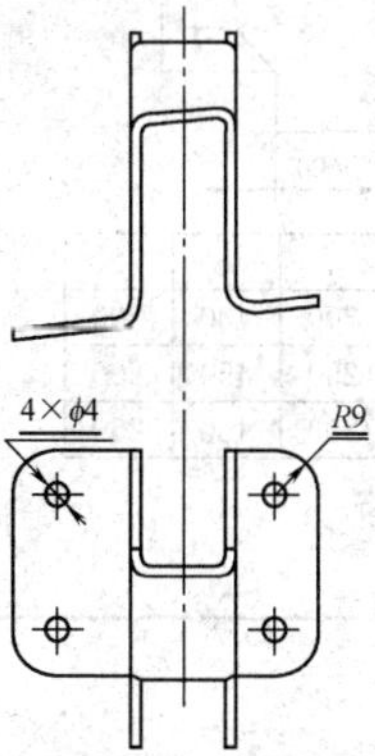 4×ϕ4　R9	用真实尺寸标注。由于该投影面上的要素已失真，尺寸与图形不一致，因此在真实尺寸下面加画粗短划，以示与一般情况的区别
光孔、螺孔、沉孔等各类孔的尺寸	4×ϕ4 ↧10　或　4×ϕ4 ↧10	深度（符号“↧”）为10的4个圆销孔
	6×ϕ6.5 ⌵ϕ10×90°　或　6×ϕ6.5 ⌵ϕ10×90°	符号“⌵”表示埋头孔，埋头孔的尺寸为ϕ10×90°
	8×ϕ6.4 ⌴ϕ12 ↧4.5　或　8×ϕ6.4 ⌴ϕ12 ↧4.5	符号“⌴”表示沉孔或锪平，此处有沉孔ϕ12深4.5

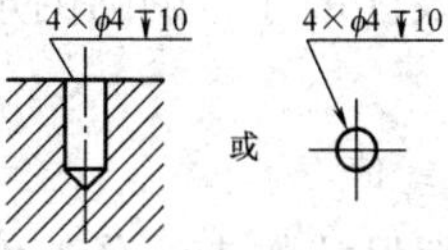

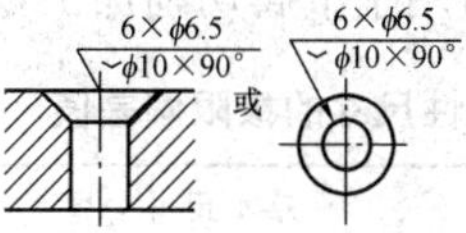

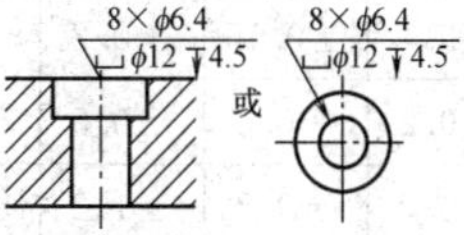

续表

<table>
<tr><th>标注要求</th><th>简化示例</th><th>说明</th></tr>
<tr><td>同类型或同系列的零件或构件尺寸</td><td>在图中标注零件代号，用表列出尺寸
400　a　b　600　c
<table><tr><th>No</th><th>a</th><th>b</th><th>c</th></tr><tr><td>1</td><td>200</td><td>400</td><td>200</td></tr><tr><td>2</td><td>250</td><td>450</td><td>200</td></tr><tr><td>3</td><td>200</td><td>450</td><td>250</td></tr></table></td><td>所示部位中 a、b、c 三个尺寸随零件代号而异，其余均相同</td></tr>
</table>

三、尺寸的未注公差值

未注公差是指车间的机床设备在一般工艺条件下能达到的公差值。尺寸的未注公差包括线性尺寸、倒圆倒角和角度三部分的未注公差值。

1. 线性尺寸的未注公差值

（1）未注公差值。线性尺寸的未注公差值应采用 GB/T 1804—2000《一般公差　未注公差的线性和角度尺寸的公差》中规定的未注公差值，见表 2-7。它适用于金属切削加工零件的非配合尺寸。

表 2-7　　线性尺寸的极限偏差值　　mm

公差等级	基本尺寸分段							
	0.5～3	>3～6	>6～30	>30～120	>120～400	>400～1000	>1000～2000	>2000～4000
精密 f	±0.05	±0.05	±0.1	±0.15	±0.2	±0.3	±0.5	—
中等 m	±0.1	±0.1	±0.2	±0.3	±0.5	±0.8	±1.2	±2.0
粗糙 c	±0.2	±0.3	±0.5	±0.8	±1.2	±2.0	±3.0	±4.0
最粗 v	—	±0.5	±1.0	±0.15	±2.5	±4.0	±6.0	±8.0

（2）表示方法。采用未注公差时，必须在图样空白处或技术文件中用标准规定的方法标注，如："未注公差的尺寸按 GB/T 1804-m" 或 "GB/T 1804-m"。

2. 倒圆半径与倒角高度尺寸未注公差值

倒圆半径与倒角高度尺寸的未注公差值应采用 GB/T 1804—2000 中规定的数值，见表 2-8。

表 2-8　倒圆半径和倒角高度尺寸的极限偏差值　mm

公差等级	基本尺寸分段			
	0.5～3	>3～6	>6～30	>30
精密 f	±0.2	±0.5	±1.0	±2.0
中等 m				
粗糙 c	±0.4	±1.0	±2.0	±4.0
最粗 v				

3. 角度的未注公差值

（1）未注公差值。角度的未注公差值应采用 GB/T 1804—2000 中的有关规定，见表 2-9。

表 2-9　角度尺寸的极限偏差值

公差等级	长度分段（mm）				
	≤10	>10～50	>50～100	>120～400	>400
精密 f	±1°	±30′	±20′	±10′	±5′
中等 m					
粗糙 c	±1°30′	±1°	±30′	±15′	±10′
最粗 v	±3°	±2°	±1°	±30′	±20′

注　长度值按角度短边的长度确定，圆锥角按素线长度确定。

（2）表示方法。采用未注公差的图样，应在图样空白处或技术文件中用标准规定的方法表示，如："未注公差的角度按 GB/T 1804-m"。

第三节 极限与配合基础

一、互换性概述

1. 互换性的含义

日常生活中有大量的现象涉及互换性。例如，自行车、手表、汽车、拖拉机、机床等的某个零件若损坏了，可按相同规格购买一个装上，并且在更换与装配后，能很好地满足使用要求。之所以这样方便，就因为这些零件都具有互换性。

互换性是指同规格一批产品（包括零件、部件、构件）在尺寸、功能上能够彼此互相替换的功能。机械制造业中的互换性是指按规定的几何、物理及其他质量参数的公差来分别制造机器的各个组成部分，使其在装配与更换时不需要挑选、辅助加工或修配，便能很好地满足使用和生产上要求的特性。

要使零件间具有互换性，不必要也不可能使零件质量参数的实际值完全相同，而只要将它们的差异控制在一定的范围内，即应按“公差”来制造。公差是指允许实际质量参数值的变动量。

2. 互换性的分类及作用

（1）互换性的种类。互换性按其程度和范围的不同，可分为完全互换性（绝对互换）和不完全互换性（有限互换）。

若零件在装配或更换时不需要选择、辅助加工与修配，就能满足预定的使用要求，则其互换性为完全互换性。不完全互换性是指在装配前允许有附加的选择，装配时允许有附加的调整，但不允许修配，装配后能满足预期的使用要求。

（2）互换性的作用。互换性是机械产品设计和制造的重要原则。按互换性原则组织生产的重要目标是获得产品功能与经济效益的综合最佳效应。互换性是实现生产分工、协作的必要条件，它不仅使专业化生产成为可能，可有效提高生产率、保证产品质量、降低生产成本，而且能大大地缩短设计、制造周期。在当今市场竞争日趋激烈、科学技术迅猛发展、产品更新周期越来越短的时代，互换性对于提高产品的竞争能力，从而获得更大的经济效益，尤其具有重要的作用。

3. 标准化的实用意义

要实现互换性，则要求设计、制造、检验等项工作按照统一的标准进行。现代工业生产的特点是规模大、分工细、协作单位多、互换性要求高。为了适应各部门的协调和各生产环节的衔接，必须有统一的标准才能使分散的、局部的生产部门和生产环节保持必要的技术统一，使之成为一个有机的整体，以实现互换性生产。

标准化是指为在一定的范围内获得最佳秩序，对实际的或潜在的问题制定共同的和重复使用的规则的活动。标准化是用以改造客观物质世界的社会性活动，它包括制定、发布及实施标准的全过程。这种活动的意义在于改进产品、过程及服务的适用性，并促进技术合作。标准化的实现对经济全球化和信息社会化有着深远的意义。

在机械制造业中，标准化是实现互换性生产、组织专业化生产的前提条件，是提高产品质量、降低产品成本和提高产品竞争力的重要保证，是扩大国际贸易、使产品打进国际市场的必要条件。同时，标准化作为科学管理手段，可以获得显著的经济效益。

二、基本术语及其定义

1. 公差与配合最新标准及实用意义

为了保证互换性，统一设计、制造、检验和使用者的认识，在公差与配合标准中，首先对与组织互换性生产密切相关、带有共同性的常用术语和定义，如有关尺寸、公差、偏差和配合、标准公差和基本偏差等的基本术语及数值表作出了明确的规定。

公差与配合标准最新标准及实用意义如下：

(1)《产品几何技术规范(GPS)极限与配合　第1部分：公差、偏差和配合的基础》，标准代号为GB/T 1800.1—2009，代替了GB/T 1800.1—1997、GB/T 1800.2—1998和GB/T 1800.3—1997。

(2)《产品几何技术规范(GPS)极限与配合　第2部分：标准公差等级和孔、轴极限偏差》，标准代号为GB/T 1800.2—2009，代替了GB/T 1800.4—1997。

(3)《产品几何技术规范(GPS)极限与配合　公差带和配合的选

择》，标准代号为 GB/T 1801—2009，代替了 GB/T 1801—1999。

（4）《机械制图尺寸公差与配合标注》，标准代号为 GB/T 4458.5—2003，代替了 GB/T 4458.5—1984。

（5）《产品几何量技术规范（GPS）几何要素　第 1 部分：基本术语和定义》，标准代号为 GB/T 18780.1—2002。

（6）《产品几何量技术规范（GPS）几何要素　第 2 部分：圆柱面和圆锥面的提取中心线、平行平面的提取中心面、提取要素的局部尺寸》，标准代号为 GB/T 18780.2—2003。

2. 尺寸的术语和定义

（1）尺寸。尺寸是指以特定单位表示线性尺寸值的数值，如图 2-2 所示。线性尺寸值包括直径、半径、宽度、高度、深度、厚度及中心距等。技术图样上尺寸数值的特定单位为 mm，一般可省略不写。

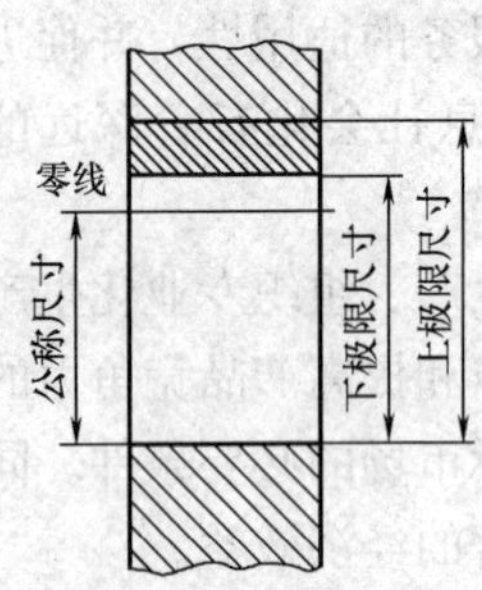

图 2-2　公称尺寸、上极限尺寸和下极限尺寸

（2）公称尺寸。由图样规范确定的理想形状要素的尺寸，如图 2-2 所示。例如，设计给定的一个孔或轴的直径尺寸，如图 2-3 所示孔或轴的直径尺寸 $\phi65$ 即为公称尺寸。公称尺寸由设计时给定，是在设计时考虑了零件的强度、刚度、工艺及结构等方面的因素，通过计算或依据经验确定的。通过公称尺寸，应用上、下极限偏差可以计算出极限尺寸。公称尺寸可以是一个整数或一个小数，如 36、25.5、68、0.5、…。孔和轴的公称尺寸分别以字母 D 和 d 表示。

（3）极限尺寸。尺寸要素允许尺寸的两个极端，如图 2-4 所示。设计中规定极限尺寸是为了限制工件尺寸的变动，以满足预定的使用要求。

1）上极限尺寸。尺寸要素允许的最大尺寸，如图 2-3（a）所示轴的上极限尺寸为 $\phi65.021$。

2）下极限尺寸。尺寸要素允许的最小尺寸，如图 2-3（a）所示轴的下极限尺寸为 $\phi65.002$。

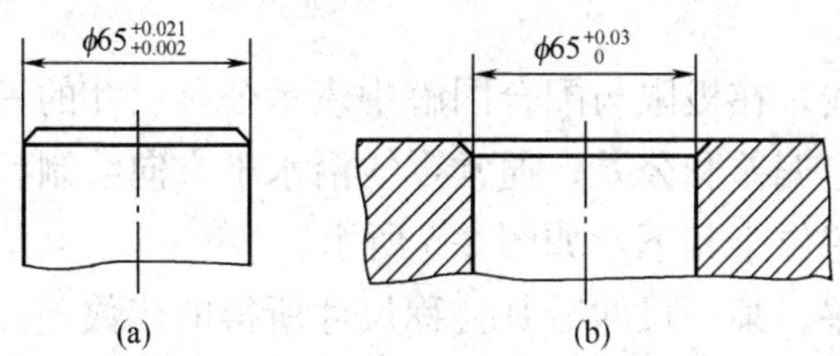

图 2-3　孔、轴公称尺寸和极限偏差

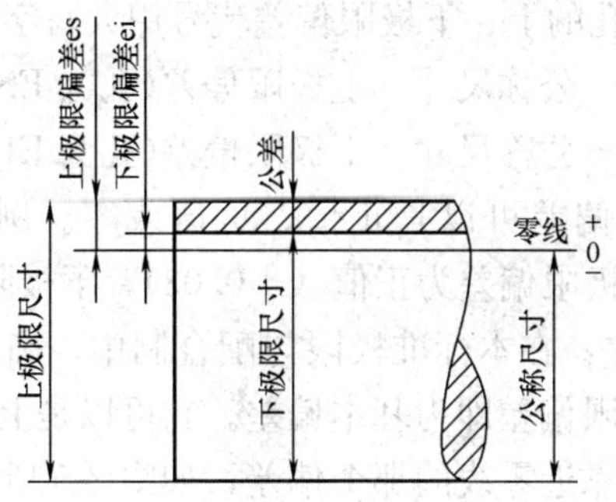

图 2-4　极限尺寸和极限偏差

（4）实际（组成）要素。由实际（组成）要素所限定的工件实际表面组成要素部分。

（5）提取（组成）要素。按规定方法，由实际（组成）要素提取有限数目的点所形成的实际（组成）要素的近似替代。

（6）拟合（组成）要素。按规定方法，由提取（组成）要素所形成的并具有理想形状的组成要素。

3. 公差与偏差的术语和定义

（1）轴。通常指工件的圆柱形外尺寸要素，也包括非圆柱形外尺寸要素（由两平行平面或切面形成的被包容面）。在基轴制配合中选作基准的轴称为基准轴。对本标准极限与配合制，即上极限偏差为零的轴。

（2）孔。通常指工件的圆柱形内尺寸要素，也包括非圆柱形内尺寸要素（由两平行平面或切面形成的包容面）。在基孔制配合中选作基准的孔称为基准孔。对本标准极限与配合制，即下极限偏差为零的孔。

（3）零线。在极限与配合图解中表示公称尺寸的一条直线，以它为基准确定偏差和公差。通常零线沿水平方向绘制，正偏差位于其上，负偏差位于其下，如图 2-5 所示。

（4）偏差。某一尺寸减其公称尺寸所得的代数差。

1）极限偏差：极限尺寸减公称尺寸所得的代数差，有上极限偏差和下极限偏差之分，见图 2-4。轴的上、下极限偏差代号用小写字母 es、ei；孔的上、下极限偏差代号用大写字母 ES、EI。

上极限尺寸－公称尺寸＝上极限偏差(孔为 ES，轴为 es)

下极限尺寸－公称尺寸＝下极限偏差(孔为 EI，轴为 ei)

上、下极限偏差可以是正值、负值或零。例如，图 2-3（b）所示 ϕ65 孔的上极限偏差为正值（＋0.03)，下极限偏差为零。

2）基本偏差：在本标准极限与配合制中，确定公差带相对零线位置的那个极限偏差即为基本偏差。它可以是上极限偏差或下极限偏差，一般是靠近零线的那个偏差，如图 2-5 所示的下极限偏差为基本偏差。

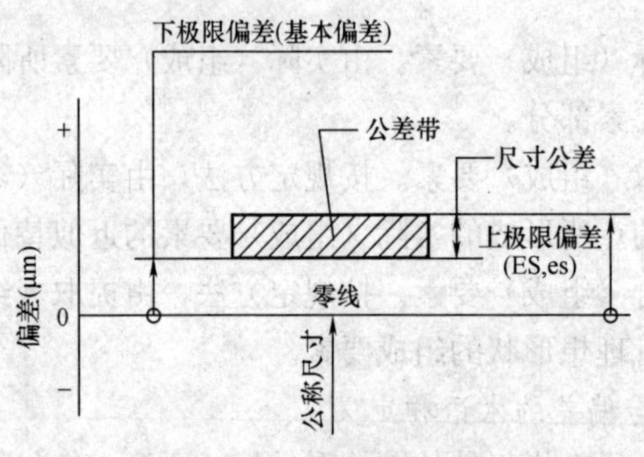

图 2-5　极限与配合图解

（5）尺寸公差（简称公差)。允许尺寸的变动量称为尺寸公差。

上极限偏差－下极限偏差＝公差

上极限尺寸－下极限尺寸＝公差

尺寸公差是一个没有符号的绝对值。

1）标准公差（IT)：本标准极限与配合制中所规定的任一公

差（字母“IT”为“国际公差”的符号）。

2）标准公差等级：本标准极限与配合制中同一公差等级（如“IT7”）对所有一组公称尺寸的一组公差，被认为具有同等精确程度。

（6）公差带。在极限与配合图解中，代表上极限偏差和下极限偏差或上极限尺寸和下极限尺寸的两条直线之间的一个区域，实际上也就是尺寸公差所表示的那个区域，称为公差带。它是由公差大小和其相对零线的位置，如基本偏差来确定，如图 2-6 所示。

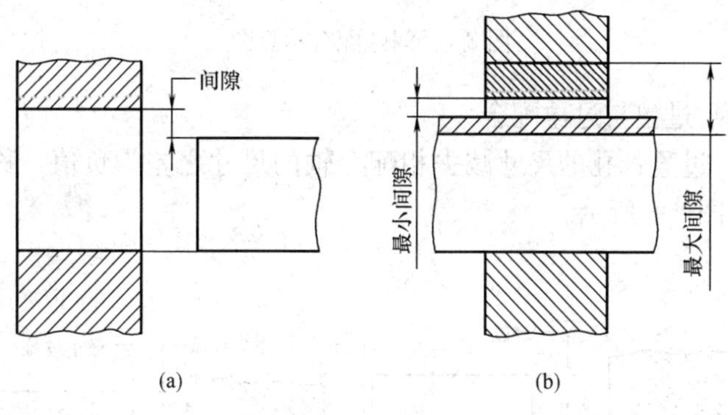

图 2-6　间隙与间隙配合示意图

（a）间隙；（b）间隙配合

4. 配合及配合种类

公称尺寸相同的孔和轴结合时，用于表示孔和轴公差带之间的关系称为配合。相配合孔和轴的公称尺寸必须相同。由于配合是指一批孔和轴的装配关系，而不是指单个孔和轴的装配关系，因此用公差带关系来反映配合比较确切。

根据孔、轴公差带的相对位置关系不同，配合分为间隙配合、过盈配合和过渡配合三种情况，见图 2-7、图 2-9 和图 2-10。

（1）间隙与间隙配合。

1）间隙：孔的尺寸减去相配合轴的尺寸之差为正值，称为间隙，如图 2-6 所示。

孔的下极限尺寸－轴的上极限尺寸＝最小间隙

孔的上极限尺寸－轴的下极限尺寸＝最大间隙

2）间隙配合：孔的公差带在轴的公差带之上。实际孔的尺寸一定大于实际轴的尺寸，孔、轴之间产生间隙（包括最小间隙等于零），如图 2-7 所示。

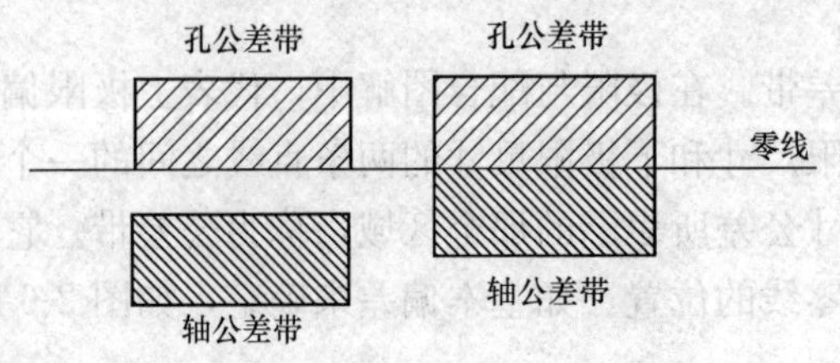

图 2-7　间隙配合示意图

（2）过盈与过盈配合。

1）过盈：孔的尺寸减去相配合轴的尺寸之差为负值，称为过盈，如图 2-8 所示。

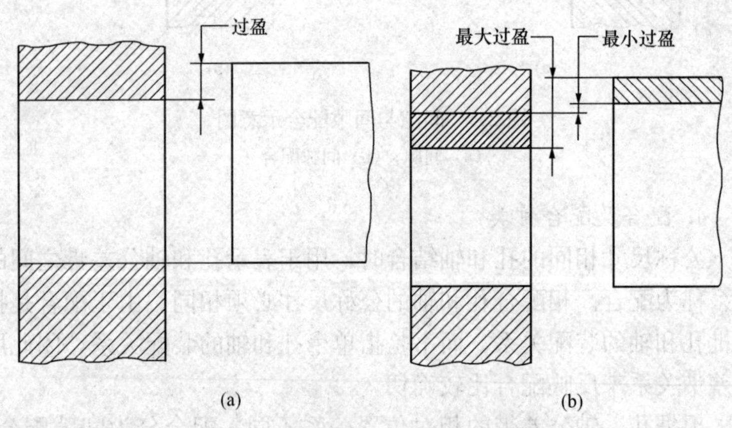

图 2-8　过盈与过盈配合示意图

（a）过盈；（b）过盈配合

孔的上极限尺寸—轴的下极限尺寸 ＝ 最小过盈

孔的下极限尺寸—轴的上极限尺寸 ＝ 最大过盈

2）过盈配合：孔的公差带在轴的公差带之下。实际孔的尺寸一定小于实际轴的尺寸，孔、轴之间产生过盈，需在外力作用下孔与轴才能结合，如图 2-9 所示。

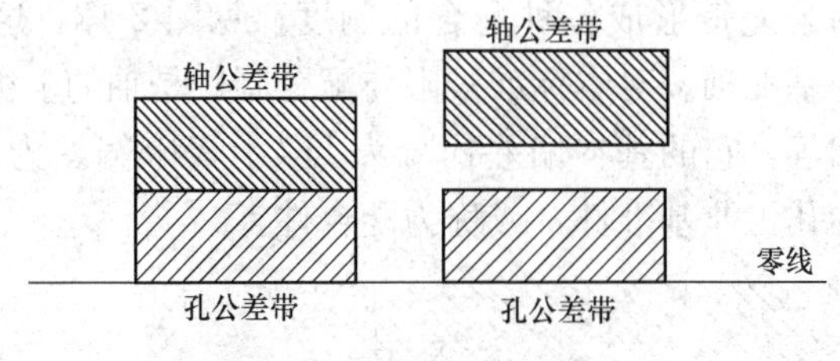

图 2-9　过盈配合示意图

3）过渡配合：孔的公差带与轴的公差带相互交叠。孔、轴结合时既可能产生间隙，也可能产生过盈，如图 2-10 所示。

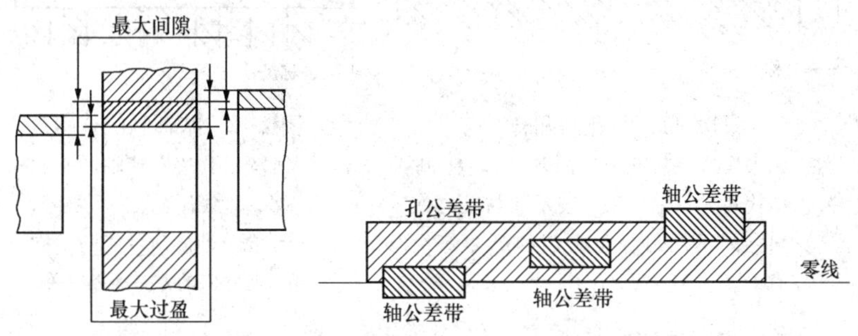

图 2-10　过度配合示意图

5. 配合制

配合制是指同一极限制的孔和轴组成配合的一种制度。

根据配合的定义和三类配合的公差带图解可知，配合的性质由孔、轴公差带的相对位置决定，因而改变孔和（或）轴的公差带位置，就可以得到不同性质的配合。配合制分为基孔制配合和基轴制配合。

（1）基孔制配合：基本偏差为一定的孔的公差带，与基本偏差不同的轴的公差带形成各种配合的制度，见图 2-11。这时孔为基准件，称为基准孔。对本标准极限与配合制，是孔的下极限尺寸与公称尺寸相等，它的基本偏差代号为 H（下极限偏差为零）。采用基孔制时的轴为非基准件，或称为配合件。

（2）基轴制配合：基本偏差为一定的轴的公差带，与基本偏差不同的孔的公差带形成各种配合的制度，见图 2-12。这时轴为基准件，称为基准轴。对本标准极限与配合制，是轴的上极限尺寸与公称尺寸相等，它的基本偏差代号为 h（上极限偏差为零）。采用基轴制时的孔为非基准件，或称为配合件。

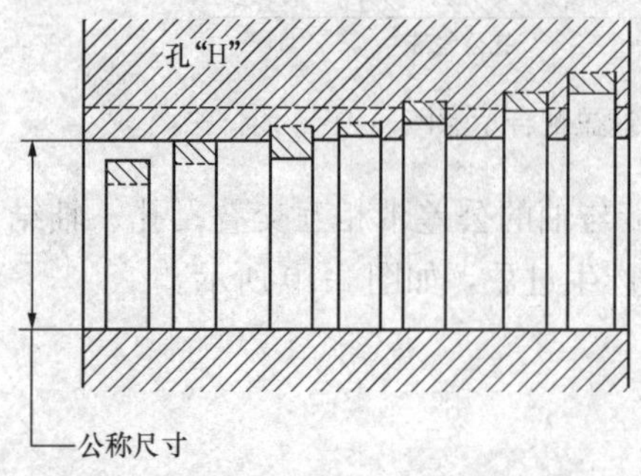

图 2-11 基孔制配合

注：水平实线代表孔或轴的基本偏差。虚线代表另一个极限，表示孔与轴之间可能的不同组合与它们的公差等级有关。

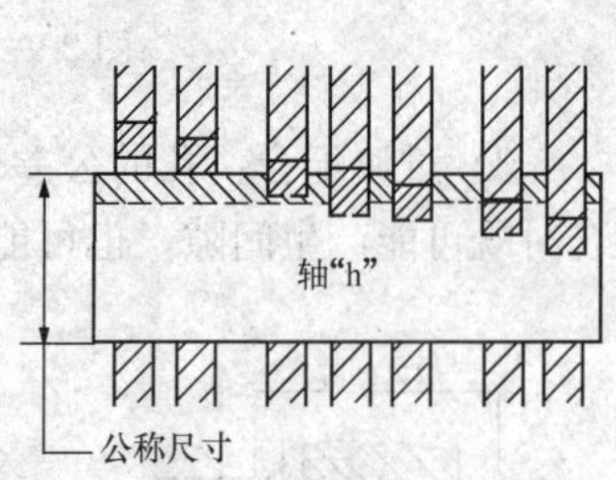

图 2-12 基轴制配合

注：水平实线代表孔或轴的基本偏差。虚线代表另一个极限，表示孔与轴之间可能的不同组合与它们的公差等级有关。

三、基本规定

1. 基本偏差代号

基本偏差的代号用拉丁字母表示，大写的为孔，小写的为轴，各 28 个，如图 2-13 所示。

2. 偏差代号

偏差代号规定如下：孔的上极限偏差为 ES，孔的下极限偏差为 EI；轴的上极限偏差为 es，轴的下极限偏差为 ei。

3. 公差带代号和配合代号

（1）公差带代号由表示基本偏差代号的拉丁字母和表示标准公差等级的阿拉伯数字组合而成，大写字母表示孔的基本偏差，小写字母表示轴的基本偏差，如图 2-14 中的“H7”和“k6”所示。

根据公称尺寸和公差带代号，查阅国家标准 GB/T 1800.2—2009，可获得该尺寸的上、下极限偏差值。例如，图 2-6 所示的孔

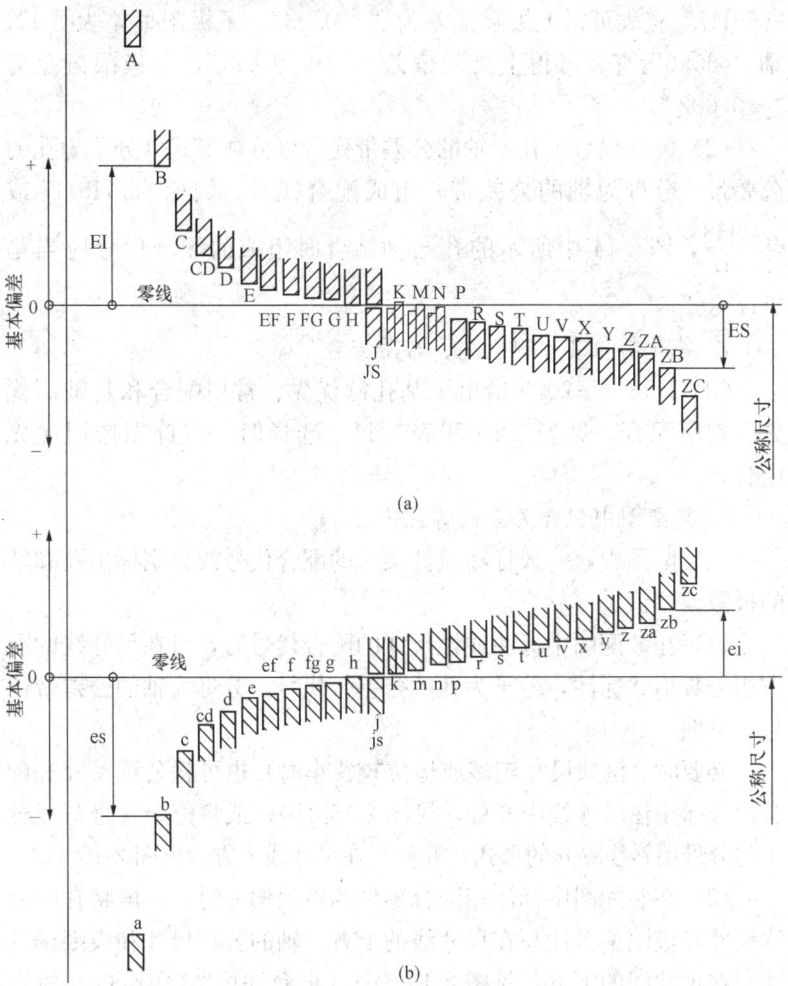

图 2-13　基本偏差示意图

（a）孔的基本偏差；（b）轴的基本偏差

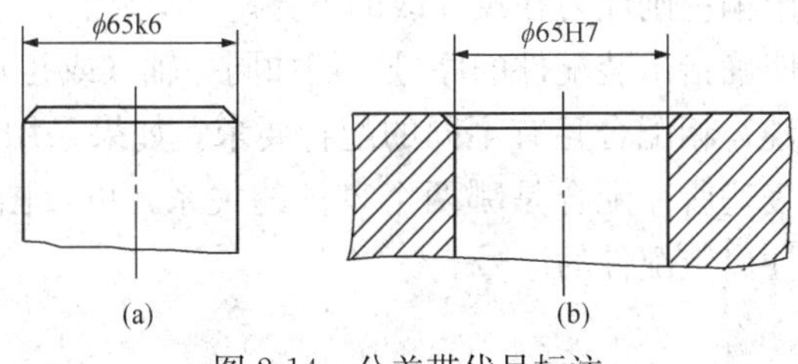

图 2-14　公差带代号标注

“ϕ65H7”查表可得上极限偏差为“+0.03”，下极限偏差为“0”；轴“ϕ65k6”查表可得上极限偏差为“+ 0.021”，下极限偏差为“+0.002”。

（2）配合代号由孔、轴的公差带代号以分数形式（分子为孔的公差带、分母为轴的公差带）组成配合代号，例如 ϕ85H8/f7 或 $\phi 85\frac{H8}{f7}$，图 2-14 中所示的孔与轴结合时组成的配合代号应当是“H7/k6”。

4. 基孔制和基轴制优先、常用配合

GB/T 1801—2009 给出了基孔制优先、常用配合和基轴制优先、常用配合，见表 2-10 和表 2-11。选择时，应首先选用优先配合。

5. 装配图中配合关系的标注方法

在装配图中，一般标注线性尺寸的配合代号或分别标出孔和轴的极限偏差值。

（1）在装配图中标注线性尺寸的配合代号时，可在尺寸线的上方用分数形式标注，分子为孔的公差带代号，分母为轴的公差带代号，见图 2-15（a）。

必要时（例如尺寸较多或地位较狭小时）也可将公称尺寸和配合代号标注在尺寸线中断处，见图 2-15（b）；或将配合代号写成分子与分母用斜线隔开的形式，并注写在尺寸线上方，见图 2-15（c）。

（2）在装配图中标注相配合零件的极限偏差时，一般将孔的公称尺寸和极限偏差注写在尺寸线的上方，轴的公称尺寸和极限偏差注写在尺寸线的下方，见图 2-15（d）。也允许按图 2-15（e）所示的方式，公称尺寸只注写一次，孔的极限偏差注写在尺寸线的上方，轴的极限偏差则注写在尺寸线的下方。

若需要明确指出装配件的序号，例如同一轴（或孔）和几个零件的孔（或轴）相配合且有不同的配合要求，如果采用引出标注，则为了明确表达所注配合是哪两个零件的关系，可按图 2- 15（f）所示的形式注出装配件的序号。

表 2-10 基孔制优先、常用配合

基准孔	轴																				
	a	b	c	d	e	f	g	h	js	k	m	n	p	r	s	t	u	v	x	y	z
	间隙配合								过渡配合			过盈配合									
H6						$\frac{H6}{f5}$	$\frac{H6}{g5}$	$\frac{H6}{h5}$	$\frac{H6}{is5}$	$\frac{H6}{k5}$	$\frac{H6}{m5}$	$\frac{H6}{n5}$	$\frac{H6}{p5}$	$\frac{H6}{r5}$	$\frac{H6}{s5}$	$\frac{H6}{t5}$					
H7						$\frac{H7}{f6}$	$\frac{^{*}H7}{g6}$	$\frac{^{*}H7}{h6}$	$\frac{H7}{js6}$	$\frac{^{*}H7}{k6}$	$\frac{H7}{m6}$	$\frac{^{*}H7}{n6}$	$\frac{^{*}H7}{p6}$	$\frac{H7}{r6}$	$\frac{^{*}H7}{s6}$	$\frac{H7}{t6}$	$\frac{^{*}H7}{u6}$	$\frac{H7}{v6}$	$\frac{H7}{x6}$	$\frac{H7}{y6}$	$\frac{H7}{z6}$
H8					$\frac{H8}{e7}$	$\frac{^{*}H8}{f7}$	$\frac{H8}{g7}$	$\frac{^{*}H8}{h7}$	$\frac{H8}{js7}$	$\frac{H8}{k7}$	$\frac{H8}{m7}$	$\frac{H8}{n7}$	$\frac{H8}{p7}$	$\frac{H8}{r7}$	$\frac{H8}{s7}$	$\frac{H8}{t7}$	$\frac{H8}{u7}$				
				$\frac{H8}{d8}$	$\frac{H8}{e8}$	$\frac{H8}{f8}$		$\frac{H8}{h8}$													
H9			$\frac{H9}{e9}$	$\frac{^{*}H9}{d9}$	$\frac{H9}{e9}$	$\frac{H9}{f9}$		$\frac{^{*}H9}{h9}$													
H10			$\frac{H10}{c10}$	$\frac{H10}{d10}$				$\frac{H10}{h10}$													
H11	$\frac{H11}{a11}$	$\frac{H11}{b11}$	$\frac{^{*}H11}{c11}$	$\frac{H11}{d11}$				$\frac{^{*}H11}{h11}$													
H12		$\frac{H12}{b12}$						$\frac{H12}{h12}$													

注 1. $\frac{H6}{n5}$、$\frac{H7}{p6}$在公称尺寸小于或等于 3mm 和$\frac{H8}{r7}$在公称尺寸小于或等于 100mm 时，为过渡配合。

2. 标注 * 的配合为优先配合。

表 2-11　基轴制优先、常用配合

基准轴	孔																				
	A	B	C	D	E	F	G	H	JS	K	M	N	P	R	S	T	U	V	X	Y	Z
	间隙配合								过渡配合				过盈配合								
h5						$\frac{F6}{h5}$	$\frac{G6}{h5}$	$\frac{H6}{h5}$	$\frac{JS6}{h5}$	$\frac{K6}{h5}$	$\frac{M6}{h5}$	$\frac{N6}{h5}$	$\frac{P6}{h5}$	$\frac{R6}{h5}$	$\frac{S6}{h5}$	$\frac{T6}{h5}$					
h6						$\frac{F7}{h6}$	$^{*}\frac{G7}{h6}$	$^{*}\frac{H7}{h6}$	$\frac{JS7}{h6}$	$^{*}\frac{K7}{h6}$	$\frac{M7}{h6}$	$^{*}\frac{N7}{h6}$	$^{*}\frac{P7}{h6}$	$\frac{R7}{h6}$	$^{*}\frac{S7}{h6}$	$\frac{T7}{h6}$	$^{*}\frac{U7}{h6}$				
h7					$\frac{E8}{h7}$	$^{*}\frac{E8}{h7}$		$^{*}\frac{H8}{h7}$	$\frac{JS8}{h7}$	$\frac{K8}{h7}$	$\frac{M8}{h7}$	$\frac{N8}{h7}$									
h8				$\frac{D8}{h8}$	$\frac{E8}{h8}$	$\frac{F8}{h8}$		$\frac{H8}{h8}$													
h9				$^{*}\frac{D9}{h9}$	$\frac{E9}{h9}$	$\frac{F9}{h9}$		$^{*}\frac{H9}{h9}$													
h10				$\frac{D10}{h10}$				$\frac{H10}{h10}$													
h11	$\frac{A11}{h11}$	$\frac{B11}{h11}$	$^{*}\frac{C11}{h11}$	$\frac{D11}{h11}$					$^{*}\frac{H11}{h11}$												
h12		$\frac{B12}{h12}$							$\frac{H12}{h12}$												

注　标注 * 的配合为优先配合。

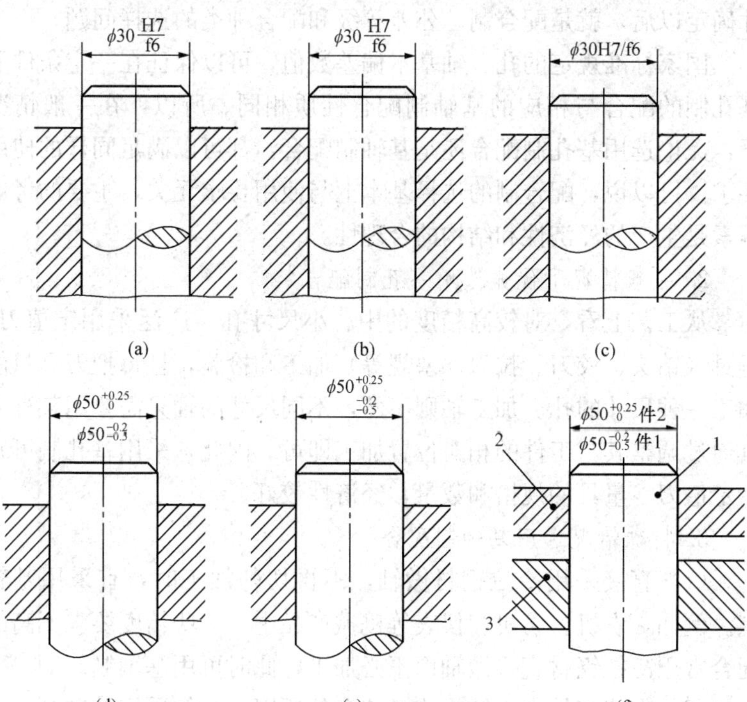

图 2-15 一般配合标注

（3）标注与标准件配合的要求时，可只标注该零件的公差带代号，如图 2-16 所示与滚动轴承相配合的轴与孔，只标出了它们自身的公差带代号。

四、公差带与配合种类的选用

1. 配合制、公差等级和配合种类的选择依据

公差与配合（极限与配合）国家标准（GB/T 1801—2009）的应用，实际上就是如何根据使用要求，正确合理地选择符合标准规定的孔、轴的公差带大小和公差带位置。在公称尺

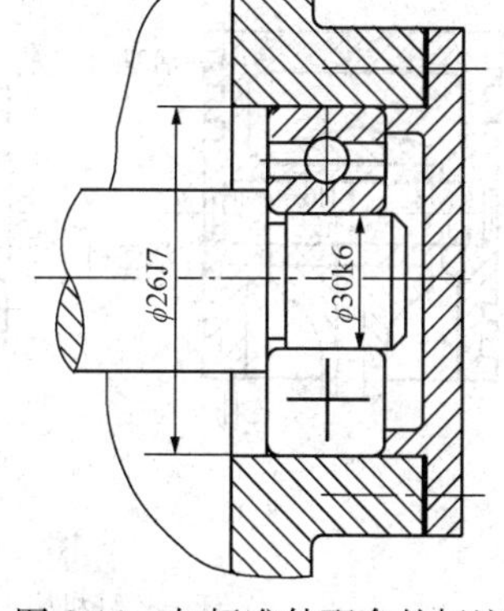

图 2-16 与标准件配合的标注

寸确定以后，就是配合制、公差等级和配合种类的选择问题。

国家标准规定的孔、轴基本偏差数值，可以保证在一定条件下基孔制的配合与相应的基轴制配合性质相同。所以，在一般情况下，无论选用基孔制配合还是基轴制配合，都可以满足同样的使用要求。可以说，配合制的选择基本上与使用要求无关，主要的考虑因素是生产的经济性和结构的合理性。

2. 一般情况下优先选用基孔制配合

从工艺上看，对较高精度的中、小尺寸孔，广泛采用定值刀、量具（钻头、铰刀、拉刀、塞规等）加工和检验，且每把刀具只能加工一种尺寸的孔。加工轴则不然，不同尺寸的轴只需要用某种刀具通过调整其与工件的相对位置加工即可。因此，采用基孔制可减少定值刀、量具的规格和数量，经济性较好。

3. 特殊情况选用基轴制配合

（1）直接采用冷拉钢材做轴，不再切削加工时，宜采用基轴制。例如，农机、纺机和仪表等机械产品中，一些精度要求不高的配合常用冷拉钢材直接做轴而不必加工，此时可用基轴制。

（2）有些零件由于结构或工艺上的原因，必须采用基轴制。例如，图 2-17（a）所示活塞连杆机构，它工作时活塞销与连杆小头孔需有相对运动，而与活塞孔无相对运动。因此，前者应采用间隙配合，后者采用较紧的过渡配合便可。当采用基孔制配合时［见图 1-17（b）］，活塞销要制成两头大、中间小的阶梯形。这样不仅不

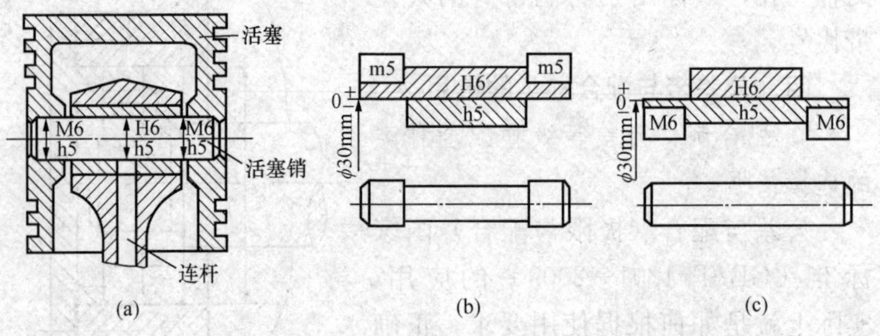

图 2-17　活塞连杆机构

（a）活塞连杆机构；（b）基孔制配合；（c）基轴制配合

便于加工，更重要的是装配时会挤伤连杆小头孔表面；当采用基轴制配合时［见图 1-17（c）］，则不存在这种情况。

4. 与标准件配合时配合制的选择

（1）与标准件配合时应按标准件确定。例如，为了获得所要求的配合性质，滚动轴承内圈与轴的配合应采用基孔制配合，而滚动轴承外圈与壳体孔的配合应采用基轴制配合。因为滚动轴承是标准件，所以轴和壳体孔应按滚动轴承确定配合制。

（2）特殊需要时需采用非基准件配合。例如，图 2-18 所示的隔套是将两个滚动轴承隔开，以提高刚性作轴向定位用的。为使安装方便，隔套与齿轮轴筒的配合应选用间隙配合。由于齿轮轴筒与滚动轴承的配合已按基孔制选定了 js6 公差带，因此隔套内孔公差带只好选用非基准孔公差带［见图 1-18（b）］才能得到间隙配合。

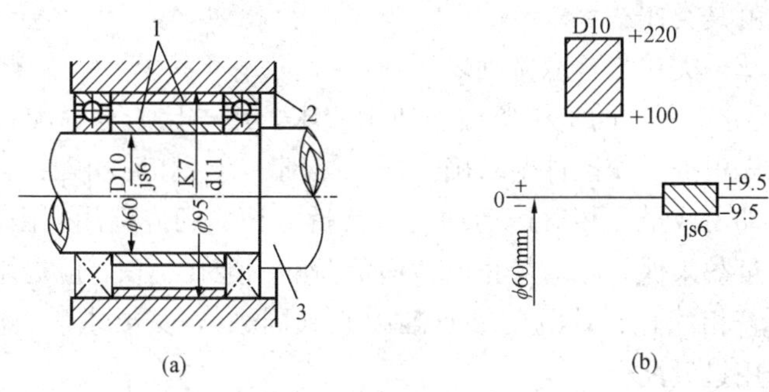

图 2-18　非基准制应用示例

1—隔套；2—主轴箱孔；3—齿轮轴筒

5. 配合种类的选用

选择配合种类的主要依据是使用要求，应按照工作条件要求的松紧程度（由配合的孔、轴公差带相对位置决定）来选择适当的配合。

选择基本偏差代号的方法通常有以下三种：

（1）计算法。计算法是根据一定的理论和公式，计算出所需间隙和过盈，然后对照国家标准选择适当配合的方法。例如，对高速旋转运动的间隙配合，可用流体润滑理论计算，保证滑动轴承处于液体摩擦状态所需的间隙；对不加辅助件（如键、销等）传递转矩的过盈配合，可用弹塑性变形理论算出所需的最小过盈。计算法虽然麻烦，但其理论根据较充分，方法较科学。由于影响配合间隙或过盈的因素很多，因此实际应用时还需经过试验来确定。

（2）试验法。试验法是根据多次试验的结果，寻求最合理的间隙或过盈，从而确定配合的一种方法。这种方法主要用于重要的、关键性的一些配合。例如，机车车轴与轴轮的配合，就是用试验方法来确定的。一般采用试验法的结果较为准确可靠，但试验工作量大，费用较高。

（3）类比法。类比法是指在同类型机器或机构中，经过生产实践验证的已用配合的实例，再考虑所设计机器的使用要求，并进行分析对比确定所需配合的方法。在生产实践中，广泛使用选择配合的方法就是类比法。

要掌握类比法，应做到以下两点：

1）分析零件的工作条件和使用要求。用类比法选择配合种类时，要先根据工作条件要求确定配合类别。若工作时相配孔、轴有相对运动，或虽无相对运动却要求装拆方便，则应选用间隙配合；主要靠过盈来保证相对静止或传递负荷的相配孔、轴，应选用过盈配合；若相配孔、轴既要求对准中心（同轴），又要求装拆方便，则应选用过渡配合。

配合类别确定后，再进一步选择配合的松紧程度。表 2-12 供分析时参考。

表 2-12　　工作条件对配合松紧的要求

工作条件	配合
经常拆卸 工作时孔的温度比轴低 形状和位置误差较大	松
有冲击和振动 表面较粗糙 对中性要求高	紧

2）了解各配合的特性与应用。基准制选定后，配合的松紧程度的选择就是选取非基准件的基本偏差代号。为此，必须了解各基本偏差代号的配合特性。表 2-13 列出了按基孔制配合的轴的基本偏差特性和应用（对基轴制配合的同名的孔的基本偏差也同样适用）。

表 2-13　轴的基本偏差选用说明

配合	基本偏差	特性及应用
间隙配合	a，b	可得到特别大的间隙，应用很少
	c	可得到很大的间隙，一般适用于缓慢、松弛的动配合。用于工作条件较差（如农业机械）、受力变形，或为了便于装配，而必须保证有较大的间隙时，推荐配合为 H11/c11。其较高等级的 H8/c7 配合，适用于轴在高温工作的紧密配合，例如内燃机排气阀和导管
	d	一般用于 IT7～IT11 级，适用于松的转动配合，如密封盖、滑轮、空转皮带轮等与轴的配合，也适用于对大直径滑动轴承配合，如透平机、球磨机、轧滚成型和重型弯曲机，以及其他重型机械中的一些滑动轴承
	e	多用于 IT7～IT9 级，通常用于要求有明显间隙，易于转动的轴承配合，如大跨距轴承、多支点轴承等配合。高等级的 e 轴适用于大的、高速、重载支撑，如涡轮发电机、大型电动机及内燃机主要轴承、凸轮轴轴承等配合
	f	多用于 IT6～IT8 级的一般转动配合。当温度影响不大时，被广泛用于普通润滑油（或润滑脂）润滑的支撑，如齿轮箱、小电动机、泵等的转轴与滑动轴承的配合
	g	配合间隙很小，制造成本高，除负荷很轻的精密装置外，不推荐用于转动配合。多用于 IT5～IT7 级，最适合不回转的精密滑动配合，也用于插销等定位配合，如精密连杆轴承、活塞及滑阀、连杆销等
	h	多用于 IT4～IT11 级。广泛用于无相对转动的零件，作为一般的定位配合。若没有温度、变形影响，也用于精密滑动配合

续表

配合	基本偏差	特性及应用
过渡配合	js	偏差完全对称（±IT/2），平均间隙较小的配合，多用于 IT4～IT7 级，要求间隙比 h 轴小，并允许略有过盈的定位配合，如联轴器、齿圈与钢制轮毂，可用木锤装配
	k	平均间隙接近于零的配合，适用于 IT4～IT7 级，推荐用于稍有过盈的定位配合，例如为了消除振动用的定位配合，一般用木锤装配
	m	平均过盈较小的配合，适用于 IT4～IT7 级，一般可用木锤装配，但在最大过盈时，要求相当的压入力
	n	平均过盈比 m 轴稍大，很少得到间隙，适用于 IT4～IT7 级，用锤或压入机装配，通常推荐用于紧密的组件配合。H6/n5 配合时为过盈配合
过盈配合	p	与 H6 或 H7 孔配合时是过盈配合，与 H8 孔配合时则为过渡配合。对非铁类零件，为较轻的压入配合，当需要时易于拆卸。对钢、铸铁或铜、钢组件装配是标准压入配合
	r	对钢铁类零件为中等打入配合，对非铁类零件为轻打入的配合，当需要时可以拆卸。与 H8 孔配合，直径在 100mm 以上时为过盈配合，直径小时为过渡配合
	s	用于钢铁类零件的永久性和半永久性装配，可产生相当大的结合力。当用弹性材料，如轻合金时，配合性质与钢铁类零件的 p 轴相当，例如套环压装在轴上、阀座等的配合。尺寸较大时，为了避免损伤配合表面，需用热胀或冷缩法装配
	t	过盈较大的配合。对钢和铸铁零件适用于作永久性结合，不用键可传递转矩，需用热胀或冷缩法装配，例如联轴器与轴的配合
	u	这种配合过盈大，一般应验算在最大过盈时工件材料是否损坏，要用热胀或冷缩法装配，例如火车轮毂和轴的配合
	v,x,y,z	这些基本偏差所组成的配合过盈量更大，目前能参考的经验和资料还很少，须经试验后才应用，一般不推荐

另外，在实际工作中，应根据工作条件的要求，首先从标准规定的优先配合中选用，不能满足要求时，再从常用配合中选用。若常用配合还不能满足要求，则可依次由优先公差带、常用公差带以及一般用途公差带中选择适当的孔、轴组成要求的配合。在个别特殊情况下，也允许根据国家标准规定的标准公差系列和基本偏差系列，组成孔、轴公差带，获得适当的配合。表 2-14 列出了标准规

定的基孔制和基轴制各 10 种优先配合的选用说明，可供参考。

表 2-14　　优先配合的选用说明

优先配合	说　明
$\frac{H11}{c11}$，$\frac{C11}{h11}$	间隙极大。用于转速很高，轴、孔温差很大的滑动轴承；要求大公差、大间隙的外露部分；要求装配极方便的配合
$\frac{H9}{d9}$，$\frac{D9}{h9}$	间隙很大。用于转速较高、轴颈压力较大、精度要求不高的滑动轴承
$\frac{H8}{f7}$，$\frac{F8}{h7}$	间隙不大。用于中等转速、中等轴颈压力、有一定精度要求的一般滑动轴承；要求装配方便的中等定位精度的配合
$\frac{H7}{g6}$，$\frac{G7}{h6}$	间隙很小。用于低速转动或轴向移动的精密定位的配合；需要精确定位又经常装拆的不动配合
$\frac{H7}{h6}$，$\frac{H8}{h7}$，$\frac{H9}{h9}$，$\frac{H11}{h11}$	最小间隙为零。用于间隙定位配合，工作时一般无相对运动；也用于高精度低速轴向移动的配合。公差等级由定位精度决定
$\frac{H7}{k6}$，$\frac{K7}{h6}$	平均间隙接近于零。用于要求装拆的精密定位的配合
$\frac{H7}{n6}$，$\frac{N7}{h6}$	较紧的过渡配合。用于一般不拆卸的更精密定位的配合
$\frac{H7}{p6}$，$\frac{P7}{h6}$	过盈很小。用于要求定位精度高、配合刚性好的配合；不能只靠过盈传递载荷
$\frac{H7}{s6}$，$\frac{S7}{h6}$	过盈适中。用于靠过盈传递中等载荷的配合
$\frac{H7}{u6}$，$\frac{U7}{h6}$	过盈较大。用于靠过盈传递较大载荷的配合。装配时需加热孔或冷却轴

第四节 几何公差

一、几何误差的产生及其对零件使用性能的影响

任何机械产品均是按照产品设计图样，经过机械加工和装配而获得。不论加工设备和方法如何精密、可靠，功能如何齐全，除了尺寸的误差以外，所加工的零件和由零件装配而成的组件和成品也都不可能完全达到图样所要求的理想形状和相互间的准确位置。在实际加工中，所得到的形状和相互间的位置相对于其理想形状和位置的差异，就是形状和位置的误差（简称几何误差）。

零件上存在的各种几何误差，一般是由加工设备、刀具、夹具、原材料的内应力、切削力等各种因素造成的。

几何误差对零件的使用性能影响很大，归纳起来主要有以下三个方面：

（1）影响工作精度。机床导轨的直线度误差会影响加工精度；齿轮箱上各轴承座的位置误差，将影响齿轮传动的齿面接触精度和齿侧间隙。

（2）影响工作寿命。连杆的大、小头孔轴线的平行度误差会加速活塞环的磨损而影响密封性，使活塞环的寿命缩短。

（3）影响可装配性。轴承盖上各螺钉孔的位置不正确，当用螺栓往机座上紧固时，有可能影响其自由装配。

二、几何公差标准

零件的几何误差对其工作性能的影响不容忽视，当零件上需要控制实际存在的某些几何要素的形状、方向、位置和跳动公差时，必须予以必要而合理的限制，即规定形状和位置公差（简称几何公差）。我国关于几何公差的标准有 GB/T 1184—1996《形状和位置公差　未注公差值》、GB/T 4249—1996《公差原则》和 GB/T 16671—1996《形状和位置公差　最大实体要求、最小实体要求和可逆要求》等。《产品几何技术规范（GPS）几何公差形状、方向、位置和跳动公差标注》的国家标准代号为 GB/T 1182—2008，等同采用国际标准 ISO 1101：2004，代替了 GB/T 1182—1996《形状

和位置公差通则、定义、符号和图样表示法》。

1. 要素

为了保证合格完工零件之间的可装配性，除了对零件上某些关键要素给出尺寸公差外，还需要对一些要素给出几何公差。

要素是指零件上的特定部位——点、线或面。这些要素可以是组成要素（如圆柱体的外表面），也可以是导出要素（如中心线或中心面）。

按照几何公差的要求，要素可区分为：

（1）拟合组成要素和实际（组成）要素。拟合组成要素就是按规定方法，由提取（组成）要素所形成并具有理想形状的组成要素；实际要素是工件实际表面组成要素部分。由于存在测量误差，因此完全符合定义的实际要素是测量不到的，在生产实际中，通常由测得的要素代替实际要素。当然，它并非是该要素的真实状态。

（2）被测要素和基准要素。被测要素就是给出了几何公差的要素。基准要素就是用来确定提取要素的方向、位置的要素。

（3）单一要素和关联要素。单一要素是指仅对其要素本身提出形状公差要求的要素；关联要素是指与其他要素有功能关系的要素，即在图样上给出位置公差的要素。

（4）组成要素和导出要素。组成要素是指构成零件外表面并能直接为人们所感觉到的点、线、面；导出要素是指对称轮廓的中心点、线或面。

2. 公差带的主要形状

公差带是由一个或几个理想的几何线或面所限定的，由线性公差值表示其大小的区域。

根据公差的几何特征及其标注形式，公差带的主要形状见表 2-15。

表 2-15　　几何公差带的主要形状

区　域	形　状
一个圆内的区域	

续表

区　域	形　状
两同心圆之间的区域	
两同轴圆柱面之间的区域	
两等距线或两平行直线之间的区域	或
一个圆柱面内的区域	
两等距面或两平行平面之间的区域	或
一个圆球内的区域	

3. 几何公差的基本要求

几何公差基本要求如下：

(1) 按功能要求给定几何公差，同时考虑制造和检测的要求。

(2) 对要素规定的几何公差确定了公差带，该要素应限定在公差带之内。

（3）提取（组成）要素在公差带内可以具有任何形状、方向或位置，若需要限制提取要素在公差带内的形状等，应标注附加性说明。

（4）所注公差适用于整个提取要素，否则应另有规定。

（5）基准要素的几何公差可另行规定。

（6）图样上给定的尺寸公差和几何公差应分别满足要求，这是尺寸公差和几何公差的相互关系所遵循的基本原则。当两者之间的相互关系有特定要求时，应在图样上给出规定。

几何公差的几何特征、符号和附加符号见表 2-16 和表 2-17。

表 2-16　　　　几何公差的几何特征符号

公差类型	几何特征	符　号	有无基准
形状公差	直线度	—	无
	平面度	▱	无
	圆度	○	无
	圆柱度	⌭	无
	线轮廓度	⌒	无
	面轮廓度	⌓	无
方向公差	平行度	//	有
	垂直度	⊥	有
	倾斜度	∠	有
	线轮廓度	⌒	有
	面轮廓度	⌓	有

续表

公差类型	几何特征	符　号	有无基准
位置公差	位置度	⌖	有或无
	同心度（用于中心点）	◎	有
	同轴度（用于轴线）	◎	有
	对称度	⌯	有
	线轮廓度	⌒	有
	面轮廓度	⌓	有
跳动公差	圆跳动	↗	有
	全跳动	⌰	有

表 2-17　　几何公差的附加符号

说　明	符　号
被测要素	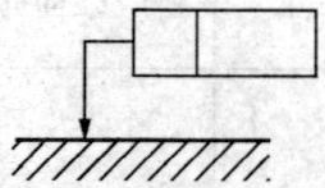
基准要素	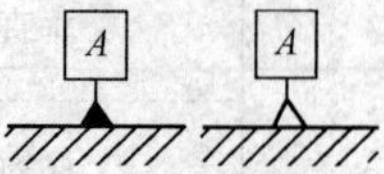 A　A
基准目标	 $\phi2$ / A1
理论正确尺寸	50

续表

说　明	符　号
延伸公差带	Ⓟ
最大实体要求	Ⓜ
最小实体要求	Ⓛ
自由状态条件（非刚性零件）	Ⓕ
全周（轮廓）	↙○
包容要求	Ⓔ
公共公差带	CZ
小径	LD
大径	MD
中径、节径	PD
线素	LE
不凸起	NC
任意横截面	ACS

注　1. GB/T 1182—1996 中规定的基准符号为 [A]。

2. 如需标注可逆要求，可采用符号Ⓡ，见 GB/T 16671。

4. 用公差框格标注几何公差的基本要求

（1）用公差框格标注几何公差的基本要求见表 2-18。

表 2-18　　　　用公差框格标注几何公差的基本要求

标注方法及要求	图　示
用公差框格标注几何公差时，公差要求注写在划分成两格或多格的矩形框格内，各格从左至右顺序填写： （1）第一格填写公差符号。 （2）第二格填写公差值及有关符号、以线性尺寸单位表示的量值。如果公差带是圆形或圆柱形，则在公差值前加注“ϕ”；如是球形，则加注“Sϕ”。 （3）第三格及以后填写基准代号	—｜0.1　　//｜0.1｜A　　⊕｜ϕ0.1｜A｜C｜B ⊕｜Sϕ0.1｜A｜B｜C　　◎｜ϕ0.1｜A–B
当某项公差应用于几个相同要素时，应在公差框格的上方、被测要素的尺寸之前注明要素的个数，并在两者之间加上符号“×”	6× ▱｜0.2 6×ϕ12±0.02 ⊕｜ϕ0.1
如果需要限制被测要素在公差带内的形状，应在公差框格的下方注明	▱｜0.1 NC
如果需要就某个要素给出几种几何特征的公差，可将一个公差框格放在另一个的下面	—｜0.01 //｜0.06｜B

（2）几何公差标注示例：

1）几何公差应标注在矩形框格内，如图 2-19 所示。

2）矩形公差框格由两格或多格组成，框格自左至右填写，各格内容如图 2-20 所示。

3）公差框格的推荐宽度为：第一格等于框格高度，第二格与标注内容的长度相适应，第三格及其后各格也应与有关的字母尺寸相适应。

4）公差框格的第二格内填写的公差值用线性值，公差带是圆形或圆柱形时，应在公差值前加注“ϕ”；若是球形，则加注“Sϕ”。

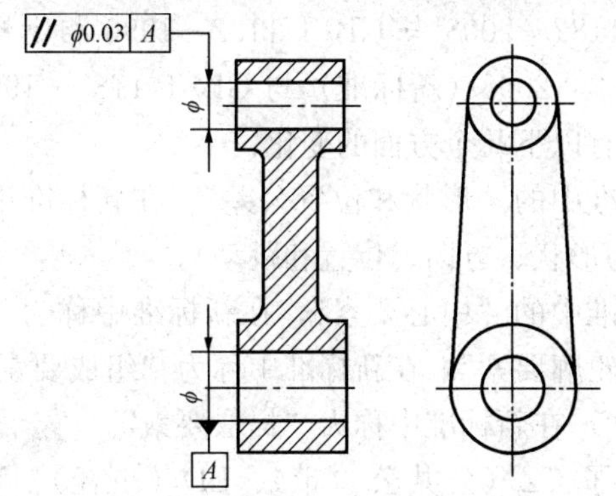

图 2-19　几何公差标注示例

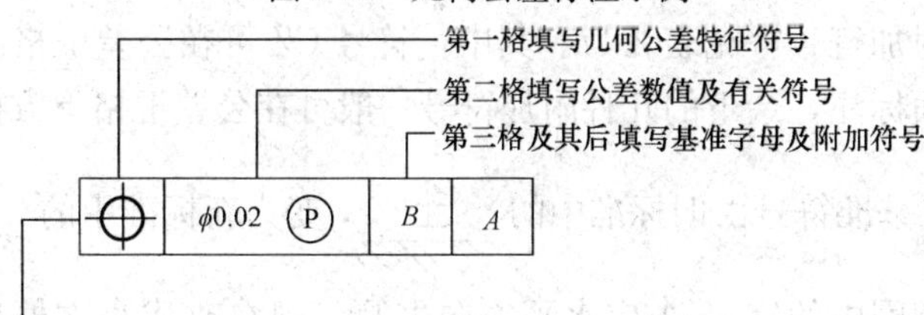

图 2-20　公差框格填写内容

5）当一个以上要素作为该项几何公差的被测要素时，应在公差框格的上方注明，见图 2-21。

6）对同一要素，有一个以上公差特征项目要求时，为了简化，可将两个框格叠在一起标注，见图 2-22。

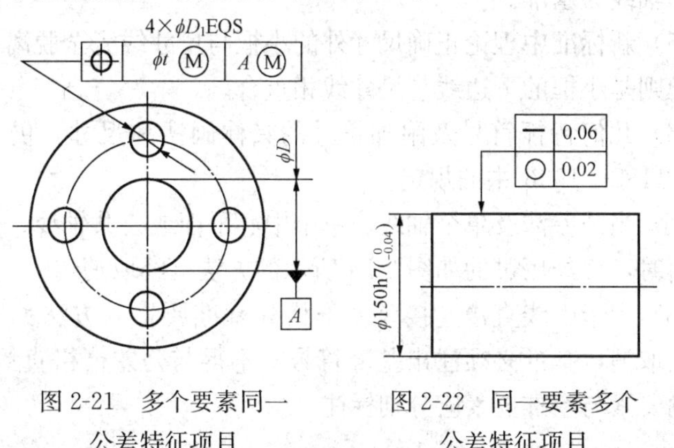

图 2-21　多个要素同一公差特征项目

图 2-22　同一要素多个公差特征项目

5. GB/T 1182—2008 与 GB/T 1182—1996 相比较的主要变化

GB/T 1182—2008（新标准）与 GB/T 1182—1996（旧标准）相比较，主要有以下几个方面的变化：

（1）旧标准中的“形状和位置公差”，在新标准中称为“几何公差”（细分为形状、方向、位置和跳动）。

（2）旧标准中的“中心要素”，在新标准中称为“导出要素”。旧标准中的“轮廓要素”，在新标准中称为“组成要素”。旧标准中的“测得要素”，在新标准中称为“提取要素”。

（3）增加了 CZ（公共公差带）、LD（小径）、MD（大径）、PD（中径、节径）、LE（线素）、NC（不凸起）、ACS（任意横截面）等附加符号，见表 2-17。其中，符号 CZ 可在公差框格内的公差值后面标注，余下的几种附加符号一般可在公差框格下方标注。

（4）基准符号由旧标准中的 [A] ，变为新标准中的 (A) 。原来小圆圈中的字母 A 应水平方向书写，现在改成小方框后，基准符号只有在垂直或水平方向时字母 A 才能保持正的位置。若符号方向倾斜，就无法注写字母了，这时应将符号中黑色三角形与小方框之间的连线改成折线，使小方框各边保持铅垂或水平状态方可标注字母，如图 2-23 所示的注法，图 2-23（a）中基准符号标注在用圆点从轮廓表面引出的基准线上，图 2-23（b）中基准符号表示以孔的轴线为基准。

（5）新标准中理论正确尺寸外的小框与尺寸线完全脱离，而旧标准中则是小框的下边线与尺寸线相重合。

（6）几何特征符号及附加符号的具体画法和尺寸，仍可参考 GB/T 1182—1996 中的规定。

（7）当公差涉及单个轴线、单个中心平面或公共轴线、公共中心平面时，曾经用过的如图 2-24 所示的方法已经取消。

（8）用指引线直接连接公差框格和基准要素的方法见图 2-25 也已被取消，基准必须注出基准符号，不得与公差框格直接相连，即被测要素与基准要素应分别标注。

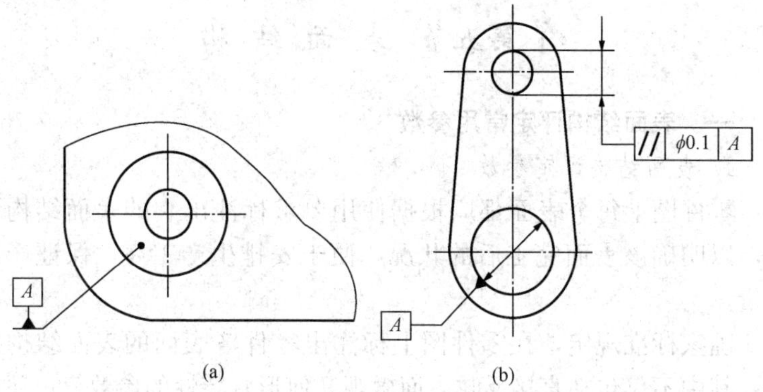

图 2-23　基准标注示例

（a）轮廓表面为基准；（b）孔的轴线为基准

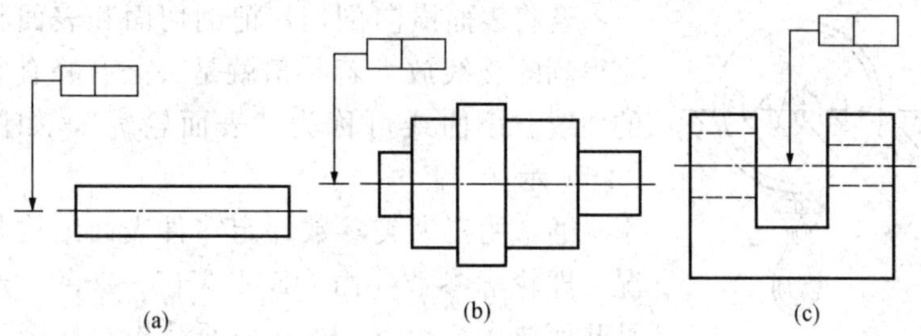

图 2-24　已经取消的公差框格标注方法（一）

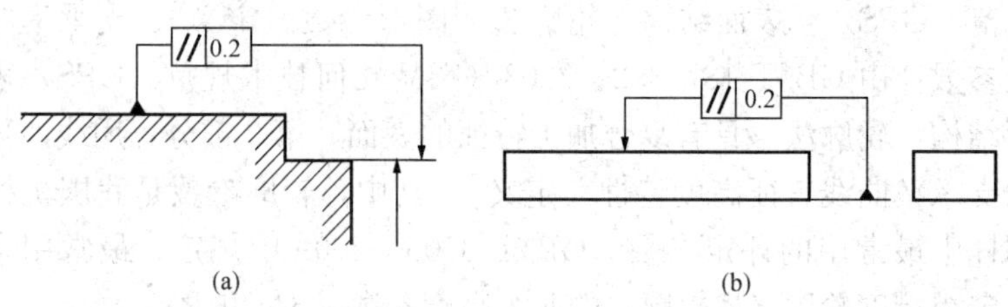

图 2-25　已经取消的公差框格标注方法（二）

第五节 表面结构

一、表面结构评定常用参数

1. 表面结构评定参数

零件图上每个表面都应根据使用要求标注出它的表面结构要求，以明确该表面完工后的状况，便于安排生产工序，保证产品质量。

国家标准规定，在零件图上标注出零件各表面的表面结构要求，其中不仅包括直接反映表面微观几何形状特性的参数值，还可以包含说明加工方法、加工纹理方向（即加工痕迹的走向）以及表面镀覆前后的表面结构要求等其他更为广泛的内容，这就更加确切和全面地反映了对表面的要求。

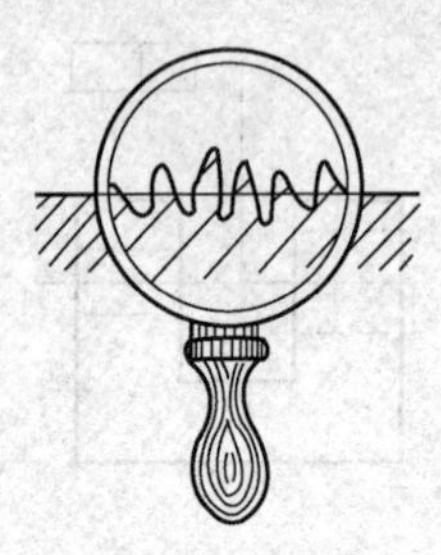

图 2-26　表面轮廓放大图

若将表面横向剖切，把剖切面和表面相交得到的交线放大若干倍就是一条有峰有谷的曲线。该曲线可称为“表面轮廓”，如图 2-26所示。

通常用三大类参数评定零件表面结构状况，即轮廓参数［由 GB/T 3505—2009《产品几何技术规范（GPS）表面结构　轮廓法　术语、定义及表面结构参数》定义］、图形参数［由 GB/T 18618—2009《产品几何技术规范（GPS）　表面结构　轮廓法　图形参数》定义］、支承率曲线参数［由 GB/T 18778.2—2003《产品几何技术规范（GPS）表面结构　轮廓法　具有复合加工特征的表面　第 2 部分：用线性化的支承率曲线表征高度特性》定义］。其中，轮廓参数是我国机械图样中最常用的评定参数。GB/T 3505—2009 中规定，最常用来评定粗糙度轮廓（*R* 轮廓）的两个高度参数是 Ra 和 Rz。

（1）轮廓算术平均偏差（Ra）。轮廓算术平均偏差（Ra）是指在取样长度内轮廓偏距绝对值的算术平均值，如图 2-27 所示。

轮廓算术平均偏差（Ra）的数值一般在表 2-19 中选取。

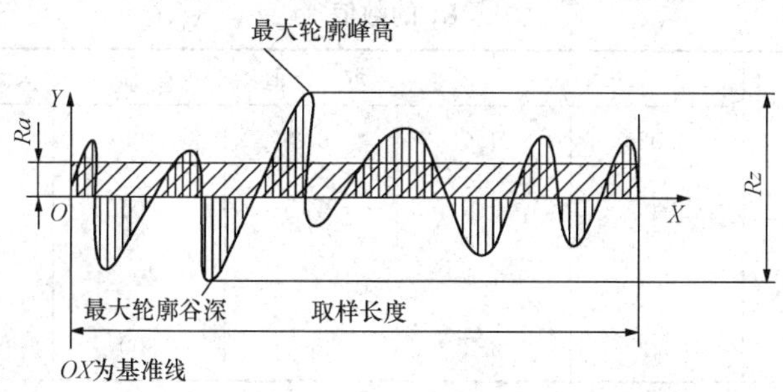

图 2-27 轮廓算术平均偏差 *Ra* 和轮廓最大高度 *Rz*

表 2-19 **Ra 的数值** μm

参数	取值			
Ra	0.012	0.2	3.2	50
	0.025	0.4	6.3	100
	0.05	0.8	12.5	
	0.1	1.6	25	

当选用表 2-19 中规定的 *Ra* 系列数值不能满足要求时，可选用表 2-20 中规定的补充系列值。

表 2-20 **Ra 的补充系列值** μm

参数	取值			
Ra	0.008	0.08	1	10
	0.01	0.125	1.25	16
	0.016	0.16	2	20
	0.02	0.25	2.5	32
	0.032	0.32	4	40
	0.04	0.5	5	63
	0.063	0.63	8	80

（2）轮廓最大高度（*Rz*）。轮廓最大高度（*Rz*）是指在同一取样长度内最大轮廓峰高与最大轮廓谷深之间的距离，如图 2-27 所示。*Rz* 的常用数值有 0.2、0.4、0.8、1.6、3.2、6.3、12.5、25、50μm。*Rz* 数值一般在表 2-21 中选取。

表 2-21 **Rz 的数值** μm

参数	取　值				
Rz	0.025	0.4	6.3	100	1600
	0.05	0.8	12.5	200	
	0.1	1.6	25	400	
	0.2	3.2	50	800	

根据表面功能和生产的经济合理性，当选用表 2-21 中规定的 Rz 系列数值不能满足要求时，亦可选用表 2-22 中规定的补充系列值。

表 2-22 **Rz 的补充系列值** μm

参数	取　值			
Rz	0.032	0.5	8	125
	0.04	0.63	10	160
	0.063	1	16	250
	0.08	1.25	20	320
	0.125	2	32	500
	0.16	2.5	40	630
	0.25	4	63	1000
	0.32	5	80	1250

特别说明：原来的表面粗糙度参数 Rz 的定义不再使用。新的 Rz 为原 Ry 定义，原 Ry 的符号也不再使用。

（3）取样长度（l_r）。取样长度是指用于判别被评定轮廓不规则特征的 x 轴上的长度，其代号为 l_r。

为了在测量范围内较好地反映粗糙度的情况，标准规定取样长度按表面粗糙度选取相应的数值。在取样长度范围内，一般至少包含 5 个轮廓峰和轮廓谷。规定和选取取样长度的目的是限制和削弱其他几何形状误差，尤其是表面波度对测量结果的影响。取样长度的数值见表 2-23。

表 2-23　　取样长度 l_r 的数值系列　　mm

参数	取值					
l_r	0.08	0.25	0.8	2.5	8	25

（4）评定长度（l_n）。评定长度是指用于判别被评定轮廓的 x 轴上方向的长度，代号为 l_n。它可以包含一个或几个取样长度。

为了较充分和客观地反映被测表面的粗糙度，须连续取几个取样长度的平均值作为取样测量结果。国家标准规定，$l_n=5l_r$ 为默认值。选取评定长度的目的是减小被测表面上表面粗糙度不均匀性的影响。

取样长度与幅度参数之间有一定的联系，一般情况下，在测量 Ra、Rz 数值时推荐按表 2-24 选取对应的取样长度值。

表 2-24　　取样长度（l_r）和评定长度（l_n）的数值　　mm

Ra（μm）	Rz（μm）	l_r	$l_n(l_n=5l_r)$
0.008～0.02	0.025～0.1	0.08	0.4
0.02～0.1	0.1～0.5	0.25	1.25
0.1～2	0.5～10	0.8	4
2～10	10～50	2.5	12.5
10～80	50～200	8	40

2. 基本术语新旧标准对照

基本术语新旧标准对照见表 2-25。

表 2-25　　基本术语新旧标准对照

基本术语（GB/T 3505—2009）	GB/T 3505—1983	GB/T 3505—2009
取样长度	l	l_p、l_w、l_r[①]
评定长度	l_n	l_n
纵坐标值	y	$Z(x)$
局部斜率		$\frac{dZ}{dX}$
轮廓峰高	y_p	Z_p
轮廓谷深	y_v	Z_v

续表

基本术语（GB/T 3505—2009）	GB/T 3505—1983	GB/T 3505—2009
轮廓单元高度		Z_t
轮廓单元宽度		X_s
在水平截面高度 c 位置上轮廓的实体材料长度	η_p	$Ml(c)$

① 给定的三种不同轮廓的取样长度。

3. 表面结构参数新旧标准对照

表面结构参数新旧标准对照见表 2-26。

表 2-26　　表面结构参数新旧标准对照

参数（GB/T 3505—2009）	GB/T 3505—1983	GB/T 3505—2009	在测量范围内	
			评定长度（l_n）	取样长度（l_r）
最大轮廓峰高	R_p	Rp		√
最大轮廓谷深	R_m	Rv		√
轮廓最大高度	R_y	Rz		√
轮廓单元的平均高度	R_c	Rc		√
轮廓总高度	—	Rt	√	
评定轮廓的算术平均偏差	R_a	Ra		√
评定轮廓的均方根偏差	R_q	Rq		√
评定轮廓的偏斜度	S_k	Rsk		√
评定轮廓的陡度	—	Rku		√
轮廓单元的平均宽度	S_m	Rsm		√
评定轮廓的均方根斜率	Δ_q	$R\Delta q$		
轮廓支承长度率	—	$Rmr(c)$	√	
轮廓水平截面高度	—	$R\delta c$	√	
相对支承长度率	t_p	Rmr	√	
十点高度	R_z	—		

注　1. “√”表示在测量范围内现采用的评定长度和取样长度。

2. 表中取样长度是 l_r、l_w 和 l_p，分别对应于 R、W 和 P 参数。$l_p=l_n$。

3. 在规定的三个轮廓参数中，表中只列出了粗糙度轮廓参数。例如：三个参数分别为 Pa（原始轮廓）、Ra（粗糙度轮廓）、Wa（波纹度轮廓）。

二、表面结构符号、代号及标注

1. 表面结构要求图形符号的画法与含义

GB/T 131—2006《产品几何技术规范（GPS）技术产品文件中表面结构的表示法》规定了表面结构要求的图形符号、代号及其画法，其说明见表 2-27。表面结构要求的单位为 μm 。

表 2-27　　表面结构要求的画法与含义

符　号	意义及说明
	基本符号，表示表面可用任何方法获得。当不加注表面结构要求参数值或有关说明（如表面处理、局部热处理状况等）时，仅适用于简化代号标注
	表示表面是用去除材料的方式获得，如车、铣、钻、磨、剪切、抛光、腐蚀、电火花加工、气割等
	表示表面是用不去除材料的方法获得，如铸、锻、冲压变形、热轧、冷轧、粉末冶金等，或者是用保持原供应状况的表面（包括上道工序的状况）
	完整图形符号，可标注有关参数和说明
	表示部分或全部表面具有相同的表面结构要求

GB/T 131—2006 中规定，在报告和合同的文本中时，用“APA”表示允许用任何工艺获得表面，用“MRR”表示允许用去除材料的方法获得表面，用“NMR”表示允许用不去除材料的方法获得表面。

2. 表面结构完整符号注写规定

在完整符号中，对表面结构的单一要求和补充要求注写在图 2-28 所示的指定位置。

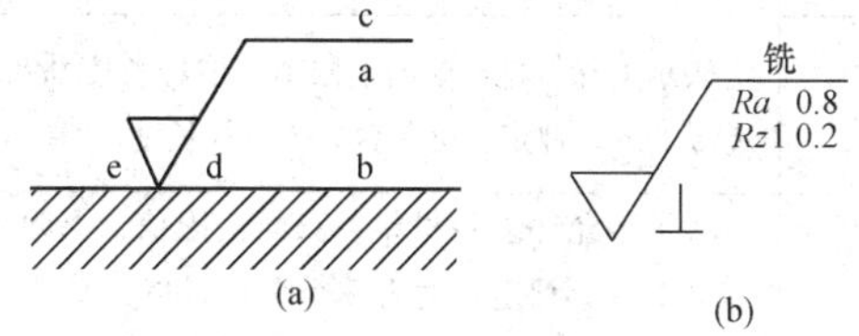

图 2-28　补充要求的注写位置

（a）位置分布；（b）注写示例

（1）位置 a 注写表面结构的单一要求：标注表面粗糙度参数代号、极限值和取样长度。为了避免误解，在参数代号和极限值间应插入空格。取样长度后应有一斜线“/”，之后是表面粗糙度参数符号，最后是数值，如－0.8/*Rz*6.3。

（2）位置 a 和 b 注写两个或多个表面结构要求：在位置 a 注写一个表面粗糙度要求，方法同（1）。在位置 b 注写第二个表面粗糙度要求。如果要注写第三个或更多表面粗糙度要求，图形符号应在垂直方向扩大，以空出足够的空间。扩大图形符号时，a、b 的位置随之上移。

（3）位置 c 注写加工方法、表面处理、涂层或其他加工工艺要求，如车、铣、磨、镀等。

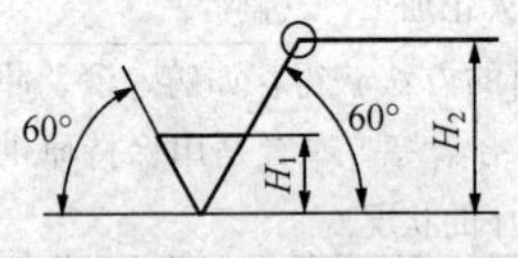

图 2-29　表面结构要求符号的比例画法

（4）位置 d 注写表面纹理和纹理方向。

（5）位置 e 注写所要求的加工余量，以 mm 为单位给出数值。

表面结构要求符号的比例画法如图 2-29所示。

表面结构具体标注示例及意义见表 2-28。

表 2-28　　表面结构代号的标注示例及意义

符　号	含义/解释
*Rz*0.4（不允许去除材料）	表示不允许去除材料，单向上限值，粗糙度的最大高度为 0.4μm，评定长度为 5 个取样长度（默认），“16％规则”（默认）
*Rz*max0.2（去除材料）	表示去除材料，单向上限值，粗糙度最大高度的最大值为 0.2μm，评定长度为 5 个取样长度（默认），“最大规则”（默认）
−0.8/*Ra*3.2（去除材料）	表示去除材料，单向上限值，取样长度 0.8μm，算术平均偏差 3.2μm，评定长度包含 3 个取样长度，“16％规则”（默认）
U *Ra*max3.2 L *Ra*0.8（不允许去除材料）	表示不允许去除材料，双向极限值。上限值：算术平均偏差 3.2μm，评定长度为 5 个取样长度（默认），“最大规则”；下限值：算术平均偏差 0.8μm，评定长度为 5 个取样长度（默认），“16％规则”（默认）

续表

符　　号	含义/解释
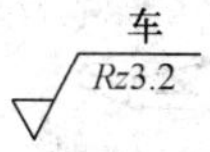 车 Rz3.2	零件的加工表面的粗糙度要求由指定的加工方法获得时，用文字标注在符号上边的横线上
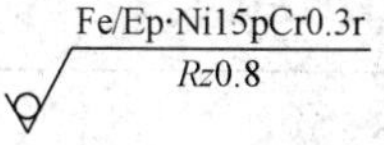 Fe/Ep·Ni15pCr0.3r Rz0.8	在符号的横线上面可注写镀（涂）覆或其他表面处理要求。镀覆后达到的参数值这些要求也可在图样的技术要求中说明
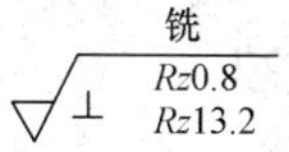 铣 Rz0.8 ⊥ Rz13.2	需要控制表面加工纹理方向时，可在完整符号的右下角加注加工纹理方向符号
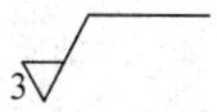 3	在同一图样中，有多道加工工序的表面可标注加工余量时，加工余量标注在完整符号的左下方，单位为 mm

注　评定长度的（l_n）的标注：若所标注的参数代号没有“max”，表明采用的是有关标准中默认的评定长度；若不存在默认的评定长度，参数代号中应标注取样长度的个数，如 $Ra3$，$Rz3$，$RSm3$，……（要求评定长度为 3 个取样长度）。

3. 表面纹理的标注

表面加工后留下的痕迹走向称为纹理方向。不同的加工工艺往往决定了纹理的走向，一般表面不需标注。对于有特殊要求的表面，需要标注纹理方向时，可用表 2-29 所列的符号标注在完整图形符号中相应的位置，如图 2-28（b）所示。

表 2-29　　常见表面加工的纹理方向

符号	说　　明	示　意　图
=	纹理平行于视图所在的投影面	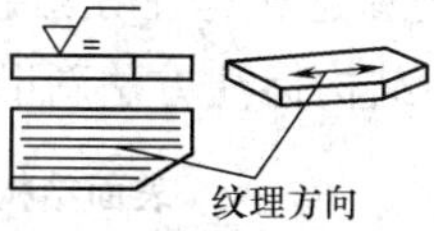 纹理方向
⊥	纹理垂直于视图所在的投影面	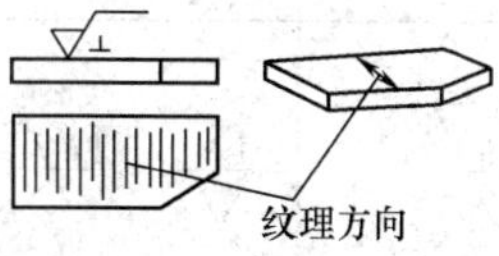 纹理方向

续表

符号	说　明	示 意 图
×	纹理呈两斜向交叉且与视图所在的投影面相交	纹理方向
M	纹理呈多方向	
C	纹理呈近似同心圆且圆心与表面中心相关	
R	纹理呈近似的放射状与表面圆心相关	
P	纹理呈微粒、凸起，无方向	

注　如果表面纹理不能清楚地用这些符号表示，必要时，可以在图样上加注说明。

4. 表面结构标注方法新旧标准对照

表面结构标注方法新旧标准对照见表 2-30。

表 2-30　　　　表面结构标注方法新旧标准对照

GB/T 131—1983	GB/T 131—1993	GB/T 131—2006	说明主要问题的示例
1.6	1.6　1.6	$Ra1.6$	Ra 只采用“16%规则”

续表

GB/T 131—1983	GB/T 131—1993	GB/T 131—2006	说明主要问题的示例
Ry3.2	Ry3.2　Ry3.2	Rz3.2	除了 *Ra*“16%规则”的参数
—	1.6max	Ra max1.6	“最大规则”
1.6　0.8	1.6　0.8	-0.8/Ra1.6	*Ra* 加取样长度
Ry3.2　0.8	Ry3.2　0.8	-0.8/Rz6.3	除 *Ra* 外其他参数及取样长度
1.6 Ry6.3	1.6 Ry6.3	Ra1.6 Rz6.3	*Ra* 及其他参数
—	Ry3.2	Rz3 6.3	评定长度中的取样长度个数如果不是 5，则要注明个数（此例表示比例取样长度个数为 3）
—	—	L Rz1.6	下限值
3.2 1.6	3.2 1.6	U Ra3.2 L Rz1.6	上、下限值

5. 表面结构要求在图样上的标注

表面结构要求对每一表面一般只标注一次，应尽可能标注在相应的尺寸及公差的同一视图上。除非另有说明，所标注的表面结构要求是对完工零件表面的要求。

（1）表面结构要求在图样上标注方法示例，见表 2-31。

表 2-31　　表面结构要求在图样上标注方法示例

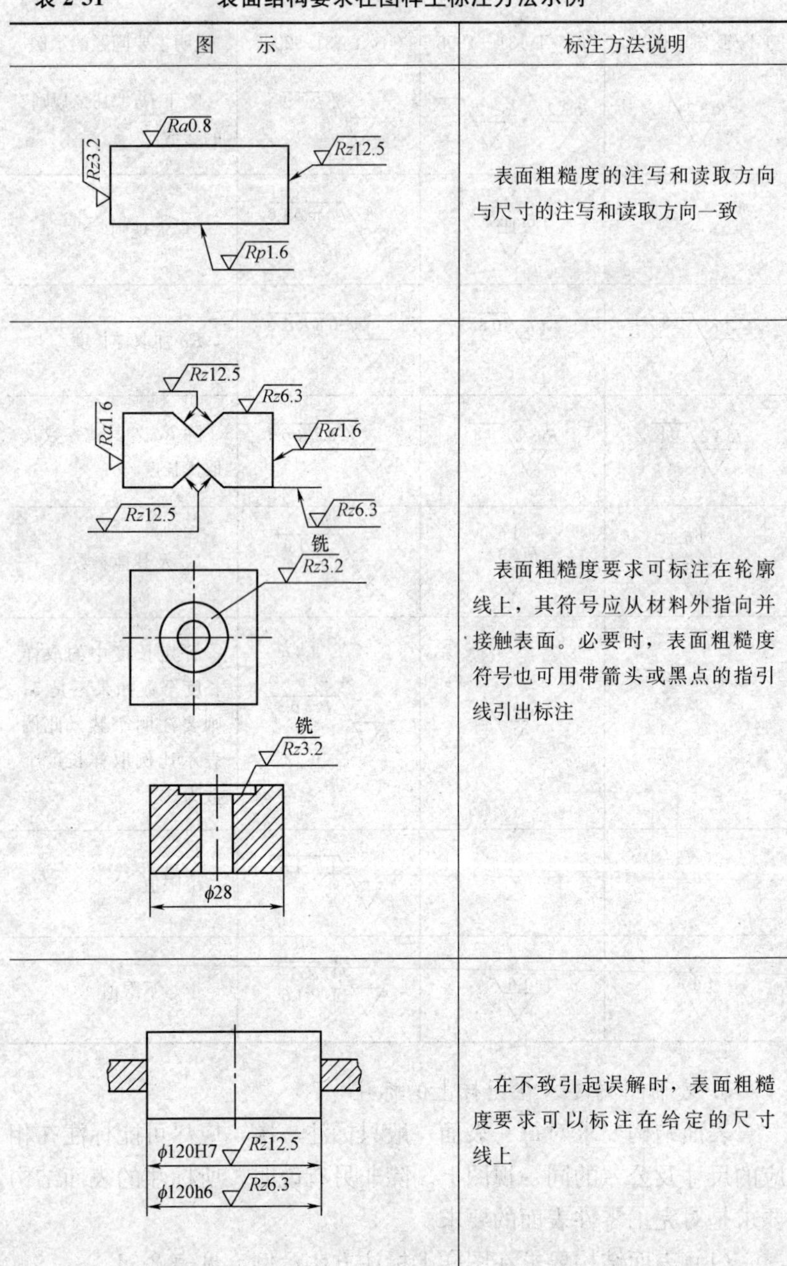

图　　示	标注方法说明
	表面粗糙度的注写和读取方向与尺寸的注写和读取方向一致
	表面粗糙度要求可标注在轮廓线上，其符号应从材料外指向并接触表面。必要时，表面粗糙度符号也可用带箭头或黑点的指引线引出标注
	在不致引起误解时，表面粗糙度要求可以标注在给定的尺寸线上

续表

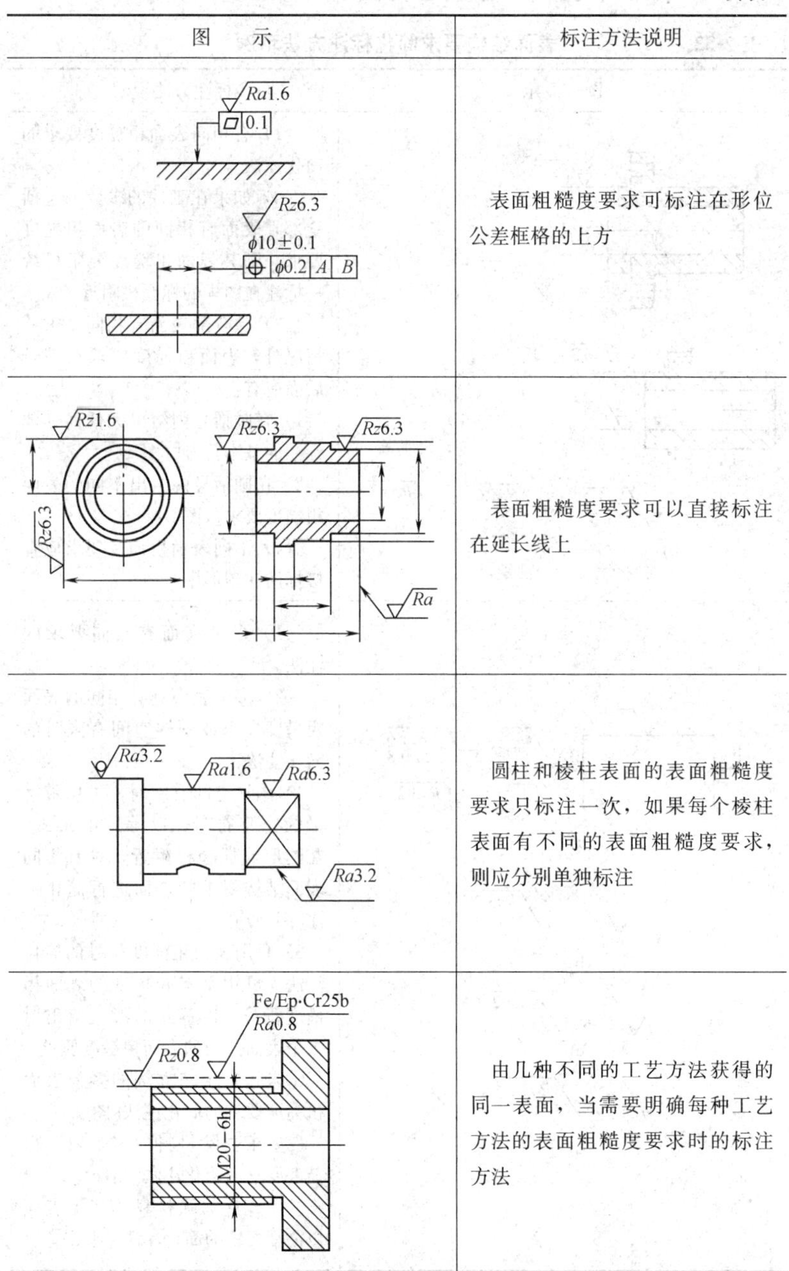

图　　示	标注方法说明
	表面粗糙度要求可标注在形位公差框格的上方
	表面粗糙度要求可以直接标注在延长线上
	圆柱和棱柱表面的表面粗糙度要求只标注一次，如果每个棱柱表面有不同的表面粗糙度要求，则应分别单独标注
	由几种不同的工艺方法获得的同一表面，当需要明确每种工艺方法的表面粗糙度要求时的标注方法

（2）表面结构要求简化标注方法示例，见表 2-32。

表 2-32　　表面结构要求简化标注方法示例

图　　示	标注方法说明
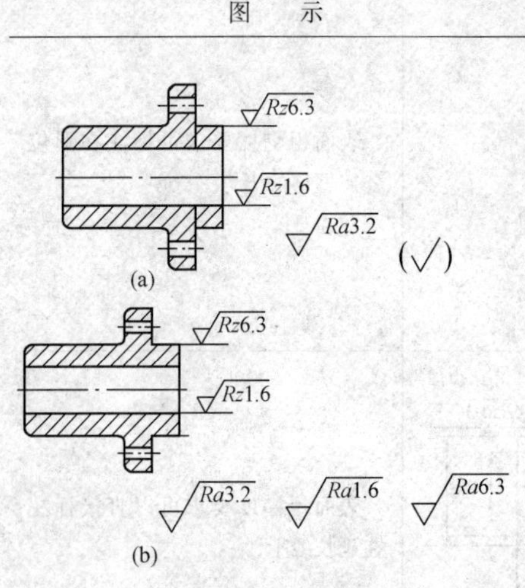	（1）有相同表面粗糙度要求的简化注法。 （2）如果在工件的多数（包括全部）表面有相同的表面粗糙度要求，则其表面粗糙度要求可统一标注在图样的标题栏附近。 （3）除全部表面有相同要求的情况外，表面粗糙度要求在符号后面应有： 1）在圆括号内给出无任何其他标注的基本符号[（图 a）]。 2）在圆括号内给出不同的表面粗糙度要求[（图 b）]。 （4）不同表面粗糙度要求应直接标注在图形中
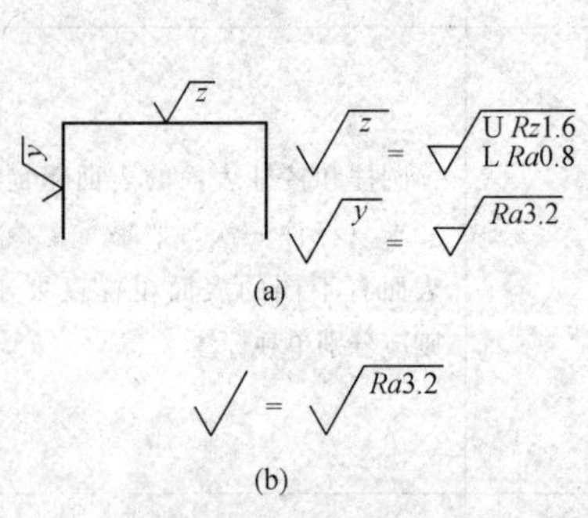	（1）多个表面有共同要求的注法。 （2）多个表面具有相同的表面粗糙度要求或图样空间有限时的简化注法： 1）图样空间有限时，可用带字母的完整符号，以等式的形式，在图形或标题栏附近，对有相同表面结构要求的表面进行简化标注[图(a)]。 2）只用表面粗糙度符号的简化注法。可用基本和扩展的表面粗糙度符号，以等式的形式给出对多个表面共同的表面粗糙度要求： ①未指定工艺方法的多个表面粗糙度要求的简化注法[图(b)]。 ②要求去除材料的多个表面粗糙度要求的简化注法[图(c)]。 ③不允许去除材料的多个表面粗糙度要求的简化注法[图(d)]

6. 各级表面结构的表面特征及应用举例

表面结构的表面特征及应用举例，见表 2-33。

表 2-33　　表面结构的表面特征及应用举例

表面特征		Ra（μm）	Rz（μm）	应用举例
粗糙表面	可见刀痕	20～40	80～160	半成品粗加工过的表面，非配合的加工表面，如轴端面、倒角、钻孔、齿轮和带轮侧面、键槽底面、垫圈接触面等
	微见刀痕	10～20	40～80	
半光表面	微见加工痕迹	5～10	20～40	轴上不安装轴承或齿轮处的非配合表面、紧固件的自由装配表面、轴和孔的退刀槽等
	微辨加工痕迹	2.5～5	20～20	半精加工表面，箱体、支架、端盖、套筒等和其他零件结合面无配合要求的表面，需要发蓝的表面等
	看不清加工痕迹	1.25～2.5	6.3～10	接近于精加工表面、箱体上安装轴承的镗孔表面、齿轮的工作面
光表面	可辨加工痕迹方向	0.63～1.25	3.2～6.3	圆柱销、圆锥销，与滚动轴承配合的表面，普通车床导轨面，内、外花键定心表面等
	微辨加工痕迹方向	0.32～0.63	1.6～3.2	要求配合性质稳定的配合表面，工作时受交变应力的重要零件，较高精度车床的导轨面
	不可辨加工痕迹方向	0.16～0.32	0.8～1.6	精密机床主轴锥孔，顶尖圆锥面，发动机曲轴、凸轮轴工作表面，高精度齿轮齿面

续表

表面特征		*Ra*（μm）	*Rz*（μm）	应用举例
极光表面	暗光泽面	0.08～0.16	0.4～0.8	精度机床主轴颈表面、一般量规工作表面、气缸套内表面、活塞销表面等
	亮光泽面	0.04～0.08	0.2～0.4	精度机床主轴颈表面、滚动轴承的滚动体、高压油泵中柱塞和柱塞套配合的表面
	镜状光泽面	0.01～0.04	0.05～0.2	
	镜面	≤0.01	≤0.05	高精度量仪、量块的工作表面，光学仪器中的金属镜面

第六节　劳动保护与安全生产

一、劳动保护

劳动保护是指采用立法和技术措施、管理措施，保护劳动者在生产劳动过程中的安全健康与劳动能力，促进社会主义现代化的建设和发展。它指明了搞好劳动保护必须立法、技术和管理三者结合，具体要求就是国家要制定劳动保护的方针和法规，监督企业贯彻执行；企业要实现生产过程的机械化、密闭化和自动化，采用各种防护保险装置等技术措施；也要确保劳动保护工作的领导体系，建立和健全组织机构，制定安全制度，开展安全教育并加强管理。

1. 劳动保护的意义

劳动保护是一件根本性的大事，是企业为保护职工健康采取的重要措施。做好劳动保护工作有着极其重要的意义：

（1）搞好劳动保护是实现安全生产，使生产能够顺利进行的重要保证。生产必须安全，安全为了生产。对生产中的不安全因素，采取必要的管理措施和技术措施，加以防止和消除，才能保证生产的顺利进行。

（2）搞好劳动保护，有利于调动劳动者的积极性和创造性，在生产过程中切实保证劳动者的安全和健康，不断改善劳动条件，就能进一步激发他们的劳动积极性，从而有利于促进生产的发展。

2. 劳动保护工作的任务

劳动保护工作的任务是保护劳动者在生产中的安全与健康，促进社会主义生产建设的顺利发展，并在发展生产的同时积极改善劳动条件，变危险为安全，变有害为无害，变笨重劳动为轻便劳动，变肮脏、紊乱为卫生、整洁，做到安全生产、文明生产。具体任务措施如下：

(1) 积极采用各种综合性的安全技术措施，控制和消除生产过程中容易造成职工伤害的各种不安全因素，保证安全生产。

(2) 合理确定工作时间和休息时间，严格控制加班、加点，实现劳逸结合，保证劳动者有适当的工余休息时间，经常保持充沛的精力，实现安全稳定生产。

(3) 根据妇女的生理特征，对女职工实现特殊的劳动保护。

二、安全生产和全面安全管理

1. 安全生产的意义

(1) 安全生产是国家的一项重要政策。生产劳动过程中存在各种不安全、不卫生的因素，如工厂可能发生机械伤害、电击伤害等；此外，还可能出现有毒的气体、粉尘、高频、微波、紫外线、噪声、振动、高温等危害人体健康的情况，如不及时防止和消除，就有发生工伤事故和引起职业病的危险。

(2) 安全生产是生产建设的重要条件。在生产建设中，人是决定性的因素，只有不断改善条件，才能激发他们的劳动热情和生产积极性，促进经济和社会的发展。同时，我们必须看到，随着生产的不断发展，必将同时带来新的不安全因素，如不及时引起注意和加强管理，也会影响和破坏生产力的发展。

2. 做好安全生产管理工作

(1) 抓好安全生产教育，贯彻“预防为主”的方针。安全教育是安全管理的重要内容，必须大力加强安全生产思想教育、安全技术教育、三级安全教育和事故后教育。安全技术操作教育要从基本功入手，做到操作动作熟练，并能在复杂情况下判断和避免事故的发生。对于新工人，要进行厂、车间、班组三级安全教育；对待特殊工种的工人，要做到教育、培训、考核合格后才能持证上岗。

（2）建立和健全安全生产规章制度。要把生产活动约束在科学、合理、安全的范围内，必须健全法制。此外，还必须在工厂、车间和班组中建立和健全一些行之有效的规章制度，如定期学习制度、安全活动日制度、安全生产责任制度和安全检查制度等。其中，安全生产责任制度是企业在安全生产中的一个核心制度。

（3）不断改善劳动条件，积极采取安全技术措施。这是消除生产中不安全、不卫生因素，保证安全生产的根本办法。除了不断采用新技术、新设备，逐步实现生产过程的机械化、自动化和电子化外，还要加强安全技术措施，改变现行生产中不安全、不卫生的条件，如安装各种机械设备的防护装置；对产生噪声的地点和设备采取消音降噪防护和控制；向个人提供各种防护用品等。

（4）认真贯彻“五同时”和做好“三不放过”。即在计划、布置、检查、总结和评比生产工作的同时，要计划、布置、检查、总结和评比安全工作。这是贯彻“安全第一，预防为主”方针的重要内容。出了事故后，除了按制度做好报告工作和保护现场外，还必须做到事故原因不查清不放过，没有预防措施或措施不落实不放过，事故责任者和劳动者未接受教训不放过。这是防止事故再发生的有力措施。

3. 实现全面安全管理（TSC）

全面安全管理是指对安全生产实行全过程、全员参加和全部工作安全管理，简称 TSC。

（1）全过程安全管理就是一个工程从计划、设计开始，包括基建、试车、投产、生产、运输，一直到更新、报废的全过程，都要进行安全管理和控制。

（2）全员参加安全管理是指从厂长、车间主任、技术和管理人员、班组长到每个工人参加的安全管理。其中，领导参加是安全管理的核心。国家要求“管理生产的必须管安全，安全生产人人有责”，就是这个意思。

（3）全部工作的安全管理是指对生产过程中的每项工艺都进行全面分析、全面评价、全面采取措施等。“高高兴兴上班，平平安安回家”包括了全部工作的安全管理。

三、环保管理

1. 环保管理的含义

环境包括大气、水体、矿藏、森林、野生动物、自然保护区和风景游览区等。这些都是国家的自然资源，人民生活的基本条件。

环保管理是指人们运用经济、法律、技术、行政、教育等手段，限制人类损害环境质量的活动，并通过全面规划使经济发展与环境保护相协调，达到既发展经济、满足人类需要，又不超出环境容许范围的目的。也就是说，人类在满足不断增长的物质和文化需要的同时，要正确处理经济规律和生态规律的关系；要运用现代科学的理论和方法，对人类损害自然环境质量的活动施加影响；在更好地利用自然环境的同时，促进人类与环境系统协调发展。

2. 环保工作在国民经济中的战略地位

保护和改善环境是关系到经济和社会发展的重要问题，是进行社会主义物质文明和精神文明建设的重要组成部分。

环境是人类生存发展的物质基础。自然环境不仅为人类的生存提供场所，也为农业生产提供各种原料和基地。但是，由于人类不合理地利用自然资源，乱排“三废”(废水、废气、废渣)，乱砍滥伐，使环境的污染破坏日益严重，造成生态破坏，甚至危害人的生命。工业生产同样以环境资源为基础，从环境取得资源并向环境排出废物组成循环系统。因此，环保工作的目的，是为人类保护良好的生活、工作环境，这是人类生存发展的需要，是劳动力再生产的必要条件；同时，也是为了保护人类所需要的物质资源，使经济和社会得到发展。环境问题是制订经济和社会发展战略的重要依据。要使经济持续发展，必须使其与环境协调，把环境保护作为经济发展的一个战略目标，放到重要的地位。

3. 环保管理的任务

环保管理是工业企业管理的一项重要内容。生产过程在生产出产品的同时也产生出一定数量的废弃物，特别是污染物，这是生产过程一个整体的两个方面，它们互相依存，对立统一。

工业企业环保管理的基本任务，就是要在区域环境质量的要求下，最大限度地减少污染物的排放，避免对环境造成损害。通过控制污染物排放的科学管理，促进企业减少原料、燃料、水源的消耗，降低成本，提高科学技术水平，促进消除污染，改善环境，保障职工健康，减轻或消除社会经济损失，从而获得最佳的、综合的社会效益。

为了实现上述任务，工业企业的环保管理应着重做好以下几个方面的工作：

（1）加强环保教育，提高广大职工保护环境的自觉性。

（2）结合技术改造，最大限度地把“三废”消除在生产过程中。这是企业防治工业污染、搞好环保管理的根本途径。

（3）贯彻“以防为主、防治结合、综合治理”的方针，综合利用，变废为宝，实现“三废”资源化。这是防止工业污染的必经之路。

（4）进行净化处理，使“三废”达到国家规定的排放标准，不污染或少污染环境。这是必要的防止手段。

（5）把环保工作列入经济责任制。这是搞好环保管理的重要保证。

（6）对热处理、电镀、铸锻等排污比较严重的生产厂点，环保部门要汇同有关部门对其“三废”治理情况和措施进行检查、验收和审核，采取必备条件和评分相结合的考核办法，全部符合必备条件才发给许可证。不符合要求的不能发证，或限期整顿。未经批准，不得擅自生产或扩大生产规模。

（7）贯彻“三同时”原则，新建、扩建和改建的企业，在建设过程中，对存在污染的项目，必须与主体工程同时设计、同时施工、同时投产。各种有害物质的排放，必须遵守国家规定的标准。

机械基础知识

第一节　机械传动知识

一、概述

在工业生产中，机械传动是一种最基本的传动方式。分析一台机器，不论是机床、内燃机、钻探机，还是洗衣机，其工作过程实际上包含着多种机构和零部件的运动过程。例如，经常应用摩擦轮、带轮、链轮、齿轮、螺杆和蜗杆等零部件组成各种形式的传动装置来传递能量。机械传动的一般分类方法如图 3-1 所示。

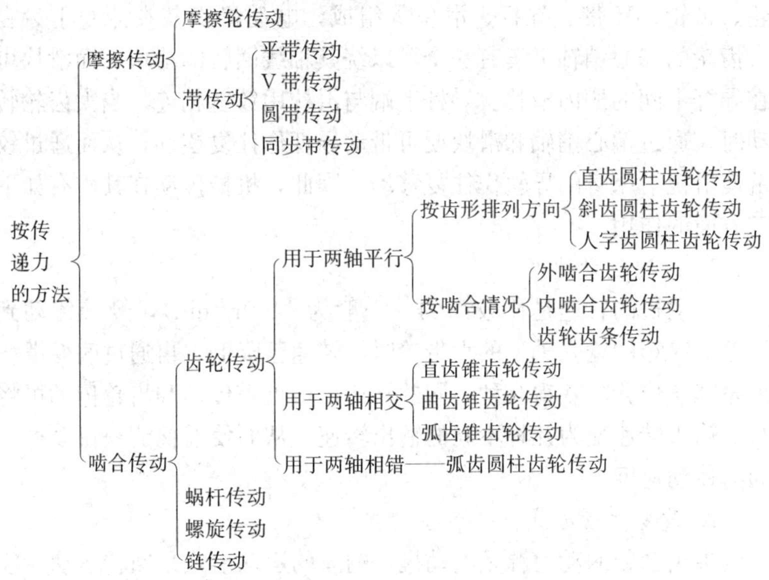

图 3-1　机械传动的分类

图 3-2 为牛头刨床传动简图。在动力部（电动机）和工作部之间，就有带传动、齿轮传动、平面连杆机构等传动装置。

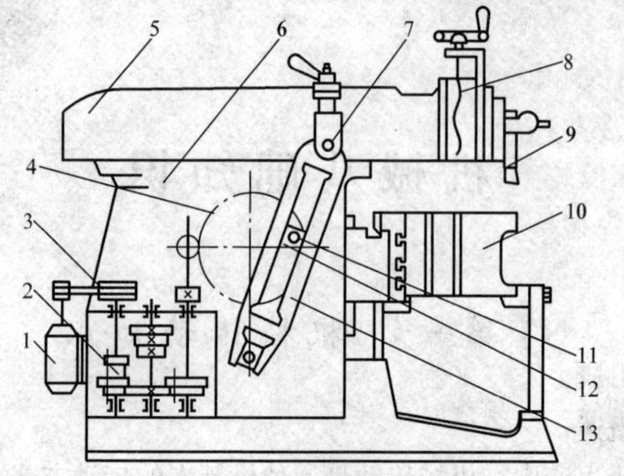

图 3-2　牛头刨床传动简图

1—电动机；2—齿轮传动；3—带传动；4—大齿轮；5—滑枕；6—床身；7—销轴；8—螺旋传动；9—刨刀；10—工作台；11—偏心销轴；12—滑块；13—导杆

由图 3-2 可知，牛头刨床由床身、滑枕、刨刀、工作台、齿轮、带轮、V 带、导杆、滑块等组成，电动机安装在床身上。在大齿轮的偏心销轴上套有一个可以绕其轴线回转的滑块，而滑块可在导杆中间的槽内滑移。导杆上端与滑枕用铰链相连。当大齿轮转动时，通过偏心销轴和滑块便可带动导杆作往复摆动，从而通过铰链使滑枕沿床身的导轨作往复移动。因此，机械传动在其中有如下三方面的作用。

1. 改变运动速度

电动机的转速是比较高的（一般为 1450r/min），经带传动到齿轮变速箱的输入轴上的大带轮时，转速已降低。再通过改变滑移齿轮啮合位置能获得几种不同的转速。可见带传动和齿轮传动可将某一输入转速变为几种不同的输出转速，从而使滑枕能获得多种不同的移动速度。

2. 改变运动方式

牛头刨床的动力源是电动机，输入的运动形式是回转运动。经带传动和齿轮传动后仍为回转运动，但经平面连杆机构（由偏心销轴 11、滑块 12 和导杆 13、销轴 7 及滑枕 5 组成）后，滑枕的运动方式变为直线往复运动。

3. 传递动力

电动机的输出功率通过带传动和齿轮传动及平面连杆机构把动力传给滑枕，然后使装在刀架上的刨刀有足够的切削力完成刨削工作。

二、摩擦轮传动

（一）摩擦轮传动的特点及传动比

1. 摩擦轮传动工作原理

图 3-3 所示为最简单的摩擦轮传动，它是由两个相互压紧的圆柱摩擦轮组成。正常工作时，主动轮可依靠摩擦力的作用带动从动轮转动。为了使两摩擦轮在传动时轮面上不打滑，两轮面的接触处必须有足够大的摩擦力。也就是说，摩擦力应足以克服从动轮上的阻力矩，否则在两轮接触处将会产生滑动。

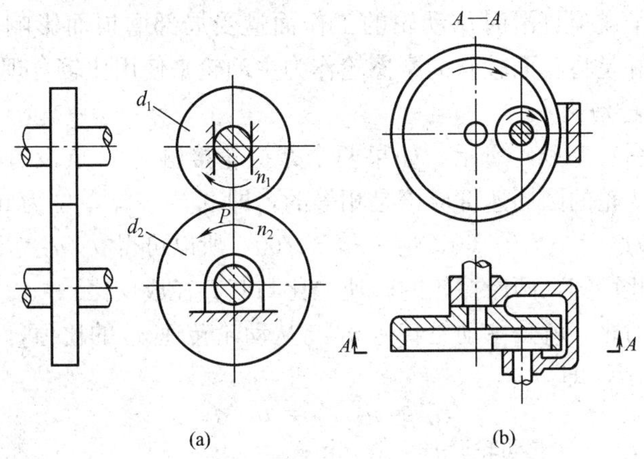

图 3-3　两轴平行的摩擦轮传动

（a）外接圆柱式；（b）内接圆柱式

因为最大静摩擦力＝静摩擦因数×正压力，所以要增大摩擦力，就必须增大正压力或增大摩擦因数。增大正压力，可以在摩擦轮上设置弹簧等施力装置，如图 3-4（a）所示。但这样会增加轴承载荷，增大传动件的尺寸，使机构笨重。因此，正压力只能作适度的增加，与此同时再增大摩擦因数。增大摩擦因数的方法，通常是将其中一个摩擦轮用钢或铸铁制成，在另一个摩擦轮的工作表面衬上一层石棉或皮革、橡胶布、塑料或纤维材料等，如图 3-4（a）所示。

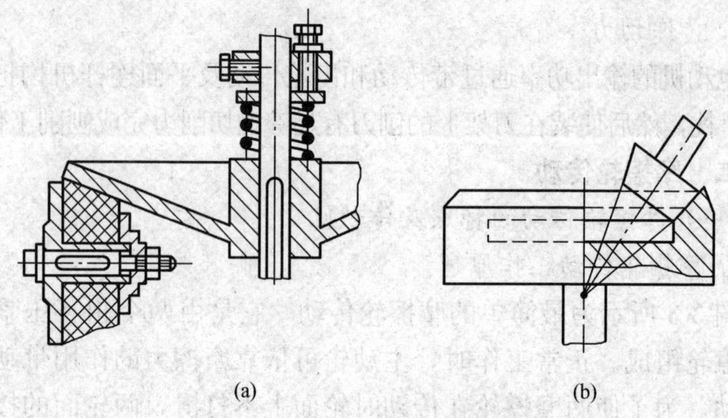

图 3-4　两轴相交的摩擦轮传动

（a）外接圆锥式；（b）内接圆锥式

为了避免打滑时从动轮的工作面遭受局部磨损而影响传动质量，最好是将轮面较软的摩擦轮作为主动轮来使用比较合理。

2. 传动比

如图 3-3（a）所示，如果两个摩擦轮接触处 P 点没有相对滑动，则两轮的圆周速度应该是相等的，即 $v_1 = v_2$，单位为 m/s。

因为 $v_1 = \pi d_1 n_1/60$，$v_2 = \pi d_2 n_2/60$，所以可得 $n_1/n_2 = d_2/d_1$。

由此可知，两摩擦轮的转速之比与其直径成反比。

传动比，就是主动轮转速 n_1 与从动轮转速 n_2 的比值，用符号 i_{12} 来表示，即

$$i_{12} = n_1/n_2 = d_2/d_1$$

式中　n_1 ——主动轮转速，r/min；

n_2 ——从动轮转速，r/min；

d_1 ——主动轮直径，m；

d_2 ——从动轮直径，m。

传动比也可用从动轮转速 n_2 与主动轮 n_1 的比值，用符号 i_{21} 来表示，即

$$i_{21} = n_2/n_1 = d_1/d_2$$

3. 摩擦轮传动的特点

摩擦轮传动和其他传动相比较，其应用特点是：

(1) 适用于两轴中心距较近的传动，且结构简单，成本低廉，使用维修方便。

(2) 工作时无噪声，机器运转时可以均匀平稳地变速，而且启动、停止和变向都很方便。

(3) 过载时两轮接触处会打滑，可以防止损坏机器，起到安全保护作用。

(4) 因为会打滑，传动效率较低，不宜传递较大的转矩，也不能保持准确的传动比，只能用于高速小功率的场合。

(二) 摩擦轮传动的类型和应用场合

摩擦轮传动可以分为如下几种类型。

1. 两轴平行的摩擦轮传动

两轴平行的摩擦轮传动，有外接圆柱摩擦轮的传动［见图 3-3 (a)］，内接圆柱摩擦轮的传动［见图 3-3 (b)］。这两种传动类型多用在高速小功率的传动中。前者两轴转动方向相反，后者相同。

2. 两轴相交的摩擦轮传动

两轴相交的摩擦轮传动同样也有外接圆锥摩擦轮传动［见图 3-4 (a)］和内接圆锥摩擦轮传动［见图 3-4 (b)］之分。在安装使用中，两圆锥轮的锥顶必须重合，这样才能使两轮锥面上各接触点处的线速度相同。

图 3-5 所示为一台应用摩擦轮传动原理制成的摩擦压力机。主动轴 1 上装有两个能够同时作轴向移动的主动摩擦轮 2 和 3；从动摩擦轮 4 下面连有一螺杆 5，螺杆端装有压块 6。螺杆转动时，可在螺母 5 的导向下带动压块 6 作上下移动。当主动摩擦轮 2 移动到与从动摩擦轮 4 相接触时（此时轮 3 与轮 4 脱开），由主动轴 1 带动的主动摩擦轮 2 转动，依靠摩擦力使从动摩擦轮 4 转动，从而使螺杆和压块向下

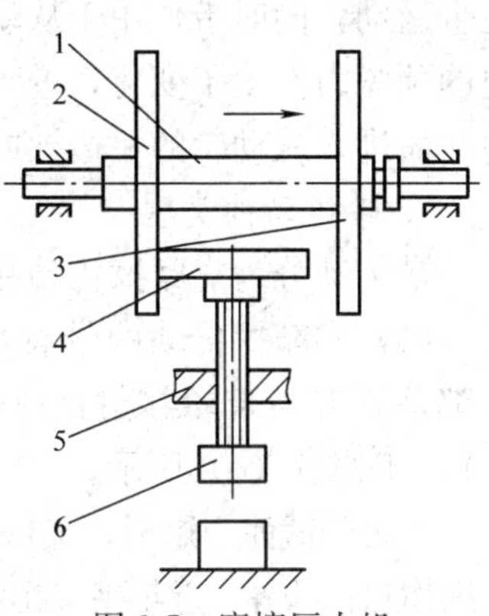

图 3-5 摩擦压力机

1—主动轴；2、3—主动摩擦轮；4—从动摩擦轮；5—螺母；6—压块

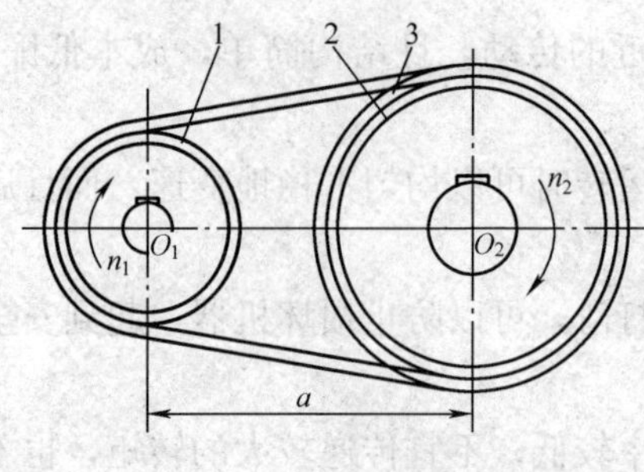

图 3-6　带传动的组成
1—主动带轮；2—从动带轮；
3—环形带

移动。在螺杆向下移动时，从动摩擦轮 4 一同下移，使主动摩擦轮 2 的摩擦半径逐渐增大，从动摩擦轮 4 的转速也逐渐增大，则螺杆向下移动的速度也逐渐增大，形成加速下降。当压块 6 冲压工作完成后，可用操纵手柄使主动摩擦轮 3 移动到与从动摩擦轮 4 相接触（此时轮 2 与轮 4 脱开），螺杆就反向转动并带动压块 6 减速上升。

三、带传动

（一）带传动的组成、类型和工作原理

1. 带传动的组成

如图 3-6 所示，带传动是由主动带轮 1、从动带轮 2 和紧套在两轮上的环形带 3 所组成。由于带是紧套在带轮上，故在带与带轮的接触面上产生一定的压力。

未承受外载时，带的两边都受到相同的初拉力。而当主动轮旋转时，在带与带轮间的接触面上便产生摩擦力，主动轮通过摩擦力使带运动，同时带作用于从动轮的摩擦力使从动轮旋转。此时带两边的预紧力发生了变化，进入主动轮的一边被进一步拉紧，称为紧边，而进入从动轮的一边被放松，称为松边。

2. 带传动的类型

带传动分为靠摩擦传动和靠啮合传动两种。

（1）靠摩擦传动的带有平带、V 带、圆带和多楔带传动，它们都是靠带与带轮接触面之间的摩擦力来传递运动的，如图 3-7（a）～图 3-7（d）所示。

平带的截面为矩形，工作面为内表面。材料有橡胶帆布、皮革、棉织物和化纤等，近年来又出现了高强度、耐腐蚀的金属带。一般有接头的平带不适于高速传动，而无接头的平带可用于高速传动。

V 带是环形带，其截面为梯形，两侧面为工作面。V 带与平

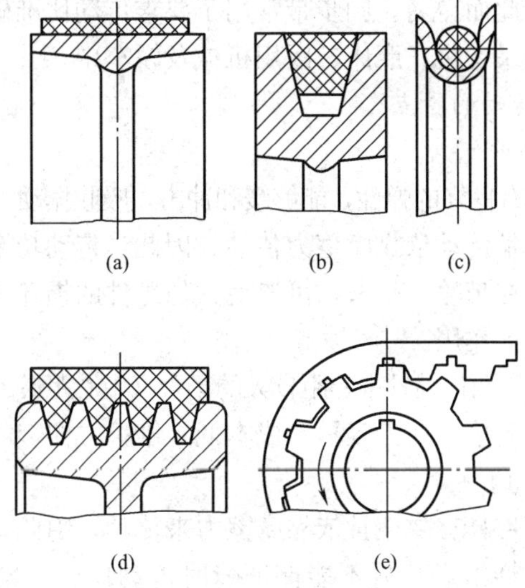

图 3-7　带传动的类型

（a）平带；（b）V 带；（c）圆带；（d）多楔带；（e）同步带

带相比，由于正压力作用在楔形面上，其摩擦力较大，能传递较大的功率，故 V 带传动广泛应用于机械传动中。

圆带的截面是圆形，一般用皮革或棉绳制成，常用于传递较小功率的场合，如缝纫机、仪表机械等。

多楔带是平带和 V 带的变型带，基体上有若干纵向楔，其工作面为楔的侧面。多楔带有时可取代若干 V 带，它常用于要求结构紧凑，传动平稳的场合。

（2）靠啮合传动的带有同步带，它是靠带齿与带轮齿的啮合来传递运动的，如图 3-7（e）所示。同步带由承载层 1 和基体 2 两部分组成，如图 3-8 所示。承载层是承受拉力的部分，通常由钢丝绳或玻璃纤维绳制成，而基体用聚氨酯或氯丁橡胶制成。由于是齿啮合，带与带轮间没有相对滑动，主动轮与从动轮速度同

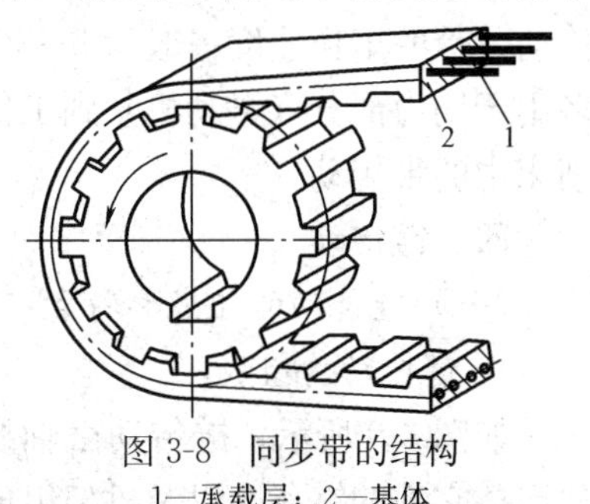

图 3-8　同步带的结构

1—承载层；2—基体

步，同步带由此而得名。同步带常用于要求传动比准确的中、小功率的传动，如录音机、磨床、医用机械及轿车中。

（二）带传动的特点

1. 带传动的优点

（1）带具有良好的弹性，能够缓和冲击，吸收振动，故传动平稳。

（2）由于带传动依靠摩擦力传动，因此当传动功率超过许用负载时，带就会在带轮上打滑，可避免其他零件的损坏。这是带传动特有的过载保护作用。

（3）适用于两传动轴中心距较大的场合（中心距最大可达 10m）。

（4）结构简单、加工容易、成本低、维护方便。

2. 带传动的缺点

（1）由于带具有弹性且依靠摩擦力来传动，因此工作时带与带轮之间存在弹性滑动，故不能保证瞬时传动比（两轮瞬时角速度 ω_1 与 ω_2 之比）恒定。

（2）带传动的结构紧凑性较差，尤其当传递功率较大时，传动机构的外廓尺寸也较大。

（3）带的使用寿命往往较短，一般只有 2000～3000h。

（4）带传动的效率较低，这是由于带传动中存在弹性滑动，消耗了部分功率。

（5）带传动不适用于油污、高温、易燃、易爆的场合。

（三）带传动的应用

由于带传动存在传动效率较低、瞬时传动比不恒定、结构不紧凑的缺点，故一般用于传动比不要求准确的 50kW 以下中小功率的传动，带的工作速度一般为 5～25m/s，传动比 $i \leqslant 7$。带传动一般多用于动力部分（电动机）到工作部分的高速传动，如车床、牛头刨床中的带传动。

四、链传动

（一）链传动的组成和特点

1. 链传动的组成

如图 3-9 所示，链传动由轴线平行的主动链轮 1、从动链轮 2 和连接它们的链条 3 以及机架组成，工作时，靠链与链轮轮齿的啮合来传动。可见，链传动是以链条作为中间挠性件的啮合传动。

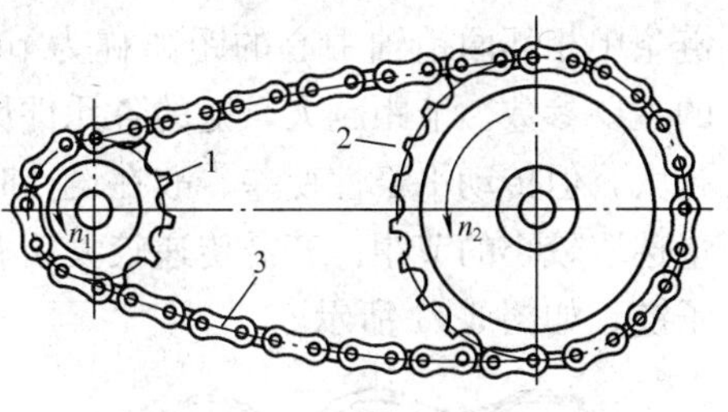

图 3-9　链传动的组成
1—主动链轮；2—从动链轮；3—链条

2. 链传动的特点

（1）链传动的优点如下：

1）由于链传动是具有中间挠性件的啮合传动，没有弹性滑动及打滑现象，因此平均传动比恒定不变。

2）链条装在链轮上，不需要很大的张紧力，对轴的压力小。

3）链传动中两轴的中心距较大，最大可达 5～6m。

4）能在较恶劣的环境（如油污、高温、多尘、潮湿、泥沙、易燃及腐蚀性的条件）下工作。

（2）链传动的缺点如下：

1）由于链条绕上链轮后形成折线，因此链传动相当于一对多边形的间接传动，其瞬时传动比是变化的，所以在传动平稳性要求高的场合不能采用链传动。

2）链条与链轮工作时磨损较快，使用寿命较短，磨损后造成链条节距增大，链轮齿形变瘦，极易造成跳齿甚至脱链。

3）由于平稳性差，故有噪声。

4）对两轮轴线的平行度要求较高。

5）无过载保护作用。

（二）链传动的类型

1. 按用途不同分类

（1）传动链。在一般机械中用来传递运动和动力。

（2）起重链。用于起重机械中提升重物。

（3）牵引链。用于运输机械中驱动输送带等。

2. 按结构不同分类

（1）滚子链。滚子链结构如图 3-10 所示。它由内链板 1、滚子 2、套筒 3、外链板 4 和销轴 5 组成。为了使链板各截面上抗拉强度大致相等，并能减轻链条质量的惯性力，链板都制成“8”字形。

链条中相邻两销轴中心的距离称为节距，用 p 表示，它是链传动的主要参数。节距越大，链的各元件尺寸也越大，链传递的功率也越大，但传动平稳性变差。故在设计时如果要求传动平稳，则应尽量选取较小的节距。若需传递较大功率，则可考虑用双排或多排滚子链，如图 3-11 所示。

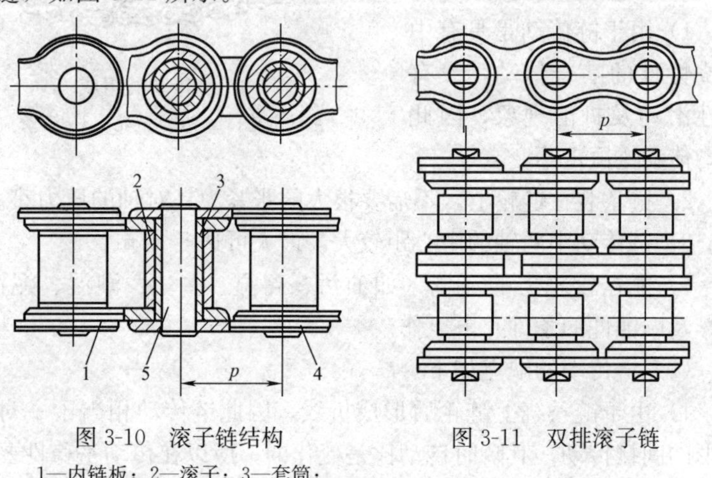

图 3-10 滚子链结构

1—内链板；2—滚子；3—套筒；4—外链板；5—销轴

图 3-11 双排滚子链

滚子链已经标准化，国家标准是 GB/T 1243—2006《传动用短节距精密滚子链、套筒链、附件和链轮》。滚子链接头形式如图 3-12 所示。

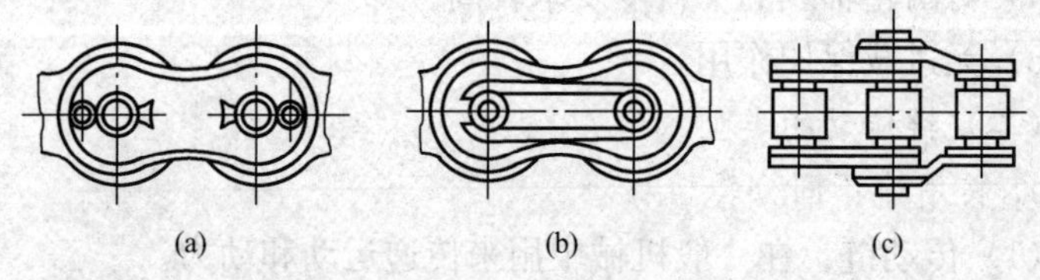

图 3-12 套筒滚子链的接头形式

（a）开口销；（b）弹簧夹；（c）过渡链节

（2）齿形链。齿形链由一组齿形链板并列铰接而成。齿形链板两侧为直线，其夹角为 60°［见图 3-13（a）］。根据导片位置不同，有内导片式齿形链［见图 3-13（b）］和外导片齿形链［见图 3-13（c）］两种。

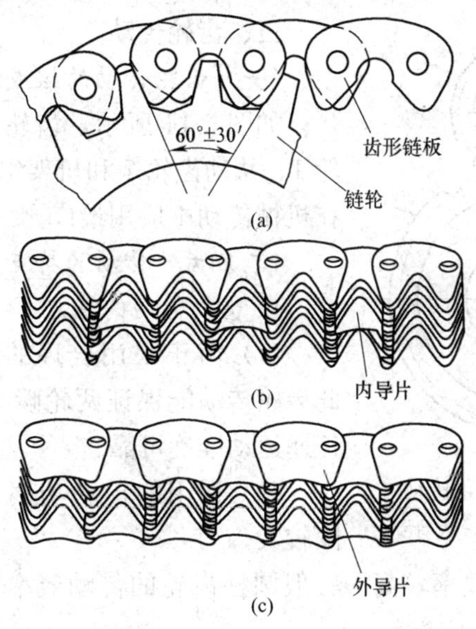

图 3-13　齿形链

（a）齿形链的链板和链轮；（b）内导片式；（c）外导片式

与滚子链传动相比，其特点是传动平稳噪声小（又称无声链）、允许链速较高（≤30m/s）、承受冲击能力较强、工作可靠，但结构复杂、价格较高，所以常用于高速或者平稳性、运动精度要求较高的传动中。齿形链也为标准件，国家标准是 GB/T 10855—2003《齿形链和链轮》。

（三）链传动的应用

链传动主要用于两轴相距较远、传动功率较大且平均传动比又要求保持不变、工作条件恶劣（如多粉尘、油污、泥沙、潮湿、高温及有腐蚀性气体）而又不宜采用带传动和齿轮传动的场合，目前多用于化工机械、矿山机械、农业机械、运输起重机械和机床、汽车、摩托车、自行车和装配流水线传动机构中。链传动的一般适用范围为：功率 $P<1000$kW，传动比为滚子链 $i\leqslant$（6～8）、齿形链 $i\leqslant10$，效率 η 为 0.92～0.98，两轴中心距 A 小于 5～6m。特殊情况下，最大中心距可达 15m。

五、齿轮传动

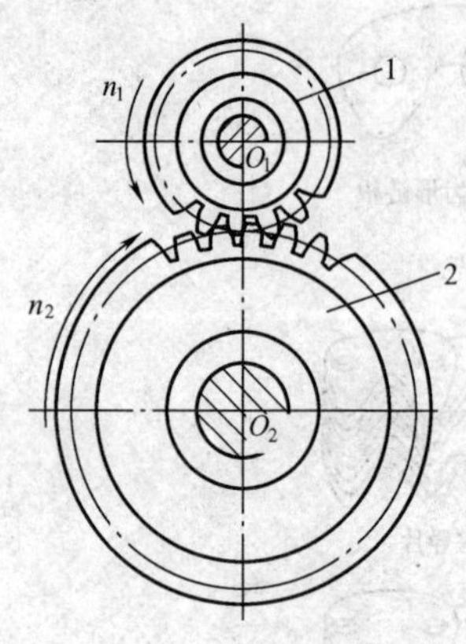

图 3-14　齿轮传动
1—主动齿轮；2—从动齿轮

（一）齿轮传动的组成

如图 3-14 所示，齿轮传动由主动齿轮 1、从动齿轮 2 和机架组成。齿轮传动在机械传动中应用最广。

（二）齿轮传动的特点

1. 齿轮传动的优点

（1）由于采用合理的齿形曲线，因此齿轮传动能保证两轮瞬时传动比恒定，传递运动准确可靠。

（2）适用的传动功率和圆周速度范围较大。

（3）传功效率较高。一般圆柱齿轮的传动效率可达 98%，使用寿命也长。

（4）结构紧凑、体积小。

2. 齿轮传动的缺点

（1）当两传动轴之间的距离较大时，若采用齿轮传动结构就较复杂。所以，齿轮传动不适用于距离较远的传动。

（2）没有过载保护作用。

（3）在传递直线运动时，不如液压传动和螺旋传动平稳。

（4）制造和安装精度要求较高，成本也高。

（三）齿轮传动的分类及应用场合

齿轮传动的种类很多，一般按齿轮形状和齿轮工作条件进行分类。

1. 按齿轮形状分类

（1）圆柱齿轮传动。如图 3-15 中（a）、（b）、（c）、（d）所示，均用于两平行轴间的传动。如要将回转运动变为直线运动，可用齿轮齿条啮合的齿轮传动，如图 3-15（e）所示。对于要求结构紧凑的，可采用内啮合传动，如图 3-15（d）所示。要求传动较平稳、承载能力较大的，可用图 3-15（b）、（c）所示的圆柱斜齿轮和圆柱人字齿轮传动。

（2）锥齿轮传动。如图 3-15（f）所示，这种情形常用于两轴相交的齿轮传动，其中两轴垂直相交较为常见。

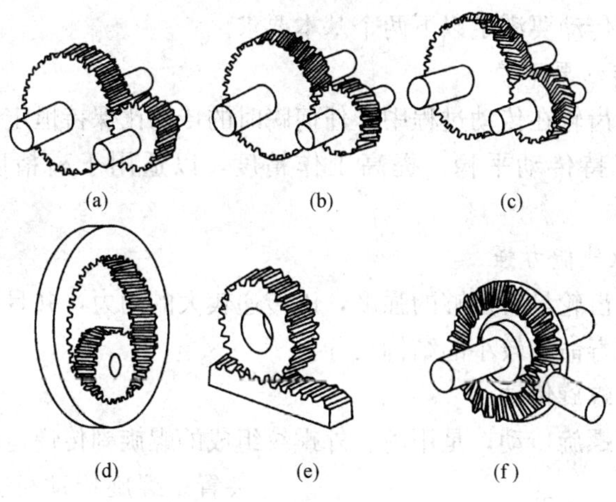

图 3-15　齿轮传动分类

（a）圆柱直齿轮传动；（b）圆柱斜齿轮传动；（c）人字齿轮传动；
（d）内啮合传动；（e）齿轮齿条传动；（f）锥齿轮传动

2．按齿轮传动的工作条件分类

（1）闭式齿轮传动。齿轮安装在封闭的刚性箱体内，因此润滑及维护条件较好，齿轮精度较高。重要的齿轮传动都采用闭式传动，如减速器齿轮和机床变速箱中的齿轮。

（2）开式齿轮传动。其传动齿轮一般都是外露的。支承系统（即轴承支架）的刚度较差，且工作时易落入灰尘杂质，润滑不良，轮齿易磨损，故只适宜于低速或不大重要的传动及需要经常拆卸更换齿轮的场合，如冲压机传动齿轮、建筑搅拌机上的齿轮及机床的交换齿轮等。

（3）半开式齿轮传动。介于上述两者之间。一般将传动齿轮浸入油池内，上面仅装有简单的防护罩。

3．按齿轮的啮合方式分类

按齿轮的啮合方式，可分为外啮合齿轮传动（包括圆柱直齿、斜齿和人字齿等）、内啮合齿轮传动（包括圆柱直齿轮、直齿锥齿轮、柔性齿轮等）和齿轮齿条传动。

（四）对齿轮传动的基本要求

齿轮传动要满足以下两个基本要求。

1. 传动要平稳

要求齿轮在传动过程中，任何瞬时的传动比保持恒定不变。这样可以保持传动平稳，提高工作精度，以适用于高精度及高速传动。

2. 承载能力强

要求齿轮具有足够的强度，以传递较大的动力，并且还要有较长的使用寿命和较小的结构尺寸。

六、螺旋传动

所谓螺旋传动，是用内、外螺纹组成的螺旋副传递运动的传动装置。螺旋传动可方便地把主动件的回转运动转变为从动件的直线往复运动。在图3-2所示的牛头刨床中，刀架工作时需要垂直进给。此时，只要转动刀架滑板上的手轮，便可通过螺旋传动8使刨刀沿导轨上下移动，实现垂直进给。图3-16所示的车床丝杠传动，就是将螺杆（丝杠）的回转运动，借助对开式螺母（开合螺母）带动床鞍移动，实现刀具的进给运动。

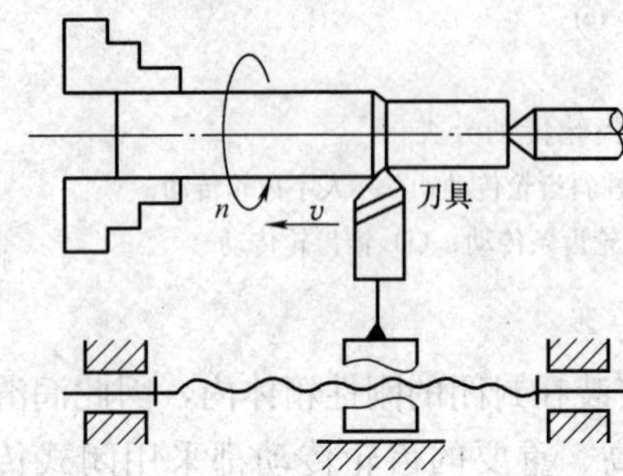

图3-16 车床丝杠传动

（一）螺旋传动的组成与特点

1. 螺旋传动的组成

螺旋传动主要是由螺杆、螺母和机架组成。

2. 螺旋传动的特点

螺旋机构具有结构简单、工作连续、平稳、无噪声、承载能力大、传动精度高、易于自锁等优点，故在机械中有着广泛的应用；其缺点是磨损大、效率低。但近年来由于滚动螺旋传动的应用，使磨损和效率问题得到了极大的改善。

（二）螺旋传动的类型

1. 按螺旋副摩擦性质分类

螺旋传动可分为滑动螺旋和滚动螺旋两种类型。

（1）滑动螺旋传动。如图 3-17 所示，由于螺母与螺杆间的摩擦为滑动摩擦，便称为滑动螺旋传动。其特点如下：

1）螺杆与螺母之间的摩擦大，易磨损，且传动效率低。

2）可设计成具有自锁特性的传动。

3）结构简单，制造方便。

丝杠　螺母

图 3-17　滑动螺旋传动

（2）滚动螺旋传动。如图 3-18 所示，为了减少螺旋副间的摩擦，提高传动效率，在螺杆与螺母之间的滚道中添加滚珠，当螺杆与螺母相对转动时，滚珠沿滚道滚动。滚动螺旋传动按滚道返回装置不同分为外循环［见图 3-18（a)］和内循环［见图 3-18（b)］两种。外循环是滚珠在螺母的外表面上经返回通道返回；内循环是滚珠在螺母体内进行的循环。内循环导路为一反向器，它将相邻两螺纹滚道连接起来，当滚珠滚到螺旋顶部时，就被阻止而转向，形

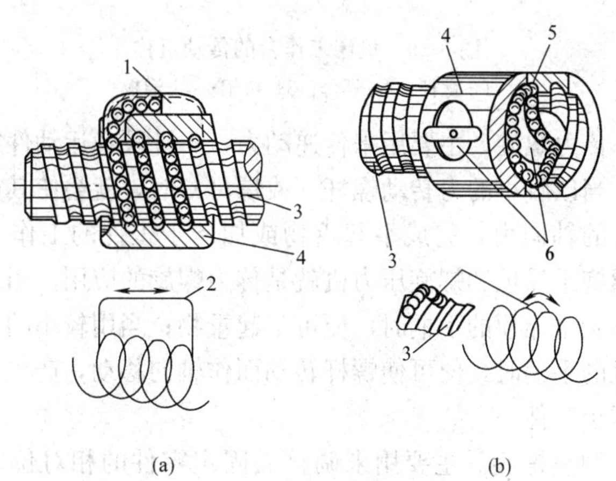

图 3-18　滚动螺旋传动

（a）外循环式；（b）内循环式

成一个循环回路。滚动螺旋传动的特点如下：

1）螺旋副之间为滚动摩擦，摩擦因数小，不易磨损，传动效率高。

2）不具有自锁性，可以变直线运动为旋转运动。

3）结构复杂，制造困难。

2. 按使用要求不同分类

螺旋传动机构可分为传动螺旋、传力螺旋和调整螺旋三种类型。

(1) 传动螺旋。主要用来传递运动，要求各运动件之间有一定的相关关系，因此传动精度要求比较高。图 3-19 所示为一机床工作台传动机构。螺杆 1 在机架 3 中只能转动而不能移动；螺母 2 与螺杆 1 啮合并与溜板 4 相接，只能移动而不能转动。当手柄转动使螺杆 1 回转时，螺母 2 就带动溜板 4 上的工作台沿机架 3 上的导轨移动。

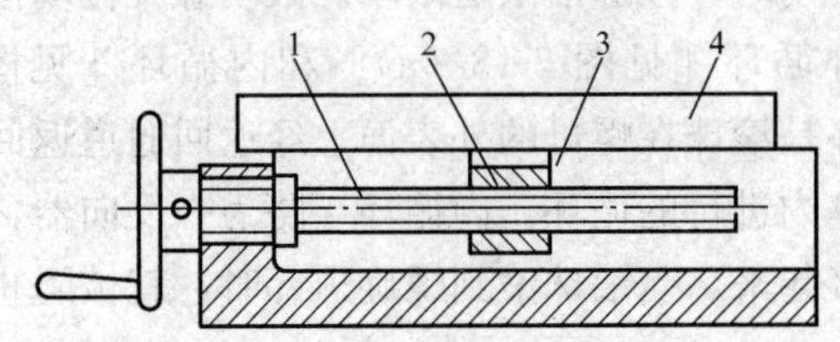

图 3-19　机床工作台的传动机构

1—螺杆；2—螺母；3—机架；4—溜板

(2) 传力螺旋。主要用来传递动力，不计较各运动件之间的相关关系。当以较小的力转动螺杆（或螺母）时，就会使其产生轴向运动和大的轴向力，完成举起重物或加压于工件的工作。图 3-20 所示的螺旋千斤顶和螺旋压力机就是传力螺旋的应用。当用较小的力转动螺旋千斤顶的手柄时，便可举起重物；当用较小的力转动螺旋压力机的手柄时，便可使螺杆转动而作轴向移动，产生很大的轴向力加压于工件。

(3) 调整螺旋。主要用来调整或固定零件的相对位置。这种螺旋机构的螺杆 3 上有两段不同螺距 P_1 和 P_2 的螺纹，分别与螺母 1、2 组成螺旋副，称之为双螺旋机构，如图 3-21 所示。机构

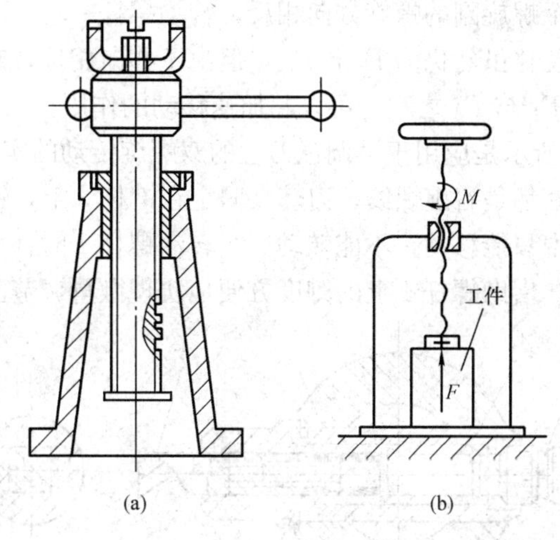

图 3-20 传动螺旋

(a) 螺旋千斤顶；(b) 螺旋压力机

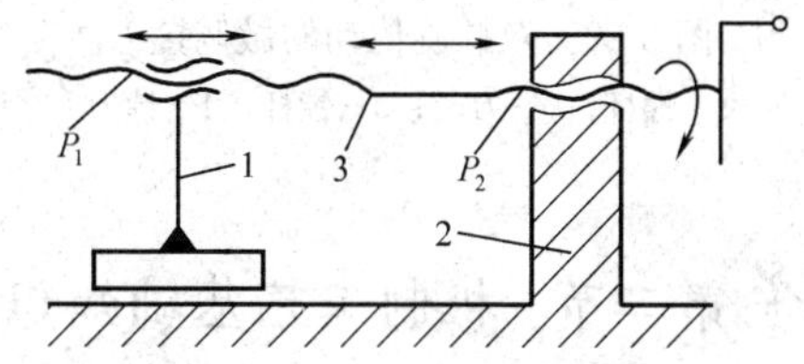

图 3-21 双螺旋机构

1—可动螺母；2—固定螺母；3—螺杆

中，螺母 2 兼作机架。螺杆 3 转动时，一方面相对于螺母 2（机架）移动，同时也相对于螺母 1（可动螺母）移动。在两个螺旋副的螺旋方向相同的条件下，螺杆 3 每转一转，其相对于螺母 2 和螺母 1 的相对位移分别是螺距 P_2 和 P_1。由于二者移动方向相同，若螺距 P_1 与 P_2 不同，螺母 2 和螺母 1 之间便发生相对位移，是螺距 P_1 与 P_2 之差。如果 P_1 和 P_2 相差很小，可动螺母 1 相对于机架（螺母 2）的位移就会很小。利用这一特点，可以做成微调装置，被广泛用于测微器、计算机、分度机以及许多精密切削机床、仪器和工具中。

如果两个螺旋副的螺旋方向相反，转动螺杆一转，两个螺母相对于螺杆的位移虽然仍为 P_1 和 P_2 ，但由于移向相反，它们之间的相对位移是 P_1 与 P_2 之和，可以起加速移动的作用。

图 3-22 所示是应用于微调镗刀上的双螺旋传动的实例。螺杆 1 在 a 处和 b 处都是右旋螺纹，刀套 2 固定在键杆 3 上，镗刀 4 在刀套 2 的方孔中只能移动，不能转动。当转动螺杆 1 时，可使镗刀得到微量移动，借助螺杆 1 上的刻度方便地实现微量调节。

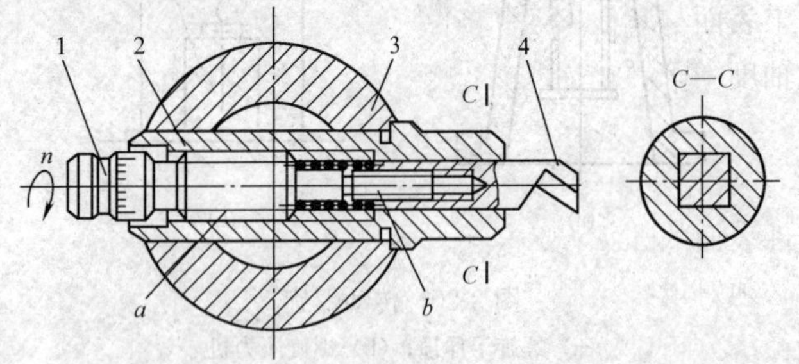

图 3-22　双螺旋传动的微调镗刀

1—螺杆；2—刀套；3—镗杆；4—镗刀

第二节　机制工艺基础知识

一、机械加工精度

（一）加工精度

产品的质量取决于零件的质量和装配的质量，特别是零件的加工精度，将直接影响产品的使用性能和寿命。因此，提高零件的加工精度是很重要的。

在机械加工过程中，由于各种因素的影响，使刀具和工件间正确的相对位置产生偏差，因而加工出的零件不可能与理想的要求完全符合。机械加工后，零件实际几何参数与理想零件几何参数（几何尺寸、几何要素的形状、表面相互位置）相符合的程度称为加工精度。

零件的加工精度包括尺寸精度、形状精度和位置精度。

1. 尺寸精度

加工表面的尺寸（如孔径、轴径、长度）及加工表面到基面的位置尺寸精度。尺寸精度用标准公差等级表示，分为 20 级。

2. 形状精度

加工表面的几何形状（如圆度、圆柱度、平面度等）精度。形状精度用形状公差等级表示，分为 12 级。

3. 位置精度

加工表面与其他表面间的相互位置（如平行度、垂直度、倾斜度、同轴度等）的精度。位置精度用位置公差等级表示，分为 12 级。

（二）获得加工精度的方法

零件表面的加工方法是多种多样的，但要获得图样要求的公差等级，必须对设备条件、生产类型、技术水平等方面综合考虑，通过技术经济分析，选取技术上可靠、经济上合理的加工方法。而零件表面的尺寸、形状、位置精度间是相联系的。形状误差应限制在位置公差内，位置误差应限制在尺寸公差内。通常是尺寸精度要求高，相应的形状、位置精度要求也高。但对于特殊功用零件的某些表面，其几何形状精度要求更高，但其位置精度、尺寸精度却并不一定要求高。

1. 提高加工精度的工艺措施

提高加工精度的工艺措施大致可归纳为以下几个方面：

（1）直接减少原始误差法。这是生产中应用很广的一种基本方法，即在查明影响加工精度的主要原始误差因素之后，设法消除或减少。

（2）误差补偿法。人为地制造一种误差，去抵消另一种原始误差，从而达到提高加工精度的目的。

（3）误差转移法。误差转移法的实质是转移工艺系统的几何误差、受力变形和热变形等。例如，磨削主轴锥孔时，锥孔和轴颈的同轴度公差不是靠机床主轴回转精度来保证，而是靠夹具来保证。当机床主轴与工件采用浮动连接以后，机床主轴的原始误差就不再影响加工精度，而转移到夹具来保证加工精度。

（4）就地加工法。在加工和装配中，有些精度问题牵涉到很多零部件间的相互关系，相当复杂。如果单纯依靠提高零件精度来满足设计要求，有时不仅困难，甚至不可能。此时若采用就地加工就可解决这种难题。

（5）误差分组法。加工中，由于工序毛坯误差的存在，造成了本工序的加工误差。毛坯误差的变化对本工序的影响主要有两种情况，即复映误差和定位误差。如果上述误差太大，不能保证加工精度，而且要提高毛坯精度或上道工序加工精度又不经济的，就可采用误差分组法，把毛坯或上道工序尺寸按误差大小分成n组，每组毛坯的误差就缩小为原来的$1/n$。然后，按各组分别调整刀具与工件的相对位置或调整定位元件，就可大大地缩小整批工件的尺寸分散范围，适用于配合精度很高的场合。

（6）误差平均法。利用有密切联系的表面之间的相互比较和相互修正，或者利用互为基准进行加工，以达到很高的加工精度的方法。

2. 获得加工精度的方法

（1）工件尺寸精度的获得方法有下列四种：

1）试切法。依靠试切工件→测量尺寸→调整刀具→再试切→再调整，这样反复数次，直到符合规定尺寸精度时，才正式切出整个加工表面。

2）调整法。先用一工件按试切法调整好刀具，并使刀具与工件（或机床、夹具）的相对位置在以后的加工过程中保持不变，再成批地加工工件。

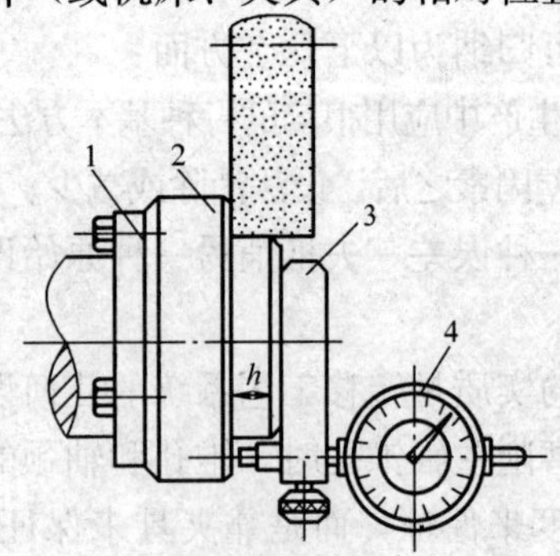

图 3-23　主动测量法

1—磨夹具；2—工件；3—百分表座；4—百分表

3）定尺寸刀具法。用刀具的相应尺寸来保证加工表面的尺寸精度。如孔加工时常用镗刀块镗孔或用铰刀、拉刀等加工孔来保证工件尺寸。

4）主动测量法。磨削时的加工表面是逐渐接近加工尺寸的，因此，在磨床上，常在加工时采用主动测量。图 3-23 为磨削凸缘肩部平面，用百分表控制尺寸h。

（2）加工工件时，获得形状精度的方法有下列三种：

1）轨迹法。依靠刀尖的运动轨迹来获得所要求的表面几何形状的方法称为轨迹法。刀尖的运动轨迹取决于刀具与工件的相对成形运动，如用靠模获得曲线运动来加工成形表面等。

2）成形法。利用成形刀具对工件进行加工的方法称为成形法。如用成形车刀加工回转曲面，用成形铣刀铣削成形面，用拉刀拉削内花键等均属成形法，这些加工方法所得到的表面形状精度，取决于刀具切削刃的形状精度。

3）展成法。刀具与工件作具有确定速比关系的运动，工件的被加工表面是切削刃在运动中形成的包络面，且切削刃是被加工表面轮廓线的共轭曲线。用这种方法来加工表面，称为展成运动。常见的滚齿、插齿等齿轮加工方法均属展成法。

（3）获得位置精度的方法有如下几种：

1）划线找正。对于形状复杂的零件，有必要按零件图在毛坯上划线，并检查它们与不加工表面的尺寸与位置情况，然后按划好的线找正工件在机床上的位置，进行装夹。如箱体加工就需划线找正装夹进行加工，但用划线找正方法加工精度很低，效率也不高。

2）夹具保证。夹具以正确的位置安装在机床上，工件按照六点定位原理在夹具中定位并夹紧，工件的位置精度完全由夹具来保证。用夹具装夹工件，定位精度高且稳定，效率也较高。

二、加工误差

实际几何参数与理想几何参数的偏离程度称为加工误差。加工误差越小，加工精度越高。

（一）加工误差的内容

加工误差的产生是由于在加工前和加工过程中，工艺系统存在很多误差因素，统称为原始误差。它主要包括以下内容。

1. 原理误差

采用近似的加工运动或近似的刀具轮廓而产生的误差。如用成形铣刀加工锥齿轮，用车削方法加工多边形工件等。

2. 装夹误差

工件在装夹过程中产生的误差称为装夹误差。装夹误差包括定位误差和夹紧误差。

（1）定位误差。是指一批工件在夹具中定位时，工件的设计基准（或工序基准）在加工尺寸方向上相对于夹具（机床）的最大变量。定位误差与定位方法有关，包括定位基准与设计基准不重合引起的基准不重合误差；定位副制造不准确等引起的基准位移误差。

（2）夹紧误差。结构薄弱的工件，在夹紧力的作用下会产生很大的弹性变形。在变形状态下形成的加工表面，当松开夹紧，变形消失后，将产生很大的形状误差。如图 3-24 所示，三爪自定心卡盘夹持薄壁套筒车（镗）孔，夹紧后套筒微变形成棱圆形，如图 3-24（a）所示。虽然车出的孔成正圆形［见图 3-24（b）］，但松夹后套筒的弹性恢复，使孔变成了三角棱圆形，如图 3-24（c）所示。所以，对于薄壁环（套）形零件，可采用宽的卡爪，或在工件与卡爪间衬一开口圆形衬套［见图 3-24（d）、(e)］，使夹紧力均匀分布在薄壁套筒上，减少变形，也可采用轴向夹紧夹具，变径向夹紧为轴向夹紧，减少工件变形。

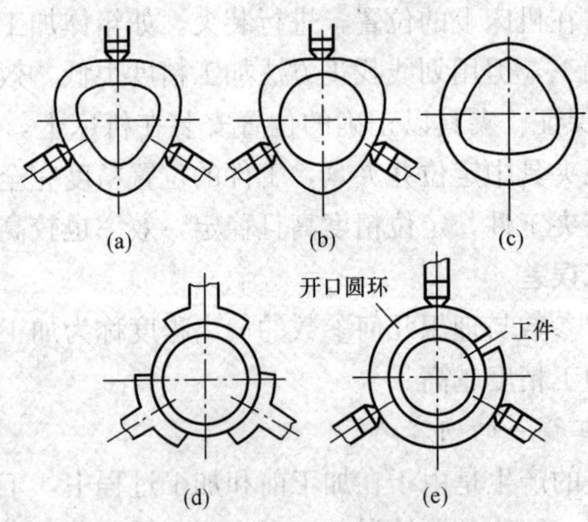

图 3-24　夹紧变形

（a）工件夹紧；（b）车孔；（c）松开后的工件；（d）宽爪夹紧；（e）使用开口圆形衬套

3. 测量误差

测量误差是与量具和量仪的测量原理、制造精度、测量条件

（温度、湿度、振动、测量力、清洁度等）以及测量技术水平等有关的误差。

4. 调整误差

调整的作用主要是使刀具与工件之间达到正确的相对位置。试切法加工时的调整误差主要取决于测量误差、机床的进给误差和工艺系统的受力变形。调整法加工时的调整误差，除上述因素外，还与调整方法有关。采用定程机构调整时，与行程挡块、靠模、凸轮等元件或机构的制造误差、安装误差、磨损以及电、液、气控制元件的工作性能有关。采用样板、样件、对刀块、导套等调整，则与它们的制造、安装误差、磨损以及调整时的测量误差有关。

5. 夹具的制造、安装误差与磨损

机床夹具上定位元件、导向元件、对刀元件、分度机构、夹具体等的加工与装配误差以及它们的耐磨损性能，对零件的加工精度有直接影响。夹具的精度要求，根据工件的加工精度要求确定。

6. 刀具的制造误差与磨损

刀具对加工精度的影响，随刀具种类的不同而不同。

（1）采用定尺寸刀具加工时，刀具的尺寸误差将直接影响工件的尺寸精度。此外，这类刀具还可能产生“扩切”现象，一般情况为“正扩切”，工件尺寸比刀具尺寸大。但在刀具钝化，加工余量小、工件壁薄易变形时，则产生“负扩切”，工件尺寸比正常刀具尺寸小，如钻头、铰刀、拉刀及槽铣刀等。

（2）采用成形刀具（如成形车刀、成形铣刀等）加工时，刀具的形状误差、安装误差将直接影响工件的形状精度。

（3）刀具展成加工时，刀具切削刃的几何形状及有关尺寸的误差，也会直接影响加工精度。

（4）对于车、镗、铣等一般刀具，其制造误差对工件精度无直接影响，但刀具磨损后，对工件的尺寸精度和形状精度也将有一定影响。

7. 工件误差

加工前工件或毛坯上待加工表面本身有形状误差或与其有关表面之间有位置误差，也会造成加工后该表面本身及其与其他有关表面之间的加工误差。

8. 机床误差

机床的制造、安装误差以及长期使用后的磨损，是造成加工误差的主要原始误差因素。机床误差主要由主轴回转误差、导轨导向误差、内传动链的传动误差及主轴、导轨等的位置关系误差所组成。

（1）主轴回转误差是主轴实际回转轴线相对理论回转轴线的“漂移”，它会造成加工零件的形位误差及表面波度和粗糙。

（2）导轨导向误差是机床导轨副运动件实际运动方向与理论运动方向的差值，它会造成加工表面的形状与位置误差。导轨副的不均匀磨损，机床水平调整不良或地基下沉，都会增加导向误差。

（3）机床传动误差是刀具与工件之间的速比关系误差。对于车、磨、铣削螺纹，滚、插、磨（展成法磨齿）齿轮，机床传动误差会影响螺距精度和分度精度，造成加工表面的形状误差。

（4）机床主轴、导轨等的位置关系误差，将使加工表面产生形状与位置误差。

9. 工艺系统受力变形产生的误差

工艺系统在切削力、传动力、重力、惯性力等外力作用下产生变形，破坏了刀具与工件间正确的相对位置，造成加工误差。工艺系统变形的大小与工艺系统的刚度有关。

10. 工艺系统受热变形引起的误差

机械加工中，工艺系统受切削热、摩擦热、环境温度、辐射热等的影响将产生变形，使工件和刀具的正确相对位置遭到破坏，引起切削运动、背吃刀量及切削力的变化，造成加工误差。

对于精加工、大型零件加工、自动化加工，热变形引起的加工误差占总加工误差的比例很大，严重影响加工精度。

11. 工件残余应力引起的误差

在没有外力作用下或去除外力后，工件内仍存留力称残余应力。具有残余应力的零件，其内部组织的平衡状态极不稳定，有恢复到无应力状态的强烈倾向。残余应力（拉）超过一定限度的毛坯或半成品，加工时原有的平衡条件被破坏，残余应力重新分布，使工件达不到预期的加工精度。

(二) 加工误差的分类

各种加工误差按其在一批工件中出现规律的不同分为以下两类。

1. 系统误差

当一次调整后顺次加工一批工件时，误差大小和方向都不变，或者按一定规律变化的误差。前者为常值系统误差，与加工顺序无关；后者为变值系统误差，与加工顺序有关。

2. 随机误差

在顺次加工一批工件时，误差大小和方向呈无规律变化的误差。

造成各类加工误差的原始误差，如表 3-1 所示。

表 3-1 造成各类加工误差的原始误差

系统误差		随机误差
常值系统误差	变值系统误差	
(1) 原理误差。 (2) 刀具的制造和调整误差。 (3) 机床几何误差（主轴回转误差中有随机成分）与磨损。 (4) 机床调整误差（对一次调整而言）。 (5) 工艺系统热变形（系统热平衡后）。 (6) 夹具的制造、安装误差与磨损。 (7) 测量误差（由量仪制造、对零不准、设计原理、磨损等产生）。 (8) 工艺系统受力变形（加工余量、材料硬度均匀时）。 (9) 夹紧误差（机动夹紧）	(1) 刀具尺寸磨损（砂轮、车刀、面铣刀、单刃镗刀等）。 (2) 工艺系统热变形（系统热平衡前）。 (3) 多工位机床回转工作台的分度误差和其上夹具的安装误差	(1) 工艺系统受力变形（加工余量、材料硬度不均匀时）。 (2) 工件定位误差。 (3) 行程挡块的重复定位误差。 (4) 残余应力引起的变形。 (5) 夹紧误差（手动夹紧）。 (6) 测量误差（由量仪传动链间隙、测量条件不稳定、读数不准等造成）。 (7) 机床调整误差（多台机床加工同批工件、多次调整加工大批工件）

三、机械加工表面质量

(一) 表面质量的内容

机器零件的加工质量，除了加工精度外，还有加工表面质量，它是零件加工后表面层状态完整性的表征。

随着现代机器制造工业的飞速发展，对机器零件的要求日益提高，一些重要的零件必须在高速、高温、高压和重载条件下工作。表面层的任何缺陷，不仅直接影响零件的工作性能，而且使零件加速磨损、腐蚀和失效，因此必须充分重视零件的表面质量。零件加工表面质量包括如下几个方面的内容。

1. 加工表面几何特征

主要由表面粗糙度和表面波度两部分组成，如图 3-25 所示。

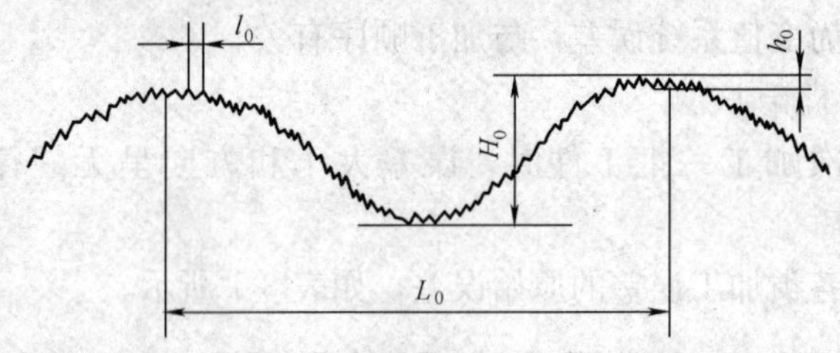

图 3-25　表面粗糙度和表面波度

（1）表面粗糙度。表示已加工表面的微观几何形状误差。GB/T 3505—2009 规定，表面粗糙度参数从下列两项选取：①表面轮廓的算术平均偏差 Ra；②轮廓最大高度 R_z。

（2）表面波度。介于宏观几何形状误差与表面粗糙度之间的周期性几何形状误差，其大小是以 l_0 和波高 h_0 表示的。表面波度主要是在加工过程中工艺系统的振动引起的。表面波度尚无国家标准。

2. 加工表面层物理力学性能

其变化主要有以下三个方面的内容：

（1）加工表面的冷作硬化。指工件经机械加工后表面层的强度、硬度有提高的现象，也称为表面层的冷硬或强化。通常以冷硬层深度 h_c、表面层的显微硬度 H 以及硬化程度 N 表示。其中

$$N=\frac{H}{H_0}\times 100\%$$

式中　H_0——金属原来的硬度；

H——已加工表面的显微硬度。

（2）加工表面层的金相组织变化。机械加工（特别是磨削）中的高温使工件表面层金属的金相组织发生了变化，会大大降低零件

使用性能。

（3）加工表面层的残余应力。对零件使用性能的影响大小取决于它的方向、大小和分布状况。

（二）提高零件表面质量的方法

1. 控制表面粗糙度的方法

机械加工中造成工件表面粗糙的主要原因可归纳为两个方面：一是切削刃和工件相对运动轨迹所形成的表面粗糙（几何因素）；二是和被加工材料性质及切削机理有关的因素（物理因素），即产生积屑瘤、鳞刺和振动等。

在切削加工中，造成表面粗糙的几何因素是切削残留面积和切削刃刃磨质量。残留面积高度越大，表面越粗糙。根据切削原理可知，残留面积的高度与进给量、刀尖圆弧半径及刀具的主、副偏角有关。为控制切削加工中的表面粗糙度值，可以采取下列措施：

（1）由于切削速度在某一定范围内容易产生积屑瘤和鳞刺，因此，要合理选择切削速度。一般要避开产生积屑瘤的中等切削速度15～30m/min。如车削45号钢，当切削速度超过100m/min时，表面粗糙度值减小并趋于稳定。而进给量应选择较小值才能减少残留面积高度，减小表面粗糙度。

（2）合理选用刀具材料，选择适当的刀具几何参数。不同的刀具材料，由于化学成分不同，在加工时刀面硬度及刀面粗糙度的保持性，刀具材料与工件材料金属分子间的亲合程度，以及刀面与切屑和加工表面间的摩擦因数等均有所不同。实践证明，在相同的切削条件下，用硬质合金刀具加工所获得的表面粗糙度值比用高速钢刀具的小。

增大刃倾角 λ_s 对降低粗糙度有利。因为 λ_s 增大，实际工作前角也随之增大，切削过程中的金属塑性变形程度随之下降，于是切削力 F 也明显下降，这会显著地减轻工艺系统的振动，从而使加工表面粗糙度值减小。减小刀具的主偏角 κ_r 和增大刀尖的圆弧半径 r_ε，也可减小残留面积，使表面粗糙度值减小。

（3）切削液对加工表面粗糙度有明显的影响。由于切削液的冷却作用使切削温度降低，切削液的润滑作用使刀具和被加工表面间的摩擦状况得到改善，从而减少了切削过程的塑性变形并抑制积屑瘤和鳞刺的生长，对降低表面粗糙度有很大的作用。

2. 控制表面残余应力的方法

为了长期保持精密零件的精度，避免表面残余应力造成工件变形，要尽可能消除或减小表面残余应力。而在很高的交变载荷下工作的零件，则希望其表面具有很高的残余压应力。采用以下方法可以控制表面残余应力：

（1）采用滚压、喷砂、喷丸等方法对零件表面进行处理，使表面产生局部塑性变形并向四周扩张，因材料扩张受阻而产生很大的残余压应力，从而有效地提高零件的抗疲劳强度。

（2）采用人工时效的方法消除表面残余应力。

（3）采用精细车、精细磨、研磨、珩磨、超精加工等方法。

作为工件的最终加工，由于这些加工方法的余量小、切削力和切削热极小，因此不仅可以去除前工序造成的表面变质层及表面残余应力，又可避免产生新的表面残余应力。

四、工件的装夹和基准

（一）工件的装夹

工件的装夹包括定位与夹紧两个方面。

1. 工件的定位

确定工件在机床上或夹具中某一正确位置的过程称为定位。

2. 工件的夹紧

工件定位后将其紧固，使其在加工过程中保持确定位置不变的操作过程称为夹紧。工件从定位到夹紧的过程称为装夹。

装夹将直接影响工件的加工精度。另外，工件装夹的快慢还影响生产效率的高低。

（二）常用的装夹方法

1. 直接找正装夹

用这种方法时，工件在机床上应有的位置是通过一系列的找正而获得的。具体方法是在工件直接装上机床后，用千分表或划线盘上的划针，以目测法校正工件位置，一边校验一边找正。

图 3-26 所示就是在车床四爪单动卡盘上用千分表找正定位，

使本工序加工的内孔表面能和已加工的外圆表面保持较高的同轴度。在其他机床上加工时，也常用这类直接找正装夹的方法。

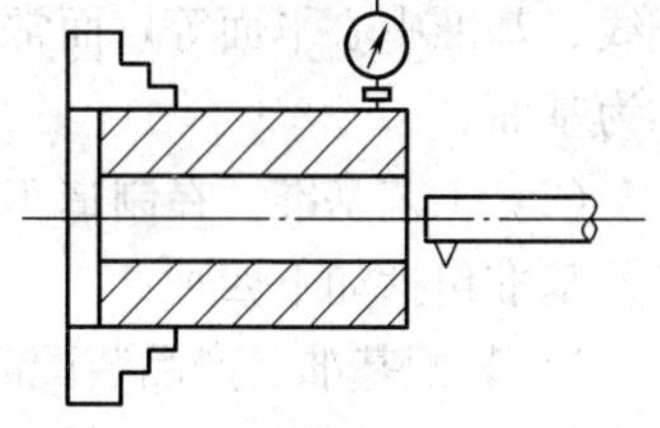
图 3-26　直接找正装夹

直接找正装夹法的缺点是费时多、生产率低，仅用于单件、小批量生产中（如工具车间、修理车间等）。

2. 划线找正装夹

对于一些质量大、结构复杂的工件，往往先在待加工处划线，然后装上机床，按所划的线进行找正定位。因为所划的线本身有一定宽度，在划线时尚有划线误差，校正工件位置时还有观察误差，因此，该方法多用于生产批量较小，毛坯精度较低，以及大型工件等不宜使用夹具的粗加工中。

3. 夹具装夹

夹具是机床的一种附加装置，它在机床上与刀具之间的正确相对位置在工件未装夹前已预先调整好。所以在加工一批工件时，不必再逐个找正定位，就能保证加工的技术要求，在成批和大量生产中广泛使用。

（三）定位基准的选择

1. 基准及其分类

机械零件由若干表面组成，各表面之间有确定的尺寸及位置公差要求。用来确定几何要素间几何关系所依据的点、线、面称为基准。

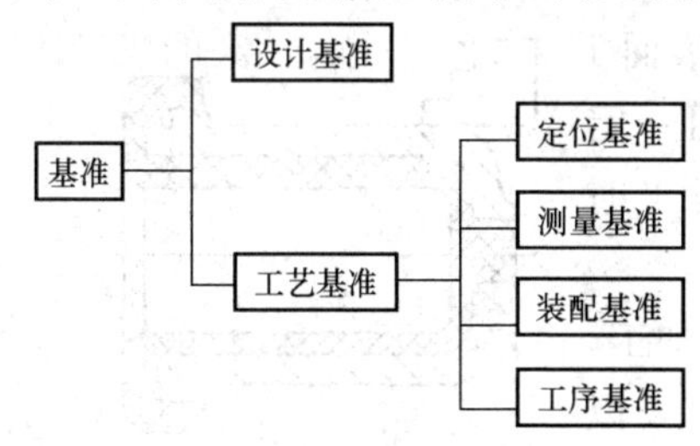

图 3-27　基准的种类

根据基准的功用不同，可分为设计基准与工艺基准两大类，见图 3-27。

（1）设计基准。在设计图样上所采用的基准称为设计基准。作为设计基准的点、线、面在工件上不一定具体存在，例如孔的中心线、轴心线、基准中心平面等，而常常由某些具体表面来体现，这些表面称为基面。

（2）工艺基准。在制造工艺过程中采用的基准称为工艺基准。工艺基准包括如下四种：

1）装配基准。产品装配时用来确定零件或部件在机器中的相对位置所用的基准。

2）测量基准。测量时所采用的基准。

3）定位基准。在加工中用作定位的基准。

4）工序基准。在工序图上用来确定本工序所加工表面加工后的尺寸、形状、位置的基准。

2. 定位基准的选择

在零件的机械加工工艺过程中，合理选择定位基准，对保证零件的尺寸精度和相互位置精度起决定性作用。

定位基准分粗基准、精基准和辅助基准等。当毛坯进入机械加工的第一道工序时，只能用毛坯上未经加工的表面作基准，称为粗基准。由经过加工的表面作定位基准的称精基准。有时，工件上缺乏合理的定位基面，需要在工件上另外增设专供定位用的基面，称为辅助基面。辅助基准在零件功用上毫无作用，完全是为了加工需要而设置。加工轴类零件时钻中心孔就是一例。

（1）粗基准的选择原则。依据实际情况，选择原则如下：

1）若工件必须保证加工表面与不加工表面的位置要求，则应选不加工表面为粗基准，以达到壁厚均匀、外形对称等要求。若有好几个不加工表面，则粗基准应选位置精度要求较高者。如图 3-28 所示工件，设计上要求外圆表面 1 与加工后的内孔表面 2 必须保证一定的同轴度，则应在加工内孔表面 2 时选择不加工表面 1 来作粗基准。

2）若工件上每个表面都要加工，则应以余量小的表面作为粗基准，以保证各表面都有足够的余量。

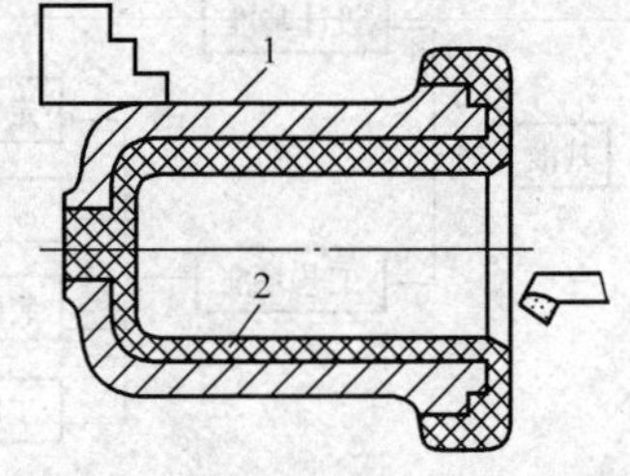

图 3-28　以不加工表面为粗基准

1—外圆；2—内孔

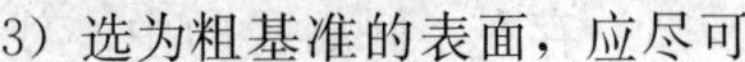
3）选为粗基准的表面，应尽可

能平整，并有足够的面积，且不能有飞边、浇冒口或其他缺陷。

4）应该选用牢固可靠的表面作为粗基准，否则会使工件夹坏或松动。

5）由于粗基准定位精度低，在同一尺寸方向上粗基准通常只允许使用一次，以免定位误差太大。在以后的工序中，要选择精基面定位。

（2）精基准的选择原则。主要应考虑减少定位误差和装夹方便，其选择原则如下：

1）应选用设计基准或装配基准作为定位基准，称为基准重合原则。这样做可以避免基准不重合引起的误差。特别是对于零件的最后精加工工序，更应遵循这一原则。例如，机床主轴锥孔最先精磨工序应选择支承轴颈定位。

2）应选用统一的定位基准加工各表面，以保证各表面间相互位置精度，称为基准统一原则。除第一道工序外，其余加工表面应尽量采用同一个精基准。采用统一基准能用同一组基面加工大多数表面，有利于保证各表面的相互位置要求，避免基准转换带来误差，而且简化了夹具的设计和制造，缩短了生产准备周期，降低了费用。例如，一般轴类零件的中心孔在车、铣、磨等工序中，始终用它作为精基准；箱体零件的一面两销，都是统一基准的实例。

3）有些零件的精加工工序，要求余量小而均匀，可用要加工表面作为精基准，称为自为基准原则。图 3-29 所示为在导轨磨床上磨削床身导轨，安装后用百分表找正工件导轨表面本身，此时，床脚仅起支承作用。此外，珩磨、铰孔及浮动镗孔等都是自为基准的实例。

4）对于精密零件，有时还用互为基准、反复加工的原则。例如，加工精密齿轮时，在齿圈高频淬火后，淬火变形可能造成齿圈对内孔

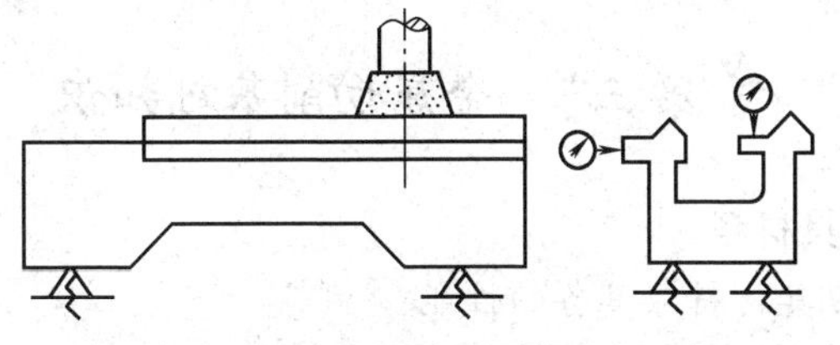

图 3-29　自为基准原则的应用

不同轴误差。若直接以内孔定位进行磨齿，齿面磨削余量不均匀，碎硬层又较薄，可能将某处的淬硬层全部磨去而有些地方磨不出，从而影响质量。要使磨削余量小而均匀，应先以齿外圆为基准磨内孔，再以内孔为基准磨齿外圆，齿外圆与内孔互为基准，反复加工。

此外，选择的精基面还应考虑工件定位正确、夹具结构简单、夹紧稳定可靠、操作方便等问题。精基面应具有一定的面积，必要时可增加工艺凸台，以扩大定位面。

（3）辅助基准的设置。为了保证加工表面的位置精度，大多优先选择设计基准或装配基准为定位基准，这些基准一般均为零件的重要工作表面。但有些工件为了装夹方便、定位稳定或易于实现基准统一，常常人为地设置一种定位基准，这种基准就是辅助基准。如图3-30所示，零件上的工艺凸台、轴类零件加工所用的中心孔等，就是为了满足加工工艺需要才作出的辅助基准。

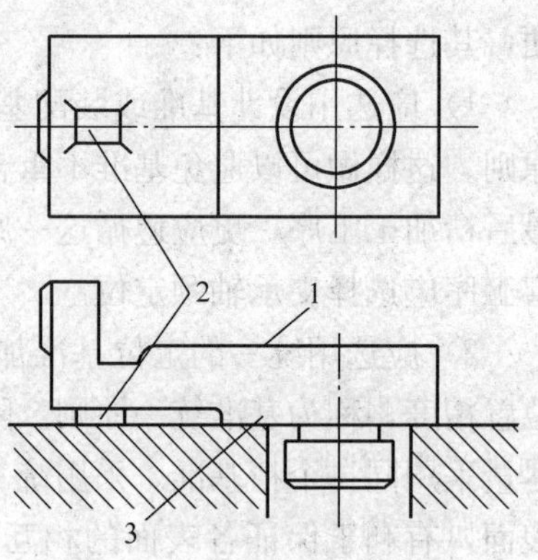

图3-30　具有工艺凸台的刀架毛坯
1—加工面；2—工艺凸台；3—定位面

此外，零件上的有关表面，因在制造工艺上宜作定位基准而提高其加工精度和表面质量，这种表面也属于辅助基准。例如，丝杠的外圆表面，从螺旋副的传动看，是非配合的次要表面，但在丝杠螺纹加工中，外圆表面是导向表面，它的圆度和圆柱度误差直接影响螺纹的加工精度，所以应提高其形状精度，并降低其表面粗糙度。

第三节　金属切削基础知识

一、刀具材料

（一）刀具材料应具备的性能

在金属切削过程中，刀具是在高温下进行切削加工的，同时还要承受较大的切削力、冲击、振动和剧烈的摩擦。刀具寿命的长短、切削速度的高低，首先取决于刀具是否具有良好的切削性，此外，刀具材料的工艺性能对刀具本身的制造与刃磨质量也有很大影响。因此，刀具切削部分的材料应满足下列要求。

1. 高硬度

刀具切削部分的硬度必须高于工件材料的硬度，常温下硬度应达到 60HRC 以上。某些难以加工的材料，对刀具硬度要求则更高。

2. 高耐磨性

刀具材料必须具有良好的抵抗磨损的能力，以保证切削刃的锋利性，特别是在高温切削条件下，更需保持应有的耐磨性。通常刀具材料的硬度越高，耐磨性越好。

3. 足够的强度和韧性

刀具材料应具备足够的强度和韧性，才能保证刀具在切削过程中承受总切削力、冲击和振动，防止刀具崩刃或脆性断裂。一般用抗弯强度和冲击韧度来衡量它们的好坏。

4. 高耐热性（热硬性）

是指刀具材料在高温下能够保持高硬度的性能。高温下硬度越高则耐热性越好，允许的切削速度也越高。它是评定刀具材料的主要性能指标，一般用温度来表示。

5. 良好的工艺性

为了便于刀具的加工制造，要求刀具材料具有良好的可加工性和热处理性。可加工性主要是指切削加工性能和焊接、锻轧性能；热处理性是指热处理变形小、脱碳层薄和淬透性好等。

此外，还应考虑刀具材料的经济性，否则将难以大量推广使用。

（二）刀具材料的种类

刀具材料的种类很多，有金属材料和非金属材料之分，常用的材料有工具钢、硬质合金、陶瓷和超硬材料四大类。各种刀具材料的物理力学性能见表 3-2。

表 3-2　各种刀具材料的物理、力学性能

材料种类		密度 ρ (g/cm^3)	硬度 HRC（HRA）[HV]	抗弯强度 σ_{bb} (MPa)	冲击韧度 α_k (kJ/cm^2)	热导率 λ [W/(m·K)]	耐热性 t (℃)
工具钢	碳素工具钢	7.6～7.8	60～65（81.2～84）	2160	—	41.87	200～250
	合金工具钢	7.7～7.9	60～65（81.2～84）	2350	—	41.87	300～400
	高速钢	8.0～8.8	63～70（83～86.6）	1960～4410	0.0098～0.0588	16.75～25.1	600～700
硬质合金	钨钴类	11.4～15.3	（89～91.5）	1080～2160	0.0019～0.0059	75.4～87.9	800
	钨钛钴类	9.35～13.2	（89～92.5）	882～1370	0.00029～0.00068	20.9～62.8	900
	钨钛钽（铌）钴类	14.4～15.0	（～92）	1470	—	—	1000～1100
	碳化钛基类	12.7～13.5	（92～93.3）	780～1080	—	—	1100
陶　瓷	氧化铝陶瓷	3.6～4.7	（91～95）	440～6860	0.00049～0.00117	4.19～20.93	1200
	氧化铝碳化物混合陶瓷			710～880			1100
	氮化硅陶瓷	3.26	[5000]	735～830	—	37.68	1300
超硬材料	立方氮化硼	3.44～3.49	[8000～9000]	2940	—	75.55	1400～1500
	人造金钢石	3.47～3.56	[10000]	210～480	—	146.54	700～800

1. 碳素工具钢和合金工具钢

碳素工具钢是指碳的质量分数为0.65%～1.35%的优质高碳钢。在碳素工具钢中再加入一些合金元素，如铬、钨、硅、锰等，即成合金工具钢。其热处理后硬度为60～64HRC，红硬性为200～300℃。主要用于制造一些低速、手动工具，如手用丝锥、手动铰刀、圆板牙、丝锥、搓丝板等。

2. 高速钢

高速钢是一种含钨（W）、铬（Cr）、锰（Mo）、钒（V）等元素较多的高合金工具钢。高速钢主要优点是具有高的硬度、强度和耐磨性，且耐热性（达540～600℃）和淬透性（淬火后硬度为63～66HRC）良好，允许的切削速度比碳素工具钢高两倍以上。高速钢刃磨后切削刃锋利，颜色白亮，故俗称“锋钢”和“白钢”。高速钢是一种综合性能好，应用范围较广的刀具材料。由于制造的刀具刃口强度和韧性高，能承受较大的冲击载荷，能用于刚度较差的机床上，可加工从有色金属到高温合金等范围广泛的工件材料。同时，这种材料工艺性能好，因此，目前高速钢仍是制造刀具，尤其是形状较复杂刀具使用较多的材料，如制造成形车刀、铣刀、钻头、铰刀、拉刀、齿轮刀具和螺纹刀具以及各种精加工刀具。

高速钢按其用途和性能不同，可分普通高速钢和高性能高速钢；按其化学成分不同，又可分为钨系高速钢和钨钼系高速钢。常用高速钢的力学性能见表3-3。

3. 硬质合金

硬质合金是高硬度、难熔的金属碳化物（WC、TiC等）微米数量级的粉末，用Co、Mo、Ni等作黏结剂，在高温下烧结而成的粉末冶金制品。由于硬质合金中碳化物含量多，且都有熔点高、硬度高等特点，使其常温下硬度可达89～93HRA（相当于74～81HRC）。耐磨性和红硬性较高，允许切削温度高达800～1000°C，切削速度也比高速钢高几倍甚至几十倍，还能加工高速钢刀具难以切削的材料，因此其发展很快，现已成为主要的刀具材料之一。

表 3-3　　常用高速钢的化学成分及力学性能

类型	牌号	质量分数（%）							硬度 HRC	抗弯强度 σ_{bb}（MPa）	冲击韧度 α_k（kJ/cm²）	600℃高温硬度 HRC	磨削性能
		C	W	Mo	Cr	V	Co	Al					
通用高速钢	W18Cr4V	0.70～0.80	17.5～19.0	≤0.30	3.80～4.40	1.00～1.40	—	—	63～66	3430	0.030	48.5	好。棕刚玉砂轮能磨
通用高速钢	W6Mo5Cr4V2	0.80～0.90	5.50～6.75	4.50～5.50	3.80～4.40	1.75～2.20	—	—	63～66	4500～4700	0.050	47～48	较 W18Cr4V 稍差一些。棕刚玉砂轮能磨
高性能高速钢	W12Cr4V4-Mo	1.20～1.40	11.50～13.00	0.90～1.20	3.80～4.40	3.80～4.40	—	—	65～67	3200	0.025	51.7	差
高性能高速钢	W6Mo5Cr4-V2Al（501）	1.05～1.20	5.50～6.75	4.50～5.55	3.80～4.40	1.75～2.20	—	0.80～1.20	67～69	3430～3730	0.020	55	较 W18Cr4V 差一些
高性能高速钢	W10Mo4Cr4-V3Al（5F6）	1.30～1.45	9.00～10.5	3.50～4.50	3.80～4.50	2.70～3.20	—	0.70～1.20	67～69	3070	0.020	54	较差
高性能高速钢	W2Mo9Cr4-VCo8（M42）	1.05～1.15	1.15～1.85	9.00～10.00	3.50～4.25	0.95～1.35	7.75～8.75	—	67～70	2650～3730	0.010	55	好。棕刚玉砂轮能磨

硬质合金也有不足之处，即抗弯强度和冲击韧度都较高速钢低，脆性大，不耐冲击和振动，刃口不能磨得像高速钢刀具那样锋利，制造也较困难。

常用硬质合金按其质量和使用特性可分为四类：①钨钴类（YG）；②钨钛钴类（YT）；③钨钛钽（铌）钴类（YW）；④碳化钛基类（YN）。

常用硬质合金的牌号、化学成分及性能见表 3-4。

常用硬质合金牌号及其应用场合见表 3-5。

4. 超硬刀具材料及其他刀具材料

常见的非金属及超硬刀具材料还有以下几种：

（1）陶瓷。陶瓷的主要成分是氧化铝（Al_2O_3），其硬度、耐热性和耐磨性均比硬质合金高，能在 1200℃或更高的温度下进行切削加工。因此，允许的切削速度比硬质合金高 20%～25%。在切削时，摩擦因数小，不粘刀，不容易产生积屑瘤，能获得较小的表面粗糙度值和较好的尺寸稳定性。而且这种材料资源丰富，价格低廉。其最大缺点是脆性大，切削时易崩刃，在使用上受到很大限制。目前我国研制出的非金属陶磁材料，一般都制成多边形不重磨刀片，主要用于切削硬度为 45～55HRC 的工具钢和淬火钢。

（2）立方氮化硼。立方氮化硼是 20 世纪 70 年代初发展起来的一种新型刀具材料。它是由立方氮化硼（白石墨）在高温高压下加催化剂转化而成的。

立方氮化硼的优点是化学稳定性好，可耐 1400～1500℃高温，切削温度在 1200～1300℃时也不易与铁系金属起化学反应而导致磨损，切削温度在 1000℃以下不会氧化。因此，在高速切削淬硬钢、冷硬铸铁时，刀具的黏结、扩散磨损小。其耐热性比金刚石好，摩擦因数小，硬度和耐磨性仅次于金刚石，且具有良好的切削性能和磨削工艺性，能用一般金刚石砂轮磨削。

立方氮化硼作为一种新型刀具材料，其刀具一般是采用硬质合金为基体的复合立方氮化硼双层刀片，不仅用于制造车刀、镗刀，而且已扩展到面铣刀、铰刀等刀具。主要用于加工一些高硬度（64～70HRC）的淬硬钢和冷硬铸铁、高温合金等难加工材料。

表 3-4　常用硬质合金牌号及力学性能

类型	牌号	质量分数（%）					物理性能			
		WC	TiC	TaC（NbC）	Co	其他	硬度 HRA（HRC）	密度 ρ（g/cm³）	热导率 λ［W/（m·℃）］	抗弯强度 σ_{bb}（MPa）
钨钴类	YG3	97	—	—	3	—	91（78）	14.9～15.3	87.92	1080
钨钴类	YG6X	93.5	—	0.5	6	—	91（78）	14.6～15.0	75.55	1370
钨钴类	YG6	94	—	—	6	—	89.5（75）	14.6～15.0	75.55	1420
钨钴类	YG8	92	—	—	8	—	89（74）	14.5～14.9	75.36	1470
钨钛钴类	YT30	66	30	—	4	—	92.5（80.5）	9.3～9.7	20.93	880
钨钛钴类	YT15	79	15	—	6	—	91（78）	11.0～12.7	33.49	1130
钨钛钴类	YT14	78	14	—	8	—	90.5（77）	11.2～12.2	33.49	1200
钨钛钴类	YT5	85	5	—	10	—	89（74）	12.5～13.2	62.80	1370
钨钛钽（铌）钴类	YW1	84	6	4	6	—	91.5（79）	12.8～13.3	—	1180
钨钛钽（铌）钴类	YW2	82	6	4	8	—	90.5（77）	12.6～13.0	—	1320
碳化钛基类	YN05	—	79	—		Ni7 Mo14	93.3（82）	5.56	—	78～930
碳化钛基类	TN10	15	62	1		Ni12 Mo10	92（80）	6.3	—	1080

表 3-5　　常用硬质合金牌号及其应用场合

牌　号	用　　途
YG3	铸铁、有色金属及合金的精加工、半精加工，切削时不能承受冲击载荷
YG6X	铸铁、冷硬铸铁、高温合金的精加工和半精加工
YG6	铸铁、有色金属及其合金的半精加工和精加工
YG8	铸铁、有色金属及其合金、非金属材料的粗加工，也可断续切削
YT30	碳素钢、合金钢的精加工
YT15 YT14	碳素钢、合金钢在连续切削加工时的粗加工、半精加工及精加工，也可用于断续加工时的精加工
YT5	碳素钢、合金钢的粗加工，可断续切削
YW1 YW2	高温合金、高锰钢、不锈钢等难加工材料及普通钢、铸铁的精加工与半精加工
YN05	低碳钢、中碳钢、合金钢的高速精车，工艺性能较好的细长轴精加工
YN10	碳钢、合金钢、工具钢、淬硬钢连续切削的精加工

（3）金刚石。是自然界中最硬的材料，其硬度可达 10000HV。天然金刚石价格昂贵，很少用作刀具材料。人造金刚石是以石墨为原料，经高温、高压烧结而成，主要用于制作高速精细车削、镗削有色金属及其合金和非金属材料的刀具。切削铜合金和铝合金时，切削速度可达 800～3800m/min。由于金刚石刀具具有耐磨性较高、加工尺寸稳定性和刀具使用寿命长的特点，所以常应用在数控机床、组合机床和自动机床上，加工后表面粗糙度可达 $Ra0.1\sim Ra0.025\mu m$。但金刚石刀具耐热性差（切削温度不宜超过 700～800℃，因其在 788℃时开始石墨化变软），强度低、脆性大、对振动敏感，只宜微量切削；与铁有较强的化学亲合力，故不适合加工黑色金属。

二、刀具几何参数及其合理选择

（一）刀具的几何参数

在保证加工质量和刀具使用寿命的前提下，能够满足提高生产效率、降低成本的刀具几何参数，称为刀具的合理几何参数，具体包括以下内容。

1. 切削刃的形式

有直线刃、折线刃、圆弧刃、月牙弧刃、波形刃等，如图 3-31 所示。

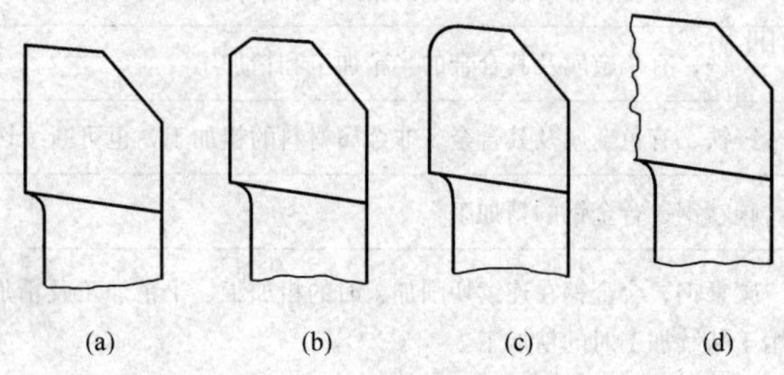

图 3-31　切削刃的形式

（a）直线刃；（b）折线刃；（c）圆弧刃；（d）月牙弧刃

2. 刀面形式

包括前面和后面等。

（1）前面形式。常用的前面形式如图 3-32 所示。

1）正前角平面型，如图 3-32(a)所示。其特点是结构简单、切削刃锐利，但强度低、传热能力差。多用于切削脆性材料，或用作精加工用刀具、成形刀具和多刃刀具。

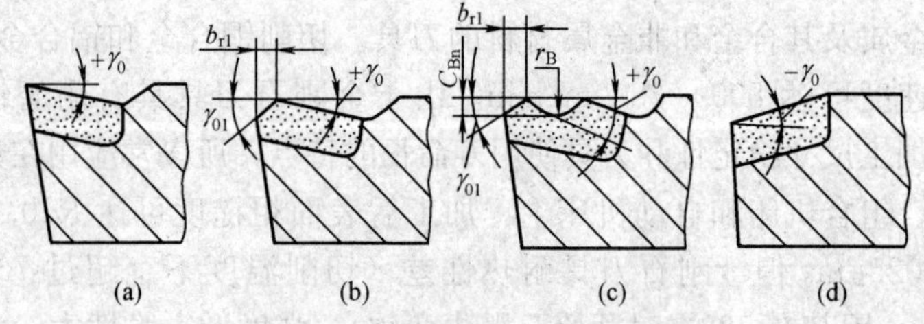

图 3-32　刀具的前面形式

(a)正前角平面型；(b)正前角平面带倒棱形；

(c)正前角曲面带侧棱型；(d)负前角型

2)正前角平面带倒棱形，如图 3-32(b)所示。沿切削刃磨出很窄的棱边，称为负倒棱。它可提高切削刃的强度和增大传热能力。多用于粗加工铸件或断续切削。一般倒棱参数选取 b_{r1} ＝（0.5～

1.0)f，$\gamma_{01}=-5^\circ\sim-10^\circ$，式中 f 为进给量。

3）正前角曲面带倒棱型，如图 3-32（c）所示。在平面带倒棱的基础上，在前面上又磨出一个曲面，称卷屑槽。粗加工和半精加工时采用较多。

4）负前角型，如图 3-32（d）所示。为适应切削高强度、高硬度材时，使脆性较大的硬质合金刀片承受一定的冲击力而采用负前角。

（2）后面形式，如图 3-33 所示。在一些特殊情况下，如铣刀、拉刀等定尺寸刀具，为了保持刀具直径，常采用后角 $\alpha_{01}=0^\circ$、$b_{\alpha1}=0.2\sim0.8$mm 的刃带［见图 3-33（a）］，在切削刚性差的工件时，采用刃带 $b_{\alpha1}=0.1\sim0.3$mm、$\alpha_{01}=-5^\circ\sim-20^\circ$ 的消振棱［见图 3-33（b）］，以增加阻尼，防止或减小振动。

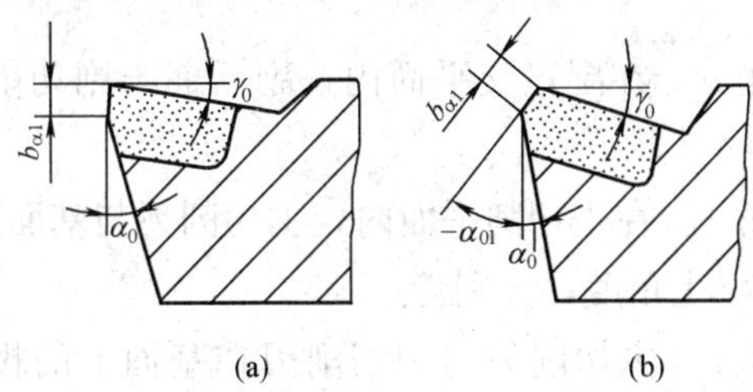

图 3-33　刀具的后面形式

（a）采用后角 $\alpha_{01}=0$、$b_{\alpha1}=0.2\sim0.8$mm 的刃带；（b）采用刃带 $b_{\alpha1}=0.1\sim0.3$mm、$\alpha_{01}=-5^\circ\sim-20^\circ$的谐振棱

3. 刀具的几何角度

如图 3-34 所示，由六个独立的基本角度和三个派生角度组成。

（1）六个独立的基本角度，分别是：

1）前角 γ_0。在正交平面 P_0-P_0 内，前面与基面之间的夹角。

2）后角 α_0。又称主后角，是在正交平面内，后面与切削平面之间的夹角。

3）主偏角 κ_r。主切削刃在基面上的投影与进给运动方向之间的夹角。

4）副偏角 κ_r'。副切削刃在基面上的投影与背离进给运动方向

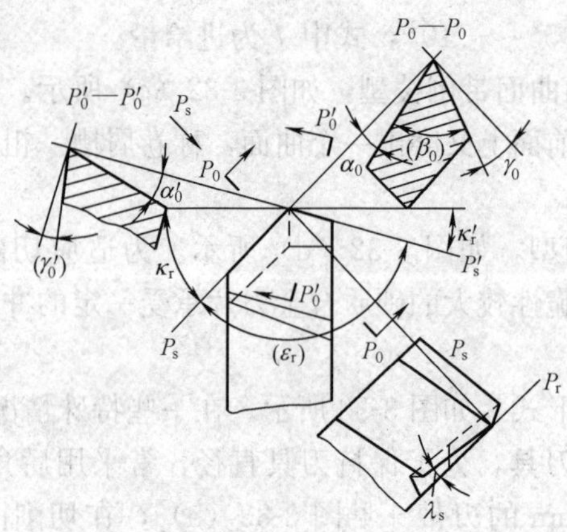

图 3-34　刀具的几何角度

之间的夹角。

5）副后角 α'_0。在副正交平面内，副后面与副切削平面之间的夹角。

6）刃倾角 λ_s。在主切削平面内，主切削刃与基面之间的夹角。

（2）三个派生角度，分别为：

1）刀尖角 ε_r。主切削刃与副切削刃在基面上的投影之间的夹角。由图 3-34 可知，$\varepsilon_r = 180° - (\kappa_r + \kappa'_r)$。

2）楔角 β_0。在主正交平面内前面和后面之间的夹角。由图 3-34 可知，$\beta_0 = 90° - (\gamma_0 + \alpha_0)$。

3）副前角 γ'_0。在副正交平面内，前面与基面之间的夹角。其大小与主偏角 κ_r、前角 γ_0 和刃倾角 λ_s 的大小有关。

（二）刀具几何参数的合理选择

以刀具几何角度为例，各角度的大小对切削的影响程度各不相同，其选择原则也各不相同。刀具几何角度的选择原则见表 3-6。

在切削过程中，由于刀尖处强度低、散热条件差，较易磨损和崩刃。为了提高刀尖强度，增大散热面积，提高刀具寿命，可在主副切削刃之间磨出过渡刃和修光刃。常用过渡刃有直线型和圆弧型两种，如图 3-35 所示。

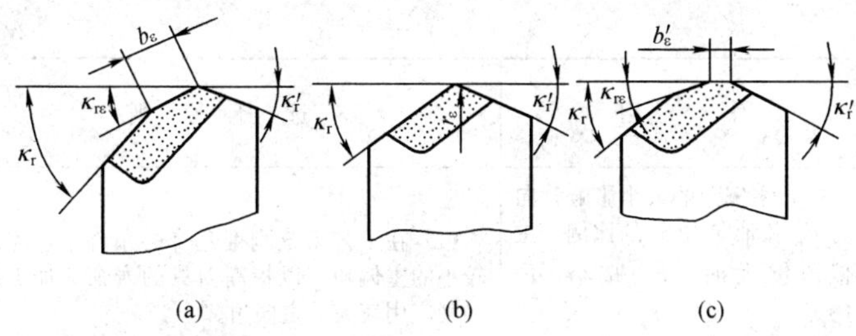

图 3-35　过渡刃和修光刃的形式

（a）直线过渡刃；（b）圆弧过渡刃；（c）修光刃

表 3-6　　刀具几何角度的选择原则

角度名称	作　　用	选 择 原 则
前角 γ_0	前角大则刃口锋利，切削层的塑性变形和摩擦阻力小，切削力和切削热降低。但前角过大将使切削刃强度降低，散热条件变坏，刀具寿命下降，甚至会造成崩刃	主要根据工件材料，其次考虑刀具材料和加工条件选择： （1）工件材料的强度、硬度低、塑性好，应取较大的前角；加工脆性材料（如铸铁）应取较小的前角，加工特硬的材料（如淬硬钢、冷硬铸铁等）应取很小的前角，甚至是负前角。 （2）刀具材料的抗弯强度及韧性高，可取较大的前角。 （3）断续切削或粗加工有硬皮的锻、铸件，应取较小的前角。 （4）工艺系统刚度差或机床功率不足时应取较大的前角。 （5）成形刀具、齿轮刀具等，为防止产生齿形误差常取很小的前角，甚至零度前角
后角 α_0	后角的作用是减少刀具后面与工件之间的摩擦。但后角过大会降低切削刃强度，并使散热条件变差，从而降低刀具寿命	（1）精加工刀具及切削厚度较小的刀具（如多刃刀具），磨损主要发生在后面上，为降低磨损，应采用较大的后角。粗加工刀具要求刀刃坚固，应采取较小的后角。 （2）工件强度、硬度较高时，为保证刃口强度，宜取较小的后角；工件材料软、黏时，后面摩擦严重，应取较大的后角；加工脆性材料，负荷集中在切削刃处，为提高切削刃强度，宜取较小的后角。 （3）定尺寸刀具，如拉刀、铰刀等，为避免重磨后刀具尺寸变化过大，应取小后角。 （4）工艺系统刚度差（如车细长轴），宜取较小的后角，以增大后面与工件的接触面积，减小振动

续表

角度名称	作　　用	选　择　原　则
主偏角 κ_r	（1）主偏角的大小影响背向力 F_p 和轴向力 F_f 的比例，主偏角增大时，F_p 减小，F_f 增大。 （2）主偏角的大小还影响参与切削的切削刃长度。当背吃刀量 a_p 和进给量 f 相同时主偏角减小，则参与切削的切削刃长度大，单位刃长上的负荷减小，可使刀具寿命提高，刀尖强度也增大	（1）在工艺系统刚度允许的条件下，应采用较小的主偏角，以提高刀具的寿命。加工细长轴则应用较大的主偏角。 （2）加工很硬的材料，为减轻单位切削刃上的负荷，宜取较小的主偏角。 （3）在切削过程中，刀具需作中间切入时，应取较大的主偏角。 （4）主偏角的大小还应与工件的形状相适应，如车阶梯轴可取主偏角为 90°
副偏角 κ_r'	（1）副偏角的作用是减小副切削刃与工件已加工表面之间的摩擦。 （2）一般取较小的副偏角，可减小工件表面的残留面积，但过小的副偏角会使径向切削力增大，在工艺系统刚度不足时会引起振动	（1）在不引起振动的条件下，一般取较小的副偏角。精加工刀具必要时可磨出一段 $\kappa_r'=0°$ 的修光刃，以加强副切削刃对已加工表面的修光作用。 （2）系统刚度较差时，应取较大的副偏角。 （3）切断、切槽刀及孔加工刀具的副偏角只能取很小值（如 $\kappa_r'=1°\sim2°$），以保证重磨后刀具尺寸变化量小
刃倾角 λ_s	（1）刃倾角影响切屑流出方向，$-\lambda_s$ 角使切屑偏向已加工表面，$+\lambda_s$ 使切屑偏向待加工表面。 （2）单刃刀具采用较大的 $-\lambda_s$ 可使远离刀尖的切削刃处先接触工件，使刀尖避免受冲击。 （3）对于回转的多刃刀具，如圆柱铣刀等，螺旋角就是刃倾角，此角可使切削刃逐渐切入和切出，可使铣削过程平稳。 （4）可增大实际工作前角①，使切削轻快	（1）加工硬材料或刀具承受冲击负荷时，应取较大的负刃倾角，以保护刀尖。 （2）精加工宜取 λ_s 为正值，使切屑流向待加工表面，并可使刃口锋利。 （3）内孔加工刀具（如铰刀、丝锥等）的刃倾角方向应根据孔的性质决定。左旋槽（$-\lambda_s$）可使切屑向前排出，适用于通孔，右旋槽适用于不通孔

① 实际工作前角应在包括主运动方向及切屑流出方向的平面内测量。当 $\lambda_s\neq0°$ 时（此时称为斜角切削），切屑在前刀面的流动方向与切削刃的垂直方向成 φ_λ 角，$\varphi_\lambda\approx\lambda_s$。此时，实际工作前角 γ_{oe} 的近似计算公式为 $\sin\gamma_{oe}=\sin^2\lambda_s+\cos^2\lambda_s\sin\gamma_n$，当 $\lambda_s>(15°\sim20°)$ 时，随 λ_s 的增加，γ_{oe} 将比 γ_n 显著增大。

图 3-35（a）所示直线过渡刃的偏角 $\kappa_{r\varepsilon}$ 一般取 $\kappa_{r\varepsilon}=\kappa_r/2$；宽度 $b_\varepsilon=0.5\sim2$mm。直线过渡刃主要用于粗加工、有间断冲击的切削和强力切削用车刀、铣刀上。

图 3-35（b）所示为圆弧过渡刃，其半径 r_ε 称为刀尖圆弧半径，一般不宜太大，否则可能引起振动。r_ε 一般根据刀具材料、加工工艺系统刚性或表面粗糙度要求来选择。一般高速钢刀具的 $r_\varepsilon=0.2\sim5$mm，硬质合金刀具的 $r_\varepsilon=0.2\sim2$mm。

当过渡刃与进给方向平行时，偏角 $\kappa'_{r\varepsilon}=0°$，则该过渡刃称为修光刃，如图 3-35（c）所示。它运用在大进给切削时，要求加工表面粗糙度值较小的情况。修光刃长度一般为 $(1.2\sim1.5)f$，其中 f 为进给量。

三、金属切削过程的基本规律

金属切削过程是指刀具切除工件上一层多余的金属，从形成切屑到已加工表面的全过程。金属切削加工中的各种物理现象，如总切削力、切削热、刀具磨损与刀具使用寿命、卷屑与断屑规律等都与切屑形成过程有着密切关系。因此，要会正确刃磨和合理使用刀具，并充分发挥刀具的切削性能，合理选择切削用量。要提高加工质量、降低成本、提高劳动生产率，就必须掌握切削过程的基本规律。

（一）金属切削的基本概念

1. 切削运动

在切削过程中，刀具相对于工件的运动称为切削运动。它可以是直线运动，也可以是回转运动。按其所起的作用，可分为主运动和进给运动，如图 3-36 所示。

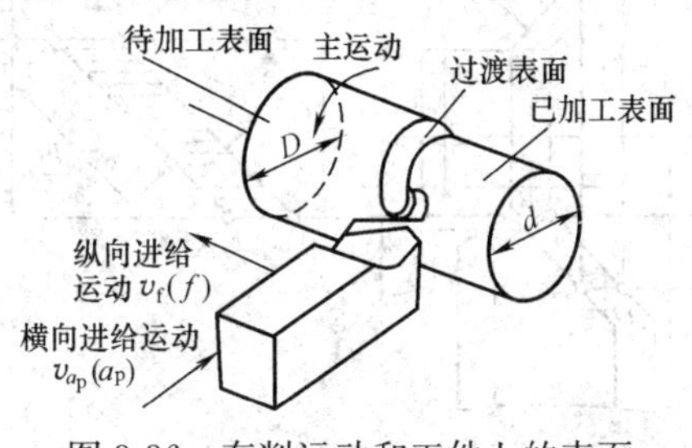

图 3-36　车削运动和工件上的表面

（1）主运动。直接切除工件上的切削层，使之转变为切屑，以形成工件新表面的运动。它是机床的主要运动，其特征是切削速度最高，消耗功率最多。车削时的主运动是工件的回转运动；铣削时铣刀的回转运动是主运动。

（2）进给运动。不断把切削层投入切削的运动称为进给运动。如车外圆时的纵向进给运动，车端面的横向进给运动。

2. 工件上形成的表面

如图 3-36 所示，在切削运动的作用下，工件上的切削层不断地被车刀削，并转变为切屑，加工出所需的工件新表面。在这一表面形成的过程中，工件上有如下三个不断变化着的表面。

（1）已加工表面。工件上已经切去多余金属层而形成的新表面。

（2）过渡表面。切削刃正在切削的表面，介于已加工表面和待加工表面之间。

（3）待加工表面。工件上将被切去金属层的表面。

（二）切削要素基本概念

切削要素分切削用量要素和切削层横截面要素两大类。

1. 切削用量要素

切削用量要素是用来表示切削加工中主运动及进给运动参数的数量。它包括切削速度 v_c、进给量 f 和背吃刀量 a_p 三要素，如图 3-37 所示。它们是加工前调整机床的依据。在切削加工中，需针对不同的工件材料、刀具材料和其他技术经济要求来适当选取。

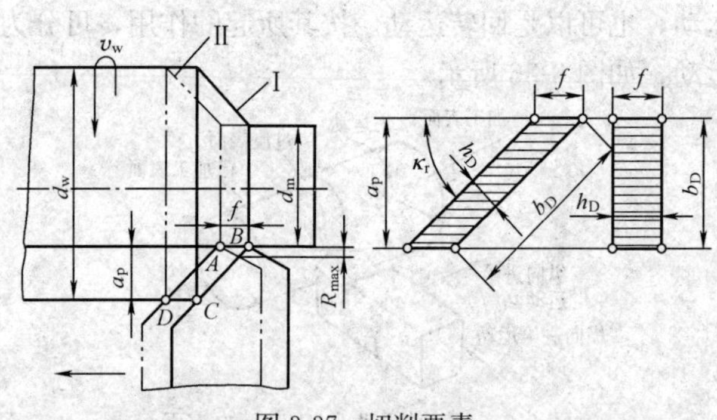

图 3-37　切削要素

（1）切削速度 v_c。刀具切削刃上的某一点相对于待加工表面在主运动方向上的瞬时线速度称为切削速度，它是衡量主运动大小的参数。切削速度计算公式如下

$$v_c = \frac{\pi dn}{1000} \quad 或 \quad v_c \approx \frac{dn}{318}$$

式中　v_c——切削速度，m/min；

d——工件直径，mm；

n——车床主轴转速，r/min。

对于旋转体工件或旋转类刀具，当转速一定时，由于切削刃上各点的回转半径不同，因而切削速度不同，计算时应以最大切削速度为准。例如，外圆车削时计算待加工表面上的速度，钻削时计算钻头外径处的速度。

（2）进给量 f。工件或刀具每转或往复一次或刀具每转过一齿，工件与刀具在进给运动方向上的相对位移称为进给量（或每齿进给量），单位为 mm/r。车削时的进给速度 v_f 为

$$v_f = fn$$

（3）背吃刀量 a_p。工件上已加工表面和待加工表面的垂直距离。

车外圆时

$$a_p = \frac{d_w - d_m}{2}$$

钻削时

$$a_p = \frac{d_m}{2}$$

式中　a_p——背吃刀量，mm；

d_w——工件待加工表面直径，mm；

d_m——工件已加工表面直径，mm。

2. 切屑层横截面要素

切屑层是工件每转一转，主切削刃相邻两个位置间的一层金属。切屑层被工件轴向截面切开所得到的截面称为切屑层横截面，如图 3-37 中的平行四边形 $ABCD$，当 $\kappa_r = 90°$时，则为矩形。

（1）切屑厚度 h_D。在切屑层横截面上垂直于主刃切削面测得的

每刀切屑层尺寸，单位为 mm，即

$$h_D = f\sin\kappa_r$$

（2）侧吃刀量 b_D。在切屑层横截面上平行于主刃切削面测得的切屑层尺寸，单位为 mm，即

$$b_D = a_p/\sin\kappa_r$$

（3）切屑层公称横截面面积 A_D。切屑层在基面内的面积，单位为 mm^2，即

$$A_D = h_D b_D = f a_p$$

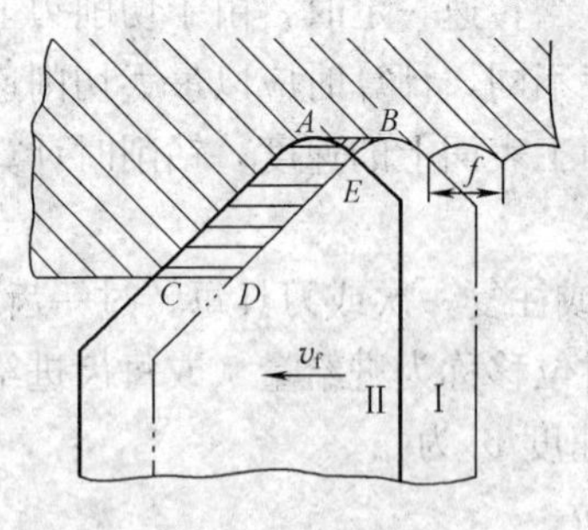

图 3-38　残留面积

残留面积是指刀具副偏角 $\kappa_r' \neq 0°$ 时，切削刃从Ⅰ位置移至Ⅱ位置后，残留在已加工表面的不平部分的剖面面积，如图 3-37、图 3-38 中的 ABE。

（三）切屑的形成及种类

1. 切屑的形成

在切屑形成的过程中，存在着金属的弹性变形和塑性变形。切屑层变形是指其在刀具的挤压作用下，经过剧烈的变形后形成切屑脱离工件的过程。它包括切屑层沿滑移面的滑移变形和切屑在前面上排出时的滑移变形两个阶段。

切屑形成过程如图 3-39 所示，当切屑层金属接近滑移 OA 时将发生弹性变形，接触到滑移面 OA 后将发生塑性变形。塑性变形的表现形式是在切削力的作用下，金属产生不能恢复原状的滑移。

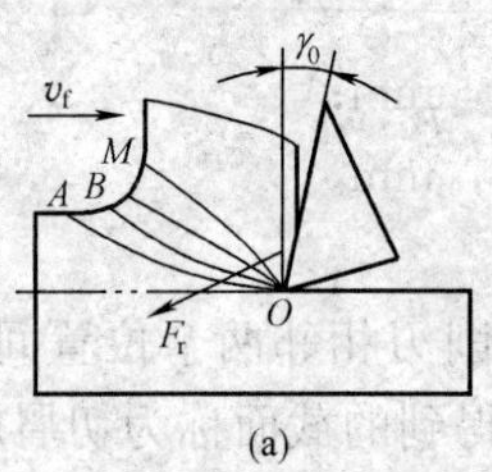

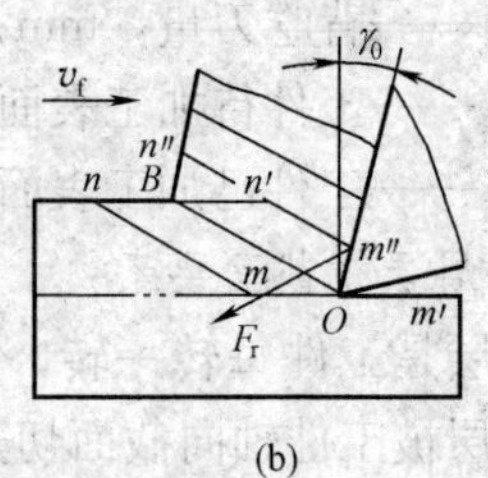

图 3-39　切屑形成过程

（a）金属滑移；（b）切屑形成模型

随着滑移量的不断增大，当到达 OM 面时塑性变形超过金属的极限强度，金属就断裂下来形成切屑。由于底层与前面发生摩擦滑移，变形比外层更厉害。底层长度也大于上层长度，因而发生卷曲。塑性变形越大，卷曲也越厉害，最后切屑离开前面，变形结束。

2. 切屑的类型

在切屑的形成过程中，由于工件材料和切削条件的不同，形成的切屑形状也就不同，一般切屑的形状有带状切屑、挤裂切屑、粒状切屑和崩碎切屑四种类型，如图 3-40 所示。

（1）带状切屑。在切削过程中，如果滑移面上的滑移没有达到破裂强度（即塑性变形不充分），那么就形成连绵不断的带状切屑，如图 3-40（a）所示。在切屑靠近刀具前面的一面很光滑，另一面呈毛茸状。当切削塑性较大的金属材料（如碳素钢、合金钢、铜和铝合金）或刀具前角较大、切削速度较高时，经常会出现这类切屑。

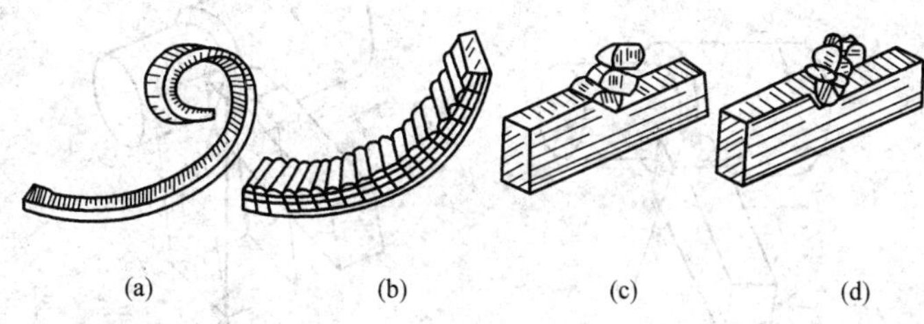

图 3-40　切屑的类型

（a）带状切屑；（b）挤裂切屑；（c）粒状切屑；（d）崩碎切屑

（2）挤裂切屑。又称节状切屑。在切削过程中，如果滑移面上的滑移比较充分，达到材料的破裂强度时，则滑移面上局部就会破裂成节状，但与刀具前面接触的一面还相互连接未被折断，称为挤裂切屑。当切削纯铜或高速、大进给量切削钢材时，易得到这类切屑，如图 3-40（b）所示。

（3）粒状切屑。在切削过程中，如果整个滑移面上均超过材料的破裂强度，则切屑就成为粒状。用低速大进给量切削塑性材料时，就是这类切屑，如图 3-40（c）所示。

（4）崩碎切屑。切削铸铁、黄铜等脆性金属材料时，切屑层几乎不经过塑性变形阶段就产生崩裂，得到的切屑呈不规则的粒状。加工后的工件表面也较为粗糙，如图 3-40（d）所示。

（四）切削力

1. 总切削力的来源

切削过程中，切削部位所产生的全部切削力称为总切削力。图 3-41 中 F 与 F' 是分别作用在刀具和工件上的一个切削部分总切削力。切削时，作用在刀具上的力来源于两个方面：一是变形区产生的变形抗力；二是前面与切屑和后面与工件之间的摩擦力。

2. 切削分力及其作用

在生产中，为了测量和应用方便，常把总切削力 F 分解成相互垂直的三个分力，即切削力 F_c、背向力 F_p 和进给力 F_f，如图 3-42所示。

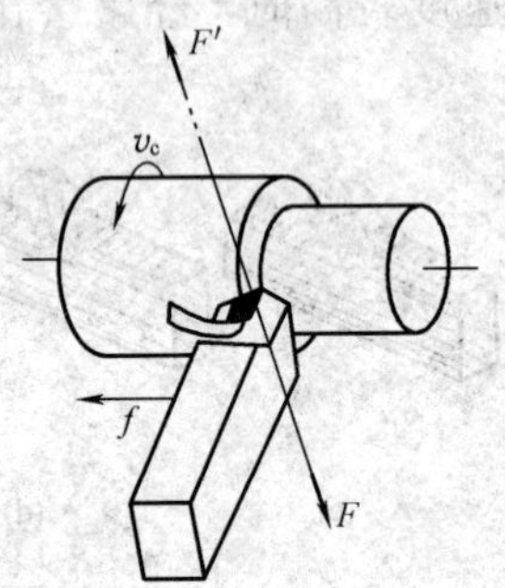

图 3-41　总切削力

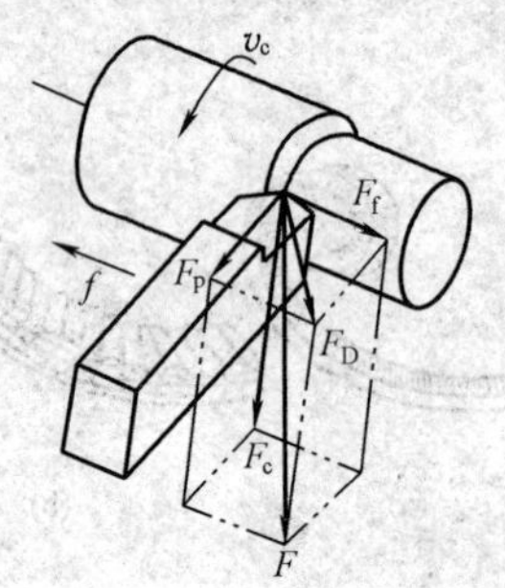

图 3-42　切削力的分解

切削力 F_c 是主运动切削速度方向上的分力，又称切向力。背向力 F_p 是横向进给方向的分力，又称径向力。进给力 F_f 是纵向进给方向的分力，又称轴向力。

由图 3-42 可知，总切削力与各分力之间的关系为

$$F=\sqrt{F_{xy}^2+F_z^2}=\sqrt{F_x^2+F_y^2+F_z^2}$$
$$=\sqrt{F_c^2+F_D^2}=\sqrt{F_c^2+F_p^2+F_f^2}$$

一般情况下，切削力 F_c 是三个分力中最大的一个分力，它消

耗了切削功率的95%左右，是设计与使用刀具的主要依据，并且也是验算机床与夹具中主要零部件的强度和刚性以及确定机床电动机功率的主要依据。此外，它还是切削加工时选择切削用量所考虑的重要因素。

背向力 F_p 不消耗功率，但对工艺系统变形及工件的加工质量有一定的影响，特别是在刚度较差的工件加工中影响更显著。

进给分力 F_f 消耗总功率的5%左右，主要作用在机床进给系统，因此常用作验算机床进给系统中主要零部件强度和刚度的依据。

（五）切削功率

切削功率是指车削时在切削区域内消耗的功率。通常计算的是主运动消耗的功率

$$P_m = \frac{F_z v_c}{60 \times 1000}$$

式中 P_m——主切削功率，kW；

F_z——主切削力，N；

v_c——切削速率，m/min。

在校验与选取机床电动机功率时，应使

$$P_m \leqslant P_E \eta$$

式中 P_E——机床电动机功率，kW；

η——机床传动效率，一般取 $\eta = 0.75 \sim 0.78$。

若 P_m 超过 P_E 和 η 的乘积时，一般可采取降低切削速度或减少切削力等措施。

（六）切削热与切削温度

切削热与切削温度是切削过程中的又一物理现象。研究切削热的产生和传导，以及它对工件和刀具的影响，具有重要的实用意义。

1. 切削热的来源和传散

切削热的来源有两个方面：一是在刀具的作用下，切削层金属的变形所消耗的功转变的切削热；二是切屑与刀具前面、工件与刀具后面之间的摩擦所消耗的功转化的切削热。

切削热的产生主要集中在三个区域，即第Ⅰ变形区、第Ⅱ变形

区和第Ⅲ变形区。切削过程中产生的切削热通过切屑、工件、刀具和周围介质（空气、切削液等）传散出去。

2. 切削温度

所谓切削温度，一般指切屑、工件与刀具接触表面上（切削区域）的平均温度。实际上，切屑、工件和刀具上各点处的温度均不相同。由图 3-43 和图 3-44 可知，刀具上的最高温度在刀尖附近，因为在这里切屑变形最大，切屑与刀具的摩擦也最大，热量集中又最不易传散。

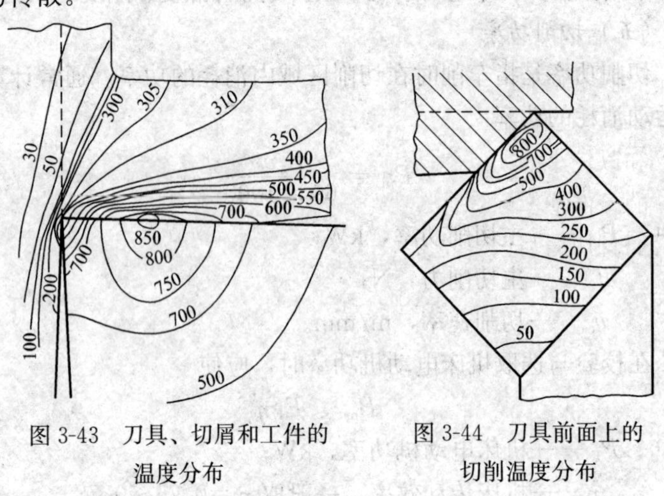

图 3-43　刀具、切屑和工件的温度分布

图 3-44　刀具前面上的切削温度分布

切削塑性材料时，刀具前面的温度比后面高。因为前面与切屑接触，而后面与温度较低的工件接触。切削脆性材料时，最高温度则发生在刀具后面上，温度也比切削塑性材料低。切屑中的温度在积屑瘤附近最高，工件上最高温度在刀尖附近。

切削温度对切削过程中积屑瘤的产生、刀具的磨损以及工件的加工精度等都有很大的影响。研究切削温度的目的是要控制刀具上的最高温度，防止刀具过快磨损。

（七）刀具的磨损和刀具寿命

在切削过程中，刀具在高温高压下与切屑及工件在接触区里产生强烈的摩擦，使锋利的切削部逐渐磨损而失去正常的切削能力，这种现象称为刀具的磨钝。当刀具严重磨损时，不但影响工件的加工精度和表面质量，而且会造成重磨困难，增加刀具材料的消耗，缩短刀具的使用时间。所以刀具磨损对产品的质量（如尺寸精度、形位精度、表面粗糙度）、生产效率以及加工成本都有直接影响。

1. 刀具磨损

刀具的磨损有正常磨损和非正常磨损两种。

（1）正常磨损。主要有后面磨损、前面磨损和前后面同时磨损三种。

1）后面磨损。磨损部位主要发生在后面上，如图 3-45（a）所示。后面磨损后，形成后角等于 0°的棱面，磨损程度用棱面高度 VB 表示。这种磨损方式一般发生在切削脆性金属材料（如灰铸铁）和以较小的切削厚度（$h_D<0.1$mm）切削塑性金属材料（如钢）的条件下。因为在这种情况下，前面上的正压力和摩擦力都不大，而且切屑与前面的接触长度小，所以刀具磨损主要发生在后面上。

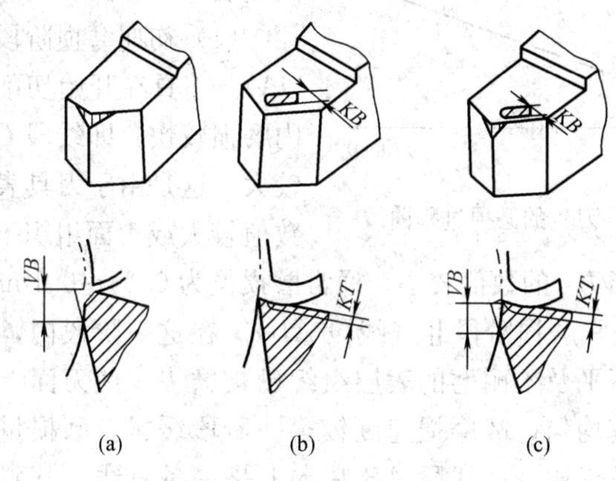

图 3-45　正常磨损的几种形式

（a）后面磨损；（b）前面磨损；（c）前后面同时磨损

2）前面磨损。磨损主要发生在前面上，如图 3-45（b）所示。磨损后，在主切削刃刃口后方离开主切削刃一小段距离处产生月牙洼。磨损程度用月牙洼的深度 KT、宽度 KB 表示。这种磨损方式一般发生在以较大的切削厚度（$h_D>0.5$mm）切削塑性金属材料的情况下。在磨损过程中，月牙洼逐渐加深变宽，并向刃口方向扩展，严重时甚至导致崩刃。

3）前、后面同时磨损。前面的月牙洼与后面的磨损棱面同时产生，如图 3-45（c）所示。前、后面同时磨损的发生条件介于以上两种磨损方式之间，即一般发生在采用中等切削速度和中等切削厚度（h_D 为 0.1～0.5mm 时）切削塑性金属材料的情况下。

（2）非正常磨损。常见的形式有刀具破损和卷刃两种。

1）破损。在切削刃或刀面上产生裂纹、崩刃或碎裂的现象称为破损。硬质合金刀片材料本身较脆，在焊接和刃磨时，以及切削参数选用不当等均能造成细微裂纹而破损。

2）卷刃。切削加工时，切削刃或刀面产生塌陷或隆起的塑性变形现象称为卷刃。这主要是由于切削时产生的高温造成的。

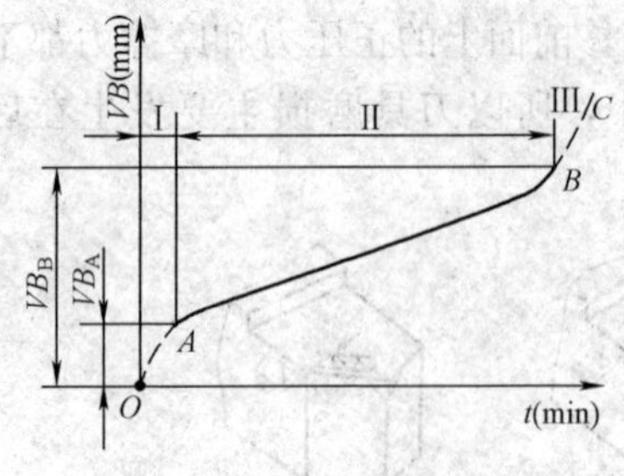

图 3-46　刀具的磨损过程曲线

2. 刀具的磨损过程

刀具磨损过程可用磨损过程曲线表示，如图 3-46 所示。

（1）初期磨损阶段Ⅰ（线段 OA）。刀具在开始切削的短时间内磨损较快，即线段 OA 的斜率较大。这是由于刀具表面粗糙度数值较大或表面组织不耐磨等原因造成的。VB_A 的数值较小，通常磨损量为 0.05～0.1mm。

（2）正常磨损阶段Ⅱ（线段 AB）。在这一阶段内，由于刀面上的高低不平及不耐磨的表层组织已被磨去，使刀面上的压强减小而且比较均匀，故磨损速度较第一阶段缓慢。磨损量与切削时间基本上成正比，即线段 AB 基本上是一条直线，其斜率叫磨损强度。

（3）急剧磨损阶段Ⅲ（线段 BC）。在阶段Ⅲ内，随着磨损量的不断增加，使切削力不断增大，切削温度不断提高。当磨损量达到某一数值 VB_B 以后，由于刀具与工件的接触状况显著恶化，切削温度与机械摩擦急剧上升，以致使刀具磨损的原因也会发生重大变化。如工具钢刀具会产生相变磨损，硬质合金刀具会产生扩散磨损等，从而使刀具由较缓慢的正常磨损转化为急骤磨损。达到此阶段后，刀具便失去了正常切削能力，已加工表面的表面粗糙度也会明显恶化，并且易出现振动和噪声等。对硬质合金刀具来说，则很容易产生崩刃，造成刀具的严重破损。

在实际生产中，由于加工条件和加工要求的不同，制订刀具磨钝标准的原则也不同，通常分为粗加工磨钝标准和精加工磨钝标准两种。表 3-7 为常用刀具的磨钝标准，供选用时参考。

表 3-7　　常用刀具的磨钝标准 *VB*　　mm

刀具名称		工件材料	刀具材料			
			高速钢		硬质合金	
			粗加工	精加工	粗加工	精加工
外圆车刀		钢材	1.5～2.0	0.3～0.5	0.8～1.0	0.3～0.5
		铸铁	3.0～4.0	1.5～2.0	1.4～1.7	0.5～0.7
		高温合金	—	—	0.6～0.8	0.2～0.4
切断车刀		钢材	0.8～1.0	—	0.8～1.0	—
		铸铁	1.5～2.0	—	0.8～1.0	—
钻头	$d_0 \leqslant 10$	钢材	0.4～0.7	—	—	—
		铸铁	0.5～0.8	—	0.3～0.5	—
	$10 < d_0 \leqslant 20$	钢材	0.7～1.0	—	—	—
		铸铁	0.8～1.2	—	0.5～0.8	—
	$d_0 > 20$	钢材	1.0～1.4	—	—	—
		铸铁	1.2～1.6	—	0.8～1.0	—
铰刀		钢材及铸铁	—	0.3～0.6	—	$D<18$ 0.2～0.3 $D=18\sim25$ 0.3～0.6
面铣刀		钢材	1.2～1.8	0.3～0.5	0.8～1.0	0.3～0.5
		铸铁	1.5～1.8		1.0～1.2	
齿轮滚刀		钢材	0.5～0.8	0.2～0.4	—	—
插齿刀		钢材	0.8～1.0	0.15～0.3	—	—

续表

刀具名称	工件材料	刀具材料			
		高速钢		硬质合金	
		粗加工	精加工	粗加工	精加工
圆孔拉刀	钢材及铸铁	—	0.2～0.3	—	—
花键拉刀	钢材及铸铁	—	0.3～0.4	—	—

注 1. 高速钢刀具切削钢件时加切削液，其余均为干切削。
2. 表中 d_0 为钻头直径，D 为铰刀直径。

3. 刀具的磨钝标准

从刀具的磨损过程可以看出，任何一把刀具都不可能无限期地使用下去，应该规定刀具磨损到一定程度后进行重新刃磨或更换新刀。给磨损量规定的这个合理限度，称为刀具的磨钝标准，也称磨损限度。

一般来说，在切削过程中，刀具的后面都会产生磨损，而测量后面的磨损值也比较方便，因此，刀具的磨钝标准通常都按后面的磨损值来制定，用符号 VB 表示，见图 3-45。

4. 刀具的寿命

一把新刃磨好的刀具（或不重磨刀片上的一个新切削刃），从开始切削至达到磨损限度为止所使用的切削时间，称为刀具寿命。刀具寿命以符号 t（单位为 min）表示。

一把新刀具从开始切削，经过反复刃磨、使用，直至完全丧失切削能力而报废的实际总切削时间，称为刀具的总寿命。

在实际生产中，若采取把刀具从刀架上卸下后测量后面磨损量的方法来观察刀具磨损程度，是不太方便的。但如果利用刀具寿命来间接衡量，并按照 t 的数值去换刀，就方便多了。

刀具寿命还可以用磨损限度所经过的切削路程（l_m）表示。有时也可用加工的零件数量（N）来表示。

第四章

金属材料及其热处理

第一节　常用金属材料的性能

一、金属材料的基本性能

金属材料的性能通常包括物理化学性能、力学性能及工艺性能等。金属材料的基本性能见表4-1。

表4-1　金属材料的基本性能

性能			说明
物理化学性能	指与焊接、热切割有关的基本物理化学性能，如密度、导电性、导热性、热膨胀性、抗氧化性、耐腐蚀性等	密度	指物质单位体积所具有的质量，用ρ表示。常用金属材料的密度：铸钢为7.8g/cm³，灰铸钢为7.2g/cm³，黄铜为8.63g/cm³，铝为2.7g/cm³
		导电性	指金属传导电流的能力。金属的导电性各不相同，通常银的导电性最好，其次是铜和铝
		导热性	指金属传导热量的性能。若某些零件在使用时需要大量吸热或散热，需要用导热性好的材料
		热膨胀性	指金属受热时发生胀大的现象。被焊工件由于受热不均匀就会产生不均匀的热膨胀，从而导致焊件的变形和焊接应力
		抗氧化性	指金属材料在高温时抵抗氧化性气氛腐蚀作用的能力。热力设备中的高温部件，如锅炉的过热器、水冷壁管、汽轮机的汽缸、叶片等，易产生氧化腐蚀
		耐腐蚀性	指金属材料抵抗各种介质（如大气、酸、碱、盐等）侵蚀的能力。化工、热力等设备中许多部件是在苛刻的条件下长期工作的，所以选材时必须考虑焊接材料的耐腐蚀性，用时还要考虑设备及其附件的防腐措施

续表

<table>
<tr><th colspan="3">性能</th><th colspan="3">说明</th></tr>
<tr><td rowspan="5">力学性能</td><td rowspan="5">指金属材料在外部负荷作用下，从开始受力直至材料破坏的全部过程中所呈现的力学特征，是衡量金属材料使用性能的重要指标，如强度、硬度、塑性和韧性</td><td rowspan="2">强度</td><td rowspan="2">它代表金属材料对变形和断裂的抗力，用单位界面上所受的力（称为应力）表示。常用的强度指标有屈服强度及拉伸强度等</td><td>屈服强度</td><td>指钢材在拉伸过程中，当应力达到某一数值而不再增加时，其变形继续增加的拉力值，用 σ_s 表示。σ_s 值越高，材料强度越高</td></tr>
<tr><td>拉伸强度</td><td>指金属材料在破坏前所承受的最大拉应力，用 σ_s 表示，单位为 MPa。σ_s 越大，金属材料抗衡断裂的能力越大，强度越高</td></tr>
<tr><td>塑性</td><td colspan="3">指金属材料在外力作用下产生塑性变形的能力，表示金属材料塑性性能的指标有伸长率、断面收缩率及冷弯角等</td></tr>
<tr><td>冲击韧性</td><td colspan="3">它是衡量金属材料抵抗动载荷或冲击力的能力，用冲击实验可以测定材料在突加载荷时对缺口的敏感性。冲击值是冲击韧性的一个指标，以 α_k 表示，α_k 大，材料的韧性大</td></tr>
<tr><td>硬度</td><td colspan="3">它是金属材料抵抗表面变形的能力。常用的硬度有布氏硬度 HB、洛氏硬度 HR、维氏硬度 HV 三种</td></tr>
<tr><td rowspan="3">工艺性能</td><td rowspan="3">指承受各种冷、热加工的能力</td><td>切削性能</td><td colspan="3">指金属材料是否易于切削的性能。切削时，切削刀具不易磨损，切削力较小且被切削后工件表面质量好，则此材料的切削性能好，灰口铸铁具有较好的切削性能</td></tr>
<tr><td>铸造性能</td><td colspan="3">主要是指金属在液态时的流动性以及液态金属在凝固过程中的收缩和偏析程度。金属的铸造性能指保证铸件质量的重要性能之一</td></tr>
<tr><td>焊接性能</td><td colspan="3">指材料在限定的施工条件下，焊接成符合规定设计要求的构件，能满足预定使用要求的能力。焊接性能受材料、焊接方法、构件类型及使用要求等因素的影响。焊接性能有多种评定方法，其中广泛使用的方法是碳当量法。这种方法是基于合金元素对钢的焊接性能有不同程度的影响，将钢中合金元素（包括碳）的含量按其作用换算成碳的相当含量，可作为评定钢材焊接性能的一种参考指标</td></tr>
</table>

1. 常用金属材料的弹性模量

材料在弹性范围内，应力与应变的比值称为材料的弹性模量。

根据材料受力状况的不同，弹性模量可分为：

(1) 材料拉伸（压缩）的弹性模量，其计算公式如下

$$E = \frac{\sigma}{\varepsilon}$$

式中 E——拉伸（压缩）弹性模量，Pa；

σ——拉伸（压缩）的应力，Pa；

ε——材料轴向线应变。

(2) 材料剪切的切变模量，其计算公式如下

$$G = \frac{\tau}{\nu}$$

式中 G——切变模量，Pa；

τ——材料的剪切应力，Pa；

ν——材料轴向剪切应变。

常用材料的弹性模量和切变模量见表 4-2。

表 4-2　　常用材料的弹性模量和切变模量

名　称	弹性模量 E (GPa)	切变模量 G (GPa)	名　称	弹性模量 E (GPa)	切变模量 G (GPa)
灰口、白口铸铁	115～160	45	轧制锰青铜	108	39.2
可锻铸铁	155	—	轧制铝	68	25.5～26.5
碳钢	200～220	81	拔制铝线	70	—
镍铬钢、合金结构钢	210	81	铸铝青铜	105	42
铸钢	202	—	硬铝合金	70	26.5
轧制纯铜	108	39.2	轧制锌	84	32
冷拔纯铜	127	48	铅	17	2
轧制磷青铜	113	41.2	玻璃	55	1.92
冷拔黄铜	89～97	35～37	混凝土	13.7～39.2	4.9～15.7

2. 常用金属材料的熔点

金属或合金从固态向液态转变时的温度称为熔点。单质金属都有固定的熔点，常用金属的熔点见表 4-3。

表 4-3　　常用金属的物理性能

金属名称	符号	密度 ρ（20℃，kg/m^3）	熔点（℃）	热导率 λ [W/(m · K)]	线膨胀系数 α_l（0～100℃，$\times10^{-6}$/℃）	电阻率 ρ（0℃，$\times10^{-6}$ Ω · cm）
银	Ag	10.49×10^3	960.8	418.6	19.7	1.5
铜	Cu	8.96×10^3	1083	393.5	17	1.67～1.68(20℃)
铝	Al	2.7×10^3	660	221.9	23.6	2.655
镁	Mg	1.74×10^3	650	153.7	24.3	4.47
钨	W	19.3×10^3	3380	166.2	4.6(20℃)	5.1
镍	Ni	4.5×10^3	1453	92.1	13.4	6.84
铁	Fe	7.87×10^3	1538	75.4	11.76	9.7
锡	Sn	7.3×10^3	231.9	62.8	2.3	11.5
铬	Cr	7.19×10^3	1903	67	6.2	12.9
钛	Ti	4.508×10^3	1677	15.1	8.2	42.1～47. 8
锰	Mn	7.45×10^3	1244	4.98(−192 ℃)	37	185(20℃)

合金的熔点取决于它们的成分，如钢和生铁都是铁、碳为主的合金，但由于含碳量不同，熔点也不相同。熔点是金属或合金冶炼、铸造、焊接等工艺的重要参数。

3. 常用金属材料的线膨胀系数

金属材料随温度变化而膨胀、收缩的特性称为热膨胀性。一般来说，金属受热时膨胀而体积增大，冷却时收缩而体积减小。

热膨胀性的大小用线膨胀系数和体膨胀系数来表示。线膨胀系数计算公式如下

$$\alpha_l = \frac{l_2 - l_1}{l_1 \Delta t}$$

式中　α_l——线膨胀系数，K^{-1}或$℃^{-1}$；

l_1——膨胀前的长度，m；

l_2——膨胀后的长度，m；

Δt——温度变化量，K 或℃ 。

体膨胀系数近似为线膨胀系数的 3 倍。常用金属材料的线膨胀系数见表 4-3。

二、钢的分类及其焊接性能

钢和铁都是以铁和碳为主要元素的合金。以铁为基础和碳及其他元素组成的合金通常称为黑色金属。黑色金属按铁中含碳量的多

少，又可分为生铁和钢两大类。含碳量在 2.11% 以下的铁碳合金称为钢，含碳量为 2.11 %~6.67% 的铁碳合金称为铸铁。

（一）常用钢的分类、力学性能和用途

1. 按化学成分分类

（1）碳素结构钢。碳素结构钢中除铁以外，主要还含有碳、硅、锰、硫、磷等几种元素，这些元素的总量一般不超过 2% 。

碳素结构钢的牌号由代表屈服点的拼音字母“Q”、屈服点数值、质量等级符号和脱氧方法符号四部分按顺序组成，如：

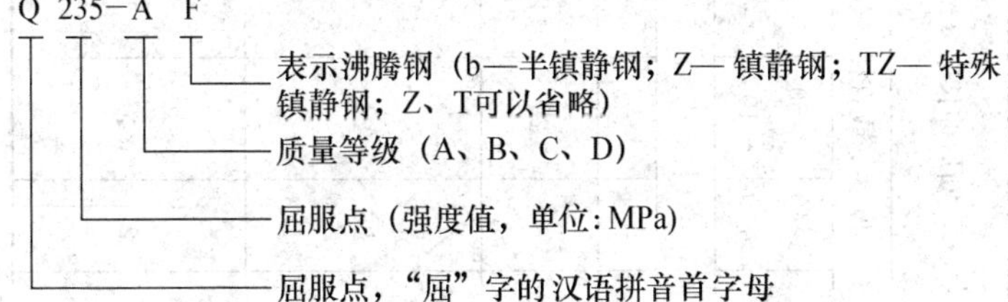

碳素结构钢的化学成分、力学性能、主要特性和用途分别见表 4-4、表 4-5 和表 4-6。

表 4-4　　碳素结构钢的牌号及化学成分

牌号	统一数字代号	等级	厚度（或直径）(mm)	脱氧方法	化学成分(质量分数,%)				
					C	Si	Mn	P	S
					≤				
Q195	U11952	—	—	F、Z	0.12	0.30	0.50	0.035	0.040
Q215	U12152	A	—	F、Z	0.15	0.35	1.20	0.045	0.050
	U12155	B							0.045
Q235	U12352	A	—	F、Z	0.22	0.35	1.40	0.045	0.050
	U12355	B			0.20				0.045
	U12358	C		Z	0.17			0.040	0.040
	U12359	D		TZ				0.035	0.935
Q275	U12752	A	—	F、Z	0.24	0.35	1.50	0.045	0.050
	U12755	B	≤40	Z	0.21			0.045	0.045
			>40		0.22				
	U12758	C	—	Z	0.20			0.040	0.040
	U12759	D		TZ				0.035	0.035

注　参见 GB/T 700—2006《碳素结构钢》。

表 4-5　碳素结构钢的力学性能

牌号	等级	上屈服强度（MPa）厚度（或直径）（mm）						抗拉强度（MPa）	断后伸长率（%）厚度（或直径）（mm）					冲击试验（V形缺口）	
		≤16	>16～40	>40～60	>60～100	>100～150	>150～200		≤40	>40～60	>60～100	>100～150	>150～200	温度（℃）	冲击吸收能量（纵向，J）
		≥						≥	≥						≥
Q195	—	195	185	—	—	—	—	315～430	33	—	—	—	—	—	—
Q215	A	215	205	195	185	175	165	335～450	31	30	29	27	26	—	—
	B													+20	27
Q235	A	235	225	215	215	195	185	370～500	26	25	24	22	31	—	—
	B													+20	27
	C													0	
	D													−20	
Q275	A	275	265	255	245	225	215	410～540	22	21	20	18	17	—	—
	B													+20	27
	C													0	
	D													−20	

注　参见 GB/T 700—2006《碳素结构钢》。

表 4-6 碳素结构钢的特性和用途

牌号	主要特性	用途举例
Q195	含碳、锰量低，强度不高，塑性好，韧性高，具有良好的工艺性能和焊接性能	广泛用于轻工、机械、运输车辆、建筑等一般结构件，自行车、农机配件、五金制品、焊管坯，输送水、煤气等用管，烟筒、屋面板、拉杆、支架及机械用一般结构零件
Q215	含碳、锰量较低，强度化Q195稍高，塑性好，具有良好的韧性、焊接性能和工艺性能	用于厂房、桥梁等大型结构件，建筑桁架、铁塔、井架及车船制造结构件，轻工、农业等机械零件，王金工具、金属制品等
Q235	含碳量适中，具有良好的塑性、韧性、焊接性能、冷加工性能以及一定的强度	大量生产钢板、型钢、钢筋，用以建造厂房房架、高压输电铁塔、桥梁、车辆等。其C、D级钢含硫、磷量低，相当于优质碳素结构钢，质量好，适于制造对焊接性及韧性要求较高的工程结构机械零部件、如机座、支架，受力不大的拉杆、连杆、销、轴、螺钉（母）、轴、套圈等
Q275	碳及硅、锰含量高一些、具有较高的强度、较好的塑性、较高的硬度和耐磨性，以及一定的焊接性能和较好的切削加工性能。完全淬火后，其硬度可达270～400HBW	用于制造心轴、齿轮、销轴、链轮、螺栓（母）、垫圈、制动杆、鱼尾板、垫板，农机用型材、机架、耙齿、播种机开沟器架、输送链条等

（2）优质碳素结构钢。优质碳素结构钢的牌号用两位数字加上元素符号（或汉字）表示，这两位数字表示该钢平均含碳量的万分数。优质碳素结构钢根据钢中的含锰量不同，分为普通含锰量钢（Mn的质量分数小于0.80%）和较高含锰量钢（Mn的质量分数为0.70%～1.2%）两组。较高含锰量钢在牌号后面标出元素符号“Mn”或汉字“锰”，如：

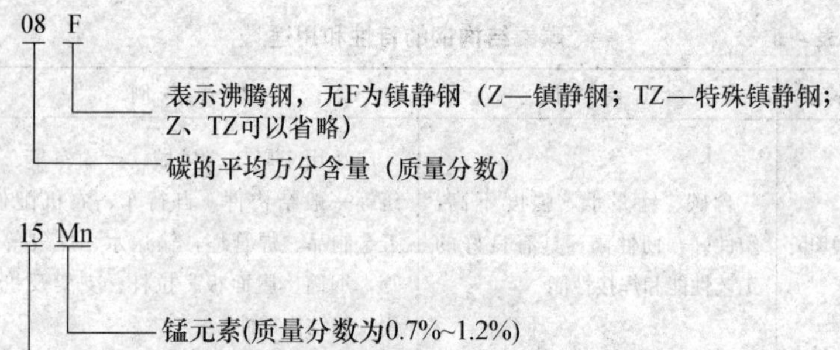

优质碳素结构钢的力学性能及用途见表 4-7。

表 4-7　优质碳素结构钢的力学性能及用途

牌号	力学性能							用途
	σ_s (MPa)	σ_b (MPa)	δ (%)	ψ (%)	σ_k (J/cm²)	HBW10/1000 热轧钢	HBW10/1000 退火钢	
	≥	≥	≥	≥	≥	≤	≤	
08F	175	295	35	60	—	131	—	用于制作冲压件、焊结构件及强度要求不高的机械零件和渗碳件。如深冲器件、压力容器、小轴、销子、法兰盘、螺钉和垫圈等
08	195	325	33	60	—	131	—	
10F	185	315	33	55	—	137	—	
10	205	335	31	55	—	137	—	
15F	205	355	29	55	—	143	—	
15	225	375	27	55	—	143	—	
20	245	410	25	55	—	156	—	
25	275	450	23	50	88.3	170	—	
30	295	490	21	50	78.5	179	—	
35	315	530	20	45	68.7	197	—	用于制造受力较大的机械零件，如连杆、曲轴、齿轮和联轴器等
40	335	570	19	45	58.8	217	187	
45	355	600	16	40	49	229	197	
50	375	630	14	40	39.2	241	207	
55	380	645	13	35	—	255	217	

续表

牌号	力学性能							用途
	σ_s (MPa)	σ_b (MPa)	δ (%)	ψ (%)	σ_k (J/cm^2)	HBW10/1000 热轧钢	HBW10/1000 退火钢	
	≥					≤		
60	400	675	12	35	—	255	229	用于制造要求有较高硬度、耐磨性和弹性的零件，如气门弹簧、弹簧垫圈、板簧和螺旋弹簧等弹性元件及耐磨件
65	410	695	10	30	—	255	229	
70	420	715	9	30	—	269	229	
75	880	1080	7	30	—	285	241	
80	930	1080	6	30	—	285	241	
85	980	1130	6	30	—	302	255	
15Mn	245	410	25	55	—	163	—	锰钢用于制造较相同含碳量结构钢截面更大、力学性能稍高的机械零件
20Mn	275	450	24	50	—	197	—	
25Mn	295	490	22	50	88.3	207	—	
30Mn	315	540	20	45	78.5	217	187	
35Mn	335	560	18	45	68.7	229	197	
40Mn	355	590	17	45	58.8	229	207	
45Mn	375	620	15	40	49	241	217	
50Mn	390	645	13	40	39.2	255	217	
60Mn	410	695	11	35	—	269	229	
65Mn	430	735	9	30	—	285	229	
70Mn	450	785	8	30	—	285	229	

注 参见 GB/T 699—2015《优质碳素结构钢》。

（3）合金结构钢。如果碳素钢中锰的含量超过 0.8%，或硅的含量超过 0.5%，则这种钢也称合金结构钢。合金结构钢中除碳素钢所含有的各元素外，尚有其他一些元素，如铬、镍、钛、钼、钨、钒、硼等。

根据合金元素的含量多少，合金结构钢又可分为：普通低合金结构钢（普低钢），合金元素总含量小于 5%；中合金结构钢，合金元素总含量为5%～10%；高合金结构钢，合金元素总含量大于10%。

低合金结构钢是一种低碳（碳的质量分数小于0.20%）、低合金的钢，由于合金元素的强化作用，这类钢的力学性能较相同含碳量的碳素结构钢好，一般焊成构件后不再进行热处理。低合金结构钢牌号含义如下：

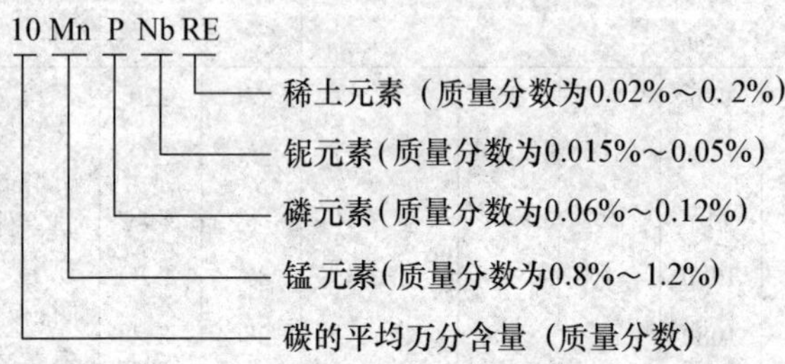

常用低合金结构钢的牌号、性能和用途见表4-8。

表4-8　常用低合金结构钢的牌号、性能和用途

序号	牌号	强度级别（MPa）	使用状态	主要特性	用途举例
1	09MnV	≥294	热轧或正火	塑性良好、韧性、冷弯性及焊接性也较好，但耐蚀性一般，09MnNb钢可用于−50℃低温	车辆部门的冲压件、建筑金属构件、容器、拖拉机轮圈
2	09MnNb				
3	09Mn2	≥294	热轧或正火	焊接性优良，塑性、韧性极高、薄板冲压性能好，低温性能亦可	低压锅炉汽包、中低压化工容器、薄板冲压件、输油管道、储油罐等
4	12Mn	≥294	热轧	综合性能良好（塑性、焊接性、冷热加工性、低中温性能都较好）、成本较低	低压锅炉板以及用于金属结构、造船、容器、车辆和有低温要求的工程

续表

序号	牌号	强度级别（MPa）	使用状态	主要特性	用途举例
5	18Nb	≥294	热轧	为含铌半镇静钢，钢材性能接近镇静钢，成本低于镇静钢，综合力学性能良好，低温性能亦可	用在起重机、鼓风机、原油油罐、化工容器、管道等方面，也可用于工业厂房的承重结构
6	09MnCuPTi	≥343	热轧	耐大气腐蚀用钢，与Q235钢相比，耐大气腐蚀性能高1～1.5倍，强度高50%左右。此钢的塑性、韧性、冷变形性、焊接性均良好，在－50℃时仍具有一定的低温冲击韧度	用于潮湿多雨的地区和腐蚀气氛工业区制造厂房、工程、桥梁构件和焊接件，车辆电站、矿井机械构件
7	10MnSiCu	≥343	热轧	塑性、韧性、冷变形性、焊接性均良好，有一定的耐大气腐蚀性	用于潮湿多雨的地区和腐蚀气氛工业区制造桥梁、工程构件和焊接件
8	12MnV	≥343	热轧或正火	强度、韧性高于12Mn钢，其他性能都与12Mn钢接近	车辆及一般金属结构件、机械零件（此钢为一般结构用钢）
9	14MnNb	≥343	热轧或正火	综合力学性能良好、特别是塑性、焊接性能良好，低温韧性相当于16Mn钢	工作温度为－20～450℃的容器及其他焊接件

续表

序号	牌号	强度级别（MPa）	使用状态	主要特性	用途举例
10	16Mn	≥343	热轧或正火	综合力学性能、焊接性及低温韧性、冷冲压及切削性均好，与Q235A钢相比，强度提高50%，耐大气腐蚀能力提高20%～38%，低温冲击韧度也比Q235A钢优越，但缺口敏感性较碳素钢大，价廉，应用广泛	各种大型船舶、铁路车辆、桥梁、管道、锅炉、压力容器、石油储罐、起重及矿山机械、电站设备、厂房钢架等承受动负荷的各种焊接结构上，-40℃以下寒冷地区的各种金属构件，也可代15Mn钢作渗碳零件
11	16MnRE	≥343	热轧或正火	性能同16Mn钢，但冲击韧度和冷变形性能较高	和16Mn钢相同（汽车大梁用钢）
12	10MnPNbRE	≥392	热轧	综合力学性能、焊接性及耐蚀性良好，其耐海水腐蚀能力比16Mn钢高60%，低温韧性也优于16Mn钢，冷弯性能特别好，强度高	为耐海水及大气腐蚀用钢，用作耐大气及海水腐蚀的港口码头设施、石油井架、车辆、船舶、桥梁等方面的金属结构件

合金结构钢的牌号采用两位数字（碳的平均万分含量）加上元素符号（或汉字）来表示。合金结构钢牌号含义如下：

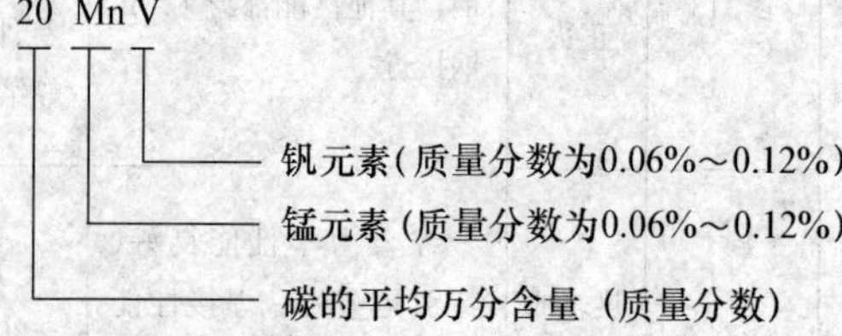

合金结构钢根据含碳量的不同，又可分为合金渗碳钢和合金调质钢。常用合金渗碳钢的牌号、性能和用途见表4-9，常用合金调

质钢的牌号、热处理及力学性能见表4-10。

表4-9 常用合金渗碳钢的牌号、性能和用途

牌号	试样毛坯尺寸(mm)	力学性能					用途
		σ_b(MPa)	σ_s(MPa)	σ_5(%)	ψ(%)	α_k(J/cm^2)	
		≥					
20Cr	15	835	540	10	40	60	齿轮、齿轮轴、凸轮、活塞销
20Mn2B	15	980	785	10	45	70	齿轮、轴套、气阀挺杆、离合器
20MnVB	15	1080	885	10	45	70	重型机床的齿轮和轴、汽车后桥齿轮
20CrMnTi	15	1080	835	10	45	70	汽车、拖拉机上的变速齿轮，传动轴
12CrNi3	15	930	685	11	50	90	重负荷下工作的齿轮、轴、凸轮轴
20Cr2Ni4	15	1175	1080	10	45	80	大型齿轮和轴，也可用作调质件

表4-10 常用调质钢的牌号、热处理及力学性能

牌号	热处理				力学性能					用途
	淬火		回火		σ_b(MPa)	σ_s(MPa)	δ(%)	ψ(%)	a_k(J/cm^2)	
	温度(℃)	介质	温度(℃)	介质	≥					
40Cr	850	油	520	水、油	980	785	9	45	60	齿轮、花键轴、后半轴、连杆、主轴
45Mn2	840	油	550	水、油	885	735	10	45	60	齿轮、齿轮轴、连杆盖、螺栓
35CrMo	850	油	550	水、油	980	835	12	45	80	大电动机轴、锤杆、连杆、轧钢机曲轴

续表

牌号	热处理				力学性能					用途
	淬火		回火		σ_b (MPa)	σ_s (MPa)	δ (%)	ψ (%)	a_k (J/cm^2)	
	温度(℃)	介质	温度(℃)	介质	≥					
30CrMnSi	880	油	520	水、油	1080	835	10	45	50	飞机起落架、螺栓
40MnVB	850	油	520	水、油	980	785	10	45	60	代替40Cr制作汽车和机床上的轴、齿轮
30CrMnTi	850	油	220	水、空气	1470	—	9	40	60	汽车主动锥齿轮、后主齿轮、齿轮轴
38CrMoAlA	940	水、油	640	水、油	980	835	14	50	90	磨床主轴、精密丝杠、量规、样板

注 30CrMnTi钢淬火前需加热到880℃，进行第一次淬火或正火。

2. 按用途分类

常用钢按用途不同，可分为结构钢（按用途分又可分为建造用钢、机械制造用钢、弹簧钢和轴承钢）、工具钢、特殊用途钢（如不锈钢、耐酸钢、耐热钢、低温钢等）。

（1）弹簧钢。弹簧钢中碳的质量分数一般为0.45%～0.70%，具有高的弹性极限（即有高的屈服点或屈强比），高的疲劳极限与足够的塑性和韧性。

弹簧钢的牌号与结构钢牌号相似，含义如下：

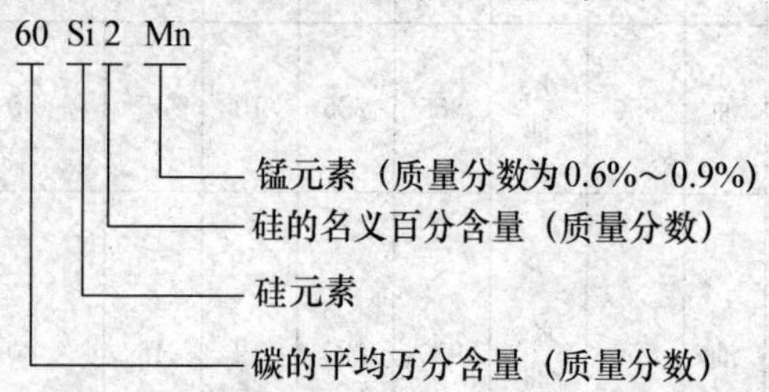

常用弹簧钢的牌号及化学成分、力学性能、交货硬度、特性和用途见表4-11～表4-14。常用弹簧材料的特性和用途见表4-15。

表 4-11　　常用弹簧钢的牌号及化学成分（GB/T 1222 — 2007）

序号	统一数字代号	牌号	化学成分（质量分数,%）										
			C	Si	Mn	Cr	V	W	B	Ni	Cu	P	S
										≤			
1	U20652	65	0.62～0.70	0.17～0.37	0.50～0.80	≤0.25	—	—	—	0.25	0.25	0.035	0.035
2	U20702	70	0.62～0.75	0.17～0.37	0.50～0.80	≤0.25	—	—	—	0.25	0.25	0.035	0.035
3	U20852	85	0.82～0.90	0.17～0.37	0.50～0.80	≤0.25	—	—	—	0.25	0.25	0.035	0.035
4	U21653	65Mn	0.62～0.70	0.17～0.37	0.90～1.20	≤0.25	—	—	—	0.25	0.25	0.035	0.035
5	A77552	55SiMnVB	0.52～0.60	0.70～1.00	1.00～1.30	≤0.35	0.08～0.16	—	0.0005～0.0035	0.35	0.25	0.35	0.035
6	A11602	60Si2Mn	0.54～0.64	1.50～2.00	0.70～1.00	≤0.35	—	—	—	0.35	0.25	0.035	0.035
7	A11603	60Si2MnA	0.56～0.64	1.60～2.00	0.70～1.00	≤0.35	—	—	—	0.35	0.25	0.025	0.025
8	A21603	60Si2CrA	0.56～0.64	1.40～1.80	0.40～0.70	0.70～1.00	—	—	—	0.35	0.25	0.025	0.025

续表

序号	统一数字代号	牌号	化学成分(质量分数,%)										
			C	Si	Mn	Cr	V	W	B	Ni	Cu	P	S
										≤			
9	A28603	60Si2CrVA	0.56～0.64	1.40～1.80	0.40～0.70	0.90～1.20	0.10～0.20	—	—	0.35	0.25	0.025	0.025
10	A21553	55SiCrA	0.51～0.59	0.20～1.60	0.50～0.80	0.50～0.80	—	—	—	0.35	0.25	0.025	0.025
11	A22553	55CrMnA	0.52～0.60	0.17～0.37	0.65～0.95	0.65～0.95	—	—	—	0.35	0.25	0.025	0.025
12	A22603	60CrMnA	0.56～0.64	0.17～0.37	0.70～1.00	0.70～1.00	—	—	—	0.35	0.25	0.025	0.025
13	A23503	50CrVA	0.46～0.54	0.17～0.37	0.50～0.80	0.80～1.10	0.10～0.20	—	—	0.35	0.25	0.025	0.025
14	A22613	60CrMnBA	0.56～0.64	0.17～0.37	0.70～1.00	0.70～1.00	—	—	0.0005～0.0040	0.35	0.25	0.025	0.025
15	A27303	30W4Cr2VA	0.26～0.34	0.17～0.37	≤0.40	2.00～2.50	0.50～0.80	4.00～4.50	—	0.35	0.25	0.025	0.025

注 1. 用平炉或转炉冶炼时，不带“A”的钢硫、磷的质量分数均不大于0.04%，带“A”的钢硫、磷的质量分数均不大于0.03%。

2. 当钢材不按淬透性交货时，在牌号上加“Z”。

表 4-12　常用弹簧钢的力学性能（GB/T 1222 — 2007）

序号	牌号	热处理制度			力学性能				
		淬火温度（℃）	淬火冷却介质	回火温度（℃）	抗拉强度（MPa）	下屈服强度（MPa）	断后伸长率		断面收缩率（%）
							δ（%）	$\delta_{11.3}$（%）	
					⩾				
1	65	840	油	500	980	785	—	9	35
2	70	830	油	480	1030	835	—	8	30
3	85	820	油	480	1130	980	—	6	30
4	65Mn	830	油	540	980	785	—	8	30
5	55SiMnVB	860	油	460	1375	1225	—	5	30
6	60Si2Mn	870	油	480	1275	1180	—	5	25
7	60Si2MnA	870	油	440	1570	1375	—	5	20
8	60Si2CrA	870	油	420	1765	1570	6	—	20
9	60Si2CrVA	850	油	410	1860	1665	6	—	20
10	55SiCrA	860	油	450	1450～1750	1300（$\sigma_{p0.2}$）	6	—	25
11	55CrMnA	830～860	油	460～510	1225	1080（$\sigma_{p0.2}$）	9	—	20
12	60CrMnA	830～860	油	460～520	1225	1080（$\sigma_{p0.2}$）	9	—	20
13	50CrVA	850	油	500	1275	1130	10	—	40
14	60CrMnBA	830～860	油	460～520	1225	1080（$\sigma_{p0.2}$）	9	—	20
15	30W4Cr2VA	1050～1100	油	600	1470	1325	7	—	40

表 4-13　　常用合金弹簧钢的交货硬度（GB/T 1222—2007）

<table>
<tr><th>组合</th><th>牌　号</th><th>交货状态</th><th>布氏硬度 HBW</th></tr>
<tr><td>1</td><td>65 70</td><td rowspan="3">热轧</td><td>≤285</td></tr>
<tr><td>2</td><td>85 65Mn</td><td>≤302</td></tr>
<tr><td>3</td><td>60Si2Mn 60Si2MnA 50CrVA
55SiMnVB 55CrMnA 60CrMnA</td><td>≤321</td></tr>
<tr><td rowspan="2">4</td><td rowspan="2">60Si2CrA 60Si2CrVA 60CrMnBA
55SiCrA 30W4Cr2VA</td><td>热轧</td><td>供需双方协商</td></tr>
<tr><td>热轧＋热处理</td><td>≤321</td></tr>
<tr><td>5</td><td rowspan="2">所有牌号</td><td>冷拉＋热处理</td><td>≤321</td></tr>
<tr><td>6</td><td>冷拉</td><td>供需双方协商</td></tr>
</table>

表 4-14　　常用弹簧钢的特性和用途

序号	系列	牌号	主要特性	用途举例
1	碳素钢	65	经适当热处理后强度与弹性相当高，回火脆性不敏感，切削加工性差，大尺寸工件淬火时易裂，宜采用正火，小尺寸工件可淬火	主要用于制造气门弹簧、弹簧圈、弹簧垫片、琴钢丝等
2	碳素钢	70	强度和弹性均较 65 钢稍高，其他性能相近，淬透性较低，弹簧线径超过 15mm 不能淬透	用于制造截面不大的弹簧以及扁弹簧、圆弹簧、阀门弹簧、琴钢丝等
3	碳素钢	85	强度较 70 钢稍高，弹性略低，淬透性较差	制造截面不大和承受强度不太高的振动弹簧，如铁道车辆、汽车、拖拉机及一般机械上的扁形板簧、圆形螺旋弹簧等

续表

序号	系列	牌号	主要特性	用途举例
4	碳素钢	65Mn	强度高，淬透性较大，脱碳倾向小，有过热敏感性，易生淬火裂纹，有回火脆性	适宜制作较大尺寸的各种扁、圆弹簧，如座垫板簧、弹簧发条、弹簧环、气门弹簧、钢丝冷卷形弹簧、轻型载货汽车及小汽车的离合器弹簧与制动弹簧，热处理后可制作板簧片及螺旋弹簧与变截面弹簧等
5	硅锰钒硼钢	55SiMnVB	有较好的淬透性，较好的综合力学性能和较长的疲劳寿命，过热敏感性小，耐回火性高	适用于制造中小型汽车及其他中等截面尺寸的板簧和螺旋弹簧
6	硅锰钢	60Si2Mn	强度和弹性极限比55Si2Mn钢稍高，其他性能相近，工艺性能稳定	用于制造铁道车辆、汽车和拖拉机上的板簧和螺旋弹簧、安全阀簧，各种重型机械上的减振器，仪表中的弹簧、摩擦片等
7	硅锰钢	60Si2MnA	钢质较60Si2Mn钢更纯净	均与60Si2Mn钢同，但用途更广泛
8	硅铬钢	60Si2CrA	淬透性和耐回火性高，过热敏感性较硅锰钢低，热处理工艺性和强度、屈强比均优于硅锰钢	可用作承受负载大、冲击振动负载较大、截面尺寸大的重要弹簧，如工作温度为200～300℃的汽轮机汽封阀簧、冷凝器支撑弹簧、高压水泵碟形弹簧等
9	硅铬钒钢	60Si2CrVA	铬、钒提高钢的淬透性和耐回火性，降低钢的过热敏感性和脱碳倾向，细化晶粒。因此该钢的热处理工艺性、强度、屈服比均优于硅锰钢	可用作承受负载大、冲击振动负载较大、截面尺寸大的重要弹簧，如工作温度不高于450℃的重要弹簧

续表

序号	系列	牌号	主要特性	用途举例
10	硅铬钢	55SiCrA	抗弹性减退性能优良，强度高，耐回火性好	主要用于制造在较高工作温度下耐高应力的内燃机阀门及其他重要螺旋弹簧
11	铬锰钢	55CrMnA	具有较高的强度、塑性和韧性，淬透性优于硅锰钢，过热敏感性比硅锰钢高，比锰钢低，对回火脆性敏感，焊接性能低	制造负载较重，应力较大的板簧和直径较大的螺旋弹簧
12	铬锰钢	60CrMnA	与55CrMnA钢基本相同	用于制造叠板弹簧、螺旋弹簧、扭转弹簧等
13	铬钒钢	50CrVA	经适当热处理后具有较好的韧性、高的比例极限、高的疲劳强度及较低的弹性模数，屈强比高，并有高的淬透性和较低的过热敏感性，冷变形塑性低，焊接性低	用于制造特别重要的、承受大应力的各种尺寸的螺旋弹簧，发动机气门弹簧，大截面以及在400℃以下工作的重要弹性零件
14	铬锰硼钢	60CrMnBA	与55CrMnA钢基本相同，但淬透性更好	用于制作大型叠板弹簧、扭转弹簧、螺旋弹簧等
15	钨铬钒钢	30W4Cr2VA	具有良好的室温及高温性能，强度高，淬透性好，高温抗松弛性能及热加工性能均良好	用于制造在500℃以下工作的耐热弹簧，如汽轮机的主蒸汽阀弹簧、汽封弹簧片、锅炉的安全阀弹簧等

（2）工具钢：

1）碳素工具钢。碳素工具钢的牌号以汉字“碳”或汉语拼音字母字头“T”后面标以阿拉伯数字表示，其牌号含义如下

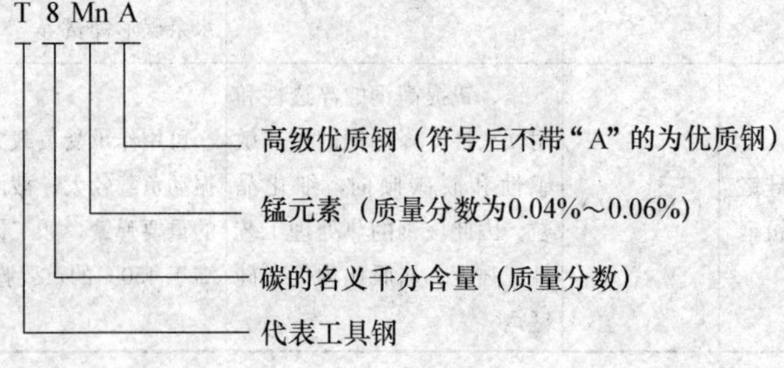

表 4-15 常用弹簧材料的特性和用途

材料名称	标准号	材料牌号	规格（mm）	主要特性	用途举例
碳素弹簧钢丝	GB/T 4357—2009	25、30、35、40、45、50、55、60、65、70、75、80、40Mn、45Mn、50Mn、60Mn、65Mn、70Mn	A组：ϕ0.08～ϕ10 B、C组：ϕ0.08～ϕ13	强度高，性能好，适用温度为－40～130℃，价格低	A组用于一般用途弹簧，B组用于较低应力弹簧，C组用于较高应力
重要用途碳素弹簧钢丝	YB/T 5311—2010	60、65、70、75、80、T8Mn、T9、T9A、60Mn、65Mn、70Mn	G1，G2组：ϕ0.08～ϕ6 F组：ϕ2～ϕ6	强度高，韧性好，适用温度为－40～130℃	用于重要的小型弹簧，F组用于阀门弹簧
非机械弹簧用碳素弹簧钢丝	YB/T 5220—2014	优质碳素结构钢或碳素工具钢	ϕ0.2～ϕ7	较高的强度和耐疲劳性能，成形性好	用于家具、汽车座靠垫、室内装饰
合金弹簧钢丝	YB/T 5318—2010	50CrVA、55SiCrA、60Si2MnA	ϕ0.5～ϕ14	—	用于承受中、高应力的机械弹簧
油淬火＋回火弹簧钢丝	GB/T 18983—2003	65、70、65Mn、50CrVA、60Cr2MnA、55SiCrA	ϕ0.5～ϕ17	强度高、弹性好	静态钢丝适用于一般用途钢丝；中疲劳强度钢丝用于离合器弹簧、悬架弹簧；高疲劳钢丝用于剧烈运动场合，如阀门弹簧等
闸门用铬钒弹簧钢丝	YB/T 5136—1993	50CrVA	ϕ0.5～ϕ12	较高的综合力学性能	适于在中温、中应力条件下使用的弹簧

续表

材料名称	标准号	材料牌号	规格（mm）	主要特性	用途举例
弹簧用不锈钢丝	YB/T 11—1983①	A组 1Cr18Ni9 0Cr19Ni10 0Cr17Ni12Mo2	ϕ0.08～ϕ12	耐腐蚀，耐高温，耐低温，适用温度为－200～300℃	用于有腐蚀介质，高温或低温环境中的小型弹簧
		B组 1Cr18Ni9 0Cr19Ni10			
		C组 0Cr17Ni18Al			
热轧弹簧钢	GB/T 1222—2016	65Mn	圆钢：ϕ5～ϕ80 薄板：0.7～4 钢板厚度：4.5～60	弹性好，工艺性好，价格低，油淬时可淬透ϕ12mm	用于普通机械弹簧、座垫弹簧、发条弹簧
		60Si2Mn 60Si2MnA		强度高，弹性好，适用温度为－40～200℃	用于汽车、拖拉机、铁道车辆的板簧、螺旋弹簧、碟形弹簧等
		55CrMnA 60CrMnA		具有较高强度、塑性、韧性，油淬时可淬透ϕ30mm，适用温度为－40～250℃	用于较重负荷，应力较大的板簧和直径较大的螺旋弹簧
		50CrVA		有良好的综合力学性能，静强度，疲劳强度都高，淬透直径为45mm	用于较高温度下工作的较大弹簧

续表

材料名称	标准号	材料牌号	规格（mm）	主要特性	用途举例
弹簧钢、工具钢冷轧钢带	YB/T 5058—2005 等	70Si2CrA 60Si2Mn T7～T13A 50CrVA	厚度：0.1～3.0	硬度高，成形后不再进行热处理	用于制造片弹簧、平面蜗卷弹簧和小型碟形弹簧
热处理弹簧钢带	YB/T 5063—2007	60Mn T7A～T10A 60Si2MnA 70Si2CrA	厚度<1.5	分Ⅰ、Ⅱ、Ⅲ级，Ⅲ级强度最高	用于制造片弹簧、平面蜗卷弹簧和小型碟形弹簧
弹簧用不锈冷轧钢带	YB/T 5310—2010	12Cr17Ni7 06Cr19Ni10 3Cr13 07Cr17Ni7Al	厚度：0.1～1.6	耐腐蚀、耐高温和耐低温	用于在高温、低温或腐蚀介质中工作的片弹簧、平面蜗卷弹簧
硅青铜线	GB/T 21652—2017	QSi3-1	φ0.1～φ6.0 丝带板厚度 0.05～1.2 0.4～12	有较高的耐腐蚀和防磁性能，适用温度为－40～120℃	用于机械或仪表中的弹性元件
锡青铜线	GB/T 21652—2017	QSn4-3， QSn6.5-0.1， QSn6.5-0.4， QSn7-0.2	φ0.1～φ6.0 带板厚度 0.05～1.50 0.2～10	有较高的耐腐蚀、耐磨损和防磁性能，适用温度为－250～120℃	用于机械或仪表中的弹性元件
铍青铜线	YS/T 571—2009	QBe2	φ0.03～φ6.0	有较高的耐腐蚀、耐磨损、防磁和导电性能，适用温度为－200～120℃	用于电气或仪表的精密弹性元件

① 该标准中的材料牌号过旧，但仍在使用，在应用过程中注意与GB/T 20878—2007中的牌号对应。

常用碳素工具钢的牌号、化学成分、硬度值、物理性能、特性和用途见表 4-16～表 4-19。

表 4-16　碳素工具钢的牌号及化学成分（GB/T 1298—2008）

<table>
<tr><th rowspan="2">序号</th><th rowspan="2">牌号</th><th colspan="3">化学成分（质量分数,%）</th></tr>
<tr><th>C</th><th>Mn</th><th>Si</th></tr>
<tr><td>1</td><td>T7</td><td>0.65～0.74</td><td rowspan="2">≤0.40</td><td rowspan="8">≤0.35</td></tr>
<tr><td>2</td><td>T8</td><td>0.75～0.84</td></tr>
<tr><td>3</td><td>T8Mn</td><td>0.80～0.90</td><td>0.40～0.60</td></tr>
<tr><td>4</td><td>T9</td><td>0.85～0.94</td><td rowspan="5">≤0.40</td></tr>
<tr><td>5</td><td>T10</td><td>0.95～1.04</td></tr>
<tr><td>6</td><td>T11</td><td>1.05～1.14</td></tr>
<tr><td>7</td><td>T12</td><td>1.15～1.24</td></tr>
<tr><td>8</td><td>T13</td><td>1.25～1.35</td></tr>
</table>

注　高级优质钢在牌号后加“A”。

表 4-17　碳素工具钢的硬度值（GB/T 1298—2008）

<table>
<tr><th rowspan="3">序号</th><th rowspan="3">牌号</th><th colspan="2">交货状态</th><th colspan="2">试样淬火</th></tr>
<tr><th>退火</th><th>退火后冷拉</th><th rowspan="2">淬火温度和冷却介质</th><th rowspan="2">洛氏硬度 HRC</th></tr>
<tr><th colspan="2">布氏硬度 HBW</th></tr>
<tr><td>1</td><td>T7</td><td rowspan="3">≤187</td><td rowspan="8">≤241</td><td>800～820℃，水</td><td rowspan="8">≥62</td></tr>
<tr><td>2</td><td>T8</td><td rowspan="2">780～800℃，水</td></tr>
<tr><td>3</td><td>T8Mn</td></tr>
<tr><td>4</td><td>T9</td><td>≤192</td><td rowspan="5">760～780℃，水</td></tr>
<tr><td>5</td><td>T10</td><td>≤197</td></tr>
<tr><td>6</td><td>T11</td><td rowspan="2">≤207</td></tr>
<tr><td>7</td><td>T12</td></tr>
<tr><td>8</td><td>T13</td><td>≤217</td></tr>
</table>

表 4-18 碳素工具钢的物理性能（参考数据）

序号	牌号	物理性能											
1	T7	临界温度(℃)				热导率							
		临界点	Ac_1	Ac_3	Ar_1	温度(℃)	20	100	300				
		温度(近似值)	730	770	700	λ [W/(m·K)]	44.0	44.0	41.9				
		线胀系数					密度	比热容	弹性模量				
		温度(℃)	20～100	20～200	20～300	20～400	ρ(g/cm^3)	c [J/(kg·K)]	E(MPa)				
		α_1(×10^{-6}/K)	11.8	12.6	13.3	14.0	7.80	—	—				
2	T8	临界温度(℃)			线胀系数					密度			
		临界点	Ac_1	Ar_1	温度(℃)	20～100	20～200	20～300	20～400	ρ (g/cm^3)			
		温度(近似值)	730	700	α_1(×10^{-6}/K)	11.5	12.3	13.0	13.8	—			
		比热容											
		温度(℃)	50～100	150～200	200～250	250～300	300～350	350～400	450～500	550～600	650～700	700～750	750～800
		c[J/(kg·K)]	489.8	531.7	548.4	565.2	586.2	607.1	669.9	711.8	770.4	2080.9	615.5

续表

<table>
<tr><th>序号</th><th>牌号</th><th colspan="11">物 理 性 能</th></tr>
<tr><td rowspan="6">3</td><td rowspan="6">T10</td><td colspan="4">临界温度(℃)</td><td colspan="6">热导率</td><td>密度</td></tr>
<tr><td>临界点</td><td>Ac_1</td><td>Ac_{cm}</td><td>Ar_1</td><td>温度(℃)</td><td>20</td><td>100</td><td>300</td><td>600</td><td>900</td><td>ρ(g/cm³)</td></tr>
<tr><td>温度(近似值)</td><td>730</td><td>800</td><td>700</td><td>λ [W/(m·K)]</td><td>40.20</td><td>43.96</td><td>41.03</td><td>38.10</td><td>33.91</td><td>—</td></tr>
<tr><td colspan="11">线胀系数</td></tr>
<tr><td>温度(℃)</td><td>20～100</td><td>20～200</td><td>20～300</td><td>20～400</td><td>20～500</td><td>20～600</td><td>20～700</td><td>20～800</td><td colspan="2">20～900</td></tr>
<tr><td>α_1(×10⁻⁶/K)</td><td>11.5</td><td>13.0</td><td>14.3</td><td>14.8</td><td>15.1</td><td>16.0</td><td>15.8</td><td>32.1</td><td colspan="2">32.4</td></tr>
<tr><td rowspan="3">4</td><td rowspan="3">T11</td><td colspan="7">临界温度(℃)</td><td colspan="2">密度</td><td colspan="2">热导率</td></tr>
<tr><td>临界点</td><td colspan="2">Ac_1</td><td colspan="2">Ac_{cm}</td><td colspan="2">Ar_1</td><td colspan="2">ρ(g/cm³)</td><td colspan="2">λ[W/(m·K)]</td></tr>
<tr><td>温度(近似值)</td><td colspan="2">730</td><td colspan="2">810</td><td colspan="2">700</td><td colspan="2">7.80</td><td colspan="2">—</td></tr>
<tr><td rowspan="6">5</td><td rowspan="6">T12</td><td colspan="4">临界温度(℃)</td><td colspan="7">比热容</td></tr>
<tr><td>临界点</td><td>Ac_1</td><td>Ac_{cm}</td><td>Ar_1</td><td colspan="2">温度(℃)</td><td>300</td><td>500</td><td>700</td><td colspan="2">900</td></tr>
<tr><td>温度(近似值)</td><td>730</td><td>820</td><td>700</td><td colspan="2">c[J/(kg·K)]</td><td>548.4</td><td>728.5</td><td>649.0</td><td colspan="2">636.4</td></tr>
<tr><td colspan="7">线胀系数</td><td colspan="2">密度</td><td colspan="2">热导率</td></tr>
<tr><td>温度(℃)</td><td>20～100</td><td>20～200</td><td>20～300</td><td>20～500</td><td>20～700</td><td>20～900</td><td colspan="2">ρ (g/cm³)</td><td colspan="2">λ [W/(m·K)]</td></tr>
<tr><td>α_1(×10⁻⁶/K)</td><td>11.5</td><td>13.0</td><td>14.3</td><td>15.1</td><td>15.8</td><td>32.4</td><td colspan="2">7.80</td><td colspan="2">—</td></tr>
</table>

表 4-19　　碳素工具钢的特性和用途

序号	牌号	主要特性	用途举例
1	T7	亚共析钢，具有较好的韧性和硬度，用于制造刀具时切削能力稍差	用于制造能承受冲击负荷的工具（如錾子、冲头等）、木工用的锯和凿、锻模、压模、铆钉模、机床顶尖、钳工工具、锤子、冲模、手用大锤的锤头、钢印、外科医疗用具等
2	T8	共析钢，淬火加热时容易过热，变形量也大，塑性及强度比较低，因此，不宜制造承受较大冲击的工具，但热处理后具有较高的硬度及耐磨性	用于制造切削刃口在工作时不变热的工具，加木工用的铣刀、埋头钻、斧、凿、錾、纵向手用锯、圆锯片、滚子、铅锡合金压铸板和型芯以及钳工装配工具、铆钉冲模、中心孔冲和冲模、切削钢材用的工具、轴承、刀具、台虎钳牙、煤矿用凿等
3	T8Mn	共析钢，硬度高，塑性和强度都较差，但淬透性比 T8 钢稍好	用于制造断面较大的木工工具、手锯锯条、横纹锉刀、刻印工具、铆钉冲模、发条、带锯锯条、圆盘锯片、笔尖、复写钢板、石工和煤矿用凿
4	T9	过共析钢，具有高的硬度，但塑性和强度均比较差	用于制造具有一定韧性且要求有较高硬度的各种工具，如刻印工具、铆钉冲模、压床模、发条、带锯条、圆盘锯片、笔尖、复写钢板、锉和手锯，还可用于制作铸模的分流钉等
5	T10	过共析钢、晶粒细，在淬火加热时（温度达 800℃）不会过热，仍能保持细晶粒组织，淬火后钢中有末溶的过剩碳化物，所以比 T8 钢耐磨性高，但韧性差	可用于制造切削刃口在工作时不变热、不受冲击负荷且具有锋利刃口和有少许韧性的工具，如加工木材用的工具、手用横锯、手用细木工具、麻花钻、机用细木工具、拉丝模、冲模、冷镦模、扩孔刀具、刨刀、铣刀、货币用模、小尺寸断面均匀的冷切边模及冲孔模、低精度的形状简单的卡板、钳工刮刀、硬岩石用钻子制铆钉和钉子用的工具、螺钉旋具、锉刀、刻纹用的凿子等

续表

序号	牌号	主要特性	用途举例
6	T11	过共析钢，碳的质量分数在 T10 钢和 T12 钢之间，具有较好的综合力学性能，如硬度、耐磨性和韧性。该钢的晶粒更细，而且在加热时对晶粒长大和形成网状碳化物的敏感性较小	用于制造在工作时切削刃口不变热的工具，如锯、錾子、丝锥、锉刀、刮刀、发条、仪规、尺寸不大和截面无急剧变化的冷冲模以及木工用刀具
7	T12	过共析钢。由于含碳量高，淬火后仍有较多的过剩碳化物，因此，硬度和耐磨性均高，但韧性低，淬透性差，而且淬火变形量大，所以，不适于制造切削速度高和受冲击负荷的工具	用来制造不受冲击负荷、切削速度不高、切削刃口不受热的工具，如车刀、铣刀、钻头、铰刀、扩孔钻、丝锥、板牙、刮刀、量规、刀片、小形冲头、钢锉、锯、发条、切烟草刀片以及断面尺寸小的冷切边模和冲模

2）合金工具钢。合金工具钢包括量具、刀具用钢、耐冲击工具用钢、冷作模具用钢、热作模具用钢、无磁模具钢和塑料模具钢等，其代号的含义如下：

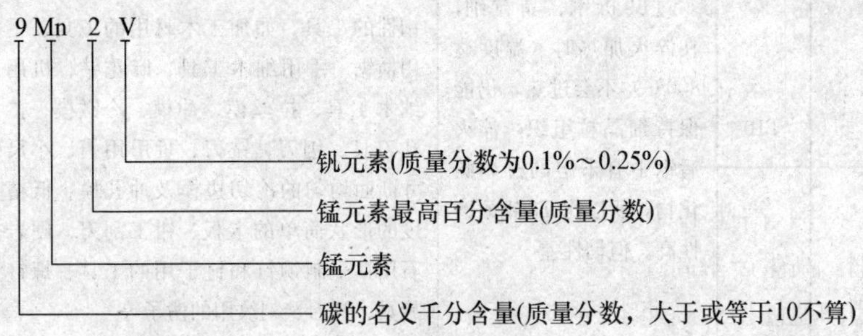

常用低合金刀具钢的牌号、化学成分、热处理及用途见表 4-20。

表 4-20　常用低合金刀具钢的牌号、化学成分、热处理及用途

牌号	质量分数（%）					热处理					用途
						淬火			回火		
	C	Cr	Si	Mn	其他	温度（℃）	介质	HRC	温度（℃）	HRC	
9CrSi	0.85～0.95	1.20～1.60	0.30～0.60	0.95～1.25		820～860	油	≥62	180～200	60～62	冷冲模、板牙、丝锥、钻头、铰刀、拉刀、齿轮铣刀
8MnSi	0.75～0.85	0.30～0.60	0.80～1.10			800～820	油	≥62	180～200	58～60	木工凿子、锯条或其他工具
9Mn2V	0.85～0.95	≤0.40	1.70～2.40		V 0.10～0.25	780～810	油	≥62	150～200	60～62	量规、量块、精密丝杠、丝锥、板牙
CrWMn	0.90～1.05	≤0.40	0.80～1.10	0.90～1.20	W 1.20～1.60	800～830	油	≥62	140～160	62～65	用作淬火后变形小的刀具，如拉刀、长丝杠及量规、形状复杂的冲模

3）高速工具钢。高速工具钢可分为通用高速钢和高生产率高速钢，高生产率高速钢又可分为高碳高钒型、一般含钴型、高碳钒钴型和超硬型。高速工具钢的牌号与合金工具钢相似，其含义如下：

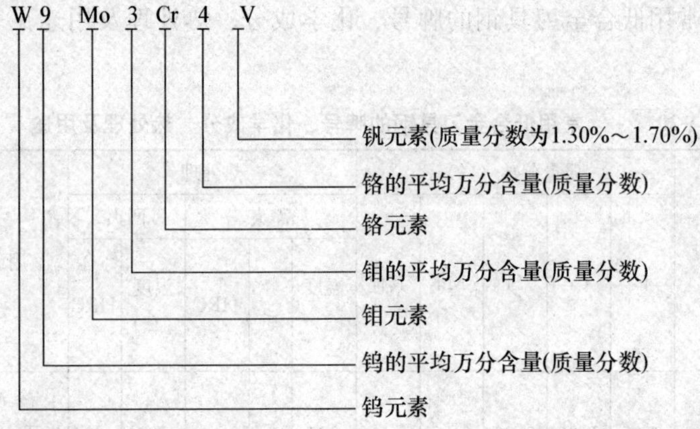

常用高速工具钢的分类、牌号、化学成分、特性和用途见表4-21～表4-23。

表 4-21　常用高速工具钢的分类（GB/T 9943—2008）

分类方法	分类名称	分类方法	分类名称
按化学成分分	钨系高速工具钢	按性能分	低合金高速工具钢（HSS-L）
			普通高速工具钢（HSS）
	钨钼系高速工具钢		高性能高速工具钢（HSS-E）

3. 按使用性能和用途分类

钢材按照使用性能和用途的综合分类如图 4-1 所示。

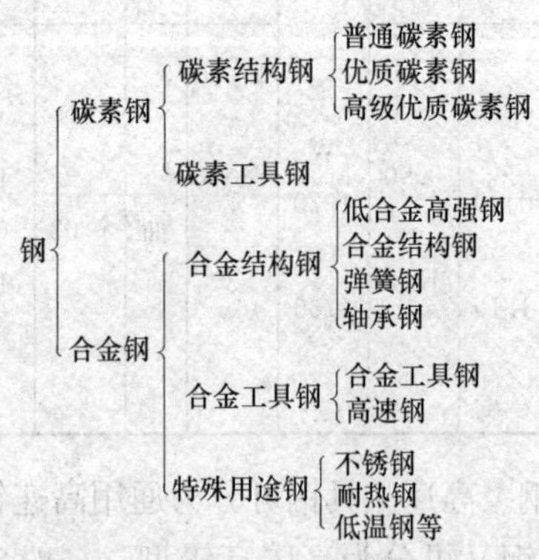

图 4-1　耐热钢、低温钢等钢材的分类

表 4-22 常用高速工具钢的化学成分(GB/T 9943—2008)

序号	统一数字代号	牌号	化学成分(质量分数,%)									
			C	Mn	Si	S	P	Cr	V	W	Mo	Co
1	T63342	W3Mo3Cr4V2	0.95～1.03	≤0.40	≤0.45	≤0.030	≤0.030	3.80～4.50	2.20～2.50	2.70～3.00	2.50～2.90	—
2	T64340	W4Mo3Cr4VSi	0.83～0.93	0.20～0.40	0.70～1.00	≤0.030	≤0.030	3.80～4.40	1.20～1.80	3.50～4.50	2.50～3.50	—
3	T51841	W18Cr4V	0.73～0.83	0.10～0.40	0.20～0.40	≤0.030	≤0.030	3.80～4.50	1.00～1.20	17.20～18.70	—	—
4	T62841	W2Mo8Cr4V	0.77～0.87	≤0.40	≤0.70	≤0.030	≤0.030	3.50～4.50	1.00～1.40	1.40～2.00	8.00～9.00	—
5	T62942	W2Mo9Cr4V2	0.95～1.05	0.15～0.40	≤0.70	≤0.030	≤0.030	3.50～4.50	1.75～2.20	1.50～2.10	8.20～9.20	—
6	T66541	W6Mo5Cr4V2	0.80～0.90	0.15～0.40	0.20～0.45	≤0.030	≤0.030	3.80～4.40	1.75～2.20	5.50～6.75	4.50～5.50	—
7	T66542	CW6Mo5Cr4V2	0.86～0.94	0.15～0.40	0.20～0.45	≤0.030	≤0.030	3.80～4.50	1.75～2.10	5.90～6.70	4.70～5.20	—

续表

序号	统一数字代号	牌号	化学成分(质量分数,%)									
			C	Mn	Si	S	P	Cr	V	W	Mo	Co
8	T66642	W6Mo6Cr4V2	1.00～1.10	≤0.40	≤0.45	≤0.030	≤0.030	3.80～4.50	2.30～2.60	5.90～6.70	5.50～6.50	—
9	T69341	W9Mo3Cr4V	0.77～0.87	0.20～0.40	0.20～0.40	≤0.030	≤0.030	3.80～4.40	1.30～1.70	8.50～9.50	2.70～3.30	—
10	T66543	W6Mo5Cr4V3	1.15～1.25	0.15～0.40	0.20～0.45	≤0.030	≤0.030	3.80～4.50	2.70～3.20	5.90～6.70	4.70～5.20	—
11	T66545	CW6Mo5Cr4V3	1.25～1.32	0.15～0.40	≤0.70	≤0.030	≤0.030	3.75～4.50	2.70～3.20	5.90～6.70	4.70～5.20	—
12	T66544	W6Mo5Cr4V4	1.25～1.40	≤0.40	≤0.45	≤0.030	≤0.030	3.80～4.50	3.70～4.20	5.20～6.00	4.20～5.00	—
13	T66546	W6Mo5Cr4V2Al	1.05～1.15	0.15～0.40	0.20～0.60	≤0.030	≤0.030	3.80～4.40	1.75～2.20	5.50～6.75	4.50～5.50	Al：0.80～1.20

续表

序号	统一数字代号	牌　号	化学成分(质量分数,%)									
			C	Mn	Si	S	P	Cr	V	W	Mo	Co
14	T71245	W12Cr4V5Co5	1.50～1.60	0.15～0.40	0.15～0.40	≤0.030	≤0.030	3.75～5.00	4.50～5.25	11.75～13.00	—	4.75～5.25
15	T76545	W6Mo5Cr4V2Co5	0.87～0.95	0.15～0.40	0.20～0.45	≤0.030	≤0.030	3.80～4.50	1.70～2.10	5.90～6.70	4.70～5.20	4.50～5.00
16	T76438	W6Mo5Cr4V3Co8	1.23～1.33	≤0.40	≤0.70	≤0.030	≤0.030	3.80～4.50	2.70～3.20	5.90～6.70	4.70～5.30	8.00～8.80
17	T77445	W7Mo4Cr4V2Co5	1.05～1.15	0.20～0.60	0.15～0.50	≤0.030	≤0.030	3.75～4.50	1.75～2.25	6.25～7.00	3.25～4.25	4.75～5.75
18	T72948	W2Mo9Cr4VCo8	1.05～1.15	0.15～0.40	0.15～0.65	≤0.030	≤0.030	3.5～4.25	0.95～1.35	1.15～1.85	9.00～10.00	7.75～8.75
19	T71010	W10Mo4Cr4V3Co10	1.20～1.35	≤0.40	≤0.45	≤0.030	≤0.030	3.80～4.50	3.00～3.50	9.00～10.00	3.20～3.90	9.50～10.50

表 4-23　　常用高速工具钢的特性和用途

表 4-14 中的序号	牌号	主要特性	用途举例
3	W18Cr4V	钨系高速工具钢，具有较高的硬度、热硬性和高温强度，在500℃及600℃时硬度值仍能分别保持在 57～58HRC 和 52～53HRC。其热处理范围较宽，淬火时不易过热，易于磨削加工，在热加工及热处理过程中不易氧化脱碳。W18Cr4V 钢的碳化物不均匀度，高温塑性比钼系高速钢的差，但其耐磨性好	用于制造各种切削刀具，如车刀、刨刀、铣刀、拉刀、铰刀、钻头、锯条、插齿刀、丝锥和板牙等。由于 W18Cr4V 钢的高温强度和耐磨性好，所以也可用于制造高温下耐磨损的零件、如高温轴承、高温弹簧等，还可以用于制造冷作模具，但不宜制造大型刀具和热塑成形的刀具
5	W2Mo9Cr4V2	是一种钼系通用的高速工具钢，容易热处理，较耐磨，热硬性及韧性较高，密度小，可磨削性优良。用该钢制造的切削工具在切削一般硬度的材料时，可获得良好的效果，基本上可代替 W18Cr4V 钢。由于钼的含量高，易于氧化脱碳，所以在进行热加工和热处理时应注意保护	用来制造钻头、铣刀、刀片、成形刀具、车削及刨削刀具、丝锥，特别适用于制造机用丝锥和板牙、锯条以及各种冷冲模具等

续表

表 4-14 中的序号	牌号	主要特性	用途举例
6	W6Mo5Cr4V2	钨钼系常用的高速工具钢，碳化物细小均匀，韧性高，热塑性好，是代替 W18Cr4V 钢的较理想的牌号，通常称为 6542。其韧性、耐磨性、热塑性均比 W18Cr4V 钢好，而硬度、热硬性、高温硬度与 W18Cr4V 钢相当。该钢由于热塑性好，所以可热塑成形，但由于容易氧化脱碳，加热时必须注意保护	除用于制造各种类型的一般工具外，还可用于制造大型刀具。由于热塑性好，所以制造工具时可以热塑成形，如热塑成形钻头和要求韧性好的刀具。因为其强度高、耐磨性好，所以还可用于制造高负荷条件下使用的耐磨损的零件，如冷挤压模具等，但必须注意适当降低淬火温度，以满足强度和韧性的配合
7	CW6Mo5Cr4V2	其特性与 W6Mo5Cr4V2 钢相似，但因含碳量高，所以其硬度和耐磨性比 W6Mo5Cr4V2 钢好。此钢较难磨削，而且更容易脱碳，在热加工时，应注意保护	用途基本与 W6Mo5Cr4V2 钢相同，但出于其硬度和耐磨性好，所以多用来制造切削较难切削材料的刀具
9	W9Mo3Cr4V	具有较高的硬度和力学性能，热处理稳定性好，经 1220～1240℃ 淬火，540～560℃ 回火，硬度、晶粒度、热硬性均能满足一般刀具的使用要求。与 W6Mo5Cr4V2 钢比，其热塑性好，可加工性、可磨削性好，特别是摩擦焊可适应的工艺参数范围比较宽，焊接成品率高，切削性能与 W6Mo5Cr4V2 钢相当或略高，热处理工艺制度与 W6Mo5Cr4V2 钢相同，便于大生产管理：W9Mo3Cr4V 钢的脱碳敏感性小，可不用盐浴炉处理	用于制造各种类型的一般刀具，如车刀、刨刀、钻头、铣刀等。这种钢可以用来代替 W6Mo5Cr4V2 钢，而且成本较低

续表

表 4-14 中的序号	牌号	主要特性	用途举例
10	W6Mo5Cr4V3	高碳、高钒型高速工具钢。此钢的碳化物细小、均匀。此钢的韧性高、热塑性好，耐磨性比 W6Mo5Cr4V2 钢好，但可磨削性差。在热加工和热处理时，应注意防氧化脱碳	用于制造各种类型一般工具，如拉刀、成形铣刀、滚刀、钻头、螺纹梳刀、丝锥、车刀、刨刀等。用这种钢制造的刀具，可切削难切削的材料，但由于其可磨削性差，不宜用于制造复杂刀具
11	CW6Mo5Cr4V3	其特性基本与 W6Mo5Cr4V3 钢相似。因含碳量高，其硬度和耐磨性均比 W6Mo5Cr4V3 钢好，但可磨削性能较差，热加工时更容易脱碳，所以应注意防氧化脱碳	用途与 W6Mo5Cr4V3 钢基本相同，但由于它的碳含量高，硬度高，耐磨性好，多用来制造切削难切削材料的刀具。其由于可磨削性差，所以不宜用于制造复杂的刀具
12	W6Mo5Cr4V2A1	超硬型高速工具钢，硬度高，可达 68～69HRC，耐磨性、热硬性好，高温强度高，热塑性好，但可磨削性差，且极易氧化脱碳，因此在热加工和热处理时，应注意采取保护措施	用于制造刨刀、滚刀、拉刀等切削工具，也可制造用于加工高温合金、超高强度钢等难切削材料的刀具
14	W12Cr4V5Co5	钨系高碳高钒含钴的高速工具钢，因含有较多的碳和钒，并形成大量的硬度极高的碳化钒，从而具有很高的耐磨性、硬度和耐回火性。质量分数为5%的钴提高了钢的高温硬度和热硬性，因此，此钢可在较高的温度下使用。由于含碳量和含钒量都很高，所以其可磨削性能差	用于制造钻削工具、螺纹梳刀、车刀、铣削工具，成形刀具、滚刀、刮刀刀片、丝锥等切削工具，还可用于制造冷作模具等，但不宜制造高精度复杂刀具。用 W12Cr4V5Co5 钢制造的工具，可以加工中高强度钢、冷轧钢、铸造合金钢、低合金超高强度钢等较难加工的材料

续表

表4-14中的序号	牌号	主要特性	用途举例
15	w6Mo5Cr4V2Co5	含钴高速工具钢，在W6Mo5Cr4V2钢的基础上增加质量分数为5%的钴，并将钒的质量分数提高0.05%而形成，从而提高了钢的热硬性和高温硬度，改善了耐磨性。W6Mo5Cr4V2Co5钢容易氧化脱碳，在进行热加工和热处理时，应注意采取保护措施	用来制造齿轮刀具、铣削工具以及冲头、刀头等。用该钢制造的切削工具，多数用于加工硬质材料，特别适用于切削耐热合金和制造高速切削工具
17	W7Mo4Cr4V2Co5	钨钼系含钴高速工具钢，由于钴的质量分数为4.75%～5.75%，所以提高了钢的高温硬度和热硬性，在较高温度下切削时刀具不变形，而且耐磨性能好。该钢的磨削性能差	用来制造切削最难切削材料用的刀具、刃具，如用于制造切削高温合金、钛合金和超高强度钢等难切削材料的车刀、刨刀、铣刀等
18	W2Mo9Cr4VCo8	钼系高碳含钴超硬型高速工具钢，硬度高，可达70HRC，热硬性好，高温硬度高，容易磨削。用该钢制造的切削工具，可以切削铁基高温合金、铸造高温合金、钛合金和超高强度钢等，但韧性稍差，淬火时温度应采用下限	由于可磨削性能好，所以可用来制造各种高精度复杂刀具，如成形铣刀、精密拉刀等，还可用来制造专用钻头、车刀以及各种高硬度刀头和刀片等

（二）钢材的性能及焊接特点

1. 低碳钢的性能及焊接特点

低碳钢由于含碳量低，强度、硬度不高，塑性好，所以焊接性好，应用非常广泛。适于焊接常用的低碳钢有Q235、20钢、20g和20R等。

低碳钢的焊接特点如下：

（1）淬火倾向小，焊缝和近缝区不易产生冷裂纹，可制造各类大型构架及受压容器。

（2）焊前一般不需预热，但对大厚度结构或在寒冷地区焊接时，需将焊件预热至 100～150℃。

（3）镇静钢杂质很少，偏析很小，不易形成低熔点共晶，所以对热裂纹不敏感；沸腾钢中硫（S）、磷（P）等杂质较多，产生热裂纹的可能性要大些。

（4）如工艺选择不当，可能出现热影响区晶粒长大现象，而且温度越高，热影响区在高温停留的时间越长，则晶粒长大越严重。

（5）对焊接电源没有特殊要求，工艺简单，可采用交、直流弧焊机进行全位置焊接。

2. 中碳钢的性能及焊接特点

中碳钢含碳量比低碳钢高，强度较高，焊接性较差，常用的有35、45、55 钢。中碳钢焊条电弧焊及其铸件焊补的特点如下：

（1）热影响区容易产生淬硬组织。含碳量越高，板厚越大，这种倾向也越大。如果焊接材料和工艺参数选用不当，容易产生冷裂纹。

（2）基体金属含碳量较高，故焊缝的含碳量也较高，容易产生热裂纹。

（3）由于含碳量增大，对气孔的敏感性增加，因此对焊接材料的脱氧性，以及基体金属的除油、除锈，焊接材料的烘干等，要求更加严格。

3. 高碳钢的性能及焊接特点

高碳钢因含碳量高，强度、硬度更高，塑性、韧性更差，因此焊接性能很差。高碳钢的焊接特点如下：

（1）导热性差，焊接区和未加热部分之间存在显著的温差，当熔池急剧冷却时，在焊缝中引起的内应力很容易形成裂纹。

（2）对淬火更加敏感，近缝区极易形成马氏体组织。由于组织应力的作用，近缝区易产生冷裂纹。

（3）由于焊接高温的影响，晶粒长大快，碳化物容易在晶界上积聚、长大，使得焊缝脆弱，焊接接头强度降低。

（4）高碳钢焊接时比中碳钢更容易产生热裂纹。

4. 普通低合金结构钢的性能及焊接特点

普通低合金高强度钢简称普低钢。与碳素钢相比，普低钢中含有少量合金元素，如锰、硅、钒、钼、钛、铝、铌、铜、硼、磷、稀土等。钢中有了一种或几种这样的元素后，具有强度高、韧性好等优点。由于加入的合金元素不多，故称为低合金高强度钢。常用的普通低合金高强度钢有16Mn、16MnR等。

普通低合金结构钢的焊接特点如下：

(1) 热影响区的淬硬倾向是普低钢焊接的重要特点之一。随着强度等级的提高，热影响区的淬硬倾向也随着变大。影响热影响区淬硬程度的因素有材料因素、结构形式和工艺条件等。焊接施工应通过选择合适的工艺参数，例如增大焊接电流、减小焊接速度等措施来避免或减缓热影响区的淬硬。

(2) 焊接接头易产生裂纹。焊接裂纹是危害性最大的焊接缺陷，冷裂纹、再热裂纹、热裂纹、层状撕裂和应力腐蚀裂纹是焊接中常见的几种缺陷。

某些钢材淬硬倾向大，焊后冷却过程中，由于相变产生很脆的马氏体，在焊接应力和氢的共同作用下引起开裂，形成冷裂纹。延迟裂纹是钢的焊接接头冷却到室温后，经一定时间才出现的焊接冷裂纹，因此具有很大的危险性。防止延迟裂纹可以从焊接材料的选择及严格烘干、工件清理、预热及层间保温、焊后及时热处理等方面加以控制。

第二节　有色金属分类及其焊接特点

有色金属是指钢铁材料以外的各种金属材料，所以又称非铁金属材料。有色金属及其合金具有许多独特的性能，例如强度高、导电性好、耐蚀性及导热性好等。所以，有色金属材料在航空、航天、航海等工业中具有重要的作用，并在机电、仪表工业中广泛应用。

一、铝及铝合金的分类和焊接特点

（一）铝

纯铝是银白色的金属，是自然界储量最为丰富的金属元素。其性能如下：

(1) 密度为2.69g/cm^3，仅为铁的1/3，是一种轻型金属。

（2）导电性好，仅次于铜、银。

（3）铝表面能形成致密的氧化膜，具有较好的抗大气腐蚀的能力。

（4）铝的塑性好，可以冷、热变形加工，还可以通过热处理强化提高铝的强度，也就是说具有较好的工艺性能。

铝的物理性能和力学性能见表 4-24。

表 4-24　铝的物理性能和力学性能

物理性能				力学性能	
项目	数值	项目	数值	项目	数值
密度 ρ(20℃, g/cm²)	2.69	比热容 c[20℃, J/(kg·K)]	900	抗拉强度 σ_1 (MPa)	40～50
熔点(℃)	600.4	线膨胀系数 α_1 (×10⁻⁶/K)	23.6	屈服强度 $\sigma_{0.2}$ (MPa)	15～20
沸点(℃)	2494	热导率 λ[W/(m·K)]	247	断后伸长率 δ(%)	50～70
熔化热(kJ/mol)	10.47	电阻率 ρ (nΩ·m)	26.55	硬度 HBW	20～35
汽化热(kJ/mol)	291.4	电导率 κ (% IACS)	64.96	弹性模量(拉伸) E(GPa)	62

铝及铝合金的分类如图 4-2 所示，铝及铝合金的性能特点见表 4-25。

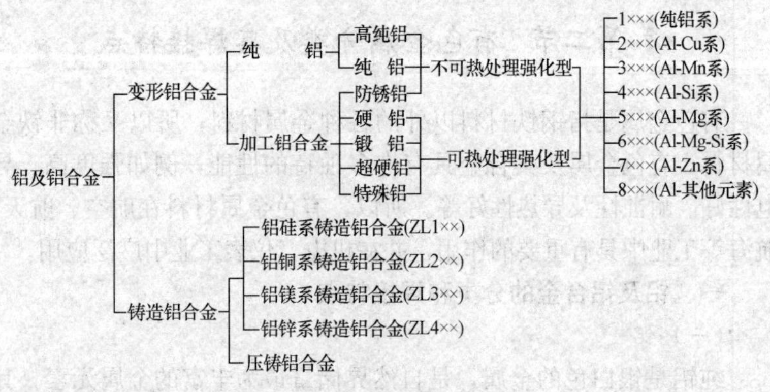

图 4-2　铝及铝合金的分类

注：加工产品按纯铝、加工铝合金分类，供参考。

表 4-25 各类铝合金的性能特点

分类		合金名称	合金系	性能特点	牌号举例
加工铝合金	不可热处理强化的铝合金	防锈铝	Al-Mn	耐蚀性、压力加工性和焊接性能好，但强度较低	3A21(LF21)
			Al-Mg		5A05(LF5)
	可热处理强化的铝合金	硬铝	Al-Cu-Mg	耐蚀性差，力学性能高	2A11(LY11)、2A12(LY12)
		超硬铝	Al-Cu-Mg-Zn	室温强度最高的铝合金，耐蚀性差	7A04(LC4)
		锻铝	Al-Mg-Si-Cu	锻造性能和耐热性能好	2A50(LD5)、2A14(LD10)
			Al-Cu-Mg-Fe-Ni		2A80(LD8)、2A70(LD7)
铸造铝合金		简单铝硅合金	Al-Si	铸造性能好，不能热处理强化，力学性能低	ZL101
		特殊铝硅合金	Al-Si-Mg	铸造性能良好，可热处理强化，力学性能较高	ZL102
			Al-Si-Cu		ZL107
			Al-Si-Mg-Cu		ZL105
			Al-Si-Mg-Cu-Ni		ZL109
		铝铜铸造合金	Al-Cu	耐热性能好，但铸造性能和耐蚀性能差	ZL201
		铝镁铸造合金	Al-Mg	耐蚀性好，力学性能尚可	ZL301
		铝锌铸造合金	Al-Zn	能自动淬火，适宜压铸	ZL401
		铝稀土铸造合金	Al-RE	耐热性能好	—

注 括号中为旧牌号。

GB/T 16474—2011《变形铝及铝合金牌号表示方法》中规定，铝的牌号采用国际四位数字体系牌号和四位字符体系牌号两种方式命名。牌号的第一位数字表示铝及铝合金的组别，1×××、2×××、3×××、…、8×××分别按顺序代表纯铝（含铝量大于99.00%），以铜为主要合金元素的铝合金，以锰、硅、镁、镁和硅、锌以及其他合金元素为主要合金元素的铝合金及备用合金组；牌号的第二位数字（国际四位数字体系）或字母（四位数字体系）表示原始纯铝或铝合金的改型情况，数字0或字母A表示原始纯铝和原始合金，如果是1～8或B～Y中的一个，则表示为改型情况；最后两位数字用以标识同一组中不同的铝合金，纯铝则表示铝的最低质量分数中小数点后面的两位。变形铝合金的特性和用途见表4-26。

表4-26　变形铝合金的特性和用途

大类		类别	典型合金	主要特性	用途举例
变形铝	不可热处理强化	工业纯铝	1060、1050A、1100	强度低，塑性高，易加工，热导率、电导率高，耐蚀性好，易焊接，但可加工性差	导电体、化工储存罐、反光板、炊具、焊条、热交换器、装饰材料
变形铝合金		防锈铝	3A21、5A02、5A03、5083	不能热处理强化，退火状态塑性好，加工硬化后强度比工业纯铝高，耐蚀性能和焊接性能好，可加工性较好	飞机的油箱和导油管、船舶、化工设备，其他中等强度耐蚀、可焊接零件；3A21可用于饮料罐
	可热处理强化	锻铝	2A14、2A70、6061、6063、6A02	热状态下有高的塑性，易于锻造，淬火、人工时效后强度高，但有晶间腐蚀倾向。2A70耐热性能好	航空、航海、交通、建筑行业中要求中等强度的锻件或模锻件；2A70用于耐热零件

续表

大类	类别		典型合金	主要特性	用途举例
变形铝合金	可热处理强化	硬铝	2A01、2A11、2B11、2A12、2A16	退火、刚淬火状态下塑性尚好，有中等以上强度，可进行氩弧焊，但耐蚀性能不高。2A12为用量最大的铝合金，2A16耐热	航空、交通工业的中等以上强度的结构件，如飞机骨架、蒙皮等
		超硬铝	7A04、7A09、7A10	强度高，退火或淬火状态下塑性尚可，耐蚀性能不好，特别是耐应力腐蚀性能差，硬状态下的可加工性好	飞机上的主受力件，如大梁、桁条、起落架等，其他工业中的高强度结构件

铝中常见的杂质是铁和硅，杂质越多，铝的导电性、耐蚀性及塑性越低。工业纯铝按杂质的含量分为一号铝、二号铝……

工业用铝的牌号、化学成分和用途见表4-27。

表4-27　　工业用铝的牌号、化学成分和用途

旧牌号	新牌号	化学成分（%）		用　途
		Al	杂质总量	
L1	1070	99.7	≤0.3	垫片、电容、电子管隔罩、电缆、导电体和装饰件
L2	1060	99.6	≤0.4	
L3	1050	99.5	≤0.5	
L4	1035	99.4	≤1.00	
L5	1200	99.0	≤1.00	不受力而具有某种特性的零件，如电线保护导管、通信系统零件、垫片
L6	8A06	98.8	≤1.20	

（二）铝合金

纯铝的强度很低，但加入适量的硅、铜、镁、锌、锰等合金元素，形成铝合金，再经过冷变形和热处理后，强度可大大提高。

铝合金按其成分和工艺特点不同，分为变形铝合金和铸造铝合金；按加工方法，可分为变形铝合金和压铸铝合金。

1. 变形铝合金

GB 3190—1996《变形铝及铝合金化学成分》中将变形铝合金分为防锈铝合金（LF）、硬铝合金（LY）、超硬铝合金（LC）、锻铝合金（LD）四类。GB/T 3190—2008《变形铝及铝合金化学成分》则规定了新的牌号。新旧铝合金的牌号、力学性能及用途见表 4-28。

表 4-28 常用变形铝合金的牌号、力学性能和用途（GB/T 3190—2008）

类别	原牌号	新牌号	半成品种类	状态①	力学性能		用途举例
					σ_b（MPa）	σ（%）	
防锈铝合金	LF2	5A02	冷轧板材 热轧板材 挤压板材	O H112 O	167～226 117～157 ≤226	16～18 7～6 10	在液体中工作的中等强度的焊接件、冷冲压件和容器、骨架零件等
	LF21	3A21	冷轧板材 热轧板材 挤制厚壁管材	O H112 H112	98～147 108～118 ≤167	18～20 15～12 —	要求很好的焊接性、在液体或介质中工作的低载荷零件，如油箱、油管等
硬铝合金	LY11	2A11	冷轧板材（包铝） 挤压棒材 拉挤制管材	O T4 O	226～235 353～373 245	12 10～12 10	用作各种要求中等强度的零件和构件、冲压的连接部件、空气螺旋桨叶片、如螺栓、铆钉等
	LY12	2A12	铆钉线材 挤压棒材 拉挤制管材	T4 T4 O	407～427 255～275 ≤245	10～13 8～12 10	用作各种要求高的载荷零件和构件（但不包括冲压件的锻件），如飞机上的蒙皮、骨架、翼梁、铆钉等
	LY8	2B11	铆钉线材	T4	J225	—	主要用作铆钉材料

续表

类别	原牌号	新牌号	半成品种类	状态①	力学性能		用途举例
					σ_b（MPa）	σ（%）	
超硬铝合金	LC3	7A03	铆钉线材	T6	J284	—	受力结构的铆钉
	LC4 LC9	7A04 7A09	挤压棒材 冷轧板材 热轧板材	T6 O T6	490～510 ≤240 490	5～7 10 3～6	用作承力构件和高载荷零件，如飞机上的大梁、桁条、加强框、起落架零件，通常多用以取代 2A12
锻铝合金	LD5 LD7 LD8	2A50 2A70 2A80	挤压棒材 冷轧板材 挤压棒材	T6 T6 T6	353 353 441～432	12 8 8～15	用作形状复杂和中等强度的锻件和冲压件，如内燃机活塞、压气机叶片、叶轮等
	LD10	2A14	热轧板材	T6	432	5	高负荷和形状简单的锻件和模锻件

① 状态符号采用 GB/T 16475—2008《变形铝合金状态代号》中规定的代号：O—退火；T1—热轧冷却＋自然时效；T3—固溶处理＋冷加工＋自然时效；T4—淬火＋自然时效；T6—淬火＋人工时效；H111—加工硬化状态；H112—热加工。

2. 铸造铝合金

铸造铝合金种类很多，常用的有铝硅系、铝铜系、铝镁系和铝锌系合金。按 GB/T 1173—2013《铸造铝合金》的规定，铸造铝合金的代号用“铸铝”两字的汉语拼音字母的字头“ZL”及后面三位数字表示。第一位数字表示铝合金的类别（1 为铝硅合金，2 为铝铜合金，3 为铝镁合金，4 为铝锌合金），后两位数字表示合金的顺序号。

常用铸造铝合金的牌号、化学成分、力学性能和用途见表 4-29。

3. 压铸铝合金

压铸的特点是生产效率高，铸件的精度高，合金的强度、硬度高，是少切削和无切削加工的重要工艺。发展压铸是降低生产成本的重要途径。

压铸铝合金在汽车、拖拉机、航空、仪表、纺织、国防等工业得到了广泛的应用。压铸铝合金的化学成分及力学性能见表 4-30、表 4-31。

表 4-29　常用铸造铝合金的牌号、化学成分、力学性能和用途(GB/T 1173—2013)

合金牌号	化学成分(%)				铸造方法与合金状态	力学性能			用途
	Si	Cu	Mg	其他		σ_b(MPa)	σ(%)	HBS	
						≥			
ZL 105	4.5～5.5	1.0～1.5	0.4～0.6		J，T5 S，T5 S，T6	231 212 222	0.5 1.0 0.5	70 70 70	形状复杂，在低于 225℃温度条件下工作的零件。如机匣、油泵体
ZL 108	11.0～13.0	1.0～2.0	0.4～1.0		J，T1 J，T6	192 251	— —	85 90	要求高温强度及低膨胀系数的零件，如高速内燃机活塞
ZL 201		4.5～5.3		0.6～1.0 Mn 0.15～0.35 Ti	S，T4 S，T5	290 330	8 4	70 90	在 175～300℃温度条件下工作的零件，如活塞、支臂、汽缸
ZL 202		9.0～11.0	9.0～11.5		S，J S，J，T6	104 163	— —	50 100	形状简单、要求表面光洁的中等承载零件
ZL 301			0.1～0.3		J，S T4	280	9	60	在温度低于 150℃的大气或海水中工作，承受大振动载荷的零件
ZL 401	6.0～8.0			9.0～13.0 Zn	J，T1 S，T1	241 192	1.5 2	90 80	工作温度低于 200℃，形状复杂的汽车、飞机零件

注　铸造方法与合金状态的符号含义：J—金属型铸造；S—砂型铸造；B—变质处理；T1—人工时效(不进行淬火)；T2—290℃退火；T4—淬火＋自然时效；T5—淬火＋不完全时效(时效温度低或时间短)；T6—淬火＋人工时效(180℃下，时间较长)。

表 4-30 **压铸铝合金的牌号及化学成分**(GB/T 15115—2009)

序号	合金牌号	合金代号	化学成分(质量分数,%)										
			Si	Cu	Mn	Mg	Fe	Ni	Ti	Zn	Pb	Sn	Al
1	YZAlsi10Mg	YL101	9.0～10.0	≤0.6	≤0.35	0.45～0.65	≤1.0	≤0.50	—	≤0.40	≤0.10	≤0.15	余量
2	YZAlSi12	YL102	10.0～13.0	≤1.0	≤0.35	≤0.10	≤1.0	≤0.50	—	≤0.40	≤0.10	≤0.15	余量
3	YZAlSi10	YL104	8.0～10.5	≤0.3	0.2～0.5	0.30～0.50	0.5～0.8	≤0.10	—	≤0.30	≤0.05	≤0.01	余量
4	YZAlSi9Cu4	YL112	7.5～9.5	3.0～4.0	≤0.50	≤0.10	≤1.0	≤0.50	—	≤2.90	≤0.10	≤0.15	余量
5	YZAlSi11Cu3	YL113	9.5～11.5	2.0～3.0	≤0.50	≤0.10	≤1.0	≤0.30	—	≤2.90	≤0.10	—	余量
6	YZAlSi17Cu5Mg	YL117	16.0～18.0	4.0～5.0	≤0.50	0.50～0.70	≤1.0	≤0.10	≤0.20	≤1.40	≤0.10	—	余量
7	YZA1Mg5Si1	YL302	≤0.35	≤0.25	≤0.35	4.50～5.50	≤1.1	≤0.15	—	≤0.15	≤0.10	≤0.15	余量

表 4-31　　压铸铝合金的力学性能

序号	合金牌号	合金代号	抗拉强度（MPa）	断后伸长率（%）（l_0=50mm）	布氏硬度（HBW）
1	YZAlSi10Mg	YL101	200	2.0	70
2	YZAlSi12	YL102	220	2.0	60
3	YZAlSi10	YL104	220	2.0	70
4	YZAlSi9Cu4	YL112	320	3.5	85
5	YZAlSi11Cu3	YL113	230	1.0	80
6	YZAlSi17Cu5Mg	YL117	220	<1.0	—
7	YZAlMg5Si1	YL302	220	2.0	70

注　表中数值均为最小值。

（三）铝及铝合金的焊接特点

1. 铝及铝合金的可焊性

工业纯铝、非热处理强化变形铝镁和铝锰合金，以及铸造合金中的铝硅和铝镁合金具有良好的可焊性；可热处理强化变形铝合金的可焊性较差，如超硬铝合金 LC4（7A04），因焊后的热影响区变脆，故不推荐弧焊。铸造铝合金 ZL1、ZL4 及 ZL5 的可焊性较差。几种铝及铝合金的可焊性见表 4-32。

表 4-32　　几种铝及铝合金的可焊性

焊接方式	材料牌号和铝合金的可焊性					适用厚度范围（mm）
	L1L6	LF21	LF5 LF6	LF2 LF3	LY11 LY12 LY16	
钨极氩弧焊（手工、自动）	好	好	好	好	差	1～25[①]
熔化极氩弧焊（半自动、自动）	好	好	好	好	尚可	≥3
熔化极脉冲氩弧焊（半自动、自动）	好	好	好	好	尚可	≥0.8
电阻焊（点焊、缝焊）	较好	较好	好	好	较好	≤4
气焊	好	好	差	尚可	差	0.5～25[①]
碳弧焊	较好	较好	差	差	差	1～10

续表

焊接方式	材料牌号和铝合金的可焊性					适用厚度范围（mm）
	L1L6	LF21	LF5 LF6	LF2 LF3	LY11 LY12 LY16	
焊条电弧焊	较好	较好	差	差	差	3~8
电子束焊	好	好	好	好	较好	3~75
等离子焊	好	好	好	好	尚可	1~10

① 厚度大于10mm时，推荐采用熔化极氩弧焊。

2. 铝及铝合金的焊接特点

(1) 表面容易氧化，生成致密的氧化铝（Al_2O_3）薄膜，影响焊接。

(2) 氧化铝（Al_2O_3）熔点高（约2025℃），焊接时，它对母材与母材之间的熔合起阻碍作用，影响操作者对熔池金属熔化情况的判断，还会造成焊缝金属夹渣和气孔等缺陷，影响焊接质量。

(3) 铝及其合金熔点低，高温时强度和塑性低（纯铝在640~656℃温度范围内的延伸率小于0.69%），高温液态无显著的颜色变化，焊接操作不慎时会出现烧穿、焊缝反面焊瘤等缺陷。

(4) 铝及其合金线膨胀系数（23.5×10^{-6}℃）和结晶收缩率大，焊接时变形较大；对厚度大或刚性较大的结构，大的收缩应力可能导致焊接接头产生裂纹。

(5) 液态可大量溶解氢，而固态铝几乎不溶解氢。氢在焊接熔池快速冷却和凝固过程中易在焊缝中聚集形成气孔。

(6) 冷硬铝和热处理强化铝合金的焊接接头强度低于母材，焊接接头易发生软化，给焊接生产造成一定困难。

铝及铝合金焊接主要采用氩弧焊、气焊、电阻焊等方式，其中氩弧焊（钨极氩弧焊和熔化极氩弧焊）应用最为广泛。

铝及铝合金焊前应用机械法或化学清洗法去除工件表面的氧化膜。焊接时，钨极氩弧焊（TIG焊）采用交流电源，熔化极氩弧焊（MIG焊）采用直流反接，以获得“阴极雾化”作用，清除氧化膜。

二、铜及铜合金的分类和焊接特点

在金属材料中，铜及铜合金的应用范围仅次于钢铁。在非铁金属材料中，铜的产量仅次于铝。

铜的物理性能和力学性能见表4-33。

表4-33　铜的物理性能和力学性能

物理性能				力学性能	
项　目	数值	项　目	数值	项　目	数值
密度 ρ（20℃，g/cm³）	8.93	比热容 c[20℃，J/(kg·K)]	386	抗拉强度 σ_b（MPa）	209
熔点（℃）	1084.88	线膨胀系数 α_1（$\times10^{-6}$/K）	16.7	屈服强度 $\sigma_{0.2}$（MPa）	33.3
沸点（℃）	2595	热导率 λ[W/(m·K)]	398	断后伸长率 δ(%)	60
熔化热（kJ/mol）	13.02	电阻率 ρ(nΩ·m)	16.73	硬度 HBW	37
汽化热（kJ/mol）	304.8	电导率 κ（%IACS)	103.06	弹性模量（拉伸）E(GPa)	128

习惯上将铜及铜合金分为纯铜、黄铜、青铜和白铜，以铸造和压力加工产品（棒、线、板、带、箔、管）提供使用，广泛应用于电气、电子、仪表、机械、交通、建筑、化工、兵器、海洋工程等几乎所有的工业和民用部门。

铜合金分为加工铜合金和铸造铜合金，其总分类及化学成分、铜及铜合金的组成、加工铜的化学成分、加工铜的工艺性能、加工铜的特性和用途见表4-34～表4-38。

表4-34　铜合金总分类及化学成分

类型	名　称	化学成分
加工铜合金	纯铜	w(Cu)>99%
	高铜合金	w(Cu)>96%
	黄铜	Cu-Zn

续表

类型	名　称	化学成分
加工铜合金	加铅黄铜	Cu-Zn-Pb
	锡黄铜	Cu-Zn-Sn-Pb
	磷青铜	Cu-Sn-P
	加铅磷青铜	Cu-Sn-Pb-P
	铜-银-磷合金	Cu-Ag-P
	铝青铜	Cu-Al-Fe-Ni
	硅青铜	Cu-Si
	其他铜合金	…
	普通白铜	Cu-Ni-Fe
	锌白铜	Cu-Ni-Zn
铸造铜合金	纯铜	$w(Cu)>99\%$
	高铜合金	$w(Cu)>94\%$
	红色黄铜和加铅红色黄铜	Cu-Zn-Sn-Pb[$w(Cu)=75\%\sim89\%$]
	黄色黄铜及加铅黄色黄铜	Cu-Zn-Sn-Pb[$w(Cu)=57\%\sim74\%$]
	锰黄铜和加铅锰黄铜	Cu-Zn-Mn-Fe-Pb
	硅青铜、硅黄铜	Cu-Zn-Si
	锡青铜和加铅锡青铜	Cu-Sn-Zn-Pb
	镍-锡青铜	Cu-Ni-Sn-Zn-Pb
	铝青铜	Cu-Al-Fe-Ni
	普通白铜	Cu-Ni-Fe
	锌白铜	Cu-Ni-Zn-Pb-Sn
	加铅铜	Cu-Pb
	其他铜合金	…

表 4-35　　　　　　　　铜及铜合金的组成

名称	组成	分组	成分与用途
黄铜	以锌为主要合金元素的铜合金	普通黄铜	铜锌二元合金，其锌的质量分数小于50%
		特殊黄铜	在普通黄铜的基础上加入了Fe、Zn、Mn、Al等辅助合金元素的铜合金
青铜	以除锌和镍以外的其他元素为主要合金元素的铜合金	锡青铜	锡的含量是决定锡青铜性能的关键，锡质量分数为5%～7%的锡青铜塑性最好，适于冷、热加工；而当锡的质量分数大于10%时，合金强度升高，但塑性却很低，只适于做铸造用材
		铝青铜	铝青铜中铝的质量分数一般控制在12%以内。工业上压力加工用铝青铜中铅的质量分数一般低于5%～7%；铝质量分数为10%左右的合金强度高，可用于热加工或铸造用材
		铍青铜	铍质量分数为1.7%～2.5%的铜合金，其时效硬化效果极为明显。通过淬火时效可获得很高的强度和硬度，抗拉强度（σ_b）可达1250～1500MPa，硬度为350～400HBW，远远超过其他铜合金，且可与高强度合金钢相媲美。由于铍青铜没有自然时效效应，故其一般以淬火态供应，易于加工成形，可直接制成零件后再时效强化
白铜	以镍为主要合金元素（质量分数低于50%）的铜合金	简单白铜	铜镍二元合金
		特殊白铜	在简单白铜的基础上加入了Fe、Zn、Mn、Al等辅助合金元素的铜合金

表 4-36　加工铜的化学成分(GB/T 5231—2012)

组别	序号	牌号		化学成分(质量分数,%)													产品形状
		名称	代号	Cu+Ag	P	Ag	Bi	Sb	As	Fe	Ni	Pb	Sn	S	Zn	O	
纯铜	1	一号铜	T1	99.95	0.001	—	0.001	0.002	0.002	0.005	0.002	0.003	0.002	0.005	0.005	0.02	板、带、箔、管
纯铜	2	二号铜	T2	99.90	—	—	0.001	0.002	0.002	0.005	—	0.005	—	0.005	—	—	板、带、箔、管、棒、线
纯铜	3	三号铜	T3	99.70	—	—	0.002	—	—	—	—	0.01	—	—	—	—	板、带、箔、管、棒、线
无氧铜	4	零号无氧铜	TU0 [C10100]	Cu 99.99	0.0003	0.0025	0.0001	0.0004	0.0005	0.0010	0.0010	0.0005	0.0002	0.0015	0.0001	0.0005	板、带、箔、管、棒、线
				Se:0.0003　Te:0.0002　Mn:0.00005　Cd:0.0001													
无氧铜	5	一号无氧铜	TU1	99.97	0.002	—	0.001	0.002	0.002	0.004	0.002	0.003	0.002	0.004	0.003	0.002	板、带、箔、管、棒、线
无氧铜	6	二号无氧铜	TU2	99.95	0.002	—	0.001	0.002	0.002	0.004	0.002	0.004	0.002	0.004	0.003	0.003	板、带、管、棒、线
磷脱氧铜	7	一号脱氧铜	TP1 [C12000]	99.90	0.004～0.012	—	—	—	—	—	—	—	—	—	—	—	板、带、管
磷脱氧铜	8	二号脱氧铜	TP2 [C12200]	99.9	0.015～0.040	—	—	—	—	—	—	—	—	—	—	—	板、带、管
银铜	9	0.1银铜	TAg0.1	Cu 99.5	—	0.06～0.12	0.002	0.005	0.01	0.05	0.2	0.01	0.05	0.01	—	0.1	板、管、线

表 4-37　加工铜的工艺性能

合金	熔炼与铸造工艺	成形性能	焊接性能	可切削性（HPb63-3的切削性为100%,%）
纯铜	采用反射炉熔炼或工频有芯感应炉熔炼。采用铜模或铁模浇注，熔炼过程中应尽可能减少气体来源，并使用经过煅烧的木炭作溶剂，也可用磷作脱氧剂。浇注过程在氮气保护或覆盖烟灰条件下进行，建议铸造温度为1150～1230℃，线收缩率为2.1%	有极好的冷、热加工性能，能用各种传统的加工工艺加工，如拉伸、压延、深冲、弯曲、精压和旋压等。热加工时应控制加热介质气氛，使之呈微氧化性。热加工温度为800～950℃	易于锡焊、铜焊，也能进行气体保护焊、闪光焊、电子束焊和气焊，但不宜进行接触点焊、对焊和埋弧焊	20
无氧铜	使用工频有芯感应电炉熔炼，原料选用 $w(Cu)>99.97\%$ 及 $w(Zn)<0.003\%$ 的电解铜。熔炼时应尽量减少气体来源，并使用经过煅烧的木炭作溶剂，也可用磷作脱氧剂。浇注过程在氮气保护或覆盖烟灰条件下进行，铸造温度为1150～1180℃	有极好的冷、热加工性能，能用各种传统的加工工艺加工，如拉伸、压延、挤压、弯曲、冲压、剪切、镦煅、旋煅、滚花、缠绕、旋压、罗纹轧制等。可煅性极好，为锻造黄铜的65%，热加工温度为800～900℃	易于熔焊、钎焊、气体保护焊，但不宜进行金属弧焊和大多数电阻焊	20
磷脱氧铜	使用工频有芯感应电炉熔炼。高温下纯铜吸气性强，熔炼时应尽量减少气体来源，并使用经过煅烧的木炭作溶剂，也可用磷作脱氧剂。浇注过程在氮气保护或覆盖烟灰条件下进行，锻造温度为1150～1180℃	有优良的冷、热加工性能，可以进行精冲、拉伸、墩铆、挤压、深冲、弯曲和旋压等。热加工温度为800～900℃	易于熔焊、钎焊、气体保护焊，但不宜进行电阻对焊	20

表 4-38　　　　　　　　加工铜的特性和用途

代号	主要特性	用途举例
T1		
T2	有良好的导电、导热、耐蚀和加工性能，可以焊接和钎焊。含降低导电、导热性的杂质较少，微量的氧对导电、导热和加工等性能影响不大，但易引起氢脆，不宜在高温（＞370℃）还原性气氛中加工（退火、焊接等）和使用	除标准圆管外，其他材料可用作建筑物正面装饰、密封垫片、汽车散热器、母线、电线电缆、绞线、触点、无线电元件、开关、接线柱、浮球、铰链、扁销、钉子、铆钉、烙铁、平头钉、化工设备、铜壶、锅、印刷滚筒、膨胀板、容器。在还原性气氛中加热到 370℃以上，例如在退火、硬钎焊或焊接时，材料会变脆。若还原气氛中有 H_2 或 CO 存在，则会加速脆化
T3	有较好的导电、导热、耐蚀和加工性能，可以焊接和钎焊，但含降低导电、导热性的杂质较多、含氧量更高，更易引起氢脆，不能在高温还原性气氛中加工和使用	建筑方面：正面板、落水管、防雨板、流槽、屋顶材料、网、流道；汽车方面：密封圈、散热器；电工方面：汇流排、触点、无线电元件、整流器扇形片、开关、端子；其他方面：化工设备、釜、锅、印染辊、旋转带、路基膨胀板、容器。在 370℃以上退火、硬钎焊或焊接时，若为还原性气氛，则易发脆，如有 H_2 或 CO 存在，则会加速脆化
TU1、TU2	纯度高，导电、导热性极好，无氢脆或极少氢脆，加工性能和焊接、耐蚀、耐寒性均好	母线、波导管、阳极、引入线、真空密封、晶体管元件、玻璃金属密封、同轴电缆、速度调制电子管、微波管
TP1		
TP2	焊接性能和冷弯性能好，一般无氢脆倾向，可在还原性气氛中加工和使用，但不宜在氧化性气氛中加工和使用。TP1 的残留磷量比 TP2 少，故其导电、导热性较 TP2 高	主要以管材应用，也可以板、带或棒、线供应，用作汽油或气体输送管、排水管、冷凝管、水雷用管、冷凝器、蒸发器、热交换器、火车车厢零件

续表

代号	主要特性	用途举例
TAg0.1	铜中加入少量的银，可显著提高软化温度（再结晶温度）和蠕变强度，而很少降低铜的导电、导热性和塑性。实用的银铜时效硬化效果不显著，一般采用冷作硬化来提高强度。它具有很好的耐磨性、电接触性和耐蚀性，在制成电车线时，使用寿命比一般硬铜高2～4倍	用于耐热、导电器材，如电动机换向器片、发电机转子用导体、点焊电极、通信线、引线、导线、电子管材料等

（一）铜

按化学成分不同，铜加工产品分为纯铜材和无氧铜两类。纯铜呈紫红色，故又称紫铜。纯铜密度为 8.96×10^3 kg/m^3，熔点为1083℃，其导电性和导热性仅次于金和银，是最常用的导电、导热材料。纯铜的塑性非常好，易于冷、热加工，在大气及淡水中有很好的抗腐蚀性能。

（二）铜合金

工业上广泛采用的是铜合金。常用的铜合金可分为高铜合金、黄铜、青铜和白铜（又分为普通白铜和锌白铜）等几大类。

1. 黄铜

黄铜可分为普通黄铜和特殊黄铜，普通黄铜的牌号用“黄”字汉语拼音字母的字头“H”＋数字表示，数字表示平均含铜量的百分数。

在普通黄铜中加入其他合金元素所组成的合金称为特殊黄铜。特殊黄铜的代号由“H”＋主加元素的元素符号（除锌外）＋铜含量的百分数＋主元素含量的百分数组成。例如，HPb59-1 表示铜含量为59％、铅含量为1％的铅黄铜。

常用黄铜的牌号、化学成分、力学性能和用途见表4-39。

2. 青铜

除了黄铜和白铜（铜和镍的合金）外，所有的铜基合金都称为青铜。参考 GB/T 5231—2012《加工青铜的牌号和化学成分》的规定，按主加元素种类的不同，青铜主要可分为锡青铜、铝青铜、硅青铜和铍青铜等；按加工工艺，可分为普通青铜和铸造青铜。

表 4-39　　常用黄铜的牌号、化学成分、力学性能和用途

组别	牌号	化学成分（%）		力学性能			用　途
		Cu	其他	σ_b（MPa）	σ（%）	HBS	
普通黄铜	H90	88.0～91.0	余量 Zn	260/480	45/4	53/130	双金属片、供水和排水管、艺术品、证章
	H68	67.0～70.0	余量 Zn	320/660	55/3	/150	复杂的冲压件、轴套、散热器外壳、波纹管、弹壳
	H62	60.5～63.5	余量 Zn	330/600	49/3	56/140	销钉、铆钉、螺钉、螺母、垫圈、夹线板、弹簧
特殊黄铜	HSn90-1	88.0～91.0	0.25～0.75Sn 余量 Zn	280/520	45/5	/82	船舶零件、汽车和拖拉机的弹性套管
	HSi80-3	79.0～81.0	2.5～4.0Sn 余量 Zn	300/600	58/4	90/110	船舶零件、蒸汽（＜265℃）条件下工作的零件
	HMn58-2	57.0～60.0	1.0～2.0Si 余量 Zn	400/700	40/10	85/175	弱电电路用的零件
	HPb59-1	57.0～60.0	0.8～1.9Pb 余量 Zn	400/650	45/16	44/80	热冲压及切削加工零件，如销、螺钉、轴套等
	HAl59-3-2	57.0～60.0	2.5～3.5Al 2.0～3.0Ni 余量 Zn	380/650	50/15	75/155	船舶、电动机及其他在常温下工作的高强度、耐蚀零件

注　力学性能数值中分母数值为 50%变形程度的硬化状态下测定，分子数值为 600℃退火状态下测定。

青铜的代号由“青”字的汉语拼音的第一个字母“Q”＋主加元素的元素符号及含量＋其他加入元素的含量组成。例如，QSn4-3 表示含锡 4%、含锌 3%、其余为铜的锡青铜。QAl7 表示含铝 7%、其余为铜的铝青铜。铸造青铜的牌号表示方法和铸造黄铜的表示方法相同。常用青铜和铸造青铜的牌号、化学成分、力学性能和用途见表 4-40 和表 4-41。

表 4-40　普通青铜的牌号、化学成分、力学性能和用途

牌号	化学成分		力学性能			用途
	第一主加元素	其他	σ_b (MPa)	σ (%)	HBS	
QSn4-3	Sn 3.5～4.5	2.7～3.3Zn 余量 Cu	350/350	40/4	60/160	弹性元件、管配件、化工机械中耐磨零件及抗磁零件
QSn6.5-0.1	Sn 6.0～7.0	1.0～0.25P 余量 Cu	$\frac{350/450}{700/800}$	$\frac{60/70}{7.5/12}$	$\frac{70/90}{160/200}$	弹簧、接触片、振动片、精密仪器中的耐磨零件
QSn4-4-4	Sn 3.0～5.0	3.5～4.5Pb 3.0～5.0Zn 余量 Cu	220/250	3/5	890/90	重要的减零件，如轴承、轴套、蜗轮、丝杠、螺母
QAl7	Al 6.0～8.0	余量 Cu	470/980	3/70	70/154	重要用途的弹性元件
QAl9-4	Al 8.0～10.0	2.0～4.0Fe 余量 Cu	550/900	4/5	110/180	耐磨零件和在蒸汽及海水中工作的高强度、耐蚀零件
QBe2	Be 1.8～2.1	0.2～0.5Ni 余量 Cu	500/850	3/40	84/247	重要的弹性元件，耐磨件及在高速、高压、高温下工作的轴承
QSi3-1	Si 2.7～3.5	1.0～1.5Mn 余量 Cu	370/700	3/55	80/180	弹性元件；在腐蚀介质下工作的耐磨零件，如齿轮

注　力学性能数值中分母数值为 50%变形程度的硬化状态下测定，分子数值为 600℃退火状态下测定。

表 4-41 铸造青铜的牌号、化学成分、力学性能和用途

牌号	化学成分		力学性能			用途
	第一主加元素	其他	σ_b (MPa)	σ (%)	HBS	
ZCuSn5Pb5Zn5	Sn 4.0～6.0	4.0～6.0Zn 4.0～6.0Pb 余量 Cu	$\frac{200}{200}$	13/3	60/60	较高负荷、中速的耐磨、耐蚀零件，如轴瓦、缸套、蜗轮
ZCuSn10Pb1	Sn 9.0～11.5	0.5～1.0Pb 余量 Cu	$\frac{200}{310}$	3/2	80/90	高负荷、高速的耐磨零件，如轴瓦、衬套、齿轮
ZCuPb30	Pb 27.0～33.0	余量 Cu			/25	高速双金属轴瓦
ZCuA19Mn2	Al 8.0～10.0	1.5～2.5Mn 余量 Cu	$\frac{390}{440}$	20/20	85/95	耐蚀、耐磨零件，如齿轮、衬套、蜗轮

注 力学性能中分子数值为砂型铸造试样测定，分母数值为金属型铸造测定。

（三）铜及铜合金的焊接特点

（1）铜的热导率大，焊接时有大量的热量被传导损失，容易产生未熔合和未焊透等缺陷，因此焊接时必须采用大功率热源；焊件厚度大于 4mm 时，要采取预热措施。

（2）由于铜的热导率大，要获得成形均匀的焊缝，宜采用对接接头，而丁字接头和搭接接头不推荐。

（3）铜的线膨胀系数大，凝固收缩率也大，焊接构件易产生变形，当焊件刚度较大时，有可能引起焊接裂纹。

（4）铜的吸气性很强，氢在焊缝凝固过程中溶解度变化大（液固态转变时的最大溶解度之比达 3.7，而铁仅为 1.4），来不及逸出，易使焊缝中产生气孔。氧化物及其他杂质与铜生成低熔点共晶体，分布于晶粒边界，易产生热裂纹。

（5）焊接黄铜时，由于锌沸点低，易蒸发和烧损，会使焊缝中含锌量低，从而降低接头的强度和耐蚀性。向焊缝中加入硅和锰，可减少锌的损失。

（6）铜及铜合金在熔焊过程中晶粒会严重长大，使接头塑性和

韧性显著下降。

铜及铜合金焊接主要采用气焊、惰性气体保护焊、埋弧焊、钎焊等方法。铜及铜合金导热性能好，所以焊接前一般应预热。钨极氩弧焊采用直流正接。气焊时，纯铜采用中性焰或弱碳化焰，黄铜则采用弱氧化焰，以防止锌的蒸发。

三、钛及钛合金的分类和焊接特点

钛及钛合金是20世纪50年代出现的一种新型结构材料。由于其密度小（约为钢的1/2）、强度高、耐高温、抗腐蚀、资源丰富，现已成为机械、医疗、航天、化工、造船和国防工业生产中广泛应用的材料。

（一）钛

纯钛呈银白色，其密度小（4.5g/cm^3），熔点高（1667℃），热膨胀系数小。钛的塑性好，强度低，容易加工成形，可制成细丝、薄片；在550℃以下有很好的抗腐蚀性，不易氧化，在海水和水蒸气中的抗腐蚀能力比铝合金、不锈钢和镍合金还高。

钛的物理性能、力学性能，钛及钛合金的分类及特点，钛合金的有关术语，钛合金的特性和用途见表4-42～表4-45。

表4-42　钛的物理性能和力学性能

物理性能				力学性能	
项目	数值	项目	数值	项目	数值
密度 ρ（20℃，g/cm^3）	4.507	比热容 c［20℃，J/(kg·K)］	522.3	抗拉强度 σ_b(MPa)	235
熔点(℃)	1668±10	线膨胀系数 α_1（×10^{-6}/K）	10.2	屈服强度 $\sigma_{0.2}$(MPa)	140
沸点(℃)	3260	热导率 λ［W/(m·K)］	11.4	断后伸长率 δ(%)	54
熔化热(kJ/mol)	18.8①	电阻率 ρ(nΩ·m)	420	硬度HBW	60～74
汽化热(kJ/mol)	425.8	电导率 κ(%IACS)	—	弹性模量(拉伸) E(GPa)	106

① 估算值。

表 4-43　　钛及钛合金的分类及特点

分类		成分特点	显微组织特点	性能特点	典型合金
α型钛合金	全α合金	含有质量分数在6%以下的铝和少量的中性元素	退火后，除杂质元素造成的少量β相外，几乎全部是α相	密度小，热强性好，焊接性能好，低间隙元素含量及有好的超低温韧性	TA4、TA5 TA6、TA7
	近α合金	除铝和中性元素外，还有少量（质量分数不超过4%）的β稳定元素	退火后，除大量α相外，还有少量的（体积分数为10%左右）β相	可热处理强化，有很好的热强性和热稳定性，焊接性能良好	—
	α+化合物合金	在全α合金的基础上添加少量活性共析元素	退火后，除大量α相外，还有少量的β相及金属间化合物	有沉淀硬化效应，提高了室温及高温抗拉强度和蠕变强度，焊接性良好	TA8及TA13
α+β型钛合金		含有一定量的铝（质量分数在6%以下）和不同量的β稳定元素及中性元素	退火后，有不同比例的α相及β相	可热处理强化，强度及淬透性随着β稳定元素含量的增加而提高，可焊性较好，一般冷成型及切削加工性能差。TC4合金在低间隙元素含量时具有良好的超低温韧性	TC1、TC2、TC3、TC4、TC6、TC8 TC9、TC10、TC11、TC12
β型钛合金	热稳定β合金	含有大量β稳定元素，有时还有少量其他元素	退火后全部为β相	室温强度较低，冷成型和切削加工性能强，在还原性介质中耐蚀性较好，热稳定性、可焊性好	TB7

续表

分类		成分特点	显微组织特点	性能特点	典型合金
β型钛合金	亚稳定β合金	含有临界含量以上的β稳定元素，少量的铝（一般质量分数不大于3%）和中性元素	从β相区固溶处理（水淬或空冷）后，几乎全部为亚稳定β相。在提高温度进行时效后的组织为α相、β相，有时还有少量化合物相	固溶处理后，室温强度低，冷成型和切削加工性能强，焊接性好。经时效后，室温强度高。在高屈服强度下具有高的断裂韧性，在350℃以上热稳定性差。此类合金淬透性好	TB2、TB3
	近β合金	含有临界含量左右的β稳定元素和一定量的中性元素及铝	从β相区固溶处理后有大量亚稳定β相，可能有少量其他亚稳定相（α′相或ω相），时效后，主要是α相和β相，此外，亚稳定β相可发生应变转变	除有亚稳定β合金的特点外，在固溶处理后，屈服强度低，均匀伸长率高，时效后，断裂韧性及锻件塑性较高	TB6

表 4-44　钛及钛合金的有关术语

名　称	说　明
海绵钛	用 Mg 或 Na 还原 $TiCl_4$ 获得的非致密金属钛
碘法钛	用碘作载体从海绵钛提纯得到的纯度较高的致密金属钛，钛的质量分数可达 99.9%
工业纯钛	钛的质量分数不低于 99%并含有少量 Fe、C、O、N 和 H 等杂质的致密金属钛
钛合金	以钛为基体金属，含有其他元素及杂质的合金
α钛合金	含有α稳定剂，在室温稳定状态基本为α相的钛合金
近α钛合金	α合金中加入少量β稳定剂，在室温稳定状态β相的质量分数一般小于 10%的钛合金

续表

名　称	说　明
α-β钛合金	含有较多的β稳定剂，在室温稳定状态由α及β相所组成的钛合金，β相的质量分数一般为10%～50%
β钛合金	含有足够多的β稳定剂，在适当的冷却速度下能使其室温组织全部为β相的钛合金

表 4-45　　钛合金的特性和用途

名　称	特性和用途
α型钛合金	室温强度较低，但高温强度和蠕变强度却居钛合金之首，且该类合金组织稳定，耐蚀性优良，塑性及加工成形性好，还具有优良的焊接性能和低温性能，常用于制作飞机蒙皮、骨架、发动机压缩机盘和叶片、涡轮壳以及超低温容器等
β型钛合金	在淬火态塑性、韧性很好，冷成形性好。但由于这种合金密度大，组织不够稳定，耐热性差，因此使用不太广泛，主要是用来制造飞机中使用温度不高但强度要求高的零部件，如弹簧、紧固件及厚截面构件等
α+β型钛合金	兼有α型及β型钛合金的特点，有非常好的综合力学性能，是应用最广泛的钛合金，在航空航天工业及其他工业部门都得到了广泛的应用

加工钛及钛合金的化学成分参见 GB/T 3620.1—2016《钛及钛合金牌号和化学成分》。

工业纯钛的牌号、力学性能和用途见表 4-46。

表 4-46　　工业纯钛的牌号、力学性能和用途

牌号	材料状态	力学性能			用　途
		σ_b（MPa）	σ_5（%）	α_k（J/cm^2）	
TA1	板材	350～500	30～40	—	航空：飞机骨架、发动机部件 化工：热交换机、泵体、搅拌器 造船：耐海水腐蚀的管道、阀门、泵、柴油发动机活塞、连杆 机械：低于 350℃条件下工作且受力较小的零件
	棒板	343	25	80	
TA2	板材	450～600	25～30	—	
	棒板	441	20	75	
TA3	板材	550～700	20v25	—	
	棒板	539	15	50	

（二）钛合金

1. 加工钛及钛合金

钛具有同素异构现象，在882℃以下为密排六方晶格，称为α-钛（α-Ti），在882℃以上为体心立方晶体，称为β-钛（β-Ti）。因此，钛合金有三种类型：α-钛合金、β-钛合金、α+β-钛合金。

常温下α-钛合金的硬度低于其他钛合金，但高温（500～600℃）条件下其强度最高、组织稳定、焊接性良好；β-钛合金具有很好的塑性，在540℃以下具有较高的强度，但其生产工艺复杂、合金密度大，故在生产中用途不广；α+β-钛合金的强度、耐热性和塑性都较好，并可以热处理强化，应用范围较广。应用最多的是TC4（钛铝钒合金），它具有较高的强度和很好的塑性。在400℃时，组织稳定，强度较高，抗海水腐蚀的能力强。

常用钛合金、α+β-钛合金的牌号、力学性能和用途见表4-47、表4-48。

表4-47　常用钛合金的牌号、力学性能和用途

牌号	力学性能		用途
	σ_b（MPa）	σ_5（%）	
TA5	686	15	与TA1和TA2等用途相似
TA6	686	20	飞机骨架、气压泵体、叶片，温度低于400℃环境下工作的焊接零件
TA7	785	20	温度低于500℃环境下长期工作的零件和各种模锻件

注　伸长率值指板材厚度在0.8～1.5mm状态下的所得值。

表4-48　α+β-钛合金的牌号、力学性能和用途

牌号	力学性能		用途
	σ_b（MPa）	σ_5（%）	
TC1	588	25	低于400℃环境下工作的冲压零件和焊接件
TC2	686	15	低于500℃环境下工作的焊接件和模锻件
TC4	902	12	低于400℃环境下长期工作的零件，各种锻件、各种容器、泵、坦克履带、舰船耐压的壳体

续表

牌号	力学性能		用途
	σ_b（MPa）	σ_5（%）	
TC6	981	10	低于350℃环境下工作的零件
TC10	1059	10	低于450℃环境下长期工作的零件，如飞机结构件、导弹发动机外壳、武器结构件

注　伸长率值指板材厚度在1.0～2.0mm状态下的所得值。

钛及钛合金的应用情况见表4-49。

表4-49　钛及钛合金的应用情况

产业	应用领域	具体的使用部位
航空、宇宙航行	喷气发动机部件、机身部件、火箭、人造卫星、导弹等部件	压气机和风扇叶片、盘、机匣、导向叶片、轴、起落架、襟翼、阻流板、发动机舱、隔板、翼梁、燃料箱、火箭燃烧室、助推器
化学、石油化工及其他一般工业	尿素、乙酸、丙酮、三聚氰酰胺、硝酸、IPA、PO、己二酸、对苯二甲酸、丙烯腈、丙烯内酰胺、丙烯酸酯、无水马来酸、谷氨酸、浓漂白粉、造纸、纸浆	热交换器、反应槽、反应塔、压力釜、蒸馏塔、凝缩器、离心分离机、搅拌器、鼓风机、阀、泵、管道、计测器
	苏打、氯气	电极基板、电解槽
	表面处理	电镀用夹具、电极
	冶金	铜箔用滚筒、电解精炼用电极、ECL电镀电极
	环保（排气、排液、除尘）	粪尿处理设备
发电、海水淡化	原子能、火力、地热发电、蒸发式海水淡化装置	透平冷凝器、冷凝器、管板、透平叶片、传热管
海洋开发、能源	石油、天然气开采	提升管
	石油精炼、LNG	热交换器
	深海潜艇、海洋温差发电	耐压壳体
	水产养殖	渔网
	核废物处理/再处理/浓缩	离心分离机、磁体外套

续表

产业	应用领域	具体的使用部位
土木建筑	屋顶、大厦的外装、港湾设施（如桥梁、海底隧道）	屋顶、外壁、装饰物、小配件类、立柱装饰、外装、纪念碑、标牌、门牌、栏杆、管道、耐蚀被覆、工具类
运输机械	汽车部件（四轮车、二轮车）	连杆、阀门、护圈、弹簧、螺栓、螺母、油箱
	船用部件	热交换器、喷射簧片、水翼、通气管、螺旋桨
	铁路（直线性电机车及其他）	架势受电弓、低温恒温器、超导电动机
医疗及其他	通信、光学仪器	照相机、曝光装置、印相装置、电池、海底中继器
	音响设备	振动板
	医疗、保健、福利	人工关节、齿科材料、手术器具、起波器、轮椅、手杖、碱离子净水器
体育用品	自行车零件	构架、胎圈、辐条、脚踏
	装饰品、佩带物	手表、眼镜框架、装饰品、剪子、剃须刀、打火机
	体育娱乐用品及其他	高尔夫球头、网球拍、登山工具、滑雪板、套架、雪橇、雪铲、马掌铁、击剑面具、钓具、游艇部件、氧气瓶、潜水刀、热水瓶、炒锅、家具、记录用具、印章、玩具

2. 铸造钛及钛合金

铸造钛及钛合金的化学成分、特性和用途见表 4-50、表 4-51。

表 4-50　铸造钛及钛合金的化学成分（GB/T 15073—1994）

铸造钛及钛合金		化学成分（质量分数，%）													
		主要成分						杂质≤							
牌号	代号	Ti	Al	Sn	Mo	V	Nb	Fe	Si	C	N	H	O	其他元素 单个	其他元素 总和
ZTi1	ZTA1	基	—	—	—	—	—	0.25	0.10	0.10	0.03	0.015	0.25	0.10	0.40
ZTi2	ZTA2	基	—	—	—	—	—	0.30	0.15	0.10	0.05	0.015	0.35	0.10	0.40
ZTi3	ZTA3	基	—	—	—	—	—	0.40	0.15	0.10	0.05	0.015	0.40	0.10	0.40
ZTiA14	ZTA5	基	3.3～4.7	—	—	—	—	0.30	0.15	0.10	0.04	0.015	0.20	0.10	0.40
ZTiA15Sn2.5	ZTA7	基	4.0～6.0	2.0～3.0	—	—	—	0.50	0.15	0.10	0.05	0.015	0.20	0.10	0.40
ZTiMo32	ZTB32	基	—	—	30.0～34.0	—	—	0.30	0.15	0.10	0.05	0.015	0.15	0.10	0.40
ZTiA16V4	ZTC4	基	5.5～6.8	—	—	3.5～4.5	—	0.40	0.15	0.10	0.05	0.015	0.25	0.10	0.40
ZTiA16Sn4.5Nb2Mo1.5	ZTC21	基	5.5～6.5	4.0～5.0	1.0～2.0	—	1.5～2.0	0.30	0.15	0.10	0.05	0.015	0.20	0.10	0.40

表 4-51　铸造钛及钛合金的特性和用途

代号	牌号	主要特性	用途举例
ZTA1	ZTi1	与 TA1 相似	与 TA1 相近
ZTA2	ZTi2	与 TA2 相似	与 TA2 相近
ZTA3	ZTi3	与 TA3 相似	与 TA3 相近
ZTA5	ZTiA14	与 TA5 相似	与 TA5 相近
ZTA7	ZTiA15Sn2.5	与 TA7 相似	与 TA7 相近
ZTC4	ZTiA16V4	与 TC4 相似	与 TC4 相近
ZTB32	ZTiMo32	耐蚀性高，在沸腾的体积分数为 40%硫酸和体积分数为 20%的盐酸溶液中的耐蚀性能比工业纯钛有显著提高，是目前最耐还原性介质腐蚀的钛合金之一，但在氧化性介质中的耐蚀性能很低。 随着含钼量的提高（过高），合金将变脆，加工工艺性能变差	主要用于化学工业中制作受还原性介质腐蚀的各种化工容器和化工机器结构件

（三）钛及钛合金的焊接特点

1. 易受气体等杂质污染而脆化

常温下钛及钛合金比较稳定，与氧生成致密的氧化膜具有较高的耐腐蚀性能。但在540℃以上高温生成的氧化膜则不致密，随着温度的升高，容易被空气、水分、油脂等污染，吸收氧、氢、碳等，降低了焊接接头的塑性和韧性，在熔化状态下尤为严重。因此，焊接时对熔池及温度超过400℃的焊缝和热影响区（包括熔池背面）都要加以妥善保护。

在焊接工业纯钛时，为了保证焊缝质量，对杂质的控制均应小于国家现行技术条件GB/T 3621—2007《钛及钛合金板材》规定的钛合金母材的杂质含量。

2. 焊接接头晶粒易粗化

由于钛的熔点高，热容量大，导热性差，焊缝及近缝区容易产生晶粒粗大，引起塑性和断裂韧度下降，因此，对焊接热输入要严格控制，焊接时通常使用小电流、快速焊。

3. 焊缝有易形成气孔的倾向

钛及钛合金焊接，气孔是较为常见的工艺性缺陷。其形成因素很多，也很复杂，O_2、N_2、H_2、CO和H_2O都可能引起气孔，但一般认为氢气是引起气孔的主要原因。气孔大多集中在熔合线附近，有时也发生在焊缝中心线附近。氢在钛中的溶解度随着温度的升高而降低，在凝固温度处就有跃变。熔池中部比熔池边缘温度高，故熔池中部的氢易向熔池边缘扩散富集。

防止焊缝气孔的关键是杜绝有害气体的一切来源，防止焊接区域被污染。

4. 易形成冷裂纹

由于钛及钛合金中的硫、磷、碳等杂质很少，低熔点共晶难以在晶界出现，而且结晶温度区较窄和焊缝凝固时收缩量小时，很少会产生热裂纹。但是，焊接钛及钛合金时极易受到氧、氢、氮等杂质污染，当这些杂质含量较高时，焊缝和热影响区性能变脆，在焊接应力作用下易产生冷裂纹。其中，氢是产生冷裂纹的主要原因。氢从高温熔池向较低温度的热影响区扩散，当该区氢富集到一定程度时将从固溶体中析出 TiH_2 使之脆化；随着 TiH_2 的析出，将产生较大的体积变化而引起较大的内应力。以上因素促成了冷裂纹的生成，而且具有延迟性质。

防止钛及钛合金焊接冷裂纹的重要措施，主要是避免氢的有害作用，减少和消除焊接应力。

四、轴承钢及轴承合金

（一）轴承钢

轴承钢具有高的硬度、抗压强度、接触疲劳强度和耐磨性，必要的韧性，以及能够满足某些条件下的耐蚀性、耐高温性能要求。从成分和特性上看，轴承钢分为高碳铬轴承钢、高碳铬不锈轴承钢、渗碳轴承钢和高温轴承钢。

（1）高碳铬轴承钢。高碳铬轴承钢淬透性好，淬火后可获得高而均匀的硬度，耐磨性好，组织均匀，疲劳寿命长，但大载荷冲击时的韧性较差，主要用作一般使用条件下滚动轴承的套圈和滚动体。高碳铬轴承钢的化学成分、硬度、特性和用途分别见表 4-52、表 4-53 和表 4-54。

表 4-52　高碳铬轴承钢的化学成分

牌号	化学成分（质量分数，%）											
	C	Si	Mn	Cr	Mo	P	S	Ni	Cu	Ni+Cu	O 模铸钢	O 连铸钢
						≤						
GCr4	0.95～1.05	0.15～0.30	0.15～0.30	0.35～0.50	≤0.08	0.025	0.020	0.25	0.20	—	15×10^{-6}	12×10^{-6}
GCr15	0.95～1.05	0.15～0.35	0.25～0.45	1.40～1.65	≤0.10	0.025	0.025	0.30	0.25	0.50	15×10^{-6}	12×10^{-6}
GCr15SiMn	0.95～1.05	0.45～0.75	0.95～1.25	1.40～1.65	≤0.10	0.025	0.025	0.30	0.25	0.50	15×10^{-6}	12×10^{-6}
GCr15SiMo	0.95～1.05	0.65～0.85	0.20～0.40	1.40～1.70	0.30～0.40	0.027	0.020	0.30	0.25	—	15×10^{-6}	12×10^{-6}

续表

<table>
<tr><th rowspan="3">牌号</th><th colspan="12">化学成分（质量分数,%）</th></tr>
<tr><th rowspan="2">C</th><th rowspan="2">Si</th><th rowspan="2">Mn</th><th rowspan="2">Cr</th><th rowspan="2">Mo</th><th>P</th><th>S</th><th>Ni</th><th>Cu</th><th>Ni+Cu</th><th>O 模铸钢</th><th>O 连铸钢</th></tr>
<tr><th colspan="7">≤</th></tr>
<tr><td>GCr18Mo</td><td>0.95～1.05</td><td>0.20～0.40</td><td>0.25～0.40</td><td>1.65～1.95</td><td>0.15～0.25</td><td>0.025</td><td>0.020</td><td>0.25</td><td>0.25</td><td>—</td><td>15×10^{-6}</td><td>12×10^{-6}</td></tr>
</table>

表 4-53　　高碳铬轴承钢的球化和软化退火钢材硬度

牌号	布氏硬度 HBW	牌号	布氏硬度 HBW
GCr4	179～207	GCr15SiMo	179～217
GCr15	179～207	GCr18Mo	179～207
GCr15SiMn	179～217		

表 4-54　　高碳铬轴承钢的特性和用途

牌号	主要特性	用途举例
GCr4	国内研制的新牌号，是一种节能、节资源（Cr、Mn、Si、Mo）、抗冲击的低淬透性轴承钢。采用全淬透热处理的整体感应淬火处理方法，既可使材料表层具有全淬硬高碳铬轴承钢的高硬度、高耐磨性优点，又可使心部获得高韧性、抗冲击的特性	成功应用于铁道车辆的轴箱轴承，改善了用 GCr15SiMn 钢或 GCr15 钢制造轴承内圈及挡边时因脆断而造成的轴承失效，使轴承寿命较原来提高1倍
GCr15	综合性能良好；淬火和回火后硬度高而均匀，耐磨性、接触疲劳强度高；热加工性好，球化退火后有良好的可加工性，但对形成白点敏感	制造内燃机、电机车、机床、拖拉机、轧钢设备、钻探机、铁道车辆以及矿山机械等传动轴上的钢球、滚子和轴套等

续表

牌号	主要特性	用途举例
GCr15SiMn	该牌号是在GCr15钢的基础上适当提高Si、Mn的含量制成的，改善了淬透性和弹性极限，耐磨性也较GCr15好，但白点形成敏感，有回火脆性，冷加工塑性变形中等	制造大型轴承、钢球和滚子等
GCr15SiMo	新型高淬透性轴承材料，具有良好的淬透性、淬硬性及高的抗接触疲劳性能	制造特大型重载轴承
GCr18Mo	新型高淬透性轴承材料，与GCr15钢、GCr15SiMn钢比，明显提高了Cr的含量，添加了适量的Mo元素。采用下贝氏体等温淬火热处理工艺，可获得下贝氏体组织和较低的残留奥氏体含量，与具有贝氏体组织的GCr15钢相比，具有更高的冲击韧度和断裂韧度	制造铁道车辆等重型机械的大型轴承

（2）高碳铬不锈轴承钢。95Cr18钢是高碳、高铬马氏体不锈钢，淬火后有高硬度和高耐蚀性。102Cr17Mo钢是在95Cr18钢中加入钼发展起来的。和95Cr18钢相比，102Cr17Mo钢淬火后的硬度和稳定性更好。这两种不锈钢可用于制造在腐蚀环境下及无润滑的强氧化气氛中工作的轴承，如船舶、化工、石油机械中的轴承及航海仪表上的轴承等，也可作为耐蚀高温轴承材料，但使用温度不能超过250℃。此外，它们还可以用作制作医疗手术刀具。

高碳铬不锈轴承钢的牌号、化学成分、力学性能、特性和用途分别见表4-55、表4-56、表4-57。

表4-55　高碳铬不锈轴承钢的化学成分（GB/T 3086—2008）

序号	统一数字代号	新牌号	旧牌号	化学成分（质量分数，%）									
				C	Si	Mn	P	S	Cr	Mo	Ni	Cu	Ni+Cu
					≤						≤		
1	B21800	C95Cr18	9Cr18	0.90～1.00	0.80	0.80	0.035	0.030	17.00～19.00	—	0.30	0.25	0.50

续表

序号	统一数字代号	新牌号	旧牌号	化学成分（质量分数，%）									
				C	Si	Mn	P	S	Cr	Mo	Ni	Cu	Ni+Cu
					≤						≤		
2	B21810	G102Cr18Mo	9Cr18Mo	0.95～1.10	0.80	0.80	0.035	0.030	16.00～18.00	0.40～0.70	0.30	0.25	0.50
3	B21410	G65Cr14Mo	—	0.60～0.70	0.80	0.80	0.035	0.030	13.00～15.00	0.50～0.80	0.30	0.25	0.50

表 4-56　高碳铬不锈轴承钢的力学性能（GB/T 3086—2008）

序号	指　标
1	直径大于 16mm 的钢材退火状态的布氏硬度应为 197～255HBW
2	直径不大于 16mm 的钢材退火状态的抗拉强度应为 590～835MPa
3	磨光状态的钢材力学性能允许比退火状态波动增加 10%

表 4-57　高碳铬不锈轴承钢的特性和用途

牌号	主要特性	用途举例
G95Cr18	高碳马氏体不锈钢，淬火后具有较高的硬度和耐磨性，在大气、水以及某些酸类和盐类的水溶液中具有优良的耐蚀性	制造在腐蚀条件下承受高度摩擦的轴承等零件
G102Cr18Mo	高碳高铬马氏体不锈钢，具有较高的硬度和耐回火性，良好的耐蚀性	制造在腐蚀环境和无润滑强氧化气氛中工作的轴承零件，如船舶、石油、化工机械中的轴承、航海仪表轴承等

（3）渗碳轴承钢。渗碳轴承钢的含碳量低，经表面渗碳后心部仍具有良好的韧性，能够承受较大的冲击载荷，表面硬度高、耐磨，主要用作大型机械、受冲击载荷较大的轴承。

渗碳轴承钢的牌号、化学成分、力学性能、特性和用途分别见表 4-58～表 4-60。

表 4-58　　渗碳轴承钢的化学成分（GB/T 3203—2016）

牌号	化学成分（质量分数，%）								
	C	Si	Mn	Cr	Ni	Mo	Cu	P	S
							≤	≤	≤
G20CrMo	0.17～0.23	0.20～0.35	0.65～0.95	0.35～0.65	—	0.08～0.15	0.25	0.030	0.030
G20CrNiMo	0.17～0.23	0.15～0.40	0.60～0.90	0.35～0.65	0.40～0.70	0.15～0.30	0.25	0.030	0.030
G20CrNi2Mo	0.17～0.23	0.15～0.40	0.40～0.70	0.35～0.65	1.60～2.00	0.20～0.30	0.25	0.030	0.030
G20Cr2Ni4	0.17～0.23	0.15～0.40	0.30～0.60	1.25～1.75	3.25～3.75	—	0.25	0.030	0.030
G10CrNi3Mo	0.08～0.13	0.15～0.40	0.40～0.70	1.00～1.40	3.00～3.50	0.80～0.15	0.25	0.030	0.030
G20Cr2Mn2Mo	0.17～0.23	0.15～0.40	1.30～1.60	1.70～2.00	≤0.30	0.20～0.30	0.25	0.030	0.030

表 4-59　　渗碳轴承钢的纵向力学性能（GB/T 3203—2016）

序号	牌　号	毛坯直径（mm）	淬火			回火		力学性能			
			温度（℃）		冷却剂	温度（℃）	冷却剂	抗拉强度 R_m（MPa）	断后伸长率 A（%）	断面收缩率 Z（%）	冲击吸收能量 KU_2（J）
			一次	二次				不小于			
1	G20CrMo	15	860～900	770～810	油	150～200	空气	880	12	45	63
2	G20CrNiMo	15	860～900	770～810	油	150～200	空气	1180	9	45	63
3	G20CrNi2Mo	25	860～900	780～820	油	150～200	空气	980	13	45	63
4	G20Cr2Ni4	15	850～890	770～810	油	150～200	空气	1180	10	45	63
5	G10CrNi3Mo	15	860～900	770～810	油	180～200	空气	1080	9	45	63
6	G20Cr2Mn2Mo	15	860～900	790～830	油	180～200	空气	1280	9	40	55
7	G23Cr2Ni2Si1Mo	15	860～900	790～830	油	150～200	空气	1180	10	40	55

注　表中所列力学性能适用于公称直径小于或等于 80mm 的钢材。公称直径为 81～100mm 的钢材，允许其断后伸长率、断面收缩率及冲击吸收能量较表中的规定分别降低 1%（绝对值）、5%（绝对值）及 5%；公称直径为 101～50mm 的钢材，允许其断后伸长率、断面收缩率及冲击吸收能量较表中的规定分别降低 3%（绝对值）、15%（绝对值）及 15%；公称直径大于 150mm 的钢材，其力学性能指标由供需双方协商。

表 4-60　　渗碳轴承钢的特性和用途

牌号	主要特性	用途举例
G20CrMo	G20CrMo 钢为低合金渗碳钢，经过渗碳、淬火、回火之后，表层硬度较高、耐磨性较好，而心部硬度低、韧性好	适于制作耐冲击载荷的机械零件，如汽车齿轮、活塞杆、螺栓、滚动轴承等
G20CrNiMo	G20CrNiMo 钢有良好的塑性、韧性和强度。在渗碳或碳氮共渗后，其疲劳强度比 GCr15 钢高很多，淬火后表面耐磨性与 GCr15 钢相近，二次淬火后表面耐磨性比 GCr15 钢高得多，耐心部韧性好	用于制作受冲击载荷的汽车轴承及其他用途的中小型轴承，也可制作汽车、拖拉机用的齿轮及钻探用牙轮钻头的牙爪及牙轮体
G20CrNi2Mo	G20CrNi2Mo 钢的表面硬化性能中等，冷加工和热加工塑性较好，可制成棒材、板材、钢带及无缝钢管	适于制作汽车齿轮、活塞杆、圆头螺栓、万向联轴器及滚动轴承等
G20Cr2Ni4	G20Cr2Ni4 钢是常用的渗碳合金结构钢。在渗碳、淬火、回火后，其表面有高硬度、高耐磨性及高接触疲劳强度，而心部有良好的韧性，可承受强烈的冲击载荷。其焊接性中等，焊前需预热到 150℃。G20Cr2Ni4 钢对白点有敏感性，有回火脆性	用于制作耐冲击载荷的大型轴承，如轧钢机轴承，也用于制作坦克、推土机上的轴、齿轮等
G10CrNi3Mo	—	用于制作承受冲击载荷大的大中型轴承
G20Cr2Mn2Mo	G20Cr2Mn2Mo 钢是优质低碳合金钢，在渗碳、淬火、回火后有相当高的硬度、耐磨性和高接触疲劳强度，同时心部又有较高的韧性。与 G20Cr2Ni4 钢相比，两者基本性能相近，工艺性各有特点	用于制造高冲击载荷的特大型轴承，如轧钢机、矿山机械的轴承，也用于制造承受冲击载荷大、安全性要求高的中小型轴承，是适应我国资源特点创新的新钢种

（二）轴承合金

1. 轴承合金的性能

轴承合金是用来制造滑动轴承的材料。滑动材料是机床、汽车和拖拉机的重要零件，在工作中要承受较大的交变载荷，因此轴承合金应具有下列性能：

（1）足够的强度和硬度，以承受轴颈较大的压力。

（2）高的耐磨性和小的摩擦因数，以减小轴颈的磨损。

（3）足够的塑性和韧性及较高的抗疲劳强度，以承受轴颈交变载荷，并抵抗冲击和振动。

（4）良好的导热性和耐蚀性，以利于热量的散失和抵抗润滑油的腐蚀。

（5）良好的磨合性，便于其与轴颈能较快地紧密配合。

2. 轴承合金的分类

常用的轴承合金有锡基轴承合金、铅基轴承合金和铝基轴承合金三类。

（1）锡基轴承合金。锡基轴承合金也称锡基巴氏合金，简称巴氏合金，它是以锡为基，加入了锑、铜等元素组成的合金。这种合金具有适中的硬度、小的摩擦因数、较好的塑性及优良的导热性和耐蚀性等优点，常用于制作重要的轴承。

这类合金的代号表示方法为“Zch”（“铸”及“承”两字的汉语拼音字母字头）＋基体元素和主加元素符号＋主加元素与辅加元素的含量。例如，ZchSnSb11-6 为锡基轴承合金，主加元素锑的含量为 11%，辅加元素铜的含量为 6%，其余为锡。

锡基轴承合金的牌号、化学成分、力学性能和用途见表 4-61。

表 4-61　锡基轴承合金的牌号、化学成分、力学性能和用途

牌号	化学成分（%）					HBS ≥	用途
	Sb	Cu	Pb	杂质	Sn		
ZchSnSb12-4-10	11.0～13.0	2.5～5.0	9.0～11.0	0.55	余量	29	一般发动机的主轴承，但不适于高温条件
ZchSnSb11-6	10.0～12.0	5.5～6.5	—	0.55	余量	27	1500kW 以上蒸汽机、3700kW 涡轮压缩机、涡轮泵及高速内燃机的轴承

续表

牌　号	化学成分（%）					HBS ≥	用　途
	Sb	Cu	Pb	杂质	Sn		
ZchSnSb8-4	7.0～8.0	3.0～4.0	—	0.55	余量	24	大型机器轴承及生载汽车发动机轴承
ZchSnSb4-4	4.0～5.0	4.0～5.0	—	0.50	余量	20	涡轮内燃机的高速轴承及轴承衬套

（2）铅基轴承合金。铅基轴承合金也叫铅基巴氏合金，它通常是以铅锑为基，加入锡、铜元素组成的轴承合金。它的强度、硬度、韧性无益氏于锡基轴承合金，且摩擦因数较大，故只用于中等负荷的轴承，由于其价格便宜，在可能的情况下应尽量用其代替锡基轴承合金。

铅基轴承合金的牌号表示方法与锡基轴承合金的表示表示相同，见表4-62。

表4-62　铅基轴承合金的牌号、化学成分、力学性能和用途

牌　号	化学成分（%）					HBS ≥	用　途
	Sb	Cu	Sn	杂质	Pb		
ZchSnSb16-16-2	15.0～17.0	1.5～2.0	1.5～17.0	0.60	余量	30	110～880kW蒸汽涡轮机、150～750kW电动机和小于1500kW起重机中重载推力轴承
ZchSnSb15-5-3	14.0～16.0	2.5～3.0	5.0～6.0	0.40	Cd1.75～2.25、As0.6～1.0 Pb余量	32	船舶机械、小于250kW的电动机、水泵轴承

续表

牌　号	化学成分（%）					HBS ≥	用　途
	Sb	Cu	Sn	杂质	Pb		
ZchSnSb 15-10	14.0～16.0	—	9.0～11.0	0.50	余量	24	高温、中等压力下机械轴承
ZchSnSb 15-5	14.0～15.5	0.5～1.0	4.0～5.5	0.75	量余	20	低速、轻压力下机械轴承
ZchSnSb 10-6	9.0～11.0	—	5.0～7.0	0.75	量余	18	重载、耐蚀、耐用磨轴承

（3）铝基轴承合金。目前采用的铝基轴承合金有铝锑镁轴承合金和高锡铝基轴承合金两类。这类合金不是直接浇铸成形的，而是采用铝基轴承合金带与低碳钢带（08 钢）一起轧成双金属带，然后制成轴承。

铝锑镁轴承合金以铝为基，加入了锑（3.5%～4.5%）和镁（0.3%～0.7%）。镁的加入改善了塑性和韧性，提高了屈服点。目前，这种合金已大量应用在低速柴油机等轴承上。

高锡铝基轴承合金以铝为基，加入了约 20%的锡和 1%的铜。这种合金具有较高的抗疲劳强度，以及良好的耐热、耐磨和抗蚀性，已在汽车、拖拉机、内燃机车上推广应用。

五、硬质合金

硬质合金是由硬度和熔点均很高的碳化钨、碳化钛和金属粘结剂钴（Co）采用粉末冶金技术烧结制成的材料，与由冶炼技术制成的钢材性质完全不同。其特点是硬度高、红硬性高、耐磨性好、抗压强度高，是热膨胀系数很小的一种工具材料，因而可将硬质合金与工具钢归于同一体系。但其性脆不耐冲击，工艺性也较差。

硬质合金按其成分和性能可分为钨钴类（WC-Co）硬质合金、钨钛钴类（WC-TiC-Co）硬质合金、钨钛钽（铌）钴类［WC-TiC-TaC（NbC）-Co］硬质合金三类。由于这三类硬质合金中主要硬质相均为 WC、称为 WC 基硬质合金。

（1）钨钴类（WC-Co）硬质合金。合金中的硬质相是 WC，粘结相是 Co，代号为“K”。旧标准中用“YG”（“硬”“钴”两字的汉语拼音字母字头）＋数字（含钴量的百分数）来表示。例如，YG8 表示钨钴类硬质合金，含钴量为 8%。

(2) 钨钛钴类（WC-TiC-Co）硬质合金。合金中的硬质相是 WC、TiC，黏结相是 Co，代号为“P”。旧标准中用用“YT”（“硬”“钛”两字的汉语拼音字母字头）＋数字（含钛量的百分数）来表示。

(3) 钨钛钽（铌）钴类［WC-TiC-TaC（NbC）-Co］硬质合金。它是在 P 类合金中加入 TaC（NbC）烧结出来的，其代号为“M”。旧标准又称“通用硬质合金”，用“YW”（“硬”“万”两字的汉语拼音字母字头）＋数字（顺序号）来表示。

常用硬质合金的牌号、化学成分和力学性能见表 4-63。

表 4-63　常用硬质合金的牌号、化学成分和力学性能

类别	牌号	化学成分（质量分数，%）				物理性能			力学性能				
		WC	TiC	TaC (NbC)	Co	密度 (g/cm^3)	热导率 [W/(m·K)]	线膨胀系数 ($\times10^{-6}$/K)	硬度 HRA	抗弯强度 (MPa)	抗压强度 (MPa)	弹性模量 (GPa)	冲击韧度 (kJ/m^2)
钨钴类	K01 (YG3)	97	—	—	3	14.9～15.3	87.9	—	91	1200	—	680～690	—
	K01 (YG3X)	96.5	—	<0.5	3	15.0～15.3	—	4.1	91.5	1100	5400～5630	—	—
	K20 (YG6)	94	—	—	6	14.6～15.0	79.6	4.5	89.5	1450	4600	630～640	约 30
	K10 (YG6X)	93.5	—	<0.5	6	14.6～15.0	79.6	4.4	91	1400	4700～5100	—	约 20
	K30 (YG8)	92	—	—	8	14.5～14.9	75.4	4.5	89	1500	4470	600～610	约 40
	K30 (YG8C)	92	—	—	8	14.5～4.9	75.4	4.8	88	1750	3900	—	约 60
	K10 (YG6A)	91	—	3	6	14.9～15.3	—	—	91.5	1400	—	—	—
	K20, K30 (YG8N)	91	—	1	8	14.5～14.9	—	—	89.5	1500	—	—	—

续表

类别	牌号	化学成分（质量分数,%）				物理性能			力学性能				
		WC	TiC	TaC (NbC)	Co	密度 (g/cm^3)	热导率 [W/(m·K)]	线膨胀系数 ($\times10^{-6}$/K)	硬度 HRA	抗弯强度 (MPa)	抗压强度 (MPa)	弹性模量 (GPa)	冲击韧度 (kJ/m^2)
钨钛钴类	P01 (YT30)	66	30	—	4	9.3～9.7	20.9	7.0	92.5	900	—	400～410	3
	P10 (YT15)	79	15	—	6	11.0～11.7	33.5	6.51	91	1150	3900	520～530	—
	P20 (YT14)	78	14	—	8	11.2～12.0	33.5	6.21	90.5	1200	4200	—	7
	P30 (YT5)	85	5	—	10	12.5～13.2	62.8	6.06	89.5	1400	4600	590～600	—
钨钛钽(铌)钴类	M10 (YW1)	84	6	4	6	12.6～13.5	—	—	91.5	1200	—	—	—
	M20 (YW2)	82	6	4	8	12.4～13.5	—	—	90.5	1350	—	—	—

注　“牌号”栏中，括号内为旧牌号。

常用硬质合金的主要特性和用途举例见表 4-64，切削加工用硬质合金的类型和用途见表 4-65 和表 4-66，切削加工用硬质合金的基本成分和力学性能见表 4-67。

表 4-64　　常用硬质合金的主要特性和用途举例

牌号	主要特性	用途举例
K01 (YG3)	属于中晶粒合金，在 K 类合金中，耐磨性仅次于 K01、K10 合金，能使用较高的切削速度，对冲击和振动比较敏感	适于铸铁、非铁金属及其合金、非金属材料（橡皮、纤维、塑料、板岩、玻璃、石墨电极等）连续切削时的精车、半精车及精车螺纹
K01 (YG3X)	属于细晶粒合金，是 K 类合金中耐磨性最好的一种，但冲击韧度较差	适于铸铁、非铁金属及其合金的精车、精镗等，也可用于合金钢、淬硬钢及钨、钼材料的精加工

续表

牌号	主要特性	用途举例
K20（YG6）	属于中晶粒合金，耐磨性较高，但低于K10、K01合金，可使用较K30合金高的切削速度	适于铸铁、非铁金属及其合金、非金属材料连续切削时的粗车、间断切削时的半精车、精车，小端面精车，粗车螺纹，旋风车丝，连续端面的半精铣与精铣，孔的粗扩和精扩
K10（YG6X）	属于细晶粒合金，其耐磨性较K20合金高，而使用强度接近K20合金	适于冷硬铸铁、耐热钢及合金钢的加工，也适于普通铸铁的精加工，并可用于仪器仪表工业小型刀具及小模数滚刀
K30（YG8）	属于中晶粒合金，使用强度较高，抗冲击和抗振动性能较K20合金好，耐磨性和允许的切削速度较低	适于铸铁、非铁金属及其合金、非金属材料加工中的不平整端面和间断切削时的粗车、粗刨、粗铣，一般孔和深孔的钻孔、扩孔
K30（YG8C）	属于粗晶粒合金，使用强度较高，接近于K40合金	适于重载切削下的车刀、刨刀等
K10（YG6A）（YA6）	属于细晶粒合金，耐磨性和使用强度与K10（YG6X）合金相似	适于冷硬铸铁、灰铸铁、球磨铸铁、非铁金属及其合金、耐热合金钢的半精加工，也可用于高锰钢、淬硬钢及合金钢的半精加工和精加工
K20 K30（YG8N）	属于中晶粒合金，其抗弯强度与K30合金相同，而硬度和K20合金相同，高温切削时热稳定性较好	适于冷硬铸铁、灰铸铁、球磨铸铁、白口铸铁和非铁金属的粗加工，也适于不锈钢的粗加工和半精加工
P30（YT5）	在P类合金中，强度最高，抗冲击和抗振动性能最好，不易崩刀，但耐磨性较差	适于碳素钢及合金钢，包括钢铸件、冲压件及铸件的表皮加工，以及不平整断面和间断切削时的粗车、粗刨、半精刨，不连续面的粗铣、钻孔等

续表

牌号	主要特性	用途举例
P20（YT14）	使用强度高，抗冲击性能和抗振动性能好，但较 P30 合金稍差，耐磨性及允许的切削速度较 P30 合金高	适于在碳素钢和合金钢加工中不平整断面和连续切削时的粗车，间断切削时的半精车和精车，连续面的粗铣，铸孔的扩钻与粗扩
P10（YT15）	耐磨性优于 P20 合金，但冲击韧度较 P20 合金差	适于碳素钢和合金钢加工中连续切削时的精车、半精车，间断切削时的小断面精车，旋风车丝，连续面的半精铣与精铣，孔的粗扩与精扩
P01（YT30）	耐磨性及允许的切削速度较 P10 合金高，但使用强度及冲击韧度较差，焊接及刃磨时极易产生裂纹	适于碳素钢及合金钢的精加工，如小断面精车、精镗、精扩等
M10（YW1）	热稳定性较好，能承受一定的冲击负荷，通用性较好	适于耐热钢、高锰钢、不锈钢等难加工钢材的精加工和半精加工，也适于一般钢材、铸铁及非铁金属的精加工
M20（YW2）	耐磨性稍次于 M10 合金，但使用强度较高，能承受较大的冲击负荷	适于耐热钢、高锰钢、不锈钢及高级合金钢等难加工钢材的精加工、半精加工，也适于一般钢材和铸铁及非铁金属的加工

注　“牌号”栏中括号内的代号为旧牌号。

表 4-65　切削加工用硬质合金的类型（GB/T 18376.1—2008）

类别	使用领域
P	长切屑材料的加工，如钢、铸钢、长切削可锻铸铁等的加工
M	通用合金，用于不锈钢、铸钢、锰钢、可锻铸铁、合金钢、合金铸铁等的加工
K	短切屑材料的加工，如铸铁、冷硬铸铁、短切屑可锻铸铁、灰铸铁等的加工
N	非铁金属、非金属材料的加工，如铝、镁、塑料、木材等的加工
S	耐热和优质合金材料的加工，如耐热钢，含镍、钴、钛的各类合金材料的加工
H	硬切削材料的加工，如淬硬钢、冷硬铸铁等材料的加工

表 4-66　切削加工用硬质合金的分类和用途（GB/T 2075—2007）

用途大组			用途小组			
字母符号	识别颜色	被加工材料	硬切削材料			
P	蓝色	钢：除不锈钢外所有带奥氏体结构的钢和铸钢	P01 P10 P20 P30 P40 P50	P05 P15 P25 P35 P45	↑①	↓②
M	黄色	不锈钢：不锈奥氏体钢或铁素体钢、铸钢	M01 M10 M20 M30 M40	M05 M15 M25 M35	↑①	↓②
K	红色	铸铁：灰铸铁、球墨铸铁、可锻铸铁	K01 K10 K20 K30 K40	K05 K15 K25 K35	↑①	↓②
N	绿色	非铁金属：铝、其他非铁金属、非金属材料	N01 N10 N20 N30	N05 N15 N25	↑①	↓②
S	褐色	超级合金和钛：基于铁的耐热特种合金、镍、钴、钛、钛合金	S01 S10 S20 S30	S05 S15 S25	↑①	↓②
H	灰色	硬材料：硬化钢、硬化铸铁材料、冷硬铸铁	H01 H10 H20 H30	H05 H15 H25	↑①	↓②

①　增加速度后，切削材料的耐磨性增加。

②　增加进给量后，切削材料的韧性增加。

表 4-67　　切削加工用硬质合金的基本成分和力学性能（GB/T 18376.1—2008）

组别		基本成分	力学性能		
类别	分组号		洛氏硬度 HRA	维氏硬度 HV3	抗弯强度（MPa）
			≥		
P	01	以 TiC、WC 为基，以 Co（Ni＋Mo、Ni＋Co）作黏结剂的合金/涂层合金	92.3	1750	700
	10		91.7	1680	1200
	20		91.0	1600	1400
	30		90.2	1500	1550
	40		89.5	1400	1750
M	01	以 WC 为基，以 Co 作黏结剂，添加少量 TiC（TaC、NbC）的合金/涂层合金	92.3	1730	1200
	10		91.0	1600	1350
	20		90.2	1500	1500
	30		89.9	1450	1650
	40		88.9	1300	1800
K	01	以 WC 为基，以 Co 作黏结剂，或添加少量 TaC、NbC 的合金/涂层合金	92.3	1750	1350
	10		91.7	1680	1460
	20		91.0	1600	1550
	30		89.5	1400	1650
	40		88.5	1250	1800
N	01	以 WC 为基，以 Co 作黏结剂，或添加少量 TaC、NbC 或 CrC 的合金/涂层合金	92.3	1750	1450
	10		91.7	1680	1560
	20		91.0	1600	1650
	30		90.0	1450	1700

续表

组别		基本成分	力学性能		
类别	分组号		洛氏硬度 HRA	维氏硬度 HV3	抗弯强度 (MPa)
			≥		
S	01	以 WC 为基，以 Co 作黏结剂，或添加少量 TaC、NbC 或 TiC 的合金/涂层合金	92.3	1730	1500
	10		91.5	1650	1580
	20		91.0	1600	1650
	30		90.5	1550	1750
H	01	以 WC 为基，以 Co 作黏结剂，或添加少量 TaC、NbC 或 TiC 的合金/涂层合金	92.3	1730	1000
	10		91.7	1680	1300
	20		91.0	1600	1650
	30		90.5	1520	1500

第三节　金属材料的热处理

一、钢的热处理种类和目的

（一）热处理的目的

热处理是使固态金属通过加热、保温、冷却工序来改变其内部组织结构，以获得预期性能的一种工艺方法。

要使金属材料获得优良的机械、工艺、物理和化学等性能，除了在冶炼时保证所要求的化学成分外，往往还需要通过热处理才能实现。正确地进行热处理，可以成倍、甚至数十倍地提高零件的使用寿命。如用软氮化法处理的 3Cr2W8V 压铸模，使模具变形大为减少，热疲劳强度和耐磨性显著提高，由原来每个模具生产 400 只工件提高到可生产 30000 个工件。在机械产品中多数零件都要进行热处理，机床中需进行热处理的零件占 60%～70%，在汽车、拖拉机中占 70%～80%，而在轴承和各种工具、模具、量具中，则几乎占 100%。

热处理工艺在机械制造业中应用极为广泛，它能提高工件的使用性能，充分发挥钢材的潜力，延长工件的使用寿命。此外，热处理还可以改善工件的加工工艺性，提高加工质量。焊接工艺中也常通过热处理方法来减少或消除焊接应力，防止变形和产生裂缝。

（二）热处理的种类

根据工艺不同，钢的热处理方法可分为退火、正火、淬火、回火及表面热处理等，具体种类如图 4-3 所示。

热处理方法虽然很多，但任何一种热处理工艺都是由加热、保温和冷却三个阶段组成的。因此，热处理工艺过程可用“温度-时间”为坐标的曲线图表示，如图 4-4 所示，此曲线称为热处理工艺曲线。

热处理之所以能使钢的性能发生变化，其根本原因是由于铁有同素异构转变，从而使钢在加热和冷却过程中，其内部发生了组织与结构变化的结果。

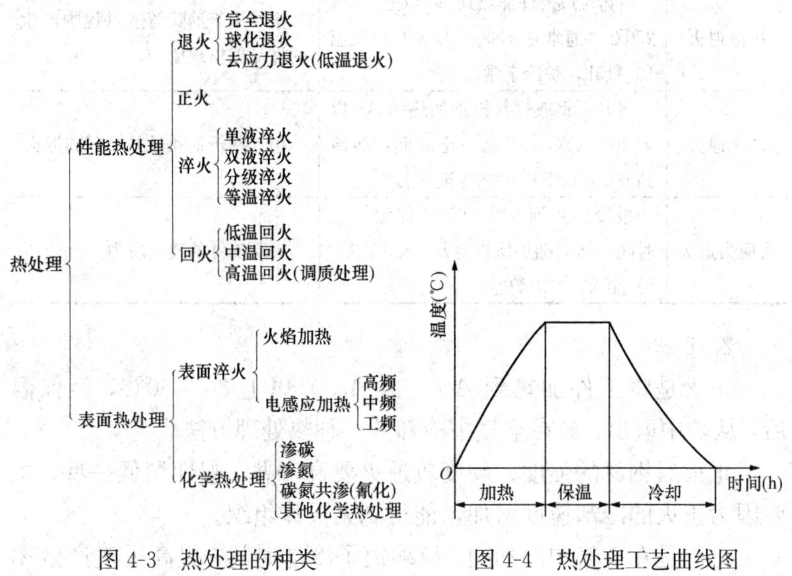

图 4-3　热处理的种类　　　　图 4-4　热处理工艺曲线图

1. 退火

将工件加热到临界点 Ac_1（或 Ac_3）以上 30～50℃，停留一定时间（保温），然后缓慢冷却到室温，这一热处理工艺称为退火。

退火的目的如下：

（1）降低钢的硬度，使工件易于切削加工；

（2）提高工件的塑性和韧性，以便于压力加工（如冷冲及冷拔）；

（3）细化晶粒，均匀钢的组织及成分，改善钢的性能或为以后的热处理作准备；

（4）消除钢中的残余应力，以防止变形和开裂。

常用退火工艺分类及应用见表 4-68。

表 4-68　　常用退火工艺的分类及应用

分　类	退火工艺	应　用
完全退火	加热到 Ac_3 以上 20～60℃保温缓冷	用于低碳钢和低碳合金结构钢
等温退火	将钢奥氏体化后缓冷至 600℃以下空冷到常温	用于各种碳素钢和合金结构钢以缩短退火时间
扩散退火	将铸锭或铸件加热到 Ac_3 以上 150～250℃（通常是 1000～1200℃）保温 10～15h，炉冷至常温	主要用于消除铸造过程中产生的枝晶偏析现象
球化退火	将共析钢或过共析钢加热到 Ac_1 以上 20～40℃，保温一定时间，缓冷到 600℃以下出炉空冷至常温	用于共析钢和过共析钢的退火
去应力退火	缓慢加热到 600～650℃保温一定时间，然后随炉缓慢冷却（≤100℃/h）至 200℃出炉空冷	去除工件的残余应力

2. 正火

正火是将工件加热到 Ac_3（或 Ac_m）以上 30～50℃，经保温后，从炉中取出，放在空气中冷却的一种热处理方法。

正火后钢材的强度、硬度较退火要高一些，塑性稍低一些，主要因为正火的冷却速度增加，能得到索氏体组织。

正火是在空气中冷却的，故缩短了冷却时间，提高了生产效率和设备利用率，是一种比较经济的方法，因此其应用较广泛。

正火的目的如下：

（1）消除晶粒粗大、网状渗碳体组织等缺陷，得到细密的结构组织，提高钢的力学性能。

（2）提高低碳钢硬度，改善切削加工性能。

（3）增加强度和韧性。

（4）减少内应力。

3. 淬火

钢加热到 Ac_1（或 Ac_3）以上 30～50℃，保温一定时间，然后以大于钢的临界冷却速度 v_c 冷却时，奥氏体将被过冷到 M_s 以下并发生马氏体转变，然后获得马氏体组织，从而提高钢的硬度和耐磨性的热处理方法，称为淬火。

淬火的目的如下：

（1）提高材料的硬度和强度。

（2）增加耐磨性。如各种刀具、量具、渗碳件及某些要求表面耐磨的零件都需要用淬火方法来提高硬度及耐磨性。

（3）将奥氏体化的钢淬成马氏体，配以不同的回火，获得所需的其他性能。

通过淬火和随后的高温回火能使工件获得良好的综合性能，同时提高强度和塑性，特别是提高钢的力学性能。

淬火常用的冷却介质和冷却性能见表 4-69。

表 4-69　　常用介质的冷却烈度

搅动情况	淬火冷却烈度（H 值）			
	空气	油	水	盐水
静止	0.02	0.25～0.30	0.9～1.0	2.0
中等	—	0.35～0.40	1.1～1.2	—
强	—	0.50～0.80	1.6～2.0	—
强烈	0.08	0.18～1.0	4.0	5.0

常用淬火方法及冷却方式见图 4-5。

4. 回火

将淬火或正火后的钢加热到低于 Ac_1 的某一选定温度，并保温一定的时间，然后以适宜的速度冷却到室温的热处理工艺，叫做回火。

回火的目的如下：

（1）获得所需要的力学性能。在通常情况下，零件淬火后强度和硬度有很大的提高，但塑性和韧性却有明显降低，而零件的实际工作条件要求有良好的强度和韧性。选择适当的温度进行回火后，提高钢的韧性，适当调整钢的强度和硬度，可以获得所需要的力学性能。

（2）稳定组织、稳定尺寸。淬火组织中的马氏体和残余奥氏体有自发转化的趋势，只有经回火后才能稳定组织，使零件的性能与尺寸得到稳定，保证工件的精度。

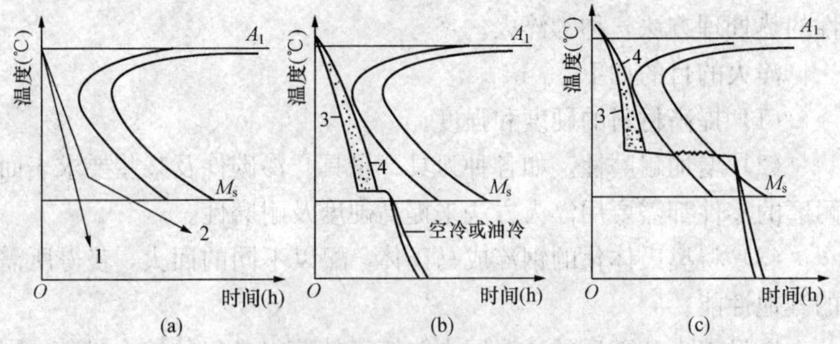

图 4-5　常用淬火方法的冷却示意图

(a) 介质淬火；(b) 马氏体分级淬火；(c) 下贝氏体等温淬火

1—单介质淬火；2—双介质淬火；3—表面；4—心部

（3）消除内应力。一般淬火钢内部存在很大的内应力，如不及时消除，也将引起零件的变形和开裂。因此，回火是淬火后不可缺少的后续工艺。焊接结构回火处理后，能减少和消除焊接应力，防止裂缝。

回火工艺的种类、组织及应用见表 4-70。

表 4-70　　回火的种类、组织及应用

种　类	温度范围（℃）	组织及性能	应　用
低温回火	150～250	回火马氏体 硬度 58～64HRC	用于刃具、量具、拉丝模等高硬度高耐磨性的零件
中温回火	350～500	回火托氏体 硬度 40～50HRC	用于弹性零件及热锻模等
高温回火	500～600	回火索氏体 硬度 25～40HRC	螺栓、连杆、齿轮、曲轴等

5. 调质处理

调质是指生产中将淬火和高温回火复合的热处理工艺。

调质处理的目的：使材料得到高的韧性和足够的强度，即具有良好的综合力学性能。

6. 表面淬火

在机械设备中，有许多零件（如齿轮、活塞销、曲轴等）是在冲击载荷及表面摩擦条件下工作的。这类零件表面要求高的硬度和耐磨性，而心部应要求具有足够的塑性和韧性，为满足这类零件的性能要求，应进行表面热处理。

表面淬火是仅对工件表面淬火的热处理工艺。根据加热方式的不同可分为火焰淬火、感应淬火和加热淬火等几种。

表面淬火的目的：使工件表面有较高的硬度和耐磨性，而心部仍保持原有的强度和良好的韧性。

7. 时效处理

根据时效的方式不同，可分为自然时效和人工时效。

（1）自然时效是将工件在空气中长期存放，利用温度的自然变化，多次热胀冷缩，使工件的内应力逐渐消失、达到尺寸稳定目的的时效方法。

（2）人工时效是将工件放在炉内加热到一定温度（钢加热到100～150℃，铸铁钢加热到500～600℃），进行长时间（8～15h）的保温，再随炉缓慢冷却到室温，以达到消除内应力和稳定尺寸目的的时效方法。

时效的目的：消除毛坯制造和机械加工过程中所产生的内应力，以减少工件在加工和使用时的变形，从而稳定工件的形状和尺寸，使工件在长期使用过程中保持一定的几何精度。

二、钢的化学热处理常用方法和用途

（一）化学热处理的分类

化学热处理的种类很多，根据渗入的元素不同，可分为渗碳、渗氮、碳氮共渗、渗金属等多种。常用的渗入元素及作用见表4-71。

（二）钢的化学热处理的工艺方法

1. 钢的渗碳

（1）渗碳的目的及用钢。渗碳是将钢置于渗碳介质（称为渗碳剂）中，加热到单相奥氏体区，保温一定时间，使碳原子渗入钢表层的化学热处理工艺。

表 4-71　化学热处理常用的渗入元素及其作用

渗入元素	渗层深度（mm）	表面硬度	作　用
C	0.3～1.6	57～63HRC	提高钢件的耐磨性、硬度及疲劳极限
N	0.1～0.6	700～900HV	提高钢件的耐磨性、硬度、疲劳极限、抗蚀性及抗咬合性，零件变形小
C、N（共渗）	0.25～0.6	58～63HRC	提高钢件的耐磨性、硬度和疲劳极限
S	0.006～0.08	70HV	减磨，提高抗咬合性能
S、N（共渗）	硫化物<0.01 氮化物 0.01～0.03	300～1200HV	提高钢件的耐磨性及疲劳极限
S、C、N（共渗）	硫化物<0.01 碳氮化合物 0.01～0.03	600～1200HV	提高钢件的耐磨性及疲劳极限
B	0.1～0.3	1200～1800HV	提高钢件的耐磨性、红硬性及抗蚀性

渗碳的目的：提高钢件表层的含碳量和一定的碳浓度梯度，使工件渗碳后，经淬火及低温回火，表面获得高硬度，而其内部又具有良好的韧性。

渗碳件的材料一般是低碳钢或低碳合金钢。

（2）渗碳的方式。渗碳的方法根据渗碳介质的不同，可分为固体渗碳、盐浴渗碳和气体渗碳三种。

1）固体渗碳：对加热炉要求不高，渗碳时间最长，劳动条件较差，工件表面的碳浓度不易控制。适用于小批量生产。

2）盐浴渗碳：操作简单，渗碳时间短，可直接淬火；多数渗剂有毒，工件表面留有残盐，不易清洗，已限制使用。适用于小批量生产。

3）气体渗碳：生产效率高，易于机械化、自动化和控制渗碳质量，渗碳后便于直接淬火。适用于大批量生产。

各种渗碳的方式及渗碳剂的使用见表 4-72～表 4-74。

表 4-72　　钢的固体渗碳方式和渗碳剂的使用

渗剂及其质量分数(%)		使用方法与效果
Na_2CO_3	10	根据使用中催渗剂损耗情况，添加一定比例的新剂，混合均匀后重复使用
木炭	90	
$BaCO_3$	10	
木炭	90	
$BaCO_3$	15	新旧渗剂的比例为 3∶7，920℃渗碳层深 1.0～1.5mm 时，平均渗速为 0.11mm/h，表面碳质量分数为 1%
Na_2CO_3	5	
木炭	80	
Na_2CO_3	10	由于含碳酸钠(或醋酸纳钠)，渗碳活性较高，速度较快，表面碳浓度高；含有焦炭时，渗剂强度高，抗烧结性能好，适于深层的大零件
焦炭	30～50	
木炭	55～60	
重油	2～3	
Na_2CO_3	10	
焦炭	75～80	
木炭	10～15	
0.154mm 木炭粉	50	“603”渗碳剂，用作液体渗碳盐浴的渗剂
NaCl	5	
KCl	10	
Na_2CO_3	15	
$(NH_3)CO_3$	20	

表 4-73　　钢的盐浴渗碳方式和渗碳剂的使用

<table>
<tr><th colspan="2">盐浴质量分数(%)</th><th colspan="2">使用方法和效果</th></tr>
<tr><td>渗碳剂</td><td>10</td><td colspan="2">20Cr 在 920～940℃下的渗碳速度</td></tr>
<tr><td>NaCl</td><td>40</td><td>渗碳时间(h)</td><td>渗碳层深度(mm)</td></tr>
<tr><td>KCl</td><td>40</td><td>1</td><td>0.55～0.65</td></tr>
<tr><td>Na_2CO_3</td><td></td><td>2</td><td>0.90～1.00</td></tr>
<tr><td colspan="2" rowspan="2">（渗碳剂中含 0.154～0.280mm 木炭粉，质量分数为 70%，NaCl 质量分数为 30%）</td><td>3</td><td>1.40～1.50</td></tr>
<tr><td>4</td><td>1.56～1.62</td></tr>
<tr><td>Na_2CO_3</td><td>78～85</td><td colspan="2" rowspan="3">800～900℃渗碳 30min，总层深 0.15～0.20mm，共析层 0.07～0.10mm，硬度达 72～78HRA</td></tr>
<tr><td>NaCl</td><td>10～15</td></tr>
<tr><td>SiC</td><td>6～8</td></tr>
<tr><td>“603”渗碳剂</td><td>10</td><td colspan="2">在 920～940℃，装炉量为盐浴总量的50%～70%，20 钢随炉渗碳试棒的渗碳速度</td></tr>
<tr><td>KCl</td><td>40～45</td><td>保温时间(h)</td><td>渗碳层深度(mm)</td></tr>
<tr><td>NaCl</td><td>30～40</td><td>1</td><td>>0.5</td></tr>
<tr><td rowspan="2">Na_2CO_3</td><td rowspan="2">10</td><td>2</td><td>>0.7</td></tr>
<tr><td>3</td><td>>0.9</td></tr>
<tr><td>NaCN</td><td>4～6</td><td colspan="2" rowspan="3">低氰盐浴较易控制，渗碳零件表面含碳量较稳定，如 20CrMnTi 和 20Cr 钢齿轮零件在 920℃渗碳 3.8～4.5h，表面碳的质量分数为 83%～87%</td></tr>
<tr><td>$BaCl_2$</td><td>80</td></tr>
<tr><td>NaCl</td><td>14～16</td></tr>
</table>

表 4-74　　钢的气体渗碳方式和渗碳剂的使用

渗剂质量分数	使用方法
煤油，硫的质量分数在 0.04%者均可	滴入或用泵喷入渗碳炉内
甲醇与丙酮，或甲醇与醋酸乙酯按比例混合	
天然气主要成分为甲烷，含有少量的乙烷及氮气等	直接通入炉内裂解
工业丙烷及丁烷是炼油厂副产品	直接通入炉内或添加少量空气在炉内裂解
由天然气或工业内烷、丁烷或焦炉煤气与空气按一定比例混合后在高温下进行裂解	一般用吸热式气作运载气体，用天然气或丙烷作为富化气，以调整炉气碳势

（3）渗碳后的组织及热处理。零件渗碳后，其表面碳的质量分数可达0.85%～1.05%。含碳量从表面到心部逐渐减少，心部仍保持原来的含碳量。在缓冷的条件下，渗碳层的组织由表向里依次为：过共析区、共析区、亚共析区（过渡层）。中心仍为原来的组织。

渗碳只改变了工件表面的化学成分，要使其表层有高硬度、高耐磨性和心部良好的韧性相配合，渗碳后必须使零件淬火及低温回火。回火后表层显微组织为细针状马氏体和均匀分布的细粒渗碳体，硬度高达58～64HRC。心部因是低碳钢，其显微组织仍为铁素体和珠光体（某些低碳合金钢的心部组织为低碳马氏体及铁素体），所以心部有较高的韧性和适当的强度。

2. 钢的渗氮

（1）渗氮工艺及目的。渗氮是指在一定温度下，使活性氮原子渗入工件表面的化学热处理工艺。

渗氮的目的是为了提高零件表面硬度、耐磨性、耐蚀性及疲劳强度。

（2）渗氮的方法。常用的渗氮方法有气体渗氮和离子渗氮。

渗氮的方法和特点见表4-75。

表4-75　常用渗氮方法及特点

方法	工　艺	特　点
气体渗氮	将工件放在密闭的炉内，加热到500～600℃通入氨气（NH_3），氨气分解出活性氮原子 $2NH_3 \longrightarrow 2[N]+3H_2$ 活性氮原子被工件表面吸收，与工件表层Al、Cr、Mo等元素形成氮化物并向心部扩散，形成0.1～0.6mm的氮化层	渗氮层硬度高，工件变形小，工件渗气后具有良好的耐蚀性。但生产周期长，成本高
离子渗氮	在低于0.1MPa的渗氮气氛中利用工件（阴极）和阳极之间产生的辉光放电进行渗氮	除具气体渗气的优点外，还具有速度快，生产周期短，渗氮质量高，对材料适应性强等优点

3. 碳氮共渗

(1) 碳氮共渗及特点。碳氮共渗是指在一定温度下，将碳、氮同时渗入工件表层奥氏体中，并以渗碳为主的化学热处理工艺。

碳氮共渗的方法有：固体碳氮共渗、液体碳氮共渗和气体碳氮共渗。目前使用最广泛的是气体碳氮共渗，目的在于提高钢的疲劳极限和表面硬度与耐磨性。

气体碳氮共渗的温度为 820～870℃，共渗层表面碳的质量分数为 0.7%～1.0%，氮的质量分数为 0.15%～0.5%。热处理后，表层组织为含碳、氮的马氏体及呈细小分布的碳氮化合物。

1）碳氮共渗的特点：加热温度低，零件变形小，生产周期短，渗层有较高的硬度、耐磨性和疲劳强度。

2）用途：碳氮共渗目前主要用来处理汽车和机床上的齿轮、蜗杆和轴类等零件。

(2) 软氮化。软氮化是以渗氮为主的液体碳氮共渗。其常用的共渗介质是尿素[$(NH_2)_2CO$]。处理温度一般不超过 570℃，处理时间仅为 1～3h。与一般渗氨相比，渗层硬度低，脆性小。软氮化常用于处理模具、量具、高速钢刀具等。

4. 其他化学热处理

根据使用要求不同，工件还采用其他化学热处理方法。如渗铝可提高零件抗高温氧化性；渗硼可提高工件的耐磨性、硬度及耐蚀性；渗铬可提高工件的抗腐蚀性、抗高温氧化及耐磨性等。此外化学热处理还有多元素复合渗，使工件表面具有综合的优良性能。

三、钢的热处理分类及代号

参照 GB/T 12603—2005《金属热处理工艺分类及代号》，钢的热处理工艺分类及代号说明如下。

1. 分类

热处理分类由基础分类和附加分类组成。

(1) 基础分类。根据工艺类型、工艺名称和实现工艺的加热方法，将热处理工艺按三个层次进行分类，见表 4-76。

(2) 附加分类。对基础分类中某些工艺的具体条件进一步分类。包括退火、正火、淬火、化学热处理工艺的加热介质（见表 4-

77)；退火工艺方法（见表 4-78)；淬火介质或冷却方法（见表 4-79)；渗碳和碳氮共渗的后续冷却工艺，以及化学热处理中非金属、渗金属、多元共渗、熔渗四种工艺按渗入元素的分类。

表 4-76 热处理工艺分类及代号（GB/T 12603—2005）

工艺总称	代号	工艺类型	代号	工艺名称	代号
热处理	5	整体热处理	1	退火	1
				正火	2
				淬火	3
				淬火和回火	4
				调质	5
				稳定化处理	6
				固溶处理，水韧处理	7
				固溶处理+时效	8
		表面热处理	2	表面淬火和回火	1
				物理气相沉积	2
				化学气相沉积	3
				等离子体增强化学气相沉积	4
				离子注入	5
		化学热处理	3	渗碳	1
				碳氮共渗	2
				渗氮	3
				氮碳共渗	4
				渗其他非金属	5
				渗金属	6
				多元共渗	7

表 4-77 加热介质及代号

加热介质	可控气氛（气体）	真空	盐浴（液体）	感应	火焰	激光	电子束	等离子体	固体装箱	流态床	电接触
代号	01	02	03	04	05	06	07	08	09	10	11

表 4-78 退火工艺及代号

退火工艺	去应力退火	均匀化退火	再结晶退火	石墨化退火	脱氢处理	球化退火	等温退火	完全退火	不完全退火
代号	St	H	R	G	D	Sp	I	F	P

表 4-79　　淬火冷却介质和冷却方法及代号

冷却介质和方法	空气	油	水	盐水	有机聚合物水溶液	盐浴	加压淬火	双介质淬火	分级淬火	等温淬火	形变淬火	气冷淬火	冷处理
代号	A	O	W	B	Po	H	Pr	I	M	At	Af	G	C

2. 代号

(1) 热处理工艺代号。热处理工艺代号由以下几部分组成：基础分类工艺代号由三位数组成，附加分类工艺代号与基础分类工艺代号之间用半字线连接，采用两位数和英文字头做后缀的方法。热处理工艺代号标记规定如下：

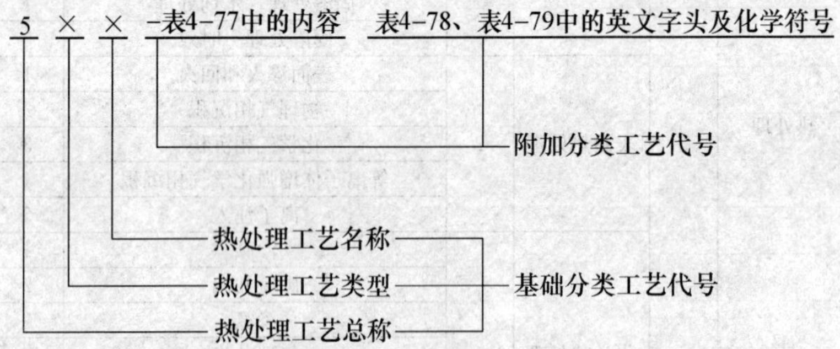

(2) 基础分类工艺代号。基础分类工艺代号由三位数组成，三位数均为 JB/T 5992.7—1992《机械制造工艺方法分类与代码　热处理》中表示热处理的工艺代号。第一位数字“5”为机械制造工艺分类与代号中表示热处理的工艺代号；第二、三位数分别代表基础分类中的第二、三层次中的分类代号。

(3) 附加分类工艺代号：

1) 当对基础工艺中的某些具体实施条件有明确要求时，使用附加分类工艺代号。

附加分类工艺代号接在基础分类工艺代号后面。其中，加热方式采用两位数字，退火工艺和淬火冷却介质和冷却方法则采用英文字头表示。具体代号见表 4-77～表 4-79 。

2) 附加分类工艺代号，按表 4-77～表 4-79 顺序标注。当工艺在某个层次不需要分类时，该层次用阿拉伯数字“0”代替。

3）当对冷却介质和冷却方法需要用表 4-79 中两个以上字母表示时，用加号将两或几个字母连接起来，如 H+M 代表盐浴分级淬火。

4）化学热处理中，没有表明渗入元素的各种工艺，如多元共渗、渗金属、渗其他非金属，可在其代号后用括号表示出渗入元素的化学符号。

（4）多工序热处理工艺代号。多工序热处理工艺代号用破折号将各工艺代号连接组成，但除第一工艺外，后面的工艺均省略第一位数字“5”，如 5151-33-01 表示调质和气体渗碳。

（5）常用热处理的工艺代号，见表 4-80。

表 4-80　　常用热处理工艺代号（参见 GB/T 12603—2005）

工艺	代号	工艺	代号
热处理	500	完全退火	511-F
可控气氛热处理	500-01	不完全退火	511-P
真空热处理	500-02	正火	512
盐浴热处理	500-03	淬火	513
感应热处理	500-04	空冷淬火	513-A
火焰热处理	500-05	油冷淬火	513-O
激光热处理	500-06	水冷淬火	513-W
电子束热处理	500-07	盐水淬火	513-B
离子轰击热处理	500-08	有机水溶液淬火	513-Po
流态床热处理	500-10	盐浴淬火	513-H
整体热处理	510	加压淬火	513-Pr
退火	511	双介质淬火	513-I
去应力退火	511-St	分级淬火	513-M
均匀化退火	5111-H	等温淬火	513-At
再结晶退火	511-R	形变淬火	513-Af
石墨化退火	511-G	气冷淬火	513-G
脱氢退火	511-D	淬火及冷处理	513-C
球化退火	511-Sp	可控气氛加热淬火	513-01
等温退火	511-I	真空加热淬火	513-02

续表

工艺	代号	工艺	代号
盐浴加热淬火	513-03	渗氮	533
感应加热淬火	513-04	气体渗氮	533-01
流态床加热淬火	513-10	液体渗氮	533-03
盐浴加热分级淬火	513-10M	离子渗氮	533-08
盐浴加热盐浴分级淬火	513-10H＋M	流态床渗氮	533-10
淬火和回火	514	氮碳共渗	534
调质	515	渗其他非金属	535
稳定化处理	516	渗硼	535(B)
固溶处理，水韧化处理	517	气体渗硼	535-01(B)
固溶处理＋时效	518	液体渗硼	535-03(B)
表面热处理	520	离子渗硼	535-08(B)
表面淬火和回火	521	固体渗硼	535-09(B)
感应淬火和回火	521-04	渗硅	535(Si)
火焰淬火和回火	521-05	渗硫	535(S)
激光淬火和回火	521-06	渗金属	536
电子束淬火和回火	521-07	渗铝	536(Al)
电接触淬火和回火	521-11	渗铬	536(Cr)
物理气相沉积	522	渗锌	536(Zn)
化学气相沉积	523	渗钒	536(V)
等离子体增强化学气相沉积	524	多元共渗	537
离子注入	525	硫氮共渗	537(S-N)
化学热处理	530	氧氮共渗	537(O-N)
渗碳	531	铬硼共渗	537(Cr-B)
可控气氛渗碳	531-01	钒硼共渗	537(V-B)
真空渗碳	531-02	铬硅共渗	537(Cr-Si)
盐浴渗碳	531-03	铬铝共渗	537(Cr-Al)
离子渗碳	531-08	硫氮碳共渗	537(S-N-C)
固体渗碳	531-09	氧氮碳共渗	537(O-N-C)
流态床渗碳	531-10	铬铝硅共渗	537(Cr-Al-Si)
碳氮共渗	532		

四、非铁金属材料热处理知识

1. 常用非铁金属材料的主要特性

常用非铁金属材料的主要特性见表 4-81。

表 4-81　　常用非铁金属材料的主要特性

序号	名称	主要特性
1	铜及铜合金	有优良的导电、导热性，有较好的耐蚀性，有较高的强度和好的塑性，易加工成材和铸造各种零件
2	铝及铝合金	密度小（约 2.7g/cm^3），比强度大，耐蚀性好，导电、导热、无铁磁性，反光能力强，塑性大，易加工成材和铸造各种零件
3	钛及钛合金	密度小（约 4.5g/cm^3），比强度大，高、低温性能好，有优良的耐蚀性
4	镍及镍合金	有高的力学性能和耐热性能，有好的耐蚀性以及特殊的电、磁、热胀等物理性能
5	镁及镁合金	密度小（约 1.7g/cm^3），比强度和比刚度大，能承受大的冲击载荷，有良好的切削加工和抛光性能，对有机酸、碱类和液体燃料有较高的耐蚀性
6	锌及锌合金	有较高的力学性能，熔点低，易加工成材及进行压力铸造
7	锡及锡合金、铅及铅合金	熔点低，导热性好，耐磨。铅合金耐蚀，密度大（约 11g/cm^3），X 射线和 γ 射线的穿透率低

2. 非铁金属材料的常用热处理规范

非铁金属材料的常用热处理规范见表 4-82。

表 4-82　　非铁金属材料的常用热处理规范

热处理类型		工艺方法	目的及应用
退火	均匀化退火	加热温度为合金熔化温度下 20～30℃，保温时间不宜过长，加热速度和冷却速度一般不作严格要求（有相变的合金必须缓冷）	铸造后或加工前用于消除应力、降低硬度和提高塑性

续表

<table>
<tr><th colspan="3">热处理类型</th><th>工艺方法</th><th>目的及应用</th></tr>
<tr><td rowspan="4">退火</td><td colspan="2">再结晶退火</td><td>加热温度高于再结晶温度，保温时间不宜过长，冷却可在空气中或水中进行，但有相变的合金不宜急冷</td><td>改变材料的力学性能和物理性能，在某些情况下是恢复到原来的性能</td></tr>
<tr><td rowspan="2">低温退火</td><td>回复退火</td><td>加热温度低于再结晶温度</td><td>消除应力</td></tr>
<tr><td>部分软化退火</td><td>加热温度在合金再结晶开始和终止温度之间</td><td>消除应力和控制半硬产品（HX6、HX4、HX2）的性能，避免应力腐蚀</td></tr>
<tr><td colspan="2">光亮退火</td><td>在保护气氛中或真空炉中退火
纯铜退火，气体中氢的体积分数不应超过3%</td><td>防止氧化，节省侵蚀经费，获得光亮表面
多用于铜和铜合金</td></tr>
<tr><td rowspan="3">淬火—时效</td><td colspan="2">淬火</td><td>加热温度高于溶解度曲线且接近于共晶温度或固相线温度，可采用快速加热，冷却一般采用水，有些合金（如铸造铝合金）也有采用油淬或其他淬火冷却介质</td><td>淬火和时效是提高非铁合金强度和硬度的一种有效方法（即可热处理强化），淬火和时效应连续进行，多用于铝、硅、镁和铝铜合金以及铍青铜</td></tr>
<tr><td rowspan="2">时效</td><td>自然时效</td><td>淬火后在室温下停留较长时间</td><td rowspan="2">对于淬火和时效效果不明显的合金（如黄铜、锡青铜和铝镁合金），工业上不采用热处理进行强化</td></tr>
<tr><td>人工时效</td><td>淬火后再将合金加热到100～200℃范围内保温一段时间</td></tr>
</table>

3. 铜合金的热处理规范

铜合金的热处理规范见表 4-83。

表 4-83　　铜合金的热处理规范

热处理类型	目的	适用合金	备注
退火（再结晶退火）	消除应力及冷作硬化，恢复组织，降低硬度，提高塑性 消除铸造应力，均匀组织、成分，改善加工性	除铍青铜外所有的铜合金	可作为黄铜压力加工件的中间热处理，青铜件毛坯的中间热处理。退火温度：黄铜一般为 500～700℃，铝青铜为 600～750℃，变形锡青铜为 600～650℃，铸造锡青铜约为 420℃
去应力退火（低温退火）	消除内应力，提高黄铜件（特别是薄冲压件）耐腐蚀破裂（季裂）的能力	黄铜，如 H62、H68、HPb59-1 等	一般作为机械加工或冲压后的热处理工序，加热温度为260～300℃
致密化退火	消除铸件的显微疏散，提高其致密性	锡青铜、硅青铜	—
淬火	获得过饱和固溶体并保持良好的塑性	铍青铜	铍青铜淬火温度一般为 780～800℃，水冷，硬度为 120HBW，断后伸长率可以达 25%～50%
淬火＋时效	淬火后的铍青铜经冷变形后再进行时效，更好地提高硬度、强度、弹性极限和屈服极限	铍青铜，如 QBe1.7、QBe1.9 等	冷压成形零件加热至 300～350℃，保温 2h，铍青铜抗拉强度可达到 1250～1400MPa，硬度为 330～400HBW，但断后伸长率仅为 2%～4%

续表

热处理类型	目的	适用合金	备注
淬火＋回火	提高青铜铸件和零件的硬度、强度和屈服强度	QAl9-2、QAl9-4、QAl10-3-1.5，QAl10-4-4	—
回火	消除应力，恢复和提高弹性极限	QSn6.5-0.1、QSn4-3、QSi3-1、QA17	一般作为弹性元件成品的热处理工序
	稳定尺寸	HPb59-1	可作为成品的热处理工序

第五章

机修钳工作业准备

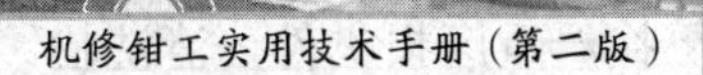

作为机修钳工，首先必须了解其工作任务、场地设置原则及有关工艺规范；能正确使用机修常用设备、工具、量具与器具；此外，还要注重安全操作，并做好必要的作业准备。

第一节 机修钳工工作任务及技能要求

机修钳工是以手工操作为主，对各类动力机械（如柴油机、汽油机、蒸汽机、水轮机和燃气轮机等）和工作机械（如空气压缩机、压力机、轻工机械及大量的金属切削机床等）进行维护保养、故障诊断及排除、修理、改装或安装调试等，以确保其正常运转的一个工种。有机械设备工作的场所就有机修钳工。机修钳工在国民经济各行各业的生产中发挥着至关重要、不可替代的作用。

一、机修钳工的工作任务

机修钳工所承担的工作任务有如下几个方面：

(1) 大修。将设备全部解体，修理基准件，更换和修理磨损件，刮研或磨削全部导轨面，全面消除缺陷，恢复设备原有精度、性能和效率，接近或达到出厂标准。

(2) 中修。将设备局部解体、修复或更换磨损机件，校正各零部件间的一些不协调环节，调整坐标以恢复并保持设备的精度、性能、效率。

(3) 小修。清洗设备，部分拆检零、部件，更换和修复少量磨损件，调整、紧定机构，保证设备能满足生产工艺要求。

(4) 二级保养。以机（电）修工人为主，操作工人为辅，对设备进行部件解体检查和修理，修复或更换严重磨损机件，清洗检查，恢复局部精度达到工艺要求。

（5）项修。针对精、大、稀设备进行大修。需要投入一定的人力、物力和财力，而且还需要较长停台时间，对设备进行分部修理，使其处于完好状态，满足工艺要求。

（6）定期性的精度检查与精度调整。对精密机床和担负关键加工工序的重点设备，特别是高精度设备，除计划检修外，还要在修理间隔对其进行定期的精度检查。若发现超差或异常现象，则进行调校；如需刮研或更换较大零件才能调校精度，在不影响加工质量的情况下，可在最近一次计划修理时消除。

（7）故障修理。设备临时损坏而组织的修理。

（8）事故修理。设备发生了事故而进行的修理。

（9）设备改装。为了解决设备的两种磨损（自然磨损和无形磨损），特别是无形磨损（技术老化），采用先进的、成熟可靠的新技术、新材料、新工艺，对老设备进行合理、经济、实用及有效的改造，以便满足生产发展的需要。

（10）新设备的安装、调试。即对更新或新增的设备进行安装、调试，直至验收投入使用。

二、机修钳工的技能要求

随着科学技术的迅速发展，高精度、高自动化、多功能、高效率的先进机械设备不断涌现，应用这些机械设备的现代化生产节拍也愈来愈快。随之而来的，是对修理这些机械设备的技术含量、复杂程度及可能永远不能取代的刮研、研磨、划线、矫正等手工操作技能的要求也就会愈来愈高。这就必然要求承担上述工作任务的机修钳工应具有更准、更快、更强的分析、判断能力，在实际操作中真正做到得心应手、游刃有余，以求得手到病除、立竿见影的最佳效果。

因此，机修钳工应具备扎实的理论基础、丰富的专业知识和高超的操作技能，而且知识与技能要珠联璧合、水乳交融，要与时俱进。

第二节　机修钳工工作场地及其合理布局

一、机修钳工工作场地设置原则和有关规范

（一）设置原则

机修钳工的工作场地设置应以安全、文明生产、提高劳动生产效率为总原则。即场地要有合理的工作面积、常用设备布局安全、合理，工作场地远离震源、没有振动、照明符合要求、道路畅通、通行门尺寸满足设备进出要求，起重、运输设施安全可靠。

（二）有关规范

（1）工作场地应保持安全、整洁，不应有垃圾、油污和切屑。工作结束后，场地要及时整理、清扫。

（2）能源要安全、可靠。电源要有保险箱或保险罩，使用时要有标识。气源、水源要求无泄漏。

（3）使用的工具、器具、量具要定置，摆放要整齐，不要堆放、混放，以防损坏和取用不便，用后要清洁、整理。

（4）起重、吊运零件要遵守操作规程。

（5）常用的设备应有安全设施。设备用后要清理，定期、及时保养。

（6）工作场地的零件摆放要有规则。大件摆放要平稳、安全，小件的摆放要整齐有序，避免碰伤已加工的零件表面。零件摆放要便于存、取、起吊。

二、机修钳工常用的设备、工具、量具

机修钳工常用的设备与器具很多，如孔加工设备、起重设备、清洗设备、轴承加热设备等，见本书第九章。常用工具有划线工具，錾削工具，锉削工具、锯削工具；孔加工用的各种麻花钻、锪钻和铰刀；攻螺纹、套螺纹用的各种丝锥、板牙和铰杠，刮削用的各种平面刮刀和曲面刮刀；拆卸、装配机械设备用的各种装配工具等，见本书第六章和第十章。常用的量具有游标卡尺、千分尺、钟面式百分表、游标万能角度尺、水平仪、塞尺、方规、钢直尺等，见本书第七章。

机修钳工常用设备、器具的规格、性能、用途、使用和维护保

养方法将在本书第七～九章中介绍。下面主要介绍钳桌和台虎钳。

（一）钳桌

主要用来安装台虎钳、放置工具和工件等的钳工操作台，如图5-1所示。钳桌高度为800～900mm，以方便钳工工作。正面的挂图架可放置装配图及零件图。桌内可定置摆放常用工具。有的钳桌还配有照明灯具。

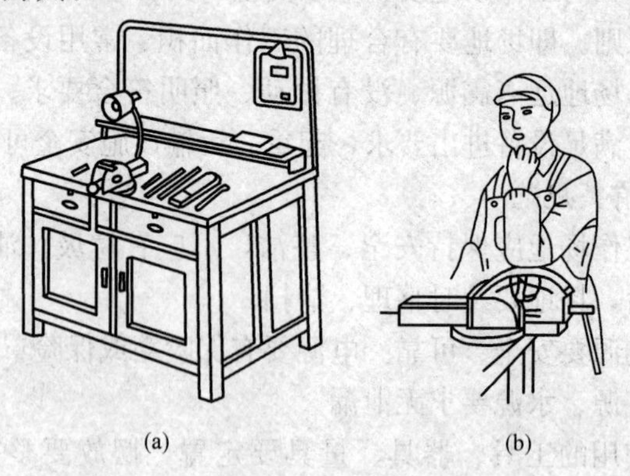

图5-1　钳桌及虎钳的适宜高度

(a) 钳桌；(b) 台虎钳

（二）台虎钳

台虎钳是用来夹持工件的通用夹具，分固定式和回转式两种。图5-2（a）为回转式台虎钳外形图，图5-2（b）为结构图。

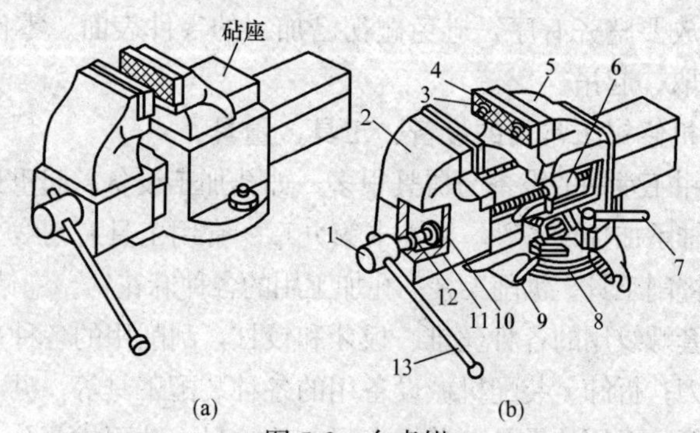

图5-2　台虎钳

(a) 外形；(b) 结构

1—丝杆；2—活动钳身；3—螺钉；4—钳口；5—固定钳身；6—螺母；7、13—手柄；8—夹紧盘；9—转座；10—销；11—挡圈；12—弹簧它的主体部分用铸铁制造，由固定钳身 5 和活动钳身 2 组成。活动钳身通过方形导轨与固定钳身的方孔导轨配合，可作前后滑动。丝杠装在活动钳身上，可以旋转，但不能轴向移动，它与安装在固定钳身内的螺母 6 配合。当摇动手柄 13 使丝杠旋转时，便可带动活动钳身相对固定钳身作进退移动，起夹紧或放松工件的作用。弹簧 12 靠挡圈 11 和销 10 固定在丝杠上，当放松丝杠时，能使活动钳身在弹簧力的作用下及时退出。在固定钳身和活动钳身上各装有钢质钳口 4，并用螺钉 3 固定，钳口的工作表面刨有交叉的网纹，使工件夹紧后不易产生滑动，钳口经热处理淬硬，具有较好的耐磨性。固定钳身装在转座 9 上，并能绕转座轴心线转动，当转到所需位置时，扳动手柄 7 使夹紧螺钉旋紧，便可在夹紧盘 8 的作用下把固定钳身紧固。转座通过三个螺栓与钳台固定。台虎钳的规格以钳口的宽度表示，有 100mm、125mm、150mm 等几种。台虎钳安装在钳台时，必须使固定钳身的钳口处于钳台边缘以外，以保证能垂直夹持较长工件。

第三节　机修钳工作业准备

一、设备与器具的合理安置

（1）钳台要放在便于工作和光线适宜的位置。

（2）工具、辅具、量具、器具箱应安置在钳台附近，方便取放。

（3）钻床、砂轮机应安置在工作场地的边沿地带，以保证生产的安全。

（4）零件清洗箱、手压机等应安置在方便工作且安全的地点，如钳台的附近。

（5）零件摆放架应置于便于装配，存取零件方便的位置。

（6）起重设备的摆放根据自己的具体情况，既合理安全，又要方便工作。

二、操作的安全知识

（一）基本操作安全知识

（1）钳台上的台虎钳安装要牢靠，钳台要配装安全网。台虎钳装夹工件时应用手扳动手柄、不要用锤子敲击手柄或随意套上长管扳手柄。台虎钳的丝杆、螺母和其他活动表面要时常加油并保持清洁。

（2）使用砂轮机应在启动后待砂轮转动正常后再进行磨削，磨削时要防止刀具或工件与砂轮发生剧烈的撞击或施加过大的压力，砂轮表面跳动严重时，应及时用修正器修整，砂轮机的搁架与砂轮外圆间的距离一般保持在 3mm 以内。操作者使用砂轮机时应站在砂轮的侧面或斜侧面。

（3）常用的机械设备要合理使用，经常维护保养，发现问题及时报修。

（4）集体作业时，要互相配合、互相关心，协调工作。

（5）起重、搬运、吊装较大工件或精度较高的工件时，应尽量以专职起重人员为主，避免发生不安全事故。

（6）使用的电动工具要有绝缘保护及安全接地。

（7）使用的工器具、量器具应分类依次整齐地排列，常用的放在工作位置附近，但不要放在钳台的左边缘处。精密量具要检验后使用，轻取轻放，用后擦净，合理保护。工具在工具箱内应固定位置、整齐安放。

（8）工作场地应保持整洁、安全。

（二）钻孔操作安全知识

钻床主要用来对工件进行各类圆孔的加工，常见的有台钻，立钻，摇臂钻等。钻孔属于机械操作，有一定的危险性，使用时应注意如下事项。

（1）操作钻床时不可戴手套，袖口必须扎紧，女性和长发男性必须戴工作帽。

（2）工件必须夹紧，特别在小工件上钻较大直径孔时装夹必须牢固。孔将钻穿时，要尽量减小进给力。

（3）开动钻床前，应检查是否有钻夹头钥匙或斜铁插在钻轴上。

（4）钻孔时不可用手和棉纱头或用嘴吹来清除切屑，必须用毛刷清除。钻出长的切屑时可用钩子钩断后除去。

（5）操作者的头部不准与旋转的主轴靠得太近。停车时应让主轴自然停止，不可用手刹住。

（6）严禁在开车状态下装拆工件。检验工件时必须在停车状态下进行。

（7）清洁机床或加油润滑时，必须切断电源。

三、机修钳工作业准备

（一）机械设备基础施工技术

1. 地基基础的要求

地基基础直接影响机床设备的床身和立柱等到基础件的几何精度、精度的保持性以及机床的技术寿命等。因此对设备的基础应作如下要求。

（1）具有足够的强度和刚度，避免自己的振动和不受其他振动和影响（即与周围的振动绝缘）。

（2）具有稳定性和耐久性，防止油水浸蚀，保证机床基础局部不下陷。

（3）机床的基础，安装前要进行预压。预压重量为自重和最大载重总和的 1.25 倍。且预压物应均匀地压在地基基础上。压至地基不再下沉为止。

2. 对地基质量的要求

地基的质量是指它的强度、弹性和刚度的符合性。其中强度是较主要的因素，它与地基的结构及基础埋藏深度有关。若强度较差，引起地基发生局部下沉，则将对机床的工作精度有较大影响。所以一般地质强度要求以 $5t/m^2$ 以上为标准。如有不足，需用打桩等方法来加强。刚度、弹性也会通过机床间接影响刚性工件的加工精度。

3. 对基础材料的要求

对于 10t 以上的大型设备基础的建造材料，从节约费用的角度出发，在混凝土中允许加入质量分数为 20％的 200 号块石。在高精度机床安装过程中，由于地基振动成了影响其精度的主要因素之一，所以必须安装在单独的块型混凝土基础上。并尽可能在四周设防振槽，防振层一般均填粗砂或掺杂以一定数量的炉渣。

4. 对基础的结构要求

虽然基础越厚越好，但考虑到经济效果，基础厚度以能满足防振荡和基础体变形的要求为原则。大型机床基础厚度一般为 1～2.5m。基础厚度可用下式计算

$$B=(0.3\sim0.6)L$$

式中 B——基础厚度，m；

L——基础长度，m。

12t 以上大型机床，在基础表面 30～40mm 处配置直径为 $\phi6\sim\phi8$mm 的钢筋网。特长的基础其底部需配置钢筋网，方格间距为 100～150mm。

长导轨机床的地基结构，一般应沿着长度方向做成中间厚两头薄的形状，以适应机床重量的分布情况。对于像高精度龙门导轨磨床类的大型、精密机床，基础下层还应填以 0.5m 的细砂和卵石掺少量水泥，作为弹性缓冲层。

5. 对基础荷重及周围重物的要求

大型机床的基础周围经常放置或运走大型工件及毛坯之类的重物，必然使基础受到局部影响而变形，引起机床精度的变化。为了解决这一问题，在进行基础结构设计时，应考虑基础或多或少受到这些因素的影响。另外，新浇铸的基础结构，混凝土强度变化大，性能不稳定，所以施工后一个月最好不要安装机床。在安装后一年内，至少要每月调整一次精度。

6. 对基础抗振性的要求

机床的固有频率通常为 20～25Hz，振幅在 0.2～1μm 范围内。在车间里，由于天车通过时会通过梁柱这个振源影响到机床，所以，精密机床应远离梁柱或采取隔振措施。

（二）清理与洗涤

设备修理工作中的清理和洗涤是指对拆卸解体后及装配前零件表面的油污、锈垢等脏物进行清洁、整理和用清洗剂进行洗涤。由于零件表面油污、锈垢的存在，看不清零件的磨损痕迹和其他的破损缺陷，无法对零件的各部尺寸、形位精度作出正确的判断，无法制订正确的设备修理方案。在进行设备拼装时，零件表面的灰尘、

油污和杂物等也将直接影响装配质量。因此，必须对设备拆卸后及装配前的零件进行清理和洗涤。

1. 清理与洗涤范围

（1）鉴定前的清洗。为了准确地判断零件的破损形式和磨损程度，对拆后零件的基准部位和检测部位必须进行彻底的清洗。这些部位清洗不净，就不能制定出正确的修理方案，甚至由于未发现已经产生的裂纹而造成隐患。

（2）装配前的清洗。影响装配精度的零件表面的杂物、灰尘要认真地洗涤。如果清洗不合格，则会导致机械的早期磨损或事故损坏。

（3）液压件、气动元件及各类管件也属清洗范围。这类零件清洗质量不高将直接影响工作性能甚至完全不能工作。

2. 清洗液的种类和特点

清洗液可分为有机溶液和化学清洗液两类。

有机溶液包括煤油、柴油、工业汽油、酒精、丙酮、乙醚、苯及四氯化碳等。其中，汽油、酒精、丙酮、乙醚、苯、四氯化碳的去污和去油能力都很强，清洗质量好、挥发快，适用于清洗较精密的零部件，如光学零件、仪表部件等。

煤油和柴油同汽油相比，清洗能力不及汽油，清洗后干燥也较慢，但比汽油使用安全。

化学清洗液中的合成清洗剂具有对油脂、水溶性污垢良好的清洗能力，且无毒、无公害、不燃烧、不爆炸、无腐蚀、成本低、节约能源，正在被广泛地利用。

碱性溶液是氢氧化钠、磷酸钠、碳酸钠及硅酸钠按不同的含量加水配制的溶液。用碱溶液清洗时应注意：①油垢过厚时，应先将其擦除；②材料性质不同的工件不宜放在一起清洗；③工件清洗后应用水冲洗或漂洗干净，并及时使之干燥，以防残液损伤零件表面。

3. 清洗的方法

零件的清洗包括除油、除锈和除垢等。

（1）除油。有如下三种方法：

1）有机溶剂除油。一般拆后零件的清洗常采用煤油、汽油、轻柴油等有机溶剂。使用有机溶剂可以溶解各种油、脂，不损坏零件，又不需要特殊要求和特殊设备，成本不高，操作简易。对有特殊要求的贵重仪表、光学零件，还可用酒精、丙酮、乙醚、苯等其他有机溶剂。

2）金属清洗剂除油。特点是采用合成洗涤剂代替传统的洗涤剂，通过浸洗或喷洗对零件进行洗涤。也可采用超声波清洗。

3）碱溶液除油。特点是在单一的碱溶液中再加入乳化剂，然后用来对零件进行浸洗或喷洗。由于碱对金属有腐蚀作用，所以较活泼的有色金属不宜用强碱清洗。清洗后的零件要用热水冲净、晾干，避免残留碱液腐蚀零件。

（2）除锈。有如下三种方法：

1）机械除锈法。用钢丝刷、刮刀、砂布等工具或用喷砂、电动砂轮、电动钢丝轮等方法对零件表面的锈蚀进行去除。

2）化学除锈法。用酸洗的方法去除零件表面呈碱性的氧化物锈斑。

3）电化学除锈。在化学除锈的溶液内通以电流，可加快除锈速度、减少基体金属腐蚀及酸消耗量。

（3）清除污垢。设备长期使用后，基础件内积存的切屑、磨屑、润滑油污、冷却水污等也必须进行清理和除垢。清除时，不应乱扔乱倒。废弃损耗系统用油应回收再利用，废黄甘油可用木锯屑和擦布清理后，再用煤油清洗、擦布擦净。

4. 注意事项

（1）碱溶液清洗的零件干燥后，应涂以全损耗系统用油保护，防止生锈。

（2）有色金属、精密零件不宜采用强碱溶液浸洗。

（3）洗涤及转运过程中，注意不要碰伤零件的已加工表面。

（4）洗涤后要注意使油路、通道等畅通无阻，不要因掉入污物或沉积污物而影响装配质量。

第六章

机修钳工基本操作

作为机修钳工，首先要求掌握划线、錾削、锉削、锯削、钻孔、锪孔、铰孔、攻螺纹、套螺纹、刮削、研磨、矫正及弯形等钳工的基本操作技能。

第一节 划 线

一、划线的定义、目的和分类

在毛坯或半成品工件上用划线工具按要求划出所需的点、线，用以表示工件要加工的部位和界限，这种操作称为划线。

划线的目的，是为机械加工提供可靠的依据，检查毛坯外形尺寸是否符合要求及借料划线挽救有缺陷的毛坯。机修钳工常用的装配划线需在划线工作的基础上，阅读装配图，从装配图中找出划线工件与相关工件的装配关系，从而划出加工部位界限的正确位置。

划线分平面划线和立体划线。平面划线是在工件的同一表面上进行的划线。立体划线是在工件的几个不同方向的表面上进行的划线。机修钳工在工作中常采用配划线和仿形划线。

二、划线常用的工具

（一）主要划线工具

用来在工件上直接划线的工具，包括划针、划规、划卡、划线盘、高度游标卡尺、样冲和锤子等，如图 6-1 所示。

（1）划针。一般用 $\phi3$～$\phi4$mm、长约 250mm 的弹簧钢丝，一端磨成 15°～20°尖角或尖角部焊上硬质合金制成，如图 6-1（a）所示。划针常用来与钢直尺、90°角尺或样板等工具配合使用进行划线。

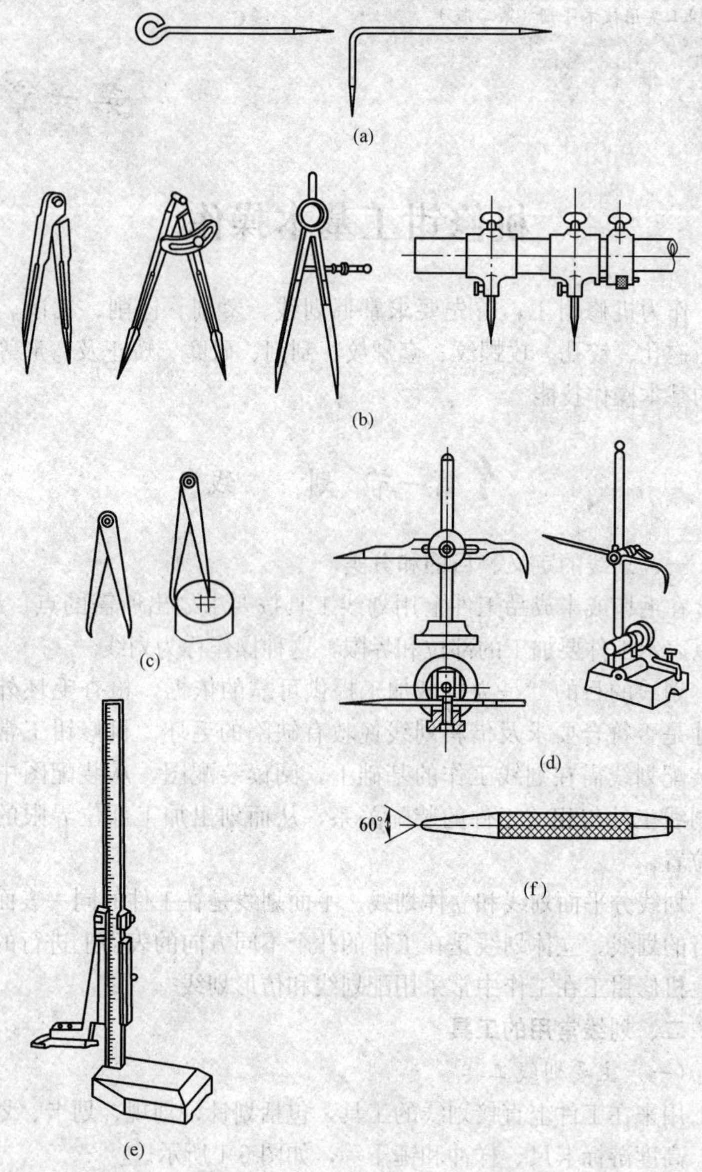

图 6-1　划线工具

（a）划针；（b）划规；（c）划卡；（d）划线盘；（e）高度游标卡尺；（f）样冲

（2）划规。用工具钢或中碳结构钢制成，在两脚尖处焊上硬质合金，如图 6-1（b）所示。划规常用来划圆、圆弧、等分线段、等分角度及量取尺寸。大尺寸划规又称滑杆划规，是专门用来划直径超过 250mm 圆或圆弧的。

（3）划卡。如图 6-1（c）所示，在不使用分度头的情况下找圆柱形工件的圆心，划卡是一种方便的工具。使用时，要注意划卡的弯脚离工件端面的距离应保持每次相同，否则所求中心偏差较大。

（4）划线盘。如图 6-1（d）所示，用于找正工件的位置及划线。

（5）高度游标卡尺。如图 6-1（e）所示，也是一种直接划线工具，读数值一般为 0.02mm。

（6）样冲。如图 6-1（f）所示，它是用来在零件划好的线上打出一些小而均匀的冲眼作标记，防止工件在搬运、装夹和加工过程中将划好的线抹掉。打出的中心点冲眼也便于划圆和圆弧及钻孔时钻头对准中心。

（二）辅助划线工具

辅助划线工具是用来支撑工件、夹持工件，量取长度值和角度值的。主要包括划线平板（划线平台）、钢直尺、方箱、分度头、90°角尺、V 形块、C 形夹头、千斤顶和各种垫铁等。

（1）划线平板。如图 6-2 所示，其工作表面主要用来放置和支撑工件，表面精度一般为 3 级。铸铁平板经精刨加工即可满足此项要求。

（2）方箱、90°角尺、分度头和 V 形块。如图 6-3～图 6-6 所示，它们都是用来夹持工件进行划线的。

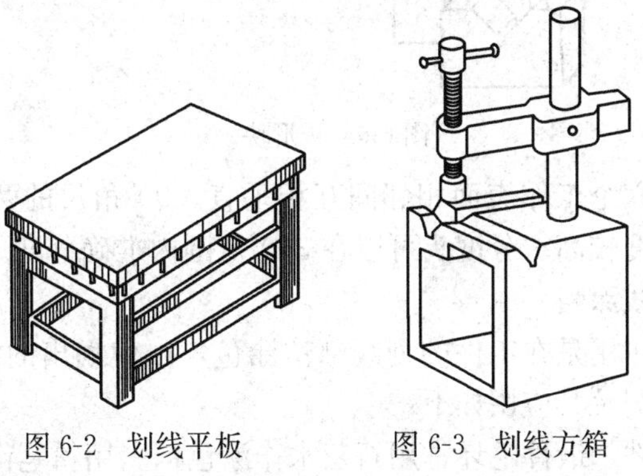

图 6-2 划线平板　　图 6-3 划线方箱

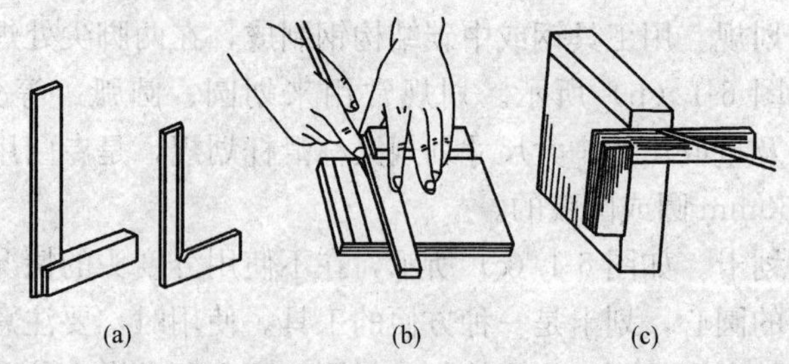

图 6-4　90°角尺及其应用

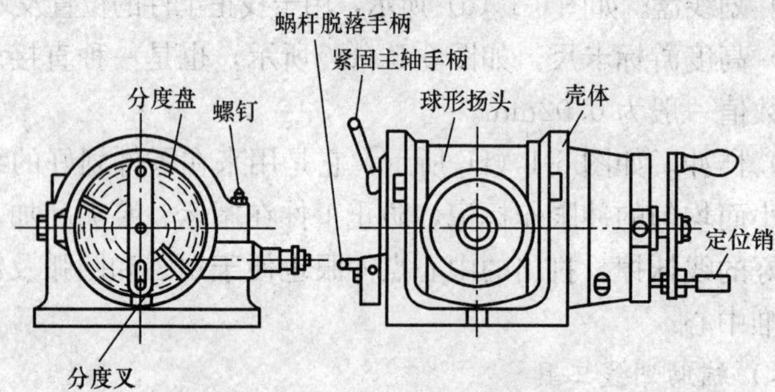

图 6-5　分度头

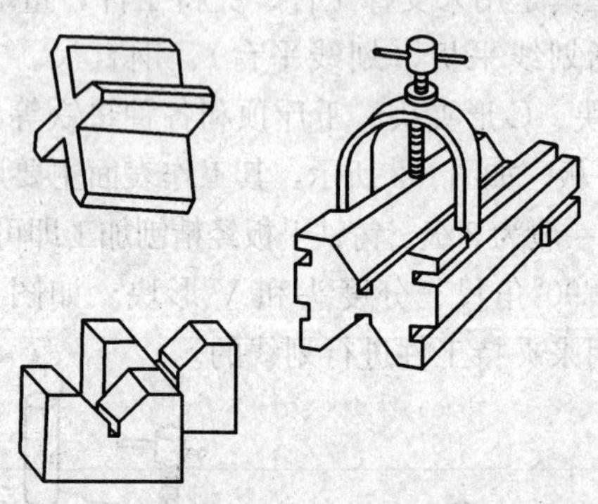

图 6-6　V 形块

方箱的六个工作表面相邻间互相垂直。90°角尺的两个工作平面垂直度精度较高。分度头可以在 360°范围内准确分度。

三、划线涂料

涂料的作用是在工件的划线部位涂色，以使划出的线条醒目。常用的涂色剂及其应用如下：

（1）铸件、锻件毛坯常用石灰水作涂色剂。用粉笔作涂色剂也很方便。

(2) 已加工表面常用酒精溶液加蓝色漆片作涂色剂。这种涂色剂涂覆均匀、吸附力强、干得快，还可以用酒精擦掉。

四、划线基准的确定原则

划线时，工件上用来确定其他点、线、面位置所依据的点、线、面称为划线基准。

划线基准的确定遵循如下原则：

(1) 划线基准应与设计基准一致。

(2) 配划基准是配划件的装配基准。

(3) 选择已精加工并且加工精度最高的边、面或有配合要求的边、面、外圆、孔槽和凸台的对称线。

(4) 选择较长的边或相对两边的对称线或是较大的面或相对两面的对称线。

(5) 选择便于支承的边、面或外圆。

(6) 选择较大外圆的中心线。

(7) 补充性划线时，要以原有的线或有关的装夹部位为基准。

(8) 在薄板材上选择划线基准时，要考虑节约用料、便于剪裁以及工艺文件上材料轧制方向的具体要求。

五、划线前的准备工作

划线前的准备工作包含以下内容。

(一) 清理毛坯

要求如下：

(1) 铸件毛坯应先对残余型砂、毛刺、浇口及冒口进行清理、錾平，并且锉平划线部位的表面。

(2) 锻件毛坯应将氧化皮除去。对于“半成品”的已加工表面，若有锈蚀，应用钢丝刷将浮锈刷去。修钝锐边、擦净油污。

(二) 确定划线基准

确定划线基准的方法有如下 3 种：

(1) 以两个相互垂直的平面（或直线）为基准，如图 6-7 所示。

这个零件的高度方向的尺寸 15、30、35、50、70 等是以底面

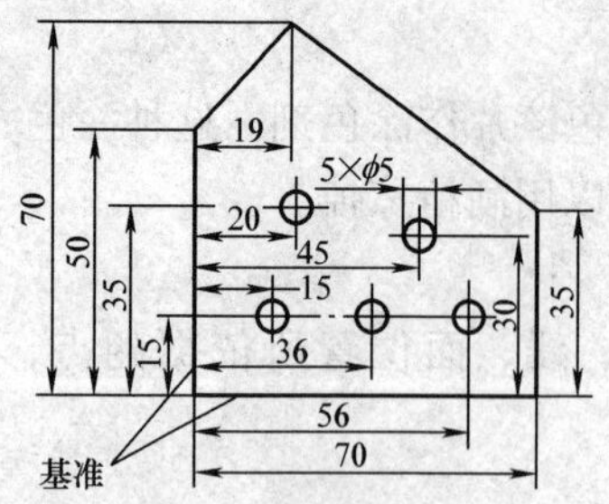

图 6-7　以垂直平面为基准

为基准的，长度方向的尺寸 15、19、20、36、56、70 是以左端面为基准的。因此，应以底平面和左面两个相互垂直的平面为划线基准。

（2）以一个平面（或直线）和一条中心线为基准，如图 6-8 所示。该零件宽度方向的尺寸 41±0.15、$55_{-0.4}^{\ 0}$以中心线为对称轴，而高度方向的尺寸 20±0.15、40±0.15、$825_{-0.5}^{\ 0}$是以底面为基准，因此应选底平面和中心线分别为零件两个方向上的划线基准。

（3）以两条相互垂直的中心线为基准，如图 6-9 所示。在图示零件中，零件的两个方向上的尺寸都是以其中心线为对称轴，因此应选水平中心线和垂直中心线为该零件两个方向上的划线基准。

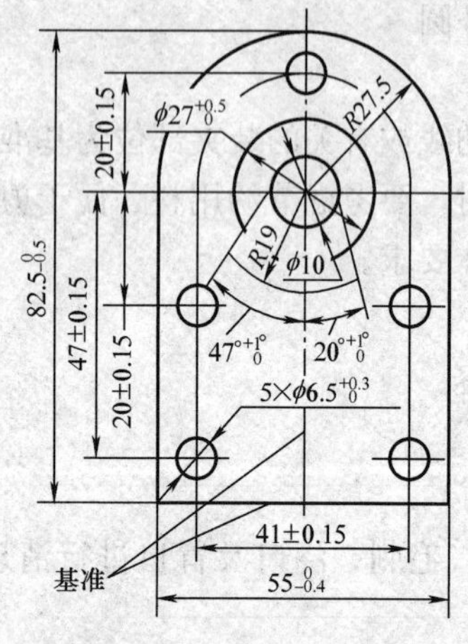

图 6-8　以底平面和中心线为基准

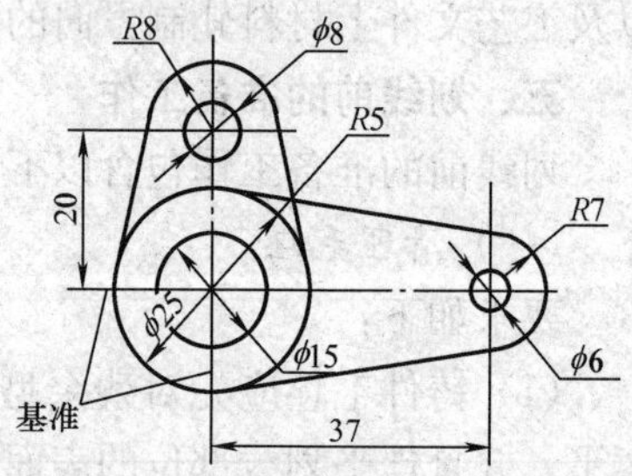

图 6-9　垂直中心线为基准

（三）其他准备工作

（1）确定借料的方案。

（2）加塞块。为了划出孔的中心，在孔中要安装中心塞块和铅塞块，大孔用中心架。

（3）涂涂料。划线部位清理后应涂上涂料，涂料要涂得薄而均匀。

（4）刃磨划针。尺磨划针针尖，同时清理划针表面，保持其干净。

六、划线工作

（一）划直线的步骤和方法

1. 用划针划纵直线

在平板上划直线时，应选好位置后，用左手紧紧按住钢尺。划线时，针尖要贴于钢直尺的直边，上部向外侧倾斜 15°～20°，向划线运动方向倾斜 45°～75°，如图 6-10 所示。划线一定要用力适当，一次划成，不要重复划同一条线。

在圆柱形工件上划与轴线平行的直线时，可用角钢来划，如图 6-11 所示。

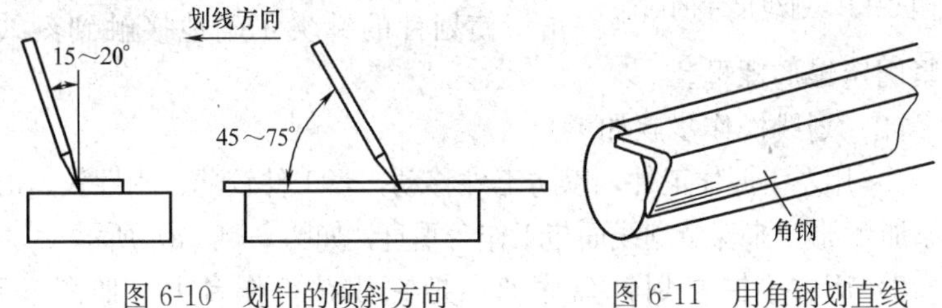

图 6-10　划针的倾斜方向　　图 6-11　用角钢划直线

2. 用划针划横直线

如图 6-12 所示，其操作步骤如下：

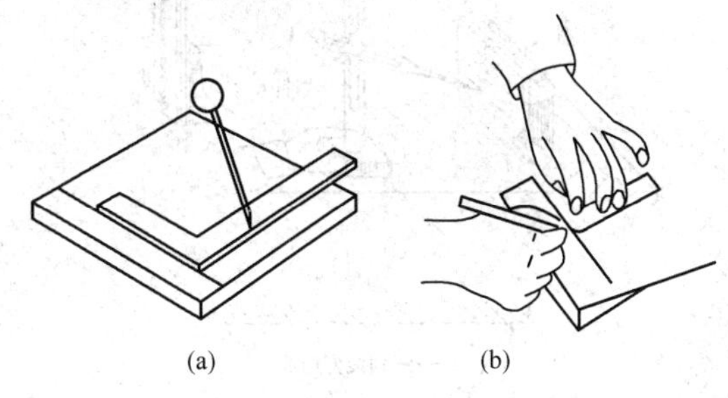

图 6-12　划横直线的方法

（1）选好位置后，角尺边紧紧靠住基准面。

（2）左手紧紧握住钢尺。

（3）划线时，从下向上划线，方法与划纵直线相同。

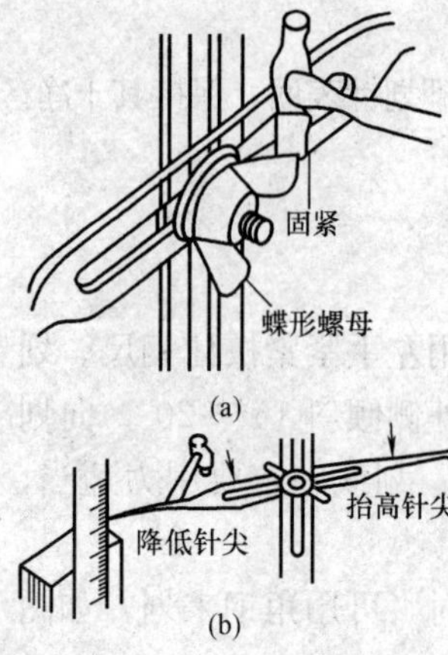

图 6-13　划线尺寸的取法

3. 用划针盘划直线

其步骤分为两个方面。

（1）取划线尺寸。如图 6-13 所示，操作步骤如下：

1）松开蝶形螺母，针尖稍向下对准，并刚好接触到钢尺的刻度。

2）用手旋紧蝶形螺母，然后用小锤轻轻敲击固紧，如图 6-13（a）所示。

3）进行微调时，使划针紧靠钢尺刻度，如图 6-13（b）所示。用左手紧紧按住划针盘底座，同时用小锤轻轻敲击，使划针的针尖正确地接触到刻线，再紧固定蝶形螺母。

（2）划线操作步骤如下：

1）用左手握住工件，以防工件移动，当工件较薄、刚性较差时，可添加 V 形块来保持划线面与工作台垂直，如图 6-14（a）所示。

2）用右手握住划针盘底座，把它放在工作台上，如图 6-14（a）所示。

3）使划针向划线方向倾斜 15°，如图 6-14（b）所示。

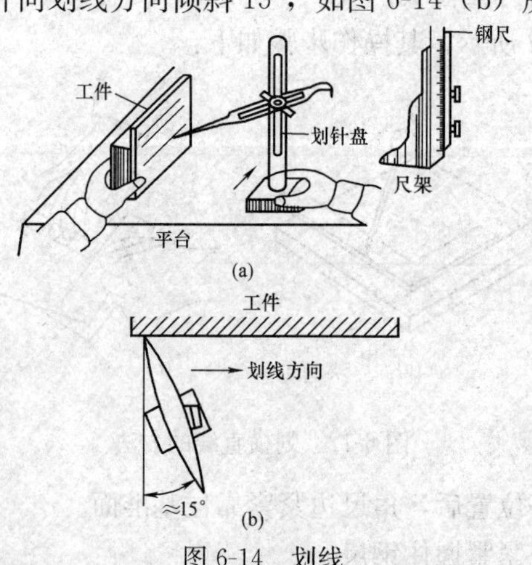

图 6-14　划线
（a）操作示意图；（b）划针倾斜角度

4）按划线方向移动划针盘，使针尖在工件表面划出清晰的直线。

（二）划圆的步骤和方法

（1）检查圆规的脚尖是否有磨损，若有则应用磨石磨尖。

（2）划线找圆心。

（3）在找到的圆心处打样冲眼。

（4）调整圆规，将圆规张开至所需要的尺寸。

（5）将圆规脚尖对准工件样冲眼，划圆。

（三）划线的步骤

（1）把工件夹持稳当，调整支承，找正。

（2）先划基准线和位置线，再划加工线，最后划圆、弧线和曲线。

（3）立体工件按上述方法进行翻转放置，依次划线。

七、划线注意事项

（1）划线过程中，零件的摆放要可靠。

（2）划线工具不要置于划线平台边缘，以免工具碰落伤脚。

（3）配划位置印记要清晰，配划位置加工界限要准确。

第二节 锯 削

用手锯把材料切断、分割或在工件上锯出窄槽等工作称为锯削。锯削的工作实例如图 6-15 所示。

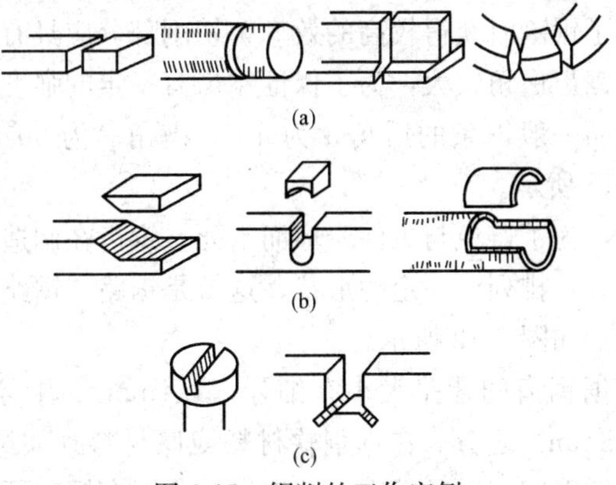

图 6-15 锯削的工作实例

（a）锯断各种原材料；（b）锯去多余部分；（c）在工件上锯出沟槽

一、手锯

（一）手锯的组成

手锯是手工切割的切削工具，由锯弓和锯条两部分组成。锯弓用来安装锯条，它有可调式和固定式两种，如图 6-16 所示。

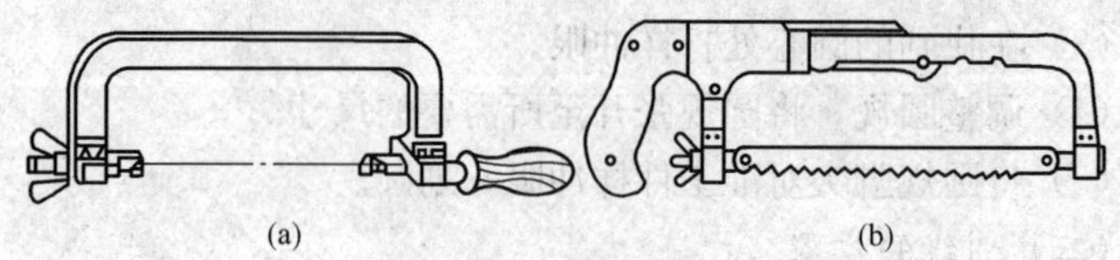

图 6-16　锯弓的构造
(a) 固定式；(b) 可调节式

固定锯弓只能安装一种长度的锯条；可调式锯弓上有几个凹口，通过调整可安装几种长度的锯条，锯弓两端各有一个夹头，一端固定，一端可少量调节。安装时，将锯条孔套在两夹头的销子上，并和锯弓上的平面靠住，再旋紧翼形螺母就可把锯条拉紧。可调式锯弓的锯柄形状便于用力，所以使用广泛。

（二）锯条

锯条是手锯的重要组成部分，一般用碳素工具钢或合金工具钢制成，并经热处理淬硬。它在锯削时起切削作用。锯条长度以两端安装孔的中心距的数值来表示。钳工常用的锯条长度为 300mm。

锯条的切削部分是由许多锯齿组成的，相当于一排同样形式的切断刀。为了锯割时获得较高的效率，切削部分应具有足够的容屑槽，因此，锯齿后角较大，为了保证锯齿有一定的强度，楔角也不应过小。因而一般锯条的后角 α 为 40°，楔角 β 为 50°，前角 γ 为 0°，如图 6-17 所示。

锯割时，为了避免与工件摩擦而卡死，锯齿在制造时按一定的规则左右错开，排列成一定的形状，这就是锯路。锯路有交叉形和波浪形两种，如图 6-18 所示。

锯条根据锯齿的牙路大小有细牙（1.1mm）、中牙（1.4mm）和粗牙（1.8mm）之分。在锯割软材料或厚材料（如纯铜、青铜、铝、铸铁、低碳钢等）时，应选用粗齿锯条；在锯割硬材料或薄的材料（如硬钢、各种管子等）时，宜选用细齿锯条。

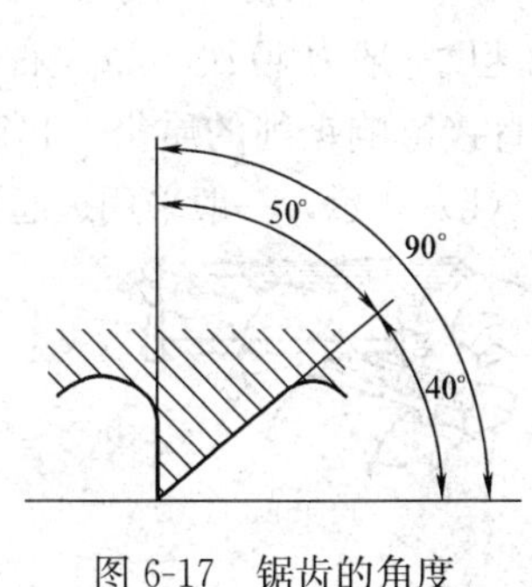

图 6-17　锯齿的角度

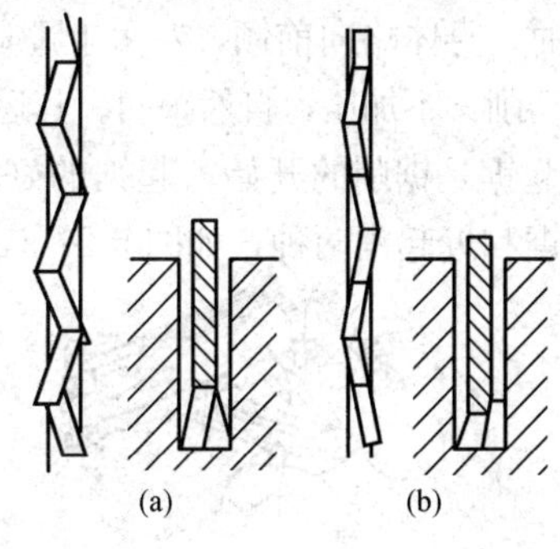

图 6-18　锯路
(a) 交叉排列；(b) 波浪排列

二、锯削的方法

(一) 锯条的安装

手锯是向前推进时进行切削的，所以锯条在安装时要保证锯齿方向正确，也就是要使齿尖的方向向前，如图 6-19 所示。如果安装反了，锯削时就是负的前角，这样切削起来就很困难。

在调节锯条松紧时，翼形螺母不宜太紧，否则会折断锯条；也不宜太松，这样锯条易扭曲，锯缝容易歪斜。其松紧程度以用手扳动锯条，感觉硬实即可。另外，锯条平面还应与锯弓平面平行。

(二) 锯削的基本姿势与方法

右手满握锯柄，左手轻扶在锯弓前端，如图6-20所示。锯削时，右手控制推力与压力，左手配合右手扶正锯弓，压力不要过大，

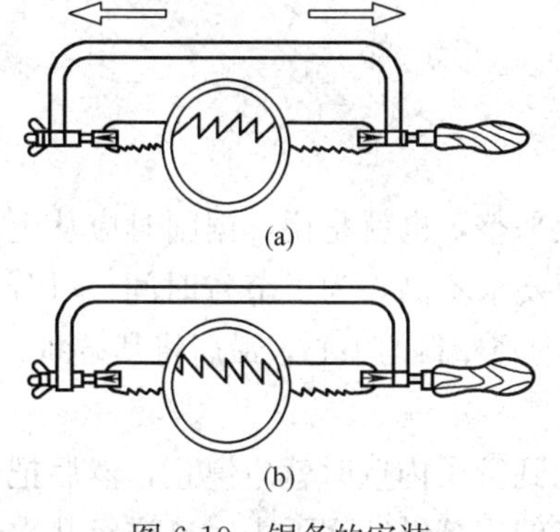

图 6-19　锯条的安装
(a) 正确；(b) 错误

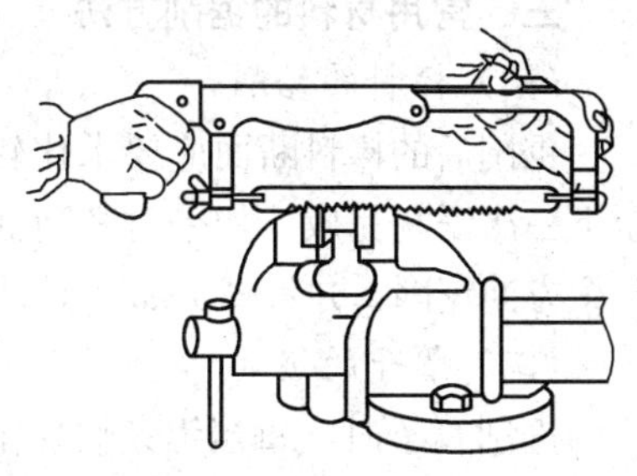
图 6-20　手锯的握法

推进时，身体略向前倾，左手上翘，右手下压；回程时右手上抬，左手不切削，不加压，自然跟回。其运动速度一般为 40 次/min 左右。

起锯是锯削的开始，起锯的好坏直接影响锯削的质量。起锯有远起锯和近起锯两种，如图 6-21（a）、（b）所示，一般采用远起锯。

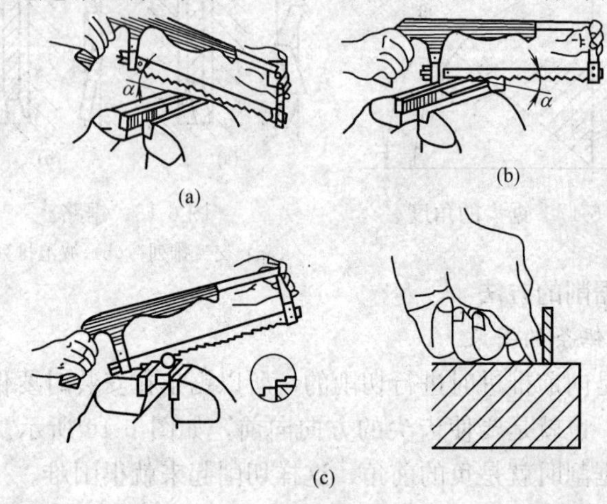

图 6-21　起锯方法

（a）远起锯；（b）近起锯；（c）用拇指挡住锯条起锯

起锯时锯齿是逐渐切入工件的，这样就不易被工件卡住，锯条也不易损坏。起锯的角度要小（α 不宜超过 15°）；起锯的角度太大，锯条容易被工件卡住；起锯时往复行程要短些，这样容易正确起锯。为了保证锯条起锯时的正确位置，也可以用大拇指挡住锯条起锯，如图 6-21（c）所示。

三、常用材料的锯削方法

（一）棒料的锯削

锯削后的棒料断面应要求比较平整，也就是说，锯削时应从上至下一次锯割完成。如果对其断面要求不高，为了节省时间，可分几个方向锯削，并且每次都可不锯削到棒料的中心，最后将其敲断。

（二）管子的锯削

锯削管子时，每当锯条快切割到管子内壁时就应停止，然后把管子转过一个角度，使锯条沿原来的锯缝继续锯下去。这样经几次转动管子进行锯割，直到把管子锯断为止，不可一次将管子锯断，如图 6-22 所示。

（三）薄板材料的锯削

锯削薄板材料时，应尽可能从宽面上锯下去，这样不易损坏锯条。当一定要从窄面开始进行锯割时，应将工件用两块木板夹持起来，再用细齿锯条锯削，如图 6-23 所示。

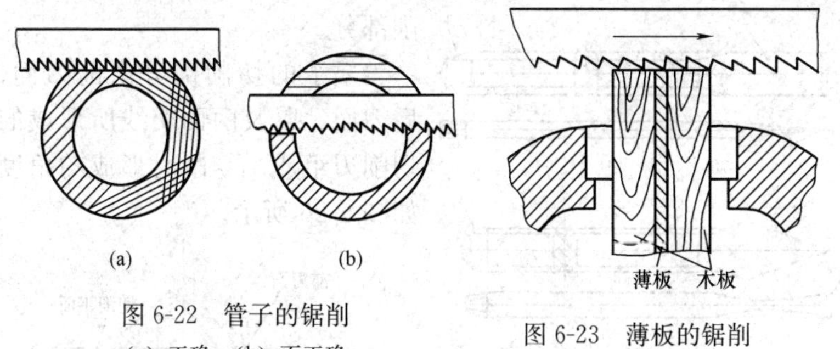

图 6-22 管子的锯削

（a）正确；（b）不正确

图 6-23 薄板的锯削

（四）深缝的锯削

当锯削的深度超过锯弓的高度时，为了防止弓架与工件相碰，应将锯条和弓架调节成 90°后再进行锯削，如图 6-24 所示。

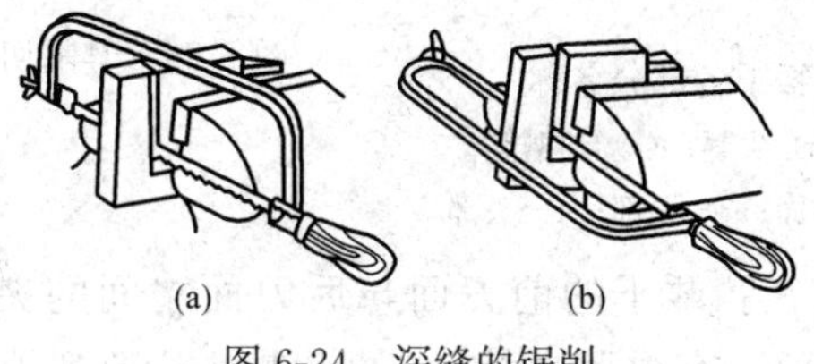

图 6-24 深缝的锯削

第三节 錾 削

用锤子打击錾子，对金属工件进行切削加工的方法叫錾削。目前，錾削主要用于一些不便于机械加工的场合。如去除毛坯上的凸缘、毛刺、飞边、分割材料、錾削平面及沟槽等。錾削时主要的工具是錾子和锤子。

一、錾子

如图 6-25 所示，錾子由头部、切削部分、錾身三部分组成。

錾子头部磨成带有一定锥度，顶端略带球形，以便锤击时作用力易于通过錾子中心，使錾子容易保持平稳切削；錾身多成八棱形，这样握起来即舒适，錾削时錾子又不会转动。

錾子通常用优质碳素工具钢锻打出毛坯，经粗磨成形后，对切削部分淬火、回火，使其硬度达到52～62HRC，然后再刃磨出切削部分。

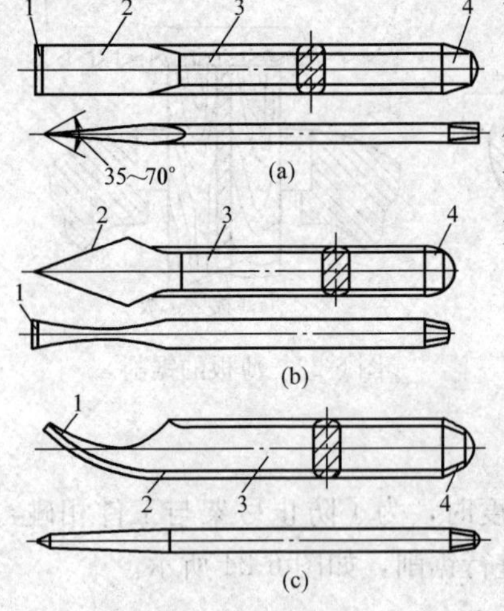

图 6-25　錾子各部分名称

(a) 扁錾；(b) 尖錾；(c) 油槽錾

1—锋口；2—斜面；3—顶部；4—头部

錾子的切削部分由前刀面、后刀面，以及两面交线所形成的切削刃组成。錾削时形成的角度如图 6-26 所示。

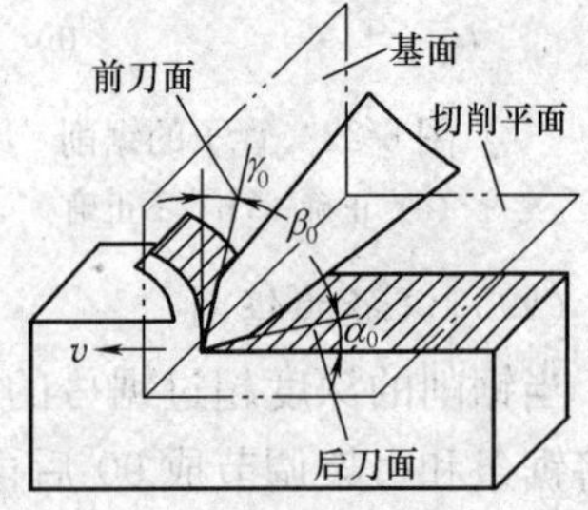

图 6-26　錾削切削角度

（1）楔角 β_0。錾子的前刀面与后刀面之间的夹角称为楔角。楔角的大小对錾削有很大的影响，楔角越小，錾削越省力。但楔角太小，其刃口强度低，易崩损。楔角越大，錾削越费力。通常，錾削硬钢和铸件时，β_0 取 60°～70°；錾削一般钢件和中等硬度材料时，β_0 取 50°～30°；錾削铜、铝等软材料时，β_0 取 30°～50°。

（2）前角 γ_0。錾子的前刀面与基面之间的夹角称为前角。前角的作用是减小錾削时的切屑变形，使錾削省力。前角越大越省力。

由于錾削时前角与手握錾子相对于基面的方位不同而变化和基面垂直于切削平面，存在 $\alpha_0+\gamma_0+\beta_0=90°$ 的关系，当后角一定时，前角的数值由楔角的大小决定。

（3）后角 α_0。錾子的后刀面与切削平面之间的夹角称为后角。

它的大小取决于手握錾子相对于切削平面间的方位。后角的作用是减小錾子后刀面与切削表面之间的摩擦，引导錾子顺利地錾切。通常錾切时 α_0 取 5°～8°。后角太大，则錾子竖起时，势必会使切削刃扎入工件，不仅使錾削困难，还可能会因刀刃扎入太深而破坏加工表面，或者使刀刃崩损。后角太小，则錾子后倾太甚，造成切削刃因切除加工余量太少而滑出工件表面，不能顺利錾削。

二、锤子

錾削是利用锤子的打击力而使錾子切入工件的，所以锤子是錾削工作中重要的工具，也是钳工装拆零件时的重要工具。它由锤头、木柄和楔子组成，如图 6-27 所示。

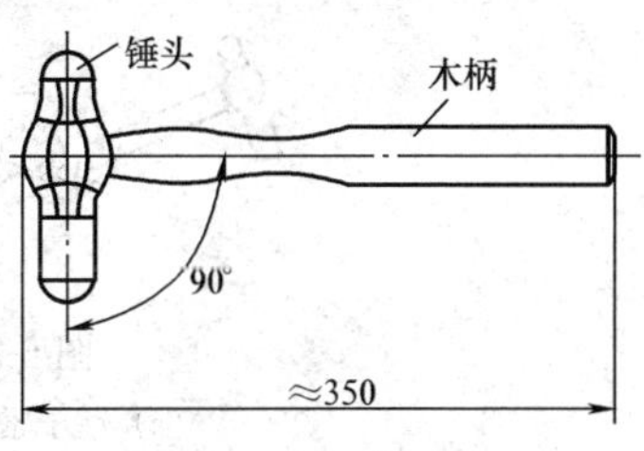

图 6-27　锤子

锤子的质量大小表示锤子的规格，有 0.25kg、0.5kg 和 1kg 等几种。锤子用 T7 钢制成，锤柄由比较坚固的木材做成。当木柄敲紧在锤头孔中后，再打入带倒刺的铁楔子，锤头则不易松动，可防止锤击时因锤子脱落而造成事故。

三、錾削姿势

（一）手锤的握法

（1）紧握法。用右手五指紧握锤柄，大拇指合在食指上，木柄伸出 15～30mm，在挥锤和锤击过程中，五指始终紧握。如图 6-28（a）所示。

（2）松握法。如图 6-28（b）所示，只有大拇指和食指始终紧握锤柄。挥锤时，小指、无名指、中指依次放松；锤击时，又以相反的次序收拢握紧。此法不易疲劳，且锤击力大。

（二）錾子的握法

（1）正握法。手心向下，腕部伸直，用中指、无名指握錾子，錾子头部伸出约 20mm 左右，如图 6-29（a）所示。

（2）反握法。手指自然捏住錾子，手掌悬空，如图 6-29（b）所示。

（三）挥锤方法

挥锤有腕挥、肘腕和臂腕三种方法，如图 6-30 所示。

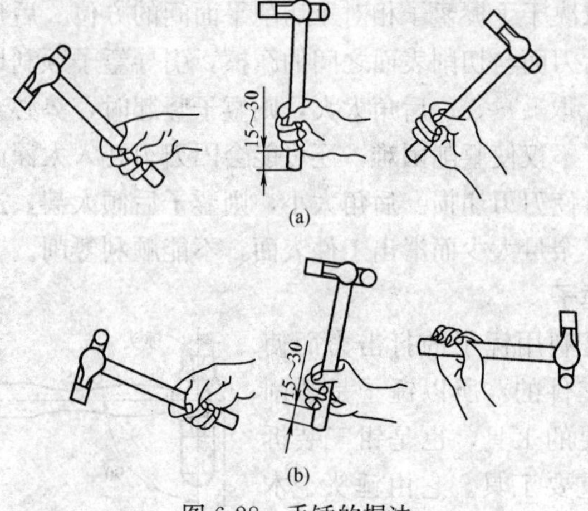

图 6-28　手锤的握法

（a）锤子紧握法；（b）锤子松握法

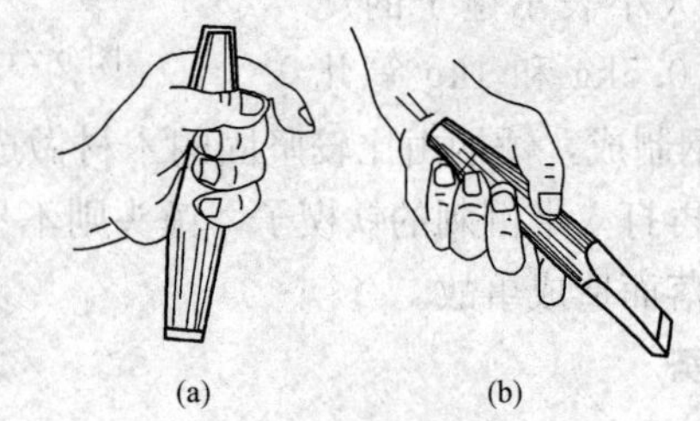

图 6-29　錾子的握法

（a）正握法；（b）反握法

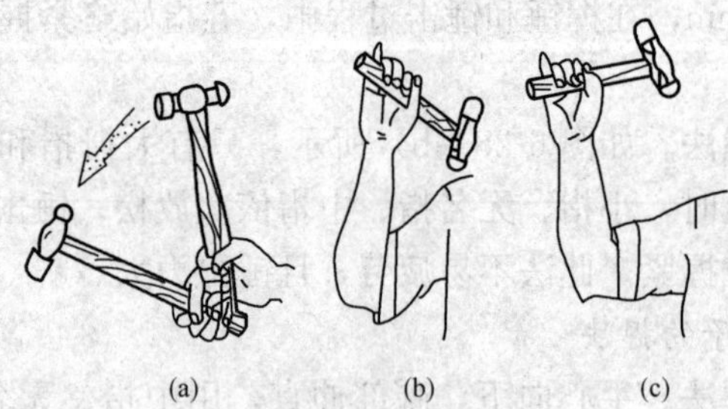

图 6-30　挥锤方法

（a）腕挥；（b）肘挥；（c）臂挥

（1）腕挥法。腕挥只是用手腕运动，锤击力小，一般用于錾削的始末。

（2）肘挥法。肘挥是用腕和肘一起挥锤，其锤击力较大，应用最为广泛。

（3）臂挥法。臂挥是用手腕、肘、全臂一起挥锤，其锤击力最大，用于需要大力錾削的工件。

（四）锤击速度

錾削时的锤击要做到稳、准、狠，其动作要有节奏，一般肘挥量约 40 次/min 左右，腕挥时约 50 次/min 左右。

四、錾削方法

（一）平面的錾削

錾削平面是扁錾，每次錾削量为 0.5～2mm。起錾时应从工件的侧面夹角处轻轻起錾，如图 6-31 所示。这样会使切削刃抵紧起錾部位，然后把錾子头部向下倾斜至与工件端面基本垂直，再轻敲击錾子。

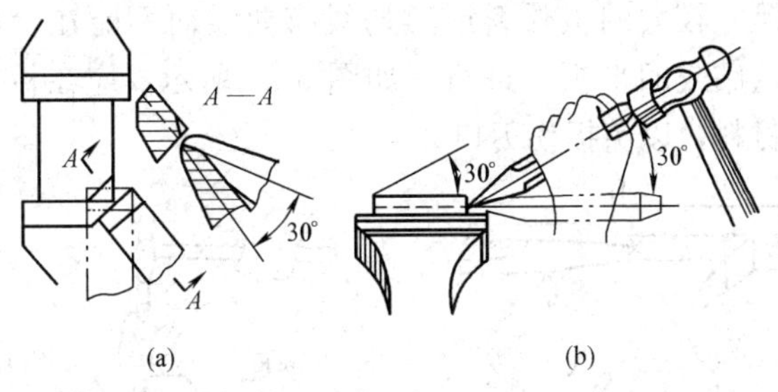

图 6-31 起錾方法

錾削较窄平面时，錾子的刃口与錾削方向保持一定角度（见图 6-32），使錾子容易被自己掌握。錾削大平面时，可先用狭錾间隔开槽，槽深一致，然后用扁錾錾去剩余部分，如图 6-33 所示。

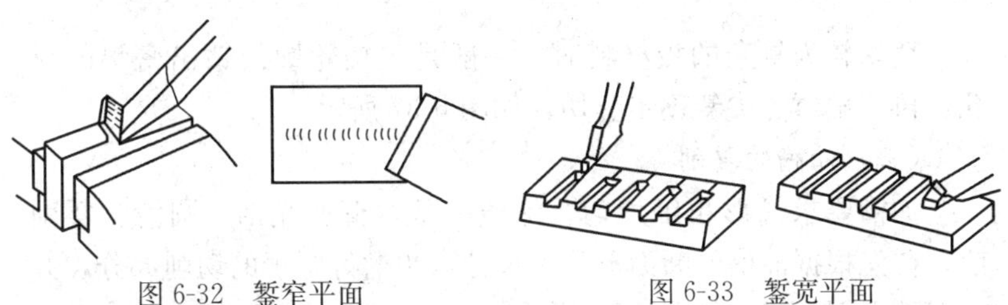

图 6-32 錾窄平面

图 6-33 錾宽平面

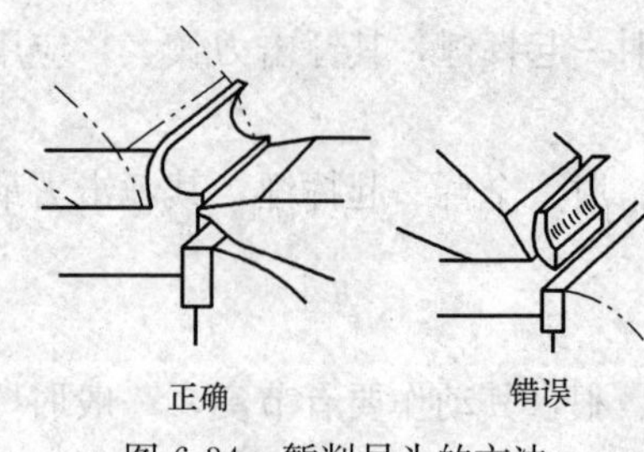

图 6-34　錾削尽头的方法

在錾削过程中，一般每錾两、三次后将錾子退回一些，作一次短暂的停顿，然后将刃口顶住錾削处继续錾削。当錾削接近尽头 10～15mm 时，必须调头錾去余下的部分，如图 6-34 所示。

（二）板材的錾削

在没有剪切设备的情况下，可能用錾削的方法分割薄板材料或薄板工件。

如图 6-35 所示，将薄板料（厚度在 2mm 以下）装夹在台虎钳上进行錾切。錾切时，将板材按划线夹成与钳口平齐，用阔錾沿着钳口并斜对着板料（约 45°角）自右向左錾切。

对于尺寸较大的板材料或錾切线有曲线而不能在台虎钳上錾切，可在铁砧或旧平板上进行，如图 6-36 所示，应在板材料下面垫上废软材料，以免损伤刃口。

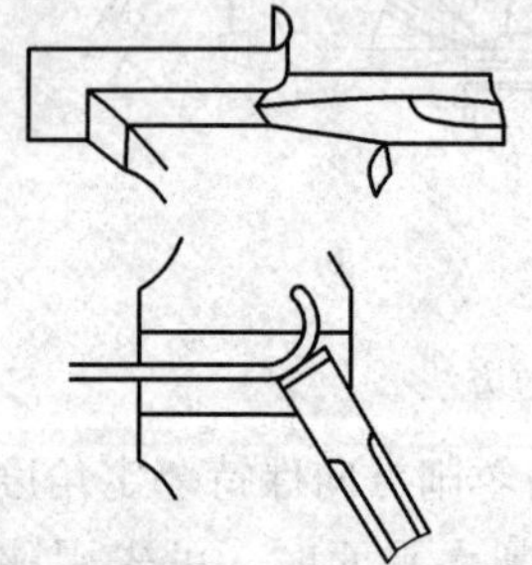
图 6-35　薄板料的錾切法

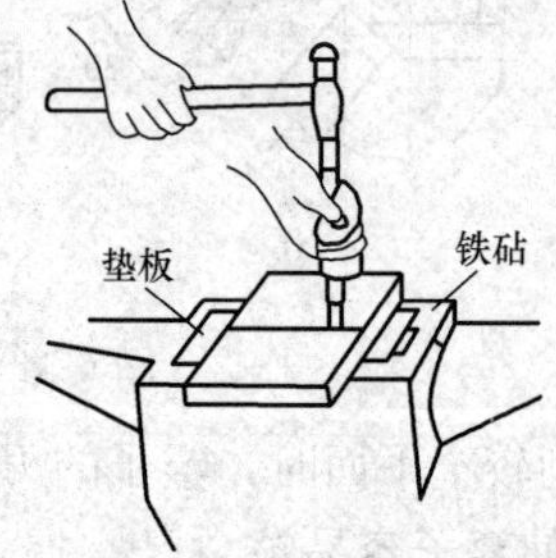

图 6-36　大尺寸板料錾切

錾切较为复杂的板材料时，一般是先按轮廓线钻出密集的排孔，再用扁錾、尖錾逐步錾切，如图 6-37 所示。

（三）油槽的錾削

油槽要求槽形粗细均匀、深浅一致，槽面光洁、圆滑。錾削前，首先根据油槽的断面形状、尺寸，刃磨好錾子的切削部分，并在工件上划好线，如图 6-38 所示。

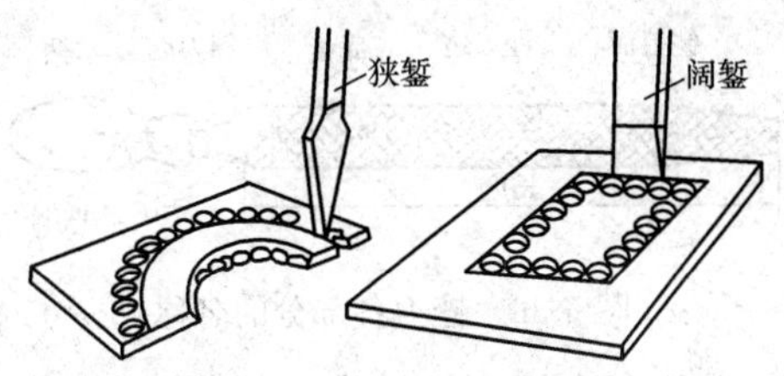

图 6-37　较为复杂的工件的錾切

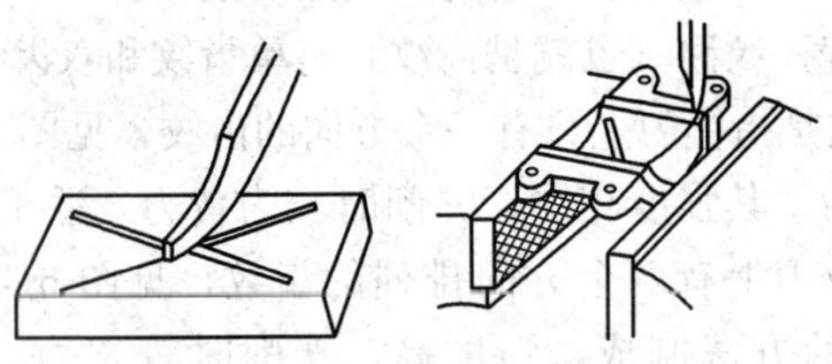

图 6-38　油槽的錾削

在平面上錾油槽，起錾的錾子要慢慢地加深至尺寸要求；錾到尽头时，刃口必须保证槽底圆滑过渡。在曲面上錾油槽，錾子的倾斜情况随着曲面而变动，使錾削时的后角保持不变。油槽錾好后，再修去槽边毛刺。

第四节　锉　削

用锉刀对工件表面进行切削加工，使其尺寸、形状、位置和表面粗糙度等达到要求的加工方法称为锉削。它可以加工工件的内外平面、内外曲面、内外角、沟槽和各种形状复杂的表面，还可以在装配中修整工件。锉削后工件的尺寸精度可达 0.01mm，表面粗糙值可达 $Ra0.8\mu m$。是錾、锯之后对工件进行较高精度的加工。

一、锉刀

（一）锉刀的构造

锉刀通常是用高碳钢（T13 或 T12）制成，经热处理后，其切削部分硬度可达 62～72HRC。

如图 6-39 所示，锉刀由锉身和锉柄两部分组成，其上、下两

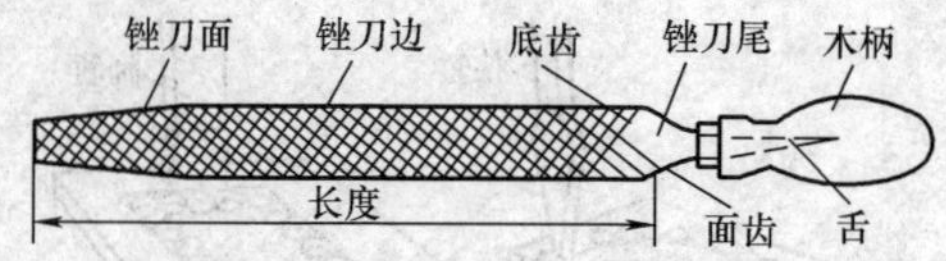

图 6-39　锉刀各部分的名称

面都是工作面，上面制有锋利的锉齿，起主要的锉削作用，每个锉齿都相当于一个对金属材料进行切削的切削刃。

锉刀的锉齿纹路（也就是齿纹）有单齿纹和双齿纹两种，见图 6-40。单齿纹是指锉刀上只有一个方向的齿纹，见图 6-40（a），它多为铣制的齿，其强度较弱，锉削时较为费力，适于锉削软材料；双齿纹是指锉刀上有两个方向排列的齿纹，见图 6-40（b），它大多采用剁制的方法制成，强度高，锉削时较省力，适于锉削硬工件。

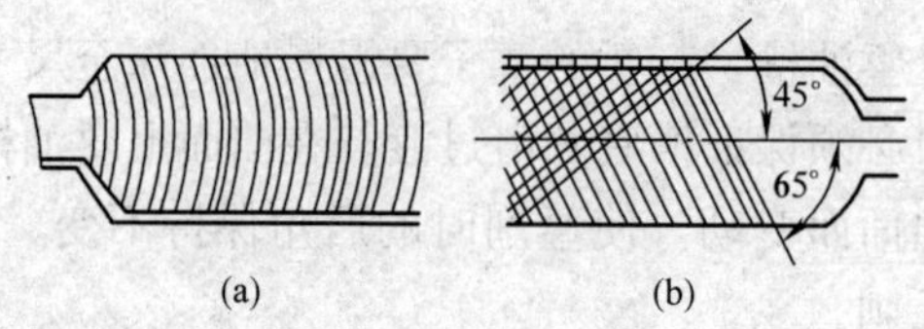

图 6-40　锉刀的纹路

（a）单齿纹；（b）双齿纹

（二）锉刀的种类

锉刀可分为钳工锉、异形锉、整形锉三类，钳工常用的是钳工锉。

（1）钳工锉。普通钳工锉按其断面可分为齐头扁锉、矩形锉、三角锉、半圆锉和圆锉等，如图 6-41 所示。

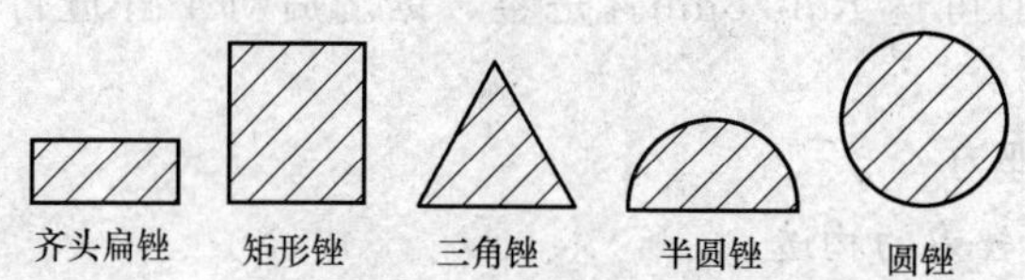

图 6-41　钳工锉断面形状

（2）异形锉。异形锉有弯头和直头两种，专门用来锉削工件上的特殊表面，如图 6-42 所示。

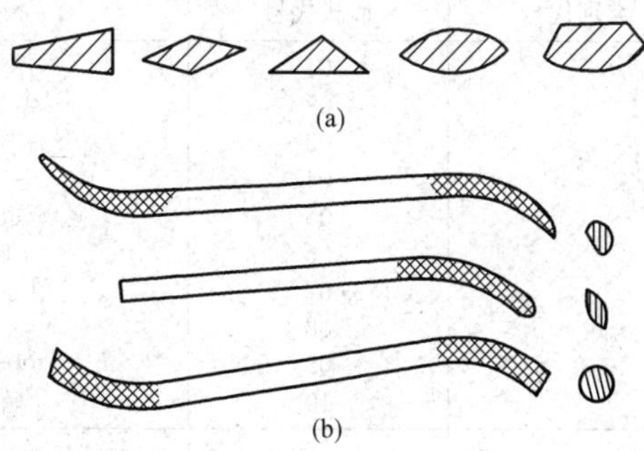

图 6-42　异形锉

(a) 截面；(b) 侧面

(3) 整形锉。整形锉也称什锦锉，它由许多把不同断面形状的锉刀组成，主要用来修整工件上的细小部分，如图 6-43 所示。

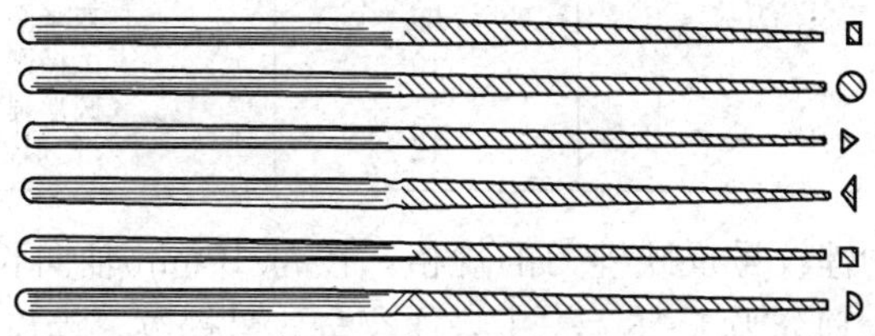

图 6-43　整形锉

按 GB/T 5806—2003《钢锉通用技术条件》规定，锉刀可用编号表示。各种类别、规格锉刀的类别与形式代号见表 6-1。

表 6-1　锉刀的类别与形式代号

类别	类别代号	形式代号	形式
钳工锉	Q	01	齐头扁锉
		02	尖头扁锉
		03	半圆锉
		04	三角锉
		05	矩形锉
		06	圆锉

续表

类别	类别代号	形式代号	形式
异形锉	Y	01 02 03 04 05 06 07 08 09 10	齐头扁锉 尖头扁锉 半圆锉 三角锉 矩形锉 圆锉 单面三角锉 刀形锉 双半圆锉 椭圆锉
整形锉	Z	01 02 03 04 05 06 07 08 09 10 11 12	齐头扁锉 尖头扁锉 半圆锉 三角锉 矩形锉 圆锉 单面三角锉 刀形锉 双半圆锉 椭圆 圆形扁锉 菱形锉

锉刀的锉纹号反映锉刀的规格，按每 10mm 轴向长度内锉纹条数的多少划分为 1～5 号，1 号锉纹至 5 号锉纹，锉齿由粗到细，见表 6-2。主锉纹是指起主要锉削作用的锉纹。

表 6-2　　　　锉刀锉纹粗细的规定

规格（mm）	主锉纹条数（10 mm 内）				
	锉纹号				
	1	2	3	4	5
100	14	20	28	40	56
125	12	18	25	36	50
150	11	16	22	32	45
200	10	14	20	28	40
250	9	12	18	25	36
300	8	11	16	22	32
350	7	10	14	20	—
400	6	9	12	—	—
450	5.5	8	11	—	—

锉刀的编号示例见表 6-3。

表 6-3　　锉刀的编号示例

锉刀的编号	锉刀的类形、规格
Q-02-200-3（QB/T 2569.1—2002《钢锉　钳工锉》）	钳工锉类的尖头扁锉 200mm，3 号锉纹
Y-01-170-2（QB/T 2569.4—2002《钢锉　异形锉》）	异形锉类的齐头扁锉 170mm，2 号锉纹
Z-04-140-00（QB/T 2569.3—2002《钢锉　整形锉》）	整形锉类的三角锉 140mm，00 号锉纹
Q-03-250-1（QB/T 2569.1—2002《钢锉　钳工锉》）	钳工锉类的半圆厚型锉 250mm，1 号锉纹

（三）锉刀的选用

每一种锉刀都有自己的适应范围场合，如果选择不当，就不能发挥出客观存在的作用，甚至还会减退其作用寿命。锉削工作表面的形状决定了锉刀的断面形状的不同，而工件材料的性质、加工余量的大小、加工精度与表面粗糙度的要求是锉刀锉纹号选择的决定要素。如 1 号、2 号锉刀一般用于锉削软材料及加工余量不大、精度要求低的工件。不同表面锉削时锉刀断面的选择见图 6-44 所示。

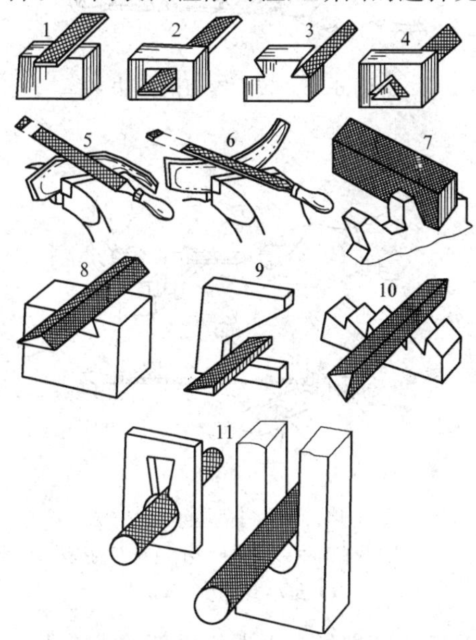

图 6-44　不同表面的锉削

1、2—锉平面；3、4—锉燕尾和三角孔；5、6—锉曲面；7—锉楔角；8—锉内角；9—锉菱形；10—锉三角形；11—锉圆孔

二、锉削的姿势

（一）锉刀握法

锉刀的种类很多，锉刀的握法也随锉刀的大小及使用场合的不同而改变。

图 6-45 所示为锉刀长度大于 250mm 的握法。

图 6-46 所示为中、小型锉刀的握法。

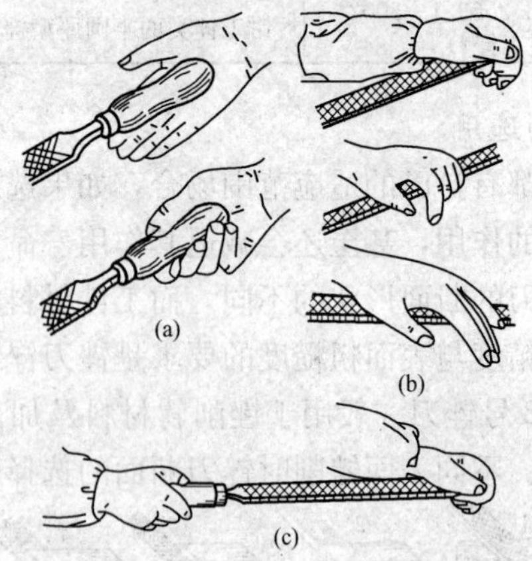

图 6-45　较大锉刀的握法

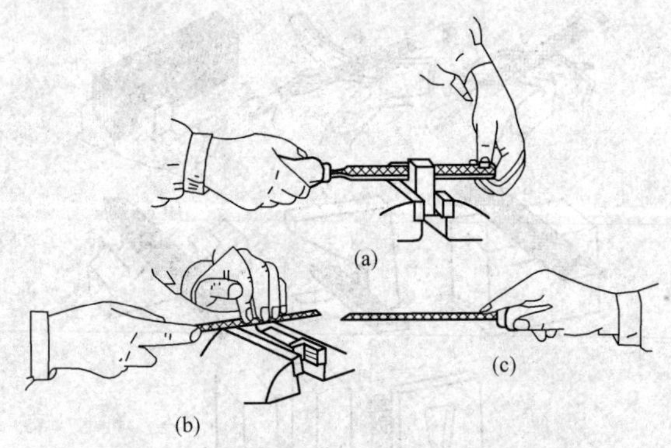

图 6-46　中、小型锉刀的握法

（a）中型锉刀的握法；（b）小型锉刀的握法；

（c）最小型锉刀的握法

右手紧握刀柄，柄端抵在大拇指根部的手掌上，大拇指放在刀柄上部，其余手指由下而上握着刀柄。左手的基本握法，是将拇指根部的肌肉压在锉刀头上，拇指自然伸直，其余四指弯向手心，用中指、无名指捏住锉刀前端。锉削时，手推动锉刀并决定推动方向，左手协同右手使锉刀保持平衡。

（二）锉削姿势

锉削时的站立步位和姿势如图 6-47 所示。锉削动作如图 6-48 所示。

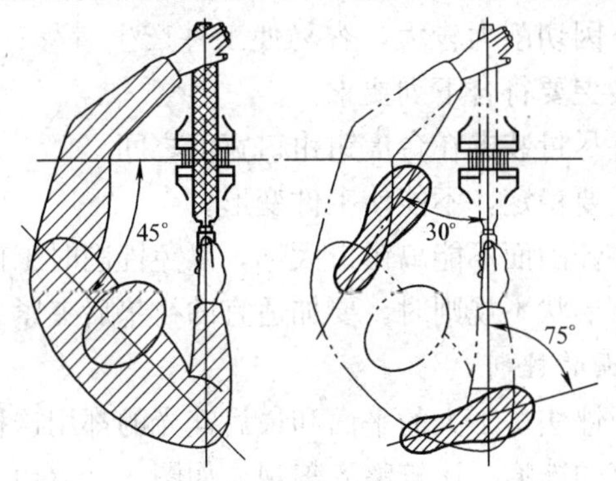

图 6-47 锉削站立的步位和姿势

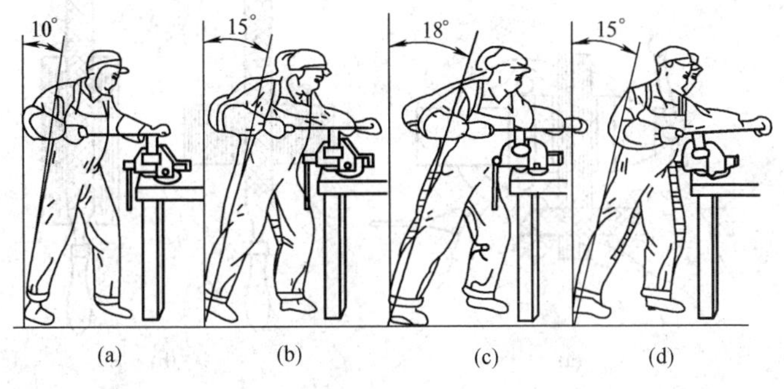

图 6-48 锉削动作

两手握住锉刀放在工件上，左臂弯曲。锉削时，身体先于锉刀并与之一起向前，右脚伸直并稍向前倾，重心在左脚，左膝呈弯曲状态。当锉刀锉至约 3/4 行程时，身体停止前进，两臂则继续将锉刀向前到头，同时左脚伸直重心后移，恢复原位，并将锉刀收回，然后进行第二次锉削。

（三）锉削用力及速度

锉削时，右手的压力要随锉刀推动而逐渐增加，左手压力则逐渐减小。回程时不加压，以减少锉齿的磨损。

锉削速度一般应在 40 次/min 左右，推进时稍慢，回程时稍快，动作要自然协调。

三、锉削的方法

（一）工件的装夹

锉削时，因切削力较大，容易使工件产生滑移、振动等现象，因而工件的装夹要符合下列要求。

（1）工件尽量装夹在台虎钳钳口宽度之间。

（2）装夹要稳定，不能使工件变形。

（3）工件锉削面不能离钳口太远，以免锉削时工件产生振动。

（4）工件形状不规则时，要加适宜的衬垫后夹紧。

（二）平面的锉削

（1）顺向锉法。不大的平面和最后锉光的都用这种方法。顺向锉可得到正直的锉痕，比较整齐美观，如图 6-49（a）所示。

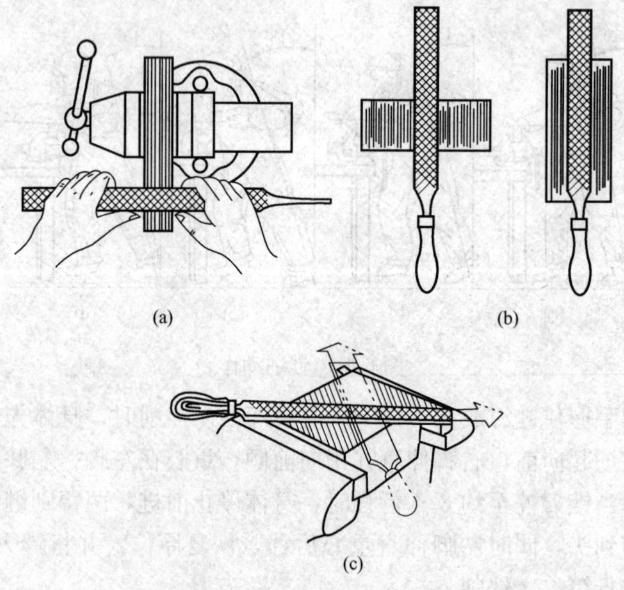

图 6-49　平面基本锉削方法

（a）推锉法；（b）顺向锉法；（c）交叉锉法

（2）交叉锉法。适用于粗锉加工，它容易判断锉削表面不平程度，因而也容易把表面锉平，如图 6-49（b）所示。

（3）推锉法。如图 6-49（c）所示，一般用来锉削狭长平面，在加工余量较小和修正尺寸时使用。

（三）外圆弧面的锉法

锉外圆弧面一般采用锉刀顺着圆弧的方向锉削，如图 6-50 所示。

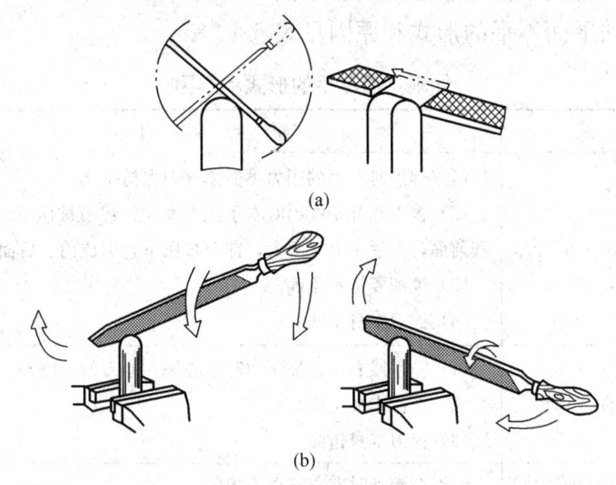

图 6-50　外圆弧和球面锉法

（a）外圆弧锉法；（b）球面锉法

在锉刀作前进运动的同时，还应绕工件的圆弧中心摆动。摆动时，右手把锉刀柄部往下压，左手把锉刀前端向上提，这样锉出的圆弧面不会出现棱边。

（四）内圆弧面的锉法

如图 6-51 所示，锉刀要同时完成三个运动：前进运动、向左或向右移动以及绕锉刀中心线转动（按顺时针或逆时针方向转动约 90°）。三种运动须同时进行才能完成好内圆弧面，如图 6-38（a）所示。如果不是同时进行，就不能锉出合格的内圆，如图 6-51（b）、（c）所示。

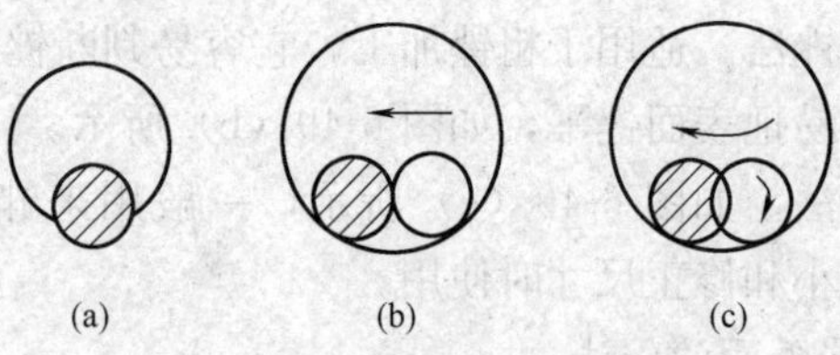

图 6-51　内圆弧面的锉法

四、锉削平面不平的形式和原因

锉削平面不平的形式和原因见表 6-4。

表 6-4　　锉削平面不平的形式和原因

形　式	产　生　原　因
平面中凸	（1）锉削时双手的用力不能使锉刀保持平衡。 （2）锉刀在开始推出时右手压力太大，锉刀被压下，锉刀推到前面，左手压力又太大，锉刀被压下，形成前、后面多锉。 （3）锉削姿势不正确。 （4）锉刀本身中凹
对角扭曲或塌角	（1）左手或右手施加压力时重心偏在锉刀的一侧。 （2）工件未夹正确。 （3）锉刀本身扭曲
平面横向中凸或中凹	锉刀在锉削时左右移动不均匀

第五节　钻孔、扩孔、锪孔和铰孔

孔加工是钳工的重要操作技能之一。孔加工的方法主要有两类：一类是在实体上加工出孔，即用麻花钻、中心钻等直接钻孔；另一类是对已有孔进行再加工，即扩孔钻、锪孔钻和铰刀进行扩孔、锪孔和铰孔等。

一、钻孔

（一）钻削加工特点

用钻头在实体工件上加工孔的方法叫做钻孔。

1. 钻削运动

工件固定不动，钻头安装在主轴上做旋转运动（也称机床的主体运动），钻头沿轴线方向移动（也称机床的进给运动），如图 6-52 所示。

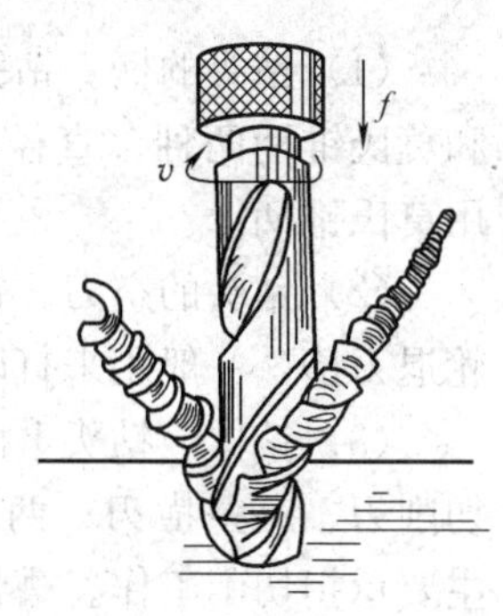

图 6-52　钻削运动分析
v—主体运动；f—进给运动

2. 钻削特点

由于钻削时是在半封闭的状态下进行切削的，其转速高，切削量大，排屑很困难，所以钻削时有以下几个特点：

（1）摩擦严重，需要较大的钻削力。

（2）产生热量多，且散热困难，因而温度较高，钻头磨损快。

（3）由于钻削时的挤压和摩擦，容易使孔壁产生冷硬现象，增加加工困难。

（4）由于钻头长而细，钻削时易产生振动。

（5）加工精度不高。

（二）钻孔常用刀具

钻孔时所用的刀具有麻花钻、扁钻、深孔钻、中心钻等，但最常用的刀具是麻花钻。

1. 麻花钻的组成（参照 GB/T 20954—2007）

参照 GB/T 20954—2007《金属切削刀具　麻花钻术语》，麻花钻的组成如图 6-53 所示。

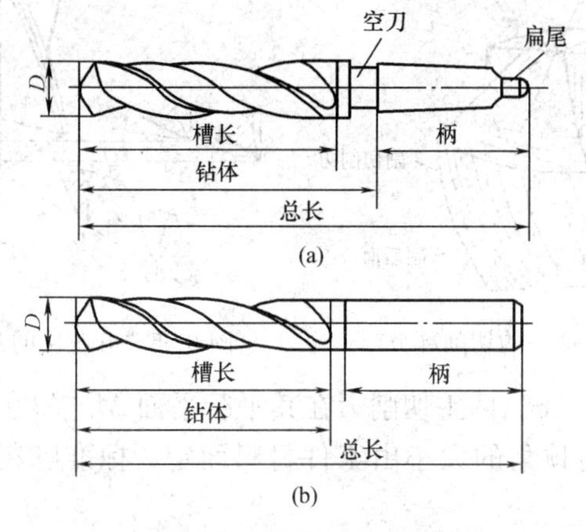

图 6-53　麻花钻的组成
（a）锥柄麻花钻；（b）直柄麻花钻

（1）钻头的柄。钻头上用于夹持和传动的部分，有圆柱形直柄和莫氏锥柄两种。直径小于 13mm 时采用直柄，大于 13mm 时采用莫氏锥柄。

（2）钻头的空刀。钻体上直径减小的部分，为磨制钻头时的砂轮退刀槽，一般用来打印商标和规格。

（3）钻体。钻头上由柄部分延伸至横刃的部分。钻头由两条主切削刃、一条横刃、两个前面和两个后面组成，如图 6-53 所示，主要承担切削工作。槽长部分有两条螺旋槽和两条窄的刃带，用来保持工作时的正确方向并起修光孔壁的作用，此外还能排屑和输送切削液。

2. 切削部分的几何参数

如图 6-55 所示，钻头切削部分的螺旋槽表面称为前面，切削部分顶端两个曲面称为后面，钻头的棱边又为副后面。钻孔时的切削平面见图中的 $P-P$，基面为图中的 $Q-Q$。

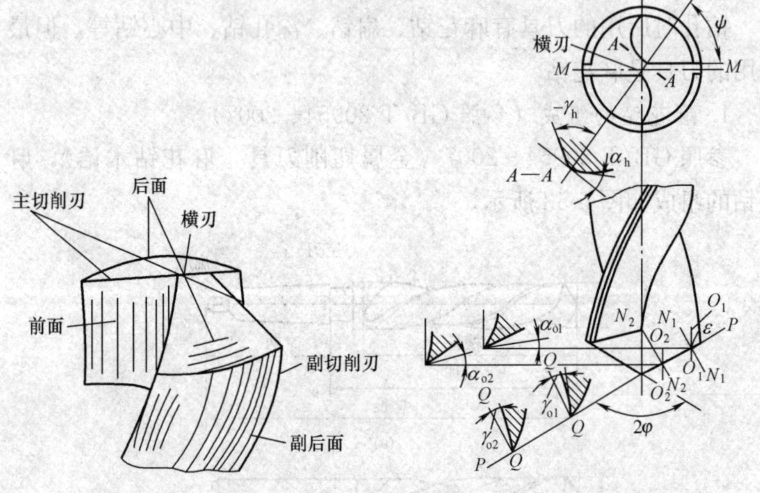

图 6-54　钻头的切削部分　　　图 6-55　麻花钻的几何参数

（1）顶角 2φ。两主切削刃在其平行平面 $M-M$ 上投影之间的夹角。钻孔时顶角的大小由工件材料而定，标准麻花钻的顶角为 $180°\pm2°$。

（2）前角 γ_0。在主截面内，前刀面与基面之间的夹角，见图

中的 N_1-N_1、N_2-N_2 面。麻花钻的前角大小是变化的，其值由外缘向中心慢慢减小，最大可达 30°，在 $D/3$ 处转为负值，横刃处为 −54°～−60°。前角越大，切削越省力。

（3）后角 α_0。后刀面与切削平面之间的夹角，见图中 O_1-O_1、O_2-O_2 面。后角的大小也是不等的，其变化与前角正好相反。直径为 15～30mm 的钻头，外缘处的后角为 9°～12°，钻心处则为 20°～26°，横刃处为 30°～36°。后角的作用是为了减少后刀面与加工表面之间的摩擦。

（4）横刃转角 ψ。横刃与切削刃在垂直于钻头轴线平面上投影所夹的角。标准麻花钻的横刃转角为 50°～55°。当后角刃磨偏大时，横刃转角就减小，因而就可用来判断后角刃磨是否正确。

3. 麻花钻的缺点

（1）主切削刃上各点的前角是变化的，致使各点的切削性能不同。

（2）横刃太长，横刃处前角为负值，切削时横刃呈现挤压刮削状态，会产生很大的轴向力，钻头因此易产生抖动，使定心不稳。

（3）主切削刃太长，全宽参加切削，切屑较宽，排屑不利。

（三）钻头的刃磨

由于钻头的磨钝和为了适应工件材料的变化，钻头切削部分和角度需要经常刃磨。

1. 刃磨要求

（1）麻花钻主要刃磨两个主后刀面。

（2）刃磨时要保证顶角和后角的大小适当。

（3）两条主切削刃对称。

（4）横刃转角为 55°。

2. 麻花钻的刃磨方法

麻花钻的刃磨方法如图 6-56 所示，具体操作如下：

（1）用右手握住钻头前端作支点，左手握钻头柄部。

（2）放到钻头与砂轮的

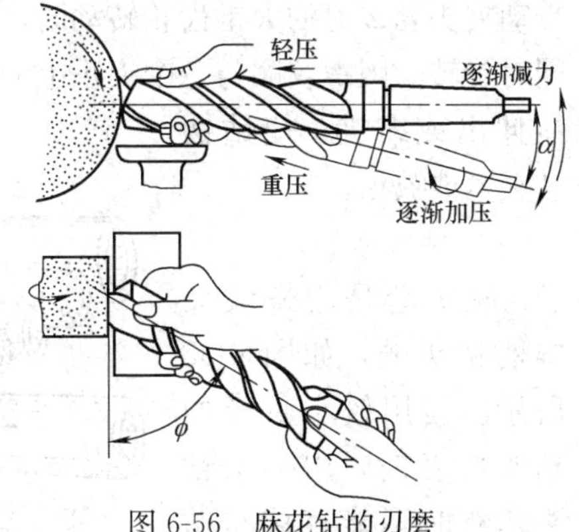

图 6-56　麻花钻的刃磨

正确位置，使钻头轴心线与砂轮外圆柱面母线在水平面内的夹角为锋角的1/2，同时钻尾向下倾斜。

（3）刃磨时，将主切削刃置于比砂轮中心略高的位置，以钻头前端支点为圆心，右手缓慢地使钻头绕其轴线由下向上转动，同时施加适当的压力。右手配合左手的向上摆动作缓慢地同步下压运动（略带转动），刃磨压力慢慢增大，于是磨出后角。但要注意左手不能摆动太大，以防磨出负后角或将另一面主切削刃磨掉。其下压的速度和幅度随要求的后角而变化。为了保证钻头近中心处磨出一个后角，还应作适当的右移运动。当一个主后刀面磨好后，将钻头转过180°，刃磨另一个后刀面，人和手要保持原有的位置和姿势，这样才能磨出两面对称的主切削刃。按此方法不断反复，两主后刀面经常交换刃磨，边磨边观察、边检查，直至达到要求为准。

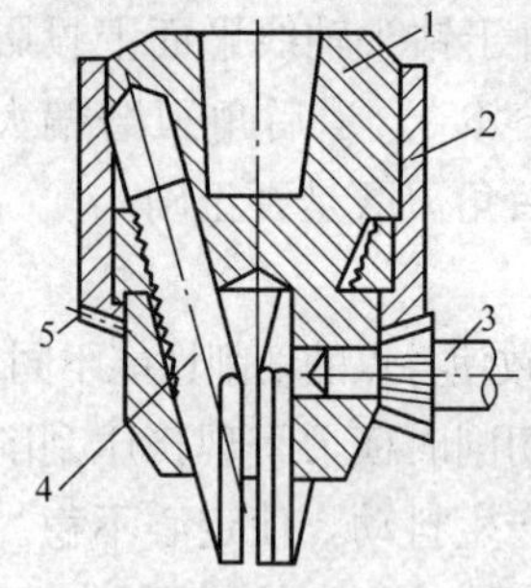

图6-57　钻夹头
1—夹头体；2—夹头套；3—钥匙；4—夹爪；5—内螺纹圈

（四）装夹工具

1. 钻夹头

钻夹头用来装夹13mm以内的直柄钻头，如图6-57所示。夹头体1上端锥孔与夹头柄装配，夹头柄做成莫氏锥体装入钻床主轴锥孔内。钻夹头中的三个夹爪4用来夹紧钻头的柄部，当带有小锥齿轮的钥匙3带动夹头套2上的大锥齿轮转动时，与夹头套紧配的内螺纹圈5也同时旋转。因螺纹圈与三个夹爪上的外螺纹相配，于是三个夹爪便能伸出或缩进，使钻柄被夹紧或放松。

2. 钻头套

钻头套是用来装夹锥柄钻头的，如图6-58所示。当用较小直径的钻头钻孔时，用一个钻头套有时不能直接与钻

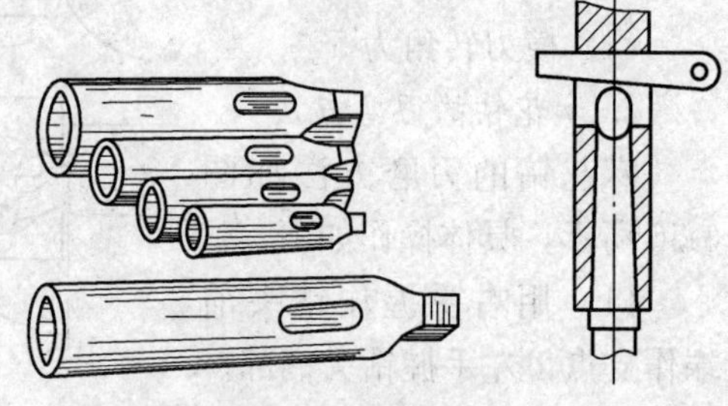
图6-58　钻头套

床主轴锥孔相配，这时可用几个钻头套配接起来使用。钻头套一共有 5 种，见表 6-5。一般立钻主轴的锥孔为 3 号或 4 号莫氏锥度。

表 6-5　　钻头套标号与内外锥度

标　号	内锥孔（莫氏锥度）	外圆锥（莫氏锥度）
1 号钻头套	1	2
2 号钻头套	2	3
3 号钻头套	3	4
4 号钻头套	4	5
5 号钻头套	5	6

3. 快换钻夹头

在钻床上加工同一工件时，往往需要调换直径不同的钻头。使用快换钻头可以不停车换装刀具，大大提高了生产效率，也减少了对钻床精度的影响。快换钻夹头的结构如图 6-59 所示。

更换刀具时，只要将滑套 1 提起，钢珠 2 受离心力的作用而贴于滑套端部的大孔表面，使可换套筒 3 不再受钢珠的卡阻。此时，另一手就可将装有刀具的可换套筒取出，然后再把另一个装有刀具的可换套筒装上。放下滑套，两粒钢珠重新卡入可换套筒凹坑内，于是更换上的刀具便跟着插入主轴锥孔内的夹头体一起转动。弹簧环 4 可限制滑套的上下位置。

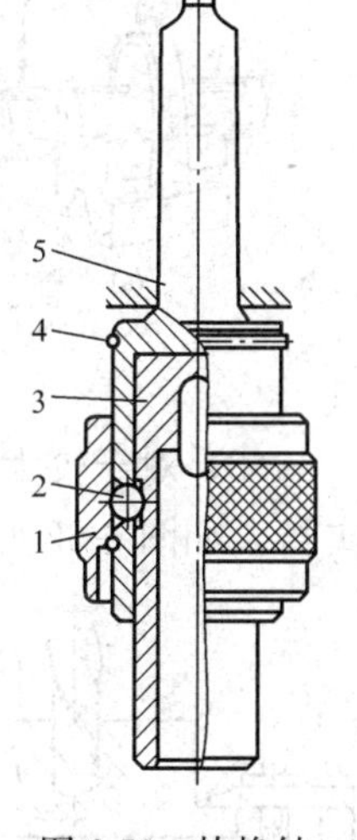

图 6-59　快换钻夹头

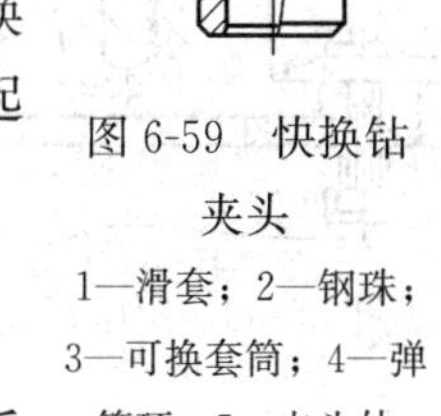

1—滑套；2—钢珠；3—可换套筒；4—弹簧环；5—夹头体

（五）钻孔的方法

1. 工件的夹持

一般钻 8mm 以下的孔，而工件又可以用手握住时，就用手捏住工件钻孔（工件上锋利的边角必须倒钝），这样较为方便。除此之外，钻孔前一般须将工件装夹牢固，方法如下：

（1）平面工件可用平口虎钳装夹，如图 6-60 所示。钻直径大于 8mm的孔时，必须将平口虎钳用螺栓、压板固定，以减少钻孔时的振动。

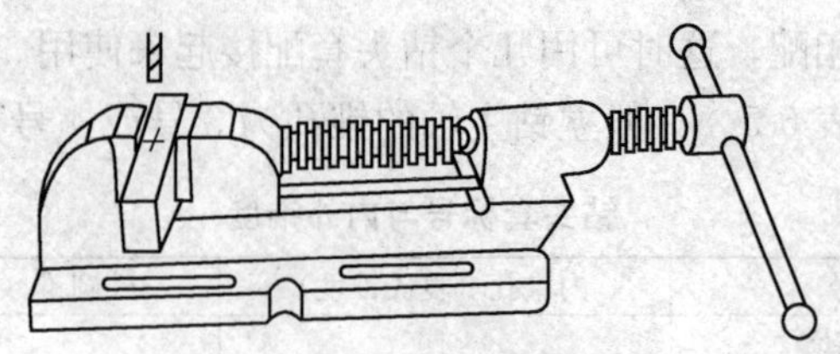

图 6-60　用平口虎钳夹持

（2）圆柱形的工件可用 V 形块装夹并配以压板压紧，以免工件在钻孔时转动，如图 6-61 所示。

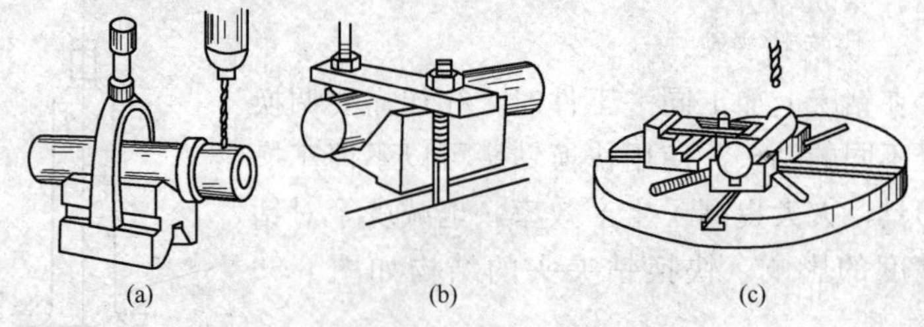

图 6-61　用 V 形块、压板夹持

（3）对于较大的工件且钻孔直径在 10mm 以上时，可用压板夹持，如图 6-62 所示。

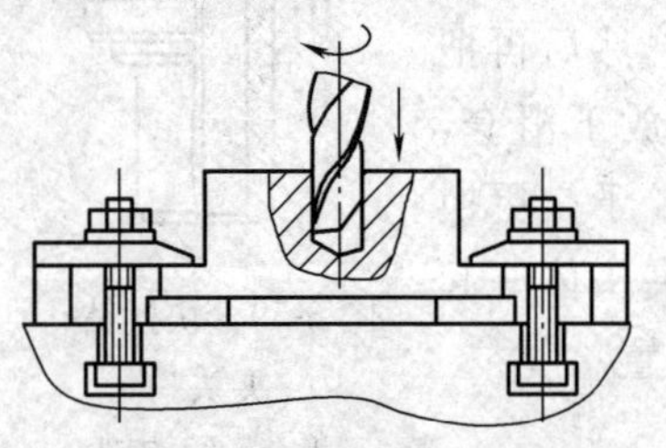

图 6-62　用压板夹持工件

（4）底面不平或加工基准在侧面的工件，可用角铁进行装夹。

（5）钻孔的要求较高且批量大的工件，可采用专用的钻夹具来夹持。

2. 一般工件的钻孔方法

钻孔前，应在工件上划出所要钻孔的十字中心线和直径，并在孔的圆周上（90°位置）打 4 只样冲眼，作为钻孔后检查用。

钻孔开始时，先调整钻头或工件的位置，使钻尖对准钻孔中心，然后试钻一浅坑检查。孔将要钻穿时，须减小进给量，若采用的是自动进给，此时最好改为手动进给，以减少孔口的毛刺，并防止钻头折断或钻孔质量降低等现象。

钻不通孔（盲孔）时，可按钻孔深度调整挡铁，并通过测量实际尺寸来控制钻孔深度。钻深孔时，一般钻进深度达到直径的 3 倍时，钻头要退出排屑。以后每钻进一定深度，钻头都要退出排屑一次。钻直径超过 30mm 的孔时，应分两次钻削，先用 0.5～0.7 倍孔径的钻头钻孔，然后再用所需孔径的钻头扩孔。

3. 在圆柱工件上钻孔的方法

在轴类或套类等圆柱形工件上钻与轴心线垂直相交的孔，特别是当孔的中心线与工件的中心线对称度要求较高时，常采用定心工具，如图 6-63（a）所示。

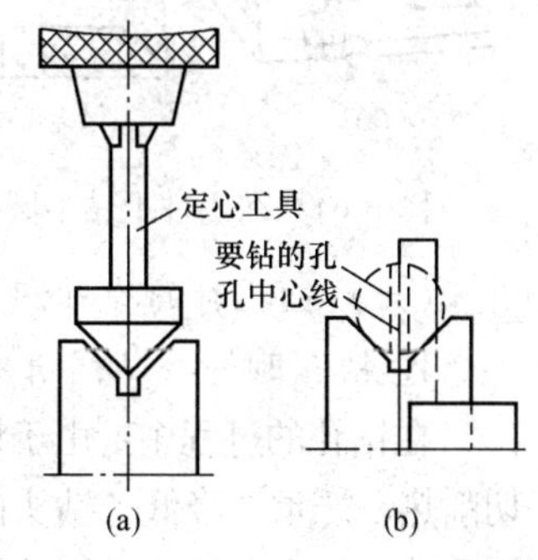

图 6-63　在圆柱形工件钻孔

在钻孔工件的端面划出所需的中心线，用 90°角尺找正端面中心线使其保持垂直，如图 6-63（b）所示。换上钻头将钻尖对准工件中心后，再把工件压紧，然后钻孔。

对称度要求不高时，不必用定心工具，而是用钻头的顶来找正 V 形块的中心位置，然后用 90°角尺找正工件的端面中心线，并使钻尖对准孔中心，压紧工件，进行试钻和钻孔。

4. 钻半圆孔的方法

对所钻半圆孔的工件，若孔在工件的边缘，可把两工件合起来夹持在机用平口虎钳上钻孔，如图 6-64（a）所示。若只需一件，可用一块与工件相同的材料和工件拼合在一起夹持在平口虎钳上钻孔。若在如图 6-64（b）所示的工件上钻半圆孔，则可先用同样材料嵌入工件内，与工件合钻一个圆孔，然后去掉嵌入材料，这样工件上就只留下半圆孔了。

5. 在斜面上钻孔的方法

为了在斜面上钻出合格的孔，可用立铣刀或錾子在斜面上加工出一个小平面，然后先用中心钻或小直径钻头在小平面上钻出一个浅坑，最后用规定直径的钻头钻出所需的孔，如图 6-65 所示。

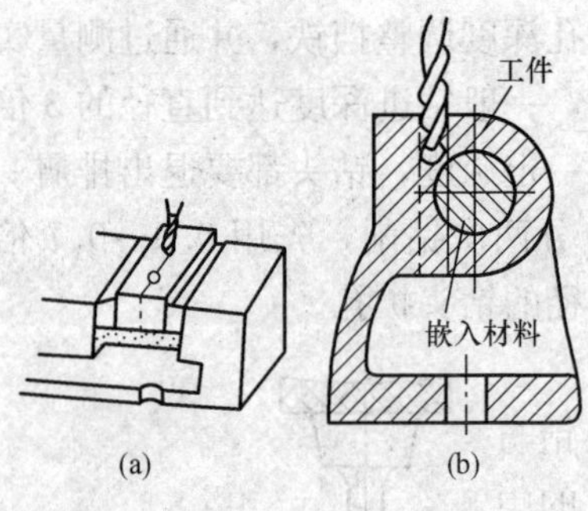

图 6-64　在工件上钻半圆孔

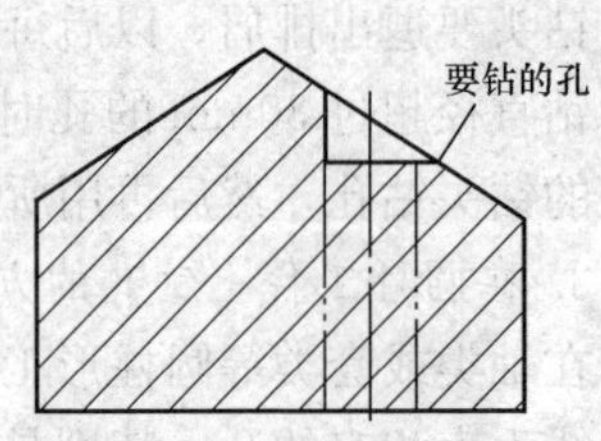

图 6-65　在斜面上钻孔

（六）钻孔时的冷却润滑与切削用量

1. 钻孔时的冷却润滑

在钻孔的过程中，由于切屑的变形和钻头与工件的摩擦所产生的切削热，严重地降低了钻头的切削能力，甚至引起钻头退火，同时对钻孔的质量也有一定的影响。为了提高效率、延长钻头的使用寿命和保证孔加工的质量，在钻孔时采取冷却润滑是一项重要的工作。

由于钻孔一般属于孔的粗加工，所以采用冷却液的作用主要是冷却。钻削钢、铜、铝等合金材料时，一般都可用体积分数为3%～8%的乳化液，以起到冷却作用。钻各种材料所用切削液见表 6-6。

表 6-6　　钻各种材料的切削液

工件材料	切削液（体积分数）
各类结构钢	3%～5%乳化液，7%硫化乳化液
不锈钢、耐热钢	3%肥皂加 2%亚麻油水溶液，硫化切削油
纯铜、黄铜、青铜	不用，或用 5%～8%乳化液
铸铁	不用，或用 5%～8%乳化液、煤油
铝合金	不用，或用 5%～8%乳化液、煤油、煤油与菜油混合油
有机玻璃	5%～8%乳化液或煤油

2. 钻孔时切削用量的选择

选择切削用量的目的，是为了保证加工精度和表面粗糙度的要求。一般来说，其选择的基本原则就是在允许范围下，尽量选用较大的进给量 f。当进给量 f 受到表面粗糙度和钻头刚度限制时，再考虑选用较大的转速 v。具体情况应根据钻头的直径、钻头的材料、工件材料、表面粗糙度等多个方面因素来决定。钢和铸铁材料钻削时的切削用量见表 6-7。

表 6-7　　　钢和铸铁材料钻削时的切削用量

钻钢料时的切削用量														
性能	进给量 f（mm/r）													
	0.20	0.27	0.36	0.49	0.66	0.88								
	0.16	0.20	0.27	0.36	0.49	0.66	0.88							
	0.13	0.16	0.20	0.27	0.36	0.49	0.66	0.88						
好	0.11	0.13	0.16	0.20	0.27	0.36	0.49	0.66	0.88					
	0.09	0.11	0.13	0.16	0.20	0.27	0.36	0.49	0.66	0.88				
		0.09	0.11	0.13	0.16	0.20	0.27	0.36	0.49	0.66				
↓			0.09	0.11	0.13	0.16	0.20	0.27	0.36	0.49	0.88			
				0.09	0.11	0.13	0.16	0.20	0.27	0.36	0.66	0.88		
					0.09	0.11	0.13	0.16	0.20	0.27	0.49	0.66	0.88	
差						0.09	0.11	0.13	0.16	0.20	0.36	0.49	0.66	0.88
							0.09	0.11	0.13	0.16	0.27	0.36	0.49	0.66
											0.20	0.27	0.36	0.49
钻头直径 d（mm）	切削速度 v（m/min）													
≤4.6	43	37	32	27.5	24	20.5	17.7	15	13	11	9.5	8.2	7	6
≤9.6	50	43	37	32	27.5	24	20.5	17.7	15	13	11	9.5	8.2	7
≤20	55	50	43	37	32	27.5	24	20.5	17.7	15	13	11	9.5	8.2
≤30	55	55	5	43	37	32	27.5	24	20.5	17.7	15	13	11	9.5
≤6	55	55	55	50	43	37	32	27.5	24	20.5	17.7	15	13	11
钻铸铁时的切削用量														
硬度（HBS）	进给量 f（mm/r）													
140～152	0.20	0.24	0.30	0.40	0.53	0.70	0.95	1.3	1.7					
153～166	0.16	0.20	0.24	0.30	0.40	0.53	0.70	0.95	1.3	1.7				
167～181	0.13	0.16	0.20	0.24	0.30	0.40	0.53	0.70	0.95	1.3	1.7			
182～199		0.13	0.16	0.20	0.24	0.30	0.40	0.53	0.70	0.95	1.3	1.7		
200～217			0.13	0.16	0.20	0.24	0.30	0.40	0.53	0.70	0.95	1.3	1.7	
218～240				0.13	0.16	0.20	0.24	0.30	0.40	0.53	0.70	0.95	1.3	

续表

钻钢料时的切削用量														
钻头直径 d（mm）	切削速度 v（m/min）													
≤3.2	40	35	31	28	25	22	20	17.5	15.7	14	12.5	11	9.5	
≤8	45	40	35	31	28	25	22	20	17.5	15.5	14	12.5	11	
≤20	51	45	40	35	31	28	25	22	20	17.5	15.5	14	12.5	
≤20	55	53	47	42	37	33	29.5	26	23	21	18	16	14.5	

注　钻头为高速钢标准麻花钻。

二、扩孔

用扩孔钻或麻花钻将工件上原有的孔进行扩大的加工称为扩孔。

1. 扩孔的应用

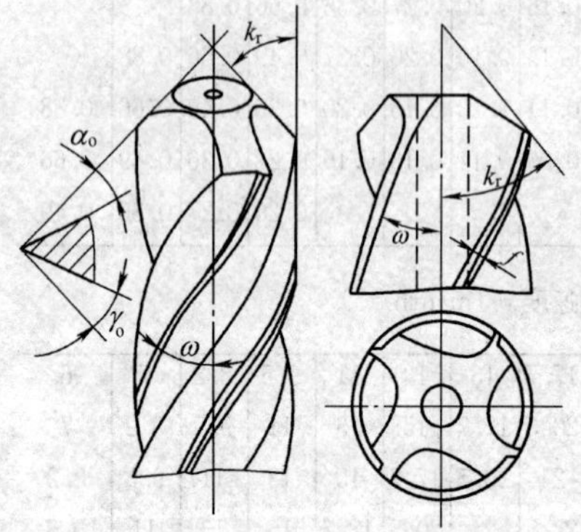

图 6-66　扩孔钻的工作部分

由于扩孔的切削条件比钻孔时有了较大的改善，所以扩孔钻的结构与麻花钻相比有较大的区别。图 6-66 为扩孔钻工作部分的结构简图，其结构特点如下：

（1）因为其中心不切削，所以没有横刃，切削刃只做成靠边缘的一段。

（2）因扩孔时产生切屑体积小，不需要大容屑槽，从而扩孔钻可以加粗钻芯，提高刚度，使切削平稳。

（3）由于容屑槽较小，扩孔钻可做出较多刀齿，增强导向作用。一般整体式扩孔钻有 3～4 个齿。

（4）因背吃刀量较小，切削角度可取大值，这样会使切削省力。

2. 扩孔的切削量

（1）扩孔前扩孔直径的确定。用麻花钻钻孔时，钻孔直径为

0.5～0.7 倍的要求孔径，用扩孔钻扩孔，钻孔直径为 0.9 倍的要求孔径。

(2) 背吃刀量。如图 6-67 所示，扩孔时的背吃刀量为

$$a_p = (D - d)/2$$

式中　d——原有孔径的直径，mm；

D——扩孔后的直径，mm。

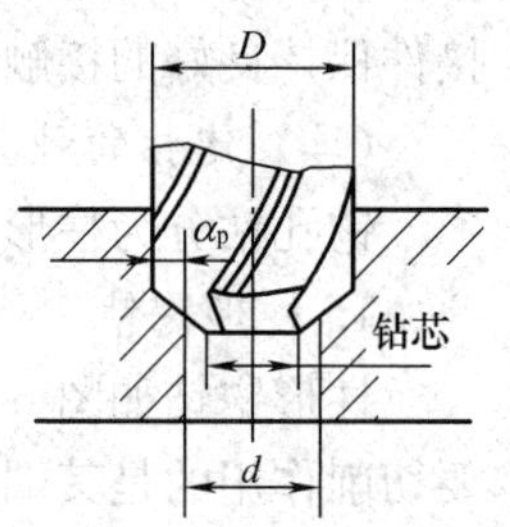

图 6-67　扩孔

扩孔一般应用于孔的半精加工和铰孔前的预加工。其加工质量要比钻孔高，一般尺寸精度可达 IT10～IT9，表面粗糙度可达 Ra25～6.3μm。扩孔的切削速度为钻孔时的 1/2，扩孔的进给量为钻孔的 1.5～2 倍。

实际生产中，一般可用麻花钻代替扩孔钻使用。扩孔钻使用于成批大量扩孔的加工。

三、锪孔

(一) 锪孔的定义和作用

用锪孔钻对工件孔口加工出平底中锥形沉孔的方法称为锪孔。常见的锪孔应用如图 6-68 所示，其作用如下：

(1) 在工件的联接端锪出柱形或锥形埋头孔，用埋头螺钉埋入

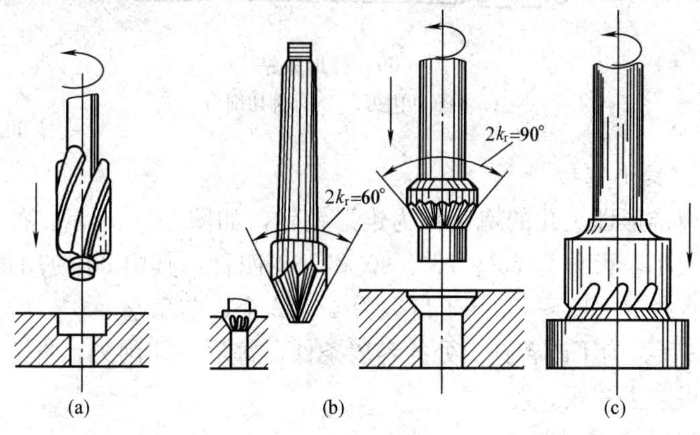

图 6-68　锪孔的应用

(a) 锪圆柱埋头孔；(b) 锪锥形埋头孔；(c) 锪孔口和凸台平面

孔内将有关零件联接起来，使外观整齐，结构紧凑。

（2）将孔口锪平，并与中心线垂直，能使连接螺栓的端面与连接件保持良好的接触。

（二）锪钻的种类和特点

锪孔钻分为柱形锪钻、锥形锪钻和端面锪钻三种。

1. 柱形锪钻

柱形锪钻如图 6-69 所示。它主要用来锪圆柱形埋头孔，起主要切削作用的是其端面切削刃 1，外圆切削刃 2 为副切削刃，起修光孔壁的作用。锪钻前端有导柱，导柱与工件原有的孔是间隙配合，以保证有良好的定心和导向作用。一般导柱是可拆的，也可以把导柱和锪钻做成一个整体。

柱形锪钻的螺旋角就是其前角，即 $\gamma_0=\beta=15°$，后角 $\alpha_0=8°$。

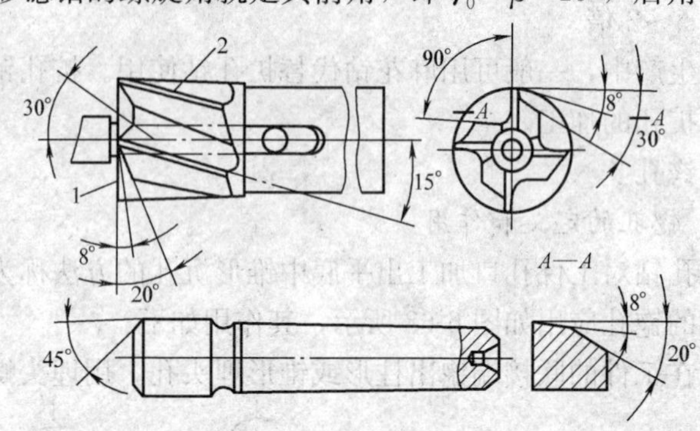

图 6-69　柱形锪钻

1—端面切削刃；2—外圆切削刃

2. 锥形锪钻

锪锥形埋头孔的锪钻称为锥形锪钻，如图 6-70 所示。按其锥角的大小，可分为 60°、75°、90°和 120°四种，其中 90°使用最多。锪钻直径 $d=12\sim60$mm，齿数为 4～12 个，前角 $\gamma_0=0°$，后角 $\alpha_0=6°\sim8°$。为了改善钻尖处的容屑条件，每隔一切削刃，将此处的切削刃磨去一块。

3. 端面锪钻

专门用来锪平口端面的锪钻称为端面锪钻，如图 6-71 所示。

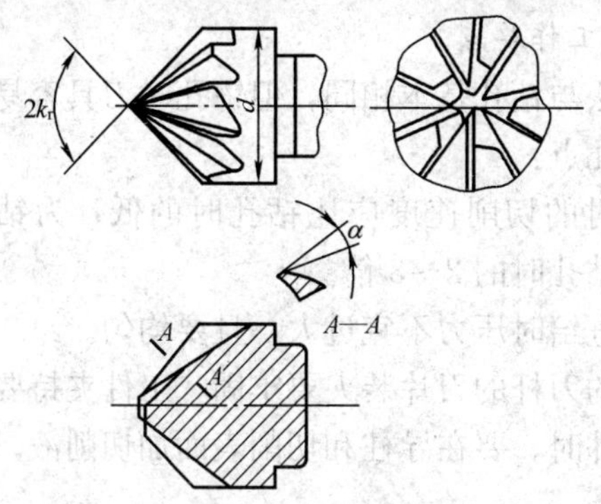

图 6-70　锥形锪钻

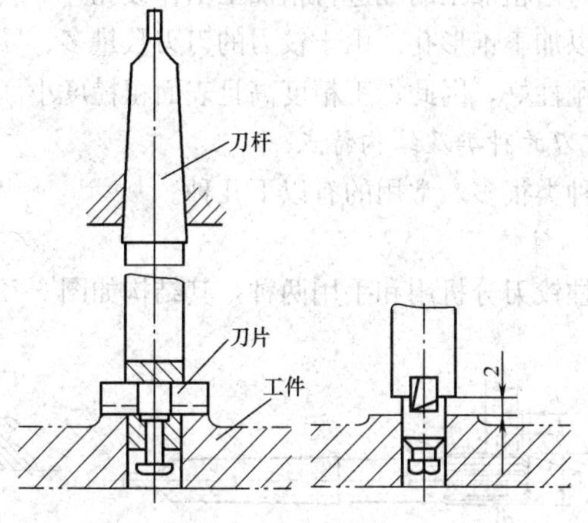

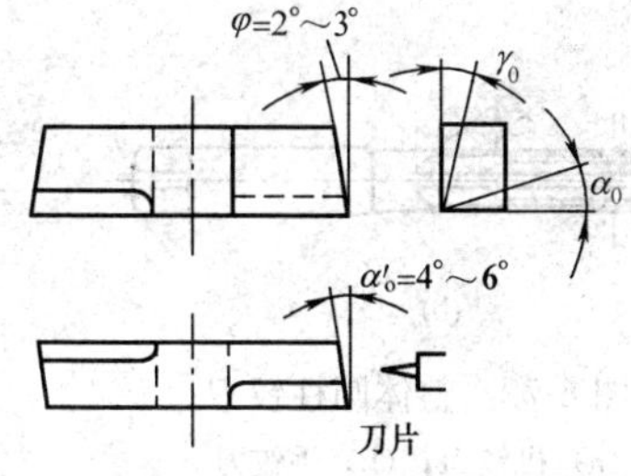

图 6-71　端面锪钻

它的端面刀齿为切削刃，前端导柱用来导向定心，以保证孔端面与孔中心线的垂直度。

（三）锪孔工作要点

锪孔的方法与钻孔基本相同，但锪孔时刀具容易振动，故锪孔时应注意以下几点：

（1）锪孔时的切削速度应比钻孔时的低，为钻孔时的 1/3～1/2，进给量为钻孔时的 2～3 倍。

（2）手动进给时压力不宜过大，且要均匀。

（3）锪钻的刀杆的刀片装夹要牢固，工件夹持要稳定。

（4）锪钢件时，要在导柱和切削表面加切削液。

四、铰孔

用铰刀对已粗加工的孔进行精加工叫作铰孔，一般可加工圆柱形孔，也可以加工锥形孔。由于铰刀的刀刃数量多、导向性好、尺寸精度高且刚性好，因此加工精度高且表面粗糙度小。

（一）铰刀的种类及结构特点

铰刀的种类很多，常用的有以下几种。

1. 整体圆柱铰刀

整体圆柱铰刀分机用和手用两种，其结构如图 6-72 所示。

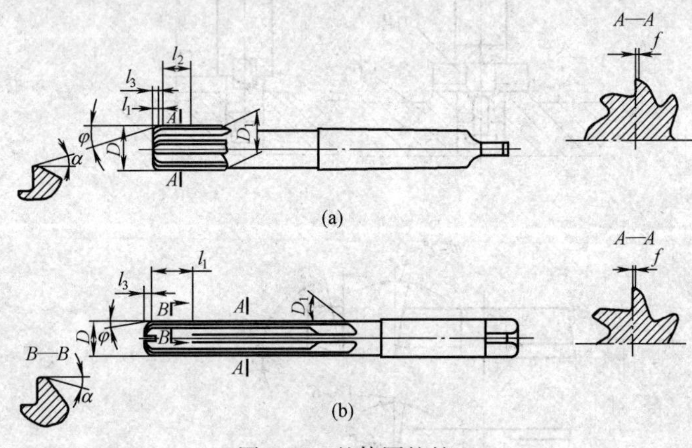

图 6-72　整体圆柱铰刀

（a）机铰刀；（b）手铰刀

整体圆柱铰刀主要用来铰削标准系列的孔。由工作部分、颈部和柄部三个部分组成，主要结构参数有直径（D）、切削锥角（$2k_r$）、切削部分和校准部分的前角（γ_0）、后角（α_0）、校准部分的刃带宽（f）和齿数（z）等。它的工作部分包括引导部分、切削部分和校准部分。引导部分的作用是便于铰刀放入孔中，切削部分 l_1 担负主要切削工作，校准部分 l_2 是用来引导铰孔方向和校准孔的尺寸，也是铰刀的后备部分。其刃带宽是为了防止孔口扩大和减少与孔壁的摩擦。

一般手铰刀的齿距在圆周上不是均匀分布的。为了便于制造和测量，不等齿距的铰刀常制成 180°对称的不等齿距，如图 6-73 所示。采用不等齿距的铰刀，铰孔时切削刃不会在同一地点停歇而使孔壁产生凹痕，从而能将硬点切除，提高了铰孔的质量。

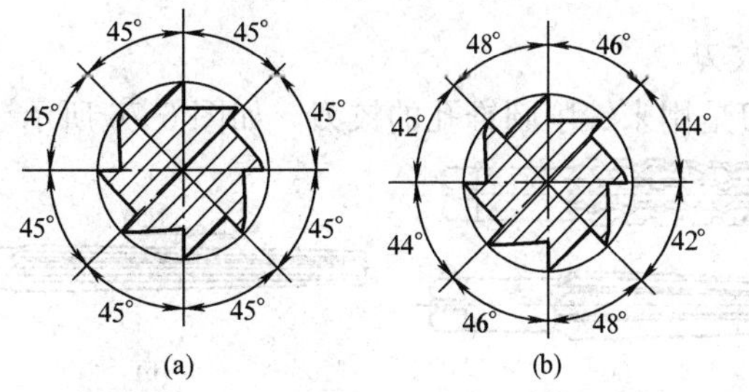

图 6-73　铰刀刀齿分布

（a）均匀分布；（b）不均匀分布

铰刀的颈部为磨制铰刀时供退刀用，也用来刻印商标和规格。柄部用来装夹和传递转矩，它有直柄、锥柄和直柄带方榫三种形式。

2. 可调节手铰刀

在单件生产或修配工作中用来铰削非标准孔，其结构如图 6-74 所示。它由刀体、刀齿条及调节螺母等组成。标准可调节手铰刀的直径范围为 6～54mm。其刀体用 45 号钢制作。直径≤12.75mm 的刀齿条，用合金钢制作；直径＞12.75mm 的刀齿条，用高速钢制作。

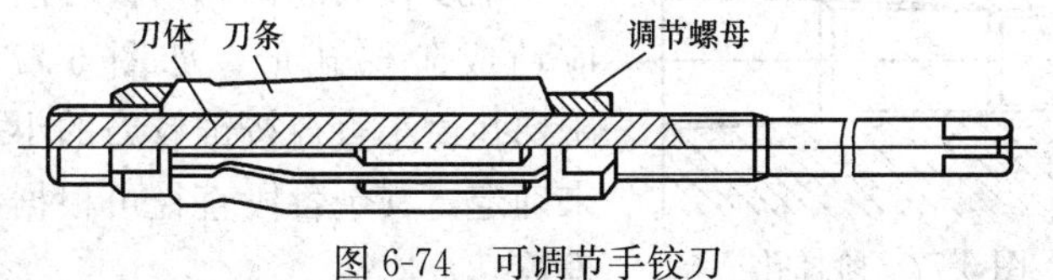

图 6-74　可调节手铰刀

3. 螺旋槽手铰刀

用普通铰刀铰键槽孔时，刀刃会被键槽边卡住而使铰削无法进行，这时就必须改用如图 6-75 所示的螺旋槽铰刀。用这种铰刀铰孔时，铰削阻力沿圆周均匀分布，铰削平稳、铰孔光滑。铰刀螺旋方向一般左旋，以避免因顺时针转动而产生自动旋进现象，同时，左旋刀刃容易将切屑推出孔外。

图 6-75　螺旋槽铰刀

4. 锥铰刀

锥铰刀是用来铰削圆锥孔的铰刀，如图 6-76 所示。

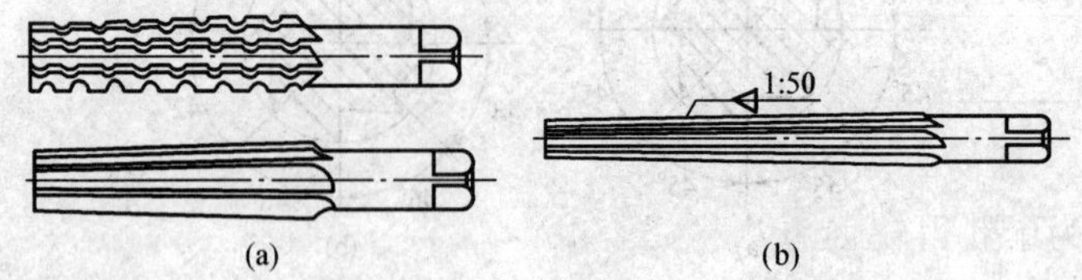

图 6-76　锥铰刀

(a) 成套铰刀；(b) 铰削定位销孔铰刀

常用的锥铰刀有以下四种：

(1) 1∶10 锥铰刀。用来铰削联轴器上与锥销配合的锥孔。

(2) 莫氏锥铰刀。用来铰削 0～6 号莫氏锥孔。

(3) 1∶30 锥铰刀。用来铰削套式刀具上的锥孔。

(4) 1∶50 锥铰刀。用来铰削定位销孔。

1∶10 锥孔和莫氏锥孔的锥度较大。为了铰孔省力，这类铰刀一般制成 2～3 把为一套，其中一把为精铰刀，如图 6-76 (a) 所示。

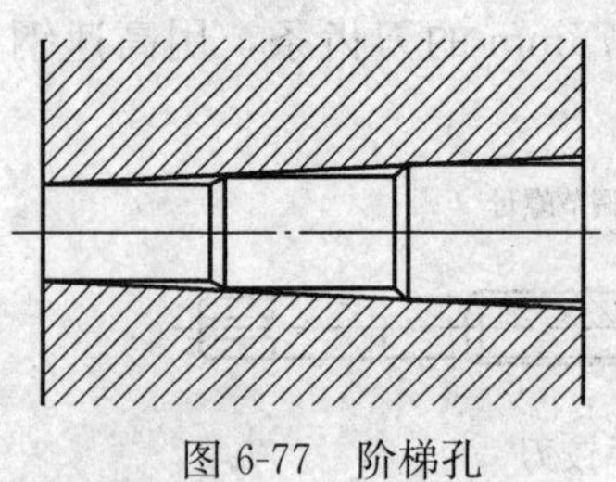

图 6-77　阶梯孔

锥度较大的锥孔，铰孔前的底孔应钻成阶梯孔形，如图 6-77 所示。阶梯孔最小直径按锥铰刀的小端直径来确定，其余各段直径可根据锥度来推算。

（二）铰孔的方法

1. 铰孔余量的确定

铰孔以前，孔径必须加工到适当的尺寸，使铰刀只能切下很薄的金属层，铰孔前的加工余量见表 6-8。

表 6-8　　铰孔前铰削余量的确定

孔径（mm）	加工余量（mm）		
	粗、精铰前总加工余量	粗铰	精铰
12～18	0.15	0.10～0.11	0.04～0.05
18～30	0.20	0.14	0.06
30～50	0.25	0.18	0.07
60～75	0.30	0.20～0.22	0.08～0.09

2. 机铰的切削速度和进给量

为了获得较小的加工表面粗糙度值，必须避免产生积屑瘤，减少切削热及变形，应取较小的切削速度。铰钢件时为 4～8m/min；铰铸件时为 6～8m/min。对铰钢件及铸铁件的进给量可取 0.5～1mm/r，铰铜件、铝件时可取 1～1.2mm/r。

3. 操作方法

（1）手铰时，两手用力要均匀、平稳，不得有侧向压力，同时适当加压，使铰刀均匀进给。

（2）铰刀铰孔或退出铰刀时，铰刀不能反转，防止刃口磨钝和将孔壁划伤。

（3）机铰时，应使工件一次装夹进行钻、铰工作，铰削完工后，必须等到铰刀完全退出孔口后方能停车，以防孔壁拉出痕迹。

4. 铰孔时的切削液

润滑和冷却对所铰孔的粗糙度和尺寸精度都有很大的影响。润滑和冷却可以减小孔壁表面的粗糙度值，延长铰刀的使用寿命，并防止孔的扩张量。铰孔时的切削液选用见表 6-9。

表 6-9　　铰孔时切削液的选用

工件材料	切　削　液
钢	（1）体积分数 10％～20％的乳化液。 （2）铰孔要求高时，可采用体积分数为 30％的菜油加 70％的乳化液。 （3）高精度铰削时，可用菜油、柴油、猪油
铸铁	（1）不用。 （2）煤油，但会引起孔径缩小（最大缩小量为 0.2～0.04mm）。 （3）低浓度乳化液
铝	煤油
铜	乳化液

（三）铰孔质量分析

铰孔时的质量分析见表 6-10。

表 6-10　　铰孔的质量分析情况

废品形式	产　生　原　因
孔壁表面粗糙度值超差	（1）铰削余量太大或太小。 （2）铰刀切削刃不锋利，或有积屑瘤、切削刃崩裂。 （3）切削速度过高。 （4）铰削或退刀时反转。 （5）没有合理选用切削液
孔呈多棱形	（1）铰削余量太大。 （2）铰孔时工件装夹太紧造成变形
孔径扩大	（1）机铰时铰刀与孔轴心线不重合。 （2）铰削时用力不均匀，使铰刀摆动。 （3）切削速度太高，冷却不充分，造成温度上升，直径增大。 （4）铰锥孔时，未用锥销试配、检查
孔径缩小	（1）铰刀磨钝或磨损。 （2）铰削铸铁时加煤油，造成孔径收缩

第六节　攻螺纹和套螺纹

一、螺纹的基本知识

在各种机械产品中，带有螺纹的零件，如螺钉、螺栓、螺母和丝杠等应用广泛。

（一）螺纹的种类及应用

螺纹的种类很多，按形成螺旋线的形状可分为圆柱螺纹和圆锥螺纹；按用途不同可分为连接螺纹和传递螺纹；按牙型特征可分为三角螺纹、矩形螺纹、梯形螺纹和锯齿形螺纹；按螺旋线的旋向可分为右旋螺纹和左旋螺纹；按螺旋线的线数可分为单线螺纹和多线螺纹。

螺纹在生产中起联接、紧固、测量、调节、传递、减速等作用。各种螺纹的应用见表 6-11。

表 6-11　常用螺纹的应用

种类	螺纹类型	应用场合
联接螺纹	普通螺纹	牙型角为 60°（代号 M），同一直径按螺距大小分为粗牙和细牙螺纹两类。一般联接多用粗牙，细牙用于薄壁零件，也常用于受冲击、振动和微调机构
	圆柱管螺纹	牙型角为 55°（代号 G），公称直径近似为管子直径。多用于水、油、气的管路以及电子管路系统的联接中
	圆锥管螺纹	牙型角为 55°（代号：圆锥内螺纹用 Rc，圆柱内螺纹用 Rp，圆锥外螺纹用 R），螺纹分布在 1∶16 的圆锥管螺纹上。适用于管子、管接头、旋塞、阀门和其他螺纹联接的附件或用螺纹密封的管螺纹
传动螺纹	梯形螺纹	牙型角为 30°（代号 Tr），内径与外径处有相等间隙。广泛用于传力或螺旋传动中
	锯齿形螺纹	工作面的牙型角为 3°，非工作面的牙型角为 30°。广泛用于单向受力的传动机构
	矩形螺纹	牙型为正方形，牙厚为螺距的一半。多用于传力或螺旋传动中

（二）普通螺纹的主要参数

普通螺纹的主要参数有大径、小径、中径、螺距、导程、线数、牙型角和螺旋升角。各种螺纹的剖面形状如图 6-78 所示。

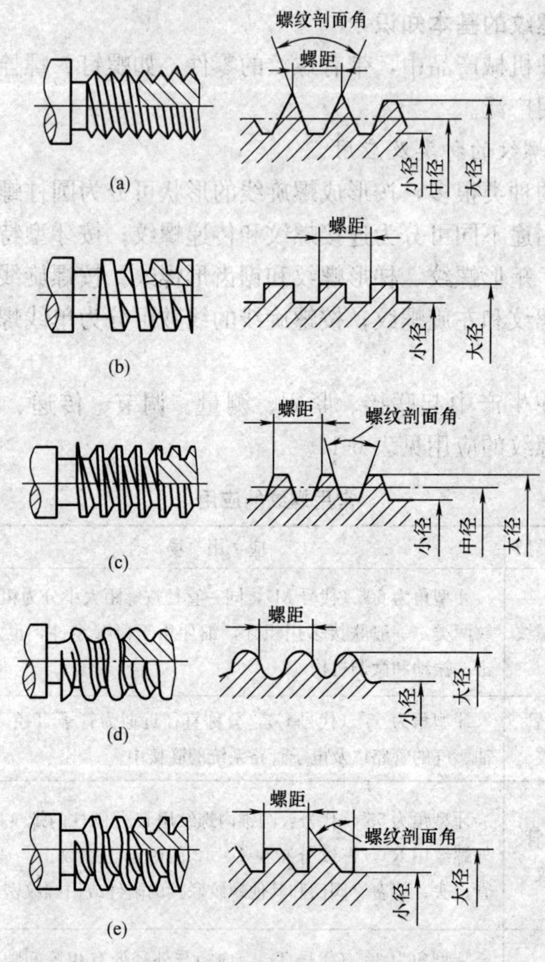

图 6-78　各种螺纹的剖面形状

（a）三角形螺纹；（b）矩形螺纹；（c）梯形螺纹；（d）圆弧螺纹；（e）锯齿形螺纹

（1）螺纹大径（D、d）：与外螺纹牙顶或内螺纹牙底重合的假想圆柱面的直径。内螺纹用 D 表示，外螺纹用 d 表示。螺纹的公称直径是指螺纹大径的基本尺寸。

（2）螺纹小径（D_1、d_1）：与外螺纹牙底或内螺纹牙顶重合的假想圆柱面的直径。

（3）螺纹中径（D_2、d_2）：一个假想圆柱的直径，该圆柱的母线通过牙型一沟槽和凸起宽度相等的地方。

（4）螺距（P）：相邻两牙在中径线上对应两点间的轴向距离。

（5）线数（n）：一个螺纹零件的螺旋线数目。

（6）导程（P_h）：同一条螺旋线上的相邻两牙在中径线上对应两点间的轴向距离。单线螺纹，$P=P_h$；多线螺纹，$P_h=nP$。

（7）螺纹旋合长度：两个相互配合的螺纹，沿螺纹轴向方向相互旋合部分的长度。一般分为三组，即短旋合长度 S、中等旋合长度 N 和长旋合长度 L。

螺纹精度由旋合长度和螺纹公差带组成。根据螺纹配合的要求，可得出各种公差带，一般按表 6-12、表 6-13 选用，常用的精度等级为中级。

表 6-12　　内螺纹选用公差带

精度	公差带位置 G			公差带位置 H		
	S	N	L	S	N	L
精密				4H	4H5H	5H6H
中等	(5G)	(6G)	(7G)	*5H	*6H	*7H
粗糙		(7G)			7H	

表 6-13　　外螺纹选用公差带

精度	公差带位置 e			公差带位置 f			公差带位置 g			公差带位置 h		
	S	N	L	S	N	L	S	N	L	S	N	L
精密										(3h4h)	*4h	(5h4h)
中等		*6g			*6f		(5g6g)	*6g	(7g6g)	(5h6h)	*6h	(7h6h)
粗糙								8g			(8h)	

注 1. 大量生产的精制紧固螺纹，推荐采用带方框的公差带。

2. 有“*”的公差带优先选用，无“*”的公差带次之，括号内的公差带尽可能不用。

（三）螺纹的标注方法

螺纹的完整标记由螺纹的特征代号、螺纹公差代号和旋合长度代号组成，按国家标准规定如下：

(1) 螺纹公称直径和螺距用数字表示。细牙普通螺纹、梯形螺纹和锯齿形螺纹必须加注螺距（其他螺纹不加）。

(2) 多线螺纹在公称直径后面需要标出“导程/线数”（单线螺纹不标注）。

(3) 左旋螺纹必须标注出“LH”字样（右旋螺纹不标注）。

(4) 螺纹公差带代号包括中径公差带代号与顶径公差带代号。特殊时可注明旋合 M12—5g6g—S，表示短旋合长度。

标准螺纹的规定代号及示例如下。

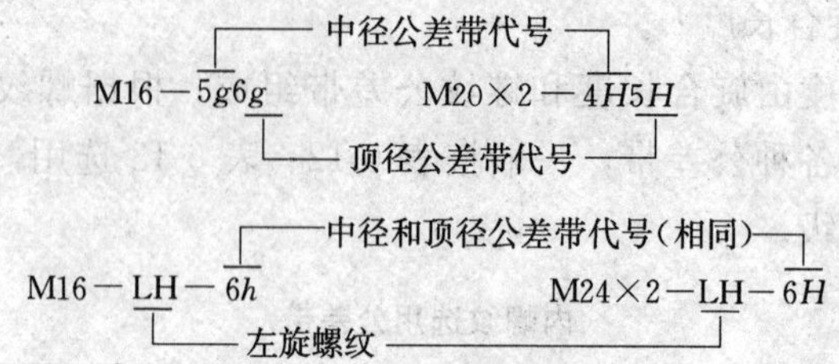

二、攻螺纹

攻螺纹是用丝锥切削内螺纹的一种加工方法。

（一）攻螺纹工具

1. 丝锥的种类

丝锥也称丝攻，是一种成形多刃刀具，其本质即为一螺钉，开有纵向沟槽，以形成切削刃和容屑槽。其结构简单、使用方便，在小尺寸的内螺纹加工上应用极为广泛。

丝锥的种类很多，按其功能来分，有手用丝锥、机用丝锥、螺母丝锥、板牙丝锥、锥形螺纹丝锥、梯形螺纹丝锥等。

(1) 手用丝锥。它是用手工切削内螺纹的工具，现已标准化。常用于单件、小批量生产或修配工作。尾部为方头圆柄，如图 6-79 所示。

当直径小于 6mm 时，柄部直径应大于或等于工作部分的直径，为了便于制造，两端做成反顶尖形式。直径大于 6mm 时，柄

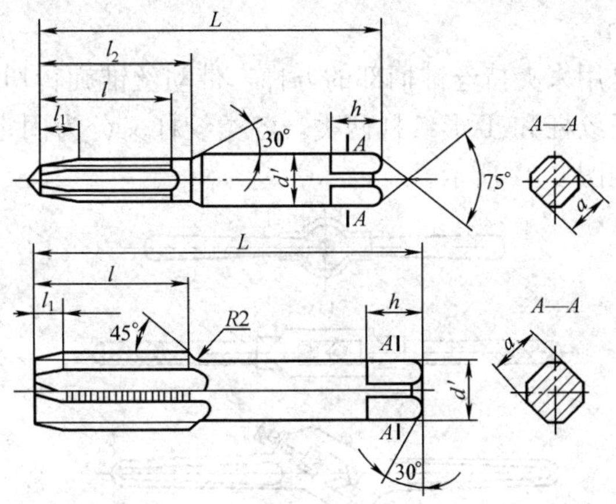

图 6-79　手用丝锥

部直径小于工作部分的直径。

手用丝锥通常由两把或三把组成，依次进行切削。一般多用 T12A 或 SiCr 制造。

（2）机用丝锥。如图 6-80 所示，它的外形与手用丝锥较为相同，但由于机用丝锥是要装夹在机床上切削螺纹的，因而其柄部有半圆截面的环槽，以防止丝锥在机床夹头中脱落。一般机用丝锥一组只有一个，仅在加工直径较大、材料硬度或韧性较大的工件或盲孔时，采用两把或三把一组的丝锥。机用丝锥均需铲磨后刀面。

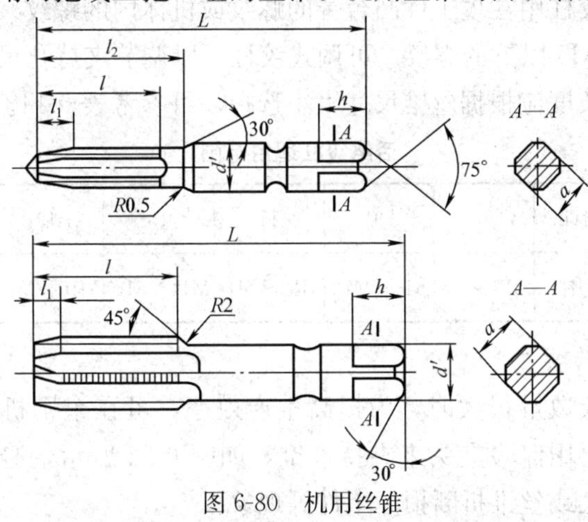

图 6-80　机用丝锥

2. 绞杠

绞杠是用来夹持丝锥柄部的方榫，带动丝锥旋转切削的工具。绞杠有普通绞杠和T形绞杠两类，各类绞杠又分为固定式和可调式两种，如图6-81所示。

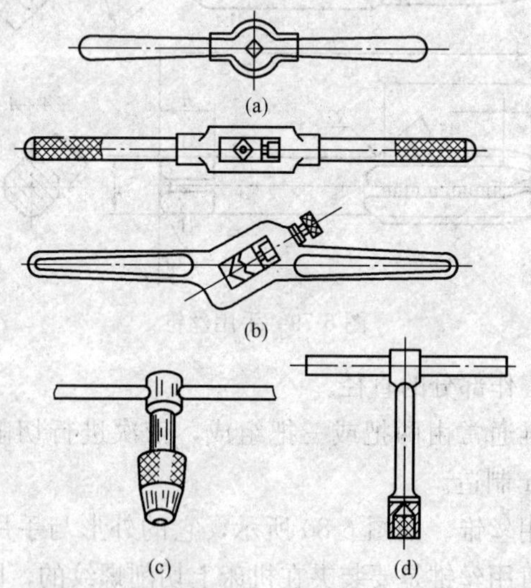

图6-81　绞杠

(a) 固定式绞杠；(b) 可调式绞杠；(c) 可调式T形绞杠；(d) T形绞杠

T形绞杠用在攻工件凸台旁的螺纹或机体内的螺纹。固定式绞杠用在攻M5以下的螺纹。可调式绞杠可以调节夹持孔尺寸。

绞杠长度应根据丝锥尺寸大小选择，可参考表6-14。

表6-14　活络绞杠适用范围

活络绞杠规格(in)	6	9	11	15	19	24
适用丝锥范围	M5～M8	M8～M12	M12～M14	M14～M16	M16～M22	M24以上

3. 保险夹头

当螺纹数量很大时，为提高生产效率，可在个别机床上攻螺纹。此时要用保险夹头来夹持丝锥，如图6-82所示，避免发生丝锥负荷过大或丝锥折断损坏工件等现象。

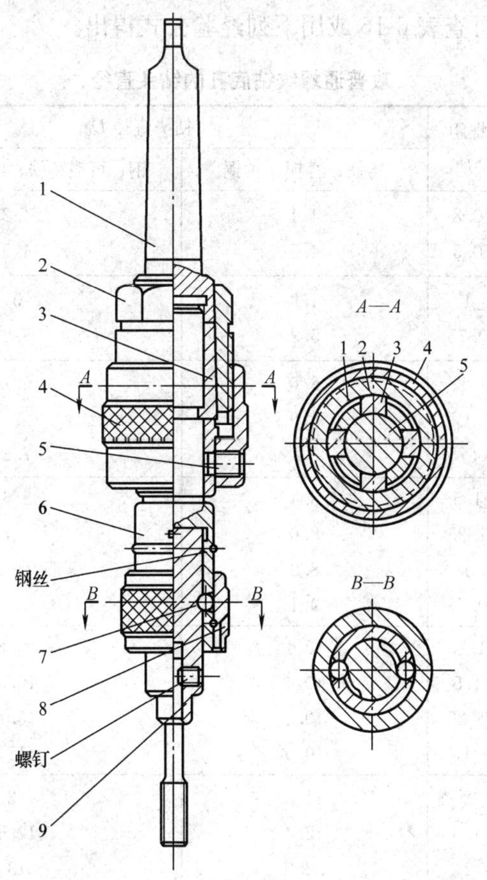

图 6-82　保险夹头

1—本体；2—螺套；3—摩擦块；4—螺母；
5—螺钉；6—轴；7—钢珠；8—滑环；9—可换夹头

（二）攻螺纹方法

1. 底孔直径的确定

攻螺纹时，每个切削刃一方面在切削金属，一方面也在挤压金属，因而会产生金属凸起并向牙尖流动的现象，被丝锥挤出的金属会卡住丝锥甚至将其折断。因此，底孔直径应比螺纹小径略大，这样挤出的金属流向牙尖正好形成完整螺纹，又不卡住丝锥。

确定底孔直径的大小要根据工件的材料、螺纹直径大小来考虑，其方法可查表 6-15 或用下列经验公式得出。

表 6-15　　攻普通螺纹钻底孔的钻头直径　　mm

螺纹大径 D	螺距 P	钻头直径 D_0	
		铸铁、青铜、黄铜	钢、可锻铸铁、纯铜、层压板
5	0.8	4.1	4.2
	0.5	4.5	4.5
6	1	4.9	5
	0.75	5.2	5.2
8	1.25	6.6	6.7
	1	6.9	7
	0.75	7.1	7.2
10	1.5	8.4	8.6
	1.25	8.6	8.7
	1	8.9	9
	0.75	9.1	9.2
12	1.75	10.1	10.2
	1.5	10.4	10.5
	1.25	10.6	10.7
	1	10.9	11
14	2	11.8	12
	1.5	12.4	12.5
	1	12.9	13
16	2	13.8	14
	1.5	14.4	14.5
	1	14.9	15
18	2.5	15.3	15.5
	2	15.8	16
	1.5	16.4	16.5
	1	16.9	17
20	2.5	17.3	17.5
	2	17.8	18
	1.5	18.4	18.5
	1	18.9	19

（1）普通螺纹的底孔直径经验计算式如下：

脆性材料　　　　　$D_0=D-1.05P$

塑性材料　　　　　$D_0=D-P$

式中　D_0——底孔直径，mm；

D——螺纹大径，mm；

P——螺距，mm。

（2）钻不通孔时。由于丝锥的切削部分不能攻出完整的螺纹，因此底孔的钻孔深度一定要大于所需螺孔的深度，一般取

$$\text{钻孔深度}=\text{所需螺孔深度}+0.7D$$

式中　D——螺纹大径，mm。

2. 操作方法

操作方法如下：

（1）划线，钻底孔。

（2）在底孔的孔口倒角，倒角处直径可略大于螺孔大径。

（3）用头锥起攻。两手握住绞杠两端均匀施加压力，并将丝锥顺向旋进。丝锥必须尽量放正，当丝锥切入1～2圈时，用90°角尺在两个垂直的方向检查并校正，如图6-83所示。

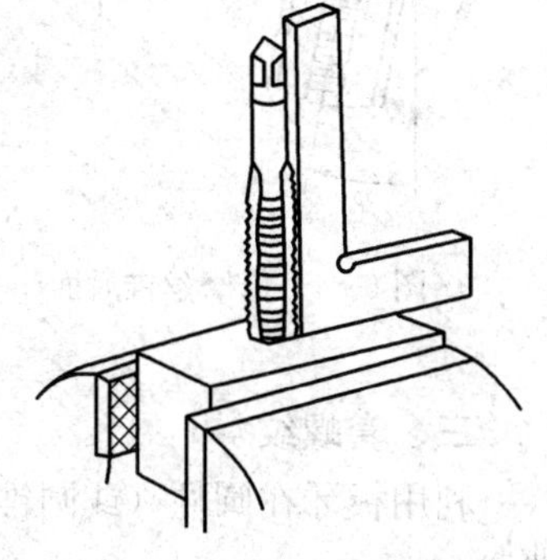

图6-83　用90°角尺检查丝锥位置

（4）当丝锥的切削部分全部进入工件时，就不需要再施加力，而靠丝锥作自然旋进切削。此时两手要用力均匀，并要经常倒转1/4～1/2圈，使切屑断碎后易排出。

（5）攻螺纹时，必须以头锥、二锥、三锥顺序攻削至标准尺寸。在较硬的材料上攻螺纹时，要各丝锥交替使用。

（6）攻塑性材料时，要加冷却液，以减少切削阻力，提高丝锥寿命。

（7）攻不通孔时，可在丝锥上做好深度记号，并要经常退出丝锥，清除留在孔内的切屑。

3. 丝锥的修磨

当丝锥的切削部分磨损时，可修磨其后面，如图 6-84 所示。修磨时，要注意保持各刃瓣的半锥角 φ 及切削部分长度的准确性和一致性。

当丝锥校正部分有显著磨损时，可用棱角修圆的片状砂轮修磨其前面，如图 6-85 所示，但要控制好一定的前角 γ_0。

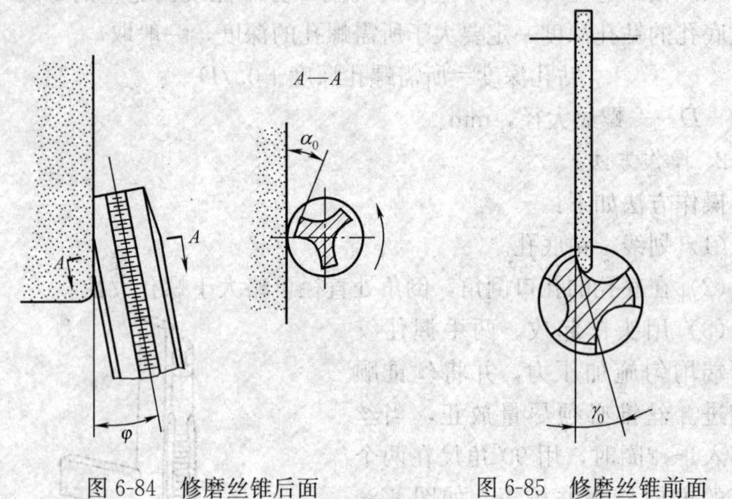

图 6-84　修磨丝锥后面　　　图 6-85　修磨丝锥前面

三、套螺纹

利用板牙在圆柱（或圆锥）表面上加工出外螺纹的操作称为套螺纹。

（一）套螺纹的工具

板牙是加工外螺纹的标准刀具之一，多在单件小批量生产中使用。其外形像螺母，所不同的是在其端面上钻入几个排屑孔以形成刀刃，如图 6-86 所示。

板牙的切削部分为两端的锥角（2φ）部分。它不是圆锥面，而是经过铲销而成的阿基米德螺旋面。圆板牙前面就是排屑孔，前角大小沿着切削刃而变化。板牙的中间一段是校准部分，也是导向部分。

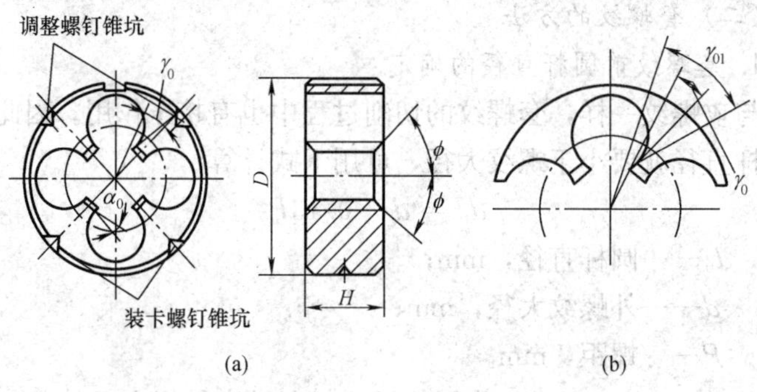

图 6-86　圆板牙
(a) 外形和角度；(b) 圆板牙前角变化

板牙的校准部分因套螺纹时的磨损会使螺纹尺寸变大而超出公差范围。为了延长其使用寿命，M3.5 以上的圆板牙，其外圆上有一条 V 形槽［见图 6-86（a)］。当尺寸变大超差时，可用片状砂轮沿 V 形槽割出一条通槽，用绞杠上两个螺钉顶入板牙上面的两个偏心锥孔坑内，使圆板牙尺寸缩小，其调节范围为 0.1～0.25mm。若在 V 形槽开口处旋入螺钉能使板牙直径增大。板牙下部两个其轴线通过板牙中心的螺钉坑是用螺钉将板牙固定在绞手中并用来传递转矩的。板牙两端面都有切削部分，一端磨损后，可换一端使用。

管螺纹板牙可分为圆柱管螺纹板牙和圆锥管螺纹板牙，其结构与圆板牙相似。但它只是在单面制成了切削锥，如图6-87 所示，因而圆锥管螺纹板牙只能单面使用。

板牙的内螺纹表面因磨削困难，通常在热处理后不进行磨削。避免热处理后的严重脱碳及减少热处理引起的变形，板牙采用合金工具钢（9SiCr）制造。

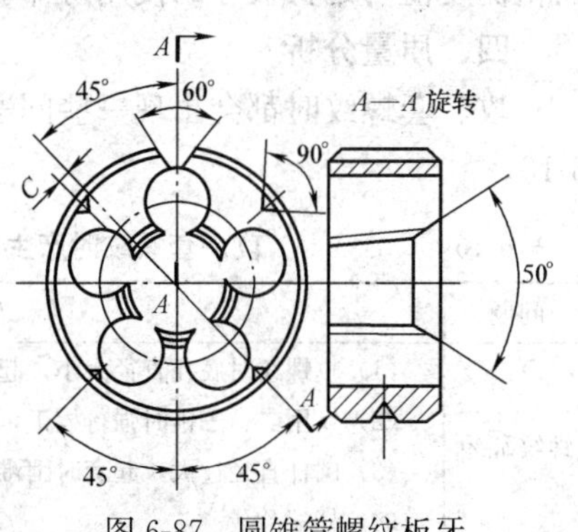

图 6-87　圆锥管螺纹板牙

（二）套螺纹的方法

1. 套螺纹前圆杆直径的确定

与攻螺纹一样，套螺纹的切削过程中也有挤压作用。因此，工件圆杆直径就要小于螺纹大径，可用下式计算

$$d_0 = d - 0.13P$$

式中 d_0——圆杆直径，mm；

d——外螺纹大径，mm；

P——螺距，mm。

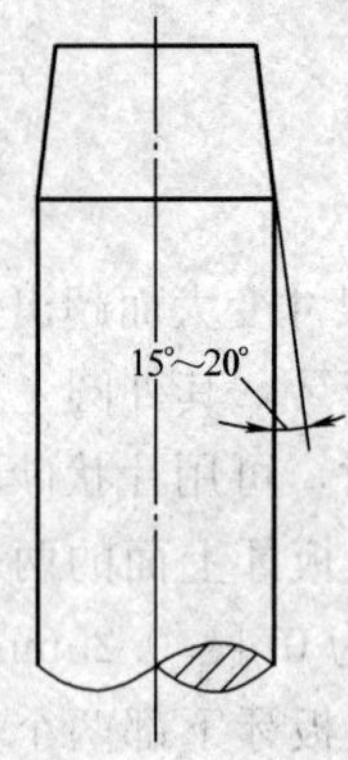

图 6-88 圆杆倒角

为了使板牙起套时容易切入工件并作正确的引导，圆杆端部要倒一个 15°～20°的角，如图 6-88 所示。

2. 操作方法

（1）套螺纹时，一定要用 V 形块或厚铜衬作衬垫，以保证夹紧板牙。

（2）起套与攻螺纹起攻的方法一样，一边用手掌按住板牙架中部，沿圆杆轴向施压，一边用另一只手配合顺向切进，转动要慢，压力要大，并保证不出现歪斜。

（3）正常套螺纹时不要加压，让板牙自然引进，并要经常回转，以利断屑。

（4）在钢件上套螺纹时，要加注冷却液，以减小加工螺纹的表面粗糙度值与延长板牙的使用寿命。

四、质量分析

攻、套螺纹时都会出现一些问题，常见的问题及产生原因见表 6-16。

表 6-16　攻、套螺纹时产生的问题及原因

问题	产生原因
螺纹乱牙	（1）攻螺纹时底孔直径太小，起攻困难，左右摆动，孔口乱牙。 （2）换用二、三锥时强行校正，或没旋合好就下攻。 （3）圆杆直径过大，起套时困难，左右摆动。 （4）杆端乱牙

续表

问题	产 生 原 因
螺纹滑牙	（1）攻不通孔时，丝锥已到底仍在继续转攻。 （2）攻强度低或小孔径螺纹，丝锥已切出螺纹仍在继续加压，或攻完时连同绞杠作自由的快速转出。 （3）未加适当的冷却液仍一直在攻、套，且不回转，切屑堵塞，将螺纹破坏
螺纹歪斜	（1）起攻、套螺纹时出现歪斜。 （2）孔口、杆端倒角不好，或起攻、套时两手用力不均造成歪斜
螺纹形状不完整	（1）攻螺纹时底孔直径太大，或套螺纹时圆杆直径太小。 （2）圆杆不直。 （3）板牙经常摆动
丝锥折断	（1）底径太大。 （2）攻入时丝锥歪斜或歪斜后未加校正。 （3）攻丝时没能回转丝锥，或攻完后继续攻。 （4）使用绞杠不当。 （5）丝锥牙齿爆裂或磨损过多而强行攻。 （6）工件材料过硬。 （7）两手用力不均或用力过猛

第七节　刮削和研磨

一、刮削

（一）刮削加工特点及应用

用刮刀刮除工件表面薄层金属的加工方法称为刮削。它属于精加工。

1. 刮削原理

刮削是将工件与校准工具或其他与之相配合的工件之间涂上一层显示剂，经过对研，使工件上较高的部位显示出来，然后用刮刀进行微量刮削，刮去较高的金属层，这样反复地显示和刮削，经过多次循环把高点、次高点刮去，使表面的接触点增加以形成工件正确的形状、工件间精密的配合，也就达到了工件加工精度预定的要求。

2. 刮削的特点及应用

刮削具有切削量小、切削力小、产生热量小、装夹变形小等特点，不存在车、铣、刨等机械加工中不可避免的振动、热变形等因素，所以能获得较高的尺寸精度、形状精度和位置精度、接触精度、传动精度和很小的表面粗糙度值。

刮削后的工件表面能形成比较均匀的微浅凹坑，可创造良好的存油条件，改善相对运动零件间的润滑。因此，机床导轨与滑行面和滑动轴承接触的面、工具量具的接触面等，在机械加工之后通常用刮削的方法进行加工。

（二）刮削余量

刮削是一项繁重的操作，每次的刮削量很少。因此，机械加工所留下来的刮削余量不能太大，否则会浪费很多的时间和增加劳动强度。但刮削余量也不能留得太少，否则不能刮出正确的形状、尺寸和获得良好的表面质量。

合理的刮削余量与工件的面积有关，其数值见表 6-17。当工件刚性较差时，容易变形，刮削余量可比表 6-17 中略大，由经验确定。

表 6-17　　刮削余量　　mm

平面宽度	平面长度及刮削余量				
	100～500	500～1000	1000～2000	2000～4000	4000～6000
<100	0.15	0.20	0.25	0.30	0.40
100～500	0.10	0.15	0.20	0.25	0.30

孔径	孔长及刮削余量		
	<100	100～200	200～300
<80	0.05	0.08	0.12
80～180	0.10	0.15	0.25
180～360	0.15	0.20	0.35

（三）刮削工具

1. 校准工具

校准工具是用来研磨接触点和检验刮削面准确性的工具，常用的有以下几种：

（1）标准平板。如图 6-89 所示，用来检查较宽的平面，有多种规格，选用时其面积应大于刮削面的 3/4。

图 6-89　标准平板

（2）检验平尺。用来检验狭长的平面。图 6-90（a）所示为桥形平尺，用来检验机床导轨的直线度误差。图 6-90（b）所示为工字形平尺，有双面和单面两种，常用来检验狭长平面相对位置的正确性。

（3）角度平尺。用来检验两个刮削面所成角度的组合平面，如燕尾导轨面，其形状如图 6-90（c）所示，有 55°、60°等。

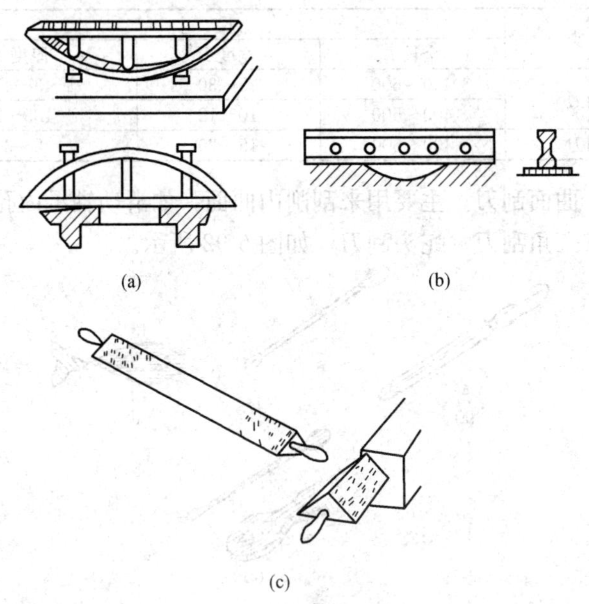

图 6-90　检验平尺和角度平尺

（a）桥形平尺；（b）工字形平尺；（c）角度平尺

检验曲面刮削的质量，多数是用与其配合的轴作为校准工具。

2. 刮刀

刮刀是刮削的主要工具，要求其刀头部分有足够的强度，刃口必须锋利，刀头硬度可达 60HRC 左右。根据工件的不同表面，刮刀可分为平面刮刀和曲面刮刀两类。

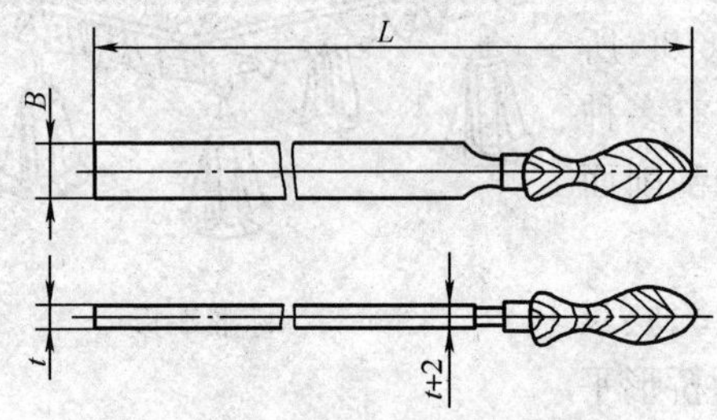

图 6-91　平面刮刀

(1) 平面刮刀。主要用来刮削平板、平面导轨等，也可以用来刮削外曲面。如图 6-91 所示。

平面刮刀一般可分为粗刮刀、细刮刀和精刮刀三种，其长短、宽窄并无严格规定，以使用适当为宜。表 6-18 中所列为平面刮刀的尺寸，仅供参考。

表 6-18　　平面刮刀规格　　mm

种　类	尺　寸		
	全长 L	宽度 B	厚度 t
粗刮刀	450～600	25～30	3～4
	400～500	10～12	1.5～2
细刮刀	400～500	15～20	2～3

(2) 曲面刮刀。主要用来刮削内曲面，如滑动轴承内孔。常用的刮刀有三角刮刀、蛇头刮刀，如图 6-92 所示。

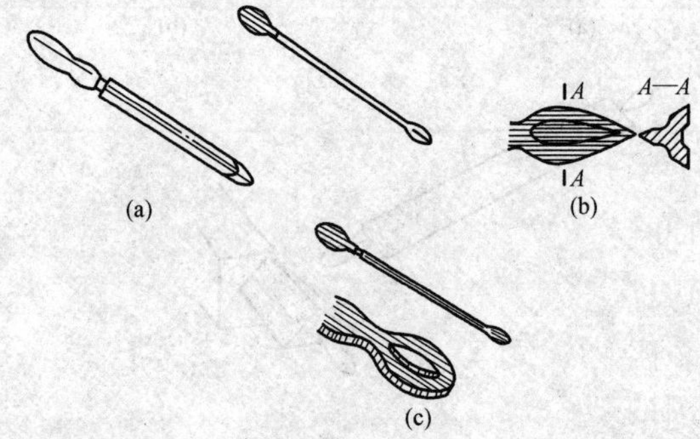

图 6-92　曲面刮刀

(a)、(b) 三角刮刀；(c) 蛇头刮刀

三角刮刀可由三角锉改制或用工具钢锻制，一般有三条长弧形刀刃和三条长的凹槽。蛇头刮刀由工具钢锻制，它有四个刃口，在刮刀头部两个平面上各磨出一条凹槽。

3. 刮刀的刃磨

为了使刮刀的刀刃经常保持锋利，就要经常刃磨刮刀，刃磨方法如下：

（1）粗磨。在砂轮上进行粗磨。先将刮刀顶端搁在砂轮支架上，沿着砂轮面来回移动，然后修整平面和宽度，如图 6-93 所示。

（2）细磨。将粗磨后的刮刀放在磨石上加以细磨，去掉刃口上的毛刺和微细凹痕，从而得到很高的表面质量，如图 6-94 所示。

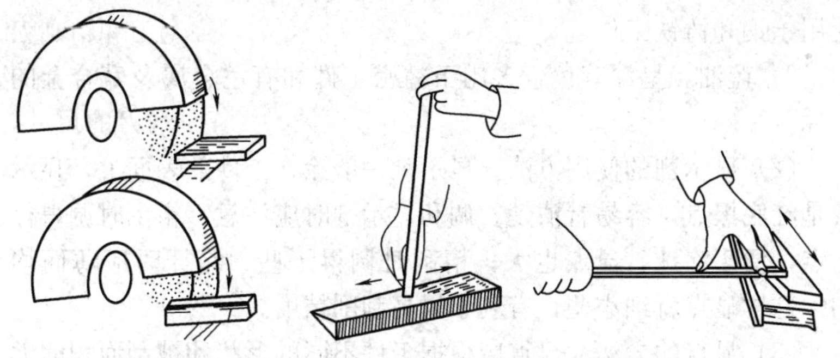

图 6-93　粗磨刮刀　　图 6-94　细磨刮刀

细磨刮刀时，刀身垂直于磨石表面，两个宽平面和顶面要交替修磨，以便去掉毛刺。为了避免刃口钩住磨石，刮刀的刃口和运动方向需要交成一个较小的角度。曲面刮刀的磨法和平面刮刀的磨法相似，也分两个步骤进行，刃磨时以左手轻轻地把刃口压在砂轮上，右手握着刮刀柄使其依照刀口弧形摆动，同时又在砂轮上移动，如图 6-95 所示。但要注意不可在油石上横向修磨，否则会造成刃口不平或不规则。

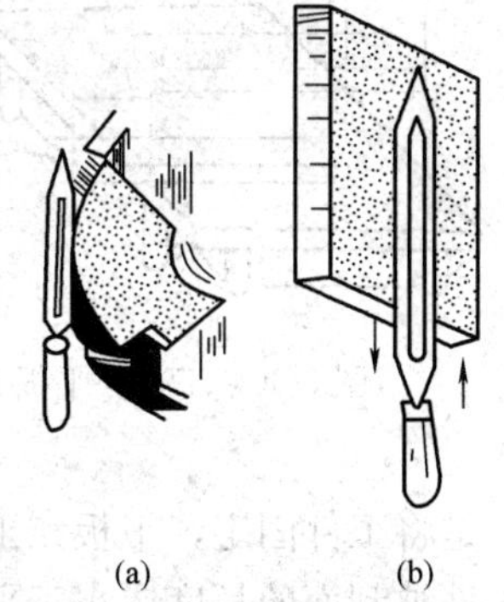

图 6-95　曲面刮刀的刃磨
（a）粗磨；（b）细磨

（3）刮刀的热处理。刮刀的热处理过程，是将粗磨好的刮刀放在炉火中缓慢加热到 780～800℃，取出后迅速放入冷水中，直至刮刀全冷后取出。热处理切削部分的硬度可在 60HRC 以上。精刮刀及刮花刮刀，淬火时可用油冷却。

（四）刮削精度及其检查方法

1. 显示剂及其应用

显示是刮削工作中判断误差的基本方法。显点时，必须用标准工具或与其配合的工件合在一起对研。在其中间涂一层涂料，用来显示出被加工表面和标准表面之间的接触情况，所涂的辅助材料叫做显示剂。

（1）显示剂的种类。常用的显示剂有以下两种：

1）红丹粉。呈褐色或橘黄色，用机油和牛油调和后使用，广泛用于钢和铸铁工件。

2）蓝油。呈深蓝色，多用于精密工件和有色金属及其合金的工件。

（2）显示剂的使用方法。显示剂一般涂在工件的表面上，显示的是红底黑点，容易看清楚。调和显示剂时应注意：粗刮时调得稀一点，便于涂抹，显点也大；精刮时调得干些，涂抹时应薄而均匀，这样显点就细小些，有利于提高刮削精度。

（3）显点的方法。显点应根据工件不同的形状和被刮面积的大小区别进行：

1）中、小型工件的显点。中小型工件的显点一般是校准平板固定不动，工件被刮面在平板上推磨，推研时压力要均衡。如果工件小于平板，推研时最好不出头；如果被刮面等于或稍大于平板面时，推研时工件超出平板的部分不得大于工件长度的 1/3，如图 6-96 所示。

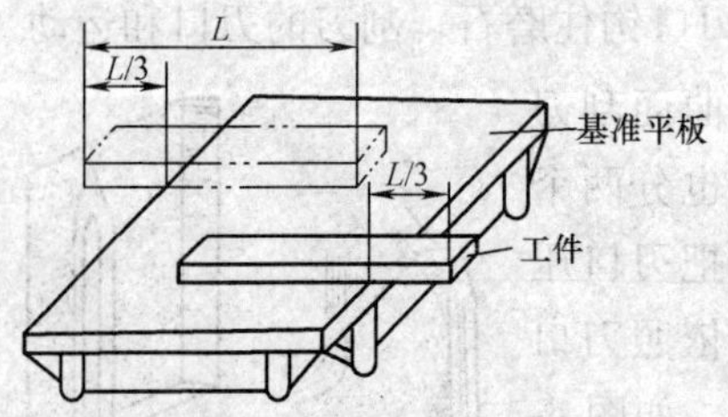

图 6-96　工件在平板上显点

2）大型工件的显点。一般是将工件固定，平板在工件的被刮面上推研。推研时，平板超出工件被刮面的长度应小于平板长度的 1/5。

3）重量不对称工件的显点。一般应在工件某个部位托或压，如图 6-97 所示。用力的大小要适当、均衡。若两次显点矛盾，应及时纠正。

2. 刮削精度的检查

刮削精度包括尺寸精度、形状和位置精度、接触精度及贴合精度与表面粗糙度等。

对刮削质量最常用的检查方法是将被刮削的面与校准工具对研后，用边长为 25mm 的正方形框罩在被检查的面上，根据方框内的接触点数来决定，如图 6-98 所示。

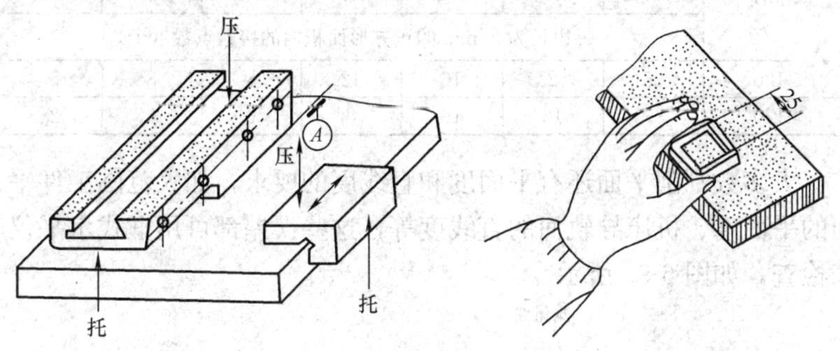

图 6-97　不对称工件的显点　　图 6-98　用方框检查接触点

各种平面接触精度的接触点数见表 6-19。

曲面刮削主要是对滑动轴承内孔的刮削，不同接触精度的接触点数见表 6-20。

表 6-19　各种平面接触精度的接触点数

平面种类	每边长为 25mm 的正方形面积内的接触点数（个）	应用举例
一般平面	2～5	较粗糙机件的结合面
	5～8	一般结合面
	8～12	机器台面、一般基准面、机床导轨面、密封结合面
	12～160	精密机床导向面、工具基准面、量具接触面
精密平面	16～20	精密机床导轨、平尺
	20～25	1 级平板、精密量具

续表

平面种类	每边长为 25mm 的正方形面积内的接触点数（个）	应 用 举 例
超精密平面	>25	0 级平板、高精度机床导轨、精密量具

表 6-20　　滑动轴承的接触点数

轴承直径（mm）	机床或精密机械主轴轴承			锻压设备和通用机械的轴承		动力机械和冶金设备的轴承	
	高精密	精密	普通	重要	普通	重要	普通
	每边长为 25mm 的正方形面积内的接触点数（个）						
≤120	25	2	16	12	8	8	5
>120	—	16	10	8	6	6	2

大多数刮削平面还有平面度和直线度的要求，如大范围工件平面的平面度、机床导轨面的直线度等，这些误差都可用框式水平仪来检查，如图 6-99 所示。

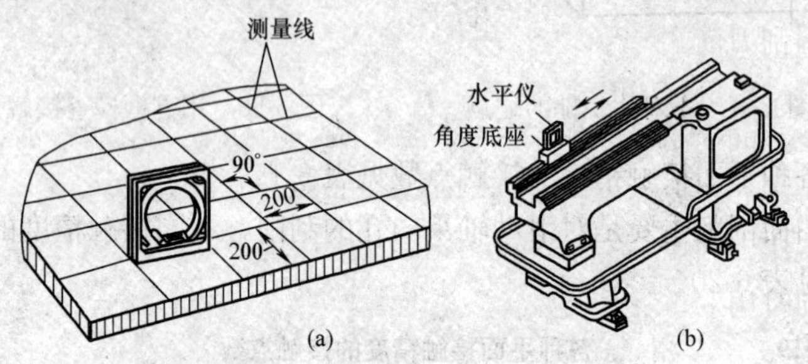

图 6-99　用水平仪检查刮削精度

（a）检查平面度；（b）检查直线度

（五）刮削方法

1. 刮削前的准备

（1）刮削前，工件必须放平稳，以防刮削时发生摇动和滑动。刮削面的高低一定要适合操作本身的情况。

（2）选好刮削场地，要求光线合适。光线太强会出现反光点，点子不易看清楚，光线太暗又看不清点子，还要附加灯光。

（3）清除工件表面的油污、毛刺，并检查工件表面质量和刮削余量。适宜的刮削余量见表 6-21。

表 6-21　　　　　　　　刮　削　余　量　　　　　　　　mm

<table>
<tr><td rowspan="5">平面</td><td rowspan="3">平面宽度</td><td colspan="5">平面的刮削余量</td></tr>
<tr><td colspan="5">平面长度</td></tr>
<tr><td>100～500</td><td>500～1000</td><td>1000～2000</td><td>2000～4000</td><td>4000～6000</td></tr>
<tr><td><100</td><td>0.10</td><td>0.15</td><td>0.20</td><td>0.25</td><td>0.30</td></tr>
<tr><td>100～500</td><td>0.15</td><td>0.20</td><td>0.25</td><td>0.30</td><td>0.40</td></tr>
<tr><td rowspan="6">孔</td><td rowspan="3">孔径</td><td colspan="5">孔的刮削余量</td></tr>
<tr><td colspan="5">孔　长</td></tr>
<tr><td colspan="2"><100</td><td colspan="2">100～200</td><td>200～300</td></tr>
<tr><td><80</td><td colspan="2">0.05</td><td colspan="2">0.08</td><td>0.12</td></tr>
<tr><td>80～180</td><td colspan="2">0.10</td><td colspan="2">0.15</td><td>0.25</td></tr>
<tr><td>180～360</td><td colspan="2">0.15</td><td colspan="2">0.20</td><td>0.35</td></tr>
</table>

（4）准备好刮削工具和显示剂。

2. 平面刮削的两种方法

平面的刮削有手刮和挺刮两种方法。手刮时，右手握刀柄，左手按握刮刀前端导引刮刀方向，并施加适当的压力，使刮刀与工件成 30°～45°角，如图 6-100 所示。

挺刮的姿势见图 6-100（b）所示，它是将刮刀放在小腹右下侧，双手并拢握在刮刀前部距刀刃约 80mm 处，将刮刀对准研点，左手下压，利用腿部和臀部力量，使刮刀向前推挤，在推动到位的瞬间同时用双手将刮刀提起，完成第一次刮点。挺刮法适用于大余

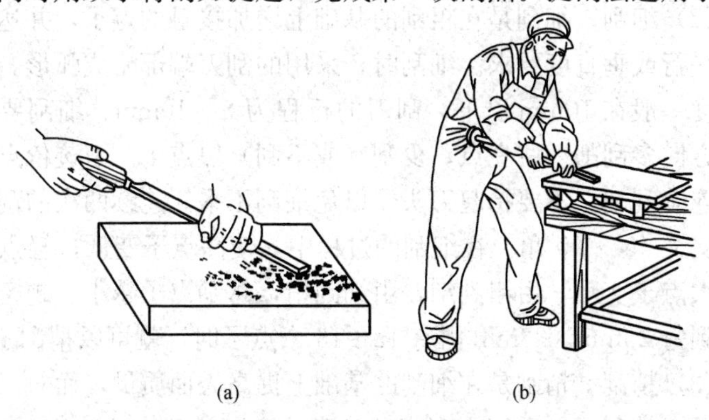

图 6-100　平面刮削

（a）手刮姿势；（b）挺刮姿势

量的刮削。

3. 刮削步骤

刮削一般分为粗刮、细刮、精刮和刮花 4 个步骤。

（1）粗刮。工件经过机械加工后，其表面有明显的加工痕迹，需要进行粗刮。工件表面有锈或加工余量较大时也需要进行粗刮。

粗刮采用长柄刮刀，端部要平，刮的刀迹要宽，一般应在 10mm 以上，刀的行程为 15mm 左右，刀迹要连成一片，不可重复，这样就能把切削痕迹和锈斑很快刮去。

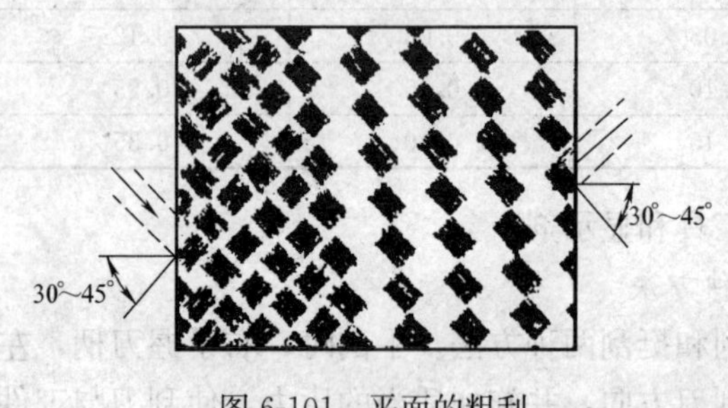

图 6-101　平面的粗刮

开始刮削时，可按与切削痕迹的方向成 30°～45°角进行。第二次刮削时，应与第一次的刮削方向垂直，如图 6-101 所示。均匀地刮 1～2 遍后，即可在工件上涂抹显示剂与标准平板对磨，然后按点子情况继续进行粗刮。

粗刮时，因中间易着力，便会使四周高而中间低，所以刮削时四周的刀数应适当多一些。当工件表面每 25mm×25mm 内有3～5 个接触点时，粗刮就完成了。

（2）细刮。细刮是在粗刮的基础上增加接触的点子，并达到一定的平行或垂直度要求。细刮时，采用的刮刀端部略成弧形。刀迹的宽度一般在 10mm 以下，刮刀的行程为 5～10mm。细刮要按一定的方向多刮削一些亮点，少刮（或不刮）黑点子。刀迹依点子的分布连续刮削，不要抬起刀头，以免细刮不平。连续两次的刮削方向应交叉 45°～60°角。在细刮的过程中，使高点子变低，轻点子变重，大点子变小，由粗到细，由细到精，越刮点子越小、越密。当刮削到每 25mm×25mm 内有 12～16 个点子时，就可以精刮了。

（3）精刮。精刮是在细刮的基础上提高表面质量，而对尺寸影响极小。精刮时，采用小刮刀。刀痕的宽度一般在 4mm 左右，刀的行程在 5mm 左右。每刀都应刮在点子上面，落刀要轻，起刀应挑起，不可重复，并要交叉刮削。

刮削时，可将点子分成三种类型来刮：最大最亮的点子全部刮去；中等点子在中间刮去一小片；小点子留着不刮。经推磨进行第二次精刮时，小点子会变大，中等点子会分成两个点子，大点子会分成几个点子，原来没有点子的地方也会出现新的点子，经过几次反复，点子会越来越多。精刮的要求是每 25mm×25mm 面积内应有 20～25 个点子。

（4）刮花。刮花是精刮的最后阶段，是用刮刀刮去薄薄的一层金属，以形成花纹。这些花纹既能增加美观性，又能在滑动表面存油，改善润滑，同时根据花纹的磨损和消失还可知道刮削面的磨损情况。常见的几种花纹如图 6-102 所示。

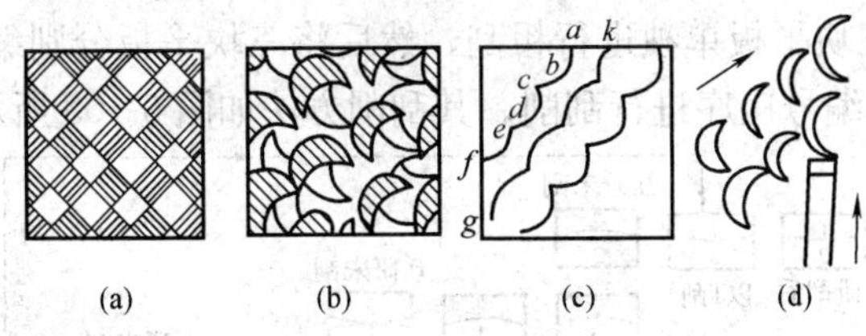

图 6-102　花纹图案

（a）斜花纹；（b）鱼鳞花；（c）半月花；（d）鱼鳞花的刮法

1）斜花纹。如图 6-102（a）所示，即小方块，它是用精刮刀与工件边成 45°角的方向刮成的。

2）鱼鳞花纹。如图 6-102（b）所示，是随着左手向下压的同时，还要把刮刀有规律地扭动一下，扭动结束即推动结束，这时就立即起刀，也就是已完成了一个花纹。如此连续的扭动，就能刮出鱼鳞花纹。

3）半月花纹。如图 6-102（c）所示，半月花纹的刮削方法与鱼鳞花纹的刮方法相似，不同之处是半月花纹是一整行的花纹要连续刮出，难度较大。

4. 曲面刮削

曲面刮削的原理和平面刮削的原理相同，只是刮削的方法有所区别。曲面刮刀在曲面上做螺旋运动。刮削时用力不可过大，否则会发生抖动，产生表面振痕。每刮一遍之后，刀痕应交叉进行，刀痕与孔中心线成 45°，这样可避免刮削面产生波纹。

接触点常用标准轴或与其相配的轴作内面显点的校准工具。校准时，将显示剂涂在轴的外圆表面或轴承内孔表面内，用轴在轴承中来回旋转，显示接触点，根据接触点进行刮削。

（六）刮削实例

1. 原始平板的刮削

平板是基本的检验工具，要求非常精密。如果缺少标准平板，则可用三块平板互研互刮的方法，刮成精密的平板，这种平板就叫做原始平板。

原始平板的刮削可按正研刮削和角刮削两个步骤来进行。

先将三块平板单独进行粗刮，然后将三块平板分别编为 1、2、3 号，再按编号次序进行刮削。其刮削方法如图 6-103 所示。

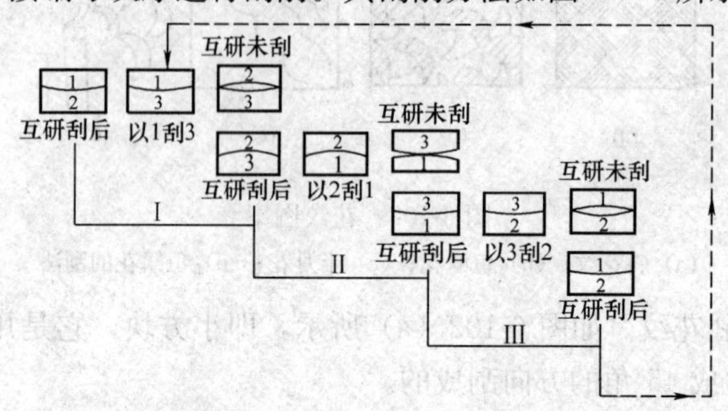

图 6-103　原始平板的正研刮削法

刮削要按照图示所示方法多次循环刮削，次数越多，平板精度就越高。到最后三块平板中任意两块对研时都无凹凸，每块平板上的接触点都在 25mm×25mm 面积内有 12 个点左右时，正研刮削就完成了。

如图 6-104 所示，在正研过程中往往会产生平板对角部位平面扭曲现象。要了解和消除这一现象，可采用如图 6-105 所示显点方法，通过接触点来修刮以消除这种扭曲现象。

2. 滑动轴承的刮削

滑动轴承的刮削是曲面刮削中最为典型的实例。

如图 6-106 所示，它的刮削姿势是用右手握刀柄，左手掌心向下四指横握刀身，拇指抵着刀身。刮削时左右手同时做圆弧运动，

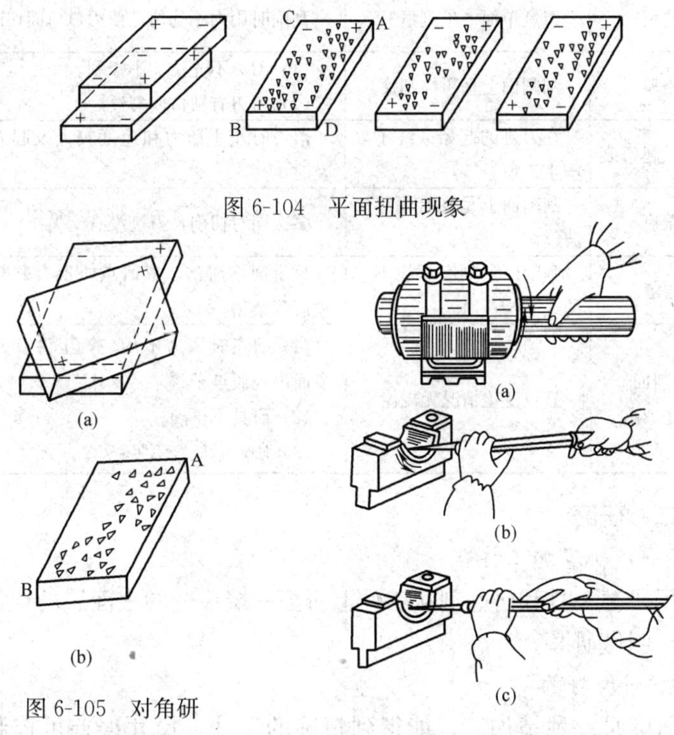

图 6-104　平面扭曲现象

图 6-105　对角研显点示意图

图 6-106　曲面刮削

且顺着曲面使刮刀做后拉或前推运动。

（七）刮削面的质量分析

刮削是一种细致的工作，每刮一刀去除的余量都很少，一般情况下是不会产生废品的，但在刮削中其刮削面也会容易产生一些缺陷。常见缺陷和产生的原因见表 6-22。

表 6-22　　刮削面的缺陷形式和产生原因

缺陷形式	特　征	产生原因
深凹痕	刀迹太深，局部显点太少	（1）粗刮时用力不均，局部落刀太重。 （2）多次刀痕重叠。 （3）刀刃圆弧过小

续表

缺陷形式	特　征	产生原因
梗痕	刀迹单面产生刻痕	刮削时用力不均匀，使刃口单面切削
撕痕	刮削面上呈粗糙刮痕	(1) 刀刃不光洁、不锋利。 (2) 刀刃有缺口或裂纹
落刀或起刀痕	在刀迹的起始或终了处产生刀痕	落刀时左手压力和速度较大及起刀不及时
振痕	刮削面上呈现有规律的波纹	多次同时切削，刀迹没有交叉
划道	刮削面上划有深浅不一的线	显示剂不清洁，或研点时混有砂粒和铁屑等杂物
切削面精度不高	显点变化情况无规律	(1) 研点时压力不均匀，工件外露太多而出现假点子。 (2) 研具不正确。 (3) 研点时放置不平稳

二、研磨

（一）研磨加工特点

用研磨工具和研磨剂从工件上研去一层极薄的表面层的精加工方法，叫做研磨。

1. 研磨目的

研磨是一种精加工，能得到精确的尺寸，尺寸误差可控制在0.001～0.005mm；能提高工件的形位精度，其误差可控制在0.005mm范围内；此外还能获得极细的表面粗糙度值。表6-23给出了各种不同加工方法所能获得的表面粗糙度。

表6-23　各种不同加工方法所得表面粗糙度

加工方法	加工情况	表面放大的情况	表面粗糙度 Ra（μm）
车			1.5～80
磨			0.9～5
压光			0.15～2.5

续表

加工方法	加工情况	表面放大的情况	表面粗糙度 Ra（μm）
珩磨			0.15～1.5
研磨			0.1～1.6

另外，经研磨的工件，其耐磨性、抗腐蚀性和疲劳强度也都会得到相应的提高，从而也就延长了工件的使用寿命。

2. 研磨原理

研磨加工包括物理和化学两个方面的作用。一方面，研具应比被研工件要软，研磨时磨料会因受压而嵌入研具表面成为无数的切削刃，当研具和工件做复杂的相对运动时，磨料对工件产生挤压的切削，这是物理作用。另一方面，采用易使金属氧化的氧化铬和硬脂酸配制的研磨剂时，使被研表面与空气接触形成氧化膜，氧化膜由于本身的特性又容易被磨掉。因此，研磨过程中氧化膜迅速形成（化学作用），而又不断地被磨走（物理作用），从而提高了研磨效率。

3. 研磨余量

研磨是一种切削量很小的精密加工方法。研磨余量不宜过大，研磨面积较大或形状复杂且精度要求高的工件，研磨余量取值较大。通常，研磨余量在 0.05～0.03mm 范围内比较合适。

（二）研磨材料

1. 磨料

磨料的种类很多，见表 6-24。

表 6-24　　磨料的种类

系别	名称	代号	系别	名称	代号
刚玉	棕刚玉	GZ	碳化物	黑碳化硅	TH
	白刚玉	GB		绿碳化硅	TL
	单晶刚玉	GD		碳化硼	TP
	铬刚玉	GG	金刚石	人造金刚石	JR
	微晶刚玉	GW		天然金刚石	JT
	锆刚玉	GA			

磨料粒度按颗粒大小分为 29 个号，记作：F12、F14、F16、F24、F30、F36、F46、F60、F70、F80、F100、F120、F150、F180、F240、F280、W40、W28、W20、W14、W10、W7、W5、W3、W2.5、W1.5、W1、W0.5。

磨料在使用时分三组应用：①磨料 F12～F80（研磨时不用）；②用于粗研磨的研磨粉为 F100～F280；③用于精研磨的细研磨粉 W28～W5。

研磨中最常用的是碳化硅，也叫金刚砂。粗研磨时，还可放废砂轮粉或玻璃粉。玻璃粉是将玻璃砸碎，放在 000 号砂纸上摇动，筛掉粗的，留下细的用于研磨。

除了磨料之外，还有各种形状的磨石可以用来研磨。常用的磨石见表 6-25。

表 6-25　　磨石的种类

名　称	代　号	断　面　图
正方磨石	SF	
长方磨石	SC	
三角磨石	SJ	
刀形磨石	SD	
圆柱磨石	SY	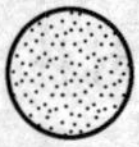
半圆磨石	SB	

2. 润滑液

润滑液起冷却、润滑作用。研磨时，一般将磨料和润滑液按一定比例混合在一起用。常用的润滑液有如下三种：

（1）机油。最常用的是 10 号机油。精密研磨时，可用1/3的机油加 2/3 的煤油混合使用。

（2）煤油。主要用于工件质量要求不高的表面的快速研磨。

（3）猪油。猪油中含有动物油酸，将熟猪油和磨料拌成糊状，再加约 30 倍的煤油稀释调匀，在极精密研磨时能起到最好的润滑作用，从而更好地提高工件的表面质量。

（三）研磨工具

1. 工具的种类

常用的研磨工具有槽平板、光滑平板、研磨环、研磨棒、研磨塞和靠铁等，分别如图 6-107～图 6-112 所示。其中，研磨环主要用于圆柱体的研磨；研磨棒在研磨圆柱孔时使用；研磨塞用于研磨锥形孔；靠铁在研磨时起导靠作用。

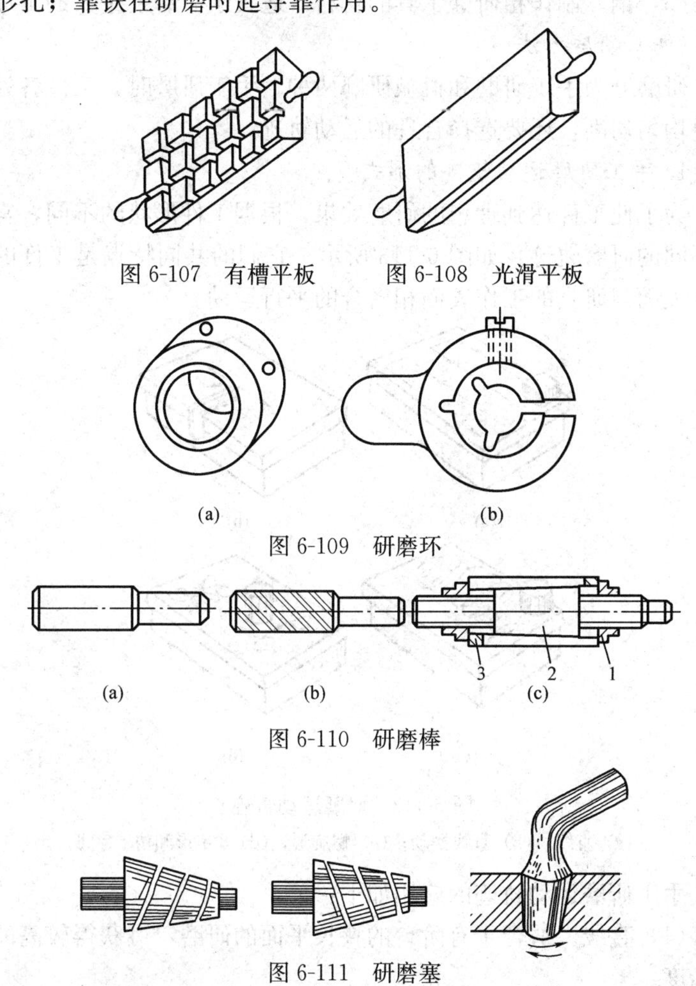

图 6-107 有槽平板　　图 6-108 光滑平板

图 6-109 研磨环

图 6-110 研磨棒

图 6-111 研磨塞

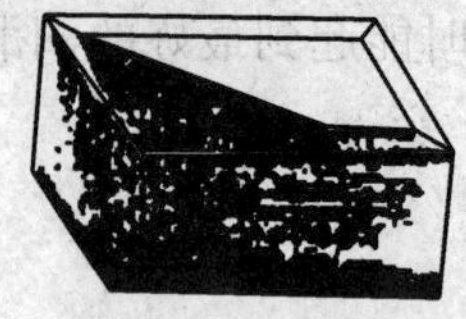

图 6-112　靠铁

2. 研磨的材料

常用制作研磨工具的材料有：

（1）灰铸铁。含有石墨，故而其润滑性很好，磨耗相当小，研磨效率很高，是制作研磨工具的最好材料，应用非常广泛。

（2）低碳铁。用来研磨螺纹和小直径工具。其强度比铸铁要高，不易折断变形。

（3）铜。制作粗研磨工具的材料，适宜于研磨余量大的工件。

（四）研磨方法

研磨分为手工研磨和机械研磨两种。手工研磨时，工件各处表面要均匀切削，还要选择合理的运动轨迹。

1. 手工研磨运动轨迹的形式

为了使工件达到理想的研磨效果，根据工件形状的不同，常采用不同的研磨轨迹，如图 6-113 所示。它们的共同特点是工件的被研磨表面与研具的工作表面相密合的平行运动。

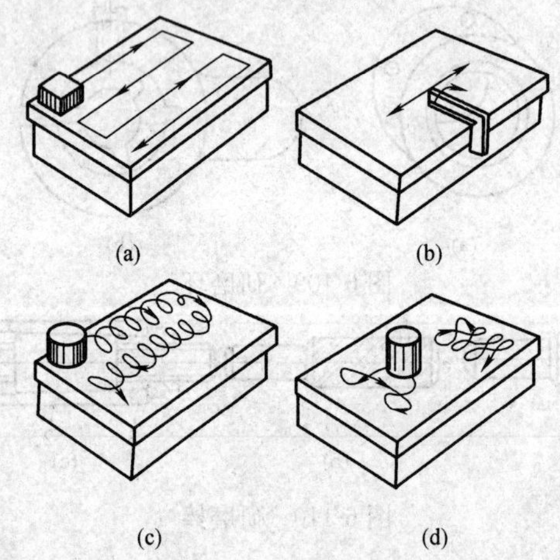

图 6-113　研磨运动轨迹

(a) 直线；(b) 直线摆动；(c) 螺旋形；(d) 8 字形和仿 8 字形

手工研磨运动轨迹的应用如下：

（1）直线。适合于有阶台的狭长平面的研磨，可获得较高的几何精度。

(2) 直线摆动。主要适用于对平面要求度较高的 90°角尺的侧面以及圆弧测量面等的研磨。其运动形式是在左右摆动的同时做直线往复移动。

(3) 螺旋形。主要适用于研磨圆片或圆柱形工件的端面。

(4) 8 字形和仿 8 字形。主要适用于研磨小平面。

2. 平面的研磨

平面的研磨是在非常平整的平板上进行的。

(1) 研磨时的上料。其方法有压嵌法和涂敷法两种。

1) 压嵌法。在生产中，压嵌法的应用也分两种：一种是用三块平板在其上面加研磨剂，用原始的研磨方法轮换嵌入磨料，使磨料均匀嵌入平板；另一种是用淬硬压棒将研磨剂均匀压入平板从而进行研磨。

2) 涂敷法。将研磨剂涂敷在工件或是研具上的一种方法。

(2) 研磨步骤如下：

1) 用煤油或汽油把研磨平板的工作表面洗干净。

2) 上研磨剂。

3) 把待研磨面合在研具板上。

4) 如图 6-114 所示，沿研磨平板的全部表面以 8 字形或螺旋形的旋转和直线运动相结合的方式进行研磨，并不断地改变工件的运动方向，直至达到精度要求。

研磨狭长平面时，可用导靠块作依靠进行研磨，且采用直线研磨运动轨迹，如图 6-115 所示。

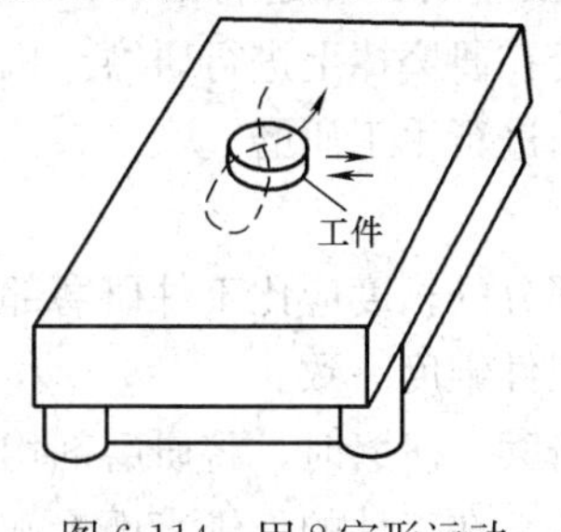

图 6-114　用 8 字形运动方式研磨平面

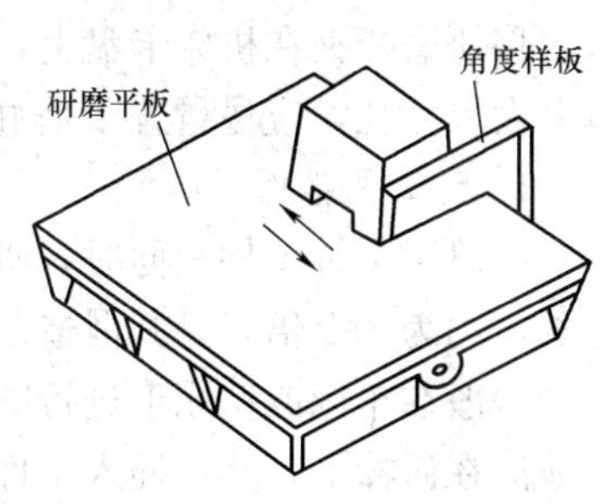

图 6-115　狭长平面的研磨

3. 研磨圆柱面

圆柱面的研磨一般是用手工与机器配合一起进行的。

(1) 研磨外圆柱面。如图 6-116 所示，工件由车床带动，在其上面均匀地涂上研磨剂，再用手推动研磨环，通过工件的旋转和研磨环在工件上沿轴线方向做往复运动进行研磨。

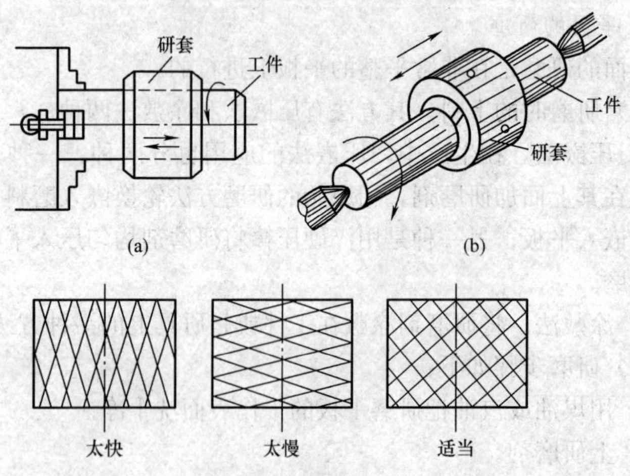

图 6-116 研磨外圆柱面

当工件直径小于 80mm 时，其转速应为 100r/min；直径大于 100mm 时，应为 50r/min。研套的往复运动速度则应根据工件在研磨时出现的网纹来控制。当出现 45°交叉网纹时，说明移动速度是最好的。

(2) 研磨内圆柱面。它是将工件套在研磨棒上进行的。研磨时，将研磨棒夹在机床卡盘上，把工件套在研磨棒上进行研磨。机体上大尺寸孔，应尽量置于垂直地面方向进行手工研磨。

4. 研磨圆锥面

在研磨圆锥工件表面时，研套工件部分的长度应比工件研磨部分长，约为 1.5 倍，且其锻造角必须与工件锥度一致。

一般在车床或钻床上进行圆锥面的研磨。研磨时，将研磨剂均匀地涂在研棒上，然后插入工件锥孔中或套在工件的外锥表面上旋转 4～5 圈后，再将研具拔出少许，然后再推入研具，如图 6-117 所示。

当研磨接近要求时，取下研具，然后将研具上的研磨剂擦干净，再重复套上进行抛光，直到被加工表面呈银灰色或发光为止。

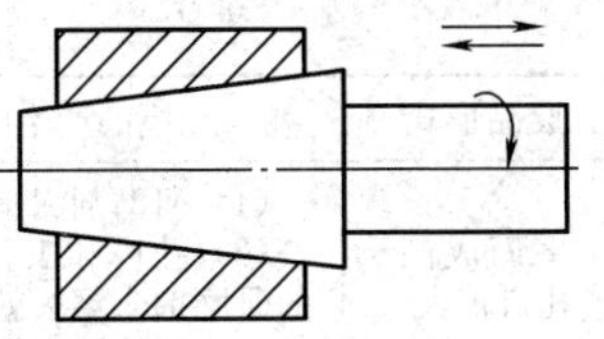

图 6-117　研磨圆锥面

有些工件在研磨时不使用研具，而是直接用两接触的表面进行研磨来达到目的。

5. 研磨凡而线

在各种管道、气门或阀门的接合中，要求接合部位有良好的密封性（即不漏水、不漏气、不漏油等）。为了达到密封的要求，接合部位一般是线接触或很窄的环面、锥面接触，这种接合部位就叫做凡而线。如图 6-118 所示。

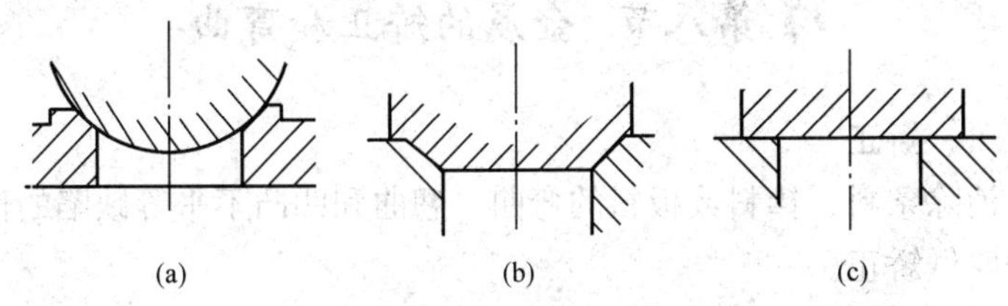

图 6-118　阀门密封线的型式

（a）球形；（b）锥面形；（c）平面形

阀门密封线多是采用阀盘与阀座直接互相研磨。由于阀盘与阀座配合类型的不同，可采用不同的研磨方法。如气阀、柴油机喷油器，它们的锥形阀门密封线是采用螺旋研磨的方法来进行的。

（五）研磨缺陷的分析

表 6-26 所列为研磨中常产生的废品形式、原因和防止方法。

表 6-26　　研磨时产生废品的形式、原因和防止方法

废品形式	废品产生的原因	防止方法
表面不光洁	（1）磨料过多。 （2）研磨液不当。 （3）研磨剂涂得太薄	（1）正确选用磨料。 （2）正确适用研磨剂。 （3）研磨剂涂敷要均匀
表面拉毛	研磨剂中混入杂质	做好清洁工作

续表

废品形式	废品产生的原因	防止的方法
平面成凸形或孔口扩大	（1）研磨剂涂得太厚。 （2）孔口和工件边缘被挤出的研磨剂未擦去就继续研磨。 （3）研棒伸出孔口太长	（1）研磨剂应涂得适当。 （2）被挤出的研磨剂应擦去后再研磨。 （3）研棒伸出的长度应适当
孔成椭圆形或有锥度	（1）研磨时没有更换方向。 （2）研磨时没有调头研磨	（1）研磨时应变化方向。 （2）研磨时应调头研磨
薄形工件拱出变形	（1）工件发热仍继续研磨。 （2）装夹不正确引起变形	（1）工件温度应低于50℃，发热后应停止研磨。 （2）装夹要稳定，不能夹得太紧

第八节　金属的矫正和弯曲

一、矫正

消除条料、棒料或板料的弯曲、翘曲和凹凸不平等缺陷的作业过程叫做矫正。

矫正的目的就是使工件材料发生塑性变形，将原来不平直的变为平直。矫正可靠手工，也可在机器上进行。这里介绍的是钳工用手锤在平台、铁砧或在虎钳等工具上进行的作业，包括扭转、弯曲、延伸和伸张等四种操作。根据工件变形情况，有时单独用一种方法，有时几种方法并用，使工件恢复到原来的平整度。因此，只有塑性好的材料（材料在破坏前能发生较大的塑性变形）才能进行矫正，而塑性较差的材料，如铸铁、淬硬钢等就不能进行矫正，否则工件就会断裂。

矫正时，不仅改变了工件的形状，而且会使工件材料的性质发生变化。矫正后，金属材料表面硬度增加，也变脆了。这种在冷加工塑性变形过程中产生的材料变硬的现象叫做冷硬现象。冷硬后的材料给工件的进一步矫正或其他冷作业带来了一定的困难，这时可用退火处理，使材料恢复到原来的机械性能。

工件材料的变形，主要是由于在轧制或剪切等外力作用下，内部组织发生变化产生的残余应力所引起的。另外，原材料在运输和存放过程中处理不当时，也会引起变形缺陷。

（一）手工矫正的工具

手工矫正所用的工具分如下三大类，若干个品种：

（1）支承矫正的工具，如铁砧、矫正用平板和V形块等。

（2）加力用的工具，如铁锤、铜锤、木锤和压力机等。

（3）检验用的工具，如平板、90°角尺、钢直尺和百分表等。

（二）手工矫正的方法

1. 扭转法

扭转法用于矫正条料的扭曲变形，如图6-119所示。它一般是将条料夹持在台虎钳上，左手扶着扳手的上部，右手握住扳手的末端，施加扭力，把条料向变形的相反方向扭转到原来的形状。

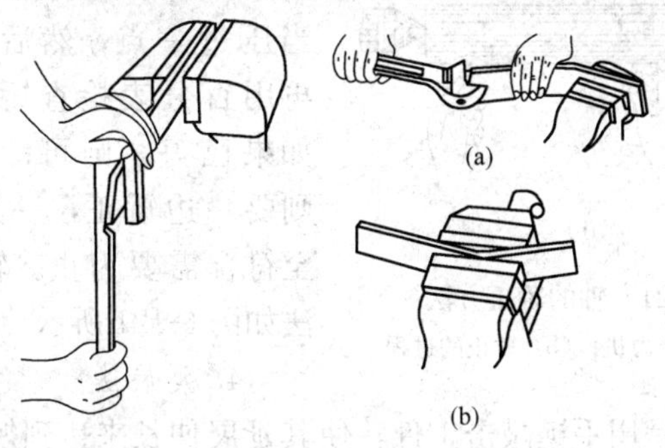

图6-119　扭转法矫正

2. 伸张法

伸张法用于矫正各种细而长的线材，如图6-120所示。它一般是将这种细长线材的一头固定起来，然后将线材绕在一圆木上，从固定端开始，再握紧圆木向后拉动，这样线材在拉力的作用下绕过圆木得到伸张就矫直了。

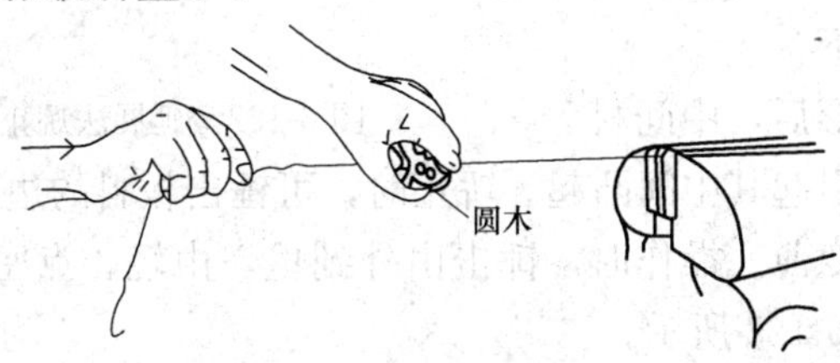

图6-120　伸张法矫正

3. 弯曲法

弯曲法用于矫正各种弯曲的棒料和在厚度方向上弯曲的条料。直径小的棒料和薄料可用台虎钳夹持靠近弯曲的地方，再用扳手矫正。直径大的棒料和较厚的条料则要用压力机矫正。矫正前，先把轴架在两块V形架上，V形架的支点和间距按需要放置。转动螺旋压力机的螺杆，使螺杆的端部准确压在工件棒料变形的最高点上。为了消除弹性变形所引起的回翘现象，可适当压过一点，然后解除压力，再用百分表检查矫正的情况。如果已好，则可；如果不行，则要一边矫正，一边检查，直至符合需要为止。轴的矫正方法如图6-121所示。

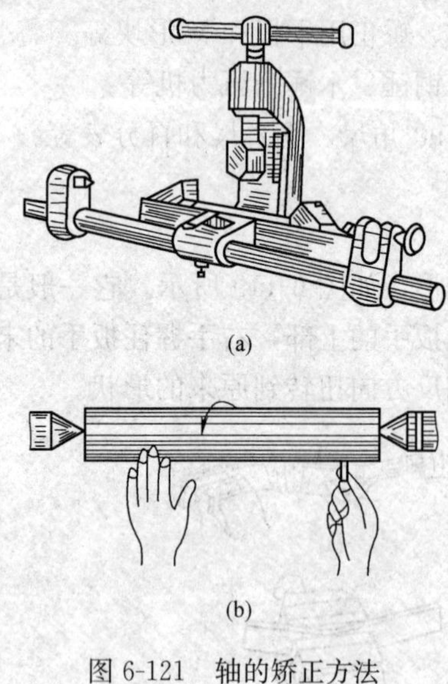

图6-121　轴的矫正方法
（a）螺旋压力机；（b）矫正的过程

4. 延展法

延展法是用手锤敲击工件，使其延展伸长来达到矫正的目的。这种方法用来矫正各种型材和板料的翘曲等变形。图6-122所示是一在宽度方向盘上弯曲的条料，如果利用弯曲法来矫正就会使其折断，如果用锤敲击材料弯曲的里边，材料就会因延展而得到矫正。

板料容易产生中部凹凸、边缘呈波浪形以及对角翘曲等变形，其矫正的办法分别如下：

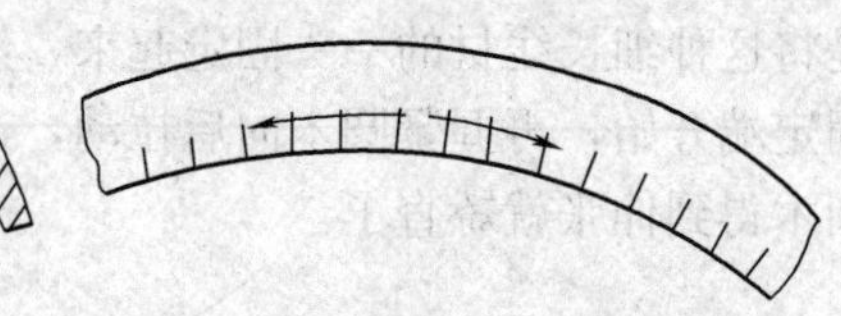
图6-122　延展法矫正

板料变形后，中间材料变薄就会引起其中间凸起。矫正时，可锤击板料的边缘，使其边缘材料延展变薄。操作时，锤击由外到里，由轻、点密逐渐加重、点稀，如图6-123所示。

板料相邻几处如果都有凸起，应先在凸起的交界处轻轻下锤敲

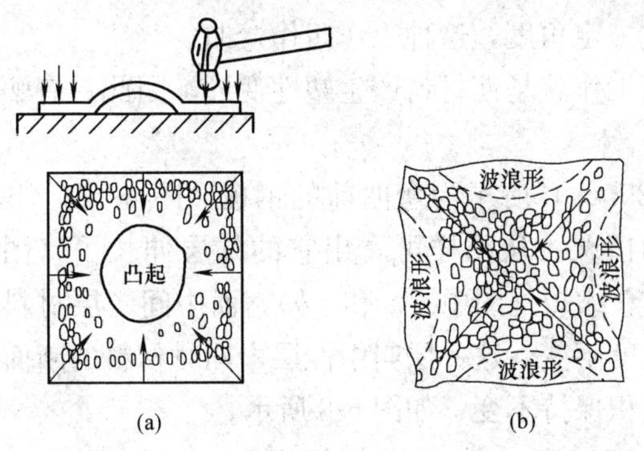

图 6-123　延展法矫正薄板

击，使几处凸起合成一处后再敲击四周，这样板材就容易矫正了，如图 6-123（a）所示。

若板材四周呈波浪形，中间平整，说明材料四边变薄伸长了，此时应按图 6-123（b）所示方法锤击矫正。

板料发生对角翘曲时，就应沿另外没有翘曲的对角线方向锤击使其延展而矫平。

薄板材料应采用木锤或平木块来矫平，方法如图 6-124 所示。

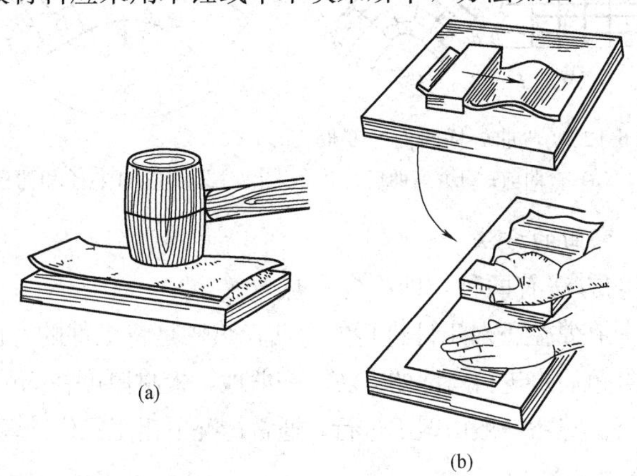

图 6-124　薄板材料的矫平

二、弯曲和绕弹簧

（一）弯曲的概念

用板料、条料、棒料制成的零件，往往需要把直的钢材弯成曲线或是弯成一定角度，这种工作叫作弯曲。

弯曲的工作就是使材料产生塑性变形，因此只有塑性好的材料才能弯曲。

图 6-125（a）所示为弯曲前的钢板，图 6-125（b）所示为钢板弯曲后的情况。从图样可看出它的外层伸长了（图中 *e-e* 和 *b-b*），内层材料缩短（图中 *a-a* 和 *b-b*），而中间一层材料（图中 *c-c*）在弯曲时长度不变，这一层叫中性层，同时材料的断面也产生了变形，但其面积保持不变，如图 6-8 所示。

如图 6-126 所示，材料弯曲变形的大小与下列因素有关：

（1）r/t 值越小，则变形越大；反之，r/t 值越大，则变形越小。r 为弯曲半径，t 为材料厚度。

（2）弯曲角 α 越小，则变形越大；反之，弯曲角 α 越大，则变形就越小。

弯曲变形引起的内应力以及弯曲处的冷作硬化，可用退火的方法来消除。

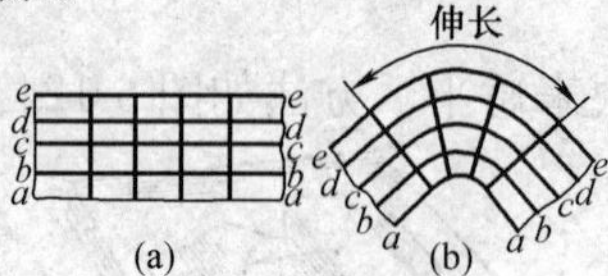

图 6-125　弯曲处横断面的变形

（a）弯曲前；（b）弯曲后

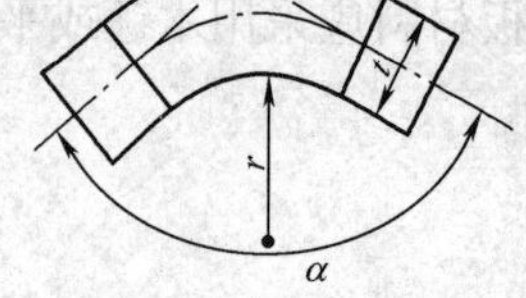

图 6-126　弯曲半径和弯曲角

（二）弯曲的方法

弯曲的方法有两种，即冷弯和热弯。

冷弯是在常温下对工件进行的弯曲；热弯是将工件的弯曲部位加热呈樱桃红色后再进行弯曲的方法。一般地，板材厚度在 5mm 以上时要进行热弯。热弯一般由锻工进行，通常情况下钳工只作冷弯操作。

1. 冷弯直角

对于一些薄板或是扁钢，可直接在台虎钳上弯成直角，但弯曲前要在弯曲部位划好线，并把它夹持在虎钳上。夹持时，要使划线处刚好与钳口对齐，且两边要与钳口相垂直。如果钳口的宽度比工件短或是其深度不够，则应用角铁做的夹持工具或直接用两根角铁来夹持工件，如图 6-127 所示。

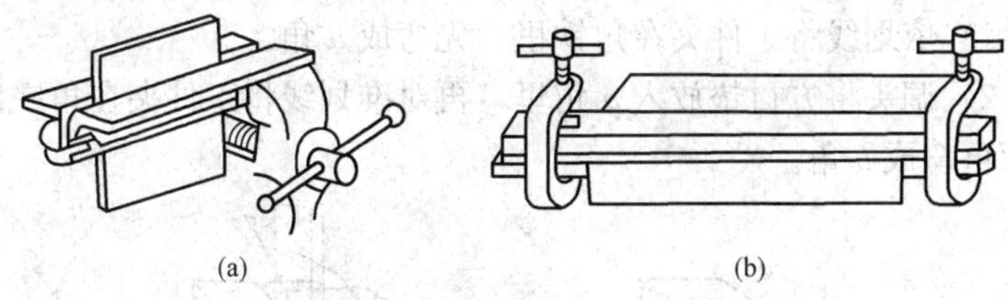

图 6-127　用角铁夹持弯直角

若弯曲的工件在钳口以上较长，则应按图 6-128 所示方法，先用左手压在工件上部，再用木锤在靠近弯曲部位的全长上轻轻敲击，这样就可以把工件逐渐弯成一个很整齐的角度。

若弯曲的工件在钳口处以上较短，则应按图 6-129 所示的方法那样，先用一木块垫在弯角处，再用力敲击，使工件弯曲成形。

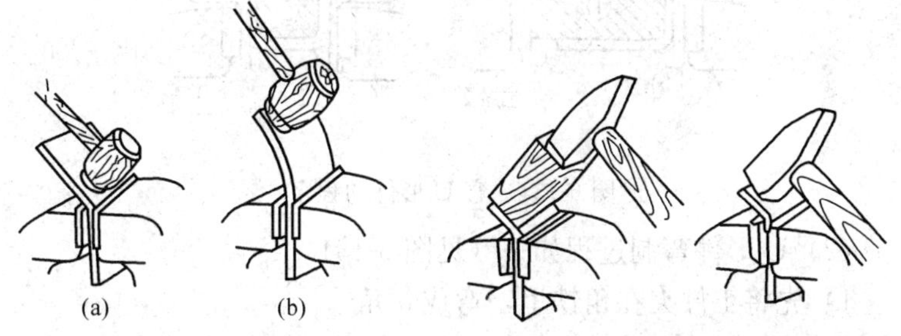

图 6-128　弯上段较长的直角件　　图 6-129　弯上段较短的直角件

2. 弯成形件

弯制各种成形工件时，可用木垫或是金属垫作为辅助工具。具体弯制程序如图 6-130 和图 6-131 所示。

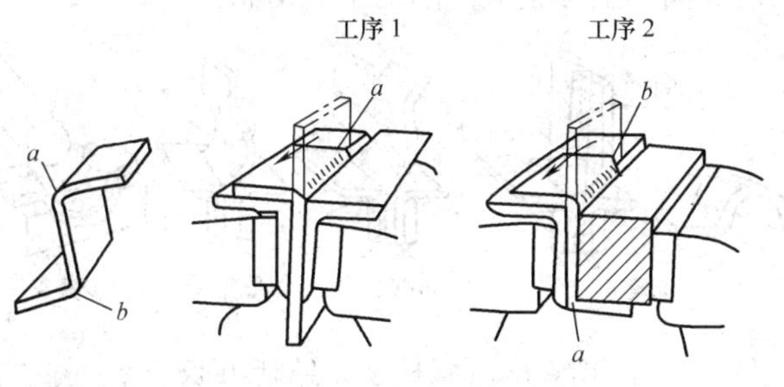

图 6-130　弯 Z 形的程序

（1）Z形件弯制过程如下（见图6-130）：

1）依划线将工件夹在角铁里，先弯成a角。

2）调头将方衬垫放入a角里，再对准划线将工件夹在角铁内，进而再弯成b角。

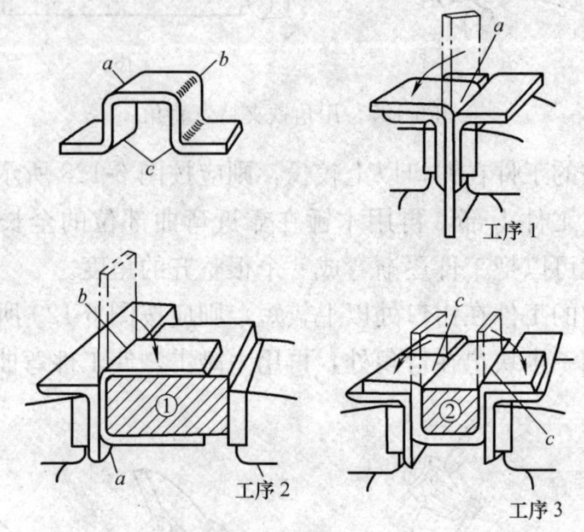

图6-131　弯U形件的程序

（2）U形件弯制过程如下（见图6-131）：

1）先将工件夹在角铁里，弯成a角。

2）再用衬垫垫在①处，将工件弯成b角。

3）最后用垫衬垫在②处，将工件弯成c角。

（3）半圆形板材弯曲过程。如图6-132所示，在台虎钳上以两块角铁做衬垫，用方头手锤的窄头锤击，经过四个步骤，就可初步成形，然后在圆模上修整成产品的最后形状。

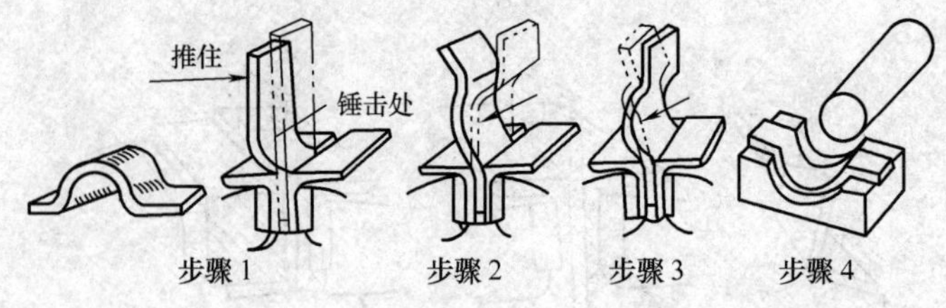

图6-132　板材弯成半圆形压板

3. 弯管子

管子的直径在 13mm 以下时，一般采用冷弯的方法，超过 13mm 时则采用热弯法。但管子的最小弯曲半径必须大于管子直径的 4 倍。

当弯曲管子的直径在 10mm 以下时，不需要在管子内灌砂，但当直径超过 10mm 时，弯曲时一定要在管子内灌砂，且砂子一定要装紧才好，然后用木塞将管子的两端塞紧，如图 6-133 所示。这样，弯曲时管子才不会瘪下去。对于有焊缝的管子，弯曲时必须将焊缝放在中性层的位置上，否则弯曲时焊缝会裂开。

冷弯管子可以在台虎钳上或是在其他弯管工具上进行。如图 6-134 所示，管子 2 的一端置于动模子的凹槽 3 中，并用压板固定，再用手扳动杠杆 4，杠杆上的滚轮 5 便会压紧管子，迫使管子按模子进行弯曲。

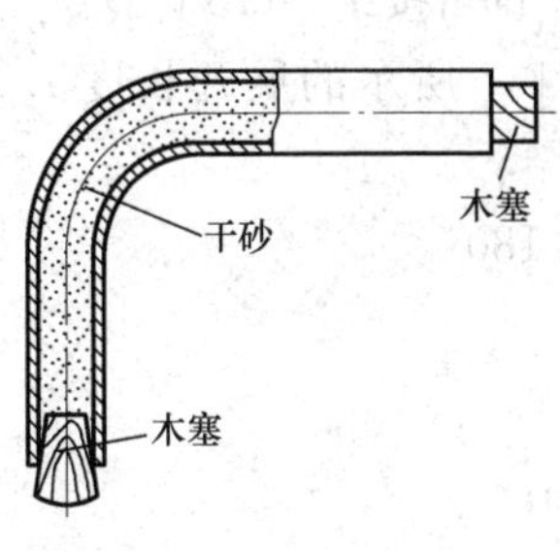

图 6-133　管子弯前灌砂

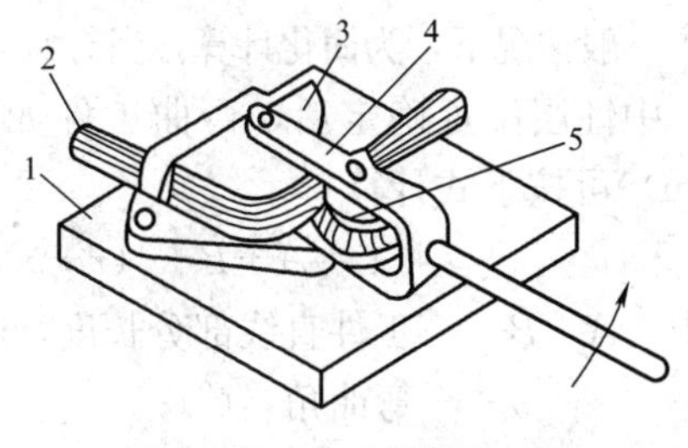

图 6-134　手工弯管子工具
1—平台；2—管子；3—模子；4—杠杆；5—滚轮

热弯管子时，可在弯曲处加热，加热长度可按经验公式来计算。例如，曲率半径为管子直径的 5 倍时，有

加热长度=(弯曲角度/15)×管子直径

将管子弯曲处加热后取出，放在钉好的铁桩上，按规定的角度弯曲，如图6-135 所示。若加热部位太长，可浇水，使弯曲部分缩短到需要的长度。

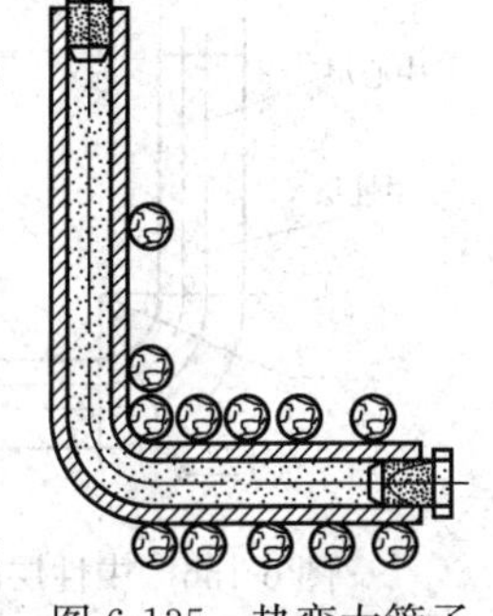

图 6-135　热弯大管子

（三）弯曲工件展开长度的计算

工件弯曲后，只有中性层长度不变，因此，计算弯曲工件展开长度时可按中性层长度计算。材料弯曲变形后，中性层一

般不在材料正中，而是偏向内层材料一边，见图 6-136。

中性层的实际位置与材料的弯曲半径 r 和材料的厚度有关，可用下式来计算，即

$$R=r+x_0t$$

式中 R——中性层的曲率半径，mm；

r——材料弯曲半径，mm；

x_0——中性层位置的经验系数，其值可查表 6-27；

t——材料厚度，mm。

表 6-27　　中性层位置的经验系数 x_0

r/t	0.1	0.25	0.5	1.0	1.5	2.0	3.0	4.0	>4
x_0	0.28	0.32	0.37	0.42	0.44	0.455	0.47	0.475	0.5

一般情况下，为简化计算，当 $r/t\geqslant4$ 时，即可按 $x_0=0.5$ 计算。

中性层位置确定后，弯曲工件如图 6-137 所示的展开长度 L（mm）可按下式计算

$$L=A+B+(r+x_0t)\pi\alpha/180°$$

式中 A、B——工件直线部分长度，mm；

α——弯曲角，(°)；

r——工件弯曲内圆弧半径，mm；

t——材料厚度，mm。

x_0 的含义同上式。

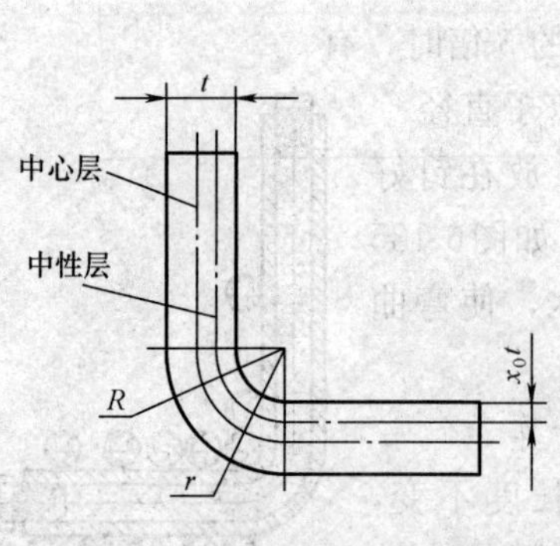

图 6-136　中性层的位置

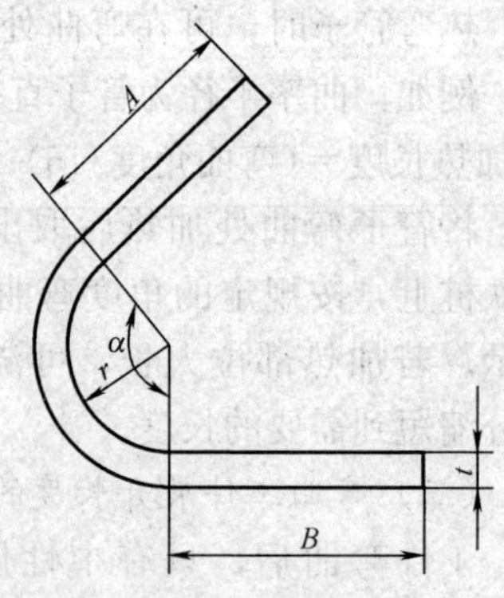

图 6-137　圆弧弯形工件

（四）弹簧的绕制

1. 弹簧的种类

弹簧是经常使用的一种机械零件，在机构中起缓冲、减震和夹紧的作用。

常用的弹簧有螺旋弹簧与板弹簧两类。按受力情况可分为压缩弹簧、拉伸弹簧和扭转弹簧等；按其形状来分则有圆柱弹簧、圆锥弹簧和矩形断面弹簧等，常见的是圆柱弹簧。

2. 圆柱弹簧的绕制

圆柱弹簧的绕制实际上就是一种弯曲操作。绕弹簧前，应先做好绕制弹簧的心棒，如图 6-138 所示。

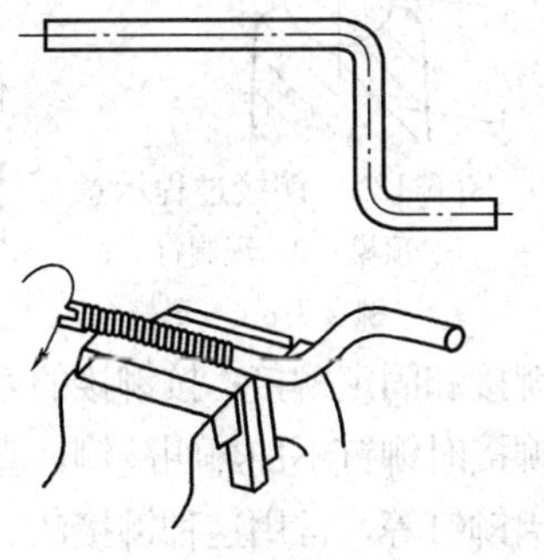

图 6-138　手工绕制圆柱弹簧

心棒的直径按经验公式计算如下

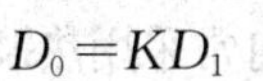

$$D_0 = KD_1$$

式中　D_0——心棒的直径，mm；

K——弹性系数，$K=0.75\sim0.8$；

D_1——弹簧内径，mm。

压缩弹簧绕制的步骤如下：

（1）将钢丝一端插入心棒中，另一端夹在台虎钳中。

（2）转动手柄同时使重心向前移，即可绕出圆柱螺旋压缩弹簧。

（3）当绕到一定长度时，从心棒上取下弹簧，按规定的圈数稍长一点截断，再把两端磨平。

（4）低温回火。

拉伸弹簧的绕制方法与之相似，区别在于转动手柄时应使弹簧丝间没有间隙，且两端按要求做成圆环或其他形状。

第九节　铆　　接

用铆钉将两个或两个以上的工件组成一个不可拆卸的连接，就是铆接。

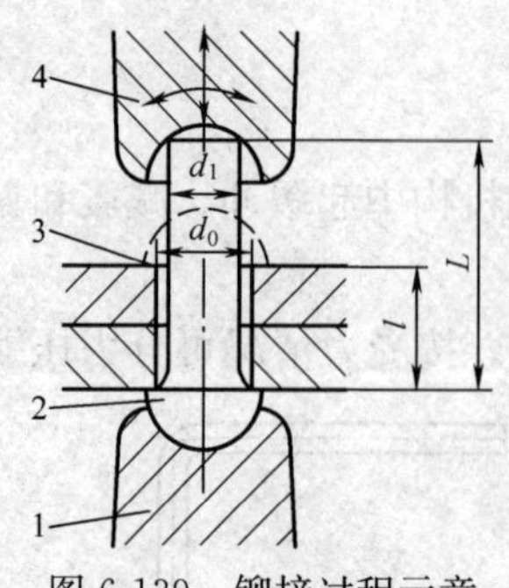

图 6-139　铆接过程示意

1—顶模；2—预制钉头；3—铆合头；4—罩模

一、铆接概述

铆接的过程如图 6-139 所示。

将铆钉插入被铆接工件的孔中，并把铆接头紧贴工件表面，然后将铆钉杆的一端镦粗成为铆合头。

目前，铆接已逐渐被焊接所代替，但是因铆接操作具有方便、连接可靠等优点，因此在机器、设备、工具等制造中应用仍较多。

按使用要求的不同，铆接可分为活动铆接和固定铆接；按铆接的方法来分，则可分为冷铆、热铆和混合铆。铆接时铆钉不加热叫冷铆，直径在 8mm 以下的钢铆钉和纯铜、黄铜、铝铆钉等，常用这种铆接法。把铆钉全部加热到一定温度后进行铆接的方法叫热铆，直径大于 8mm 以上的钢铆钉常采用热铆。

二、铆钉及其铆接工具

（一）铆钉的种类

铆钉的各部名称如图 6-140 所示。原头是已制成的铆钉头，铆合头是铆钉杆在铆接过程中做成的第二铆钉头。

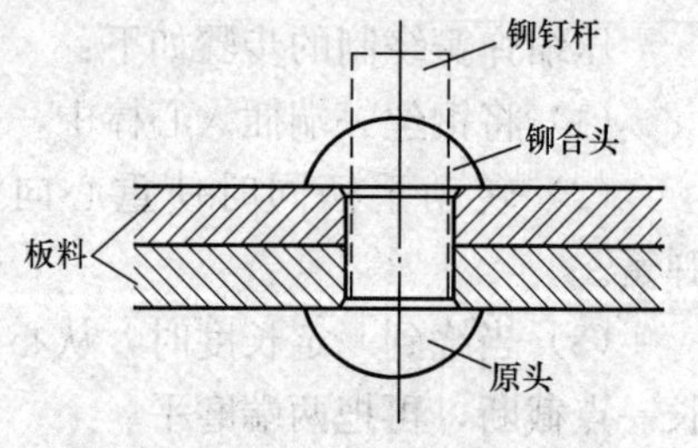

图 6-140　铆钉的各部名称

根据制造材料的不同，铆钉可分为钢质、铜质、铝质铆钉等；按其形状分，有平头、半圆头、沉头、半圆沉头、管状空心和皮带铆钉等，如表 6-28所示。

表 6-28　　铆钉的种类及应用

名　称	形 状 图 示	应　　用
平头铆钉		铆接方便、应用广泛，常用于一般无特殊要求的铆接，如铁皮箱盒和其他组合件中

续表

名　称	形状图示	应　　用
半圆头铆钉		应用广泛，如钢结构的屋架、起重机等
沉头铆钉		应用于框架等制品表面要求平整的地方
半圆沉头铆钉		用于有防滑要求的地方，如踏脚板等
管状空心铆钉		用于铆接处有空心要求的地方，如电器部件的铆接等
皮带铆钉		用于铆接机床制动带，以及铆接毛毡、橡胶、皮革等

（二）铆钉直径的计算

铆钉的直径和被连接板的最小厚度 S' 有关，铆钉的直径一般为板厚的 1.8 倍。当几块板铆接在一起时，直径至少要等于所有板总厚度 S 的 1/4。

标准铆钉及钻孔直径按表 6-29 来选取。

表 6-29　　标准铆钉的直径计算　　mm

铆钉直径	2	2.5	3	4	5	6	7	8	10	12	16
孔径	2.2	2.8	3.2	4.3	5.3	6.4	7.4	8.4	11	13	17

（三）铆钉杆长度的计算

铆钉杆的长度必须保证足够用以作出完整的铆合头，铆钉杆过长或过短都会造成铆接的废品。

（1）铆钉杆的全长等于零件铆接部分的厚度（S）与铆钉杆伸出

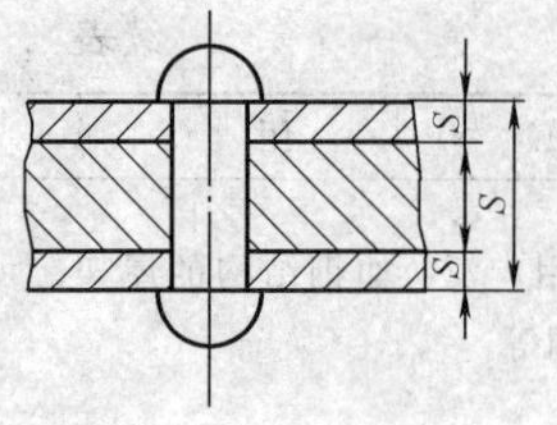

图 6-141　铆钉杆长度计算

的长度（Z）的和，如图 6-141 所示。

（2）铆钉杆伸出长度（Z）是留作铆合头用的。作半圆铆合头，铆钉杆伸出长度等于铆钉直径的 1.4～1.5 倍；作沉头铆合头，铆钉杆伸出长度等于铆钉直径的0.8～1.2倍。

（四）铆钉排列及铆接方式

（1）铆钉的铆接方式。常见的铆接方式有搭接铆接、单盖板的对接铆接、双盖板的对接铆接，如图 6-142 所示。

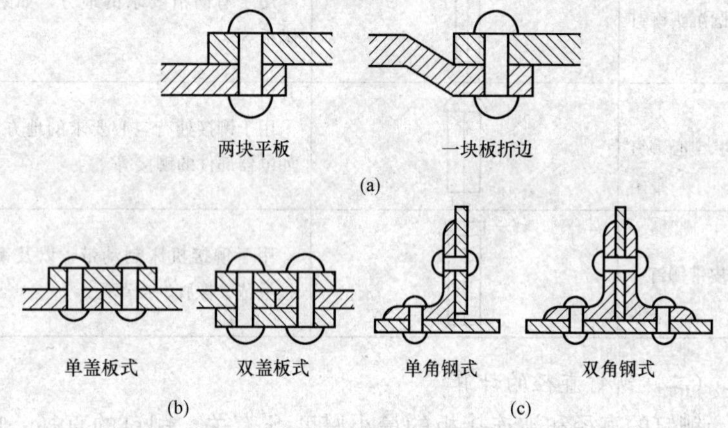

图 6-142　铆接方式

（2）铆钉的排列形式。铆钉的排列形式有单排排列、双排排列、双排棋盘式排列，如图 6-143 所示。

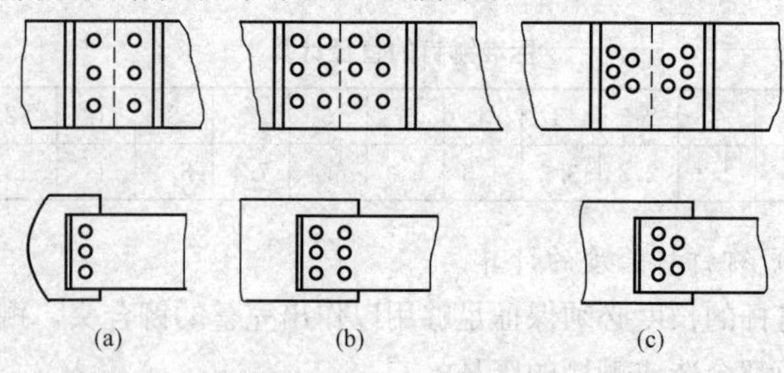

图 6-143　铆钉的排列方式

（3）铆距。铆钉之间的中心距及铆钉中心至铆件边缘的距离规定如下：

1）凡单排排列，铆钉中心之间的距离应等于铆钉直径的 3 倍。而铆钉中心至铆件边缘的距离：若铆钉孔为钻孔，应为铆钉直径的 1.5 倍；若是冲孔，应为铆钉直径的 2.5 倍。

2）凡双排排列，铆钉距离应等于铆钉直径的 4 倍，而铆钉中心至铆件边缘的距离为铆钉直径的 1.5 倍。铆钉排列之间的距离应为铆钉直径的 2 倍。

（五）铆接工具

手工铆接工具有手锤、压紧冲头［见图 6-144（a）］、罩模［见图 6-144（b）］、顶模［见图 6-144（c）］。

罩模用于铆接时镦出完整的铆合头；顶模用于铆接时顶住铆钉原头，这样既有利于铆接，又不损伤铆钉原头。

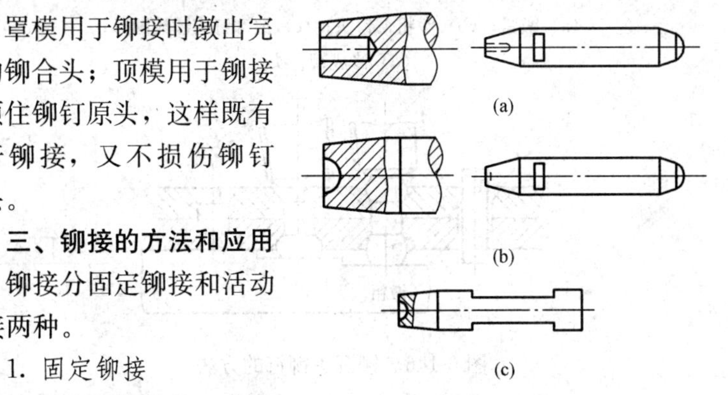

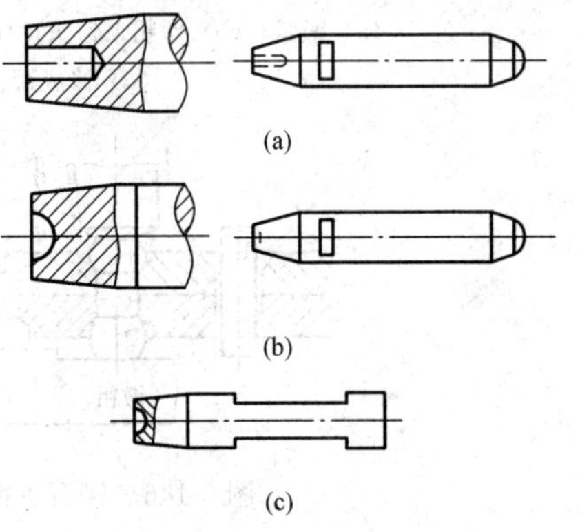

图 6-144　铆接工具

（a）冲头；（b）罩模；（c）顶模

三、铆接的方法和应用

铆接分固定铆接和活动铆接两种。

1. 固定铆接

（1）试配铆接件，在铆接件上划好铆钉孔的位置。

（2）确定并修整铆钉杆的长度。

（3）按铆钉直径钻出相应的铆钉孔，如果是沉头铆钉，还要锪孔。另外，为了使铆钉头紧密地贴在工件表面上，最好在孔口处倒角。

（4）把铆钉插入铆钉孔中。

（5）用镦紧冲头镦紧铆接件，使其压紧。

（6）用手锤镦粗铆钉杆，做出铆合头，在铆接开始时锤击力量不能太大，以防止铆钉被打弯。

（7）用罩模修整铆合头。

铆制圆头铆合头和沉头铆合头的方法如图 6-145 和图 6-146 所示。

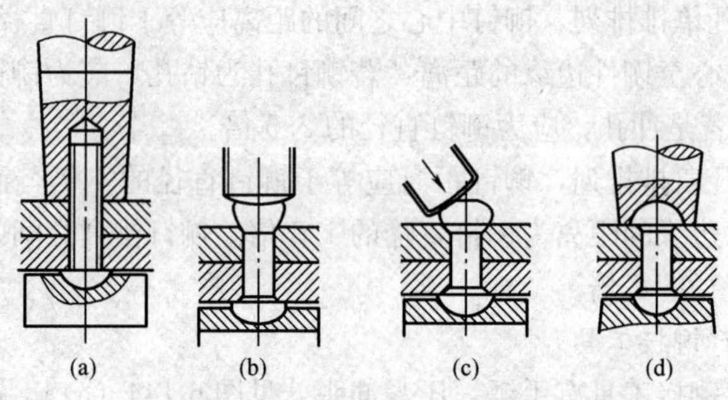

图 6-145　铆制半圆头铆合头的方法

（a）镦紧；（b）镦粗铆钉头；（c）把铆钉头锤成圆形；（d）修成铆合头

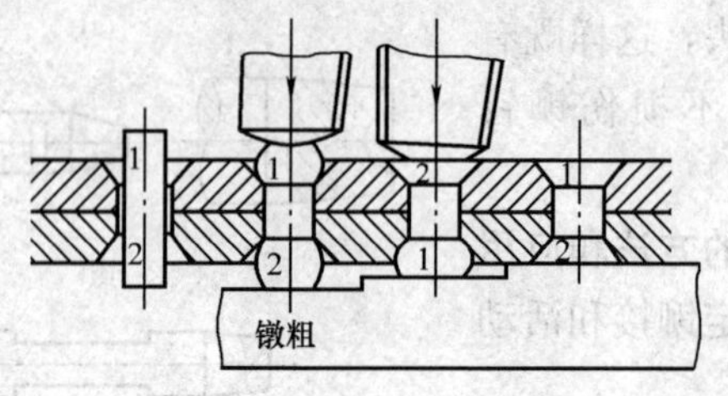

图 6-146　铆沉头铆钉的方法

2. 活动铆接

活动铆接的形式如图 6-147 所示。

铆接时，要轻轻锤击铆钉和不断扳动两块铆接件，要求铆好后仍能活动，又不松旷。

活动铆接时，最好用二台形铆钉，如图 6-148 所示，大直径的一台可使一块铆接件活动，小直径的一台可铆紧另一块铆接件，这样能达到铆接后仍活动的要求。

3. 空心铆钉铆接

有些工件是不能重击的，如木料、胶板、量具上面的绝热手柄等，不适合使用上述两种方法进行铆接。因此，就要使用空心铆钉（即翻边铆钉）进行铆接。其操作方法如下：

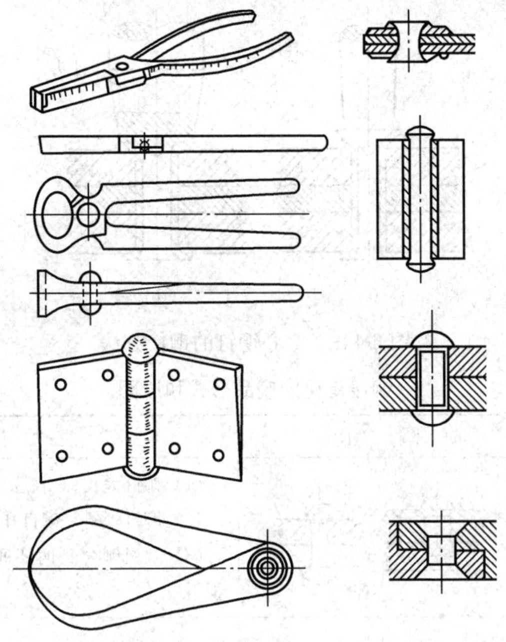

图 6-147　活动铆接的形式

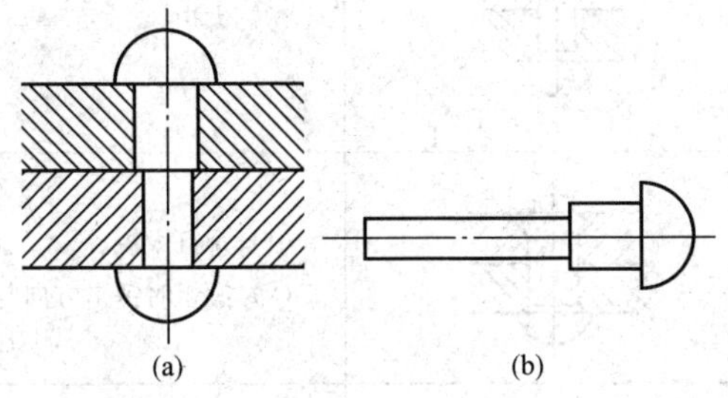

图 6-148　活动铆接示意

(a) 活动铆接；(b) 二台形铆钉

(1) 空心铆钉插入孔后，先用冲子将钉冲成翻边，如图 6-149 (a) 所示。

(2) 用钉头型冲子冲铆，如图 6-149 (b) 所示。

四、铆接的质量分析

铆接时，若铆接直径、长度、通孔直径选择不适或操作不当，则会影响质量。常见的废品形式和原因见表 6-30。

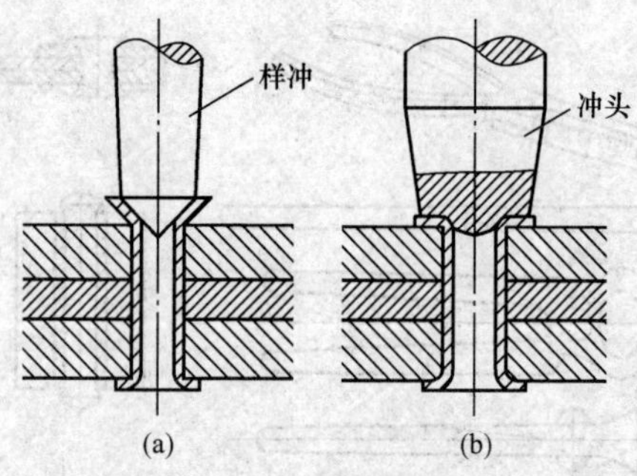

图 6-149　空心铆钉的铆接方法

表 6-30　　　　　　　　铆接常见的废品形式和原因

废品形式	图　示	产　生　原　因
铆合头偏歪	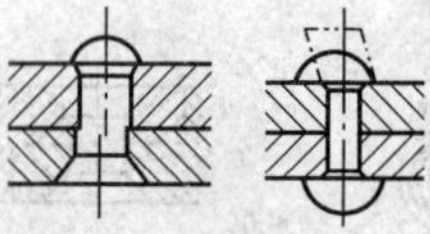	(1) 铆钉太长。 (2) 铆钉歪斜，铆钉孔未对准。 (3) 镦粗铆合头时不垂直造成铆钉歪斜
半圆铆合头不完整		铆钉太短
沉头孔未填满	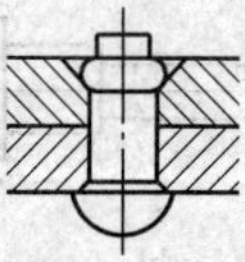	(1) 铆钉太短。 (2) 镦粗时锤击方向与板材不垂直
铆钉头未贴紧工件	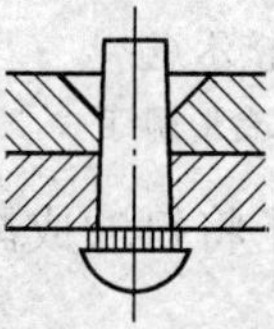	(1) 铆钉孔直径太小。 (2) 铆钉孔口未倒角
工件上有凹痕	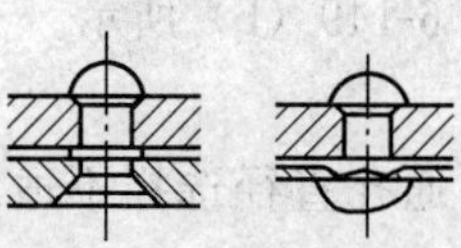	(1) 罩模修整时歪斜。 (2) 罩模直径太大。 (3) 铆钉太短

续表

废品形式	图　示	产 生 原 因
铆钉杆在孔内弯曲		(1) 铆钉孔太大。 (2) 铆钉直径太小
工件之间有间隙		(1) 工件板材连接面不平整。 (2) 压紧冲头未将板材压紧

第十节　粘接和焊接

一、胶黏剂

粘接就是用胶黏剂把不同的材料牢固地联接在一起的方法。其工艺操作方便、联接可靠，在各种机械设备修理中得到广泛的应用。

按胶黏剂使用的材料来分，粘接分为无机胶黏剂和有机胶黏剂两大类。

（一）无机胶黏剂的使用

无机胶黏剂由磷酸溶液和氧化物组成。工业上大都采用磷酸和氧化铜。在胶黏剂中，也可加入某些辅助材料，从而得到所需的性能。各种辅助填料的作用见表 6-31。

表 6-31　　加入辅助填料的作用

所加辅助填料	作　　用
还原铁粉	改善胶黏剂的导电性能
碳化硼	增加胶黏剂的硬度
硬质合金粉	增加胶黏剂的强度
氧化铝、氧化锆	提高胶黏剂的耐热性

使用胶黏剂时，工件接头的结构形式应尽量使用套接和槽榫接，避免平面对接和搭接；联接表面要尽量粗糙，可以滚花和加工成沟纹，以提高粘接的牢固性。

粘接前，要对粘接面进行除锈、脱脂和清洗处理等工作后，方可涂胶黏剂和组装粘接。粘接后的零件需烘干固化后才能使用。

（二）有机胶黏剂的使用

有机胶黏剂是一种高分子有机化合物。它常以合成树脂或弹性材料作为胶黏剂的基本材料，再添加一定量的增塑剂、固化剂、稀释剂、填料和促进剂等配制而成。有机胶黏剂一般由使用者按实际的需要自行配制，但专业厂家也有一定的品种供应。

有机胶黏剂的品种很多，常见的有机胶黏剂有如下两种。

1. 环氧胶黏剂

它含有高分子环氧基团或环氧树脂，具有良好的粘接性能。其配方如下：

（1）配方1：6101环氧树脂100份、磷苯二甲酸二丁酯17份、650聚酰胺60～100份、乙二胺4份。

（2）配方2：6101环氧树脂100份、磷苯二甲酸酐20份、乙二胺7.5份。

粘接前，粘接表面一般都要经过机械打磨或用好砂布仔细打光，粘接时再用丙酮清洗粘接表面，待丙酮风干后就将配制好的环氧树脂涂在联接面上，涂层为0.1～0.15mm，然后将两粘接件压合在一起，在室温下或不高的温度下即能固化。

2. 聚丙稀酸脂胶黏剂

这类胶黏剂常用的牌号有501和502。其特点是无溶剂，有一定的透明性，可在室温下固化。因固化速度太快，不宜作大面积的粘接，仅适用于小面积的粘接。

二、焊接

焊接在工程上占有重要的地位，广泛应用于桥梁、建筑、船舶、化工和机械制造等工业部门，以及航空宇宙飞行等空间技术。其特点是生产效率高、劳动强度低、产品成本低、能减轻结构质量、节约材料、能保证较高的气密性、便于实现机械化和自动化。

（一）焊接概述

焊接是通过加热或加压（也可以两者并用），使工件达到原子结合的一种联接方法。

焊接可分为熔焊、压焊和钎焊三大类。

1. 熔焊

利用局部加热的方法，将两结合处加热到熔化状态，形成熔池，然后冷却结晶，形成牢固的接头，将两部分金属联接成整体，如气焊、电弧焊等。

2. 压焊

利用局部加压（加热或不加热），达到彼此相互结合的方法。

压焊有两种类型：一种是被焊金属接触部分加热至塑性状态或局部熔化状态，而后施加一定的压力，使金属原子之间相互结合形成牢固的焊接接头，如接触焊、摩擦焊等；另一种是不进行加热，仅在被焊金属的接触表面上施加足够大的压力，引起塑性变形，促使原子之间相互接近而获得牢固的压挤接头，如冷压焊、爆炸焊等。

3. 钎焊

对工件和作为填充金属（钎料）进行适当的加热，工件金属不熔化，但熔点低的钎料被熔化后填充到工件之间，使固态的被焊金属相互溶解和扩散，将两工件牢固焊接在一起的方法，如锡焊、铜焊等。

下面主要介绍钎焊中的锡焊。

（二）锡焊及其使用场合

锡焊是钎焊的一种。锡焊时，工件材料不熔化，用加热的烙铁沾上锡合金作为填充材料将零件联接在一起。它用于焊接强度要求不高或密封性要求好的联接以及电气元件或电气设备的接线头联接等。

锡焊用的材料是焊锡，它是锡和铅的合金，一般熔点为180～300℃，所用锡焊是钎焊中的软钎焊。

（三）锡焊的方法及锡焊件质量分析

1. 焊剂的作用及常用焊剂

锡焊时必须使用焊剂，它的作用是清除焊缝处的金属氧化膜，保护金属不受氧化，提高锡焊的黏附能力和流动性，增加焊接强度。

常见的焊剂及应用见表 6-32。

表 6-32　　各种焊剂的应用

焊剂种类	应　　用
稀盐酸	用于锌皮或镀锌铁皮
氯化锌溶液	一般锡焊均可使用
焊膏	用于镀锌铁皮和小零件，如铜电线接头
松香	主要用于黄铜、纯铜等

2. 锡焊方法

锡焊的焊接工艺如下：

（1）用锉刀、锯条片和砂布等工具仔细清除焊缝处的锈蚀和油污，使其露出光亮清洁的表面。

（2）按焊接件大小选取一定功率的电烙铁或火烙铁，接通电源或用火加热铬铁。

（3）根据焊接性质，选择焊剂涂敷于焊缝隙。

（4）待烙铁温度达 250～550℃时，把烙铁沾上焊锡放在焊缝隙处，焊锡缓慢而均匀地移动，使焊锡填满焊缝隙。

（5）清除焊缝，洗净焊剂，检查焊缝质量。

3. 锡焊常见废品分析

锡焊废品的主要形式是焊缝不牢或焊缝不严，产生的原因如下：

（1）焊缝隙不清洁。

（2）烙铁功率不够或加热温度不够。

（3）焊锡熔化后流动性差，焊缝中未填满焊锡。

（4）工件焊缝未压紧，工件之间缝隙太大，影响焊接强度。

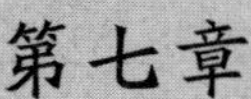

机修钳工常用量具和量仪

第一节　机修钳工常用量具

一、测量器具的分类

测量器具按其工作原理、结构特点及用途不同等共分为四大类，见图 7-1。

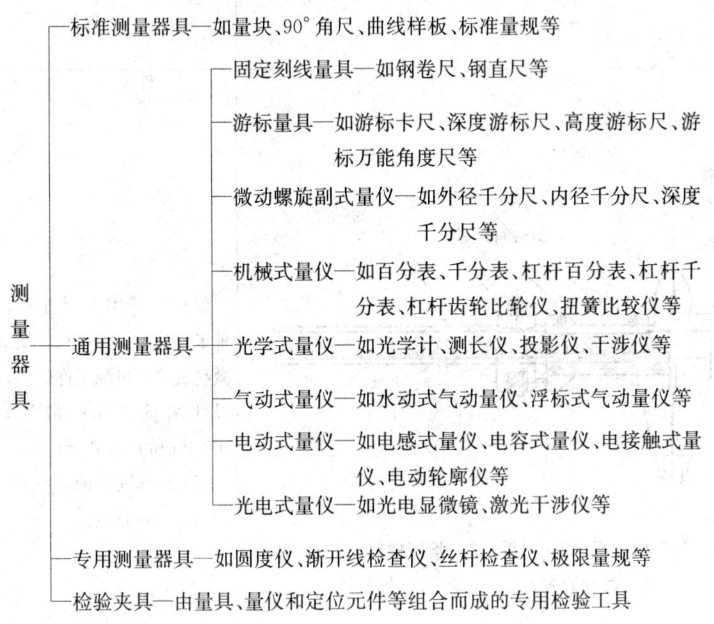

图 7-1　测量器具的分类

二、通用量具

通用量具的种类、结构特点、用途、测量范围等见表 7-1。

表 7-1　　通用量具的种类、结构特点、用途、测量范围

量具种类及名称	结构特点、用途、测量范围
三用游标卡尺 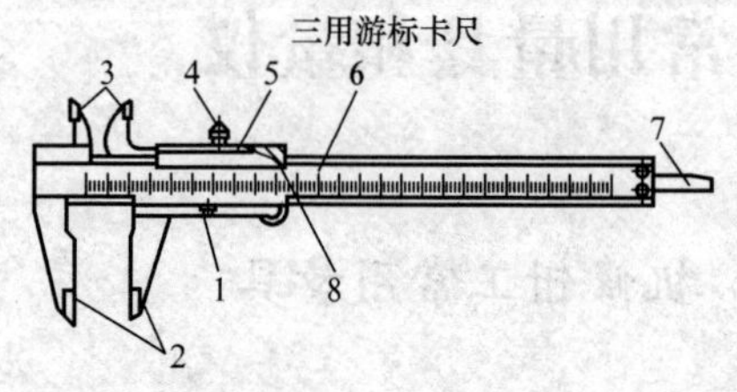 1—游标；2—下量爪；3—上量爪；4—紧固螺钉；5—尺框；6—尺身；7—深度尺；8—片弹簧（塞铁）	（1）主要由尺身、尺框、深度尺三部分组成。三用卡尺可测量工件的内外尺寸和深度尺寸。 （2）测量范围一般为 0～125mm 和 0～150mm。 （3）游标读数值有 0.02mm 和 0.05mm 两种
二用游标卡尺 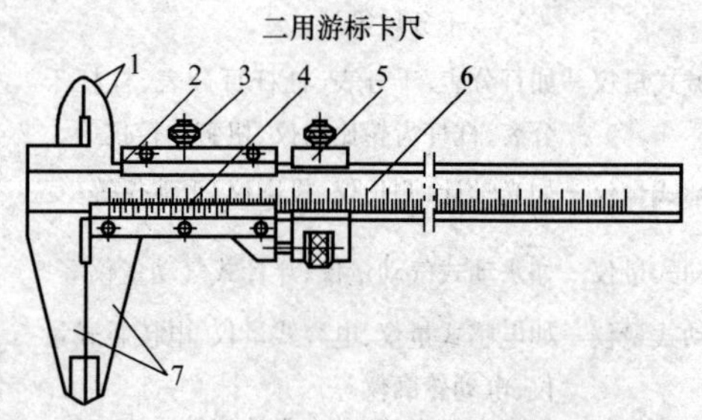 1—刀口内量爪；2—尺框；3—紧固螺钉；4—游标；5—微动装置；6—尺身；7—外量爪	（1）与三用卡尺相比，此种卡尺减少了深度尺，增加了微动装置，可测工件的内、外尺寸测量范围一般为 0～200mm 和0～300mm。 （2）游标读数值有 0.02mm 和 0.05mm 两种

续表

量具种类及名称	结构特点、用途、测量范围
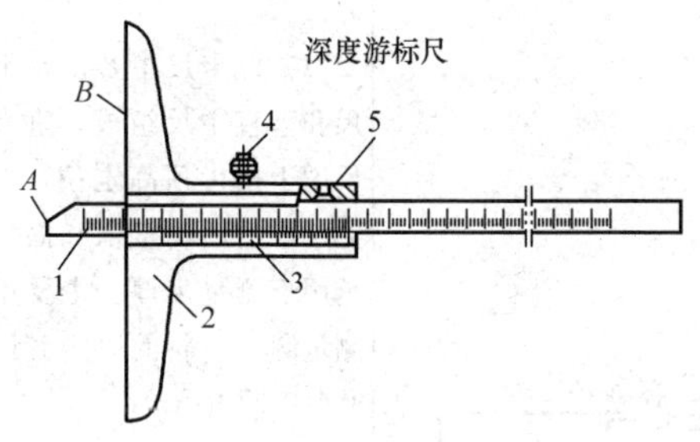 1—尺身；2—尺框；3—游标；4—紧固螺钉；5—调整螺钉	（1）此种卡尺用尺框的测量面 B 和尺身测量面 A 代替了卡尺的测量爪，当尺框和尺身的测量面都处在同一平面时，深度尺上的读数值刚好是零。用于测量工件的深度尺寸，如阶梯的长度、槽深、不通孔的深度等。 （2）测量范围为 0～200mm、0～300mm、0～500mm。 （3）游标读数值有 0.02、0.05mm 和 0.1mm 三种
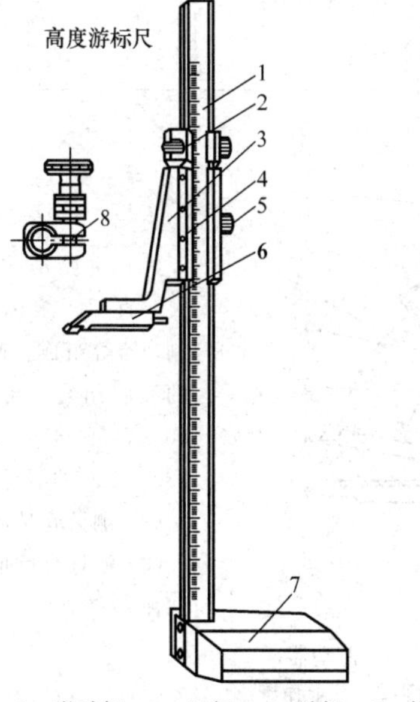 1—尺身；2—微动框；3—尺框；4—游标；5—紧固螺钉；6—划线爪；7—底座；8—表夹	（1）此卡尺的尺身紧固在底座上，划线量爪可装在尺框槽臂上，供划线和测高用，表夹用来安装杠杆表等指示量具。主要用于测量工件的高度尺寸、相对位置和精密划线。 （2）测量范围有 0～200mm、0～300mm、0～500mm、0～1000mm 等多种。 （3）游标读数值有 0.02mm、0.05mm 和 0.1mm 三种

续表

量具种类及名称	结构特点、用途、测量范围
齿厚游标卡尺 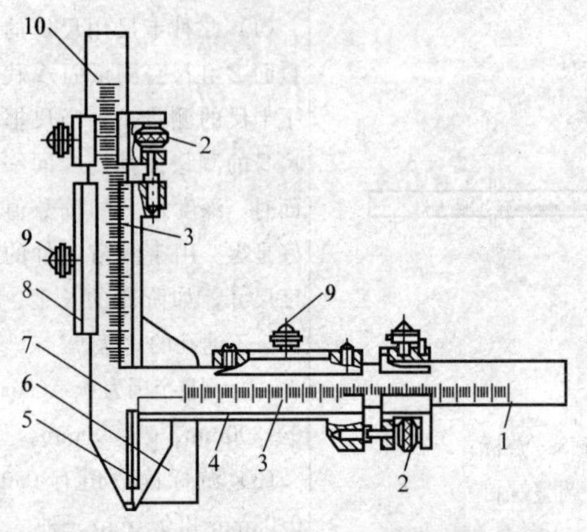 1—水平主尺；2—微动螺母；3—游标；4、8—游框；5—活动量爪；6—高度尺；7—固定量爪；9—紧固螺钉；10—垂直主尺	（1）此卡尺主要由水平主尺和垂直主尺组成，垂直主尺用于按齿顶高定位，水平主尺上的活动量爪和固定量爪用于测量齿厚。主要用于测量圆柱齿轮的固定弦齿厚和分度圆齿厚。 （2）测量范围有1～16mm、1～18mm、1～26mm、2～16mm、2～26mm、5～36mm等多种。 （3）游标读数值为0.02mm
Ⅰ型角度尺 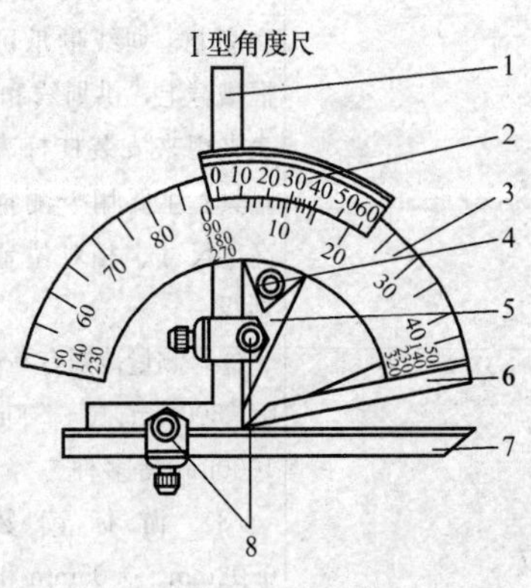 1—角尺；2—游标；3—主尺；4—制动器；5—扇形板；6—基尺；7—直尺；8—卡块	（1）主要由主尺、90°角尺、直尺、游标、扇形板、制动器等组成。通过几个尺的不同组合，可测量0°～50°、50°～140°、140°～230°、230°～320°的不同角度。 （2）测量范围为0°～320°。 （3）游标分度值有2′和5′两种

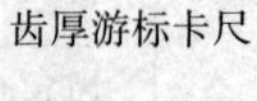

续表

量具种类及名称	结构特点、用途、测量范围
Ⅱ型角度尺 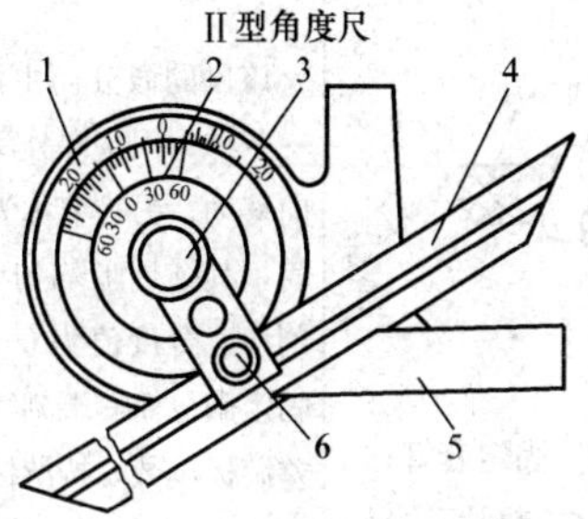 1—主尺；2—游标；3—制动器；4—直尺；5—基尺；6—卡块	（1）主要由圆盘主尺、直尺、游标、制动器等组成。 （2）可测量工件的角度，还可对精密角度进行划线。 （3）测量范围为0°～360°。 （4）游标分度值有 2′和 5′两种
普通千分尺 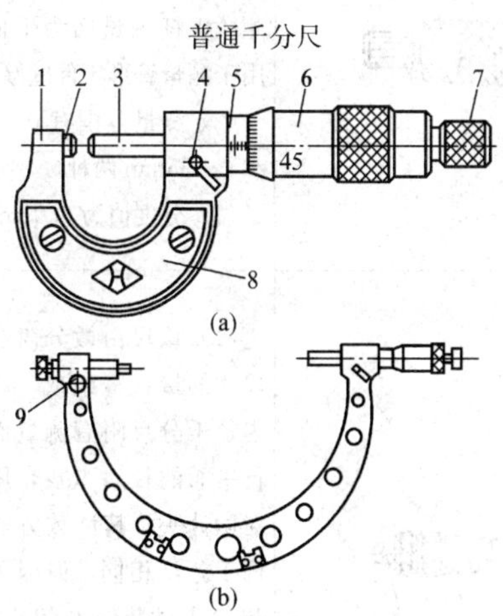 (a) (b) 1—尺架；2—测砧；3—测微螺杆；4—锁紧装置；5—微分筒；6—固定套管；7—测力装置；8—隔热装置；9—测砧紧固螺钉	（1）主要由尺架、测微螺杆、测力装置和锁紧装置组成。除测量范围为 0～25mm 的千分尺以外，都配有校对量棒。外径千分尺有测砧为固定式［见图（a)］和可换式或可调式［见图（b)］两种。 （2）测量范围有 0～25mm、25～50mm、…、275～300mm（每 25mm 为一挡）；300～400mm、400～500mm、…、900～1000mm（每 100mm 为一挡）；1000～2000mm（每 200mm 或 500mm 为一挡）等多种。 （3）分度值为 0.01mm

续表

<table>
<tr><th>量具种类及名称</th><th>结构特点、用途、测量范围</th></tr>
<tr><td>微米千分尺
微米千分尺（游标读数千分尺）
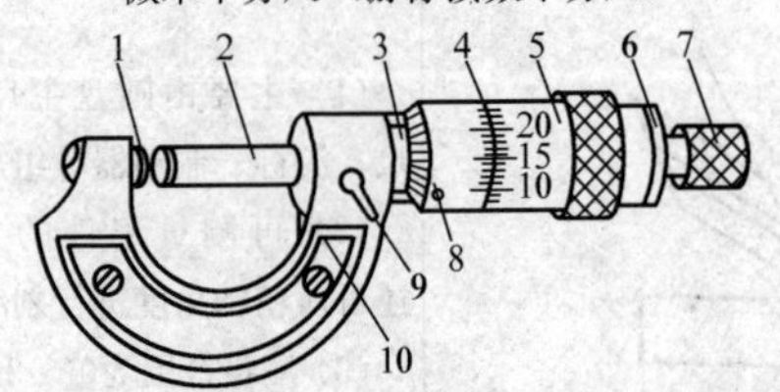

1—固定测砧；2—测微螺杆；3—固定套管；4—固定微分筒；5—转动微分筒；6—垫片；7—测力装置；8—键槽螺钉；9—锁紧装置；10—绝热板</td><td>该尺的微分筒由两节组成，一节称为固定微分筒，只能轴向移动；另一节称为转动微分筒，其圆周上均匀分布 50 条刻线，分度值为 0.01mm，与固定微分筒右端刻线组成无视差游标读数，按游标读数原理可读出 0.001mm 或 0.002mm</td></tr>
<tr><td>壁厚千分尺
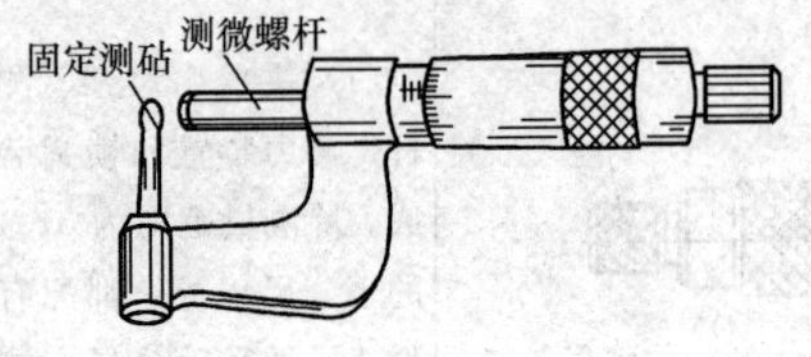
</td><td>（1）该尺的固定测砧测量面为鼓形或球状的测量头，测微螺杆测量面为平面，适用于测量管形工件壁厚尺寸。
（2）测量范围有 0～15mm 和 0～25mm 两种。
（3）分度值为 0.01mm</td></tr>
<tr><td>内径千分尺
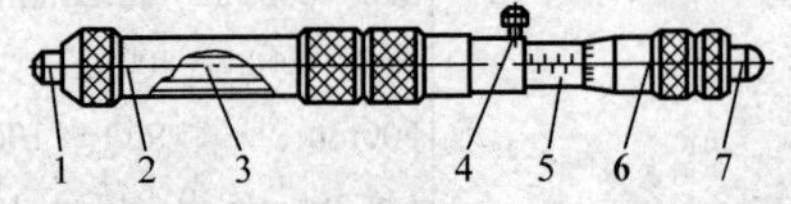

1—测量头；2—接长杆；3—心杆；4—锁紧装置；5—固定套管；6—微分筒；7—测微头</td><td>（1）该尺由微分筒和各种尺寸的接长杆组成。成套的内径千分尺附有测量面为平行平面的校对卡规，用于校对微分头。其读数方法与普通千分尺相同，但因无测力装置，测量误差相应增大，用于测量 50mm 以上的孔径。
（2）测量范围有 50～175mm、50～250mm、50～575mm 等多种。
（3）分度值为 0.01mm</td></tr>
</table>

续表

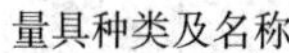量具种类及名称	结构特点、用途、测量范围
深度千分尺 1—测力装置；2—微分筒；3—固定套管；4—锁紧装置；5—底板；6—测量杆；7—校对量具	(1) 该尺不同于千分尺的部分是以底板代替尺架和测砧，其底板是测量时的基面。测量杆有固定式和可换式两种。测量杆的顶端与测微螺杆端部弹性连接或螺纹连接，并附有校对量规，校对零位。可测量工件的孔或阶梯孔的深度、台阶高度等。 (2) 测量范围有 0～100mm、0～150mm 等。 (3) 分度值为 0.01mm
公法线千分尺 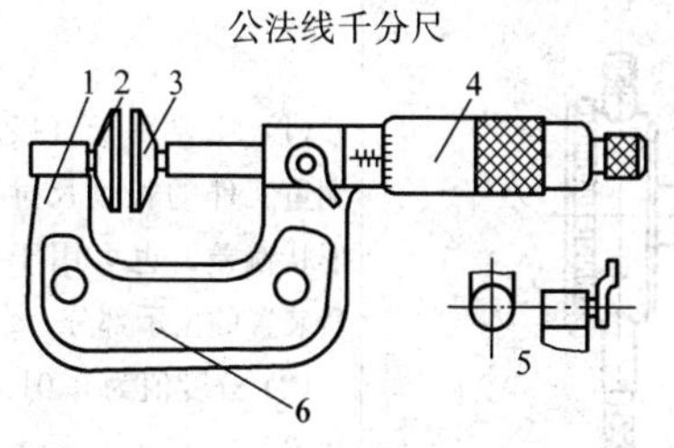 1—尺架；2—测砧；3—活动测砧；4—微分筒；5—半圆盘测砧；6—隔热装置	(1) 该尺的测砧与测微螺杆测量面（活动测砧）为圆盘形，也有制成圆盘的一部分，除此以外，与普通千分尺完全相同。主要用于测量圆柱齿轮的公法线长度。 (2) 测量范围有 0～25mm、25～50mm、50～75mm、75～100mm、100～125mm、125～150mm 等多种。 (3) 分度值为 0.01mm

续表

量具种类及名称	结构特点、用途、测量范围
杠杆千分尺 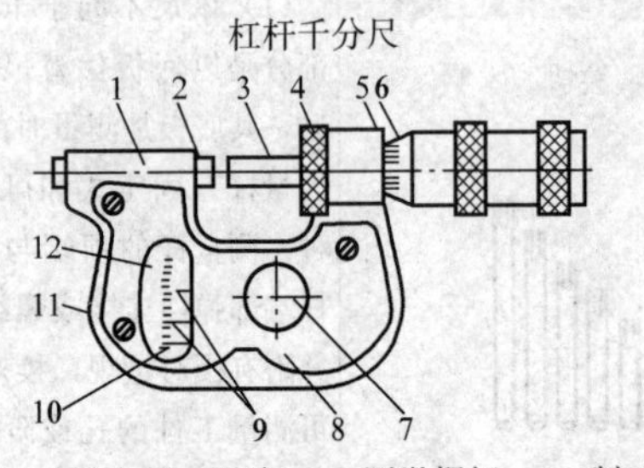 1—尺架；2—测砧；3—测微螺杆；4—制动器；5—固定套管；6—微分筒；7—保护帽；8—盖板；9—公差指针；10—指针；11—拨叉；12—刻度盘	(1) 该尺与普通千分尺相比，主要是增加了一套杠杆测微机构，测砧 2 可以微动调节，适用于批量较大、精度较高的中小工件的外径测量。 (2) 测量范围有 0～25mm、25～50mm、50～75mm、75～100mm 等多种。 (3) 螺旋读数装置的分度值为 0.01mm，表盘分度值有 0.001mm 和 0.002mm 两种
百分表 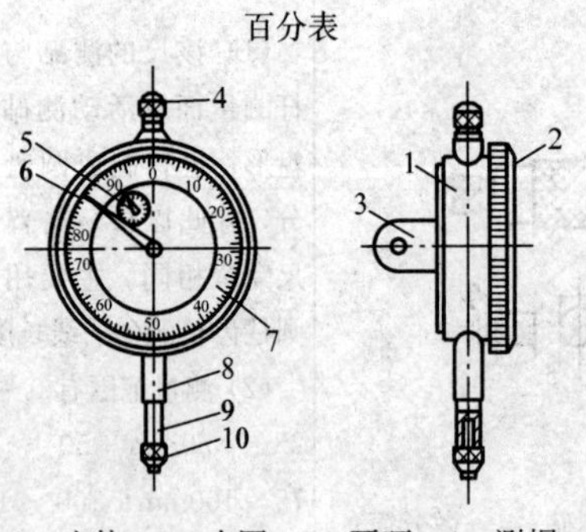 1—表体；2—表圈；3—耳环；4—测帽；5—转数指针；6—指针；7—刻度盘；8—装夹套筒；9—测杆；10—测头	(1) 主要用于直接或比较测量工件的长度尺寸、几何形状偏差，也可用于某些测量装置的指示部分。 (2) 分度值为 0.01mm，测量范围有 0～3mm、0～5mm、0～10mm 等几种

续表

量具种类及名称	结构特点、用途、测量范围
千分表 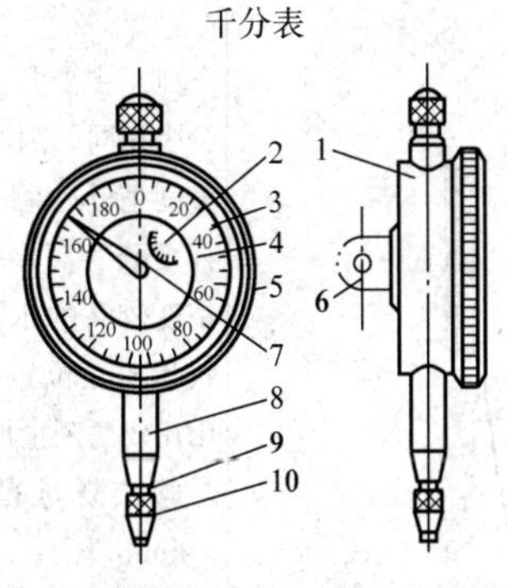 1—表体；2—转数指针；3—表盘；4—转数指示盘；5—表圈；6—耳环；7—指针；8—套筒；9—量杆；10—测量头	（1）主要用途与百分表相同，因其比百分表的放大比更大，分度值更小，测量的精确度更高，可用于较高精度的测量。 （2）测量范围为 0～1mm。 （3）分度值为 0.001mm
杠杆百分表 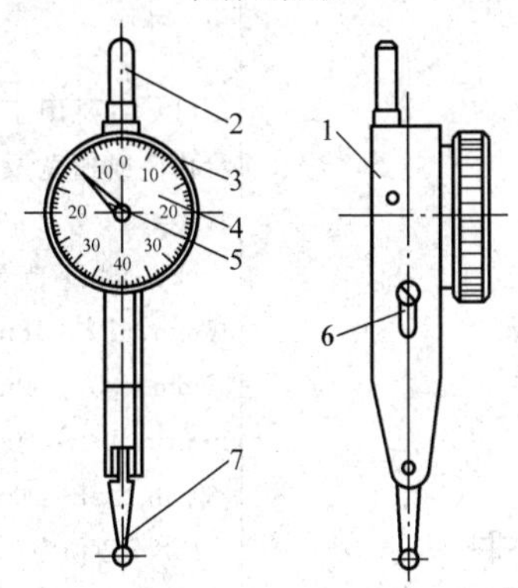 1—表体；2—夹持柄；3—表圈；4—表盘；5—指针；6—换向器；7—测杆	（1）由于该表体积小巧，测量杆可以按需转动，并能以反、正两个方向测量工件，因此除了作一般工件的几何形状测量外，还能测量一些小孔、凹槽、孔距等百分表难以测量的尺寸。 （2）测量范围有 0～0.8mm 和 0～1mm 两种。 （3）分度值为 0.01mm

续表

量具种类及名称	结构特点、用途、测量范围
杠杆千分表 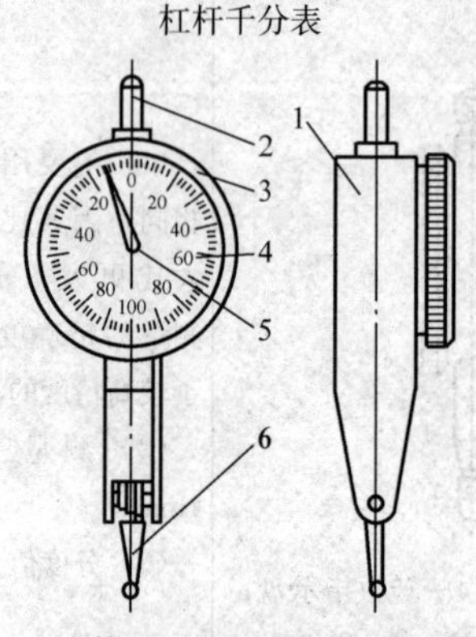 1—表体；2—连接销；3—表圈；4—表盘；5—指针；6—测量杆	（1）主要用途与杠杆百分表相同。因其放大比大、分度值小、测量精度比杠杆百分表高，可测量制造精度较高的工件的几何形状和相互位置偏差，以及用比较法测量尺寸。 （2）测量范围为 0～0.2mm。 （3）分度值有 0.001mm 和 0.002mm 两种
内径百分表 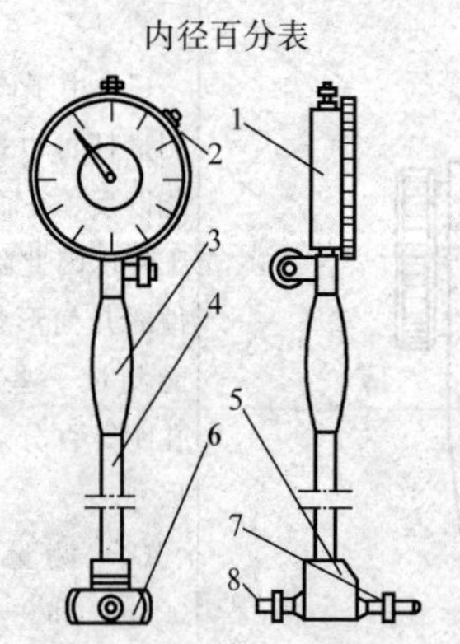 1—百分表；2—制动器；3—手柄；4—直管；5—主体；6—定位护桥；7—活动测头；8—可换测头	（1）主要用于比较法测量孔径或槽宽及其几何形状误差。 （2）测量范围有 6～10mm、10～18mm、18～35mm、35～50mm、50～100mm、100～160mm、160～250mm、250～450mm 等多种。 （3）分度值为 0.01mm

三、标准量具

（一）量块

1. 量块的形状、用途及尺寸系列

量块是没有刻度的平行端面量具，也称块规，是用特殊合金钢制成的长方体，如图 7-2 所示。量块的线膨胀系数小，不易变形，耐磨性好。量块具有经过精密加工很平很光的两个平行平面，叫做测量面。两测量面之间的距离为工作尺寸 L，又称标称尺寸，该尺寸具有很高的精度。量块的标称尺寸大于或等于 10mm 时，其测量面的尺寸为 35mm×9mm；标称尺寸小于 10mm 时，其测量面的尺寸为 30mm×9mm。

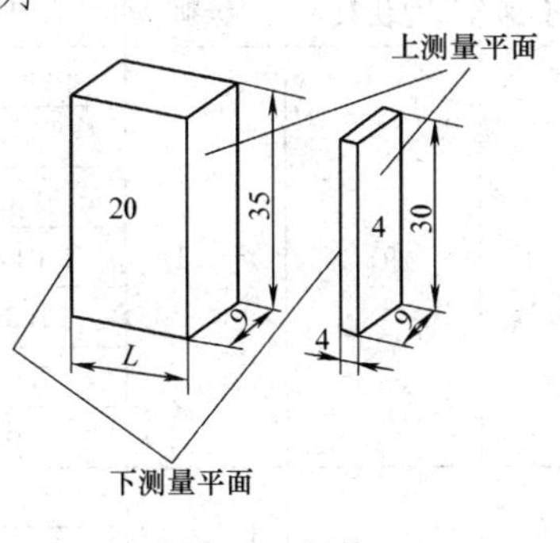

图 7-2　量块

量块的测量面非常平整和光洁，用少许压力推合两块量块，使它们的测量面紧密接触，两块量块就能黏合在一起。量块的这种特性称为研合性。利用量块的研合性，就可用不同尺寸的量块组合成所需的各种尺寸。

量块的应用较为广泛，除了作为量值传递的媒介以外，还用于检定和校准其他量具、量仪，相对测量时调整量具和量仪的零位，以及用于精密机床的调整、精密划线和直接测量精密零件等。

在实际生产中，量块是成套使用的，每套量块由一定数量的不同标称尺寸的量块组成，以便组合成各种尺寸，满足一定尺寸范围内的测量需求。GB/T 6093—2001《几何量技术规范（GPS）长度标准　量块》共规定了 17 套量块。常用成套量块的级别、尺寸系列、间隔和块数见表 7-2。

根据标准规定，量块的制造精度为 00、0、1、2 和（3）共五级。其中，00 级最高，其余依次降低，（3）级最低。此外还规定了校准级——K 级。标准还对量块的检定精度规定了 1、2、3、4、5、6 六个等级。其中，1 等最高，精度依次降低，6 等最低。量块按“等”使用时，所根据的是量块的实际尺寸，因而按“等”使用时可获得更高的精度效应，可用较低级别的量块进行较高精度的测量。

表 7-2　　成套量块组合尺寸

套别	总块数	级别	尺寸系列(mm)	间隔(mm)	数量(块)
1	91	0，1	0.5	—	1
			1	—	1
			1.001，1.002，…，1.009	0.001	9
			1.01，1.02，…，1.49	0.01	49
			1.5，1.6，…，1.9	0.1	5
			2.0，2.5，…，9.5	0.5	16
			10，20，…，100	10	10
2	83	0，1，2	0.5	—	1
			1	—	1
			1.005	—	1
			1.01，1.02，…，1.49	0.01	49
			1.5，1.6，…，1.9	0.1	5
			2.0，2.5，…，9.5	0.5	16
			10，20，…，100	10	10
3	46	0，1，2	1	—	1
			1.001，1.002，…，1.009	0.001	9
			1.01，1.02，…，1.09	0.001	9
			1.1，1.2，…，1.9	0.1	9
			2，3，…，9	1	8
			10，20，…，100	10	10
4	38	0，1，2	1	—	1
			1.005	—	1
			1.01，1.02，…，1.09	0.01	9
			1.1，1.2，…，1.9	0.1	9
			2，3，…，9	1	8
			10，20，…，100	10	100
5	10	0，1	0.991，0.992，…，1	0.001	10
6	10^+	0，1	1，1.001，…，1.009	0.001	10
7	10^-	0，1	1.991，1.992，…，2	0.001	10
8	10^+	0，1	2，2.001，2.002，…，2.009	0.001	10

注　摘自 GB/T 6093—2001《几何量技术规范（GPS）长度标准　量块》。

2. 量块的尺寸组合及使用方法

为了减少量块组合的累积误差，使用量块时，应尽量减少使用的块数，一般要求不超过4～5块。选用量块时，应根据所需组合的尺寸，从最后一位数字开始选择，每选一块，应使尺寸数字的位数减少一位，以此类推，直至组合成完整的尺寸。

【例7-1】 要组成38.935mm的尺寸，试选择组合的量块。

解：最后一位数字为0.005，因而可采用83块一套或38块一套的量块。

(1) 若采用83块一套的量块，则有

38.935

−1.005——第一块量块尺寸

37.93

−1.43——第二块量块尺寸

36.5

−6.5 ——第三块量块尺寸

30 ——第四块量块尺寸

共选取4块，尺寸分别为1.005、1.43、6.5mm和30mm。

(2) 若采用38块一套的量块，则有

38.935

−1.005——第一块量块尺寸

37.93

−1.03 ——第二块量块尺寸

36.9

−1.9 ——第三块量块尺寸

35

−5 ——第四块量块尺寸

30 ——第五块量块尺寸

共选取5块，其尺寸分别为1.005、1.03、1.9、5mm和30mm。可以看出，采用83块一套的量块要好些。

量块是一种精密量具，其加工精度高，价格也较高，因此在使用时一定要十分注意，不能碰伤和划伤其表面，特别是测量面。量块选好后，在组合前先用航空汽油或苯洗净表面的防锈油，并用鹿皮或软绸将各面擦干，然后用推压的方法将量块逐块研合。研合时应保持动作平稳，以免测量面被量块棱角划伤。要防止腐蚀性气体侵蚀量块。使用时不得用手接触测量面，以免影响量块的组合精度。使用后，拆开组合量块，用航空汽油或苯将其洗净擦干，并涂上防锈油，然后装在特制的木盒内。决不允许将量块结合在一起存放。

为了扩大量块的应用范围，可采用量块附件。量块附件主要有夹持器和各种量爪，如图 7-3 所示。量块及其附件装配后，可测量外径、内径或作精密划线等，如图 7-3（b）所示。

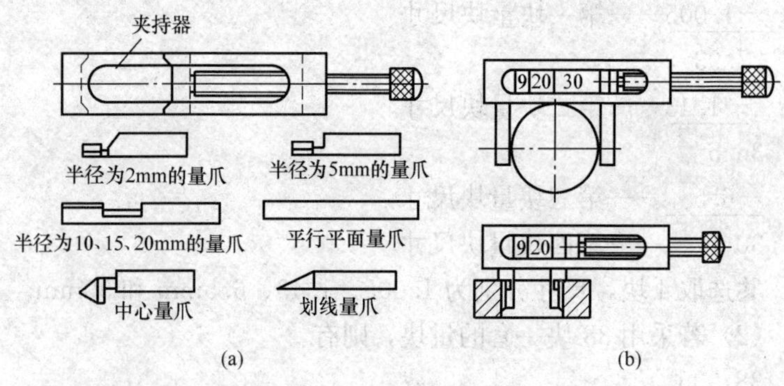

图 7-3　量块附件及其应用

（二）正弦规

1. 正弦规的工作原理和使用方法

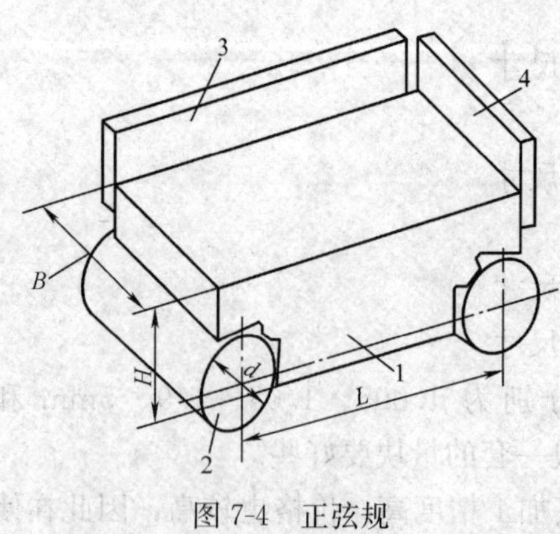

图 7-4　正弦规

1—主体；2—圆柱；3—侧挡板；4—后挡板

正弦规的结构简单，主要由主体工作平板和两个直径相同的圆柱组成，如图 7-4 所示。为了便于被检工件在平板表面上定位和定向，装有侧挡板和后挡板。

正弦规两个圆柱中心

距精度很高，中心距 100mm 的极限偏差为 ±0.003mm 或 ±0.002mm，同时工作平面的平面度精度以及两个圆柱的形状精度和它们之间的相互位置精度都很高。因此，可以作精密测量用。

使用时，将正弦规放在平板上，一圆柱与平板接触，而另一圆柱下垫以量块组，使正弦规的工作平面与平板间形成一角度。从图 7-4 可以看出

$$\sin\alpha=\frac{h}{L}$$

式中　α——正弦规放置的角度；

h——量块组尺寸；

L——正弦规两圆柱的中心距。

图 7-5 是用正弦规检测圆锥塞规的示意图。

用正弦规检测圆锥塞规时，首先根据被检测的圆锥塞规的基本圆锥角，由 $h=L\sin\alpha$ 算出量块组尺寸并组合量块，然后将量块组放在平板上与正弦规一圆柱接触，此时正弦规主体工作平面相对于平板倾斜 α 角。放上圆锥塞规后，用千分表分别测量被测圆锥上 a、b 两点。a、b 两点读数之差 n 与 a、b 两点距离 l（可用直尺量得）之比即为锥度偏差 Δc，并考虑正负号，即

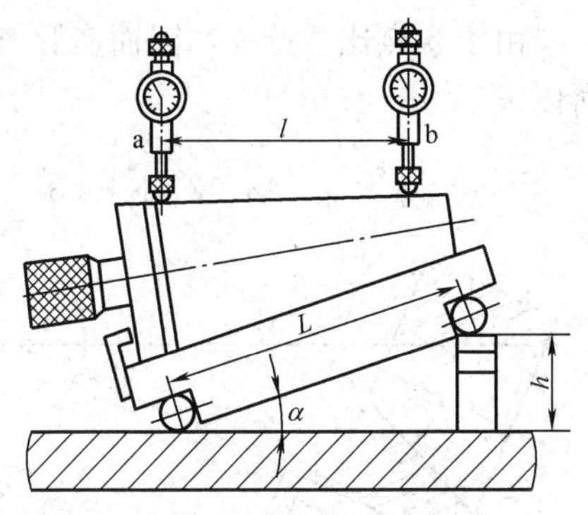

图 7-5　用正弦规测量圆锥塞规

$$\Delta c=\frac{n}{l}$$

式中 n 和 l 的单位均为 mm。

锥度偏差乘以弧度对秒的换算系数后，即可求得圆锥角偏差，即

$$\Delta\alpha=2\Delta c\times10^{5}$$

式中 $\Delta\alpha$ 的单位为 s。

用此法也可测量其他精密零件的角度。

【例 7-2】 用中心距 $L=100$mm 的正弦规测量№2 莫氏锥度塞规，其基本圆锥角为 2°51′40.8″（2.861332°），按图 7-6 的方法进行测量，试确定量块组的尺寸。若测量时千分表两测量点 a、b 相距为 $l=60$mm，两点处的读数差 $n=0.010$mm，且 a 点比 b 点高（即 a 点的读数比 b 点大），试确定该锥度塞规的锥度误差，并确定实际锥角的大小。

解：根据 $\sin\alpha=\dfrac{h}{L}$

$$h=L\sin\alpha=100\sin2.861332°=100\times0.04992=4.992\text{（mm）}$$

由于 a 点比 b 点高，因而实际圆锥角（α'）比基本圆锥角大，所以

$$\alpha'=\alpha+\Delta\alpha=2°51'40.8''+33.3''=2°52'14.1''$$

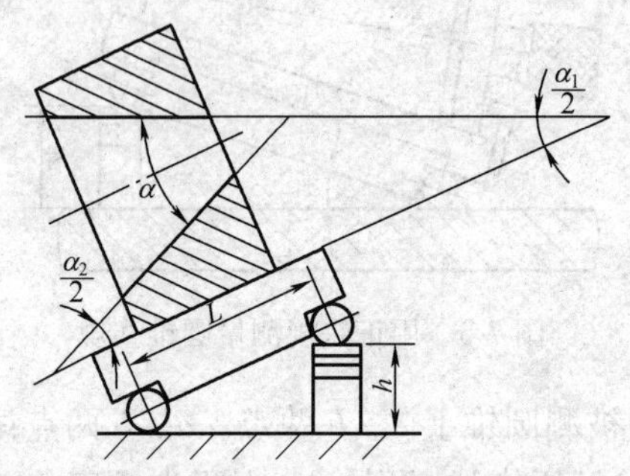

图 7-6　用正弦规测量内圆锥角

利用正弦规也可测内圆锥的角度，如图 7-6 所示。测量时，分别测量内圆锥素线角 $\frac{\alpha_1}{2}$ 和 $\frac{\alpha_2}{2}$，图示系测量 $\frac{\alpha_1}{2}$ 的位置。测量 $\frac{\alpha_2}{2}$ 时，安置在正弦规上的内圆锥不动，只把量块组换一位置安放，使之与另一圆柱接触，这样就可以避免辅助测量基准的误差对测量结果的影响。从图中可以看出，内圆锥的圆锥角 $\alpha=\frac{\alpha_1}{2}+\frac{\alpha_2}{2}$。

2. 正弦规的结构形式和基本尺寸

正弦规的结构形式分为窄型和宽型两类，每一类型又按其主体工作平面长度尺寸分为两类。正弦规常用的精度等级为 0 级和 1 级，其中 0 级精度为高。正弦规的基本尺寸见表 7-3。

表 7-3　　　　　　　正弦规的基本尺寸　　　　　　　mm

形　式	精度等级	主　要　尺　寸			
		L	B	d	H
窄型	0 级	100	25	20	30
	1 级	200	40	30	55
宽型	0 级	100	80	20	40
	1 级	200	80	30	55

注　表中 L 为正弦规两圆柱的中心距，B 为正弦规主体工作平面的宽度，d 为两圆柱的直径，H 为工作平面的高度。

3. 正弦规的综合误差

正弦规的测量精度与零件角度和正弦规中心距有关，即中心距越大，零件角度越小，则精度越高。正弦规的综合误差见表 7-4。

表 7-4　　　　　　　正弦规的综合误差

序号	项　　目			L=100mm		L=200mm		备注
				0 级	1 级	0 级	1 级	
1	两圆柱中心距的偏差（μm）	窄型	μm	±1	±2	±1.5	±3	
		宽型		±2	±3	±2	±4	
2	两圆柱轴线的平行度（μm）	窄型		1	1	1.5	2	全长上
		宽型		2	3	2	4	
3	主体工作面上各孔中心线间距离的偏差（μm）	宽型		±150	±200	±150	±200	
4	同一正弦规的两圆柱直径差（μm）	窄型		1	1.5	1.5	2	
		宽型		1.5	3	2	3	
5	圆柱工作面的圆柱度（μm）	窄型		1	1.5	1.5	2	
		宽型		1.5	2	1.5	2	
6	正弦规主体工作面平面度（μm）			1	2	1.5	2	中凹
7	正弦规主体工作面与两圆柱下部母线公切面的平行度（μm）			1	2	1.5	3	
8	侧挡板工作面与圆柱轴线的垂直度（μm）			22	35	30	45	全长上
9	前挡板工作面与圆柱轴线的平行度（μm）	窄型		5	10	10	20	全长上
		宽型		20	40	30	60	
10	正弦规装置成 30°时的综合误差	窄型		±5″	±8″	±5″	±8″	
		宽型		±8″	±16″	±8″	±16″	

注　表中数值是温度为 20℃时的数值。

（三）量规

大量和成批生产时，为了使用方便，提高测量速度和减少精密量具的损耗，一般可以应用量规（又称界限量规）。量规是一种专用量具，用它检验工件时，只能判断工件是否合格，而不能量出实际尺寸。量规种类较多，下面只介绍光滑卡规和塞规、圆锥量规和螺纹量规等几种常用量规。

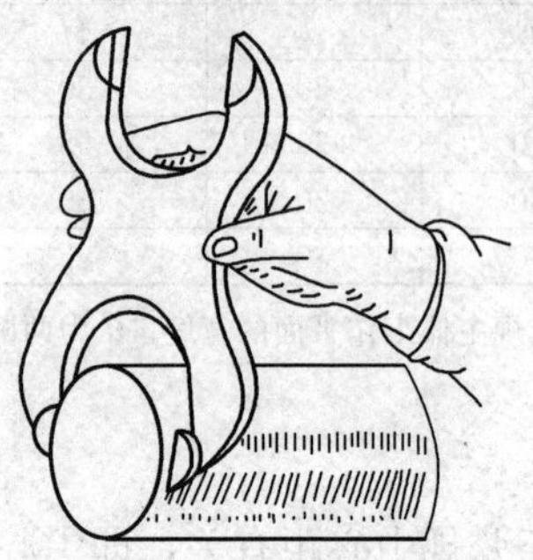

图 7-7　卡规及其使用

1. 光滑卡规和塞规

光滑卡规（见图 7-7）用来测量外径和其他外表面尺寸，光滑塞规（见图 7-8）用来测量内径和其他内表面尺寸。卡规和塞规都具有两个测量端，即通端和止端。用卡规和塞规检验工件时，如果通端通过，止端不能通过，则这个工件是合格的；否则，就不合格。

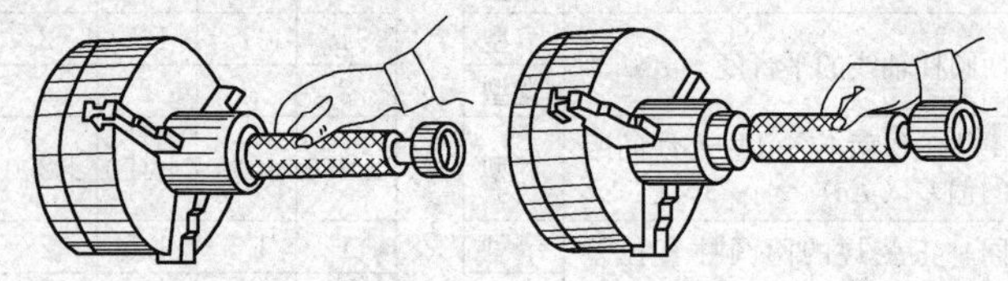

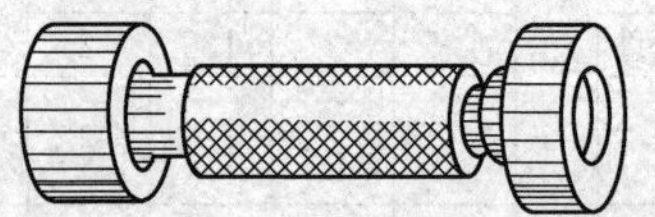

图 7-8　塞规及其使用

光滑卡规和光滑塞规的种类、名称、代号及用途见表 7-5。

表 7-5　卡规和塞规的种类、名称、代号及用途

被检零件	量规种类	量规名称		代号	检验参数	合格标志	附注
轴	工作量规	卡规	通	T	轴最大极限尺寸	通	
			止	Z	轴最小极限尺寸	止	
	验收量规	卡规	验—通	TY	轴最大极限尺寸	通	
			验—止	ZY	轴最小极限尺寸	止	

续表

<table>
<tr><th>被检零件</th><th>量规种类</th><th colspan="2">量规名称</th><th>代号</th><th>检验参数</th><th>合格标志</th><th>附注</th></tr>
<tr><td rowspan="4">轴</td><td rowspan="4">校对量规</td><td rowspan="4">校对塞规</td><td>校通—通</td><td>TT</td><td>“通”卡规最小极限尺寸</td><td>通</td><td>无止端</td></tr>
<tr><td>验通—通</td><td>YT</td><td>“验—通”卡规最小极限尺寸</td><td>检“通”卡规应不过，而“验—通”应过</td><td></td></tr>
<tr><td>校通—损</td><td>TS</td><td>“通”卡规最大磨损极限或“验—通”最大极限</td><td>止</td><td></td></tr>
<tr><td>校止—通</td><td>ZT</td><td>“止”或“验—止”卡规最小极限尺寸</td><td>通</td><td>无止端</td></tr>
<tr><td rowspan="4">孔</td><td rowspan="2">工作量规</td><td rowspan="2">塞规</td><td>通</td><td>T</td><td>孔最小极限尺寸</td><td>通</td><td></td></tr>
<tr><td>止</td><td>Z</td><td>孔最大极限尺寸</td><td>止</td><td></td></tr>
<tr><td rowspan="2">验收量规</td><td rowspan="2">塞规</td><td>验—通</td><td>TY</td><td>孔最小极限尺寸</td><td>通</td><td></td></tr>
<tr><td>验—止</td><td>ZY</td><td>孔最大极限尺寸</td><td>止</td><td></td></tr>
</table>

2. 圆锥量规

在检验标准圆锥孔和圆锥体的锥度（如莫氏锥度和其他标准锥度）时，可用标准锥度塞规和环规来测量（见图 7-9）。圆锥量规除了有一个精确的锥形表面外，在塞规和环规的端面上分别具有一

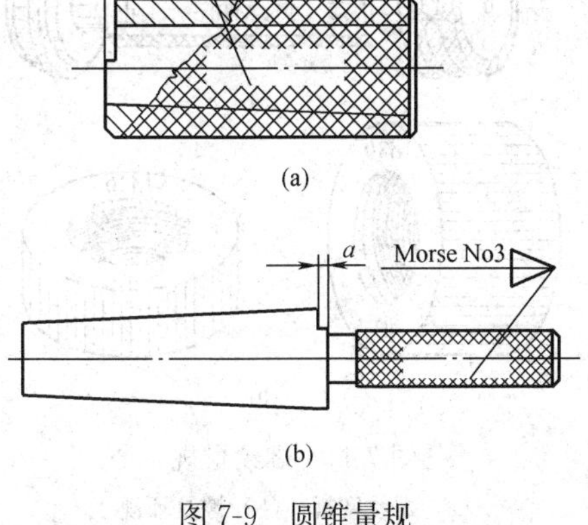

图 7-9　圆锥量规

个台阶（或刻线）a。这些阶台的长度（或刻线之间的距离）m 就是圆锥大小端直径的公差范围。

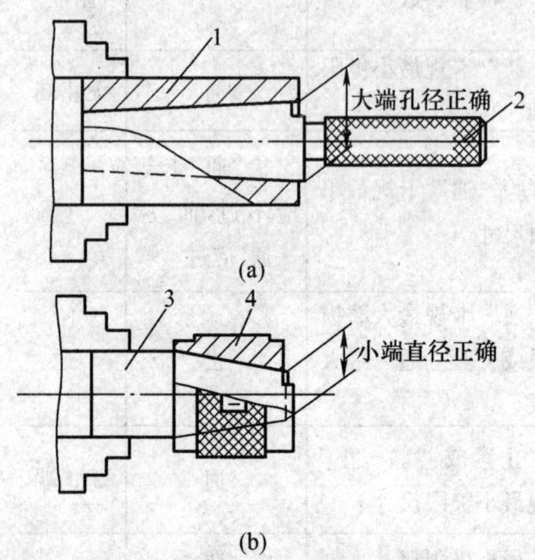

图 7-10　用圆锥界限量规检验

（a）检验内圆锥的最大圆锥直径；

（b）检验外圆锥的最小圆锥直径

1、3—工件；2—圆锥塞规；4—圆锥套规

检验工件内圆锥时，若工件的端面位于圆锥塞规的台阶（或两刻线）之间，则说明内圆锥的最大圆锥直径合格，如图 7-10(a)所示；若工件的端面位于圆锥套规的台阶(或两刻线)之间，则说明外圆锥的最小圆锥直径合格，如图 7-10 (b)所示。

3. 螺纹量规

螺纹量规是对螺纹各基本要素进行综合性检验的量具。螺纹量规（见图 7-11）包括螺纹塞规和螺纹环规。螺纹塞规用来检验内螺纹，螺纹环规用来检验外螺纹。它们分别有通规 T 和止规 Z，使用中要注意区分，不能搞错。如果通规难以旋入，应对螺纹的各直径尺寸、牙型角、牙型半角和螺距等进行检查，经修正后再用通规检验。当通规全部

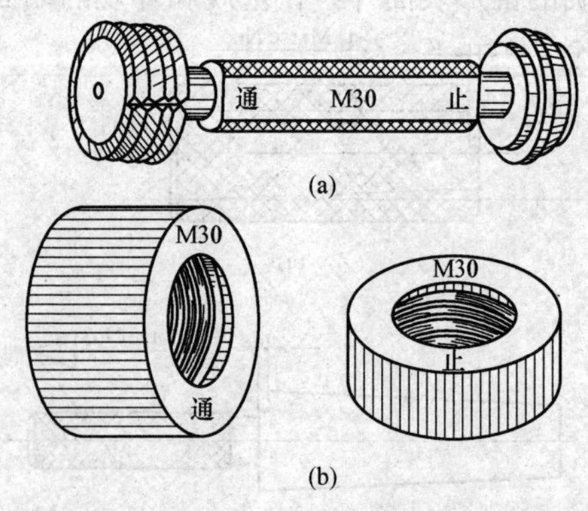

图 7-11　螺纹量规

（a）螺纹塞规；（b）螺纹环规

旋入，止规不能旋入时，说明螺纹各基本要素符合要求。

在大量和成批生产中，螺纹联接件采用螺纹量规检验，以保证其互换性。普通螺纹量规的名称、代号、特点、用途及使用规则见表 7-6。

表 7-6　　普通螺纹量规的名称、代号、特点、用途及使用

螺纹量规名称	代号	用　途	特　点	使用规则
通端螺纹塞规	T	检查工件内螺纹的作用中径和大径	完整的外螺纹牙型	应与工件内螺纹旋合通过
止端螺纹塞规	Z	检查工件内螺纹的单一中径	截短的外螺纹牙型	允许与工件内螺纹两端的螺纹部分旋合，旋合量应不超过两个螺距；对于三个或少于三个螺距的工件内螺纹，不应完全旋合通过
通端螺纹环规	T	检查工件外螺纹的作用中径和小径	完整的内螺纹牙型	应与工件外螺纹旋合通过
止端螺纹环规	Z	检查工件外螺纹的单一中径	截短的内螺纹牙型	允许与工件外螺纹两端的螺纹部分旋合，旋合量应不超过两个螺距；对于三个或少于三个螺距的工件外螺纹，不应完全旋合通过
校通—通螺纹塞规	TT	检查新的通端螺纹环规的作用中径	完整的外螺纹牙型	应与新的通端螺纹环规旋合通过
校通—止螺纹塞规	TZ	检查新的通端螺纹环规的单一中径	截短的外螺纹牙型	允许与新的通端螺纹环规两端的螺纹部分旋合，但旋合量应不超过一个螺距
校通—损螺纹塞规	TS	检查使用中通端螺纹环规的单一中径	截短的外螺纹牙型	允许与通端螺纹环规两端的螺纹部分旋合，但旋合量应不超过一个螺距

四、测量工具的选择

选择测量工具时，主要考虑既保证测量的精度又符合经济的原则。在综合考虑这两方面时，需要满足以下几点要求：

（1）应使被测量零件的尺寸大小在所选择量具量仪的测量范围内。

（2）要能严格地控制被测零件的实际尺寸在极限尺寸范围内。

（3）扣除测量误差外，尽可能地留下较大的用于加工的生产公差。

（4）尽可能地减少测量工具和检验工作的成本。

在机械制造中，一般可按补测零件的公差与测量工具极限误差之间的一定比值来选择。测量工具的极限误差约为实测零件公差的1/10～1/3，测量高精度的零件取较大的测量精度系数，测量低精度的零件取较小的测量精度系数。这样既考虑了测量精度的要求，又符合经济性的要求。根据零件公差等级的不同，可参考表7-7选择相应的测量精度系数。

表7-7　　测量精度系数

零件公差等级(IT)	轴	5	6	7	8～9	10	11	12～16
	孔	6	7	8				
测量精度系数 K(%)		32.5	30	27.5	25	20	15	10

当允许的测量极限误差确定后，可参考常用测量工具的极限误差（见表7-8）来选择合适的测量工具。

表7-8　　常用量具量仪测量极限误差表

序号	测量器具名称	所用量块		尺寸范围(mm)							
				1～10	10～50	50～80	80～120	120～130	180～260	260～360	360～500
		等别	级别	测量极限误差 $\Delta_{\lim}$(±μm)							
1	立式和卧式光学计测长机(测量外尺寸)	3	0	0.35	0.5	0.6	0.8	0.9	1.2	1.4	1.8
		4	1	0.4	0.6	0.8	1.0	1.2	1.8	2.5	3.0
		5	2	0.7	1.0	1.3	1.6	1.8	2.5	3.5	4.5
2	立式和卧式光学计测长机(测量内尺寸)	3	0	—	0.9	1.1	1.3	1.4	1.6	1.3	2.4
		4	1	—	1.0	1.3	1.6	1.8	2.3	3.2	3.8
		5	2	—	1.4	1.8	2.0	2.2	3.0	4.2	5.4

续表

序号	测量器具名称	所用量块		尺　寸　范　围(mm)							
				1～10	10～50	50～80	80～120	120～130	180～260	260～360	360～500
		等别	级别	测量极限误差 $\Delta_{\lim}$(±μm)							
3	测长机(绝对测量)	—	—	1.0	1.3	1.6	2.0	2.5	4.0	5.0	6.0
4	分度值为 0.001mm 的千分表	3	0	0.5	0.7	0.8	0.9	1.0	1.2	1.5	1.8
		4	1	0.6	0.8	1.0	1.2	1.4	2.0	2.5	3.0
		5	2	0.7	1.0	1.4	1.8	2.0	2.5	3.5	4.5
			3	1.0	1.5	2.0	2.5	3.0	4.5	6.0	8.0
5	分度值为 0.002mm 的千分表	4	1	1.0	1.2	1.4	1.5	1.6	2.2	3.0	3.5
		5	2	1.2	1.5	1.8	2.0	2.8	3.0	4.0	5.0
			3	1.4	1.8	2.5	3.0	3.5	5.0	6.5	8.0
6	分度值为 0.005mm 的千分表	5	2	2.0	2.2	2.5	2.5	3.0	3.5	4.0	5.0
			3	2.2	2.5	3.0	3.5	4.0	5.0	6.5	8.5
7	1级内径千分表(在指针转动范围内使用)	5	3	16	16	17	17	18	19	19	20
8	2级内径千分表(在指针转动范围内使用)			22	22	26	26	28	28	32	36
9	分度值为 0.002mm 的杠杆式卡规		2	3	3	3.5	3.5	—	—	—	—
10	分度值为 0.005mm 的各式比较仪		3	2.2	2.5	3.0	3.5	4.0	5.0	6.5	8.5
11	零级千分尺	用绝对量法		4.5	5.5	6	7	8	10	12	15
12	1级测深千分尺			14	16	18	22	—	—	—	—
13	1级内径千分尺			—	—	18	20	22	25	30	35
14	1级千分尺			7	8	9	10	12	15	20	25
15	2级千分尺			12	13	14	15	18	20	25	35
16	游标卡尺测量外尺寸,分度值 0.02			40	40	45	45	45	50	60	70
	0.05			80	80	90	100	100	100	110	110
	0.1			150	150	160	170	190	200	210	230

续表

序号	测量器具名称	分度值	所用量块 等别	所用量块 级别	尺寸范围(mm) 1～10	10～50	50～80	80～120	120～130	180～260	260～360	360～500
					测量极限误差 $\Delta_{\lim}$（$\pm\mu$m）							
17	游标卡尺测量内尺寸，分度值	0.02	用绝对量法		—	50	60	60	65	70	80	90
		0.05			—	100	130	230	150	150	150	150
		0.1			—	200	230	260	280	300	300	300
18	游标深度及高度尺，分度值	0.02	用绝对量法		60	60	60	60	60	60	70	80
		0.05			100	100	150	150	150	150	150	150
		0.1			200	250	300	300	300	300	300	300
19	机械式测微计	0.002	4	1	1	1.2	1.4	1.5	1.6	2.2	3.0	3.5
			5	2	1.2	1.5	1.8	2.0	2.8	3.0	4.0	5.0
			(6)	3	1.4	1.8	2.5	3.0	3.5	5.0	6.5	8.0
		0.001	3	0	0.5	0.7	0.8	0.9	1.0	1.2	1.5	1.8
			4	1	0.6	0.8	1.0	1.2	1.4	2.0	2.5	3.0
			5	2	0.7	1.0	1.4	1.8	2.0	2.5	3.5	4.5
20	万能工具显微镜	0.001	用绝对测量法		1.5	2	2.5	2.5	3	3.5	—	—
21	大型工具显微镜	0.01	用绝对测量法		5	5	—	—	—	—	—	—
			5	2	2.5	3.5	—	—	—	—	—	—

第二节　机修钳工专用精密量具及量仪

一、框式水平仪

（一）水平仪的用途和类型

水平仪一般用来测量对水平位置或垂直位置的微小角度偏差。在机械装配中，水平仪常用来校正装配基准件（如底座、垫箱、机身、导轨、工作台等零部件）的安装水平，测量各种机床及其他类型设备导轨的直线度误差，以及零部件相对位置的平行度和垂直度误差。

水平仪有钳工水平仪、框式水平仪、光学合像水平仪和电感式电子水平仪 4 种类型。

机修钳工经常使用的框式水平仪（见图 7-12）的规格有

150mm×150mm、200mm×200mm、250mm×250mm 和 300mm×300mm 4 种。按主水准器的刻度值，每种规格又分为 4 组，即 0.02mm/1000mm～0.05mm/1000mm、0.06mm/1000mm～0.10mm/1000mm、0.12mm/1000mm～0.20mm/1000mm 和 0.25mm/1000mm～0.30mm/1000mm。检查机床精度时，一般采用 0.02mm/1000mm～0.05mm/1000mm 刻度值的水平仪。

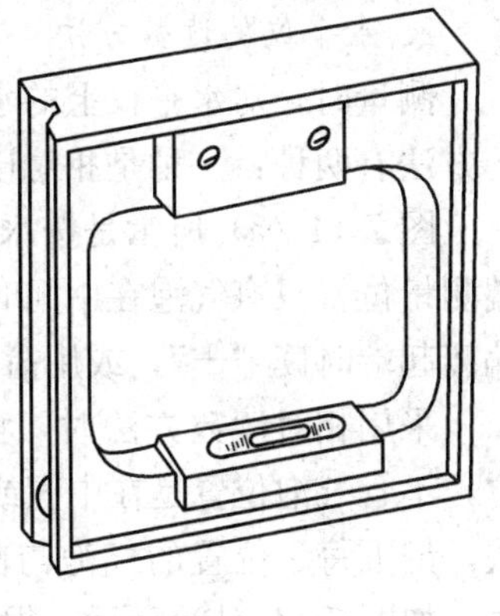

图 7-12　框式水平仪外观

（二）框式水平仪的使用方法

1. 测量时的放置方法

在用框式水平仪测量导轨在垂直平面内的直线度误差时，为了较精确地测量出导轨的实际形状，应将水平仪放在专用垫铁上进行测量。所以，水平仪的实际变化值与所使用的垫板（或平尺）长短有关。垫铁底面的两支承面间距离，一般在 200～500mm 范围内选择，距离过小会引起测量次数的增多，浪费时间；距离过大，会因测量次数减少而降低测量精度。一般测量长度 2m 以内的导轨时，所用的水平仪垫铁，其底面两支承面间距离为 200mm；2m 以上的为 500mm。图 7-13 为两种垫铁的实例。

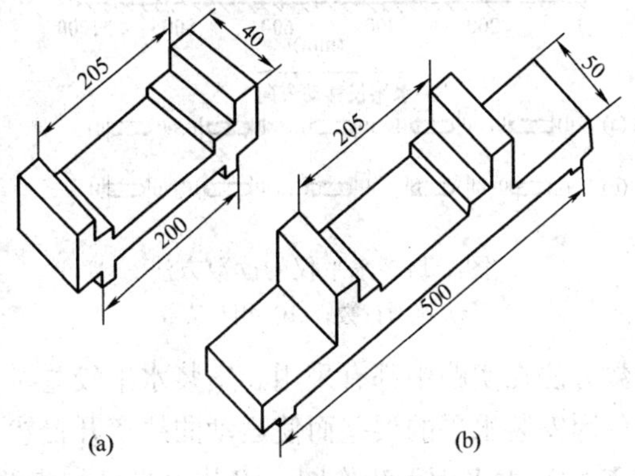

图 7-13　两种垫铁的实例

（a）支点为 200mm；（b）支点为 500mm

2. 水平仪的读数方法

测量时，对水平仪上的水准器气泡的移动位置进行读数。读数的方法有两种：一种是相对读数法，另一种是绝对读数法。

图 7-14（a）所示是按水准器气泡的绝对位置读数。水平仪起端测量位置只有气泡在中间时，才读作“0”，偏向起端时读“－”，偏离起端时读“＋”，或用箭头表示气泡的偏移方向。

采用相对读数方法时，将水平仪在起端测量位置总是读作零位，不管气泡位置是在中间或偏在一边。然后，依次移动水平仪垫铁，记下每一位置的气泡与前一位置的移动变化方向和刻度的格数，如图 7-14（b）所示。根据气泡移动方向来评定被检导轨的倾斜方向，如气泡移动方向与水平移动方向一致，一般读做正值，表示导轨向上倾斜，可用符号“＋”或箭头“→”表示；如方向相反，则读作负值，用符号“－1”或箭头“$\overleftarrow{1}$”表示。

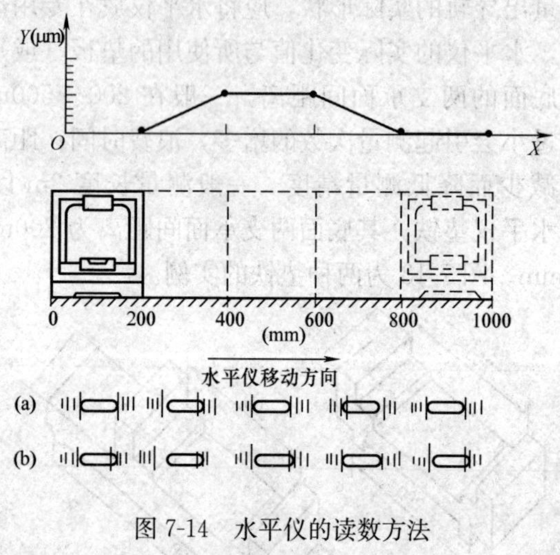

图 7-14　水平仪的读数方法

（a）绝对读数；（b）相对读数

两种读数方法在实践中都有采用。安装水平较差时，可用相对读数法，避免因安装水平的误差而使运动曲线离开自然水平线（即曲线图上的 X 轴）太多而无法作图。安装水平已初步调整的床身，可采用绝对读数法，并可为进一步调整安装水平作出形象化的运动曲线图。

（三）导轨直线度误差曲线图的画法

测量时，依次移动水平仪垫铁，使每次测量位置互相衔接，这样才能绘出连续曲线。

例如，测量某一导轨长度为800mm，所用水平仪的读数精度为0.02/1000，水平仪垫铁长度为200mm，如图7-15所示。把水平仪放在1～2段时的读数为0，水平仪移动到2～3段时，水准器中气泡向右移动一格，为正值，表示2～3段导轨面向上倾斜了0.004mm；水平仪移至3～4段时，气泡又回到零位，表示3～4段与1～2段导轨是平行的，但却不在同一平面上。水平仪移至4～5段时，气泡又向左移动一格，即表示为负值，它表示4～5段导轨平面是向下倾斜，即为0.004mm。由各线段所组成的曲线就叫做导轨直线度误差曲线。

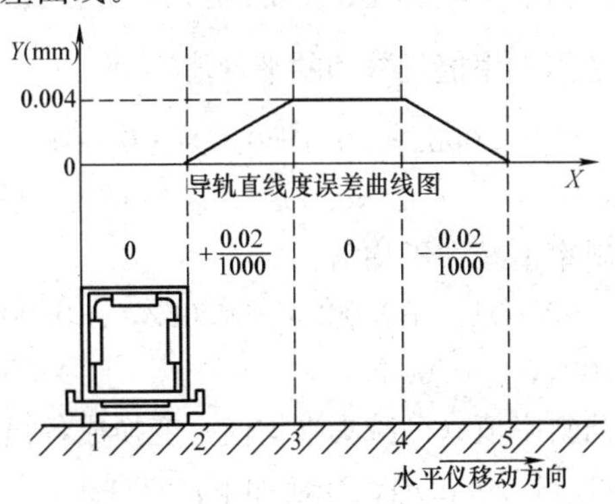

图7-15　导轨直线度误差曲线画法

（四）用水平仪检测导轨的直线度误差

1. 水平仪读数数学运算法

这种方法是以水平仪坡度的正切值来计算导轨直线度误差的，其实质是将运算曲线的坐标位置进行变换，使曲线两端点的连线最终与横坐标轴相重合，然后将曲线各挡的斜率值换算成各挡末端点的坐标值。导轨直线度的误差δ就等于其中最大或最小一挡的坐标值。若运算曲线呈波形曲线，则误差δ应等于其中最大坐标值H_{max}与最小坐标值H_{min}的代数差的绝对值，即

$$\delta=|H_{max}-H_{min}|$$

或

$$\delta=|H_{min}-H_{max}|$$

例如，用水平仪测量 2m 长的导轨在垂直平面内的直线度误差，测量时水平仪垫铁长 200mm，测得以下 10 挡读数，求导轨全长上的直线度误差。

＋0.04/1000，＋0.03/1000，＋0.02/1000，＋0.02/1000，＋0.02/1000，＋0.01/1000，0，－0.01/1000，－0.01/1000，－0.02/1000，按以下 5 个步骤进行计算：

（1）将原始读数变化成与测量工具长度相适应的斜率值，例＋0.04/1000可变换成＋0.008/200，变换如下（以下不再写出分母数，即＋0.008/200 写成 0.008）：＋0.008，＋0.006，＋0.004，＋0.004，＋0.004，＋0.0020，－0.002，－0.002，－0.004。

（2）计算各挡斜率值代数和的平均值$\overline{G}$：

$\overline{G}$=（＋0.008＋0.006＋0.004＋0.004＋0.004
＋0.002＋0－0.002－0.002－0.004）/10＝＋0.002

（3）各挡斜率值减去平均值：

＋0.006，＋0.004，＋0.002，＋0.002，＋0.0020，－0.002，－0.004，－0.004，－0.006。

（4）将各挡斜率值（已减去平均值）变换成各挡末端点的坐标值 H_i（i=1，2，3，…，n），变换如下：

＋0.006 ＋0.004 ＋0.002 ＋0.002 ＋0.002
＋↗↓ ＋↗↓ ＋↗↓ ＋↗↓ ＋↗↓
0＋0.006 ＋0.01 ＋0.012 ＋0.014 ＋0.016
0 －0.002 －0.004 －0.004 －0.006
＋↗↓ ＋↗↓ ＋↗↓ ＋↗↓ ＋↗↓
＋0.016 ＋0.014 ＋0.01 ＋0.006 0

（5）导轨全长上的最大直线度误差为

$$\delta=H_{max}=+0.016\ (\text{mm})$$

最大误差值出现在五、六两挡上，正号表示曲线呈凸形，按各挡的坐标值绘成曲线，如图 7-16 所示。曲线两端点的连线正好与横坐标轴重合。

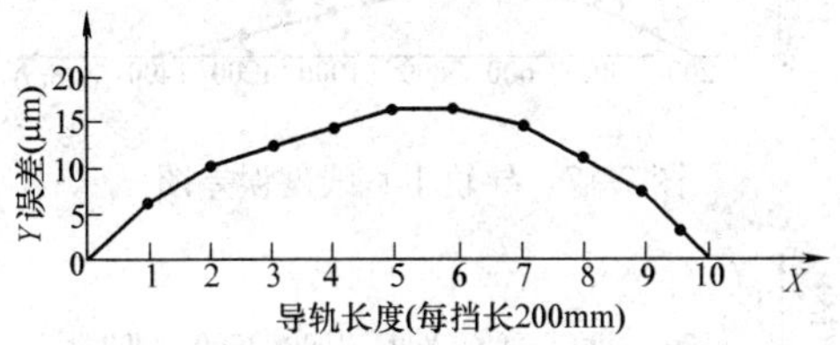

图 7-16　导轨直线度误差坐标曲线

2. 水平仪坐标法

水平仪坐标法是精密机床导轨测量常用的方法之一。其测量步骤和方法与水平仪读数运算法相同，所不同的仅是将水平仪在导轨各段上的测量数值，按一定的放大比例绘制在坐标纸上，并连成曲线，再按照直线度定义和贴合直线的原则连线，便可确切地测知导轨表面的实际形状和直线度误差。

如用 0.02/1000 刻度值的水平仪，放在 200mm 长的垫铁上来测量 5 条 1400mm 长的导轨。当测量读数分别为表 7-9 中所列数值时，便相应地绘制出如图 7-17～图7-21所示的图形。

表 7-9　　水平仪测量导轨读数表

导轨编号	水平仪测量位置及移动读数（格）							导轨直线度误差（mm）	备　注
	1	2	3	4	5	6	7		
Ⅰ	0	+2	+1	0	−1	−1	−1	0.012	中凸
Ⅱ	0	−2	−2	+2	+1	−1	+2	0.016	中凹
Ⅲ	0	−0.5	−0.5	−1.5	−1.5	−1	−2	0.008	中凸
Ⅳ	+1	+0.5	+0.5	−0.5	−0.5	0	−1	0.008	中凸
Ⅴ	+0.5	+1	−1	−2	−1	+0.5	+1	0.0096	波折

导轨Ⅰ直线度的最大误差值出现在三、四两挡上，为 3 格，且中凸。由于水平仪垫铁为 200mm，水平仪刻度值为 0.02mm/1000mm，则水平仪气泡每移动一格即表示误差为

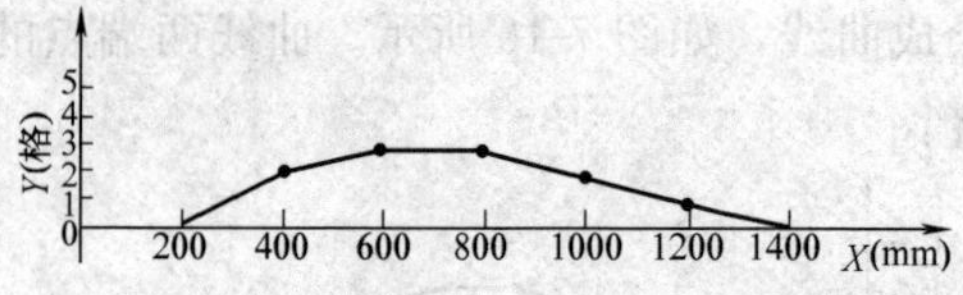

图 7-17　导轨Ⅰ直线度误差图

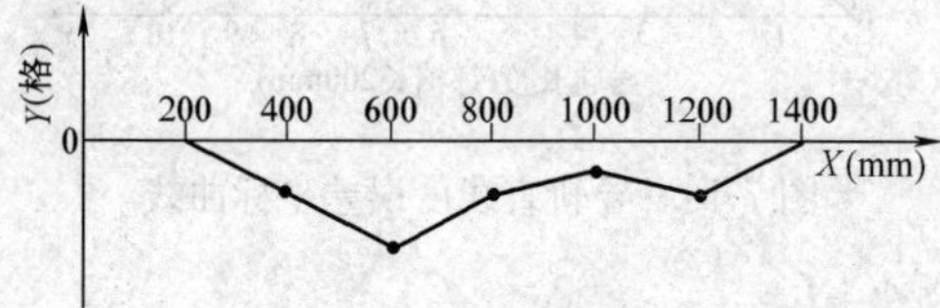

图 7-18　导轨Ⅱ直线度误差图

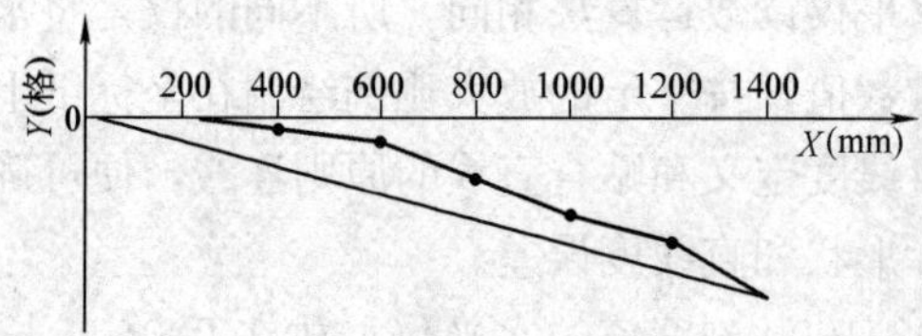

图 7-19　导轨Ⅲ直线度误差图

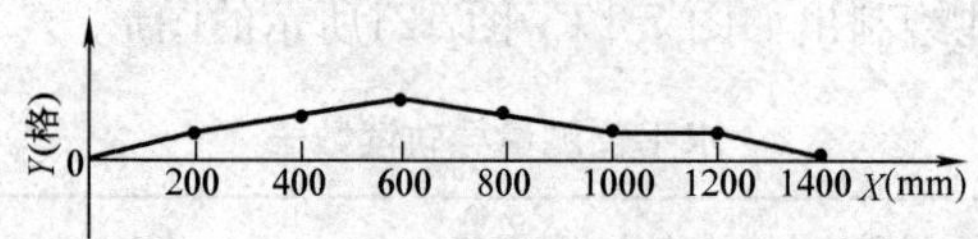

图 7-20　导轨Ⅳ直线度误差图

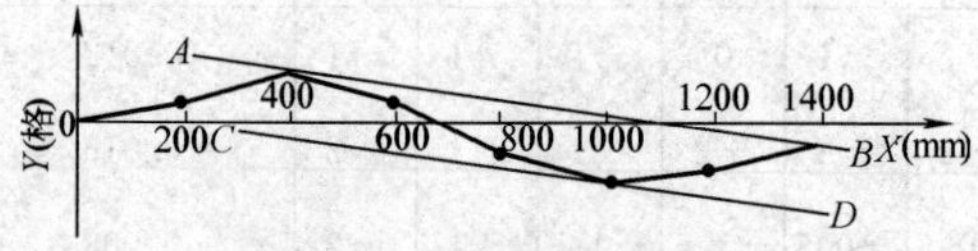

图 7-21　导轨Ⅴ直线度误差图

$$\frac{0.02}{1000}\times 200=0.004\ (\text{mm})$$

因此，导轨Ⅰ直线度最大误差为

$$0.004\times 3=0.012\ (\text{mm})$$

导轨Ⅴ的运动曲线呈波折形，在两端点连线两侧均出现点子。

作 AB 平行于 CD 的包容线，该导轨在垂直平面内的直线度最大误差值出现在五挡处，约为 2.4 格，因此最大误差为

$$0.004\times2.4=0.0096\ (\text{mm})$$

另外，也可将水平仪移动格数换算出误差值，在坐标图的纵坐标上标出，这样作出曲线后，可用量尺直接量出误差数值。

二、合像水平仪

光学合像水平仪能检验工件表面微小的倾斜度、直线度和平面度，比普通水平仪有更高的测量精度，并能直接读出测量结果。

（一）结构和工作原理

合像水平仪的结构和工作原理如图 7-22 所示。

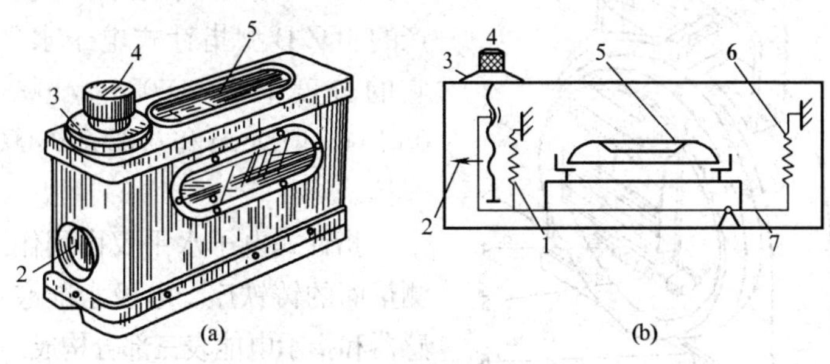

图 7-22　合像水平仪的外观及结构原理

（a）外形；（b）结构原理

1、6—弹簧；2—指针；3—刻度；4—旋钮；5—玻璃管（水准器）；7—杠杆

（二）测量方法

使用合像水平仪时，如不在水平位置，两端有高度差，两个气泡就不重合。此时，转动旋钮 4 进行调节（参看图 7-22），使玻璃管处于水平位置时，两半个气泡就会重合。这时记下指针 2 所指的刻线（一般为零），然后再看刻度旋钮上的格数。每格表示 1m 长度内误差 0.01mm。

由于光学合像水平仪的玻璃管可以调整，而且视场像采用了光学放大，并以双像（即两半个气泡）重合来提高对准精度，可使玻璃管的曲率半径减小，因此测量时气泡达到稳定的时间短，其测量范围要比框式水平仪大。

各种水平仪存在一个共同的问题，即温度对气泡影响很大。因此使用前一定要消除仪器和被测量工件之间的温差，并与热源隔开。

三、电子水平仪

（一）用途

电子水平仪是将微小的角位转变为电信号，经放大后由指示仪表读数的一种角度计量仪器。主要用于测量被测面对水平面的倾斜角及制件表面的直线度、平面度、机床导轨的直线度和扭曲度，也可用于检测、调整各种设备的安装水平位置。

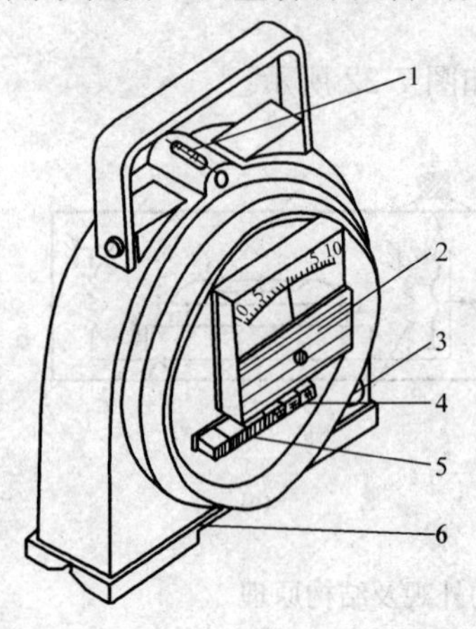

图 7-23　JDZ-B 型指针式电子水平仪
1—副水准泡；2—电能表；3—调零口；4—电源开关；5—分度值选择按钮；6—底座

（二）结构

图 7-23 所示为上海水平仪厂生产的 JDZ-B 型指针式电子水平仪。它的分度值有 0.005mm/1000mm、0.01mm/1000mm 和 0.02mm/1000mm 三挡。

指针式电子水平仪由用作工作测量面的铸铁座、电极水准泡式传感器和指示电能表三部分构成。

电极水准泡式传感器是由一种直径为 14mm、长度为 90mm 左右的玻璃管内壁，压贴 4 片相互对称的铂电极，并由铂丝引出而成的。玻璃管内壁经研磨、内灌导电液体且有一定长度的气泡，经烧结而成。

电极水准泡内的 4 片铂电极为两个活动桥臂、两个固定桥臂和桥臂组成的一个差动交流电桥。其工作原理是：当电极水准泡内的气泡在中间位置时，两对电极间阻抗相等，这时电桥平衡，输出信号近似为零。当气泡向任何一方移动时，电极水准泡阻抗增大或减小，故电桥不平衡，于是有信号输出。

电子水平仪信号传递如图 7-24 所示。

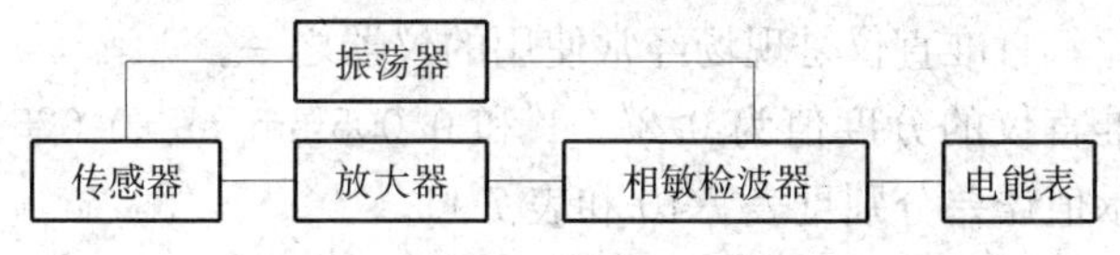

图 7-24　电子水平仪信号传递示意

其中，振荡器供给传感器工作的交流信号；传感器是电子水平仪的敏感元件；放大器是将传感器输出的信号放大；相敏检波器是将放大后的信号相敏整流；电能表用于读数。

（三）操作方法

（1）电子水平仪使用时，应先将工作底面上的防锈油擦净，在规定的工作环境中放 3h（不必通电），用后仍涂上防锈油。

（2）测量时，将电子水平仪工作面放在已擦净的被测工作面上。根据需要选择分度值挡，然后按下分度值开关和电源开关的“开”键，这时电能表应表示出被测工作面的倾斜度。

（3）如用Ⅴ形工作面放在圆柱面上测量时，需将副水准泡的气泡停在中间位置后，方能在电能表上读数。

（4）如发现电子水平仪零点位置不正而需调整时，可将水平仪放在水平工作面上（取下调零孔塞），当电能表指示稳定后进行第一次读数；然后将电子水平仪调转 180°仍放在原位进行第二次读数。这时可用螺钉旋具调整偏心调节器，使电能表指示在二次读数差的一半。这样反复调整几次，使两次读数的代数和为零。这时则认为零点位置已调整完毕。

（5）电池电压校验方法是拨动校对开关后观察电能表指针是否小于电压指示标记，如小于电压指示标记，则应更换电池；如长期不用水平仪，则应将电池取出。

（6）测量结束后应立即关断水平仪电源。

四、自准直仪

（一）用途

自准直仪是精密的小角度测量仪器。它主要用于小角度的精密测量，如机床导轨直线度误差的测量、工作台面的平面度误差的测量、多面体的检定，在精密测量和仪器检定中还可以作非接触定位。因此，自准直仪是现场经常使用的仪器之一。

自准直仪的分度值为 0.2″、1″和 0.005mm/m、0.025mm/m。它们的示值误差分别见表 7-10 和表 7-11。

表 7-10　分度为 0.2″和 1″自准直仪的示值误差

分 度 值（″）		示值误差（″）	
		任意 1′范围内	10′范围内
0.2	目视	0.5	2
0.2	光电	0.5	2
1	目视	1	3

表 7-11　分度值为 0.005mm/m 和 0.0025mm/m 自准直仪的示值误差

分度值（mm/m）	示 值 误 差（′）	
0.005	任意 100′范围内	1000′范围内
	1.5	5
0.0025	任意 100′范围内	600′范围内
	1.5	4

（二）结构

自准直仪的外观如图 7-25 所示，结构原理如图 7-26 所示。由

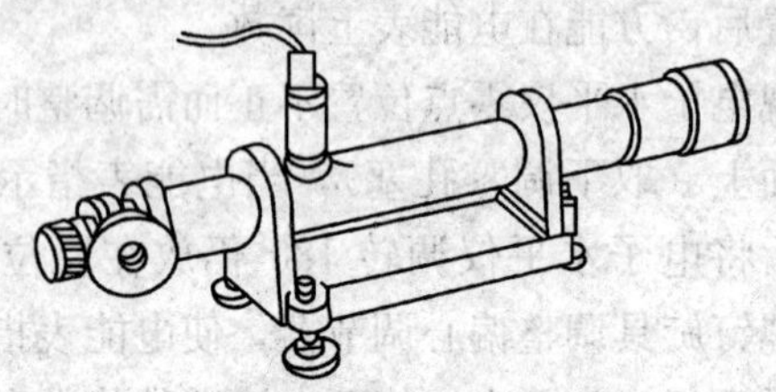

图 7-25　自准直仪外观

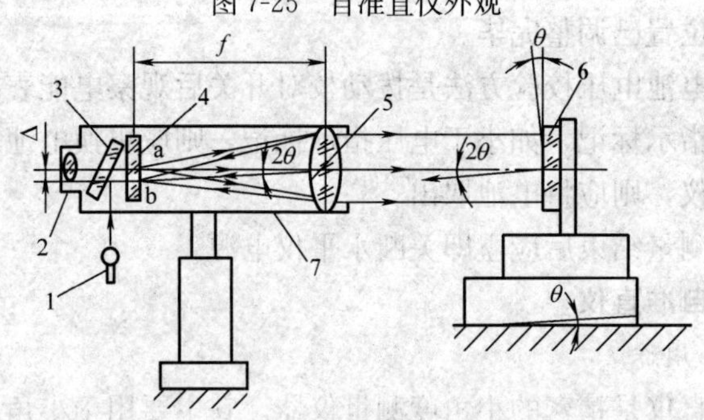

图 7-26　自准直仪的光学系统图

1—光源；2—目镜；3—半透明反光镜；4—分划板；
5—物镜；6—反光镜；7—望远镜

光源发出的光，经半透明玻璃板的反射，照亮了刻有十字线的分划板。由于分划板位于物镜的焦平面上（同时也是目镜物方的焦平面），因此，从分划板射出的一束光，经物镜后发射出一束平行光。这束平行光到达反射镜后，被反射回来，经过物镜，将分划板上的十字线又成像在分划板上。如果反光镜的镜面垂直于主光轴，则分划板的十字线影像与原刻十字线完全重合。若被测直线有误差，使反光镜对主光轴倾斜一个微小的角度 θ，则反光镜的法线也同时偏转一个角度 θ，所以反射光偏转了 2θ 角。这样在分划板上形成的十字线影像 b，对原有的十字刻线 a 就产生了偏离。偏离量 Δ 与反光镜倾斜角 θ 之间的关系是

$$\Delta = f\tan 2\theta \approx 2f\theta$$

因此，当物镜的焦距为已知时，可根据分划板上的十字线影像的偏离量 Δ，计算出测微目镜读数鼓轮应表示反射镜的倾斜角度值 θ。

（三）使用方法和注意事项

1. 使用方法

（1）根据被测工件的长度选择合适的板桥，将反光镜牢固地放在桥板上，并放在被测工件的一端。

（2）在被测工件的另一端安放一个调整支架，上面放有自准直仪。

（3）接上电源，调整支架的位置，使自准直仪的主光轴对准反射镜，观察目镜，使十字线影像出现在视场的中心附近。

（4）将反射镜（和桥板）移至被测工件的另一端，再观察十字线影像是否在视场内，必要时需重新调整。

（5）按“节距法”进行直线度误差的测量。

2. 注意事项

（1）测微读数目镜座有两个互相垂直的位置，分别测量垂直方向和水平方向的直线度误差，使用时应注意。

（2）自准直仪是精密的光学仪器，不用时应放在干燥、温度适当、温差小的地方。反光镜和外露镜面要用镜头纸或麂皮擦拭，切忌用手触摸或用棉纺擦拭。

五、光学平直仪

（一）光学平直仪的用途

光学平直仪在机床制造和修理中，是用来检查床身导轨在水平面内和垂直面内的直线度误差，并可检查检验用平板的平面度误差。光学平直仪的测量精度较高，是当前导轨直线度误差测量仪器中较先进的一种，其外观如图 7-27 所示。自准直仪的测量精度为：当测量范围为 1′时，误差为±1″；当测量范围为 10′时，误差为±2″。

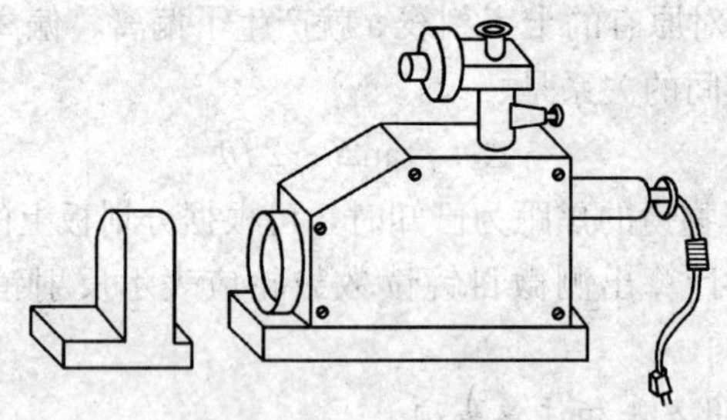

图 7-27　光学平直仪外形图

（二）使用方法

图 7-28 为光学平直仪测量 V 形导轨直线度示意图。将反光镜放在导轨一端的 V 形垫铁上（垫铁与 V 形导轨必须配刮研）。在导轨另一端外也放一个升降可调支架，支架上固定着光学平直仪本体。移动反光镜垫板，使其接近光学平直仪本体。左右摆动反光镜，同时观察目镜，直至反射回来的亮“十字像”位于视场

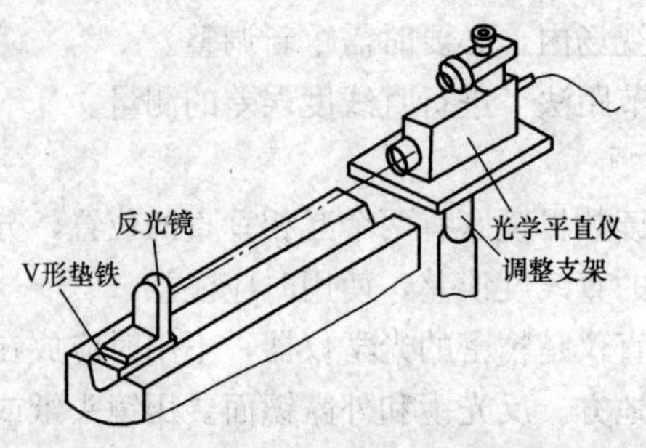

图 7-28　光学平直仪测量 V 形导轨示意图

中心为止。然后再将反光镜垫板移至原来的端点，再观察“十字像”是否仍在视场中，否则需重新调整平直仪本体和反光镜（可用薄纸片垫塞）使其达到上述要求。调整好以后，平直仪本体即不许移动。此时将反光镜用橡皮泥固定在垫铁上，然后将反光镜及垫板一起移至导轨的起始测量位置。转动手轮，使目镜中指示的黑线在亮“十字像”中间，记录下微动手轮刻度上的读数值，然后，每隔 200mm 移动反光镜一次，记下读数，直至测完导轨全长。根据记下的数值，便可采用作图或计算的方法求出导轨的直线度误差。

目镜观察视场的情况，见图 7-29。图 7-29（a）“十字像”重合，表示在此段 200mm 长度内，导轨没误差。图 7-29（b）中“十字像”不重合，距离一个 Δ_2，表示在此段 200mm 长度内，导轨有误差。将目镜旋转 90°角，即可测量导轨在水平面内的直线度误差。图 7-29 中（c）、（d）图为旋转 90°角后“十字像”重合与不重合的情况。

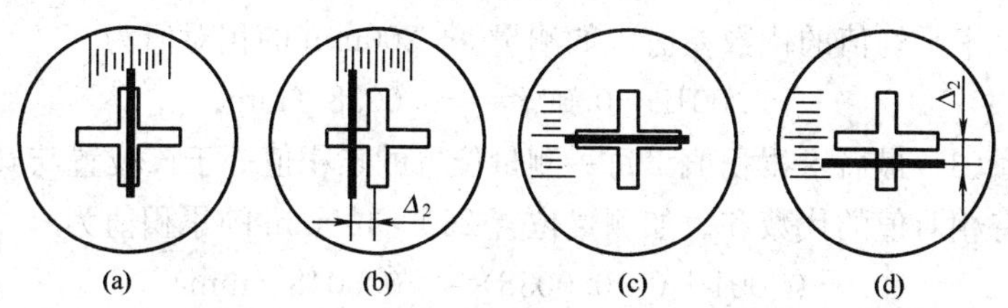

图 7-29　目镜观察视场图

（a）“十字像”重合；（b）“十字像”不重合；

（c）旋转 90°，“十字像”重合；（d）旋转 90°，“十字像”不重合

（三）误差计算方法

用光学平直仪测量时，可按计算或作图两种方法求出导轨的直线度误差。

例如，测量一条 1400mm 长的导轨，反光镜垫板长度为 200mm，测得的读数值列于表 7-12，求导轨的直线度误差。

表 7-12　　光学平直仪测量读数表　　mm

测量位置	0～200	200～400	400～600	600～800	800～1000	1000～1200	1200～1400
读数值	＋0.0012	＋0.004	＋0.0055	＋0.0038	＋0.0064	＋0.0057	＋0.0084
算术平均值	$\frac{0.035}{7}$＝0.005						
相对值	－0.0038	－0.001	＋0.0005	－0.0012	＋0.0014	＋0.0007	＋0.0034
累积值	－0.0038	－0.0048	－0.0043	－0.0055	－0.0041	－0.0034	0
导轨直线度误差	－0.0055 位置在 800mm 处						

1. 计算法

（1）首先求出算术平均值。所有各读数绝对值的和＝0.0012＋0.004＋0.0055＋0.0038＋0.0064＋0.0057＋0.0084＝0.035（mm）

$$算术平均值\frac{0.035}{7}=0.005\ (\text{mm})$$

（2）求出相对值。每一测量位置的相对值等于该位置的读数值与算术平均值的代数差值。如测量 0～200mm 的相对值为

$$+0.0012-0.005=-0.0038\ (\text{mm})$$

（3）最后求累积值。每一测量位置的累积值等于该位置与其前所有相对值的代数和。如测量位置 200～400mm 的累积值为

$$-0.001+(-0.0038)=-0.0048\ (\text{mm})$$

其中，最大累积值就是该导轨的直线度误差。用计算法求出导轨直线度误差后，就不需再作图。

2. 作图法

图 7-30 中 a 是按表 7-12 中的累积值作成的，是按光学平直仪的各读数值直接作图，求出导轨直线度误差。其原理和方法与水平仪作图法相同，只不过 0.02mm/1000mm 水平仪是 4″的测角仪，而平直仪是 1″的测角仪，精度更高罢了。

比较图 7-30 中 a、b 两个图形可以看出，用计算方法得出数据来作图与直接用光学平直仪读数来作图，二者在导轨各点上的误差数值是相等的，例如在 800mm 处，δ＝0.0055mm；在 400mm 处，

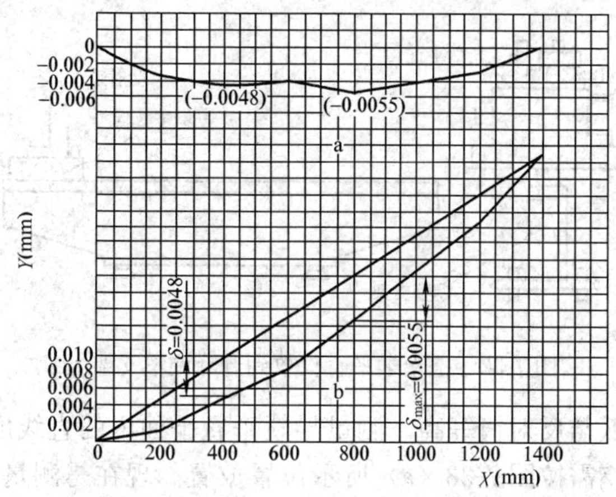

图 7-30　用作图法求导轨直线度误差

$\delta=0.0048$mm 等。由此可见，采用任一种方法来获得导轨直线度误差均可。

（四）举例

用光学平直仪测量 2m 长 V 形导轨的直线度误差。

（1）把床身先用框式水平仪大致调成水平，见图 7-31。

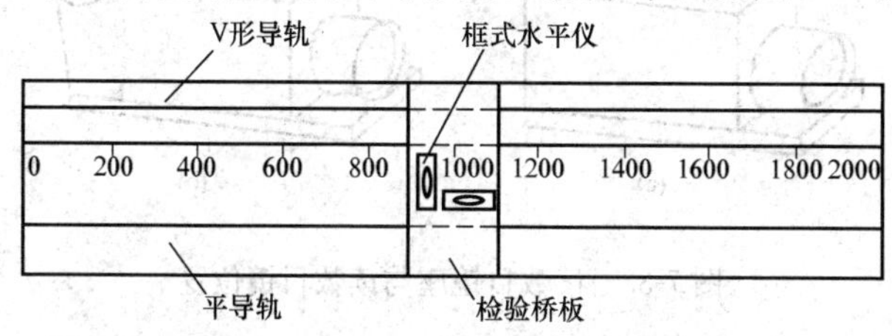

图 7-31　用框式水平仪大致调成水平

（2）用粉笔把 2m 长的导轨分为 10 等份，每段 200mm（每段长度必须与反射镜垫铁长度相同）。

（3）刮削反射镜垫铁 V 形面（与导轨 V 形面配研）。

（4）将升降调整支架放在距床身导轨不远的地方，再把光学平直仪放到升降调整支架上，如图 7-32 所示。

（5）将反光镜及 V 形垫铁一起放在床身 V 形导轨的另一端。

（6）调整支架，用目测使光学平直仪的镜头基本上平行于被测

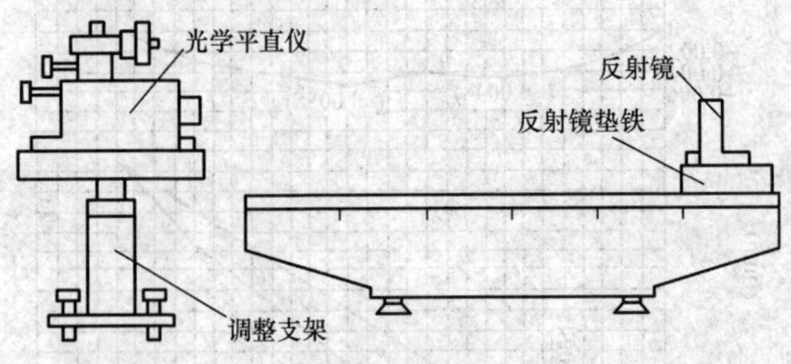

图 7-32　把光学平直仪放到升降调整支架上

导轨，高低与反射镜等高。测量导轨垂直平面内的直线度误差时，读数目镜座需按图 7-33（a）所示位置放置。现在是测量导轨在水平面内的直线度误差，读数目镜须按图 7-33（b）所示位置放置。当改变目镜的位置时，应先松开支紧螺钉，将读数头转过 90°角后再紧固支紧螺钉。

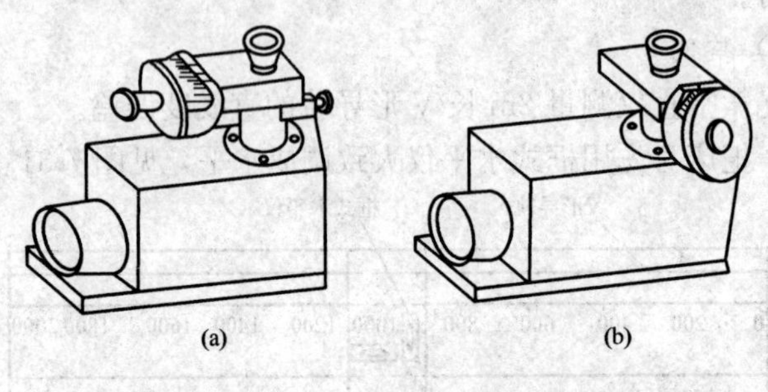

图 7-33　读数目镜座与读数目镜位置

（7）左右摆动反射镜，同时观察目镜（此时电源已接通，灯泡已发亮），使可动分划板上映出的十字形图像位于视场中心位置；然后移动反射镜垫铁使反光镜移至导轨另一端，再观察亮十字线是否出现在分划板的视场中，必要时重新调整支架和平直仪本体，使十字形图像能清晰完整地出现在视场中。

（8）用压板或橡皮泥将仪器和反射镜固定，否则在测量过程中常会出现轻微移动而不觉察，就会导致测量错误。

（9）由后向前依次移动反射镜。反射镜在第一挡位置时，观察目镜，调整微动手轮，使可动分划板上的黑色基准线对准亮十字线的一边，记下微动手轮刻度值。顺序向前移动反光镜到第二挡位置，再观察目镜中视准线与亮十字线是否重合，如不重合，再调整微调子轮使准线仍如第一挡位置时一样对准，记下子轮读数。如此重复，顺序前进，测量 10 挡，然后再自前向后重复测量一次。若同挡往复读数相差 2 格以上，则可能是仪器已走动，须重新检查测量。

在每挡位置，将两次读数取平均值，即作为测量的原始数据。

（10）将 1～10 挡测量结果列于表 7-13。

表 7-13　　导轨直线度计算表（一）

序号	测量位置（mm）	0～200	200～400	400～600	600～800	800～1000	1000～1200	1200～1400	1400～1600	1600～1800	1800～2000
1	由后向前读数（μm）	27.5	30	30.5	33	35.4	38	38	38.5	40.5	43
2	由前向后读数（μm）	28.5	31	31.5	34	36.2	39	40	39.1	41.5	44
3	平均值（μm）	28	30.5	31	33.5	35.8	38.5	39	38.8	41	43.5
4	简化读数减去一个任意数 28	0 +↗↓	2.5 +↗↓	3 +↗↓	5.5 +↗↓	7.8 +↗↓	10.5 +↗↓	11 +↗↓	10.8 +↗↓	13 +↗↓	15.5 +↗↓
5	各点迭加数（原点为零）	00	2.5	5.5	11	18.8	29.3	40.3	51.1	64.1	79.6

（11）作图法如下：

1）由后向前测量的读数顺序填入第一行（见表 7-13）。

2）由前向后再测量一遍，将读数顺序填入第二行（见表 7-13）。

3）取两组读数的平均值填入第三行。

4）将读数的平均值减去一个数值28写在第四行上（28－28＝0，30.5－28＝2.5，…，43.5－28＝15.5），其目的是使各读数值靠近在X轴附近，便于作图，同时也可减少出现差错的可能性。因此，这个数值应取平均值附近的任意近似整数。在该例中，可取28～43内的任意数值。

5）顺序迭加，即第四行第一位数相加后拖向下格，再与第二位置简化读数迭加后拖向下格，然后与第三位简化读数迭加拖向下格直至末项（见表7-13中箭头）。

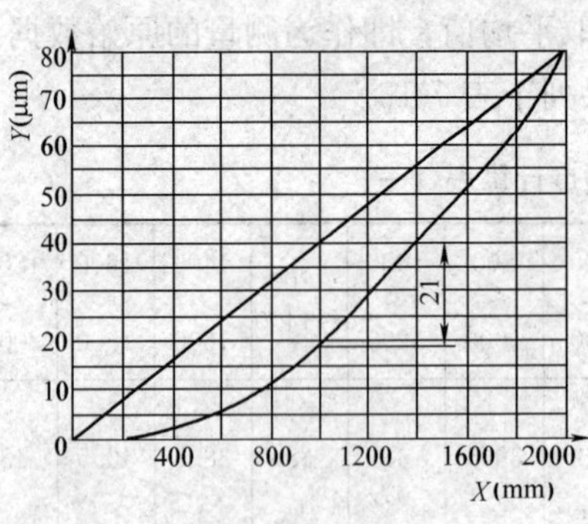

图7-34　作曲线图

6）作图。取坐标轴X为1∶20；Y轴精度偏差值取1000∶1。将迭加后的第五行数值标于坐标纸上，并顺次连接各坐标点得一曲线（见图7-34）。

连接首尾两端点成一基准铀线，导轨水平面内直线度误差可由曲线对基准线的垂直坐标Y轴读出，本例为21μm。

（12）计算法如下：

第1）～4）步与作图法第1）～4）步对应相同。

5）求算术平均值时，将各简化数相加，除以测量挡数。

6）求减后读数值时，将各简化数减去（或加上）算术平均值。

7）求各点迭加数时，即把各减后读数值顺序连续迭加。由数列中看出，－21μm为导轨在水平面内直线度最大误差，计算各步列入表7-14。

六、经纬仪

经纬仪在机床精度检验中是一种高精度的测量仪器，主要用于坐标镗床的水平转台和万能转台，以及精密滚齿机和齿轮磨床分度精度的测量，常与平行光管（主要作用是作为一个固定目标，图7-35为平行光管外观图）组成光学系统来使用。它具有竖轴和横轴，可使瞄准镜管在水平方向作360°角的方位转动，也可在垂直

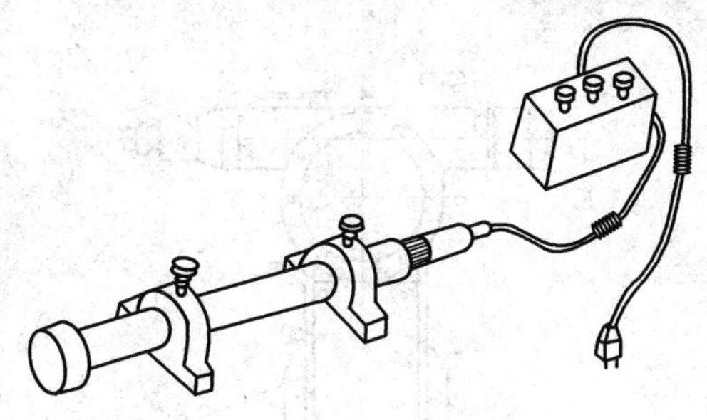

图 7-35　平行光管外形

面内作大角度的俯仰。经纬仪的刻度值为 1″，外观见图 7-36。

表 7-14　　　　　　　导轨直线度计算表（二）

序号	测量位置（mm）	0～200	200～400	400～600	600～800	800～1000	1000～1200	1200～1400	1400～1600	1600～1800	1800～2000
1	由后向前读数	27.5	30	30.5	33	35.4	38	38	38.5	40.5	43
2	由前向后读数	28.5	31	31.5	34	36.2	39	40	39.1	41.5	44
3	平均值	28	30.5	31	33.5	35.8	38.5	39	38.8	41	43.5
4	简化读数减去一个数 35	−7	−4.5	−4	−1.5	0.8	3.5	4	3.8	6	8.5
5	求算术平均值	(−7−4.5−4−1.5+0.8+3.5+4+3.8+6+8.5)÷10=0.96									
6	求减后读数	−7.96	−5.46	−4.96	−2.46	−0.16	2.54	3.04	2.84	5.04	7.54
7	各点叠加数（原点为 0）	↗↘ 0−7.96	↗↘ −13.42	↗↘ −18.38	↗↘ −20.84	↗↘ −21	↗↘ −18.46	↗↘ −15.42	↗↘ −12.58	↗↘ −7.54	↗↘ 0

（一）主要技术参数

经纬仪经一定顺序调整、检验后的主要技术参数如下：

（1）调焦的直线度误差见表 7-15。

表 7-15　　　　　　　经纬仪的调焦直线度误差

观测距离（m）	3	9	18	36
直线度误差（mm）	<0.03	<0.10	<0.20	<0.50

（2）光学测微器示值准确度不大于 0.005+2%位移量（mm）。

（3）视线与横轴的垂直度误差小于 2″。

（4）横轴与竖轴的垂直度误差小于 2″。

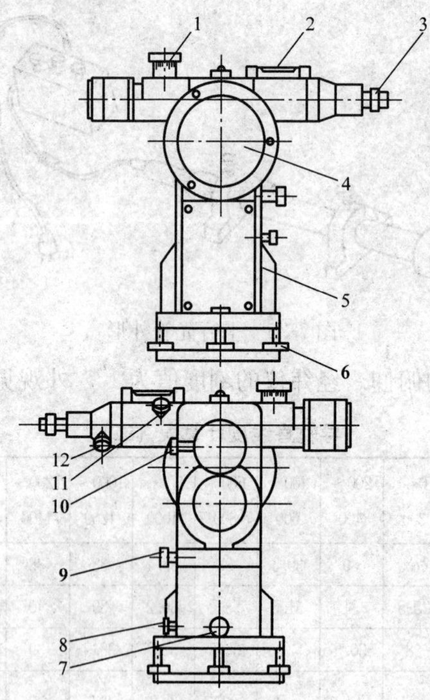

图 7-36　经纬仪外观

1—测微鼓轮；2—上水准器；3—视度调节环；4—侧镜；5—照准架；6—支承螺钉；7—方位紧定螺钉；8—方位正切螺钉；9—仰视正切螺钉；10—俯视紧定螺钉；11—调焦鼓轮；12—光源安装口

（5）侧镜反射面与横轴的垂直度误差小于 2″。

（二）调整步骤

应用经纬仪的支架（见图 7-37），很容易将其光轴（即所能提供的基准视线）调整到与定位基准线重合，其主要调整步骤如下：

先将经纬仪调整水平，即调整图 7-37 中水平仪 $L-L$，使之在前后、左右两位置上都保持水平，即水平仪的水泡居中；然后将轴 $H-H$调整到基准点高度，且用直尺校准，再用经纬仪上的铅锤复核。随后根据所规定的定位基准线的十字线中心，将经纬仪上的望远镜镜筒纵轴 $V-V$（即垂直轴）和横轴（$H-H$）转动，使经纬仪的十字线中心与表示定位基准线的十字线中心重合，此时经纬仪的光轴即代表所规定的定位基准线。

例如，用经纬仪检查坐标镗床水平转台的分度误差。首先在转台面的中央放水平仪，用于摇转台的手轮，使台面旋转 360°角，要求水平仪的误差不超过 0.02mm/1000mm。将经纬仪固定在精密水平转台中央，使与转台连成一体。经纬仪的回转中心与转台回转中心不重合度不超过 0.01mm。调整支承螺钉 6（见图 7-36），使经纬仪在水平面内任何位置时都处于水平状态，同时将经纬仪的镜管也调到水平位置。

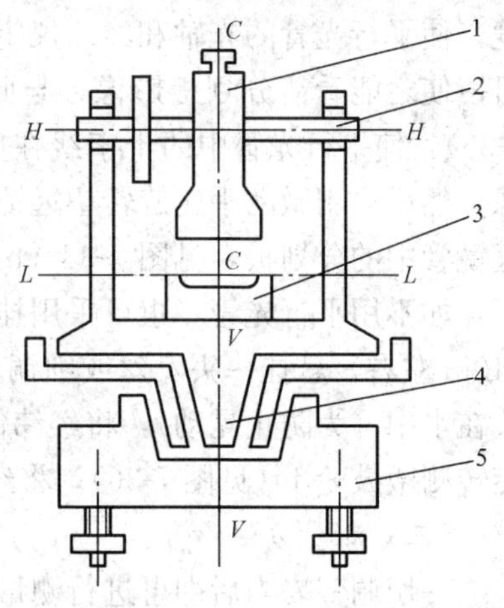

图 7-37　经纬仪支架示意图

1—经纬仪；2—横轴 $H-H$；3—水平仪；4—纵轴 $V-V$；5—底座

用手摇转台的手轮，使转台的刻度盘与游标对准零位，同时使微分刻度值及游标盘精确地对准零位。

将平行光管 3（见图 7-38）放在离经纬仪约 3m 处，并接通平行光管的灯光电源。以经纬仪为基准，调整平行光管的位置及角

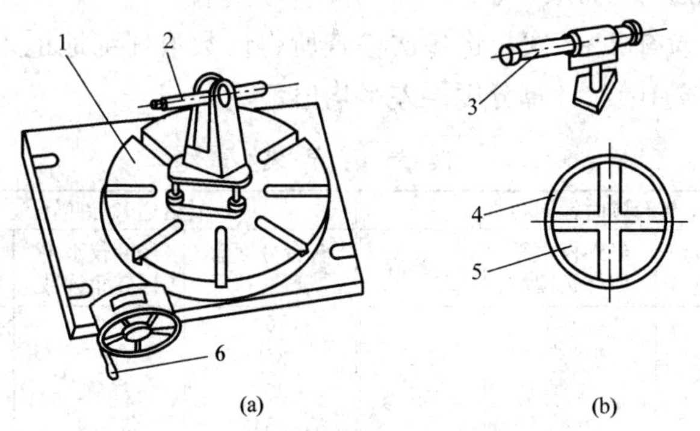

图 7-38　用经纬仪检查精密转台分度误差

1—被检查的精密转台；2—经纬仪；3—平行光管；4—平行光管十字架；5—经纬仪目镜；6—手轮

度，使平行光管的光轴和经纬仪望远镜管的光轴同轴。调整经纬仪目镜使之能看清分划板影像，与此同时，调整调焦鼓轮 11（见图 7-36），使平行光管中的十字线在望远镜目镜的分划板上显示出影像；然后再用微动手轮旋转望远镜管，使平行光管的十字线对准望远镜管中的分划板，见图 7-38（b）。

如不用平行光管，也可采用挂标线的方法。在经纬仪的视距内（10m 左右）悬挂一头发丝或细铜丝作为标线，标线下挂一重物并放在水中（为防止晃动），将经纬仪望远镜头中之十字线对准标线。旋转测微鼓轮 1（见图 7-36），将经纬仪读数微分尺置于零位上。

（三）测量方法

一切调整妥当后即可进行测量。先摇动被检转台手轮，使转台顺时针方向旋转一定角度的整度数，即每次转过 1°、2°、5°或 10°，记下角度数值，此后再使经纬仪逆时针方向转回相应角度，以平行光管为目标，观察望远镜管，并调整照准部件微动手轮，使望远镜管中目镜分划板上的刻度重新对准平行光管的十字线。同时可从读数目镜中读出经纬仪在新位置的读数值。

转台顺时针一转中，如每隔 2°进行测量，则应按 0°、2°、4°、…、358°、0°。最后水平转台若未回到零位，说明测量误差较大，需重复进行检查，直至回到零位或接近零位。同样，转台再逆时针一转，依次测定 0°、358°、356°、…、2°、0°。亦应回到零位。

重复检查 2～3 次，将各次检查所得读数值仔细地记入误差记录（见表 7-16）。计算分度误差平均值。

表 7-16　　误差记录表

转台顺时针回转			转台逆时针回转		
转台分度盘读数（°）	经纬仪水平回转角读数	误差值	转台分度盘读数（°）	经纬仪水平回转角读数	误差值
0	0	0	0	0	0
2	2°6″	+6″	358	357°58″	−2″
4	4°4″	+4″	356	356°2″	+2″
6	6°2″	+2″	354	354°4″	+4″
8	7°58″	−2″	352	352°6″	+6″
10	10°2″	+2″	350	349°58″	−2″
⋮			⋮		
0	0	0	0	0	0

经纬仪水平回转角的读数和转台分度盘读数的最大平均值，就是转台的分度误差。

误差值栏内的最大误差，即为转台的最大分度误差。

七、浮动式气动量仪

（一）用途

气动量仪是一种根据空气气流相对流动的原理来进行测量的量仪。它不能直接读出尺寸，是一种比较量仪。

应用气动量仪可以测量零件的内孔直径、外圆直径、锥度、弯曲度、圆度、同轴度、垂直度、平面度以及槽宽等，也可以用于机床和自动生产线上做自动测量、自动控制和自动记录等。此外，还可以测量一般仪器所测不到的部位。气动量仪除了能用接触法进行测量外，还可以用非接触法进行测量，所以，对于易变形的薄壁零件、高精度及易擦伤表面的软材料零件等特别适用。

但是，气动量仪必须要有气源。对于各种零件和不同尺寸的工件，还要设计一套测量头和标准规。

（二）结构及工作原理

图 7-39 所示为浮动式气动量仪。它是把被测量的尺寸变化转

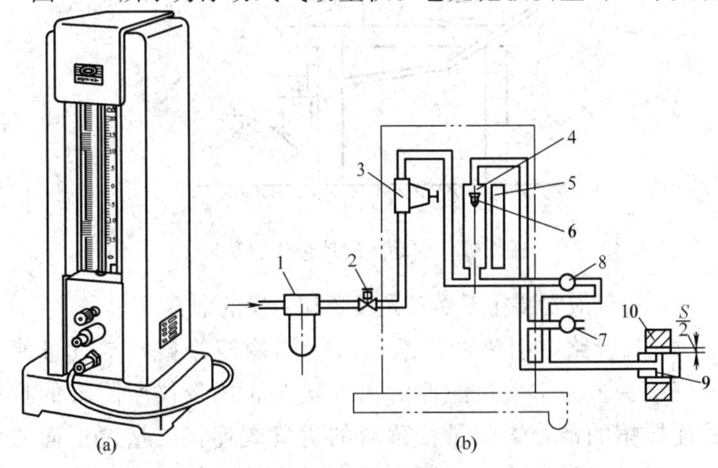

图 7-39　浮动式气动量仪

1—过滤器；2—气阀；3—稳压器；4—玻璃管；5—标尺；6—浮标；7—零位调整阀；8—倍率阀；9—喷嘴；10—工件

换为相应的空气流量的变化，当这种空气通过带锥度的玻璃管时，流量的变化就使得浮在玻璃管内的浮标的位置发生相应的变化。于是，刻度尺上由浮标位置的变化就可以直接读出被测量尺寸的变化。当然，在测量之前，必须用上、下极限标准规调整气动量仪进行定标，也就是确定气动量仪的刻度值。

（三）安装和管路连接

（1）仪器应垂直安装在没有振动的工作台上，保证浮标能自由地上下移动而不与玻璃管壁相碰，并且没有显著的摆动现象。为了保证仪器的安全，可用螺钉把仪器固定在工作台上。

（2）空气过滤器应垂直安装在低于仪器约 500mm 的位置（见图 7-40），要便于放水，千万不能横放倒置，以免失去过滤性能。

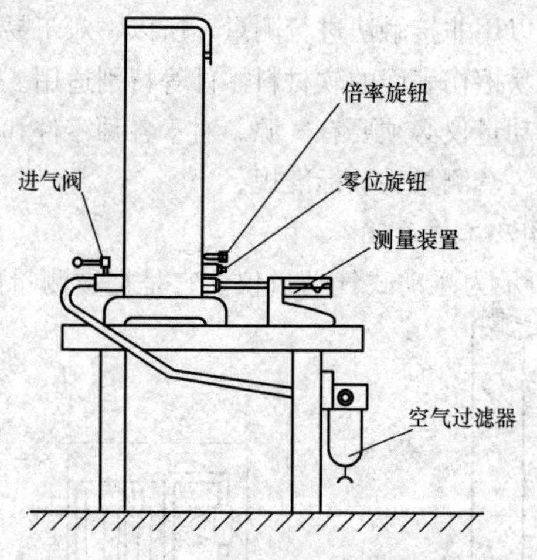

图 7-40　浮动式气动量仪的安装

（3）量仪应安装在不受日光曝晒和干燥的地方。

（4）从管路中引来的压缩空气，用橡胶管接在空气过滤器的进气接头上。空气过滤器的出气接头，用量仪所附带的具有金属连接帽的橡胶管与量仪背后的进气阀连接。量仪正面的出气接头通过塑料软管和金属紧固帽与测量装置的进气接头相连接。进行管路连接时，应注意管内是否清洁，最好先用压缩空气吹净。

（四）注意事项

浮动式气动量仪是一种精密测量仪器，在使用时应注意以下几点：

（1）压缩空气的压力应保持在 3～7kg/cm^2 范围内，否则会降低测量精度。

（2）气源要尽量清洁、干燥。

（3）零位调整螺钉和倍率调整螺钉不宜过松或过紧。

（4）由于浮标与刻度尺之间有一定距离，读数时要防止偏位，即眼睛、浮标与刻线应在一条直线上。

（5）在长时间的测量过程中，或中断测量以后重新工作时，应经常用标准规校对零位。

（6）测量头及标准规在使用以后，应用汽油洗净，并涂上防锈油。

（7）在没有必要时，不要将锥形玻璃管拆下，以免打碎玻璃管或弄坏浮标。

八、声级计

（一）用途

声级计是一种噪声检测仪器。在声级计中，设置有“计权网络”A、B、C，可使所接受的声音对中、低频进行不同程度的滤波，如图 7-41 所示。C 网络是模拟人耳对 100 方纯音的响应，在整个可听频率范围内有近乎平直的特性，它能让几乎所有频率的声

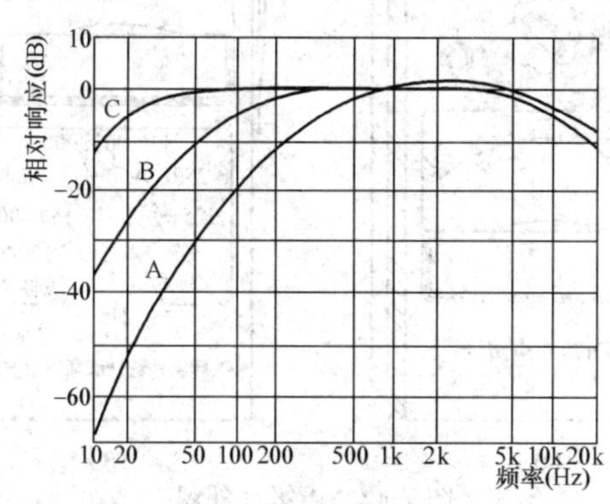

图 7-41　计权网络的衰减曲线

音一样通过而不予衰减，因此C网络代表总声压级；B网络是模拟人耳对70方纯音的响应，在使接收到的声音通过时，低频段有一定的衰减。A网络则是模拟人耳对40方纯音的响应，使接收到的声音通过时，500Hz以下的低频段有较大的衰减。用A网络测得的噪声值较为接近人耳对噪声的感觉。近年来在噪声测试中，往往就用A网络测得的声压级代表噪声的大小，称A声级，单位为分贝（A）或dB（A）。

（二）声级计的使用方法

在实际生产中，测量噪声的方法较多的是应用便携式声级计，因它体积小、质量轻，一般用干电池供电，携带方便，使用稳定可靠。

图7-42所示为ND1型和ND2型精密声级计，用来测量声音

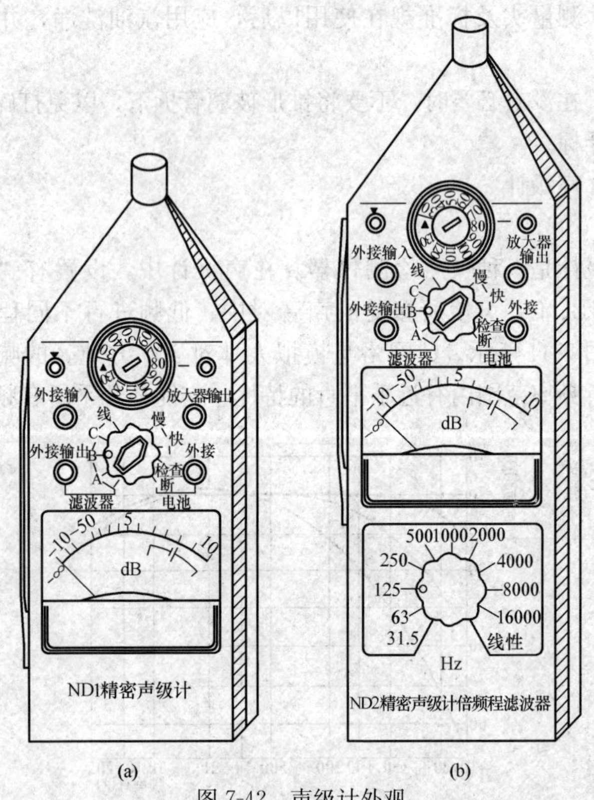

图7-42 声级计外观

（a）ND1型精密声级计；（b）ND2型精密声级计

的声压级。如果仪器上的 A、B、C 三个计权网络分别进行测量读数，则可大致判断出机械设备的噪声频率特性，由图 7-40 可看出（L_A、L_B、L_C 分别代表 A、B、C 三个计权的声级数值）：

当 $L_A=L_B=L_C$ 时，表明噪声中高频较突出；

当 $L_A<L_B=L_C$ 时，表明中频成分略强；

当 $L_A<L_B<L_C$ 时，表明噪声呈低频特性。

1. 声压级的测量

两手平握仪器两侧，并稍离人体，使装于仪器前端的微声器指向被测声源。使“计权网络”开关指示在“线性”位置，输出衰减器旋钮（透明旋钮）顺时针旋到底。调节输入衰减器旋钮（黑色旋钮），使电能表有适当偏转，由透明旋钮二条界限指示线所指量程和电能表读数，即为被测声压级。例如，透明旋钮二条界限指示线指 90dB 量程，电能表指示为＋4dB，则被测声压级为 90dB＋4dB＝94dB。

2. 声级的测量

如上述声压级测量后，使“计权网络”开关放在“A”“B”或“C”的位置就可进行声级的测量。如此时电能表指针偏转较小，可降低“输出衰减器”的衰减量（调节黑色旋钮），以免输入放大器过载。例如，测量某声音的声压级为 90dB，需测量声级（A），则开关置“A”的位置，电能表偏转太小，可逆时针转动输出衰减器透明旋钮。当二条界限指示线指到 70dB 量程时，电能表指示＋6dB，则声级（A）为 70dB＋6dB＝76dB（A）。

九、测振仪

测振仪是用来测定振动幅度的仪器。它与速度传感器和加速度传感器联用，可测轴承振动；与位移传感器联用，可测轴的振动。

（一）旋转机械振动标准

评定旋转机械振动的方式有两种：用轴承振动或轴振动。这两种振动的评定各有其评定标准。

轴承振动评定标准有两种，即以振动位移双幅值来评定或以振动烈度来评定。

（1）以振动位移双幅值来评定典型的通用旋转机械，如鼓风机、汽轮发电机等的评定已有部颁标准，是以振动位移双幅值表示的，其振幅的大小是按转速的高低进行规定的，转速低，选大振幅；转速高，选小振幅，这样可以避免高速旋转带来的危害。

（2）以振动烈度来评定。振动烈度就是振动速度的有效值。

当轴心以圆周轨迹振动时，振动速度（v）等于圆周半径（单幅值）r 与轴心角速度（ω）的乘积，即

$$v = r\omega$$

$$\omega = 2\pi f = \frac{\pi n}{30} \text{ (rad)}$$

式中　n——转速，r/min。

由于振动的波形为正弦波，因此振动速度的有效值即振动烈度为

$$v_{\mathrm{f}} = \frac{\sqrt{2}v}{2}$$

因为
$$v = r\omega = \frac{1}{2}S\omega$$

所以
$$v_{\mathrm{f}} = \frac{\sqrt{2}}{4}S\omega$$

式中　S——双幅值，mm。

由上式可知，振动烈度与线速度 v 无关，而与角速度 ω 有关，可以反映出振动的能量。因此，该标准较合理。

转速为 600～1200r/min 的旋转设备的振动烈度标准可分为四个品质段，即 A 段（优级）、B 段（良级）、C 段（有一定故障，应检修）和 D 段（停止运行段）。

v_{f} 的选取与设备规模有关（见表 7-17）。v_{f} 选取值可随设备的规模增大而适当放大。此外，v_{f} 的选取还与支承类别有关。支承分为刚性支承和柔性支承。所谓刚性支承，是指机械的主激振频率低于支承系统一阶固有频率的支承。其余为柔性支承，其中固有频率是测得的，而主激振频率就是转速频率。

表 7-17　　振动烈度标准

<table>
<tr><th rowspan="2">振动烈度 v_f (mm/s)</th><th rowspan="2">小型机械</th><th rowspan="2">中型机械</th><th colspan="2">大型机械</th></tr>
<tr><th>刚性支承</th><th>柔性支承</th></tr>
<tr><td>0.45</td><td rowspan="2">A</td><td rowspan="3">A</td><td rowspan="4">A</td><td rowspan="5">A</td></tr>
<tr><td>0.71</td></tr>
<tr><td>1.12</td><td rowspan="2">B</td></tr>
<tr><td>1.8</td><td rowspan="2">B</td></tr>
<tr><td>2.8</td><td rowspan="2">C</td><td rowspan="2">B</td></tr>
<tr><td>4.5</td><td rowspan="2">C</td><td rowspan="2">B</td></tr>
<tr><td>7.1</td><td rowspan="6">D</td><td rowspan="2">C</td></tr>
<tr><td>11.2</td><td rowspan="5">D</td><td rowspan="2">C</td></tr>
<tr><td>18.0</td><td rowspan="4">D</td></tr>
<tr><td>28.0</td><td rowspan="3">D</td></tr>
<tr><td>45.0</td></tr>
<tr><td>71.0</td></tr>
</table>

【例 7-3】 某旋转设备的工作转速为 1450r/min，测得其支承系统固有频率为 20Hz。判断其支承类别。

解：主激振频率$=\dfrac{1450\text{r/min}}{60\text{s}}=24$（Hz）

$$24\text{Hz}>20\text{Hz}$$

所以，该系统属柔性支承。

【例 7-4】 某设备工作转速为 2400r/min，支承系统为柔性支承，达到 A 级，$v_{fmin}=2.8$mm/s，求振动位移双幅值 S。

解：
$$v_f=\frac{\sqrt{2}}{4}S\omega$$

则 $$S=\frac{4v_f}{\sqrt{2}\omega}=\frac{4v_{fmin}}{\sqrt{2}\times\dfrac{2400\pi}{30}}=\frac{4\times2.8\times30}{\sqrt{2}\times2400\pi}=0.03125(\text{mm})$$

（二）工作原理

1. 与速度传感器、加速度传感器联用测轴承振动

传感器称为一次仪表，测振仪称为二次仪表。

（1）与速度传感器联用测轴承振动。速度传感器又称拾振器。磁电式速度传感器（见图 7-43）是用铝架 4 把永久磁铁 2 固定在外

壳 6 内。外壳与永久磁铁形成磁回路。工作线圈 7 在外壳和磁铁间的气隙的右边，阻尼环 3 在左边，它们通过心杆 5 连接起来，用两个弹簧片 1 和 8 支承在外壳上。

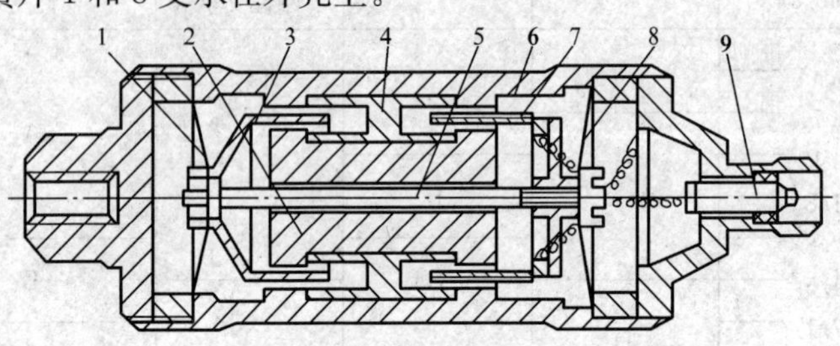

图 7-43　磁电式速度传感器

1—弹簧片；2—永久磁铁；3—阻尼环；4—铝架；5—心杆；6—外壳；7—工作线圈；8—弹簧片；9—接头

测量时，使传感器与轴承一起振动。由于弹簧片的作用，使线圈与外壳产生相对运动，从而使它在工作气隙中切割磁力线而产生感应电动势。电动势的大小与切割速度成正比。电动势的信号由接头传给测振仪，经电路变换后，即可在测振仪面板上示出振动速度值。

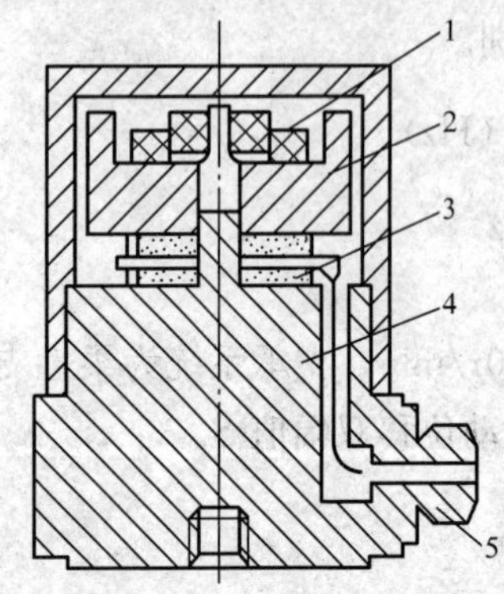

图 7-44　压电式加速度传感器

1—弹簧；2—质量块；3—压电晶体；4—基座；5—接头

（2）与加速度传感器联用测轴承振动的加速度。压电式加速度传感器(见图7-44)的压电晶体 3 装在质量块 2 和基座 4 之间，始终被弹簧 1 压紧。当传感器与轴承同振时，质量块 2 靠惯性作用在压电晶体上。压电效应在晶体表面产生电信号，该信号由输出接头送给测振仪，经电路放大和变化后，可得振动值。

2. 测量轴振动

涡流式位移传感器（见图7-45)的端部是一个电感线圈 1。测振仪输入的高频电流使线圈产生磁场，并在附近的轴表面 2 感应出涡电流（在轴的金属体内自成回路的电流）。线圈的电感值随之变化，引起线路的阻抗变化，输出电压就相应改变。测量时，被测轴的振动使传感器与轴之间的距离δ改变。而当被测轴的尺寸、材料确定后，输出电压的变化只由δ而定。这样，轴的振动就以变化的电压形式输给测振仪，从而示出振动位移。

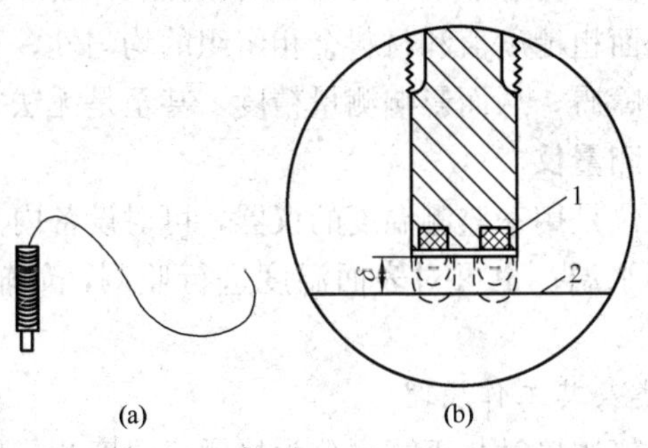

图 7-45　涡流式位移传感器

1—电感线圈；2—轴表面

（三）使用方法

1. 测量轴承振动

（1）与速度传感器联用时，应把速度传感器放在轴承反应振动最直接、最灵敏的位置上。如测量垂直振动值时，应选在轴承宽度中间位置的正上方为测点；当测量水平振动时，应选轴承宽度中央的中分面为测点；测轴向振动值时，应选轴心线附近的端面为测点。这样安装后与测振仪联用进行测量。

（2）与加速度传感器联用时，把加速度传感器用螺杆通过基座下的螺孔固定在轴承上；有时也用永久磁铁将传感器与轴承吸在一起，然后与测振仪联用进行测量。

2. 测量轴振动

涡流式位移传感器测量轴振动时，测点在轴承的壳体上。测量轴向位移时，测点选在轴肩的两侧。但传感器与轴表面之间的距离通常为 1～1.5mm，因为距离大了将超测量范围，小了易使传感器端部被碰坏。通过这样安装后，与测振仪联用便可测量。

（四）使用注意事项

（1）要与速度传感器、加速度传感器、位移传感器等一次仪表联用，才能发挥其二次仪表的作用。

（2）在与一次仪表联用时，一定要保证一次仪表的测点选择正确，否则将影响测量结果。

（3）在与位移传感器联用时，轴的被测表面要有较高的几何精度、较小的表面粗糙度值和材料金相组织的均匀性，否则会产生机械或电气上的障碍，从而影响测量精度，甚至是无法实现测量。

十、温度测量仪

温度测量仪是用来监测温度的仪器，可对设备内部温度进行监测，如测循环水温；也可对表面温度进行监测，如轴承座外壁温度等。

（一）分类及其工作原理

温度测量仪按接触与否，可分为接触式温度测量仪和非接触式温度测量仪两大类。

1．接触式温度测量仪的工作原理和特点

（1）工作原理。测温元件与被测物体必须接触可靠，通过传导和对流两种热传递方式实现热平衡，进而把该测量信息平稳输出(既可近距离输出，又可远距离输出)。

（2）特点。使用较方便，但其精度受接触的程度控制。接触可靠，精度就高（表面测温时，可将感温元件嵌入或焊在被测物上)；反应时间受传感器热容量控制，装置越大，反应越慢。

2．常用的接触式测温仪的类型

有如下多种类型：

（1）液体膨胀式温度计。通常以水银和酒精作测温介质，根据介质随温度的变化而膨胀或收缩的原理工作。精度较高（0.5～2.5级)，但易损坏。水银温度计测温范围为－35～＋350℃，而酒精等有机液体温度计的测温范围可达－200～＋200℃。此类温度计使用时，要避免温度的骤变。应注意避免断液、液中气泡和视差现象的发生。在精密测量时，要考虑其测量部分与露出部分的温差的影响。

(2) 压力推动式温度计。通常以液体、气体或低沸点液体的饱和蒸汽为测温介质。依据被封闭的介质受热后，体积膨胀或所受压力的变化来推动传动机构，实现温度值的输出。测量精度不高(1级、1.5级、2.5级)，测温范围也因介质而异。应注意的是，使用时要将温包全部没入被测介质中，以减少测温误差。小型压力推动式温度计常用于内燃机和机械设备的冷却水、润滑油系统的温度测量。

(3) 热电阻温度计。采用铅、铜、镍等金属导体或半导体制成的热敏电阻为测温介质。通过上述介质的电阻随温度的变化值在测温回路的转换，来显示出被测的温度值。虽然金属热电阻的阻值随温度的变化呈较规则的直线性，而且重复使用时，一致性较好，但阻值变化与温度变化的同步性差，所以不能测点温和进行动态测试，常制成部位监测计，如轴承测温计，其传感器输出为1mV/℃(灵敏度)。而依据半导体热电阻元件对热的敏感性，可将它制成小型、灵敏度高、可测点温的测温仪，但其缺点是电阻的阻值随温度的变化是非线性的，而且重复使用的一致性较差。其传感器输出为10mV/℃。

(4) 热电偶温度计。以铜/康铜、镍铬合金/镍铬合金等热电偶为测温介质。通过热电偶的两种导体接触部位的温度差产生的热电动势进行测温，电动势的大小与温度成正比。可用普通的电压表、电位差计测出电动势。灵敏度为40mV/℃。用于测量高温或应用于温度骤变的场合。

(5) 示温片、示温漆、示温涂料。以视觉式测温材料制成的示温片，涂料为测温介质。粘贴或涂抹在被测物表面的上述介质，随物体表面温度的变化而发生变色，依据变色程度，便可知被测物表面温度。这种方法用于低精度的测量，也用于测定外形复杂或运动的物体的表面温度。这种测温方式较经济、便捷。示温片和示温涂料又分可逆和不可逆两种。不可逆示温片的示温范围在30～600℃；可逆示温片示温范围在40～70℃，误差为±1℃；而不可逆示温涂料的示阻范围可达40～1350℃，误差为±5℃。示温片可贴于晶体管、变压器、电机、电缆上进行示温。为了进行温升比较，可在不同位置贴多枚。可逆性的示温片可对电器、机械设备作经常性温测。涂抹式示温材料适用于大面积、表面凹凸不平或形状复杂对象的示温，如交换器、锅炉、内燃机等。

3. 非接触式测温仪

这种测温仪是通过接收热辐射的能量来实现测温的。测温元器件与被测物不接触，故其温度可大大低于被测介质的温度，而且其动态特性较好，如可测运动、小目标、热容量小、温度变化快的对象表面温度及温度场的幅度分布。不足之处是受物体的辐射率、环境状况的影响较大，故精度不高。根据测取温度的不同，辐射测温仪可分为亮度测温仪和比色测温仪两大类。亮度测温仪测取的是亮强，比色测温仪测取的是色温。

常用的非接触式测温仪有如下四种：

（1）光学高温计。属亮度测温仪，用加热的灯丝作测温元件，测温范围为700～3200℃。它利用物体表面颜色同仪器内加热的灯丝作亮度对比来测量温度，误差小于2%。注意，仪器物镜与目标距离不得小于700mm。只有在灯丝仅现下部时，仪表读数才是正确的。它适用于被测温度高于热电偶所测范围及热电偶难以装置的场所。

（2）全辐射温度计。属亮度测温仪，测温元件为热电元件或硫化铅元件，测温范围为40～4000℃。它是通过上述测温元件来测量发热物体表面温度。一般应在10～80℃下固定使用。若在80℃以上的环境下，要进行水冷；而在空气中杂质较多的环境下，要进行通风。

（3）比色测温仪。又称颜色高温计，包括双色测温仪和多色测温仪等。它依据辐射功率随光谱波长的变化规律来测量的，该温度为色温。它受发射率影响较小，还能克服恶劣环境的影响。其中应用较广的是双色测温仪，它是由两个窄波段处的目标辐射率产生的探测器信号，通过电路系统的比较处理而实现测温的。

（4）红外测温仪。其工作原理是被测物体发出的红外线，经透镜聚集后，射在红外探测器上而产生一个正比于辐射能量的电信号，该信号经放大、处理、变换而示温。它的优点是体积小、质量轻、携带方便、灵敏度高、响应快、操作简单。适用于现场热态监测和红外诊断。

（二）主要技术指标和选用方式

1. 主要技术指标

（1）测量精度。测量精度就是对国际通用温度标准值的不确定度或误差，也称允许误差。它的三种表示方法及其运算公式如下

绝对误差＝实测值－标准值

相对误差＝(绝对误差/实测值)×100％

引用误差＝(绝对误差/量程上限值)×100％

例如，一测温仪的测温范围是 800～1400℃。

1）若绝对误差＝±14℃，则－14℃＜测量值误差≤14℃。

2）若相对误差＝±1％测量值(实测值)＝800℃，则根据上式得：±1％＝(绝对误差/800℃)×100％，绝对误差＝800℃×(±1％)＝±8℃,即－8℃≤测量值误差≤8℃。

3）若引用误差＝±1％，且量程上限值＝1400℃，则根据式(3)得：±1％＝(绝对误差/1400℃)×100％，绝对误差＝1400℃×(±1％)＝±14℃，即－14℃≤测量值误差≤14℃。

（2）稳定性。稳定性就是一定时间间隔内其示值的最大可能变化值，也称复现性，表示测温仪示值的可靠程度。稳定性分为短期（时间间隔 24h，1 个月等）和长期（时间间隔半年、1 年等）。

（3）温度分辨率。温度分辨率表示其辨别被测温度变化的能力。它与测温仪的温度灵敏度、噪声电压和显示机构的误差有关。当了解被测温度的变化比了解其真实温度更重要时，必须知道温度分辨率。

（4）响应时间。响应时间是指被测温度从室温达到测温范围上限温度时，统一模拟信号输出的时间，也可以是测温示值达到稳定值的某一百分数时所需的时间，如 1s（63％）即达到稳定值的 63％需 1s 的时间。而显示机构存在的响应时间的取舍，视具体情况定。

（5）距离系数。距离系数是指测温仪探头到被测目标的距离和

垂直于探头光轴方向的投影圆面积的最小允许直径之比，或者用视场表示，即探头中心对被测目标最小允许投影直径的张角。

2. 测温仪表的选用

（1）接触式与非接触式测温方法的比较有如下三个方面：

1）接触式测温要求有良好的热接触，且接触时，不破坏被测温度场；而非接触式测温要求知道物体的发射率且检测器要充分吸收物体的辐射能。

2）接触式测温易破坏被测温度场，故小于限制值的物体不能测温，运动物体不能测温，因为响应慢不能进行瞬时测温，另外，检测器数随测量范围变宽而增多，而且也不能同时测量多个物体；接触式测温的这些缺点，恰恰是非接触式测温极易实现的。

3）接触式测温可测物体内部温度，而非接触式测温却无法实现测量；接触式测量过程简单，而非接触式测温过程要求严格。

（2）选用程序。根据上述接触式测温仪和非接触式测温仪的比较，结合作业条件选择是采用接触式的还是非接触式的，再根据测温范围、精度等级、分度值范围及主要技术指标来选择具体规格和型号。

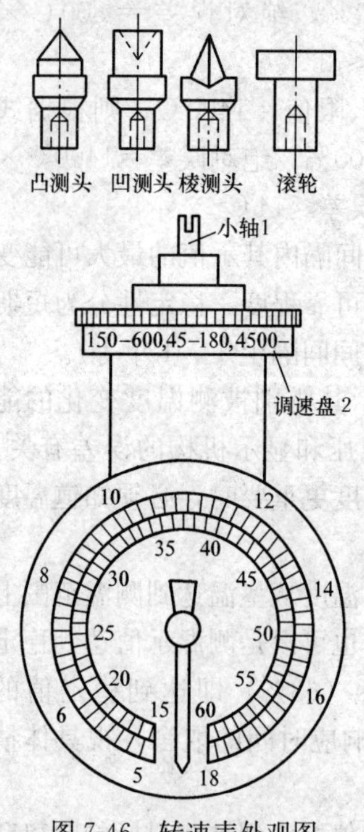

图 7-46　转速表外观图

十一、转速表

（一）手持式转速表的规格

常用的手持式转速表外观图如图7-46所示，测速范围有四种规格：①LZ-30，30～12000r/min；②LZ-45，45～18000r/min；③LZ-60，60～24000r/min；④LZ-120，120～48000r/min。

每种规格的测速范围又分五挡，以LZ-45为例：Ⅰ挡，45～180r/min；Ⅱ挡，150～600r/min；Ⅲ挡，450～1800r/min；Ⅳ挡，1500～6000r/min；Ⅴ挡，4500～18000r/min。

（二）工作原理

主要利用离心器旋转后产生惯性离心力与起反作用的拉力弹簧相平衡，再由传动机构使指针在分度盘上指示出相应的转速。

（三）使用方法

1. 转速的测量

测量时，应首先将调速盘旋转到所要测量的范围（即将调速盘上的刻度数值转到与分度盘处于同一水平面）。若调速盘的数值在Ⅰ、Ⅲ、Ⅴ挡，则测得的转速应看分度盘外圈的数字再分别乘以10、100、1000；若调速盘的数值在Ⅱ、Ⅳ挡，则测得数值应看分度盘内圈的数字，再分别乘以10、100。

2. 线速度测量

转速表不仅可以测转速，还可以测量旋转物的线速度，测量时只要在小轴1上换上滚轮即可。线速度测量范围可根据下式计算

$$v = Cn$$

式中　v——线速度，m/min；

C——滚轮的周长，m；

n——转速，r/min。

（四）注意事项

（1）不准以低速范围测量高转速。所以，当不知旋转物为多少转时，要测量转速就应先将调速盘调到高挡（即Ⅴ挡），逐次往低挡测示。

（2）测轴与被测轴接触时，动作应缓慢，同时应使两轴保持在一条水平线上。

（3）测量时，测轴和被测轴不应接触过紧，以两轴接触不产生相对滑动为原则。

（4）转速表不能测量瞬时转速。

（5）指针偏转方向与被测轴旋转方向无关。

（6）使用时应加润滑油（钟表油），可从外壳及调速盘上的油孔注入。

（五）举例

测量车床主轴转速时，可在主轴内插入一顶尖。用凹形测头测

量，如图 7-47 所示。测量立式车床工作台转速时，可在工作台锥孔内插入一短锥度棒，用凸测头测量，如图 7-48 所示。

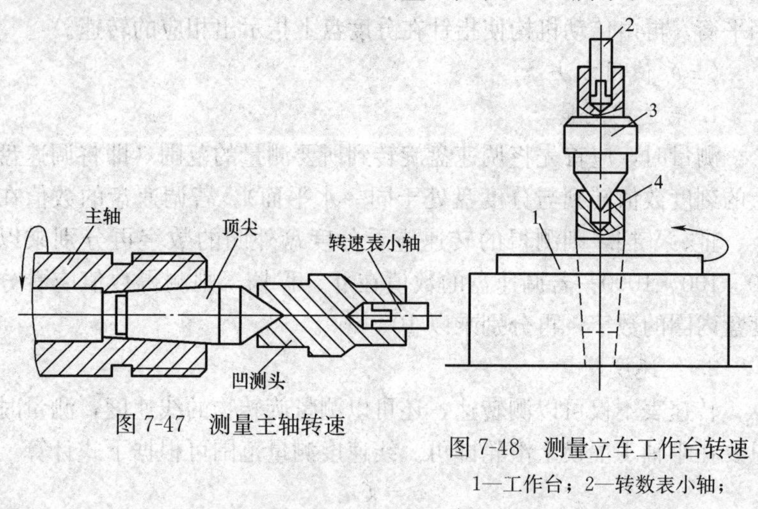

图 7-47　测量主轴转速

图 7-48　测量立车工作台转速

1—工作台；2—转数表小轴；3—凸测头；4—检验棒

例如，CA6140 车床最高转速为 1400r/min，现用手持式转速表校对主轴是否能达到额定转速。用 LZ-45 测试：先将调速盘 2 旋转到Ⅲ挡上［即 450～1800r/min］，然后把凹形测头装在小轴 1 上，启动车床使主轴旋转，将凹形测头接触顶尖，既不产生滑动也不应接触过紧，指针指到外圈 12，Ⅲ挡为数字乘以 100，即 12×100＝1200（r/min）。

十二、万能工具显微镜

（一）用途

万能工具显微镜是一种工业生产中使用最广泛的光学计量仪器。它具有较高的测量精度和万能性，以影像法和轴切法按直角坐标与极坐标方法精确地测定零件的长度、角度和几何形状，例如螺纹的各项参数、刀具（滚刀、铣刀、车刀、丝攻等）的角值和线值、模具的内外尺寸、样板的几何形状等。

（二）结构

图 7-49 为上海光学仪器厂生产的 19JA 型万能工具显微镜的外观构图。显微镜光路及纵、横向投影系统光路如图 7-50 所示。

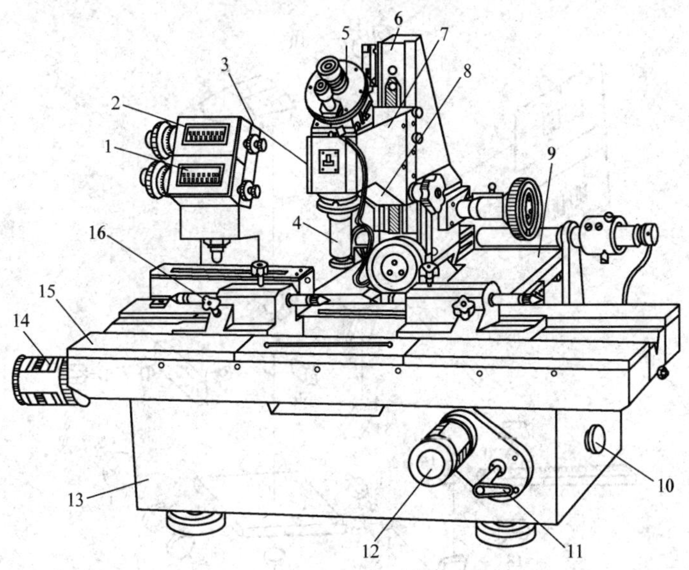

图 7-49　19JA 型万能工具显微镜外观及构成

1—横向读数窗；2—纵向读数窗；3—调零手轮；4—物镜；5—测角目镜；6—立柱；7—臂架；8—反射照明器；9—横向滑台；10—仪器调平螺钉；11—横向锁紧手柄；12—横向微动装置鼓轮；13—底座；14—纵向微动装置鼓轮；15—纵向滑台；16—紧固螺钉

（三）使用方法

1. 准备工作

（1）仔细清洗被测零件和仪器。被测零件应在测量室中预放适当时间，使零件与仪器的温差较小，以保证测量精度稳定可靠。

（2）根据需要的倍数小心地旋入相应的物镜。

（3）插入目镜。

（4）接通电源，调节灯丝。

2. 调焦和对线

调焦的目的就是能在目镜视场里同时观察到清晰的分划板刻线和物像，即它们同处在一个聚焦面上。其方法如下：

（1）先进行目镜视度调节，能在目镜视场里观察到清晰的米字刻线像。

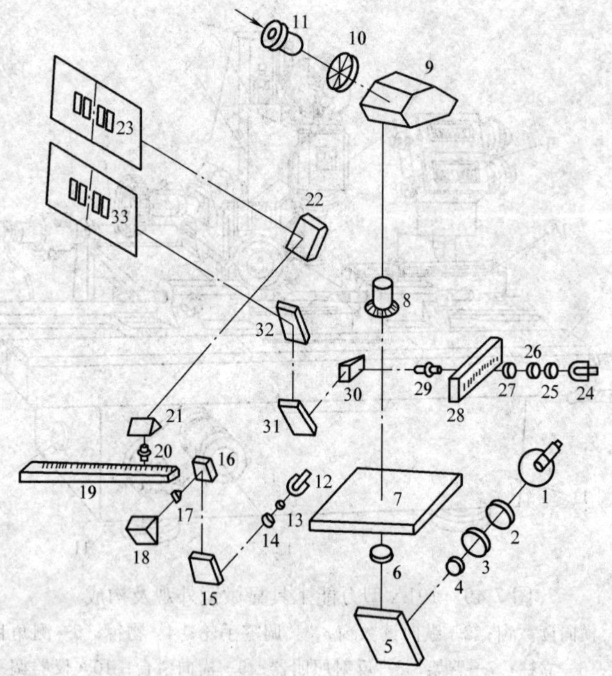

图 7-50　19JA 万能工具显微镜光学系统

主显微镜系统：1—灯；2—聚光镜；3—可变光阑；4—滤色片；5—反射镜；6—主聚光镜；7—工作台玻璃板；8—物镜；9—转像棱镜；10—分划板；11—目镜纵向投影读数系统：12—灯；13—聚光镜；14—隔热片；15、16—反射镜；17—主聚光镜；18—棱镜；19—纵向毫米分划尺；20—投影物镜；21—棱镜；22—反射镜；23—影屏横向投影读数系统：24—灯；25—聚光镜；26—隔热片；27—主聚光镜；28—横向毫米分划尺；29—投影物镜；30—棱镜；31、32—反射镜；33—影屏

（2）用调焦手轮移动主显微镜，使目镜视场里得到清晰的物体轮廓的像，然后移动纵、横向滑台进行对线，使物体像和米字分划板在同一平面上。对线就是用米字刻线和被测零件影像轮廓边缘相互重叠，即对准。

3. 测量工作

测量的方法很多，如可采用影像法测量长度、测量角度，采用轴切法测量圆柱体直径等。

十三、表面粗糙度检测仪

（一）光切显微镜

光切显微镜是光切法测量表面粗糙度的一种常用仪器，其外观结构如图 7-51 所示。

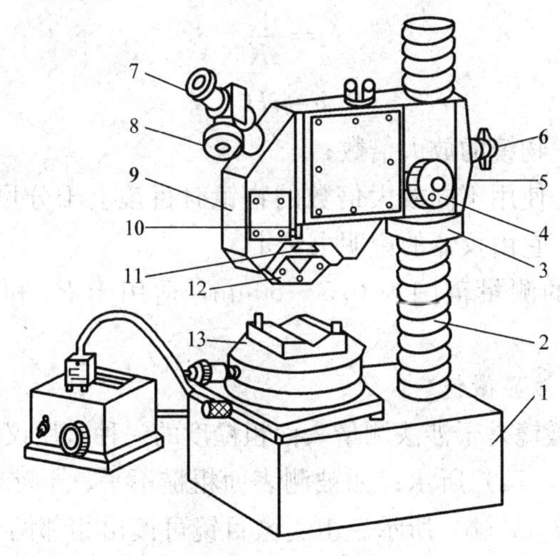

图 7-51　光切显微镜外观结构

1—底座；2—立柱；3—手轮；4—微调手轮；5—横臂；6—旋钮；7—测微目镜；8—读数千分尺；9—壳体；10—手柄；11—物镜；12—可换物镜组；13—工作台

光切显微镜的基本原理如图 7-52（a）所示。测量时，转动目镜上的千分尺，使目镜分划板上十字线的水平线先后与波峰及相邻

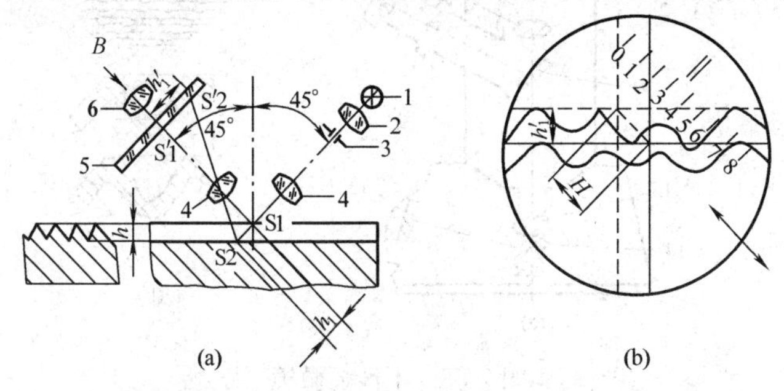

图 7-52　光切显微镜测量原理示意

1—光源；2—聚光镜；3—光栅；4—物镜；5—分划板；6—目镜

的一个波谷对齐，此间分划板沿45°角方向移动的距离为 H，如图7-52（b）所示。若被测表面微观不平高度为 h，则

$$h=\frac{H\cos45^{\circ}}{K}\cos45^{\circ}=\frac{H}{2K}$$

令
$$i=\frac{1}{2K}$$

则
$$h=iH$$

式中　K——物镜的放大倍数；

i——使用不同放大倍数的物镜时目镜上千分尺的分度值，它由仪器的说明书给定。

光切法的测量范围为0.5～50μm，适用于 R_y 和 R_z 参数的评定。

（二）干涉显微镜

干涉显微镜是干涉法测量表面粗糙度的一种常用仪器，其测量原理如图7-53（a）所示；如被测表面粗糙不平，干涉带即成弯曲形状，如图7-53（b）所示。由测微目镜可读出相邻两干涉带的距离 a 及干涉带弯曲高度 b。被测表面微观不平度高度为

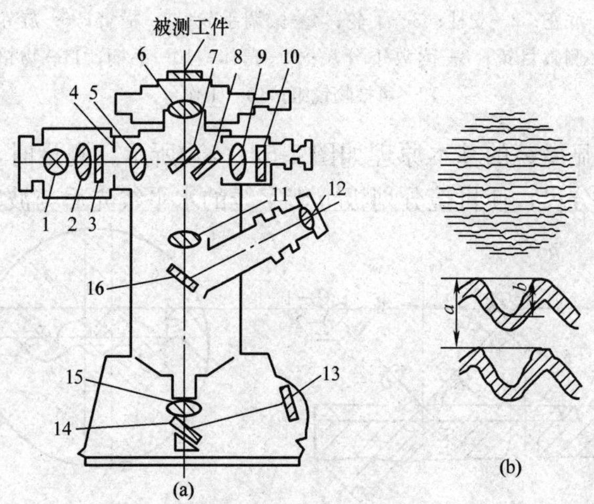

图7-53　干涉显微镜

1—光源；2、11、15—聚光镜；3—滤色片；4—光栅；5—透镜；6、9—物镜；7—分光镜；8—补偿镜；10、14、16—反射镜；12—目镜；13—玻璃屏

$$h=\frac{b}{a}\cdot\frac{\lambda}{2}$$

式中　λ——光波波长。

该仪器还附有照相装置，两束光线可经过聚光镜 15、反射镜 14 在玻璃屏 13 上形成干涉图像。

干涉显微镜的测量范围为 0.03～1.00μm，适用于测量 R_z、R_y 参数值。

（三）电动轮廓仪

电动轮廓仪是感触法（又称针描法或轮廓法）测量表面粗糙度的一种仪器，其工作原理如图 7-54 所示。

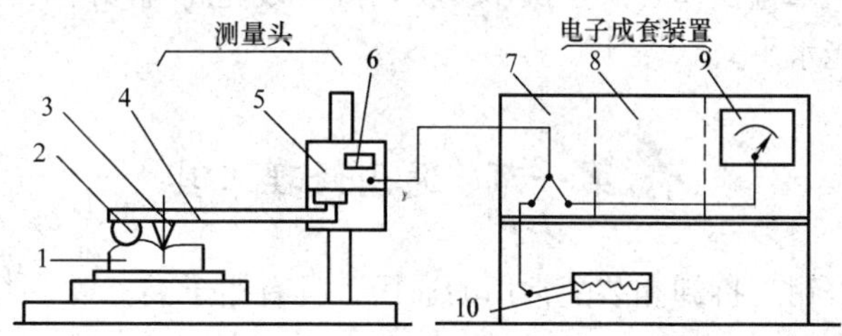

图 7-54　电动轮廓仪工作示意图

1—被测件；2—滑橇；3—触针；4—测臂；5—传感器；6—滤波器；7—放大器；8—计算器；9—指示器；10—记录器

使用时，用触针在被测表面上轻轻划过，触针将随表面轮廓的峰谷起伏上下摆动，通过测量头的传感器将触针的起伏摆动转换成电量的变化，再经滤波器将表面轮廓上属于形状误差和表面波度的成分滤去，留下属于表面粗糙度的轮廓曲线信号，送入放大器，并由记录器给出这段表面轮廓曲线的放大图形，同时放大器放大的信号送入计算器作积分运算，可在指示器中显示 Ra 参数值。其测量范围为 0.01～25μm。

第八章

机修钳工常用修理工具和器具

了解机修钳工常用的装配拆卸等修理工具和器具的用途、规格和种类，掌握操作要点及操作步骤，可有效提高机修钳工的工作效率和技能水平。

第一节　通用修理工具

机修钳工拆卸和装配常用的通用工具有钳子类、扳手类和螺钉旋具类。

一、钳子类

（一）钢丝钳

主要用来夹持或折断金属薄板及切断金属丝。带绝缘柄的供有电的场合使用（工作电压 500V）。其长度规格有 150、175、200mm 三种。

（二）弹簧挡圈安装钳子

外形如图 8-1 所示，专供装拆弹性挡圈用。有直嘴式、弯嘴式、孔用、轴用之分。长度规格有 125、175、225mm 几种。

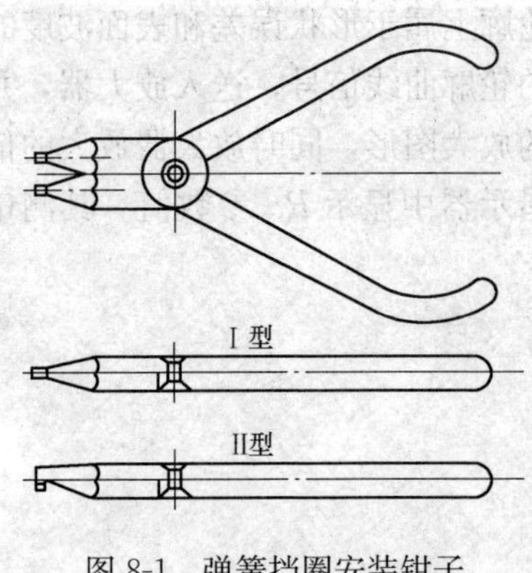

图 8-1　弹簧挡圈安装钳子

使用情况以轴用弹簧钳的使用为例（见图 8-2）。

1. 使用步骤

（1）手握轴用卡钳钳柄，将钳爪对准轴用卡环的插口，并插入孔内。

（2）手捏钳柄，稳当用力，胀开轴用卡圈。

（3）用另一只手轻扶卡圈，共同移动，沿轴向退出卡圈，如图 8-2 所示。

图 8-2　轴用弹簧钳的使用

2. 注意事项

（1）孔用、轴用弹簧卡钳的钳爪插入卡环口中，要对正、插稳，保持钳子平面平行于卡环平面。

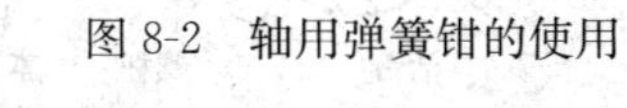

（2）卡钳的胀紧力不必过大，胀开卡圈可以移出即可。

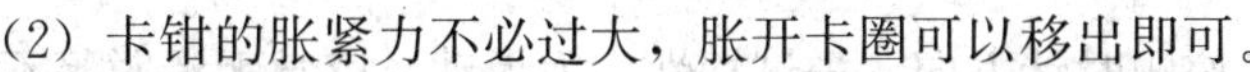

二、扳手类

（一）种类

机修钳工使用的扳子种类较多，外形如图 8-3 所示。其中，活扳手的开口宽度可以调节，可用来扳动六角头或方头螺栓螺母，其长度规格有 100、150、200、250、300、375、450mm 和 600mm 等。

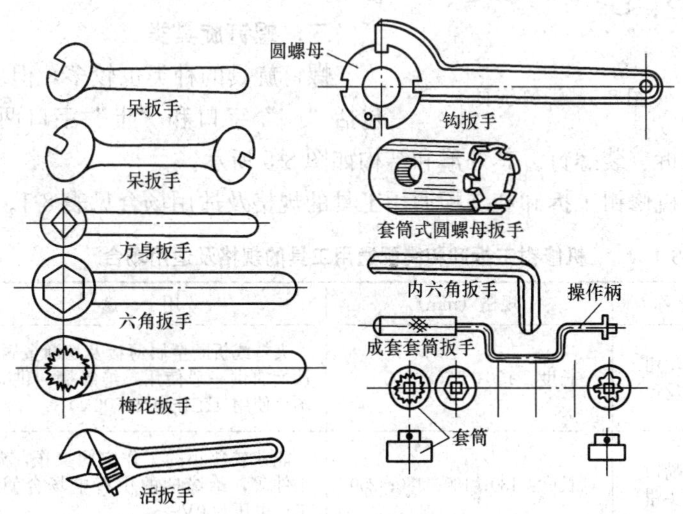

图 8-3　机修钳工使用的扳手

（二）使用步骤

以活扳手的使用为例：

（1）转动活扳手螺杆，张开开口。

（2）根据拆卸或装配要求，判定正确扳动方向后，调整活舌，将开口卡住螺母，其大小以刚好卡住为好，不要晃荡，如图 8-4 所示。

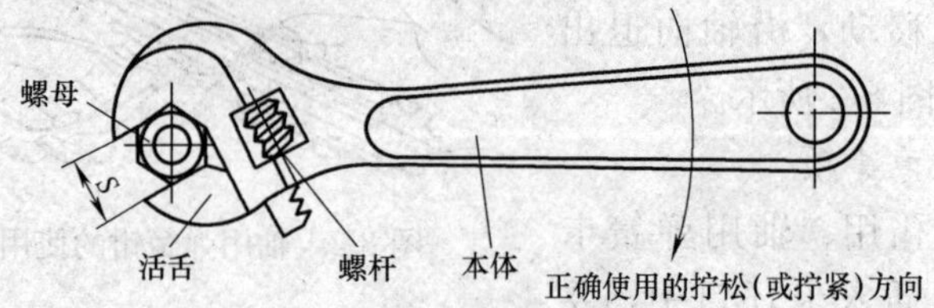

图 8-4　活扳手

（3）按顺时针方向，先试探性用力扳动，感觉无滑脱等不利情况后，再用力连续扳动至拆下螺母。

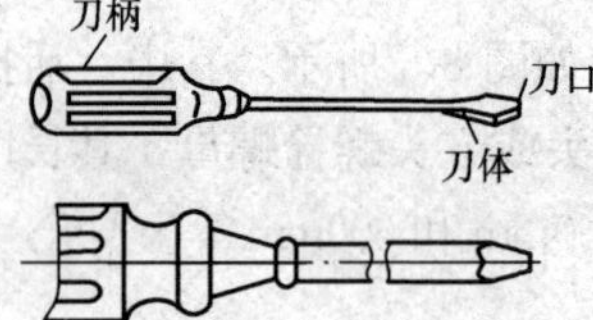

图 8-5　螺钉旋具

（三）注意事项

在拆卸较紧的螺母或螺钉时，不要套加过长的套管，避免活扳手超载使用。

三、螺钉旋具类

螺钉旋具的种类也较多，但主要包括“一”字口和“十”字口两种，用来拆、装螺钉。其外形和结构如图 8-5 所示。

机修钳工拆卸和装配通用工具的规格及适用场合见表 8-1。

表 8-1　　机修钳工拆卸和装配通用工具的规格及适用场合

名称	规格（mm）	用　　途
钢丝钳（剋丝钳）	长度：150；175；200	夹持或折断金属薄板及切断金属丝。铁柄的供一般使用，绝缘柄的供有电场合使用（工作电压 500V）
尖嘴钳（尖头钳）	长度：130；160；180；200	能在较狭小的工作空间操作，夹捏工件等，绝缘柄的供有电场合使用，工作电压 500V
弹性挡圈安装钳子	长度：125；175；225	专供装拆弹性挡圈用。由于挡圈有孔用、轴用之分以及安装部位不同，可根据需要分别选用直嘴式或弯嘴式、孔用或轴用挡圈钳

续表

名称	规格（mm）	用　　途
双头扳手（双头呆扳手）	单件扳手：4×5，6×7，8×10，10×12，12×14，17×19，22×24 等 成套扳手：6 件套；8 件套；10 件套等	用以紧固或拆卸螺栓、螺母。双头扳手由于两端开口宽度不同，每把可适用两种尺寸的六角头或方头螺栓和螺母
单头扳手（单头呆扳手）	开口宽度：8；10；12；14；17；19；22；24；27；30；32；36；41；46；50；55；65；75	一端开口，只适用于紧固、拆卸一种尺寸的六角头或方头螺栓和螺母
梅花扳手（眼睛扳手）	单件扳手：5.5×7，8×10，（9×11）；12×14；（14×17）；17×19；19×22；22×24；24×27；30×32；36×41；46×50 成套扳手：6 件套；8 件套	用于拆、装六角螺钉、螺母，扳手可以从多种角度套入六角内，适用于工作空间狭小，不能容纳普通扳手的场合
套筒扳手	一般为成套盒装：6 件；9 件；10 件；12 件；13 件；17 件；19 件；28 件等	除具有一般扳手的功用外，特别适用于旋动地位很狭小或凹下很深地方的六角头螺栓或螺母
活扳手（活络扳手）	长度：100；150；200；250；300；375；450；600	开口宽度可以调节，能扳动一定尺寸范围内的六角头或方头螺栓螺母
内六角扳手	公称尺寸 s：3、4；5、6；8；10；12；14；17；19；22；24；27	供紧固或拆卸内六角螺钉用
钩形扳手（圆螺母扳手）	适用圆螺母的外径范围：22～26；28～32；34～36；38～42；45～52；55～62；68～72；78～85；90～95；100～110；115～130 等	专供紧固或拆卸机床、车辆、机械设备上的圆螺母用（即圆周上带槽的）
双销活动叉形扳手	销距：$A\leqslant 90$，$L=235$，$d=5$；$A\leqslant 115$，$L=275$，$d=7$	用于安装或拆卸端面带孔的圆螺母

续表

名称	规格（mm）	用　途
双销可调节叉形扳手	d=2.8，L=125 d=3.8，L=160	用于安装或拆卸端面带孔的圆螺母。销距可调节
扭力扳手	最大扭矩（N·m）：100；200；300	配合套筒头，供紧固六角螺栓螺母用，在扭紧时可以表示出扭矩数值。凡是对螺栓、螺母的扭矩有明确规定的装配工作，都要使用这种扳手
管钳子	长度：150；200；250；300；350；450；600；900；1200	扳动金属管或圆柱形工件，为管路安装和修理工作中常用的工具
一字槽螺钉旋具	公称尺寸：50×5；65×5；75×5；100×6；125×6；150×7；200×8；250×9；300×10 注：公称尺寸两组数字，前为柄外杆身长度，后为杆身直径	这种工具有木柄和塑料柄之分，用来紧固或拆卸一字槽的螺钉、木螺钉、木柄的又分普通式和通心式两种，后者能承受较大的扭力，并可在尾部敲击。塑料柄具有一定的绝缘性能，适宜电工使用
十字槽螺钉旋具	十字槽规格：Ⅰ型（2～2.5）；Ⅱ型（3～5）；Ⅲ型（5.5～8）；Ⅳ型（10～12）	专供旋动十字槽螺钉、木螺钉用
皮带冲（打眼冲）	冲孔直径：1.5；2.5；3；4；5；5.5；6.5；8；9.5；11；12.5；14；16；19；21；22；24；25；28；32	用于非金属材料，如皮革制品，橡胶板，石棉板等上面冲制圆孔
锤子	0.5～1kg	拆装各种零件用
钳工锉	12支粗、细	修配零件
手锯		修配零件
销子冲	ϕ3～ϕ12	拆装用
纯铜棒或铝棒	ϕ10×150；ϕ15×200；ϕ20×200	拆卸用
钢丝绳	绳6×9（股1＋6＋12）	吊装用
千斤顶	视工作需要定尺寸	调水平仪或三个一组支撑工件划线时使用

续表

名称	规格（mm）	用　途
油石	各种形状	修研不同形状的零件
磁力表架和万能表架		与百分表、千分表配合使用，可测量直线度、圆跳动、平行度等形位误差

第二节　专用修理工具

机修钳工拆卸和装配常用的专用工具有拔卸类、拉卸类、手动葫芦和轴承加热器等。

一、拔卸类

拔卸类的工具有拔销器和拔键器等。这类工具用来拉出带内螺纹的轴、锥销或直销，拆卸带钩头的斜度平键。其外形及结构如图 8-6和图 8-7 所示。

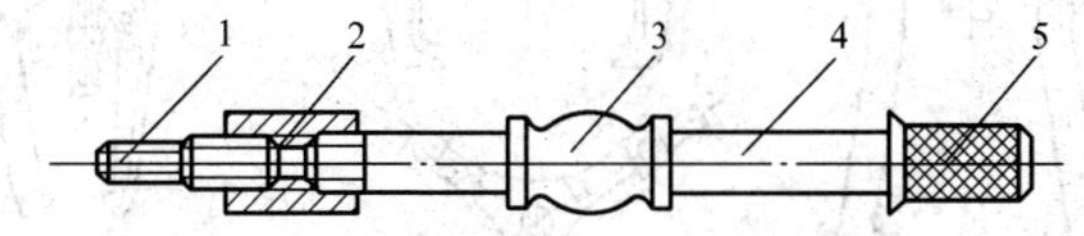

图 8-6　拔销器

1—可更换螺钉；2—定螺钉套；3—作用力圈；4—拉杆；5—受力圈

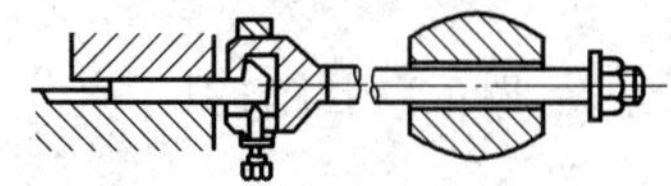

图 8-7　拔键器

（一）使用步骤

以图 8-6 所示拔销器的使用为例：

（1）观察所要拔卸销子的直径、长度，根据过盈量产生的摩擦力大小，选择规格适合的拔销器。

（2）根据销子尾端的螺孔直径选换螺钉 1。

（3）将螺钉 1（连同拔销器）旋入销子尾端螺孔，旋入深度大于螺孔直径。

（4）摆正拉杆轴向位置，左手轻扶受力圈，右手拨动作用力圈，先轻轻撞击，观察无误，再逐渐加力，拔到末尾力宜小。

（5）卸下销子。

（二）注意事项

（1）更换螺钉，使其旋入拔销器和销孔内的深度都分别大于定螺钉套螺孔直径和销子尾孔直径。

（2）左手扶受力圈时，手指不要超出端面，以免拉动作用力圈时砸碰手指。

二、拉卸类

拉卸类工具的外形和结构如图 8-8 所示。用来拆卸机械中的轮、盘或轴承类零件。

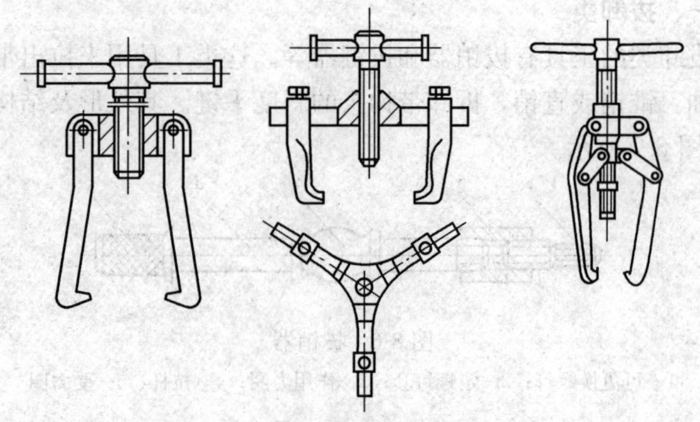

图 8-8　拉卸工具

（一）使用步骤

以两爪式拉轮器的使用为例（见图 8-9），其使用说明如下：

（1）在图 8-9 中，根据轴承直径和轴部长度，选择规格合适的拉轮器。

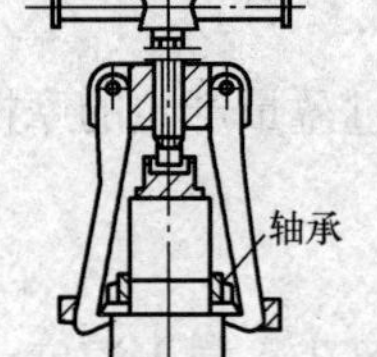

（2）将拉轮器拉爪对称地勾在轴承背端面上，调整顶杆，使顶杆端部球头顶稳在轴端部的中心孔内。

（3）顺时针慢慢地扳转手柄杆，旋入顶杆，注意不要让爪钩滑脱。

图 8-9　拆卸轴承

（4）当轴承退出一段距离，顶杆螺纹行程不够时，可退出顶杆，在轴端加垫后继续拆卸。

（5）拆卸的轴承要掉下来时，应用手托住轴承，或用吊车吊住轴承（质量较大时），以防突然落下而发生意外事故。

（6）轴承拆下后，整理工作场地。

（二）注意事项

当顶杆端部没有球头时，为减小顶杆端部和轴头端部的摩擦，可在顶杆端部中心孔与轴头端部中心孔之间放一合适的钢球进行拆卸。

三、拆卸和装配专用工具及适用场合

机修钳工拆卸和装配专用工具及适用场合见表 8-2。

表 8-2 机修钳工拆卸和装配专用工具及适用场合

名称	图形	用途
套筒式端面十字槽扳手	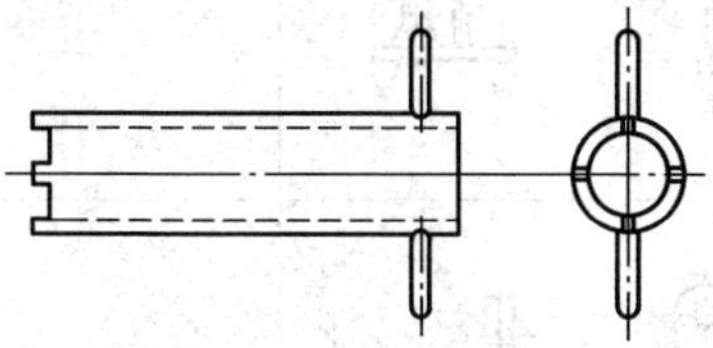	用于埋入孔内的圆螺母、磨床主轴轴瓦锁紧螺母的装卸
拔销器	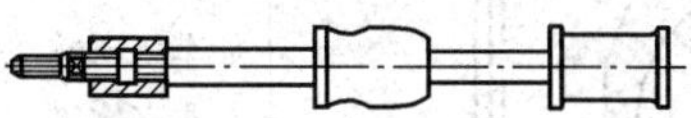	用于拉出带内螺纹的轴、锥销或直销
拉锥度平键工具	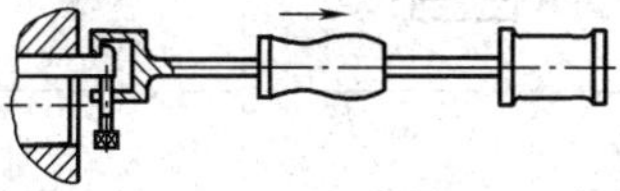	用于拆卸带钩头的锥度平键
螺杆式拉卸工具（扒钩）	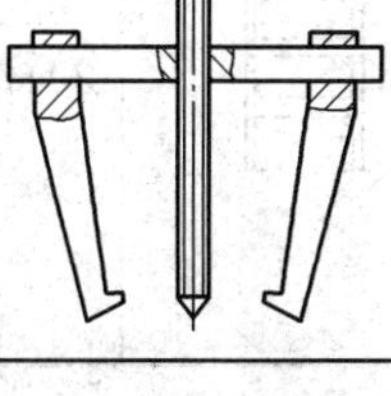	用于拆卸带轮、轴承、齿轮等

续表

名称	图　　形	用　　途
装卸工作台面的架子	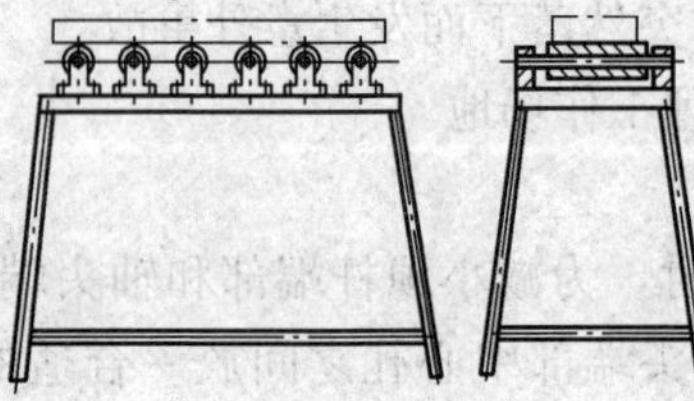	用于装卸铣床工作台面等
装卸箱体架子	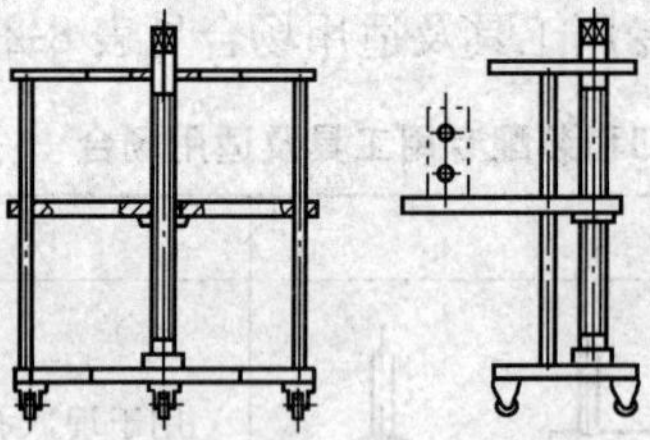	用于装卸车床溜板箱，进给箱，铣床进给变速箱等
剪刀式吊装架	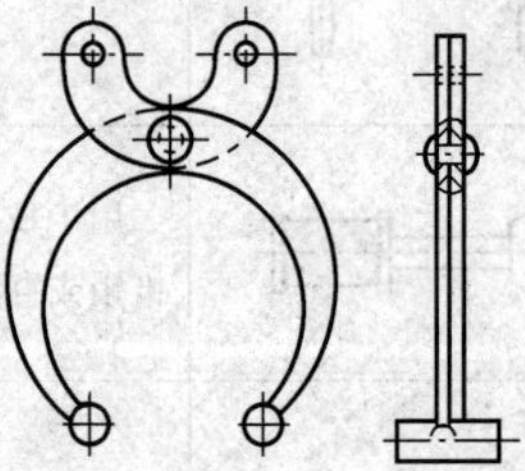	用于装吊带燕尾的工件，如车床床鞍，平面磨床主轴磨头壳体等
零件存放盘	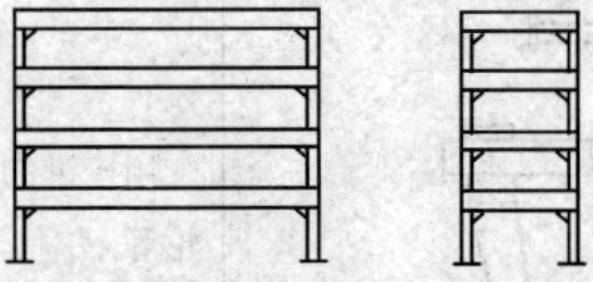	用于存放拆卸的零部件，还可作零件清洗盘用

续表

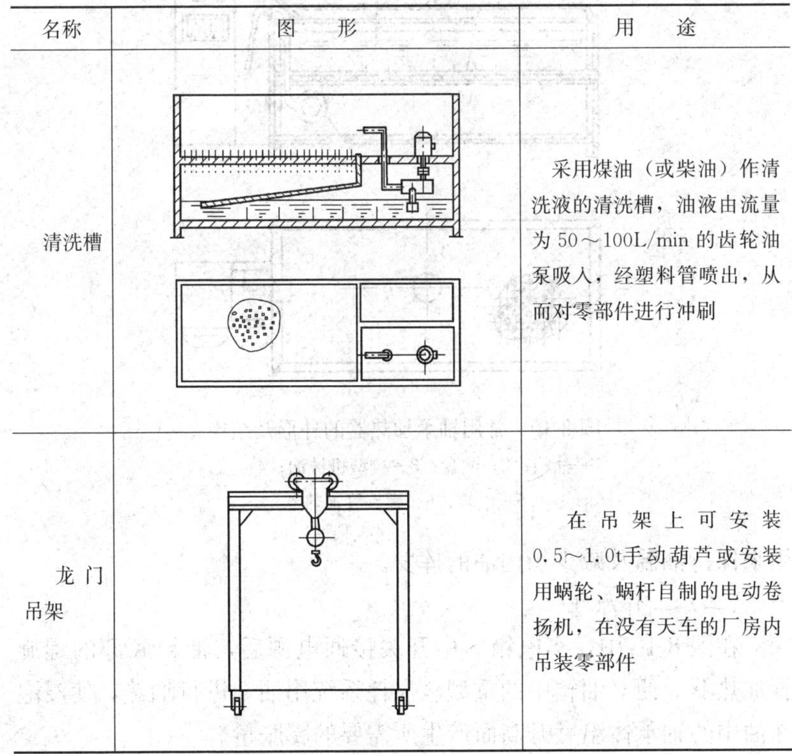

名称	图　　形	用　　途
清洗槽		采用煤油（或柴油）作清洗液的清洗槽，油液由流量为 50～100L/min 的齿轮油泵吸入，经塑料管喷出，从而对零部件进行冲刷
龙门吊架		在吊架上可安装 0.5～1.0t手动葫芦或安装用蜗轮、蜗杆自制的电动卷扬机，在没有天车的厂房内吊装零部件

四、轴承加热器

轴承加热器是专门用来对轴承体进行加热，以得到所需的轴承膨胀量和去除新轴承表面的防锈油的装置。

某设备修理厂根据机修钳工的工作需要自制的一种轴承加热器的外形及结构如图 8-10 所示。

（一）基本结构

如图 8-10 所示，轴承加热器由油箱和电箱两部分组成。油箱 1 的中部设有油盘 2，油箱中的重型机械油 3 的油面超出油盘一定高度，使轴承体放在油盘上后，能浸泡在油液中。油箱的底部装有螺旋管加热器 6，它的加热温度范围为 0～600℃，加热的温度点根据膨胀量的不同可预先设定。电箱 5 中装有调节式测温计，当油温升高到预先设定的温度后，即自动停止加热。油箱还附有油箱盖 4，

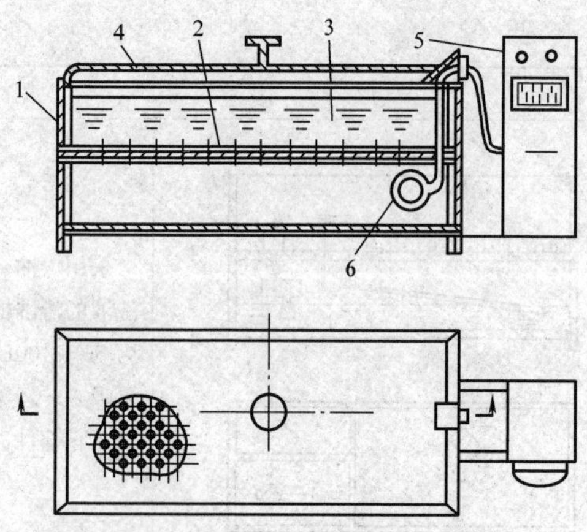

图 8-10　常用轴承加热器的外形及结构

1—油箱；2—油盘；3—重型机械油；4—盖；
5—电箱；6—螺旋管加热器

用来保持油温及减少箱内油的挥发。

（二）工作原理

在图 8-10 中，当电箱 5 中开关接通电源后，油箱底部的螺旋管加热器 6 便对油箱中的重型全损耗系统用油 3 进行加热，使浸泡在油中的轴承体温度升高而产生所需要的膨胀量。

（三）操作步骤

以 ϕ35H5/j6 配合的滚动轴承为例。

（1）由配合符号中得出轴的最大过盈量为 0.011mm，实测轴、孔的实际过盈量为 0.003mm，根据实际过盈量由计算得出轴承加热器的加热温度为 80～120℃。加热的温度应比计算值高些。

（2）检查轴承加热器正常后，接通电源，调整加热温度设置旋钮，使指针指向 100℃，加热油槽中介质油。

（3）将要加热的轴承体用旧电线穿成串并系牢。当油温升至 50℃时，打开油箱盖，将轴承放入油箱内油盘上，使轴承全部浸泡在油液中。系轴承电线的另一端引出箱外固定，盖好油箱盖。

（4）油温显示指针随油温升高移动，当指针指向 100℃时，加热器停止加热并保温一段时间。

（5）关闭电源，打开油箱盖，抓住穿轴承电线的另一端，提起轴承，悬吊一段时间，把轴承表面粘的油淌滴回油箱后，取出轴承。

（6）加热结束，盖好油箱盖并清理现场。

（四）注意事项

（1）油箱内的介质油加热时，要盖好箱盖，以减少散热及油的挥发。加热温度不要超高。

（2）加热器停止加热后，保温 8～10min 即可。提取轴承时，油温较高，要注意安全。

（五）维护保养

（1）轴承加热器应固定专人负责管理，经常保持设备整洁、完好，并定期对设备进行检查和维护。

（2）机修钳工应按操作规程使用设备，保持箱内油液清洁，油量不足时，要及时补加。

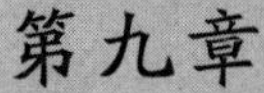

第九章

机修钳工常用设备

第一节　钻床和手电钻

一、钻床概述

钻床是钳工最常用的孔加工机床设备之一。钳工常用的钻床有台式钻床、立式钻床、摇臂钻床等三种。此外，随着数控技术的不断发展，数控钻床的应用也越来越广泛。

钻床类、组、系划分见表 9-1。

表 9-1　　钻床类、组、系划分表

组		系		主参数	
代号	名称	代号	名称	折算系数	名称
0		0			
		1			
		2			
		3			
		4			
		5			
		6			
		7			
		8			
		9			
1	坐标镗钻床	0	台式坐标镗钻床	1/10	工作台面宽度
		1			
		2			
		3	立式坐标镗钻床	1/10	工作台面宽度
		4	转塔坐标镗钻床	1/10	工作台面宽度
		5			
		6	定臂坐标镗钻床	1/10	工作台面宽度
		7			
		8			
		9			

续表

组		系		主参数	
代号	名称	代号	名称	折算系数	名称
2	深孔钻床	0			
		1	深孔钻床	1/10	最大钻孔直径
		2			
		3			
		4			
		5			
		6			
		7			
		8			
		9			
3	摇臂钻床	0	摇臂钻床	1	最大钻孔直径
		1	万向摇臂钻床	1	最大钻孔直径
		2	车式摇臂钻床	1	最大钻孔直径
		3	滑座摇臂钻床	1	最大钻孔直径
		4	坐标摇臂钻床	1	最大钻孔直径
		5	滑座万向摇臂钻床	1	最大钻孔直径
		6	无底座式万向摇臂钻床	1	最大钻孔直径
		7	移动万向摇臂钻床	1	最大钻孔直径
		8	龙门式钻床	1	最大钻孔直径
		9			
4	台式钻床	0	台式钻床	1	最大钻孔直径
		1	工作台台式钻床	1	最大钻孔直径
		2	可调多轴台式钻床	1	最大钻孔直径
		3	转塔台式钻床	1	最大钻孔直径
		4	台式攻钻床	1	最大钻孔直径
		5			
		6	台式排钻床	1	最大钻孔直径
		7			
		8			
		9			

续表

组		系		主参数	
代号	名称	代号	名称	折算系数	名称
5	立式钻床	0	圆柱立式钻床	1	最大钻孔直径
		1	方柱立式钻床	1	最大钻孔直径
		2	可调多轴立式钻床	1	最大钻孔直径
		3	转塔立式钻床	1	最大钻孔直径
		4	圆方柱立式钻床	1	最大钻孔直径
		5	龙门型立式钻床	1	最大钻孔直径
		6	立式排钻床	1	最大钻孔直径
		7	十字工作台立式钻床	1	最大钻孔直径
		8	柱动式钻削加工中心	1	最大钻孔直径
		9	升降十字工作台立式钻床	1	最大钻孔直径
6	卧式钻床	0			
		1			
		2	卧式钻床	1	最大钻孔直径
		3			
		4			
		5			
		6			
		7			
		8			
		9			
7	铣钻床	0	台式铣钻床	1	最大钻孔直径
		1	立式铣钻床	1	最大钻孔直径
		2			
		3			
		4	龙门式铣钻床	1	最大钻孔直径
		5	十字工作台立式铣钻床	1	最大钻孔直径
		6	镗铣钻床	1	最大钻孔直径
		7	磨铣钻床	1	最大钻孔直径
		8			
		9			

续表

组		系		主参数	
代号	名称	代号	名称	折算系数	名称
8	中心孔钻床	0			
		1	中心孔钻床	1/10	最大工件直径
		2	平端面中心孔钻床	1/10	最大工件直径
		3			
		4			
		5			
		6			
		7			
		8			
		9			
9	其他钻床	0	双面卧式玻璃钻床	1	最大钻孔直径
		1	数控印制板钻床	1	最大钻孔直径
		2	数控印制板铣钻床	1	最大钻孔直径
		3			
		4			
		5			
		6			
		7			
		8			
		9			

注　摘自 GB/T 15375—2008《金属切削机床　型号编制方法》。

二、台钻

台式钻床简称台钻，是一种小型钻床，放在台子上使用，一般用来钻削直径为 13mm 以下的孔，且为手动进给。台钻的主要特点是结构简单、体积小、操作方便灵活，常用于在小型零件上钻、扩 ϕ16mm 以下的小孔。台式钻床的型号与技术参数见表 9-2。

表 9-2　　　　台式钻床的型号与技术参数

技术参数	型号				
	Z4002A	Z4006C	Z4012	Z4015	Z4116-A
最大钻孔直径（mm）	2	6	12	15	16
主轴行程（mm）	25	65	100	100	125
主轴孔莫氏锥度号	—	—	1	2	2
主轴端面至底座的距离（mm）	20～120	90～215	30～430	30～430	560
主轴中心线至立柱表面的距离（mm）	80	152	190	190	240
主轴转速范围（r/min）	3000～8700	2300～11400	480～2800	480～2800	335～3150
主轴转速级数	3	4	4	4	5
主轴箱升降方式	手托	丝杆升降	蜗轮蜗杆	蜗轮蜗杆	
主轴箱绕立柱回转角（°）	±180	±180	0	0	±180
主轴进给方式	手动	手动	手动	手动	手动
电动机功率（kW）	0.09	0.37	0.55	0.55	0.55
工作台尺寸（mm×mm）	110×100	200×200	295×295	295×295	300×300
机床外形尺寸（长×宽×高，mm×mm×mm）	320×140×370	545×272×730	790×365×800	790×365×850	780×415×1300

图 9-1 所示为应用广泛的台钻。这种台钻灵活性较大，适于各种情况钻孔的需要。它的电动机 6 通过五级 V 带可使主轴得到 5 种转速；其头架本体 5 可在立柱 10 上上下移动，并可绕立柱中心转移到任何位置，将其调整到适当位置后用手柄 7 锁紧；9 是保险环。如果头架要放低一点，可靠它把保险环放到适当位置，再扳螺丝 8 把它锁紧，然后略放松手柄 7，靠头架自重落到保险环上，再把手柄 7 扳紧；工作台 3 也可在立柱上上下移动，并可绕立柱转动到任意位置；11 是工作台锁紧手柄，当松开锁紧螺钉 2 时，工作台在垂直平面内还可左右倾斜 45°。

工件较小时，可放在工作台上钻孔；工件较大时，可把工作台转开，直接放在钻床底座座 1 上钻孔。这类钻床的最低转速较高，

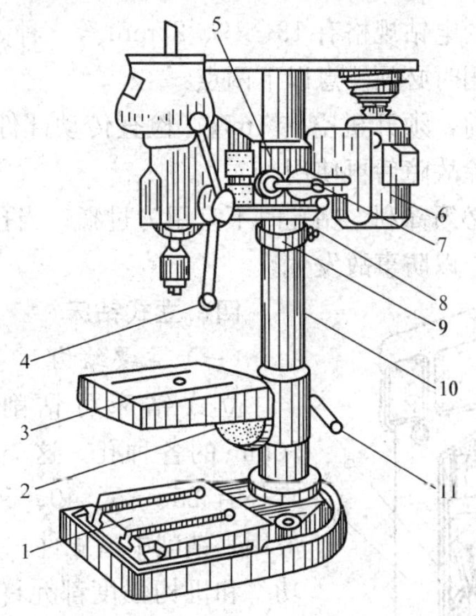

图 9-1　台式钻床

往往在 400r/min 以上，不适于锪孔和铰孔。

三、手电钻

手电钻是一种手提式电动工具，其种类和外形很多，图 9-2 所示是其中两种。大型夹具和模具装配时，若受工件形状或加工部位限制不能用钻床钻孔，可使用手电钻加工。

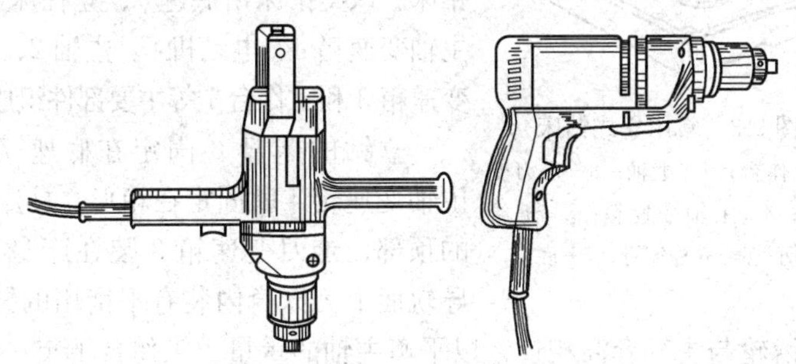

图 9-2　手电钻

手电钻的电源电压分单相（220V、36V）和三相（380V）两种。采用单相电压的电钻规格有 6、10、13、19、23mm 等五种，采用三相电压的电钻规格有 13、19、23mm 等三种。

手电钻使用时必须注意以下两点：

（1）使用前，须开机空转 1min，检查传动部件是否正常，如有异常，应排除故障后再使用。

（2）钻头必须锋利，钻孔时不宜用力过猛；当孔将钻穿时，应相应减少压力，以防事故发生。

四、立式钻床

（一）主要结构

立式钻床可钻削直径为 25～50mm 的各种孔。这类钻床最大钻孔直径有 25、35、40、50mm 几种，一般用来钻削中型工件。其进给可自动，功率和机构强度都允许采用较高的切削用量，因而可获得较高的劳动生产率和加工精度。另外，其主轴转速与走刀也有较大的变动范围，可适应不同材料的刀具和各种不同需要的钻削，如锪孔、铰孔、攻丝等。

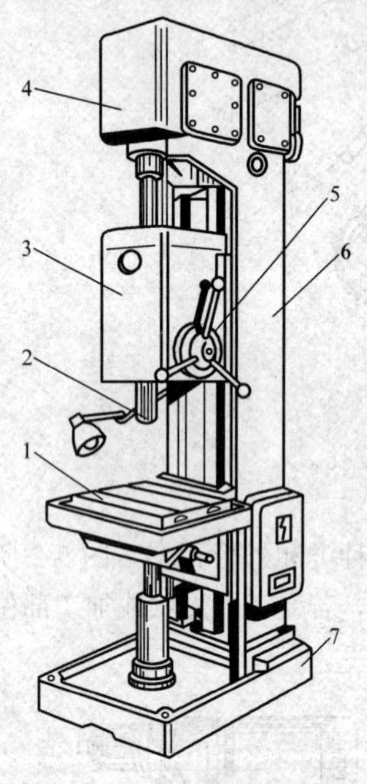

图 9-3　常用立式钻床

1—工作台；2—主轴；3—走刀变速箱；4—主轴变速箱；5—进给手柄；6—立柱床身；7—底座

图 9-3 所示为应用较为广泛的立式钻床。该类钻床由底座 7、立柱床身 6、主轴变速箱 4、电动机 8、主轴 2、走刀变速箱 3 和工作台 1 等主要部件组成。

立钻的床身 6 固定在底座 7 上，主轴变速箱 4 就固定在箱形立柱床身 6 的顶部。走刀变速箱 3 装在床身 6 的导轨面上。床身内装有平衡用的链条，绕过滑轮与主轴套筒相连，以平衡主轴的重量。工作台 1 装在床身导轨的下方，旋转手柄，工作台可沿床身导轨上下移动。在钻削大工件时，工作台还可以全部拆掉，工件直接固定在底座 7 上。这种钻床的走刀变速箱 3 也可在床身导轨上移动，以适应特殊工件的需要。不过无论是拆工作台或是移动很重的走刀变速箱都非常麻烦，所以在钻削较大工件时就不适用了。

Z5125 型立式钻床如图 9-4 所示。

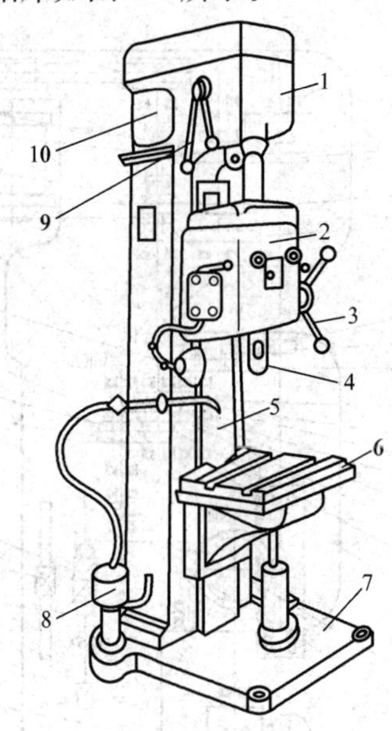

图 9-4　Z5125 型立式钻床

1—主轴变速箱；2—进给箱；3—进给手柄；4—主轴；5—立柱；6—工作台；7—底座；8—冷却系统；9—变速手柄；10—电动机

（二）主要技术参数

Z5125 型立式钻床的主要技术参数如下：

最大钻削直径	25mm
主轴锥孔	Morse №3
主轴最大行程	175mm
进给箱行程	200mm
主电动机功率及转速	2.8kW，1420r/min
主轴转速（9 级）	97～1360r/min
主轴进给量（9 级）	0.1～0.81mm/r
冷却泵电动机功率及流量	0.125kW，22L/min

（三）Z5125型立式钻床的传动系统

Z5125型立式钻床传动系统如图9-5所示。

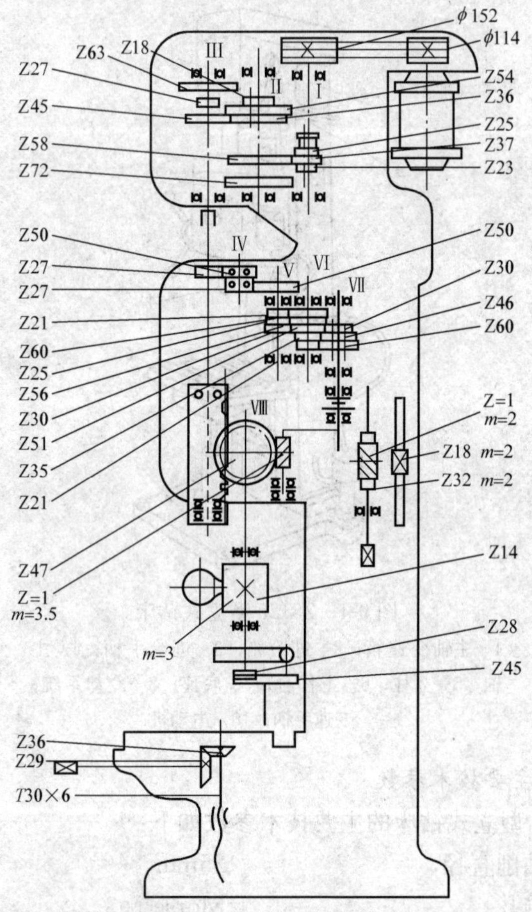

图9-5　Z5125型立式钻床的传动系统

1. 主运动

电动机经过一对V带轮ϕ114mm及ϕ152mm，将运动传给Ⅰ轴。轴Ⅰ上的三联滑移齿轮将运动传给Ⅱ轴，使Ⅱ轴获得三种速度。Ⅱ轴三联滑移齿轮将运动传给Ⅲ轴，使Ⅲ轴获得9种速度。轴Ⅲ是带内花键的空心轴，主轴上部的花键与其相配合，使主轴也有9种不同的转速。主运动传动链的结构式如下：

$$电动机—\frac{114}{152}—\text{I}—\left\{\begin{matrix}\frac{25}{54}\\\frac{37}{58}\\\frac{23}{72}\end{matrix}\right\}—\text{II}—\left\{\begin{matrix}\frac{18}{63}\\\frac{54}{27}\\\frac{36}{45}\end{matrix}\right\}—主轴\text{III}$$

其主轴转速的传动链方程式为

$$n_2=(n_1d_1)/(d_2\mu)$$

式中　n_2——主轴转速，r /min；

n_1——电动机转速，r/min；

d_1——电动机Ⅴ带轮直径，min；

d_2——从动轴（Ⅰ轴）Ⅴ带轮直径，mm；

μ——主轴变速箱的传动比。

根据传动链结构式和方程式，可求出主轴最高和最低转速如下

$$n_{max}=(n_1d_1)/(d_2\mu)$$

$$=(1420\times114)/(152\times37/58\times54/27)\approx1360(r/min)$$

$$n_{min}=(n_1d_1)/(d_2\mu)$$

$$=1420\times114/152\times23/72\times18/63\approx97(r/min)$$

因带轮传动不能保证较为精确的传动比，故而主轴实际的转速会比计算的要低一些。

2. 进给运动

钻床有手动进给与机动进给两种。手动进给是靠手自动控制的，机动进给是靠钻床进给箱内的传动系统控制的。

主轴经 Z27 传递给进给箱内的轴Ⅳ，轴Ⅳ经空套齿轮将运动传给Ⅴ轴。轴Ⅴ为空心轴，轴上三个空套齿轮内装有拉键，通过改变两个拉键与三个空套齿轮键槽的相对位置，可使Ⅵ轴得到三种不同的转速。轴Ⅵ上有 5 个固定齿轮，通过改变轴Ⅶ上三个空套齿轮键槽与拉键的相对位置，可使轴Ⅶ得到 9 种转速，再经轴Ⅶ上钢球安全离合器，使蜗杆（Z1）带动蜗轮（Z47）旋转，最后通过与蜗轮的小齿轮（Z14）将运动传递给主轴组件的齿条，从而使旋转运动变为主轴轴向移动的进给运动。

进给运动传动链的结构式为

$$\text{主轴Ⅲ}-\frac{27}{50}-\text{Ⅳ}-\frac{27}{50}-\text{Ⅴ}-\begin{Bmatrix}\frac{21}{60}\\ \frac{25}{56}\\ \frac{30}{51}\end{Bmatrix}-\text{Ⅵ}-\begin{Bmatrix}\frac{51}{30}\\ \frac{35}{46}\\ \frac{21}{60}\end{Bmatrix}-\text{Ⅶ}-\frac{1}{47}-\text{Ⅷ}-14$$

—齿条（$m=3$）

根据传动链结构式可列出计算进给量时的传动链方程式为

$$f=1\times 27/50\times 27/50\times \mu_1\times 1/47\times \pi m\times 14$$

式中　f——主轴进给量，mm/r；

μ_1——进给箱总传动比；

m——Z14 和齿条的模数，$m=3$。

3. 辅助进给

（1）进给箱的升降移动。摇动手柄使蜗杆带动蜗轮转动，再通过与蜗轮同轴的齿轮与固定在立柱上的齿条啮合，来带动进给箱升降移动。

（2）工作台的升降移动。摇动工作台升降手柄，使 Z29 的锥齿轮带动 Z36 的锥齿轮，再通过与 Z36 的锥齿轮同轴的丝杆旋转，使工作台升降移动。

（四）立式钻床型号、技术参数与联系尺寸

立式钻床的型号、技术参数与联系尺寸见表 9-3 和表 9-4。

五、摇臂钻床

（一）摇臂钻床的结构和用途

摇臂钻床适用于笨重的大工件或多孔工件上的钻削工作，如图 9-6 所示。它主要是靠移动钻轴去对准工件上的孔中心来钻孔的。由于主轴变速箱 4 能在摇臂 5 上作大范围的移动，而摇臂又能回转 360°角，故其钻削范围较大。

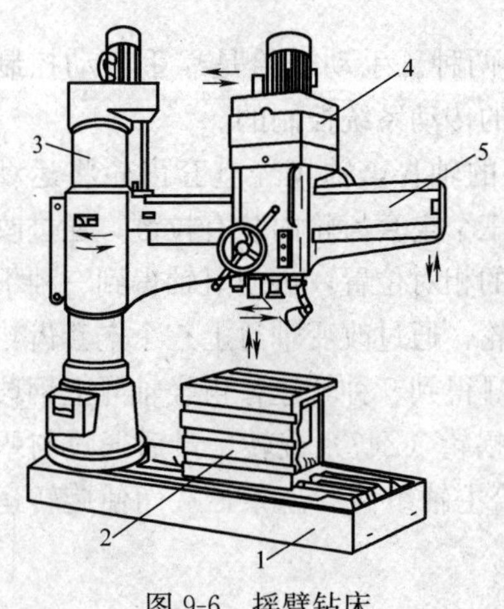

图 9-6　摇臂钻床

表 9-3　　**立式钻床的型号与技术参数**

技术参数	型号					
	Z5125A	Z5132A	Z5140A	Z5150A	Z5163A	ZQ5180A
最大钻孔直径(mm)	25	32	40	50	63	80
主轴中心线至导轨面距离(mm)	280	280	335	350	375	375
主轴端面至工作台距离(mm)	710	710	750	750	800	800
主轴行程(mm)	200	200	250	250	315	315
主轴箱行程(mm)	200	200	200	200	200	200
主轴转速范围(r/min)	50～2000	50～2000	31.5～1400	31.5～1400	22.4～1000	22.4～1000
主轴转速级数	9	9	12	12	12	12
进给量范围(mm/r)	0.056～1.8	0.056～1.8	0.056～1.8	0.056～1.8	0.063～1.2	0.063～1.2
进给量级数	9	9	9	9	8	8
主轴孔莫氏锥度号	3	3	4	4	5	5
主轴最大进给抗力(N)	9000	9000	16000	16000	30000	30000
主轴最大扭矩(N·m)	160	160	350	350	800	800
主电动机功率(kW)	2.2	2.2	3	3	5.5	5.5
总功率(kW)	2.3	2.3	3.1	3.1	5.75	5.75
工作台行程(mm)	310	310	300	300	300	300
工作台尺寸(mm)	550×400	550×400	560×480	560×480	650×550	650×550
机床外形尺寸(长×宽×高)(mm×mm×mm)	980×807×2302	980×807×2302	1090×905×2530	1090×905×2530	1300×980×2790	1300×980×2790

表 9-4　　立式钻床的联系尺寸（工作台尺寸）

结构尺寸图	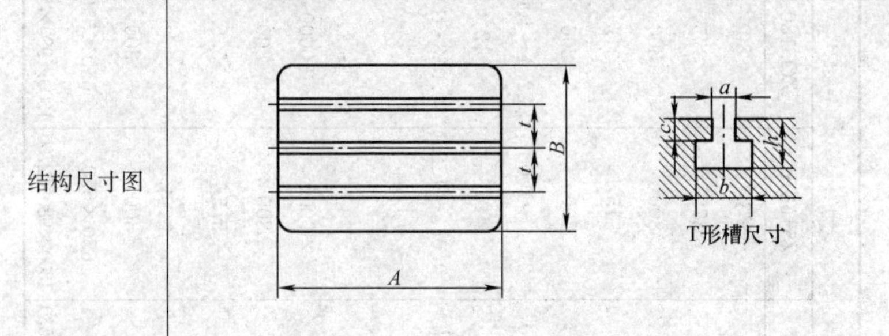					
机床联系尺寸（mm）	型号					
	Z5125A	Z5132A	Z5140A	Z5150A	Z5163	ZQ5180A
$A \times B$	550×400	550×400	560×480	560×480	650×550	650×550
T形槽数	3	3	3	3	3	3
t	100	100	150	150	150	150
a	14	14	18	18	22	22
b	24	24	30	30	36	36
c	11	11	14	14	16	16
h	26	26	30	30	36	36

当工件不太大时，可压紧在工作台 2 上加工，如果工作台放不下，可把工作台吊走，再把工件直接放在底座 1 上加工。根据工件高度的不同，摇臂 5 可用电动涨闸锁紧在立柱 3 上，主轴变速箱 4 也可用电动锁紧装置固定在摇臂 5 上。这样，在加工时主轴的位置就不会走动，刀具也不会产生振动。

摇臂钻床的主轴转速和走刀量范围很广，适用于钻孔、扩孔、锪平面、锪柱坑、锪锥坑、铰孔、镗孔、环切大圆孔和攻丝等各种工作。

以 Z3040 型摇臂钻床为例说明如下：

Z3040 型摇臂钻床是以移动钻床主轴来找正工件的，其操作方便灵活，主要适用于较大型、中型与多孔工件的单件、小批或中等批量的孔加工。其主轴箱有很大的移动范围，其摇臂可绕立柱作360°回转，并可作上下运动。

（二）Z3040 型摇臂钻床的主要技术参数

最大钻孔直径	40mm
主轴锥孔锥度	Morse №4
主轴最大行程	315mm
主轴箱水平移动距离	900mm
摇臂升降距离	600mm
摇臂升降速度	1.2m/min
主轴回转	360°
主轴转速	25～2000r/min
主轴进给量	0.04～3.2min/r
主电动机功率	3kW

（三）摇臂钻床的操作

摇臂钻床的操纵如图 9-7 所示。

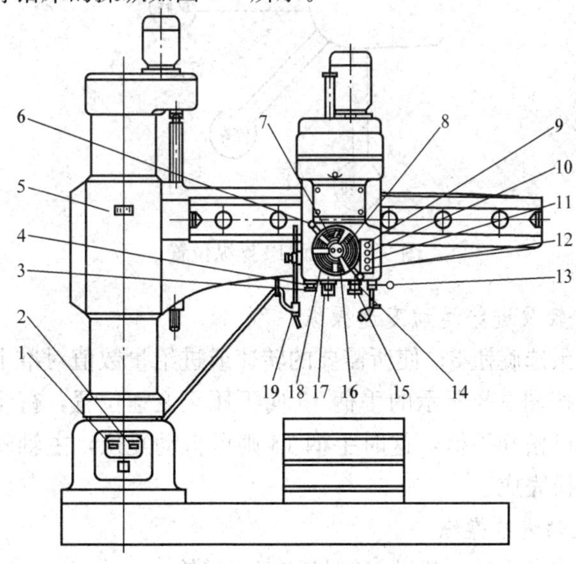

图 9-7 摇臂钻床操纵示意图

1、2—电源开头；3、4—预选旋钮；5—摇臂；6、7、8、13、14—手柄；9、10、11、12、16、18—按钮；15—手轮；17—主轴；19—冷却液管

在开动钻床前，先将电源开关 2 接通，然后进行操纵，其操纵有以下几个部分。

1. 主轴启动操纵

如图 9-8 所示，按下按钮 9，再将手柄 13 转至正转或反转位置，则可进行此项操纵。

2. 主轴空挡转动操纵

如图 9-8 所示，将手柄 13 转至空挡位置，此时主轴就处于其空挡位置，就可自由地用手转动主轴了。

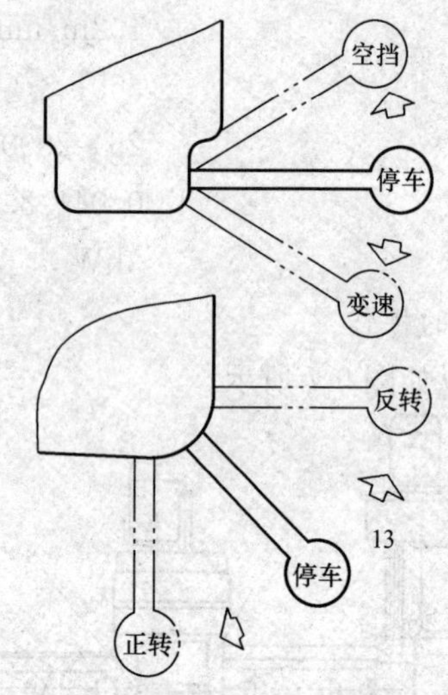

图 9-8　手柄 13 操纵位置

3. 主轴及进给运动变速操纵

转动预选旋钮 3，使所需要的转速或进给量数值对准上部的箭头，然后按图 9-8 所示的手柄 13 向下压至变速位置，待主轴开始旋转时就可松开手柄，这时手柄 13 则可自动复位，主轴转速和进给量便变换完成。

4. 主轴进给操纵

其形式有手动、机动、微量和定程进给。

将手柄 14 向下压至极限位置，再将手柄 6 向下拉出，便可作机动进给了。将手柄 14 向上抬至水平位置，再把手柄 6 向外拉出，转动手轮 15 则可实现微量进给。先将手柄 7 拉出，再转动手柄 8 至图 9-9 所示位置，这时刻度盘上的蜗轮与蜗杆脱离，转动刻度至所需要的切削深度值与箱体上副尺零线大致相对，再转动手柄 8 至图 9-10 所示位置，这时就使蜗轮与蜗杆啮合，以进行微量调节，直至与零位刻线对齐，推动手柄 7 接通机动进给。当切至所需深度后，手柄 14 自动抬起，断开机动进给，实现定程进给运动。

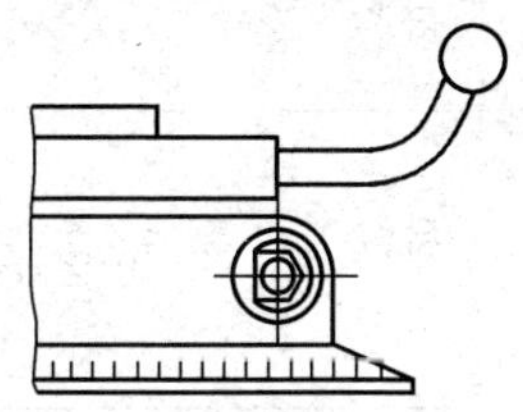

图 9-9　定位进给操纵位置（一）

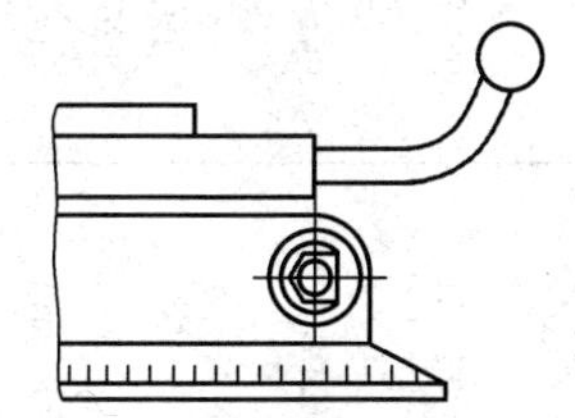

图 9-10　定位进给操纵位置（二）

5. 其他操纵

包括主轴箱、立柱的夹紧与松开以及摇臂的升降操纵等。

按下按钮 18，如按钮指示灯亮，则已夹紧；如不亮，则未夹紧。如果按下按钮 16，按钮 18 的指示灯不亮，但按钮 16 的指示灯亮，则主轴箱和立柱已经松开了。

按下按钮 11，摇臂向上运动，按下按钮 12，摇臂向下运动。只要松开按钮 11，运动便会停止。

（四）摇臂钻床型号、技术参数与联系尺寸

摇臂钻床的型号、技术参数与联系尺寸见表 9-5 和表 9-6。

六、数控钻床简介

数控钻床是高度自动化的数控操作机床。数控钻床与十字工作台钻床的型号和技术参数见表 9-7。

表 9-5　　　　摇臂钻床的型号与技术参数

技术参数	型号					
	Z3025B×10	Z3132	Z3035B	Z3040×16	Z3063×20	Z3080×25
最大钻孔直径(mm)	25	32	35	40	63	80
主轴中心线至立柱表面距离(mm)	300～1000	360～700	350～1300	350～1600	450～2000	500～2500
主轴端面至底座面距离(mm)	250～1000	110～710	350～1250	350～1250	400～1600	550～2000
主轴行程(mm)	250	160	300	315	400	450
主轴孔莫氏锥度号	3	4	4	4	5	6
主轴转速范围(r/min)	50～2350	63～1000	50～2240	25～2000	20～1600	16～1250
主轴转速级数	12	8	12	16	16	16
进给量范围(mm/r)	0.13～0.56	0.08～2.00	0.06～1.10	0.04～3.2	0.04～3.2	0.04～3.2
进给量级数	4	3	6	16	16	16
主轴最大扭矩(N·m)	200	120	375	400	1000	1600
最大进给抗力(N)	8000	5000	12500	16000	25000	35000
摇臂升降距离(mm)	500	600	600	600	800	1000
摇臂升降速度(m/min)	1.3	—	1.27	1.2	1.0	1.0
主电动机功率(kW)	1.3	1.5	2.1	3	5.5	7.5
总装机容量(kW)	2.3	—	3.35	5.2	8.55	10.85
摇臂回转角度(°)	±180	±180	360	360	360	360
主轴箱水平移动距离(mm)	700	—	850	1250	1550	2000
主轴箱在水平面回转角度(°)	—	±180	—	—	—	—

注　Z3132 为万向摇臂钻床。

表 9-6　　摇臂钻床的联系尺寸

结构尺寸图

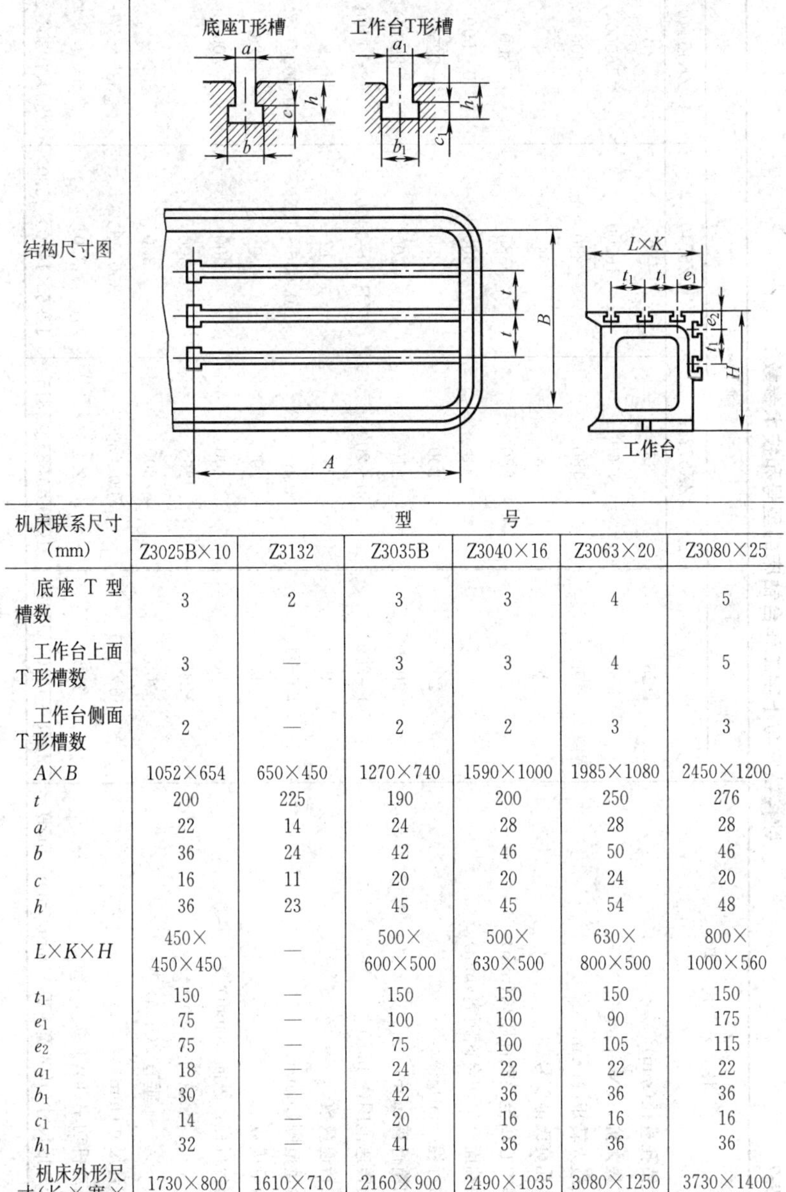

机床联系尺寸(mm)	型号					
	Z3025B×10	Z3132	Z3035B	Z3040×16	Z3063×20	Z3080×25
底座 T 型槽数	3	2	3	3	4	5
工作台上面T形槽数	3	—	3	3	4	5
工作台侧面T形槽数	2	—	2	2	3	3
$A\times B$	1052×654	650×450	1270×740	1590×1000	1985×1080	2450×1200
t	200	225	190	200	250	276
a	22	14	24	28	28	28
b	36	24	42	46	50	46
c	16	11	20	20	24	20
h	36	23	45	45	54	48
$L\times K\times H$	450×450×450	—	500×600×500	500×630×500	630×800×500	800×1000×560
t_1	150	—	150	150	150	150
e_1	75	—	100	100	90	175
e_2	75	—	75	100	105	115
a_1	18	—	24	22	22	22
b_1	30	—	42	36	36	36
c_1	14	—	20	16	16	16
h_1	32	—	41	36	36	36
机床外形尺寸(长×宽×高)	1730×800×2055	1610×710×2080	2160×900×2570	2490×1035×2645	3080×1250×3205	3730×1400×3825

表 9-7　　数控钻床与十字工作台钻床的型号和技术参数

技术参数	型号			
	Z5725	ZX5725	Z5740	ZKJ5440
最大钻孔直径(mm)	25	25	40	40
主轴最大抗力(N)	9000	9000	16000	16000
主轴最大转矩(N·m)	160	160	350	400
主轴孔莫氏锥度号	3	3	4	4
主轴中心线至导轨面距离(mm)	280	280	335	300
主轴端面至工作台面距离(mm)	590	545	660	0～590
主轴行程(mm)	200	200	250	225
主轴箱行程(mm)	200	210	200	200
主轴转速范围(r/min)	50～2000	50～2000	31.5～1400	68～1100
主轴转速级数	9	9	12	9
进给量范围(mm/r)	0.056～1.8	0.056～1.8	0.056～1.8	0.0027～7.0
进给量级数	9	9	9	126
工作台行程：纵向 x(mm)	400	400	500	300
横向 y(mm)	240	265	300	290
垂直 z(mm)	300	300	380	—
工作台尺寸(mm)	750×300	700×300	850×350	335×670
主电动机功率(kW)	2.2	2.2	3.0	4
机床外形尺寸(长×宽×高)(mm×mm×mm)	1138×1010×2302	1220×1085×2315	1295×1130×2530	1280×1030×2585

第二节 电动工具及风动工具

一、电动砂轮机

砂轮机主要用于刃磨錾子、钻头、刮刀、样冲和划针等钳工工具，还可用于车刀、刨刀、刻线刀等形状较简单的刀具刃磨；也可用于打磨铸、锻工件的毛边或用于材料或零件的表面磨光、磨平、去余量及焊缝磨平。它给修理和装配工作带来了很大方便。

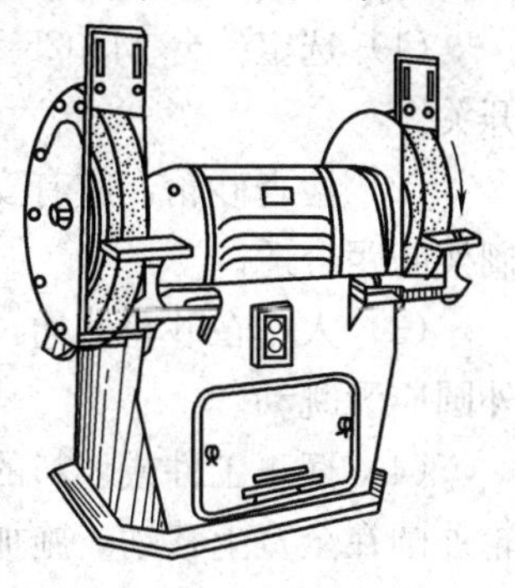

图 9-11 砂轮机

砂轮机主要由砂轮、电动机、砂轮机座、托架和防护罩等组成，如图 9-11 所示。为了减少污染，砂轮机最好装有吸尘装置。

（一）国产砂轮机的分类及简要技术规格

砂轮机的种类较多，常用的有台式砂轮机、落地式砂轮机、手提式砂轮机、软轴式砂轮机和悬挂式砂轮机。表 9-8 列出了台式砂轮机和手提式砂轮机的主要型号和规格。

表 9-8 台式砂轮机和手提式砂轮机的主要型号和规格

产品名称	型　号	砂轮尺寸（外径×宽×内径，mm×mm×mm）	砂轮转速 n（r/min）	电动机容量 P（kW）
单相台式砂轮机	S_1ST-150	$\phi150\times20\times\phi32$	2800	0.25
单相台式砂轮机	S_1ST-200	$\phi200\times25\times\phi32$	2800	0.5
台式砂轮机	S_3ST-150	$\phi150\times20\times\phi32$	2800	0.25
台式砂轮机	S_3ST-200	$\phi200\times25\times\phi32$	2800	0.5
台式砂轮机	S_3ST-250	$\phi250\times25\times\phi32$	2800	0.75
手提式砂轮机	S_3S-100	$\phi100\times20\times\phi20$	2750	0.5
手提式砂轮机	S_3S-150	$\phi150\times20\times\phi32$	2750	0.68

（二）砂轮机传动系统

电动砂轮机和手提式电动砂轮机的砂轮安装在电动机轴上，都是由电动机轴直接带动砂轮旋转，其传动表达式为：电动机—砂轮。

（三）主要部件结构

砂轮机的结构比较简单。台式砂轮机主要由机座、电动机、砂轮罩、开关及砂轮等几个部分组成，手提式电动砂轮机一般由电动机、砂轮、砂轮罩、手柄开关、电源线及插头等几个部分组成。

（四）台式砂轮机操作方法及注意事项

1. 操作步骤

(1) 选定一台 M3025 型标准落地式砂轮机，打开砂轮机照明开关。

(2) 检查砂轮，应有安全防护罩，砂轮应无损坏，外圆平整，搁架间距合适。

(3) 人站在砂轮侧面，启动按钮，待砂轮运转正常，检查砂轮外圆应无跳动。

(4) 摆正工件或坯料的角度，轻、稳地靠在砂轮外圆上，沿砂轮外圆在全宽上移动，施加的压力不要过大。

(5) 磨削完毕，关闭电源。

2. 注意事项

由于砂轮的质地较脆、转速较高，如使用不当，容易发生砂轮碎裂造成人身事故，因此，使用砂轮机时应严格遵守安全操作规程。一般应注意以下几点：

(1) 砂轮的旋转方向要正确（见图 9-11 中箭头所指方向），使磨屑向下方飞离砂轮。

(2) 砂轮启动后，先观察运转情况，待转速正常后再进行磨削。

(3) 磨削时，工作者应站在砂轮的侧面和斜侧面，不要站在砂轮的对面。

(4) 磨削过程中，不要对砂轮施加过大的压力，防止刀具或工件对砂轮发生激烈的撞击。砂轮应经常用修整器修整，保持砂轮表面平整。

(5) 经常调整搁架和砂轮间的距离，一般应保持在 3mm 以内，防止磨削件轧入造成事故。

3. 维护保养

(1) 砂轮磨损后直径变小、影响使用时，应及时更换新砂轮。

(2) 砂轮外圆不圆或母线不直时，应及时用砂轮修整器进行修整。

(3) 应定期检查砂轮机，发现问题应及时修理，并定期加注润滑油。

(4) 砂轮机工作场地要经常保持整洁。

二、电磨头、电剪刀

(一) 电磨头

电磨头属于高速磨削工具，它适用于大型工、夹、模具的装配调整，可对各种形状复杂的工件进行修磨和抛光，如图 9-12 所示。装上不同形状的小砂轮，还可修磨各种凹凸模的成形面；当用布轮代替砂轮使用时，则可进行抛光作业。

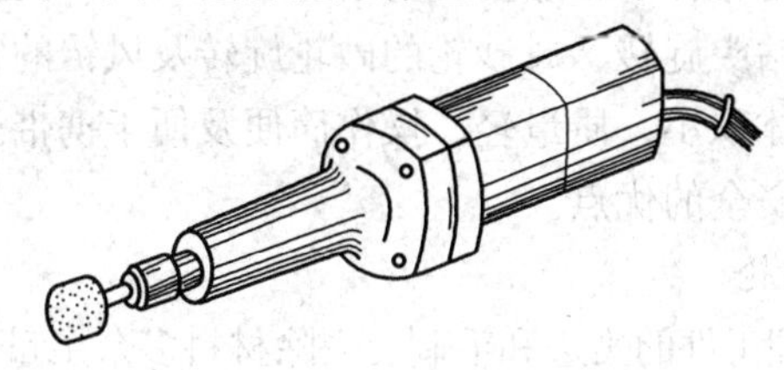

图 9-12　电磨头

使用电磨头时应注意以下几点：

(1) 使用前，应开机空转 2～3min，检查旋转声音是否正常；如有异常，应排除故障后再使用。

(2) 新装砂轮应修整后使用，否则所产生的惯性力会造成严重振动，影响加工精度。

(3) 砂轮外径不得超过铭牌上规定的尺寸。

(4) 工作时的砂轮和工件的接触力不宜过大，更不能用砂轮冲击工件，以防砂轮爆裂，造成事故。

(二) 电剪刀

电剪刀使用灵活、携带方便，能用来剪切各种几何形状的金属板材，如图 9-13 所示。用电剪刀剪切后的板材具有板面平整、变形小、质量好的优点。因此，它是对各种大型板

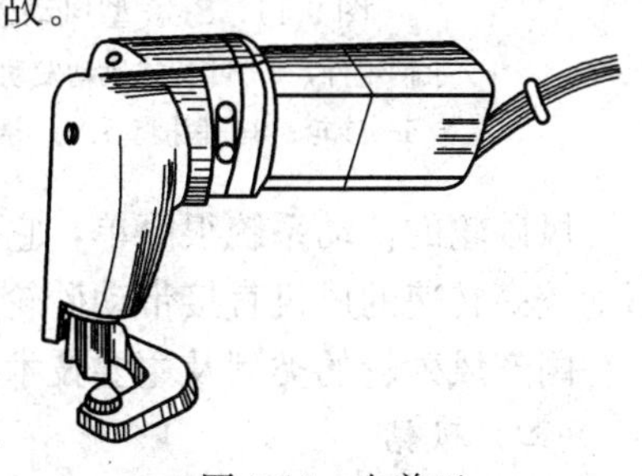

图 9-13　电剪刀

材进行落料加工的主要工具之一。

使用电剪刀时应注意以下几点：

(1) 使用前，应开机空转，检查各部分螺钉是否紧固，待运转正常后方可使用。

(2) 剪切时，两切削刃的间距应根据材料厚度进行调试，当剪切厚度大的材料时，两切削刃刃口的间距为0.2～0.3mm；剪切厚度较薄的材料时，刃口间距可按材料厚度的20%确定。

(3) 作小半径剪切时，须将两刃口间距调至0.3～0.4mm。

三、风动工具

风动工具是一种以压缩空气为动力源的气动工具，通过压缩空气驱动风钻的钻头旋转、风砂轮的砂轮旋转及风铲的铲头铲切。风动工具除具有体积小、质量轻、操作简便及便于携带等特点外，较电动工具还有安全的优点。

(一) 风砂轮

常用来清理工件的飞边和毛刺、去除材料多余余量、修光工件表面、修磨焊缝和齿轮倒角等工作。使用时，按工件的大小和修磨的部位来选择具体的风砂轮的型号。风砂轮的外形及结构如图9-14所示。

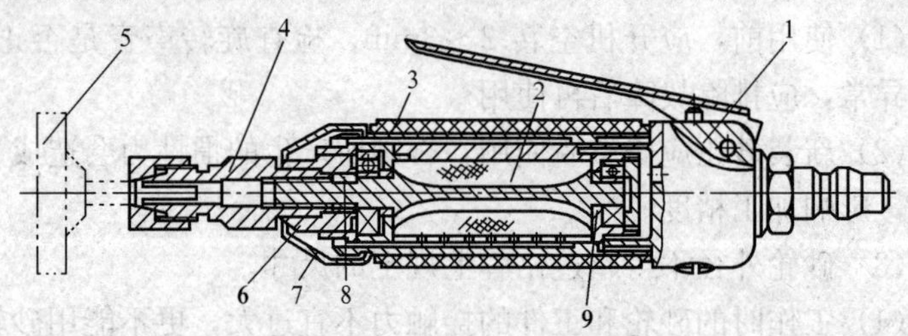

图9-14 S-40型风动砂轮机的外形及结构

1—手柄组件；2—叶片式风动发动机；3—塑料套；4—弹性夹头；5—砂轮；6—联接套；7—导气罩；8—键；9—调整环

风砂轮的传动系统很简单，它没有减速机构，而是由压缩空气驱动较高转速的风机直接带动砂轮旋转。

国产风砂轮的类型及主要技术规格见表9-9。

(二) 风钻

风钻常用来钻削工件上不便于在机床上加工的小孔。风钻质量轻、操作简便、灵活、安全。

表 9-9　　国产风砂轮的类型及主要技术规格

型号	质量（kg）	砂轮直径（mm）	使用气压（MPa）	转速（空载）r/min	外形最大长度（mm）
S40A	0.7	40	0.5	17 000～20 000	180
S60	1.2	60	0.5	14 000～16 000	340
S150	6	50	0.5	5500～6500	470

图 9-15 所示为 Z13-1 型风钻的外形及结构。表 9-10 列出了部分国产风钻的类型及技术性能。

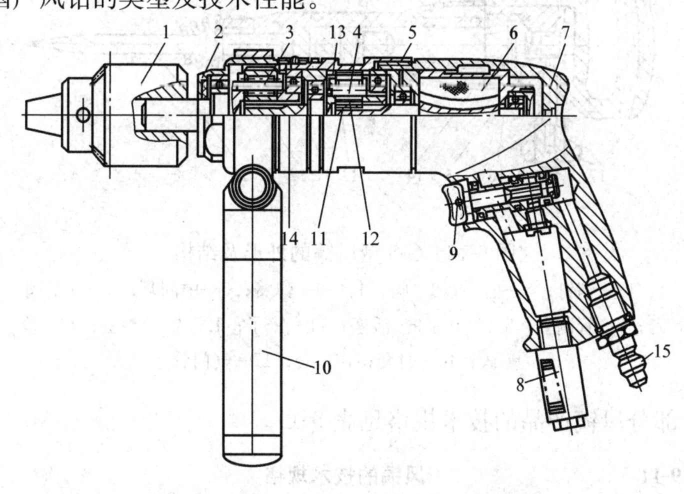

图 9-15　Z13-1 型风钻的外形及结构

1—钻夹头；2—内齿轮前套；3—二级行星齿轮减速机构；4—一级行星齿轮减速机构；5—中壳体；6—风动发动机；7—手柄；8—消声器；9—按钮开关组件；10—辅助手柄；11—风动轴头齿轮；12—行星齿轮；13—风齿轮；14—输出轴；15—管接头

表 9-10　　部分国产风钻的类型及主要技术性能

名称	型号	最大钻孔直径（mm）	使用气压（MPa）	转速（r/min）		质量（kg）
				空载	负载	
方向风钻	ZW5	4	0.5	2800	1250	1.2
风钻	Z6	6	0.5	2800	1250	0.7
风钻	Z8	8	0.5	2000	900	1.6
风钻	05-22	22	0.5	—	300	9
	05-32	32	—	—	235	—
风钻	05-32-1	32	0.5	380	225	11
风钻	ZS32	32	0.5		225	13.5

（三）风镐和风铲

风镐和风铲同是一种机械化的气动工具。当将风镐的钎子换成铲子时，风镐就变成了风铲。风铲是靠压缩空气为动力，驱动其气缸内的冲击机件使铲子产生冲击作用的。机修钳工使用风铲来破碎坚固的土层、水泥层，起吊和安装机械设备，有时也用于铲切工件的焊缝和毛刺等。风镐的外形及结构如图 9-16 所示。

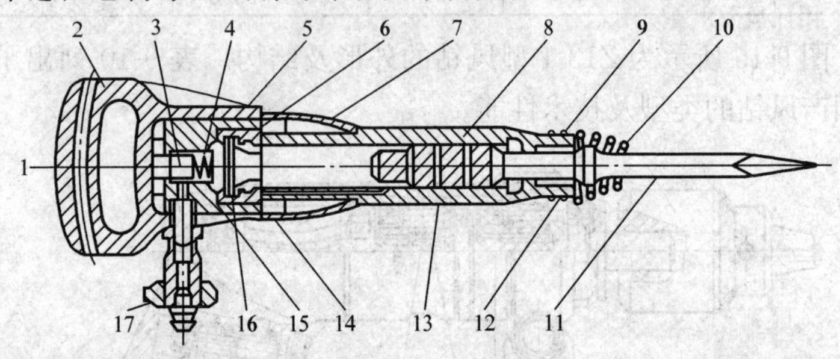

图 9-16　G-5 型风镐的外形及结构

1、13—销钉；2—把手；3—阀；4、10—弹簧；5—中间环；6—D 型阀套；7—管制套；8—气孔；9—活塞；11—铲子；12—铲子导套；14—D 型阀；15—衬套；16—套；17—气门管

部分风镐产品的技术规格见表 9-11。

表 9-11　　风镐的技术规格

名称	单位	G-5 型	G-8 型	G-2 型	G-7 型
风镐的质量	(kg)	10.5	8.0	9	7.5
风镐全身（不带钎子）	mm	600	500	500	560
每分钟冲击数	次/min	950	1400	1000	1200
活塞上能力	W	735	680	—	—
冲击一次所做功	W/(kg·m)	3.5	2.5	3	1.55
自由空气消耗量	m^3/min	1	1	1	0.74
空气压力	kPa	434	434	434	434
活塞直径	mm	38	38	38	35
活塞行程	mm	155	—	—	90
活塞质量	kg	0.9	0.7	—	—
胶皮风管直径	mm	16	16	16	16

第三节　手动压床、千斤顶

一、手动压床

手动压床不同于各种吨位的机械式压力机，它是一种以手动为动力、吨位较小的机修钳工常用的辅助设备，用于过盈连接中零件的拆卸压出和装配压入，有时也可用来矫正、调直弯曲变形的零件。常见的手动压床如图 9-17 所示。

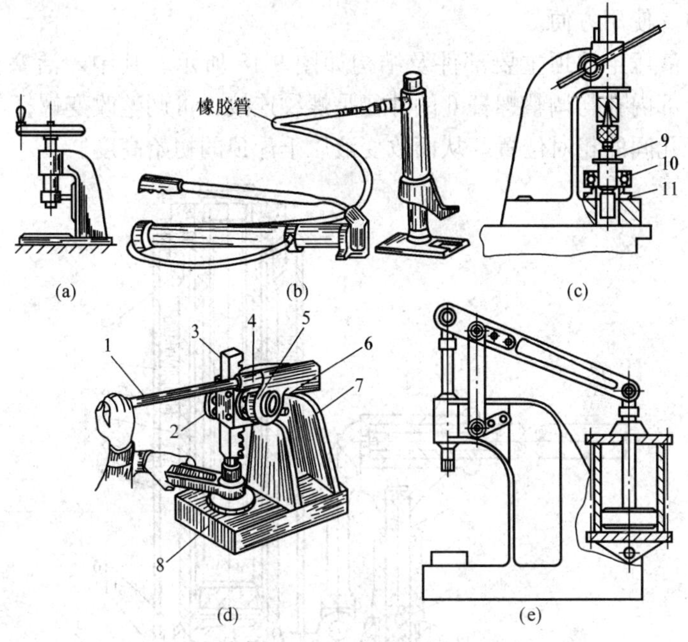

图 9-17　常见手动压床的外形及结构

(a) 螺旋式；(b) 液动式；(c) 杠杆式；(d) 齿条式；(e) 气动式

1—手把；2—手轮；3—齿条；4—棘爪；5—棘轮；6—轴；7—床身；8—底座；9—轴；10—轴承；11—衬套

国产手动压床的形式较多，按结构特点的不同，可分为螺旋式、液动式、杠杆式、齿条式和气动式，其外形及结构如图 9-17 所示。

以齿条式手动压床为例，其主要技术参数如下：

工作台孔径　　100mm

工作台孔中心至床身表面距离	150mm
工作台台面长×宽	250mm×250mm
工作台台面至压轴下端面最大距离	450mm
工作台台面至压轴下端面最小距离	100mm
压轴力臂长度	950mm

二、千斤顶

千斤顶是一种小型的起重工具，主要用来起重工件或重物，还可用它来拆卸和装配设备中过盈配合的零件。千斤顶体积小、操作简单、使用方便。

液压千斤顶主要部件及结构如图 9-18 所示。其中，活塞杆 7 的上部内孔与调整螺杆 6 的外径是螺纹连接，可调整改变螺杆与活塞杆孔间的相对位置，从而改变液压千斤顶的初始高度。

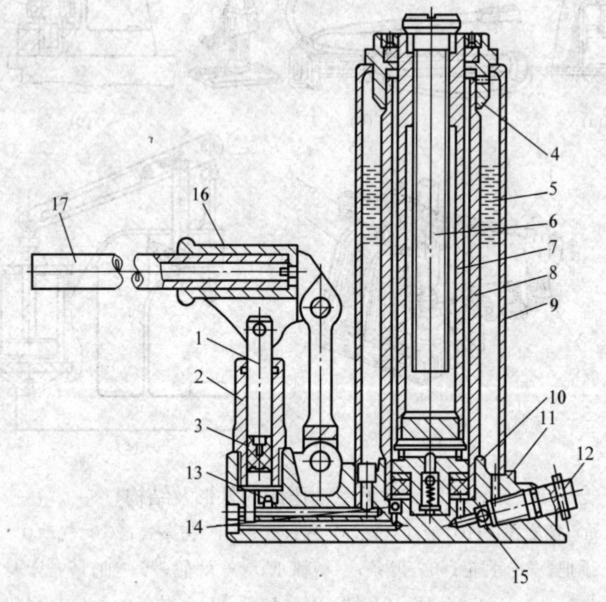

图 9-18　液压千斤顶的结构

1—油泵芯；2—油泵缸；3—油泵胶碗；4—顶帽；5—工作油；6—调整螺杆；7—活塞杆；8—活塞缸；9—外套；10—活塞胶碗；11—底盘；12—回油开关；13、14、15—单向阀；16—揿手；17—手把

按结构形式的不同，国产千斤顶可分为齿条式千斤顶、螺旋式千斤顶和液压式千斤顶。每种形式中都有各种不同型号和规格。表9-12和表9-13列出了常用的螺旋式千斤顶和液压式千斤顶的产品型号及技术规范。

表9-12　　锥齿轮式螺旋式千斤顶的技术性能规格

型号	起重质量(t)	最低高度(mm)	起升高度(mm)	手柄长度(mm)	操作力(N)	操作人数(人)	自重(kg)
LQ-5	5	250	130	600	130	1	7.5
LQ-10	10	280	150	600	320	1	11
LQ-15	15	320	180	700	430	1	15
LQ-30D	30	320	180	1000	600	1～2	20
LQ-30	30	395	200	1000	850	2	27
LQ-50	50	700	400	1385	1260	3	109

表9-13　　液压式千斤顶的产品型号及性能规格

名称	型号					
	YQ-3	YQ-5	YQ-8	YQ-12.5	YQ-16	YQ-20
额定最大负荷(t)	3	5	8	12.5	16	20
起重高度(mm)	130	160	160	160	160	180
调整高度(mm)	80	80	100	100	100	—
最低高度(mm)	200	260	240	245	250	285
工作压力(MPa)	44.3	50.0	57.8	63.7	67.4	75.7
手柄作用力(kN)	6.2		6.2	8.5	8.5	10.0
操作人数(人)	1	1	1	1	1	1
底座尺寸(mm)	130×80	160×138	140×110	160×130	170×140	170×130
净质量(kg)	3.8	8	7	9.1～10	20	13.8
名称	型号					
	YQ-30	YQ-32	YQ-50	YQ-100	YQ-200	YQ-320
额定最大负荷(t)	30	32	50	100	200	320
起重高度(mm)	180	180	180	200	200	200
调整高度(mm)	—	—	—	—	—	—
最低高度(mm)	290	290	300	360	400	450
工作压力(MPa)	72.4	72.4	78.6	65.0	70.6	70.7
手柄作用力(kN)	10	10	10	10	10	10
操作人数(人)	1	1	1	2	2	2
底座尺寸(mm)	204×160	200×160	230×190	ϕ222	ϕ314	ϕ394
净质量(kg)	30	29	43	123	227	435

第四节　单梁起重机、手动葫芦

一、单梁起重机

单梁起重机的外形如图 9-19 所示，它由吊架和葫芦组成。葫芦是一种轻小型的起重设备，其体积小、质量轻、价格低廉且使用方便。葫芦分电动葫芦和手动葫芦。机修钳工在工作中较多地是将手动葫芦与吊架配套使用，用来拆卸或装配机床零部件。

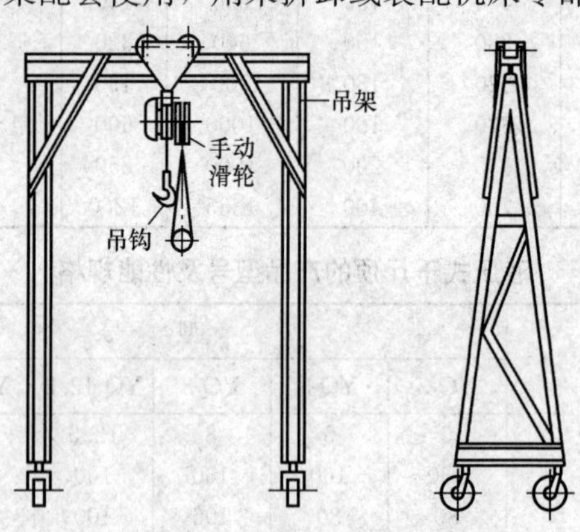

图 9-19　单梁起重机

（一）国产电动葫芦的分类及技术规格

国产电动葫芦按起吊索具结构的不同，分为环链式电动葫芦和钢丝绳式电动葫芦，它们的型号与技术规格分别见表 9-14 和表 9-15。

表 9-14　　环链式电动葫芦的技术规格

型号	起重量(kg)	起重链行数	起升高度(m)	起升速度(m/min)	链条直径与节距(mm)	运行速度(m/min)	工作制度(%)	工字钢型号	运行轨道最小曲率半径(m)
NHHM125	125	1	3	8	$\phi4\times$ 12	20	40	14-25b	1
NHHMS250	250	2		4					
NHHM250	250	1		8	$\phi5\times$ 15			14-25b	1.0
NHHMS500	500	2		4					
NHHM500	500	1		8	$\phi7\times$ 21			14-28b	1.2
NHHMS1000	1000	2		4					
NHHM1000	1000	1		8	$\phi10\times$ 30			14-28b	1.2
NHHMS2000	2000	2		4					

注　最高起升高度单链为 12m，双行链为 6m。

表 9-15　　**钢丝绳式电动葫芦的技术规格**

型号		$CD_1$0.5-6D	$CD_1$0.5-9D	$CD_1$0.5-12D	$CD_1$1-6D	$CD_1$1-9D	$CD_1$1-12D	$CD_1$1-18D	$CD_1$1-24D	$CD_1$1-30D	$CD_1$2-6D	$CD_1$2-9D	$CD_1$2-12D	$CD_1$2-18D	$CD_1$2-24D	$CD_1$2-30D
起重量(t)		0.5			1						2					
起升高度(m)		6	9	12	6	9	12	18	24	30	6	9	12	18	24	30
起升速度(m/min)		8			8						8					
运行速度(m/min)		20(30)			20(30)						20(30)					
钢丝绳	直径(mm)	5.1			7.4						11					
	型式	6×37+1			6×37+1						6×37+1					
工字梁型号		16-28b			16-28b						20a-32c					
起升电动机	型号	$ZD_1$21-4			$ZD_1$22-4						$ZD_1$31-4					
	功率(kW)	0.8			1.5						3					
运行电动机	型号	$ZDY_1$11-4			$ZDY_1$11-4						$ZDY_1$12-4					
	功率(kW)	0.2			0.2						0.4					
接合次数(次/h)		120			120						120					
工作制度(%)		25			25						25					

（二）传动系统及工作原理

以图 9-20 所示的钢丝绳式电动葫芦为例。图 9-21 所示为电动葫芦的起升机构总成。图 9-22 所示为起升电动机的结构。图 9-23 所示为起升机构减速器。

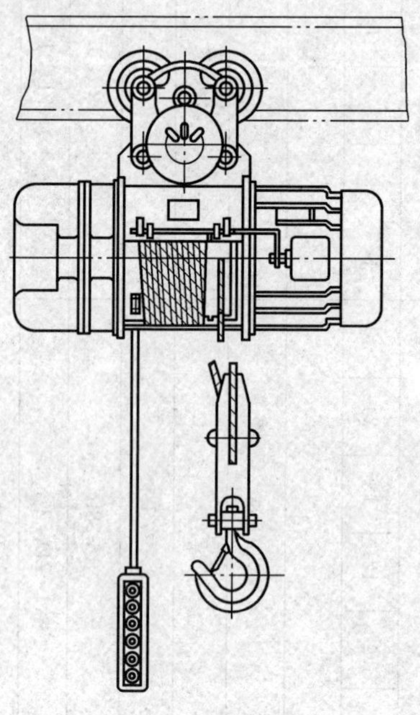

图 9-20　钢丝绳式电动葫芦

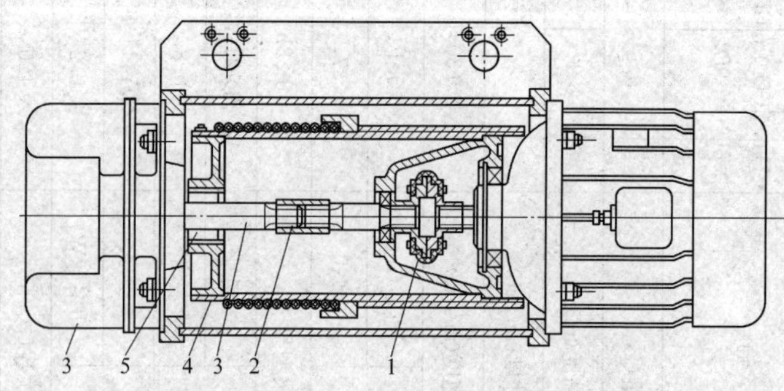

图 9-21　起升电动机构总成

1—联轴器；2—刚性联轴器；3—轴；4—卷筒；5—空心轴

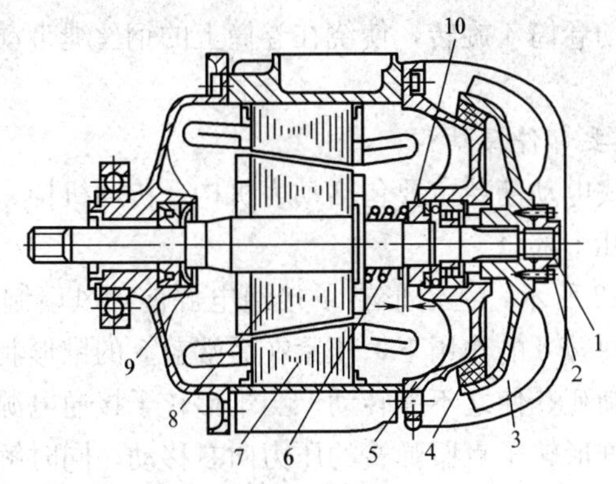

图 9-22　起升电动机的结构

1—锁紧螺钉；2—螺钉；3—风扇制动轮；4—锥形制动环；

5—后端盖；6—弹簧；7—定子；8—转子；

9、10—支承圈

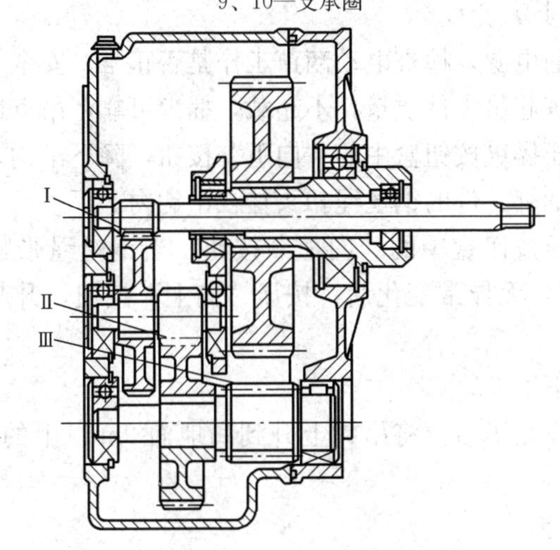

图 9-23　起升机构减速器

图 9-22 所示为带制动装置的锥形转子电动机，其锥形转子接通电源后产生轴向磁拉力，磁拉力克服弹簧的压力，使风扇制动轮脱开后端盖，电动机启动运转。在图 9-21 中，运动经弹性联轴器 1、刚性联轴器 2 传给减速器输入轴 3。在图 9-23 中，运动经三级外啮合斜齿轮减速传动，将运动传至输出端空心轴。在图 9-21 中，

空心轴 5 驱动卷筒 4 旋转，使绕在卷筒上的钢丝绳带动吊钩装置上升或下降。

（三）主要部件及结构

钢丝绳式电动葫芦主要包括动力机构、传动机构、减速机构和卷筒机构等几个部分。

如图 9-22 所示，在锥形转子接通电源前，风扇制动轮上的锥形制动环在弹簧 6 的作用下，压紧在后端盖 5 的锥形制动环外锥面上，将转子锁死，使之不能转动。当锥形转子接通电源后，产生轴向磁拉力，锥形转子克服弹簧的压力向右移动，同时解脱锥形制动环的锁死，启动旋转，输出转矩。锥形制动环间的压紧力由锁紧螺母 1 改变弹簧 6 的压缩量来调整。

（四）钢丝绳式电动葫芦操作方法

1. 操作步骤

（1）接通电源，检查电动葫芦工作是否正常、安全。

（2）检查起吊工件质量，不超载，捆绑可靠，吊点通过重心。

（3）按压操纵按钮盒中的“向下”按钮，降下吊钩。

（4）将捆绑工件的钢丝绳扣头挂在吊钩内。

（5）按压按钮盒中的“向上”按钮，当钢丝绳张紧后，点动“向上”按钮，无异常变化后，按压“向上”按钮，升起重物，移动到位。

（6）卸下工件。

（7）工作完毕后，将吊钩上升到离地面 2m 以上的高度停放，并关闭电源。

2. 注意事项

（1）电动葫芦的限位器是防止吊钩上升或下降超过极限位置的安全装置，不能当作行程开关使用。

（2）在重物下降过程中出现严重自溜刹不住现象时，应迅速按压“上升”按钮，使重物上升少量后，再按压“下降”按钮，直至重物徐徐落地后，再进行检查、调整。

（3）严禁长时间将重物吊在空中，以免机件产生永久变形及发生其他事故。

（五）维护保养

（1）电动葫芦属起重设备，必须严格按规定进行定期检查和维修。

（2）锥形制动器的间隙过大时，应随时进行调整，制动环磨损或损坏应及时更换。

二、手动葫芦

手动葫芦分为手拉葫芦和手扳葫芦两种。其中，环链手拉葫芦，钢丝绳手扳葫芦和环链手扳葫芦的使用最为普遍。

（一）手拉葫芦

手拉葫芦如图 9-24 所示，是一种以手拉为动力的起重设备，广泛用于小型设备的拆、装和零部件的短距离吊装作业中。起吊高度一般不超过 3m，起吊质量一般不超过 10t，最大可达 20t 。可以垂直起吊，也可以水平或倾斜使用，具有体积小、质量轻、效率高、操作简易及携带方便等特点。

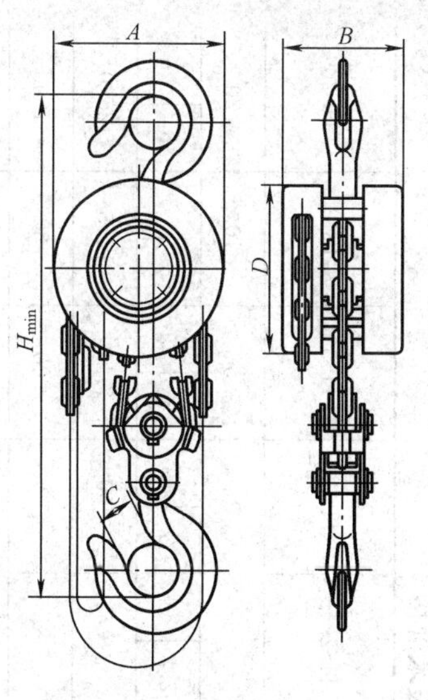

图 9-24　2、3、5t 手拉葫芦

1. 国产手拉葫芦的分类及简要技术规格

表 9-16 为 HS 型手拉葫芦的型号及技术规格。

2. 传动系统

以 HS 型手拉葫芦为例。在图 9-25 中，当拽动手拉链条 2 时，手链轮 6 就随之转动，并将摩擦片 4、棘轮 5 及制动器座 3 压成一体共同旋转，五齿长轴 12 带动片齿轮 8、四齿短轴 9 和花键孔齿轮 10 旋转，装置在花键孔齿轮 10 上的起重链轮 11 带动起重链条 13 上升，平稳地提升重物。手链条停止拉动后，由于重物自身的重量使五齿长轴反向旋转，手链轮与摩擦片、棘轮和制动器座紧压在一起，摩擦片间产生摩擦力，棘爪阻止棘轮的转动而使重物停在空中，逆时针拽动手链条时，手链轮与摩擦片脱开，摩擦力消除，重物因自重而下降。反复进行操作，就能提升或降下重物。

表 9-16　　**HS 型手拉葫芦的型号及简要技术规格**

型号		HS $\frac{1}{2}$		HS1		HS1 $\frac{1}{2}$		HS2		HS2 $\frac{1}{2}$		HS3		HS5		HS10		HS20	
起重质量(t)		0.5		1		1.5		2		2.5		3		5		10		20	
起重高度(m)		2.5	3	2.5	3	2.5	3	2.5	3	2.5	3	3	5	3	5	3	5	3	5
试验载荷(t)		0.75		1.5		2.25		3.00		3.75		4.50		7.50		12.5		25.0	
两钩间最小距离(mm)		280		300		360		380		430		470		600		730		1000	
满载时的手链拉力 F(N)		170		320		370		330		410		380		420		450		450	
起重链行数		1		1		1		2		1		2		2		4		8	
起重链条圆钢直径 d(mm)		6		6		8		6		10		8		10		10		10	
主要尺寸(mm)	A	142		142		178		142		210		178		210		358		580	
	B	126		126		142		126		165		142		165		165		189	
	C	24		28		32		34		36		38		48		64		82	
	D	142		142		178		142		210		178		210		210		210	
净质量(kg)		9.5	10.5	10	11	15	16	14	15.5	28	30	24	31.5	36	47	68	88	150	189
起重高度每增加 1m 应增加的质量(kg)		1.7		1.7		2.3		2.5		3.1		3.7		5.3		9.7		19.4	

3. 主要部件及结构

参见图 9-25，其中，五齿长轴 12 带动片齿轮 8，四齿短铀 9 带动花键孔齿轮 10 为二级正齿轮传动，与左边的制动器、手动链轮呈对称排列式结构。制动器由摩擦片 4、棘轮 5 和制动器座 3 组成，靠手动链轮转动时产生的轴向压力压成一体，输出起重转矩带动起重链轮，同时，停止拽动手链条时，压成一体的制动器通过棘爪阻止棘轮转动，使重物停在空中，逆时针转动手链轮，解除制动器端面的正压力，制动器则解除摩擦力，重物因自重自由落下。

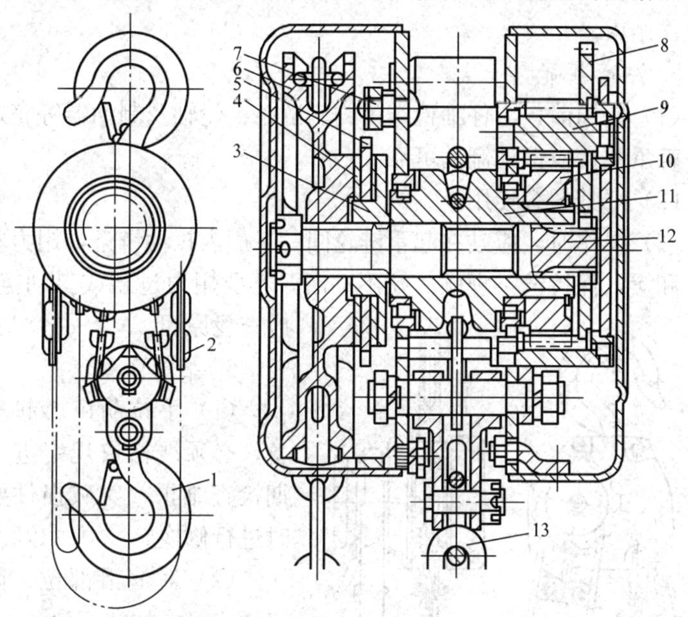

图 9-25　HS 型手拉葫芦传动部件及结构

1—吊钩；2—手拉链条；3—制动器座；4—摩擦片；5—棘轮；6—手链轮；7—棘爪；8—片齿轮；9—四齿短轴；10—花键孔齿轮；11—起重链轮；12—五齿长轴；13—起重链条

4. 操作步骤

（1）根据工件质量选取吨位合适的手拉葫芦，将葫芦挂钩挂在可靠的支撑点上，检查葫芦动作灵活自如。

（2）检查工件的捆绑安全可靠，起升高度在手拉葫芦的行程范围之内。

（3）逆时针拽手拉葫芦链条，降下吊钩，将捆绑工件的钢丝绳扣头套在吊钩之中。

（4）顺时针拽手拉链条，并保持与吊链方向平行，升起吊钩，当张紧起重链条时，微量起升工件，观察无异常变化，再顺时针拽手拉链条，稳妥地吊起工件。

（5）当需要降下工件时，逆时针拽手拉链条，工件便缓缓下降。

（6）当工件落至目的地后，继续下降一段距离，摘下吊钩，起重工作结束。

5. 注意事项

（1）使用前，应仔细检查吊钩、链条、轮轴及制动器等完好无损，棘爪弹簧应保证制动可靠。

（2）严禁超载使用。

（3）操作时，应站在起重链轮同一平面内拉动链条，用力要均匀、和缓，保持链条理顺。拉不动时，不要用力过猛或抖动链条，应查找原因。

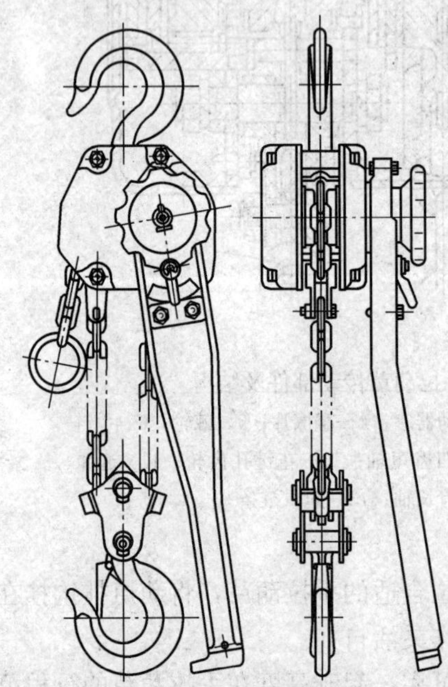

图 9-26　环链手扳葫芦的外形

6. 维护保养

（1）手拉葫芦属起重设备，必须严格按规定进行定期检查维护，对破损件要及时进行修换。

（2）对润滑部位、运动表面应经常加注润滑油。

（3）手拉葫芦不用时，存放不要被其他重物压坏。

（二）手扳葫芦

环链手扳葫芦也是常用的一种小型手动起重设备。同环链手拉葫芦比较，在结构上有些区别。图 9-26 所示为环链手扳葫芦的外形。

1. 国产手扳葫芦的分类及简要技术规格

国产手扳葫芦的分类及简要技术规格见表 9-17。

表 9-17　　环链手扳葫芦规格

型　号	HB $\frac{1}{2}$	HB1	HB1 $\frac{1}{2}$	HB2	HB3
起重质量（t）	0.5	1	$1\frac{1}{2}$	2	3
起升高度（m）	1.5	1.5	1.5	1.5	1.5
链条行数	1	1	1	2	2
扳手长度 l（mm）	360	400	500	400	500
满载时的手扳力 F（N）	200	250	300	265	320
手柄扳动 90°时的行程（mm）	12.5	11.35	12.2	5.68	6.1
链条规格（mm）	$\phi5\times15$	$\phi6\times18$	$\phi8\times24$	$\phi6\times18$	$\phi8\times24$
两钩间最小距离（mm）	265	295	325	350	410
净质量（kg）	5	6.9	10	9.2	14.5

2. 传动系统

以 HB 型手扳葫芦为例。起吊时，先转动手柄上的旋钮，使之指向位置牌上“上”的位置，再扳动手柄，拨爪便拨动拨轮，将摩擦片、棘轮、制动器座及压紧座压紧成一体，并带动齿轮轴及齿轮一起转动，联结在齿轮内花键上的起重链轮便带动起重链条上升，重物即被平稳地吊起。转动手柄上的旋钮指向“下”的位置，扳动手柄，制动器松开，重物由于重力的作用而下降，当手柄停止扳动时，重物就停止下降。

3. 主要部件及结构

环链手扳葫芦也是由制动器部件、传动部件、起重链轮及起重链条组成。其中制动器部件结构同 HS 型手拉葫芦的制动器相同。不同点是手扳葫芦将手拉链轮变成靠手柄、拨爪拨动的拨轮。同时，将 HS 型手拉葫芦的二级齿轮传动改成一级齿轮传动。HB 型手扳葫芦在棘爪销上装有棘爪脱离机构，空载时可以快速调整吊钩位置，使用十分方便。

4. 操作步骤

（1）根据工件质量选取吨位合适的手扳葫芦，将葫芦挂钩挂在可靠的支撑点上，检查葫芦动作灵活自如。

（2）检查工件的捆绑安全可靠，起升高度在手扳葫芦的行程范围之内。

（3）脱离手柄与棘轮间的棘爪，降下吊钩，将捆绑工件的钢丝绳扣头套于吊钩之中。

（4）接通手柄与棘轮间的棘爪，转动手柄上的旋钮，使之指向位置牌上“上”的位置。

（5）扳动手柄，当张紧起重链条时，少量起升工件，观察无异常变化再继续扳动手柄，稳妥地吊起工件。

（6）当需要降下工件时，转动手柄上旋钮，使之指向“下”的位置，扳动手柄，工件下降。

（7）当工件落至目的地时，脱开棘轮、棘爪，让吊钩继续下移一段行程后，摘下钢丝绳扣头。

（8）接通棘轮、棘爪，起重工作结束。

5. 注意事项

（1）手扳葫芦的手柄在工作时不能被障碍物阻塞。

（2）不能同时扳动前进杆和反向杆。

（3）使用前应仔细检查吊钩、链条、轮轴及制动器等是否良好，传动部分是否灵活，并在传动部分加油润滑。

（4）使用时，应先慢慢起升，待链条张紧后，检查葫芦各部分有无变化、安装是否妥当，当确定各部分都安全可靠后，才能继续工作。

6. 维护保养

（1）手扳葫芦也属起重设备，必须严格按规定进行定期检查维护，对破损件要及时进行修换。

（2）手扳葫芦平时要定置存放，不许与其他工具混放、堆压。

（3）手扳葫芦的润滑部位，传动机构应经常加油润滑。

第十章

机械装配调整及修理

第一节　装配概述

设备修理的装配就是把经过修复的零件以及其他全部合格的零件按照一定的装配关系、一定的技术要求顺序地装配起来，并达到规定精度和使用性能的整个工艺过程。

装配质量的好坏，直接影响设备的精度、性能和使用寿命，它是全部修理过程中很重要的一道工序。

一、装配工艺过程

1. 装配前的准备工作

(1) 研究和熟悉装配图，了解设备的结构、零件的作用以及相互的联接关系。

(2) 确定装配方法、顺序和所需的装配工具。

(3) 对零件进行清理和清洗。

(4) 对某些零件要进行修配、密封试验或平衡工作等。

2. 装配分类

装配工作分部装和总装。

(1) 部装。部装就是把零件装配成部件的装配过程。

(2) 总装。总装就是把零件和部件装配成最终产品的过程。

3. 调整、精度检验和试车

(1) 调整。调节零件或部件的相对位置、配合间隙和结合松紧等。

(2) 精度检验。指几何精度和工作精度的检验。

(3) 试车。设备装配后，按设计要求进行的运转试验。它包括运转灵活性、工作温升、密封性、转速、功率、振动和噪声等的试验。

4. 油漆、涂油和装箱

按要求的标准对装饰表面进行喷漆、用防锈油对指定部位加以保护和准备发运等工作。

二、装配方法

产品的装配过程不是简单地将有关零件联接起来的过程，而是每一步装配工作都应满足预定的装配要求，应达到一定的装配精度。通过尺寸链分析，可知由于封闭环公差等于组成环公差之和，装配精度取决于零件制造公差，但零件制造精度过高，生产将不经济。为了正确处理装配精度与零件制造精度二者的关系，妥善处理生产的经济性与使用要求之间的矛盾，形成了一些不同的装配方法。

为了使相配零件得到要求的配合精度，按不同情况可采用以下4种装配方法。

1. 完全互换装配法

在同类零件中，任取一个装配零件，不经修配即可装入部件中，并能达到规定的装配要求，这种装配方法称为完全互换装配法。完全互换装配法的特点如下：

（1）装配操作简便，生产效率高。

（2）容易确定装配时间，便于组织流水装配线。

（3）零件磨损后，便于更换。

（4）零件加工精度要求高，制造费用随之增加，因此适用于组成环数少、精度要求不高的场合或大批量生产采用。

2. 选择装配法

选择装配法有直接选配法和分组选配法两种。

（1）直接选配法。由装配工人直接从一批零件中选择“合适”的零件进行装配。这种方法比较简单，其装配质量凭工人的经验和感觉来确定，但装配效率不高。

（2）分组选配法。将一批零件逐一测量后，按实际尺寸的大小分成若干组，然后将尺寸大的包容件（如孔）与尺寸大的被包容件

（如轴）相配，将尺寸小的包容件与尺寸小的被包容件相配。这种装配方法的配合精度决定于分组数，即分组数越多，装配精度越高。

分组选配法的特点是：①经分组选配后零件的配合精度高；②因零件制造公差放大，所以加工成本降低；③增加了对零件的测量分组工作量，并需要加强对零件的储存和运输管理，可能造成半成品和零件的积压。

分组选配法常用于大批量生产中装配精度要求很高、组成环数较少的场合。

3. 修配装配法

装配时，修去指定零件上预留修配量以达到装配精度的装配方法称为修配装配法。

修配装配法的特点如下：

（1）通过修配得到装配精度，可降低零件制造精度。

（2）装配周期长，生产效率低，对工人的技术水平要求较高。

（3）适用于单件和小批量生产以及装配精度要求高的场合。

4. 调整装配法

装配时，调整某一零件的位置或尺寸以达到装配精度的装配方法称为调整装配法。一般采用斜面、锥面、螺纹等移动可调整件的位置；采用调换垫片、垫圈、套筒等控制调整件的尺寸。

调整修配法的特点如下：

（1）零件可按经济精度确定加工公差，装配时通过调整达到装配精度。

（2）使用中还可定期进行调整，以保证配合精度，便于维护与修理。

（3）生产率低，对工人技术水平要求较高。除必须采用分组装配的精密配件外，调整法一般可用于各种装配场合。

三、装配工作要点

（1）清理和清洗。清理是指去除零件残留的型砂、铁锈及切屑等。清洗是指对零件表面的洗涤。这些工作都是装配不可缺少的内容。

(2) 加油润滑。相配表面在配合或联接前，一般都需要加油润滑。

(3) 配合尺寸准确。装配时，对某些较重要的配合尺寸进行复验或抽验，尤其对过盈配合，装配后不再拆下重装的零件，是很有必要的。

(4) 做到边装配边检查。当所装的产品较复杂时，每装完一部分就应检查一下是否符合要求，而不要等到大部分或全部装完后再检查，此时，发现问题往往为时已晚，有时甚至不易查出问题产生的原因。

(5) 试车时的事前检查和启动过程的监视。试车意味着机器将开始运动并经受负荷的考验，不能盲目从事，因为这是最有可能出现问题的阶段。试车前全面检查装配工作的完整性、各连接部分的准确性和可靠性、活动件运动的灵活性及润滑系统是否正常等，在确保都准确无误和安全的条件下，方可开车运转。

开车后，应立即全面观察一些主要工作参数和各运动件的运动是否正常。主要工作参数包括润滑油压力和温度、振动和噪声及机器有关部位的温度等。只有当启动阶段各运行指标正常稳定后，才能进行下一阶段的试车内容。

第二节 装配中的调整

装配中的调整就是按照规定的技术规范调节零件或机构的相互间位置、配合间隙与松紧程度，以使设备工作协调可靠。

一、调整程序

(1) 确定调整基准面。找出用来确定零件或部件在机器中位置的基准表面。

(2) 校正基准件的准确性。调整基准件上的基准面，在调整之前，应首先对其进行检查、校核，以保证基准面具备应有的精度。若基准面本身的精度超差，则必须对其进行修复，使其精度合格，才能作为基准来调整其他零件。

(3) 测量实际位置偏差。以基准件的基准面为基准，实际测量出调整件间各项位置偏差，供调整参考。

（4）分析。根据实际测量的位置偏差，综合考虑各种调整方法，确定最佳调整方案。

（5）补偿。在调整工作中，只有通过增加尺寸链中某一环节的尺寸，才能达到调整的目的，称为补偿。

（6）调整。以基准面为基准，调节相关零件或机构，使其位置偏差、配合间隙及结合松紧在技术规范允差范围之内。

（7）复校。以基准件的基准面为基准，重新按技术文件规定的技术规范检查、校核各项位置偏差。

（8）紧固。对调整合格的零件或机构的位置进行固定。

二、调整基准的选择

调整基准可根据以下几点进行选择：

（1）选择有关零部件几个装配尺寸链的公共环，如卧式车床的床身导轨面。

（2）选择精度要求高的面作调整基准，如卧式铣床则以床身主轴安装孔中心为基准来修复床身，调整其他各部件的相互位置精度。

（3）选择适于作测量基准的水平面或铅垂面。

（4）选择装配调整时修刮量最大的表面。

三、调整方法

（1）自动调整。利用液压、气压、弹簧、弹性胀圈和重锤等，随时补偿零件间的间隙或因变形引起的偏差。改变装配位置，如利用螺钉孔空隙调整零件装配位置使误差减小，也属自动调整。

（2）修配调整。在尺寸链的组成环中选定一环，预留适当的修配量作为修配件，而其他组成环零件的加工精度则可适当降低。例如，调整前将调整垫圈的厚度预留适当的量，装配调整时，修配垫圈的厚度达到调整的目的。

（3）自身加工。机器总装后，加工及装配中的综合误差可利用机器的自身进行精加工达到调整的目的。例如，牛头刨床工作台上面的调整，可在总装后利用自身精刨加工的方法，恢复其位置精度与几何精度。

（4）误差集中到一个零件上，进行综合加工。自镗卧式铣床主轴前支架轴承孔，使其达到与主轴中心同轴度要求的方法就属于这种方法。

第三节　螺纹联接

螺纹联接是一种可拆卸的固定联接，它可以把机械中的零件紧固地联接在一起，具有结构简单、联接可靠及拆卸方便等优点。

一、螺纹联接的种类

1．普通螺栓的联接

常见的联接形式如图 10-1 所示。

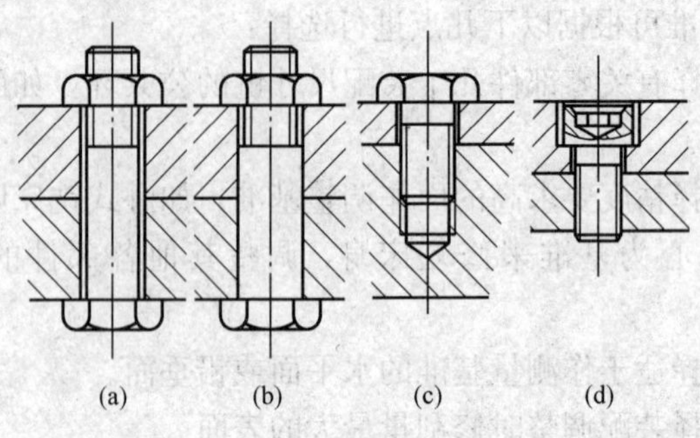

图 10-1　普通螺栓联接

（1）图 10-1 中（a）所示为通过螺栓、螺母把两个零件联接起来。这种联接多用于通孔联接，损坏后更换很容易。

（2）图 10-1 中（b）所示为用螺栓、螺母把零件联接起来，其零件的孔和螺栓的直径配合精密，主要用于承受零件的切应力。

（3）图 10-1 中（c）所示为采用螺钉直接拧入被联接件的形式，被联接件很少拆卸。

（4）图 10-1 中（d）所示为采用内六角螺钉拧入零件的联接形式，用于零件表面不允许有凸出物的场合。

2．双头螺柱联接

常见的联接形式如图 10-2 所示，即采用双头螺柱和螺母将零件联接起来。这种联接形式要求双头螺柱拧入零件后，要具有一定

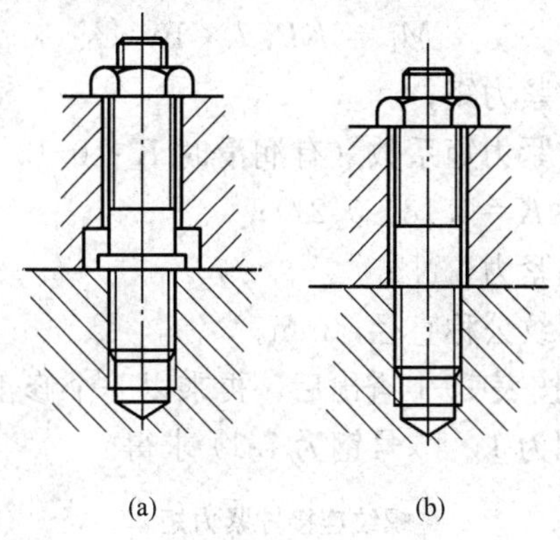

图 10-2　双头螺柱联接

(a) 带台肩；(b) 不带台肩

的紧固性，多用于盲孔，被联接零件需经常拆卸。

3. 机用螺栓联接

常见的联接形式如图 10-3 所示，即采用半圆头、圆柱头及沉头螺钉等将零件联接起来，用于受力不大、质量较轻零件的联接。

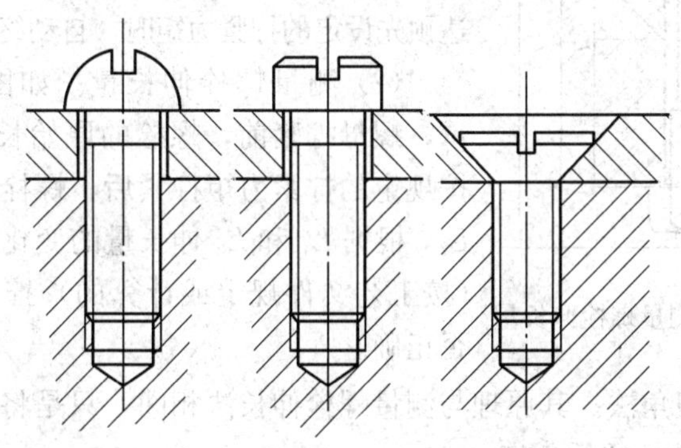

图 10-3　机用螺栓联接

二、螺纹联接时的预紧

1. 定义

为了使螺纹联接紧固和可靠，对螺纹副施加一定的拧紧力矩，使螺纹间产生相应的摩擦力矩，这种措施称为对螺纹联接的预紧。

拧紧力矩可按下式求得

$$M_1 = KP_0 d \times 10^3$$

式中 M_1——拧紧力矩；

K——拧紧力矩系数（有润滑时 K=0.13～0.15，无润滑时 K=0.18～0.21）；

P_0——预紧力，N；

d——螺纹公称直径，mm。

拧紧力矩可按表10-1查出后，再乘以一个修正系数（30号钢为0.75，35号钢为1，45号钢为1.1）求得。

表 10-1　螺纹连接拧紧力矩

基本直径 d（mm）	6	8	10	12	16	20	24
拧紧力矩 M（N·m）	4	10	18	32	80	160	280

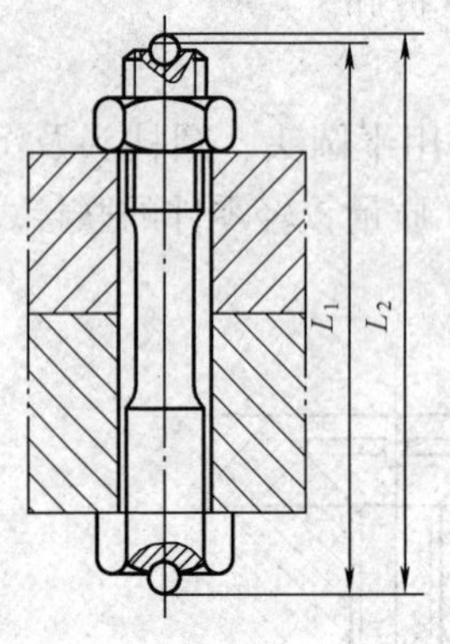

图 10-4　测量螺栓伸长量

2. 控制螺纹拧紧力矩的方法

(1) 利用专门的装配工具，如指针式力矩扳手、电动或风动扳手等。这些工具在拧紧螺纹时，可指示出拧紧力矩的数值，或到达预先设定的拧紧力矩时，自动终止拧紧。

(2) 测量螺栓伸长量。如图10-4所示，螺母拧紧前，螺栓的原始长度为 L_1，按规定的拧紧力矩拧紧后，螺栓的长度为 L_2，根据 L_1 和 L_2 伸长量的变化可以确定（按工艺文件规定或计算的）拧紧力矩是否正确。

(3) 扭角法。其原理与测量螺栓伸长法相间，只是将伸长量折算成螺母被拧转的角度。

三、螺纹联接的损坏形式和修理

螺纹联接的损坏形式一般有螺纹有部分或全部损坏、螺钉头损坏及螺杆断裂等。对于螺钉、螺栓或螺母任何形式的损坏，一般都以更换新件来解决；螺孔滑牙后，有时需要修理，大多是扩大螺纹直径或加深螺纹深度，而镶套重新攻螺纹，只是在不得已时才采用。

螺纹联接修理时，常遇到锈蚀的螺纹难以拆卸的情况，这时可采用煤油浸润法、振动敲击法及加热膨胀法松动螺纹后再拆卸。

四、螺纹联接的装配

（一）双头螺柱的装配

以图 10-5 所示压盖装配为例。

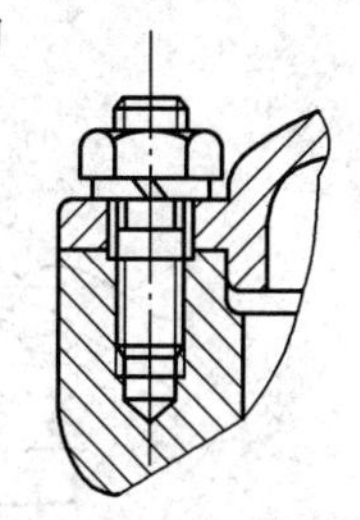

图 10-5　压盖装配

1. 装配要点

（1）双头螺柱与机体螺纹的联接必须紧固。

（2）双头螺柱的轴心线必须与机体表面垂直。

（3）双头螺柱拧入时，必须加注润滑油。

2. 装配步骤

（1）读装配图。在图 10-5 中双头螺柱与机体螺孔的螺纹配合性质属过渡配合，双头螺柱拧入机体螺孔后应紧固，压端与机体间有密封要求，螺母防松措施采用弹簧垫圈。

（2）准备装配工具。选取规格合适的呆扳手、活扳手、90°角尺各一把，L-AN32 全损耗系统用油适量。

（3）检查装配零件。零件配合表面尺寸正确，无毛刺，无磕、碰、伤，无脏物等，具备装配条件。

（4）装配。装配过程如下：

1）在机体螺孔内加注 L-AN32 全损耗系统用油润滑，以防螺柱拧入时产生拉毛现象，同时防锈。

2）用手将双头螺柱旋入机体螺孔，并将两个螺母旋在双头螺柱上，相互稍微锁紧。再用一个扳手卡住上螺母，用右手顺时针旋转，用另一个扳手卡住下螺母，用左手逆时针方向旋转，锁紧双螺母，如图 10-6 所示。

3）用扳手按顺时针方向扳动上螺母，将双头螺柱锁紧在机体上，用右手握住扳手，按逆时针方向扳动上螺母，再用左手握住另一个扳手，卡住下螺母不动，使两螺母松开，卸下两个螺母。

4）用 90°角尺检验或目测双头螺柱的中心线与机体表面是否垂直。若稍有偏差时，可用锤子锤击光杆部位校正，或拆下双头螺柱用丝锥回攻校正螺孔。若偏差较大，不要强行以锤击校正，否则将影响联接的可靠性。

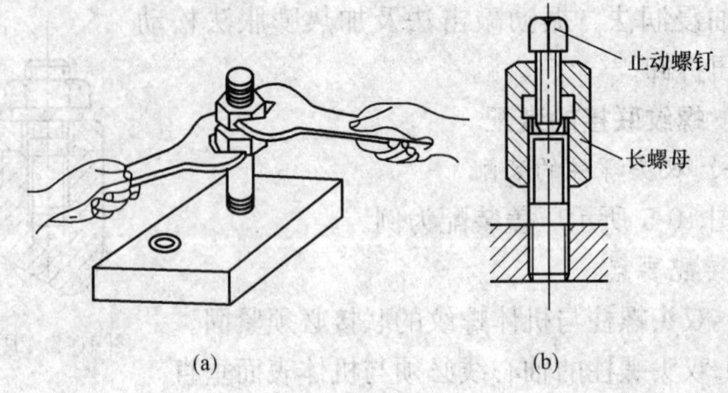

图 10-6　双头螺柱的装拆方法

(a) 装配；(b) 拆卸

5）按装配关系，装入垫片、压盖及弹簧垫圈，并用手将螺母旋入螺柱压住法兰盖。

6）用扳手卡住螺母，顺时针方向旋转，对角、均匀、渐次地压紧压盖。

(5) 检查装配质量。按装配图检查零件装配是否满足装配要求。

(6) 装配结束，整理现场。

3. 注意事项

(1) 双头螺柱本身不要弯曲，以保证螺母拧紧后的联接紧固可靠。

(2) 机体螺孔及双头螺柱的螺纹要除去表面毛刺、碰伤及杂质、污物，防止拧入时阻力增大。

(3) 拧入时，不要损坏螺纹外圆及螺纹表面。

(4) 螺纹误差及垂直度误差较大时，不要强行装配，应修正后再行装配。

(二) 螺母和螺栓的装配

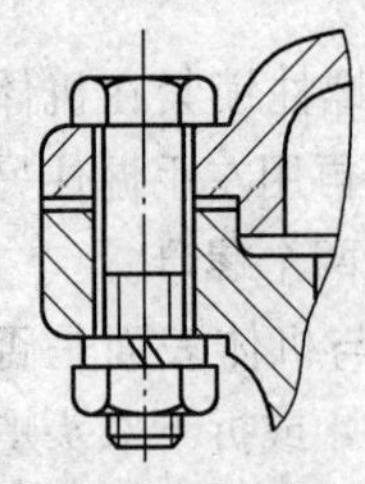

图 10-7　螺母、螺栓的装配

以图 10-7 所示的普通螺母和螺钉的装配为例。

1. 装配要点

(1) 零件的接触表面应光洁、平整。

(2) 压紧联接件时，要拧螺母，不拧螺栓。

2. 装配步骤

(1) 读装配图。在图 10-7 中，防松装置为弹簧垫圈，部件有密封要求。

（2）准备工具。选取规格合适的活扳手、呆扳手。

（3）检查装配零件。尺寸正确，无毛刺、无磕、碰、伤，若螺栓或螺母与零件相接触表面不平整、不光洁，应用锉刀修至要求，并清洗零件。

（4）装配过程如下：

1）将垫片、端盖按图中位置对正光孔中心，压入止口。

2）将六角螺钉穿入光孔中，并用手将垫圈套入螺栓，再将螺母拧入螺栓。拧时，左手扶螺栓头，右手拧螺母、轻压在弹簧垫圈上。

3）用活扳手卡住螺栓头，用呆扳手卡住螺母，逆时针、对角、顺次拧紧。

（5）检查装配。按图自检部件装配是否符合技术要求。

（6）装配工作结束，整理装配现场。

3. 注意事项

（1）螺栓、螺母联接的防松装置必须安全、可靠，尤其在发生振动的机械装配中更为重要。

（2）螺栓、螺母联接一般情况下不使用测力扳手，而凭经验用扳手紧固。对拧紧力矩有特殊要求时，则用测力扳手扳紧。

（3）沉头螺栓拧紧后，螺栓头不应高于沉孔外面。

（三）成组螺栓或螺母的装配

以图 10-8 中长方形零件上成组螺母装配为例。

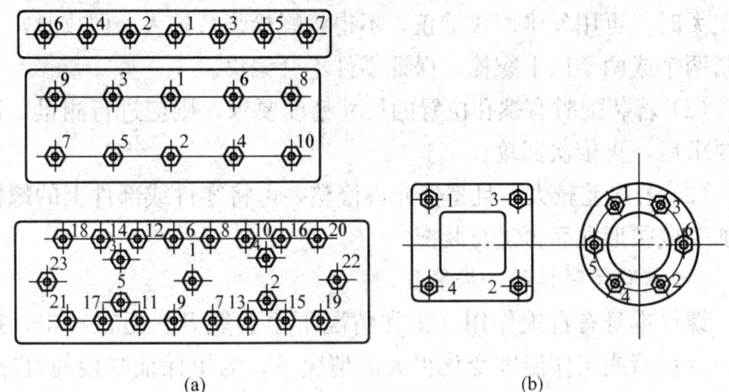

图 10-8　成组螺母的拧紧顺序

1. 装配要点

（1）拧紧要按一定的顺序进行。

（2）拧紧力要均匀，分几次逐步拧紧。

2. 装配步骤

（1）读装配图。成组螺母10件，按长方形规律排列。

（2）准备工具。选取规格合适的套筒扳手一套。

（3）检查装配零件。零件尺寸正确，清洗干净，无影响装配的缺陷。

（4）装配。装配过程如下：

1）按装配图装配关系，左手拿螺栓从联接件孔中穿出，右手拿垫圈套入螺栓后，再将螺母拧入螺栓，并逐个轻轻压紧联接零件。

2）将套筒扳手组件装好，套入成组螺母，按图中序号，由1～10拧紧螺母。拧紧时，不要一次拧到位，而是分几次逐步拧紧，以避免被联接零件产生松紧不均匀或不规则变形。

（5）检查装配。按装配图技术条件自检成组螺母装配是否满足要求。

（6）装配结束，整理现场。

3. 注意事项

（1）成组螺栓、螺母的装配中，零件上的螺栓孔与机体上的螺孔有时会出现不同心，孔距有误差，角度有误差等。当这些误差都不太大时，可用丝锥回攻借正，不得将螺栓强行拧入。回攻时，先拧紧两个或两个以上螺栓，保证零件不会偏移。

（2）若装配时有螺孔位置的尺寸精度要求，则应进行测量，达到要求后，再依次回攻。

（3）若误差较大，且零件允许修整，可将零件或部件上的螺栓孔加工成腰形孔后再进行装配。

（四）螺纹联接的防松装置

螺纹本身有自锁作用，正常情况下不会脱开。但在冲击、振动、变负荷或工作温度变化很大的情况下，为了保证联接的可靠，必须采取有效的防松措施，常用的有如下四种：

（1）增加摩擦力防松。如图10-9所示，采用双螺母锁紧或弹簧垫圈防松，结构简单、可靠，应用很普遍。

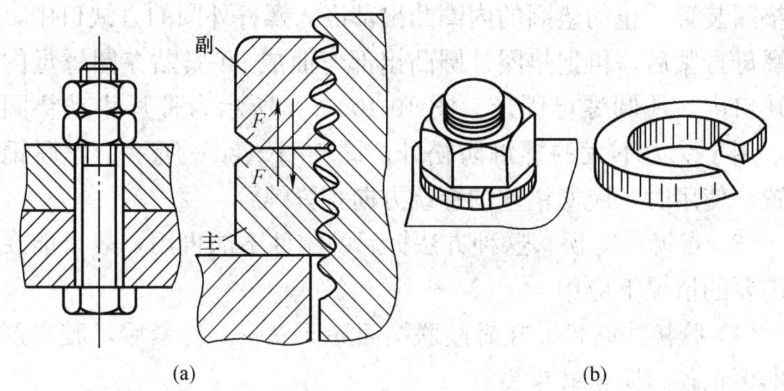

图 10-9　增加摩擦力防松

（2）机械防松装置。如图 10-10 所示，图 10-10（a）所示为开口销

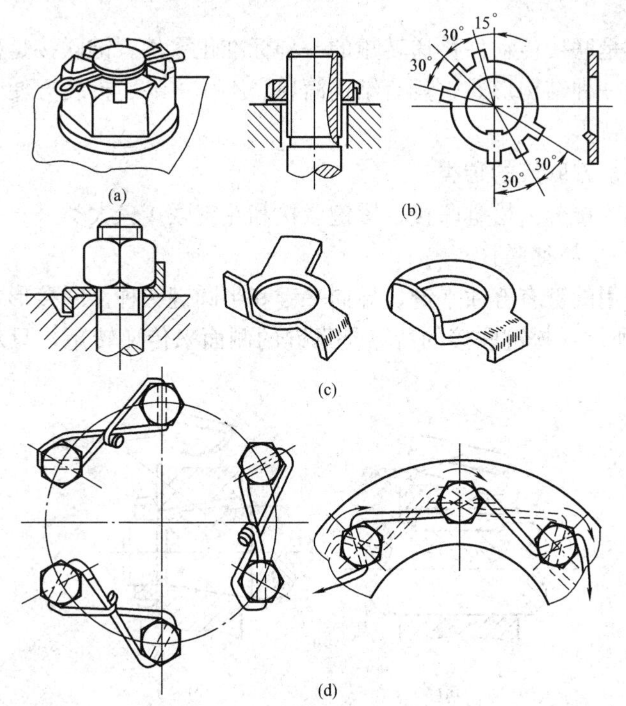

图 10-10　机械防松装置

（a）开口销与带槽螺母；（b）止动垫圈；（c）带耳止动垫圈；（d）串联钢丝

和带槽螺母装置，多用于变载及振动处。图 10-10（b）所示为止动垫圈装置，止动垫圈的内圈凸出部嵌入螺杆外圆的方缺口中，待圆螺母拧紧后，再把垫圈外圆凸出部弯曲成 90°紧贴在圆螺母的一个缺口内，使圆螺母固定。图 10-10（c）所示为带耳止动垫圈装置，用于受力不大的螺母防松处。图 10-10（d）所示为串联钢丝装置，使用时，应使钢丝的穿绕方向拧紧螺纹。

(3) 点铆法防松。这种方法拆后的零件不能再用，故只能在特殊需要的情况下应用。

(4) 胶接法防松。在螺纹联接面涂厌氧胶，拧紧后，胶黏剂固化即可粘住，防松效果良好。

第四节　键　联　接

键是联接传动件传递转矩的一种标准化零件。键联接是机械传动中的一种结构形式，具有结构简单、工作可靠、拆装方便且加工容易的特点。

一、键联接的种类

键联接分为松键联接、紧键联接和花键联接三大类。

（一）松键联接

采用的键有普通平键、导向平键和半圆键三种。联接形式如图 10-11 所示。松键联接的特点是靠键的侧面来传递转矩，只对轴上

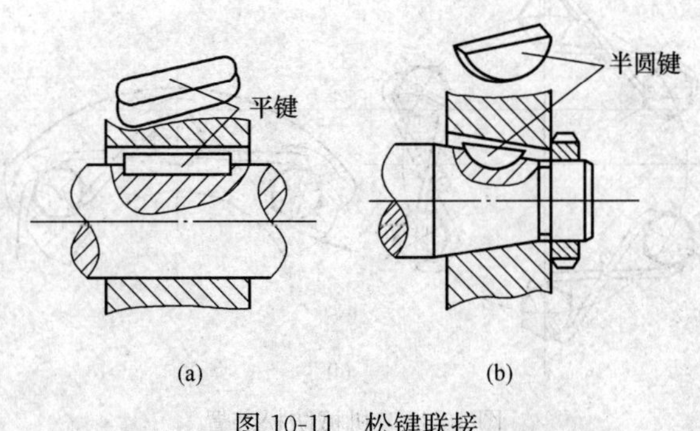

图 10-11　松键联接

（a）平键；（b）半圆键

的零件作周向固定，如需轴向固定，还需附加紧定螺钉或定位环等零件。

（二）紧键联接

采用的键有普通楔键，钩头楔键和切向键。钩头键联接形式如图 10-12 所示。紧键联接的特点是键与键槽的侧面之间有一定的间隙，键的上下两面是工作面。键的上表面和轮毂槽的底面各有 1∶100 的斜度，装配时需打入，靠楔紧作用传递转矩，能轴向固定零件和传递单向轴向力，但易使轴上零件与轴的配合产生偏心与偏斜。

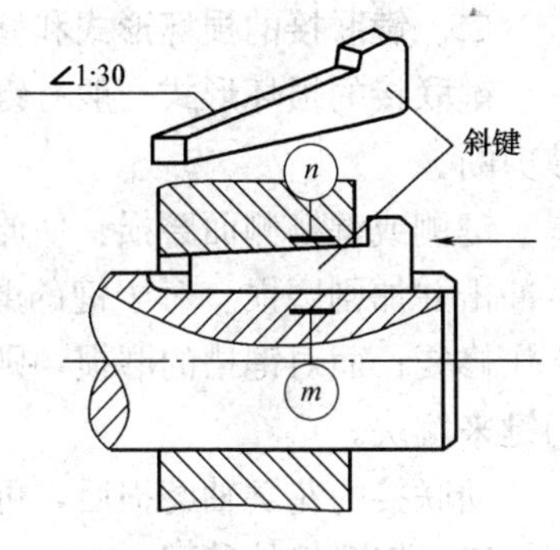

图 10-12　钩头键联接

切向键由两个斜度为 1∶100 的楔键组成。其上下两窄面为工作面，其中一面在通过轴心线的平面内。工作面上的压力沿轴的切线方向作用，能传递很大的转矩。一组切向键只传递一个方向的转矩，传递双向转矩时，须用两组，互成 120°～135°。

（三）花键联接

按工作方式不同，可分为静联接和动联接两种。按齿廓形状的不同可分为矩形、渐开线和三角形三种，其联接形式如图 10-13 所示。

花键联接的定心方式有外径定心、内径定心和键侧定心三种。

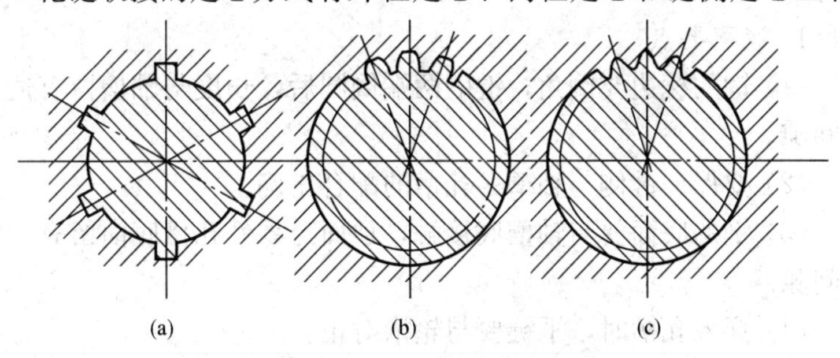

图 10-13　花键联接

(a) 矩形花键；(b) 渐开线花键；(c) 三角形花键

一般都采用外径定心，花键轴的外径用磨削加工，花键孔的外径采用拉削获得。

二、键联接的损坏形式和修理

键联接的损坏形式一般有键侧和键槽侧面磨损，键发生变形或被剪断。

键侧或键槽侧面磨损，使原来的配合变松，以致传递转矩时产生冲击并加剧磨损。对于键的磨损，因制造简单，一般都应更换，不作修复；而对键槽的磨损，则常常采用修整键槽，更换增大尺寸的键来解决。

动联接的花键轴磨损后，可采用表面镀铬的方法进行修复。

三、键联接的装配

（一）平键联接的装配

以图 10-14 所示齿轮、轴和平键的联接为例。

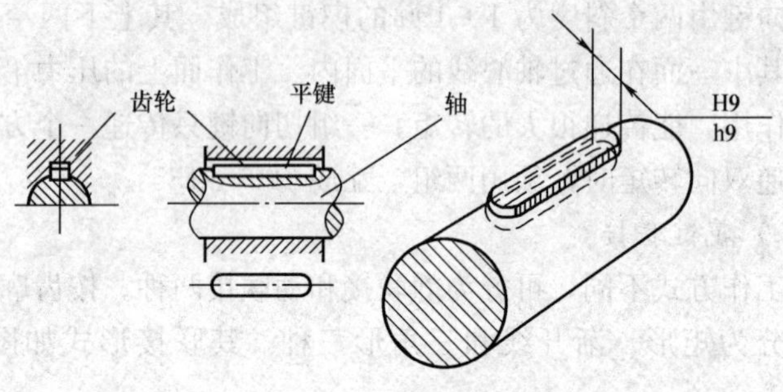

图 10-14 平键联接

1. 装配要点

(1) 键的棱边要倒角，键的两端倒圆后，长度与轴槽留有适当的间隙。

(2) 要保证键侧与轴槽、孔槽的配合正确。

(3) 键的底面要与轴槽底接触，顶面与零件孔槽底面留有一定的间隙。

(4) 穿入孔槽时，平键要与轮槽对正。

2. 装配步骤

(1) 读装配图。键的两侧面与轴槽两面的配合性质为 N9/h9，平键的两端为半圆头。

(2) 准备装配工具、量具。选取 300mm 锉刀、平刮刀各一把，铜棒一根，锤子一把，选择游标卡尺一把，内径百分表一块。

(3) 检查装配零件。用游标卡尺、内径百分表检查轴和齿轮孔的实际配合尺寸是否合格（若配合尺寸不合格，则采用磨削加工修复合格），如图 10-15 所示。

(4) 装配。装配过程如下：

1）用锉刀去除轴槽上的锐边，防止装配时造成过大的过盈。

2）先不装入平键，试装配轴和轴上的齿轮，以检查轴和孔的配合状况，避免装配时轴与孔的配合过紧。

3）用磨削平面的方法，修磨平键与键槽的配合精度，要求配合稍紧。

图 10-15　检查配合件

4）按轴上键槽的长度，配锉平键半圆头与轴上键槽间留有 0.1mm 左右的间隙，如图 10-16 所示。将平键的棱边倒角，去除锐边。

5）将平键安装于轴的键槽中，在配合面上加注全损耗系统用油，用铜棒敲击，将平键压入轴上键槽内，并与槽底接触。用卡尺测量平键装入后的高度应小于孔内槽深度尺寸，允差 0.3～0.5mm 范围，如图 10-17 所示。

6）试配并安装齿轮，保证键顶与轮槽底面留有0.3～0.5mm的间隙，若侧面配合过紧，应拆下配件，根据接触印痕，修整键槽两侧面，但不允许有松动，以免传递动力时产生冲击及振动。装配时，齿轮的键槽与轴上的平键应对齐，用铜棒和锤子敲击至装配位置。

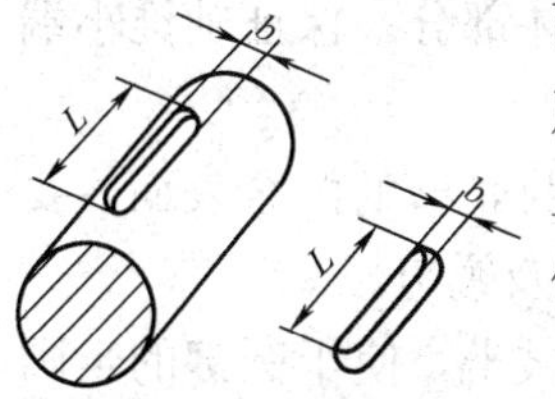

图 10-16　修配键长

(5) 检查平键装配。按装配图装配关系、技术要求检查平键装配是否满足要求。

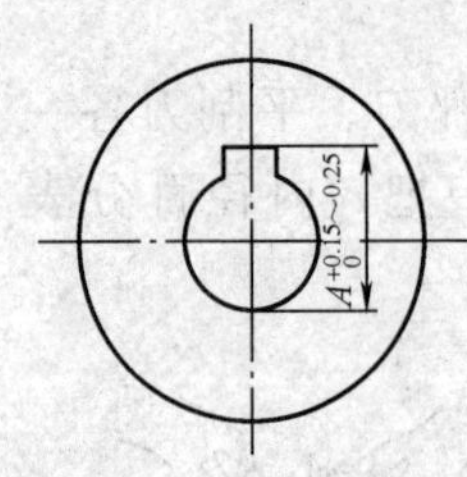

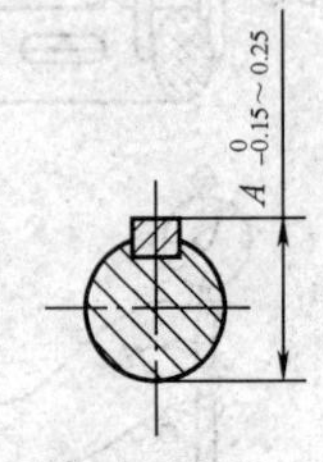

图 10-17 顶隙

（6）装配结束，整理现场。

3. 注意事项

（1）键槽与平键装配前，要去除锐边。

（2）轴与轴上配件，平键与轴槽、轮槽不要盲目装配，要达到配合精度后才能进行装配，避免因反复拆装而降低装配精度。

（3）平键在装配时应加注全损耗系统用油。

（二）半圆键联接的装配

以图 10-11 中（b）图所示半圆键联接为例。

1. 装配要点

（1）要保证半圆键键侧与轴槽、孔槽的配合正确。

（2）半圆键的半圆弧应与槽底吻接，顶面与轮槽底面留有0.3～0.5mm 的间隙。

（3）轴槽、孔槽、半圆键的锐边应倒角。

2. 装配步骤

（1）读装配图。半圆键键侧与轴槽侧面的配合为 N9/h9。

（2）准备装配工具。选取 300mm 锉刀一把，软钳口一副，铜棒一根，规格适合的钩头扳手一把、锤子一把、游标卡尺一把。

（3）检查装配零件。用游标卡尺检查半圆键键厚与轴槽槽宽尺寸是否正确，轴锥体部分小端直径应大于孔小端部分直径。

（4）装配半圆键联接过程如下：

1）用锉刀除去轴槽上的锐边。

2）先不要装入半圆键，试装轴与轮锥体部分，保证轴锥小端在孔锥端面之内。

3）用磨削平面的方法，修磨半圆键侧与轮槽的配合表面，要求配合稍紧，并用锉刀去除半圆键周边毛刺及锐边。

4）将半圆键装于轴的键槽中，用铜棒敲击，使半圆键的半圆弧与轴槽半圆弧接触，半圆键的顶面平面与轴锥母线平行。

5）使轮槽与轴上的半圆键对齐，用铜棒和锤子敲击齿轮，试装半圆键联接，并修配半圆键顶面至轮槽底面留有 0.3～0.5mm 的间隙。半圆键侧与轮槽间装配时，用手稍用力能将齿轮推入，但不要产生间隙即可。

6）在半圆键表面加注全损耗系统用油，按装配图安装轴、齿轮、半圆键及圆螺母至技术要求。

（5）检查半圆键装配。按装配图检查半圆键装配是否满足要求。

（6）装配结束，整理现场。

3. 注意事项

（1）半圆键装配时，不要用锤了等猛砸，避免将键砸变形。

（2）尽量避免将键修出不等厚的台阶。

（三）楔键联接的装配

以图 10-12 为例。

1. 装配要点

（1）楔键的上下结合面接触必须良好，键侧应留有一定间隙。

（2）楔键的钩头应与轮件的端面保持一定的距离。

（3）楔键的斜面应楔紧。

2. 装配步骤

（1）读装配图。在图 10-12 中，轴槽底面 m、轮槽底面 n 分别和楔键的上下平面压紧，形成紧固配合。

（2）准备装配工具、量具。选择 300mm 的锉刀、刮刀各一把，铜棒一根，锤子一把，游标卡尺一把，内径百分表一块，红丹粉适量。

（3）检查装配零件。用游标卡尺、内径百分表检查各配合尺寸是否正确。

（4）装配过程如下：

1）用锉刀修去键槽及键周边的毛刺与锐边，并根据轴上键槽宽度配锉键宽，使键侧与键槽保持一定的配合间隙。

2）将轮与轴试装，检查轴与孔的配合状况，避免装配时轴与孔的配合过紧。

3）将轮的键槽与轴上键槽对正，在楔键的斜面上涂红丹粉后敲入键槽内，如图 10-18 所示。

4）拆卸楔键，拆卸工具如图 10-19 所示。根据接触斑点判别斜度配合是否良好，并用锉削或刮削方法进行修整，使键与键槽的上、下结合面紧密贴合，并保持键的钩头离轮件端面有一定的距离，以便拆卸。

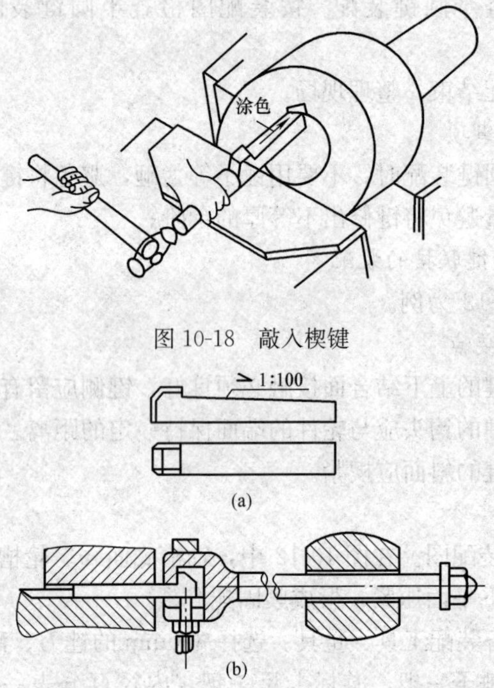

图 10-18　敲入楔键

图 10-19　拆卸楔键

(a) 楔键；(b) 拆卸工具

5）用煤油清洗楔键和键槽。

6）将轮槽与轴槽对齐，将楔键加注 L-AN32 全损耗系统用油后，用铜棒和锤子将其敲入键槽并楔紧。

（5）检查楔键装配。按装配图技术要求检查楔键装配是否满足要求。

（6）装配工作结束，整理现场。

3. 注意事项

(1) 楔键的拆卸应采用拆卸工具，不要乱敲、乱砸，避免损伤楔键。

(2) 楔键的锐边、棱角应倒圆，防止装配时拉伤。

(四) 切向键联接的装配

以图 10-20 所示的切向键联接为例。

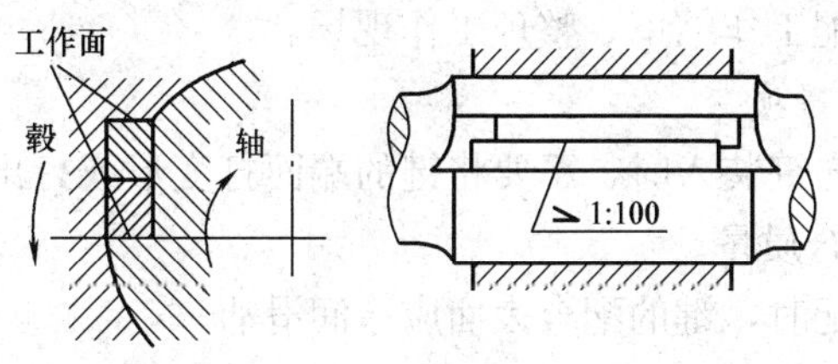

图 10-20　切向键联接

1. 装配要点

(1) 切向键配合表面、工作表面的接触率必须合格。

(2) 切向键的轴向装配位置应满足要求。

(3) 切向键配合后，必须楔紧。

2. 装配步骤

(1) 读图。在图 10-20 中，轴、轮是由一组切向键联接。

(2) 准备装配工具、量具。选取 300mm 的锉刀、平面刮刀各一把，铜棒一根，锤子一把，游标卡尺一把，红丹粉适量。

(3) 检查装配零件。用游标卡尺检查各配合尺寸，切向键零件尺寸是否正确。

(4) 装配过程如下：

1) 用锉刀去除切向键表面毛刺及各棱边锐角，去除轴槽、轮槽锐边，清理装配零件。

2) 试装轮、轴，检查轴与孔的配合状况，避免装配时轴与孔的配合过紧。

3) 在切向键的一个斜面涂红丹粉，将两个斜面按装配位置互研，检查接触应良好，若配合不良，用锉削或刮削的方法进行修整。修整后，用游标卡尺检查两工作面间的平行度，若平行度不好，可在平面磨床上修磨 1∶100 的斜度至满足要求。

4）对正轮槽和轴槽，在切向键的配合表面加注全损耗系统用油，按图 10-20 中位置先装入一个楔键后，再用铜棒和锤子敲入另一个楔键并楔紧。

(5) 检查切向键装配。按装配图位置、尺寸及技术要求检查切向键装配是否合格。

(6) 装配工作结束，整理工作现场。

3. 注意事项

(1) 切向键装入时，不要将键的端面打变形或打出毛刺，以免影响键的配合质量。

(2) 装配时，键的配合表面应涂润滑油。

（五）花键联接的装配

以图 10-21 中所示矩形花键的装配为例。

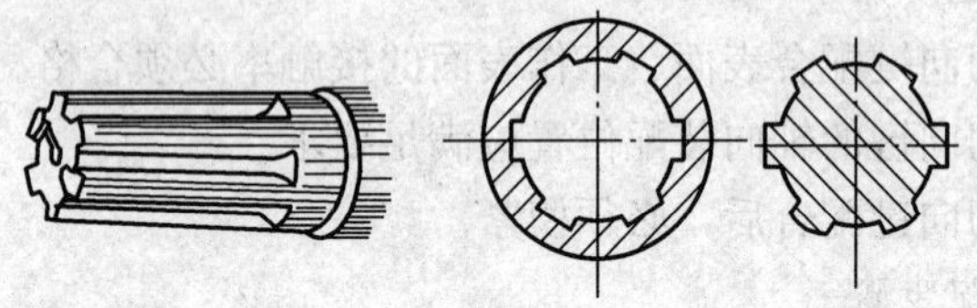

图 10-21　花键联接

1. 装配要点

(1) 花键轴在花键孔中应滑动自如，无忽紧忽松、无阻滞现象。

(2) 转动轴时，不应感觉有较大的间隙。

2. 装配步骤

(1) 读装配图。在图 10-21 中，花键轴与花键孔为间隙配合，花键轴为外径定心。

(2) 准备装配工具、量具。选择纯铜棒一根，锤子一把，游标卡尺一把，规格合适的花键推刀一把，刮刀一把。

(3) 检查装配零件。用卡尺检查花键各配合尺寸是否正确。

(4) 装配过程如下：

1）将花键推刀前端的锥体部分塞入花键孔中，用铜棒敲击花键推刀的柄部，使花键推刀的轴线与花键的轴线保持一致，垂直度目测合格，如图 10-22 所示。

2）把装有花键推刀的花键放在手动压床工作台中间，将花键孔与工作台孔对齐。

3）调整手动压床，扳动手把，将花键推刀从花键孔的上端面压入，从下端面压出。将花键推刀转换一个角度，再次从花键孔的上端面压入，从下端面压出，重复 2～4 次，使花键孔达到要求。

4）将花键轴的花键部位与花键孔装配，并来回抽动花键轴，要求运动自如，又不能有晃动现象，如图 10-23 所示。

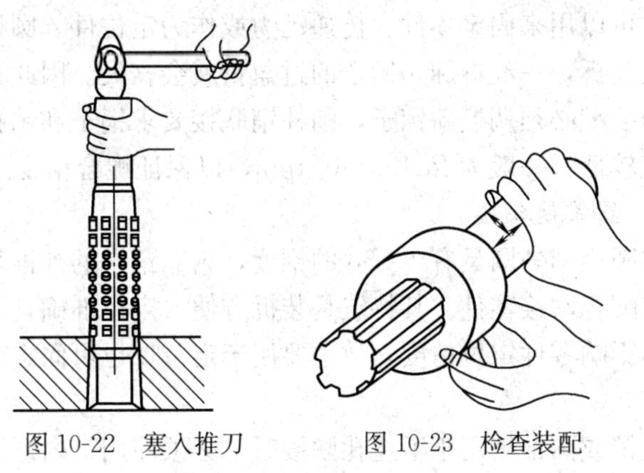

图 10-22　塞入推刀　　图 10-23　检查装配

5）如有阻滞现象，应在花键轴上涂红丹粉，用铜棒敲入，检查接触点后，用刮削方法将接触点刮掉，刮削 1～2 次，使花键轴达到要求为止。

6）将花键轴清洗，加油，装入花键内。

(5) 检查装配。按装配技术要求自检花键装配是否合格。

(6) 装配工作结束，整理工作现场。

3. 注意事项

(1) 用推刀修整花键孔时，必须保证推刀与孔端平面垂直；压出推刀时，防止推刀跌落，以免损伤推刀。

(2) 当花键孔发生变形，误差较大时，需用油石或整形锉修整，达到要求后再进行装配。

第五节　销　联　接

销联接在机械中除起联接作用外，还可起定位作用和保险作用。销联接的结构简单、联接可靠、定位准确、拆装方便。

一、销联接的种类

销联接主要分圆柱销联接和圆锥销联接两类。

（一）圆柱销联接

这种联接的销子外圆呈圆柱形，依靠配合时的过盈量固定在销孔中，它可以用来固定零件、传递动力或作为定位件。圆柱销联接不宜多次装拆，一经拆卸，销子的过盈量就会丧失。因此，拆卸后的圆柱销装配必须调换新销子，圆柱销联接要求销子和销孔的表面粗糙度值较低，一般为 Ra1.6～0.4μm，以保证配合精度。

（二）圆锥销联接

标准圆锥销外圆具有 1∶50 的锥度，它靠销子的外锥与零件锥孔的紧密配合联接零件。其特点是装拆方便、定位准确，可以多次装拆而不影响零件定位精度，故主要用于定位，也可固定零件和传递动力。

圆柱销或圆锥销用于不通孔联接时，必须使用带内螺纹或螺尾的销子，以便拆卸时能用工具将销子拆出。

二、销联接的损坏形式和修理

销联接的损坏形式是销子、销孔变形或销子切断。销子磨损或损坏时，通常采用更换的办法。销孔在允许改大直径的情况下，采取加大孔径，重新钻、铰的方法进行修理。

三、销联接的装配

（一）圆柱销联接的装配

以图 10-24 中所示圆柱销联接为例。

1. 装配要点

（1）必须保证被联接零件相互间的位置度。

（2）必须保证圆柱销在销孔中有 0.01mm 左右过盈量。

（3）必须保证圆柱销外圆与销孔的接触精度。装不通孔销钉时，应磨出排气孔。

2. 装配步骤

(1) 读装配图。在图 10-24 中，圆柱销与销孔配合为过盈配合，销孔表面粗糙度 $Ra0.8\mu m$。

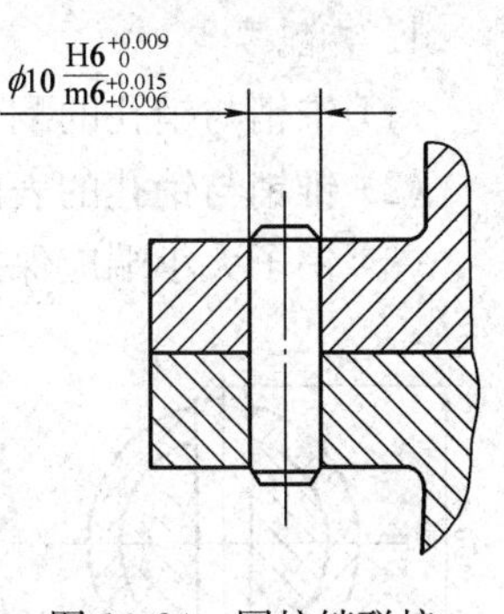

图 10-24　圆柱销联接

(2) 准备装配工具、量具。选取锉刀、锤子各一把，铜棒一根，10mm 圆柱铰刀一把，ϕ9.9mm 钻头一支，游标卡尺、千分尺各一把。

(3) 检查装配零件。用千分尺测量圆柱销直径为 10.013mm。

(4) 装配过程如下。

1) 经测量合格后，用锉刀去除圆柱倒角处的毛刺。

2) 按图样要求将两个联接件经过精确调整，使位置度达到允差之内并叠合在一起装夹，在钻床上钻 ϕ9.9mm 的孔。

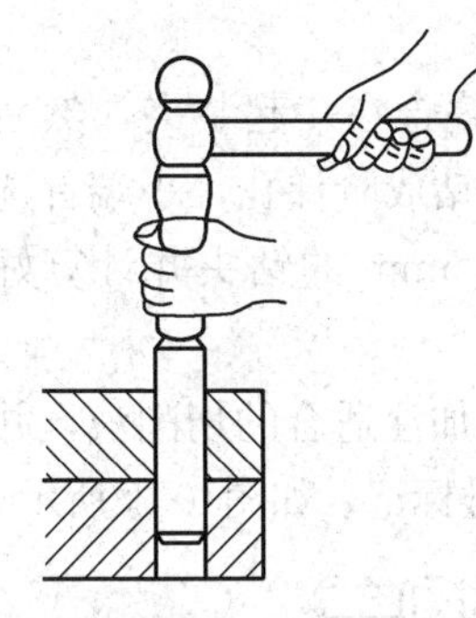

图 10-25　敲入销子

3) 对已钻好的孔用手铰刀铰孔，铰孔表面粗糙度值达 $Ra0.8\mu m$。

4) 用煤油清洗销子孔，并在销子表面涂上 L-AN32 全损耗系统用油，将铜棒垫在销子端面上，用锤子将销子敲入孔中，如图 10-25 所示。

5) 检查销联接装配。按装配图装配关系、配合要求自检圆柱销联接是否合格。

6) 装配结束，整理工作现场。

3. 注意事项

(1) 当圆柱销起定位作用时，必须将被联接件的相互位置精确调整到允差范围之内，然后叠合在一起装夹，进行钻孔和铰孔。

(2) 装配时，不要用锤子猛力敲击销子端头，以免将销子端部胀大后，增加装配困难。

(二) 圆锥销联接的装配

以图 10-26 中所示圆锥销联接为例。

1. 装配要点

（1）锥销与销孔的配合，必须有过盈量。

（2）锥销与销孔的表面接触率要大于75%。

（3）销子大小端应保持少量的长度露出销孔表面。

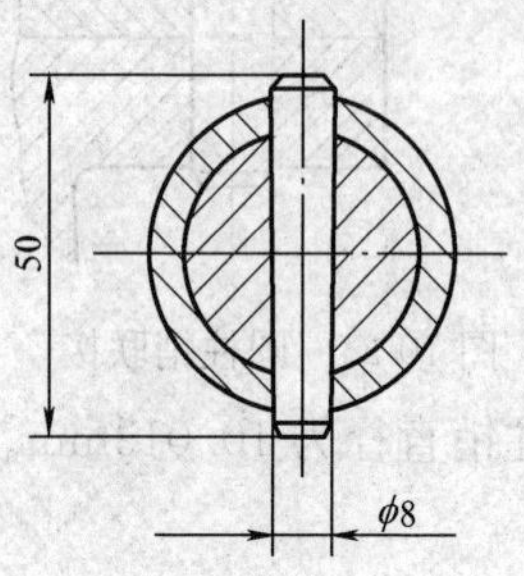

图10-26　圆锥销联接

2. 装配步骤

（1）读装配图。在图10-26中，锥销小头直径为8mm，锥销长度为50mm。

（2）准备装配工具、量具。选取锉刀、锤子各一把，φ8mm锥铰刀一支，铰杠一件，铜棒一根，φ7.9mm钻头一支，游标卡尺、千分尺各一把。

（3）检查装配零件。用千分尺测量圆锥销小端直径是否正确。

（4）装配过程如下：

1）用锉刀修去锥销表面毛刺。

2）将被联接件经过精确位置度调整后叠合在一起装夹，然后在钻床上钻孔。为减少铰削余量，可将销孔钻成阶梯孔，小端首选钻头直径7.9mm，依次选用直径为8.3、8.6mm的钻头并计算好钻孔深度，如图10-27所示。

3）对钻好的孔用手铰刀铰孔。铰孔时，加注适合的切削液，并用相配的圆锥销来检查孔的深度或在铰刀上做标记，如图10-28所示。

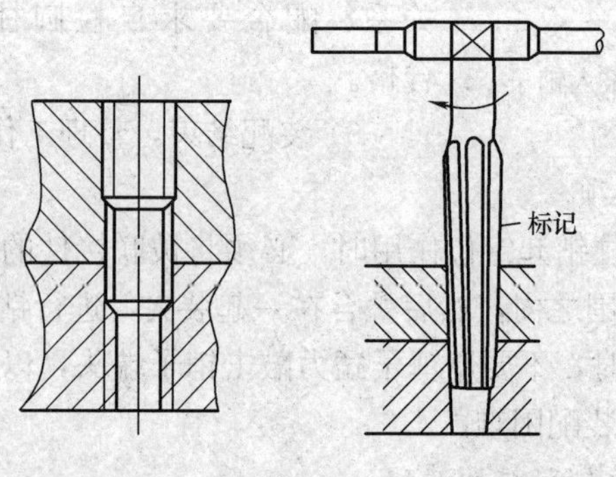

图10-27　钻阶梯孔　　图10-28　做标记

4）用煤油将圆锥孔和圆锥销清洗干净。

5）用手将圆锥销推入圆锥孔中进行试装，检查圆锥孔深度。深度达锥销长度的80％～85％即可，如图10-29所示。

6）把圆锥销取出，擦净，表面涂N32全损耗系统用油，用手将圆锥销推入圆锥孔中，再用铜棒敲击圆锥销端面，直至压实，产生过盈。圆锥销的倒角部分应伸出在所联接的零件平面外。

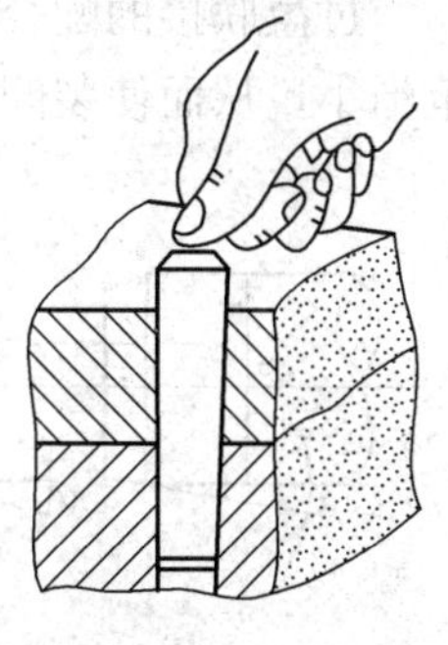

图10-29　检查深度

(5) 检查装配。按装配图要求自检圆锥销装配是否合格。

(6) 装配工作结束，整理工作现场。

3. 注意事项

(1) 不通孔的锥销应带螺纹孔，以备拆卸之用。

(2) 锤击法实现锥销过盈时，不要将销头打变形，用力要适当，或垫以铜棒。

第六节　过 盈 联 接

过盈联接是依靠包容件（孔）和被包容件（轴）配合后产生的过盈值而达到紧固联接的目的。过盈联接件在装配后，由于材料的弹性变形，在包容件和被包容件的配合面之间产生压力，工作时，便依靠此压力产生的摩擦力来传递扭矩或轴向载荷等。

过盈联接的结构简单、对中性好、承载能力强，还可以避免零件由于有键槽等原因而削弱强度。但过盈联接配合表面的加工精度要求较高，装配有时也不很方便，需要采用加热、降温或专用工具设备等。

一、过盈联接的分类

过盈联接的配合表面主要形式为圆柱和圆锥两种。

（一）圆柱面过盈联接

圆柱面过盈联接的配合表面为圆柱形。其过盈量大小取决于所需承受的扭矩。过盈量太大，使装配难度增加，且使联接件承受过大的内应力；过盈量太小则不能满足工作需要。

过盈联接的配合精度等级一般都较高，加工后实际过盈的变动范围小，从而使装配后联接件的松紧程度不会有大的变化。

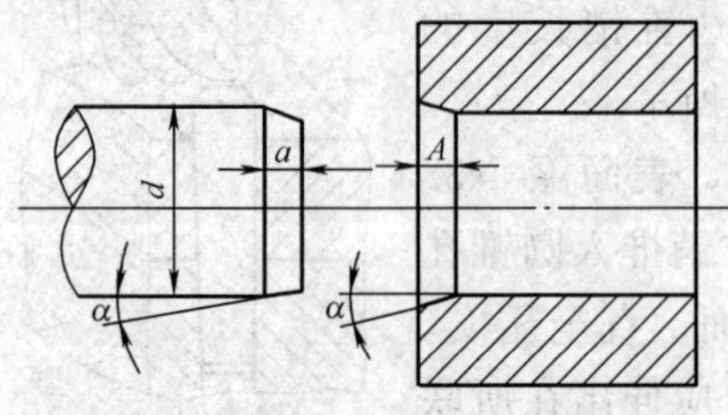

图 10-30　圆柱面过盈联接的倒角

为了使装配容易对中和避免拉毛，包容件的孔端和被包容件的进入端都有倒角，如图 10-30 所示。倒角常取 5°～10°，倒角宽度 a 取 0.5～3mm，A 取 1～3.5mm。

圆柱销联接一般在中分面的定位和在加工工序中作定位用。圆柱销经拆卸后，失去过盈时必须重新钻铰尺寸大一级的销孔，并重配圆柱销。

（二）圆锥面过盈联接

圆锥面过盈联接是利用包容件和被包容件相对轴向位移后，相互压紧而获得配合过盈的。使配合件相对轴向位移的方法有多种，如利用螺纹拉紧，利用液压使包容件内孔涨大或将包容件内孔加热涨大等。靠螺纹拉紧，其配合面的锥度常为 1∶30～1∶8。靠液压涨大内孔，其配合面的锥度常为 1∶50～1∶30，目的是保证良好的自锁性。圆锥面过盈联接的最大特点是压合距离短、装拆方便、配合面不易被擦伤拉毛，可用于需多次装拆的场合。

二、过盈联接的损坏形式和修理

过盈联接的损坏形式是过盈量的丧失。对于丧失过盈量的配合表面，一般以修复后的孔为基准，改变修复后的轴的尺寸，使轴、孔间重新产生需要的过盈量。

轴径的修理方法比较多，如喷涂、刷镀、补焊后进行加工等。对于加工容易，制造简易的包容件或被包容件，还可以进行更换来重新实现过盈联接。

经过修复后的轴、孔配合表面必须具有合格的尺寸精度、表面粗糙度及同轴度，才能产生适当的过盈量。

三、过盈联接的装配

（一）圆柱面过盈联接的装配

圆柱面过盈联接的装配方法一般有锤击装配、压合装配和温差装配等。

1. 锤击装配

以图 10-31 所示轴套的装配为例。

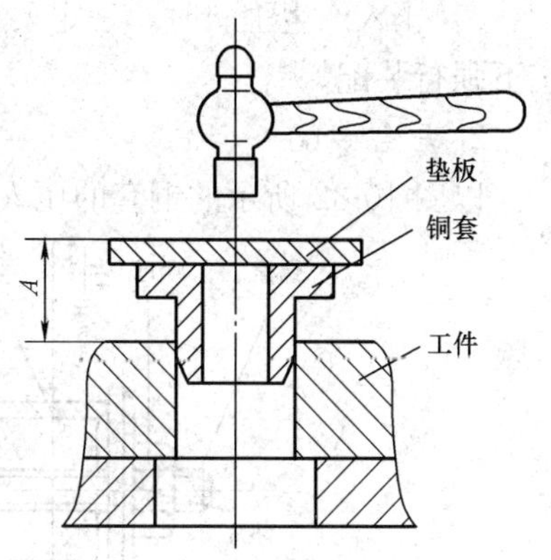

图 10-31　铜套锤击压入

(1) 装配要点如下：

1）装配前，孔端、轴端应倒角。

2）配合表面应涂润滑油。锤击时，应在工件的锤击部位垫上软金属垫。

3）锤击力要均匀，沿四周对称施加力，不要使零件产生偏斜。

(2) 装配步骤如下：

1）读装配图。铜套和工件的配合为 ϕ30H6/n6。

2）准备装配工具、量具。选取锤子、垫板、锉刀和千分尺各一把，内径百分表一件。

3）检查装配零件。用千分尺测量铜套外径，用内径百分表测量工件孔径，测得实际过盈量为 0.005mm，配合表面粗糙度值达 $Ra0.8\mu m$。

4）装配。先用锉刀在铜套压入端外圆修出 $\alpha=5^\circ\sim7^\circ$、宽 3mm 的倒角。去除铜套、工件表面毛刺，擦干净，并在铜套外圆上涂润滑油。然后，将铜套压入端插入工件孔，放正，将垫板放在铜套端面上，摆平，如图 10-31 所示。用锤子轻轻锤击垫板，锤击时，锤击力不要偏斜，保持四周 A 的尺寸一致，锤击四周。

5）检查。按装配要求，检查是否合格。

6）装配结束，清理工作场地。

(3) 注意事项如下：

1）当圆柱表面壁厚较薄，且配合长度较长时，为防止压入时套的变形，可采用专用辅具装配。

2）当圆柱表面的过盈量过大时，应在压机上进行装配或选用温差法进行装配。

3）压入产生歪斜时，一定要校正后继续装配，不可在歪斜状态下强行装配。

2. 压合装配

以图 10-32 所示的铜套的压入为例。

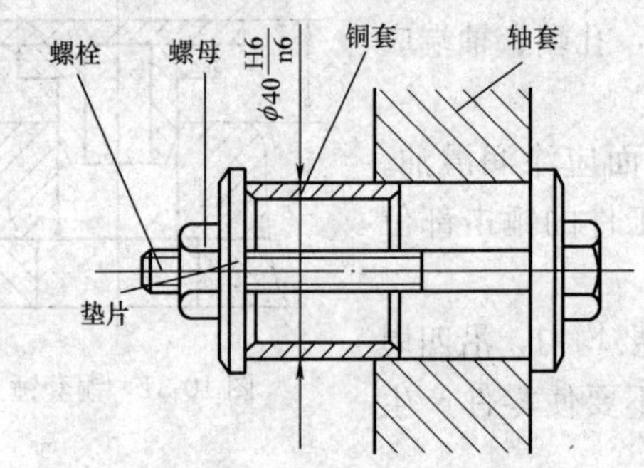

图 10-32　铜套压入

(1) 装配要点如下：

1）配合表面应具有较低的表面粗糙度值，铜套压入端外圆要修出导入角。

2）压入过程必须连续，速度不宜太快，一般为 2～4mm/s (不应超过 10mm/s)。

3）压入时，必须保证孔和轴的中心线一致，不允许存在倾斜现象。

(2) 装配步骤如下：

1）读装配图。铜套和轴套的配合为 ϕ40H6/n6。

2）准备装配工具、量具。选取图 10-32 中压入铜套附具一套，锉刀、扳手和千分尺各一把，内径百分表一件，铜棒一根。

3）检查装配零件。用千分尺测量铜套外径，用内径百分表测量轴套内径，测量实际尺寸过盈量为 0.005mm，配合面表面粗糙度值达 $Ra0.5\mu m$。

4）装配。首先用锉刀在铜套压入端外圆修出角度为5°～7°，宽3mm的倒角。除去铜套及轴套表面毛刺，擦拭干净后，在铜套外圆涂润滑油；再将铜套压入端插入轴套孔，用纯铜棒轻轻在铜套端面四周均匀地锤击，使铜套进入轴套一小部分；在检查铜套垂直于轴套端面后，装上螺栓、螺母、垫 片，如图10-32所示。最后再用扳手拧紧螺母，强迫铜套慢慢地被压入至装配位置。

5）检查装配。拆掉压套附具，按装配图装配位置要求，自检装配是否合格。

6）装配结束，整理工作现场。

(3) 注意事项。对于细长件或薄壁件压入时，要特别细心，以防止发生变形或损坏；若压入法装配确有困难，应改用温差法装配。

3. 温差法装配

以图10-33所示的铜套装配为例。

(1) 装配要点如下。

1）冷却铜套，要使其产生足够的收缩量。

2）装配铜套，动作要准确、迅速，否则会使装配进行到一半而卡住，造成废品。

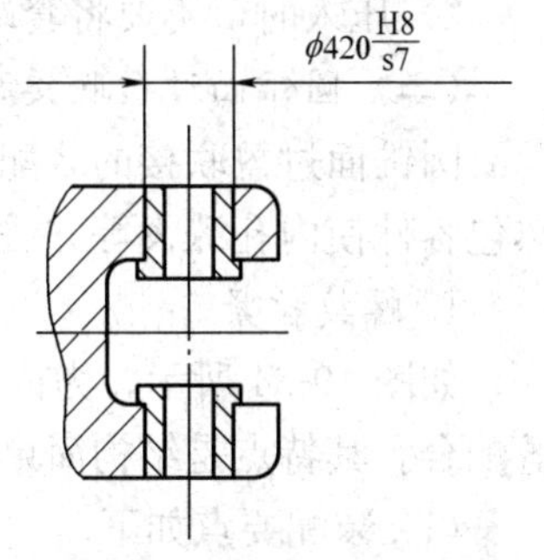

图10-33 铜套装配

(2) 装配步骤如下。

1）读装配图。铜套在床身孔中的配合为ϕ420H8/s7。

2）准备装配工具、附具、量具。选取内径百分表、外径千分尺各一件，锤子一把，垫板一件，锉刀、刮刀各一把，干冰5瓶，冷却用密封箱附具一套。

3）检查装配零件。用千分尺检查铜套外径尺寸，用内径百分表测量床身孔内径尺寸，测得铜套外径和床身孔内径实际过盈量应为0.15mm。检查其他配合尺寸是否正确，配合表面粗糙度值应达$Ra0.8\mu m$；检查床身孔与铜套的几何形状误差是否在允差之内，铜套进入端外径车有适当的导入锥。

4）装配过程为：第一，用锉刀和刮刀彻底清除铜套外径和床身内孔配合表面的毛刺，并擦拭干净；第二，调整冷却用密封箱，把铜套放入箱内，通入干冰，充分冷却；第三，准备好垫板、锤子、起重工具等；第四，起重工配合，取出铜套，对正方向，摆正位置，迅速插入床身铜套孔内，用垫板垫住铜套端面，再用锤子四周均匀用力锤击垫板，压铜套至装配位置；第五，用同样方法，装配另一铜套入床身另一铜套孔内。

5）检查装配。按装配图装配要求自检装配是否合格。

6）装配结束，整理装配现场。

(3) 注意事项如下。

1）装配前，要做好充分准备。了解装配关系、测准零件实际过盈量，准备好装配工具，冷却至正确温度以得到正确的收缩量。

2）压入时，不要将套端打变形或打出毛刺。

（二）圆锥面过盈联接的装配

圆锥面过盈联接的装配方法一般有螺纹拉紧、液压涨内孔和加热包容件使内孔涨大等方法。

1. 螺纹拉紧

如图 10-34 所示，为依靠螺纹拉紧使圆锥面相互压紧而获得过盈配合。其特点是结构简单、拆装方便。

(1) 装配要点如下。

1）螺母拧紧的程度，要保证使配合表面间产生足够的过盈量。

2）配合表面粗糙度值应达 $Ra0.8\mu m$，要保证接触面积达75%以上。

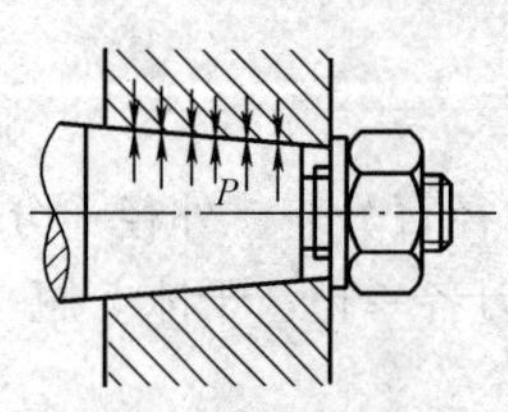

图 10-34 靠螺纹拉紧的过盈联接

(2) 装配步骤。以图 10-34 所示为例。

1）读装配图。轴、孔的联接为靠螺纹拉紧的圆锥面过盈联接。

2）准备装配工具。选取活扳手、游标卡尺、内孔刮刀、细锉刀各一把，调好的红丹粉适量。

3）检查装配零件。用卡尺检查装配零件各配合尺寸是否正确，目测装配表面粗糙度值应达 $Ra0.8\mu m$。

4）装配。首先，用细锉刀、刮刀去除零件配合表面毛刺，将配合表面擦干净后，在轴的外锥侧母线上涂一条薄而匀的红丹粉。其次，将涂过红丹粉的外锥面插入内锥孔中，压紧后，轻转 30°～40°角，反复 1～2 次，取出轴外锥，检查锥体接触状况，应在 75％ 以上的母线上有研痕，若锥体接触不良，应在磨床上配磨外锥至接触要求。最后，擦净外锥配合表面、涂润滑油后装于锥孔，装上垫片，拧上螺母后再用活扳手拧紧螺母，使轴、孔获得足够的过盈。

5）检查装配。按装配要求自检装配是否合格。

6）装配结束，整理工作现场。

(3) 注意事项如下：

1）配合表面必须十分清洁，配合前应加油润滑。

2）被包容件外锥小端直径应小于包容件内锥小端直径适当的量，以便于装配。

2. 液压涨内孔

将手动泵产生的高压油经管路送进轴颈或孔颈上专门开出的环形槽中，由于锥孔与锥轴贴合在一起，使环形槽形成一个密封的空间，高压油进入后，将孔胀大，此时，施以少量的轴向力，使轴和孔相对轴向位移，撤掉高压油，锥孔和锥轴间相互压紧而获得配合过盈。要求配合表面的几何形状误差、表面粗糙度必须在允差范围内，使贴合后的轴与孔间环形槽形成密封空间，如图 10-35 所示。

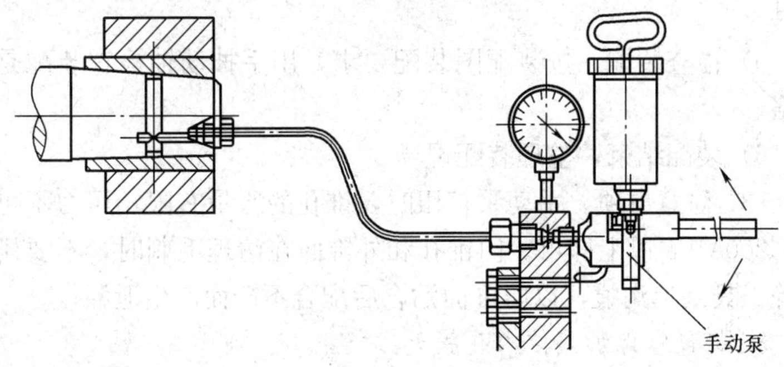

图 10-35 靠液压胀大内孔的过盈联接

这种方法因不产生温差的变化而对材料的内部组织无影响，常用于配合精度较高的配合。

(1) 装配要点：

1）必须保证配合面内环形槽中产生高压油，以使锥形孔产生足够的扩大量。

2）轴、孔间要有足够的相对轴向位移。

(2) 装配步骤，以图 10-35 中的过盈联接为例：

1）读装配图。轴、孔的联接为靠液压胀大内孔的圆锥面过盈联接。

2）准备装配工具。选取“打压”工具一套（见图 10-35）、游标卡尺一把、油石一块、红丹粉适量、锤子一把、铜棒一根。

3）检查装配零件。用卡尺检查零件各配合表面尺寸是否正确，目测配合表面粗糙度值应达 $Ra0.8\mu m$。

4）装配。事先擦净轴和孔的配合表面，在轴的外锥母线上涂薄而匀的红丹粉，并将外锥插入内锥孔中，压紧，反复转动 30°～40°，取出外锥零件，根据研痕判断锥体接触良好。若接触精度超差，采用配磨外锥方法，修配至要求。将轴的外锥装入孔的内锥中贴紧，在轴的油管接口处，如图 10-35 所示，接入液压打压工具。扳动手动泵手柄，使手动泵产生的高压油进入轴和孔贴合后在轴的环形槽中形成的密封空间。用铜棒在孔的锥体小直径端施加小量轴向力，使轴相对孔在轴向产生一定的位移。撤掉手动泵液压打压工具。

5）检查装配。按装配图装配要求，用手抽动轴检查装配是否合格。

6）装配结束，整理装配现场。

(3) 注意事项。手动泵打压时，锥孔的胀量有限，压力不可过高，200MPa 以上即可。内锥孔和外锥面在清理毛刺时，不要用锉刀等工具划出沟痕，以防锥面贴合后配合不严而产生泄漏。

3. 将包容件加热使内孔胀大

热胀法即对包容件加热后使内孔胀大，套入被包容件待冷却收缩后，使两配合面获得要求的过盈量。

这种方法的过盈量可比压合法大 1 倍，而且过盈联接的表面粗糙度不影响它的接合强度。所以在重载零件的接合中，或当接合中的零件材料具有不同的线膨胀系数而其部件将受到高温作用时，往往采用此方法。加热的方法需根据包容件的尺寸而定，中小型零件可用电炉加热，也可浸在油中加热，大型零件可利用感应加热或乙炔火焰加热。

(1) 装配要点。包容件加热后，要保证足够的胀量；装配时，动作要迅速、准确。

(2) 装配步骤，以图 10-36 所示为例：

1）读装配图。包容锥孔与轴的外锥配合为过盈配合，配合零件材料 45 号钢。

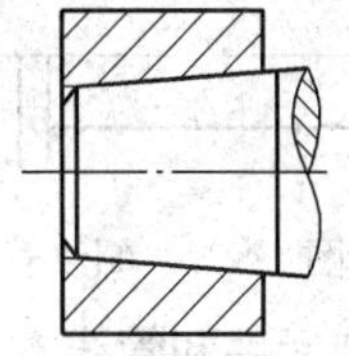

图 10-36 热胀法装配

2）准备装配工具。选取加热炉一台、游标卡尺一把。

3）检查装配零件。用卡尺校检零件的各配合尺寸是否正确，目测配合表面粗糙度值达 $Ra0.8\mu m$。

4）装配。事先去除包容孔、轴外锥表面毛刺，擦净外锥配合表面。将包容零件放入加热炉油中浸泡。打开加热炉开关，定加热温度 80～100℃，加热。做好加热后装配的各项准备工作。从炉中取出包容零件，迅速、准确地擦净配合表面，套入被包容外锥至装配位置后，冷却。关闭加热炉开关。

5）检查装配。按装配图装配要求，用手抽动轴应不动，装配即为合格。

6）装配结束，整理工作现场。

(3) 注意事项。包容件的加热要根据零件的尺寸和加热炉的具体情况确定，加热温度一般控制在 80～120℃。

第七节 管 道 联 接

管道由管子、管子接头、法兰盘和衬垫等零件组成，它与机械上的其他流体元件通道相连，用来完成气体、水或其他液体等流体的流动或能量传递。对管道联接的基本要求是联接简单、工作可靠、密封性良好、无泄漏、对流体的阻力小、结构简单且制造方便。

一、管道联接的分类

管道联接按接头的结构形式可分为螺纹管接头联接、法兰式管接头联接、卡套式管接头联接、球形管接头联接和扩口薄壁管接头联接等几种。

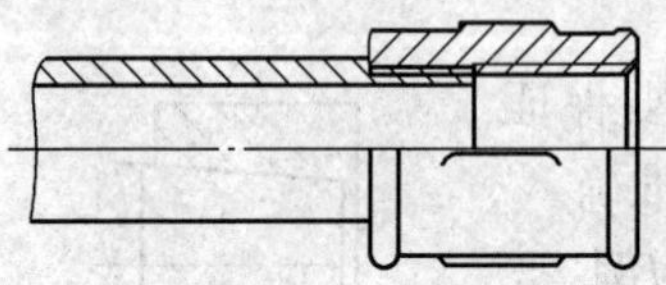

图 10-37 螺纹管接头联接

1. 螺纹管接头联接

如图 10-37 所示，是靠管螺纹将管子直接与接头联接起来的。结构简单、制造方便，工作可靠、拆装方便，应用较广。多用于管路上控制元件和管线本身的联接。

2. 法兰式管接头联接

如图 10-38 所示，是将法兰盘与管子通过对焊联接[见图 10-38(a)]、螺纹联接[见图 10-38(b)]、扩管法联接[见图 10-38(c)]和卷边后压接的各种方式联接在一起，然后将两个需要联接的管子，通过法兰盘上的孔用螺栓紧固在一起。这种方式主要用于管线及控制元件的联接。

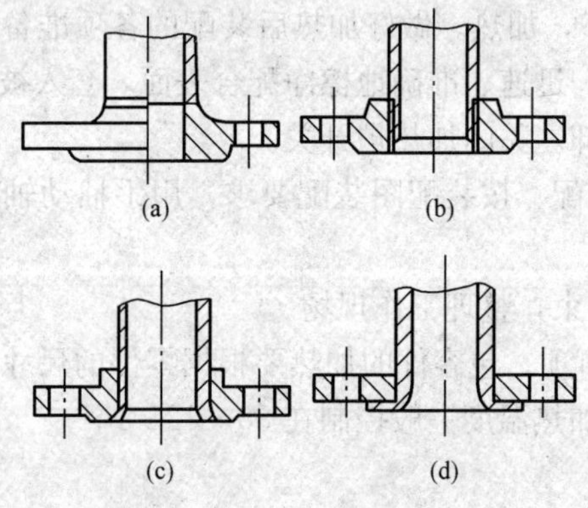

图 10-38 法兰式管接头联接

使用法兰盘联接，要求相联接的两个法兰盘必须同心，且端面要平行。必须在两个法兰盘中间夹具有弹性材料的衬垫，以保证联接的紧密性。水、气管道常用橡皮作衬垫，高温管道常用石棉作衬垫，有较大压力和高温的蒸汽管道常用压合纸板作衬垫，大直径管道常用铅垫或铜垫作为密封衬垫。

3. 卡套式管接头联接

如图 10-39 所示，拧紧螺母时，卡套使油管的端面与接头体的端面相互压紧，从而达到油管与接头体联接起来的目的。这种管接头一般用来联接冷拔无缝钢管，最大工作压力可达32MPa，适用于既受高压又受振动、不易损坏的场合。但这种管接头精度要求较高，而且对管子外圆尺寸的要求也较严格。

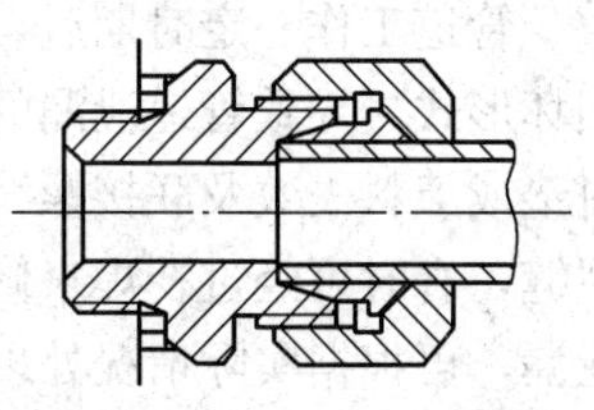

图 10-39 卡套式管接头联接

4. 球形管接头联接

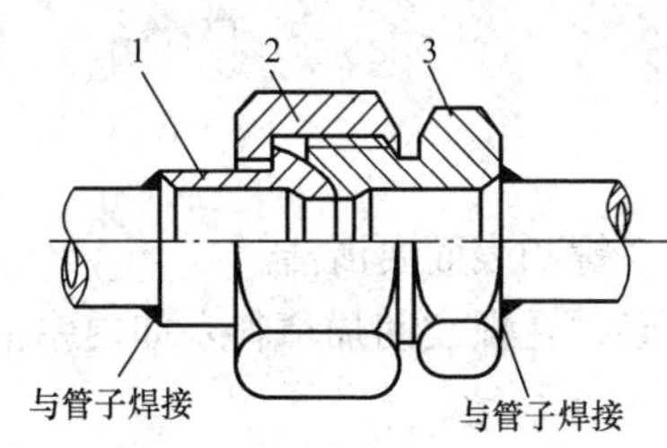

图 10-40 球形管接头联接

1—球形接头体；2—联接螺母；3—接头体

如图 10-40 所示，当拧紧联接螺母 2 时，球形接头体 1 的球形表面与接头体 3 的配合表面紧密压合，使两根管子连接起来。这种联接的特点是要求球形表面和配合表面的接触必须良好，以保证足够的密封性，常用于中、高压的管路联接。

5. 扩口薄壁管接头联接

如图 10-41 所示，这种联接是将薄管口端扩大，拧紧联接螺母，通过扩口管套将薄管扩口压紧在接头配合表面上，实现管路联接。扩口薄壁管接头联接常用于工作压力不大于 5MPa 的场合，机

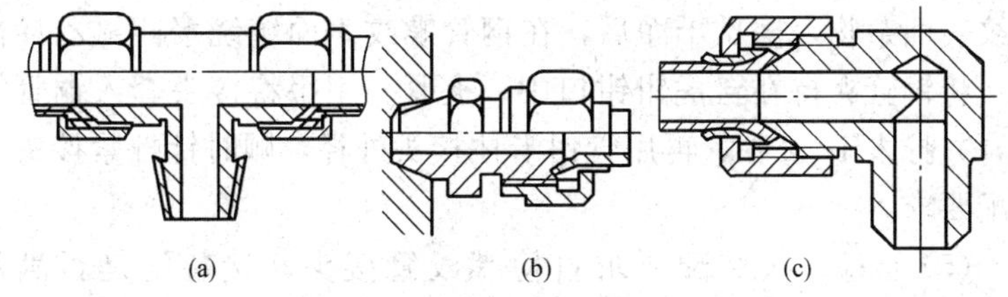

图 10-41 扩口薄壁管接头联接

(a) 三通管接头；(b) 直通；(c) 直角管接头

床液压系统中采用较多。

二、管道联接的损坏形式和修理

管道工作一定时期后，管子或管接头处发生泄漏是常见的管道损坏形式。导致管道泄漏的原因有管子产生裂缝或破损、管接头处衬垫或填料失效及联接螺纹松动或拧紧程度不够等。对于管子产生裂缝，有时可经过补焊来修复，严重时必须更换。对于管接头处的泄漏，可根据实际情况处理，如更换新的衬垫或填料、重新拧紧螺纹等。管子或管接头的螺纹损坏时，为了可靠起见，一般都采取更换带螺纹的零件的方法；管子长度不受影响时，可割去损坏的螺纹部分后重新套螺纹修复。

三、管道联接的装配

（一）螺纹管接头联接的装配

以图 10-37 所示为例。

1. 装配要点

（1）管子或接头的螺扣要完好，螺扣表面要清洁。

（2）螺纹管接头联接装配时，必须在螺纹间加填料，如白铅油加麻或聚四氟乙烯薄膜，以保证管道密封性。

2. 装配步骤

（1）读图。在图 10-37 中，钢管与接头以管螺纹形式联接。

（2）准备装配工具、量具。选取管钳子一把、聚四氟乙烯薄膜适量、台虎钳一台、游标卡尺一把。

（3）检查装配零件。用卡尺检查钢管和接头螺纹配合尺寸是否正确。

（4）装配。装配前，要先去除钢管和接头螺纹表面毛刺，洗净螺纹表面杂物，擦拭干净后，在钢管螺纹表面缠绕聚四氟乙烯薄膜；将钢管夹持在台虎钳钳口中，夹紧。用手将接头套入铜管螺纹，并拧入 1～2 扣，再用管钳卡住接头外径，顺时针拧紧接头至装配要求。

（5）自检。按装配要求自检螺纹管接头联接装配是否满足要求。

（6）装配结束，整理工作场地。

3. 注意事项

(1) 螺纹接头联接处填料的卷绕要注意方向，避免螺纹旋入时填料松散脱落。

(2) 螺纹管接头装配时，要拧到位，以保证联接后的管道具有足够的密封性。

(二) 法兰式管接头联接的装配

以图 10-38 (a) 为例。

1. 装配要点

(1) 法兰盘联接管道，在两法兰盘中间必须垫衬垫。

(2) 法兰盘端面要与管子轴线垂直，两个法兰盘及石棉垫要同心。法兰盘端面要平行。

(3) 联接螺栓要对角、依次、逐渐地拧紧。

2. 装配步骤

(1) 读图。在图 10-38a 中，法兰盘以对焊的方法固定在管子上。

(2) 准备装配工具、附具，选取活扳手两把，剪刀一把，划规一件，石棉纸衬板适量。

(3) 检查装配零件。自检法兰盘与管子对焊端口的倒角尺寸是否正确，衬垫材质是否适合。

(4) 装配过程如下：

1) 配合焊工，按装配图要求，摆正位置，分别将两个法兰盘焊固在两根管子口端。

2) 在石棉垫板上，用划规划出法兰盘端面的内外圆，并在外圆周的一处留出余量，供剪垫板把手。

3) 用剪刀剪划在石棉垫板上的内孔、外圆及垫板把手。

4) 将两个法兰盘端面靠近，摆正衬垫位置，将螺栓穿入法兰盘光孔，拧上螺母，轻轻地将两个法兰盘带紧，手扶衬垫把手、调整衬垫位置及两个法兰盘相互位置，用活扳手对角、依次、逐渐地拧紧联接螺母。

(5) 自检装配。按装配要求自检装配是否满足条件。

(6) 装配结束，整理工作场地。

3. 注意事项

(1) 法兰盘与管道焊接时，应保持法兰盘端面平整、管壁光滑。

(2) 当管道中心发生扭曲或相交时，两法兰盘端面应平行并同心。

(3) 衬垫内孔尺寸不要小于管道内壁直径，以免影响管道通径流量。

(三) 球型管接头联接的装配

以图 10-40 所示为例。

1. 装配要点

(1) 接头的密封球面应进行配研，涂色检查时，其接触面宽度不小于 1mm。

(2) 联接螺母要拧紧。

2. 装配步骤

(1) 读图。图 10-40 所示为球形管接头管道联接。

(2) 准备装配工具、附具。选取活扳手两把，调好的研磨剂适量，选用车床一台，显示剂适量。

(3) 检查装配零件。自检装配零件各配合尺寸是否正确，内孔是否光滑。

(4) 装配过程如下：

1) 在球形接头体 1 的球形表面涂薄而均匀的显示剂，将接头体 3 的配合表面扣压在球形表面上对研，判定配合表面接触良好，接触宽度在 1mm 以上。若接触宽度达不到要求，将接头体夹于车床主轴转动，在球形接头体的球形表面涂均匀适量的研磨剂，并将球形表面压在转动的接头体配合表面内对研至接触要求。

2) 配合焊工，摆正位置，将球形接头体和接头体分别与管子焊接。

3) 清洗装配零件，擦净配合表面，按图 10-40 所示装配关系，联接球形接头体和接头体，并拧紧联接螺母，保证足够的密封性。

(5) 自检装配。按装配图装配关系自检装配是否满足要求。

(6) 装配结束，整理工作场地。

3. 注意事项

球形管接头装配时，联接螺母必须拧到位，但不宜用力过大。

(四) 长套式管接头联接的装配

以图 10-39 所示为例。

1. 装配要点

(1) 装配前，对装配件要进行检查，保证零件精度合格，并将零件清洗干净。

(2) 装配后，联接螺母要拧紧到位。

2. 装配步骤

(1) 读图。图 10-39 所示为卡套式管接头联接。

(2) 准备装配工具、量具。选取活扳手两把、游标卡尺一把、锉刀一把。

(3) 检查装配零件。用卡尺准确测量卡套式管接头零件各配合尺寸正确，管子外径尺寸在允差之内。

(4) 装配过程如下：

1) 用锉刀去除装配零件表面毛刺，清洗干净并擦干零件配合表面。

2) 将卡套套入管子口端外径，再套入联接螺母，按装配图要求，拧紧联接螺母。

(5) 自检装配。按装配图装配关系自检装配是否满足要求。

(6) 装配结束，整理工作场地。

3. 注意事项

卡套式管接头装配时，拧紧联接螺母，不要盲目过大用力，以防联接螺纹损坏。

(五) 扩口薄壁管接头联接的装配

以图 10-41 为例。

1. 装配要点

(1) 扩口必须规整，以保证配合紧密。

(2) 联接螺母要拧紧。

2. 装配步骤

(1) 读图。接头和纯铜管的联接为扩口薄壁管接头联接。

（2）准备装配工具、量具。选取锥孔扩口工具一套、活扳手一把、卡尺一把。

（3）检查装配零件。用卡尺检查管接头。纯铜管规格、尺寸正确。

（4）装配过程如下：

1）将纯铜管在热处理炉中（或气焊火焰中）“退火”。

2）将“退火”冷却后的纯铜管管端夹入锥孔扩口器中扩口，保证扩口表面平整、规则。

3）按装配图中装配关系，套入扩口管套，联接螺母，并将纯铜管锥口压在管接头配合表面上，用手拧紧联接螺母后，再用活扳手拧紧联接螺母。

（5）自检。按图检查装配是否满足要求。

（6）装配结束，整理现场。

3. 注意事项

薄壁管的扩口表面不要用锉刀柄等非专用工具变形，避免装配后结合面压合不严而产生泄漏。

第八节 传动机构的装配与调整

传动机构的类型较多，常见的有带传动、链传动、齿轮传动、螺旋传动、蜗杆传动等。

一、带传动机构的装配

带传动属摩擦传动，它是将带紧紧地套在两个带轮上，利用传动带与带轮之间的摩擦力来传递动力。常用的带传动有V带和平带等。

（一）带传动机构装配的技术要求

（1）严格控制带轮的径向圆跳动和轴向窜动量。

（2）两带轮的端面一定要在同一平面内。

（3）带轮工作表面的粗糙度值要适当，过大会使传动带磨损较快，过小易使传动带打滑，一般在 $Ra1.6\mu m$ 左右比较合适。

（4）带的张紧力要适当，且调整方便。

（二）带轮的装配

一般带轮孔与轴为过渡配合，该配合有少量过盈，有较高的同轴度。装带轮时应将孔和轴擦洗干净，装上键，用锤子把带轮轻轻打入，然后轴向固定。带轮装上后，要检查带轮的径向圆跳动和端面圆跳动。

带轮与轴的连接方式如图 10-42 所示。

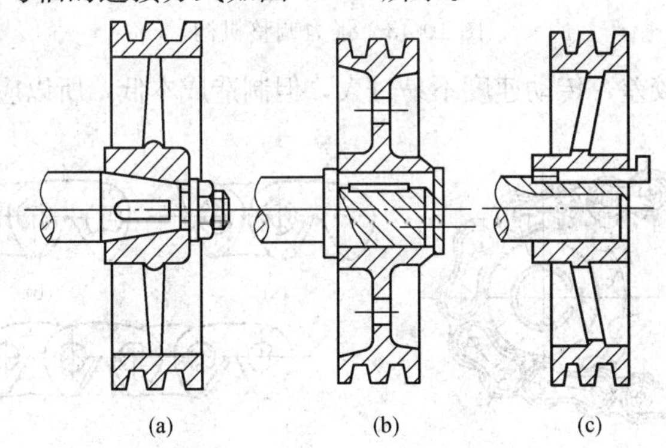

图 10-42　带轮与轴的连接

（a）圆锥形轴头连接；（b）圆柱形轴头连接；（c）楔键轴头连接

（三）V 带安装与张力大小的调整

安装 V 带时，应先将 V 带套在小带轮的轮槽中，再套在大带轮上，然后边转动大带轮，边将 V 带套入正确位置。

因为带传动是摩擦传动，所以适当的张紧力是保证带传动正常工作的重要因素。张紧力不足，带将在带轮上打滑，不仅使传递动力不足，而且还会造成带的急剧磨损；张紧力过大，不仅会使带的寿命降低、轴承磨损加快，而且还易引起振动。所以带传动中有张力调整装置。张力调整机构如图 10-43 所示。张紧力的调整方法是靠改变两带轮的中心距或用张紧轮张紧。

二、链传动机构的装配

链传动是由两个链轮和连接它们的链条组成，通过链条与链轮的啮合来传递运动和动力。

常用的链条有套筒滚子链（如自行车中的链条，见图 10-44）和齿形链（见图 10-45）。套筒滚子链与齿形链相比较，噪声较大，运

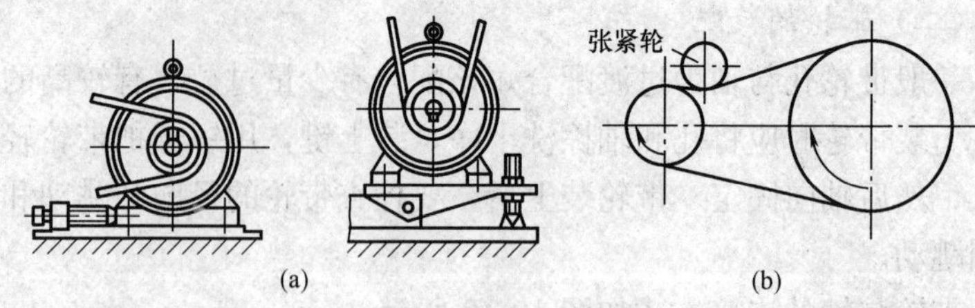

图 10-43　张力调整机构

动平稳性较差，传动速度不易过大，但制造成本低，所以应用广泛。

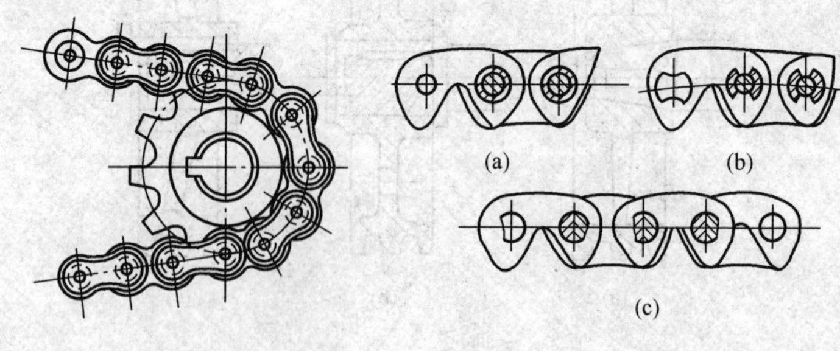

图 10-44　链传动　　　图 10-45　齿形链

（一）链传动机构装配的技术要求

(1) 两链轮的轴线必须平行。否则会加剧链轮及链条的磨损，使噪声增大和平稳性降低。

(2) 两链条之间的轴向偏移量不能太大。当两轮中心距小于 500mm 时，轴向偏移量不超过 1mm；两轮中心距大于 500mm 时，其轴向偏移量不超过 2mm。

(3) 链轮的径向圆跳动和端面圆跳动应符合要求。其跳动量可用划针盘或百分表找正。

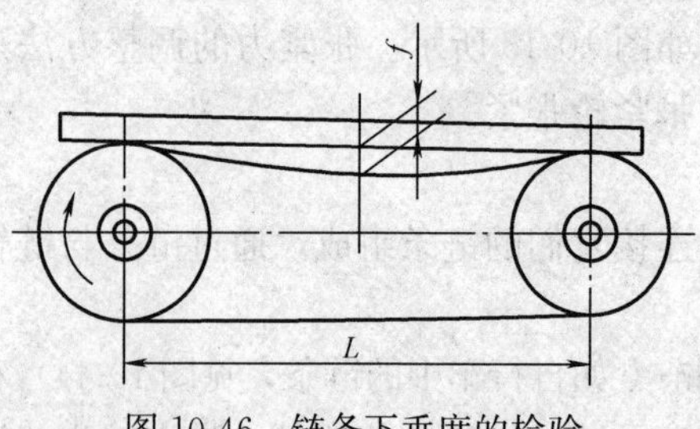

图 10-46　链条下垂度的检验

(4) 链条的松紧应适当。太紧会使负荷增大，磨损加快；太松容易产生振动或掉链现象。链条下垂度 f 的检验方法如图 10-46 所示。水平或稍微倾斜的链传动，其下垂度 f 不大于中心距 L 的 20%；倾斜度增大时下垂度就要减小，在竖直平面内进行的链传动，f 应小于 0.02%L。

（二）链传动机构的装配

首先应按要求将两个链轮分别装到轴上并固定，然后装上链条。套筒滚子链的接头形式如图 10-47 所示。当使用弹簧卡片固定活动销轴时，一定要注意使开口的方向与链条速度的方向相反，否则容易脱落。

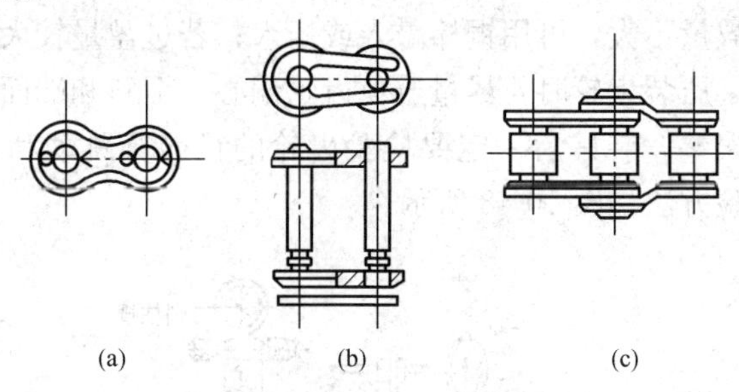

(a)　(b)　(c)

图 10-47　套筒滚子链的接头形式

三、齿轮传动机构的装配

齿轮传动是最常见的传动方式之一，它具有传动比恒定、变速范围大、传动效率高、传递功率大、结构紧凑和使用寿命长等优点。但它的制造及装配要求高，若质量不良，不仅影响使用寿命，而且还会产生较大的噪声。

（一）齿轮传动机构装配的技术要求

（1）齿轮孔与轴的配合要适当，满足使用要求。空套齿轮在轴上不得有晃动现象；滑移齿轮不应有咬死或阻滞现象；固定齿轮不得有偏心或歪斜现象。

（2）保证齿轮有准确的安装中心距和适当的齿侧间隙。侧隙过小，齿轮转动不灵活，热胀时易卡齿，加剧磨损；侧隙过大，则易产生冲击振动。

（3）保证齿面有一定的接触面积和正确的接触位置。

（4）对转速高、直径大的齿轮，装配前应进行动平衡。

（二）圆柱齿轮机构的装配

圆柱齿轮装配一般分两步进行：先把齿轮装在轴上，再把齿轮轴部件装入箱体。

1. 齿轮与轴的装配

齿轮与轴的装配形式有齿轮在轴上空转、齿轮在轴上滑移和齿轮在轴上固定三种形式。

齿轮在轴上空转或滑移时，其配合精度取决于零件本身的制造精度外，装配简单也比较顺利。

当齿轮在轴上固定时，通常为过渡配合，装配时需要一定的压力。若过盈量不大，可用铜棒敲入或压入；若过盈量较大，可用压力机压入。压装齿轮时要尽量避免齿轮偏心、歪斜和端面未紧贴轴肩等安装误差。装好后一定要检验齿轮的径向圆跳动和端面圆跳动。其检验方法如图 10-48 所示。

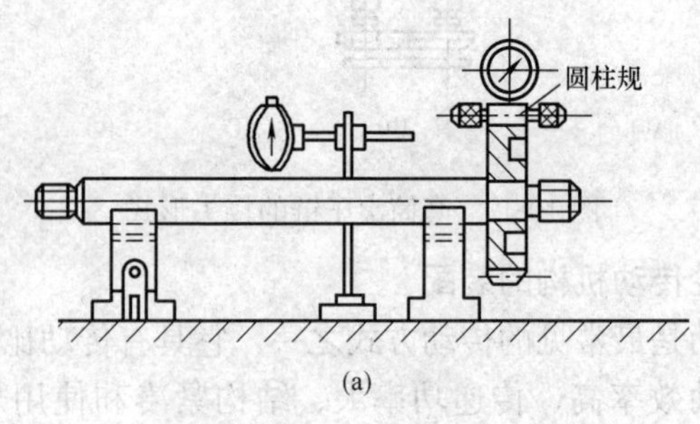

(a)

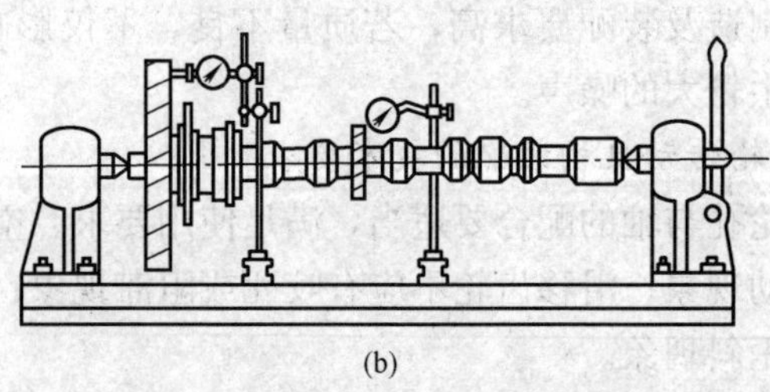

(b)

图 10-48 径向、端面圆跳动的检验

2. 齿轮轴组与箱体的装配

齿轮的啮合质量要求包括适当的齿侧间隙和一定的接触面积以及正确的接触位置。质量的好坏，除了齿轮本身的制造精度外，箱体孔的尺寸精度、形状精度及位置精度，都直接影响齿轮的啮合质量。所以，齿轮轴部件装配前一定要认真对箱体进行检查，装配后应对啮合质量进行检验。

(1) 同轴线孔的同轴度检验。成批生产时可用专用芯棒检验，如图 10-49(a)所示。若芯棒能顺利穿入，则表明同轴度合格。若孔径不同，可制作检验套配合心棒进行检验，如图 10-49(b)所示。

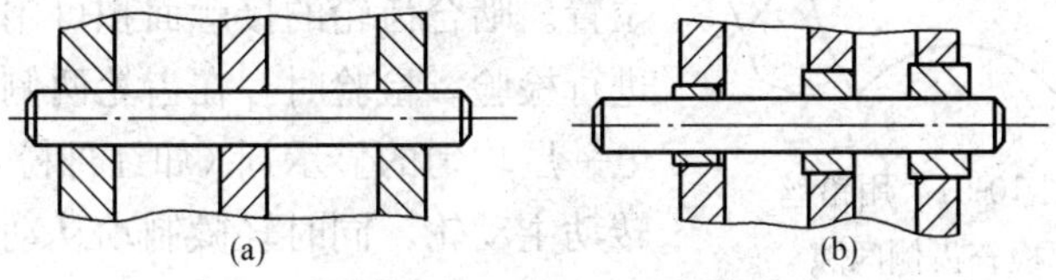

图 10-49 孔同轴度的检验

(2) 孔中心距及平行度检验。孔中心距是影响齿侧间隙的主要因素。所以，应保证中心距在规定的公差范围内。孔中心距和平行度误差可用精度较高的游标卡尺直接测量，也可用千分尺和芯棒测量得 L_1 和 L_2 后再通过计算得到，如图 10-50 所示。中心距 A 通过下式求取

$$A=\frac{L_1+L_2}{2}-\frac{d_1+d_2}{2}$$

平行度误差等于 L_1 与 L_2 的差值。

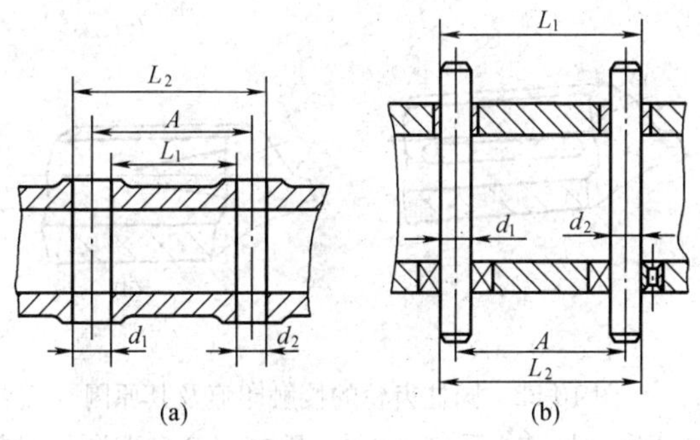

图 10-50 孔中心距检验

(3) 齿轮啮合质量的检验。齿轮的啮合质量包括齿侧间隙和接触齿侧间隙的检验。齿侧间隙最直观最简单的检验方法是压铅丝法，如图 10-51 所示。在齿宽两端的齿面上，平行放置两段直径不小于齿

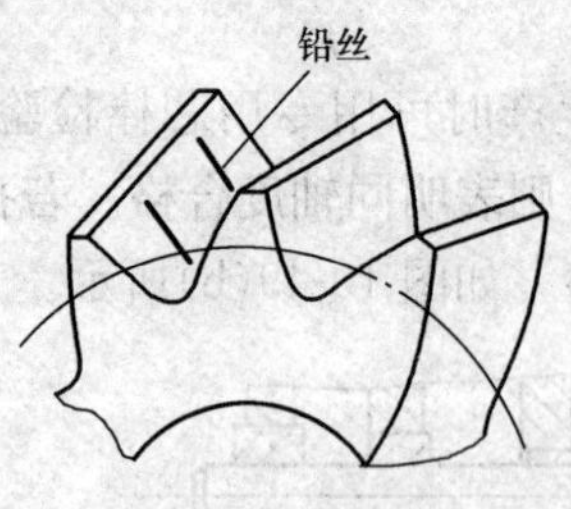

图 10-51　用铅丝检查齿侧间隙

侧间隙 4 倍的铅丝，转动啮合齿轮挤压铅丝，铅丝被挤压后最薄部分的厚度尺寸就是齿侧间隙。

接触精度指接触面积的大小和接触位置。啮合齿轮的接触面积可用涂色法进行检验。检验时，在齿轮两侧面都涂上一层均匀的显示剂（如红丹粉），然后转动主动轮，同时轻微制动从动轮（主要是增大摩擦力）。对于双向工作的齿轮，正反两个方向都要进行检验。

齿轮侧面上印痕面积的大小，应根据精度要求而定。一般传动齿轮在齿廓的高度上接触不少于 30%～50%，在齿廓的宽度上不少于 40%～70%，其分布位置是以节圆为基准，上下对称分布。通过印痕的位置，可判断误差产生的原因，如图 10-52 所示。

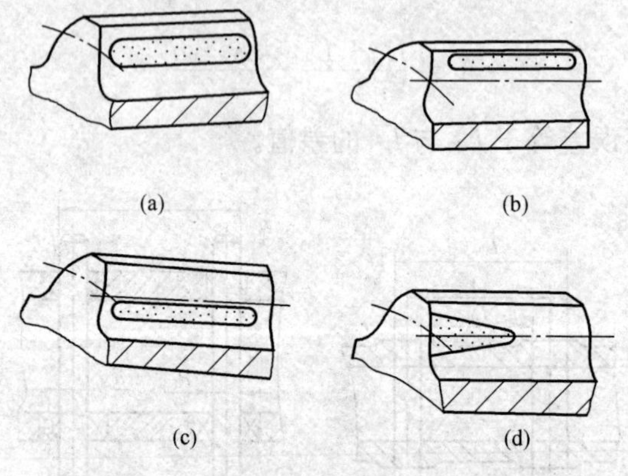

图 10-52　圆柱齿轮的接触印痕及其原因

(a) 正确；(b) 中心距大；(c) 中心距小；(d) 轴线平行度超差

（三）圆锥齿轮传动机构的装配

圆锥齿轮装配的顺序应根据箱体的结构而定，一般是先装主动轮再装从动轮，把齿轮装到轴上的方法与圆柱齿轮装法相似。圆锥齿轮装配的关键是正确确定圆锥齿轮的轴向位置和啮合质量的检验与调整。

1. 圆锥齿轮轴向位置的确定

标准圆锥齿轮正确传动时，是两齿轮分度圆锥相切，两锥顶重合。所以圆锥齿轮装配时，也必须以此来确定小齿轮的轴向位置，即小齿轮的轴向位置应根据安装距离（即小齿轮基准面到大齿轮轴的距离）来确定。如大齿轮没装，可用工艺轴代替。然后再根据啮合时侧隙要求来决定大齿轮的轴向位置。

对于用背锥面作基准的圆锥齿轮，装配时只要将背锥面对齐、对平，即说明轴向位置正确。图 10-53 中，圆锥齿轮 1 的轴向位置用改变垫片厚度来调整；圆锥齿轮 2 的轴向位置，可通过调整固定垫圈位置确定。

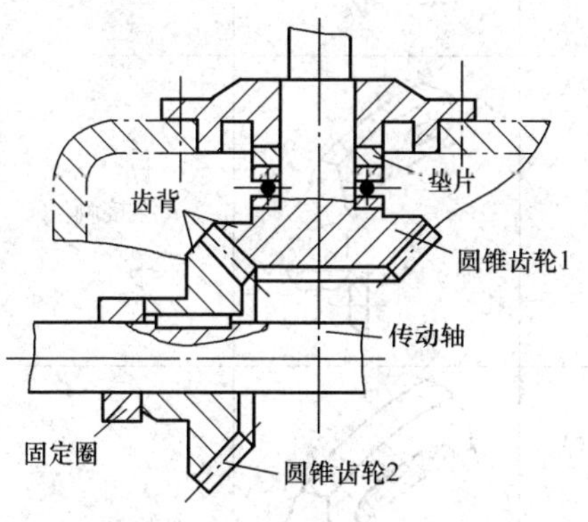

图 10-53　圆锥齿轮传动机构的装配

2. 圆锥齿轮啮合质量的检验

圆锥齿轮接触精度可用涂色法进行检验。根据齿面上啮合印痕的部位不同，采取合理的调整方法。调整方法可参阅表 10-2。

表 10-2　　圆锥齿轮副啮合辨别调整表

序号	图　示	显示情况	调整方法
1	l $\frac{2}{3}l$	印痕恰好在齿面中间位置，并达到齿面长的 2/3；装配调整位置正确	

续表

序号	图　示	显示情况	调整方法
2	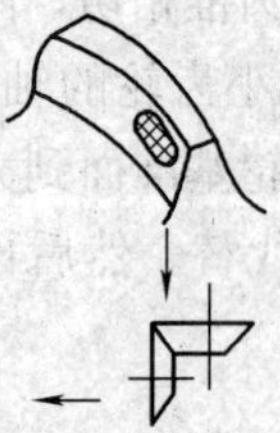	小端接触	
3	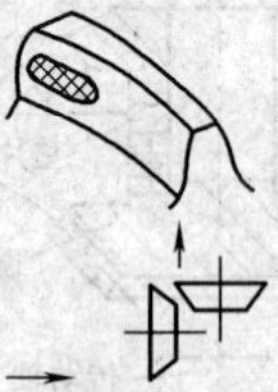	大端接触	按图示箭头方向，一齿轮调退，另一齿轮调进。若不能用一般方法调整达到正确位置，则应考虑由于轴线交角太大或太小，必要时修刮轴瓦
4	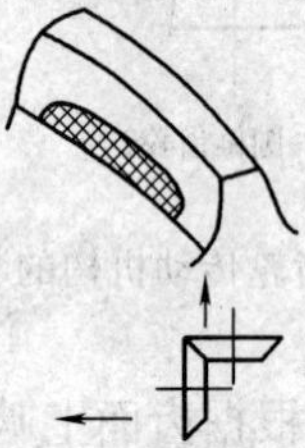	低接触区	小齿轮沿轴向移进，如侧隙过小，则将大齿轮沿轴向移出或同时调整使两齿轮退出
5	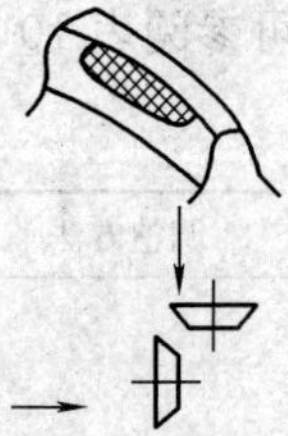	高接触区	小齿轮沿轴向移出，如侧隙过大，可将大齿轮沿轴向移动或同时调整使两齿轮靠近
6	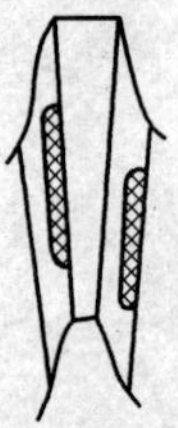	同一齿的一侧接触区高，另一侧低	装配无法调整，调换零件。若只作单向传动，可按低接触或高接触调整方法，考虑另一齿侧的接触情况

四、螺旋传动机构的装配

螺旋传动机构的作用是把旋转运动变为直线运动。其特点是传动平稳、传动精度高、传递转矩大、无噪声和易于自锁等。在机床进给运动中应用广泛。

（一）螺旋传动机构装配的技术要求

（1）丝杠螺母副应有较高的配合精度和准确的配合间隙。

（2）丝杠与螺母轴线的同轴度及丝杠轴线与基准面的平行度应符合要求。

（3）装配后丝杠的径向圆跳动和轴向窜动应符合要求。

（4）丝杠与螺母相对转动应灵活。

（二）螺旋传动机构的装配要点

1. 合理调整丝杠和螺母之间的配合间隙

丝杠和螺母之间径向间隙由制造精度保证，无法调整。而轴向间隙直接影响传动精度和加工精度，所以当进给系统采用丝杠螺母传动时，必须有轴向间隙调整机构（简称消隙机构）来消除轴向间隙。图 10-54 所示为车床横向进给的消隙机构。当螺母和丝杠之间有轴向间隙时，其调整步骤是先松开螺钉 1，再拧紧螺钉 3，使楔块 2 上升向左挤压螺母，当消除轴向间隙后，再拧紧螺钉 1。

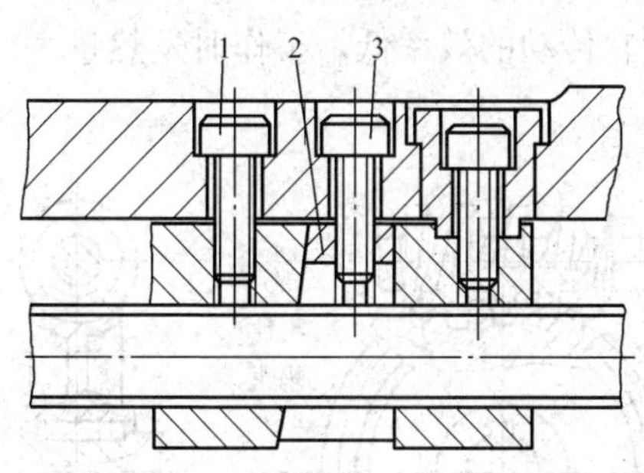

图 10-54　车床横进给消隙机构

2. 找正丝杠与螺母的同轴度及丝杠与基准面的平行度

其找正方法是先找正支撑丝杠的两轴承座上轴承孔的轴线在同一轴线上，并与导轨基准面平行。若不合格应修刮轴承座底面，再调整水平位置，使其达到要求。最后找正螺母对丝杠的同轴度，其找正方法如图 10-55 所示。找正时将检验棒 4 插入螺母座 6 的孔中，移动工作台 2，若检验棒能顺利插入两轴承座孔内，说明同轴度符合要求，否则应修配垫片 3，使之合格。

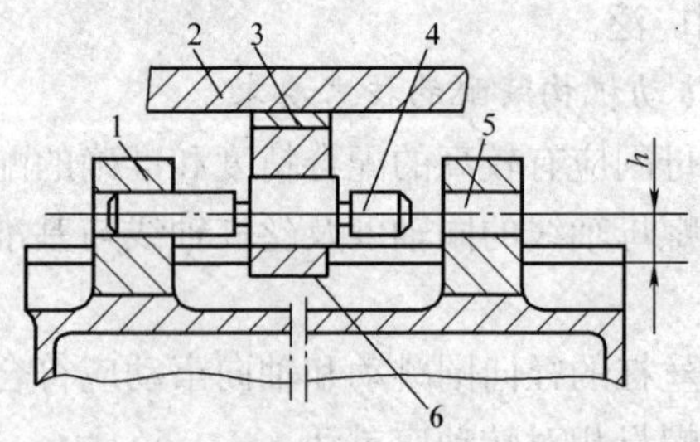

图 10-55　找正螺母对丝杠同轴度的方法

3. 调整好丝杠的回转精度

主要是检验丝杠的径向圆跳动和轴向窜动，若径向圆跳动超差，应矫直丝杠；若轴向窜动超差，应调整相应机构予以保证。

五、蜗杆传动机构的装配

蜗杆传动机构用来传递互相垂直的两轴之间的运动，如图 10-56所示。该种传动机构有传动比大、工作平稳、噪声小和自锁性强等特点。但它传动的效率低，工作时发热量大，故必须有良好的润滑条件。

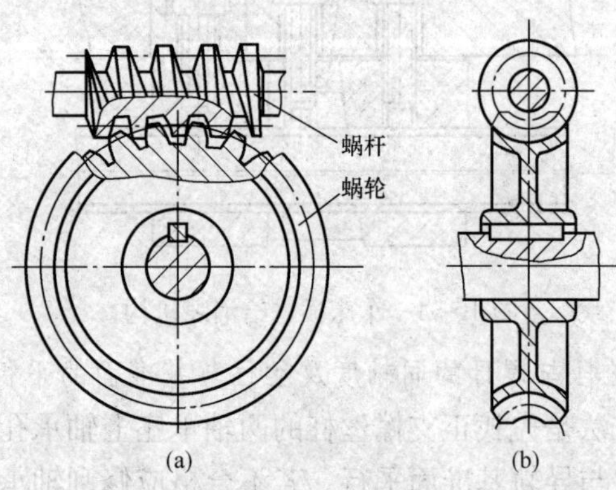

图 10-56　蜗杆传动机构

（一）蜗杆蜗轮传动机构装配的技术要求

（1）保证蜗杆轴线与蜗轮轴线垂直。

（2）蜗杆轴线应在蜗轮轮齿的对称中心平面。

（3）蜗杆、蜗轮间的中心距一定要准确。

（4）有合理的齿侧间隙。

（5）保证传动的接触精度。

（二）蜗杆传动机构的装配顺序

（1）若蜗轮不是整体时，应先将蜗轮齿圈压入轮毂上，然后用螺钉固定。

（2）将蜗轮装到轴上，其装配方法和装圆柱齿轮相似。

（3）把蜗轮组件装入箱体后再装蜗杆，蜗杆的位置由箱体精度保证。要使蜗杆轴线位于蜗轮轮齿的对称中心平面内，应通过调整蜗轮的轴向位置来达到要求。

（三）蜗杆蜗轮传动机构啮合质量的检验

蜗杆蜗轮的接触精度用涂色法检验。可通过观察啮合斑点的位置和大小来判断装配质量存在的问题，并采用正确的方法给予消除。图 10-57（a）为正确接触，其接触斑点在蜗轮齿侧面中部稍偏于蜗杆旋出方向一点。图 10-57（b）、（c）表示蜗轮的位置不对，应通过配磨蜗轮垫圈的厚度来调整其轴向位置。

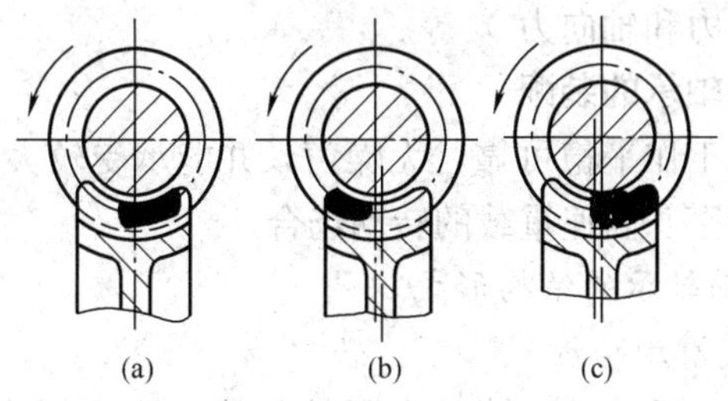

图 10-57　蜗杆蜗轮接触斑点的检验

蜗杆蜗轮齿侧间隙一般要用百分表来测量，如图 10-58 所示。在蜗杆轴上固定一个带有量角器的刻度盘 2，把百分表测头支顶在蜗轮的侧面上，用手转动蜗杆，在百分表不动的条件下，根据刻度盘转角的大小计算出齿侧间隙。

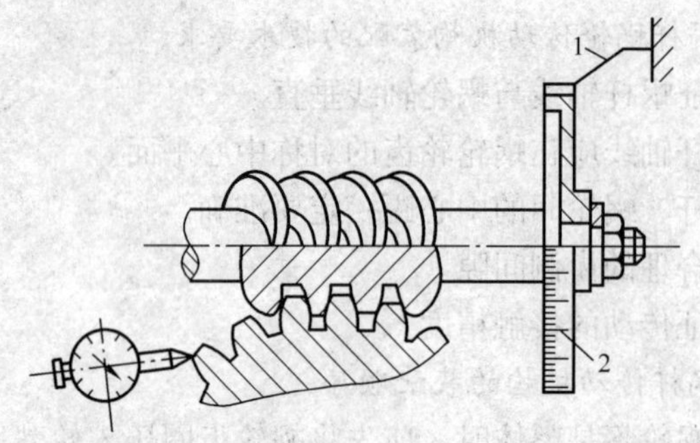

图 10-58　蜗杆蜗轮传动侧隙的检验方法

对于一些不重要的蜗杆传动机构，可用手转动蜗杆，根据空程量，凭经验判断侧隙大小。

装配后的蜗杆传动机构，还要检查其转动的灵活性。在保证啮合质量的条件下又转动灵活，则装配质量合格。

第九节　轴承和轴组的装配

轴承是支承轴或轴上旋转件的部件。轴承的种类很多，按轴承工作的摩擦性质分有滑动轴承和滚动轴承；按受载荷的方向分有深沟球轴承（承受径向力）、推力轴承（承受轴向力）和角接触球轴承（承受径向力和轴向力）等。

一、滑动轴承的装配

滑动轴承工作平稳可靠，无噪声，并能承受较大的冲击负荷，所以多用于精密、高速重载的转动场合。

（一）滑动轴承的结构形式

1. 整体式滑动轴承

如图 10-59 所示，该轴承实际就是将一个青铜套压入轴承座内，并用紧定螺钉固定而制成。该轴承结构简单，制造容易，但磨损后无法调整轴与轴承之间的间隙，所以通常用于低速、轻载、间歇工作的机械上。

2. 剖分式滑动轴承

如图 10-60 所示，该种轴承由轴承座 1、轴承盖 2、剖分轴瓦

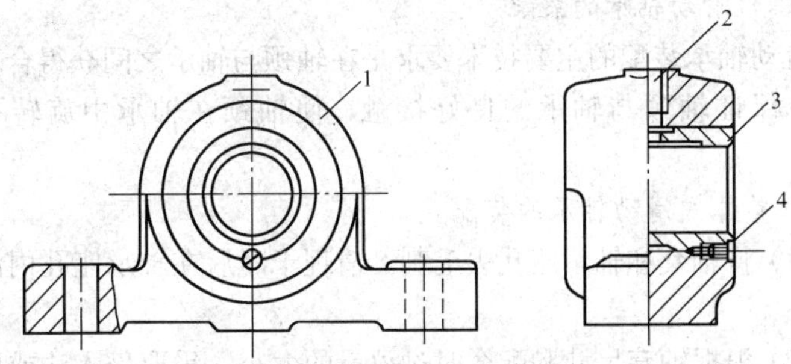

图 10-59　整体式滑动轴承

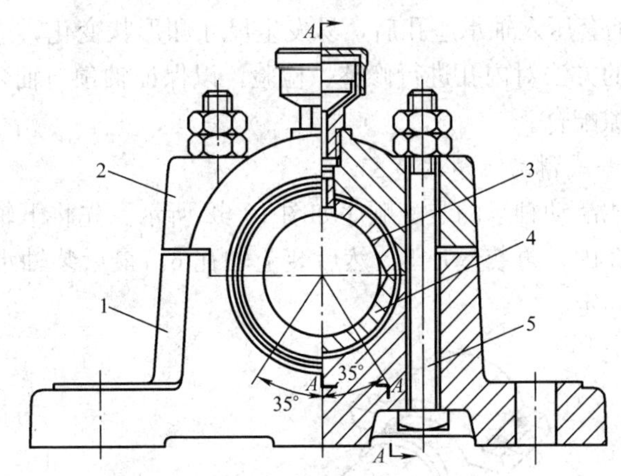

图 10-60　剖分式滑动轴承

3、4 及螺栓 5 组成。

3. 内柱外锥式滑动轴承

如图 10-61 所示，该种轴承由后螺母 1、箱体 2、轴承外套 3、前螺母 4、轴承 5 和主轴 6 组成。轴承 5 的外表面为圆锥面，与轴承外套 3 贴合。在外圆锥面上对称分布有轴向槽，其中一条槽切穿，并在切穿处嵌入弹性垫片，使轴承内径大小可以调整。

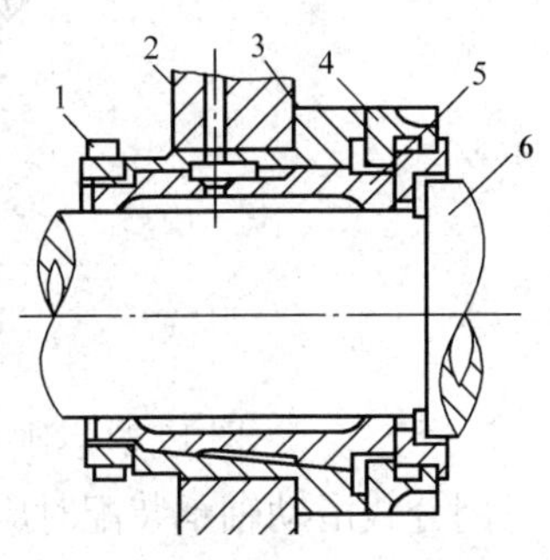

图 10-61　内柱外锥式滑动轴承

（二）滑动轴承的装配

滑动轴承装配的主要技术要求是在轴颈与轴承之间获得合理的间隙，保证轴颈与轴承的良好接触，使轴颈在轴承中旋转平稳可靠。

1. 整体式滑动轴承的装配

(1) 将轴套和轴承座孔去毛刺，清理干净后在轴承座孔内涂润滑油。

(2) 根据轴套尺寸和配合时过盈量的大小，采取敲入法或压入法将轴套装入轴承座孔内，并进行固定 。

(3) 轴套压入轴承座孔后，易发生尺寸和形状变化，应采用铰削或刮削的方法对内孔进行修整、检验，以保证轴颈与轴套之间有良好的间隙配合。

2. 剖分式滑动轴承的装配

剖分式滑动轴承的装配顺序如图 10-62 所示。先将下轴瓦 4 装入轴承座 3 内，再装垫片 5，然后装上轴瓦 6，最后装轴承盖 7 并用螺母 1 固定。

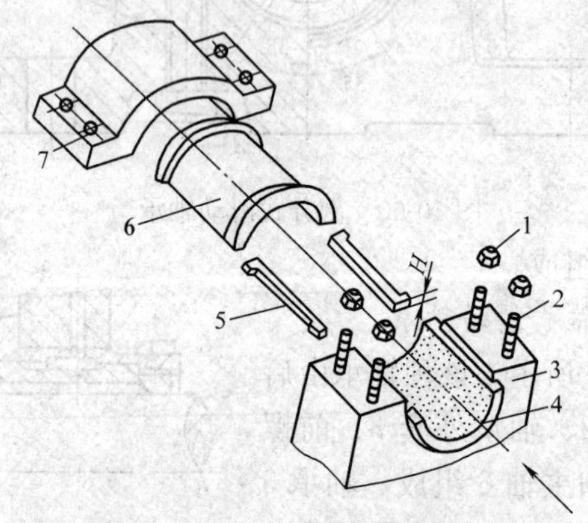

图 10-62　剖分式滑动轴承的装配顺序

剖分式滑动轴承装配时应注意的要点如下：

(1) 上、下轴瓦与轴承座、盖应接触良好，同时轴瓦的台肩应紧靠轴承座两端面。

(2) 为提高配合精度，轴瓦孔应与轴进行研点配刮。

3. 内柱外锥式滑动轴承的装配

如图 10-61 所示：

(1) 将轴承外套 3 压入箱体 2 的孔中，并保证有 H7/r6 的配合要求。

(2) 用芯棒研点，修刮轴承外套 3 的内锥孔，并保证前、后轴承孔同轴度的合格。

(3) 在轴承 5 上钻油孔与箱体、轴承外套油孔相对应，并与自身油槽相接。

(4) 以轴承外套 3 的内孔为基准研点，配刮轴承 5 的外圆锥面，使接触精度符合要求。

(5) 把轴承 5 装入轴承外套 3 的孔中，两端拧入螺母 1、4，并调整好轴承 5 的轴向位置。

(6) 以主轴为基准，配刮轴承 5 的内孔，使接触精度合格，并保证前、后轴承孔的同轴度符合要求。

(7) 清洗轴颈及轴承孔，重新装入主轴，并调整好间隙。

二、滚动轴承的装配

滚动轴承一般由外圈、内圈、滚动体和保持架组成。内圈和轴颈为基孔制配合，外圈和轴承座孔为基轴制配合。工作时，滚动体在内、外圈的滚道上滚动，形成滚动摩擦。滚动轴承具有摩擦力小、轴向尺寸小、更换方便和维护容易等优点，所以在机械制造中应用十分广泛。

(一) 滚动轴承装配的技术要求

(1) 滚动轴承上带有标记代号的端面应装在可见方向，以便更换时查对。

(2) 轴承装在轴上或装入轴承座孔后，不允许有歪斜现象。

(3) 同轴的两个轴承中，必须有一个轴承在轴受热膨胀时有轴向移动的余地。

(4) 装配轴承时，压力（或冲击力）应直接加在待配合的套圈端面上，不允许通过滚动体传递压力。

(5) 装配过程中应保持清洁，防止异物进入轴承内。

(6) 装配后的轴承应运转灵活，噪声小，工作温度不超过 50℃。

（二）滚动轴承的装配

滚动轴承的装配方法应视轴承尺寸大小和过盈量来选择。一般滚动轴承的装配方法有锤击法、用螺旋或杠杆压力机压入法及热装法等。

1. 向心球轴承的装配

深沟球轴承常用的装配方法有锤击法和压入法。图 10-63（a）所示是用铜棒垫上特制套，用锤子将轴承内圈装到轴颈上，图 10-63（b）所示是用锤击法将轴承外圈装入壳体内孔中。图 10-64 所示是用压入法将轴承内、外圈分别压入轴颈和轴承座孔中。如果轴颈尺寸较大过盈量也较大，为装配方便可用热装法，即将轴承放在温度为 80～100℃的油中加热，然后和常温状态的轴配合。

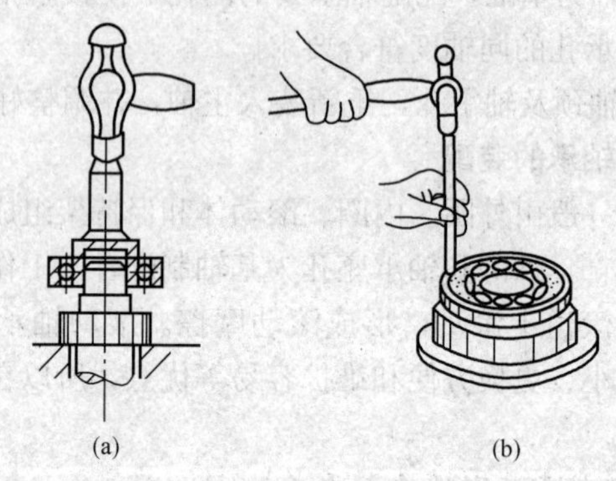

图 10-63　锤击法装配滚动轴承

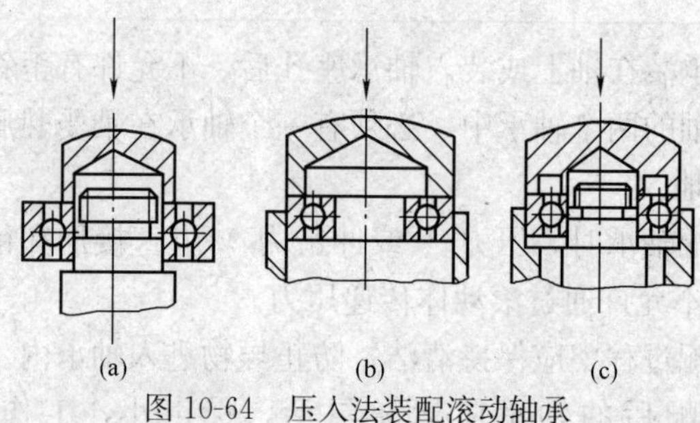

图 10-64　压入法装配滚动轴承

2. 角接触球轴承的装配

因角接触球轴承的内、外圈可以分离，所以可以用锤击、压入或热装的方法将内圈装到轴颈上，用锤击或压入法将外圈装到轴承孔内，然后调整游隙。

3. 推力球轴承的装配

推力球轴承有松圈和紧圈之分，装配时一定要注意，千万不能装反，否则将造成轴发热甚至卡死现象。装配时应使紧圈靠在转动零件的端面上，松圈靠在静止零件（或箱体）的端面上，如图10-65所示。

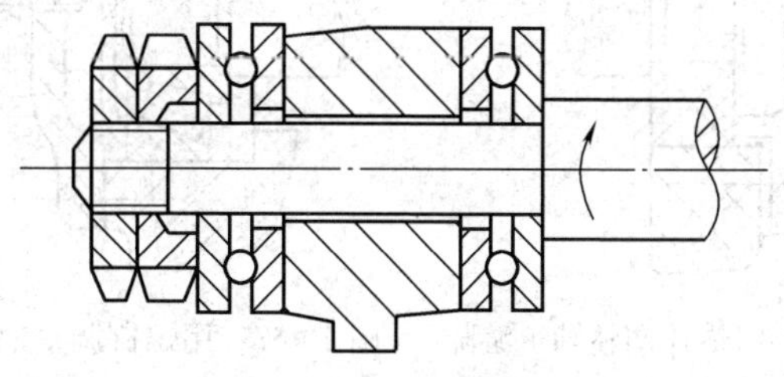

图 10-65　推力球轴承的装配

（三）滚动轴承游隙的调整

1. 轴承游隙的分类和重要性

滚动轴承的游隙是指在一个套圈固定的情况下，另一个套圈沿径向或轴向的最大活动量，故游隙又分径向游隙和轴向游隙两种。

滚动轴承的游隙不能太大，也不能太小。游隙太大，会造成同时承受载荷的滚动体的量减少，使单个滚动体的载荷增大，从而降低轴承的旋转精度，减少使用寿命；游隙太小，会使摩擦力增大，产生的热量增加，加剧磨损，同样能使轴承的使用寿命减少。因此，许多轴承在装配时都要严格控制和调整游隙。通常采用使轴承的内圈对外圈作适当的轴向相对位移的方法来保证游隙。

2. 调整轴承游隙的方法

（1）调整垫片法。通过调整轴承盖与壳体端面间的垫片厚度

δ，来调整轴承的轴向游隙，如图 10-66 所示。

(2) 螺钉调整法。图 10-67 所示结构中，调整的顺序是：先松开锁紧螺母 1，再调整螺钉 2，待游隙调整好后再拧紧螺母 1。

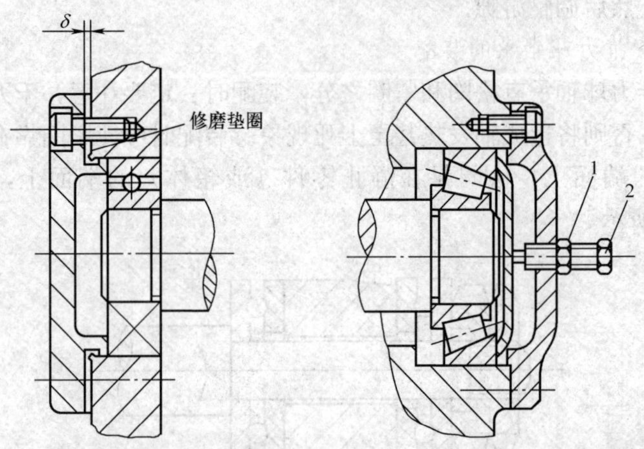

图 10-66　用垫片调整轴承游隙　　图 10-67　用螺钉调整轴承游隙

(四) 滚动轴承的预紧

对于承受载荷较大，旋转精度要求较高的轴承都需要轴承在装配时进行预紧。预紧就是轴承在装配时，给轴承的内圈或外圈一个轴向力，以消除轴承游隙并使滚动体与内、外圈接触处产生初变形。

1. 角接触球轴承的预紧

角接触球轴承装配时的布置方式如图 10-68 所示，无论何种方式布置，都是采用在同一组两个轴承间配置不同厚度的间隔套，来达到预紧的目的。

2. 单个轴承预紧

如图 10-69 所示，是通过调整螺母，使弹簧产生不同的预紧力施加在轴承外圈上，达到预紧的目的。

3. 内圈为圆锥孔轴承的预紧

如图 10-70 所示，预紧时的工作顺序是：先松开锁紧螺母 1 中左边的一个螺母，再拧紧右边的螺母，通过隔套 2 使轴承内圈 3 向

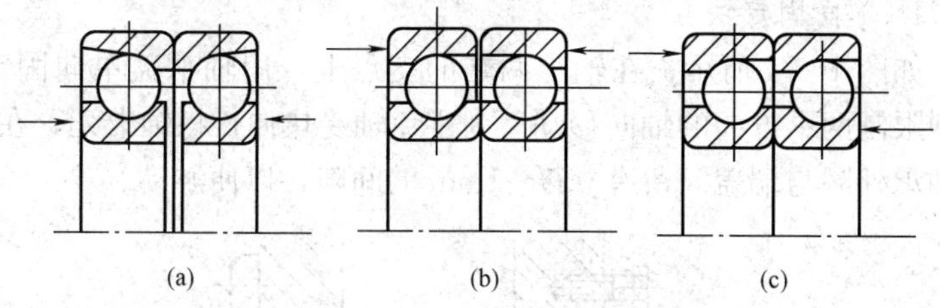

图 10-68　角接触球轴承的布置方式

轴颈大端移动，使内圈直径增大，从而消除径向游隙，达到预紧目的。最后再将锁紧螺母 1 中左边的螺母拧紧，起到锁紧的作用。

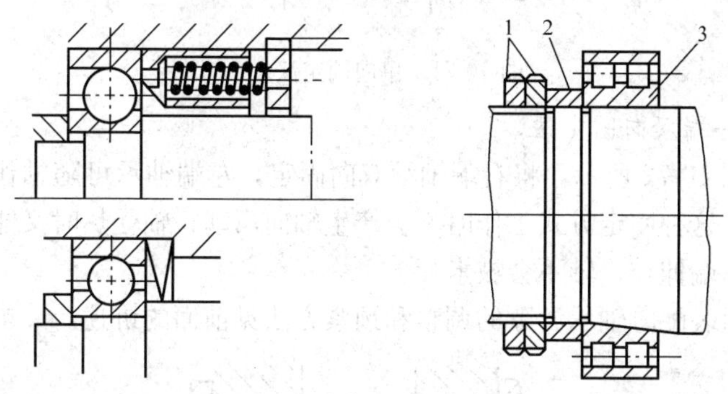

图 10-69　用弹簧预紧单个轴承　图 10-70　内圈为圆锥孔轴承的预紧

三、轴组装配

（一）轴组的定义和装配

轴是机械中的重要零件，所有带内孔的传动零件，如齿轮、带轮、蜗轮等都要装到轴上才能工作。轴、轴上零件与两端轴承支座的组合，称为轴组。

轴组装配是指将装配好的轴组组件，正确地安装到机器中，达到装配技术要求，保证其能正常工作。轴组装配主要是指将轴组装入箱体（或机架）中，进行轴承固定、游隙调整、轴承预紧、轴承密封和轴承润滑装置的装配。

（二）轴承的固定方式

轴承固定的方式有两端单向固定法和一端双向固定法两种。

1. 单向固定法

如图 10-71 所示，在轴承两端的支点上，用轴承盖单向固定，分别限制两个方向的轴向移动。为避免轴受热伸长将轴卡死，在右端轴承外圈与端盖间留有 0.5～1mm 的间隙，以便游动。

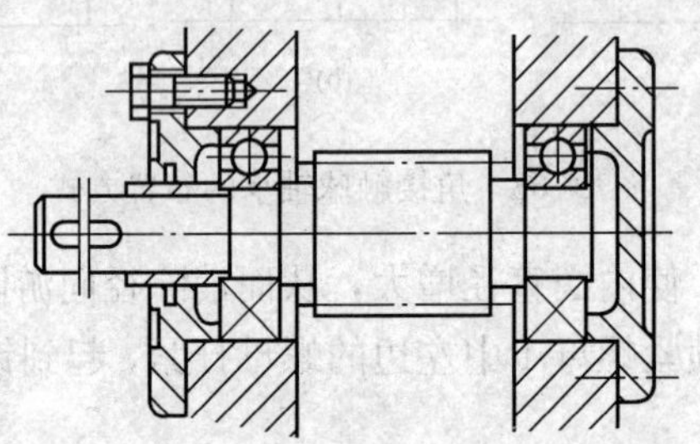

图 10-71　单向固定法

2. 一端双向固定法

如图 10-72 所示，将右端轴承双向固定，左端轴承可随轴作轴向游动。这种固定方式工作时不会产生轴向窜动，轴受热时又能自由地向一端伸长，轴不会被卡死。

轴组装配时轴承游隙的调整和预紧方法见前面的讲述。

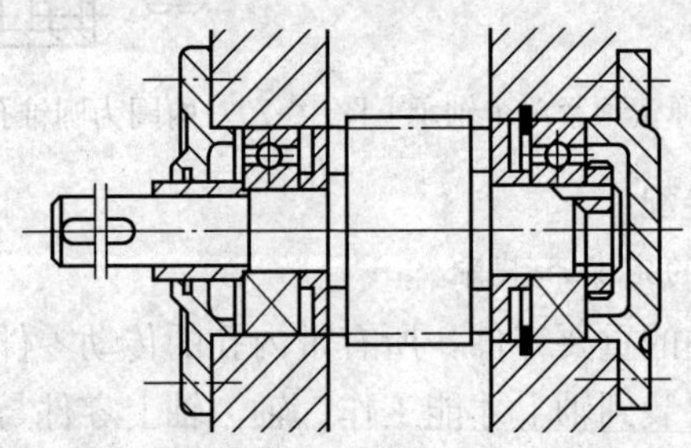

图 10-72　双向固定法

第十一章

机械设备诊断技术

第一节　设备诊断技术基础

一、机械的故障概念及分类

（一）机械的故障概念

机械的故障，是指机械的各项技术指标（包括经济指标）偏离了它的正常状况。如某些零件或部件损坏，致使工作能力丧失；发动机功率降低；传动系统失去平衡和噪声增大；工作机构的工作能力下降；燃料和润滑油的消耗增加等。当其超出了规定的指标时，均属于机械的故障。

机械的故障表现在它的结构上，主要是它的零件损坏和零件之间相互关系的破坏。如零件的断裂、变形，配合件的间隙增大或过盈丧失，固定和紧固装置的松动和失效等。

（二）故障分类

1. 按发生的时间性分类

按故障发生的时间性分，故障可分为突发性故障和渐进性故障。

（1）突发性故障。主要是由各种不利因素和外界影响共同作用的结果，其发生特点是具有偶然性，一般与使用时间无关，因而是难以预测的。但它一般容易排除，因此通常不会影响机械的寿命。

（2）渐进性故障。主要是由产品参数的劣化过程（磨损、腐蚀、疲劳、老化）逐渐发展而形成的。其特点是发生的概率与使用时间有关，且只是在产品的有效寿命的后期才表现出来。渐进性故障一经发生，就标志着产品寿命的终结。因而它往往是机械进行大修的标志。

由于这种故障是逐渐发展的，因此，通常是可以进行预测的。

2. 按故障显现的情况分类

按故障显现的情况分类，故障可分为功能故障和潜在故障。

（1）功能故障。机械产品丧失了工作能力或工作能力明显降低，亦即丧失了它应有的功能，因此称为功能故障。这类故障可以通过操作者的感受或测定其输出参数而判断出来。关键的零件坏了，机械根本不能工作，属于功能故障；生产率达不到规定指标，也与功能故障有关。这种故障是实际存在的，因而也称实际故障。

（2）潜在故障。和渐进性故障相联系，当故障在逐渐发展中，但尚未在功能方面表现出来，而同时又接近萌发的阶段，当这种情况能够诊断出来时，即认为是一种故障现象，并称为潜在故障。例如，零件在疲劳破坏过程中，其裂纹的深度是逐渐扩展的，同时其深度又是可以探测的。当探测到裂纹扩展的深度已接近允许的临界值时，便认为是存在潜在故障，必须按实际故障一样来处理。

探明了机械的潜在故障，就有可能在机械达到功能故障之前进行排除，这有利于保持机械完好状态，避免由于发生功能故障而可能带来的不利后果，这在机械的使用维修实际中具有重要意义。

3. 根据故障发生的原因分类

根据故障发生的原因不同，故障可分为人为故障和自然故障。

（1）人为故障。机械在制造和修理时使用了不合格的零件或违反了装配技术条件；在使用中没有遵守操作技术规程；没有执行规定的保养维护制度以及在运输、保管中不当等原因，而使机械过早地丧失了它的应有的功能，这种故障即称为人为故障。

（2）自然故障。机械设备在使用和保有期内，由于受外部和内部各种不可抗拒的自然因素的影响而引起的故障都属于自然故障。但由于人为过失而加剧损坏的过程时，则应与此相区别。

二、设备诊断技术的类型

诊断技术是指机械设备在不拆卸的情况下，用仪器仪表获取有关输出参数和信息，并据此判断机械技术状况的技术手段。

在机械中，通过诊断手段所获取的各种信息，都是机械的一定技术状况的反映。众所周知，机械的故障率是与机械的使用条件有关的，超越一定范围的诊断参数就是机械故障的征兆。随着诊断技术的发展，各种新的诊断设备不断出现，功能日益齐全，使得利用诊断手段来断定机械的技术状况已逐渐成为可能。因此，诊断技术在机械使用、维修中已日益显示出重要作用。实现定期诊断、按需维修已成为现代修理制度的发展趋势。

（一）机械诊断的基本任务

机械诊断必须解决如下基本任务：

（1）建立诊断参数与状态参数之间的相互关系。大多数情况下，这种情况是通过实际试验取得的。

（2）建立起状态参数或诊断参数随时间而变化的数学模型，即获得机械损坏的规律，从而实现寿命的预测。图 11-1 所示为滚动轴承的振幅随工作时间而变化的测试记录。图中 t_0 即为威布尔分布的位置参数，表示轴承开始出现疲劳剥落的时间，从而可以确定振幅 x 与时间 t 的关系，即

$$x = f(t)$$

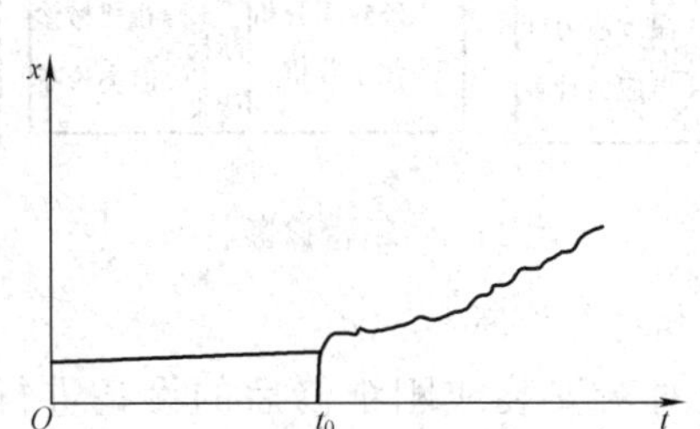

图 11-1　滚动轴承产生疲劳剥落的振动记录

（3）提供获取诊断信息和信息处理所必需的手段。现代诊断技术是在电子工业及传感器技术不断发展的基础上建立起来的。综合性的诊断设备通常包括数据采集、数据处理和数据输出等单元。

（二）诊断技术的类型

1. 简易诊断和精密诊断

简易诊断相当于对人的健康所作的初级诊断。为了能对设备的状态迅速有效地作出概括的评价，它应具备以下功能：

（1）设备所受应力的趋向控制和异常应力的检测。

(2) 设备劣化，故障的趋向控制和异常检测。

(3) 设备性能效率的趋向控制和异常检测。

(4) 设备的监测与保护。

(5) 指出有问题的设备（发现患者）。

简易诊断通常由现场作业人员实施。

精密诊断是根据简易诊断认为有异常的设备需要进行的比较详细的诊断，其目的是判定异常部位，研究异常的种类和程度。精密诊断通常由专门技术人员实施。

精密诊断要掌握图 11-2 所示技术。

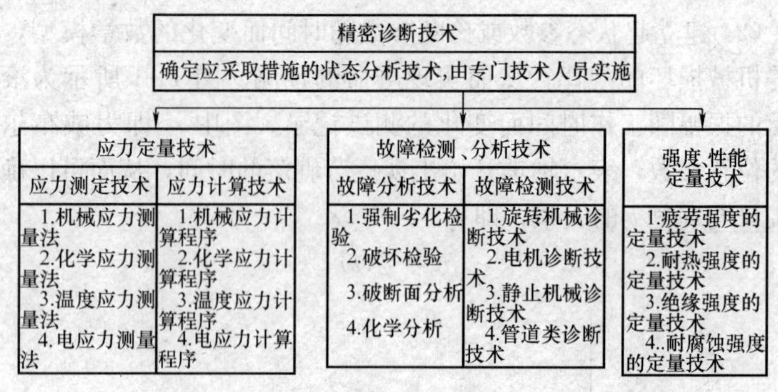

图 11-2　精密诊断技术

2. 功能诊断和运行诊断

功能诊断是对新安装或刚维修后的设备进行运行工作情况和功能是否正常的诊断，并且按检查的结果对设备或机组进行调整。而运行诊断是对正常工作设备故障征候的发生和发展的监测。

3. 定期诊断和连续监控

定期诊断是每隔一定时间，对工作的设备进行定期的检测，例如主轴承振动情况的定期检测。而连续监控则是采用仪表和计算机信息处理系统对机器运行状态进行监视和控制。连续监控用于因故障而造成生产损失重大、事故影响严重以及故障出现频繁和易发生突发故障的设备，也用于因安全和劳保上的原因不能点检的设备。

4. 直接诊断和间接诊断

直接诊断是直接确定关键零部件的状态，如主轴轴承间隙量、齿轮齿面磨损量以及腐蚀环境下的叶片腐蚀状况等。直接诊断往往受到机器结构和工作条件的限制而难以实现，这时就不得不采用间接诊断。

间接诊断是通过来自故障源的二次效应，如按振动的信号来间接判断设备中关键件的状态变化。用于诊断的二次效应往往综合了多种信息。

5. 振动法简易诊断和精密诊断的特征

振动法简易诊断和精密诊断特征对照见表 11-1。简易诊断往往与设备的点检和定期检查结合进行，目前常用的判断标准见表 11-2。

表 11-1　　简易诊断与精密诊断对照表

诊断类型	简易诊断	精密诊断
诊断目的	(1) 对设备的劣化进程进行监视。 (2) 早期指出设备出现故障的事实	(1) 了解故障产生的部位及严重程度。 (2) 指出故障产生的原因，预测发展。 (3) 作为预知维修的依据
对信号检测与处理的程度	在设备的适当部位测量总(合成)的振动参数，一般在时域中进行	将在时域中测得的总振动参数在频域内进行谱分析，求出各峰值所对应的频率
常用的测试仪器	应用便携式简易测振仪，或由传感器、放大器、测振仪(记录装置)等通用仪器组成的测振系统	传感器、放大器、记录装置、分析仪器或在放大器后直接连分析仪器进行在线分析
评价与判断的方式	可采用下列三种判断方式之一： (1) 绝对判断。 (2) 相对判断。 (3) 类比判断	将谱分析后所获得的结果与典型故障的振动特征(首先是频率特征)进行对比，经分析得出结论，或经过其他时域或频域分析方法

续表

诊断类型	简 易 诊 断	精 密 诊 断
执行者与场地	(1) 熟练检修工人。 (2) 在现场进行	(1) 专门工程技术人员。 (2) 在现场，有时须在实验室中进行分析

表 11-2　　常用判断标准

标准名称	方 法 简 述
绝对判断标准	在同一部位(主要在轴承上)测定的值与“判断标准”相比较，判断的结果为良好/注意/不良
相对判断标准	对同一部位定期测定，按时间先后进行比较，将正常情况的值定为初始值，根据实测值达到的倍数进行判断
类比判断标准	有数台机型相同的机械时，按相同条件将它们进行测定，经过相互比较作出判断

第二节　设备诊断技术

一、设备诊断常用检查测量技术

设备诊断技术常需要测量各种参数，如应力参数、征兆参数、性能和强度参数等。因此，首先应当把现有的检查测量技术整理成体系，同时也必须开发新的诊断测量技术。设备诊断常用检查测量技术如下。

(一) 应力参数的测量技术

应力参数的测量目的是为了掌握故障和劣化原因，并改进设备、消除不正常的应力、延长设备寿命、定量地掌握设备的各种应力。在定量地检测出应力之后，利用诊断技术不仅能检测出应力的大小，而且还必须检测并表示出应力的各种必要成分，如应力的时间分布和应力场分布，对可靠性和寿命进行预测。

(二) 征兆参数的测量技术

在设备诊断中，故障（劣化）征兆参数的测量是最基本的内容。

主动机械和静止机械所使用的参数及测量技术有着很大的差别。当为主动机械时，可以利用各种测量技术检测其本身所产生的征兆参数。当为静止机械时，主要采用以下三种方法：

（1）外部刺激法。这种方法利用机械冲击、电脉冲等，从外部施加各种刺激，观测其响应状态。

（2）外部照射法。这种方法利用放射线和光线，从外部进行照射，观测其反射或通过状态。

（3）外部和内部涂敷法。在外部或内部涂敷或埋设某些物质，当发生异常之后，这些物质将产生一些已知的变化。

二、设备诊断常用信号处理技术

一般来说，设备诊断是在工厂现场相当恶劣的环境条件下进行的。为了从各种噪声信号中把相当微弱的征兆信号检测出来，需要使用信号处理技术，因而，信号处理技术往往成了诊断是否成功的关键。

从设备诊断角度来看，可将各种信号处理技术进行分类，见表11-3。

表 11-3　　诊断设备所用信号处理技术分类一览表

分类名称	包含内容
时间系列信号处理技术	（1）分离信号和噪声的技术。 （2）提取周期性特征的技术。 （3）提取波形特征的技术。 （4）推定系统的动态特征的技术。 （5）识别信号源的技术。 （6）信号的变换和合成技术。 （7）预测技术
图像处理技术	（1）图像信号的压缩和强化技术。 （2）从图像中，把特定部分(形状或状态)分离出来的技术。 （3）改善图像质量的技术。 （4）测定几何尺寸的技术。 （5）图像的记录、再生、记述技术
模式识别技术	（1）模式和噪声的分离技术。 （2）提取模式特征的技术。 （3）识别模式集合的技术。 （4）有关学习机能的技术

续表

分类名称	包含内容
多变量分析技术	(1) 因素的分析技术。 (2) 模式的识别技术。 (3) 模拟技术
光学处理技术	(1) 不相干系统的处理技术。 (2) 相干系统的处理技术。 (3) 光电子学技术

三、设备诊断常用识别技术

所谓识别技术，就是掌握观测到的征兆参数并预测其故障的技术，也就是了解结果并预测原因的技术。设备诊断常用的识别方法有以下两种：

(1) 决定论的识别方法。该方法深入到被诊断设备的机构原理方面，从理论或试验上，追求每一设备的故障和征兆的关系。这种方法是现今诊断技术的中心，它的基础是掌握每台设备的技术特征。

(2) 概率论的识别方法。这种方法以概率论为基础，利用过去积累的实验概率，从中去推算目前最可能出现的故障。这种方法可以识别出征兆是由什么原因引起的。

四、设备诊断常用预测技术

所谓预测技术，就是对已被识别出来的故障进行预测，预测该故障今后经过怎样的发展过程，最终进入危险范围，并预测在什么时刻进入危险范围。在确定实际的对策活动时，这些是必然会遇到的问题。

预测技术也可以分为两种方法，即对策论法和概率论统计法。

五、金属切削机床故障的监控和诊断项目

对于金属切削机床的故障诊断来说，除了与一般机械设备共同的故障诊断的重叠面外，还牵涉到难度更高的“精度诊断”的内容。

所谓精度诊断，指的是对机床静态几何精度和动态运动精度，特别是加工状态下的运动精度的诊断。由于多数机床的加工精度最终取决于工件——刀具系统的相对运动和相对位置，因而，一台机床是否工作正常、是否需要大修、是否能够修复，最终亦取决于精度诊断。可以说，不包含精度诊断的任何机床设备的故障诊断，都

是初级的和不完善的。

机床故障监控与机床精度诊断相关项目见表 11-4。

表 11-4 一般金属切削机床故障的监控和诊断项目

<table>
<tr><td rowspan="8">基本监控和诊断内容</td><td rowspan="3">机床工作和控制部件及装置的状态</td><td>功能</td><td>○运动平稳 ○控制正常</td></tr>
<tr><td>现象</td><td>振动（广义振动）、热噪声</td></tr>
<tr><td>○工作精度</td><td>相对运动、直线运动、旋转运动、相对位置</td></tr>
<tr><td rowspan="3">切削状态</td><td rowspan="2">刀具</td><td>○磨损、损伤、断裂</td></tr>
<tr><td>○钝化、未入位</td></tr>
<tr><td>切削状态</td><td>切削力、切削力矩、切削功率
○切削振动、切削温度、切削形状</td></tr>
<tr><td rowspan="2">工件质量</td><td>○精度</td><td>尺寸、形状、位置精度</td></tr>
<tr><td>○表面质量</td><td>表面粗糙度、表面温度、表面纹理</td></tr>
<tr><td rowspan="2">附属监、诊内容</td><td>切削处理</td><td colspan="2">断屑、排屑、屑液分离</td></tr>
<tr><td>工件上、下料</td><td colspan="2">输送到位、定位夹紧正常、装卸正常</td></tr>
</table>

注 标有“○”者为强相关项目。

第三节 设备检验方法

一、润滑油样分析法

润滑油在机器中循环流动，在其工作过程中，各种摩擦副的磨损产物便进入润滑油中，必然携带着机器中零部件运行状态的大量信息。这些信息可提供机器中零件磨损的类型、程度等情况，可预测机器的剩余寿命，从而进行计划性维修。

润滑油样分析法具体有油样光谱分析法、油样铁谱分析法和磁塞检查法等。整个油样分析工作包括采样、检测、诊断、预测和处理五个步骤。

（一）油样光谱分析法

利用光谱分析法，检测油液中所含磨屑的方法有许多种。它们共同特点是用原子吸收或原子发射光谱分析润滑油中金属的成分和含量，判断磨损的零件和磨损的严重程度的方法。这种方法对有色金属比较适用。

1. 原子发射光谱技术

根据原子物理学原理，物质的原子是由原子核和在一定的轨道上围绕其旋转的核外电子组成的。当外来能量加到原子上时，核外电子便吸收能量而从较低能级跃到高能级的轨道上。此时原子的能量状态是不稳定的，电子会自动由高能跃回原始能级，同时以发射光子的形式把它所吸收的能量辐射出去。所辐射的能值与光子频率成正比关系，即

$$E = hv$$

其中 h 为常数，称为普朗克常数。由于不同元素核外电子轨道所具有的能级不同，因此受激后所放出的光辐射都具有与该元素相对应的波长。光谱仪的作用就是利用这个原理，采用各种激发源使被分析物质的原子处于激发态，再经分光系统将受激后的辐射线按频率分开。通过对特征谱线的考察和对其强度的测定，可以判断某种元素是否存在以及它的浓度。图 11-3 为直读式发射光谱仪的原理图。激发光源采用电弧，一级是石墨棒，另一级是缓慢旋转的石墨圆盘，内装被分析油样。当圆盘旋转时，油样被带到两级之间。电弧穿透油膜使油样中微量金属元素激发出特征辐射线。经光栅分光，各元素的特征辐射照到相应的位置上，由光电倍增管接收辐射信号，再经电子线路的信号处理，便可直接检测出油样中各元素的含量。整个分析程序由计算机控制，打字机自动打印出结果。

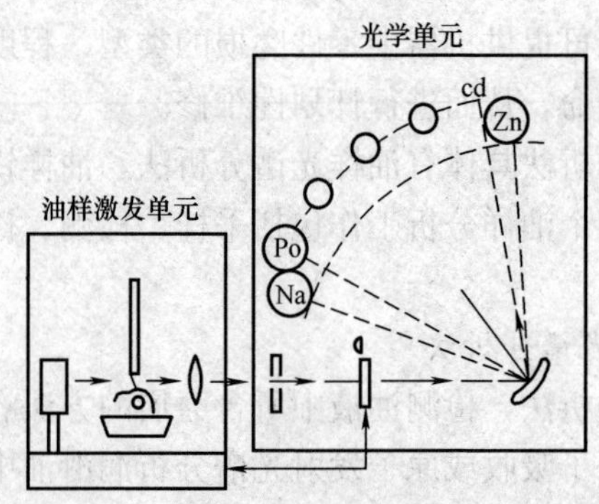

图 11-3　直读式发射光谱仪原理示意图

2. 原子吸收光谱技术

图 11-4 为原子吸收光谱装置简图。润滑油试样经过处理以后，在原子吸收分光光度计上由雾化器将试液喷成雾状，与燃料气及助燃气一起进入燃烧器的光焰中。在高温下，试样经去溶剂作用、挥发及离解，润滑油中的待测物质（如铁）转变为原子蒸气。由待测含量的物质（如铁）相同元素做成的空心阴极灯辐射出波长为 3720 Å的特征辐射。它通过火焰后，一部分光被铁的基态原子吸收。测量吸光度后，在根据用标准系列试样作出的吸光度与浓度工作曲线图上，即可查出未知油样中铁的含量。

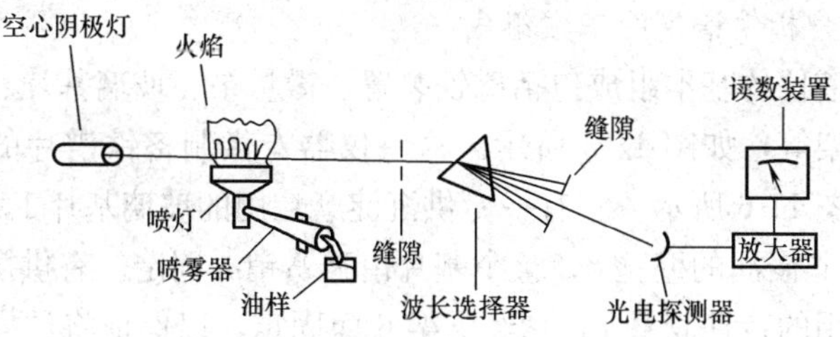

图 11-4　原子吸收光谱装置简图

用原子吸收光谱法，分析灵敏度高、精确度高、适用范围广、取样量少。但它测一个元素换一个光源，火焰法要用燃料气，不方便也不安全。并且只能给出磨屑中的元素含量，不能了解磨屑的外形、尺寸等信息。

（二）油样铁谱分析法

油样铁谱分析法是目前使用最广泛、最有发展前途的润滑油样分析方法。其基本原理是将油样按一定的严格操作步骤稀释在玻璃试管里，使之通过一个强磁场。在强磁场的作用下，不同大小的残渣所能通过的距离不同。根据油样中残渣沉淀的情况即可判断机器零件磨损的程度。用光学或电子显微镜观察残渣形貌，用光学显微镜还可以从残渣的色泽判断其成分。这样，油样铁谱分析给我们提供了磨损残渣的数量、粒度、形态和成分四种信息。

油样铁谱分析法使用的仪器比较低廉，提供的信息比较丰富，但对非铁磁材料不够敏感，需要熟练的操作人员和严格的操作步骤，才能使分析的结果具有可靠性。这种方法适用于检测粒度介于10～50μm的磨损残渣。

1. 铁谱仪的种类

实现铁谱技术的重要工具之一是铁谱仪。目前铁谱仪的类型主要有三类：分析铁谱仪、直读铁谱仪和“在线”铁谱仪。分析铁谱仪主要是用来制备铁谱片，以供对磨损粒子进行详细定性观测和定量分析。直读铁谱仪则主要用来直接测定油样中磨损粒子浓度和尺寸分布，仅能用于定量分析。“在线”铁谱仪则可直接与被控系统相接，无需采集油样就能直接监测和诊断机械设备的工况及磨损状态。

2. 分析铁谱仪的基本组成

铁谱仪的基本组成包括磁铁装置、微量泵、玻璃基片、特种胶管和支架等，如图11-5所示。这一仪器专供制备铁谱片的装置及结构如图11-6所示。它有一专供沉淀磨粒用的玻璃基片1，基片上有U形非浸润的壁垒8，整个基片由弹簧销4固定。有供微量泵抽送油样用的特种胶管7，它经支架6而固定，以保证将油样抽送到基片上确定的入口位置。基片有一个小的倾斜角度安放在垫枕5上，以便油样流动，流下的油液经导液管2流入废油收集瓶。磁铁装置中的两个磁极10和3做成尖劈形，其间用一薄的铝板9完全隔开，以保证一定间隔。目的是使两磁极间的气隙中和气隙上部能产生高强度、高发散的磁势。由于基片倾斜安装，使沿铅垂方向存在一强大的磁场梯度。当润滑油流经基片时，在磁场的作用下使磁性磨粒受到一强大向下磁力，最终将尺寸不同的磨粒都依照其大小次序全部均匀地沉淀在玻璃基片上。然后，用双色光学显微镜或扫描电子显微镜对残渣进行观察，根据残渣的形态可确定磨损的类

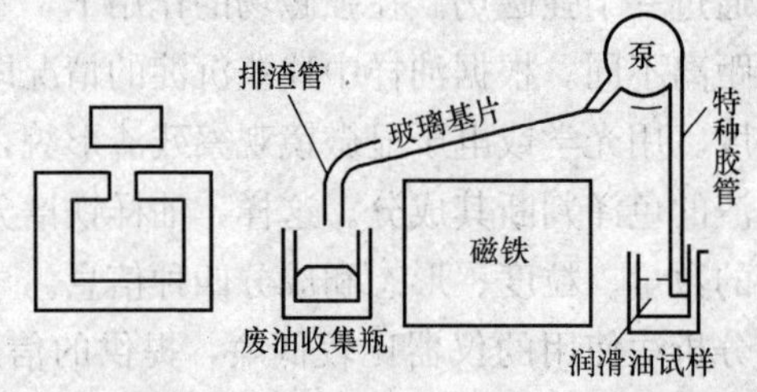

图11-5　分析铁谱仪的基本组成

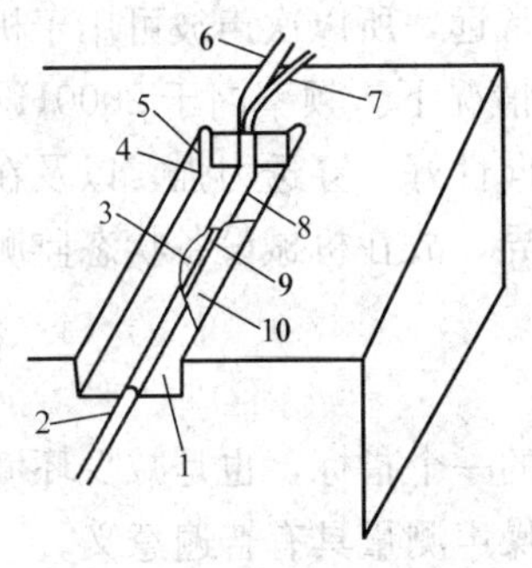

图 11-6 分析铁谱仪制备铁谱片装置

1—玻璃基片；2—导液管；3、10—磁极；4—弹簧销；5—垫枕；6—支架；7—特种胶管；8—壁垒；9—铝板

型。用双色光学显微镜观察时，还可根据残渣沉积的位置和形态分辨出有色金属残渣。例如，沉积部位偏下的大颗粒残渣，其长轴方向与磁力线方向成较大的角度，说明其磁敏感性较低；残渣表面的孔洞和变形褶皱也说明它们比较软等。

(三) 磁塞检查法

磁塞检查法，是早于油样铁谱分析，在飞机、轮船和其他一些部门中长期采用的一种方法。它的基本原理是用带磁性的塞头插入润滑系统中的管道内，收集润滑油中的残渣，用肉眼直接观察残渣的大小、数量和形状，判断机器零件的磨损状态。因此，它是一种简便易行的有效的方法，适用于残渣的颗粒尺寸大于 50μm 的情况。由于在一般情况下，机器零件的磨损后期，均出现颗粒尺寸较大的磨损残渣，因此磁塞检查是一种很重要的手段。

二、噪声检测法

(一) 噪声

机械振动在媒质中的传播过程称为机械波。声音是一种机械波，是物体的机械振动通过弹性媒质向远处传播的结果。发生声音的振动系统称为声源，如机械振动系统是机械噪声的声源，机械振动通过媒质传播而得到声音，即为机械噪声。

因为媒质可以是气体、液体和固体，所以，噪声也就有所谓空气噪声、液体噪声和固体噪声之称。而在机械设备中固体都是以某种结构来具体体现，所以固体噪声通常又叫结构噪声。不过，通常所讲的噪声是指传入人耳的空气噪声。并非所有的振动都能引起人们的听觉，一般频率在 20～2000Hz 之间的机械波传入人耳，引起鼓膜振动，才能刺激听神经产生声的感觉。频率低于 20Hz 的机械波称为次声波。次声波波长很长，不易被一般物体反射和折射，而且在媒质中不易被吸收，传播距离非常远，所以次声波可用于机械设备的状态监测特别是在远场测量的情况下。频率高于 2000Hz 的机械波称为超声波。由于它传播时定向性好，穿透力强，以及在不同媒质中波速、衰减和吸收特性的差异，故在机械设备状态监测和故障诊断中也获得一定应用。

（二）噪声测量

噪声大小既是反映机械技术状况的一个指标，也是减少环境污染所要控制的一个重要内容。因此，噪声测量具有普遍意义。

在进行噪声科学研究或实际技术工作时，常遇到下述两类问题：

（1）确定声源所辐射的噪声大小及其性质，或在某些已知条件下，对声源性能进行预测和估计。

（2）为了解决噪声对人类的各种影响的评价规定了用来确定噪声大小及其性质的一些物理量。这些物理量通常称为客观评价，如声压级、声功率级、声强级来表示噪声的强弱，用频率或频谱来表示噪声的高低。对于噪声对人类的各种影响的估计，规定了一些描述噪声对人影响的量，如响度、响度级和声级等，这些通常称为噪声的主观评价。

在设备的声响诊断中，一般采用声压级。声压级定义式为

$$L = 20\lg \frac{p}{p_0}$$

式中 L——声压级，dB；

p——被测声压，Pa；

p_0——基准声压，$p_0 = 2\times10^{-5}$Pa。

近年来，噪声测量中往往用声级，特别是 A 声级来代表噪声强弱。声级是经过频率计权网络测得的声压级，按所采用的计权网络的不同分别称为 A 声级（LA）、B 声级（LB）和 C 声级（LC），其分贝数也分别标为 dB（A）、dB（B）、dB（C）。

声压级和声级都可以用声级计来测量。声级计由传声器、放大器、衰减器、计权网络、均方根检波电路和电能表组成。图 11-7 为声级计的外观图。图 11-8 为声级计的工作原理图。

传声器是将声波信号变换为相应的电信号的传感器。衰减器位于放大器之前，它能将信号加以衰减或放大。当测量微小信号时，它将信号加以放大，当输入较大信号时，则将信号加以衰减，以便于在指示电能表上获得适当的读数，同时又可避免放大器过载。放大器是高稳定的，其增益一般固定不变。计权网络是对不同频率的声响进行不同程度衰减的装置。声级计中常用的频率计权网络有 A、B、C 三种，分别用于 A 声级、B 声级和 C 声级的测量。均方根检波电路把放大后的信号进行检波，并由表头以“分贝”指示。表头的读数为有效值。

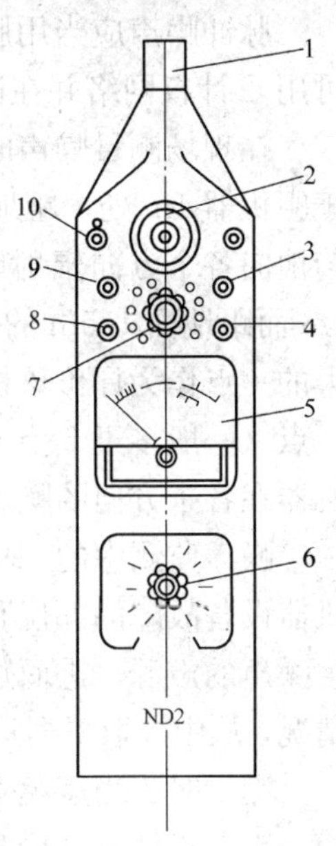

图 11-7　ND2 型精密声级计外观图

1—电容传声器；2—衰减器旋钮；3—放大器输入；4—外接；5—表头；6—频率分析旋钮；7—计权旋钮；8—外接输出；9—外接输入；10—旋钮

声级计分为普通声级计和精密声级计两种。国际电工技术委员会（IEC）为这两种声级计制定了规范，规定普通声级计的频率范围为 20～8000Hz，固有误差为 ±1.5dB；精密声级计的频率范围为 20～12500Hz，固有误差为±0.7dB。国产的 SJ-1 型声级计为普通声级计，ND-1，ND-2 和 JS-1 型声级计为精密声级计。

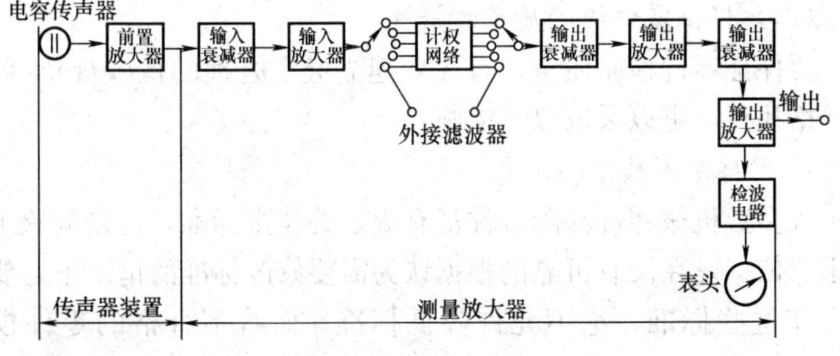

图 11-8　声级计工作原理示意图

脉冲噪声应当用脉冲声级计去测量，如果用一般声级计去测量可用C计权网络并在读数值上加15dB，便可作为估算值。

在现场测量噪声时，一般多采用近声场的测量法。将传声器置于距机器1m处，距地面1.5m的地方测量噪声。如果机器不是均匀地向各个方向辐射噪声，则应当在围绕机器表面并与表面相距1m而距地面1.5m的几个不同位置上进行测量。除找出A声级最大的一点作为评价该机器噪声的主要依据之外，同时还应当测出若干点（一般多于5点）的A声级作为评价的参考，必要时应作出机器在各个方向的噪声级的分布。

噪声监测中的一项重要内容，就是通过噪声测量和分析来确定机器设备故障的部位和程度。为此，首先必须寻找或估计机器中产生噪声的声源，进而从声源出发，研究其频率组成和各分量的变化情况，从中提取机器运行状况的信息。

测量时应当避免本地噪声、反射声波、气流的影响。

三、机械零件检验法

（一）零件检验工作的目的和意义

检验工作是机械修理过程中的重要环节，机械零件通过检验而确定其技术状况和所要采取的工艺措施以及确定修后的技术质量。因此，检验工作是保证合理修理和修理质量的关键环节。检验工作的根本任务是保证零件的质量，而质量的标准是以合理为原则，即主要满足如下两个条件：

（1）具有可靠的与工作要求相适应的工作性能。

（2）具有与其他零件相协调的使用寿命。

（二）保证零件检验质量的措施

要保证零件检验质量，首先要建立健全合理的检验规章制度，并严格执行，可以采取以下措施。

1. 严格掌握技术标准

大多数机械零件和配合件都有规定的技术标准，这是检验工作的主要依据。在没有可靠的根据认为需要修改标准的情况下，要严格遵守这些标准，绝不允许降低标准，而将不合格的零件投入使用。

2. 按照检验对象的要求选用检验设备

检验设备除了应按照检验项目的性质、范围来选用外，还应特别注意精度的要求。当检验设备的精度低于被测对象要求的精度时，是根本无法满足质量检验要求的。

3. 提高检验操作技术水平

检验操作技术水平直接影响到检验精度。无论是工人的自检还是专职检验人员的检验，都要求操作者能熟练地掌握所使用的检验设备和明确检验对象的检验要求，还要注意检验技术的更新和提高。

4. 防止检验误差

任何检验方法都不可避免地存在误差，原因是多方面的。为此，要注意从如下几个方面来进行防止和消除：

(1) 检验设备都有其自身的精度等级，要定期进行校正，并注意维护保管，使其保持应有的精度。

(2) 要注意修正温度引起的误差。

(3) 可以通过多次测量取平均值的方法消除操作不当或读数不准所引起的偶然误差。

(三) 零件检验的主要内容

在机械设备修理中，零件一般都要进行逐个检验，其内容主要可以分为以下几个方面：

(1) 零件几何精度的检验。几何精度包括尺寸精度和形状位置精度。形状位置精度在修理中常见的有圆度、圆柱度、同轴度、平行度、垂直度等。

(2) 表面质量的检验。修理工作中零件表面质量的检验不仅是表面粗糙度的检验，同时对使用过的零件表面还要检查有无擦伤、烧损、拉毛等缺陷。

(3) 力学性能的检验。

(4) 隐蔽缺陷的检验。

(四) 零件检验的具体方法

零件检验的方法很多，从机械设备修理工作的现实情况出发，大致可以概括为如下几类。

1. 感觉检验法

指基本不用检验设备，只凭检验人员的直观感觉来鉴别零件技术状况的一种方法。这种方法不能进行定量检验，不能用来检验精度要求较高的零件，而且要求检验人员有较丰富的经验。

零件的感觉检验法主要通过检验人员的感官，凭经验鉴别零件技术状况，常用方法有如下几种：

（1）视觉检验。它是感觉检验的主要内容。例如，零件的断裂和宏观裂纹、明显的弯曲和扭曲变形、零件表面的烧损和擦伤、严重的磨损等，都可以用肉眼直接鉴别出来。为了提高视觉检验的精度，在某些情况下还可借助放大镜来进行；为了弥补视觉对某些腔体内部检验的不足，还可借助于光导纤维作为光传导的内窥镜来检测。

（2）听觉检验。凭借人耳的听觉来判断机械零件有无缺陷的一种方法。检验时，是对被检工件进行敲击，当零件无缺陷时声响清脆；而存在内部缩孔时声音相对低沉；如果内部出现裂纹，则声音嘶哑。因此，根据不同的声响，即可判断有无缺陷。

（3）触觉检验。用手触摸零件的表面，可以感觉到它的表面状况；对配合件进行相对摇动，可以感觉到它的配合状况；运转中的机械通过对其机架或支座等的触摸，可以感受其发热状况，从而判断其机构状况。因而也是较常用的检验方法之一。

2. 仪器、工具检验法

分为通用量具、专用量具、机械式仪器和仪表、光学仪器、电子仪器等的检验。

3. 物理检验法

利用电、磁、光、声、热等物理量通过工件引起的变化来探测零件技术状况的一种方法。这种方法通常是用来检验零件内部隐蔽缺陷而又不损坏零件本身的一种无损探伤法，如磁粉法、渗透法和射线法。

四、磁粉探伤

（一）磁粉探伤的作用和目的

磁粉探伤是应用广泛的一种无损探伤技术。由于铁磁性材料置于磁场中即被磁化，当将某一材质均匀和其截面积不变的铁磁性材料置于均匀磁场中时，则材料内部产生的磁力线也是均匀、保持不变的。而当材料内部失去均匀性和连续性，即存在裂纹或出现非磁性夹杂物等情况时，这些地方的磁阻便增大，磁力线便会发生偏转而失去分布的均匀性，如图 11-9 所示。从而可知，当缺陷离表面很近或与表面相连通而同时又垂直于磁力线方向时，其偏转的磁力线就会越出工件表面，即形成局部磁极。此时，若向工件表面撒以磁性铁粉，则磁粉就会被局部磁极所吸住，使此处明显地区别于没有缺陷的部位，从而使那些本来不明显的缺陷能清晰地显现出来。但对于深层裂纹或与磁力线方向相一致的裂纹就不易探测出来，因此，磁粉探伤的深度受到限制；至于不同的裂纹方向则可通过改变外磁场的方向，使二者方向互相垂直，因而是不受限制的。

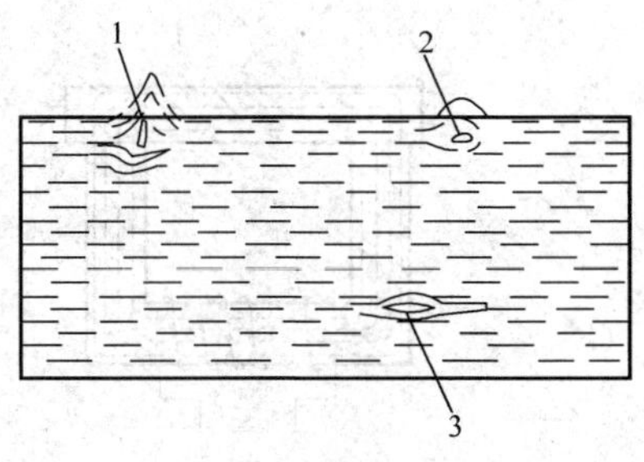

图 11-9　铁磁物质中的磁力线分布情况

1—表面横向裂纹；2—近表面气泡；3—深层纵向裂纹

（二）工件的磁化方法

1. 纵向磁化法

纵向磁化法就是使磁力线沿工件轴向通过的方法。显而易见，它是适合于探测工件的横向裂纹的，主要有闭合磁路法和线圈法，如图 11-10 所示。

2. 周向磁化法

使工件产生一个环绕其轴线的周向磁场即为周向磁化法。这种方法能够检查出沿工件轴向的裂纹即纵向裂纹。

周向磁化的方法通常是采用轴向通电，其原理如图 11-11 所示。电流沿工件轴向流动，因此产生一个环绕工件轴心线的磁场，该磁场的磁力线垂直工件上的纵向裂纹，因此可以被检测出来。

当工件为空心结构时，可用中心孔通电法，如图 11-12 所示，而且可以用导线代替图中的心杆，并可使导线多次通电，这样可以降低导线中通过的电流。

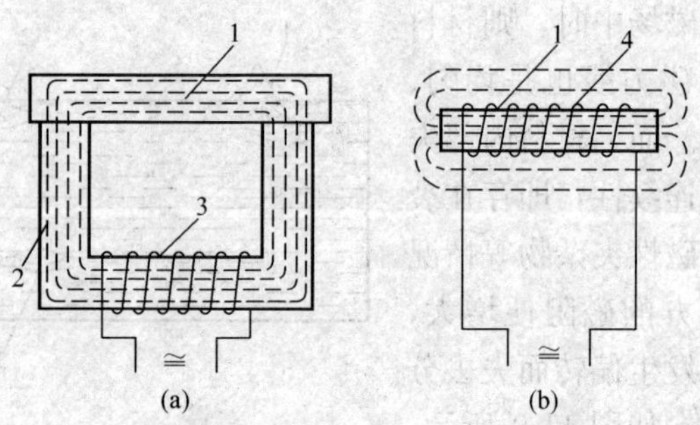

图 11-10　纵向磁化的方法

(a) 闭合磁路法；(b) 线圈法

1—被测工件；2—磁轭；3、4—线圈

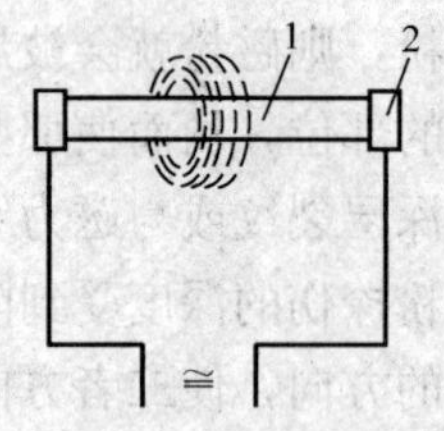

图 11-11　周向磁化示意图

1—工件；2—磁轭

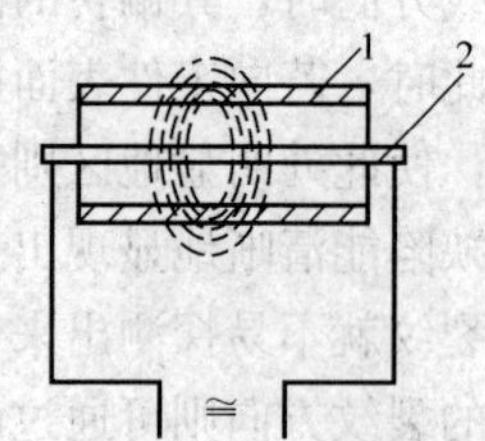

图 11-12　中心孔通电法

1—工件；2—导电心杆

3. 复合磁化法

由于零件中的缺陷，特别是裂纹，其方向是不定的，为了使它在检验中充分显示出来，其磁力线方向应尽可能垂直于缺陷。因此，除了用纵向和周向磁化进行探测外，有时还须对所有方向进行探测，这就需要进行复合磁化。根据磁感应强度（磁通密度）可以用向量表示的法则，同时用纵向磁化和周向磁化的方法可以得到二者的向量和，如图 11-13 所示。此向量就代表复合磁通量 Φ 的大小和方向，当改变纵向磁通量 Φ_L 和横向磁通量 Φ_s 的比值时，复合磁场的方向也就改变了。从而可探测出任一方向的缺陷。

4. 大型工件磁粉探伤时的磁化

一般中小型轴套类零件的磁化和探伤都是在磁粉探伤机上进行的，但当零件过大或形状复杂而无法在探伤机上进行时，可用如下方法。

(1) 磁轭法。如图 11-14 所示，将两个极性不同的电磁铁跨放在工件被测部位的两侧，此时若工件中有如图所示方向的裂纹，则此处将聚集磁粉。改变两磁极相对位置，则可测得任意方向的缺陷和裂纹。

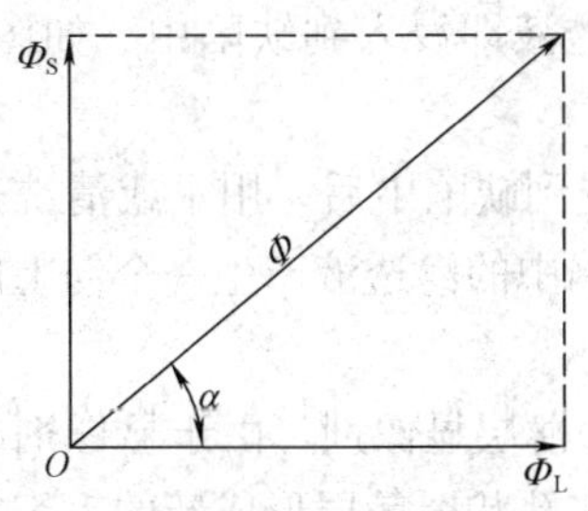

图 11-13　复合磁化的原理

Φ_L—纵向磁通量；Φ_S—横向磁通量；Φ—复合磁通量

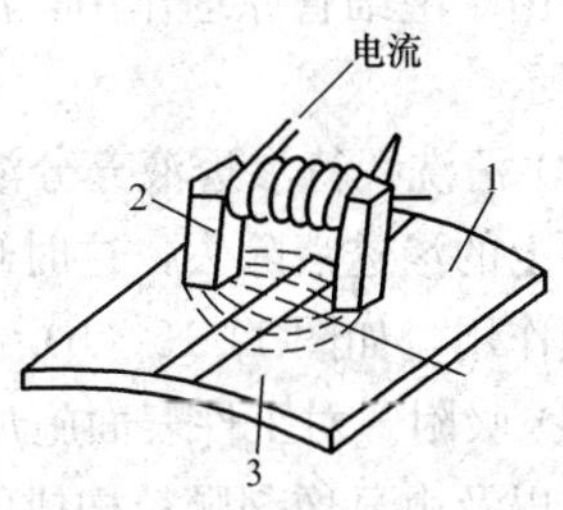

图 10-14　大型工件磁轭法磁化

1—工件；2—磁轭；3—磁力线

(2) 触头通电法。若用低电压电源触头取代图 11-14 中的磁轭，则两触头之间有电流通过，电流产生感应磁场，其方向与磁轭法的磁场方向相垂直，由此可测得与两触头连线方向相一致的裂纹。

(三) 退磁处理

磁粉探伤的工件，探伤完毕后要进行退磁处理 。因为即使是软磁性材料，磁化后仍然残存着剩磁，它在工作中吸引铁屑，会造成外加的磨料磨损。

退磁的方法比较简单，用交流探伤仪退磁时，只需将工件置于最大磁化电流的条件下逐步降低电流至零，即完成了退磁；当工件是用磁化线圈磁化时，将工件置于线圈中，并逐渐沿线圈中心线方向移出 1m 左右即可。直流探伤仪有专门的退磁换向开关，接通退磁开关即可自动退磁。

五、渗透法探伤

(一) 渗透法探伤的优点及其探伤过程

渗透法探伤技术用以检验与工件表面相通的微观缺陷。在机械修理中，主要用来检验工件表面裂纹。它具有不受材料性能影响、操作方法简单、检测结果可靠等优点。

渗透法探伤作用原理和过程如下：

（1）渗透。首先将工件除去油污，然后浸入具有很强渗透能力的渗透液中或将渗透液涂于工件表面。当工件存在与表面相通的缺陷时。由于毛细管原理作用，渗透液即浸入到缺陷中。如图 11-15（a）所示。

（2）清洗。待渗透液充分渗透到缺陷中后，用水或清洗剂把工件表面上的渗透液除去，这时缺陷中的渗透液产生一个向上的毛细管原理作用，如图 11-15（b）所示。

（3）吸附。对工件表面施加一薄层显像剂，由于显像剂的吸附作用，以及由显像剂颗粒构成的多孔状覆盖层形成新的毛细管原理作用，这种多孔隙毛细管原理作用的总和比单缝的毛细管原理作用大得多，因而使缺陷中的渗透液被吸附到显像剂中，如图 11-15（c）所示。

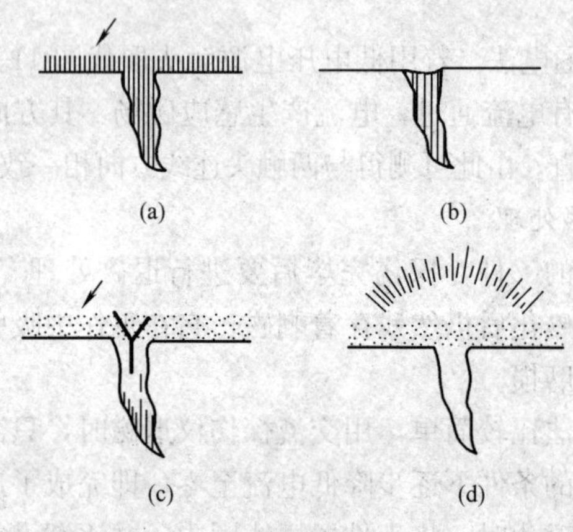

图 11-15　渗透法探伤过程

（a）渗透；（b）清洗后；（c）吸附；（d）显像

（4）显像。由于显像剂的吸附作用以及渗透液的扩散作用，渗透液扩大了它的散布范围，根据所用的渗透液种类的不同而有不同的显像结果。当用带有颜色（红色）的渗透液时，即可在显像剂

(白色)中看到红色的痕迹，这种方法称为着色法；当用含有荧光物质的渗透液时，应用紫外线进行照射，这时可以看到鲜明的荧光，从而找出缺陷的所在，这种方法称为荧光法。

(二) 渗透法探伤的操作步骤和要求

渗透法探伤在确定显像方法后，采用着色法时应事先配制好显像剂；采用荧光法时应事先配好荧光渗透液，然后按以下要求和步骤操作：

(1) 工件预处理。清除工件表面油污，将工件干燥。

(2) 浸涂渗透液。将工件在渗透液中浸泡时，浸泡时间应不少于 0.5h；当向工件表面涂抹渗透液时，应用质地柔软的毛刷或海绵材料在工件上涂抹 3～4 次，每涂一次后应在空气中停顿 1.5～2min。

(3) 除去工件表面渗透液。渗透进行完毕后，应尽快除去表面上的多余渗透液。一般可用溶剂去除，即用擦布、棉纱等蘸煤油等溶剂将渗透液擦去，但应注意煤油不宜与工件表面接触时间过长，以免缺陷内的渗透液被除去。

(4) 在工件表面涂白色显像剂。显像剂可用毛刷涂抹或用喷枪喷涂，厚度要薄而均匀。

(5) 观察缺陷痕迹。一般在正常室温 (18～21℃) 下，涂抹显像剂 5～6min 后即可显现出缺陷，当温度偏低时，时间可适当延长。

六、超声波探伤

(一) 超声波探伤的原理

超声波探伤是利用超声波通过不同介质的界面产生反射和折射现象，从而发现工件内部隐蔽缺陷的一种无损探伤方法。

当超声波在被测工件内部传播的过程中遇到缺陷时，缺陷与工件材料之间便形成界面，此界面即引起反射，使原来单方向传播的超声能量有一部分被反射回去，通过此界面的能量则相应减少。这时在反射方向可以接受到此缺陷处的反射波；而在反射方向对面接收到的超声能量就会小于正常值。这两种情况的存在，也反过来证明了缺陷的存在。

（二）探伤用超声波的产生和种类

探伤用超声波是利用声电换能器将电信号转变为超声波的。探伤仪使用由压电晶体制成的换能器，换能器也称探头。将电信号转变为超声波的探头称为发射探头；反过来，将超声波信号转变为电信号的探头称为接收探头。用于零件探伤的超声波，其频率为0.25～25MHz，它们具有良好的指向性，并遵循几何光学的反射和折射原理，根据传播介质质点的振动方式的不同分纵波、横披和表面波等。

（三）超声波探伤方法

1. 脉冲反射法

脉冲反射法可分为如下几种。

（1）纵波脉冲反射法。这是生产中应用最普遍的一种超声波探伤法，图 11-16 所示为应用单探头（一个探头兼作发射和吸收）进行探伤的原理图。脉冲发生器所产生的高频电脉冲激励探头的压电晶片振动，使之产生超声波。超声波垂直入射到工件中，当通过界面 A、缺陷 F 和底面 B 时，均引起反射。反射回来的超声波各自经历了不同的往返路程而回到探头上，探头又重新将其转变为电脉冲，然后经接受放大器放大后，即可在荧光屏上显现出来。其对应发射点的波形分别称为始波、缺陷波和底波，如图 11-16 中的 A'，F'和 B'。当被测工件中无缺陷存在时，则在荧光屏上只能见到始波 A'和底波 B'。

（2）横波脉冲反射法。

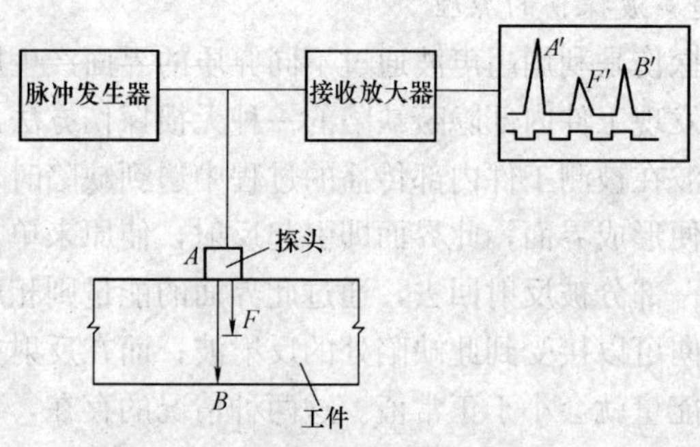

图 11-16　脉冲反射法探伤原理图

(3) 表面波脉冲反射法。当选取足够大的入射角使横波的折射角等于 90°时，则得到表面波。表面波用以探测工件表面的缺陷，其探伤方法与纵波探伤相同。

2. 穿透法

穿透法是根据超声波能量变化情况来判断工件内部状况的，它是将发射探头和接收探头分别置于工件的两相对表面，发射探头发射的超声波能量是一定的，在工件不存在缺陷时，超声波穿透过一定工件厚度以后在接收探头上所接受到的能量也是一定的，而工件存在缺陷时，由于缺陷的反射，接受到的能量便会减少，从而判定工件缺陷。

穿透法探伤常用的方法有脉冲波穿透法（见图 11-17）和连续波穿透法（见图 11-18）。

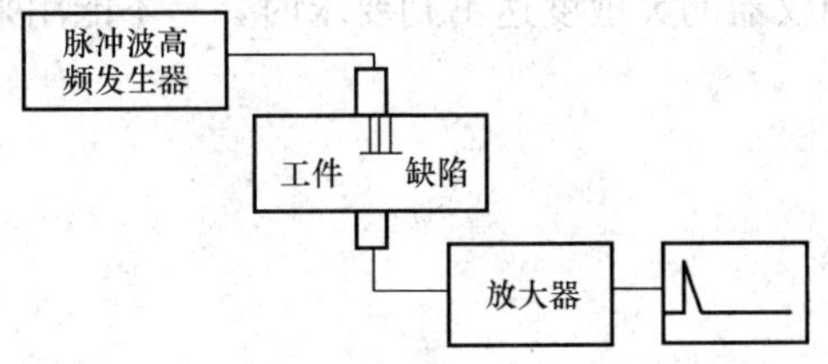

图 11-17　脉冲波穿透法探伤示意图

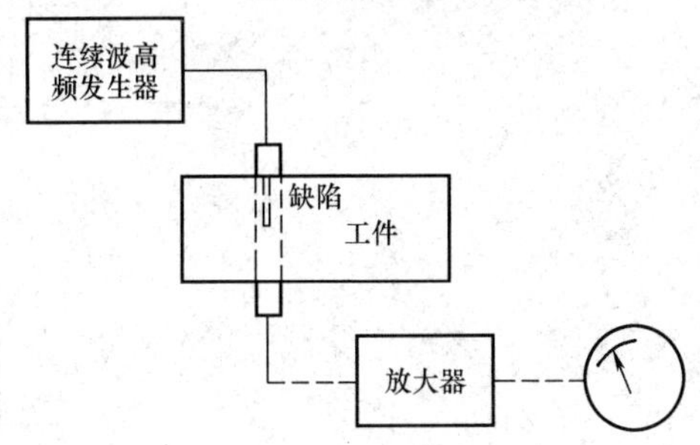

图 11-18　连续波穿透法探伤示意图

(四) 影响超声波探伤效果的因素

超声波探伤的精确度，受一系列因素的影响，这主要与以下因素有关：

(1) 被测材料的组织状况。材料密度越小，晶粒越粗大，衰减程度就越大。

（2）超声波的波长。当工件厚度增大时，为保证穿透能力，即降低衰减速度，宜取较低频率、较大波长的超声波；高频率的超声波具有方向性好，能量集中的优点，因而分辨能力较强，判断缺陷位置较为准确。因此，在不影响穿透能力的情况下应尽可能选取较高频率的超声波。

（3）探头结构。包括：① 压电晶片的材料影响换能效率、稳定性和灵敏度等；② 晶片直径越大，超声波扩散角越小，因而方向性越好。

（4）接触条件。

（5）工件表面质量和几何形状。

（6）灵敏度的调节。一般仪器有规定的灵敏度，可用标准试块进行校核。当仪器的灵敏度达不到要求时，是不能用来探伤的。

第十二章

机械设备维修技术

第一节　零部件维修更换的原则

一、设备磨损零件的更换原则和标准

设备磨损零件在保证设备精度、性能的条件下，应贯彻修复利用、能修不换、多修少换的指导思想。

（一）设备磨损零件修换原则

设备磨损零件修换原则见表 12-1。

表 12-1　　配合零件磨损的修换原则

配合件	基本原则	
	修复	更换
一般零件与标准零件	一般零件	标准零件
主要零件与次要零件	主要零件	次要零件
较大零件与较小零件	较大零件	较小零件
加工工序多的零件与加工工序少的零件	加工工序多的零件	加工工序少的零件
非易损零件与易损零件	非易损零件	易损零件

除执行表 12-1 的修换原则外，还须考虑以下几点：

（1）在修复磨损件或更换新件时，以两者的费用与其相应的使用期限之比值进行比较，比值小的为经济合理。

（2）零件经修理后不能保证原技术要求及强度、刚度以及装配的几何精度，应更换新件。

（3）修复零件不能维持一个修理间隔期的应更换新件。

(4) 该失效零件的修复技术不具备的应更换新件。

(5) 该零件修复周期过长，停台时间过久，影响生产的应尽快更换新件，缩短停台时间。

(二) 设备磨损零件的修换标准

设备磨损零件的修换标准见表12-2。

表12-2　设备磨损零件的修换标准

修换因素	说　明
精　度	(1) 基础件磨损后，影响了设备的精度，使其达不到零件的加工质量要求，如齿轮加工机床中的分度蜗轮副磨损。 (2) 机床的主轴承和导轨等基础件的磨损会改变加工件的几何精度，当基础件间隙增大、啮合不良时，就会产生振动，影响加工件表面粗糙度。 (3) 磨损量未超差，但维持不到下一次大修期。 (4) 对过渡配合、间隙配合的磨损降低了一个等级以上精度
使用功能	设备零件的磨损影响设备的使用功能。如离合器、摩擦片的磨损降低或失去传递动力的作用；凸轮机构中，凸轮磨损不能保持预定的运动规律等
性　能	虽能完成基本使用功能，但设备性能降低，如齿轮磨损则噪声增大、效率下降、传递的平稳性逐渐遭到破坏
生产效率	由于零件磨损、切削用量变化或增加设备的空行程时间，因此增加了工人的劳动强度，设备的生产效率低，如导轨磨损使间隙增加，表面粗糙使运动阻力增加
强　度	如传递动力的低速蜗轮副，齿面不断磨损、强度逐渐降低，最后发展到断裂或剥蚀；又如零件表面产生裂纹，导致应力集中而断裂
条件恶化	对于磨损零件若继续使用，除磨损加剧外，还会出现效率下降、发热、表面剥蚀等现象，并引起咬死和断裂等事故，如渗碳主轴的渗碳层被磨损

二、机械磨损原因及其预防方法

(一) 机械磨损常见类型和特点

机械磨损常见类型和特点见表12-3。

表12-3　机械磨损常见类型和特点

类　型	特　点
跑合磨损	机械在正常载荷、润滑条件下的相应磨损，这种磨损发展很慢
硬粒磨损	零件本身掉落的磨粒和外界进入的硬粒，影响切削或研磨，破坏零件表面

续表

类　型	特　　点
疲劳磨损	在交变载荷的作用下，产生的微小裂纹、斑点凹坑，而使零件损坏。此类磨损与压力大小、载荷特点、机件材料、尺寸等因素有关
热状磨损	零件在摩擦过程中，金属表面磨损及内部基体产生热区或高温，使零件有回火软化、灼化折皱等现象，常发生在高速和高压的滑动摩擦中，磨损的破坏性比较突出，并伴有事故磨损的性质
腐蚀磨损	化学腐蚀作用造成磨损，零件表面受到酸、碱、盐类液体或者有害气体浸蚀，或零件表面与氧相结合生成易脱落的硬而脆的金属氧化物而使零件磨损
相变磨损	零件长期在高温状态下工作，零件表面金属组织晶粒变大，晶界四周氧化产生细小间隙，使零件脆弱，耐磨性下降，加快零件的磨损
流体动力磨损	由液体速度或颗粒流速冲击零件表面的磨损

（二）零件磨损原因及其预防方法

零件磨损原因及其预防方法见表12-4。

表12-4　　零件磨损原因及其预防

类　别	磨损原因	预防方法
正常磨损	（1）零件的相互摩擦。 （2）由硬粒引起的磨损。 （3）在长期交变载荷下造成零件疲劳磨损。 （4）化学物质对零件的腐蚀。 （5）高温条件下零件表面金相组织变化或配合性质变化	（1）保证零件的清洁及润滑。 （2）保持零件间清洁，遮盖零件外露部。 （3）消除间隙，选择合适润滑油脂，减少额外振动，提高零件精度。 （4）去除有害的化学物质，提高零件防腐性。 （5）设法改善工作条件，或采用耐温、耐磨材料制作零件
不正常磨损	（1）修理或制造质量未达到设计要求。 （2）违反操作规程。 （3）运输、装卸、保管不当	（1）严格质量检查。 （2）熟悉机械性能，仔细操作。 （3）掌握吊装知识，谨慎操作

（三）大修后机械寿命缩短的原因及措施

大修后机械寿命缩短的原因及措施见表12-5。

表 12-5　　大修后机械寿命缩短的原因及措施

内容	原　　因	措　　施
基础零件变形	由于变形改变了各零件的相对位置、加速零件的磨损、缩短零件的寿命	合理安装及调整，防止变形
零件平衡破坏	高速转动的零件不平衡，在离心力的作用下加速零件损坏，缩短零件寿命	严格进行动平衡试验
没有执行磨合	更换的零件配合表面未合理磨合，随时间加长，零件配合表面的磨损量将加大，零件的寿命缩短	对配件进行磨合
硬度低	修复的零件选材不当，表面硬度达不到，或热处理不合格	按要求选用材料，并进行合理的热处理

第二节　维修前的准备工作

一、技术和组织准备

（一）技术准备

技术准备包括如下几个方面的内容：

（1）准备现有的或需要编制的机械设备图册和备件图册。

（2）确定维修工作类别和年度维修计划。

（3）整理机械设备在使用过程中的故障及其处理记录。

（4）调查维修前机械设备的技术状况。

（5）明确维修内容和方案。

（6）提出维修后要保证的各项技术性能要求。

（7）提供必备的有关技术文件。

（二）组织准备

必须根据需要，结合本单位的维修规模、机械设备情况、技术水平、承修机械设备的类型，以及材料供应等具体条件，全面考虑、分析比较，采用更合理更适用的组织形式和方法。

1. 机械设备维修的组织形式

（1）集中维修。多用于小单位。由厂部统一管理，设备部门及机修车间对机械设备从拆卸、维修到装配集中组织进行。其优点是维修力量可集中使用，有利于采用先进的维修工艺和技术，便于备件供应和制造，统筹安排使用资金费用；其缺点是各部件或总成不可能同时进行维修，因此停修时间较长，生产任务和维修工作容易出现矛盾。

（2）分散维修。多用于车间分散、机械设备数量较多的大型单位。日常维护和修理均由车间负责。机修车间主要负责精密、大型、稀有机械设备的大修。其优点是，各部件或总成能同时进行维修，缩短了停修时间，有利于充分调动和发挥生产车间的积极性、主动性，维修工人的工作相对固定，质量容易保证，设备利用率较高，可组织流水作业。

（3）混合维修。它适合于中型单位。除大修由机修车间负责外，其余维修工作均由生产车间负责。优点是该形式既有集中又有分散，兼备两种组织形式的，一方面可加强生产车间对机械设备保养维修的责任感，另一方面集中进行大修有利于提高质量；缺点是有些维修工作分工会出现困难，使用和维修不易协调，占用的维修设备和人员较多。

2. 机械设备的维修企业

（1）中心修配厂。其承担的维修任务较多、规模较大、车间设备较多、工种齐全。

（2）专业单位的机修车间。它比中心修配厂规模要小，一般归专业单位领导，如机械化施工公司，汽车运输公司，各厂、矿等。它一般完成中修任务。

（3）基层单位的修配站（所）。它只能进行小修。若未设修配站（所），可进行巡回服务。

3. 机械设备的维修方法

（1）单机维修。将所需要维修的零件从机械设备上拆下，进行清洗、检验分类、更换不可修的零件，修复需要修的零件。等修好以后仍复装在该机械设备上，直至全部装配成整机为止。适用于修理规模不大的厂以及中小修的情况下。

（2）部件维修。一台机械设备按部件或总成分别由许多小组在不同的工作地点同时进行维修，每个小组只完成一部分维修工作。适用于批量较大的大修厂。

（3）更换零部件及总成。对于有缺陷的零部件，甚至总成，采用更换新件的方法进行维修，并将整机装配出厂，而将换下的零部件和总成另行安排维修，待修竣并检验合格后，再补充到周转零部件或总成的储备量中，以备下次换用。适用于具备一定数量的周转总成、维修量大、承修机械设备类型较单一的单位。

二、拆卸

（一）零件拆卸的基本原则

零件拆卸的基本原则见表 12-6。

表 12-6　　零件拆卸的基本原则

原　则	要　求
拆卸前必须了解机械结构	查阅资料，弄清机械的类型、特点、结构原理，了解和分析零部件的工作性能、功能和操作方法
可不拆的尽量不拆	分析故障原因，从实际需要决定拆卸部位，避免不必要的拆卸，因为拆卸后可能会降低连接质量和损坏部分的零件。拆卸经过平衡的零部件时应注意不破坏原来平衡
合理的拆卸方法	选择合适的拆卸工具和设备；一般按装配的相反顺序进行从外到内，从上部到下部，先拆部件或组件，然后拆卸零件；起吊应防止零部件变形或发生人身设备事故
为装配创造条件	对成套加工或选配的零件，及不可互换的零件，拆前应按原来部位或顺序做好标记；对拆卸的零部件应按顺序分类，合理存放，如精密细长轴、丝杠等零件拆下后应立即清洗、涂油、悬挂好
辨清螺纹旋向	必须仔细辨清螺纹旋向

（二）零件拆卸常用方法

零件拆卸常用方法见表 12-7。

表 12-7　　零件拆卸常用方法

方法		简　图	特　点	说　明
击卸法	手锤击卸	锤击 垫块 被拆卸轴 垫铁	应用广泛，操作方便	对被击卸件应辨别结构及走向；手锤重量选择合理，力度适当；对被击卸件端部须采用保护措施

续表

方法		简　图	特　点	说　明
击卸法	自重击卸	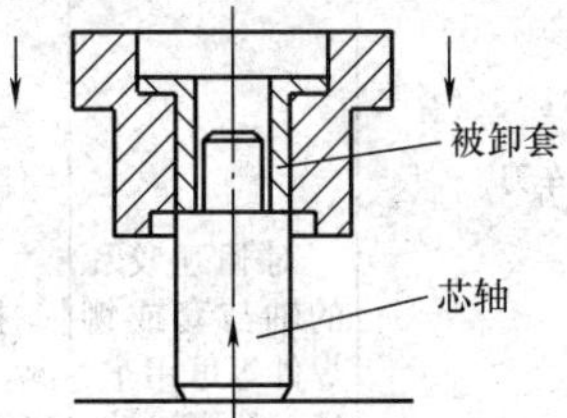 被卸套 芯轴	操作简单，拆卸迅速	掌握操作技巧
拉卸法	拉卸工具	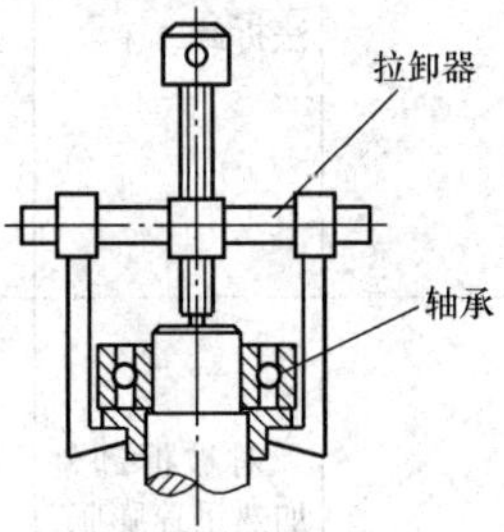 拉卸器 轴承	安全，不易损坏零件，适用拆卸高精度或无法敲击过盈量较小的零件	两拉杆应平衡
	拔销器	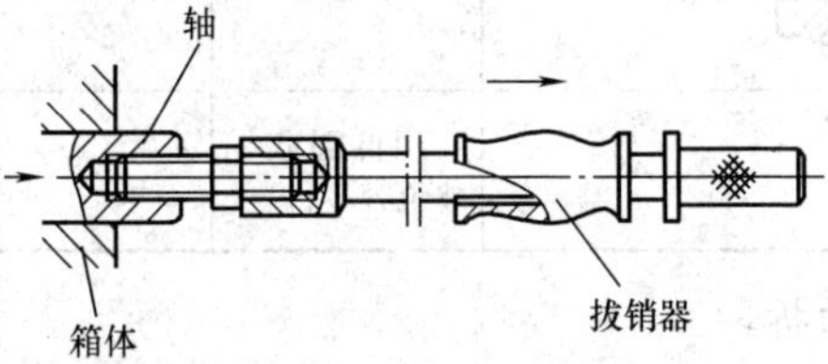 轴 箱体 拔销器	拉卸轴、定位销。拔销器杆上安装内外螺纹的工具可扩大使用范围	用力大小须合适，弄清轴上零件结合形式
顶压法	顶压工具	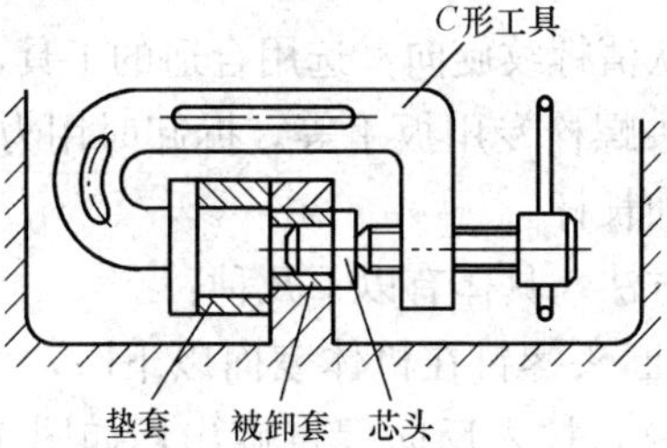 C形工具 垫套 被卸套 芯头	静力顶压拆卸，根据配合情况和零件大小选择压力大小	放置适当垫套或芯头
	螺钉旋入	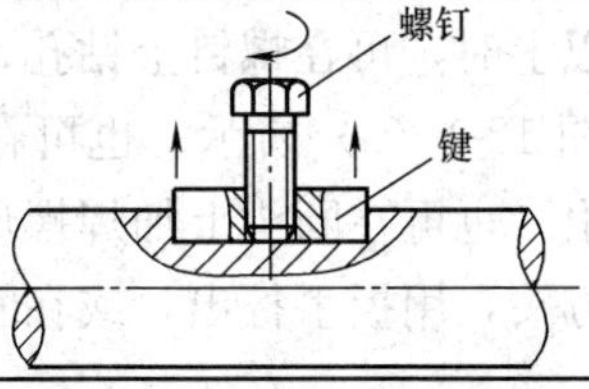 螺钉 键	不须专用工具	对于两个以上螺钉，应同时旋入，以保证被拆件平稳移动

续表

方法		简图	特点	说明
破坏性拆卸	留轴车套	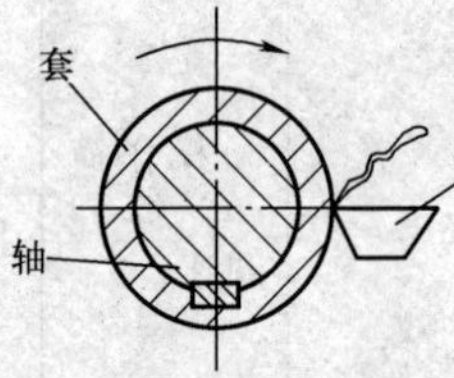 套 车刀 轴	对相互咬死的轴与套或铆焊件等可用车、镗、錾锯、钻、气割等多种方法拆卸	根据联接件情况，决定取舍，并应用合理的破坏性拆卸方法拆卸
	錾铆钉	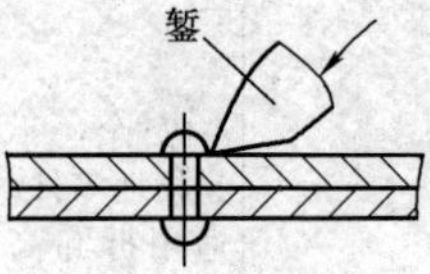 錾		
热胀冷缩法	热胀冷缩	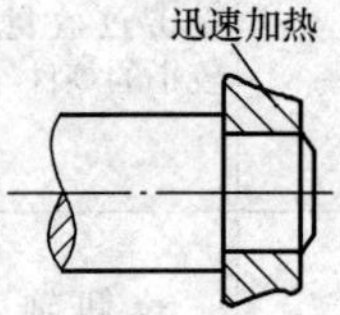 迅速加热	对被拆卸件加热迅速膨胀	及时拆卸
	冷缩	—	用低温收缩被包容零件	—

（三）典型联接件的拆卸

1. 螺纹联接件

(1) 一般拆卸方法。认清螺纹旋向，选用合适的工具，尽量使用呆扳手或螺钉旋具、双头螺栓专用扳手等。拆卸时用力要均匀，受力大的特殊螺纹允许用加长杆。

(2) 特殊情况的拆卸方法。具体有以下几种：

1) 断头螺钉的拆卸。断头螺钉在机体表面以下时，可在断头端的中心钻孔，攻反向螺纹，拧入反向螺钉旋出，如图 12-1 (b) 所示。断头螺钉在机体表面以上时，可在螺钉上钻孔，打入多角淬火钢杆，再把螺钉拧出，如图 12-1 (a) 所示。也可在断头上锯出沟槽，用一字形螺钉旋具拧出；也可在断头上加焊螺母拧出，或用工具在断头上加工出扁头或方头，用扳手拧出，或在断头上加焊弯

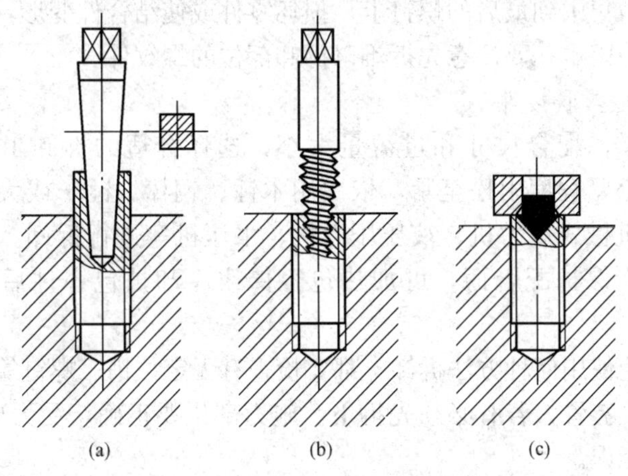

图 12-1 断头螺钉的拆卸

杆拧出，如图 12-1（c）所示。当螺钉较粗时，可用扁錾沿圆周剔出。

2）打滑内六角螺钉的拆卸。当内六角磨圆后出现打滑现象时，可用一个孔径比螺钉头外径稍小一点的六方螺母，放在内六角螺钉头上，将螺母和螺钉焊接成一体，用扳手拧螺母即可把螺钉拧出，如图 12-2 所示。

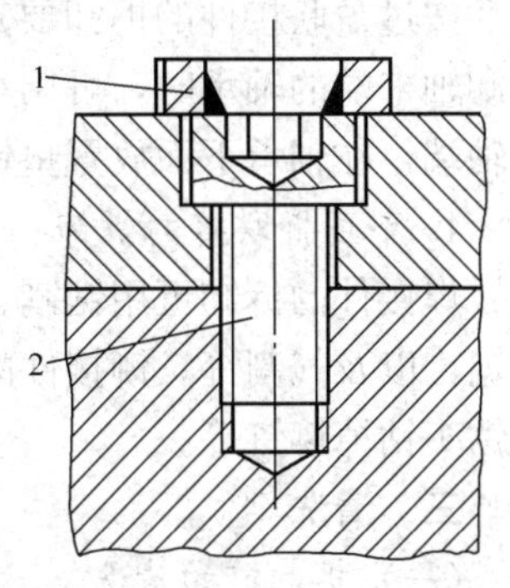

图 12-2 打滑内六角螺钉的拆卸

1—螺母；2—螺钉

3）锈死螺纹的拆卸。可向拧紧方向拧动一下，再旋松，如此反复，逐步拧出；用锤子敲击螺钉头、螺母及四周，锈层震松后即可拧出；可在螺纹边缘处浇些煤油或柴油，浸泡 20min 左右，待锈层软化后逐步拧出；若上述方法均不可行，而零件又允许，可快速加热包容件，使其膨胀，软化锈层也能拧出；还可用錾、锯、钻等方法破坏螺纹件。

4）成组螺纹联接件的拆卸 它的拆卸顺序一般为先四周后中间，对角线方向轮换。先将其拧松少许或半周，然后再顺序拧下，以免应力集中到最后的螺钉上，损坏零件或使结合件变形，造成难以拆卸的困难。要注意先拆难以拆卸部位的螺纹件。

2. 过盈联接件

按零件配合尺寸和过盈量大小，选择合适的拆卸工具和方法。视松紧程度由松至紧，依次用木锤、铜棒、锤子或大锤、顶拔器、机械式压力机、液压压力机、水压机等进行拆卸。过盈量过大或为保护配合面，可加热包容件或冷却被包容件后再迅速压出。

无论使用何种方法拆卸，都要检查有无定位销、螺钉等附加固定或定位装置，若有必须先拆下。施力部位要正确，受力要均匀，方向要无误。

3. 滚动轴承的拆卸

按过盈联接件的拆卸要点进行，注意尽量不用滚动体传递力；拆卸轴末端的轴承时，可用小于轴承内径的铜棒或软金属、木棒抵住轴端，在轴承下面放置垫铁，再用锤子敲击。

4. 不可拆联接的拆卸

焊接件的拆卸可用锯割、扁錾切割、用小钻头钻一排孔后再錾或锯，以及气割等。铆接件的拆卸可錾掉、锯掉、气割铆钉头，或用钻头钻掉铆钉等。

三、清洗

（一）拆卸前的清洗

主要是拆卸前的外部清洗。一般采用自来水用水流冲洗油污，并用刮刀、刷子配合进行；高压水冲刷，即采用1～10MPa的高压水流进行冲刷。对于密度较大的厚层污物，可加入适量的化学清洗剂并提高喷射压力和水的温度。

清洗设备有单枪射流清洗机和多喷嘴射流清洗机等。后者有门框移动式和隧道固定式两种。

（二）拆卸后的清洗

1. 清除油污

凡是和各种油料接触的零件在解体后都要进行清除油污的工作。油可分为两类：①可皂化的油，就是能与强碱起作用生成肥皂的油，如动物油、植物油，即高分子有机酸盐；②不可皂化的油，它不能与强碱起作用，如各种矿物油、润滑油、凡士林和石蜡等。去除这些油类，主要是用化学方法和电化学方法。常用的清洗液有有机溶剂、碱性溶液和化学清洗液等。清洗方式则有人工和机械两种。

(1) 清洗液。常用以下品种：

1）有机溶剂。常见的有煤油、轻柴油、汽油、丙酮、酒精和三氯乙烯等。主要适用于规模小的单位和分散的维修工作。

2）碱性溶液。它是碱或碱性盐的水溶液。对不可皂化油和可皂化油不容易去掉的情况，应在清洗溶液中加乳化剂，使油垢乳化后与零件表面分开。常用的乳化剂有肥皂、水玻璃（硅酸钠）、骨胶、树胶等。清洗不同材料的零件应采用不同的清洗溶液。碱性溶液对于金属有不同程度的腐蚀作用，尤其是对铝的腐蚀较强。

用碱性溶液清洗时，一般需将溶液加热到 80～90℃。除油后用热水冲洗，去掉表面残留碱液，防止零件被腐蚀。

3）化学清洗液。是一种化学合成水基金属清洗剂，以表面活性剂为主。其优点是无毒、无腐蚀、不燃烧、不爆炸、无公害、有一定防锈能力、成本较低等，目前已逐步替代其他清洗液。

(2) 常用的清洗方法见表 12-8。

表 12-8　　常用的清洗方法

形式	清洗方法
擦洗	将零件放入装有柴油、煤油或其他清洗液的容器中，用棉纱擦洗或毛刷刷洗。操作方法简便、设备简单，但效率低，用于单件小批生产的中小型零件。一般情况下不宜用汽油，因其有溶脂性，会损害人的身体且易造成火灾
煮洗	将配制好的溶液和被清洗的零件一起放入用钢板焊制适当尺寸的清洗池中。在池的下部设有加温用的炉灶，将零件加温到 80～90℃煮洗
喷洗	将具有一定压力和温度的清洗液喷射到零件表面，以清除油污。清洗效果好，生产效率高，但设备复杂。适于零件形状不太复杂、表面有严重油垢的清洗

续表

形式	清洗方法
振动清洗	将被清洗的零部件放在振动清洗机的清洗篮或清洗架上，浸没在清洗液中，通过清洗机产生振动来模拟人工漂刷动作，并与清洗液的化学作用相配合，达到去除油污的目的
超声清洗	靠清洗液的化学作用与引入清洗液中的超声波振荡作用相配合达到去污目的

2. 清除水垢

（1）磷酸盐清除水垢。用3%～5%的磷酸三钠溶液注入并保持10～12h后，使水垢生成易溶于水的盐类，而后被水冲掉。洗后应再用清水冲洗干净，以去除残留碱盐而防腐。

（2）碱溶液清除水垢。对铸铁的发动机气缸盖和水套可用苛性钠750g、煤油150g，加水10L的比例配成溶液，将其过滤后加入冷却系统中停留10～12h后，然后启动发动机使其以全速运行15～20min，直到溶液开始有沸腾现象为止，此后放出溶液，再用清水清洗。

对铝制气缸盖和水套可用硅酸钠15g、液态肥皂2g，加水1L的比例配成溶液，将其注入冷却系统中，启动发动机到正常工作温度；再运转1h后放出清洗液，用水清洗干净。

对于钢制零件，溶液浓度可大些，有10%～15%的苛性钠；对有色金属零件，浓度应低些，有2%～3%的苛性钠。

（3）酸洗液清除水垢。酸洗液常用的是磷酸、盐酸或铬酸等。用2.5%盐酸溶液清洗，主要使之生成易溶于水的盐类，如$CaCl_2$和$MgCl_2$等。将盐酸溶液加入冷却系统中，然后使发动机以全速运转1h后，放出溶液。最后再以超过冷却系统容量3倍的清水冲洗干净。

用磷酸时，取密度为1.71g/cm^{3}的磷酸（H_3PO_4）100mL、铬酐（CrC_3）50g、水900mL加热至30℃，浸泡30～60min，洗后再用0.3%的重铬酸盐清洗，去除残留磷酸，防止腐蚀。

清除铝合金零件水垢，可用5%浓度的硝酸溶液，或10%～15%浓度的醋酸溶液。

清除水垢的化学清除液应根据水垢成分与零件材料选用。

3. 清除积炭

(1) 机械清除法。它是用金属丝刷与刮刀去除积炭。为了提高生产率，在用金属丝刷时可由电钻经软轴带动其转动。此法简单，对于规模较小的维修单位经常采用，但效率很低，容易损伤零件表面，积炭不易清除干净。

也可用喷射核屑法清除积炭。由于核屑比金属软，冲击零件时，本身会变形，所以零件表面不会产生刮伤或擦伤，生产效率也高。用压缩空气吹送干燥且碾碎的桃、李、杏的核及核桃的硬壳冲击有积炭的零件表面，破坏积炭层而达到清除目的。

(2) 化学法。对某些精加工零件的表面，不能采用机械清除法，可用化学法。将零件浸入苛性钠、碳酸钠等清洗溶液中，温度为80～95℃，使油脂溶解或乳化，积碳变软，2～3h后取出，再用毛刷刷去积碳，用加入0.1%～0.3%的重铬酸钾热水清洗，最后用压缩空气吹干。

(3) 电化学法。将碱溶液作为电解液，工件接于阴极，使其在化学反应和氢气的剥离共同作用下去除积炭。这种方法有较高的效率，但要掌握好清除积炭的规范。如：气门电化学法清除积炭的规范大致为电压6V、电流密度6A/dm^2，电解液温度135～145℃，电解时间5～10min。

4. 除锈

(1) 机械法。常用的方法有刷、磨、抛光、喷砂等。单件小批维修靠人工用钢丝刷、刮刀、砂布等刷、刮或打磨锈蚀层。成批或有条件的，可用电动机或风动机作动力，带动各种除锈工具进行除锈，如电动磨光、抛光、滚光等。喷砂除锈是利用压缩空气，把一定粒度的砂子通过喷枪喷在零件的锈蚀表面上。它不仅除锈快，还可为油漆、热喷涂、电镀等工艺做好准备。经喷砂后的表面干净，并有一定的粗糙度，能提高覆盖层与零件的结合力。机械法除锈只能用在不重要的表面。

（2）化学酸洗法。酸对金属的溶解，以及化学反应中生成的氢对锈层的机械作用而脱落。常用的酸包括盐酸、硫酸、磷酸等。由于金属的不同，使用的溶解锈蚀产物的化学药品也不同。选择除锈的化学药品和其使用操作条件主要根据金属的种类、化学组成、表面状况和零件尺寸精度及表面质量等确定。

（3）电化学酸蚀法。一般分为两类：一类是把被除锈的零件作为阳极；另一类是把被除锈的零件作阴极。阳极除锈是由于通电后金属溶解以及在阳极的氧气对锈层的撕裂作用而分离锈层。阴极除锈是由于通电后在阴极上产生的氢气，使氧化铁还原和氢对锈层的撕裂作用使锈蚀物从零件表面脱落。上述两类方法，前者主要缺点是当电流密度过高时，易腐蚀过度，破坏零件表面，故适用于外形简单的零件。而后者虽无过蚀问题，但氢易浸入金属中，产生氢脆，降低零件塑性。因此，需根据锈蚀零件的具体情况确定合适的除锈方法。

5. 清除漆层

用手工工具，如刮刀、砂纸、钢丝刷或手提式电动、风动工具进行刮、磨、刷等。有条件的也可用各种配制好的有机溶剂、碱性溶液等作退漆剂，涂刷在零件的漆层上，使之溶解软化，再借助手工工具去除漆层。

为完成各道清洗工序，可使用一整套各种用途的清洗设备，包括喷淋清洗机、浸浴清洗机、喷枪机、综合清洗机、环流清洗机、专用清洗机等。究竟采用哪一种设备，要考虑其用途和生产场所。

四、检验

（一）检验的原则

（1）在保证质量的前提下，尽量缩短维修时间，节约原材料、配件、工时，提高利用率、降低成本。

（2）严格掌握技术规范、修理规范，正确区分能用、需修、报废的界限，要从技术条件和经济效果综合考虑。既不让不合格的零件继续使用，也不让不必维修或不应报废的零件进行修理或报废。

(3) 努力提高检验水平，尽可能消除或减少误差，建立健全合理的规章制度。按照检验对象的要求，特别是精度要求，选用检验工具或设备，采用正确的检验方法。

(二) 检验的内容

1. 检验分类

(1) 修前检验。在机械设备拆卸后进行。对已确定需要修复的零部件，可根据损坏情况及生产条件选择适当的修复工艺，并提出技术要求；对报废的零部件，要提出需补充的备件型号、规格和数量；不属备件的零部件需要提出零件蓝图或测绘草图。

(2) 修后检验。这是指零件加工或修理后检验其质量是否达到了规定的技术标准，确定是成品、废品或返修。

(3) 装配检验。它是指检验待装零部件质量是否合格、能否满足要求；在装配中，对每道工序或工步都要进行检验，以免产生中间工序不合格，影响装配质量；组装后，检验累积误差是否超过技术要求；总装后要进行调整、工作精度、几何精度及其他性能检验、试运转等，确保维修质量。

2. 检验的主要内容

检验的主要内容见表 12-9。

表 12-9　　检验的主要内容

项　目	主　要　内　容
几何精度	经常检验的是尺寸、圆柱度、圆度、平面度、直线度、同轴度、平行度、垂直度、跳动等项目。特点，有时不是追求单个零件的几何尺寸，而是要求相对配合精度
表面质量	表面粗糙度、表面有无擦伤、腐蚀、裂纹、剥落、烧损、拉毛等缺陷
物理力学性能	除硬度、硬化层深度外，对零件制造和修复过程中形成的性能，如应力状态、平衡状况、弹性、刚度、振动等也需根据情况适当进行检测
隐蔽缺陷	包括制造过程中的内部夹渣、气孔、疏松、空洞、焊缝等缺陷，还有使用过程中产生的微观裂纹

续表

项　目	主 要 内 容
质量和静动平衡	活塞、连杆组之间的质量差；曲轴、风扇、传动轴、车轮等高速转动的零部件进行静动平衡
材料性质	零件合金成分、渗碳层含碳量、各部分材料的均匀性、铸铁中石墨的析出、橡胶材料的老化变质程度等
表层材料与基体的结合强度	电镀层、热喷涂层、堆焊层和基体金属的结合强度，机械固定联结件的联结强度、轴承合金和轴承座的结合强度等
组件的配合情况	组件的同轴度、平行度、啮合情况与配合的严密性等
零件的磨损程度	正确识别摩擦磨损零件的可行性，由磨损极限确定是否能继续使用
密封性	内燃机缸体、缸盖需进行密封试验，检查有无泄漏

（三）检验的方法

检验的方法见表 12-10。

表 12-10　检 验 的 方 法

分类		说　明
感觉检验法	目测	眼睛或借助放大镜对零件进行观察和宏观检验，如倒角、圆角、裂纹、断裂、疲劳剥落、磨损、刮伤、蚀损、变形、老化等，作出可靠的判断
	耳听	根据机械设备运转时发出的声音，或敲击零件时的响声判断技术状态。零件无缺陷时声音清脆，内部有缩孔时声音相对低沉，若内部出现裂纹，则声音嘶哑
	触觉	用手与被检验的零件接触，可判断工作时温度的高低和表面状况；将配合件进行相对运动，可判断配合间隙的大小
测量工具和仪器检验法	（1）用各种测量工具（如卡钳、钢直尺、游标卡尺、百分尺、千分尺或百分表、千分表、塞尺、量块、齿轮规等）和仪器检验零件的尺寸、几何形状、相互位置精度。 （2）用专用仪器、设备对零件的应力、强度、硬度、冲击性、伸长率等力学性能进行检验。 （3）用静动平衡试验机对高速运转的零件作静动平衡检验。 （4）用弹簧检验仪或弹簧秤对各种弹簧的弹力和刚度进行检验。 （5）对承受内部介质压力并须防止泄漏的零部件，需在专用设备上进行密封性能检验。 （6）用金相显微镜检验金属组织、晶粒形状及尺寸、显微缺陷、分析化学成分	

续表

<table>
<tr><th>分类</th><th colspan="2">说　明</th></tr>
<tr><td rowspan="2">物理检验法</td><td>磁力法</td><td>(1) 它是利用电、磁、光、声、热等物理量，通过零部件引起的变化来测定技术状况、发现内部缺陷。这种方法的实现是和仪器、工具检测相结合，它不会使零部件受伤、分离或损坏。目前普遍称无损检测。
(2) 对维修而言，这种检测主要是对零部件进行定期检查、维修检查、运转中检查，通过检查发现缺陷，根据缺陷的种类、形状、大小、产生部位、应力水平、应力方向等，预测缺陷发展的程度，确定采取修补或报废。
(3) 它是利用磁力线通过铁磁性材料时所表现出来的情况来判断零件内部有无裂纹、空洞、组织不均匀等缺陷，如图 12-3 所示。特点是灵敏度高、操作简单迅速，但只能适应于易被磁化的零件，且在零件的表面处。若缺陷在较深处则不易查出。通用的探伤设备有机床式和手提式两种。
(4) 在进行磁力探伤前，应将零件表面清洗干净，将可能流入磁粉的地方堵住探伤时首先将零件磁化。探伤后应进行退磁处理，以免影响正常工作</td></tr>
<tr><td>渗透法</td><td>(1) 渗透法分为着色法和荧光法两大类。着色法是在渗透液中加入显示性能强的红色染料，显像剂用白垩粉调制，使渗透液被吸出后，在白色显像剂中能明显地显示出来；荧光法则是在渗透液中加入黄绿色荧光物质，显像剂则专门配制，当渗透液被吸出后，再用近紫外线照射，便能发出鲜明的荧光，由此显示缺陷的位置和形状。着色法所用的渗透液由苏丹、硝基苯、苯和煤油组成；荧光渗透液由荧光质，即拜尔荧光黄和塑料增白剂，还有溶剂，即二甲苯、石油醚、邻苯二甲酸二丁酯组成。
(2) 显像剂由锌白、火棉胶、苯、丙酮、二甲苯、无水酒精配制而成。
(3) 着色法用以检验零件表面裂纹和磁力探伤及荧光法难以检验的零件；荧光法本身不受材料磁性还是非磁性的限制，主要用于非磁性材料的表面缺陷检验。
(4) 优点：设备简单、操作方便、不受材料和零件形状限制，在维修中检测零件表面裂纹由来已久，至今仍不失为一种通用的方法</td></tr>
</table>

续表

分类			检 验 方 法
物理检验法	超声波法	脉冲反射法	如图 12-4 所示，把脉冲振荡器发射的电压加到探头的晶片上使之振动后产生超声波，以一定的速度通过工件传播，当遇到缺陷和底面产生反射时，被探头接收，通过高频放大、检波、视频放大后在荧光屏上显示出来。荧光屏的横坐标表示距离，纵坐标代表反射波声压强度。从图中可看出缺陷波（F）比底面反射波（B）先返回探头，这样就可以根据反射波的有无、强弱和缺陷、反射波与发射脉冲之间的时间间隔，知道缺陷是否存在，以及缺陷的位置和大小等
		穿透法	如图 12-5 所示，穿透法又称声影法。从图中看到高频振荡器与发射探头 A 连接，探头 A 发射超声波由工件一面传入内部。若工件完整无缺陷，则超声波可以顺利通过工件被探头 B 接收，通过放大器放大并在指示器显示出来。如途中遇到缺陷，则部分声波被挡住而在其后形成一“声影”，此时接收到的超声波能量将大大降低，指示器作出相应的指示，从而表示发现了缺陷
		共振法	以频率可调的超声波射入到具有两面平行的工件时，由底面反射回来的超声波同入射波在一直线上沿相反方向彼此相遇，若工件厚度等于超声波的半个波长或半波长的整数倍便叠加而成驻波，即此时入射波同反射波发生了共振。工件完整无缺陷时是对应整个工件厚度产生共振；若具有同工件表面平行的缺陷时，是对应着缺陷深度产生共振，共振频率不同。至于形状不规则的缺陷，因为不可能造成相反方向的两个波，所以不论怎样改变超声波频率都得不到共振，据此断定缺陷的存在
	射线法	X 射线	射线穿透物体强度的差异通过射线检定器得到反映。按采用检定器的不同，X 射线分为：①X 射线照相法，检定器为照相软片；②X 射线荧光屏观察法，检定器为荧光屏；③X 射线电视观察法，其基本原理与普通工业用闭路电视系统相同

续表

分类	检验方法		
物理检验法	射线法	γ射线	放射性同位素产生的γ射线与X射线的本质及基本特性是相同的，因此探伤原理相同，但反射线的来源不同。常用的γ射线照相，具有许多突出的优点，如穿透能力更大、设备轻便、透射效率更高、一次可检验许多工件、可长时间不间断工作、不用电、适宜野外现场使用
		中子射线	中子射线不同于上述两种，主要用于照相探伤。它常应用在检查由含氢、锂、硼物质和重金属组成的物体，对陶瓷、固体火箭燃料、子弹、反应堆等进行试验研究工作

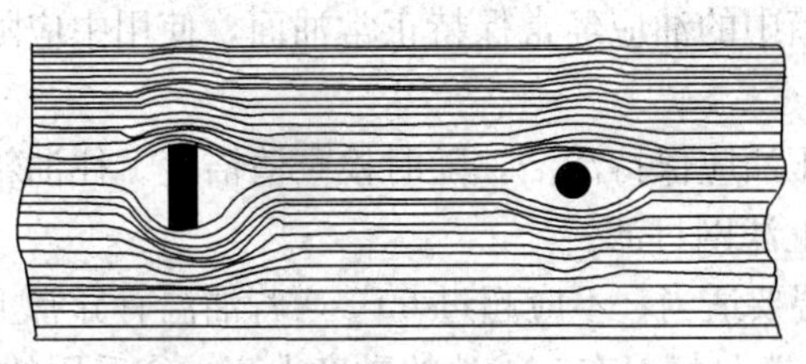

图 12-3 磁力探伤原理示意图

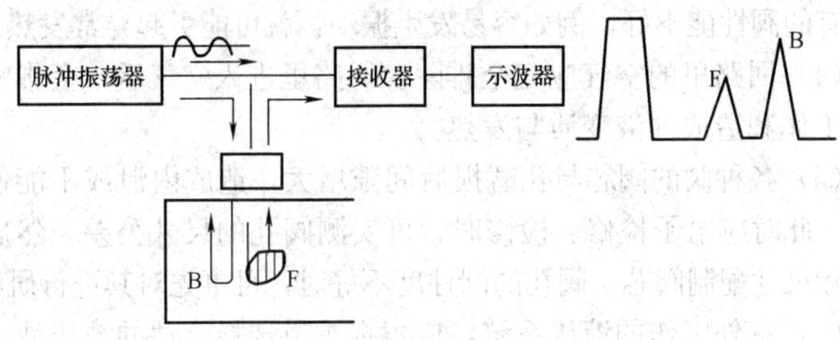

图 12-4 脉冲反射法原理示意图

F—缺陷；B—底面反射波

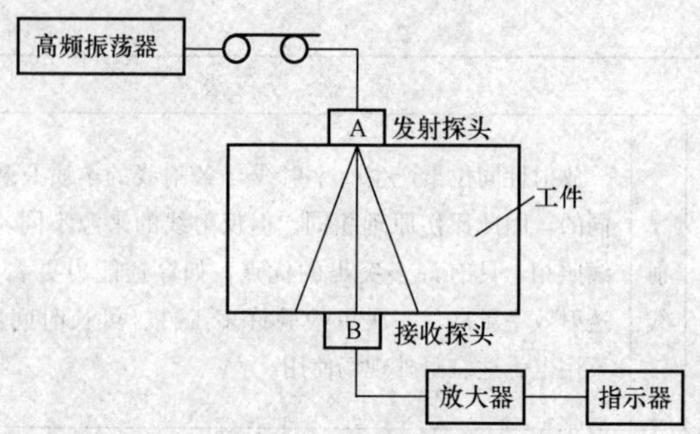

图 12-5　穿透法原理示意图

第三节　液压系统的维护检修及故障处理

一、液压系统的使用与维护

（1）油箱中的油应经常保持正常油面，使用中应随时检查及时补足。

（2）液压油应保持清洁，随时检查清洁度。往油箱加油时应采用 120 目以上滤网过滤。

（3）油温要适当，不应超过 60℃。若油温有异常上升时，应及时检查排除。常见情况有：①油的黏度太高；②采用的元件流量小，流速过高引起的；③油箱容积小，散热慢，或冷却性能不好；④系统中有的阀性能不好，例如容易发生振动，就可能引起异常发热。

（4）回路里的空气应完全排除。回路里进入空气后，会影响液动机工作和造成油液变质与发热。

（5）各种阀的阀芯与孔磨损后间隙增大，造成内泄或不能使用状态，此时应给予检修。检修时，可实测阀孔的尺寸公差，然后按其实际尺寸配制阀芯。阀孔的圆柱度不好时，可事先对其进行研磨。

（6）室外工作的液压系统，应根据季节选择合适的液压油。低温下启动油泵时应开开停停，往复几次使油温上升，待油压装置运转灵活后，再正式运行。

二、泵的故障处理

泵的故障处理见表 12-11。

表 12-11　　泵的故障处理

故　障	原　因	处 理 措 施
泵不出油或吸空	(1) 吸油管或滤油器堵塞。 (2) 吸油管漏气或吸入管道中局部缩小，阀未打开。 (3) 油黏度过高。 (4) 油温太低。 (5) 叶片泵的叶片未伸出转子的叶片槽。 (6) 变量泵排量为零。 (7) 泵内部件磨损太大或损坏	(1) 清除堵物，清洗滤油器。 (2) 查管道部分，旋紧螺栓或螺纹，更换密封垫，修理或更换油阀及油管。 (3) 使用推荐黏度的液压油。 (4) 将油加热到适当的温度。 (5) 拆开清洗，清除叶片及槽内污物。 (6) 重调变量机构。 (7) 拆开泵检查，更换或修理内部零件
泵噪声大，机械振动大，气蚀或吸入空气	(1) 吸油管或滤油器堵塞。 (2) 滤油器容量不够。 (3) 转数超过额定值。 (4) 油黏度过高。 (5) 管路内有气泡。 (6) 轴封泄漏。 (7) 压力超额定值。 (8) 泵内零件损坏。 (9) 轴研伤或破损。 (10) 两级叶片泵的压力分配阀工件不良。 (11) 变量泵的变量机构工作不良。 (12) 联轴器声音异常	(1) 清除堵物，清洗滤油器或油管。 (2) 采用合适流量的滤油器（一般比泵大 1.5 倍）。 (3) 用额定转数或低些转数运转。 (4) 更换合适的油，温度低时用加热器加热。 (5) 特别是封闭管路，应将管路空气排净。 (6) 更换轴封，修复密封部位。 (7) 调节溢流阀，保持系统正常工作压力。 (8) 更换或修理内部零件。 (9) 更换轴承。 (10) 拆卸、清洗、修理压力分配阀。 (11) 拆卸清洗，对变量机构进行修理或更换。 (12) 调整两半联轴器的同轴度
流量不足	(1) 内部零件磨损或损坏。 (2) 变量机构工作不良。 (3) 压力配阀工作不良	(1) 更换或修理内部零件。 (2) 拆卸清洗，损坏件更换或修理，重新调整流量。 (3) 拆卸清洗，如损坏，更换或修理。
异常发热	(1) 内部磨损过大。 (2) 滑动部分烧损。 (3) 轴承损坏，研伤	(1) 修理内部零件。 (2) 拆开检查。更换、修理内部零件。 (3) 更换轴承
内部零件短期内磨损严重或损坏	(1) 工作油污染。 (2) 工作油液混有水和空气。 (3) 工作油液不适当。 (4) 运转条件太差	(1) 更新新油，增加滤油器。 (2) 消除混入水和空气的原因。 (3) 更换液压油，选用规定使用的油。 (4) 改善工作环境，对液压系统采取保护措施

三、流量控制阀的故障及处理措施

流量控制阀的故障及处理措施见表12-12。

表12-12　流量控制阀的故障及处理措施

故障	原因	处理措施
压力补偿装置工作不良	（1）活塞的尖渣阻塞。 （2）进出口压力差过小。 （3）阻尼孔堵塞	（1）拆下清洗。 （2）调整到超过规定值的压力差。 （3）拆下清洗
流量调节轴，偏心的轴或阀芯回转不灵	（1）调节轴有尖渣堵塞缝隙。 （2）在开启点以下的刻度范围内，一次压力高。 （3）采用进油路节流方式时，二次压力过高	（1）拆下清洗。 （2）不要使用低于产品规定的最低调节流量的参数，降低压力后再调整。 （3）降低压力后再调整
刻度盘升高（非外部排油的形式无这种故障）	（1）排油管堵塞。 （2）排油孔有背压	（1）清洗堵塞管路，并同其他阀排油管分开。 （2）油箱比阀高，受有落差压头时，换用无排油形式的阀

四、溢流阀的流量、压力不足的原因及处理措施

溢流阀的流量、压力不足的原因及处理措施见表12-13。

表12-13　溢流阀的流量、压力不足的原因及处理措施

故障	原因	处理措施
压力不能充分提高	（1）压力调定不适当。 （2）针阀对不正阀座中心。 （3）活塞动作不良。 （4）弹簧变形。 （5）活塞与阀座磨损后间隙大。 （6）回路系统内其他元件漏油	（1）检查压力表，使其准确，调定阀的压力。 （2）更换针阀或阀座，针阀与孔有污物拆下清洗。 （3）拆下清洗。 （4）更换规定使用的弹簧。 （5）配制更换活塞或更换阀座。 （6）检查回路系统中各元件，修理或更换

续表

故　障	原　因	处理措施
压力不稳定脉动较大	(1) 针阀稳定性不良。 (2) 针阀有异常磨损或损坏。 (3) 油中有气泡。 (4) 流量过大	(1) 更换针阀或针阀弹簧。 (2) 更换针阀。 (3) 排除系统内空气。 (4) 更换流量合适的阀
流量、压力不足	(1) 泵的流量不足。 (2) 系统内部漏损太大。 (3) 流量控制阀调节不良。 (4) 蓄能器的空气泄漏。 (5) 节流效果因油温变化而变化	(1) 检查检修泵。 (2) 检查系统内各元件、连接管路等，以及油黏度、温度，然后采取相应措施处理。 (3) 重新调定流量控制阀。 (4) 修复漏气处，重新充气。 (5) 安装油温控制装置，更换或修理温度补偿流量控制阀

五、油温过高的原因和处理措施

油温过高的原因和处理措施见表12-14。

表12-14　　油温过高的原因和处理措施

故　障	原　因	处理措施
从高压到低压侧的漏损	(1) 安全压力调得太高。 (2) 安全阀性能不好。 (3) 油的黏度过低	(1) 重新调整正确。 (2) 用适合的结构代替。 (3) 放出油，使用制造厂推荐用的油
当系统不需要压力油时，而油仍在阀的设定压力下回油	(1) 卸荷回路动作不良。 (2) 安全压力调得太低	(1) 检查电气回路、电磁阀、先导回路和卸荷阀的动作是否正常。 (2) 重新调整正确
冷却不足	(1) 冷却水供应不足。 (2) 冷却管道中有沉淀	(1) 检查供水系统，保证水量。 (2) 清洗管道，清除沉淀物
散热不足	油箱散热面积不足	改装冷却系统，可加大油箱容量

六、油缸运动不正常的原因和处理措施

油缸运动不正常的原因和处理措施见表12-15。

表 12-15　　油缸运动不正常的原因和处理措施

原　因	处理措施
（1）回路中有空气。	（1）在回路的高处设气孔，把空气排净。
（2）液压缸，活塞和活塞杆密封件老化。	（2）更换新的密封件。
（3）活塞与活塞杆不同轴。	（3）拆下，使液压缸单独动作，测定偏心方位、尺寸，然后校正定心，重新组装。
（4）液压缸工作一段时间后里边有磨损、研坏部位。	（4）拆开液压缸，检查活塞与缸筒损坏部位，轻的用油石条修研，重的需更换新件。
（5）流量控制阀或压力控制阀工作不良。	（5）检查不良原因，并进行检修。
（6）顺序阀和溢流阀调定值太接近	（6）改正调定值，保持必要的差值

第四节　机械零件修复技术

一、钳工和机械加工

（一）钳工、机械加工

钳工、机械加工方法见表 12-16。

表 12-16　　钳工、机械加工方法

方法		内　容
铰削		可得到很高的尺寸精度和较小的表面粗糙度，主要用来修复各种配合的孔
珩磨		修复圆柱内表面的一种好工艺
研磨		用于修复高精度的配合表面
刮削		用于表面精度较高，表面粗糙度较小，零件上互相配合的重要滑动表面，如机床导轨、滑动轴承等
钳工修补	键槽	当轴或轮毂上的键槽只磨损或损坏其一时，可把磨损或损坏的键槽加宽，然后配制阶梯键。当轴或轮毂上的键槽全部损坏时，允许将键槽扩大 10%～15%，然后配制大尺寸键 当键槽磨损大于 15%时，可按原槽位置旋转 90°或 180°，重新按标准开槽。开槽前需把旧槽用气、电焊填满并修整
	螺孔	当螺孔产生滑牙或螺纹剥落时，可先把螺孔钻去，然后攻出新螺纹，配上特制的双头螺栓。如损坏的螺孔不允许加大时，可配上螺塞，然后在螺塞上再钻、攻出原规格的螺纹孔
	铸铁裂纹修补	对铸铁裂纹，在没有其他修复方法时，可采用加固法修复，见图 12-6。一般用钢板加固，螺钉联接。脆性材料裂纹应钻止裂孔

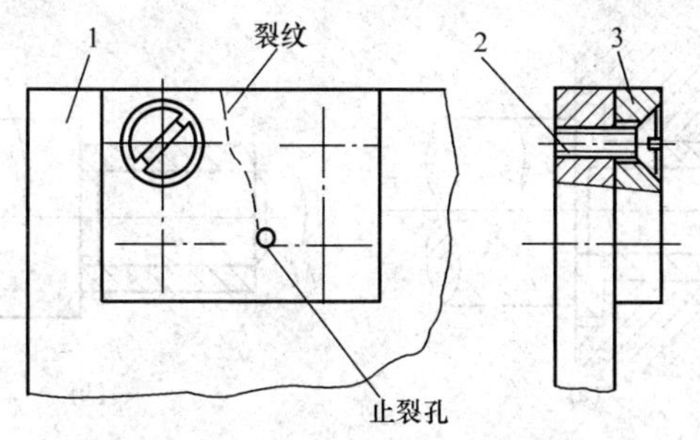

图 12-6 铸铁裂纹用加固法修复

1—被修复件；2—螺钉；3—补强板

（二）局部更换法

若零件的某个部位局部损坏严重，而其他部位仍完好，一般不宜将整个零件报废。可把损坏的部分除去，重新制作一个新的部分，并以一定的方法使新换上的部分与原有零件的基本部分联接在一起成为整体，从而恢复零件的工作能力。如重型机械的齿轮损坏，可将损坏的齿圈退火车掉，再压入新齿圈。新齿圈可事先加工好，也可压入后再加工。联接方式用键或过盈联接，还可用紧固螺钉、铆钉或焊接等方法固定。

适用于多联齿轮局部损坏或结构复杂的齿圈损坏的情况。

（三）换位法

有些零件通常产生单边磨损，或磨损有明显的方向性，对称的另一边磨损较小。如果结构允许，在不具备彻底对零件进行修复的条件下，可以利用零件未磨损的一边，将它换一个方向安装即可继续使用。如：两端结构相同，且只起传递动力作用，没有精度要求的长丝杠局部磨损可调头使用。大型履带行走机构，其轨链销大部分是单边磨损，维修时应将它转动 180°便可恢复履带的功能，并使轨链销得到充分利用。

（四）镶套法

把内衬套或外衬套以一定的过盈装在磨损的轴承孔或轴颈上，然后加工到最初的基本尺寸或中间的修理尺寸，从而恢复组合件的配合间隙，如图 12-7 所示。

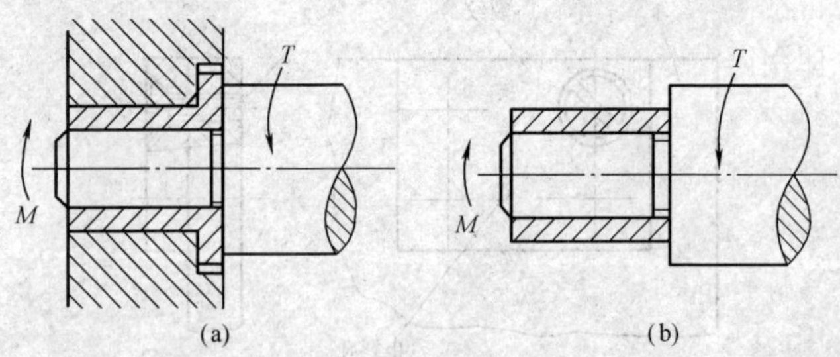

图 12-7　镶套
(a) 加内衬套（轴承衬套）；(b) 加外衬套（轴颈衬套）

图 12-7 中的 (a)、(b) 分别表示加内衬套和外衬套承受摩擦扭矩 M。内外衬套均用过盈配合装到被修复的零件上，其过盈量的大小应根据所受力矩和摩擦力进行计算。有时还可用螺钉、点焊或其他方法固定。如果需要提高内外衬套的硬度，则应在压入前先进行热处理。此法只有在允许减小轴颈或扩大孔的情况下才能使用。如车床尾座套筒锥孔镶套，如图 12-8 所示。

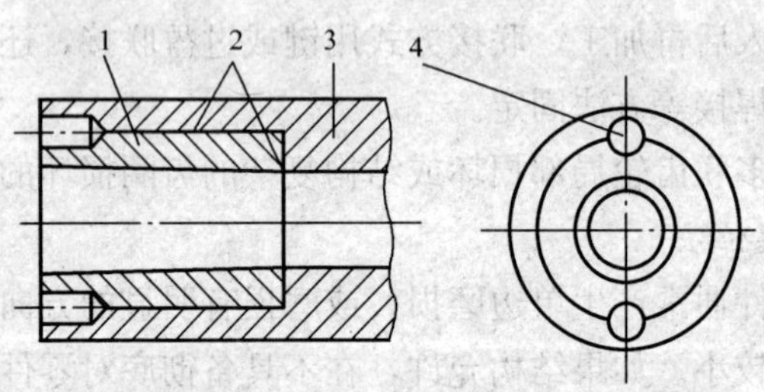

图 12-8　尾座套筒锥孔镶套修复示意图
1—内套；2—无机粘接层；3—套筒；4—定位销

尾座套筒锥孔已磨损，但此套筒的其他部分却仍保持着较好的几何精度，所以采用镶内套的方法进行修复。内套 1 与套筒 3 之间可留有 0.2mm 间隙，供无机粘接层用。图中的 2 是无机粘接层。为防止出现位移与变形，粘接后加两个定位销 4。为保证镶套后套与主轴保持同轴度，粘接时在主轴箱主轴中装一个标准心轴，将镶套套在标准心轴上，涂以胶黏剂，把尾座移近主轴箱，待胶黏剂固化后，再把尾座退回。

在使用镶套法时，还要特别注意镶套的材料应尽量与基体一致，尺寸要合适，尽量选择合理的过盈量，配合面的加工精度和表面粗糙度均有一定的要求。

（五）金属扣合法

不易焊补的钢件和不允许有较大变形的铸件发生裂纹或断裂时，可用此法。它是利用扣合件的塑性变形或热胀冷缩的性质完成扣合作用，达到修复零件的目的。

特点：整个过程在常温下进行，排除了热变形、应力集中的影响；无需特殊设备；方法简便；可用于人工现场作业；能快速修理。主要有如下几种具体方法。

1. 强固扣合

先在垂直于损坏零件的裂纹或折断面上，铣或钻出具有一定形状和尺寸的波形槽。然后把形状与波形槽相吻合的波形键镶入，在常温下铆击，使其产生塑性变形而充满槽腔，甚至嵌入零件的基体之内。由于波形键的凸缘和波形槽相互扣合，将开裂的两边重新牢固联接为一整体。波形键的主要尺寸 d、b、l 一般已归纳成标准尺寸，见图 12-9。设计时根据受力大小和零件壁厚决定波形键凸缘的数目、波形槽间距和布置形式。

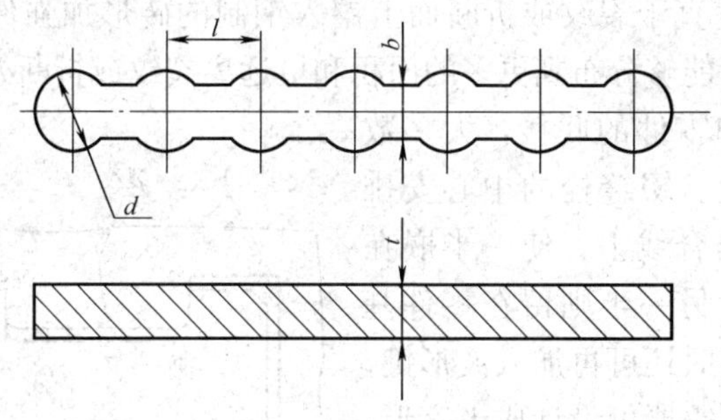

图 12-9　波形键

通常 $d=(1.4\sim1.6)b$；$l=(2.0\sim2.2)b$；$t\leqslant b$。

波形键凸缘的数目一般选用 5、7、9 个。常用材料 1Cr18Ni9 或 1Cr18Ni9Ti 的奥氏体镍铬钢，硬度要求达到 140HBS 左右。

2. 强密扣合

对承受高压的气缸或容器等有密封要求的零件，应采用此法，见图 12-10。

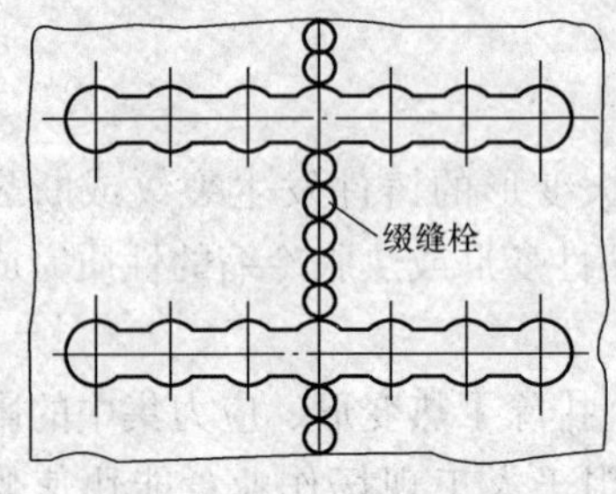

图 12-10　强密扣合法

此法是在强固扣合的基础上进行。先把损坏的零件用波形键将它联结成一牢固的整体，然后在两波形键之间、裂纹或折断面的对合线上，每间隔一定距离加工缀缝栓孔，并使第二次钻的缀缝栓孔稍微切入已装好的波形键和缀缝栓，形成一条密封的"金属纽带"，达到阻止流体受压渗漏的目的。

缀缝栓有螺栓形和圆柱形两种形式。前者承受较低压力，后者承受较高压力和密封要求高的零件。缀缝栓材料以及与零件的联接与波形键相同。用螺栓时可涂以环氧树脂或无机胶黏剂，然后一件件旋入。用圆柱时，分片装入逐步铆紧。

3. 加强扣合

它主要用于修复承受重载荷的厚壁零件，如水压机横梁、轧机主架、辊筒等。这种零件单纯使用波形键扣合不能保证修复质量，而必须在垂直于裂纹或折断面上镶入钢制的砖形加强件来承受载荷，使载荷能够分布到更多的面积和更远离裂纹或折断处。钢制砖形加强件和零件的联接，大多数采用缀缝栓。缀缝栓的中心安排在它们的结合线上，使一半嵌在加强件上，另一半则留在零件基体内。必要时还可再加入波形键。加强件根据需要可设计成十字形、X形、楔形、矩形等。

4. 热扣合

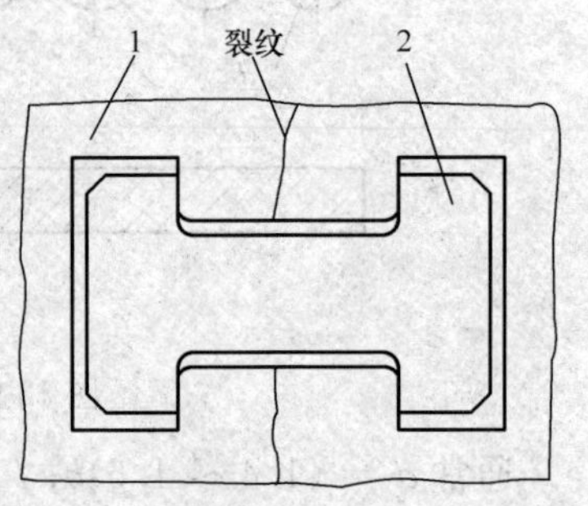

图 12-11　热扣合
1—零件；2—扣合件

它是利用金属热胀冷缩的原理，将选定的具有一定形状的扣合件进行加热，然后放入零件损坏处与扣合件形状相同已加工好的凹槽中。扣合件在冷却过程中必然产生收缩，将破裂的零件重新密合。它比其他扣合法更加简便实用，多用来修复大型飞轮、齿轮和重型机架等如图 12-11 所示。

（六）调整法

用增减垫片或调整螺钉的方法来弥补因零件磨损而引起配合间隙的增大。如：圆锥滚子轴承和各种摩擦片的磨损而引起游动间隙的增大。

二、压力加工（塑性变形）

（一）镦粗法

用于减小零件的高度、增大零件的外径或缩小内径的尺寸。主要用来修复有色金属套筒和圆柱形零件。如：当铜套的内径或外径磨损时，在常温下通过专用模具进行镦粗，可使用压床、手压床或用锤子手工锤击，作用力的方向应与塑性变形的方向垂直，见图 12-12。

零件被压缩后的缩短量不应超过其原高度的 15%，对于承载较大的，则不应超过其原高度的 8%。为镦粗均匀，其高度与直径比例不应大于 2，否则不宜采用这种方法。

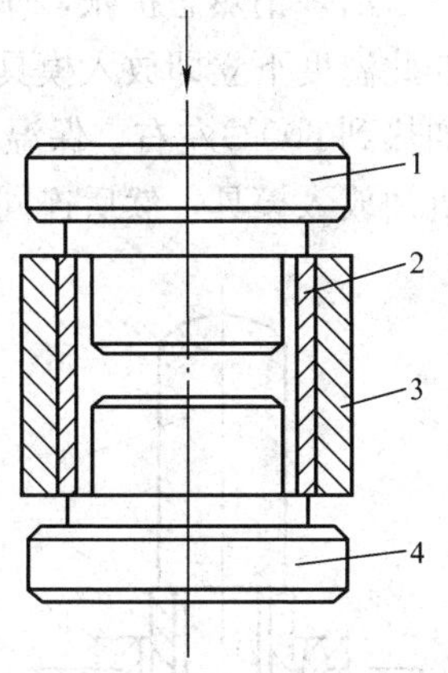

图 12-12 铜套的镦粗

1—上模；2—铜套；3—轴承；4—下模

（二）扩张法

利用扩大零件的孔径，增大外径尺寸，或将不重要部位的金属扩张到磨损部位，使其恢复原来的尺寸。如：空心活塞销外圆磨损后，一般用镀铬法修复。但当没有镀铬设备时，可用扩张法修复。活塞销的扩张既可在热态下进行，也能在冷态下进行。

图 12-13（a）所示为利用圆柱冲头 1 扩张活塞销 2 的模具。为了便于冲头放入，放入端用锥形和圆弧过渡。4 是模具座，3 为胀缩套，它的作用是防止孔壁损伤和使张力均匀。图 12-13（b）所

示为锥形冲头扩张活塞销的模具。

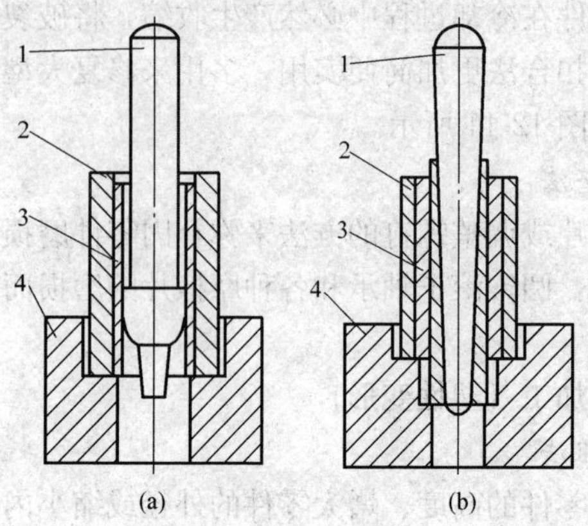

图 12-13　扩张活塞销

（a）圆柱冲头；（b）锥形冲头

1—冲头；2—活塞销；3—胀缩套；4—模具座

活塞销热态扩张，应先把它加热到 950～1000℃，保温 2～3h，在此温度下立即放入模具，在压力机上进行施压。冷态扩张前，应加热到 600℃左右，保温 1.5～2h 进行退火。待活塞销冷却后涂上机油放入模具，然后连同模具一起放在压力机上进行施压。

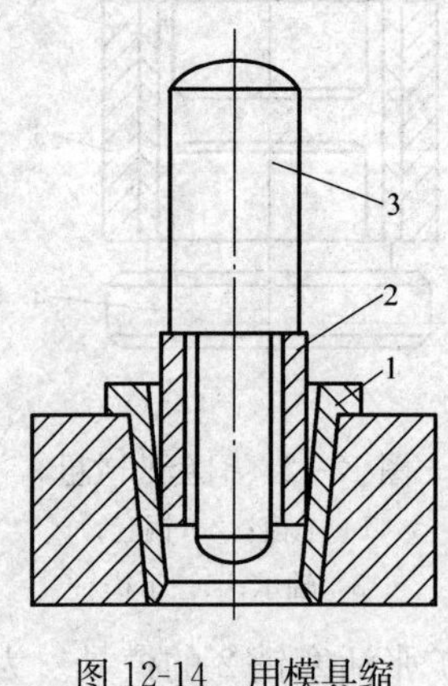

图 12-14　用模具缩小轴套内径

1—外模；2—轴套；3—冲头

扩张后的活塞销，应按技术要求进行热处理，然后磨削外圆，达到尺寸要求。

主要应用于外径磨损的套筒形零件。

（三）缩小法

与扩张法正好相反，它是利用模具挤压外径来缩小内径尺寸。如：修复轴套可用图 12-14 所示的模具进行。把轴套 2 放在外模的锥形孔 1 中，利用冲头 3，在压力的作用下使轴套 2 的内径缩小。

被缩小后的轴套外径，可用金属喷

涂、镀铜或镶套等方法修复。如果轴套很大，也可在外径上焊 3～4 个铜环，然后进行机械加工，使内径和外径都达到规定尺寸要求。

模具锥形孔的大小需根据零件材料塑性变形和需要压缩量数值的大小来确定。当塑性变形性质低，而需要压缩量数值较大时，模具锥形孔的锥度可用 10°～20°；需要压缩量数值较小时，锥度为 30°～40°。对塑性变形性质高的材料，锥度可用 60°～70°。

此法主要用于筒形零件内径的修复。

（四）压延法

把零件加热到 800～900℃之后，立即放入到专用模具中，在压力机的作用下使上模向卜移动，达到零件的成形。如圆柱齿轮齿部磨损后，可在热态下把齿轮通过压延使齿部胀大，然后加工齿形并进行热处理。

（五）校正

利用外力或火焰使零件产生新的塑性变形，去消除原有变形。校正分为冷校和热校，而冷校又分压力校正与冷作校正。

1. 压力校正

将变形的零件放在压力机的 V 形槽中，使凸面朝上，用压力把零件压弯，弯曲变形量为原来的 10～15 倍，保持 1～2min 后撤除压力，检查变形情况。若一次校不直，可进行多次，直到校直为止。

为使压力校正后的变形保持稳定，并提高零件的刚性，校正后需进行定性热处理。

压力校正简单易行，但校正的精度不易控制，零件内留下较大的残余应力，效果不稳定，疲劳强度下降。

2. 冷作校正

冷作校正是用锤子敲击零件的凹面，使其产生塑性变形。该部分的金属被挤压延展，在塑性变形层中产生压缩应力。可以把这个变形层看成是一个被压缩的弹簧，它对邻近的金属有推力作用。弯曲的零件在变形层应力的推动下被校正。

冷作校正的校正精度容易控制，效果稳定，一般不进行定性热处理，且不降低零件的疲劳强度。但是，它不能校正弯曲量太大的零件，通常零件的弯曲量不能超过零件长度的 0.03%～0.05%。

3. 热校

将零件弯曲部分的最高点用气焊的中性焰迅速加热到 450℃以上，然后快速冷却。由于被加热部分的金属膨胀，塑性随温度升高而增加，又因受周围冷金属的阻碍，不可能随温度增高而伸展。当冷却时，收缩量与温度降低幅度成正比，造成收缩量大于膨胀量，收缩力很大，靠它校正零件的变形。

热校时，零件弯曲越大，加热温度越高。校正弯曲变形的能力随加热面积的增大而增加，校正时可根据变形情况确定加热面积。加热深度增大，校正变形的能力也增加，当加热深度增加到零件厚度的 1/3 时，校正效果较好。但加热深度继续增大，校正效果反而降低，零件全部热透则不起校正作用。

对于要求较高的零件，校正后必须进行探伤检查，若发现裂纹应及时采取措施修补或报废。

校正可以在压力机上进行，也可用专用工具或锤子校正。

三、金属喷涂修复工艺

（一）金属喷涂

1. 金属喷涂工艺的优点和缺点

金属喷涂工艺的优点和缺点见表 12-17。

表 12-17　　金属喷涂工艺的优点和缺点

优　点	缺　点
（1）适用材料广，不受材料可焊性的限制，各种金属及非金属的表面经喷涂可获得较好的覆盖层。 （2）喷涂材料较广，有金属及其合金、陶瓷、有机树脂等。 （3）喷涂操作时间短，温度低，基体材料变形小。 （4）涂层系多孔组织，能存油，润滑及耐磨性好。 （5）喷涂设备较简单、重量小、移动方便，适合现场施工	（1）喷涂层与基体的结合主要是机械结合，其结合强度远远低于焊接结构的强度，涂层本身抗拉强度低，不能承受较高的线、点压力。 （2）喷涂层系多孔组织，虽利于润滑，但不利于抗有害介质的腐蚀。 （3）喷涂时雾点分散，飞溅损失严重，金属附着率也较低。 （4）喷涂现场须考虑防爆、防火、通风，以防有害金属的蒸发气体或粉末伤害人体

2. 金属喷涂工艺的应用

金属喷涂工艺的应用见表 12-18。

表 12-18　金属喷涂工艺的应用

修复内容	应　　用
磨损件	大型或复杂机件，如曲轴、轧辊轴颈、主轴、传动轴等
铸件的缺陷	大型铸件中砂眼、气孔等缺陷修复
轴瓦材料	轴瓦上喷一层铝青铜或磷青铜，用于修复或代替整体制造轴瓦
防止热腐蚀	用喷铝增强金属构件耐高温氧化和腐蚀，如炉门、炉板、燃气轮机零件等
预防和减缓化学腐蚀	接触潮湿空气、水、酸溶液或气体的钢制零件在其表面喷一层耐腐蚀材料（如纯锌铝合金、锡、铅、铜、铝、锌、不锈钢或防腐蚀非金属材料等）
其　他	制取金属粉末和电气、电子元件，如硒整流片、电阻等

3. 等离子喷涂工艺特点

等离子喷涂工艺特点见表 12-19。

表 12-19　等离子喷涂工艺特点

项　目	说　　明
喷涂层	该喷涂是靠非转移弧的等离子射流进行的，合金粉末进入高温射流后，立即熔化并随同射流高速喷射到工作表面，炽热的熔珠立即产生剧烈的塑性变形，并迅速冷却、牢固，等离子射流具有温度高、流速快、能量集中的特点，有利于获得致密、结合强度高的涂层
应用	由于等离子弧和射流温度很高，可以熔化高熔点材料，喷涂时热量集中，母材受热少，涂层稀释率低，被喷涂工件变形极小，因而常用来喷涂重要零件。在实际应用时，根据需要可选用耐磨、耐热、隔热、耐腐蚀、密封等涂层

（二）金属喷涂设备及工艺装备

1. 电弧喷涂设备

电弧喷涂主要由直流电焊机、控制箱、空气压缩机及供气装置、电喷枪等组成，如图 12-15 所示。

SCDP-3 型电弧喷涂的技术参数见表 12-20。

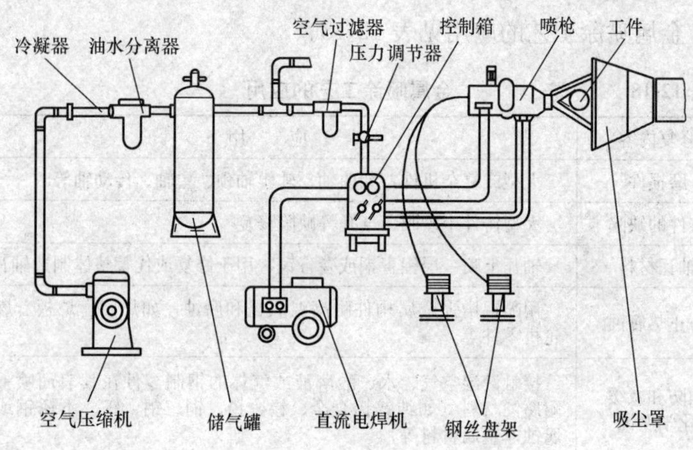

图 12-15　电弧喷涂设备

表 12-20　　SCDP-3 型电弧喷涂的主要技术参数

项　　目	数　　据
操作方式	固定装置、工件运动
动力	40/90W、220V 串励单相电动机
调速方式	晶闸管无级调速及供丝
质量(喷枪)	≤6kg
外形(喷枪)	320mm×104mm×165mm
使用金属丝	ϕ(1.6～1.8)mm(钢或不锈钢)
电弧特性(直流)	100～170A，30～35V
压缩空气压力	0.5～0.7MPa
压缩空气消耗量	0.8～1.4kg/min
额定金属丝最高喷涂量	用 80 号 2×ϕ1.8 钢丝时，为 5.5kg/h 用 80 号 2×ϕ1.6 钢丝时，为 4.3kg/h
火花有效角度	≤10°
喷射颗粒直径	5～5.3μm
引力	≥196N

2. 丝火焰喷涂设备

丝火焰喷涂原理如图 12-16 所示。丝火焰喷涂装置主要由空气压缩机、氧－乙炔、金属丝、喷枪等装置组成。丝火焰喷涂的关键设备是射吸式气体金属喷涂枪（气喷枪），它分高、中速两种。喷涂材料熔点在750℃以上的选用中速喷枪；喷涂材料熔点在750℃以下的则用高速喷枪。

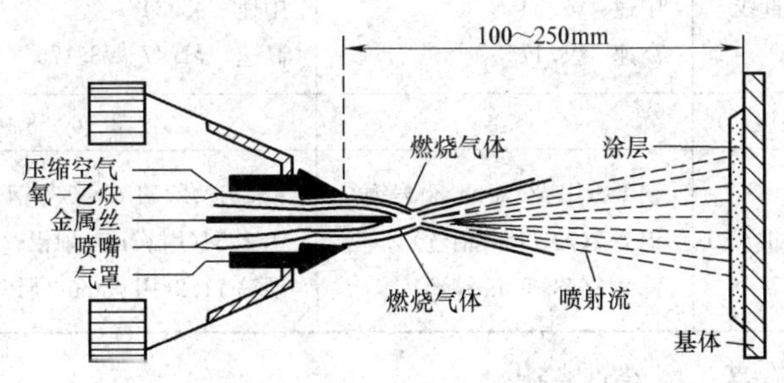

图12-16　丝火焰喷涂原理

两种气喷枪SQP-1和ZQP-1的性能和技术参数见表12-21。

表12-21　两种喷枪的性能及技术参数

项　目	性能和技术参数	
	SQP-1型	ZQP-1型
操作方式	手持、固定两用	手持、固定两用
动力源	压缩空气	压缩空气
使用热源	氧炔焰	氧炔焰
调速方式	离心力-离合器	离合器
质量(kg)	≤1.9	≤2.5
外形尺寸(mm×mm×mm)	90×180×215	165×122×225
气体压力(MPa)	氧气　0.4~0.5 乙炔　0.04~0.07 压缩空气　0.4~0.6	氧气　0.105~0.16 乙炔　0.10~0.11 压缩空气　0.4~0.6
气体消耗量(m^3/min)	氧气　0.04 乙炔　0.01 压缩空气　ϕ1.0	氧气　0.8~1.2 乙炔　1.0~1.55 压缩空气　0.6~0.7

续表

<table>
<tr><th rowspan="2">项　　目</th><th colspan="2">性能和技术参数</th></tr>
<tr><th>SQP-1 型</th><th>ZQP-1 型</th></tr>
<tr><td>金属丝直线
（mm）</td><td>中速　φ2.34
高速　φ3.175</td><td>中速　φ2.34
高速　φ1.47～φ3.175</td></tr>
<tr><td>火花束角度(°)</td><td>≤4</td><td>3～6</td></tr>
<tr><td>喷射效率(kg/h)</td><td>钢 1.8(用 φ2.34 mm80 号钢丝)
铝 2.7(φ3.0mm 铝丝)
锌 8.2(φ3.0mm 锌丝)</td><td>钢 2.7(φ2.34mm80 号钢丝)
铝 2.54(用 φ3mm 硬铝丝)
硬锌 11.2(用 φ3mm 硬锌丝)</td></tr>
</table>

3. 等离子喷涂设备

等离子喷涂设备主要包括等离子喷涂枪、送粉器、硅整流直线电源、控制系统和水冷却系统等，如图 12-17 所示。

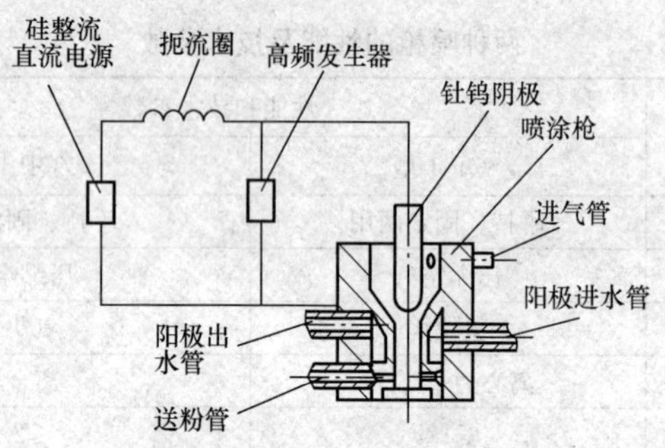

图 12-17　等离子喷涂设备

等离子喷涂三处设备的技术参数见表 12-22。

表 12-22　　等离子喷涂设备的技术参数

<table>
<tr><th rowspan="2">数值＼参数
型号</th><th rowspan="2">标准功率
（kW）</th><th rowspan="2">输入电压
（V）</th><th colspan="2">额定直流空载
电压（V）</th><th colspan="2">额定直流空载电流
（A）</th></tr>
<tr><th>高压挡</th><th>低压挡</th><th>高压挡</th><th>低压挡</th></tr>
<tr><td>GDP-35</td><td>35</td><td rowspan="2">380×
(1±10%)</td><td rowspan="2">≥165</td><td rowspan="2">≥90</td><td colspan="2">150～450</td></tr>
<tr><td>GDP-50</td><td>50</td><td>≤500</td><td>≤900</td></tr>
<tr><td>GDP-80</td><td>80</td><td></td><td colspan="2">≥165</td><td colspan="2">氩 80～1000
氮 150～1000</td></tr>
</table>

续表

型号＼数值＼参数	电弧功率（kW）		额定直流空载电压（V）		额定直流空载电流（A）
	高压挡	低压挡	高压挡	高压挡	
GDP-35	≤100	≤60	0～20		—
GDP-50	≤100	≤55	0～20		
GDP-80	≤80		0～5		

4. 常用工件表面粗化设备

常用工件表面粗化设备见表 12-23。

表 12-23　　常用工件表面粗化设备

名称		结构及参数	应用
气动式拉毛机	吸式	氧化铝磨料 18～24 目或 60～80 目，气压为 0.5～0.63MPa	小型零件
	压式	氧化铝磨料 18～24 目或 60～80 目，气压为 0.14～0.28MPa	
电火花拉毛机		初级电压为 380/220V，次级电压为 4～9V，电流为 100～340A 的变压器及带有镍条的手持电极	淬硬工件

5. 金属喷涂工艺参数

金属喷涂工艺参数见表 12-24。

表 12-24　　金属喷涂工艺的主要参数

序号	参数	主要内容
1	热源	氧-乙炔焰喷涂时使用乙炔与氧比例为 1∶1 的中性焰，温度约为 3100℃；电弧喷涂最高温度为 5500～6600℃；等离子喷涂最高温度为 1100℃。对快速加热和提高粒子传送速度来说温度越高越好
2	喷涂材料	电弧喷涂和丝火焰喷涂时，金属丝直径与热源切率要匹配，以获得最佳涂层。粉末火焰喷涂和等离子喷涂时，粉末粒度大小、载气的流量及送粉速度都有要求
3	喷涂距离	喷枪到工件的距离直接影响喷涂粒子和基体撞击时的速度和温度。火焰喷涂距离为 100～200mm；等离子喷涂取 50～100mm；电弧喷涂为 180～200mm

续表

序号	参　数	主　要　内　容
4	喷涂角度	喷涂角度即喷射流锥面的中心与基体被喷表面之间的夹角。喷涂角以90°为最佳，不得小于45°
5	喷涂的面速度	面速度即基体表面与喷枪的相对速度，一般取30.5～100m/min。操作中，为防止局部热点和表面氧化，应采用较高的面速度。宜自动化或半自动化控制面速度
6	预热温度	预热可去除表面潮气，降低涂层收缩应力，避免产生裂纹。预热常用氧-乙炔的中性焰或轻微碳化焰进行，温度控制在150～270℃
7	冷　却	为防止过热和较大变形，在喷涂全过程中，基体的整体温度应保持在70～80℃以下。为此须控制喷涂面速度；增加冷却介质（如冷却空气流）；间歇喷涂，但间歇时间不宜过长

6. 喷涂故障及其消除方法

喷涂故障及消除方法见表12-25。

表12-25　　电弧喷涂的故障及其消除

故障	原　　因	消　　除
电弧不稳定	（1）电压低断弧。 （2）电流低断弧。 （3）导管口扩大或金属丝太细。 （4）金属丝锈蚀或过多油脂。 （5）电位器磨损失控。 （6）送丝不畅或打滑。 （7）喷枪电动机碳刷太短或弹簧太松或太紧	（1）保持电压为35～40V。 （2）保持电流为100～130A。 （3）更换新导管或金属丝。 （4）去锈去油脂。 （5）换新。 （6）清洗调整。 （7）更换碳刷及调整弹簧。
火花扩散	（1）空气帽口扩大或单面烧损。 （2）金属丝输送太快，熔化点在空气帽口外较远。 （3）空气压力较低	（1）更换帽口。 （2）调整送丝速度及使熔化区交叉点在帽口0.5～1.0mm外。 （3）调整至0.5～0.55MPa

续表

故障	原　　因	消　　除
火花偏吹	（1）空气帽口局部氧化物堵塞。 （2）两根金属丝输送太慢，使熔化区退入空气帽口里面，由于两金属丝熔化有先后，产生熔化时的偏斜	（1）降低电压、电流或调整流器空气帽位置。 （2）提向送丝速度，使熔化区伸出空气帽口 0.5～1.0mm，也可提高空气压力。
电弧大，金属飞溅	（1）电压过高，熔化过早使金属微粒扩散。 （2）空气压力过低，金属微粒无法约束集中	（1）降低电压。 （2）提高空气压力或调整空气帽位置
涂层粗糙	（1）空气压力太低。 （2）金属丝输送太快。 （3）空气帽旋得太近。 （4）喷枪离工件过远	（1）提高气压。 （2）减慢送丝速度。 （3）将空气帽旋出少许。 （4）缩短距离
涂层变色	（1）电流过大。 （2）工件线速度低或喷枪移动慢。 （3）工件小或薄，喷涂温度超过 70～80℃	（1）降低电流为 100～110A。 （2）提高工件线速度，增加喷枪移动量。 （3）可采用间隔喷涂或用空气边吹边喷
前导管和喷头烧毁	（1）前导管拉出过多，使电极易短路。 （2）电流太大或电压过高。 （3）空气管路内堵塞或压力太低	（1）调整两根前导管的间隙为 2.9～3.0mm。 （2）调整焊机，调节旋钮。 （3）检查管路，提高压力

7. 丝火焰喷涂时的故障及其消除

丝火焰喷涂时的故障及消除方法见表 12-26。

表 12-26　丝火焰喷涂时的故障及其消除方法

故障	原因	消除方法
点不着火	(1) 喷嘴小孔堵塞。 (2) 混合室环形槽不洁。 (3) 空气压力过高。 (4) 混合室内透气孔堵塞。 (5) 乙炔压力损耗大（皮管太长，压力小于 0.11MPa）。 (6) 乙炔气内有水分	(1) 疏通清洁。 (2) 疏通清洁。 (3) 降低至 0.4MPa。 (4) 疏通透气孔。 (5) 皮管长度超过 5m。 (6) 去除水分
火焰不稳定	(1) 氧气压力太低。 (2) 金属线卡住或送进量不均匀	(1) 调整氧气压力。 (2) 清除送丝系统零件，去油、去锈
回火	(1) 喷嘴与喷嘴座有杂物阻碍，旋转不活。 (2) 氧气压力过高或太低。 (3) 金属丝送进量太小，使金属丝过早熔化堵塞小孔。 (4) 空气帽旋得过紧，使空气帽、喷嘴冷却不够	(1) 清除杂物或研磨喷嘴，适当润滑和调节。 (2) 压力调节适当。 (3) 清除喷嘴上氧化物，调整金属丝送进量。 (4) 调大间隙
金属丝送进不畅	(1) 送丝轮表面油多打滑。 (2) 金属丝锈斑严重。 (3) 喷嘴内钢套磨短磨小。 (4) 金属丝弯曲严重	(1) 去除油脂。 (2) 去锈涂油。 (3) 更换新套。 (4) 矫直金属丝

四、电刷镀修复工艺

（一）电刷镀

电刷镀原理见图 12-18。

1. 刷镀技术的主要特点和工艺说明

刷镀技术的主要特点和工艺说明见表 12-27。

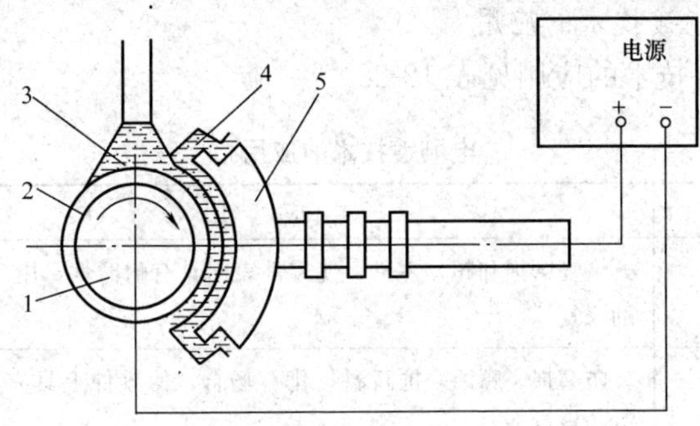

图 12-18　电刷镀原理

1—工件；2—刷镀层；3—刷镀液；

4—阳极包套；5—刷镀笔（阳极）

表 12-27　　　　刷镀技术的主要特点和工艺说明

主要特点	工艺说明
（1）设备轻便简单，工艺灵活，不需镀槽，工件大小不限，重型零件可不拆而在现场施工。 （2）结合强度高。喷涂层结合强度为 30～50MPa，而电刷镀结合强度大于 70MPa。另外，电刷镀根据工件耐磨、耐蚀、耐热、防渗碳、防氮化等需要，可选择合适的沉积金属溶液。 （3）因电刷镀的沉积溶液金属离子浓度高，沉积速度快，比槽镀速度快 5 倍以上，辅助时间短，效率高。 （4）工件加热温度低（低于 70℃），不会引起变形和组织变化。 （5）镀层厚度基本可以精确控制，镀后一般不必加工，表面粗糙度的值低。 （6）污染小，公害小。 （7）适应材料广，常用金属材料基本都可刷镀。 （8）修复磨损件时，因刷镀层可以是镍、铬等耐磨、较硬材料，故可提高原运动副使用寿命	（1）电净、活化的目的是彻底除油除锈。电净的标准是水膜均匀摊开，活化的标准是指定颜色。 （2）各工序宜连续进行，中间停歇则出现干斑，会造成镀层剥离。因此，应自始至终使待镀及正在刷镀的工件表面保持湿润。一旦出现干斑，则应从头开始。 （3）无电擦拭的作用是去除工件表面微量氧化膜工作表面 pH 值与刷镀液一致，并将金属离子涂布到工件表面上，所以在施镀过渡层或工作层时先应进行无电擦拭。 （4）控制刷镀工艺温度，镀液预热 50℃为宜，工件温升不要超过 70℃。冬季可用温水浸泡工件加温；夏季应勤换刷镀笔。 （5）镶键堵孔材料可用石墨、胶木、杉木，不能用污染镀液的材料，如铅、松木；安装键堵的时间应在电净活化之后，键堵应在镀液中事先浸泡。 （6）阳极与阴极（工件）相对速度为 6～20m/min，为提高生产率，可取 15m/min；阳极与阴极压力以与工件轻轻均力接触使镀液在接触面上渗流为宜；接触面积为被刷镀总面积的 1/3～1/4 为宜。 （7）阳极在包裹前，将阳极先在清水中浸沾一下，敷一层高效滤纸，然后包裹医用脱脂棉，最后套以针织涤棉套管并扎紧。包裹的原则是薄、匀、紧。单面包层厚度总值为 5～8mm。厚度越大，沉积速度越慢

2. 电刷镀技术的应用

电刷镀技术的应用见表12-28。

表12-28　电刷镀技术的应用

修复内容	应　用
尺　寸	恢复磨损和超差零件，使零件表面具有耐磨性，用于精密零件的修复
表面保护	防磨损、腐蚀、抗高温氧化等场合，使零件上具有特殊性能，节约贵重金属
局部修复	零件局部磨损、擦、碰、凹坑、腐蚀的现场修复
改善表面性能	改善表面的冶金性能，如材料的钎焊性、零件局部防渗碳、防氮化和喷涂的过渡层等
配合精度	经刷镀达到精度，满足配合要求
模　具	模具的修理和防护及模具上刻字、去毛刺等
其　他	修复印刷电路、电气触头、电子元件

3. 电刷镀常用材料表面处理及刷镀规范

电刷镀常用材料表面处理及刷镀规范见表12-29，供参考使用。

（二）电刷镀工艺装备

1. 电源

（1）要求。对电刷镀所用电源的要求如下。

1）应为直流电，可通过整流由交流电转化得到。要求负载电流在较大范围内变化时，电压变化很小。

2）输出电压应能无级调节。

3）电源的自调节作用强，输出电流应能随镀笔和阳极接触面积的改变而自动调节。

4）电源应装有直接或间接地测量镀层厚度的装置，以显示或控制层厚度。

5）有过载保护装置。当超载或短路时，能迅速切断电源。

6）输出端应设有极性转换装置，以满足各工序的需要。

7）电源应体积小、质量轻、工作可靠、操作简单、维修方便。

（2）电源的等级及用途见表12-30。

表 12-29　常用材料表面处理及刷镀规范

材料	工件表面处理								电刷镀						
	电净			工序间处理	活化			工序间处理	镀过渡层			工序间处理	刷镀工作层		
	溶液	正极性，在一定运动速度(m/min)下的电镀时间(s)	表面状态		活化液	负极性，在一定运动速度(m/min)下的电镀时间(s)	表面状态		溶液	正极性，在一定运动速度(m/min)下的电镀时间(s)	表面状态		溶液	正极性，在一定运动速度(m/min)下的电镀时间(s)	表面状态
低碳钢	电净液	8～15 4～6 10～60	工件表面水膜均匀摊开	自来水冲洗	1号	8～14 4～12 10～60	银灰色	自来水冲洗	特殊镍	8～15 15 无电擦拭 3～5 施镀 30～120 镀层厚 2μm	淡黄色	自来水冲洗	快速镍	10～14 15 无电擦拭 按厚度控制时间	均匀淡黄色 45～48HRC
中、高碳钢		10～15 4～12 20～60			2号	6～12 6～10 30～90	灰黑色								
铸钢 铸铁		10～20 4～12 30～90			3号	15～25 6～8 30～90	深灰色			8～15 15 无电擦拭 10～20 镀层厚 15μm					

续表

材料	工件表面处理								电刷镀						
	电净			工序间处理	活化			工序间处理	镀过渡层			工序间处理	刷镀工作层		
	溶液	正极性，在一定运动速度（m/min）下的电镀时间（s）	表面状态		活化液	负极性，在一定运动速度（m/min）下的电镀时间（s）	表面状态		溶液	正极性，在一定运动速度（m/min）下的电镀时间（s）	表面状态		溶液	正极性，在一定运动速度（m/min）下的电镀时间（s）	表面状态
铝及铝合金	电净液	10～15 6～12 10～30	工件表面水膜均匀摊开	自来水冲洗	2号	10～15 6～12 10～30		自来水冲洗	特殊镍或碱铜	8～15 15 镀层厚2μm	淡黄色、玫瑰色	自来水冲洗	快速镍或高速铜	14～15 14 按厚度控制时间	淡黄色或紫铜色 45～48HRC （或300HRS）
铜及铜合金		8～12 4～12			不进行					8～12 15 无电擦拭 5～20 镀层厚2μm					
不锈钢高合金钢镍、铬及其合金		10～20 4～12 20～60			2号	6～12 4～12 10～60	黑色		特殊镍	14～15 15 镀层厚2μm	淡黄色		快速镍	8～14 6～12 按厚度控制时间	淡灰色 45～48HRC
					3号	15～25 4～12 30～90以上	淡灰色								

表 12-30　　刷镀电源等级及用途

等　级	用　途
5A，30V	电子、仪表零件，项链、戒指等首饰及小工艺品的镀金、银等
15A，30V	中小型工艺品、电器元件、印刷电路板、量具、卡规、卡尺的修复，模具的保护和光亮处理等
30A，30V	小型工件的刷镀
60～75A，30V	中等尺寸零件的刷镀
100～150A，30V	大中型零件的刷镀
300～500A，20V	特大型工件的刷镀

（3）四种常用刷镀电源的主要技术指标见表 12-31。

表 12-31　　四种刷镀电源主要技术指标

内　容	SD-10 型	SD-30 型	SD-60 型	SD-150 型
输　入	单相交流 220×（1±10%）V，50Hz			
输出（直流）	0～20V，0～10A 无级调节	0～35V，0～3A,0～30A 无级调节	0～40V，0～6A,0～60A 无级调节	0～20V，0～75A，0～150A 无级调节
刷镀层厚度监控装置（A·h 超高计）	分辨率 0.001A·h，电流大于 0.5A 开始计数，电流大于 1A 计数误差在±10%以内	六位数码管显示，分辨率 0.001A·h，电流大于 0.6A 开始计数，电流大于 2A 计数误差在±10%以内	六位数码管显示，分辨率 0.001A·h，电流大于 1A 开始计数，电流大于 2A 计数误差在±10%以内	分辨率 0.001A·h，电流大于 2A 开始计数，电流大于 10A 计数误差在±10%以内
环境温度(℃)	－10～＋40			
快速过电流保护装置	超过额定电流的 10%时动作，切断主电路时间为 0.01s，不切断控制电路	同 SD-10 型	超过额定电流 10%时动作，切断主电路的时间为 0.02s，不切断控制电路	超过额定电流的 10%动作，切断电路时间为 0.035s，不切断控制电路

续表

内　容	SD-10 型	SD-30 型	SD-60 型	SD-150 型
工作制式	间断：在额定电流下可连续工作 2h 连续：在额定电流的 50%以下可连续工作			
温度（℃）	<75			
外形尺寸（长×宽×深，mm×mm×mm）	140×280×320	430×330×340	560×560×860	495×500×770
质量（kg）	10	32	80	100
适　用	电子、仪表及小件刷镀	小中零件的刷镀阳极与工件的接触面积 $A \leqslant 1dm^2$	中等零件的刷镀阳极与工件的接触面积 $A \leqslant 2dm^2$	大型刷镀，阳极与工件的接触面积 $A \leqslant 4dm^2$

2. 电刷镀溶液

（1）表面准备溶液性能和用途见表 12-32。

表 12-32　　表面准备溶液性能和用途

名　称	代　号	主要性能	用　　途
电净液	SGY-1	无色透明，碱性，pH=12～13	具较强去油作用和轻度去铁锈能力，用于各种金属材料电解去油
1号活化液	SHY-1	无色透明，酸性 pH=0.8～1	适用不锈钢、铬镍合金、铸铁、高碳钢等去除金属表面氧化膜
2号活化液	SHY-2	无色透明，酸性 pH=0.6～0.8	适用于铝、低镁的铝合金、钢、铁、不锈钢等去除表面氧化膜
3号活化液	SHY-3	淡蓝色，弱酸性，pH=3～5	用于去除经 1 号或 2 号活化液活化的碳钢和铸铁表面残留的石墨（或碳化物），以及不锈钢表面的污物
4号活化液	SHY-4	无色透明，酸性，pH>1	适用于纯态的铬、镍或铁素体钢的活化

（2）沉积金属溶液性能与用途见表 12-33。

表 12-33　　沉积金属溶液性能和用途

名称	代号	主要性能	用途
特殊镍	SDY101	深绿色，pH＝0.9～1，具较强烈的醋酸味，使用时加热到 50℃	适用于铸铁、合金钢、镍、铬及铜、铝等材料的过渡层和耐磨表面层
快速镍	SDY102	蓝绿色，中性 pH＝7.5～8.0，略有氮气味	刷镀层多孔，耐磨性良好，与铁、铝、铜和不锈钢有较好的结合强度，用作尺寸恢复和耐磨层
低应力镍	SDY103	深绿色，酸性，pH＝3～3.5，有醋酸气味。使用时加热到 50℃	刷镀层致密、镀层内有压应力，可作防护层和组合镀层的“夹心层”
镍钨合金	SDY104	深绿色，酸性，pH＝1.8～2，有轻度醋酸气味。使用时加热到 50℃	刷镀层较致密，耐磨性好，具有一定的耐热性，用作耐磨表面层，但不宜沉积过厚
镍钴合金	SDY105	绿褐色，酸性，pH＝2，有醋酸味	刷镀层耐磨性好，致密，具有良好的导磁性
酸性钴	SDY201	红褐色，酸性，pH＝2，有醋酸味	镀层致密，与铝、钢、铁等金属有良好结合强度。宜作过渡层。具有良好抗粘附磨损和导磁性能
快速铜	SDY401	深蓝色，酸性，pH＝1.2～1.4	适用镀厚及恢复尺寸。不能直接在钢件上刷镀，须加过渡层，不宜在交变载荷场合使用
碱铜	SDY403	紫色，碱性，中性，pH＝9～10	刷镀层致密，与钢、铁、铝、铜等金属有较好的结合强度。主要作过渡层和防渗碳、防氮化层、改善钎焊性的镀层和抗粘附磨损的镀层等
厚沉积铜	SDY404	蓝紫色，中性，pH＝7～8	镀层增厚时，不产生裂纹，用于恢复尺寸和修补擦伤
酸性锡	SDT511	无色透明，酸性，pH＝1.2～1.3	沉积速度快，结合强度高，用于恢复尺寸和防氮化层、减磨层、防护层等
酸性锌	SDY521	无色透明，酸性，pH＝1.9～2.1	沉积速度快，耐蚀性好，用于恢复尺寸和防腐蚀镀层
酸性铟	SDY531	淡黄色，碱性，pH＝9～10，要求密封存放	沉积速度快，致密，结合强度高。用于防海水腐蚀、抗粘附磨损、密封、润滑等

（3）镀具。刷镀笔是电刷镀的主要工具。它是由导电柄和阳极组成。目前常用五种型号刷镀笔。其导电柄型号见表 12-34。

表 12-34　导电柄型号和特点

型　号	允许使用电流（A）	电缆参考截面面积（mm^2）	连接方式
SDB-1（Ⅰ）	25	6	压入式
SDB-1（Ⅱ）	25	6	螺纹连接
SDB-2	50	10	
SDB-3	90	16	
SDB-4	25	6	
SDB-5	150	30	

五、焊修

（一）焊补

1. 铸铁的焊补

（1）普通铸铁。普通铸铁是制造形状复杂、尺寸庞大、易于加工、防振减磨的基础零件的主要材料。其故障或失效包括铸件的气孔、砂眼、裂纹、疏松、浇不足等铸造缺陷，零件多为使用过程中发生的裂纹、磨损等现象。

（2）铸铁在焊补时会产生许多困难，主要包括如下问题：

1）焊补时熔化区小，冷却速度快，石墨化的元素会使焊缝易生成既脆又硬的白口铸铁；出现气孔和夹渣；使焊缝金属与母材不熔合，焊后加工困难；接头易产生裂纹；局部过热使母材性能变坏，晶粒粗大，组织疏松，加剧应力不均衡状态，又促使裂纹产生，甚至脆断。

2）铸铁含碳量高，年久的铸件组织老化、性能衰减、强度下降。尤其是长期在高温或腐蚀介质中工作的铸铁，基体松散、内部组织氧化腐蚀、吸收油脂，可焊性进一步降低，甚至焊不上。

3）铸铁组织和零件结构形状对焊接要求的多样性，使铸铁焊补工艺复杂化。重大零件需进行全位施焊，但铸铁焊接性能差、熔点低，铁水流动性大，给焊补带来困难。

4）铸件损坏，应力释放，粗大晶粒容易错位，不易恢复原来的形状和尺寸精度。

（3）为保证质量，要选择性能好的铸铁焊条；做好焊前的准备工作，如清洗、除锈、预热等；控制冷却速度；焊后要缓冷等。

（4）铸铁件的焊补，主要应用于裂纹、破断、磨损、因铸造时产生的气孔、熔渣杂质等缺陷的修复。焊补的铸铁主要是灰铸铁，而白口铸铁则很少应用。

（5）铸铁件的焊补分为热焊和冷焊两种，需根据外形、强度、加工性、工作环境、现场条件等特点进行选择。

1）热焊。焊前对工件先进行高温预热，焊后加热、保温、缓冷。用气焊和电弧焊均可达到满意的效果。焊前预热 600℃以上，焊接过程中不低于 500℃，焊后缓冷，工件温度均匀，焊缝与工件其他部位之间的温差小，有利于石墨析出，避免白口、裂纹和气孔。热焊的焊缝与基体的金相组织基本相同，焊后机加工容易，焊缝强度高、耐水压、密封性能好。特别适合于铸铁件毛坯或机加工过程中发现形状复杂的基体缺陷的修复，也适合于精度要求不太高或焊后可通过机加工修整达到精度要求的铸铁件。但是，热焊需要加热设备和保温炉，劳动条件差，周期长，整体预热变形较大，长时间高温加热氧化严重，对大型铸件来说，应用受到一定限制。主要用于小型或个别有特殊要求的铸件焊补。

2）冷焊。不对铸件预热或预热温度低于 400 的℃情况下进行，一般采用手工电弧焊或半自动电弧焊。操作简便，劳动条件好，施焊的时间较短，具有更大的应用范围。冷焊时要根据不同的焊补厚度选择焊条的直径，按照焊条直径选择焊补规范，使焊缝得到适当的组织和性能，减轻焊后加工时的应力危害。冷焊要有较高的焊接技术，尽量减少输入基体的热量，减少热变形、避免气孔、裂纹和白口等缺陷。

3）常用的国产铸铁冷焊焊条有氧化型钢芯铸铁焊条（Z100）、高钒铸铁焊条（Z116、Z117）、纯镍铸铁焊条（Z308）、镍铁铸铁焊条（Z408）、镍铜铸铁焊条（Z508）、铜铁铸铁焊条（Z607、Z612）以及奥氏体铸铜焊条等，它们可按需要分别选用，见表 12-35。

（6）冷焊工艺如下。

1）焊前准备。了解零件的结构、尺寸、损坏情况及原因、应达到的要求等情况，决定修复方案及措施；清整洗净工件；检查损伤情况，对未断件应找出裂纹的端点位置，钻止裂孔；对裂纹零件合拢夹固、点焊定位；坡口制备为V形，薄壁件开较浅的尖角坡口；烘干焊条，工件火烤除油；低温预热工件，小件用电炉均匀预热至50～60℃，大件用氧-乙炔焰虚火对焊接部件较大面积进行烘烤。

表 12-35　　常用的铸铁电弧焊焊条

类别	铸铁组织焊缝类		非铸铁组织焊缝类					
焊条名称	钢芯石墨化型铸铁焊条	铸铁芯铸铁焊条	氧化型钢芯铸铁焊条	高钒铸铁焊条	纯镍铸铁焊条	镍铁铸铁焊条	镍铜铸铁焊条	铜铁铸铁焊条
统一牌号	Z208	Z248	Z100	Z116	Z308	Z408	Z508	Z607
国际牌号	TZG-2	TZZ-2	TZG-1	TZG-3	TZNi	TZNiFe	TZNiCu	TZCuFe
焊芯成分	碳钢	铸铁芯	碳钢	碳钢或高钒钢	ω_{Ni}＞92%	ω_{Ni}60% ω_{Ni}40%	镍铜合金	紫铜芯
药皮类型	石墨	石墨	强氧化型	含钒铁低氢型	石墨	石墨	石墨	低氢型
焊缝金属	灰铸铁	灰铸铁	碳钢	高钒钢	镍	镍铁合金	镍铜合金	铜铁混合
电源	交直流	交直流	交直流	直流（反接）或交流	交直流（正接）	交直流（正接）	交直流	直流（反接）
用途	一般的灰铸铁	一般的灰铸铁	一般的灰铸铁的非加工面	高强度铸铁和球墨铸铁	重要灰铸铁薄壁件	重要的高强度灰铸铁及球墨铸铁	强度要求不高的灰铸铁	一般灰铸铁的非加工面
主要特点	需预热至400℃，缓冷。用于小型、薄型、刚度不大的零件	焊缝与母材组织、颜色均相同，可不预热，焊后保温，可防裂缝及白口	与母材熔合好、价格低、表面较硬，抗裂性差	抗裂性能好，焊后易加工，比较经济	不需预热具有良好的抗裂性和加工性、价格	强度高、塑性好、抗裂性好、加工性略差，不需加热、价格高	工艺性、切削加工性均较差，抗裂性较差，强度较低	抗裂性好，切削加工性一般，强度较低

2）施焊。用小电流、分段、分层、锤击，以减少焊接应力和变形，并限制基体金属成分对焊缝的影响，电弧冷焊的工艺要点。

施焊电流对焊补质量影响很大。电流过大，熔深大，基体金属成分和杂质向熔池转移，不仅改变了焊缝性质，也在熔合区产生较厚的白口层。电流过小，影响电弧稳定，导致焊不透、气孔等缺陷产生。

分段焊的主要作用是减少焊接应力和变形。每焊一小段熄弧后，立即用小锤从弧坑开始轻击焊缝周围，使焊件应力松弛。直到焊缝温度下降到不烫手时，再引弧继续焊接下一段。

工件较厚时，应采用多层焊，后焊一层对先焊一层有退火软化作用。使用镍基焊条时，可先用它焊上两层，再用低碳钢焊条填满坡口，节约贵重的镍合金。

多裂纹焊件用分散顺序焊补，即先焊支裂纹，再焊主裂纹，最后焊主要的止裂孔。焊缝经修整后，使组织致密。

施焊时要合理选择规范，包括焊接电流强度、焊条直径、坡口形状和角度、电源极性的连接、电弧长度等。

对手工气焊冷焊时，应注意采用“加热减应”焊补。“加热减应”又叫“对称加热”，就是在焊补时，另外用焊炬对焊件已选定的部位加热，以减少焊接应力和变形，这个加热部位就叫“减应区”。

用“加热减应”焊补的关键，在于确定合适的“减应区”。“减应区”加热或冷却不影响焊缝的膨胀和收缩，它应选在零件棱角、边缘和肋等强度较大的部位。

3）焊后处理。为缓解内应力，焊后工件必须保温和缓慢冷却；清除焊渣；检查质量。

铸铁零件常用的焊补方法见表 12-36。

表 12-36　　铸铁零件常用的焊补方法

焊补方法		要　点	优　点	缺　点	适用范围
气焊	热焊	焊前预热650～700℃，保温缓冷	焊缝强度高，裂纹、气孔少，不易产生白口，易于修复加工，价格较低	工艺复杂，加热时间长，容易变形，准备工序的成本高，修复周期长	焊补非边角部位，焊缝质量要求高的场合

续表

焊补方法		要点	优点	缺点	适用范围
气焊	冷焊	不预热，焊接过程中采用加热感应法	不易产生白口，焊缝质量好，基体温度低，成本低，易于修复加工	要求焊工技术水平高，对结构复杂的零件难以进行全方位焊补	适于焊补边角部位
电弧焊	冷焊	用铜铁焊条冷焊	焊件变形小，焊缝强度高，焊条便宜，劳动强度低	易产生白口组织，切削加工性差	用于焊后不需加工的地方，应用广泛
		用镍基焊条冷焊	焊件变形小，焊缝强度高，焊条便宜，劳动强度低，切削加工性能极好	要求严格	用于零件的重要部位，薄壁件修补，焊后需加工
		用铸铁芯焊条或低碳钢芯铁粉型焊条冷焊	焊接工艺性好，焊接成本低	易产生白口组织，切削加工性差	用于非加工面的焊接
		用高钒焊条冷焊	焊缝强度高，加工性能好	要求严格	用于焊补强度要求较高的厚件及其他部件
	半热焊	用钢芯石墨化焊条，预热400～500℃	焊缝强度与基体相近	工艺较复杂，切削加工性不稳定	用于大型铸件，缺陷在中心部位，而四周刚度大的场合
	热焊	用铸铁芯焊条预热、保温、缓冷	焊后易于加工，焊缝性能与基体相近	工艺复杂、易变形	应用范围广泛

对于大、中型不重要或非受力的铸铁件，或焊后不再切削加工的零件，也可以采用低碳焊条进行冷焊。焊缝具有钢的化学成分，在钢与铸铁的交界区，通常是不完全熔化区，易产生白口组织，这

种焊缝强度低。为增加焊缝的强度，在现场通常用加强螺钉法进行焊补，将螺钉插入焊补部分的边缘和坡口斜面上，如图 12-19 所示。

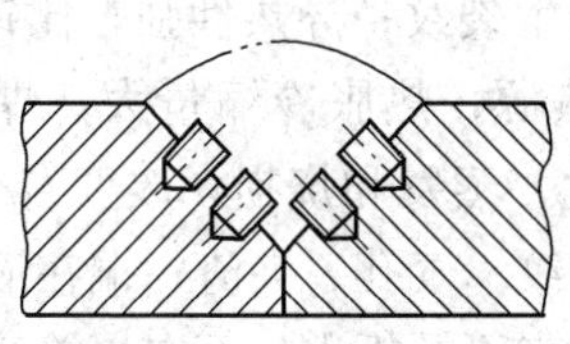
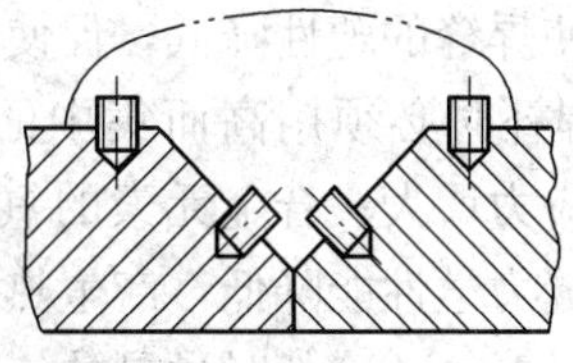

图 12-19　铸铁冷焊时的加强螺钉

当铸铁件裂纹处的厚度小于 12mm 时，可不开坡口。厚度超过 12mm 时应开 V 形或 X 形坡口，其深度为裂纹深度的 0.5～0.6 倍。螺钉直径可按焊件厚度选择，一般是它的 0.15～0.20 倍，可取 3～12mm。螺钉的插入深度为直径的 1.5～2.0 倍，螺钉的间距为直径的 4～10 倍，螺钉露出部分的长度等于直径，插入螺钉的数量要根据剪应力计算。若焊件不允许焊缝凸出表面时，则要开 6～20mm 深的沟槽，填满沟槽即可满足焊缝的强度。

（7）球墨铸铁。球墨铸铁比普通铸铁难焊。其主要原因是：①镁在焊补时极易烧损，使焊缝中的碳球化困难。同时，镁又是白口化元素，在焊补和焊后热处理不当时易使焊缝和熔合区产生白口；②球墨铸铁的弹性模量和体积收缩量均比普通铸铁大，焊补区产生的拉应力及因此而产生的裂纹倾向要比后者大得多。

用钢芯球墨铸铁焊条焊补时，焊条药皮中含有石墨化元素的球化剂，可使焊缝仍为球墨铸铁。使用这种焊条，工件需预热，小件 500℃左右，大件 700℃；焊后要缓冷并热处理，正火时加热 900～920℃，保温 2.5h，随炉冷到 730～750℃，保温 2h，取出空冷；或退火处理，加热 900～920℃，保温 2.5h，随炉冷至 100℃以下出炉。

用镍铁焊条及高钒焊条冷焊时，最好也能适当预热到 100～200℃，焊后其焊缝的加工性能良好。用钇基重稀土铸芯球墨铸铁焊条，使用效果较好，焊补时用直流电，焊后要正火或退火处理。

气焊为球墨铸铁焊补提供了有利条件，可预热，防止白口产生，镁的蒸发损失少，宜用于质量要求较高的中小件焊修。

2. 有色金属

（1）铜及铜合金。特点：在焊补过程中，铜易氧化，生成氧化亚铜，使焊缝的塑性降低，促使产生裂纹；导热性强，比钢大5～8倍，焊补时必须用高而集中的热源；热胀冷缩量大，焊件易变形，内应力增大；合金元素的氧化、蒸发和烧损，改变合金成分，引起焊缝力学性能降低，产生热裂纹、气孔、夹渣；铜在液态时能溶解大量氢气，冷却时过剩的氢气来不及析出，而在焊缝熔合区形成气孔。

要保证焊补的质量，必须重视以下问题。

1）焊补材料及选择。电焊条主要有：TCu（T107）——用于焊补铜结构件；TCuSi（T207）——用于焊补硅青铜；TCuSnA或TCuSnB（T227）——用于焊补磷青铜、纯铜和黄铜；TCuAl或TCuMnAI（T237）——用于焊补铝青铜及其他铜合金。气焊和氩弧焊焊补时用焊丝，常用的有：SCuI-1或SCu-2（丝201或丝202）——适用于焊补纯铜；SCuZn-3（丝221）——适用于焊补黄铜。用气焊焊补纯铜和黄铜合金时，也可使用焊粉。

2）焊补工艺。做好焊前准备，对焊丝和焊件进行表面清理，开60°～90°的V形坡口。施焊时要注意预热，温度为300～700℃，注意焊补速度，锤击焊缝；气焊时选择中性焰；电弧焊则要考虑焊法。焊后要进行热处理。

（2）铝及铝合金。特点：铝的氧化比铜容易，它生成致密难熔的氧化铝薄膜，熔点很高，焊补时很难熔化，阻碍基体金属的熔合，易造成焊缝金属夹渣，降低力学性能及耐蚀性；铝的吸气性大，液态铝能溶解大量氢气，快速冷却及凝固时，氢气来不及析出，易产生气孔；铝的导热性好，需要高而集中的热源；热胀冷缩严重，易产生变形；由于铝在固液态转变时，无明显的颜色变化，焊补时不易根据颜色变化来判断熔池的温度；铝合金在高温下强度很低，焊补时易引起塌落和焊穿现象。

1）焊补铝及铝合金时，采用与母材成分相近的标准牌号的焊丝。常用的有：丝301（纯铝焊丝）——焊补纯铝及要求不高的铝合金；丝311（铝硅合金焊丝）——通用焊丝，焊补铝镁合金以外的铝合金；丝321（铝锰合金焊丝）——用于焊补铝锰合金及其他铝合金；丝331（铝镁合金焊丝）——焊补铝镁合金及其他铝合金。在气焊焊补时需添加焊粉，消除氧化膜及其他杂质，如气剂401（CJ401）。

2）铝及铝合金焊补，以气焊应用最多。主要用于耐蚀性要求不高，壁厚不大的小型铝合金件的焊补。

3）气焊工艺。进行焊前清理，用化学方法或机械方法清理工件焊接处和焊丝表面的油污杂质；开V形、X形或U形坡口；焊补较大零件的裂纹应在两端打止裂孔；背面用石棉板或纯铜板垫上，离焊补较近的边缘用金属板挡牢，防止金属溢流。施焊时需预热；采用小号焊嘴；中性焰或轻微碳化焰，切忌使用氧化焰或碳化焰，避免氧化和使氢气带入熔池，产生气孔；注意焊嘴和焊丝的倾角；根据焊补厚度确定左焊或右焊；整条焊缝尽可能一次焊完，不要中断；特别注意加热温度。工件焊后应缓冷，待完全冷却后用热水刷洗焊缝附近，把残留焊粉熔渣冲净。

4）对于大型铝及铝合金工件的焊补，宜用电弧焊。焊前准备同气焊工艺。常用的焊条有：L109——焊补纯铝及一般接头要求不高的铝合金；L209——焊补铝板、铝硅铸件、一般铝合金及硬铝；L 309——用于纯铝、铝锰合金及其他铝合金的焊补。在电弧焊工艺中，主要是预热，烘干药皮；选择焊条直径和焊接电流；操作时，在保持电弧稳定燃烧前提下，尽量用短弧焊、快速施焊，防止金属氧化，减少飞溅，增加熔透深度。

3. 钢

对钢进行焊补主要是为修复裂纹和补偿磨损尺寸。由于钢的种类繁多，所含各种元素在焊补时都会发生一定的影响，因此可焊性差别很大。其中以含碳量的变化最为显著。低碳钢和低碳合金钢在焊补时发生淬硬的倾向较小，有良好的可焊性；随着含碳量的增加，可焊性降低；高碳钢和高碳合金钢在焊补后因温度降低，易发生淬硬倾向，并由于焊区氢气的渗入，使马氏体脆化，易形成裂纹。焊补前的热处理状态对焊补质量也有影响，含碳或合金元素很高的材料都需经热处理后才能使用，损坏后如不经退火就直接焊补比较困难，易产生裂纹。钢件的裂纹可分为热裂纹和冷裂纹两类。

（1）低碳钢。它的焊接性能良好，不需要采取特殊的工艺措施。手工电弧焊一般选用 142 型焊条即可获得满意的结果。若母材或焊条成分不合格、碳偏高或硫过高，或在低温条件下焊补刚度大的工件时，有可能出现裂纹，在这种情况下要注意选用优质焊条，如 J426、J427、J506、J507 等，同时采用合理的焊补工艺，必要时预热工件。在操作时注意引弧、运焊条、焊缝的起头和收尾。在确定工艺参数时，要考虑电流、电压、焊条直径、电源种类和极性、焊补速度等，避免缺陷的产生。气焊时，一般选用与被焊金属相近的材料作为焊补材料，不用气焊粉。操作时注意火焰的选用及调整、点火和熄火、焊补顺序及操作方法等，防止缺陷产生。

（2）中碳钢。中碳钢焊补的主要困难是在焊缝内，特别是弧坑处非常容易产生热裂纹。其主要原因是在焊缝中碳和硫的含量偏高，特别是硫的存在。结晶时产生的低熔点硫化铁常以液态或半液态存在于晶间层中形成极脆弱的夹层，一旦收缩即引起裂纹。在焊缝处，尤其是在近焊缝区的母材上还会出现冷裂纹。它是在焊后冷却到 300℃左右或更低的温度时出现，有的甚至在冷却后经过若干时间后产生的。其主要原因是钢的含碳量增高后，淬火倾向也相应增大，母材近焊缝区受热的影响，加热和冷却速度都大，结果产生低塑性的淬硬组织。另外，焊缝及热影响区的含氢量随焊缝的冷却而向热区扩散，那里的淬硬组织由于氢的作用而碳化，即因收缩应力而导致裂纹产生。

（3）高碳钢。这类钢的焊接特点与中碳钢基本相似。由于含碳量更高，焊后硬化和裂纹倾向更大，可焊性更差，因此，焊补时对焊条的要求更高。一般的选用 J506 或 J507；要求高的选用 J607 或 J707。必须进行预热，且温度不低于 350℃。为防止产生缺陷，尽量减少母材的熔化，用小电流慢速度施焊。焊后要进行热处理。

（二）堆焊

1. 堆焊的分类

堆焊的分类是以焊接方法的分类为主，如气体火焰堆焊、电弧堆焊、等离子弧堆焊、电渣堆焊、激光堆焊等。在必要时，冠以堆焊材料的形态（粉末、丝材）、电极的熔化情况（熔化电极、不熔化电极）、保护介质（气体保护、自保护、熔渣保护）、自动化程度（手工、半自动、自动）等。目前应用最广的有手工电弧堆焊、氧—乙炔焰堆焊、振动堆焊、埋弧堆焊、等离子弧堆焊等。

2. 堆焊的工艺特点

（1）堆焊层金属与基体金属有很好的结合强度，堆焊层金属具有很好的耐磨性和耐蚀性。

（2）堆焊形状复杂的零件时，对基体金属的热影响最小，防止焊件变形和产生其他缺陷。

（3）可以快速得到大厚度的堆焊层，生产率高。

3. 堆焊所用材料

堆焊材料主要有焊条、焊丝和堆焊合金粉末。按药皮的不同，焊条分为低氢型、钛钙型和石墨型。按主要用途不同，可分为不同硬度的常温堆焊焊条、常温高锰钢焊条、合金铸铁堆焊焊条、碳化钨堆焊焊条、钴基合金堆焊焊条等。焊丝主要有管状焊丝和硬质合金堆焊焊丝。合金粉末主要有高硬度、高耐磨的镍基、钴基、铁基合金粉末，以及高铬、高硅合金铸铁粉末等。

4. 手工堆焊工艺

它适用于工件数量少，没有其他堆焊设备的条件下，或工件外形不规则、不利于机械化自动化堆焊的场合。这种方法不需要特殊设备，工艺简单，应用普遍，但合金元素烧损严重，劳动强度大、生产率低。

手工堆焊的操作技术与普通焊接基本相同。但需注意：要针对零件和堆焊材料的具体情况采用不同的工艺，才能获得满意的结果。

在工艺措施中要采取如下措施。

（1）预热和缓冷。耐磨堆焊层一般都有较高的硬度，存在淬硬性，容易产生裂纹，为减少这种倾向，采取预热和缓冷是一个重要措施。预热温度对碳钢和低合金钢来说可按碳的质量分数考虑，表12-37 列出了工件碳的质量分数与预热温度的关系，可作为参考。

当采用高硬度的合金铸铁堆焊焊条时，工件一般要求预热到500～600℃。

（2）耐磨堆焊使用的堆焊材料都含有较多的合金元素。堆焊时，由于基体金属的熔化会冲淡堆焊材料中的合金元素的浓度，其冲淡程度用进入焊层中的基体金属与整个焊层的质量比表示，称为冲淡率。冲淡率增大，堆焊层的性能降低，所以在堆焊中应尽可能降低冲淡率。通常可用小电流、直流反极性、分散焊等措施，降低基体金属的熔深，减少基体金属的热输入，降低熔化程度；也可采用分层焊的方法。

表 12-37　工件碳的质量分数与预热温度的关系

材料种类	碳的质量分数（%）	预热温度（℃）
碳钢和低合金钢	≤0.3 ≤0.4 ≤0.5 ≤0.7 ≤0.8	≤100 ≥100 ≥150 ≥200～250 ≥300～350
高合金钢 高锰钢 不锈钢	—	≥400 不预热 不预热

5. 自动堆焊工艺

自动堆焊与手工堆焊的主要区别是引燃电弧、焊丝送进、焊炬和工件的相对移动等全部由机械自动进行，克服了手工堆焊生产率低、劳动强度大等主要缺点。

（1）振动堆焊过程。图 12-20 是振动堆焊过程示意图。焊接电流从电源 1 的正极经焊嘴 2、焊丝 3、工件 13 和电感线圈 14 回到电源负极。焊丝从焊丝盘 5 经送丝轮 6 进入焊嘴，送丝轮由电动机 7 驱动，焊嘴受交流电磁铁 4 和弹簧 9 的作用产生振动。为防止焊丝和焊嘴熔化粘上，焊嘴由少量冷却液冷却。为控制堆焊层的硬度和零件温度，设有喷液嘴 10 向焊层或零件上喷射冷却液。11 为水泵，12 为冷却液水箱，8 为上水箱。工件 13 被夹持在具有普通车

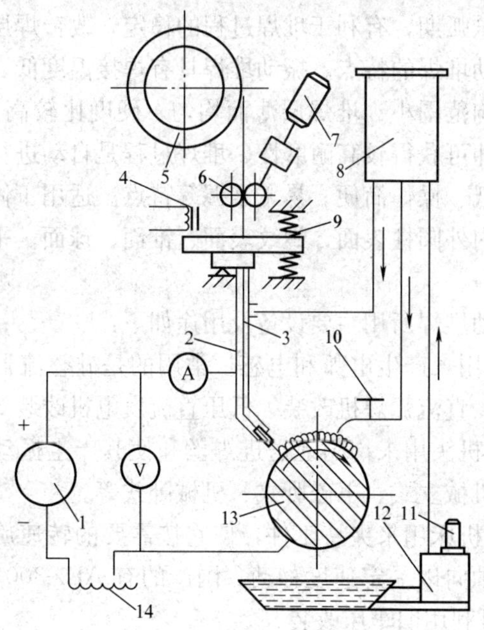

图 12-20　振动堆焊过程示意图

1—电源；2—焊嘴；3—焊丝；4—交流电磁铁；5—焊丝盘；6—送丝轮；7—小电动机；8—上水箱；9—弹簧；10—喷液嘴；11—水泵；12—冷却液水箱；13—工件；14—电感线圈

床结构的专用机床上，随机床主轴以不同的转速转动。焊丝等速下降、振动，并沿机床旋转轴线方向移动。因此堆焊出螺旋状的焊纹，修复轴类零件。振动堆焊的实质是焊丝在送进的同时，按一定频率振动，造成焊丝与工件周期性地短路、放电，使焊丝在较低电压（12～20V）下熔化，并稳定均匀地堆焊到工件表面。由于焊丝是振动的，因此堆焊过程中的电弧是断续的，在电弧的每一断续循环过程中，焊丝相对工件的运动情况及相应的电压、电流是变化的。每一振动循环可分为短路期、电弧期和空程期三个阶段，其时间的长短取决于堆焊参数，关键是电感，增加电感应量可延长电弧期，缩短空程期，最佳电感应量恰好消灭空程期，使振动循环中只有短路期和电弧期，有利于堆焊过程的稳定，改善焊层质量。

（2）振动堆焊的特点。振动堆焊具有焊接温度低、工件焊后变形小、热影响范围小、堆焊层薄而均匀、硬度比较高、结合良好、不经热处理即可获得较高耐磨性、堆焊过程是自动进行的、生产效率高、成本低、操作简便、易于掌握等特点。适用于修复金属工件磨损面，如内外圆柱表面、螺纹表面、锥面、球面、平面、键齿侧面等。

（3）振动堆焊所用主要设备及用途如下：

1）电源用来产生电弧和电感。常用的是硅整流器电源、晶闸管整流电源、直流弧焊机改装、低压直流发电机改装等。

2）振动机头用来均匀地送进焊丝和使其产生振动。常用的是电磁立式、机械立式、电磁卧式、机械卧式等。

3）堆焊机床用来夹持工件，使它按需要的转速旋转，同时使振动机头沿轴向以一定速度移动。国产的有 ADz-300 型、NU300-1 型等，也可利用旧车床改装。

4）电器控制柜由硅整流器、电感器和控制器等组成，用来启闭电源，调整电压和电流、控制主轴转速、送丝速度和机头的移动速度、调节振动电磁铁的绕组电压等。

5）冷却液供给装置用来使工件具有一定硬度，保护焊嘴、对电弧区起一定保护作用。

6）水蒸气发生器用来用水蒸气将电弧和熔池笼罩起来，防止氧和其他有害气体的侵入。

7）二氧化碳保护装置用来用二氧化碳保护堆焊，有效地排除可能进入焊区的有害气体。

（4）振动堆焊工艺。

1）焊前准备。包括零件表面去油除锈、擦净。必要时进行探伤检查，有疲劳裂纹的不能采用振动堆焊。若偏磨量大的或有喷涂层的零件，应先用机械加工方法清除和修整。对直径大于 60mm 的工件要预热，温度为 150～350℃。

根据焊件材质和堆焊层要求，选用合适的焊丝，一般用中碳钢丝，如 45 号钢、50 号钢；要求高的用 70 号钢、65Mn 等。常用焊丝直径为1.2～1.6mm，用10％碳酸钠水溶液清洗去油，把焊丝均匀地分层绕在焊丝盘上。

准备冷却液，并做到每工作200～300h更换一次。冷却液是5％碳酸钠和0.5％矿物油的水溶液。

2）施焊规范参数的选择。堆焊采用具有平硬外特性的直流电源，反极性接法，即工件接负极，焊丝接正极。工作电压为14～18V。电压低，起焊困难，堆焊过程不稳定，易产生焊不透缺陷；电压高，起焊容易，基体金属熔化较透。

堆焊电流依据电源外特性、电压、焊丝直径与成分、送丝速度、电路中电阻值等的变化而确定，电流应稳定，摆动量为±10A。

电感应量一般为0.2～0.7mH。

送丝速度要求适中，它与工作电压和电流有关。一般情况下，焊丝直径为0.8～1.6mm，送丝速度为1.5～2.0m/min。

堆焊速度为0.2～0.6m/min。在送丝速度不变的情况下，堆焊层厚度与工件转速成反比，工件转速按工件直径确定。

堆焊螺距为焊丝直径的1.3～2.0倍。

焊丝伸出焊嘴的长度为8～12mm。

焊丝与工件的相对位置有水平角α和接触角β，如图12-21所表示。一般α取75°～90°，它影响结合强度，β一般取40°～75°，它影响堆焊过程的稳定和焊波成形。

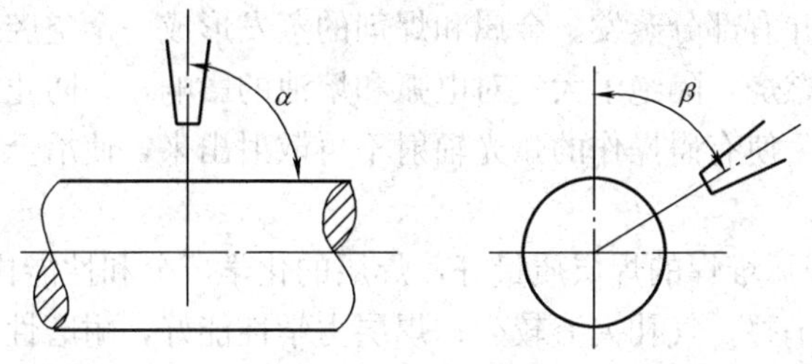

图12-21 焊丝与工件的相对位置

应注意焊嘴的冷却、工件的冷却和工件焊后保温。

堆焊质量检查要检查焊层厚度、平整性和弯曲度等，必要时应采取措施弥补。

（5）埋弧堆焊过程。图 12-22 是埋弧堆焊设备的示意图。焊接电流从电源 6 的正极经焊丝导管 2、焊丝、工件 1 和电感器 7 回到电源负极，构成回路。焊剂由焊剂斗 5 漏向工件表面，焊丝由卷盘 3 送进。焊接过程中工件回转，焊丝导管 2 和焊剂斗 5 作轴向移动。

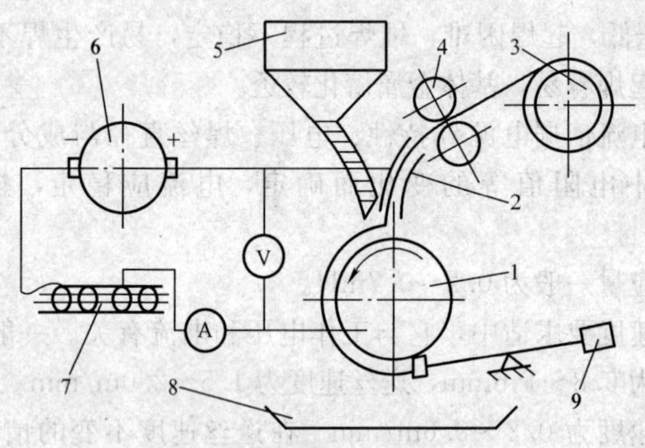

图 12-22　埋弧堆焊设备示意图

1—工件；2—焊丝导管；3—焊丝卷盘；4—送丝机构；
5—焊剂斗；6—电源；7—电感器；8—焊剂盘；9—除渣刀

（6）埋弧堆焊特点：

1）埋弧堆焊的电弧发生在焊剂层下。焊剂起着保护作用和合金化作用。当焊丝和焊件之间引燃电弧，电弧热使焊件、焊丝和焊剂熔化，并有部分蒸发。金属和焊剂的蒸发形成一个空腔，电弧就在空腔内燃烧，隔绝了大气对电弧和熔池的影响，并防止了热量的迅速散失，使有碍操作的弧光辐射不再散射出来，使冶金过程比较完善。

2）埋弧堆焊的焊层质量好，焊层的化学成分和性能比较均匀，表面光洁平整，气孔夹渣较少；焊层力学性能好，耐磨性、疲劳强度均比振动堆焊好；埋弧堆焊生产率高，比手工堆焊提高 3～5 倍。但是，埋弧堆焊热量比较集中，热影响区大，熔深大，易引起零件变形；所用堆焊材料较贵，成本较高。

3）埋弧堆焊在零件修复中已获得了良好效果，不仅能修复一般零件，还可堆焊出具有优异性能的耐磨层。因埋弧堆焊是依靠颗粒状焊剂堆积形成保护条件，所以更适用于平焊或短粗大的零件。

（7）埋弧堆焊所用设备。埋弧堆焊设备由电源、控制箱、焊丝送进机构、堆焊机床、行走机构及焊剂输送装置等组成。可将振动堆焊所用设备稍加改造即可用来进行埋弧堆焊，把焊丝的振动取消，适当地提高电源的工作电压，添置一个焊剂箱和焊嘴以及连接它们的管道即可。

（8）埋弧堆焊所用材料。堆焊材料主要指焊丝和焊剂，需根据对焊层的不同要求和有利于保证焊层质量进行正确选用。常用低碳钢丝、合金钢丝，如 H10Mn2、H08MnA、H08、H08A 等；相应使用的焊剂是 HJ130、HJ230、HJ430、HJ431 等。不锈钢要用不锈钢丝，焊剂是 HJ260；镍基合金则用镍基钢丝，焊剂是 HJ131。

（9）埋弧堆焊工艺参数。工艺参数主要有电流、电压、堆焊速度、送丝速度、堆焊螺距、焊丝直径、焊丝偏移量和伸出长度等。

（10）降低冲淡率的方法。降低冲淡率的方法有很多，例如增大焊丝直径和送丝速度，降低基体金属在焊缝中的含量；使焊丝倾斜约 45°，基体金属熔深可降低一半。

（11）提高熔敷率的方法。提高熔敷率的方法也有很多，例如多丝埋弧焊，都可以在不增加对母材的热输入情况下显著地提高焊丝熔化速度。

6. 等离子弧堆焊

（1）等离子弧堆焊过程。通过对自由电弧压缩而得到，由特别喷嘴产生。图 12-23 为等离子弧堆焊示意图。把制成圆形通道的圆筒形喷嘴 2 接正极，喷嘴中装有钨棒 3 接负极。在正负极之间加充惰性气体，例如氩、或氩和氮、或氩预热焊丝埋弧焊；大幅度提高送丝速度成为温度很高的等离子弧。

（2）等离子弧的形式。根据电极的不同接法，等离子弧有三种形式：①非转移型等离子弧，又称等离子焰，它是在钨极和喷嘴内表面之间产生的，依靠从喷嘴喷出的等离子焰流来加热和熔化金属，温度不够高，能量也不太集中，多用于非金属材料的切割和金属喷涂；②转移型等离子弧，它产生于钨极和工件之间，温度高，

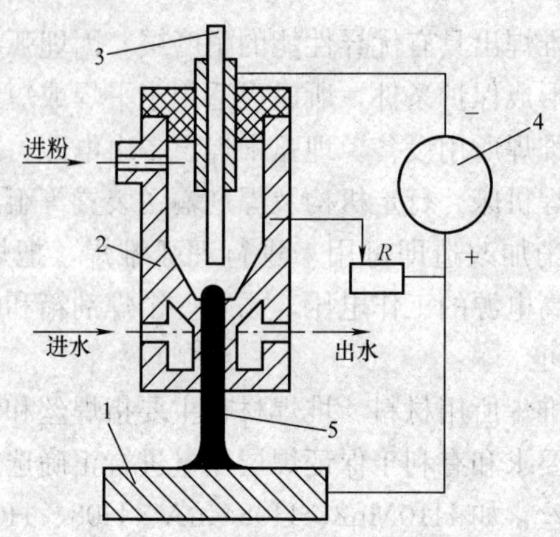

图 12-23　等离子弧堆焊示意图

1—工件；2—圆筒形喷嘴；3—钨棒；4—电源；5—转移弧

能量集中，多用于金属切割、堆焊；③转移弧和非转移弧同时工作，具有二者的共同特征，多用于堆焊。

（3）等离子弧堆焊的特点。等离子弧堆焊热量集中、温度高，可堆焊高熔点的合金材料，如钨、碳化钨、陶瓷等；提高零件的耐磨、耐热、耐蚀性能；堆焊效率高；热影响区小，焊接变形小；等离子弧稳定性好，容易掌握，堆焊质量稳定；等离子弧具有好的可控性，适当改变工艺参数，可获得厚度均匀（0.35～4mm）的焊层。

（4）等离子弧堆焊的用途。等离子弧堆焊主要用于焊修难熔、易氧化、热敏感性强的材料，如钼、钨、铬、镍、钛及其合金钢，耐热钢、不锈钢；也能焊修一般钢材和有色金属材料的零件。多用于磨损零件的堆焊。

（5）等离子弧堆焊设备。等离子弧堆焊设备由电源、控制箱、焊枪、送粉机构、供气、供水系统等组成，如图 12-24 所示。电源要求具有陡降特性，空载电压不低于 70V，常用的有普通旋转式直流弧焊机、硅整流式弧焊机。焊枪是高温等离子弧的发生装置，电流、水流、气流、粉流都通过枪体，是设备的核心装置，直接影响堆焊质量。

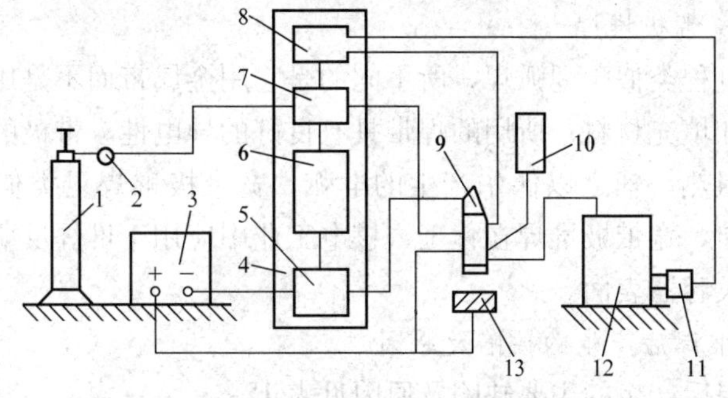

图 12-24 等离子弧堆焊设备组成示意图

1—气瓶；2—调压表；3—电源；4—控制箱；5—高频发生器；6—程序控制；7—气路控制；8—水路控制；9—喷焊枪；10—盛粉箱；11—水泵；12—水箱；13—工件

(6) 等离子堆焊材料。堆焊材料根据零件工作条件，选用成本低、耐磨、耐蚀性能好的材料，要求粉末具有良好的自熔性和较低的熔点，有良好的浸润性。对于常温耐磨表面常用铁基或镍基合金；对于高温耐磨或抗磨粒磨损表面、抗高应力变负荷表面常用钴基合金。

(7) 等离子堆焊工艺参数。等离子弧堆焊的主要工艺参数如下。

电压和电流，工作气、送粉气和保护气流量，堆焊速度和送粉量等。其中电压与喷嘴通道比、钨棒与工件距离以及电流大小有关。当上述参数一定时。电压稳定在一定范围。电流通常以熔池状况来选定，不能过大，也不能太小。

工作气流量一般取 0.25～0.6m^3/h。它影响弧焰，使电弧不稳定。

送粉气流量一般为工作气流量的 1～2 倍。

此外，焊前要处理，除油、锈、渗碳层、疲劳层，最好用机械加工获得规整的清洁表面。粉末使用前应烘干，粒度范围尽可能窄些。为避免堆焊层产生裂纹，工件焊前应预热，温度为 500～550℃。焊后立即放入干石棉中进行缓冷。

7. 宽带极堆焊

其过程类似于埋弧焊，所不同的是它用金属带而不是用金属丝作电极和填充材料；所用的焊带具有良好的导电性，带极的熔化主要靠电阻热，辅之以偶尔产生的电弧。宽带极堆焊更类似于电渣焊。目前，宽带极堆焊在化工、核电工业中应用于堆焊反应釜、交换器等大容器表面。

8. 堆焊后产生的缺陷及原因

堆焊后产生的主要缺陷及原因见表 12-38。

表 12-38　　堆焊后产生的主要缺陷及原因

缺　陷	原　　因
裂　纹	（1）焊丝和工件的含碳量过高，工件质量大。 （2）焊丝中的硫、磷含量太高，焊剂质量不好。 （3）堆焊速度和冷却速度太快，工艺不够规范。 （4）熔池保护不好。 （5）焊前预热和焊后缓冷不好，未采用过渡层焊法
气　孔	（1）焊丝和工件表面有锈和油污，工件表面有涂敷层。 （2）遇高温产生氢气和一氧化碳气体。 （3）冷却速度太快，气体来不及析出。 （4）熔池保护不好，有空气侵入，微粒或焊渣飞溅在工件表面，氧化物未完全熔化。 （5）焊嘴与零件夹角不正确
未焊透	（1）工作温度太低。 （2）焊速太快，焊接过程不稳定。 （3）断弧。 （4）焊层太厚。 （5）工件表面不洁净。 （6）电流小

六、粘接

（一）特点

粘接的特点如下。

（1）粘接时温度低，不产生热应力和变形，不改变基体金相组织，密封性好，接头的应力分布均匀，不会产生应力集中现象，疲劳强度比焊、铆、螺纹联接高 3～10 倍，接头质量轻，有较好的加工性能，表面光滑美观。

（2）粘接工艺简便易行，一般不需复杂的设备，胶黏剂可随机携带、使用方便、成本低，工艺周期短，便于推广应用，适用范围广，几乎能联接任何金属和非金属、相同的和不同的材料，尤其适用于产品试制、设备维修、零部件的结构改进。对某些极硬、极薄的金属材料、形状复杂、不同材料、不同结构、微小的零件，采用粘接最为方便。

（3）胶黏剂具有耐腐蚀、耐酸、耐碱、耐油、耐水等特点，接头不需进行防腐、防锈处理，联接不同金属材料时，可避免电位差的腐蚀。胶黏剂还可作为填充物填补砂眼和气孔等铸造缺陷，进行密封补漏，紧固防松，修复已松动的过盈配合表面。还可赋予接头绝缘、隔热、防振，以及导电、导磁等性能，防止电化学腐蚀。

（4）粘接有难以克服的许多不足之处，如不耐高温，一般只能在 300℃以下工作，粘接强度比基体强度低得多。胶黏剂性质较脆，耐冲击力较差，易老化变质，且有毒、易燃。某些胶黏剂需配制和调解，工艺要求严格，粘接工艺过程复杂，质量难以控制，受环境影响较大，分散性较大，目前还缺乏有效的非破坏性质量检验方法。

（二）胶黏剂

1. 胶黏剂分类

胶黏剂简称胶。它是由黏料、增塑剂、稀释剂、固化剂、填料和溶剂等配制而成。胶黏剂的种类很多，分类方法也不一样。

（1）按黏料的化学成分有：①无机胶黏剂，主要有硅酸盐（水玻璃）、硫酸盐（石膏）、磷酸盐（磷酸—氧化铜基）等；②有机胶黏剂，主要为天然胶，如动物胶（骨胶）、植物胶（松香）、矿物胶（沥青）、天然橡胶（橡胶水）等；另外有合成胶，如树脂型（环氧树脂）、橡胶型（丁腈橡胶）、复合型（酚醛—氯丁橡胶）等。

（2）按工艺特点分，有溶剂型、反应型、热熔型、厌氧型、压敏型等。

（3）按基本用途分，有结构胶、通用胶、特种胶、密封胶等。

（4）按形态分，有乳胶型、糊状型、粉末型、胶膜胶带型等。

2. 常用的胶黏剂

常用的胶黏剂有如下几种：

（1）无机胶黏剂。在维修中应用的无机胶黏剂主要是磷酸一氧化铜胶黏剂。它由两部分组成：一是氧化铜粉末；二是磷酸与氢氧化铝配制的磷酸铝溶液。这种胶黏剂能承受较高的温度（600～850℃），黏附性能好，抗压强度达 90MPa、套接抗拉强度达 50～80MPa、平面抗拉强度为 8～30MPa，制造工艺简单，成本低。但性脆，耐酸和碱的性能差。可用于粘接内燃机缸盖进排气门座过梁上的裂纹、硬质合金刀头、套接折断钻头、量具等。

（2）有机胶黏剂。由高分子有机化合物为基础组成的胶黏剂称有机胶黏剂。常用的有环氧树脂和热固性酚醛树脂。

1）环氧树脂。它是因分子中含有环氧基而得名。环氧基是一个极性基团，在粘接中能与某些其他物质产生化学反应而生成很强的分子作用力。因此，它具有较高的强度，黏附力强，固化后收缩小，耐磨、耐蚀、耐油，绝缘性好，适合于工作温度在 150℃以下，是一种使用最广泛的胶黏剂。环氧树脂种类很多，最常用的是高环氧值，低、中分子量的双酚 A 型环氧树脂。它的黏度较低，工艺性好，价格低廉，在常温下具有较高的胶接强度和良好的耐各种介质的性能。

2）热固性酚醛树脂。也是一种常用的胶料，其黏附性很好，但脆性大、机械强度差，一般用其他高分子化合物改性后使用，例如与环氧树脂或橡胶混合使用。

3）厌氧密封胶。由甲基丙烯酸酯或丙烯酸双脂以及它们的衍生物为黏料，加入由氧化剂或还原剂组成的催化剂和增稠剂等组成。由于丙烯酸酯在空气或氧气中有大量的氧的抑制作用而不易聚合，只有当与空气隔绝时，在缺氧的情况下才能聚合固化，因此称厌氧胶。厌氧胶黏度低，不含溶剂，常温固化，固化后收缩小，能耐酸、碱、盐以及水、油、醇类溶液等介质，在机械设备维修中可用于螺栓紧固、轴承定位、堵塞裂缝、防漏，但它不适宜粘接多孔性材料和间隙超过 0.3mm 的缝隙。

常用胶黏剂的性能和用途见表 12-39。

表 12-39　　常用胶黏剂的性能和用途

类别	牌号	主要成分	主要性能	用途	研制单位生产厂
通用胶	HY-914	环氧树脂，液体聚硫橡胶，703 固化剂	双组分，室温快速固化，强度较高，密封性能好，耐水耐油，耐一般化学物质	60℃以下，金属、陶瓷、玻璃、热固塑料、木材和竹材等	天津延安化工厂
	农机 2 号	E-44 环氧树脂，改性胺，固化剂	双组分，室温固化，粘接性能较好，韧性好，中强度	120℃以下，各种材料快速粘接修补，应用范围较广	大连第二有机化工厂
	KH-520	E-44 环氧树脂，液体聚硫橡胶，聚酰胺，703 固化剂	高强度，高韧性，耐油，耐水，双组分，室温快速固化	60℃以下，金属，陶瓷，硬质塑料和玻璃等	北京粘合剂二厂
	502	α-氰基丙烯酸乙酯	单组分，室温快速固化，中强度，耐高温，耐油，耐有机溶剂	常温、受力不大的各种金属、玻璃、陶瓷和一般橡胶等	山东禹城东方化学试剂厂
结构胶	J-19C	环氧树脂双氰胺	单组分，高压高温固化，高强度，高韧性，耐油，耐水	用于金属结构件及磨、钻、铣、刨、车床刀具的粘接	辽宁海城市胶黏剂厂
	J-04	钡酚醛树脂，丁腈橡胶	单组分，中强度，较高耐热性，耐油，耐水，耐老化	200℃以下，受力较大的机件粘接和尺寸恢复，常用于摩擦片、刹车片粘接	黑龙江省石油化学研究所
	204（JF-1 胶）	酚醛-缩醛、有机硅酸	固化条件：180℃，2h，性能较脆，可在200℃长期使用，300℃短期使用	200℃以下，金属与非金属零部件粘接，摩擦片、刹车片、钢粘接	上海新光化玻璃工厂

续表

类别	牌号	主要成分	主要性能	用途	研制单位生产厂
密封胶	Y-150厌氧胶	甲基丙烯酸环氧树脂	单厌氧型，绝缘空气后固化，毒性小，低强度，使用方便，工艺性好	100℃以下，螺纹接头和平面配合处紧固、密封、堵漏、工艺固定	湖北襄樊市胶粘技术研究所
	7302液态密封胶	聚酯树脂	半干性，密封耐压	200℃以下，各种机械设备平面、法兰、螺纹联接部位的密封	大连第二有机化工厂
	W-1液态密封胶	聚醚环氧树脂	涂敷后长期不固化，起始黏度高，可拆卸，不腐蚀金属	用于联接部位的防漏、密封	上海新光化工厂

（三）工艺

1. 工艺过程和相关要求

工艺过程大致如下：根据被粘物的结构、性能要求及客观条件，确定粘接方案，选用胶黏剂；按尽可能增大粘接面积、提高粘接力的原则设计粘接接头；对被粘表面进行处理，包括清洗、除油、除锈、增加微观表面粗糙度的机械处理和化学处理；调制胶黏剂；涂胶胶黏剂，厚度一般为0.05～0.2mm，要均匀薄施；固化，要掌握固化温度、压力和保持时间等工艺参数；检验抗拉、抗剪、冲击和扯离等强度，并修整加工。

2. 工艺要点

(1) 胶黏剂的选用。目前市场上供应的胶黏剂没有一种是“万能胶”。选用时必须根据被粘物的材质、结构、形状、承受载荷的大小、方向和使用条件，以及粘接工艺条件的可能性等，选择适用的胶黏剂。被粘物的表面致密、强度高，可选用改性酚醛胶、改性环氧胶、聚氨酯胶或丙烯酸酯胶等结构胶；橡胶材料粘接或与其他材料粘接时，应选用橡胶型胶黏剂或橡胶改性的韧性胶黏剂；热塑性的塑料粘接可用溶剂或热熔性胶黏剂；热固性的塑料粘接，必须选用与粘接材料相同的胶黏剂；膨胀系数小的材料，如玻璃、陶瓷材料自身粘接，或与膨胀系数相差较大的材料，如铝等粘接时，应选用弹性好又能在室温固化的胶黏剂；当被粘物表面接触不紧密、间隙较大时，应选用剥离强度较大而有填料作用的胶黏剂。

粘接各种材料时可选用的胶黏剂见表 12-40，供参考。

表 12-40　　粘接各种材料时可选用的胶黏剂

胶黏剂 \ 材料名称 材料名称	软质材料	木材	热固性塑料	热塑性塑料	橡胶制品	玻璃、陶瓷	金属
金　属	3、6、8、10	1、2、5	2、4、5、7	5、6、7、8	3、6、8、10	2、3、6、7	2、4、6、7
玻璃、陶瓷	2、3、6、8	1、2、5	2、4、5、7	2、5、7、8	3、6、8	2、4、5、7	
橡胶制品	3、8、10	2、5、8	2、4、6、8	5、7、8	3、8、10		
热塑性塑料	3、8、9	1、5	5、7	5、7、9			
热固性塑料	2、3、6、8	1、2、5	2、4、5、7				
木 材	1、2、5	1、2、5					
软质材料	3、8、9、10						

注　表中数字为胶黏剂种类代号。其中：1—酚醛树脂胶；2—酚醛-缩醛胶；3—酚醛-氯丁胶；4—酚醛-丁腈胶；5—环氧树脂胶；6—环氧-丁腈胶；7—聚丙烯酸酯胶；8—聚氨酯胶；9—热塑性树脂溶液胶；10—橡皮胶浆。

（2）接头设计。接头的受力方向应在粘接强度的最大方向上，尽量使其承受剪切力。接头的结构尽量采用套接、嵌接或扣合联接的形式。接头采用斜接或台阶式搭接时，应增大搭接的宽度，尽量减少搭接的长度。接头设计尽量避免对接形式，如条件允许，可采用粘—铆、粘—焊、粘—螺纹联接等复合形式的接头。

（3）表面处理。它是保证粘接强度的重要环节。一般结构粘接，被粘物表面应进行预加工，例如用机械法处理，表面粗糙度 Ra 为 12.5～25.0μm；用化学法处理，表面粗糙度 Ra 为 3.2～6.3μm，表面处理后，表面清洗与黏合的时间间隔不宜太长，以避免沾污粘接的表面。

（4）黏合。按胶黏剂的形态（液体、糊状、薄膜、胶粉）不同，可用刷涂、刮涂、喷涂、浸渍、粘贴或滚筒布胶等方法。胶层厚度一般控制在 0.05～0.35mm 为最佳，要完满、均匀。

（5）固化加压。固化加压是为了挤出胶层与被粘物之间的气泡和加速气体挥发，从而保证胶层均匀。加温要根据胶黏剂的特性或规定的选定温度，并逐渐升温使其达到胶黏剂的流动温度。同时，还需保持一定的时间，才能完成固化反应。所以，温度是固化过程的必要条件，时间是充分条件。固化后要缓慢冷却，以免产生内应力。

（6）质量检验。检查粘接层表面有无翘起和剥离现象，有无气孔和夹空，是否固化。一般不允许做破坏性试验。

（7）安全防护。大多数胶黏剂固化后是无毒的，但固化前有一定的毒性和易燃性。因此在操作时应注意通风、防止中毒、发生火灾。

3. 粘接中常见的缺陷、产生原因及排除方法

粘接中常见的几种主要缺陷、产生原因及排除方法见表12-41。

表 12-41　　粘接工艺常见的缺陷、产生原因及排除方法

缺陷形式	产生的主要原因	排除方法
胶层脱皮	（1）粘接表面不清洁，表面处理不好。 （2）胶层太厚，胶层与基体金属膨胀系数相差过大，产生过大应力。 （3）胶黏剂失效或过期。 （4）固化温度、压力或时间控制不当。 （5）胶黏剂选用不当	（1）重新进行清洁处理，处理后保持干净。 （2）控制胶层厚度，不超过0.05～0.15mm。 （3）不得使用超过有效期或失效的胶黏剂。 （4）按工艺要求固化。 （5）根据被粘材料选用良好性能的胶黏剂
胶层夹有气孔	（1）胶层厚度不均匀，黏合时夹入空气。 （2）含溶剂的胶层一次涂胶过厚、或晾置时间不够、或固化压力不足、或固化温度过低。 （3）黏合孔未排出空气。 （4）涂胶时带入空气	（1）提高胶层温度，待胶层均匀后再黏合。 （2）严格按工艺要求进行涂胶，固化操作。 （3）钻排气孔或用导杆导入胶液。 （4）及时排出空气

续表

缺陷形式	产生的主要原因	排除方法
接头缺胶	（1）固化压力过大，胶被挤出。 （2）对流动性好的常温固化胶，缺乏阻挡胶液措施加温固化加热时，胶液黏度降低而流失	（1）按规定的固化压力加压。 （2）固化时涂胶面水平放置，加用快速固化胶堵塞流胶口或在边缘棱角处用玻璃纤维布作挡体，阻止胶液漫流
接头错位	（1）固化时定位不当或缺乏定位措施。 （2）固化时加压偏斜	（1）采用夹具定位。 （2）采用双胶粘接，除用本胶外，加用快速固化胶 502 定位
胶层固化过慢	（1）固化剂不纯或加入量过少，未考虑活性稀释剂对固化剂的消耗量。 （2）调胶搅拌不均匀。 （3）固化温度过低	（1）使用纯的固化剂，增加加入量。 （2）均匀调胶。 （3）提高固化温度

（四）应用

粘接有许多优点，随着高分子材料的发展，新型胶黏剂的出现，粘接在维修中的应用日益广泛。尤其在应急维修中，更显示其固有的特点。下面介绍其主要应用：

（1）用于零件的结构联接。如轴的断裂、壳体的裂纹、平面零件的碎裂、环形零件的裂纹与破碎，输送带运输机皮带的粘接等。

（2）用于补偿零件的尺寸磨损。例如，机械设备的导轨研伤粘补以及尺寸磨损的恢复，可采用粘贴聚四氟乙烯软带、涂抹高分子耐磨胶黏剂、101 聚氨酯胶粘接氟塑料等。

（3）用于零件的防松紧固。用胶粘替代防松零件，如开口销、止动垫圈、锁紧螺母等。

（4）用于零件的密封堵漏。铸件、有色金属压铸件、焊缝等微气孔的渗漏，可用胶黏剂浸渗密封。现已广泛应用在发动机的缸体、缸盖、变速箱壳体、泵、阀、液压元件、水暖零件以及管道类零件螺纹联接处的渗漏等。

（5）用粘接替代过盈配合。如轴承座孔磨损或变形，可将座孔镗大后粘接一个适当厚度的套圈，经固化后镗孔至尺寸要求；轴承座孔与轴承外圈的装配，可用粘接取代过盈配合，这样避免了因过盈配合造成的变形。

（6）用粘接替代焊接时的初定位，可获得较准确的焊接尺寸。

（五）特种粘接技术

使用特殊粘接材料、特种胶黏剂和特殊粘接工艺进行粘接操作的一种技术。使用复合材料、智能材料和纳米材料是特种粘接技术的一个显著特点。

特种粘接技术分为纯特种粘接技术和复合特种粘接技术两大类。

1. 纯特种粘接技术

是指使用单纯的特种胶黏剂，依靠或调整它的性能完成粘接的全过程。它注意施胶的方法和粘接工作环境的条件等因素。施胶常用刷涂、喷涂、点涂等方法。粘接工作环境条件主要是温度、湿度、清洁度等。

2. 复合特种粘接技术

不仅要依靠特种胶黏剂的特点，而且还要按照一些特定的与其他技术复合构成的使用方法完成粘接的全过程。例如：当粘接面积受到限制，单一的粘接方案不能获得较理想、较可靠的粘接强度；被粘处要承受较大的冲击负载等情况下，就可选择复合的粘接方案，即粘接与铆接、粘接与焊接、粘接与机械联接、粘接与贴敷层等。

七、粘涂

粘涂是利用高分子聚合物与特殊填料（如石墨、二硫化钼、金属粉末、陶瓷粉末和纤维等）组成的复合材料胶黏剂，涂敷在零件表面上，实现耐磨、抗蚀、耐压、绝缘、导电、保温、防辐射、密封、连接、锁固等特定用途的一种表面强化、维修与防护技术。

（一）组成

粘涂层一般由黏料、固化剂和具有一定特性的填料组成。

1. 黏料或称基料、胶黏剂

它把涂层中的各种材料包容并牢固地粘着，在基体表面形成涂层。黏料的种类很多，如热固性树脂、热塑性树脂、合成橡胶等。

2. 固化剂

它与黏料发生化学反应，形成网状立体聚合物，把填料包容在网状体中，形成三向交联结构。常用的有胺类、酚醛改性胺、低分子聚酰胺等。

3. 填料

在粘涂层中起抗磨、减摩、耐热、耐蚀、绝缘、导电等作用。常用的有纤维、石墨、二硫化钼、聚四氟乙烯等。

4. 辅助材料

它们的作用是改善涂层性能，如韧性、防老化性、降低胶的黏度、提高涂敷质量等。主要有增塑剂、增韧剂、稀释剂、固化促进剂、偶联剂、消泡剂、防老化剂等。

（二）机理

粘涂层的形成是依靠黏料和固化剂中含有活泼的氢原子起化学反应，形成网状立体聚合物，把填料等网络固定下来。同时，涂层分子向被粘涂基体表面移动，使涂层与基体形成物理化学和机械结合。粘涂层的形成过程是黏料与固化剂固化反应的过程。粘涂层与基体的结合机理和一般粘接机理相同。

（三）特点

粘涂作为粘接技术的发展，具有粘接的许多特点：

（1）粘涂材料品种多、原料丰富、价格低廉、密度小、绝缘性好、导热低，有优异的耐磨性、耐蚀性、较高的抗拉、剪切强度，有独特的多功能性。

（2）粘涂工艺简单，零件不会产生热影响区和变形，尤其适用于维修特殊用途（如井下机械设备、储油和储气管道等）、特殊结构（薄壁等）、特殊要求的失效零部件。

（3）安全可靠，不需专门设备，可现场作业，缩短维修时间，甚至不用停产，提高了生产效率，是一种快速廉价的维修技术。

（4）由于胶黏剂性能的局限，而使粘涂在应用上受到一些限制，如在湿热、冷热交变、冲击条件下以及其他复杂环境下的工作寿命有限。另外，还存在耐温性不高、抗剥离强度较低、易燃和有毒等问题。

（四）工艺

（1）初清洗。用汽油、煤油或柴油粗洗，最后用丙酮精洗，除掉待涂表面的油污、锈迹。

（2）预加工。为保证待修表面有一定厚度的涂层，在涂黏料前必须进行机械加工，厚度一般为 0.5～3mm。为增加粘涂面积，提高粘涂强度，被粘涂表面应加工成锯齿形。

（3）清洗及活化处理。清洗用丙酮或专用清洗剂。有条件时可对待修表面喷砂，进行粗化活化处理，彻底清除表面氧化层，也可进行火焰处理、化学处理等，提高涂层的表面活性。

（4）配制粘涂层材料。它通常由 A、B 两组分组成。为获得最优效果，必须按规定比例配制。粘涂层材料经完全搅拌均匀后，应立即使用。

（5）涂敷。涂层的涂敷方法主要内容如下：

1）涂刮法。先把涂层材料涂在处理好的零件表面上，然后用专用的工具模板把多余的涂料刮掉，达到一定尺寸要求。此法操作工艺简单，适用于轴颈的修复，但刮后表面涂层难以获得要求的精度和表面粗糙度，需用机械加工保证。

2）喷涂法。利用喷枪将涂层材料涂在处理好的零件表面上，形成具有特殊功能的涂层。

3）涂压法。先把涂层材料涂在处理好的零件表面上，再用制好的与之相配的零件压制成形，不用后加工，适用于面积较大的平面与一定形状的表面，如大中型机床导轨面的修复。

4）模具成形法。利用类同被粘涂件相配的零件作为模具进行成形，它不需进行机械加工，适用于孔颈及批量修复的零件。

（6）固化。涂层的固化反应速度与环境温度有关，温度高固化快，最适宜的温度为 20～30℃。一般室温固化需 24h，达到最高性能需 7 天。若加温 80℃固化，则只需 2～3h。

（7）修整、清理或后加工。对不需后续加工的涂层，可用锯片、锉刀等修整。涂层表面若有直径大于1mm的气孔时，先用丙酮洗净，再用胶修补，固化后研平。对需后续加工的涂层，可用车削或磨削加工达到尺寸和精度要求。

（五）常见缺陷及处理方法

常见缺陷及处理方法见表12-42。

表12-42　粘涂层常见缺陷及处理方法

缺陷形式	产生的主要原因	处理方法
涂层发黏	（1）温度太低，未完全固化或不固化。 （2）粘涂材料A、B组分配比不当。 （3）配制粘涂材料时混合不均匀。 （4）固化时间不够	（1）提高固化温度，升温至25℃以上。 （2）严格按说明书规定比例配制。 （3）搅拌均匀。 （4）延长固化时间
涂层脱落	（1）表面不清洁、表面处理不良。 （2）表面处理后停放时间太长。 （3）表面太光滑。 （4）涂层未彻底固化，加工时易脱落。 （5）表面划伤太浅，涂层过薄。 （6）粘涂材料失效或过期。 （7）粘涂材料选择不当	（1）重新进行表面处理，彻底除锈、除油、除湿。 （2）表面处理后立即涂敷。 （3）表面打磨粗化。 （4）提高固化温度，延长固化时间。 （5）把划伤处打磨到深2nm以上。 （6）不使用失效或过期的粘涂材料。 （7）根据被粘涂材料性能和要求正确选用
涂层气孔	（1）涂层厚度不均匀，粘涂时夹入空气。 （2）涂层过厚或晾置时间不够。 （3）搅拌速度太快，过量空气混入。 （4）固化压力不足，固化温度过低。 （5）黏度太大、包裹空气	（1）尽量使涂层厚度均匀，防止涂敷时带入空气。 （2）严格按工艺要求涂敷、固化。 （3）放慢搅拌速度，朝一个方向搅拌。 （4）加大压力，反复按压涂层，提高温度。 （5）提高环境温度，降低黏度

续表

缺陷形式	产生的主要原因	处理方法
涂层太脆	（1）B组分固化剂用量过多。 （2）固化速度太快。 （3）固化温度过高。 （4）未完全固化	（1）严格按说明书规定比例配制。 （2）降低固化速度。 （3）严格控制固化温度，在100℃以下。 （4）延长固化时间，适当提高固化温度
涂层粗糙	（1）粘涂材料配制时混合不均匀。 （2）粘涂材料失效或变质。 （3）涂敷时超过了适用期。 （4）涂敷温度太低，粘涂材料黏度太大	（1）配制时混合均匀。 （2）严格注意储存期。 （3）严格按说明书规定执行。 （4）被粘涂表面预热或提高环境温度

（六）应用

粘涂在维修领域的应用十分广泛。下面介绍其主要应用项目：

（1）铸造缺陷的修补。粘涂可修补铸造缺陷，如气孔、缩孔等，简便易行，省时省工，效果良好。

（2）零件磨损及尺寸超差的修复。用耐磨修补胶直接涂敷于磨损表面，然后进行机械加工或打磨，使其尺寸恢复到设计要求，且具有很好的耐磨性。它与传统的修复技术相比，简单易行，既无热影响，涂层厚度又不受限制。

（3）零件划伤的修复。液压缸体、机床导轨的划伤采用粘涂是一种最有效的方法。

（4）零件的防腐。涂敷于零件表面上的涂层不仅能保护其不受环境的侵蚀，而且施工相当方便，不需要专门设备。化工管道、储液池、船舶壳体、螺旋桨等均可采用粘涂防腐。

（5）零件的减摩润滑。粘涂获得的涂层应用于零件的减摩润滑称黏结固体润滑膜。它特别适用于解决特殊工况条件下、高新技术中的润滑难题，如人造卫星、火箭、飞机、原子核反应堆、汽车发动机等。它既是新材料，又是高新技术。

（6）零件密封堵漏。应用粘涂堵漏十分安全、方便、省时、可靠，不仅可停机堵漏、密封，而且可带压、带温、不停机堵漏，特别适合石油、化工、制药、橡胶等行业易燃易爆场合的机械设备维修。

（七）新技术

随着粘涂在维修领域中的广泛应用，近年来，新的粘涂材料不断涌现，新的粘涂技术层出不穷。现介绍如下。

（1）纳米级金刚石粉胶黏剂。它不仅具有金刚石特性，而且还有小尺寸效应、大比表面积效应、量子尺寸效应等纳米材料特性。

（2）防冷焊润滑粘涂与胶黏层。它是一种常温固化的复合涂层，由复合有机树脂为胶黏剂的二硫化钼基础涂层和低表面能的高分子材料表层组成。这种涂层既有很低的动、静摩擦因数，又有良好的摩擦特性，广泛用于真空环境和极严寒条件下金属部件间的防冷焊。

（3）耐高温防粘防滑粘涂与胶黏层。它广泛用于暴露在高温环境中使用的紧固件金属接触的防粘和防腐。

（4）新型特殊功能涂层。在有机硅耐热黏料中加入玻璃陶瓷材料，提高涂层的使用温度。

（5）粘涂——电刷镀复合技术。用粘涂耐磨胶导电修补胶填平零件表面划伤凹坑、腐蚀麻点、铸造气孔等缺陷，待胶固化后，打磨、抛光，然后再进行电刷镀，恢复零件尺寸。这样既能满足使用要求，又非常美观，甚至如同新件一样。它确实是一种省时、简便、美观、可靠的复合技术。

此外，还有高性能环保型黏料、微机配方、机器人涂胶、紫外线或电子束固化新技术等。

八、治漏

（一）漏油及其分级

机械设备漏油一般分为如下三种情况：

（1）渗油（轻微漏油）。固定联接部位每 0.5h 滴一滴油；活动联接部位每 5min 滴一滴油。

（2）滴油（漏油）。每 2～3min 滴一滴油。

（3）流油（严重漏油）。1min滴五滴油以上。

（二）治漏方法

造成漏油的原因是多方面的，既有先天性的，如设计不当、加工和装配工艺不良、密封件质量有问题等；也有后天性的，如使用中介质的腐蚀、冲刷、温度、压力、振动、焊接缺陷、密封件失效、运行人员误操作等。由于零部件结构型式多种多样，密封结构、部位、元件和材料又千差万别，因此治漏的方法也各不相同，常用的方法见表12-43。

表12-43　　治漏的方法

方　法	具　体　内　容
封　堵	应用密封技术堵住界面泄漏的通道，主要用各种性能好的液态密封胶、垫片和填料，减小表面粗糙度、改进密封结构等。动结合面可采用合适的密封装置或软填料，如O形密封圈、油封、唇形密封圈等
疏　导	采用回油槽、回油孔、挡板等进行疏导防漏，使结合面处不积存油而顺利流回油池
均　压	设置大小适当的通气帽、通气孔，并保持畅通，使箱体内外压力接近，减少泄漏
阻　尼	将流体的泄漏通道做成犬牙交错的各式沟槽，人为地加长泄漏路程，加大阻力。或在动结合面处控制间隙，形成一层极薄的临界液膜来阻止或减少泄漏
抛　甩	通过装甩油环，利用离心力的作用阻止泄漏
接　漏	在漏油难以避免的部位增设接油盘、接油杯，或流回油池
管　理	制订治漏计划，配备技术力量，落实岗位责任，加强质量管理，普及治漏知识

（三）带压治漏

1. 密封胶黏剂

密封胶黏剂主要有环氧树脂类、酚醛树脂类、橡胶类、酚醛丁腈类等。对温度高于400℃的介质应选用无机胶黏剂。使用时，除按说明配制外，还应加入一定量的填充剂，如石墨粉、滑石粉、二氧化硅粉等，使之形成膏糊状，便于装胶和注射，并根据介质温度控制固化剂用量，调整固化时间。

国内常用的密封胶黏剂有北京天工表面材料技术有限公司生产的金属填补胶（如 TG101 通用修补胶、TG518 快速修补胶等），以及兰州化工公司化工研究院和沈阳橡胶工业研究所生产的多种牌号的密封剂。

2. 方法

带压治漏的方法主要根据泄漏部位、泄漏性质和泄漏量来决定。常见的方法见表 12-44。

表 12-44　　带压治漏的方法

方　法	具　体　内　容
单纯粘接法	选择粘接强度大丁泄漏点压力的胶黏剂或自制胶泥，对泄漏点直接堵塞。这种方法不需要其他设备和工具，操作简单、节省时间，适用于低压泄漏部位
粘贴板材法	先将泄漏点周围涂以胶黏剂，再将涂上胶黏剂的板材（如石墨板）粘贴到泄漏点上。它适用于负压或低压表面泄漏点
先堵后粘法	先选择充塞物堵截，使其不漏，然后用选好的胶黏剂或自制胶泥粘接加强，再以浸渍或涂刷胶黏剂的玻璃布缠绕铺贴泄漏点，固化后即成。温度较高时，施工操作要迅速。它适用于低、中压的砂眼、裂纹、法兰接头等泄漏点
夹具堵漏法	中高压泄漏、创伤性裂口、法兰接头等，可根据泄漏点的实际情况，设计制作金属夹具，选择填料如橡胶板料、四氟带料、柔性石墨料等堵在漏点上。然后组装夹具，用螺栓紧固，或在夹具上留注入螺栓孔，用注射器注入密封胶，使其在泄漏部位与夹具所构成的密封空腔，经迅速固化，形成坚硬的新的密封结构。这种方法适用于中、高压的管道或容器的堵漏，应急效果好，操作简单方便，但需制作专门的夹具
压力辅助法	在高温高压情况下，胶黏剂和充塞物往往不能很好地附着于泄漏处，可采用专门工具将需堵塞处先压住，待胶黏剂固化后再撤去压力。根据产生压力的方式，分为磁铁压固和机械压固两种
引流法	当泄漏发生在凸凹不平的部位时，根据泄漏部位设计制作引流板，在其上部开出引流通道和引流螺孔。将泄漏部位四周及引流板涂上快速固化胶黏剂，把引流板迅速粘于泄漏处，使引流孔正好对准泄漏点，泄漏介质通过引流通道和引流螺孔排出。待胶黏剂固化后，拧上螺钉，泄漏立即停止。引流板可用金属和塑料、橡胶、木材等非金属材料制作

九、修复工艺的选择和工艺规程的制订

（一）几种主要修复工艺的优缺点及应用范围

虽然前面已介绍了几种主要修复工艺，但是为便于对它们进行比较，以利于合理选择使用，现列表简要归纳它们的优缺点及其应用范围，见表12-45。

表12-45　　几种修复工艺的优缺点及应用范围

修复工艺		优　点	缺　点	应用范围
镶套法		可恢复零件的名义尺寸，修复质量较好	降低零件强度，加工较复杂，精度要求较高，成本较高	适用于磨损量较大场合，如气缸、壳体、轴承孔、轴颈等部位
修理尺寸法		工艺简单，修复质量好，生产率高，成本较低	改变了零件尺寸和质量，需供应相应尺寸配件，配合关系复杂，零件互换性差	发动机上重要配合件，如气缸和活塞、曲轴和轴瓦、凸轮轴和轴套、活塞销和铜套等
压力加工法（塑性变形）		不需要附加的金属消耗，不需要特殊设备，成本较低，修复质量较高	修复次数不能过多，劳动强度较大，加热温度不易掌握，有些零件结构限制此工艺应用，强度有所降低	适用于设计时留有一定的“储备金属”，以补偿磨损的零件，如气门、活塞销、犁铲等
热喷涂	氧-乙炔焰粉末喷涂	设备和工艺较简单，涂层质量和耐磨性能主要决定于粉末质量，热影响较小，基本不变形，生产率较高	对金属粉末的粒度和质量要求较严，粉末的价格较贵、结合强度较低	适用于修复各种要求结合强度不高的磨损部位，也可修复内孔，如曲轴、缸套等
	等离子粉末喷涂	弧焰温度高、气流速度大，惰性气体保护，涂层质量高，耐磨性能好，结合强度较高，热影响较小，生产率较高	设备和工艺较复杂，粉末成本高，惰性气体供应点少，对安全保护要求较严，推广受到一定限制	适用于修复各种零件的耐磨，耐蚀表面，如轴颈、轴孔、缸套等，有广阔的发展前途

续表

修复工艺		优　点	缺　点	应用范围
堆焊	手工电弧堆焊	设备简单、适应性强、灵活机动，采用耐磨合金堆焊能获得高质量的堆焊层，可焊补铸铁	生产率低，劳动强度大，变形大，加工余量大，成本较高，修复质量主要取决于焊条和工人的技术水平	用于磨损表面的堆焊及自动堆焊难以施焊的表面，或没有自动堆焊的情况下，适用范围广
	振动堆焊	热影响小，变形小，结合强度较高，可获得需要的硬度，焊后不需热处理，工艺较简单，生产率高，成本低	疲劳强度较低，硬度不均匀，易出现气孔和裂纹，噪声较大，飞溅较多	机械设备的大部分圆柱形零件都能堆焊，可焊内孔、花键、螺纹等
	埋弧堆焊	质量好，力学性能较高，气孔、裂纹等缺陷较少，热影响小，变形较小，生产率高，成本低	需要专用焊丝，低碳、锰硅含量较高，飞溅较多，设备较复杂，需要CO_2气体供应系统	应用较广，可堆焊各种轴颈、内孔、平面和立面，尤其是适用堆焊小直径零件、铸铁件等
	等离子弧堆焊	弧柱温度高，热量集中，可堆焊难熔金属，零件变形小，堆焊质量好，耐磨性能好，延长零件使用寿命，可节约贵重金属	设备较复杂，粉末堆焊时，制粉工艺较复杂，目前生产惰性气体的单位少，对安全保护要求较严	用于耐磨损、耐高温、耐腐蚀及其他有特殊性能要求的表面堆焊，如气门、犁铲和重要的轴类零件等
氧-乙炔焰喷焊		在氧-乙炔焰喷涂的基础上增加了重熔工艺，结合强度较高，工艺较简单、灵活	热影响较大，零件易变形，对金属粉末质量要求较严，粉末熔点低于1100℃	适用于修复较小的零件，如气门、油泵、凸轮轴等
电镀	镀铬	镀层强度高、耐磨性好、结合强度较高，质量好，无热影响	工艺较复杂，生产率低，成本高，沉积速度较慢，镀层厚度有限制，污染严重，对安全保护要求严格	适用于修复质量较高，耐磨损和修复尺寸不大的精密零件，如轴承、柱塞、活塞销等
	镀铁	镀层沉积速度快，电流效率高，耐磨性能好，结合强度较高，无热影响，生产率高	工艺较复杂，对合金钢零件结合强度不稳定，镀层的耐腐蚀、耐高温性能差	适于修复各种过盈配合零件和一般的轴颈及内孔，如曲轴等

续表

修复工艺	优　点	缺　点	应用范围
刷镀	基体金属性质不受影响，不变形，不用镀槽，设备轻便、简单，零件尺寸不受限制，工艺灵活，操作方便，镀后不需加工，生产率高	不适宜大面积、大厚度、低性能的镀层，更不适于大批量生产	适用于小面积、小厚度、高性能镀层，局部不解体，现场维修，修补槽镀产品的缺陷，各种轴类、机体、模具、轴承、键槽、密封表面等修复
粘接	工艺简单易行，不需复杂设备，适用性强，修复质量好，无热影响，节约金属，成本低，易推广	粘接强度和耐高温性能尚不够理想，工艺严格，工艺过程复杂	适用于粘补壳体零件的裂纹，离合器片，密封堵漏，代替过盈配合，防松紧固，应用范围广
粘涂	材料品种多，工艺简单，不产生热影响区和变形，不需专门设备，可现场作业，安全可靠	受胶黏剂性能限制，耐温性不高，抗剥离强度较低，易燃和有毒	适用于特殊场合、结构、要求的失效零部件，铸造缺陷修补，磨损尺寸超差和划伤修复，作防腐层，密封堵漏

（二）几种常用修复工艺的有关参数比较

几种常用修复工艺的有关参数比较见表12-46。

表12-46　　几种常用修复工艺的有关参数比较

有关参数	热喷涂	堆　焊	电　镀
零件尺寸	几乎不受限制	易变形件除外	受电镀槽尺寸限制
零件几何形状	一般适用于简单形状	对小孔有困难	范围很广
零件材料	几乎不受限制	金属材料	导电或经过导电化处理的材料
表面材料	几乎不受限制	金属材料	金属、简单合金
涂层厚度(mm)	1～25	≤25	≤1
涂层孔隙率(%)	1～15	通常无	通常无

续表

有关参数	热喷涂	堆　焊	电　镀
涂层与基体结合强度	一般	高	良好
热输入	低	通常很高	无
预处理	喷砂	机械清洁	化学清洁
后处理	通常不需要	消除应力	通常不需要
公差	小	大	较小
表面粗糙度	较小	较大	极小
沉积速率(kg/h)	1～30	1～70	0.25～0.50

（三）修复工艺的选择原则

合理选择修复工艺是维修中的一个重要问题，特别是对于一种零件存在多种损坏形式，或一种损坏形式可用几种修复工艺维修的情况下，选择最佳修复工艺显得更加必要。在选择和确定合理的修复工艺时，要保证质量、降低成本、缩短周期，从技术经济观点出发，结合本单位的实际生产条件，需考虑以下原则：采用的修复工艺应能满足待修零件的修复要求，并能充分发挥该工艺的特点。

（四）修复工艺规程的制订

1. 调查研究

(1) 查明零件存在缺陷的部位、性质、损坏程度。

(2) 分析零件的工作条件、材料、结构和热处理等情况。

(3) 明确修复技术要求。

(4) 根据本单位的具体情况，比较各种修复工艺的特点。

2. 确定修复方案

在调查研究的基础上，根据零件各损坏部位的情况和修复工艺的适用范围，以及工艺选择的原则，确定合理的修复方案。

3. 制订修复工艺规程

修复方案确定后，按一定原则拟订先后顺序，形成修复工艺规程。这时应注意以下问题。

(1) 合理编排顺序。应该做到如下三点。

1) 变形较大的工序应排在前面，电镀、热喷涂等工艺，一般在压力加工和堆焊修复后进行。

2）零件各部位的修复工艺相同时，应安排在同一工序中进行，减少被加工零件在同一车间多次往返。

3）精度和表面质量要求高的工序应排在最后。

（2）保证精度。要求必须合理选择基准。

1）尽量使用零件在设计和制造时的基准。

2）原设计和制造的基准被破坏，必须安排对基准面进行检查和修正的工序。

3）当零件有重要的精加工表面不修复，且在修复过程中不会变形，可选该表面为基准。

（3）保证足够强度。为此，应做好如下两项工作。

1）零件的内部缺陷会降低疲劳强度，因此对重要零件在修复前后都要安排探伤工序。

2）对重要零件要提出新的技术要求，如加大过渡圆角半径、提高表面质量、进行表面强化等，防止出现疲劳断裂。

（4）安排平衡试验工序。为保证高速运动零件的平衡，必须规定平衡试验工序，如曲轴修复后应做动平衡试验。

（5）保证适当硬度。必须保证零件的配合表面具有适当的硬度，绝不能为便于加工而降低修复表面的硬度；也要考虑某些热加工修复工艺会破坏不加工表面的热处理性能而降低硬度。因此，应注意做好如下三项工作。

1）保护不加工表面的热处理部分。

2）最好选用不需热处理就能得到高硬度的工艺，如镀铬、镀铁、等离子弧喷焊、氧-乙炔焰喷焊等。

3）当修复加工后必须进行热处理时，尽量采用高频淬火。

第五节　维　修　实　践

一、固定联接的修复

（一）螺纹联接件损坏原因及修复方法

螺纹联接件损坏原因及修复方法见表12-47。

（二）键联接件的修复

键联接件的修复见表 12-48。

表 12-47　　螺纹联接件损坏原因及修复方法

内　容	原　因	修复方法
弯曲	头部碰撞变形	当弯曲长度较少时，用两个螺母拧到螺杆弯曲部位，使弯曲部处于两螺母之间，并保持一定距离，然后在虎钳上矫正
端部被镦粗	头部被碰撞	用三角锉修去变形凸部；可用板牙重套丝；若螺纹外露部较长，碰撞严重时，可适当锯去损坏部分，再修锉或重套丝
滑丝	螺母或螺钉质量差；间隙大或装配时拧紧力太大	更换螺钉或螺母
螺钉外六角变秃成圆形	螺钉拧得太紧；螺纹锈蚀；扳手开口太大	用锉刀将原六角对边锉扁，用扳手拧；用锤子敲击震松，再用钝錾凿六方边缘，使之松退。须更换螺钉或螺母
平头、半圆头螺钉头部损坏	旋具操作不当；螺钉头部槽口太浅或损坏	用凿子或锯弓将螺钉头部槽口加深或用小钝凿凿螺钉头部边缘之使松退
折断	螺纹部分损坏或锈死	直径在 8mm 以上的螺钉折断，若要取出螺孔内螺钉，可在其断口上钻孔，楔入一根棱角状钢杆，反拧退出断螺钉；也可钻孔后攻反螺纹，上反螺钉，拧出断螺钉
严重锈蚀	长期在无油或较差条件下锈蚀	将锈蚀零件浸入煤油中，浸泡时间视锈蚀程度而定，同时可锤击震松螺钉联接部或用钝凿凿螺钉六角头边缘退松，同时也可将外露部直接用氧气-乙炔加热，迅速扳退螺母；有时以上几种方向可同时使用，效果较好

表 12-48　　键联接件的修复

损坏形式	原　因	修复方法
键变形	键的设计不合理或配合精度差	（1）增加轮毂槽的宽度，重新配宽键。 （2）增加键的长度。 （3）采用双键，相隔 180°。 （4）提高键的配合精度
键剪断	装配不合理或超载	修整加宽键槽，重新配键，提高配合精度
键磨损	长期失修或维护不当	小型键采用更换键，修整键槽；较大键盘采用堆焊修复
花键轴与花键套磨损	润滑差，使用时间较长	（1）花键轴同一侧面镀铬。 （2）刷镀后修磨。 （3）振动堆焊后修磨

二、轴的修复

轴是最容易磨损或损坏的零件，常见的失效形式、损伤特征、产生原因及维修方法见表 12-49。

表 12-49　　轴常见的失效形式、损伤特征、产生原因及维修方法

失效形式		损伤特征	产生原因	维修方法
磨损	黏着磨损	两表面的微凸体接触，引起局部黏着、撕裂，有明显粘贴痕迹	低速重载或高速运转、润滑不良引起胶合	（1）修理尺寸法。 （2）电镀。 （3）热喷涂。 （4）镶套。 （5）堆焊。 （6）粘接。 （7）刷镀。 （8）粘涂
	磨粒磨损	表层有条形沟槽刮痕	较硬杂质介入	
	疲劳磨损	表面疲劳、剥落、压碎、有坑	受变应力作用，润滑不良	
	腐蚀磨损	接触表面滑动方向呈均细磨痕，或点状、丝状磨蚀痕迹，或有小凹坑、伴有黑灰色、红褐色氧化物细颗粒、丝状磨损物产生	在氧化性、腐蚀性较强的气、液体作用，外载荷或振动作用下，在接触表面产生微小滑动	

续表

失效形式		损伤特征	产生原因	维修方法
断裂	疲劳断裂	可见到断口表层或深处的裂纹痕迹，并有新的发展迹象	交变应力作用、局部应力集中、微小裂纹扩展	（1）焊补。 （2）焊接断轴。 （3）断轴接段。 （4）断轴套接
	脆性断裂	断口由裂纹源处呈鱼骨状或人字形花纹状扩展	温度过低、快速加载、电镀等使氢渗入轴中	
	韧性断裂	断口有塑性变形和挤压变形痕迹，颈缩现象或纤维扭曲现象	过载、材料强度不够、热处理使韧性降低，低温、高温等	
过量变形	过量弹性变形	受载时过量变形，卸载后变形消失，运转时噪声大，运动精度低，变形出现在受载区或整轴上	轴的刚度不足、过载或轴系结构不合理	（1）冷校。 （2）热校
	过量塑性变形	整体出现不可恢复的弯、扭曲与其他零件接触处呈局部塑性变形	强度不足、过载过量，设计结构不合理，高温导致材料强度降低，甚至发生蠕变	

具体的修复内容主要有以下要点。

1. 中心孔损坏

修复前，首先除去孔内的油污和铁锈，检查损坏情况，如果损坏不严重，用三角刮刀或油石等进行修整；损坏严重时，应将轴安装在车床上用中心钻加工修复，直至符合规定的技术要求。

2. 轴颈磨损

轴颈因磨损而失去正确的几何形状和尺寸，变成椭圆形或圆锥形。常用以下方法修复见表 12-50。

3. 圆角

圆角的磨伤可用细锉或车削、磨削修复。当圆角磨损很大时，需要进行堆焊，然后退火车削到原尺寸。圆角修复后，不允许留有划痕、擦伤或刀迹，圆角半径也不许减小，否则会减弱轴的性能并导致轴的损坏。

表 12-50　　轴颈磨损修复方法

型　式	修　复　方　法
镶套法	当轴颈磨损量小于 0.5mm 时，可用机械加工方法使轴颈恢复正确的几何形状，然后按轴颈的实际尺寸选配新轴衬。此法修复可避免变形，经常使用
堆焊法	几乎所有的堆焊工艺都能用于轴颈的修复。堆焊后不进行机械加工的，堆焊层厚度应保持在 1.5～2.0mm；若堆焊后仍需进行机械加工的，堆焊层厚度应比轴颈名义尺寸大 2～3mm，堆焊后应进行热处理退火
电镀或热喷涂	当轴颈磨损量在 0.4mm 以下时，可用镀铬修复，但成本较高，只适于重要的轴。对于非重要的轴应用镀铁修复，用低温镀铁效果很好，原材料便宜、成本低、污染小，镀层厚度可达 1.5mm，硬度较高。磨损量不大的也可用热喷涂修复
粘接修复	把磨损的轴颈车小 1mm，然后用玻璃纤维蘸上环氧树脂胶，一层一层地缠在轴颈上，待固化后加工到规定的尺寸

4. 螺纹

当轴表面上的螺纹碰伤，螺母不能拧入时，可用圆板牙或车削修整。若螺纹滑牙或掉牙时，可先把螺纹全部车削掉，然后进行堆焊，再车削加工修复。

5. 键槽

当键槽只有小凹痕、毛刺和轻微磨损时，可用细锉、油石或刮刀等进行修整。若键槽磨损较大时，可扩大键槽或重新开槽，并配大尺寸的键或阶梯键；也可在原槽位置上旋转 90°或 180°重新按标准开槽。开槽前需先把旧键槽用气焊或电焊填满。

6. 花键槽

(1) 当键齿磨损不大时，先将花键部分退火，进行局部加热，然后用钝錾子对准键齿中间，再用锤子敲击，并沿键长移动，使键宽增加 0.5～1.0mm，花键被挤压后，劈成的槽可用电焊焊补，最后进行机械加工和热处理。

(2) 堆焊法。一般采用纵向或横向施焊的自动堆焊。纵向堆焊时，把清洗好的花键轴装到堆焊机床上，机床不转动，将振动堆焊机头旋转 90°，并将焊嘴调整到与轴中心线成 45°角的键齿侧面。焊丝伸出端与工件表面的接触点应在键齿的节径上，由床头向尾架方向施焊。横向施焊与一般轴类零件修复时的自动堆焊相同。为保证堆焊质量，焊前应将工件预热。堆焊结束时，应在焊丝离开工件后再断电，以免产生端面弧坑。堆焊后要重新进行铣削或磨削，达到规定的技术要求。

(3) 低温镀铁。按照规定的工艺规程进行低温镀铁，镀后进行磨削，符合技术要求。

7. 裂纹和折断

对受载不大或不重要的轴，当径向裂纹不超过轴直径的 10%时，可用焊补修复。焊补前，必须认真做好清洁工作，并在裂纹处开坡口。焊补时，先在坡口周围加热，然后再进行焊补。为消除内应力，焊后需进行回火处理，最后通过机械加工满足尺寸要求。

对于轻微裂纹还可用粘接修复，先在裂纹处开槽，然后用环氧树脂胶填补和粘接，待固化后进行机械加工。

对轴上有深度超过轴直径 10%的裂纹或角度超过 10°的扭转变形，且是受载很大或重要的轴，应予以调换。

当载荷大或重要的轴出现折断时，应及时调换。一般受力不大或不重要的轴，可用图 12-25 所示的方法进行修复。

图 12-25(a)是用焊接法把断轴两端对接起来。焊接前，先将两轴端面钻好圆柱销孔、插入圆柱销，然后开坡口进行对接。圆柱销直径一般为(0.3～0.4)d，d 为断轴外径。图中(b)是用双头螺柱代替前面的圆柱销。

若轴的过渡部位折断，可另车一段新轴代替折断部分，新轴一

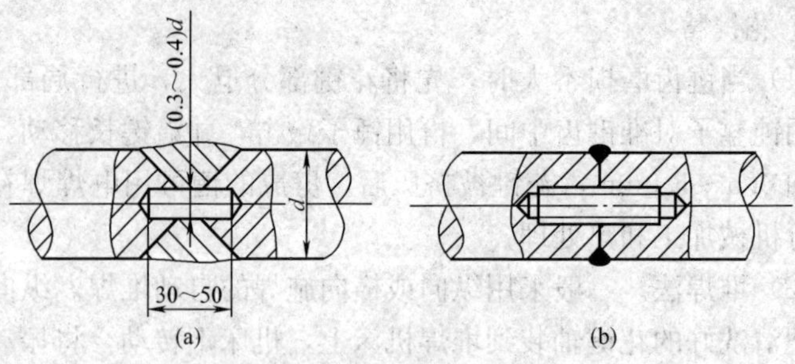

图 12-25　断轴修复

端车出带有螺纹的尾部，旋入轴端已加工好的螺孔内，然后进行焊接。

有时折断的轴其断面经过修整后，使轴的长度缩短了，此时需要采用接段修理法进行修复，即在轴的断口部位再接上一段轴颈。

8. 弯曲

对弯曲量较小的轴，一般小于长度的 8/1000，可用冷校法进行校正。通常对普通的轴可在车床上校正，也可用千斤顶或螺旋压力机进行校正。这些方法的弯曲量能达到 1m 长 0.05～0.15mm，可满足一般低速运行的机械设备要求。对要求较高、需精确校正的轴，或弯曲量较大的轴，则用热校法进行校正。通过加热，使温度达到 500～550℃，然后待冷却进行校正。加热时间根据轴的直径大小、弯曲量和加热设备确定。热校后应使轴的加热处退火，达到原来的力学性能和技术要求。

9. 曲轴的修复

曲轴常见的故障有曲轴弯曲、轴颈磨损、表面疲劳裂纹和螺纹破坏等其修复方法见表 12-51。

表 12-51　　曲轴修复方法

形式	修复方法
曲轴弯曲	将曲轴置于压床上，用 V 形铁支承两端主轴颈，并在曲轴弯曲的反方向对其施压，产生弯曲变形。若曲轴弯曲程度较大，为防止折断，校正可分几次进行。经过冷压校的曲轴，因弹性后效作用还会使其重新弯曲，最好施行自然时效处理或人工时效处理，消除冷压产生的内应力，防止出现新的弯曲变形

续表

形式	修 复 方 法
轴颈磨损	(1) 主轴颈的磨损主要是失去圆度和圆柱度，最大磨损部位是在靠近连杆轴颈的一侧。连杆轴颈磨损成椭圆形的最大磨损部位是在各轴颈的内侧面，即靠近曲轴中心线的一侧。连杆轴颈的锥形磨损，最大部位是在机械杂质偏积的一侧。 (2) 曲轴轴颈磨损后，特别是圆度和圆柱度超过标准时需要进行修理。没有超过极限尺寸的磨损曲轴，可按修理尺寸进行磨削，同时换用相应尺寸的轴承，否则应采用电镀、堆焊、热喷涂等。 (3) 为有利于成套供应轴承，主轴颈与连杆轴颈一般应分别修磨成同一级修理尺寸。特殊情况，如个别轴颈烧蚀并发生在大修后不久，则可单独将这一轴颈修磨到另一等级。曲轴磨削可在专用曲轴磨床上进行，并遵守磨削曲轴的规范。在没有曲轴磨床的情况下，也能用曲轴修磨机或在普通车床上磨修，不过需配置相应的夹具和附加装置。 (4) 磨损了的曲轴轴颈还可用焊贴切分轴套的方法进行修复，如图12-26所示：先把已加工的轴套2切分开，然后焊贴到曲轴磨损的轴颈1上，并将两个半套也焊在一起，再用通用的方法加工到公称尺寸；不同直径的曲轴和不同的磨损量，所采用的切分轴套的壁厚也不一样。当曲轴的轴颈为50～100mm，切分轴套的厚度可取4～6mm；当轴颈为150～200mm，切分轴套的厚度为8～12mm。切分轴套在曲轴的轴颈上焊接时，应先将半轴套铆焊在曲轴上，然后再焊接其切口，轴套的切口可开V形坡口。为防止曲轴在焊接过程中产生变形或过热，应用小的焊接电流，分段焊接切口，多层焊、对称焊。焊后需将焊缝退火，消除应力，再进行机械加工
曲轴裂纹	曲轴裂纹易产生在主轴颈或连杆轴颈与曲柄臂相连的过渡圆角处和轴颈的油孔边缘。若连杆轴颈上有较细的裂纹时，经修磨后消除裂纹。若横向裂纹时，通常不进行修复，须予以调换

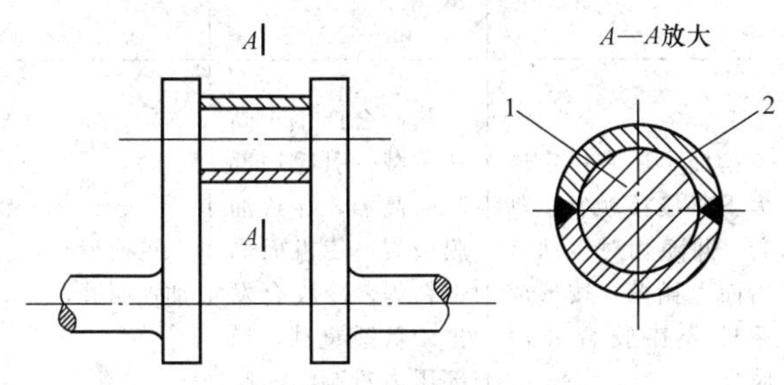

图 12-26 曲轴轴颈的修复

1—曲轴轴颈；2—轴套

三、齿轮的修复

齿轮的类型很多，用途各异。齿轮常见的失效形式、损坏特征、产生原因和维修方法见表12-52。具体的修复内容及要点见表12-53。

表 12-52　　齿轮常见的失效形式、损伤特征、产生原因及维修方法

失效形式	损伤特征	产生原因	维修方法
轮齿折断	整体折断一般发生在齿根，局部折断一般发生在轮齿一端	齿根处弯曲应力最大且集中，载荷过分集中，多次重复作用，短期过载	堆焊，局部更换，栽齿，镶齿
疲劳点蚀	在节线附近的下齿面上出现疲劳点蚀坑并扩展，呈贝壳状，可遍及整个齿面，噪声、磨损、动载增大，在闭式齿轮中经常发生	长期受交变接触应力作用，齿面接触强度和硬度不高，表面粗糙度大一些，润滑不良	堆焊，更换齿轮，变位切削
齿面剥落	脆性材料、硬齿面齿轮在表层或次表层内产生裂纹，然后扩展，材料成片状剥离齿面，形成剥落坑	齿面受高的交变接触应力，局部过载，材料缺陷，热处理不当，黏度过低，轮齿表面质量差	堆焊，更换齿轮，变位切削
齿面胶合	齿面金属在一定压力下直接接触发生黏着，并随相对运动从齿面上撕落，按形成条件分热胶合和冷胶合	热胶合产生于高速重载，引起局部瞬时高温，导致油膜破裂，使齿面局部粘焊；冷胶合发生于低速重载，局部压力过高，油膜压溃，产生胶合	更换齿轮，变位切削，加强润滑

续表

失效形式	损伤特征	产生原因	维修方法
齿面磨损	轮齿接触表面沿滑动方向有均匀重叠条痕、多见于开式齿轮，导致失去齿形、齿厚减薄而断齿	铁屑、尘粒等进入轮齿的啮合部位引起磨粒磨损	堆焊，调整换位，更换齿轮，换向，塑性变形，变位切削，加强润滑
塑性变形	齿面产生塑性流动、破坏了正确的齿形曲线	齿轮材料较软，承受载荷较大，齿面间摩擦力较大	更换齿轮，变位切削，加强润滑

表 12-53　　修复内容及要点

方　法	修复内容及要点
调整换位法	（1）单向运转受力的齿轮，为单面损坏，只要结构允许，可直接用调整换位法修复。 （2）结构对称的齿轮，单面磨损后可直接翻转 180°，重新安装使用。对圆锥齿轮或具有正反转的齿轮不能采用此法。 （3）若齿轮精度不高，并由齿圈和轮毂组合的结构（铆合或压合），其轮齿单面磨损时，可先除去铆钉，拉出齿圈，翻转 180°换位后，再进行铆合或压合，即可使用。 （4）结构左右不对称的齿轮，可将不对称部分去掉，并在另一端用焊、铆或其他方法添加相应结构后，再翻转 180°安装使用；也可在另一端加调整垫片，把齿轮调整到正确位置，而无须添加结构。 （5）单面进入啮合位置的变速齿轮，若发生齿端碰缺，可将原有的换挡拨叉槽车削去掉，然后把新制的拨叉槽用铆或焊接方法装到齿轮的反面
栽齿修复法	低速、平稳载荷且要求不高的较大齿轮，单个齿折断后可将断齿根部锉平，根据齿根厚度及齿宽情况，在其上面栽上一排与齿轮材质相似的螺钉，包括钻孔、攻螺纹、拧螺钉，并以堆焊联接各螺钉，然后再按齿形样板加工出齿形
镶齿修复法	受载不大，但要求较高的齿轮单个齿折断，可用镶单个齿的方法修复。如果齿轮有几个齿连续损坏，可用镶齿轮块的方法修复。若多联齿轮、塔形齿轮中有个别齿轮损坏，用齿圈替代法修复。重型机械的齿轮通常把齿圈以过盈配合装在轮芯上，成为组合式结构。当这种齿轮的轮齿磨损超限时，可把坏齿圈拆下，而换新的齿圈

续表

方 法	修复内容及要点
堆焊修复法	工艺：焊前退火；焊前清洗；施焊；焊缝检查；焊后机械加工与热处理；精加工；最终检查及修整。 （1）轮齿局部堆焊。当齿轮的个别齿断齿、崩牙，遭到严重损坏时，可以用电弧堆焊法进行局部堆焊。为防止齿轮过热、避免热影响，可把齿轮浸入水中，只将被焊齿露于水面，在水中进行堆焊，轮齿端面磨损超限，可用熔剂层下粉末焊丝自动堆焊。 （2）齿面多层堆焊。当齿轮少数齿面磨损严重时，可用齿面多层堆焊。施焊时，从齿根逐步焊到齿顶，每层重叠量为2/5～1/2，焊一层经稍冷后再焊下一层。如果有几个齿面需堆焊，应间隔进行。 堆焊后的齿轮加工方法有两种：①磨合法。按应有的齿形进行堆焊，以齿形样板随时检验堆焊层厚度，基本上不堆焊出加工余量，然后通过手工修磨处理，除去大的凸出点，最后在运转中依靠磨合磨出光洁表面，此法工艺简单、维修成本低，但配对齿轮磨损较大、精度低，适用于转速很低的开式齿轮修复；②切削加工法。齿轮在堆焊时留有一定的加工余量，然后在机床上进行切削加工，能获得较高的精度，生产效率也较高
塑性变形法	如图12-27所示，将齿轮加热到800～900℃，放入在图示下模3中，然后将上模2沿导向杆5装入，用手锤在上模四周均匀敲打，使上下模具互相靠紧。将销子1对准齿轮中心以防止轮缘金属经挤压进入齿轮轴孔的内部。在上模2上加压力，齿轮轮缘金属即被挤压流向齿的部分，使齿厚增大。齿轮经过模压后，再通过机械加工铣齿，最后按规定进行热处理。图12-47中4为被修复的齿轮，尺寸线以上的数字为修复后的尺寸，尺寸线以下的数字为修复前的尺寸。 此法只适用修复模数较小的齿轮。由于受模具尺寸的限制，齿轮的直径也不宜过大，需修复的齿轮不应有损伤、缺口、剥蚀、裂纹以及用此法修复不了的其他缺陷；材料要有足够的塑性，并能成形；结构要有一定的金属储备量，使磨损区的轮齿得到扩大，且磨损量应在齿轮和结构的允许范围内
热锻堆焊结合修复法	（1）将齿轮外圆车掉1～1.5mm，除去渗碳层。 （2）将齿轮加热至800～900℃，置于压模中进行锻压镦粗，用热锻将齿顶非工作部分金属挤压到工作部分，恢复轮齿齿厚。 （3）在轮齿顶部进行堆焊，满足齿高要求。 （4）机械加工。 （5）热处理。 （6）检验

续表

方　法	修复内容及要点
变位切削法	（1）齿轮磨损后可利用负变位切削，将大齿轮的磨损部分切去，另外配换一个新的小齿轮与大齿轮相配，齿轮传动即能恢复，大齿轮经负变位切削后，它的齿根强度虽降低，但仍比小齿轮高，只要验算轮齿的弯曲强度在允许的范围内便可使用。 （2）若两齿轮的中心距不能改变时，与经过负变位切削后的大齿轮相啮合的新小齿轮必须采用正变位切削。它们的变位系数大小相等，符号相反，形成高度变位，使中心距与变位前的中心距相等。 （3）如果两传动轴的位置可调整，新的小齿轮不用变位，仍采用原来的标准齿轮。若小齿轮装在电动机轴上，可移动电动机来调整中心距。 （4）齿轮修复，须进行有关方面的验算，包括：①根据大齿轮的磨损程度，确定变位量，即大齿轮切削最小的径向深度；②当大齿轮齿数小于40时，需验算是否会有根切现象，若大于40，一般不会发生根切，可不验算；③当小齿轮齿数小于25时，需验算齿顶是否变尖，若大于25，一般很少使齿顶变尖，故不需验算；④必须验算齿轮齿形有无干涉现象；⑤对闭式传动的大齿轮经负变位切削后，应验算轮齿表面的接触疲劳强度，而开式传动可不验算；⑥当大齿轮的齿数小于40时，还需验算弯曲强度，而大于或等于40时，因强度减少不大，可不验算。 （5）此法适用于大传动比、大模数的齿轮传动因齿面磨损超限而失效。成对更换不合算，采取对大齿轮进行负变位修复而得到保留，只需配换一个新的正变位小齿轮，使传动得到恢复。它可减少材料消耗，缩短修复时间。有关变位的计算和验算可参阅齿轮手册
真空扩散焊修法	修复时，先把损坏的齿轮从轴上切下，然后将新制的齿轮部分或齿轮毛坯与原来的轴在真空中用扩散法焊牢。若焊上去的是齿轮毛坯，焊好后需加工成齿形
金属涂敷法	（1）在齿面上涂以金属粉或合金粉层，然后进行热处理或者机械加工，从而使零件的原来尺寸得到恢复，并可获得耐磨及其他特性的覆盖层。 （2）涂敷时所用的粉末材料，主要有铁粉、铜粉、钴粉、钼粉、镍粉、堆焊合金粉、镍-硼合金粉等，修复时根据齿轮的工作条件及性能要求选择确定。涂敷的方法主要有热喷涂、压制、沉积和复合等，熔结加热的方法主要有电炉、感应炉、燃料炉、气焊炬、超声波等。 （3）此外，铸铁齿轮的轮缘或轮辐产生裂纹或断裂时，常用气焊、铸铁焊条或焊粉将裂纹处焊好；用补夹板的方法加强轮缘或轮辐；用加热的扣合件在冷却过程中产生冷缩将损坏的轮缘或轮辐锁紧。 （4）齿轮键槽损坏，可用插、刨或钳工把原来的键槽尺寸扩大10%～15%，同时配制相应尺寸的键进行加大尺寸修复；如果损坏的键槽不能用上述方法修复，可转位在与旧键槽成90°的表面上重新开一键槽，同时将旧键槽堆焊补平；若待修复齿轮的轮毂较厚，也可将轮毂孔以齿顶圆定心镗大，然后在镗好的孔中镶套，再切制标准键槽；但镗孔后轮毂壁厚小于5mm的齿轮不宜用此法修复。 （5）齿轮孔径磨损后，可用镶套、镀铬、镀镍、镀铁、金属喷涂、刷镀、堆焊等工艺方法修复

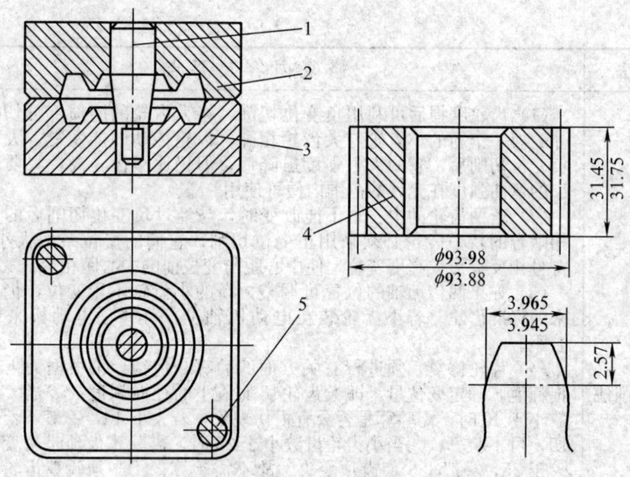

图 12-27 用塑性变形法修复齿轮

1—销子；2—上模；3—下模；4—被修复的齿轮；5—导向杆

四、轴承的修复

（一）滑动轴承

滑动轴承的优点是结构简单、便于制造与维修、外形尺寸小、承受重载和冲击载荷的性能较好等。在使用过程中，由于设计参数、制造工艺和使用工作条件千变万化，经常出现各种形式的失效，使滑动轴承过早损坏，需要维修。滑动轴承常见的故障特征、产生原因及维修措施见表 12-54。常见维修方法见表 12-55。

表 12-54 滑动轴承常见的故障特征、产生的原因及维修措施

故障特征	产生原因	维修措施
磨损及刮伤	润滑油中混有杂质，异物及污垢，检修方法不妥，安装不对中，润滑不良，使用维护不当，质量指标控制不严，轴承和轴变形，轴承和轴颈磨合不良等	（1）清洗轴颈、油路、过滤器并换油。 （2）修刮轴瓦或新配轴瓦。 （3）安装不正应及时找正。 （4）注意检修质量
温度过高	轴承冷却不好，润滑不良，超载，超速，装配不良，磨合不够，润滑油杂质过多，密封不好	（1）加强润滑。 （2）加强密封。 （3）防止过载、过速。 （4）提高安装质量。 （5）调整间隙并磨合

续表

故障特征	产生原因	维修措施
胶合	轴承过热，载荷过大，操作不当，控制系统失灵，润滑不良，安装不对中	(1) 防止过热、加强检查。 (2) 加强润滑，安装对中。 (3) 胶合较轻可刮研修复
疲劳破裂	由于不平衡引起的振动，轴的连续超载等造成轴承合金疲劳破裂，轴承检修和安装质量不高，轴承温度过高	(1) 提高安装质量，减少振动。 (2) 防止偏载、过载。 (3) 采用适宜的轴承合金及结构。 (4) 严格控制轴承温升
拉　毛	大颗粒污垢带入轴承间隙并嵌藏在轴衬上，使轴承与轴颈接触形成硬块，运转时会刮伤轴的表面，拉毛轴承	(1) 注意润滑油应洁净。 (2) 检修时注意清洗，防止污物带入
变形	超载，超速，使轴承局部区域应力超过弹性极限，出现塑性变形，轴承装配不好，润滑不良，油膜局部压力过高	(1) 防止超载、超速。 (2) 加强润滑，安装对中。 (3) 防止发热
穴蚀	轴承结构不合理，轴的振动，油膜中形成紊流，使油膜压力变化形成蒸汽泡，蒸汽泡破裂，轴瓦局部表面产生真空，引起小块剥落，产生穴蚀破坏	(1) 增大供油压力。 (2) 改进轴承结构。 (3) 减少轴承间隙。 (4) 更换适宜的轴承材料
电蚀	由于绝缘不好或接地不良，或产生静电，在轴颈与轴瓦之间形成一定的电压，穿透轴颈与轴瓦之间的油膜而产生电火花，把轴瓦打成麻坑	(1) 增大供油压力。 (2) 检查绝缘情况，特别是接地情况。 (3) 电蚀损坏不重，可刮研轴瓦。 (4) 检查轴颈，若电蚀损坏不重可磨
机械故障	由相关机械零件发生损坏或有质量问题导致轴承损坏，如轴承座错位、变形、孔歪斜、轴变形等，超载、超速、使用不当	(1) 提高相关零件的制造质量。 (2) 保证装配质量。 (3) 避免超载、超速。 (4) 正确使用，加强维护

表 12-55　　　维修方法

结构	维修方法
整体轴承	(1) 当轴套孔磨损时，调换轴套并通过镗削、铰削或刮削。也可用塑性变形法，减少轴套长度和缩小内径。 (2) 没有轴套的轴承内孔磨损后，可用镶套法，把轴承孔镗大，压入加工好的衬套，然后按轴颈修整
剖分轴承	(1) 换瓦一般在下述条件下需要更换新瓦：①严重烧损、瓦口烧损面积大、磨损深度大，用刮研与磨合不能挽救；②瓦衬的轴承合金减薄到极限尺寸；③轴瓦发生碎裂或裂纹严重；④磨损严重，径向间隙过大而不能调整。 (2) 刮研轴承。在运转中擦伤或严重胶合（烧瓦），清洗后将轴瓦内表面刮研，再与轴颈配合刮研。对于一些较轻的擦伤或某一局部烧伤，清洗并更换润滑油。 (3) 调整径向间隙轴承。径向间隙增大，出现漏油、振动、磨损加快等。增减轴承瓦口之间的垫片，重新调整径向间隙。修复时，若撤去轴承瓦口之间的垫片，则应按轴颈尺寸进行刮配；如果轴承瓦口之间无调整垫片时，可在轴衬背面镀铜或垫上薄铜皮，须垫牢，防止窜动；轴衬上合金层过薄时，可重新浇注抗磨合金或更换新轴衬后刮配。 (4) 缩小接触角度、增大油楔尺寸轴承。磨损逐渐增大，形成轴颈下沉，接触角度增大，润滑条件恶化，加快磨损。在径向间隙不必调整的情况下，可刮刀开大瓦口，减小接触角度，缩小接触范围，增大油楔尺寸。有时这种修复与调整径向间隙同时进行，将会得到更好的修复效果。 (5) 补焊和堆焊。磨损、刮伤、断裂或有其他缺陷的轴承，可用补焊或堆焊修复。一般用气焊修复轴瓦。对常用的巴氏合金轴承采用补焊，主要的修复工艺是：①用扁錾、刮刀等工具对需要补焊的部位进行清理，做到表面无油污、残渣、杂质、并露出金属的光泽；②选择与轴承材质相同的材料作为焊条，用气焊对轴承补焊，焊层厚度一般为 2～3mm，较深的缺陷可补焊多层；③补焊面积较大时，可将轴承底部浸入水中冷却，或间歇作业，留有冷却时间；④补焊后要再加工，局部补焊可通过手工整修与刮研完成修复，较大面积的补焊可在机床上进行切削加工。 (6) 重新浇注轴承瓦衬。对于磨损严重而失效的滑动轴承，补焊或堆焊已不能满足要求，这时需要重新浇注轴承合金。其主要工艺过程和注意要点为：①做好浇注前的准备工作，包括必要的工具、材料与设备，例如固定轴瓦的夹具、平板，按图纸要求牌号的轴承合金、挂锡用的锡粉和锡棒，熔化轴承合金的加热炉以及盛轴承合金的坩埚等；②浇注前，应将轴瓦上

续表

结构	维修方法
剖分轴承	的旧轴承合金熔掉，可以用喷灯火烤，也可把旧瓦放入熔化合金的坩埚中使合金熔掉；③检查和修正瓦背，使瓦背内表面无氧化物，呈银灰色，使瓦背的几何形状符合技术要求，使瓦背在浇注之前扩张一些，保证浇注后因冷却收缩能和瓦座很好贴合；④清洗、除油、去污、除锈、干燥轴瓦，使它在挂锡前保持清洁；⑤挂锡，包括将锌溶解在盐酸内的氯化锌溶液涂刷在瓦衬表面，将瓦衬预热到250～270℃；再次均匀地涂上一层氯化锌溶液，撒上一些氯化铵粉末并成薄薄的一层，将锡条或锡棒用锉刀锉成粉末，均匀地撒在处理好的瓦衬表面上，锡受热即熔化在上面，挂上一层薄而均匀且光亮的锡衣，若出现淡黄色或黑色的斑点，说明质量不好，需重新挂；⑥熔化轴承合金，包括对瓦衬预热、选用和准备轴承合金，将轴承合金熔化，并在合金表面上撒一层碎木炭块，厚度为20mm左右，减少合金表面氧化，注意控制温度，既不要过高，也不能过低，一般锡基轴承合金的浇注温度为400～450℃，铅基轴承合金的浇注温度为460～510℃；⑦浇注轴承合金，浇注前最好将瓦衬预热到150～200℃，浇注的速度不宜过快，不能间断，要连续、均匀地进行，浇注温度不宜过低，避免砂眼的产生，要注意清渣，将浮在表面的木炭、熔渣除掉；⑧质量检查，通过断口来分析判断缺陷，若质量不符合技术要求则不能使用，对于有条件的单位可采用离心浇注轴承合金，其工艺过程与手工浇注基本相同，只是浇注不用人工而在专用的离心浇注机上进行，由于离心浇注是利用离心力的作用，使轴承合金均匀而紧密地粘合在瓦衬上，从而保证了浇注质量，这种方法生产效率高，改善了工人的劳动条件，对成批生产或维修轴瓦来说比较经济。 （7）塑性变形法。对于青铜轴套或轴瓦，还可采用塑性变形法进行修复，主要有镦粗，压缩和校正等方法：①镦粗法是用金属模和芯棒定心，在上模上加压，使轴套内径减小，然后再加工其内径，它适用于轴套的长度与直径之比小于2的情况下；②压缩法是将轴套装入模具中，在压力的作用下使轴套通过模具把其内、外径都减小，减小后的外径可用热喷涂法恢复原来的尺寸，然后再加工到需要的尺寸；③校正法是将两个半轴瓦合在一起，固定后在压力机上加压成椭圆形，然后将半轴瓦的接合面各切去一定厚度，使轴瓦的内外径均减小，外径可用热喷涂法修复，最后加工到所要求的尺寸

（二）滚动轴承

滚动轴承应用很广，它的使用寿命与选型是否适当、安装是否正确、使用是否合理、保养是否及时等有很大的关系。

1. 滚动轴承常见的故障特征、产生的原因及维修措施

滚动轴承常见的故障特征、产生原因及维修措施见表 12-56。

表 12-56　滚动轴承常见的故障特征、产生的原因及维修措施

故障特征	产生原因	维修措施
轴承温升过高接近 100℃	（1）润滑中断。 （2）用油不当。 （3）密封装置、垫圈、衬套间装配过紧。 （4）安装不正确，间隙调整不当。 （5）过载，过速	（1）加油或疏通油路。 （2）换油。 （3）调整并磨合。 （4）调整或重新装配。 （5）控制过载和过速
轴承声音异常	（1）轴承损坏、如保持架碎裂。 （2）轴承因磨损而配合松动。 （3）润滑不良。 （4）轴向间隙太小	（1）更换轴承。 （2）调整、更换、修复。 （3）加强润滑。 （4）调整轴向间隙
轴承内外圈裂纹	（1）装配过盈量太大，配合不当。 （2）冲击载荷。 （3）制造质量不良、内部有缺陷	更换轴承或修复轴颈
轴承金属剥落	（1）冲击力和交变载荷使滚道和滚动体产生疲劳剥落。 （2）内外圈安装歪斜造成过载。 （3）间隙调整过紧。 （4）配合面落人铁屑或硬质脏物。 （5）选型不当	（1）找出过载原因，予以排除。 （2）重新安装。 （3）调整间隙。 （4）保持干净，加强密封。 （5）按规定选型

续表

故障特征	产生原因	维修措施
轴承表面有点蚀麻坑	（1）油液黏度低，抗极压能力低。 （2）超载	（1）更换黏度高的油或极压齿轮油。 （2）找出超载原因，并排除
轴承咬死、刮伤	严重发热造成局部高温	清洗、整修，找出发热原因并采取相应改善措施
轴承磨损	（1）超载、超速。 （2）润滑不良。 （3）装配不好，间隙调整过紧。 （4）轴承制造质量不好，精度不高	（1）限制速度和载荷。 （2）加强润滑。 （3）重新装配、调整间隙。 （4）更换轴承

2. 滚动轴承的调整和更换

滚动轴承损坏后一般不进行修复，这是由于它的构造比较复杂，精度要求高，修复受到一定条件的限制造成的。通常滚动轴承在工作过程中如发现以下各种缺陷时，应及时调整和更换：

（1）滚动轴承的工作表面受到交变载荷的应力作用，金属因疲劳而产生脱皮现象。

（2）由于润滑不良、密封不好，灰尘进入，造成工作表面被腐蚀，初期产生具有黑斑点的氧化层，进而发展形成锈层而剥落。

（3）滚动体表面产生凹坑，滚道表面磨损或鳞状剥落，使间隙增大，工作时发生噪声且无法调整，如果继续使用，就会出现振动。

（4）保持架磨损或碎裂，使滚动体卡住或从保持架上脱落。

（5）轴承因装配或维护不当而产生裂纹。

（6）轴承因过热而退火。

（7）内外圈与轴颈和轴承座孔配合松动，工作时，使它们之间发生相互滑移，加速磨损，或者它们之间配合过紧，拆卸后轴承转动仍过紧。

3. 滚动轴承的修复

（1）选配法。它不需要修复轴承中的任何一个零件，只要将同类轴承全部拆卸，并清洗、检验，把符合要求的内外圈和滚动体重新装配成套，恢复其配合间隙和安装精度即可。

（2）电镀法。凡选配法不能修复的轴承，可通过外圈和内圈滚道镀铬，恢复其原来尺寸后再进行装配。镀铬层不宜太厚，否则容易剥落，降低机械性能，也可用镀铜或镀铁。

（3）电焊法。圆锥或圆柱滚子轴承的内圈尺寸若能确定修复，可采用电焊修补。其工艺过程是：检查、电焊、车削整形、抛光、装配。

（4）修整保持架。轴承保持架除变形过大、磨损过度外，一般都能使用专用夹具和工具进行整形。若保持架有裂纹，可用气焊修补。为了防止保持架变形和装配时断裂，应在整形前先进行正火处理，正火后再抛光待用。若保持架有小裂纹，也可通过校正后用胶黏剂修补。

五、壳体零件的修复

壳体零件的结构形状一般都比较复杂，壁薄且不均匀，内部呈腔形，在壁上既有许多精度较高的孔和平面需要加工，也有许多精度较低的紧固孔需要加工。壳体的修复工艺要点如下。

（一）气缸体

1. 气缸体裂纹的修复

（1）裂纹的部位和原因。气缸体的裂纹一般发生在水套薄壁、进排气门垫座之间、燃烧室与气门座之间、两气缸之间、水道孔及缸盖螺钉固定孔等部位。裂纹的原因主要有：①急剧的冷热变化形成内应力；②冬季忘记放水而冻裂；③气门座附近的局部高温产生热裂纹；④装配时因过盈量过大引起裂纹等。

（2）常用修复方法。主要有焊补、粘接、强密扣合、栽铜螺钉填满裂纹、用螺钉把补板固定在气缸体上等。

2. 气缸体和气缸盖变形的修复

（1）变形的危害和原因。变形不仅破坏了几何形状，而且使配合表面的相对位置偏差增大，例如：破坏了加工基准面的精度，破坏了主轴承座孔的同轴度、主轴承座孔与凸轮轴承孔中心线的平行度、气缸中心线与主轴承孔的垂直度等。另外，引起密封不良、漏水、漏气，甚至冲坏气缸衬垫。变形产生的原因是内部的内应力和负荷外力作用的结果，这是制造过程中产生的；在使用过程中，缸体过热；在拆装过程中未按规定进行等。

（2）变形的修复。如果气缸体和气缸盖的变形超过技术规定范围，则应根据具体情况进行修复，主要方法有：①气缸体平面螺孔附近凸起，用油石或细锉修平；②气缸体和气缸盖平面不平，可用铣、刨、磨加工修复，也可刮削、研磨；③气缸盖翘曲，可进行加温，然后在压床上校正或敲击校正，最好不用铣、刨、磨加工修复。

3. 气缸的磨损

（1）磨损的原因和危害。磨损通常是由于腐蚀、高温和活塞环的摩擦造成的。磨损主要在活塞环运动的区域内。磨损后出现压缩不良、启动困难、功率下降和机油消耗量增加等现象，甚至发生缸套与活塞的不正常撞击等。

（2）磨损的修复。气缸磨损后，可采用修理尺寸法，即用镗削和磨削的方法，将缸径扩大到某一尺寸，然后选配与缸径尺寸相符合的活塞和活塞环，恢复正确的几何形状和配合间隙。当缸径超过标准直径直至最大限度尺寸时，可用镶套法、镀铬法修复。

（二）变速箱体

变速箱体的主要缺陷有箱体变形、裂纹、轴承孔磨损等。造成主要缺陷的原因有：①箱体在制造加工中出现的内应力和外载荷、切削热和夹紧力；②装配不好，间隙调整没按规定执行；③使用过程中的超载、超速；④润滑不良等。

当箱体上平面翘曲较小时，可将箱体倒置于研磨平台上进行研磨修平；若翘曲较大，应用磨削或铣削加工修平，此时以孔的轴心线为基准找平，保证加工后的平面与轴心线的平行度。

当孔心距之间的平行度误差超差时，可用镗孔镶套的方法修复，以恢复各轴孔之间的相互位置精度。

若箱体有裂纹时，应进行焊补，但要尽量减少箱体的变形和产生的白口组织。

箱体的轴承孔磨损可用修理尺寸法和镶套法修复。当套筒壁厚为7～8mm时，压入镶套后应再次镗孔。此外，也可采用电镀、热喷涂或刷镀进行修复。

六、机体零件的修复

机体零件是机械设备的基础件。有许多零部件都装在机体上，有的部件还在机体的导轨上运动，各部件的相互位置精度以及一些部件的运动精度，都和机体本身的精度有直接的关系。如机床的床身、立柱和摇臂、轧钢机的机架、破碎机的机身、汽车和拖拉机的底盘等，各种机体零件由于功用不同，结构形状差别较大，但结构上仍有一些共同的特点，例如轮廓尺寸较大、重量较大、结构形状复杂、刚性较差、主要加工表面为一些固定联接各零部件的平面、精度要求较高的孔和作为有些部件运动基准的导轨面等。

（一）普通车床床身

主要修复导轨面及配合面。床身的导轨面是车床的基准面，主要作用是承载和导向，无论在空载或切削时，都应保证溜板运动的直线性、耐磨和具有足够的刚度、保持精度的持久性和稳定性、磨损后容易修复和调整（等）。

由于床身导轨暴露在外面，受到灰尘和氧化磨损、机械摩擦磨损、腐蚀、粘着磨损，极易产生拉伤和撞击损伤等，使导轨工作条件恶劣，精度下降较快。磨损严重时，会造成溜板箱运动与主轴、丝杠、光杠等部件的传动精度发生变化，并直接影响工件的尺寸误差、形状误差、相互位置误差和表面粗糙度。

1. 导轨面局部损伤的修复

局部损伤是碰伤、擦伤、拉毛、研伤等。导轨出现损伤，一经发现必须及时修理，不使其恶化。常见的修复方法如下：

（1）焊接。例如黄铜丝气焊、银锡合金钎焊、锡铋合金钎焊、特制镍铜焊条电弧冷焊、奥氏体铁铜焊条堆焊、锡基轴承合金化学镀铜钎焊等。

（2）粘接。用有机或无机胶黏剂直接粘补，如用AR-4耐磨胶、KH-501、合金粉末粘补、HNT耐磨涂料等。

（3）刷镀。当机床导轨上出现1～2条划伤或局部出现凹坑时用刷镀法修复。

2. 导轨的刮研修复

刮研法适合各种导轨。去除余量小，切削力小、产热低，可达到任意精度要求。它不受工件位置、形状和条件限制，方法简便可靠。

刮研时，首先要选定刮研基准。然后以它为基准去检查和修刮其他导轨，达到相互位置要求和各自的平面度、直线度要求。

3. 导轨的机械加工修复

导轨磨损与损伤严重时，可采用龙门刨床精刨来代替劳动强度大的刮研。另外，对刨床的精度和刨刃要求较高，工艺较严。此外，还可利用导轨磨床进行磨削加工，以磨代刮。它适用于硬导轨面，去除的余量比刮研稍大、精度高、劳动强度小、效率高，通过一定的工艺措施可以达到导轨的凸、凹形状要求。以磨代刮应注意磨削的进给吃刀量必须适当，不宜过大，否则导轨变形，造成磨削表面精度不稳定。

4. 导轨的软带修复

软带是一种以聚四氟乙烯（PTFE）为基，添加适量青铜粉、二硫化钼、石墨等填充剂构成的高分子复合材料，又称填充聚四氟乙烯导轨软带。它具有特别高的抗磨性能和很低的滑动阻力。采用软带后不需要铲刮、研磨即能满足导轨的各种精度且耐磨。

这种工艺的特点是：软带粘接的导轨静动摩擦因数差值小，部件运行平稳，无爬行，定位精度高；摩擦因数小；耐磨损；吸振性能好；耐老化；不受其他一切化学物质的腐蚀（除强酸和氧化剂外）；自润滑性好；改善导轨的工作性能；使用寿命长等。特别是使用软带后，磨损主要在软带导轨面上，相配导轨面受到软带转移膜的保护而磨损极微。修复时，如软带导轨磨损已不能满足工作要求，可将原软带剥去，胶层清除干净，重新粘接新的软带即可，维修非常简便。

有关软带修复的详细内容可参阅有关手册和资料。

（二）金属机架

处于动载荷作用的金属机架，如起重机动臂、挖掘机动臂等，极容易发生故障，如铆合处破坏、焊缝断裂、结构变形、紧固件损坏等。这些故障的产生不仅与制造和修复质量有关，而且也与材料性能和使用情况密切相关，特别是在超载使用情况下更容易发生，是造成故障的主要原因。

（1）主要修复方法。所有松动的铆钉均应拆除，调换新铆钉。焊缝开裂，先清除原焊缝金属，然后在基体金属上焊补，根据构件材质和受力情况不同选择焊条。

（2）机架上的裂纹可用焊补法修复，如裂纹部位受力较大或裂纹数量较多时，可在裂纹的整个面积上焊一块盖板。

（3）损坏的螺栓孔可钻大，然后配上较大直径的螺栓。当扩大螺栓孔后影响结构强度时，可在此对螺栓孔进行焊补，然后再钻孔。

（4）构件变形不大时，可在不拆卸的情况下进行冷态或热态校正。若大的结构件不拆卸校正有困难时，可进行部分结构拆卸，待校正或更换后重新组装。

七、机床零部件的修复

机床包括各种典型的零件，对它们进行维修具有一定的代表性。现将几种主要零件的常用修复工艺列于表 12-57 中。

表 12-57　　机床几种主要零件的常用修复工艺

零件名称	修复工艺	特　点
磨损量不大的轴颈、主轴套筒、轴承内外圈等	镀铬	用电化学方法在零件表面形成镀层，厚度一般为 0.05～0.3mm
	刷镀	零件表面局部快速电化沉积金属，形成镀层，厚度为 0.2～0.5mm
	热喷涂	用电弧或氧-乙炔焰作热源，将金属丝或粉末熔化，在压缩空气以极大速度喷射到零件表面形成镀层，厚度可达 0.5～10mm
	低温镀铁	与镀铬相似，但结合强度和表面硬度低于镀铬，厚度可达 1～3mm

续表

零件名称	修复工艺	特 点
铸铁床身开裂和导轨严重刻痕	铸铁冷焊	采用低碳钢焊条或有色金属及其合金焊条，改善焊接性能
滑动导轨表面划伤或拉毛	快干涂料	以铸铁粉、固体润滑剂粉和调色剂等组成填料粉，使用时加胶黏剂。粘接效果好、固化快、操作简便、迅速
	铁粉 KH-501	不变形、固化快、工艺简单、成本低、周期短
	尼龙导轨板粘接	用聚氨酯胶黏剂（101 胶）将尼龙板与滑板导轨面黏合在一起，具有粘接强度高、力学性能好、可减少刮研量等优点
	锡铋合金钎焊	焊前床身不预热，也不开坡口，直接焊接损伤部位，焊接牢固、操作简便、修复快、易于手工刮研
	巴氏合金钎焊	在清洗后的导轨划伤部位进行快速化学无槽镀铜，在此基础上用烙铁焊一层巴氏合金。此方法工艺简单、成本低、变形小、不脱落、易刮研
机床溜板导轨，底板等磨损表面	塑料导轨软带粘接	用聚四氟乙烯等塑料导轨软带粘接，摩擦因数小、自润滑性好、低速运动无爬行，能埋入铁屑防止研伤导轨表面
	环氧树脂粘接	力学性能好、黏合力强、可进行机械加工、电绝缘性能好、耐蚀性好、操作简便

第六节 普通机床常见故障及排除

一、卧式车床常见故障及排除

卧式车床常见故障及排除方法见表 12-58。

表 12-58 卧式车床常见故障及排除方法

序号	故障	原 因	排 除 方 法
1	主轴转数低于标准转数	（1）摩擦离合器过松或摩擦片损坏。 （2）电动机皮带过松或严重磨损	（1）调整或更换摩擦片。 （2）调整皮带松紧程度或更换严重磨损的皮带

续表

序号	故障	原　因	排 除 方 法
2	停车不及时	（1）正、反车开关手柄定位螺钉松动或定位压簧损坏。 （2）制动带调整太松或磨损。 （3）摩擦离合器调整过紧	（1）旋紧定位螺钉，更换定位压簧。 （2）调整制动带，或更换磨损制动带。 （3）适当调松离合器摩擦片
3	主轴变速位置移动	变速链条松动	调整链条张紧机构
4	主轴箱视窗不见油液	（1）油箱缺油。 （2）V带过松打滑。 （3）管路堵塞。 （4）油泵损坏	（1）加入润滑油至油标位置。 （2）调整螺母，拉紧V带。 （3）清洗，疏通油路。 （4）更换或修理油泵
5	加工工件的圆柱度超差	（1）主轴线对溜板移动的平行度超差。 （2）床身导轨扭曲超差。 （3）床身导轨变形或严重磨损	（1）校正主轴箱安装位置或修正磨损、变形的导轨，使其在允差范围内选用长度为300mm的检验棒测量。①上母线≤0.02mm（前端只许向上）；②侧母线≤0.15mm（前端只许向操作者方向偏）。 （2）调整安装垫铁，校正导轨扭曲。 （3）刮研或磨削导轨，恢复精度，保证溜板移动在垂直平面内的直线度为0.02mm/1000mm，在全长上为0.04mm
6	加工工件圆度超差	（1）主轴轴承间隙过大。 （2）轴承外径与箱体孔配合间隙过大。 （3）主轴轴承磨损，精度丧失	（1）调整主轴前、后轴承的轴向和径向间隙至要求。 （2）修整箱体孔圆度，采用刷镀或镀铬补偿间隙，也可重新镶套。 （3）更换轴承

续表

序号	故障	原　因	排 除 方 法
7	精车外圆时表面产生有规律波纹	（1）机床安装垫块不实，地脚螺母松动，机床产生振动。 （2）主电机旋转不平稳，产生振动。 （3）主传动V带松紧不一致产生振动。 （4）V带轮不平衡或内孔间隙增大产生振动。 （5）主轴箱内齿轮啮合过紧或齿部碰伤	（1）校正机床，垫铁塞实，螺母压紧。 （2）平衡电动机转子：检查电机轴承是否损伤或缺油，更换损坏轴承；添加润滑脂。 （3）更换V带，使几根V带长度一致。 （4）修正V带轮：保证内孔配合要求，消除不平衡或更换损坏轴承。 （5）调整轴承：修整由于变速等原因形成的齿凸点
8	精车外圆时，表面产生混乱波纹	（1）主轴滚动轴承的滚道磨损。 （2）主轴的轴向窜动超差。 （3）卡盘法兰与主轴结合定位面接触不良。 （4）刀架底面与小滑板上表面接触不良。 （5）大、中、小滑板及导轨表面之间的间隙过大或接触不良。 （6）溜板与床身导轨配合不良，润滑不良。 （7）走刀箱、溜板箱、托架三支承不同轴或三杠中有局部弯曲	（1）更换滚动轴承。 （2）修磨垫片厚度（其厚度由预加负荷后测量）或调前后轴承螺母，以消除轴向窜动。 （3）检查及修整法兰及定位面，保证接触面在80%以上。 （4）磨削或刮削刀架底面和小滑板上表面，保证接触点在25mm×25mm内不少于12点。 （5）调整各镶条，消除过大间隙和修整平面，保证间隙不超过0.03mm，保证各面之间接触良好。 （6）刮研溜板与床身导轨结合面，保证接触点在25mm×25mm内不少于16点，允许溜板导轨中段落的点稍淡。 （7）修整三杠支承，校直弯曲部，保证溜板箱移动时无阻尼现象

续表

序号	故障	原　因	排 除 方 法
9	精车外圆时工件表面每隔一段距离重复出现波纹	（1）溜板箱进给齿轮与床身齿条啮合不良。 （2）光杠弯曲，或光杠、丝杠、操纵杆的三孔中心线与运行轨迹不平行。 （3）溜板箱内某一传动齿轮（或蜗轮）损坏或啮合不良。 （4）主轴箱、进给箱中的轴弯曲或齿轮损坏	（1）更换严重磨损的齿条、齿轮，若磨损轻微则检查齿接触面，调整或研磨齿轮齿条，保证啮合良好。 （2）校直光杠，调整三孔，使孔中心与导轨平行，溜板移动无轻重不均现象。 （3）修复或更换齿轮（或蜗轮）。 （4）校直或更换弯曲的轴，更换严重损坏的齿轮
10	车削外圆时在工件长度中的固定位置表面出现凸或凹纹	（1）床身导轨面有局部碰伤凸点。 （2）床身上齿条表面有凸痕或齿条间接缝不良	（1）用刮刀或油石修凸点。 （2）修正齿条的齿形，校正齿条接缝，使走刀齿轮平稳地通过两齿条接缝处
11	精车端中凸、中凹超差	（1）溜板上横向导轨的垂直度超差。 （2）中滑板滑动间隙过大	（1）修刮溜板上横向燕尾导轨，垂直度只许向主轴偏（使之车出端面中凹），全长内允差为0.02mm。 （2）调整镶条，保证较小间隙
12	精车端面时重复出现波纹	（1）主轴轴向窜动量超差。 （2）中滑板横向丝杠、丝母间隙过大或磨损。 （3）横向丝杠进给齿轮啮合不良。 （4）中滑板丝杠弯曲	（1）调整主轴轴向间隙。 （2）调整丝杠、丝母间隙，更换磨损量大的丝杠或丝母。 （3）修整或更换进给齿轮。 （4）校直丝杠
13	用小滑板进刀法精车锥体时，呈葫芦形并表面粗糙度值高	（1）小滑板滑动间隙小。 （2）小滑板丝杠与丝母配合间隙大。 （3）丝杠弯曲。 （4）小滑板移动直线度超差	（1）调整镶条，保证间隙在0.03mm以内。 （2）修换磨损件。 （3）校直丝杠。 （4）刮研小滑板导轨面，保证全长直线度公差为0.01mm，导轨两侧面全长平行度为0.02mm

续表

序号	故障	原　因	排 除 方 法
14	车出的螺纹螺距误差大	（1）主轴轴向窜动超差。 （2）丝杠轴向窜动超差。 （3）丝杠弯曲。 （4）开合螺母闭合不好。 （5）传动系统中间隙较大且不平稳	（1）调整主轴轴向间隙。 （2）调整丝杠轴向窜动量在0.01mm以内（CA6140车床）。 （3）校直丝杠。 （4）调整开合螺母镶条。 （5）查出部位，调整间隙
15	精车螺纹表面有波纹	（1）丝杠轴向窜动超差。 （2）机床（主轴箱）等振动。 （3）刀架与小滑板接合面接触不良	（1）调整丝杠轴向窜动。 （2）消除产生机床振动的各种因素。 （3）刮研接触面，保证接触点在25mm×25mm内不少于12点
16	车削时过载，自动进刀停不住，车削时稍一进力，自动进刀就停止	安全过载离合器弹簧调得太紧或太松	按部件装配图调整螺母
17	溜板箱不能实现快速移动或快速停不住	快速移动电机失控	检修快速电动机按钮开关，调整触点位置

二、卧式万能升降台铣床常见故障及排除

卧式万能升降台铣床常见故障及排除方法见表12-59。

表12-59　　卧式万能升降台铣床常见故障及排除方法

序号	故　障	原　因	排除方法
1	主轴箱内有周期性响声及主轴温升过高	（1）传动轴弯曲，齿轮啮合不良。 （2）齿轮打坏。 （3）主轴轴承润滑不良或轴承间隙过小。 （4）主轴轴承磨损严重或保持架损坏	（1）校直或更换传动轴。 （2）更换损坏齿轮。 （3）保证充分润滑，调整轴承间隙在0.005mm内。 （4）更换轴承

续表

序号	故　障	原　因	排除方法
2	主轴变速时无冲动	（1）主轴电机冲动控制接触点不到位。 （2）联轴器销子折断	（1）调整冲动小轴尾端的调整螺钉，使冲动接触到位。 （2）更换销子
3	进给箱变速无冲动	（1）电动机冲动线路故障。 （2）冲动开关触点调整不当或位置变动	（1）由电工维修。 （2）调整冲动开关触点距离紧固螺钉
4	主轴变速箱变速手柄不灵活	（1）竖轴与手柄孔咬死。 （2）扇形齿与齿条啮合间隙过小。 （3）滑动齿轮花键轴拉毛。 （4）拨叉移动轴弯曲或有毛刺。 （5）凸轮和滚珠拉毛	（1）拆卸修理，加强润滑。 （2）调整间隙在0.15mm以内。 （3）修光拉毛部位。 （4）校直弯轴，去除毛刺。 （5）修理凸轮，更换滚珠
5	进给变速手柄失灵	（1）定位弹簧折断。 （2）定位销咬死或折断。 （3）拨叉磨损	（1）更换弹簧。 （2）修正或更换定位销。 （3）修补或更换拨叉
6	机床开动时摩擦片发热冒烟	（1）摩擦片间隙过小。 （2）摩擦片烧伤。 （3）润滑不良，油口堵塞	（1）调整间隙至2～3mm。 （2）更换摩擦片。 （3）清除污物，疏通油路
7	主轴或进给变速箱油泵不上油	（1）柱塞泵损坏。 （2）油位过低或吸油管未插入油池中。 （3）单向阀泄漏。 （4）润滑油过脏，滤油网堵塞	（1）更换弹簧或柱塞，并研配泵体，间隙不大于0.03mm。 （2）按规定加足润滑油，并将吸油管埋入油池20～30mm。 （3）研配单向阀，保证密封性。 （4）清洗滤油网和油池，更换清洁的润滑油

续表

序号	故　障	原　因	排除方法
8	进给箱工作时保险离合器不正常	（1）锁紧摩擦片用调节螺母定位销松脱。 （2）离合器套内钢球接触孔严重磨损	（1）调整并锁紧螺钉。 （2）焊补磨损部位或更换内套
9	进给箱出现周期性噪声和响声	（1）齿面有毛刺。 （2）电机轴或传动轴弯曲。 （3）离合器螺母上定位销松动	（1）检修齿面。 （2）校直电机轴或传动轴。 （3）固定松动件
10	工作台无自动进给	（1）钢球保险离合器内弹簧疲劳或折断。 （2）钢球保险离合器调整螺母松动退出，使弹簧压力减弱。 （3）牙楔离合器磨损严重，在扭力作用下自动脱开。 （4）操纵手柄调整不当，当手柄到位时，离合器的行程不足6mm。 （5）拉杆机构失灵，离合器无动作	（1）更换弹簧。 （2）调整离合器间隙，并锁紧顶丝。 （3）修补或更换牙楔离合器。 （4）调整拉杆，使离合器结合到位。 （5）检修连接件
11	工作台无快速移动	（1）快速摩擦片磨损严重。 （2）电磁离合器失灵	（1）更换磨损的摩擦片。 （2）检修电磁离合器（电工）
12	正常进给时出现快速移动	（1）摩擦片太脏或不平，内外摩擦片间隙变小或间隙调整不合适，正常进给时处于半压紧状态。 （2）摩擦片烧坏，内外片粘结	（1）更换不平整的摩擦片，调大间隙。 （2）更换摩擦片

续表

序号	故障	原因	排除方法
13	进给时出现明显的间隙停顿现象	(1) 进给箱中钢球安全离合器部分弹簧损坏或疲劳，使离合器传递力矩减小。 (2) 导轨严重损伤	(1) 更换损坏或疲劳的弹簧。 (2) 清洗、修复导轨损伤部
14	加工表面粗糙度达不到要求	(1) 铣刀摆动大，刀杆变形。 (2) 机床振动大。 (3) 刀具磨钝	(1) 校正刀杆，更换铣刀。 (2) 调整导轨、丝杠间隙，使工作台移动平稳，紧固非移动部件。 (3) 更换刀具
15	尺寸精度达不到工艺要求	(1) 主轴回转中心与工作台面不垂直。 (2) 工作台面不平。 (3) 导轨磨损或导轨副间隙过大。 (4) 丝杠间隙未消除。 (5) 进给方向之外的非运动方向导轨未锁紧	(1) 调整或修磨台面至机床精度要求。 (2) 修磨台面至机床精度要求。 (3) 修刮导轨，调整间隙，保证 0.03mm 塞尺不得塞入。 (4) 进刀时消除丝杠副间隙。 (5) 锁紧非运动方向导轨及部件
16	水平铣削表面有明显波纹	(1) 主轴轴向间隙过大。 (2) 主轴径向摆动过大。 (3) 工作台导轨润滑不良。 (4) 机床振动大	(1) 调整主轴轴向间隙。 (2) 调整主轴前轴承间隙，使主轴定心轴颈径向跳动公差为 0.01mm。 (3) 保证良好润滑，消除工作台爬行。 (4) 调整丝杠副、导轨间隙，锁紧非运动部件，紧固地脚螺钉
17	工件表面接刀处不平	(1) 主轴中心线与床身导轨不垂直，各相对位置精度不好。 (2) 机床安装水平不合要求，导轨扭曲。 (3) 主轴轴承间隙、支架支承孔间隙过大。 (4) 工作台塞铁过松	(1) 检验精度，调整或用磨削、刮研修复。 (2) 重新调整机床安装水平，保证在 0.02mm/1000mm 之内。 (3) 调整主轴间隙，修复支承孔。 (4) 调整塞铁间隙，保证工作台、升降台移动的稳定性

三、B690 液压牛头刨常见故障及排除

B690 液压牛头刨常见故障及排除方法见表 12-60。

表 12-60　　B690 液压牛头刨常见故障及排除

序号	故　障	原　因	排除方法
1	工件平行度超差	（1）滑枕导轨与工作台面平行度超差。 （2）横梁导轨直线度超差。 （3）工作台水平移动与工作台面不平行	（1）检查滑枕导轨的直线度，若与横梁导轨的垂直度正确，则调整工作台与滑枕的平行度为 0.05mm/1000mm，只许工作台前端上偏。 （2）修复横梁导轨直线度。 （3）刮研工作台水平移动导轨面，保证全程平行度为 0.025mm
2	工件表面粗糙度值大	（1）工作台松动。 （2）液压系统故障引起振动	（1）调整工作台滑枕压板、塞铁的间隙，保证 0.03mm 塞尺不得塞入。 （2）检查并排除液压系统故障，保证压力稳定
3	工件侧面加工后与底面垂直度超差	（1）工作台垂直导轨压板间隙过大。 （2）刀架零位刻线不准	（1）调整间隙，不得超过 0.02mm。 （2）重新测定零位线
4	液压系统油温过高	（1）液压泵、滑阀、油缸磨损，内泄漏大。 （2）阻力阀压力调整过高。 （3）球形阀压力调整过高。 （4）溢流阀弹簧过硬。 （5）油位过低。 （6）用油太稠	（1）恢复或更换液压泵、滑阀、液压缸等磨损件。 （2）检查并调整阻力阀压力至规定值（0.6～0.8MPa）。 （3）检查并调整阀的压力达规定值（0.6～0.8MPa）。 （4）适当减弱弹簧压力。 （5）将油加至油标以上。 （6）采用 N32 机械油或 N22 机械油

续表

序号	故 障	原 因	排 除 方 法
5	滑枕低速运行时有爬行现象	(1) 液压系统中进入空气。 (2) 滑枕导板调整过紧或润滑不良。 (3) 活塞杆密封环调整过紧	(1) 按滑枕最大行程，进行几次无负荷往复移动，以排除空气。 (2) 检查滑枕导板间隙，保证润滑良好。 (3) 适当调松活塞杆密封环，能在活塞杆上见到一层薄油膜为准
6	滑枕只能单向移动，不能反向移动	(1) 针形阀调整螺钉太紧。 (2) 操纵滑阀和阀体之间有灰尘或杂质，使换向阀卡住	(1) 调松螺钉，使滑阀动作灵敏可靠。 (2) 修复并清洗滑阀，必要时可配研滑阀
7	滑枕不能迅速停车或开车时滑枕不动	(1) 制动阀卡住或堵塞，造成不能迅速停车。 (2) 球形阀卡在开口处，使油排出造成滑枕不动	(1) 检查管道和弹簧，清洗滑阀或配研滑阀。 (2) 清洗或配研球形阀使之灵活
8	滑枕不换向或换向不灵敏	(1) 球形阀跳动或压力调不上。 (2) 两齿轮换向轴位置调整不当，或操纵阀拉杆上的螺帽松动，使操纵阀不能到位。 (3) 导板调得过紧，或活塞杆的密封环压得过紧。 (4) 活塞杆与导轨不平行。 (5) 针形阀开口太小	(1) 修复球形阀，调压力至规定值（0.6～0.8MPa）。 (2) 调整换向机构的齿轮轴，拧紧并固定拉杆上的螺帽。 (3) 调整导板与滑枕间隙和密封环间隙。 (4) 拧松活塞杆与滑枕上的连接螺帽，待滑枕往复运动几次后，拧紧螺帽。 (5) 适当加大针形阀的开口量

续表

序号	故障	原因	排除方法
9	换向时冲击大	(1) 球形阀压力调得过高。 (2) 针形阀调整不当。 (3) 碰块、齿条等机械装置安装不当	(1) 检查压力，调至规定值(0.6～0.8MPa)。 (2) 左右方向旋转针形阀，使冲击降至最小为止。 (3) 合理安装
10	工作台不能自动送刀或送刀量不均匀	(1) 阻力阀压力调整过低。 (2) 超越离合器磨损。 (3) 送刀阀管道破裂，或送刀阀端面纸垫冲破	(1) 阻力阀压力调整至(0.6～0.8MPa)。 (2) 修复超越离合器。 (3) 更换铜管或纸垫
11	各级速度达不到规定值	(1) 两个泵其中有一个装反。 (2) 杂质堵塞，使减压阀不灵活	(1) 重新安装泵。 (2) 清洗减压阀，使其灵活
12	调速阀不灵敏	(1) 减压阀弹簧疲劳。 (2) 杂质堵塞，使减压阀不灵活	(1) 更换弹簧，调整压力。 (2) 清洗减压阀，使其移动灵活
13	液压泵出现尖叫，启动液压泵后无动作	(1) 液压泵吸油口被堵塞。 (2) 电机转向接反。 (3) 两个液压泵转子装反。 (4) 溢流阀阻尼孔堵塞，或溢流阀卡在开口处。 (5) B阀压力过低。 (6) 开停阀和管道漏油，使溢流阀卸荷	(1) 清洗油池，去除污物。 (2) 纠正电机转向。 (3) 按图重新安装。 (4) 疏通阻尼孔，修复溢流阀。 (5) 修复B阀，调好压力至5MPa。 (6) 修复开停阀，更换铜管
14	滑枕回程时出现送刀现象	(1) 送刀液压缸的高压软管接反。 (2) 超越离合器装反	(1) 将送刀阀两端的油管重新对换接好。 (2) 装正超越离合器

续表

序号	故　障	原　因	排除方法
15	A阀调不动或压力调不到规定	（1）A阀弹簧折断或疲劳。 （2）钢球磨损，或钢球底座磨损。 （3）弹簧端面与中心不垂直。 （4）钢球与底座接触处有杂物	（1）更换弹簧。 （2）更换钢球，研磨修复或更换钢球底座。 （3）磨弹簧端面达到与中心垂直。 （4）清洗钢球与底座
16	B阀跳动或压力调不到规定值	（1）溢流阀芯或B阀的弹簧折断或疲劳。 （2）B阀的钢球底座磨损。 （3）B阀的钢球磨损。 （4）溢流阀芯与下座不密合。 （5）溢流阀芯与阀体孔磨损，泄漏增加。 （6）油中杂质堵塞阀芯的阻尼孔。 （7）油中杂质使阀芯在孔内移动不灵活	（1）更换溢流阀芯或B阀的弹簧。 （2）研磨修复或更换钢球底座。 （3）更换钢球。 （4）研磨修复溢流阀及下座。 （5）研磨阀孔，换新的阀芯，使间隙在0.015～0.025mm。 （6）疏通阻尼孔。 （7）清洗溢流阀

四、万能外圆磨床的常见故障及排除

万能外圆磨床的常见故障及排除方法见表12-61。

表12-61　万能外圆磨床的常见故障及排除

序号	故　障	原　因	排　除
1	机床启动时工作台断续移动	（1）液压油少，液压系统中进入空气。 （2）液压系统中压力低或油液黏度过高。 （3）工作台导轨润滑油量不足	（1）将油加至规定高度，使吸油管和回油管完全浸没在油池中，然后工作台高速全程运动10～15min，以排除系统中的空气。 （2）按规定调整液压系统压力，更换油液使之黏度合适。 （3）调整工作台导轨润滑油压力至规定要求

续表

序号	故　障	原　因	排　除
2	机床工作时液压系统噪声大	(1) 滤油器堵塞或进油管进入空气。 (2) 油池中油位低于吸油管或油液不清洁造成吸油滤网堵塞。 (3) 油管互相接触产生振动。 (4) 液压泵性能下降，压力波动大	(1) 清洗滤油器，检查、紧固油管接头。 (2) 清洗油池，更换油液并使油位至规定高度。 (3) 将压力油管分开，使其保持一定的间隙距离。 (4) 修复或更换液压泵
3	工作台往复行程速度误差大，在低速移动时更为明显	(1) 工作台液压缸两端泄漏量不同，如液压缸端油管损坏，接口套破裂或液压缸活塞间隙过大。 (2) 活塞拉杆弯曲。 (3) 导轨润滑油量不足	(1) 检查或更换油管、接口套，重配活塞，使活塞与液压缸间隙为0.04～0.06mm。 (2) 校直活塞杆，使其在全长上的直线度公差为0.15mm。 (3) 调整导轨润滑油油量至合适程度
4	工作台换向迟缓	(1) 滤油器有污物堵塞使油压下降，推动换向阀芯无力。 (2) 换向阀阀芯表面被拉毛或被污物堵住。 (3) 控制换向准备移动的节流阀开口过小。 (4) 导轨润滑油油压过低，流量不足	(1) 清洗滤油器，重新调整至规定压力。 (2) 清洗污物或清除毛刺，研配阀芯。 (3) 调节节流阀芯，增加流量。 (4) 调整导轨润滑油压及流量
5	工作台换向时，左右两端停留时间不等	(1) 换向阀制动锥面与阀孔配合不当或两端不对称。 (2) 换向节流阀调节不当	(1) 检修工作台换向时停留时间长的一端导向阀阀芯的制芯的制动锥面，增加制动锥面长度。 (2) 重新调整节流阀
6	工作台换向时冲击太大	(1) 单向阀中的钢球与盖板的接触不良。 (2) 针形节流阀结构不合理。 (3) 节流阀调整不当	(1) 更换有冲击一端的单向阀中的钢球，检查球与盖板的接触情况。 (2) 可改成三角槽式的针形阀芯。 (3) 重新调整节流阀

续表

序号	故　障	原　因	排　除
7	滑鞍快速进退时冲击过大	（1）滑鞍快速移动液压缸与活塞的间隙过大，使三角缓冲槽失去节流作用。 （2）节流三角槽开得过长	（1）重配活塞，使其与液压缸的配合间隙在0.01～0.02mm之内。 （2）严格控制节流三角槽的长度
8	滑鞍快速进给的定位不稳定	（1）滑鞍下螺母座松动。 （2）油缸安装螺钉松动。 （3）活塞杆受力面有污物	（1）检查螺母座定位销及螺钉，旋紧螺钉。 （2）检查并旋紧螺钉。 （3）检查并清洗受力面
9	工件的圆度超差	（1）工件中心孔不合格。 （2）头、尾架顶尖磨损或与锥孔的配合接触不良，有晃动。 （3）工件顶得过紧或过松。 （4）尾架套筒锈蚀或毛刺造成移动困难。 （5）冷却液不够充分。 （6）磨削细长轴时中心架使用不当造成弯曲	（1）重新修钻，研中心孔，使其与顶尖接触良好。 （2）修磨顶尖角度及检查顶尖与锥孔接触情况，去除毛刺。 （3）重新调整尾架位置。 （4）清洗尾架套筒，去除毛刺，使之移动松紧合适。 （5）加大冷却液量，并将冷却液喷口对准磨削部位。 （6）重新调整中心架
10	工件圆柱度超差，出现鼓形和鞍形	（1）机床安装时水平调整精度不够。 （2）床身导轨局部磨损或变形	（1）检查并调整机床床身水平及垂直平面内的直线度。 （2）调整水平，刮研床身导轨至精度要求
11	加工后工件表面有直波形（三角形）	主要是砂轮架相对工件系统的周期性振动： （1）砂轮主轴与轴承间隙过大，使主轴在轴承中漂移量增加，系统刚性降低，砂轮不平衡产生振动。	（1）在磨削前，主轴空运转达工作温度，检查并调整主轴与轴承间隙在0.005～0.008mm之内。

续表

序号	故 障	原 因	排 除
11	加工后工件表面有直波形（三角形）	（2）砂轮法兰盘锥孔与砂轮主轴配台接触不良，引起不平衡振动。 （3）砂轮平衡不好。 （4）砂轮架电机皮带太松或长短不一致。 （5）砂轮硬度太高或砂轮表面切削刃变钝，使砂轮与工件之间的摩擦增强。 （6）工件中心孔与顶尖接触不良。 （7）工件顶得过紧或过松。 （8）工件转速过高，横向进给量太大	（2）检查法兰盘内锥孔与砂轮主轴外锥接触情况，修刮锥孔，涂色接触斑点在80%以上。 （3）砂轮经过静平衡后，上磨床进行修正，取下再作第二次平衡。 （4）检查调整电机皮带，应拉力适当，长短一致，电机与机床之间应有良好隔振件，如橡皮、木板等。 （5）根据工件材料合理选用砂轮，并及时修整砂轮。 （6）重新修整或研磨中心孔，用涂色法检查中心孔与顶尖的接触情况，安装时，要擦净顶尖与中心孔并加上润滑脂。 （7）调整顶尖，用手转动工件，没有时松时紧现象。 （8）合理选用工件线速度、背吃刀量、进给量
12	工件表面有螺旋线	主要是砂轮母线平直度较差，磨削时砂轮和工件表面仅是部分接触： （1）砂轮修整不良，边缘没有倒角。 （2）工作台纵向速度和工件转速选择不当。 （3）横向进给量过大。 （4）工作台导轨润滑压力过高	（1）在工作台低速移动无爬行现象的前提下，精修砂轮同时加大冷却液量，并用油石倒去砂轮边角。 （2）调整工作台纵向移动速度和工件转速，工件线速度一般为砂轮线速度的1/60～1/100，工作台移动速度一般为0.5～3m/min。 （3）根据砂轮的粒度和硬度，合理选择横向进给量。 （4）调整工作台导轨润滑油的压力和流量

续表

序号	故障	原因	排除
13	工件表面有鱼鳞状波纹	（1）砂轮表面切削刃不锋利，在磨削时砂轮表面被堵塞，对工件表面挤压。 （2）砂轮修整器松动，修正砂轮时产生振动，金刚石没有焊牢。 （3）金刚笔伸出过长，刚性差，在修整时引起振动	（1）应用锋利的金刚石修整砂轮，采用70°～80°的顶角，粗修进给量一般为0.1mm/单程，精修进给量小于0.1mm/单程，工作台移动速度为20～30mm/min，并作多次无进给修整。 （2）紧固砂轮修整器；焊牢金刚石。 （3）重新调整金刚笔伸出长度，并与砂轮倾斜10°左右，笔尖低于中心1～2mm
14	工件表面有拉毛的痕迹	（1）冷却液中有较粗的磨粒存在。 （2）工件材料韧性太大。 （3）砂轮太软。 （4）粗磨痕迹在精磨时没有去除	（1）清除砂轮罩内磨屑，过滤或更换冷却液。 （2）根据材料，合理选择氧化铝系列砂轮。 （3）一般情况下，材料硬选择砂轮要软；材料软选择砂轮要硬；但材料若过软，选择砂轮也应较软。 （4）适当放大精磨余量
15	工件表面有细微拉毛	（1）砂轮太软。 （2）砂轮磨粒韧性和工件材料韧性配合不当。 （3）冷却液不清洁，有微小磨粒存在	（1）选择硬度合适的砂轮。 （2）根据工件材料韧性选择砂轮磨粒的韧性。 （3）更换冷却液，在冷却液回流处用60～80目铜网过滤
16	砂轮主轴发生抱轴现象	（1）主轴轴颈硬度不够，表面粗糙度值过高。 （2）主轴和轴瓦间隙过小。 （3）砂轮主轴箱内润滑油不清洁，黏度过稠或箱内油量不足。 （4）主轴上的传动皮带拉得过紧	（1）更换主轴，保证硬度和表面粗糙度要求。 （2）重新调整主轴和轴瓦间隙。 （3）清洗箱体，选用合适黏度的润滑油，并用两层白丝绸布过滤，加至油位线。 （4）调整皮带，使之松紧合适

续表

序号	故　障	原　因	排　除
17	工件内圆表面圆度超差	（1）头架轴承的间隙过大。 （2）头架主轴轴颈圆度超差	（1）调整头架轴承间隙在5μm之内。 （2）修整头架主轴轴颈精度
18	工件内圆表面有螺旋线	砂轮修正不良，母线平直度超差	用锋利的金刚笔在较小的进给量下修整砂轮，防止砂轮接长杆弹性变形影响修整砂轮质量
19	工件内圆表面呈多角形	（1）头架轴承间隙过大，或三爪自定心卡盘与法兰盘座结合不紧，有松动现象。 （2）工件夹得不紧有松动现象。 （3）砂轮接长杆刚性差	（1）检查并调整头架间隙，坚固三爪自定心卡盘与法兰盘座结合。 （2）检查三爪自定心卡盘卡爪口有否磨损，更换三爪自定心卡盘或卡爪。 （3）选用刚性好的接长杆
20	工件内圆表面有鱼鳞纹	（1）砂轮不锋利，表面被堵塞。 （2）内圆磨具轴承有间隙。 （3）接长杆径向跳动太大	（1）修整砂轮。 （2）对内圆磨具轴承进行预加负荷后重新装配。 （3）检查修正主轴锥孔或砂轮接长杆端面径向跳动量

五、卧轴矩台平面磨床的故障及其排除

卧轴矩台平面磨床的故障及排除方法见表12-62。

表12-62　卧轴矩台平面磨床的故障及其排除

序号	故　障	原　因	排除方法
1	工件表面呈波纹	（1）砂轮主轴短三瓦轴承间隙增大或调整不当。 （2）砂轮不平衡。 （3）砂轮选择不当或砂轮磨钝。 （4）转子不平衡产生振动。 （5）磨削用量选择不当	（1）调整间隙在0.005～0.010mm之内，锁紧螺钉以防松动。 （2）平衡砂轮。 （3）合理选择砂轮，修整砂轮使之锋利。 （4）动平衡转子。 （5）选择合理的切削用量

续表

序号	故障	原因	排除方法
2	工件表面烧伤	（1）选用砂轮太硬。 （2）砂轮变钝。 （3）冷却液用量不足。 （4）磨削用量太大	（1）根据工件材料合理选用砂轮。 （2）修整砂轮。 （3）增加冷却液用量。 （4）合理选用切削用量
3	机床横向进给量不均匀	（1）砂轮架导轨楔铁过紧。 （2）导轨润滑不良	（1）调整导轨楔铁 （2）定期清洗，加油使其润滑良好
4	工作台运动不正常，产生爬行、跳动、速度不均匀、换向时有冲击等	（1）工作台导轨磨损，润滑不良。 （2）工作台液压缸内部磨损造成内渗漏。 （3）液压缸与床身及工作台连接部松动。 （4）密封破坏，接头松动等造成油液渗漏。 （5）液压泵或溢流阀工作不正常，供油压力波动。 （6）操纵箱内调节螺钉堵塞或有杂物，阀失去作用 （7）油路系统进空气	（1）检修导轨精度，使导轨面存油性提高，调整润滑压力。 （2）检查磨损情况，修理或更换新活塞、液压缸。 （3）坚固各联接件。 （4）检查各管道有否松动、裂纹，更换密封件。 （5）检修或更换液压泵、溢流阀。 （6）清洗、调整操纵箱内阀芯及调节螺钉。 （7）检查、清洗滤油器，排除空气
5	机床工作时有周期性的噪声	（1）液压泵进油口过滤器堵塞。 （2）吸油口已露出油面，有空气进入	（1）清洗进油过滤器。 （2）保证液压油油位，将油管伸入油池中
6	液压油泵压力不能建立	（1）液压泵损坏或磨损严重。 （2）溢流阀损坏	（1）更换液压泵。 （2）拆卸修理或更换溢流阀

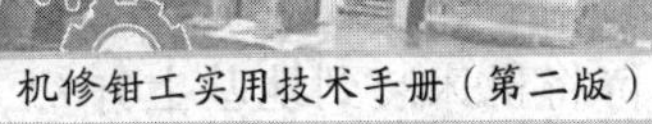

第十三章

机床的安装调试及精度检验

第一节　概　　述

机床是用切削的方式将金属毛坯加工成机器零件的机器，它是制造机器的机器，它的精度是机器零件精度的保证，因此，机床的安装显得特别重要。机床的装配通常是在工厂的装配工段或装配车间内进行，但在某些场合下，制造厂并不将机床进行总装。为了运输方便（如重型机床等），产品的总装必须在基础安装的同时才能进行，在制造厂内就只进行部件装配工作，而总装则在工作现场进行。

一、机床安装调试的要点

（一）机床的基础

机床的自重、工件的重量、切削力等，都将通过机床的支承部件而最后传给地基。所以，地基的质量直接关系到机床的加工精度、运动平稳性、机床的变形、磨损以及机床的使用寿命。因此，机床在安装之前，首要的工作是打好基础。

机床地基一般分为混凝土地坪式（即车间水泥地面）和单独块状式两大类。切削过程中因产生振动，机床的单独块状式地基需要采取适当的防振措施；对于高精度的机床，更需采用防振地基，以防止外界振源对机床加工精度的影响。

单独块状式地基的平面尺寸应比机床底座的轮廓尺寸大一些。地基的厚度则决定于车间土壤的性质，但最小厚度应保证能把地脚螺栓固结。一般可在机床说明书中查得地基尺寸。

用混凝土浇灌机床地基时，常留出地脚螺栓的安装孔（根据机床说明书中查得的地基尺寸确定），待将机床装到地基上并初步找好水平后，再浇灌地脚螺栓。常用的地脚螺栓如图 13-1 所示。

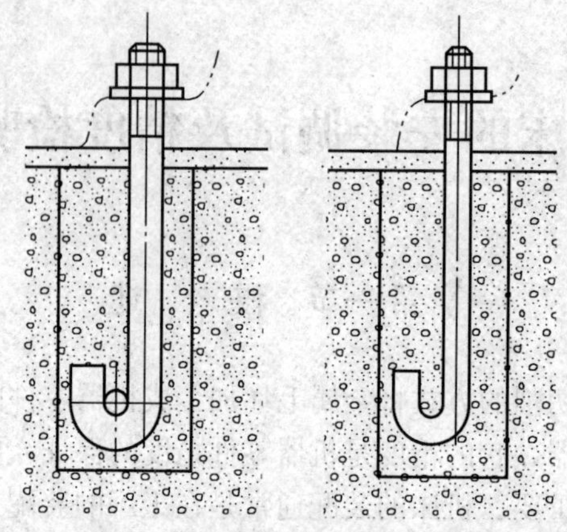

图 13-1　常用的地脚螺栓形式

（二）机床基础的安装方法

机床基础的安装通常有两种方法，一种是在混凝土地坪上直接安装机床，并用图 13-2 所示的调整垫铁调整水平后，在床脚周围浇灌混凝土固定机床，这种方法适用于小型和振动轻微的机床；另一种是用地脚螺栓将机床固定在块状式地基上，这是一种常用的方法。安装机床时，先将机床吊放在已凝固的地基上，然后在地基的螺栓孔内装上地脚螺栓并用螺母将其联接在床脚上。待机床用调整垫铁调整水平后，用混凝土浇灌进地基方孔。混凝土凝固后，再次对机床调整水平并均匀地拧紧地脚螺栓。

1. 整体安装调试

（1）机床用多组楔铁支承在预先做好的混凝土地基上。

（2）将水平仪放在机床的工作台面上，调整楔铁，要求每个支承点的压力一致，使纵向水平和横向水平都达到粗调要求 0.03～0.04mm/1000mm。

（3）粗调完毕后，用混凝土在地脚螺孔处固定地脚螺钉。

（4）待充分干涸后，再进行精调水平，并均匀紧固地脚螺帽。

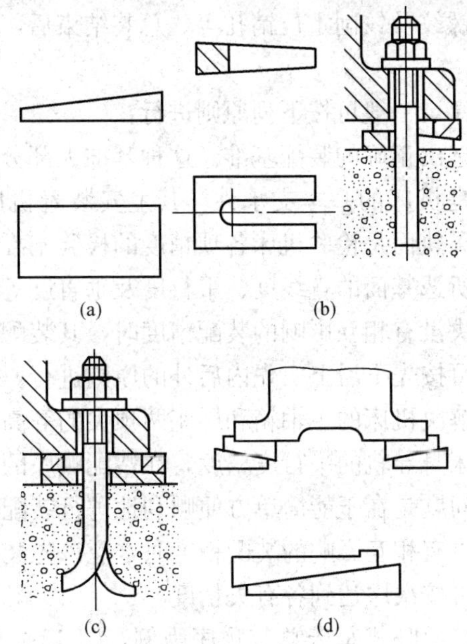

图 13-2　机床常用垫铁

（a）斜垫铁；（b）开口垫铁；

（c）带通孔斜垫铁；（d）钩头垫铁

2. 分体安装调试

对于分体安装调试，还应注意以下几点。

（1）零部件之间、机构之间的相互位置要正确。

（2）在安装过程中，要重视清洁工作，不按工艺要求安装，不可能安装出合格的机床。

（3）调试工作是调节零件或机构的相互位置、配合间隙、结合松紧等，目的是使机构或机器工作协调。如轴承间隙、镶条位置的调整等。

（三）卧式机床总装配顺序的确定

卧式机床的总装工艺，包括部件与部件的联接，零件与部件的联接，以及在联接过程中部件与总装配基准之间相对位置的调整或校正，各部件之间相互位置的调整等。各部件的相对位置确定后，还要钻孔，车螺纹及铰削定位销孔等。总装结束后，必须进行试车和验收。

总装配顺序，一般可按下列原则进行：

（1）首先选出正确的装配基准。这种基准大部分是床身的导轨面，因为床身是机床的基本支承件，其上安装着机床的各主要部件，而且床身导轨面是检验机床各项精度的检验基准。因此，机床的装配，应从所选基面的直线度、平行度及垂直度等项精度着手。

（2）在解决没有相互影响的装配精度时，其装配先后以简单方便来定。一般可按先下后上，先内后外的原则进行。例如在装配机床时，如果先解决机床的主轴箱和尾座两顶尖的等高度精度，或者先解决丝杠与床身导轨的平行度精度，在装配顺序的先后上是没有多大关系的，问题是在于能简单方便顺利地进行装配就行。

（3）在解决有相互影响的装配精度时，应该先装配好公共的装配基准，然后再按次序达到各有关精度。

以 CA6140 型卧式车床总装顺序为例，图 13-3 所示为其装配单元系统图。

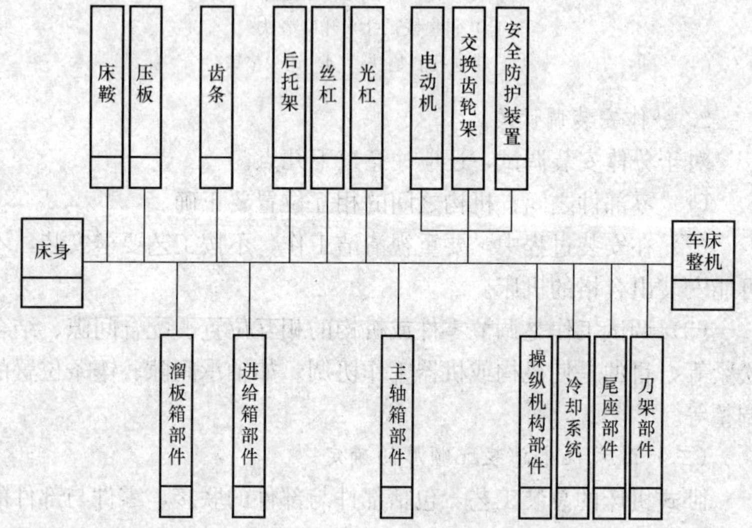

图 13-3　CA6140 型卧式车床总装配单元系统图

二、机床安装调试的准备工作

机床的安装与调试是使机床恢复和达到出厂时的各项性能指标的重要环节。由于机床设备价格昂贵，其安装与调试工作也比较复杂，一般要请供方的服务人员来进行。作为用户，要做的主要是安装调试的准备工作、配合工作及组织工作。

（一）安装调试的准备工作

安装调试的准备工作主要有以下几个方面：

（1）厂房设施，必要的环境条件。

（2）地基准备：按照地基图打好地基，并预埋好电、油、水管线。

（3）工具仪器准备：起吊设备、安装调试中所用工具、机床检验工具和仪器。

（4）辅助材料：如煤油、机油、清洗剂、棉纱棉布等。

（5）将机床运输到安装现场，但不要拆箱。拆箱工作一般要等供方服务人员到场。如果有必要提前开箱，一要征得供方同意，二要请商检部门派员到场，以免出现问题发生争执。

（二）机床安装调试前的基本要求

（1）研究和熟悉机床装配图及其技术条件，了解机床的结构、零部件的作用以及相互的连接关系。

（2）确定安装的方法、顺序和准备所需要的工具（水平仪、垫板和百分表等）。

（3）对安装零件进行清理和清洗，去掉零部件上的防锈油及其他脏物。

（4）对有些零部件，还需要进行刮削等修配工作、平衡（消除零件因偏重而引起的振动）以及密封零件的水（油）压试验等。

三、机床安装调试的配合与组织工作

（一）机床安装的组织形式

1. 单件生产及其装配组织

单个地制造不同结构的产品，并且很少重复，甚至完全不重复，这种生产方式称为单件生产。单件生产的装配工作多在固定的地点，由一个工人或一组工人，从开始到结束把产品的装配工作进行到底。这种组织形式的装配周期长，占地面积大，需要大量的工具和装备，并要求工人有全面的技能。这种组织形式，在产品结构不十分复杂的小批量生产中会有采用。

2. 成批生产及其装配组织

每隔一定时期后将成批制造相同的产品，这种生产方式称为成批生产。成批生产时的装配工作通常分成部件装配和总装配，每个部件由一个或一组工人来完成，然后进行总装配。其装配工作常采用移动方式进行。如果零件预先经过选择分组，则零件可采用部分互换的装配，因此有条件组织流水线生产，这种组织形式的装配效率较高。

3. 大量生产及其装配组织

产品的制造数量很庞大，每个工作地点经常重复地完成某一工序，并具有严格的节奏性，这种生产方式称为大量生产。在大量生产中，把产品的装配过程首先划分为主要部件、主要组件，并在此基础上再进一步划分为部件、组件的装配，使每一工序只由一个工人来完成。在这样的组织下，只有当从事装配工作的全体工人，都按顺序完成了他所担负的装配工序以后，才能装配出产品。工作对象（部件或组件）在装配过程中，有顺序地由一个工人转移给另一个工人，这种转移可以是装配对象的移动，也可以由工人移动，通常把这种装配组织形式叫做流水装配法。为了保证装配工作的连续性，在装配线所有工作位置上，完成工序的时间都应相等或互成倍数，在流动装配时，可以利用传送带、滚道或在轨道上行走的小车来运送装配对象。在大量生产中，由于广泛采用互换性原则并使装配工作工序化，因而装配质量好、装配效率高、占地面积小、生产周期短，是一种较先进的装配组织形式。

（二）安装调试的配合工作

安装调试期间要做的配合工作有以下几个方面：

（1）机床的开箱与就位，包括开箱检查、机床就位、清洗防锈等工作。

（2）机床调水平，附加装置组装到位。

（3）接通机床运行所需的电、气、水、油源；电源电压与相序、气水油源的压力和质量要符合要求。这里主要强调两点：一是要进行地线连接，二是要对输入电源电压、频率及相序进行确定：

（三）数控设备安装调试的特殊要求

数控设备一般都要进行地线连接。地线要采用一点接地型，即辐射式接地法。这种接地法要求将数控柜中的信号地、强电地、机床地等直接连接到公共接地点上，而不是相互串接连接在公共接地点上。并且，数控柜与强电柜之间应有足够粗的保护接地电缆。而总的公共接地点必须与大地接触良好，一般要求接地电阻小于4～7Ω。

对于输入电源电压、频率及相序的确认，有如下几个方面的要求：

（1）检查确认变压器的容量是否满足控制单元和伺服系统的电能消耗。

（2）电源电压波动范围是否在数控系统的允许范围之内。一般日本的数控系统允许在电压额定值的85％～110％范围内波动，而欧美的一系列数控系统要求较高一些。否则需要外加交流稳压器。

（3）对于采用晶闸管控制元件的速度控制单元的供电电源，一定要检查相序。在相序不对的情况下接通电源，可能使速度控制单元的输入熔体烧断。相序的检查方法有两种：一种是用相序表测量，当相序接法正确时，相序表按顺时针方向旋转，另一种是用双线示波器来观察二相之间的波形，二相波形在相位上相差120°。

（4）检查各油箱油位，需要时给油箱加油。

（5）机床通电并试运转。机床通电操作可以是一次各部件全面供电或各部件供电，然后再作总供电试验。分别供电比较安全，但时间较长。检查安全装置是否起作用，能否正常工作，能否达到额定指标。例如启动液压系统时先判断液压泵电动机转动方向是否正确，液压泵工作后管路中是否形成油压，各液压元件是否正常工作，有无异常噪声，各接头有无渗漏；气压系统的气压是否达到规定范围值等。

（6）机床精度检验和试件加工检验。

（7）机床与数控系统功能检查。

(8) 现场培训。包括操作、编程与维修培训，保养维修知识介绍，机床附件、工具、仪器的使用方法等。

(9) 办理机床交接手续：若存在问题，但不属于质量、功能、精度等重大问题，可签署机床接收手续，并同时签署机床安装调试备忘录，限期解决遗留问题。

（四）安装调试的组织工作

在机床安装调试过程中，作为用户要做好安装调试的组织工作。

安装调试现场均要有专人负责，赋予现场处理问题的权力，做到一般问题不请示即可现场解决，重大问题经请示研究要尽快答复。

安装调试期间，是用户操作与维修人员学习的好机会，要很好地组织有关人员参加，并及时提出问题，请供方服务人员回答解决。原则问题必须妥善解决，不要让步。

第二节 普通机床的安装调试及精度检验

一、CA6140型卧式车床的安装调试

（一）主要组成部件

机床主要由床身、主轴箱、进给箱、溜板箱、溜板刀架和尾座等部件组成。主轴箱固定在床身的左上部，进给箱固定在床身的左前侧。溜板刀架由床鞍、中滑板、转盘、方刀架和小滑板组成。溜板箱用螺钉和定位销与床鞍相连，并一起沿床身上的导轨作纵向移动，中滑板可沿床鞍的燕尾导轨作横向移动。转盘可使小拖板和方刀架转动一定角度，用手摇小滑板使刀架作斜向移动，以车削锥度大的内外短锥体。尾座可在床身上的尾座导轨上作纵向调整移动并夹紧在需要位置上，以适应不同长度的工件加工。尾座还可以相对它的底座作横向位置调整，以车削锥度小而长度大的外锥体。

刀架的运动由主轴箱传出，经交换齿轮架、进给箱、光杠（或丝杠）、溜板箱，并经溜板箱的控制机构，接通或断开刀架的纵、横向进给运动或车螺纹运动。

溜板箱的右下侧装有一快速运动用辅助电动机，以使刀架作纵

向或横向快速移动。

（二）车床装配

1. 床身与床脚的安装

（1）床身导轨是滑板及刀架纵向移动的导向面，是保证刀具移动直线性的关键。床身与床脚用螺栓联接，是车床的基础，也是车床装配的基准部件。

（2）床身导轨的精度要求如下。

1）溜板导轨的直线度误差，在垂直平面内全长为 0.03mm，在任意 500mm 测量长度上为 0.015mm，只许凸；在水平面内，全长为 0.025mm。

2）溜板导轨的平行度误差（床身导轨的扭曲度）全长上为 0.04mm/1000mm。

3）溜板导轨与尾座导轨平行度误差，在垂直平面与水平面均为全长上 0.04mm，任意 500mm 测量长度上为 0.03mm。

4）溜板导轨对床身齿条安装面的平行度，全长上为 0.03mm，在任意 500mm 测量长度上为 0.02mm。

5）刮削导轨每 25mm×25mm 范围内接触点不少于 10 点。磨削导轨则以接触面积大小来评定接触精度的高低。

6）磨削导轨表面粗糙度值一般在 $Ra0.8\mu m$ 以下。

7）一般导轨表面硬度应在 170HBS 以上，并且全长范围硬度一致。与之相配合件的硬度应比导轨硬度稍低。

8）导轨应有一定的稳定性，在使用中不变形。除采用刚度大的结构外，还应进行良好的时效处理，以消除内应力，减少变形。

（3）床身的安装与水平调整如下。

1）将床身装在床脚上时，必须先做好结合面的清理工作，以保证两零件的平整结合，避免在紧固时产生床身变形的可能，同时在整个结合面上垫以 1～2mm 厚的纸垫防漏。

2）现代工业技术的发展，床身导轨的精度可由导轨磨加工来保证。

3）将床身置于可调的机床垫铁上（垫铁应安放在机床地脚螺孔附近），用水平仪指示读数来调整各垫铁，使床身处于自然水平位置，并使溜板用导轨的扭曲误差至最小值。各垫铁应均匀受力，使整个床身搁置稳定。

4）检查床身导轨的直线度误差和两导轨的平行度误差，若不符合要求，应重新调整及研刮修正。

2. 导轨的刮研

(1) 选择刮削量最大，导轨中最重要和精度要求最高的溜板用导轨 2、3 作为刮削基准，如图 13-4 所示。用角度平尺（图 13-5 所示）研点，刮削基准导轨面 2、3；用水平仪测量导轨误差并绘导轨曲线图。待刮削至导轨直线度误差、接触点和表面粗糙度均符合要求为止。

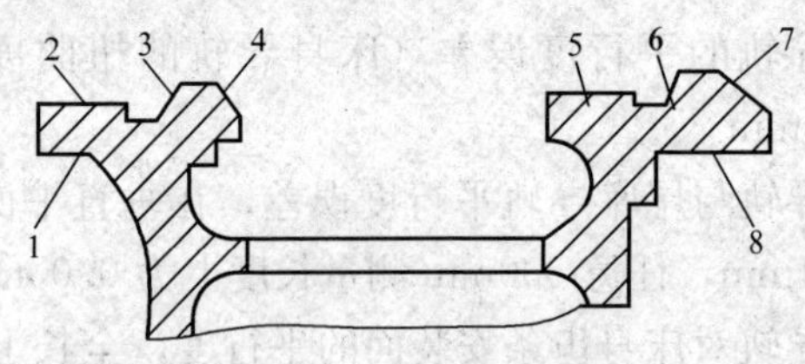

图 13-4　车床床身导轨截面

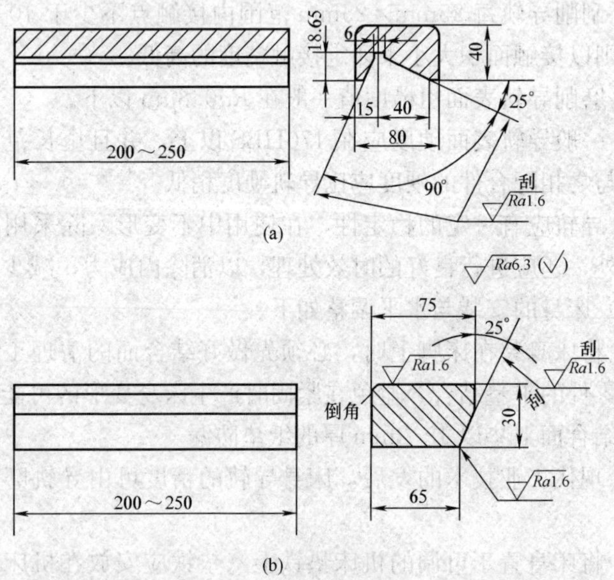

图 13-5　角度平尺

（2）以 2、3 面为基准，用平尺研点刮平导轨 1。要保证其直线度和与基准导轨面 2、3 的平行度要求。

（3）测量导轨在垂直平面内的直线度误差及溜板导轨平行度误差，方法如图 13-6 所示。检验桥板沿导轨移动，一般测 5 点，得 5 个水平仪读数。横向水平仪读数差为导轨平行度误差。纵向水平仪用于测量导轨直线度，根据读数画导轨曲线图，计算误差线性值。

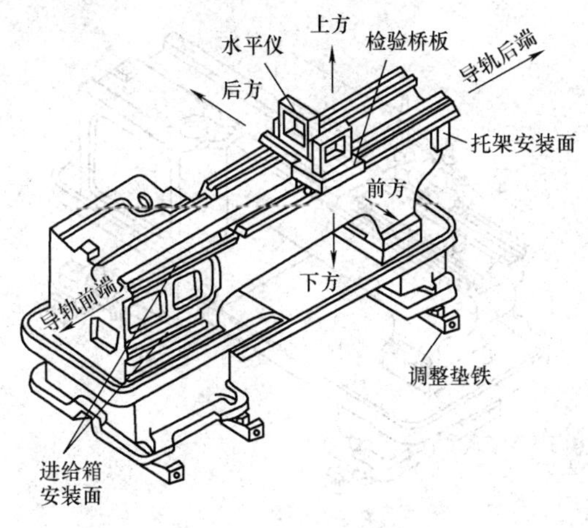

图 13-6　床身安装后的测量

（4）测量溜板导轨在水平面内的直线度误差，如图 13-7 所示。

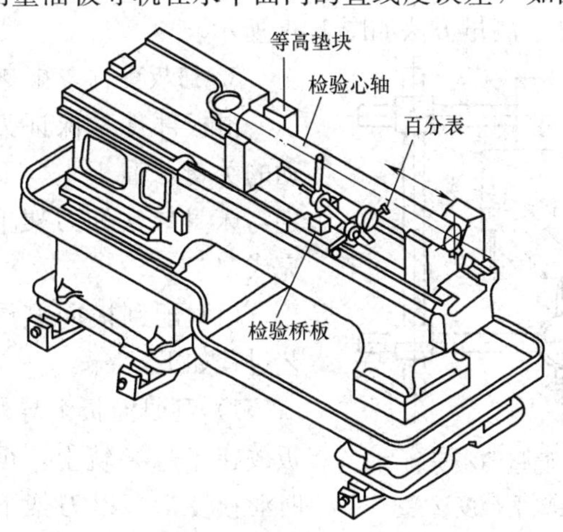

图 13-7　用检验桥板测量导轨在水平面内的直线度

移动桥板，百分表在导轨全长范围内最大读数与最小读数之差，为导轨在水平内直线度误差值。

（5）以溜板导轨为基准刮削尾座导轨 4、5、6 面，使其达到自身精度和对溜板导轨的平行度要求。检验方法如图 13-8 所示，将桥板横跨在溜板导轨上，触头触及燕尾导轨 4、5 或 6 上。沿导轨移动桥板，在全长上进行测量，百分表读数差为平行度误差值。

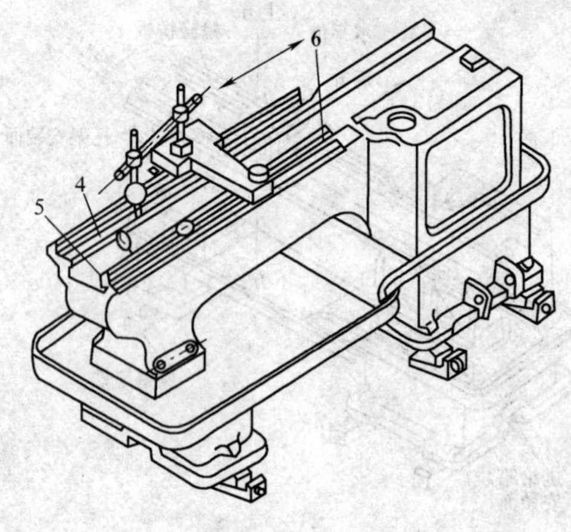

图 13-8　燕尾导轨对溜板导轨平行度测量

（6）刮削压板导轨 2、3，要求达到与溜板导轨的平行度，并达到自身精度。测量方法如图 13-9 所示。

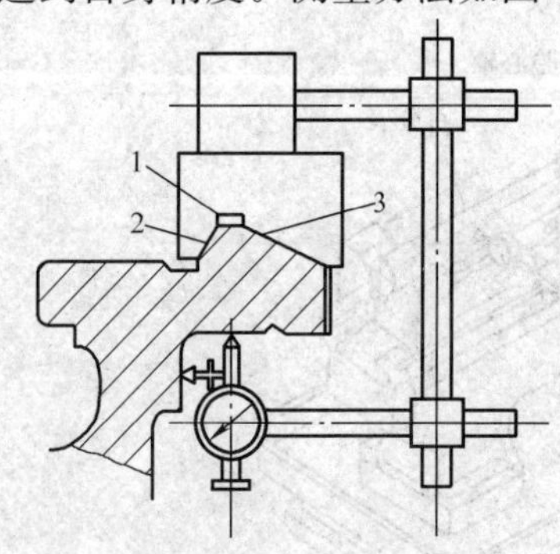

图 13-9　测量溜板导轨与压板导轨平行度误差

1—角度底座；2、3—导轨面

3. 溜板配刮与床身装配工艺

滑板部件是保证刀架直线运动的关键。溜板上、下导轨面分别与床身导轨和刀架下滑座配刮完成。

（1）配刮横向燕尾导轨的工艺过程如下：

1）刮研溜板上导轨面，将溜板放在床身导轨上，可减少刮削时溜板变形。以刀架下滑座的表面 2、3 为基准，配刮溜板横向燕尾导轨表面5、6，如图13-10所示。推研时，手握工艺心棒，以保证安全。

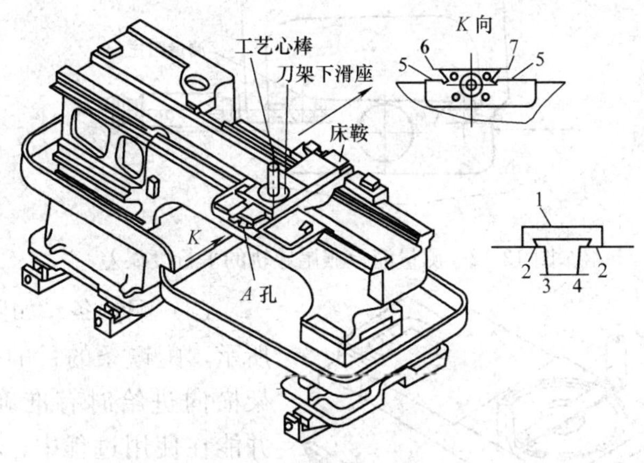

图13-10　刮研溜板上导轨面

表面5、6刮后，应满足对横丝杠A孔轴线的平行度要求，其误差在全长上不大于0.02mm。测量方法如图13-11所示，在A孔中插入检验心轴上母线及侧母线上测量平行度误差。

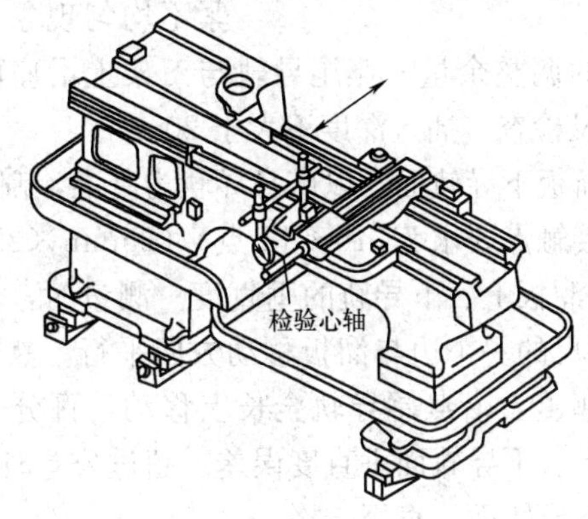

图13-11　测量溜板上导轨面对丝杠孔的平行度

2）修刮燕尾导轨面7保证其与平面6的平行度，以保证刀架横向移动的顺利。可用角度平尺或下滑座为研具刮研。用图13-12所示方法检查：将测量圆柱放在燕尾导轨两端，用千分尺分别在两端测量，两次测得的读数差就是平行度误差，在全长上不大于 0.02mm。

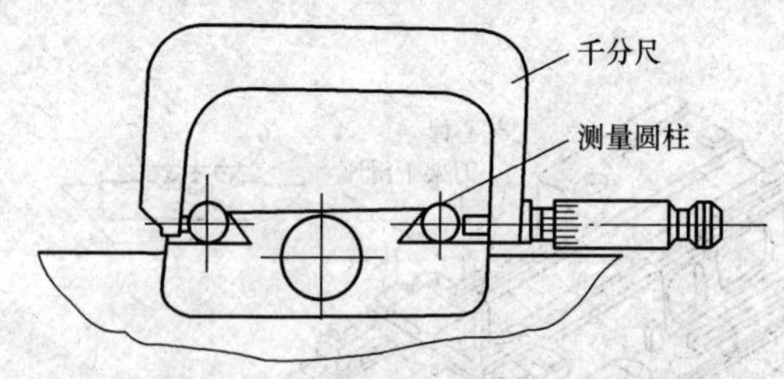

图 13-12　测量溜板燕尾导轨的平行度误差

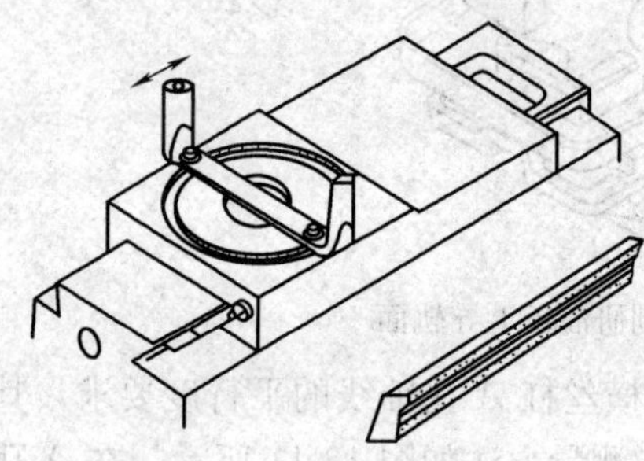

图 13-13　配燕尾导轨镶条

（2）配镶条。如图13-13所示，配镶条的目的是使刀架横向进给时有准确间隙，并能在使用过程中，不断调整间隙，保证足够寿命。镶条按导轨和下滑座配刮，使刀架下滑座在溜板燕尾导轨全长上移动时，无轻重或松紧不均匀现象，并保证大端有 10～15mm 的调整余量。燕尾导轨与刀架上滑座配合表面之间用 0.03mm 塞尺检查，插入深度不大于 20mm。

（3）配刮溜板下导轨面。以床身导轨为基准，刮研溜板与床身配合的表面，接触点要求为(10～12 点)/(25mm×25mm)，并按图 13-14 所示检查溜板上、下导轨的垂直度。测量时，先纵向移动溜板，校正 90°角尺的一个边与溜板移动方向平行。然后将百分表移放在刀架下滑座上，沿燕尾导轨全长上移动，百分表的最大读数值，就是溜板上、下导轨面垂直度误差。超过公差时，应刮研溜板与床身结合的下导轨面，直至合格。

本项精度要求为 300mm±0.02mm，只许偏向主轴箱。

刮研溜板下导轨面达到垂直度要求的同时，还要保证以下两项要求。

1）测量溜板箱安装面与进给箱安装面的垂直度误差，横向应与进给箱、托架安装面垂直，其测量方法如图 13-15 所示。在床身

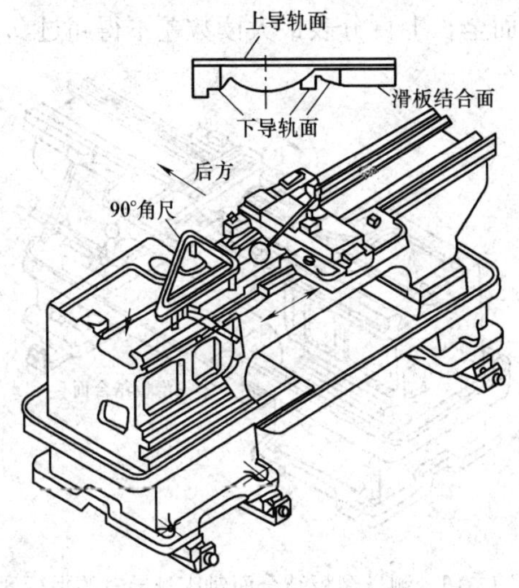

图 13-14　测量溜板上、下导轨的垂直度

进给箱安装面上用夹板夹持一 90°角尺，在 90°角尺处于水平的表面上移动百分表检查溜板箱安装面的位置精度，要求公差为每 100mm 长度上 0.03mm。

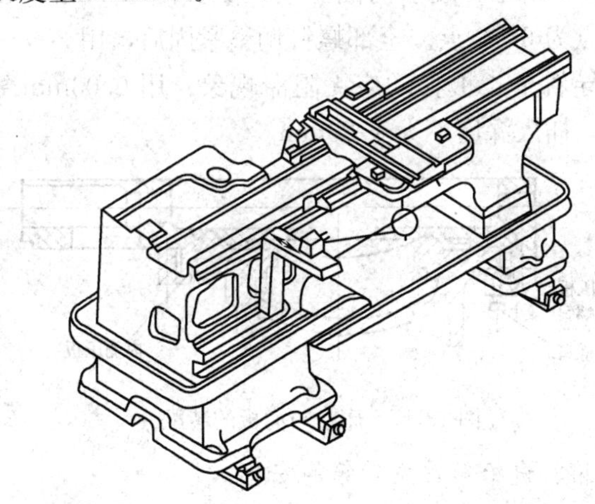

图 13-15　测量溜板结合面对进给箱安装面的垂直度

2）测量溜板箱安装面与床身导轨平行度误差，测量方法如图 13-16 所示。将百分表吸附在床身齿条安装面上，纵向移动溜板，

在溜板箱安装面全长上百分表最大读数差不得超过 0.06mm。

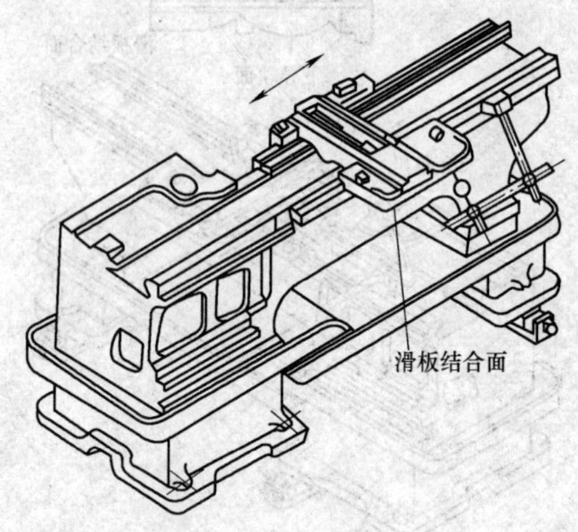

图 13-16　测量溜板结合面对床身导轨的平行度

（4）溜板与床身的装配。主要是刮研床身的下导轨面及配刮溜板两侧压板，保证床身上、下导轨面的平行度误差，以达到溜板与床身导轨在全长上能均匀结合，平稳地移动。

按图 13-17 所示，装上两侧压板，要求在每 25mm×25mm 的面积上接触点为 6～8 点。全部螺钉调整紧固后，用 200～300N 力推动溜板在导轨全长上移动应无阻滞现象；用 0.03mm 塞尺片检查密合程度，插入深度不大于 20mm。

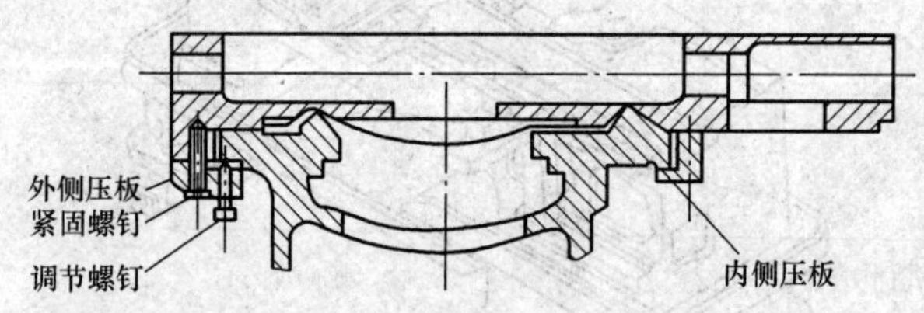

图 13-17　床身与溜板的装配

4. 溜板箱、进给箱及主轴箱的安装

（1）溜板箱安装。溜板箱安装在总装配过程中起重要作用。其安装位置直接影响丝杠、螺母能否正确啮合，进给能否顺利进行，是确定进给箱和丝杠后支架安装位置的基准。确定溜板箱位置应按下列步骤。

1）校正开合螺母中心线与床身导轨平行度误差。如图 13-18 所示，在溜板箱的开合螺母体内卡紧一检验心轴，在床身检验桥板上紧固丝杠中心测量工具，如图 13-18（b）所示。分别在左、右两端校正检验心轴上母线与床身导轨的平行度误差，其误差值应在 0.15mm 以下。

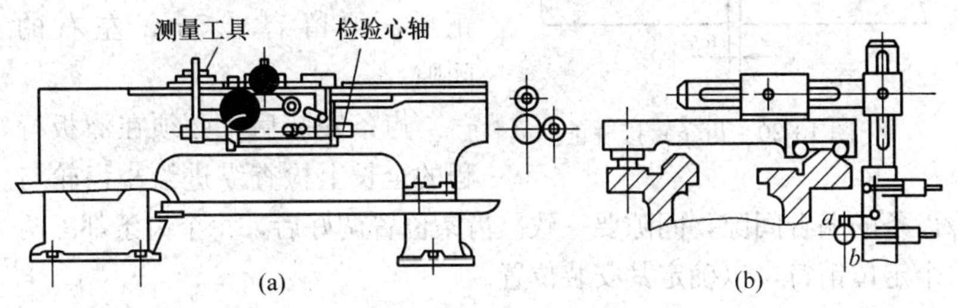

图 13-18　安装溜板箱

2）溜板箱左右位置的确定。左右移动溜板箱，使溜板横向进给传动齿轮副有合适的齿侧间隙，如图 13-19 所示。将一张厚 0.08mm 的纸放在齿轮啮合处，转动齿轮使印痕呈现将断与不断的状态为正常侧隙。此外，侧隙也可通过控制横向进给手轮空转量不超过$\frac{1}{30}$转来检查。

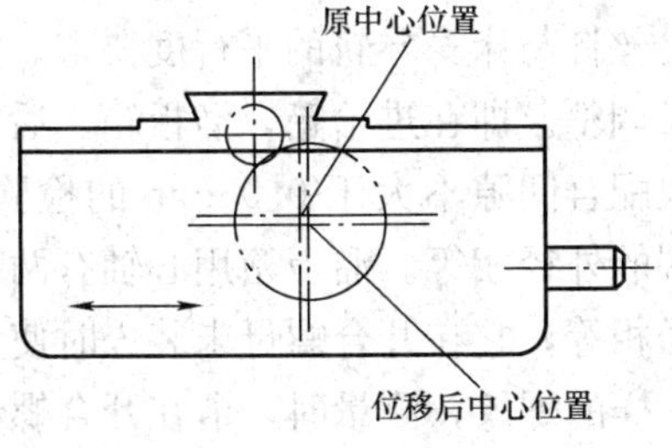

图 13-19　溜板箱横向进给齿轮副侧隙调整

3）溜板箱最后定位。溜板箱预装精度校正后，应等到进给箱和丝杠后支架的位置校正后才能钻、铰溜板箱定位销孔，配作锥销实现最后定位。

（2）安装齿条。溜板箱位置校定后，则可安装齿条，主要是保证纵进给小齿轮与齿条的啮合间隙。正常啮合侧隙为 0.08mm，检验方法和横向进给齿轮副侧隙检验方法相同，并以此确定齿条安装位置和厚度尺寸。

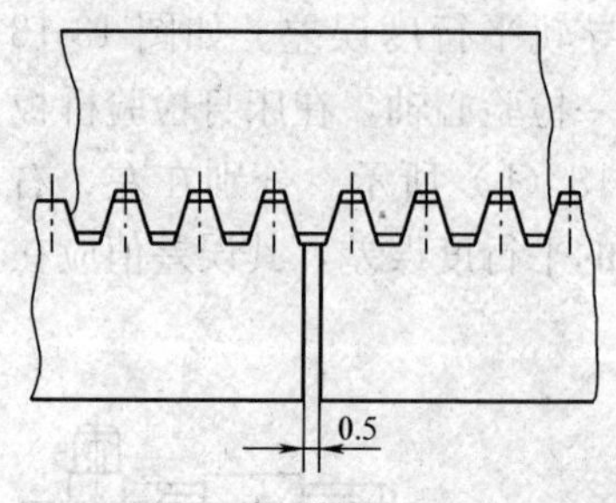

图 13-20 齿条跨接矫正

由于齿条加工工艺限制，车床齿条由几根拼接装配而成，为保证相邻齿条接合处的齿侧精度，安装时，应用标准齿条进行跨接校正，如图 13-20 所示。校正后，须留有 0.5mm 左右的间隙。

齿条安装后，必须在溜板行程的全长上检查纵进给小齿轮与齿条的啮合间隙，间隙要一致。齿条位置调好后，每个齿条都配两个定位销钉，以确定其安装位置。

（3）安装进给箱和丝杠后托架。安装进给箱和丝杠后托架主要是保证进给箱、溜板箱、后支架上安装丝杠时三孔的同轴度，并满足丝杠与床身导轨的平行度要求。安装时，按图 13-21 所示进行测量调整。即在进给箱，溜板箱、后支架的丝杠支承孔中，各装入一根配合间隙不大于 0.05mm 的检验心轴，三根检验心轴外伸测量端的外径相等。溜板箱用心轴有两种：一种外径尺寸与开合螺母外径相等，它在开合螺母未装入时使用；另一种具有与丝杠中径尺寸一样的螺纹，测量时，卡在开合螺母中。前者测量可靠，后者测量误差较大。

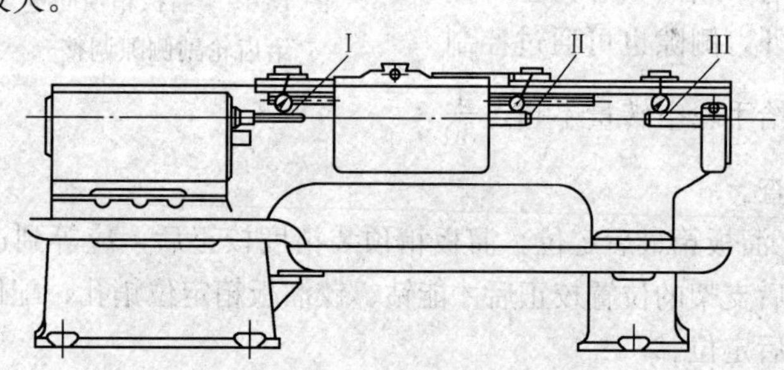

图 13-21 丝杠三点同轴度误差测量

安装进给箱和丝杠后托架，步骤如下：

1）调整进给箱和后托架丝杠安装孔中心线与床身导轨的平行度误差，用图 13-16 中用的专用测量工具，检查进给箱和后支架用来安装丝杠孔的中心线。其对床身导轨平行度公差：上母线为0.02mm/100mm，只许前端向上偏；侧母线为0.01mm/100mm，只许向床身方向偏。若超差，则通过刮削进给箱和后托架与床身结合面来调整。

2）调整进给箱、溜板箱和后托架三者的丝杠安装孔的同轴度误差，以溜板箱上的开合螺母孔中心线为基准，通过抬高或降低进给箱和后托架丝杠孔的中心线，使丝杠三处支承孔同轴。其精度在Ⅰ、Ⅱ、Ⅲ三个支承点测量，上母线公差为0.01mm/100mm。横向方向移出或推进溜板箱，使开合螺母中心线与进给箱、后托架中心线同轴。其精度为侧母线0.01mm/100mm。

调整合格后，进给箱、溜板箱和后托架即配作定位销钉，以确保精度不变。

（4）主轴箱的安装。主轴箱是以底平面和凸块侧面与床身接触来保证正确安装位置。底面是用来控制主轴轴线与床身导轨在垂直平面内的平行度误差；凸块侧面是控制主轴轴线在水平面内与床身导轨的平行度误差。主轴箱的安装，主要是保证这两个方向的平行度要求。安装时，按图13-22所示进行测量和调整。主轴孔插入检验心轴，百分表座吸在刀架下滑座上，分别在上母线和侧母线上测量，百分表在全长范围内读数差就是平行度误差值。

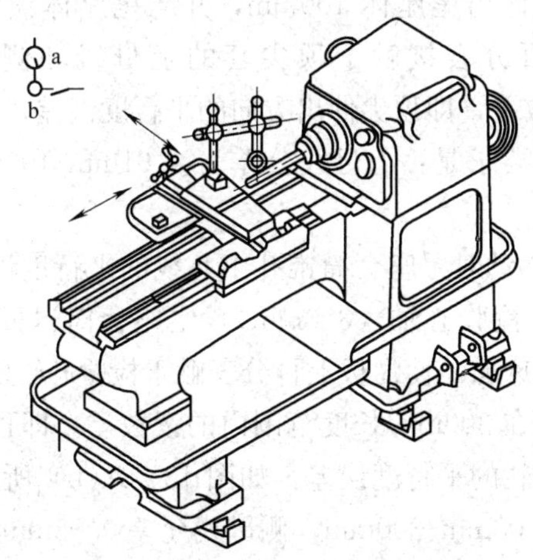

图13-22　主轴轴线与床身导轨平行度误差测量

安装要求是：上母线为0.03mm/300mm，只许检验心轴外端向上抬起（俗称抬头），若超差刮削结合面；侧母线为0.015mm/300mm，只许检验心轴偏向操作者方向（俗称里勾）。超差时，通过刮削凸块侧面来满足要求。

为消除检验心轴本身误差对测量的影响，测量时旋转主轴180°做两次测量，两次测量结果的代数差之半就是平行度误差。

5. 尾座的安装

尾座的安装分如下两步进行：

（1）调正尾座的安装位置。以床身上尾座导轨为基准，配刮尾座底板，使其达到精度要求。将尾座部件装在床身上，按图13-23所示测量尾座的两项精度。

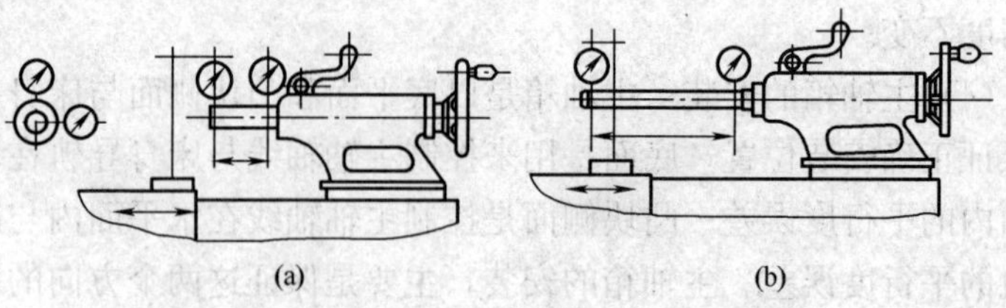

图13-23　顶尖套轴线对床身导轨平行度测量

1）溜板移动对尾座套筒伸出长度的平行度误差。其测量方法是：使顶尖套伸出尾座体100mm，并与尾座体锁紧。移动床鞍，使床鞍上的百分表接触于顶尖套的上母线和侧母线上，表在100mm内读数差，即顶尖伸出方向的平行度误差，如图13-23（a）所示。该项目要求是：上母线公差为0.01mm/100mm，只许“里勾”。

2）溜板移动对尾座套筒锥孔中心线的平行度误差，在尾座套筒内插入一个检验心轴（300mm），尾座套筒退回尾座体内并锁紧。然后移动床鞍，使溜板上百分表触于检验心轴的上母线和侧母线上。百分表在300mm长度范围内的读数差，即顶尖套内锥孔中心线与床身导轨的平行度误差，如图13-23（b）所示。其要求为：上母线允差0.03mm/300mm，侧母线允差0.03mm/300mm。为了消除检验心轴本身误差对测量的影响，一次检验后，将检验心轴退出，转180°再插入检验一次，两次测量结果的代数和之半，即为该项误差值。

（2）调整主轴锥孔中心线和尾座套筒锥孔中心线对床身导轨的等距度。测量方法如图13-24（a）所示，在主轴箱主轴锥孔内插入一个顶尖并校正其与主轴轴线的同轴度误差。在尾座套筒内，同样装一个顶尖，两顶尖之间顶一标准检验心轴。将百分表置于床鞍上，先将百分表测头顶在心轴侧母线，校正心轴在水平平面与床身导轨平行。再将测头触于检验心轴上母线，百分表在心轴两端读数差，即为主轴锥孔中心线与尾座套筒锥孔中心线，对床身导轨的等距度误差。为了消除顶尖套中顶尖本身误差对测量的影响，一次检验后，将顶尖退出，转过180°重新检验一次，两次测量的代数和之半，即为其误差值。

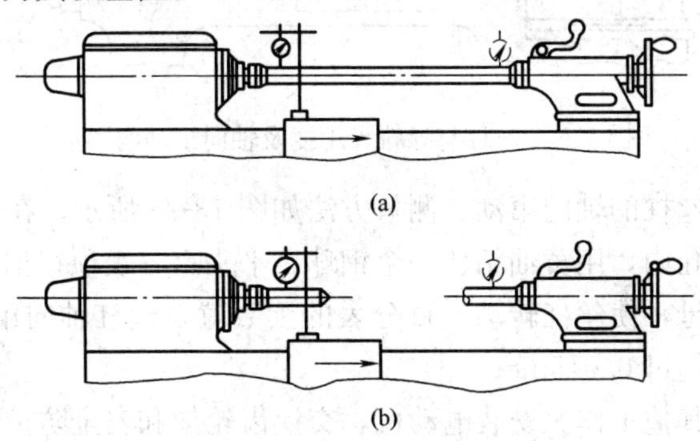

图13-24　主轴锥孔中心线与顶尖锥孔中心线对床身导轨的等距度

图13-24（b）所示为另一种测量方法，即分别测量主轴和尾座锥孔中心线的上母线，再对照两检验心轴的直径尺寸和百分表读数，经计算求得。在测量之前，也要校正两检验心轴在水平面内与床身导轨的平行度误差。

测量结果应满足上母线允差0.06mm（只允许尾座高）的要求，若超差则通过刮削尾座底板来调整。

6. 安装丝杠、光杠

溜板箱、进给箱、后支架的三支承孔同轴度校正后，就能装入丝杠、光杠。丝杠装入后应检验如下精度：

（1）测量丝杠两轴承中心线和开合螺母中心线对床身导轨的等距度。测量方法如图 13-25 所示，用图 13-19（b）所示的专用测量工具在丝杠两端和中央三处测量。三个位置中对导轨相对距离的最大差值，就是等距度误差。测量时，开合应是闭合状态，这样可以排除丝杠重量、弯曲等因素对测量数值的影响。溜板箱应在床身中间，防止丝杠挠度对测量的影响。此项精度允差为：在丝杠上母线上及丝杠侧母线上测量均为 0.15mm。

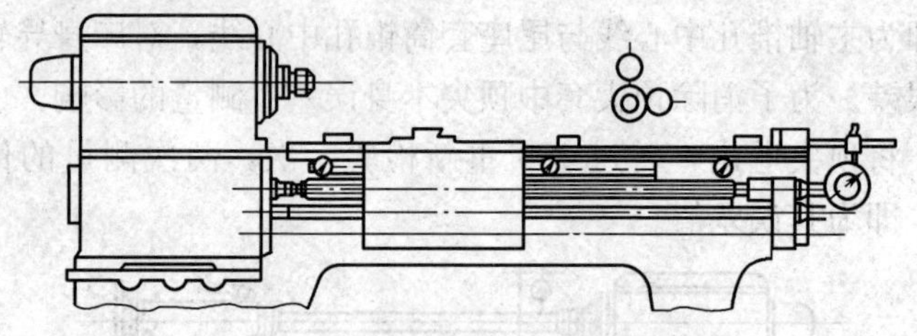

图 13-25　丝杠与导轨等距度及轴向窜动的测量

（2）丝杠的轴向窜动。测量方法如图 13-25 所示，在丝杠的后端的中心孔内，用黄油粘住一个钢球，平头百分表顶在钢球上。合上开合螺母，使丝杠转动，百分表的读数就是丝杠轴向窜动误差，最大不应超过 0.015mm。

（3）其他工作。安装电动机，交换齿轮架和安全防护装置及操纵机构等。

7. 安装小滑板刀架

小刀架部件装配在刀架下滑座上，按图 13-26 所示方法测量小滑板刀架移动对主轴中心线的平行度误差。

测量时，先横向移动刀架，使百分表触及主轴锥孔中插入的检验心轴上母线最高点。再纵向移动小刀架测量，误差不超过 0.03mm/

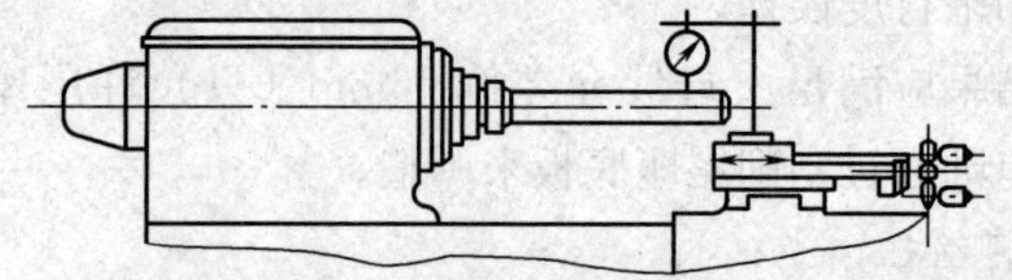

图 13-26　小滑板移动对主轴中心线的平行度误差的测量

100mm。若超差，通过刮削小刀架滑板与刀架下滑座的结合来调整。

（三）试车验收

1. 机床空运转试验

（1）静态检查。这是车床进行性能试验之前的检查，主要是普查车床各部是否安全、可靠，以保证试车时不出事故。主要从以下几个方面检查：

1）用手转动各传动件应运转灵活。

2）变速手柄和换向手柄应操纵灵活、定位准确、安全可靠。手轮或手柄转动时，其转动力用拉力器测量，不应超过 80N。

3）移动机构的反向空行程应尽量小，直接传动的丝杠，不得超过回转圆圈的 1/30 转；间接传动的丝杠，空行程不得超过1/20转。

4）溜板、刀架等滑动导轨在行程范围内移动时，应轻重均匀和平稳。

5）顶尖套在尾座孔中作全长伸缩，应滑动灵活而无阻滞，手轮转动轻快，锁紧机构灵敏无卡死现象。

6）开合螺母机构开合准确可靠，无阻滞或过松的感觉。

7）安全离合器应灵活可靠，在超负荷时，能及时切断运动。

8）交换齿轮架交换齿轮间的侧隙适当，固定装置可靠。

9）各部分的润滑加油孔有明显的标记，清洁畅通。油线清洁，插入深度与松紧合适。

10）电器设备启动、停止应安全可靠。

（2）是在无负荷状态下启动车床，检查主轴转速依次提高到最高转速，各级转速的运转时间不少于 5min。同时，对机床的进给机构也要进行低、中、高进给量的空运转，并检查润滑液压泵输油情况。车床空运转时应满足以下要求。

1）在所有的转速空转下，车床的各部工作机构应运转正常，不应有明显的振动，各操纵机构应平稳、可靠。

2）润滑系统正常、畅通、可靠，无泄漏现象。

3）安全防护装置和保险装置安全可靠。

4）在主轴轴承达到稳定温度时（即热平衡状态），轴承的温度和温升均不得超过如下规定：滑动轴承温度 60℃，温升 30℃；滚动轴承 70℃，温升 40℃。

2. 机床负荷试验

车床经空运转试验合格后，将其调至中速（最高转速的 1/2 或高于 1/2 的相邻一级转速）下继续运转，待其达到热平衡状态时则可进行负荷试验。

（1）全负荷强度试验的目的，是考核车床主传动系统能否输出设计所要求的最大转矩和功率。试验方法是将尺寸为 ϕ100mm×250mm 的中碳钢试件，一端用卡盘夹紧，一端用顶尖顶住。用硬质合金 YT15 的 45°标准右偏刀进行车削，切削用量为 n=58r/min（v=18.5m/min）、a_p=12mm、f=0.6mm/r，强力切削外圆。

试验要求在全负荷试验时，车床所有机构均应工作正常，动作平稳，不准有振动和噪声。主轴转速不得比空转时降低 5%以上。各手柄不得有颤抖和自动换位现象。试验时，允许将摩擦离合器调紧 2～3 孔，待切削完毕再松开至正常位置。

（2）精车外圆的目的是检验车床在正常工作温度下，主轴轴线与溜板移动方向是否平行，主轴的旋转精度是否合格。试验方法是在车床卡盘上夹持尺寸为 ϕ80mm×250mm 的中碳钢试件，不用尾座顶尖。采用高速钢车刀，切削用量取 n = 397r/min、α_p = 0.15mm、f=0.1mm/r 精车外圆表面。精车后试件允差：圆度误差为 0.01mm/100mm，表面粗糙度值不大于 Ra3.2μm。

（3）精车试验应在精车外圆合格后进行。目的是检查车床在正常温度下，刀架横向移动对主轴轴线的垂直度误差和横向导轨的直线度误差。试件为 ϕ250mm 的铸铁圆盘，用卡盘夹持。用硬质合金 45°右偏刀精车端面，切削用量取 n=230r/min、α_p=0.2mm、f=0.15mm/r。精车端面后，试件平面度误差为 0.02mm（只许凹）。

（4）切槽试验的目的是考核车床主轴系统的抗振性能，检查主轴部件的装配精度、主轴旋转精度、溜板刀架系统刮研配合面的接触质量及配合间隙的调整是否合格。切槽试验的试件为 ϕ80mm×150mm 的中碳钢棒料，用前角 γ_0=8°～10°、后角 α_0=5°～6°的

YT15 硬质合金切刀，切削用量为 $v=40\sim70$m/mm、$f=0.1\sim0.2$mm/r。切削宽度为 5mm，在距卡盘端(1.5～2)d(d 为工件直径)处切槽。不应有明显的振动和振痕。

（5）精车螺纹试验的目的是检查车床上加工螺纹传动系统的准确性。试验规范：ϕ40mm×500mm 的中碳钢工件；使用高速钢 60°标准螺纹车刀；切削用量为 $n=19$r/min、$\alpha_p=0.02$mm、$f=6$mm/r；两端用顶尖顶车。精车螺纹试验精度，要求螺距累计误差应小于 0.025mm/100mm、表面粗糙度值不大于 $Ra3.2\mu$m、无振动波纹。

二、Z3040 型摇臂钻床安装与调试

摇臂钻床是一种孔加工机床，可进行钻孔、扩孔、铰孔、镗孔、刮平面及螺纹等工序的加工，它特别适合加工大型工件。如箱体、机座等的孔。加工中，工件不必移动而将刀具移动到新的钻孔位置，即可钻削，操作非常方便。

Z3040 型摇臂钻是一种主轴旋转及进给量变换均采用液压预选集中操作的机床。它由底座、内立柱、外立柱、摇臂、主轴箱、工作台等组成。其主要规格有：最大钻孔直径为 ϕ40mm；主轴中心线到立柱母线的最大距离为 1400mm；主轴箱水平移动最大行程为 1060mm；摇臂垂直移动的最大行程为 650mm；主轴转速正向 12 级，转速 400～2000r/min;反向 12 级，转速 55～2800r/min。

当调整机床时，可以进行三种调整运动。这些运动的配合可在机床的尺寸范围内将主轴调整到任何一点，以便在工作所需要的位置上进行孔的加工。这些调整运动一是外立柱带动着摇臂绕固定的内立柱在 360°范围内转动；二是摇臂带着主轴头架沿外立柱作垂直移动。这个运动是通过单独的电动机经摇臂垂直机构而实现的；三是主轴头架沿摇臂作水平（径向）移动。

外立柱转动到所需要的位置后，可通过液压机构使其与内立柱夹紧。液压机构是通过装在立柱上的单独电动机来带动的。

由于 Z3040 摇臂钻床属于整体安装，现对其安装的精度要求分述如下。

（1）整体安装的摇臂钻床就位前，不应松开立柱的夹紧机构，防止倾倒。

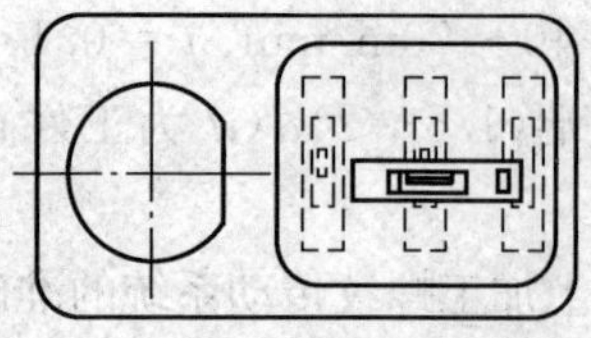

图 13-27　检验机床的水平度

（2）检查机床的水平度时（见图 13-27），应在底座工作台中央按纵、横向放置等高垫块、平尺、水平仪测量（横向测三个位置），水平仪读数均不超过 0.04mm/1000mm。

（3）检验立柱对底座工作面的垂直度误差时（见图 13-28），应符合下列要求：

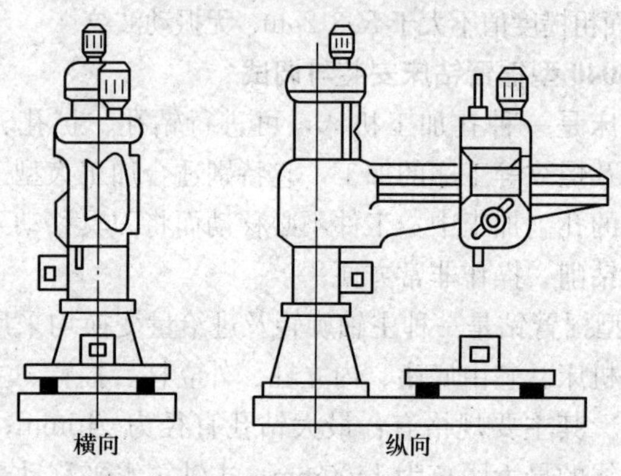

图 13-28　检验立柱对底座工作面的垂直度误差

1）将摇臂转至平行于机床纵向平面，并将摇臂和主轴箱分别固定在其行程的中间位置。

2）在底座工作面中央按纵、横向放等高垫块、平尺、水平仪测量。

3）在立柱右侧母线和前母线上靠贴水平仪测量。

4）垂直度误差以底座与立柱上相应两水平仪读数的代数差计，并应符合表 13-1 的规定。

表 13-1　立柱对底座工作面的垂直度误差　mm

主轴轴心线至立柱母线间最大距离	垂直度误差不应超过	
	纵向	横向
≤1600	0.2/1000	0.1/1000
>2000～2500	0.3/1000	0.1/1000
>2500～4000	0.4/1000	0.15/1000

5）立柱纵向应向底座工作面倾斜。

（4）检验主轴回转轴心线对底座工作面的垂直度误差时（见图13-29）应符合下列要求。

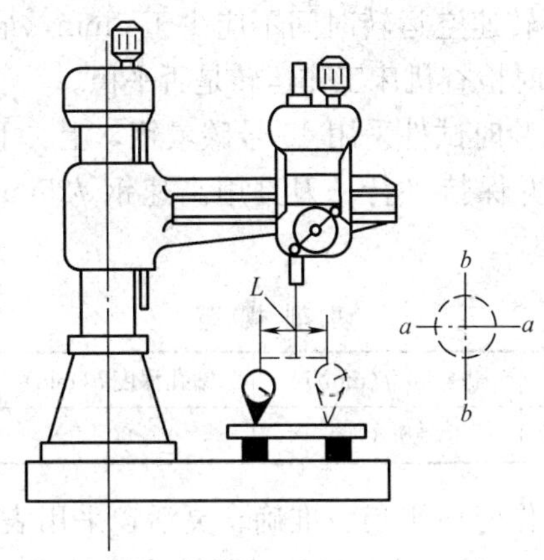

图 13-29 检验主轴回转轴心线对底座工作面的垂直度

1）将摇臂钻转至主轴轴心线位于机床的纵向平面内，在摇臂固定于立柱的下端和沿立柱向上 2/3 行程处，分别将主轴箱固定于靠近立柱和向外 2/3 行程处进行测量（共测量四个位置）。

2）在底座工作面中央，按纵、横向放等高垫块、平尺、在主轴上固定角形表杆和百分表，测头顶在平尺检验面上，旋转主轴180°，分别在纵向平面 a 和横向平面 b 内测量。

3）垂直度的偏差从旋转主轴 180°前、后分别读数差计，并均应符合表 13-2 的规定。

表 13-2　　主轴回转轴心线对底座工作面的垂直度误差　　mm

主轴轴心线至立柱母线间最大距离	测量直径 D	垂直度不应超过	
		纵向	横向
≤2000	300	0.06	0.03
>2000～4000	500	0.1	0.05

4）主轴箱在其行程 2/3 时，主轴应向立柱方向偏。

机床在试车前，必须将外表面涂的防腐涂料用无腐蚀性的煤油清洗，然后用棉纱擦干。在清洗时，不得拆卸部件及固定的零件。然后按机床的润滑要求注入机油，将照明灯装上，接好地线，即可试车。

试车时，各转速空运转时间不应少于 5min，最高转速不应少于 30min，运转时检查机床工作运转是否平稳。

机床负荷试验时试件采用 45 号碳素钢，上、下两平面须加工至 $Ra12.5\mu m$，并保持平行。刀具用高速钢 $\phi25mm$ 锥柄麻花钻，切削规范见表 13-3。

表 13-3　　切削规范

主轴转速 n(r/min)	进给量 f(mm/r)	钻孔深度 h(min)	钻孔数量
392	0.36	60	5

进给机床工作时应平稳、准确、灵活，采用表 13-3 中切削用量加工 15～30min 时，进给机构的保险离合器不允许脱离各部分运转机构，不得有噪声和振动。当进给量增加至 0.48mm/r 时，进给保险必须脱离。

采用 0.36mm/r 进给量时，将水平仪纵向放在工作台台面和主轴套筒上，可观察工作台因受钻压而产生的变形，变形值在每 100mm 上不能大于 0.15mm。

负荷试验后，必须按精度检验标准进行一次精度检查，以作最后一次检验。如有超差，可加以调整，但必须重新再做相关的空运转试验。

三、M1432A 型万能外圆磨床的安装与调试

（一）主要组成部件

M1432A 型外圆磨床用于磨削内外圆柱表面、内外圆锥表面、阶梯轴轴肩和端面、简单的成形旋转体表面等。

M1432A 型外圆磨床由床身、工作台、砂轮架、内圆磨具、滑鞍和由工作台手摇机构、磨头横向进给机构、工作台纵向直线运动液压控制板等组成的控制箱等主要部件组成。在床身顶面前部的导轨上安装有工作台，台面上装有工件头架和尾座，工件靠头架和尾座上的顶尖支承，或用头架上卡盘夹持，由头架带动旋转，实现工

件的圆周进给运动。工作台由液压传动作纵向直线往复运动，使工件实现往复进给运动。工作台分上、下两层，上工作台相对下工作台在水平面内可作±10°左右的偏转，以便磨削锥度小的长锥体。砂轮架由内外磨头主轴部件、电动机及带传动部件组成，安装在床身顶面后部的横向导轨上，由带有液压装置的丝杠螺母传递动力作快速移动。头架和磨头可分别绕垂直轴线旋转±90°和±30°的角度，以分别作大锥体、锥孔工件的磨削，内孔磨头的转速由单独的电机驱动，转速极高。

（二）机床主要部件的安装与调整

1. 砂轮架

在主轴的两端锥体上分别装着砂轮压盘 1 和 V 带轮 13，并用轴端的螺母进行压紧，如图 13-30 所示。主轴 5 由两个多瓦式油膜滑动轴承 3 和 7 支承，每个轴承各由三块均布在主轴轴颈周围包角为 60°的扇形轴瓦 19 组成。每块轴瓦都由可调节的球头螺钉 20 支承着。而球头螺钉的球面与轴瓦的球凹面经过配研，能保证有良好的接触刚度，并使轴瓦能灵活地绕球头自由摆动。螺钉的球头（支承点）位置在轴向处于轴瓦的正中，而在周向则离中心一定距离。这样，当主轴旋转时，三块轴瓦各自在螺钉的球头上摆动到一定的平衡位置，其内表面与主轴轴颈间形成楔形缝隙，于是在轴颈周围产生了三个独立的压力油膜，使主轴悬浮在三块轴瓦的中间，形成液体摩擦作用，以保证主轴有高的精度保持性。当砂轮主轴受磨削载荷而产生向某一轴瓦偏移时，这一轴瓦的楔缝变小，油膜压力升高；而在另一方向的轴瓦的楔缝便变大，油膜压力减小，这样砂轮主轴就能自动调节到原中心位置，保持主轴有较高的旋转精度。轴承间隙用球头螺钉 20 进行调整，调整时，先卸下封口螺钉 23、锁紧螺钉 22 和螺套 21，然后转动球头螺钉 20，使轴瓦与轴颈间的间隙合适为止（一般情况下，其间隙为 0.01～0.02mm）。一般只调整最下面的一块轴瓦即可。调整好后，必须重新用螺套 21、螺钉 22 将球头螺钉 20 锁紧在壳体 4 的螺孔中，以保证支承刚度。

为保证主轴与壳体孔的中心线同轴，主轴的径向中心可用定心套调整，如图 13-31 所示。将两个定心套套上主轴并装进壳体的孔

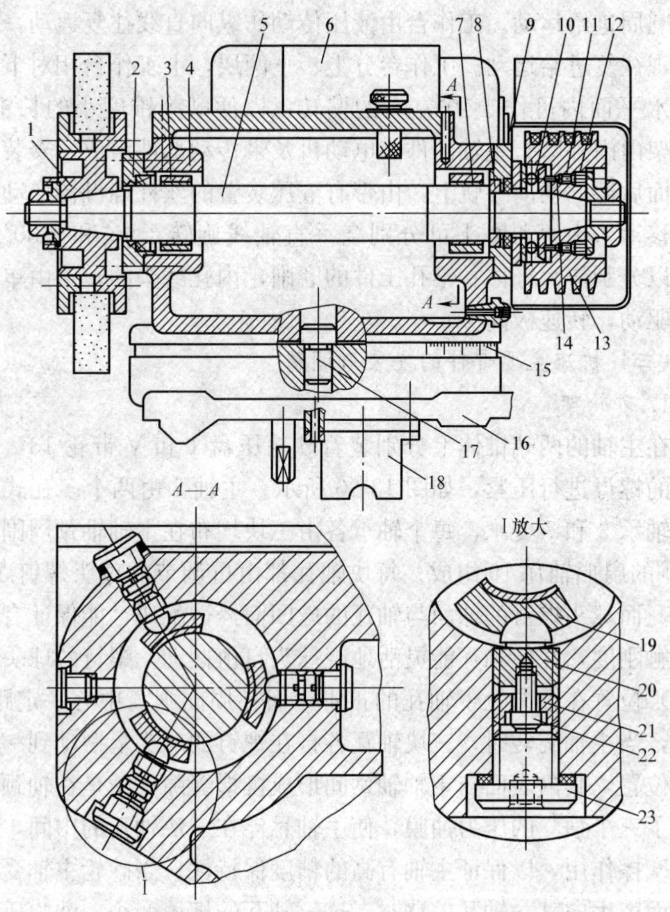

图 13-30 M1432A 型外圆磨床砂轮架结构

1—压盘；2、9—轴承盖；3、7、19—扇形轴瓦；4—壳体；5—砂轮主轴；6—主电动机；8—止推环；10—推力球轴承；11—弹簧；12—调节螺钉；13—带轮；14—销子；15—刻度盘；16—滑鞍；17—定位轴销；18—半螺母；20—球头螺钉；21—螺套；22—锁紧螺钉；23—封口螺钉

内，然后用 6 个球头螺钉将 6 块轴瓦轻轻贴上主轴颈。将螺钉固定好后，要求定心套转动自如。

主轴由止推环 8 和推力球轴承 10 作轴向定位，并承受左右两个方向的轴向力。推力球轴承的间隙由装在带轮内的六根弹簧 11

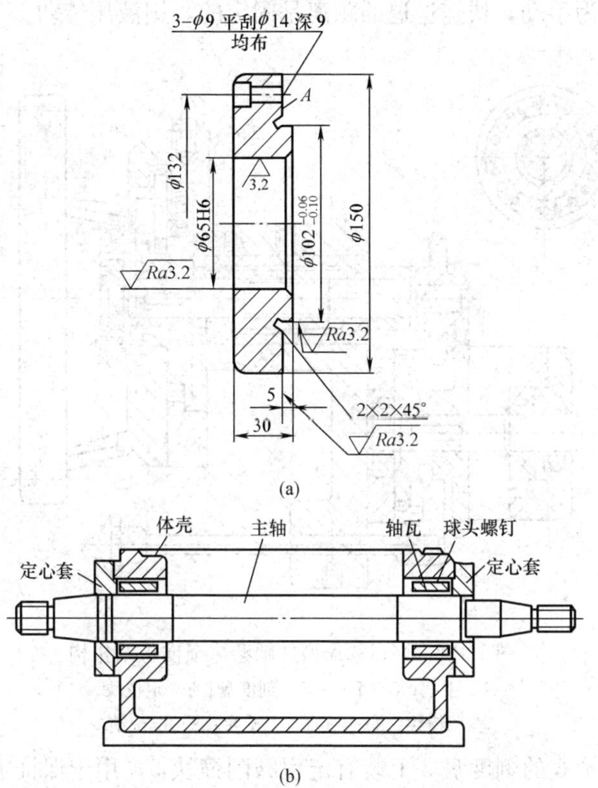

图 13-31　安装主轴用定心套定位

通过销子 14 自动消除。但由于自动消除间隙的弹簧 11 的力量不可能很大，所以推力球轴承只能承受较小的向左的轴向力。因此，该机床只宜用砂轮的左端面磨削工件的台肩端面。

砂轮壳体 4 固定在滑鞍下面的导轨与床身顶面后部的横导轨配合，并通过横向进给机构和半螺母 18，使砂轮作横向进给运动或快速向前或向后移动。壳体 4 可绕轴销 17 回转一定角度，以磨削锥度大的短锥体。

2. 横向进给机构

如图 13-32 所示，它用于实现砂轮架横向工作进给、调整位移和快速进退，以确定砂轮和工件的相对位置，控制工件尺寸等。调整位移为手动，快速进退的距离是固定的，用液压传动。

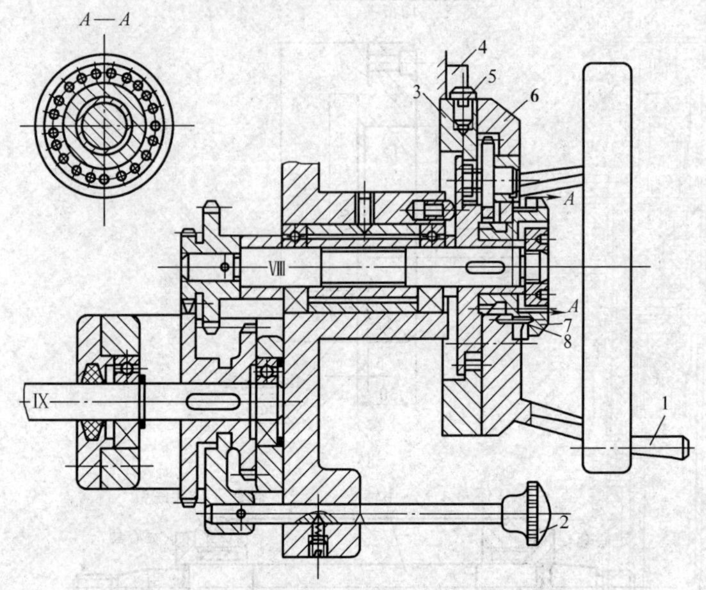

图 13-32　M1432A 型外圆磨床横向进给机构

1—手把；2—手柄；3—刻度盘；4—定位块；

5—撞块；6—手轮；7—旋钮；8—定位销

手轮 6 的刻度盘 3 上装有定程磨削撞块 5，用于保证成批磨削工件的直径尺寸。如果中途由于砂轮磨损或修整砂轮导致工件直径变大，可用调整旋钮 7（其端面上有 21 个均匀分布的定位孔），使它与手轮 6 上的定位销 8 脱开。然后在手轮 6 不转的情况下，顺时针旋转一定角度（这个角度大小按工件直径尺寸变化量确定）。最后将旋钮 7 推回手轮 6 的定位销 8 上定位，当撞块 5 与定位块 4 再度相碰时，砂轮架便附加进给了相应的距离，补偿了砂轮的磨损，保证工件的要求直径尺寸。

3. 工件头架

工件头架用卡盘夹持工件或与尾座共同使用，用两顶尖支承工件，并使工件作圆周进给运动。如图 13-33 所示，工件头架由壳体、主轴部件、传动装置、底座等组成。它通过底座的底面安装在工作台上。

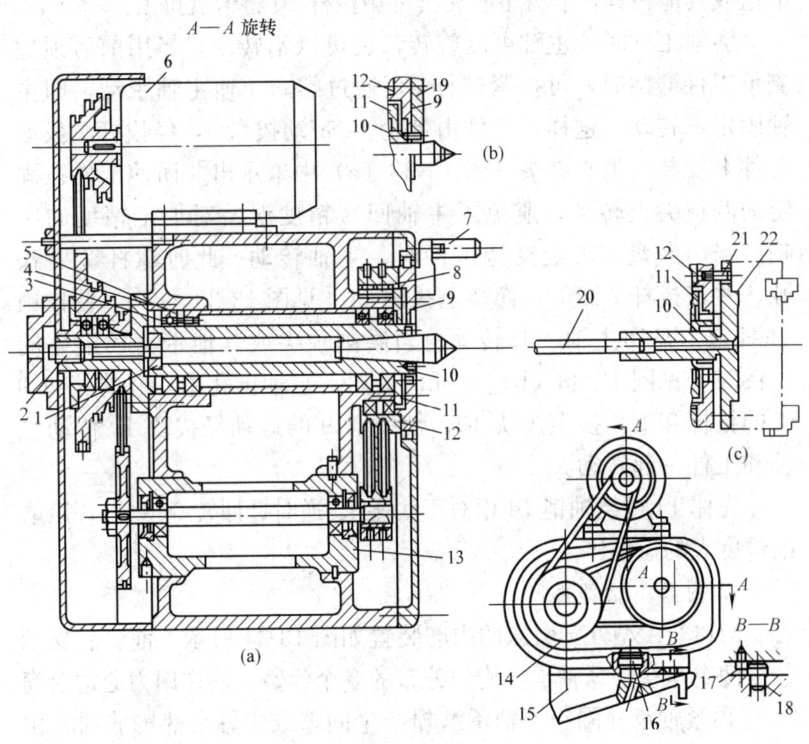

图 13-33　M1432A 型外圆磨床工件头架

1—螺套；2—螺杆；3、5、8—隔套；4、11—轴承盖；6—电动机；7—拔杆；9—拔盘；10—主轴；12—带轮；13—偏心套；14—壳体；15—底座；16—轴销；17—销子；18—固定销；19—拔块；20—拉杆；21—拔销；22—法兰

主轴 10 的前、后支承各为两个“面对面”排列安装的向心推力球轴承。主轴前轴颈处有一凸台，因此，主轴的轴向定位由前支承的两个轴承来实现，即两个方向的轴向力由前支承的两个轴承承受。通过仔细修磨的隔套 3、5 和 8，并用轴承盖 11 和 4 压紧轴承后，轴承内外圈将产生一定的轴向位移，使轴承实现预紧，以提高主轴部件刚度和旋转精度。

主轴 10 有一中心通孔，前端为莫氏 4 号锥孔，用来安装顶尖、卡盘或其他夹具。卡盘座或夹具可用拉杆 20 将卡盘拉紧。

磨削工件时，主轴可以旋转，也可以不转动，当用前后顶尖支承工件磨削时，可拧紧螺杆 2，通过螺套 1 使主轴掣动，即主轴固定不转动。这样，工件由带轮 12 带动拔盘 9，经拔杆 7 拔动工件上安装的鸡心夹头［图 13-33（a）中未示出］而使工件在固定的两顶尖上转动，避免了主轴回转精度误差对加工精度的影响。当用卡盘、夹盘夹持工件时，主轴转动。此时螺杆 2 要松开，并将拔杆 7 卸下，换装上拔销 21［见图 13-33（c）］，使拔销 21 插在卡盘和主轴一起转动。当磨削顶尖或其他带莫氏锥体的工件时［见图 13-33（b）］，可直接插入主轴锥孔中，并将拔盘 9 上的拔杆卸下，换上拨块 19，使拨盘 9 的运动经拔块 19 传动主轴和工件一起转动。

壳体 14 可绕轴销 16 相对于底座 15 逆时针回转 0°～90°，以磨削锥度大的短锥体。

4. 内磨主轴部件

M1432A 型外圆磨床的内磨装置如图 13-34 所示。前、后支承各为两个角接触球轴承，均匀分布的 8 个弹簧 3 的作用力通过套筒 2、4 顶紧轴承外圈。当轴承磨损产生间隙或主轴受热膨胀时，由弹簧自动补偿调整，从而保证了主轴轴承的高精度和稳定的预紧力。

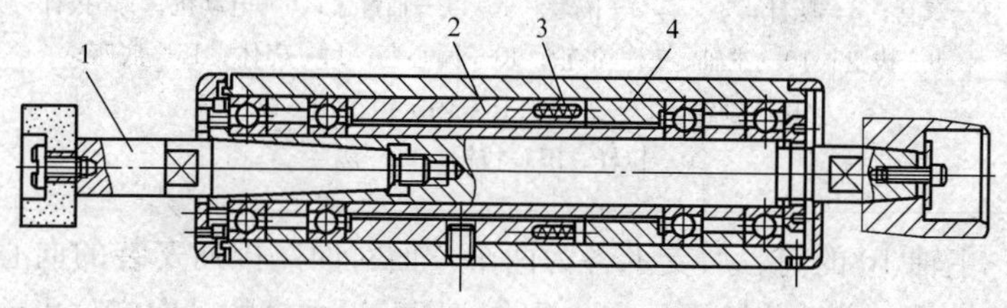

图 13-34 M1432A 型外圆磨床内磨主轴部件结构

1—接长轴；2、4—套筒；3—弹簧

主轴的前端有一莫氏锥孔，可根据磨削孔深度的不同安装不同的内磨接长轴 1；后端有一外锥体，以安装带轮，由电动机通过带直接传动主轴。

5. 工作台

如图 13-35 所示，M1432A 型外圆磨床工作台面 6 和下台面 5 组成。下台面的底面以一矩一山型的组合导轨作纵向运动；下台面的上平面与上台面的底面配合，用销轴 7 定中心，转动螺杆 11，通过带缺口并能绕销钉 10 轻微转动的螺母 9，可使上台面绕销轴 7 相对于下台面转动一定的角度，以磨削锥度较小的长锥体。调整角度时，先松开上台面两端的压板 1 和 2，调好角度后再将压板压紧，角度大小可由上台面右端的刻度尺 13 上直接读出，或由工作台右前侧安装的千分表 12 来测量。

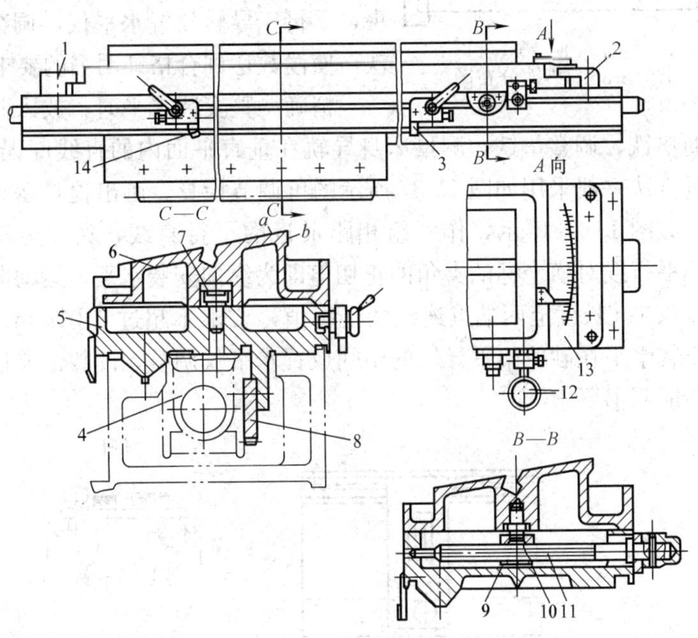

图 13-35 M1432A 型外圆磨床工作台

1、2—压板；3—右行程挡块；4—液压缸；5—下台面；6—工作台面；7、10—销轴；8—齿条；9—螺母；11—螺杆；12—千分表；13—刻度尺；14—左行程挡块

上台面的顶面 a 做成 10°倾斜度，工件头架和尾座安装在台面上，以顶面 a 和侧面 b 定位，依靠其自身的重量的分力紧靠在定位

面上，使定位平稳，有利于它们沿台面调整纵向位置时能保持前后顶尖的同轴度要求。另外，倾斜的台面可使切削液带着磨屑快速流走。台面的中央有一 L 型槽，用以固定工件头架和尾座。下台面前侧有一长槽，用于固定工件头架和尾座。下台面前侧有一长槽，用于固定行程挡块 3 和 14，以碰液压操纵箱的换向拔杆，使工作台自动换向；调整 3 和 14 间的距离，即控制工作台的行程长度。

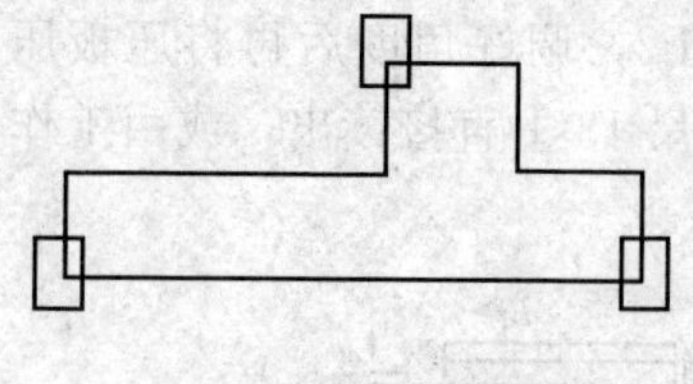

图 13-36　垫铁分布图

初步调整安装床身水平时，一般只采用三块垫铁。垫铁分布见图 13-36，在床身及砂轮架的平导轨中央，平行于导轨放置水平仪，调整垫铁，使读数达到合格证明书的要求。

精确调整安装水平时，放入其他辅助垫铁，调整垫铁，测量床身导轨在垂直平面内的直线度误差。测量方法一般采用如图 13-37 所示的可调节检具，画出检具运动曲线，如图 13-38 所示，作一组相距最近的平行直线，夹住运动曲线。平行线对横坐标的夹角的正切值即为纵向安装水平，运动曲线在任意 1m 长度上两端点连线的坐标值，要求不超过 0.01mm，横向安装水平在砂轮架平导轨的中间放置水平仪调整，读数也要达到合格证明书要求。

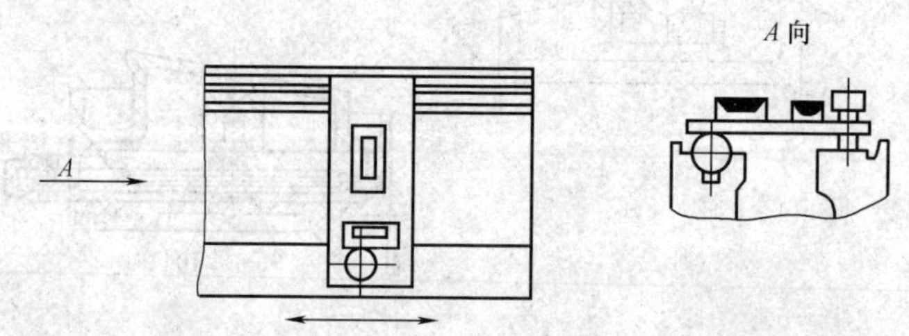

图 13-37　可调节检具

（三）试车验收

机床空运转试验。万能外圆磨床在装配完毕后，须事先进行空运转试验，观察整体运转情况。

（1）空运转试验前的准备。应做好如下工作：

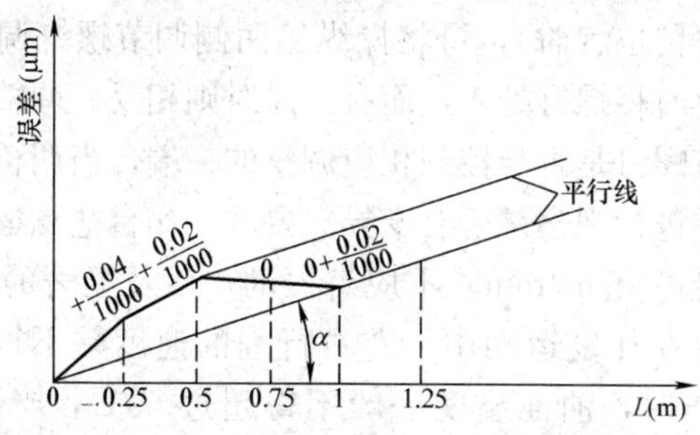

图 13-38　外圆磨床安装水平的调整

1）清除各部件及油池中的污物，并用煤油或汽油洗清之。

2）用手动检查机床全部机构的运转情况，保证没有不正常现象。

3）检查各润滑油路装置是否正确，油路是否通畅，油管不得有弯扁现象。

4）按机床润滑部位的要求，在各处加注规定的润滑油（脂）。

5）床身油池内，按油标指示高度加满油液。油液的油质须符合说明书中的规定，一般使用纯净中和矿物油，黏度为 $21.1\times10^{-6}m^2/s$(50℃)，即 N32 或 N46 液压导轨油。

6）将操纵手柄位于关闭，特别是将磨头快速进刀的操纵手柄位于退出。紧固工作台的换向撞块，以防止各运动部件在动作范围内相碰；

7）启动液压泵电动机，注意运转方向是否正确，按说明书中规定调整主油路和润滑油路的压力至要求的位置。

8）液压系统中的管接头，不得有泄漏现象，尤其是低压区更为重要，以免空气进入。

（2）空运转试验。规程及注意事项如下：

1）转动工作台的操作手柄，以低速（约 0.1m/min）及短行程运动，观察换位是否正常。然后调整至最大行程位置，以低速运行数十次后，再逐步转至最高速度运行。在运行时，观察换向是否正常，有否撞击和显著停滞现象，并利用工作台快速在全程上移动，以排除系统中残留空气。当工作台换向时发现有冲击或显著停滞时（在无停留位置时），可将操纵箱两侧调节螺钉调整：一般当产生冲击现象时将螺钉拧入，而有停滞时则相反。调整时，须注意所调整的调节螺钉是否与控制相应调整的一端，当调整就绪后，应重新锁紧，并进行观察是否有变异。要求工作台往复运动，在各级速度下（最低 0.07m/min）不应有振动，以及显著的冲动和停滞现象。工作台在往复运动中，左右行程的速度差不得超过 10%，液压系统工作时，油池温度一般不得超过 60℃，当环境温度≥38℃时，油温不得超过 70℃。

2）慢速移动工作台，将左右的换向撞块固定在适宜的位置上，然后快速引进磨头，要求重复定位精度不得超过 0.003mm。自动进给的进给量误差不得超过刻度的 10%。

3）检查磨削内孔时，磨头快速进刀的安全连锁装置是否可靠。

4）启动磨头电动机时，先不要安装传动带，以便观察其运动方向。待校正电动机方向正确后，装上传动带，然后用点动法启动磨头电动机，使磨头轴承形成油膜后，作正式启动。一般空运转时间不超过 1h。要求磨头及头架的轴承温升不得超过 20℃。内圆磨具的轴承温升不得超过 15℃。

四、X62W 型卧式铣床的安装与调试

（一）铣床的功能及工艺特点

铣床是用铣刀进行铣削的机床，能加工平面、沟槽、键槽、T 形槽、燕尾槽、螺纹、螺旋槽，以及有局部表面的齿轮、链轮、棘轮、花键轴，各种成形表面等，用锯片铣刀可切断工件。铣刀的旋转运动是铣床的主体运动。铣床一般具有相互垂直的三个方向上的调整移动，其中任一方向的移动都构成进给运动。

X62W 卧式铣床的工艺特点：主轴水平布置，工作台沿纵向、横向和垂直三个方向作进给运动或快速移动。工作台在水平方向可作±45°的回转，以调整所需角度，适应螺旋表面加工。机床加工范围广，刚度好，生产率高。

（二）主要部件的安装

（1）床身。床身是整个机床的基础。电动机、变速箱的变速操纵机构、主轴等安装在其内部，升降台、横梁等分别安装在下部和

顶部。它保证工作台的垂直升降的直线度。

（2）主轴。主轴的作用是紧固铣刀刀杆并带动铣刀旋转。主轴做成空心，其前端为锥孔，与刀杆的锥面紧密配合。刀杆通过螺杆将其压紧。主轴轴颈与锥孔同心度要求高，否则主轴旋转时的平稳性不能保证。主轴的转速通过操纵机构变换床身内部的齿轮位置而变换。

（3）横梁。横梁上可安装吊架，用来支承刀杆外伸的一端以加强刀杆的刚度。横梁可在床身顶部的水平导轨中移动，以调整其伸出的长度。

（4）升降台。升降台可沿床身侧面的垂直导轨上、下移动。升降台内装有进给运动的变速传动装置、快速移动装置及其操纵机构，在其上装有水平横向工作台，可沿横向水平（主轴方向）移动，滑鞍上装有回转盘，回转盘的上面有一纵向水平燕尾导轨，工作台可沿其作水平纵向移动。

（5）工作台。工作台包括三个部分，即纵向工作台、回转盘和横向工作台。纵向工作台可以在回转盘上的燕尾导轨中由丝杠、螺母的带动下作纵向移动，以带动台面上的工件作纵向进给。台面上开有三条T形直槽，槽内可放置螺栓以紧固台面上的工件或附具。一些夹具或附具的底面往往装有定位键，在装上工作台时，一般应使键侧在T形槽内紧贴，夹具或附件便能在台面上迅速定向。在三条槽中，中间的一条精度最高，其余两条较低。横向工作台在升降台上面的水平导轨上，可带动纵向工作台一起作横向移动。横向工作台上的转盘的作用是使纵向工作台在水平面内旋转±45°角，以便铣削螺旋槽。工作台的移动可手摇相应的手柄使其作横向、纵向移动和升降移动，也可以由装在升降台内的进给电动机带动作自动送进，自动送进的速度可操纵进给变速机构加以变换。需要时，还可作快速运动。

（三）机床的调整

1．工作台回转角度的调整

对X62W型万能铣床来说，工作台可在水平面内正反各回转45°。调整时，可用机床附件中的相应尺寸的扳手，将调节螺钉松开，该螺钉前后各有两个，拧松后即可将工作台转动。回转角度可由刻度盘上看出，调整到所需角度后，将螺钉重新拧紧。

2. 工作台纵向丝杠传动间隙的调整

根据机床的标准要求，纵向丝杠的空程量允许为刻度盘 1/24 圈（即 5 格）。当机床使用一定时期后，由于丝杠与螺母之间的磨损或是锁紧螺母的松动而产生纵向丝杠反空程量过大时，可按下述两方面进行调整。

（1）工作台纵向丝杠轴向间隙的调整。调整轴向间隙时（见图 13-39），首先拆下手轮，拧下螺母 1，取下刻度盘 2，将卡住螺母 3 的止退垫圈 4 打开，此时，只要把锁紧螺母拧松，即可用螺母 5 进行间隙调整。螺母 5 的松紧程度，只要垫 6 用手能拧动即可。调整合适后，仍将螺母 3 锁紧，扣上止退垫圈 4，再将拆下的零件依次装上。

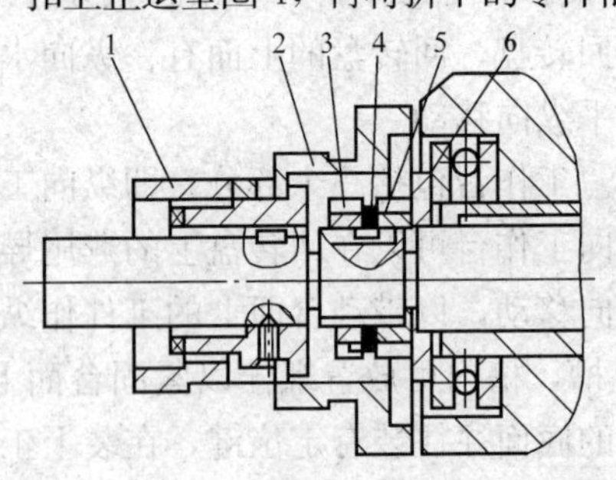

图 13-39 工作台纵向丝杠轴向间隙的调整

1、3、5—螺母；2—刻度盘；4—止退垫圈；6—垫

（2）工作台纵向丝杠传动间隙的调整。如图 13-40 和图 10-41 所示，打开盖板 3，拧紧螺栓 2，按箭头方向拧紧蜗杆 1，使传动间隙充分减小，直至达到标准为止（1/24 圈）。同时用手柄摇动工

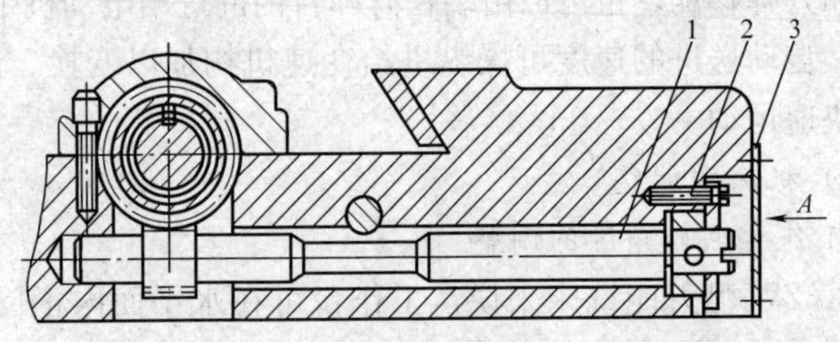

图 13-40 工作台纵向丝杠蜗母蜗杆装配图

1—蜗杆；2—螺栓；3—盖板；

作台，检查在全行程范围内不得有卡住现象，调整完后将螺钉 2 拧紧，再把盖板装上。

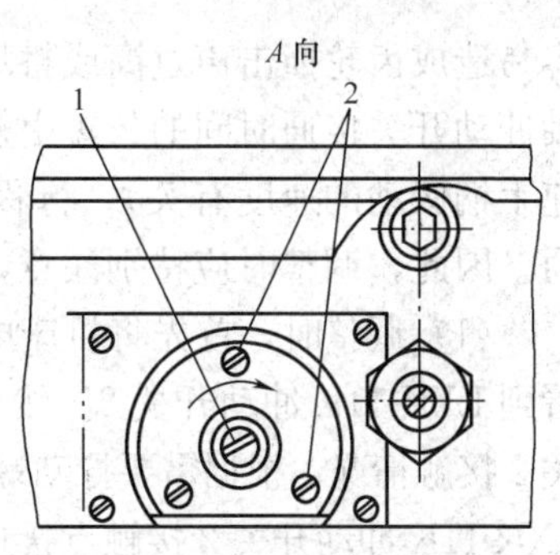

图 13-41　蜗母蜗杆调整示意图

1—蜗杆；2—螺栓

3. 卧式主轴轴承的调整

为了调整方便，如图 13-42 所示，首先移开悬梁，拆下床身顶盖板 6，然后拧松中间锁紧螺母 5 上的螺钉 4，将专用勾扳手勾住锁紧螺母 5，用棍卡在拔块 7 上，旋转主轴进行调整。螺母 5 的松紧程度可以根据使用精度和工作性质来决定。调整完后，将锁紧螺母 5 上的螺钉 4 拧紧。然后立即进行主轴空运转试验，从最低一级起，依次运转每级不得少于 2min，在最高 1500r/min 运转 1h 后，主轴前轴承温度不得超过 70℃。当室温高于 38℃时，主轴前轴承温度不得超过 80℃。

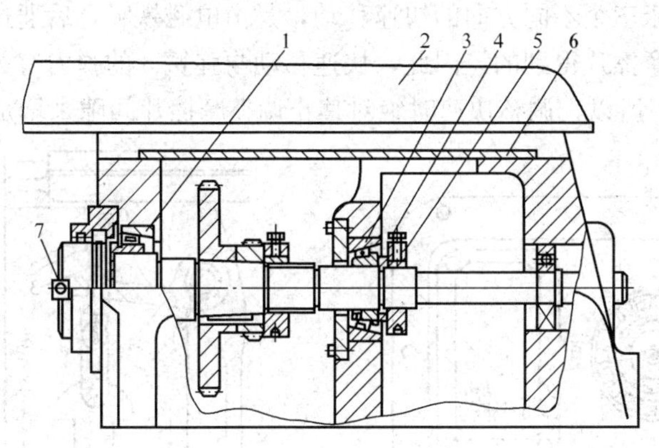

图 13-42　卧式主轴装配示意图

1、3—轴承；2—悬梁；4—螺钉；

5—螺母；6—盖板；7—拔块

4. 主轴冲动开关的调整

机床冲动开关的作用，是为了保证齿轮在变速时易于啮合。因此，其冲动开关的接通时间不宜过长或按不通。时间过长，变速时容易造成齿轮撞击声过高或打坏齿轮；接不通则齿轮不宜啮合。主轴冲动开关接通时间的长短由螺钉 1 的行程大小来决定（并且与变速手柄搬动的速度有关）。行程大，接通时间过长；行程小，接不通。因此，调整时应特别注意，其调整方法如下：

（1）调整时，首先将机床电源断开，拧开按钮站的盖板，即能看到 LXK-11K 冲动开关 2。然后，再搬动变速手柄 3，查看冲动开关 2 接触情况，根据需要拧动螺钉 1。然后再搬动变速手柄 3，检查 LXK-11K 冲动开关 2 接触点接通的可靠性。照例，接触点相互接通的时间越短，所得到的效果越好。调整完后，将按钮盖板盖好。

（2）变速时，禁止用手柄撞击式的变速，手柄从Ⅰ到Ⅱ时应快一些，在Ⅱ处停顿一下，然后将变速手柄慢慢推回原处（即是Ⅲ的位置）。当在变速过程中发现齿轮撞击声过高时，立即停止变速手柄 3 的搬动，将机床电源断开。这样，就能防止床身内齿轮打坏或其他事故的发生。主轴冲动开关装配示意图如图 13-43 所示。

5. 快速电磁铁的调整

机床三个不同方向的快速移动，是由电磁铁吸合后通过杠杆系统压紧摩擦片得到的。因此，快速移动与弹簧 3 的弹力有关（见图 13-44）。所以，调整快速时绝对禁止调整摩擦片间隙来增加摩擦片

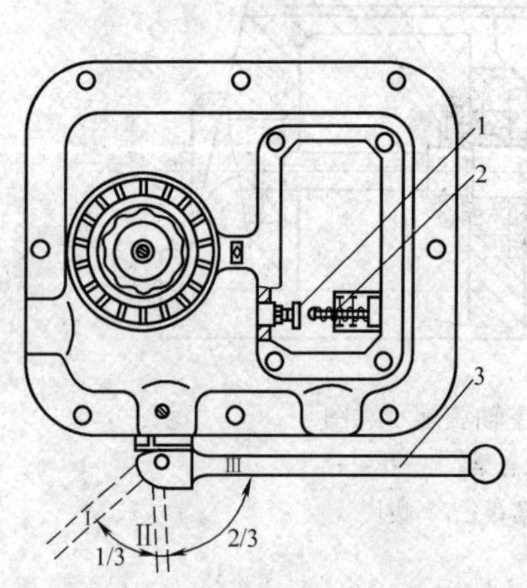

图 13-43　主轴冲动开关示意图

1—螺钉；2—冲动开关；3—变速手柄

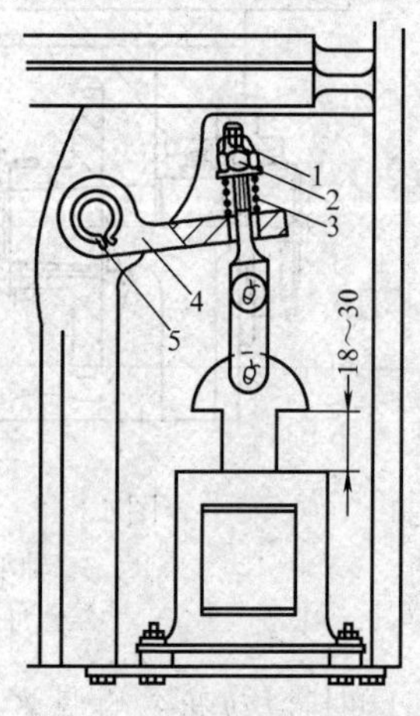

图 13-44　快速电磁铁装配示意图

1—开口销；2—螺母；3—弹簧；4—杠板；5—弹簧圈

的压力（摩擦片间隙不得小于 1.5mm）。

当快速移动不起作用时，打开升降台左侧盖板，取下螺母 2 上的开口销 1，拧动螺母 2，调整电磁铁芯的行程，使其达到带动为止。

（四）机床的空运转试验

（1）主轴的温升。空运转自低级逐级加快至最高级转速，每级转速的运转时间不少于 2min，在最高转速的时间不少于 30min，主轴轴承达到稳定温度时不得超过 60℃。

（2）进给箱各轴承的温升。启动进给箱电动机，应用纵向、横向及升降进给进行逐级运转试验，各进给量的运转时间不少于 2min。在最高进给量运转全稳定温度时，各轴承温度不应超过 50℃。

（3）机床的振动和噪声。在所有转速的运转试验中，机床各工作机构应平稳正常，无冲击振动和周期性的噪声。

（4）机床的供油系统。机床运转时，润滑系统各润滑点应保证得到连续和足够的润滑油，各轴承盖、油管接头及操纵手柄轴端均不得有漏油现象。

（5）检查电器设备的各项工作情况。包括电动机启动、停止、反向、制动和调速的平稳性，以及磁力启动器和热继电器及终点开关工作的可靠性。

五、TP619 型卧式镗床的安装与调试

（一）主要组成部件

TP619 型卧式镗床由床身，主轴箱，工作台，平旋盘和前、后立柱等组成。主轴箱内装有主轴部件和平旋盘、主变速和进给变速及其液压预选变速操纵机构；主轴作旋转主体运动，又作轴向进给运动；平旋盘作旋转主体运动，刀架可随径向刀具溜板作径向进给运动；整个主轴箱可沿前立柱的垂直导轨作上下移动。工作台由下滑座、上滑座和上工作台三层组成。工件安装在上工作台上，并可绕垂直轴线在静压导轨上回转（转位），以及随下滑座沿床身导轨作纵向移动（或纵向进给运动），随上滑座沿下滑座的导轨作横向移动（或横向进给运动）。后立柱的垂直导轨上，安装有一个沿

导轨上下移动的支架，以便采用长镗杆进行孔加工时作为镗杆支承，增加镗杆的刚度。另外，后立柱还可沿床身导轨作纵向移动，以支承不同长度的长镗杆。

（二）镗床主轴部件的装配

1. 床身上装齿条

在进行齿条装配前，先在平板上测量齿条（共有三根）中径线对齿条底面的平行度误差，保持等高，然后按照螺孔尺寸装配，注意保持两齿条接缝处齿距一致。

2. 工作台部件装配

（1）调整啮合间隙。将下滑座和传动件及光杠联接的齿轮套吊在床身上进行装配，按床身斜齿条位置对准斜齿轮。当斜齿轮齿条的间隙小于1mm时，调整斜齿轮的固定法兰，使符合斜齿条副间隙；当间隙大于1mm时，在齿条水平方向定位面和齿条底面之间增垫钢板，调整垫片厚度以保证啮合间隙。

（2）校正光杠对床身导轨平行度误差。装两根水平光杠，用百分表检查两光杠的安装平行度（见图13-45）。检查时下滑座移动至床身中段，通过调整后支架使光杠两端平行。

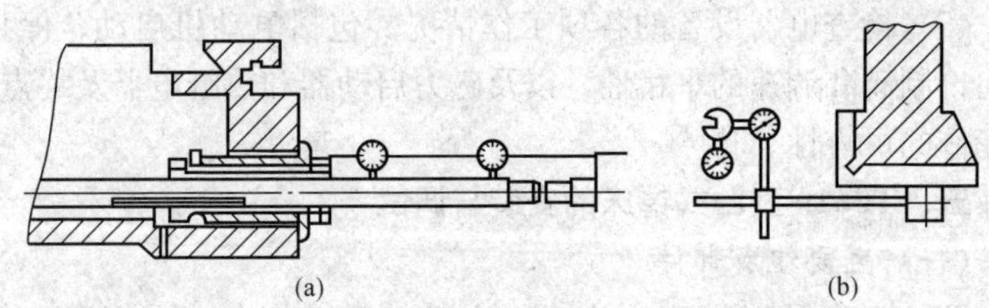

图13-45 校正光杠对床身导轨平行度误差

（3）安装齿轮、各传动件，装配调整下滑座，上滑座的镶条和压板。将镶条、压板分别装入导轨间和相应的部位。调整镶条螺钉，使镶条和导轨有适当间隙，摇动丝杠手柄时滑座移动要求灵活，轻松，无轻重不一感。

3. 装下滑座夹紧装置

装下滑座与床身的压紧装置时，应分清左右两侧的夹紧轴螺钉的旋向，装后应使四个压板能同时刹紧和松开。转动压紧摇手时要求轻松。调正上述装置时，可先在压板和导轨间放入塞尺，试作夹紧，再次测得间隙后逐次调正，使 0.04mm 塞尺塞入不超过 25mm 长度。调正完毕应拧紧防松螺母。

4. 装前立柱

将前立柱装上床身时，注意对准锥定位孔，并用螺钉作初固定。在 ϕ16mm×80mm 锥销上涂机油，用手压入锥孔内，用木锤轻击立柱底边的法兰缘上，让锥销自由插入孔内。此时锥销外露约 10mm，再用纯铜棒将锥销击实。检验前立柱对床身导轨的垂直度误差，先紧固前立柱法兰边四角的螺钉，记下床身水平读数和前立柱垂直方向的水平仪读数，若精度不符时需刮研床身与前立柱结合面。

5. 装回转工作台

先不装入钢环，将钢球工作台装上上滑座。在工作台上加配重 2000 kg后，用千分表测量工作台圆环和上滑座圆导轨之间的平行度误差以及数值（三个夹紧点外），然后按此尺寸配磨钢环。装中间定位轴承时，注意不要过分压紧轴承内环，希望间隙尽可能小，以防止工作台变形。

6. 装主轴箱

将主轴箱吊上前立柱，装上压板。用千斤顶或尺寸为 100mm×100mm×500mm 的方木垫在主轴箱底面，此时检查主轴箱与前立柱导轨，上下应紧密贴合。装入丝杠螺母，并作固定，将主轴箱升至最高位置后，配作丝杠上支架固定螺孔及定位销孔，装上锥销。装上主镶条，调节适当后，将制动螺母拧紧。装后主轴箱行程应能达到规定数值。装上丝杠螺母，旋紧螺母固定螺钉。装主轴箱升至最高位置，配作丝杠上支架固定螺钉及定位销孔，装销子定位。最后装上主轴箱的夹紧机构。

7. 装垂直光杠

（1）安装垂直花键轴，检查主轴箱与进给箱孔内 8mm 滑键必须与轴槽贴合。

（2）从上方将光杠穿入箱孔、箱内锥齿轮孔内。转动光杠，找出第一个滑键并推光杠第二个滑键处。此时，需缓缓推，以防冲击，拖动手摇微进给机构，手转产生转动。继续使锥齿轮上滑键对准光杠键槽后，再推光杠，降至第三键槽。用上述方法将光杠轴伸入蜗杆孔，对准滑键后再与床身的光杠接套联接。

（三）调整后立柱刀杆支座与主轴的重合度

游标尺对准刻线后不应移动，根据主轴箱游标读数手动调正刀杆支座，使读数与之相符。同时升高主轴箱和刀杆支座，以校正重合度。

为考虑在上升中校正，可消除丝杆回程间隙，在校正前主轴箱和刀杆支座应在立柱中间位置，留有适当余地。

（四）总装精度调整

按检验标准检验几何精度。调整项目有如下五个：

（1）工作台移动对工作台面的平行度误差。超差时修正滑导轨。

（2）主轴箱垂直移动对工作台平面的垂直度误差。超差时调整床身垫铁，有可能修刮床身与立柱的结合面。

（3）主轴轴线对前立柱导轨的垂直度误差。超差时修刮压板和镶条。

（4）工作台移动对主轴侧母线的平行度误差。

（5）工作台分度精度和角度重复定位精度。超差时，修磨工作台4个定位点的调整垫。

（五）空运转试验

机床主传动机构需从低速起至高速，依次运转，每级速度的运转间不得少于2min。在最高速时使主轴轴承达到稳定温度，此时运转时间不得少于30min。

在最高速度运转时，主轴应能稳定温度；滑动轴承温升不得超过35℃。滚动轴承温升小于40℃，其他结构温升不超过30℃。

进给机构应做低、中、高速的空运转试验。快速机构应做快速空运转试验20min。

在所有速度下，工作机构应平稳、正常、无冲击、噪声小。

（六）机床负荷试验

负荷试验应注意材料与刀具的正确选用，一般情况下力求不超负荷。试件材料为铸铁（150～180HBS）。

1. 最大切削抗力试验

用标准高速钢钻头钻孔，试验要求见表 13-4。

表 13-4　　　　最大切削抗力试验

<table>
<tr><th>进给部件</th><th>钻孔直径
d（mm）</th><th>主轴转速
n（r/min）</th><th>进给量
f（mm/r）</th><th>钻头长度
L（min）</th><th>切削抗力
F（N）</th><th>离合器工作
情况</th></tr>
<tr><td>主轴</td><td rowspan="4">50</td><td rowspan="4">50</td><td>0.37</td><td rowspan="2">＞100</td><td rowspan="2">＜13000</td><td rowspan="2">正常</td></tr>
<tr><td>工作台</td><td>0.37</td></tr>
<tr><td>主轴</td><td>1.03</td><td rowspan="2">不规定</td><td rowspan="2">＞20000</td><td rowspan="2">脱开</td></tr>
<tr><td>工作台</td><td>1.03</td></tr>
</table>

2. 主轴最大转矩和最大功率试验

用主轴铣削，试验材料为铸铁（150～180HBS），刀具为 YG 硬质合金六刃面铣刀，莫氏 5 号锥柄。试验要求见表 13-5。

表 13-5　　　　主轴最大转矩和最大功率试验

<table>
<tr><th>进给
部件</th><th>铣刀直径
d(mm)</th><th>侧吃刀量
a_w(mm)</th><th>背吃刀量
a_p(mm)</th><th>主轴转速
n(r/min)</th><th>进给量
f(mm/r)</th><th>铣削长度
L(mm)</th><th>主轴转矩
M(N·m)</th><th>功率
P(kW)</th></tr>
<tr><td>主轴箱</td><td rowspan="2">200</td><td rowspan="2">180</td><td rowspan="2">10</td><td rowspan="2">64</td><td rowspan="2">2</td><td rowspan="2">300</td><td rowspan="2">1100</td><td rowspan="2">7.75</td></tr>
<tr><td>工作台</td></tr>
</table>

六、M7140 型平面磨床的安装与调试

（一）主要组成部件

M7140 卧轴矩台平面磨床采用 T 字形床身、双立柱结构。T 字形床身的两个后平面上支承左右立柱，两立柱的顶面由一顶盖连接起来，从而由床身、立柱、顶盖构成了一个封闭的框式结构，大大地提高了机床的刚性。两立柱之间是滑板体和磨头，立柱的下部是减速机构，左立柱上固定升降丝杠，升降丝杠螺母则位于溜板体上，机床的工作台液压缸是固定在工作台下部的两导轨之间，活塞杆则固定在床身的两个支座上，机床的各主要部分结构分述如下。

1. 立柱

M7140 的左、右立柱均采用燕尾导轨，这种结构使磨头体的运动具有良好的导向性，当磨头体在纵、横两个方向受力时，始终

由同侧的一对燕尾导轨承载荷，具有良好的定位性，但这种结构比较复杂，维修和制造都比较困难。

立柱上还装有升降丝杠的支座，下部装有减速器。

2. 溜板体

溜板体位于两立柱间，左、右两侧各由一对燕尾导轨，沿立柱作升降运动，中间则是一组水平燕尾导轨，可供磨头体作横向运动。

在呈箱形的溜板体内，装有磨头手动横进给机构和垂直升降丝杠螺母。磨头和溜板导轨及手动机构均由润滑油分配器提供润滑。

3. 磨头

M7140 的磨头结构基本上与 M7130 的相同，只是在轴承间隙调整结构上略有区别，在本结构中，前轴承间隙通过螺母来调节，由于前后螺母互锁作用，使轴承间隙在机床运转中保持稳定。磨头结构如图 13-46 所示。

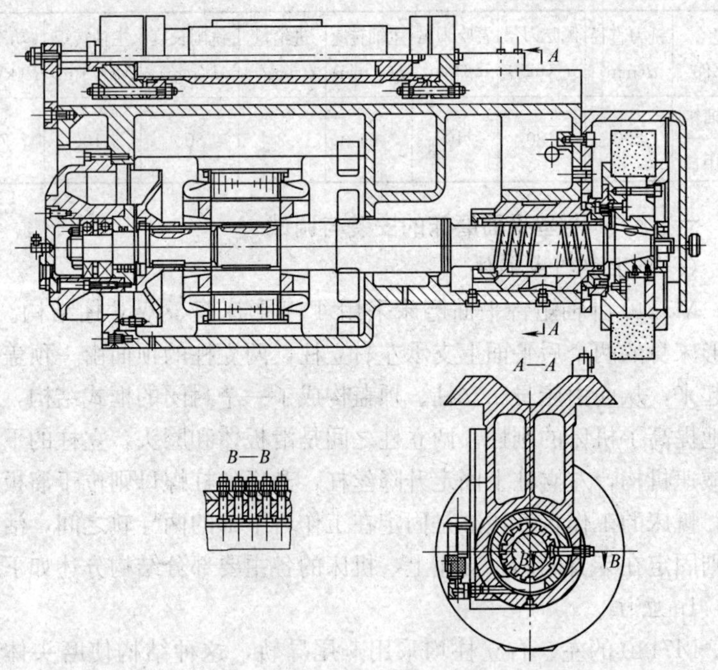

图 13-46　M7140 磨头结构图

4. 磨头体换向机构

换向机构是用来调节磨头横向行程的（见图 13-47）。运动由磨头上的一电动机同位器传到换向机构的电动同位器 2，再带动齿轮 12、16 和轴 15，最后使分度盘 7 转动。分度盘上的两个可调撞块上装有微动开关，当撞头 4 和 5 碰到微动开关 8 或 6 时，即控制一电磁吸铁使磨头换向阀换向，从而使磨头运动换向，调节两撞块与撞头之间的相对距离，即可调节磨头横向行程的大小。

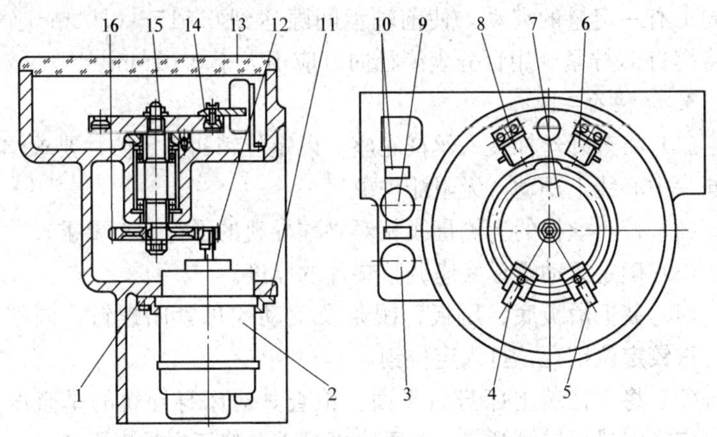

图 13-47　M7140 磨头换向机构

1、11—环形圈；2—电动同位器；3—按钮；4、5—撞头；6、8—微动开关；7—分度盘；9、12、16—齿轮；10、13—盖板；14—撞块；15—轴

（二）主要部件的装配

1. 滑板的装配

（1）配刮磨头液压缸支承面。支承面刮点数（6～8 点）/(25mm×25mm)，保证上侧母线与滑鞍燕尾导轨的平行度误差，扩铰定位销孔，紧固好液压缸。

（2）滑鞍与滑板底配刮联接面，联接面的刮点数（6～8 点）/(25mm×25mm)，各螺孔周围刮点均匀，校正好水平燕尾导轨的垂直度误差，扩铰定位销孔，再紧固联接螺钉，打入定位销。

2. 磨头的装配

（1）依次将风扇叶、轴承内端盖、内滚珠轴承、轴承垫圈、外滚珠轴承、圆螺母止动垫圈、圆螺母装在主轴尾端，再装轴承座与内端盖通过螺杆压紧，最后装外端盖并压紧螺钉使之成为一大部件。轴承间隙是靠两轴承间的内、外垫圈的厚度差来调节，使之感到灵活，无轴向窜动，轴向为0.005mm。

（2）主轴的前轴承是一个钢套镶铜、带外锥面、内圆孔的整体轴承，外锥面与轴承座孔配合，内孔与主轴轴颈配合。要调整轴承间隙时，须松开螺钉B，通过前后螺母松紧调节而使轴承沿锥面在轴向上有一定量的移动，使前轴承间隙达到0.015～0.02mm。然后将螺钉B拧紧。用百分表测径向，应不大于0.02mm。

3. 立柱的装配

（1）将升降丝杠装入丝杠底座，以定位销初步定位，要求丝杠在同一中心线上摆动，无阻滞现象。

（2）校正丝杠的上侧母线相对立柱导轨的平行度至要求。

（3）确定滚动螺母底座调整垫片的厚度。

（4）装上滑板底、压板、镶条及滚动螺母紧固螺钉，调整垫片，重铰定位销孔，打入定位销。

（5）将立柱装上床身后平面。检查其对床身导轨的垂直度误差，应略向滑板异侧倾斜。若垂直度超差，修正立柱底面。

（6）将滑鞍体装上，拧紧联接螺钉，打入定位销。

（三）机床的运转试验

1. 机床的空运转

机床空运转试验在于检查机床各机构在空载时的工作情况。首先，是试验机床的运动情况，对主体运动，应从最低速到最高速依次逐级进行空运转，每级速度的运转时间不得少于2min，最高速度的运转时间不应少于30min，以检查轴承的温度和温升；对进给运动，应进行低、中、高进给速度试验。

在上述各级速度下，同时检验机床的启动、停止及制动动作的灵活性和可靠性，变速操纵机构的可靠性，以及安全防护和保险装置的可靠性。必要时，还须检查机床的振动、噪声及空转功率。

2. 机床的负荷试验

机床负荷试验在于检验机床各种机构的强度，以及在负荷下机床各机构的工作情况。其内容包括：①机床主传动系统最大转矩试验及短时间超过最大转矩 25%的试验；②机床最大切削主分力的试验及短时间超过最大转矩 25%的试验；③机床传动系统达到最大功率的试验。

负荷试验一般在机床上用切削试件方法或用仪器加载方法进行。

3. 机床的精度检验

为了保证机床加工出来的零件达到要求的加工精度和表面粗糙度，国家对各类通用机床都规定有精度标准。精度标准的内容包括精度检验项目、检验方法和允许误差。

七、Y38-1 型滚齿机的安装与调试

（一）Y38-1 型滚齿机的功能

Y38-1 型滚齿机可以滚切直齿轮和斜齿圆柱齿轮（包括蜗轮）。滚切直齿圆柱齿轮的最大加工模数，铸件为 8mm，钢件为 6mm；无外支架时，最大加工外径为 800mm；有外支架时为 450mm。加工直齿圆柱齿轮最大齿宽为 270mm；加工斜齿圆柱齿轮时，如工件直径为 500mm，最大螺旋角为 30°；当工件直径为 190mm 时，最大螺旋角为 60°。

（二）Y38-1 型滚齿机空运转试验

1. 空运转试验前的准备

（1）将机床调整好，用煤油清洗擦净机床。

（2）电器系统要安全干燥，电器限位开关装置要紧固，电源须接通地线。

（3）主电动机 V 形带松紧应适度。过紧会增加电动机负荷，过松会造成重切削时停车。

（4）工作台及刀架滑板等各导轨的端部，用 0.04mm 的塞尺片检查，其插入深度应小于 20mm。

（5）机床各固定结合面的密合程度，用 0.03mm 的塞尺片检查，应插不进。

（6）机床各交换齿轮的侧隙调整要适当，交换齿轮板要紧固，机床罩壳应装好。

（7）各操纵手柄必须转动灵活，无阻滞现象。检查各传动机

构、脱开机构的位置是否正确，油路是否畅通。用润滑机油注满所有的润滑油孔和油箱。刀架及工作台分度蜗轮副的润滑油应注入油室至油标红线位置。各滑动导轨的润滑，可用油枪在各球形油孔注入润滑油，润滑油应清洁无杂质。

2. 空运转试验

（1）主轴分别以 47.5、79、127、192r/min 四种转速依次运转 30min。最高转速须运转足够的时间，使主轴轴承达到稳定的温度为止，但不得少于 1h。

（2）在最高转速下，主轴轴承的稳定温度不应超过 55℃。其他机构的轴承不应超过 50℃。

（3）工作台的运转速度按 $z=30$、$K=1$ 的分齿交换齿轮选搭，根据主轴转速依次运转，使工作台由 1.6r/min 依次变到 6.5r/min，并检验分度蜗杆蜗轮副在运转中啮合的情况。

（4）进给机构应按最低、中、最高三级进给量，分三级进行空运转试验。快速进给机构也应作快速升降试验。

（5）工作台进给丝杠的反向空程量不得超过 1/20 转。转动手柄时所需的力不应超过 80N。

（6）各挡交换齿轮和传动用的啮合齿轮的轴向错位量不应超过 0.5mm。各挡离合器在啮合位置时应保证正确的定位。

（7）在所有速度下，机床的各工作机构应平稳，不应有不正常的冲击、振动及噪声。

（三）Y38-1 型滚齿机负荷试验要求

（1）负荷试验规范见表 13-6（试切材料为 HT150）。

表 13-6　负荷试验切削规范

切削次数	齿数	模数	外径 d(mm)	齿宽 b(mm)	转速 n(r/min)	切削速度 v(m/min)	进给量	背吃刀量 a_p(mm)	备注
1	35	8	296	60	64	25.15	2	17.2	第一次滚切时的外径
2	30	8	256	60	64	25.15	2	17.2	第二次滚切时的外径
3	25	8	216	60	64	25.15	2	17.2	第三次滚切时的外径

注　试切材料为 HT150。

(2) 进行负荷试验时，所有机构（包括电器和液压系统）均应工作正常。机床不应有明显的振动、冲击、噪声或其他不正常现象。

(3) 负荷试验以后，最好将主要部件拆洗一次，并检查使用情况。

（四）Y38-1 型滚齿机工作精度试验

机床的工作精度试验，应在机床空运转试验、负荷试验及经调试到几何精度要求后进行。切削要在主轴等主要部分运转到温度稳定时进行。

1. 直齿工作精度试验

所用齿坯尺寸如图 13-48 所示，规范见表 13-7。

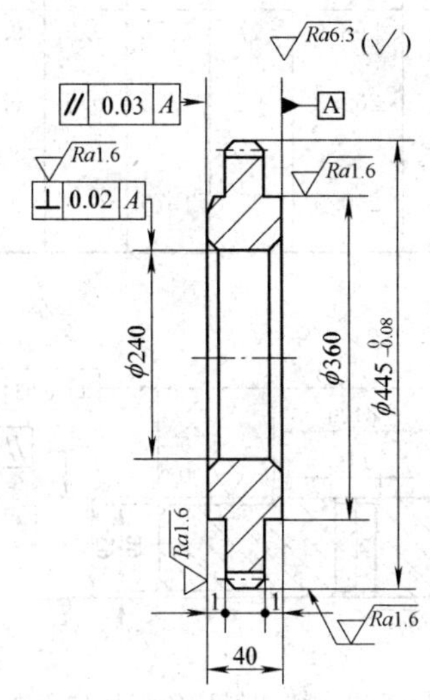

图 13-48　精切齿坯加工图

注　1. 径向圆跳动误差 0.045。

2. 端面圆跳动误差 0.045。

3. 材料为 HT150，硬度为 180～20HBS，硬度不均匀不得大于 20HBS。

4. 铸件本身不得有砂眼或缩孔。

5. 倒角为 1×45°。

表 13-7　　直齿轮精切试验规范表

齿数 Z	37	
模数 Z	6	
精度等级	按齿轮精度标准 7 级	
切削规范	粗切	精切
转速 n(r/min)	155	155
背吃刀量 a_p(mm)	10	1
进给量 f(mm)	2	0.5

2. 斜齿工作精度试验

所用齿坯尺寸如图 13-49 所示，规范见表 13-8。

表 13-8　　斜齿轮精切试验规范表

切削次数	螺旋角 β(°)	模数 m (mm)	齿数 Z	外径 d(mm)	转速 n (r/min)	进给量 f(mm)		背吃刀量 a_p(mm)		备　注
						粗切	精切	粗切	精切	
1	30°	5	50	298.6	97	1.75	0.5	9.5	1.5	
2	30°	5	45	269.8	97	1.75	0.5	9.5	1.5	第一次切削后车成本例外径
3	30°	5	40	240.9	97	1.75	0.5	9.5	1.5	第二次切削后车成本例外径

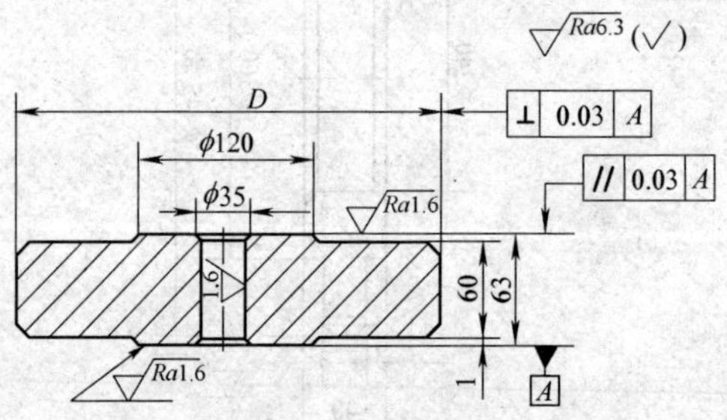

图 13-49　精切斜齿轮齿坯加工图

注　1. 径向圆跳动：0.04。

2. 端面圆跳动：0.03。

3. 材料为 HT150，硬度为 170～200HBS，硬度不均匀度不得大于 20HBS。

4. 铸件本身不得有砂眼或缩孔。

5. 齿面粗糙度 $Ra1.6\mu m$，倒角为 1×45°。

6. 精度不作检查。

3. 精切试验前的机床调整

（1）仔细检查分度及进给交换齿轮的安装是否正确。

（2）精切斜齿轮时，差动交换齿轮应进行精确计算（一般应精确到小数点后第五位到第六位）。

（3）所选用的齿轮不允许有凸出的高峰、毛刺，用前要清洗齿槽、内孔和齿面，安装间隙要适当。

（4）机床刀架扳转角度的误差不大于6′～10′。

4. 刀具的安装与调整

（1）滚刀心轴应符合图13-50所示的精度要求。

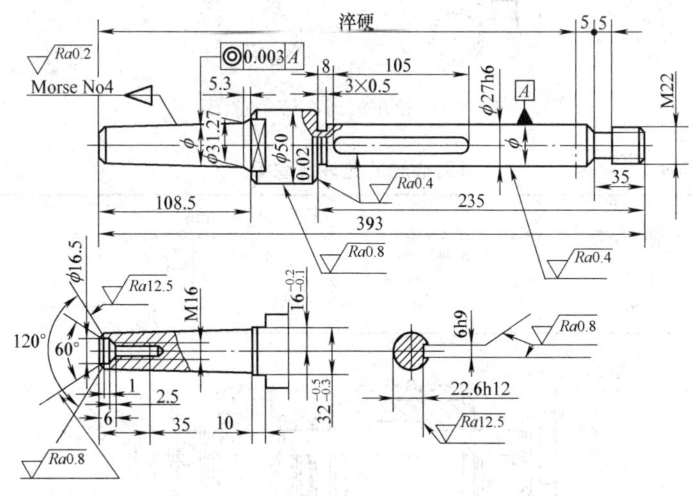

图13-50　滚刀心轴参数图

注　1. 局部热处理，高频淬硬45～50HRC。

2. 两端螺纹必须与轴同轴。

3. 键槽的直线度误差与轴心线的平行度误差在全长上测量允差0.015。

4. 4号莫氏锥度与滚刀主轴锥孔在接合长度上的接触面大于85%。

5. 材料：40Cr。

（2）滚刀心轴安装在机床主轴上之前，必须擦净锥体、外圆和端面，并检查有无毛刺、凸边等。

（3）滚刀心轴装入主轴孔内，用拉杆拉紧，如图13-51所示。用百分表在 A 和 B 处检查径向圆跳动误差，在端面 C 处检查端面圆跳动误差，其要求见表13-9。如果滚刀心轴径向圆跳动误差或轴向窜动较大，为了消除跳动量，可将滚刀心轴旋转180°安装，使其达到要求为止。如果滚刀心轴轴向窜动超差，可调节主轴和轴向精度或轴向间隙。滚刀装上滚刀心轴后，必须校正滚刀台肩径向圆跳动，如图13-52所示。其允差不大于0.025mm。

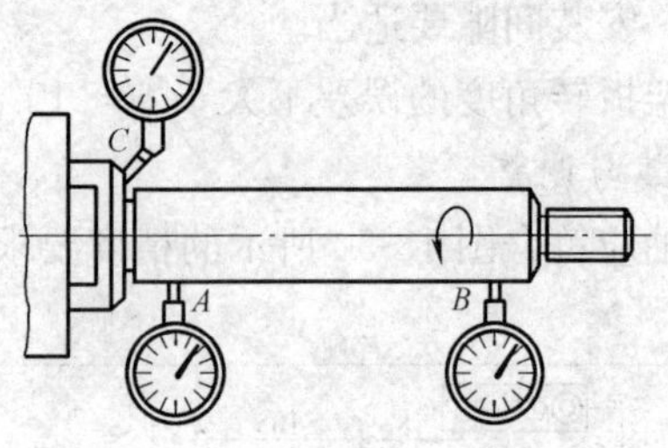

图13-51　校正滚刀心轴示意图

表13-9　　滚刀心轴的允许跳动量

加工齿轮精度	允许跳动量（mm）		
	A处	B处	C处
7-6-6	0.15	0.02	0.01

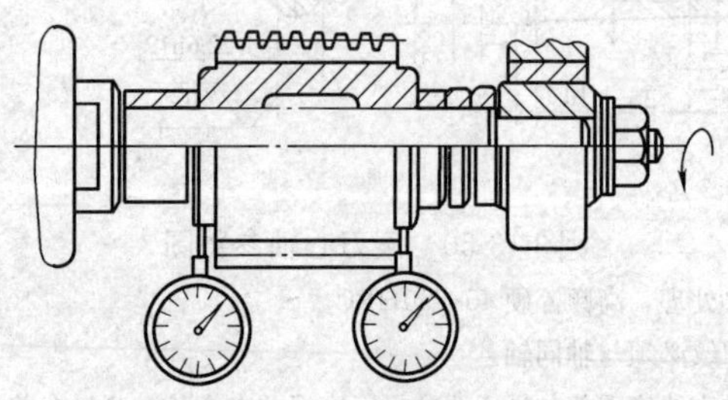

图13-52　校正滚动径向圆跳动示意图

（4）滚刀垫圈两端面平行度允差不得大于0.005mm，表面粗糙度达Ra0.08μm，安装前必须擦清污垢，装夹时应少用垫圈，以减少平行度积累误差。

（5）选择滚刀精度，粗滚选用A级或B级；精滚选用AA级精度，不允许用同一把滚刀作粗精加工用。

（6）切齿时滚刀必须对准工件中心。

5. 工件及夹具的安装和调整

（1）滚齿夹具的端面圆跳动量应在0.007～0.01mm以内。

（2）齿坯安装后需校正外圆，使齿坯与机床回转中心台的轴心线重合，其允差应小于0.03mm。

（3）齿坯的夹紧支承面，应尽可能接近齿根。

（五）Y38-1型滚齿机几何精度检验

机床的几何精度取决于各部件安装时的精度调整，调整工作应在空运转试验前和工作精度试验后各进行一次。机床几何精度检验，应按机床精度检验标准或机床出厂的精度合格证书中的规定逐项检验。现将Y38-1型滚齿机几何精度检验项目介绍如下。

1. 立柱移动时的倾斜度

其检验方法见图13-53。在立柱导轨上端的纵、横两个方向的平面上，分别靠上水平仪 a 和 b。移动立柱，在立柱全部行程的两端和中间位置上检验。a、b 的误差分别计算，水平仪读数的最大代数差，就是本项检验的误差。其允差为0.02mm/1000mm。

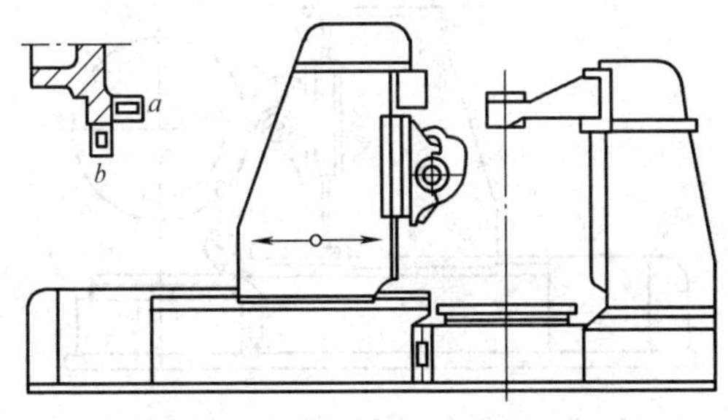

图13-53 立柱移动时的倾斜度检验

2. 检验工作台的平面度误差

其检验方法见图13-54。在工作台面上如图13-54(a)规定的方向放两个高度相等的量块，量块上放一根平尺［见图13-54(b)］。用量块和塞尺检验工作台面和平尺检验面间的间隙，其允差为0.025mm，工作台面只许凹。

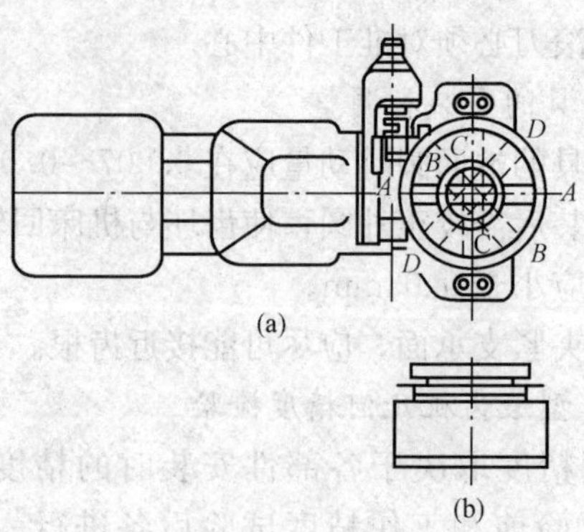

图 13-54　工作台面的平面度误差检验

3. 检验工作台面的端面圆跳动误差

其检验方法见图 13-55。将千分表固定在机床上，使千分表测头顶在工作台面上靠近边缘的地方，旋转工作台，在相隔 90°或 180°的 a 点和 b 点检验。a、b 的误差分别计算，千分表读数的最大差值就是端面圆跳动误差的数值。工作台面的端面跳动允差为 0.015mm。

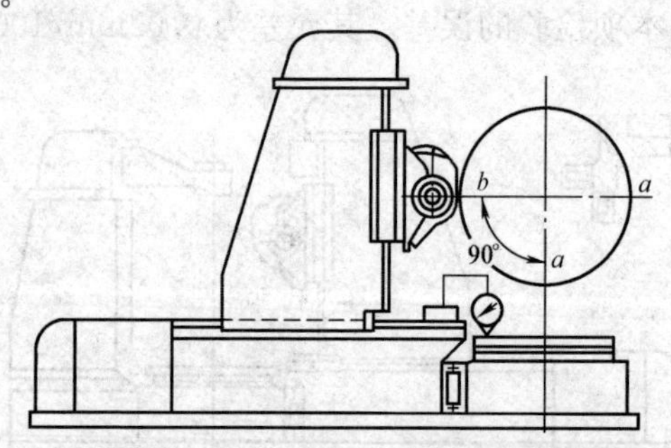

图 13-55　工作台面的端面跳动误差的检验

4. 检验工作台锥面孔中心线的径向圆跳动误差

其检验方法见图 13-56。在工作台锥孔中心紧密地插入一根检验棒（或按工作台中心调整检验棒）。将千分表固定在机床上，使千分表测头顶在检验棒表面上。旋转工作台，分别在靠近工作台面的 a 处，和距离 a 处 L 的 b 处检验径向圆跳动误差。a、b 的误差分别计算，千分表读数的最大差值，就是径向圆跳动的误差的数

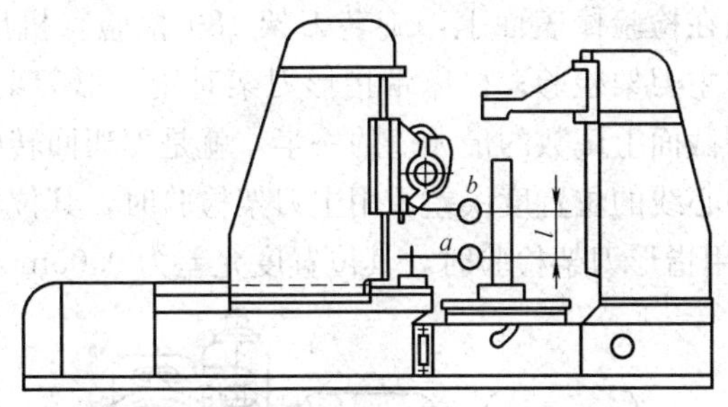

图 13-56　工作台锥孔中心线径向圆跳动的检验

值。L＝300mm 时，a、b 两处允差分别为 0.015mm 和 0.02mm。

5. 检验刀架垂直移动对工作台中心线的平行度误差

其检验方法见图 13-57。在工作台锥孔中紧密地插入一根检验棒（或按工作台中心调整检验棒）。将千分表固定在刀架上，使千分表测头顶在检验棒表面上，垂直移动刀架，分别在 a 纵向平面内和 b 横向平面内检验。a、b 测量结果分别以千分尺读数的量大差值表示，然后，将工作台旋转 180°，再同样检验一次。a、b 的误差分别计算。两次测量结果的代数和的一半，就是平行度误差。L＝500mm时，a、b 两处允差分别为 0.03mm 和 0.02mm。立柱上端只许向工作台方向偏离。

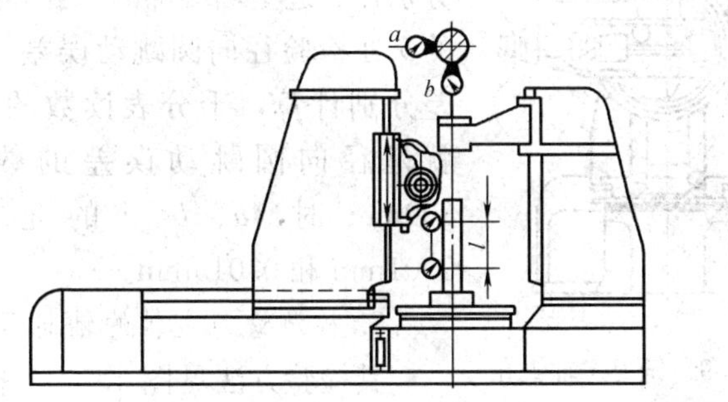

图 13-57　刀架垂直移动对工作台中心线的平行度误差

6. 检验刀架回转中心线与工作台回转中心线的位置度误差

其检验方法见图 13-58。在工作台锥孔中紧密地插入一根检验棒（或按工作台中心调整检验棒）。将千分表固定在刀架上，使千分分表测头顶在检验棒表面上，旋转刀架 180°检验（机床不带指形刀架时，用主刀架检验；机床带指形刀架时用指形刀架检验）。千分表在同一截面上读数的最大值的一半，就是刀架回转中心线与工作台回转中心线的位置度误差。用主刀架检验时，其位置度允差为 0.15mm；用指形刀架检验时，其位置度允差为 0.05mm。

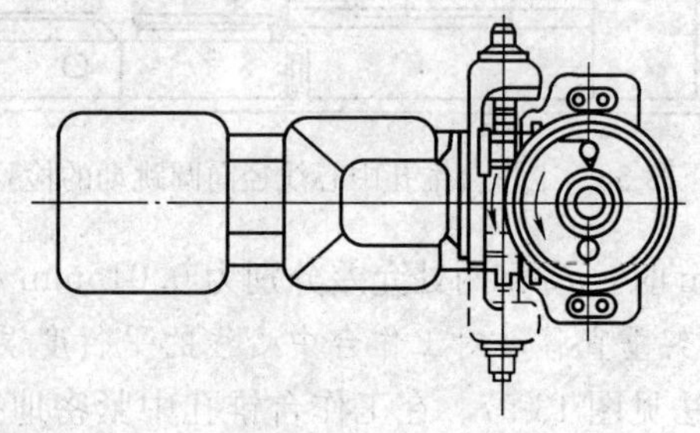

图 13-58　刀架回转中心线与工作台回转中心线的位置度误差检验

7. 检验铣刀主轴锥孔中心线的径向圆跳动误差

其检验方法见图 13-59。在铣刀主轴孔中紧密地插入一根检验棒。将千分表固定在机床上，使千分表测头顶在检验棒表面上，回转铣刀主轴分别在靠近主轴端部的 a 处和距离 a 处 L 的 b 处检验径向圆跳动误差。a、b 的误差分别计算，千分表读数的最大差值，就是径向圆跳动误差的数值。L 为 300mm 时，a、b 处的允差分别为 0.01mm 和 0.015mm。

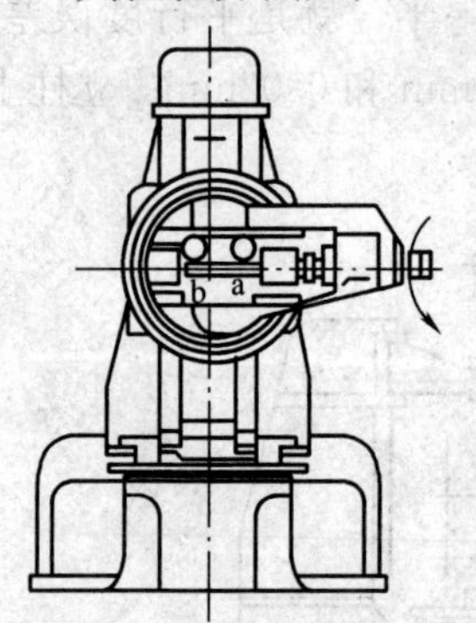

图 13-59　铣刀主轴锥孔中心线的径向圆跳动检验

8. 检测铣刀主轴的轴向窜动

其检验方法见图 13-60。在铣刀主轴孔中紧密地插入一根短检验棒。将千分表固定在机床上，使千分表测头顶在检验棒端面靠近中心的地方（或顶在放入检验棒顶尖孔的钢球上）。旋转铣刀主轴检验，千分表读数的最大差值，就是铣刀主轴的轴向窜动量，其允差为 0.008mm。

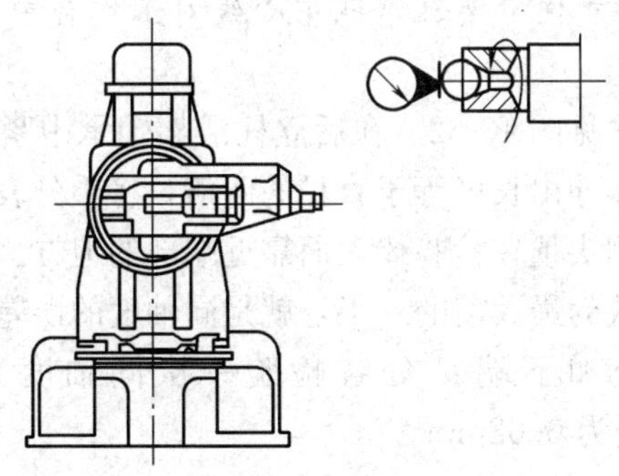

图 13-60　铣刀主轴的轴向窜动检验

9. 检测铣刀刀杆托架轴承中心线与铣刀主轴回转中心线的同轴度误差

其检验方法见图 13-61。在铣刀主轴孔中紧密地插入一根检验棒。在检验棒上套一配合良好的锥尾检验套 2，在托架轴承中装一检验衬套 1，衬套 1 的内径应等于锥尾套 2 的外径。将托架固定在检验棒自由端可超出托架外侧的地方。将千分表固定在机床上，使千分表测头顶在托架外侧检验棒表面上。使尾套 2 进入和退出衬套 1 后读数最大值，就是同轴度误差的数值。在检验棒相隔 90°的两条母线上各检验一次。同轴度允差为 0.02mm。

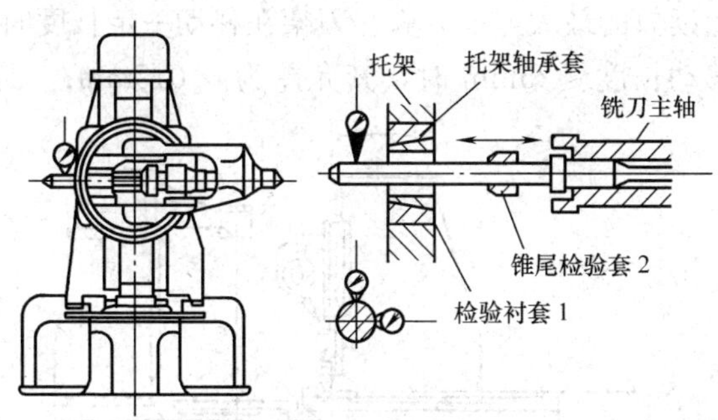

图 13-61　铣刀刀杆托架轴承中心线与铣刀主轴回转中心线的同轴度误差检验

10. 检测后立柱滑架轴承孔中心线对工作台中心线的同轴度误差

其检验方法见图 13-62。在后立柱滑架轴承中紧密地插入一根检验棒。检验棒伸出长度等于直径的两倍，将千分表固定在工作台上，使千分表测头顶在检验棒表面靠近端部的地方。旋转工作台检验，千分表读数的最大值的一半，就是同轴度的误差。滑架位于后立柱上端 b 处和下端 a 处各检验一次同轴度允差，a 处为 0.015mm，b 处为 0.02mm。

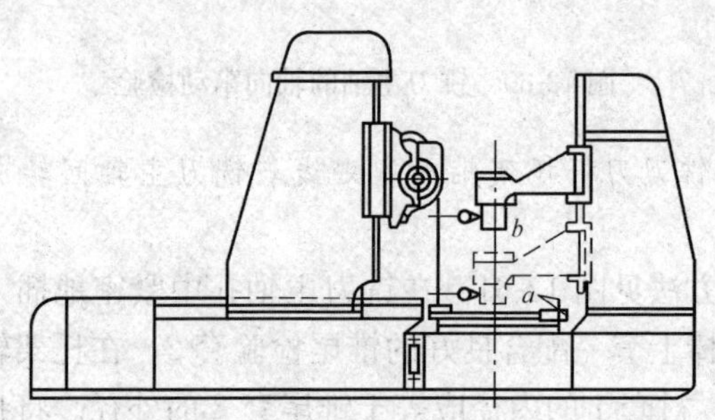

图 13-62　后立柱滑架轴承孔中心线对工作台中心线的同轴度误差检验

11. 检验刀架垂直移动的积累误差

其检验方法见图 13-63。将分度蜗杆旋转 z_k 转时（z_k 为分度蜗轮的齿数），用量块和千分表测量刀架的垂直移动量。千分表有测量长度上读数的最大差值，就是刀架在移动一定长度时的积累误差。刀架移动长度≤25mm 时，其允差为 0.015mm；刀架移动长

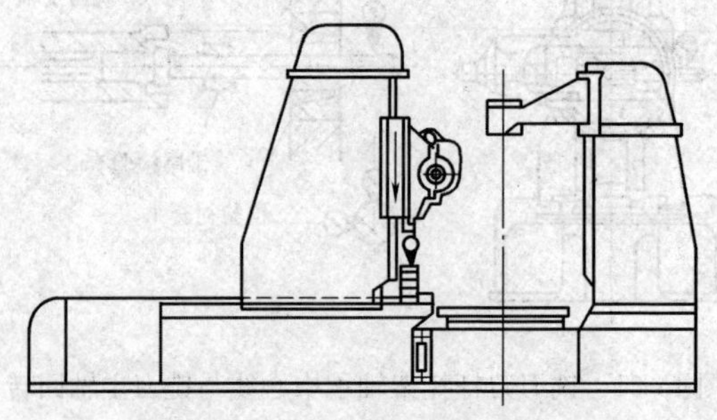

图 13-63　刀架垂直移动的积累误差检验

度≤300mm 时，其允差为 0.03mm；刀架移动长度≤1000mm 时，其允差为 0.05mm。

12. 检测分度链的精度

其检验方法见图 13-64。调整分度链，使分度齿数等于分度蜗轮的齿数 z。在铣刀主轴上装一个螺旋分度盘，在立柱上装一个显微镜，用来确定螺旋分度盘的旋转角度。在工作台上装一个经纬仪，在机床外面支架上装一个照准仪，用来确定工作台的旋转角度。当铣刀主轴转一转时，工作台分度蜗轮应当旋转 $360°/z$，铣刀主轴每旋转一转，返回经纬仪至原来位置，以确定工作台的实际旋转角度，工作台正转和反转各检验一次。分度链的精度允差为蜗杆每转一转时 0.016mm；蜗轮一转时的积累误差为 0.045mm。如无检验分度链的仪器时，可以只检验齿轮齿距偏差和齿距积累误差。

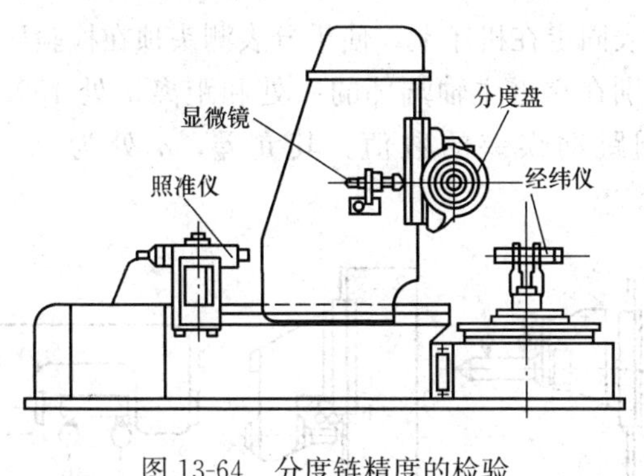

图 13-64　分度链精度的检验

13. 精切直齿圆柱齿轮时，齿距偏差和齿距的累积误差

长工件直径不小于最大工件直径的 1/2 倍，模数为最大加工模数的 0.4～0.6 倍，材料为铸件或钢件，试件的加工齿数应等于分度蜗轮的齿数或其倍数。其检验方法见图 13-65。齿轮精切后，用齿距仪检验同一圆周上任意齿距偏差，其允差为 0.015mm。用任何一种能直接确定或经计算确定齿距累积误差的仪器检验，同一圆周上任意两个同名齿形的最大正值和负值偏差的绝对值的和，就是累积误差，其允差为 0.07mm。

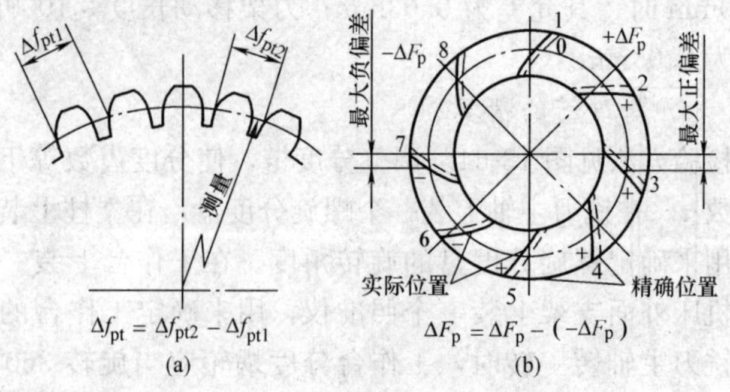

图 13-65　齿距偏差和齿距的累积误差检验

（a）齿距偏差检验图；（b）齿距的累积误差检验图

14. 检测附加铣头铣刀主轴锥孔中心线的径向圆跳动误差

其检验方法见图 13-66。在铣刀主轴锥孔中紧密插入一根检验棒。将千分表固定在机床上，使千分表测头顶在检验棒的表面。旋转主轴，分别在靠近主轴端部的 a 处和距离 a 处 150mm 的 b 处，检验径向圆跳动误差的数值。其允差，a 处为 0.02mm；b 处为 0.04mm。

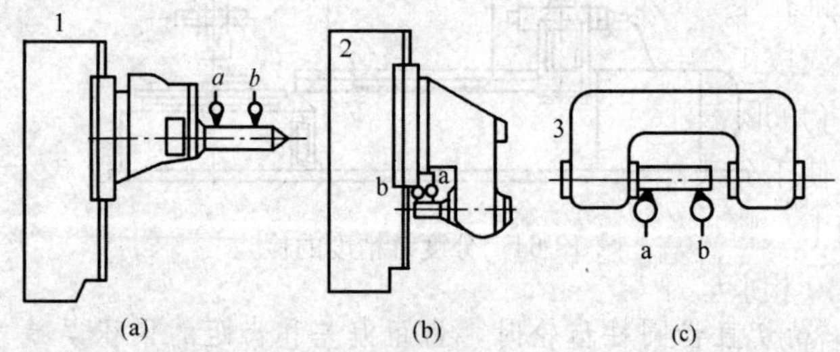

图 13-66　附加铣头铣刀主轴锥孔中心线的径向圆跳动误差检测

（a）指形铣刀铣削外齿轮的附加铣头；（b）指形铣刀铣削内齿轮的附加铣头；（c）圆片铣刀铣削内齿轮的附加铣头

15. 检测附加铣头铣刀主轴轴向窜动

其检验方法见图 13-67。在铣刀主轴锥孔中紧密地插入一根短检验棒，将千分表固定在工作台上，使千分表测头顶在检验棒端面靠近中心的地方（或顶在放入检验棒顶尖孔的钢球表面上）旋转主

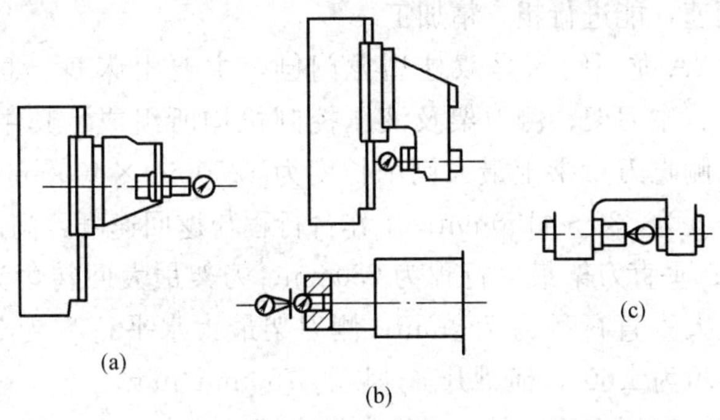

图 13-67　附加铣头铣刀的主轴轴向窜动检验

（a）指形铣刀铣削外齿轮的附加铣头；（b）指形铣刀铣削内齿轮的附加铣头；（c）圆片铣刀铣削内齿轮的附加铣头

轴检验。千分表读数的最大差值，就是轴向窜动的数值，其允差为 0.015mm。

16. 检测对刀样板孔的中心线对工作台中心线的位置度误差

其检验方法见图 13-68。在工作台锥孔中紧密地插入一根检验棒（或按工作台中心调整检验棒），将角形表杆装在对刀样板孔中，使千分表测头顶在检验棒的表面上。将工作台和角形表杆旋转 180°检验，千分表在同一截面上的读数的最大差值的一半，就是位置度的误差，其允差为 0.04mm。本项检验只适用于圆片铣刀铣削内齿轮的附加铣头。

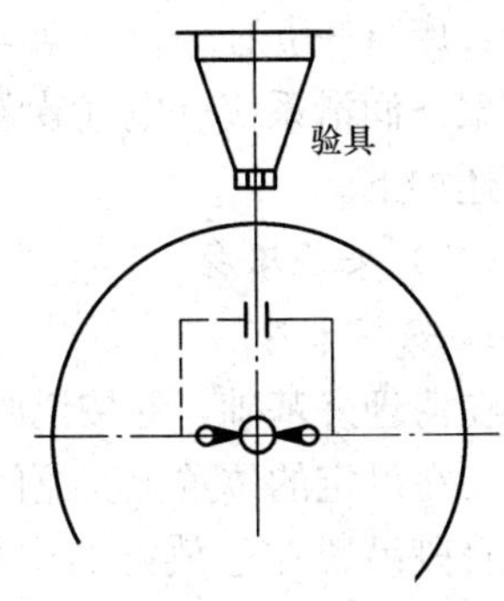

图 13-68　附加铣头的检具上装对刀样板孔的中心线对工作台中心线位置度误差的检测

八、B2012A 型龙门刨床的安装与调试

（一）用途、结构及使用参数

龙门刨床是一种平面加工机床，适用于加工各种零件的水平面、垂直面、倾斜面及各种平面组合的导轨面、T 形槽等，机床采

用无级调速，能进行粗、精加工。

B2012A 龙门刨床是双柱型龙门刨，主要由床身、立柱、横梁、横盖、主刀架、侧刀架及液压控制机构所组成。其主要规格为：最大侧吃刀量乘上最大刨削长度为 1250mm×4000mm；工作台行程长度为 530～4150mm；工作台行程与返回速度，高速为 9～90m/min；垂直刀架最大行程为 250mm；刀架最大回转角为±60°；侧刀架最大垂直行程为 750mm；侧刀架最大水平行程为 250mm；最大回转角为±60°；横梁升降速度为 750mm/min。

龙门刨床的主运动是由工作台作往复运动来完成，而送进运动则由刨刀来实现。刨刀在工作行程时是不动的，在工作台改变移动方向为返回行程的瞬间，各刨刀都可以沿着垂直于工作台运动方向的导轨在水平和垂直面内移动一个距离，这就是送进运动。对于加工较长的平面，这种机床具有较高的精度和较高的劳动生产率。

龙门刨床的安装，几乎全是现场解体安装。龙门刨床的组装顺序为：床身→立柱→侧刀架与齿轮箱→顶梁→横梁→升降机构与垂直刀架→润滑系统→电气装置和工作台。现将其安装程序及工艺要求叙述如下。

（二）安装床身

1. 安装床身

在清理好基础，并按说明书的要求放好调整垫铁后，即可将床身安装在设定的位置上。龙门刨的床身导轨是分段组装的，先将中间床身段吊置在已放好的调整垫铁上，用水平仪检测，调整其水平；再分别安装相邻各段，在床身联接孔内穿入联接螺栓，并借助调整垫铁使床身结合面的定位销孔正确重合，推入定位销，拧紧联接螺栓，最后以着色法检查定位销与孔的接触情况。然后对床身安装的几何尺寸及安装精度进行检验（检验和安装是交替进行的）。

2. 测量导轨在联接立柱处的水平误差

该误差不可超过 0.04mm/1000mm。可在导轨上按纵、横放置等高垫块、平尺、水平仪来进行测量。

3. 测量床身导轨在垂直平面内的直线度误差

检验床身导轨在垂直平面内的直线度误差和床身导轨的平行度

误差时（见图 13-69），可按下述方法进行：

（1）在导轨上按纵、横向放置等高垫块、平尺和水平仪，移动检具在导轨全长上进行测量，每隔 500mm 计量一次（大型刨床可用光学准直法）。

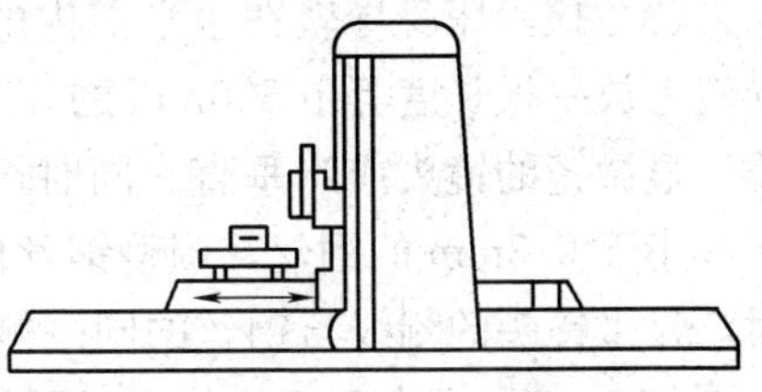

图 13-69　床身导轨在垂直平面内的直线度和平行度误差检测

（2）在垂直平面内直线度误差，应按纵向水平仪测量记录画运动曲线计算，测绘结果应符合表 13-10 的规定。

表 13-10　床身导轨在垂直平面内和水平面内的直线度偏差

导轨长度 L（m）	≤4	>4～8	>8～12	>12～16	>16～20	>20～24	>24～32	>32～46
导轨全长直线度偏差（mm）	≤0.03	≤0.04	≤0.05	≤0.06	≤0.08	≤0.10	≤0.15	≤0.26
每米导轨直线度误差（mm）	≤0.02							

在每米长度上的运动曲线和它的两端点连线间的最大坐标值，就是每一米长度上的直线度误差。

如图 13-70 所示，A、B、C、D 是导轨运动曲线。AB 和 CF 是夹住曲线的另一组平行线，δ_1 和 δ_2 分别是两组平行线间的距离，因 $\delta_1<\delta_2$，所以坐标 δ 就是曲线的直线度误差。

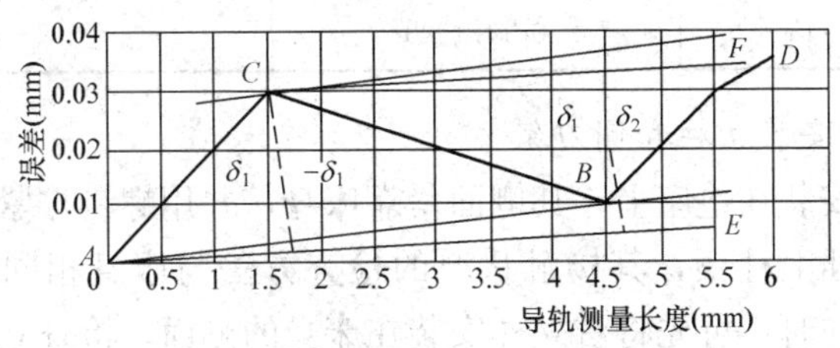

图 13-70　导轨测量运动曲线图

（3）检验床身导轨在水平面内的直线度误差时，在床身V形导轨上放一根长度等于500mm的V形棱柱体，棱柱体上装设显微镜，显微镜的镜头应当垂直。同时，沿V形导轨绷紧一根直径等于或小于0.3mm的钢丝，调整钢丝使棱柱体和显微镜在导轨两端时，显微镜头的刻线与钢丝的同一侧母线重合。然后移动棱柱体，每隔500mm（或小于500mm）记录一次读数，在导轨全长上检验，将显微镜读数依次排列，画出棱柱体的运动曲线，计算结果应符合表13-9的要求。

（4）对床身导轨的平行度误差测量是在床身平导轨上放一根平尺，V形导轨上放一根检验棒，在平尺和检验棒上垂直于导轨方向再放一根平尺，其上放置水平仪，移动整个系统、每隔500mm（或小于500mm）记录一次读数。在导轨全长上检验，其误差以导轨每米长度和全长上横向水平仪读数的最大代数差计，并符合表13-11的规定。如机床有3根导轨，两侧导轨均应相对中间导轨分别检验。

表13-11　　床身导轨的平行度误差

导轨长度 L（m）	全长平行度不应超过（mm）	每米平行度不应超过（mm）
≤4	0.04/1000	0.02
>4～8	0.05/1000	
>8～12	0.06/1000	
12～16	0.07/1000	
>16～20	0.08/1000	
>20～24	0.10/1000	
>24～32	0.12/1000	
>32～46	0.14/1000	

（三）安装立柱和侧刀架

立柱安装在垫座上，其侧面紧靠床身，并用螺钉拧紧。然后对准销孔，插上柱销，其接触状况的检查方法与床身相同。在安装左、右立柱时，可先将右立柱安装在床身的侧面，检查立柱导轨与床身的垂直度误差（指在ϕ100mm圆柱、垫铁与平行平尺上的顶面），然后以右立柱为基准安装左立柱。左、右立柱对床身导轨上的垂直度误差应方向一致，而两立柱的上距离应较下端少。在将水平仪放在立柱导轨表面测量时，应在上、中、下三个位置。各项安装精度应符合下列要求。

1. 测量立柱表面与床身导轨上的垂直度误差

在床身导轨上按与立柱正导轨平行和垂直两个方向分别放专用检具、平尺、水平仪测量，如图 13-71 所示。垂直度误差以立柱与床身导轨上相应两水平仪读数的代数差计，不应超过 0.04mm/1000mm。

2. 测量立柱表面相互平行度误差

在立柱下部的正侧导轨上，靠贴水平仪检查左右两立柱表面的相互平行度误差。两立柱只允许向同一方向倾斜，也只允许上端靠近，水平仪读数不应超过 0.04mm/1000mm，如图 13-72 所示。

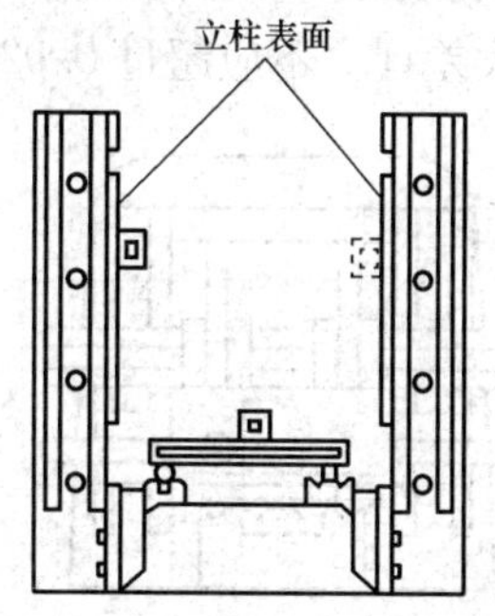

图 13-71　测量立柱表面与床身导轨上的垂直度误差

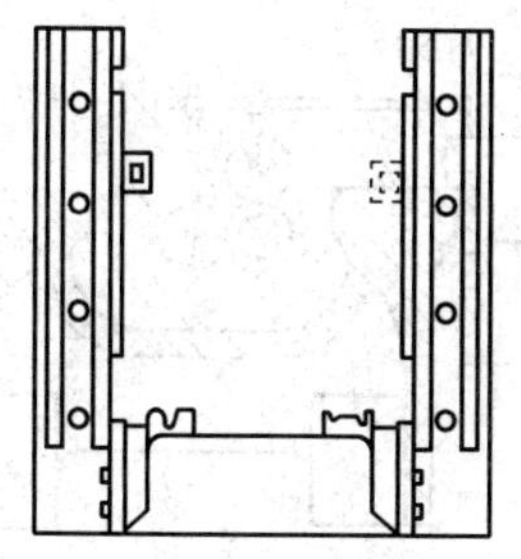

图 13-72　测量立柱表面相互平行度误差

3. 测量两立柱导轨表面相对位移

检验两立柱正导轨面的相对位移量时，可用平尺（或横梁）靠贴两立柱的正导轨面，如图 13-73 所示，用 0.04mm 塞尺检验，不得插入。

侧刀架是通过滑板导轨面与立柱导轨相结合，安装于左、右两立柱上。安装前应检查、清洗钢丝绳、轴承、滑轮及滑轮轴。将平衡锤子吊入立柱孔内固定，同时将导轨面擦净，并涂上润滑油。将装有侧刀架和进给箱的侧滑板装在立柱导轨上，下垫枕木，然后塞

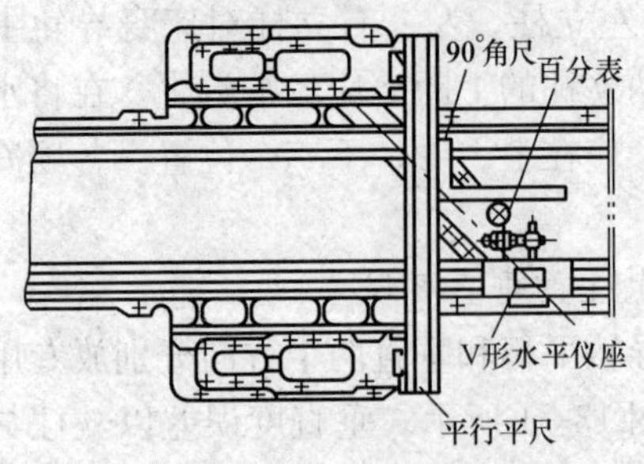

图 13-73　测量两立柱导轨表面相对位移

入镶条上压板与重锤联结，穿上进给丝杠，并将丝杠两端的支座紧固到立柱上。调整升降丝杠螺母及两端丝杠支座轴孔的三孔同轴度误差，其检查方法如图 13-74 所示。

侧刀架安装好后，应检验侧刀架垂直移动时对工作台面的垂直度误差。这将在工作台安装后配合进行，如图 13-75 所示。应将工作台移在床身的中间位置，在工作台上按与工作台移动相垂直的方向放等高垫块、平尺、90°角尺，在侧刀架上固定百分表，测头顶在 90°角尺检验面上，移动侧刀架 500mm 测量，垂直度误差以百分表读数的最大差计，不应超过 0.02mm。

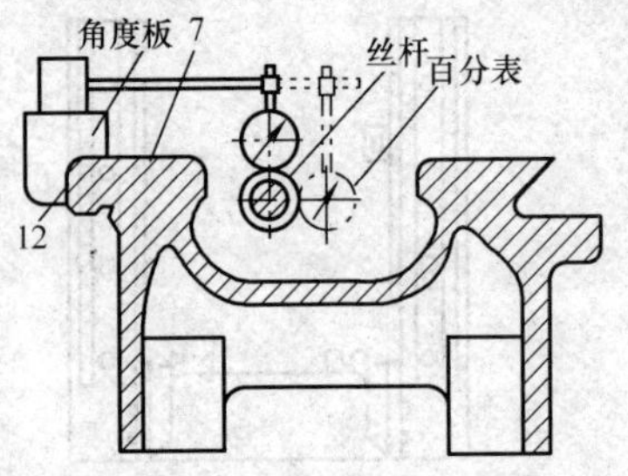

图 13-74　测量侧刀架、升降丝杠与立柱导轨的平行度误差

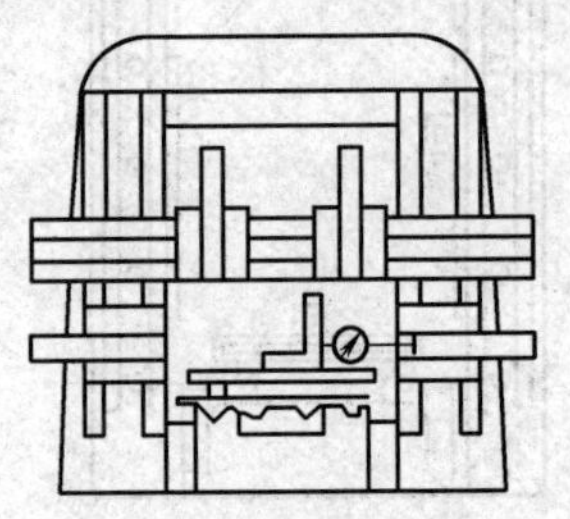

图 13-75　检验侧刀架垂直移动时对工作台面的垂直度误差

当侧刀架、平衡锤组装完后，检验架镶条与滑动面的贴合程度及其上下移动的灵活性，用 0.03mm 塞尺片检查，插入不得超过 25mm。

（四）安装联接梁及龙门顶

左右立柱与床身组装时，各项精度已检验合格，因此，当组装联接梁时，应保持立柱原安装的自由状态。

龙门顶组装前，应将升降电动机以及蜗轮箱等构件预装于龙门顶内，然后与龙门顶一起吊装。根据横梁丝杠的实际位置，将龙门顶装于立柱顶上，用锥销定位，螺钉固定。当立柱上一切紧固螺钉与联接梁、龙门顶都紧固后，不能影响已合格的立柱导轨的安装精度，如证明完好，联接梁与龙门顶的组装工作就完成了。

检查联接梁与立柱结合面的密实程度，以用0.03mm厚的塞尺片不能塞入为准，否则应进行刮研。同时检查龙门顶与立柱接合面密合程度，用0.03mm厚的塞尺不能塞入为准。

（五）安装主传动装置

穿过轴柱利用齿轮结合器将传动轴联接于蜗杆轴上，再将第二外齿轮结合器的传动轴接到主要传动的减速器上。主要传动的减速器和电动机装在同一平台上，可利用底板下的螺栓调整垫铁到组装的正确位置。在安装主传动装置时，应保证蜗杆轴、联接轴、变速箱传出轴之间的同轴度误差不大于0.2mm，此精度影响工作台运行平稳性。轴上两内齿联轴器的同轴度误差，应符合联轴器同轴度误差精度要求的规定。有定位销时，应检验定位销与孔的接触情况。

（六）安装横梁部件

横梁上装有垂直刀架两个，并装有进给箱和夹紧机构。横梁升降机构装在龙门顶上，电动机同时驱动两个对称的蜗轮减速箱，传至左右立柱内的横梁升降机构，使横梁上下升降。安装时，先将导轨面擦净，并涂以润滑油，然后再装横梁于立柱前导轨，其上部垫千斤顶或道木，粗调使其上导轨面基本处于水平。同时将龙门顶上蜗杆传动箱的箱盖卸下，穿下横梁升降丝杠，旋入横梁螺母之中，然后固定压板之镶条。此时，将减速器和压紧装置装配完毕，应注意边装配边调整，当横梁全部调整完毕后，即可拧紧螺母，盖上减速器，并对横梁的位置的倾斜程度进行检验。

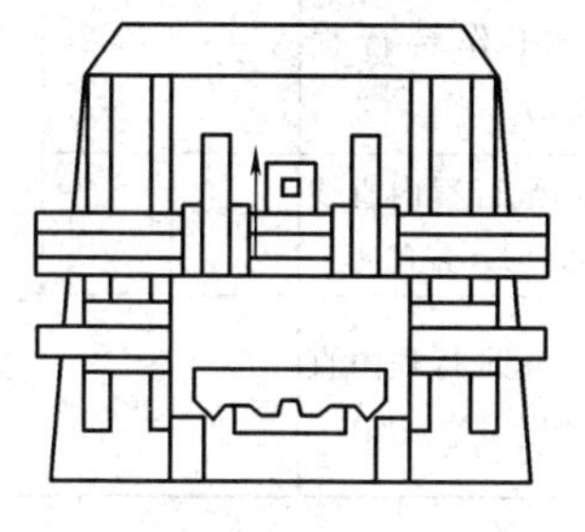

图13-76　检验横梁位置移动过程中的倾斜

检验横梁位置移动过程中的倾斜时，如图13-76所示，应将两垂直刀架移在使横梁平衡的位置，即应和两立柱中心线等距，在横梁上两导轨的中央按平行于横梁的方向放水平仪，移动横梁，在全行程上每隔500mm测量一次，全行程至少测量三个位置。倾斜以水平仪读数的最大代数差计，并应符合表13-12规定。

表13-12　　横梁移置的倾斜

横梁行程（m）	≤2	>2～3	>3～4
倾斜不应超过（mm）	0.03/1000	0.04/1000	0.05/1000

（七）安装工作台

工作台放在床身之前，应取出通往导轨油孔的油塞，并试验主要传动的润滑是否良好，再将床身导轨经过仔细擦洗、清扫和用机油润滑。安装时，应注意要使床身和工作台的导轨互相吻合，工作台的齿条应搭在蜗杆上，并对工作台的各项安装精度进行检测。

1. 对检验工作台直线度误差和工作台移动倾斜时的要求

检验工作台移动在垂直平面内的直线度误差和工作台移动的倾斜时，应符合下列要求。

(1) 在工作台面中央按纵、横各放一个水平仪，移动工作台，在全行程上每隔500mm测量一次。

(2) 直线度误差以纵向水平仪读数画运动曲线进行计算，应符合表13-13的规定。

表13-13　　工作台移动在垂直平面内和水平面内的直线度误差

工作台行程(m)	≤2	>2～3	>3～4	>4～6	>6～8	>8～10	>10～12	>12～16	>16～22
全行程内直线度误差(mm)	≤0.02	≤0.03	≤0.04	≤0.05	≤0.06	≤0.08	≤0.10	≤0.14	≤0.20
每米行程内直线度误差(mm)	≤0.015								

(3) 倾斜以每米行程内横向水平仪读数的最大代数差计，应符合表13-14的规定。

表 13-14　　工作台移动时的倾斜

工作台行程（m）	≤2	>2～3	>3～4	>4～6	>6～8	>8～10	>10～12	>12～16	>16～22
全行程内倾斜（mm）	≤0.02	≤0.03	≤0.04	≤0.05	≤0.06	≤0.07	≤0.08	≤0.10	≤0.14
每米行程内倾斜度误差（mm）	≤0.02								

2. 检验工作台直线度误差

检验工作台移动在水平面内的直线度误差时，应用光学准直仪或拉钢丝、显微镜方法，测量直线度应符合表 13-12 的规定。

3. 检验工作台面

对工作台移动的平行度误差（只检验拼合型工作台的刨床）如图 13-77 所示。应在刀架上固定百分表，测头顶在工作台面上，移动工作台，在全行程上测量，平行度误差以百分表读数的最大差计，应符合表 13-15 的规定（在工作台宽度方向的两边各检查一次）。

表 13-15　　工作台面对工作台移动的平行度误差

工作台行程（m）	>6～8	>8～10	>10～12	>12～16	>16～22
全行程内平行度（mm）	≤0.06	≤0.08	≤0.10	≤0.14	≤0.20
每米行程内平行度误差（mm）	≤0.02				

4. 调整床身导轨

工作台移动精度如不符合要求时，允许调整床身导轨。经调整后仍不能达到要求，应会同有关部门研究处理。

5. 检验垂直刀架水平移动时对工作台面的平行度误差

检验垂直刀架水平移动对工作台面的平行度误差时，如图 13-78 所示。应将横梁固定在距工作台面 300～500mm 高度处，工作台移在床身的中间位置，在垂直刀架上固定百分表，测头顶在工作台面上（或顶在放在工作台面上的等高垫块，平尺的检验面上）。移动刀架，在工作台全宽上测量，平行度误差以千分表读数的最大差计，应符合表 13-16 的规定。

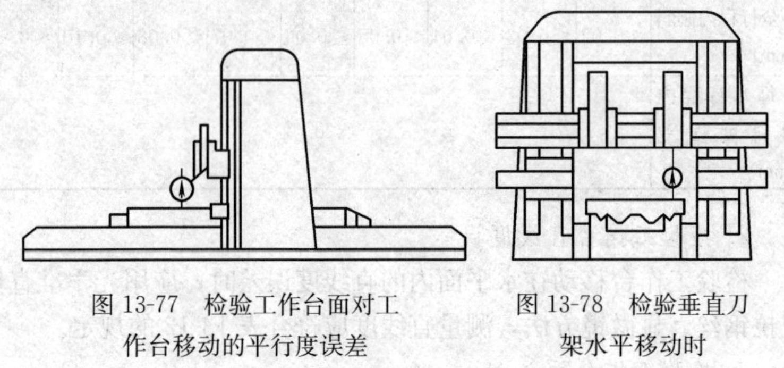

图 13-77　检验工作台面对工作台移动的平行度误差

图 13-78　检验垂直刀架水平移动时

表 13-16　垂直刀架水平移动对工作台面的平行度误差

刀架行程（m）	≤1	>1～2	>2～3	>3～4	>4～5
全行程内平行度（mm）	≤0.025	≤0.030	≤0.040	≤0.050	≤0.060
每米行程内平行度误差（mm）	≤0.025				

（八）安装润滑系统

龙门刨床的润滑为强力机械润滑。在设备基础上有一平台，上面安放液压泵和滤油器，平台的槽内设有沉淀用的油箱，油管应接通下列部位：①机身流油管与油箱；②油箱的吸油器与液压泵；③滤油器的排油管与沿床身的油管。

（九）安装电力设备

安装在机床外的电力设备和装置。机床电力的传导以及全部电线都要安设在适当位置，并符合电气安装验收规范要求的用电安全操作规程。

（十）试车

机床各部件安装完毕后，应进行一次全面检查。若各部件的安装无误，并均符合有关验收标准，即可进行空负荷试车。

第十四章

典型机械设备维修工艺

第一节　机床导轨的修理

一、滑动导轨副的修理

（一）滑动导轨副的形成及工作特点

滑动导轨副是机床上应用最广泛的一种导轨副。其组合形式有：V—平、V—V、平—V—平、三条矩形导轨组合、两条矩形导轨闭式组合等，如图 14-1 所示。

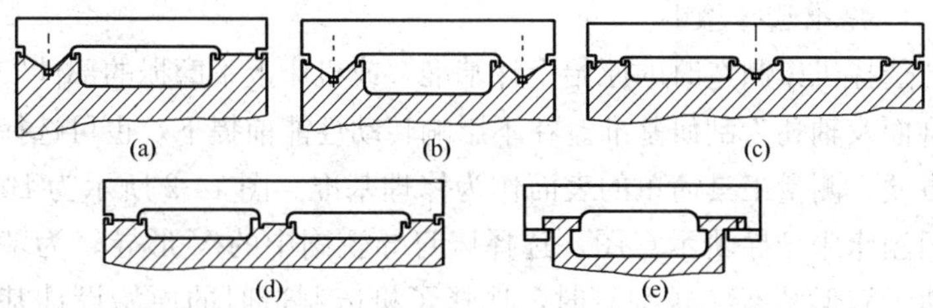

图 14-1　导轨截面图

（a）V—平导轨，开式；（b）V—V 导轨，开式；
（c）平—V—平导轨，开式；（d）三条矩形导轨，开式；
（e）宽式矩形导轨，闭式

V—平组合具有润滑条件好、移动速度快、导向性好的特点，用于精度较高的机床。V—V 组合具有导向性好、磨损后能自动补偿等特点，适用于高精度机床。平—V—平组合具有导向性好、支承效果好等特点，适用于精度较高的大型机床。开式三条矩形导轨的组合具有运行平稳但导向性较差等特点，适用于一般精度的机床。

（二）滑动导轨副的精度

（1）导轨的形状精度。导轨的形状精度是单导轨本身几何形状的精确程度，包括垂直平面内的直线度、水平平面内的直线度、垂直平面内的平行度。

（2）导轨的位置精度。导轨的位置精度是一导轨对另一导轨的相互位置精度，主要是指导轨之间的平行度，以及对有关导轨的垂直度。

（3）导轨副的接触精度。接触精度关系到相互配合的两个导轨面是否接触良好，导轨副几何形状是否一致，能否建立完整油膜使导轨副正常工作等问题。影响接触精度的主要因素是导轨面的表面粗糙度，表面粗糙度越小，接触精度越高；接触精度使用接触点作为检验指标，即刮研时，研具和导轨拖研中在25mm×25mm面积内显示的接触斑点数。

（三）滑动导轨副刮研技术

1. 基准选择原则

选择机床制造时的原始设计基准，或机床上不磨损的部件安装结合面及轴孔为刮研基准。在不影响转动性能前提下，也可选择测量方便、测量工具简单的表面作为修理基准。图14-2所示为B220龙门刨床床身导轨示意图，选择床身导轨副中的V形导轨为基准导轨。V形基准导轨刮研时，选择了机床制造时的原始设计基准立柱结合面作为刮研时的基准因其测量时比较方便，测量工具、量具比较简单，符合上述基准选择原则。

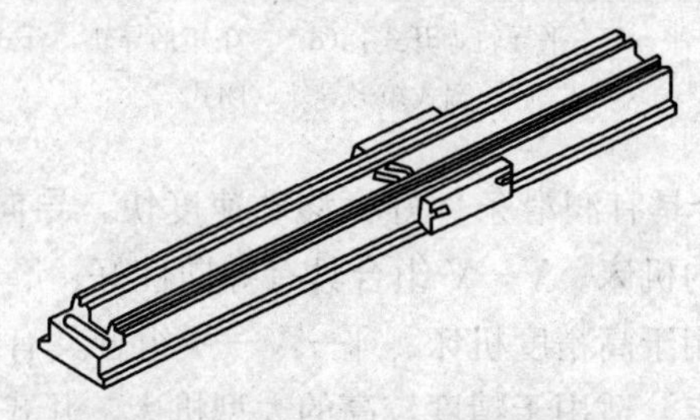

图14-2　B220型龙门刨床床身导轨示意图

2. 刮研顺序原则

（1）导轨的刮修余量较大时（磨损大于0.3mm），应采用机械加工方法（精刨、磨削等）去掉一层冷作硬化表面。这样既可以减少刮削量，又可以避免刮削后导轨产生变形。

（2）刮削前若发现导轨局部磨损严重，应先修复好，粗加工到刮削余量范围内，然后通过刮研将导轨加工至符合要求。

3. 刮研时的一般顺序

先刮和其他部件有关联的导轨、较长或面积较大的导轨、在导轨副中形状较复杂的导轨，后刮与上述情况相反的导轨。两件配合刮研时，应先刮大部件导轨、刚度好的部件导轨和较长部件导轨。

4. 刮研工具

（1）110°研具，如图14-3所示。

（2）平面研具，如图14-4所示。

5. 刮研工艺

以B220型龙门刨床床身导轨刮研工艺为例，说明滑动导轨刮削方法和修理工艺。图14-2和图14-5分别为B220型龙门刨床床身导轨示意图和床身导轨截面图。

（1）刮削V形导轨1、2面，如图14-6所示。精度要求为：①在垂直平面内的直线度允差0.015mm/1000mm，0.08mm/全长；②在水平平面内的直线度允差0.015mm/1000mm，0.08mm/全长；③接触精度研点数10点/(25mm×25mm)。

用外110°研具研点、刮削，按图14-6所示，用框式水平仪测量，由导轨的一端到另一端，按移动座的长度，依次测量下去，同时要控制V形导轨的扭曲，在全部长度上为0.015mm/1000mm，这样便于达到精度要求。按图14-7所示，用光学平直仪检查导轨表面1、2在水平面内的直线度误差。

（2）刮削表面3（即平导轨面），如图14-8所示、精度要求为：①在垂直平面内的直线度允差0.02mm/1000mm，0.15mm/全长；②单导轨扭曲允差0.02mm/1000mm；③对表面1、2的平行度允差0.02mm/1000mm，全长0.04mm/全长；接触精度研点数6点/(25mm×25mm)。

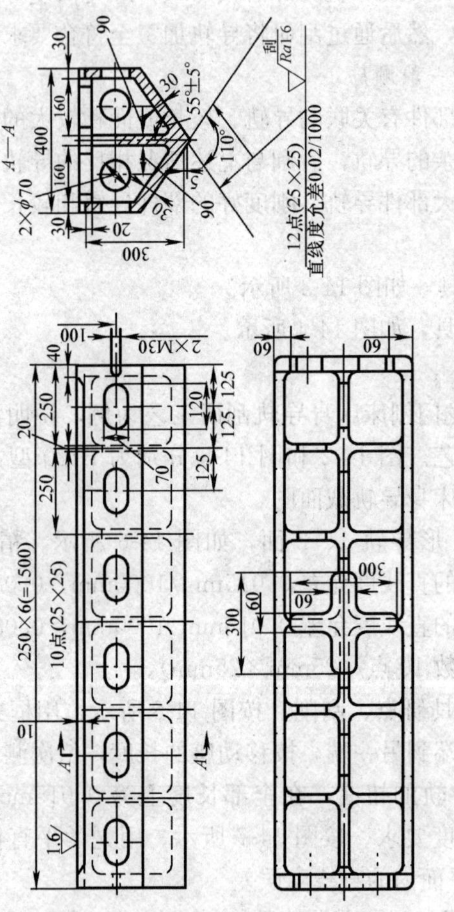
A—A
2×φ70
55°±5°
110°
刮
Ra1.6
12点(25×25)
直线度允差0.02/1000
250×6(=1500)
10点(25×25)
2×M30

图 14-3　110°研具

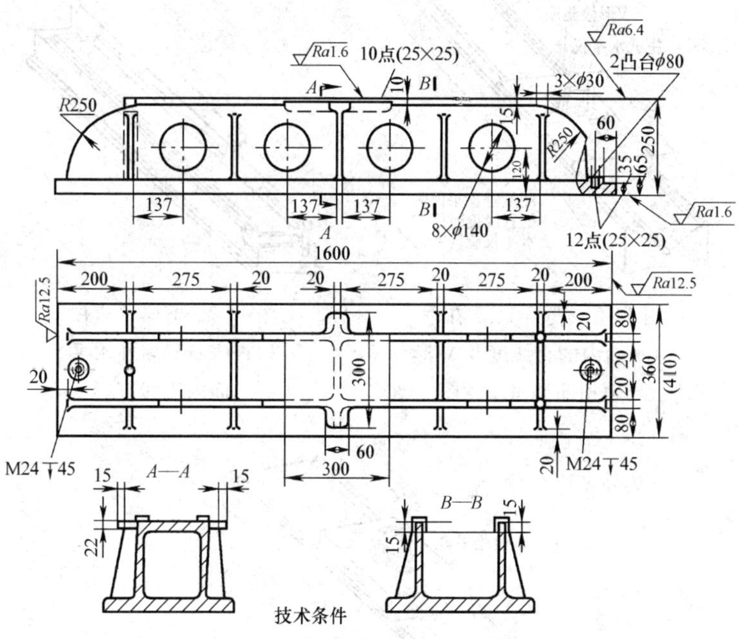

图 14-4　平面研具

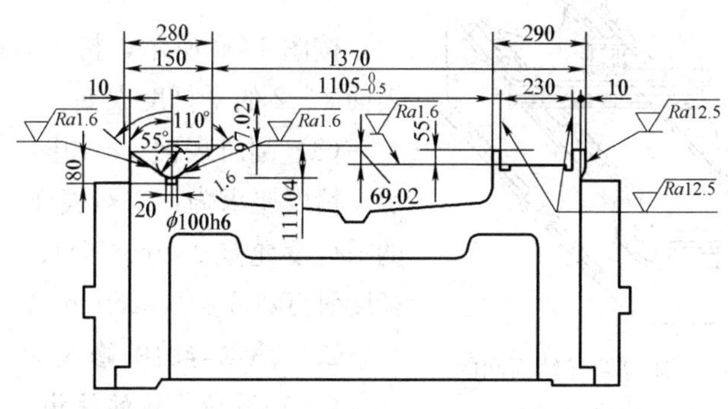

图 14-5　B220 型龙门刨床床身导轨截面图

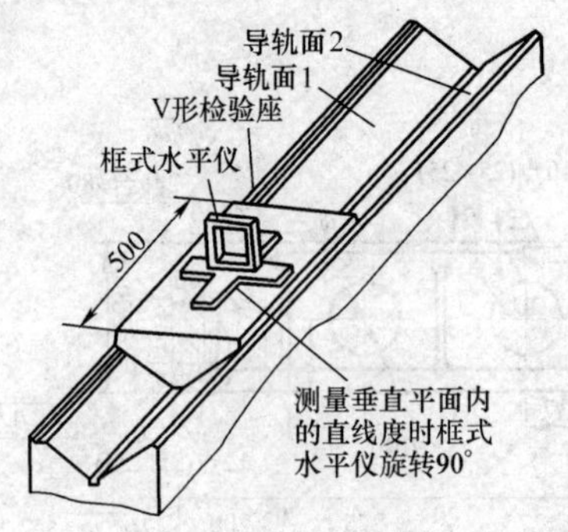

图 14-6　表面 1、2 在垂直平面内的直线度及 V 形导轨扭曲测量示意图

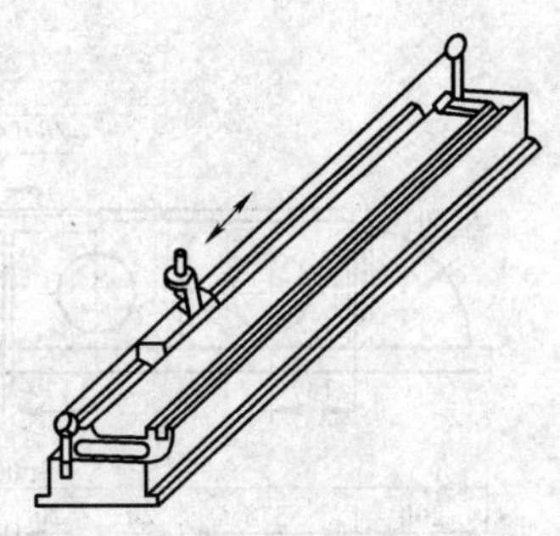

图 14-7　光学平直仪检查床身导轨在水平面内直线度

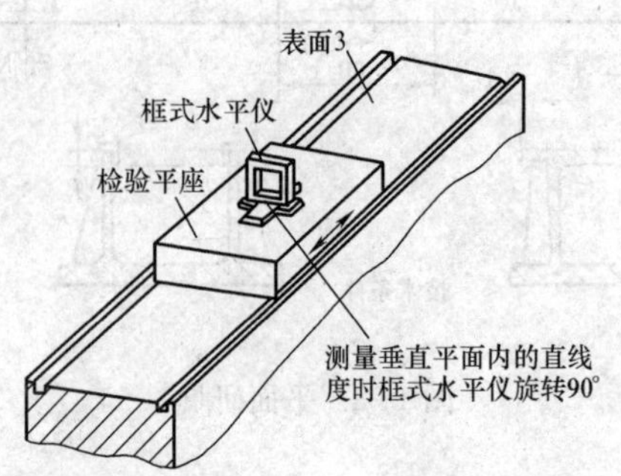

图 14-8　表面 3 在垂直平面内的直线度及单导轨扭曲测量示意图

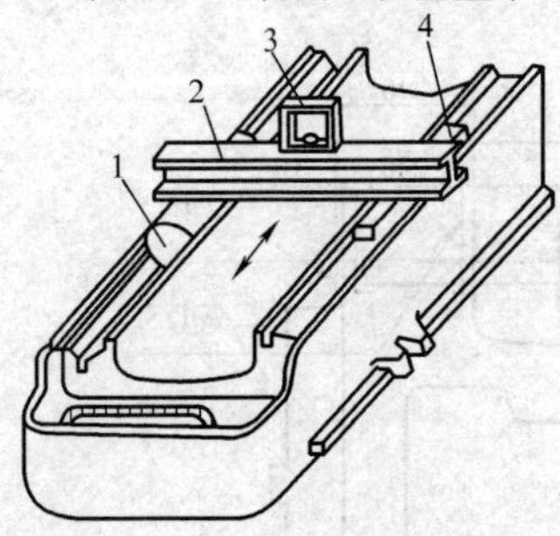

图 14-9　床身两导轨面间的平行度检验示意图

1—检验棒；2—平行平尺；3—框式水平仪；4—检验平尺

按图 14-9 所示，检查表面 3 与表面 1、2 的平行度误差。

（3）刮研表面 4，如图 14-10 所示。精度要求为：①对表面 1、2、3 的平行度允差 0.1mm/全长；②接触精度研点数 6 点/（25mm×25mm）。

二、滚动导轨的修理

（一）滚动导轨的结构

滚动导轨由基座的支承面或镶装导轨、滚动体、隔离器组成。按

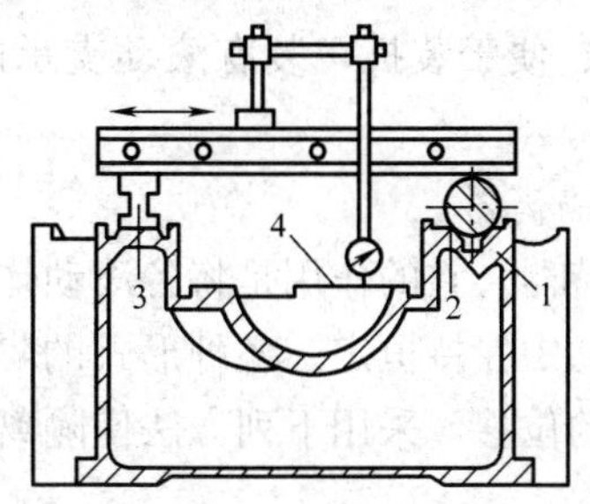

图 14-10　表面 4 对表面 1、2、3 的平行度误差测量示意图

滚动体的类型，滚动导轨可分为滚珠、滚柱、滚针和滚动导轨支承等形式，还可分为开式和闭式两种。闭式的可通过施加预加载荷来提高导轨的接触刚度和抗振性。

1. 滚动导轨的滚动体

滚动体的大小和数量是根据单位接触面积上允许压力来确定的，但也考虑结构上的需要。同一导轨所用的滚柱、滚珠的尺寸差不应超过 0.002mm，精密机床不宜超过 0.001mm。

滚动导轨支承是一个独立的部件，如图 14-11 所示。其滚动体可以是滚珠的，也可以是滚柱的，壳体 2 用螺钉固定在导轨 3 上，当导轨移动时，滚子 4 在支承导轨 1 上滚动，并通过滚动导轨支承两端的保持器 5 和 6，使滚子 4 得以循环。滚动导轨支承适用于各种直线运动导轨，一条导轨可装多个支承。其特点是刚

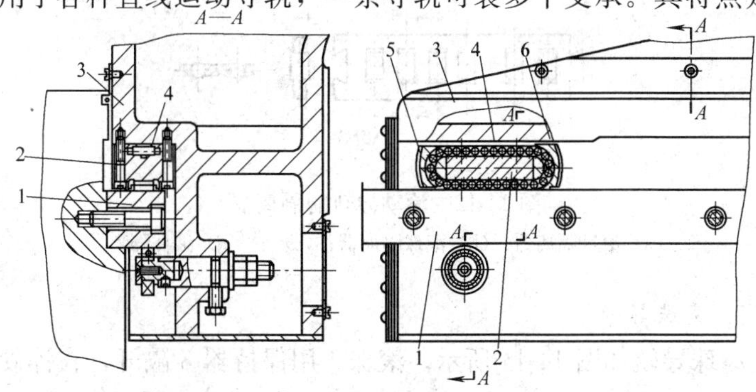

图 14-11　滚动导轨支承

1—支承导轨；2—壳体；3—导轨；4—滚子；5—保持器；6—保持器

性高、承载能力大、便于装拆，装有滚动支承的导轨可不受行程的限制。

2. 滚动导轨的隔离器

隔离器也称保持器。它的作用是将各滚动体隔开，保证各滚动体的相对位置在运动中保持恒定。各种形式的隔离器如图 14-12 所示。为防止隔离器的位移，采用下列方法使隔离器的移动速度为工作台的一半：

(1) 借助于滑轮，滑轮轴紧固在隔离器上，而钢索端系在床身和溜板上，如图 14-13（a）所示。

(2) 借助于齿轮，将齿轮安装在隔离器上，并与齿条相啮合，如图 14-13（b）所示。

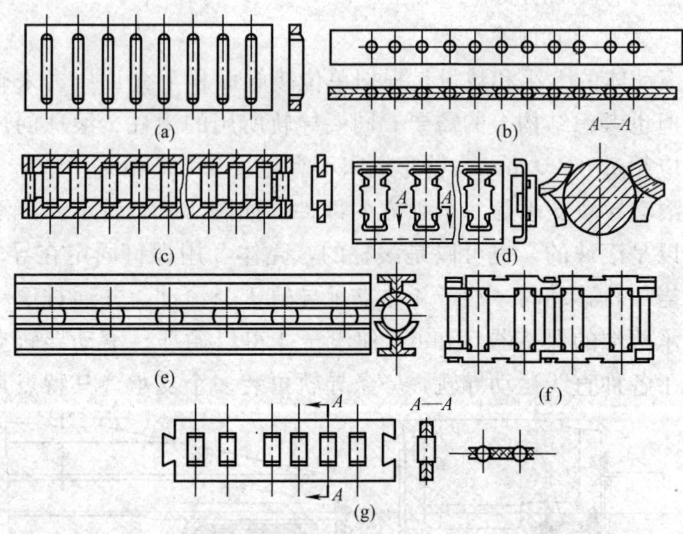

图 14-12 滚动导轨的隔离器

（a）滚针隔离器；（b）滚珠隔离器；（c）～（g）滚柱隔离

3. 滚珠导轨

滚珠导轨如图 14-14 所示。滚珠 4 用保持器 3 隔开，在淬硬镶装钢导轨中滚动。导轨 1、2 和 5、6 分别固定在工作台和床身上，如图 14-14(a) 所示，它属于 V—平组合的开式导轨。图 14-14(b)

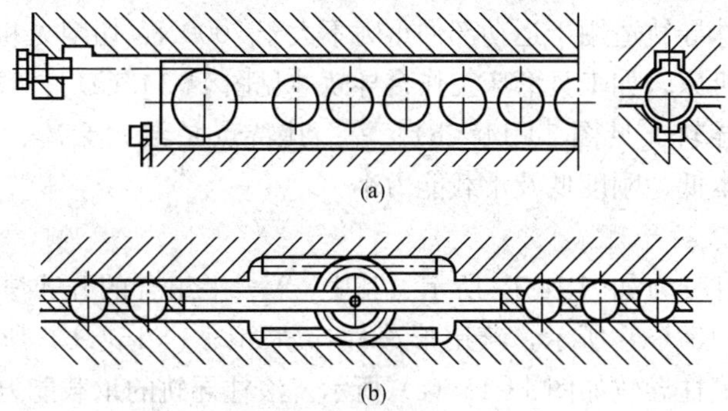

图 14-13　隔离器的连接

（a）滑轮、滑轮轴紧固法；（b）齿轮、齿条紧固法

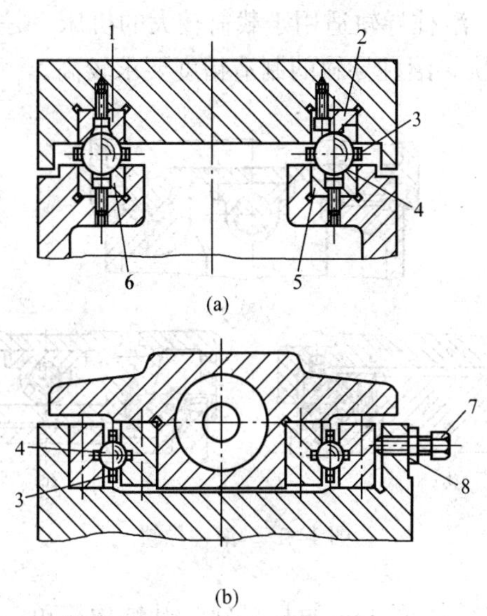

图 14-14　滚珠导轨

1、2、5、6—导轨；3—保持器（隔离器）；4—滚珠；

7—调整螺钉；8—螺母

所示的滚珠导轨结构可用调整螺钉 7 调节导轨的间隙或进行预紧，调后，用螺母 8 锁紧。

滚珠导轨适用于运动部件重力不大于2000N、切削力和颠覆力较小的机床，如工具磨床工作台导轨［见图14-14（a）］、磨床砂轮修整器导轨［见图14-14（b）］等。其特点是结构紧凑、制造容易、成本低、刚度低及承载能力小。

4. 滚柱导轨

滚柱导轨如图14-15所示。其中，V—平组合的开式滚柱导轨如图14-15（a）所示，燕尾形滚柱导轨如图14-15（b）所示，十字交叉滚柱导轨如图14-15（c）所示。滚柱导轨的承载能力和刚度都比滚珠导轨大，但滚柱较滚珠对导轨平行度要求高，微小的平行度误差都会引起滚柱的偏移和侧向滑动，从而加剧导轨的磨损，降低精度。因此，滚柱一般做成腰鼓形，即中间直径比两端大0.02mm左右。滚柱导轨适用于载荷较大的机床，是应用最为广泛的一种滚动导轨。滚柱导轨的制造精度要求较高。

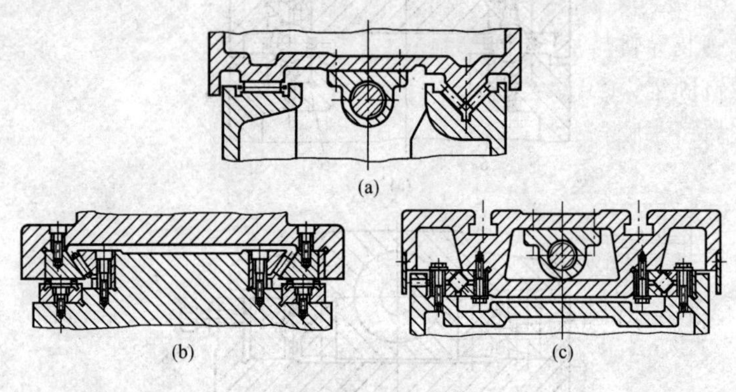

图14-15 滚柱导轨

（1）V—平组合的开式滚柱导轨。其结构简单、制造方便、应用广泛，导轨面可配制或配磨。一般采用淬火钢镶装导轨。在无冲击载荷、运动不频繁、防护条件较好时，也可采用铸铁导轨。

（2）燕尾形滚柱导轨。其结构紧凑，调节方便，但其制造劳动量大、装配精度不便检查。适用于空间尺寸不大，又承受颠覆力矩的机床部件上。

（3）十字交叉滚柱导轨。其导轨间是截面为正方形的空腔，滚柱装在空腔里，相邻滚柱的轴线交叉成 90°，这样导轨在哪个方向上都有承载能力。为了减小端面摩擦，滚柱的长度略小于其直径(小 0.15～0.25mm)，滚柱由保持器隔开。其特点是精度高、动作灵敏、刚度高及结构紧凑，但制造要求高。如图 14-15(c) 所示，结构可用螺钉 2 预紧，为了增加滚柱数量，可不用保持器而紧密排列，从而提高刚度。除图示闭式结构外，交叉滚柱导轨也可是开式的，如坐标镗床导轨。此时采用铸铁镶装导轨，滚动体为大直径的空心滚柱，这样既有较高的刚度又有缓冲功能。

5. 滚针导轨

滚针可按直径分组选择，中间的长度略小于两端，以便提高运动精度。滚针的长径比滚柱比大，所以其尺寸小、结构紧凑、承载能力也较大，但摩擦因数也大些。滚针导轨适用于尺寸受限制和承载较大的场合。

6. 镶装导轨的装接方法

镶装导轨与基座的装接，主要方法有：①导轨全长与基座接拼用螺钉固定；②导轨与基座上的小阶台间断接触用螺钉固定；③压板夹持；④胶合、卷边等，如图 14-16 所示。

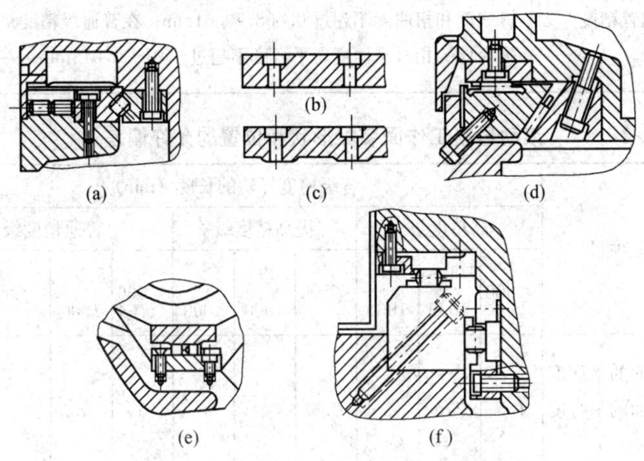

图 14-16　镶装导轨的装接方法

(a)、(b) 全长接触螺钉固定；(c)、(d)、(e) 间断接触螺钉固定；(f) 压板夹持固定导轨全长与基座接拼用螺钉固定，会产生不均匀的接触变形。导轨与基座上的小阶台间断接触没有接触变形；用压报夹持的导轨压力最均匀。

（二）滚动导轨的技术要求

滚动导轨的技术要求见表 14-1。

装配后的滚动导轨和机床镶装导轨副，几何形状偏差都有一定的允许值，如图 14-17 和表 14-2、表 14-3 所示。

表 14-1　　滚动导轨的技术要求

项　目	内　容
滚动导轨的材料和热处理	滚动导轨的材料有铸铁和淬火钢。铸铁导轨用于轻载和中载，硬度要求 200～220HB，个别情况下使用淬硬铸铁导轨。对于重载（包括预紧力），必须使用淬火钢，硬度必须达到 60～62HRC。镶装结构的镶钢滚动导轨，可以采用淬火（淬透）、渗碳淬火、高频表面淬硬、氮化等热处理强化工艺
滚动导轨的形状和位置精度	导轨的制造误差（直线度、扭曲度）不允许超过规定的预紧量，垂直导轨工作面的预紧量为 0.005～0.006mm；预紧导轨的直线度和扭曲度不超过 0.008～0.01mm；在普通级精度机床中，配合件的相对平面度、平行度不超过 0.01～0.015mm

表 14-2　　滚动导轨工作面装配形状和位置的允许偏差

偏差项目	各级精度导轨的长度（mm）								
	高精度级			提高精度级			普通精度级		
	＜500	500～1000	＞1000	＜500	500～1000	＞1000	＜500	500～1000	＞1000
工作面的平面度及工作面的平行度（见图 14-17）	1.5	2.5	3	2.5	4	6	5	8	10
各工作面的等高度（见图 14-17）	2	3	5	3	5	6	3	5	6

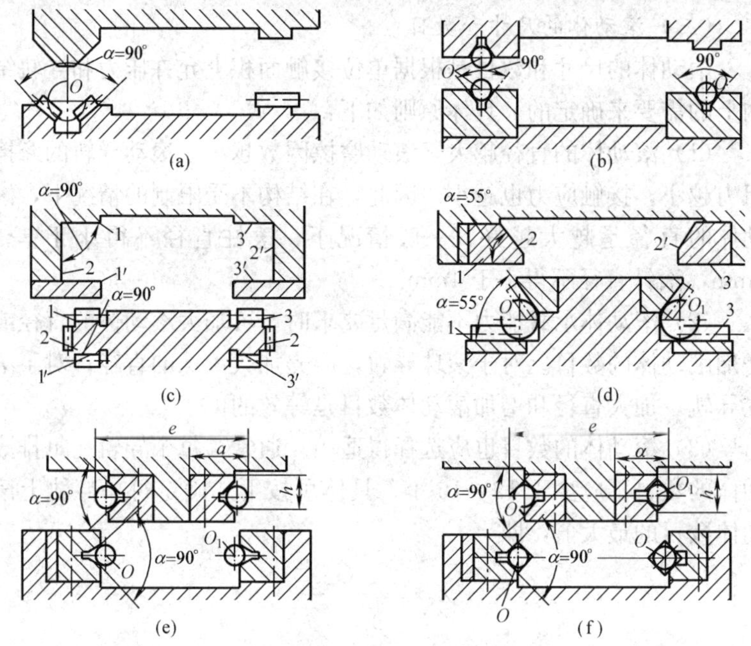

图 14-17　精度检验示意图

（a）V—平组合型；（b）开式滚珠型；（c）闭式矩形；（d）滚柱对向 V 型；（e）滚珠对向 V 型；（f）滚柱链或交叉滚柱对向 V 型

表 14-3　　闭式 V 型导轨形状和位置的允许偏差（滚珠导轨和滚柱导轨通用）　　μm

偏 差 项 目	各种精度导轨的长度（mm）			
	提高精度级		普通精度级	
	≤330	>300	≤300	>300
工作面的平面度和对支承面的平行度	2	3	4	6
两配合导轨的等高度（图 14-17 中的尺寸 a 和 h）①	3	5	5	8
支承面的平面度及同一导轨两支承面间的垂直度（在全宽度上）	3	5	6	10

① 用量柱测量，在相互垂直的两平面内测量量柱轴线的相应等高性。

（三）滚动体的尺寸和数目

滚动体的尺寸和数目是根据单位接触面积上允许压力和导轨结构上的需要来确定的，具体原则如下：

（1）滚动体的直径越大，滚动摩擦因数越小，滚动导轨的摩擦阻力越小，接触应力也越小。因此，在结构不受限制的情况下，滚动体的直径是越大越好。一般情况下，滚柱直径不得小于6～8mm，滚针直径不得小于4mm。

（2）滚动体承载能力不能满足要求时，可加大滚动体的直径或增加滚动体的数目。对于滚珠导轨，应先加大滚珠的直径；对于滚柱导轨，加大直径和增加滚动体数目是等效的。

（3）滚动体的数目也应选择得适当。通常，每个导轨上每排滚动体的数目不应少于12～16个。具体可按下式确定每一导轨上滚动体数目的最大值，即

$$Z_1 \leqslant \frac{G}{9.5\sqrt{d}}$$

$$Z_2 \leqslant \frac{G}{4l}$$

式中　Z_1、Z_2——滚珠滚柱的数目；

G——每一导轨上所分担运动部件的重量，N；

l——滚柱长度，mm；

d——滚珠直径，mm。

（4）在滚柱导轨中，如果导轨是淬硬钢制造的，滚柱可短一些，长径比最好不超过1.5～2，长度不超过25～30mm。如果强度不够，可以增大滚动体的直径或增加其数目。对于铸铁导轨，由于可以刮研，加工误差较小，故滚柱的长径比可以大一些。

（四）滚动导轨的调整与修理

1. 导轨的调整

滚动导轨的调整主要是预紧力的大小及加载方法。预加载荷（预紧力）的滚动导轨，按其加载方法不同可以分为两类。

（1）把夹紧件通过滚动体夹到被夹紧件之间的配合为过盈配合，如图14-18（a）所示。

（2）使用专门的调整件加载，使被夹紧件和夹紧件之间产生垂直于导轨方向的微量移动，如图 14-18（b）所示。

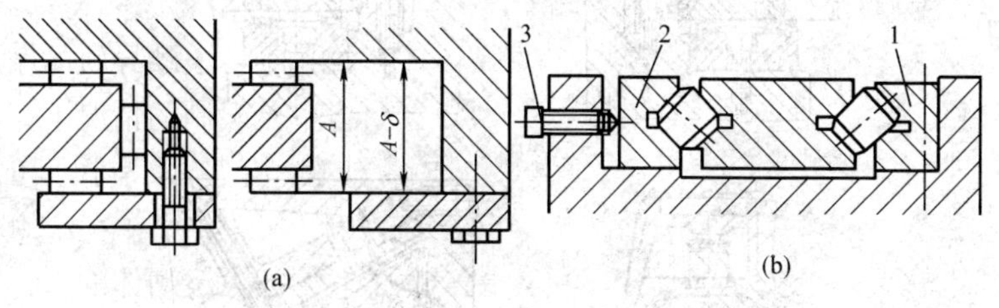

图 14-18　预紧力的加载方法

（a）夹紧件通过滚动体夹到被夹紧件；（b）使用专门的调整件加载

1—固定导轨；2—调整导轨；3—压紧螺钉

图 14-18(a) 中过盈量 δ 的产生方法又有几种，如通过适当选择滚柱直径，通过刮研或配磨压板和体壳的接触面，在体壳和压板间垫入适当垫片等。这种导轨的优点是过盈量可以直接测量出来。

图 14-18(b) 中有一根可调导轨，预紧力是通过可调导轨的微量位移产生的。可调节器导轨的微量位移可以用螺钉、塞铁、弹簧、精密垫板及偏心盘来调整，如图 14-19 所示。

求解预紧力有三种方法：①按力学关系公式得出预紧量 δ；②通过模拟实验测得预紧量 δ_N 以代替预紧力，推荐 δ_N 最佳值为 0.005～0.006mm，最小值为 0.002～0.003mm，最大值为滚柱导轨 0.015～0.025mm，滚珠导轨 0.007～0.015mm；③通过正确的调整，使溜板系统运动轻松平滑，同时把拖动力作为调整好坏的一个间接指标，中型机床拖动力应不超过 30～50N。

2. 导轨的修理

滚动导轨经常出现的主要缺陷有：①滚动体打滑，铸铁导轨面有深度划痕及铁屑嵌入；②滚动体划伤；③隔离器不良；④滚动导轨面产生棱角；⑤滚动导轨面磨出月牙槽。

下面以螺纹磨床床身为例，说明滚动导轨的修理，如图 14-20 所示。

（1）技术要求。各种类型导轨的技术要求如下：

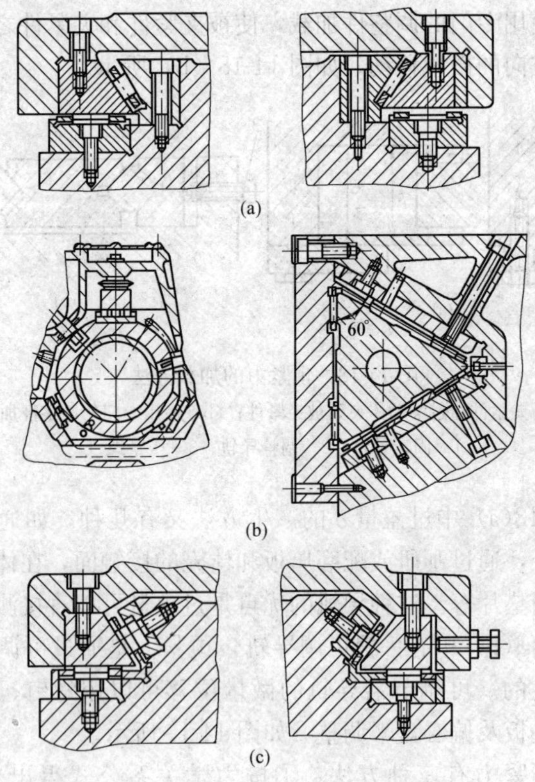

图 14-19　微量位移的调整

（a）用塞铁调整微量位移；（b）用弹簧调整微量位移；

（c）用螺钉调整微量位移

1）V形导轨角平分线对平面导轨垂直线的平行度，不超过±30′。

2）V形导轨水平面内的直线度允差为 0.015mm/1000mm。

3）V—平导轨的平行度允差为 0.015mm/1000mm。

4）V—平导轨的刮研接触精度研点数为(18～20 点)/(25mm×25mm)。各导轨面的表面粗糙度值小于 $Ra0.02\mu m$。

5）滚柱的圆度、圆柱度误差和一组滚柱的尺寸差不超过 0.002mm；滚动体表面有划痕、锈迹等应研磨。

6）工作台导轨与床身导机 3、4 配刮，配刮后接触精度研点数为(18～20 点)/(25mm×25mm)。

(2) 修理要点及操作步骤如下。

1) 床身找正时，将床身放在楔形垫铁上，如图 14-20 所示。垫铁应放在坚实的基础上。用桥形板和水平仪找正导轨 1～4 至最小误差。

2) 分别用 V 形角度直尺和标准平尺着色，拖研、刮削滚动导轨 3、4 至上述精度要求。

3) 滚动体表面若有锈蚀、划痕、磨损等缺陷，应进行研磨；当研磨无法消除缺陷时，应更换滚动体。滚动体研磨如图 14-21 所示。

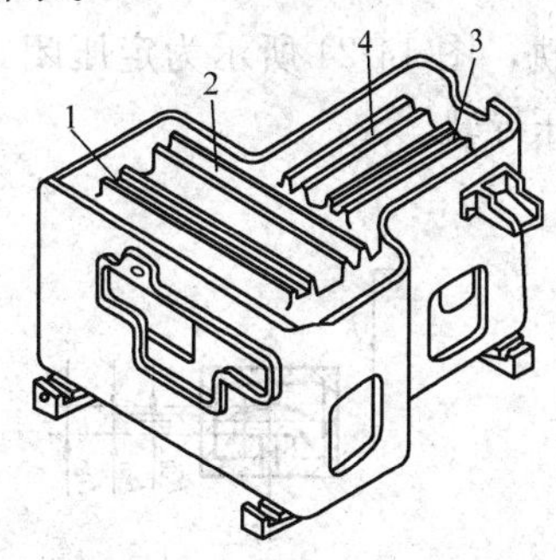

图 14-20　螺纹磨床床身

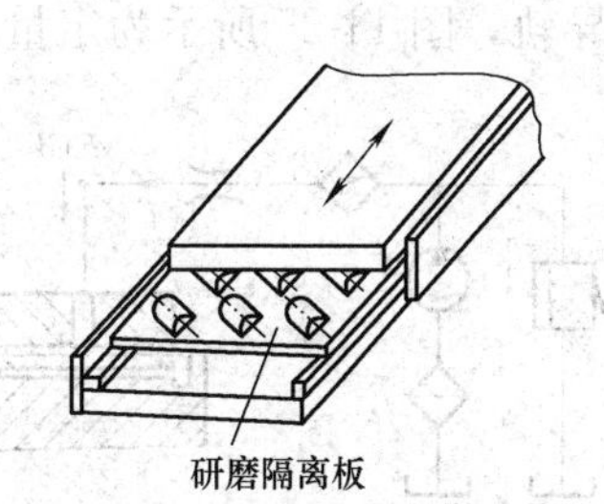

图 14-21　滚动体研磨示意图

4) 保证 V 形导轨角平分线与平导轨垂线的平行度要求，如图 14-22 (a) 所示。从而确保导轨间垫入滚柱时按比例上移，否则将造成导轨面与滚柱成点接触。

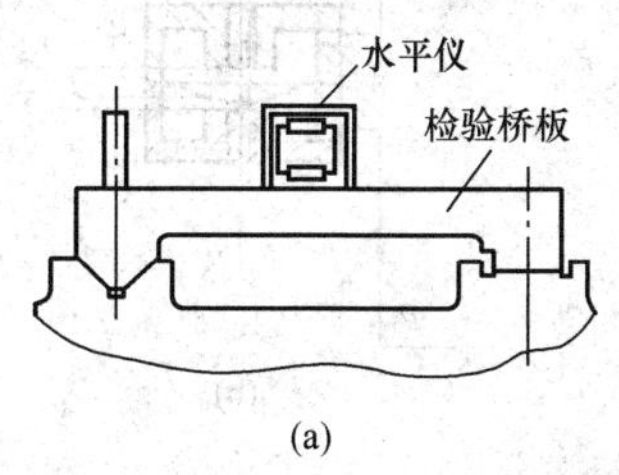

(a)

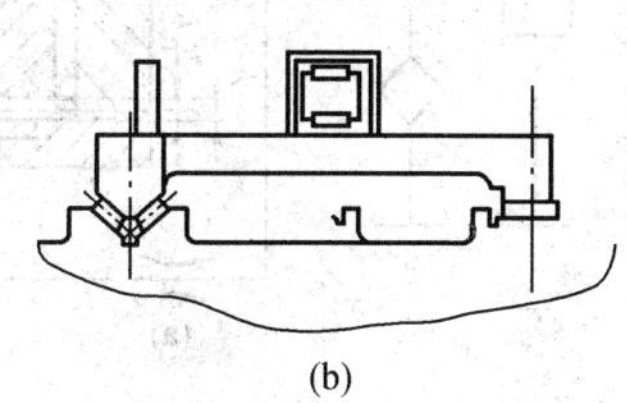

(b)

图 14-22　用检验桥板检查

(a) 用检验桥板检查 V—平导轨的平行度误差；

(b) 在滚柱上放置检验桥板检查 V—平导轨的平行度误差

5）将一组滚柱置于导轨面上。放置时，应把尺寸大、小的滚柱间隔开。V形导轨的滚柱大端朝上为宜；平导轨滚柱大端向外为宜。然后在滚柱上放检验桥板，在全长上推动检查，结构应满足技术要求，如图14-22(b）所示。注意应在a、b两个方向上检查。

6）将工作台导轨置于床身导轨3、4上着色、拖研、刮削，接触精度研点数为(18～20点)/(25mm×25mm)。

7）镶钢淬硬导轨的修复，只能用磨加工恢复其精度。若更换新导轨，导轨淬硬后应时效处理。

三、静压导轨的修理

（一）静压导轨工作原理

图14-23所示为定压开式静压导轨，图14-24所示为定压闭式静压导轨，图14-25所示为定量式静压导轨。

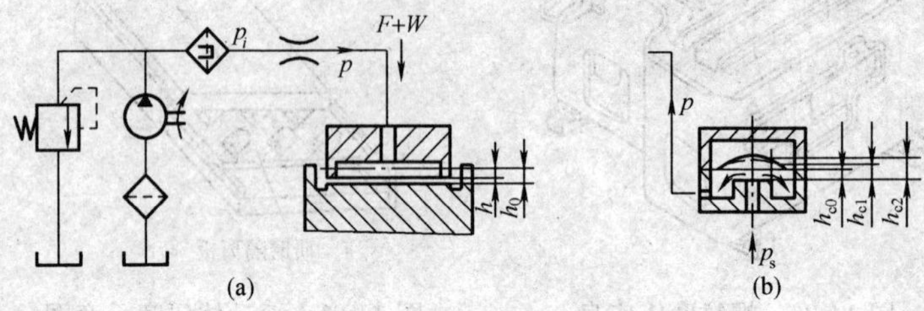

图14-23　定压开式静后导轨

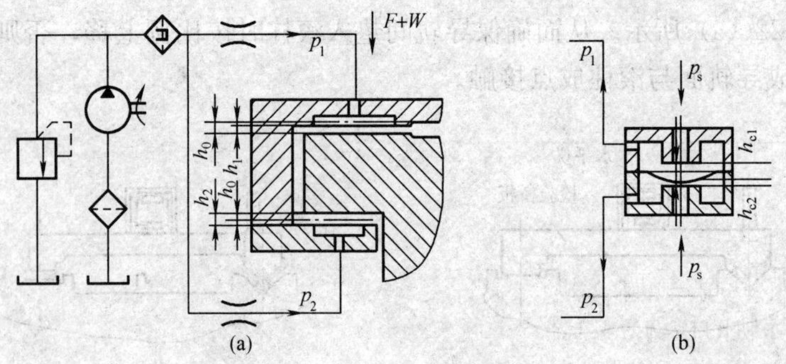

图14-24　定压闭式静压导轨

闭式静压导轨上、下的每一对油腔都相当于一对油囊，只是压板油腔要窄一些；开式静压导轨只有一面有油腔。图 14-23(a)和图 14-24(a)装有固定节流器，图 14-23(b)和图 14-24(b)装有薄膜反馈节油器。下面以装有固定节流器和薄膜反馈节流器的静压导轨为例，说明其工作原理。

1. 固定节流器

图 14-26 所示为装有固定节流器的静压导轨。液压泵将压力为 p_B 的压力油送给系统。经节流器节流后，压力油压力变为 p_C，进入导轨的各个相应油腔；当 p_C 达到一定值后，上导轨面就浮起一定高度 h_0，建立起纯液体摩擦。这种液体摩擦是动态的，因为压力油不断地穿过各油腔的封油间隙后流回油箱，故压力降为零，然后再由泵送给系统，周而复始。当工作台在外载 F 的作用下向下产生一个微小位移时，导轨间的间隙变小，使油腔回油阻力增大，产生“憋油”现象，使压力 p_C 略有升高，提高了工作台的承载能力。该承载能力始终抵制工作台沿外载 F 方向下沉，维持住导轨的纯液体摩擦状态。工作台只是向下有个微小的位移后重新平衡下来。

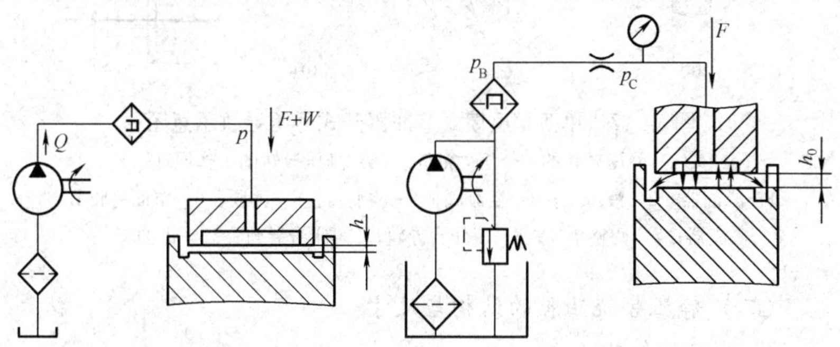

图 14-25　定量式静压导轨　　　图 14-26　开式静压导轨

2. 单薄膜反馈式节油器

图 14-27 所示为单薄膜反馈式静压导轨的工作原理示意图。静压导轨的移动导轨上有若干个油腔，如图 14-27(a) 所示，其有效长度为 L，油槽长为 l，宽度为 b，用单独的节油阀调整流量，控制压力，将上导轨面浮起来。液压泵将压力为 p_B 的压力油经滤油器送入单薄膜节流阀，压力油经节流阀凸台平面与薄膜组成的缝隙

口以后，产生压力损失，压力降为 p_0，使工作台浮起，产生油薄间隙 h_0，然后压力为 p_0 的油经导轨间隙 h_0 流出，与大气相通，压力降低为零，经床身导轨两边回油槽流回油池。当工作台上的载荷 W 增加到 $W+\Delta W$ 时，导轨面间的油膜间隙必然减小为 $h_0-\delta$，这时工作台油腔溢油阻力增加，油腔压力 p_0 便升高，弹簧片鼓起，于是节油缝隙 h 增大，节流阻力减小，使流入工作台油腔的油液量增加，从而导轨面间隙 h_0 恢复到调整值，起到反馈作用。可见，调整节流缝隙的垫片厚度 h，可以调节油腔压力 p_0 的大小，从而控制工作台的上浮量 h_0。

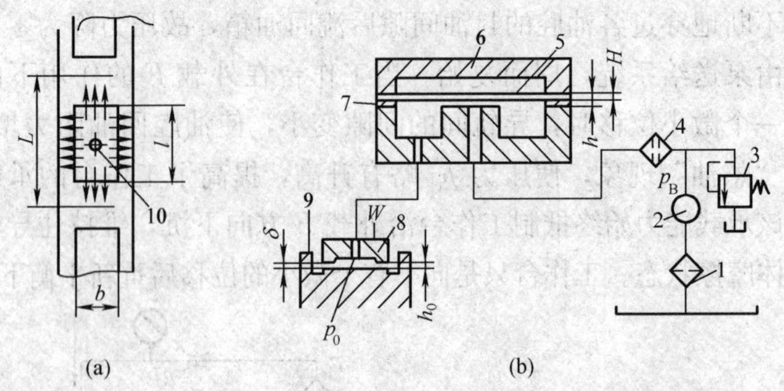

图 14-27　单薄膜反馈式节油器开式静压导轨示意图

（a）静压导轨的一个压力油腔；（b）静压导轨的工作原理

1—滤油器；2—液压泵；3—溢流阀；4—滤油器；5—薄膜；6—单面薄膜节流器；7—调整垫件；8—工作台导轨；9—床身导轨；10—进油口

（二）静压导轨油腔的结构与尺寸

1. 油腔的结构

静压导轨油腔的结构如图 14-28 所示，图中Ⅱ型和Ⅳ型应用较广泛；Ⅰ型多用于窄导轨和闭式静压导轨中的压板导轨；Ⅲ型很少用，只在长度 l 和 b 的比值小于 4 时使用。

2. 油腔的位置和数量

（1）作往复直线运动的静压导轨，油腔应开在动导轨上，以保证油腔不外露，并用伸缩套管将压力油引入工作台。

（2）圆周运动静压导轨的油腔开在支承导轨面上，这样便于

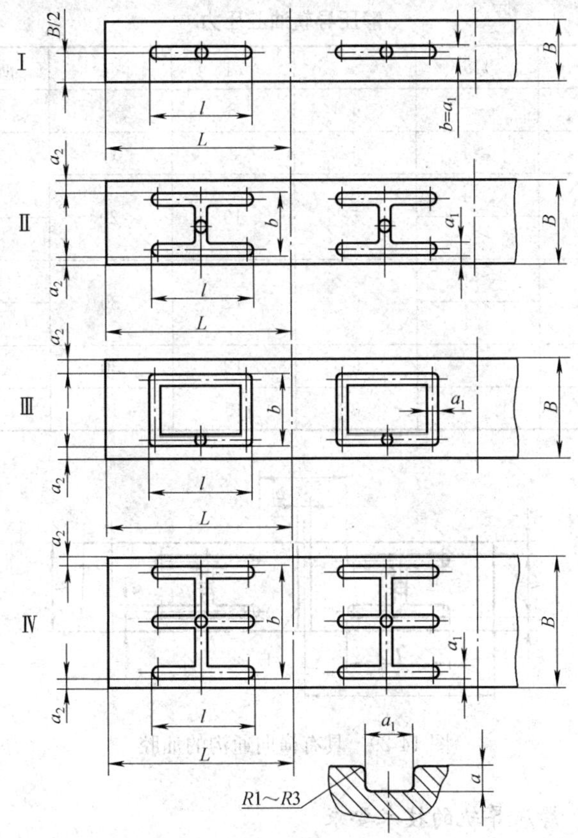

图 14-28　静压导轨的油腔

供油。

(3) 导轨上的油腔数至少两个。动导轨长度小于 2m 时，开 2～4个油腔；大于 2m 时，每 0.5～2m 开一个油腔。当载荷均匀、机床刚度较高时，油腔数可少些，否则应多些。

3. 油腔的尺寸

油腔的尺寸按表 14-4 选用，当尺寸 L 和 b 确定后，为了提高静压承载能力，可适当加长油沟长 L，如图 14-29 所示。若 $l_1 < 2a_2$，则相邻油腔的中间必须开横向沟 E，以便避免相邻油腔压力油相互影响；若 l_1 是 $2a_2$ 的较多倍，则不必开 E 沟。

表 14-4　　静压导轨油腔压力

导轨宽度 B	l/b	a	a_1	a_2	油沟型式
40～50	—	4	8	—	Ⅰ
60～70	>4	4	8	15	Ⅱ
80～100	>4	5	10	20	Ⅱ
	<4				Ⅲ
110～140	>4	6	12	30	Ⅱ
	<4				Ⅲ
150～190	—	6	12	30	Ⅳ
≥200	—	6	15	40	Ⅳ

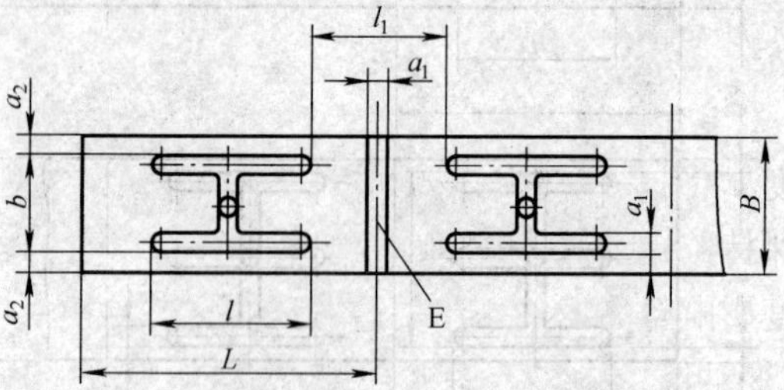

图 14-29　具有横向通沟的油腔

（三）静压导轨的技术要求

为了使静压导轨工作时各处有均匀一致的间隙，对导轨的形状精度和导轨间的接触精度有较高的要求：

（1）移动导轨在其全长上的平面度误差一般不超过 0.01～0.02mm，即不大于移动导轨的上浮量，否则将破坏导轨间的油膜。

（2）高精度机床导轨的接触精度研点数为 20 点/（25mm×25mm），精密机床导轨的接触精度研点数为 16 点/（25mm×25mm），普通机床导轨的接触精度研点数不少于 12 点/（25mm×25mm）。刮研深度，高精度和精密机床不超过 0.003～0.005mm，普通和大型机床不超过 0.006～0.01mm。

（3）导轨的形状应力求简单，且有较好的加工工艺性。导轨及其支承件应有足够的刚度和可靠的防护。

（4）静压导轨的运动精度一般为导轨本身精度的1/10。若导轨自身精度为0.01mm，则其运动精度可达0.001mm。

（5）开式静压导轨多用V—平组合，闭式静压导轨多用双矩形的组合型式。

（四）静压导轨的调整

（1）根据要求值，由液压系统中的溢流阀调整供油压力 p_B。

（2）对于薄膜反馈式节流器，由垫片厚度 h_0 来调整油腔压力 p_0；对于固定节流器，由调整节流长度来调整油腔压力 p_0。

（3）调整油膜厚度 h_0 时，在工作台四角处各放一只百分表，对于较长的工作台，应在中间加放百分表。启动液压泵，使工作台上浮，建立纯液体摩擦，然后调整各油腔压力，根据各百分表的读数，使工作台各点上浮量相等，并使上浮量 h_0（即油膜厚度）符合要求。

油膜厚度 h_0 关系到油膜刚度。所谓油膜刚度，是指在外载荷作用下，能保持给定油膜厚度 h_0 不变的能力。它与油膜厚度成反比。油厚刚度影响机床的加工精度。若刚度不好，可适当减少供油压力 p_B 或改变油腔中的压力。

（4）必须保持供油系统清洁，油液过滤精度一般为0.003～0.01mm。若油中夹杂棉纱或杂质颗粒，会堵塞节流缝隙，使油膜遭到破坏，导轨时起时落，甚至拉伤导轨。

（5）开动机床时，应先启动静压导轨供油系统，当液体摩擦形成后，再开动工作台。停机时，最后停止导轨供油系统。

（五）静压导轨的修理

（1）检查液压系统各元件（液压泵、节流器等）工作是否正常；经常清洗过滤器，检查液压油箱的防护装置是否完好；要定期更换液压油。液压系统工作稳定，是保证静压导轨建立纯液体摩擦的前提。

（2）拉伤的导轨面要进行修复和刮研。对于中小型机床，刮研的接触研点数应达到(16～20点)/(25mm×25mm)；对于重型机床，刮研后接触研点数应达到(12～16点)/(25mm×25mm)。导轨面的平面度误差、扭曲度误差和平行度误差值，均为 h_0 值的1/4～1/3。

四、组合式长导轨的拼接与修理

大型、重型机床床身导轨很多采用多段拼接。在修理装配导轨时，多段导轨的拼接质量直接影响导轨的精度，从而影响机床的加工精度。现以 B228-14 龙门刨床为例，介绍多段导轨的拼接工艺。

图 14-30 所示为 B228-14 龙门刨床床身导轨。导轨由 5 段拼接而成，有 8 个端面（见 *A*—*A* 放大图）需要作拼接加工，结合面是用螺钉连接的。其拼接步骤如下。

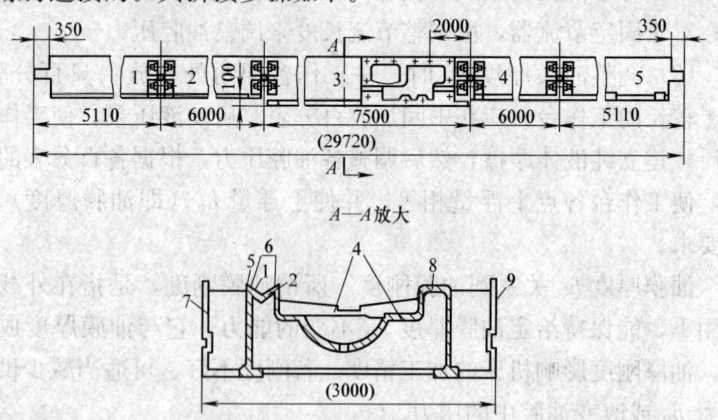

图 14-30　B228-14 龙门刨床床身

（一）组合式长导轨的拼接步骤

（1）结合面如果有渗油现象，应刮研结合面，如图 14-31 所示，刮研的精度为：对表面 1、2、3 的垂直度允差 0.003mm/1000mm；接触精度研点数 4 点/(25mm×25mm)；与相邻床身结合面的密合程度（联接螺钉紧固的状态下），0.004mm 塞尺不得塞入。如有些机床没有防渗油装置，可用图 14-32 所示的方法，在结合面中的一个端面加工一截面为 8mm×8mm 的封面沟槽，槽内放置 ϕ10mm 耐油橡胶绳，拼接后可防止渗油。

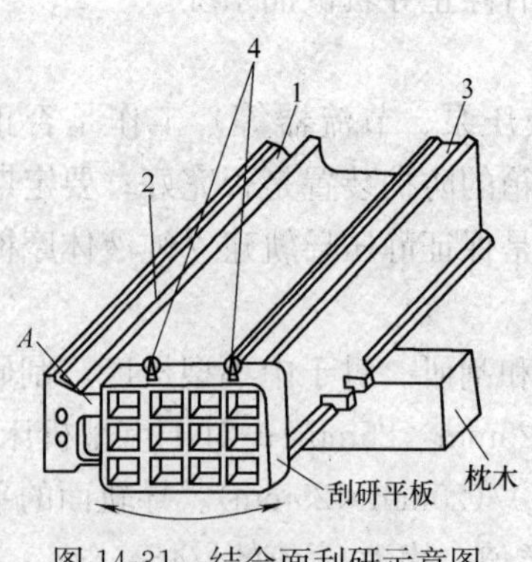

图 14-31　结合面刮研示意图

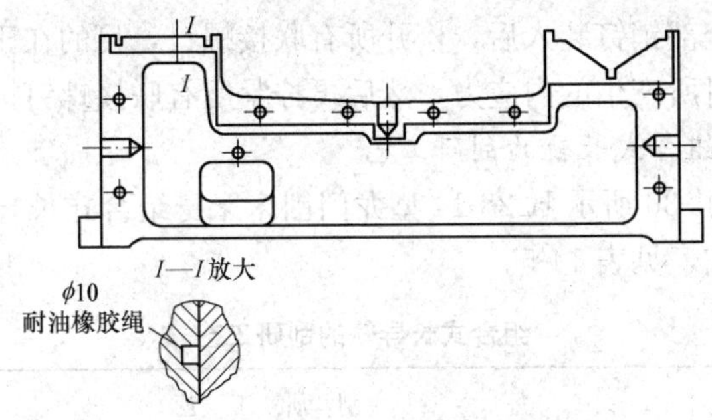

图 14-32　结合面防渗油装置

（2）以床身第三段为基准，将其吊装在调整垫块上，调整导轨的直线度误差和平行度误差，找止导轨平面处于水平状态，然后拧紧底脚螺柱，以它作为拼装基准。

（3）依次拼装第二段、第四段、第一段、第五段。要用千斤顶在床身的另一端加力，将其顶到两接合面靠拢。切不可用联接螺钉直接拉紧，以免变形。接合面顶靠拢后，用调整垫块进行调整，使联接的床身导轨保持一致性。

（4）检查纵向、横向水平，用图 14-33 所示方法检查拼接后导轨的直线度，符合要求后拧紧联接螺钉，用 0.004mm 塞尺检查接合面应不得插入。

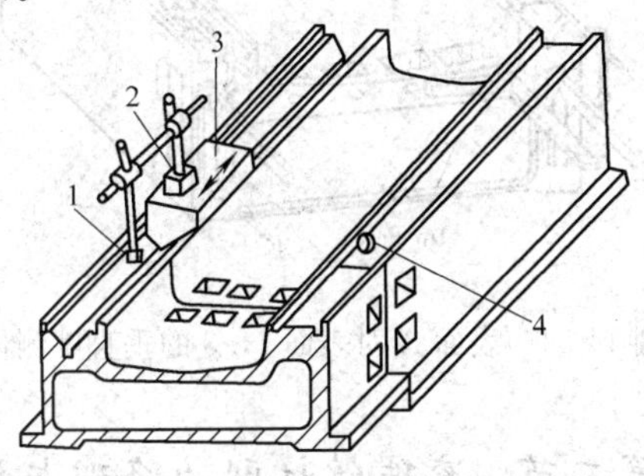

图 14-33　导轨表面连接处的直线度测量

1、4—百分表；2—磁性表座；3—V 形滑座

（5）重铰定位销孔，用涂色法检查销钉与销孔的接触面积达 60%以上，装入销钉。

（6）全部销钉装入后，松开所有联接螺钉，目的在于消除由于床身调整时所产生的内应力，然后再拧紧所有联接螺钉。

（二）组合式长轨的刮研工艺

以图 14-30 所示 B228-14 型龙门刨床床身组合式长导轨为例说明刮研工艺，见表 14-5。

表 14-5　　组合式长导轨的刮研工艺

刮研表	刮　研　工　艺
表面 A	用平板拖研表面 A（见图 14-30），刮削至技术要求。表面 A 对表面 1、2、3 的垂直度按图 14-34 所示的方法测量
表面 1、2	用 110°研具研点、刮削。达到表面 1、2 的直线度要求和接触点要求
表面 3	用平面研具研点、刮削，达到直线度、平行度和接触点要求
表面 4	用平板研点、刮削，达到平行度和接触点要求

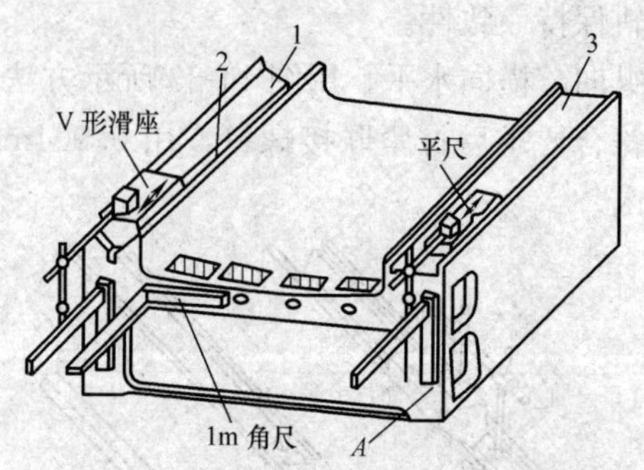

图 14-34　表面 A 对表面 1～3 的垂直度测量

第二节　滚珠丝杠副的修理与调整

一、滚珠丝杠副的工作原理及传动特点

（一）滚珠丝杠副的分类及特性

滚珠丝杠副按其结构可分为内循环式和外循环式两种。

1. 内循环式滚珠丝杠副

如图 14-35 所示，滚珠的循环在返回过程中始终与丝杠保持接触。内循环式滚珠丝杠副的滚珠循环回路短、工作珠少、流畅性好、摩擦损失小、传动效率高。返向器若用工程塑料制造，则吸振性能好、耐磨、噪声小、可一次成型、工艺简单、成本低，适于成批生产。返向器若用金属制造，则工艺较复杂、成本较高。根据返向器的工作状态，可分为浮动返向器和固定返向器两种。固定返向器可做成圆形、圆形带塌凸键和腰圆形。固定返向器固定在螺母上，其加工误差对滚珠循环的流畅性和传动平稳性有影响，且吸振性差。

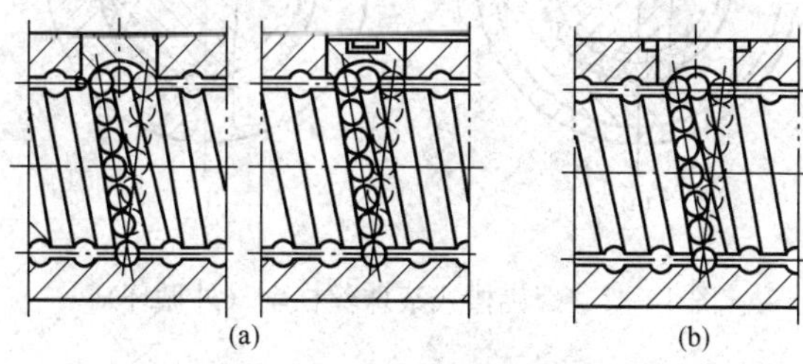

图 14-35 内循环式滚珠丝杠副

（a）浮动返向器；（b）固定返向器

2. 外循环式滚珠丝杠副

滚珠的循环在返回过程中不与丝杠接触，而是沿着一条专用的通道返回，可分为插管式、螺旋式和端盖式三种。

插管式滚珠丝杠副如图 14-36 所示，是用弯管插入螺母的通孔

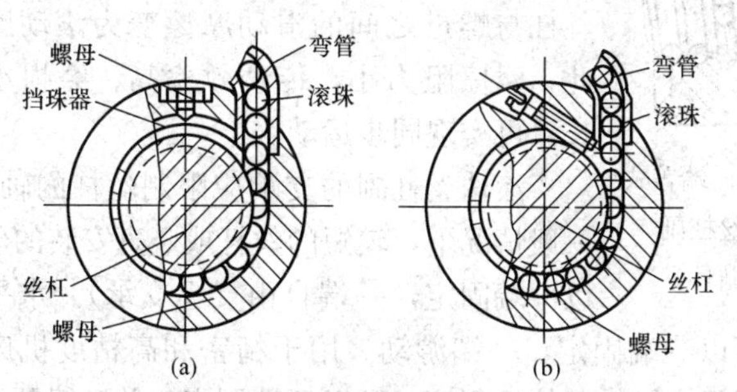

图 14-36 插管式滚珠丝杠副（外循环）

代替螺旋回珠作为滚珠返回通道。这种方式工艺性好，但螺母径向外形尺寸较大，不易在设备上安装。

螺旋槽式滚珠丝杠副如图 14-37 所示。螺母轴向尺寸紧凑，外径比插管式小；由于螺旋回珠槽和回珠孔交接非圆滑连接，坡度陡急，增加了滚珠返回的阻力，并易引起滚珠跳动；挡珠器刚性差，易磨损。

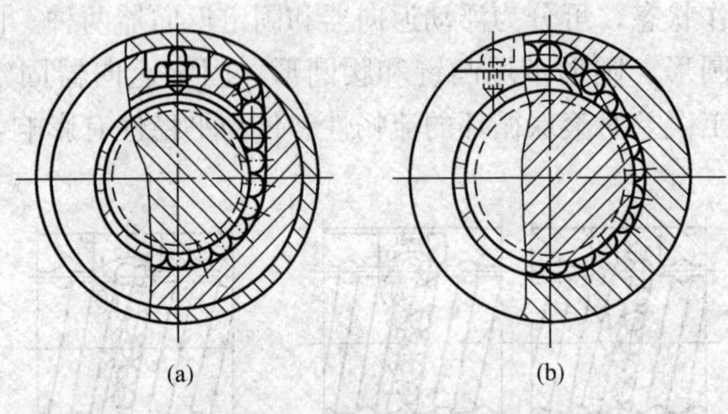

图 14-37　螺旋槽式滚珠丝杠副（外循环）

端盖式滚珠丝杠副如图 14-38 所示。其结构紧凑，尤其适合于多头螺纹；滚珠在回路孔和端盖交接处滚动，坡度陡急，增加了摩擦损失，容易引起滚珠跳动。滚珠在螺母体内和端盖间循环，即使在高速下，噪声也很低。

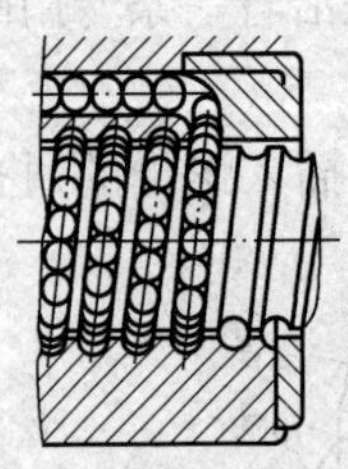

图 14-38　端盖式滚珠丝杠副（外循环）

（二）滚珠丝杠副的工作原理

滚珠丝杠副在丝杠的螺母之间滚动，并通过滚珠循环回路不断的循环。这样就把普通螺纹副丝杠与螺母之间的滑动摩擦变为滚动摩擦，因此，摩擦阻力小，传动效率高、磨损小、寿命长，可实现同步运动。

滚珠丝杠副的支承应限制丝杠的轴向窜动。一般情况下，较短的丝杆或竖直安装的丝杠，可以一端固定，一端自由（无支承）。水平丝杠较长时，可以一端固定，一端游动。用于精密和高精度机床的丝杠副，为了提高丝杠的拉压刚度，可以两端固定，并进行预拉紧，以减少丝杠因自重的下垂和补偿热膨胀。滚珠丝杠副固定支承形式如图 14-39 所示。

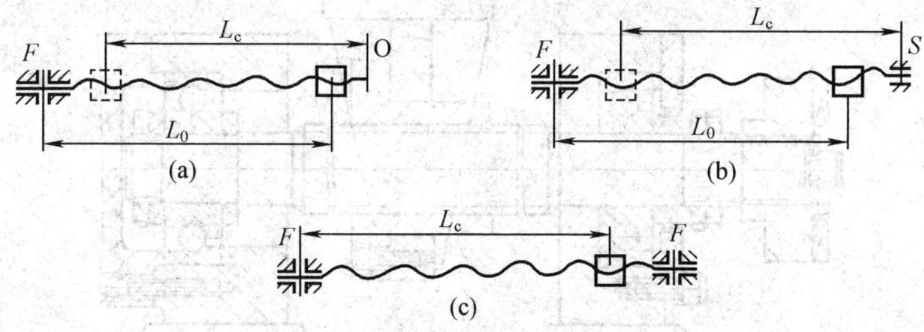

图 14-39　滚珠丝杠固定支承形式

滚珠丝杠副尽可能以固定端为驱动端，并以固定端作为轴向位置的基准，尺寸链和误差的计算都由此开始。图 14-40 所示为一端固定、一端游动的支承形式，图 14-41 所示为两端单向固定、预拉紧形式，图 14-42 所示为丝杠不转、螺母旋转形式，图 14-43 是一端固定、一端自由形式。

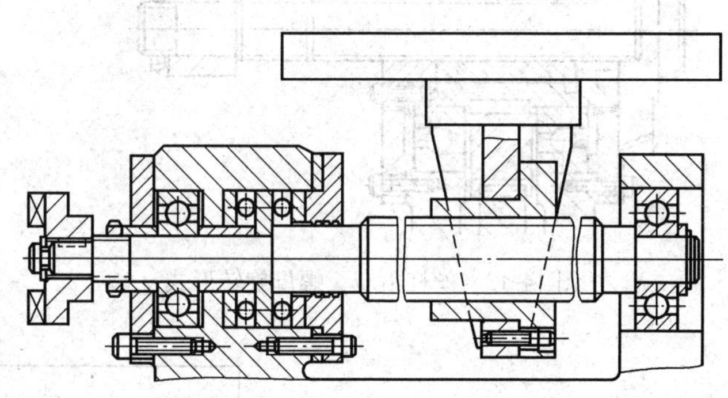

图 14-40　一端固定、一端游动的支承形式

滚珠丝杠副分为 1、2、3、4、5、7、10 级七个精度等级，1 级精度最高，依次递减。

（三）滚珠丝杠副的传动特点

（1）传动效率高。滚珠丝杠副的传动效率高达 85%～98%，为普通丝杠副的 2～3 倍。

（2）运动平稳。滚珠丝杠副在工作中摩擦阻力小，灵敏度高，

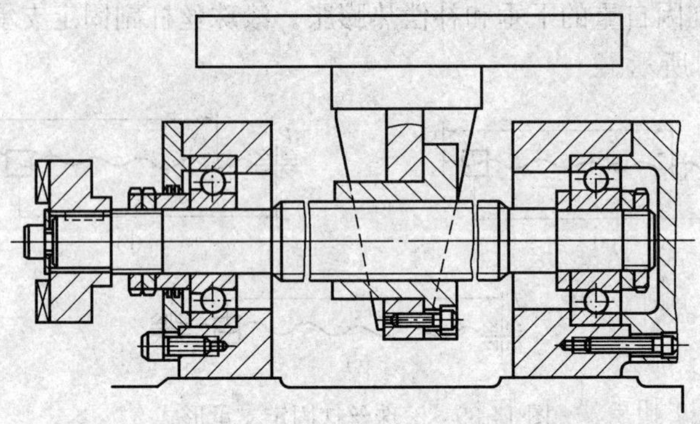

图 14-41　两端单向固定、预拉紧形式

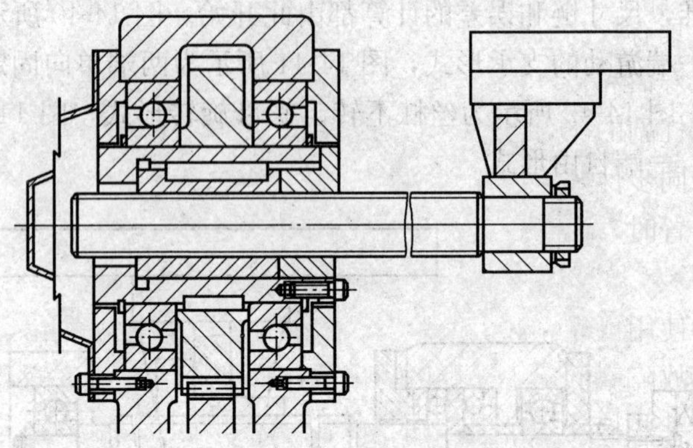

图 14-42　丝杠不转、螺母旋转形式

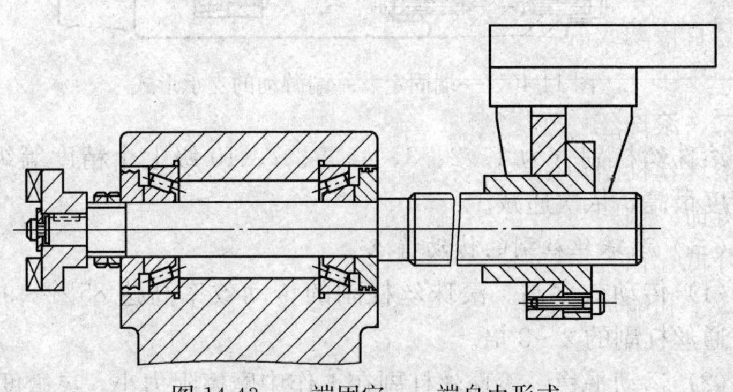

图 14-43　一端固定、一端自由形式

而且摩擦因数几乎与运动速度无关，启动摩擦力矩与运动时的摩擦力矩的差别很小，所以运动平衡，启动时无颤动，低速时无爬行。

（3）可以预紧。通过对螺母施加预紧力能消除丝杠副的间隙，提高轴向接触刚度，而摩擦力矩的增量却不大。

（4）定位精度和重复精度高。由于上述三个特点，滚珠丝杠副在运动中温升较小、无爬行，并可消除轴向间隙和对丝杠进行预拉紧以补偿热膨胀。因此，当采用精密滚珠丝杠副时，可以获得较高的定位精度和重复定位精度。

（5）使用寿命长。滚珠丝杠和螺母均用合金钢制造，螺母丝杠的滚道经热处理（硬度 50～62HRC）后磨至所需要的精度和表面粗糙度，具有较高的抗疲劳能力，滚动摩擦磨损极微，因此具有较高的使用寿命和精度保持性。一般情况下，滚珠丝杠副的使用寿命为普通丝杠副的 4～10 倍，甚至更高。

（6）同步性好。用几套相同的滚珠丝杠副同时传动几个相同的部件或装置时，由于反应灵敏、无阻滞、无滑移，可以获得较好的同步运动。

（7）使用可靠、润滑简单、维修方便。在正常使用条件下，滚珠丝杠副故障率低，维修也极为简单，通常只需进行一般的润滑和防尘，在某些特殊场合（如在核反应堆中），可在无润滑状态下正常工作。

（8）不自锁。由于滚珠丝杠副的摩擦角小，因此不能自锁。当用于竖直传动或需急停时，必须在传动系统中附加自锁机构或制动装置。

二、滚珠丝杠副的预紧

滚珠丝杠副预紧力的大小，直接影响滚珠丝杠副的工作状况和使用寿命。预紧力过小，在载荷的作用下会出现轴向间隙而使传动精度降低；预紧力过大，会加大滚珠丝杠副之间的摩擦，从而降低传动效率和缩短使用寿命。一般情况下，预紧力取最大轴向负荷的 1/3。

滚珠丝杠副的常见调整机构的组成及特点如下。

1．垫片式

如图 14-44 所示，它是通过改垫片的厚度，以使螺母产生轴向位移来实现预紧调整和消除轴向间隙。这种调整机构的特点是结构简单、预紧可靠、拆装方便，但精度的调整比较困难，且在使用过程中不便调整。

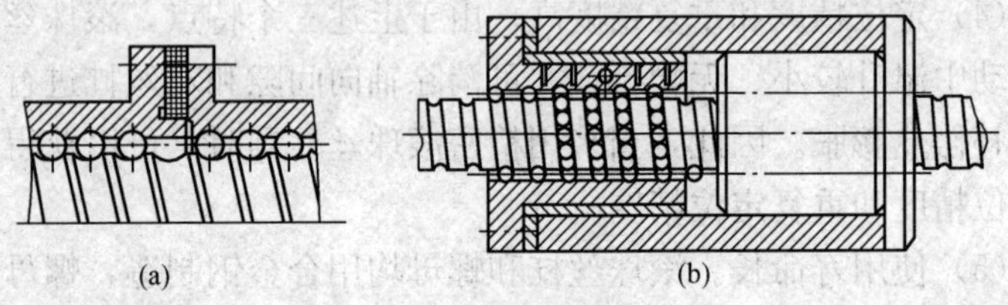

图 14-44　垫片式

2．螺纹式

如图 14-45 所示，调整时，带调整螺纹的螺母 1 伸出螺母座 2 的外端，用两个螺母 3、4 调整轴向间隙，长键 5 的作用是限制两个螺母的相对转动。这种形式的特点是结构紧凑、可随时调整，但很难准确地获得需要的预紧力。

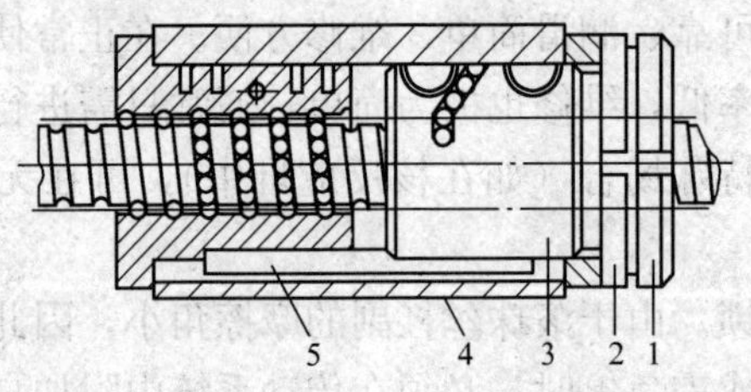

图 14-45　螺纹式

1—螺母；2—螺母座；3—螺母；4—螺母；5—长键

3．随动式

如图 14-46 所示，活动螺母 1 和固定螺母 2 之间有滚针轴承 3，工作中可相对扭转来消除间隙。这种结构形式的特点是结构复杂、接触刚度低、具有双向自锁作用。

4．齿差式

如图 14-47 所示，它是通过改变两个螺母上齿数差来调整螺母

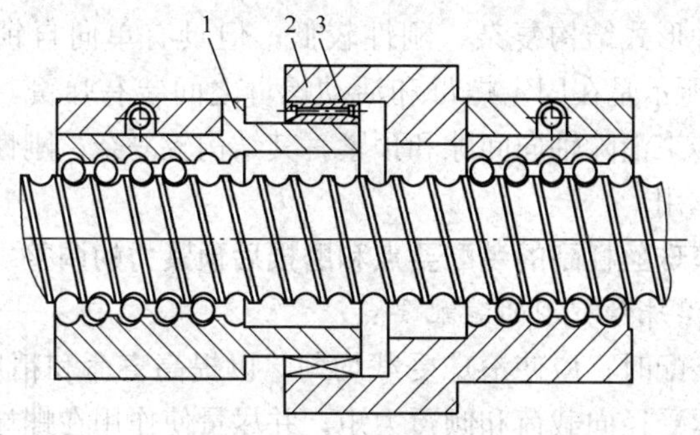

图 14-46　随动式

1—活动螺母；2—固定螺母；3—滚针轴承

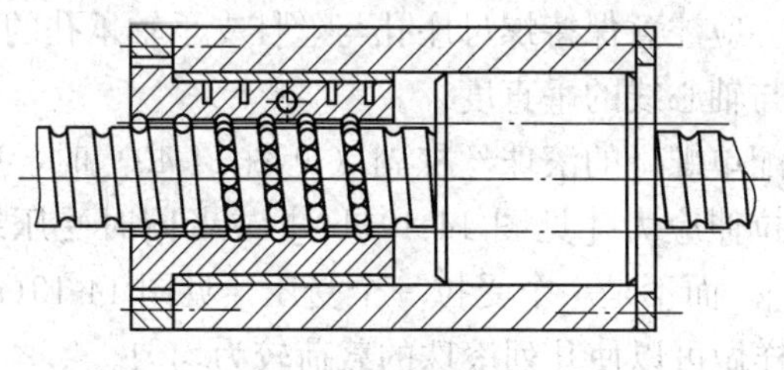

图 14-47　齿差式

在角度上的相对位置，实现轴向间隙的调整和预紧。这种机构调整简单，但不是十分精确。

5. 弹簧式

如图 14-48 所示，图 14-48(a) 中左边的螺母可以借助于弹簧在轴向上的压紧力而做轴向移动，从而达到调整轴向间隙和预紧的

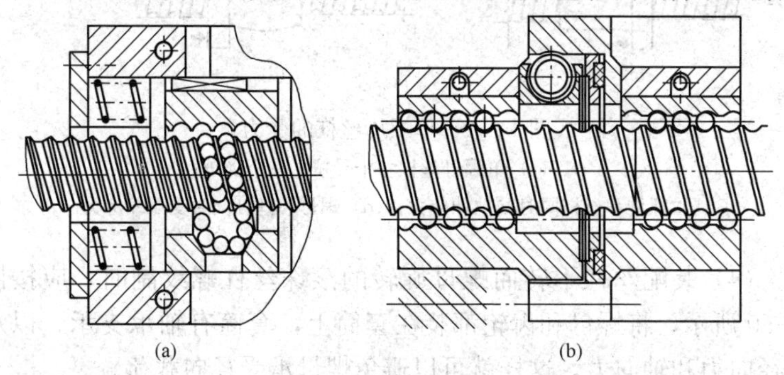

图 14-48　弹簧式

目的。这种形式结构复杂、刚性较低，但具有单向自锁作用。图 14-48(b) 所示是在固定螺母和活动螺母之间装有弹簧，使螺母作相对的扭转来消除轴向间隙和预紧。其结构较复杂、刚性差，具有单向自锁作用。

三、滚珠丝杠副的装配要点和磨损后预紧力的调整

（一）滚珠丝杠副的装配要点

（1）装配时，应使滚珠受载均匀，以提高寿命和精度保持性；螺母不应承受径向载荷和倾覆力矩，并尽量使作用在螺母上轴向载荷的合力通过丝杠的轴心线。

（2）装配时，应以螺母（或套筒）的外圆柱面和凸缘的内侧面为安装基准。应注意保持螺母座孔与丝杠支承轴承孔的同轴度和螺母座孔端面与轴心线的垂直度。

（3）装配单螺母的滚珠丝杠副（见图 14-49）时，应使螺母和丝杠同时受拉伸应力［见图 14-49(b)］或者同时受压缩应力［见图 14-49(d)］。而不是一个受拉一个受压［见图 14-19(a) 和图 14-19(c)］。这样做可以使几列滚珠的载荷较为均匀。

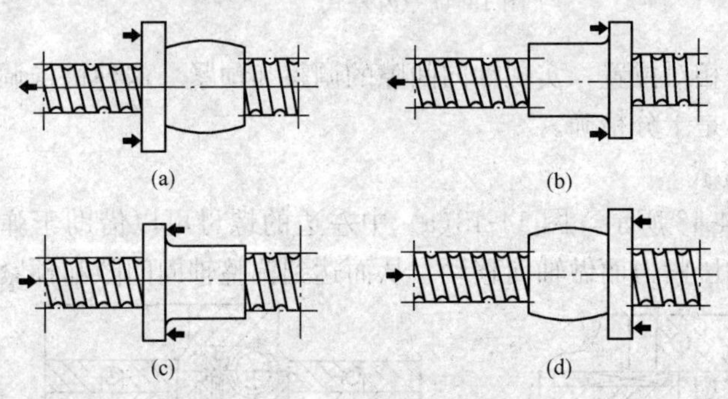

图 14-49 单螺母丝杠的受力

(a)、(c) 单螺母丝杠一个受拉、一个受压；

(b) 螺母和丝杠同时受拉伸应力；(d) 螺母和丝杠同时受压缩应力

（4）装配丝杠不转而螺母旋转的滚珠丝杠螺纹副时，应按图 14-50 所示，将螺母和齿轮都装在套筒上，套筒有轴承支承，以承受径向力和轴向力，这样就可以避免螺母承受径向载荷。

(5) 如果要使滚珠丝杠和螺母分开，可在丝杠轴颈上套一个辅助轴套，如图 14-51 所示。套的外径略小于丝杠螺纹滚道的底径。这样在拧出螺母时，滚珠不会失落。

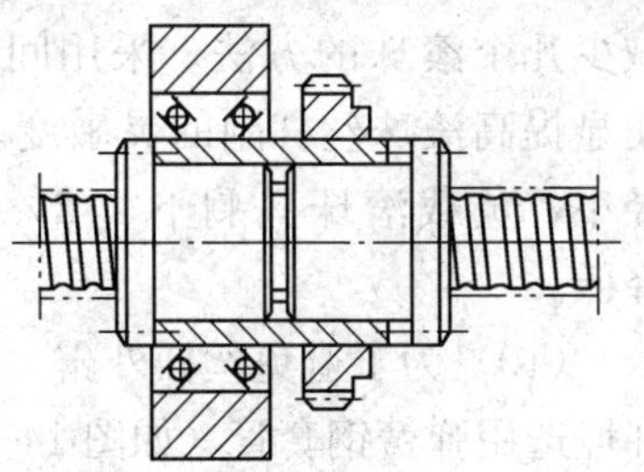

图 14-50　丝杠不转、螺母旋转的结构示意图

(6) 装配时，支承滚珠丝杠轴的两轴承座孔与滚珠螺母座孔应保证同轴。同轴度公差应取6～7级或高于 6 级见 GB/T 1184—1996《形状和位置公差　未注公差值》。螺母座轴线与导轨面轴线要保证平行，平行度误差应满足设备（机床）使用的技术要求。

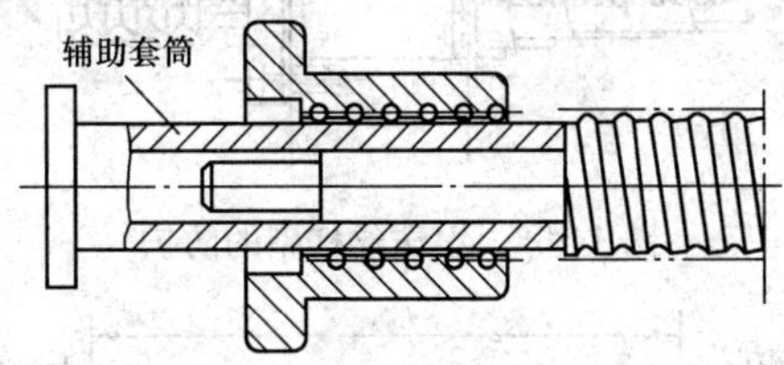

图 14-51　拆除滚珠丝杠螺母时所用的辅助套筒

(7) 当插管式滚珠丝杠副水平安装时，应将螺母上的插管置于滚珠丝杠副轴线的下方。这样的安装方式可使滚珠易于进入插管，滚珠丝杠副的摩擦力矩较小。

(8) 要注意螺母座、轴承座与螺钉的紧固，保证有足够的刚度。

(9) 为了减小滚珠之间的相互摩擦，如图 14-52(a) 所示，可以采用如图 14-52(b) 所示的间隔滚珠，也可采用在闭式回路内

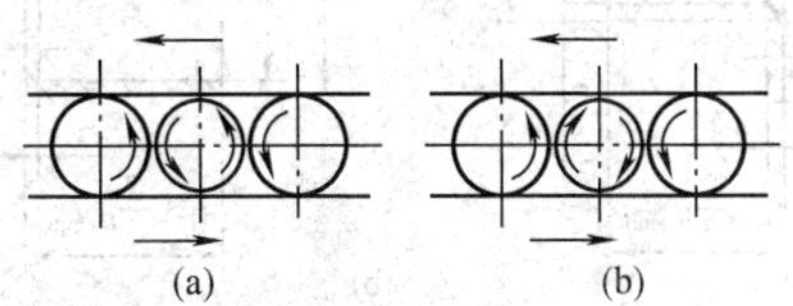

图 14-52　滚珠间的摩擦和间隔滚珠

(a) 滚珠之间相互摩擦；(b) 放置间隔滚珠

减少几个滚珠的方法。采用间隔滚珠，可消除滚珠之间的摩擦，明显提高滚珠丝杠副的灵敏度。但因间隔滚珠直径比负载滚珠直径小，负载滚珠只剩下 1/2，滚珠丝杠副的刚度和承载能力会降低。

（10）为了避免丝杠外露，应根据滚珠丝杠的位置和具体工作环境选用弹簧钢套管（如图 14-53 左边所示），波纹管（如图 14-53 右边所示），折叠式密封罩等进行防护。螺旋钢带式防护套具体形状和尺寸如图 14-54(a) 所示，如图 14-54(b) 所示为连接钢带两端大小法兰的形状与尺寸。

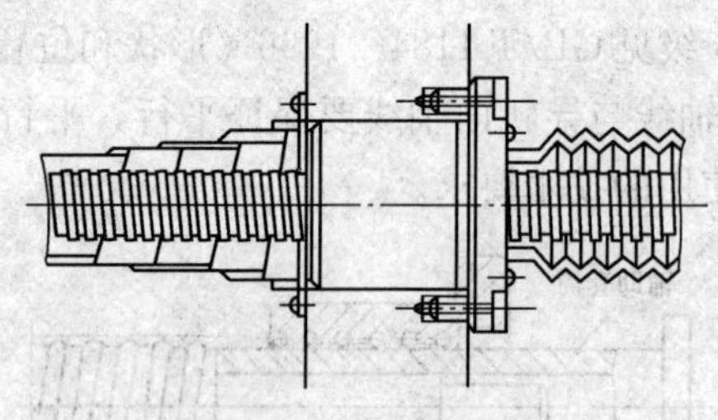

图 14-53 滚珠丝杠副的防护

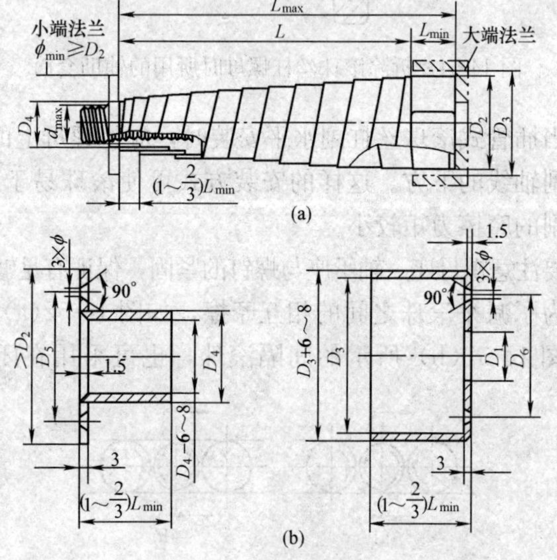

图 14-54 滚珠丝杠防护套

(a) 螺旋钢带式保护套；(b) 连接钢带的法兰

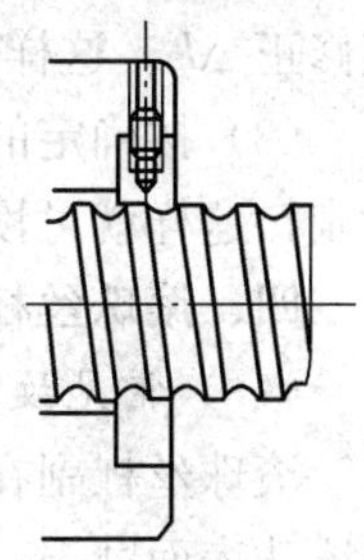
图 14-55　密封圈

滚珠螺母两端的密封圈如图 14-55 所示，是用聚四氟乙烯或尼龙制造的接触式密封圈，用来防止灰尘、硬粒、金属屑末等进入螺母体内。使用中要注意防止螺旋式密封圈松动，否则密封圈将成为一个锁紧螺母，增大摩擦力矩，妨碍滚珠丝杠副正常转动。

（11）滚珠丝杠必须润滑，润滑不良常常导致滚珠丝杠副过早破坏。一般情况下，可以用锂基脂润滑。高速和需要严格控制温升时，可用汽轮机油循环润滑或油浴润滑。

（二）滚珠丝杠副磨损后预紧力的调整

当滚珠丝杠副较长时间使用后，滚道及滚珠会磨损，部分预紧力释放，影响滚珠丝杠副的工作精度，此时就需要进行调整。

以垫片式调整机构为例，用增加垫片厚度来恢复预紧力。垫片厚度的增加量 δ，新垫片厚度及装配可以用如下方法确定及操作。

（1）制造厂在装配滚珠丝杠副预紧时，垫片的厚度按游隙和预压变形量确定。垫片的预压变形量按下式计算

$$\Delta L = FL/EA$$

式中　ΔL——垫片的预压变形量，mm；

F——滚珠丝杠副的预紧力（从制造厂家查询），N；

L——预紧前垫片的厚度（从制造厂家查询），mm；

E——垫片材料的弹性模数（从制造厂家查询），N/mm；

A——垫片的横截面面积，mm^2。

滚珠丝杠副磨损后，由于部分预紧力释放，垫片的变形量相应减小。设丝杠磨损后垫片的变形量为 ΔL_1，则垫片应增加的厚度为

$$\delta = \Delta L - \Delta L_1$$

（2）把滚珠丝杠副保持装配状态整体拆下来。在拆卸松开螺母前，把电阻应变片沿轴向贴在垫片上，把应变片的两极接到静态应变仪上，然后松开螺母，使垫片完全放松。这时就可以从静态应变仪上读出变形量 ΔL_1。由此就可以根据以上两式求出 δ 值。

拆卸完螺母后，应校核垫片的实际厚度 L，必要时按校核的 L

值修正 ΔL。这样就可以确定新垫片的厚度为 $L+\delta$。

(3) 按确定的厚度制造新垫片，然后用新垫片重新装配滚珠丝杠副，这样就可恢复滚珠丝杠副的工作精度。

四、滚珠丝杠副的修理

(一) 常见故障

滚珠丝杠副在使用过程中常发生的故障是：丝杠、螺母的滚道和滚珠表面磨损、腐蚀和疲劳剥落。

(1) 由于长时间的使用，滚珠丝杠、螺母的滚道和滚珠的表面总会逐渐磨损，这是难免的，且磨损往往是不均匀的。初期的磨损不易被发现，到了中后期，用肉眼可以明显地看出磨损的痕迹，甚至有擦伤现象。不均匀的磨损不仅会使滚珠丝杠副的精度降低，还可能产生振动。

(2) 由于润滑油有水分、润滑油酸值过大，或外界环境的影响，会使滚珠丝杠、滚道和滚珠表面腐蚀。腐蚀会加大表面粗糙度值，加速表面的磨损，加剧振动。

(3) 由于装配时产生误差，承受交变载荷、超载运行、润滑不良等原因，长期使用后，滚珠丝杠副的滚道和滚珠表面会出现接触疲劳麻点，甚至表层金属的剥落，使滚珠丝杠副失效。

(二) 故障诊断

滚珠丝杠副发生故障后，其工作过程中会产生振动、噪声。早期的故障振动不明显，常常被较高的振动淹没，因此早期故障不易被发现。较好的解决办法是定期使用动态信号分析仪进行监测。到了故障的后期，滚珠丝杠、螺母的滚道和滚珠的表面出现磨损痕迹，甚至出现擦伤时，振动会加剧，容易在靠近螺母附近的支座外壳上测出。测量的方法最好是采用加速计或速度传感器，振动变化的特征频率将随着表面擦伤缺陷的扩展，振动变成了不规则的噪声，频谱中将不出现尖峰。

(三) 修复方法

滚珠丝杠副的修复方法应根据其故障情况进行选择。

(1) 当出现滚珠不均匀磨损或少数滚珠的表面产生接触疲劳损伤时，应更换掉全部滚珠。更换时，要求购入 2～3 倍数量的同等精度等级的滚珠，用测微计对全部滚珠进行测量，并按测量结果分组，然后选择尺寸和形状公差在允许范围内的滚珠，进行装配和预紧调整；

(2) 当滚珠丝杠、螺母的螺旋滚道因磨损严重而丧失精度时，通常同时修磨丝杠和螺母，以恢复其精度。修磨后应更换全部滚珠，然后进行装配和预紧调整。滚珠的更换应按上述方法进行。滚珠丝杠、滚道表面有轻微疲劳点蚀或腐蚀时，可考虑用修磨方法恢复精度。疲劳损伤严重的丝杠副必须更换。

第三节 分度蜗杆副的修理与调整

一、分度精度测量

分度蜗杆副分度精度的测量方法有静态综合测量法和动态综合测量法两种。

(一) 静态综合测量法

静态综合测量法是指蜗杆副装入机器后，按规定的技术要求，调整好各部分的间隙和径向圆跳动误差，用测量仪器测出蜗杆准确地回转一整圈（或 $1/Z_1$）时，蜗轮实际转过的角度对理论正确值的偏差。测量出蜗轮全部齿的偏差数值后，通过一定的计算得出蜗杆副的分度误差的一种测量方法。蜗杆副传动精度和回转精度某一瞬间的综合值，蜗杆副在修理前、中、后都可以检验。静态综合测量法有蜗轮转角测量法和蜗杆旋转定位测量法两种。

1. 蜗轮转角测量法

蜗轮每次转角的准确性代表了分度蜗轮的精度，测量时，所用的方法和测量仪器不同，误差计算方法应按要求选用相应精度等级的测量仪器。根据所用的仪器不同，有经纬仪和平行光管测量法、比较仪测量法两种。现将每种测量方法的操作步骤介绍如下。

经纬仪和平行光管测量法，如图 14-56 所示，其操作步骤如下：

(1) 将经纬仪固定在蜗轮的回转中心线上（经纬仪回转层的中心线与蜗轮回转中心线同轴度允差为 0.005mm）；其回转层的平面

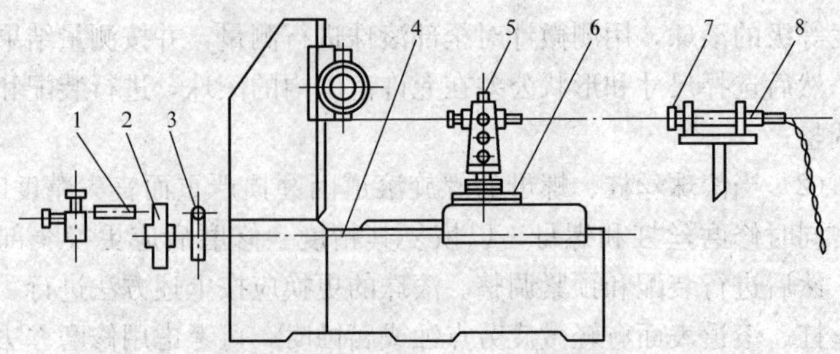

图 14-56　经纬仪和平行光管测量法

1—读数显微镜；2—高精度分度盘；3—微调蜗杆；4—蜗杆中心线；5—经纬仪；6—工作台；7—平行光管；8—支架

与蜗轮回转平面平行度允差为 0.002mm/1000mm。

（2）调整平行光管的位置和经纬仪的焦距，使平行光管发出的十字线在经纬仪望远镜分划板上成像并对中。

（3）将经纬仪水平刻度盘对准零位。

（4）松开经纬仪垂直轴的锁紧机构手柄，转动经纬仪直至成像近似重合时锁紧。

（5）调整微调手轮直至成像图完全成像对中。

（6）摇动经纬仪光学千分尺手轮，使正像与倒像刻度完全重合。在读数目镜中便可读出该位置的实际角度值。

（7）如此反复操作，记录全部实测角度值。测出的角度值与理论角度值之差，就是分度误差。故这种测量方法又称绝对测量法。

2. 蜗杆旋转定位测量法

静态测量法是分度轴每转 360°即停止，然后用测角仪测量分度蜗轮的一个齿距误差。蜗杆每次输入的转角必须准确并定位。目前常用的输入转角定位法有以下两种。

（1）刻度盘与读数显微镜定位法，如图 14-57 所示。将刻度盘固定在分度蜗杆 3 上，用读数显微镜 7 对准刻度盘 8 找正，转动分度蜗杆 n 转的准确数值，即可从显微镜中读出。其中，微动蜗杆 1 可带动刻度盘 8 实现微调。

（2）光学准直仪与多面体定位法。如图 14-58 所示。测量时，

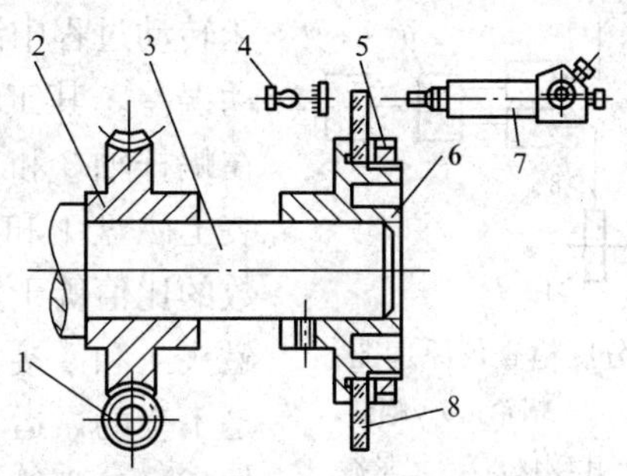

图 14-57　刻度盘与读数显微镜定位法

1—微动蜗杆；2—蜗轮；3—分度蜗杆轴；4—光源；5—螺母；6—刻度盘支架；7—读数显微镜；8—刻度盘

将多面体 2 固定在分度蜗杆 3 上，在侧面距轴心约 1m 处安放准直仪。转动分度蜗杆轴 3 并调整好准直仪的位置，使准直仪发出的十字像准确地返回目镜。每当分度蜗杆转动 360°/n（n 为多面体的面数）转时在准直仪目镜中十字像与目镜分划板刻线对中，以控制蜗杆每次转过的角度一致。

（二）动态综合测量法

静态综合测量法不能真实地反映运动误差，而动态综合测量法能克服这一不足。蜗杆副的动态测量可在各种单面啮合检查仪上进行。一对相啮合的蜗杆副，在中心距一定的条件下进行单面啮合测量，是很接近使用情况的，因此能较真实地反映蜗杆副的运动误差、累积误差和周期误差三项综合指标，从而能准确地反映蜗杆副的制造精度。

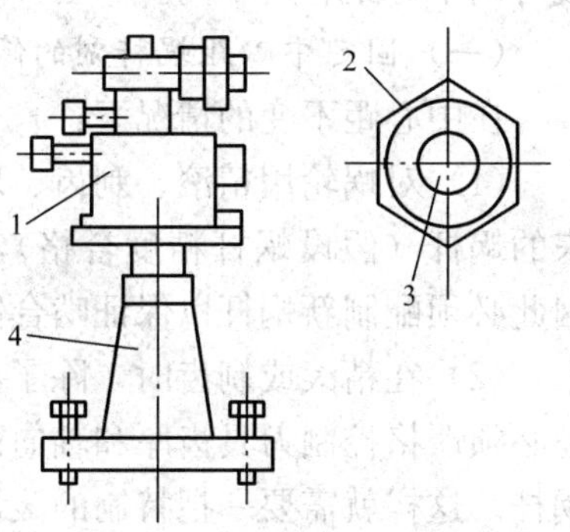

图 14-58　光学准直仪与多面体定位法

1—准直仪；2—多面体；3—分度蜗杆轴；4—支架

图 14-59 所示是动态测量蜗杆副误差的磁分度检查原理图。在蜗杆 3 上接入连续运动后，磁分度盘就能连续分度。因此，可在机

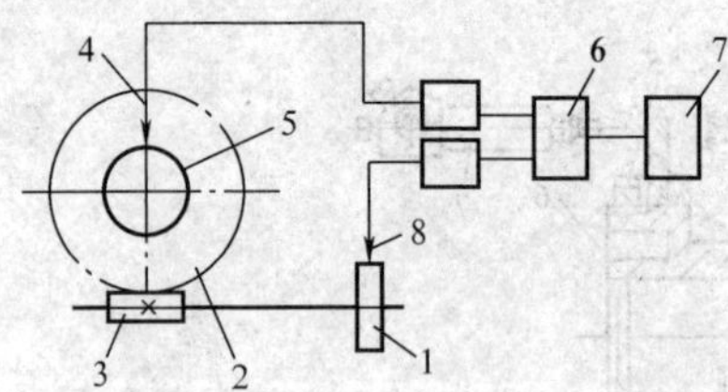

图 14-59 磁分度检查仪原理图
1、5—磁分度盘；2—蜗轮；3—蜗杆；
4、8—磁头；6—比较仪；7—记录器

床转动过程中测量蜗杆副的运动误差。其工作原理简述是：在蜗杆轴 3 和工作台 2 上分别装上磁盘 1 和 5，令其电磁波数的比值等于其传动比。由于磁头 4 和 8 接收信号的相位差是不变的，运动中每一个不均匀的运动都能使两个磁头的比值发生变化。通过磁头记录下来并改变信号的相位，经过比较仪 6 以后，相位差由记录器 7 记录，便可得到一个周期误差曲线。此方法的优点是可在机床运动过程中测量误差，测量精度高并速度快。缺点是对周期误差反应不灵敏，测量范围小。

二、分度蜗杆副的修理

在使用过程中，蜗杆副的损坏一般有齿面的烧伤、粘接、点蚀、低速磨损和精度下降等。其修理方法根据蜗杆副是固定中心距或可调中心距有所不同。

（一）固定中心距蜗杆副的修理

在中心距不变的情况下：

（1）对蜗轮用精滚、剃齿、珩磨或刮研修理后，如仍然使用原来的蜗杆（假设蜗杆精度合格），装配后的啮合侧隙将超过允差，因此必须配制新蜗杆以保证啮合侧隙。

（2）在精滚或剃齿时，除了必须严格控制加工时的中心距外，还必须严格控制刀具齿厚和轴向窜动量，并按照滚齿刀的齿厚配制蜗杆。这样就需要一把特制的滚齿刀（或剃齿刀）和工作蜗杆（在机床一次调整中精磨出来的），从而保证了两者的相应齿面压力角完全一致。

（3）当采用珩磨法时，也应该按照上述工艺要求来安排加工和测量。

（二）可调中心距蜗杆副的修理

（1）缩小中心距。常采用径向负修正蜗轮的方法修理。当采用精滚（或剃齿）法修复蜗轮时，蜗杆两齿面的压力角也和滚刀完全一样，但可不必像固定中心距那样严格控制蜗杆的厚度。精滚（或剃齿）法修复蜗轮时，应在精密滚齿机上加工，蜗杆应在精密螺纹磨床或蜗杆磨床上加工。修理余量一般可采用下述推荐值：滚齿时，蜗轮齿厚减薄量为0.25～0.5mm；剃齿时，蜗轮齿厚减薄量为0.1～0.2mm；配磨蜗杆时，齿厚的修配量为0.1～0.15mm。

（2）采用刮研修复时，先将安装分度蜗轮的工作台或主轴的几何精度、回转精度、配合间隙修理调整合格，然后将蜗杆装入，调整到啮合位置对蜗轮进行刮研。刮研前，用静态综合测量法进行测量，测出蜗杆每正转一转（或 $1/Z_1$ 转）时蜗轮的分度误差，然后计算出每个齿面的刮研量（如果蜗轮的左右齿面都是工作面时，左右齿面均需计算）；当直径尺寸大，无法进行单面啮合测量时，可测单个要素。计算刮研量时，先将测量所得的角度误差换成齿距误差，然后绘制齿距累积误差曲线图，计算累积误差值。在同名齿面中，选取一个基准齿面作为刮研其齿面的基准，一般将齿距值最小的齿面作为基准，其余的齿面相对这个基准齿面就具有正值刮研量。进行刮研修理操作时，应按下列要求进行：

1）初步估计每个齿的刮研次数；

2）刮研用力要均匀；

3）以刮研着色法为准，并交叉刮研；

4）刮研点控制在25mm×25mm内20个点；

5）开孔刮研以保证刮研的质量。

（3）使珩磨蜗杆与蜗轮正常啮合，以珩磨蜗杆带动蜗轮回转，利用传动中齿面的相对运动使珩磨杆的磨料产生切削作用，这种分度蜗轮进行精加工的方法称为珩磨修复法。珩磨修复法有三种：①自由珩磨法；②强迫珩磨法；③变制动力矩珩磨法。

三、啮合状态的检查与调整

分度蜗杆副啮合状态的检查与调整，主要包括提高接触精度、侧隙检查和安装调整注意事项等几个问题。

（一）提高接触精度

1. 影响接触精度的因素

蜗杆副接触率随着中心距的变化而变化，精密蜗杆副必须在接触率合格的安装条件下测量和使用。影响接触精度的因素如下：

（1）影响蜗杆接触带宽度均匀性、连续性的主要因素有蜗杆导程与加工刀具导程的一改性、齿距、齿距累积误差和蜗杆螺纹的径向圆跳动误差。

（2）影响蜗轮齿高方向、接触线长短及连续性主要因素有蜗杆齿形与刀具齿形的一致性、蜗轮齿距和轴线的倾斜度误差。

（3）影响蜗轮齿长方向接触线长短的主要因素有加工中心距与安装中心距的一致性、加工和安装时蜗轮中心平面偏移的不一致性和轴心线倾斜误差。

2. 保证蜗杆螺旋面与加工蜗轮刀具一致性的方法

为提高蜗杆副的接触精度，可将蜗杆螺旋面制成与加工蜗轮的刀具一致，并用这样的刀具对蜗轮进行加工。保证蜗杆螺旋面与加工蜗轮刀具的一致性的方法有两种：①同修法；②修配法。

（1）同修法是将刀具及蜗杆的螺旋面在最后精加工时，放在同一台机床上，同一次调整，同一次修整砂轮等完全相同条件下加工，以保证两者的一致性。但由于刀具和蜗杆的很多条件不一样，有时不一定能达到预期效果。

（2）修配法是在机床上配接触区时，可根据蜗轮与蜗杆的实际接触情况，调整机床以达到要求的接触区（通常由磨蜗杆或滚蜗轮来保证）。

（二）侧隙的检查

检查侧隙时可用两种测量方法：一是直接测量法；二是间接测量法。

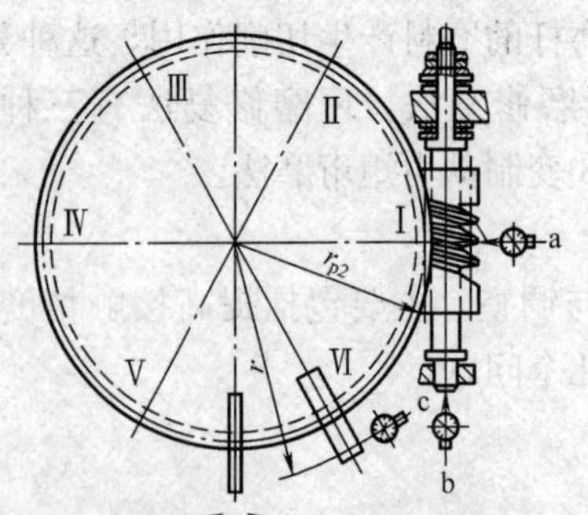

图 14-60　侧隙测量法

1. 直接测量法

图 14-60 所示为直接测量法的原理。将百分表 a 的测量头直接触及蜗杆表面，将百分表 c 触及固定在工作台上方铁的侧面。检查时，轻微转动蜗杆，在保证百分表 c 指针无变化的情况下，读出百分表 a、b 两次读数的代数

差 C_a、C_b，则侧隙 $C=C_a-C_b$。

2. 间接测量法

如图 14-60 所示，百分表 b 测量头仍触及蜗杆轴端，百分表 c 测量头仍触及方铁侧面，用杠杆左右扳动工作台，在确保蜗杆不发生转动的情况下，读出百分表 b、c 两次读数的代数差 C_b、C_c，则侧隙 $C=C_c-C_b$，此时 $r_{p2}=r$。如果 $r_{p2}\neq r$，则侧隙 $C=r/r_{p2}(C_c-C_b)$。测量侧隙时，应考虑蜗杆、蜗轮精度的影响，因而蜗杆每转动 45°后测量一次，在蜗轮全周内至少测量 6 次，各处的侧隙及侧隙的变动均应满足技术条件要求。

（三）安装调整注意事项

蜗杆副安装精度的高低直接影响分度精度。安装蜗杆副时应注意以下几点：

（1）注意负荷的影响，考虑到加上负荷后的变形及油膜对工作台浮起作用，蜗杆安装中应略高（或略低）于蜗轮中心平面，用以补偿变形及浮起量。一般在公差范围内浮起量大和变形大的可通过试验决定。

（2）注意蜗杆副齿面的润滑，保证蜗杆副齿承载面容易导入润滑油，以保证其寿命。为此，需要使蜗杆的螺纹开始滑入蜗轮齿沟的一侧，形成一个小的楔形。可依据蜗杆副的结构形式、蜗杆的螺旋方向和回转方向来实现这一要求。具体可采用使安装中心距稍大于加工中心距，或将蜗杆中心安装成稍高或稍低于蜗轮中心平面等方法。

（3）应将蜗轮进入啮合的齿端倒角，即将有效齿长的一端切去一部分，以利润滑油导入。此法适用于蜗轮模数较大、正反向回转的蜗杆副。

第四节　电主轴和谐波齿轮系的应用与修理

一、电主轴的结构、性能和主要特点

主轴电动机与机床主轴合二为一的结构形式，即采用无外壳电动机，将其空心转子用过盈配合形式直接套装在机床主轴上，带有

冷却套的定子则安装在主轴单元的壳体孔中，形成了内装式电动机主轴，简称电主轴。

（一）电主轴的结构

图 14-61 所示为德国西门子公司生产的 IPH 型高速电主轴，其主轴额定转速为 1500r/min，最高转速为 10000r/min，主电动机连续输出功率为 23.6kW，额定转矩为 14.6N·m，主轴前支承轴颈为 ϕ110mm。

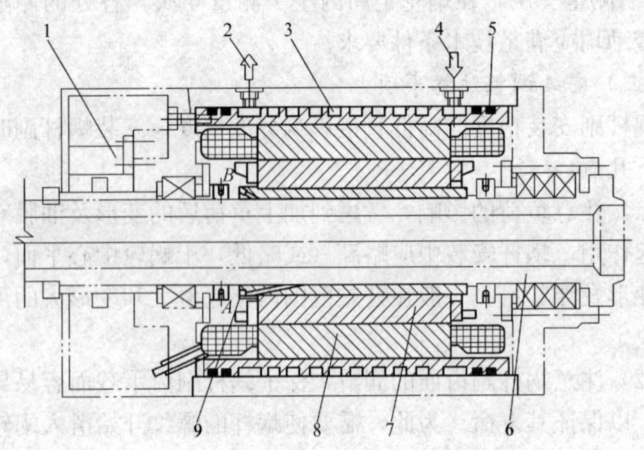

图 14-61　IPH 型电主轴单元

1—编码器；2—冷却液输出；3—冷却套；4—冷却液输入；5—O 形圈；6—主轴单元；7—转子；8—定子；9—压力油输入

（二）电主轴的性能

德国西门子公司生产的 IPH 型高速电主轴具有如下性能：

（1）采用德国 FAG 公司生产的成组角接触球轴承为主轴的前、后支承轴承。前支承（固定端）为三联组成组轴承，装配组合是背背—面背排列，接触角为 25°，精度等级为 P4 级。整个主轴单元精密加工和装配后，主轴前端的径向圆跳动在 300mm 长度为 0.003mm，主轴的径向刚度为 380N/μm。

（2）主轴轴承采用进口的 NBU15 润滑脂润滑，使主轴轴承温升得到有效控制（在高速运转条件下其前轴承温升不超过 20℃，后轴承温升不超过15℃)。

(3)电动机转子利用过盈配合方式与机床主轴直接联接，有利于实现大转矩的传递。在主轴上则取消了一切形式的键联接和螺纹联接。这种设计结构容易使主轴运转达到精确的动平衡。

(4)主轴组件经过精确的动平衡（G1级)，电动机转子已由厂家出厂前做好动平衡。

(5)冷却液通入主轴电动机定子外套的螺旋槽中，实现内装电动机的散热，均衡主轴单元的温度场，冷却液的热量又通过“油—水热交换器”的冷却管带走，如图14-62所示。

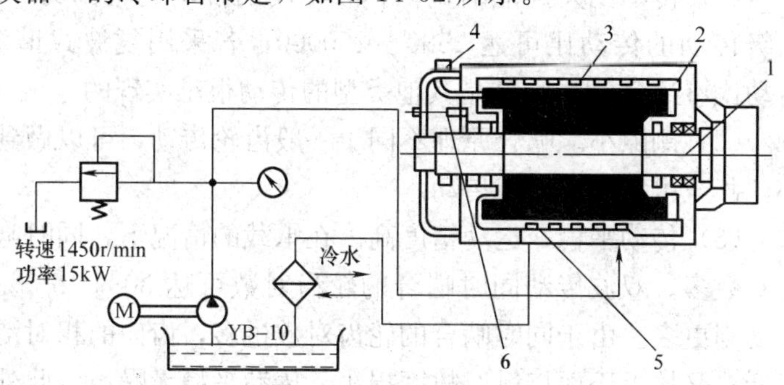

图14-62　电主轴油—水冷却系统

1—主轴；2—箱体；3—电动机；4—驱动电缆；

5—传感器；6—主轴轴承

(6)由测角传感器和一个齿轮实现对高速主轴的转速实时检测。

(三)电主轴的特点

(1)电动机的转子就是机床的主轴，机床主轴单元的箱体就是电动机座，实现了主轴电动机和机床主轴一体化。

(2)这种电主轴与早年用于内圆磨床和导轨磨床磨头的内装式电动机主轴有着根本区别。电主轴不仅转速高、启动时间短、转矩功率大，还具有较宽的恒功率调整范围，是一种智能型功能部件，能对轴承与电动机的温升、主轴振动等运行参数实施临床加工的监控，以确保主轴在高速运转时的可靠性与安全性。

(3)为了满足高速、大功率运转的要求，高速主轴的支承轴承可采用高精度角接触球轴承、陶瓷滚动轴承、磁浮轴承和液体动、静压轴承。

二、谐波齿轮系的应用和修理

谐波齿轮传动是一种依靠弹性变形运动来实现传动的新型传动，它突破了机械传动采用刚性机构的模式，而是使用了柔性机构来实现机械传动。

（一）谐波齿轮系的结构特点和工作原理

1. 主要特点

（1）传动比大且范围宽。一级传动的传动比范围为 50～500；二级传动的传动比可达 2500～250000；若采用复波式谐波传动，传动比可达 5×10^6。这是其他类型的传动很难实现的。

（2）侧隙小。啮合原理不同于一般齿轮传动，可以做到侧隙很小，甚至可实现无侧隙传动。

（3）传动平稳，运动精度高。在承载的情况下，同时啮合的轮齿对数多。双波传动同时啮合的轮齿对数可达 30%～40%；三波传动则更多。由于同时啮合的轮齿对数过多，齿向的相对滑动速度很低，又接近于面接触，故磨损小，传动平稳无噪声。此外，由于多齿啮合的平均效应，其传动精度一般可比同精度低的普通齿轮所组成的减速器的精度高一级。

（4）结构简单、体积小、质量轻。由于谐波齿轮传动中只有刚轮、柔轮和波发生器三个主要构件，并且主、从动轴位于同一轴线上，不需要输出机构，因此在传动比和传递功率相同的条件下，比一般齿轮减速器零件可减少约 50%，体积可减小 20%～50%，质量也大大减轻。

（5）承载能力大。同时啮合齿数多，柔轮又采用了高疲劳强度的特殊钢材，从而获得了很高的承载能力。

（6）传动效率高。在轮齿的啮合部分滑移量极小、磨损少，即使在高速比的情况下，还能维持高效率在 69%～96%。

（7）可向密闭空间传递运动。利用其柔性的特点，可向密闭空间传递运动。这一点是其他任何机械传动都无法实现的。

（8）谐波齿轮传动的缺点。在传递运动的过程中，柔轮要求产生周期性的变形，故易于疲劳损坏，从而影响传动装置的使用寿命，一般对柔轮的材料用热处理工艺要求较高。启动转矩大，速比越小越严重，故不适用于小功率的跟踪传动。

2. 基本构造

图 14-63 所示为谐波齿轮传动的典型结构。构成谐波齿轮传动的三个主要部件如下：

（1）波发生器。它具有长短轴，通过它的转动迫使柔轮按一定的变形规律产生弹性变形。

（2）柔轮。它是一个孔径略小于波发生器长轴的薄壁柔性齿轮，在波发生器的作用下，可产生变形。

（3）刚轮。带有轮齿的刚性齿环，通常与柔轮相差 2 个齿。

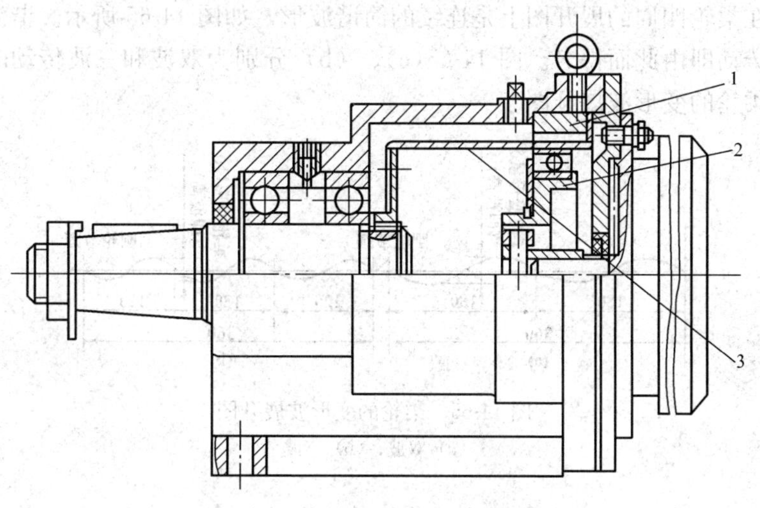

图 14-63　谐波齿轮传动典型结构

1—刚轮；2—波发生器；3—柔轮

3. 工作原理

谐波齿轮的工作原理可用图 14-64 来加以说明。刚轮为固定件，波发生器为主动件，柔轮为从动件。当将波发生器装入柔轮内孔时，由于前者的总长度（两滚轮外侧间的距离）略大于后者的内孔直径，故柔轮变为椭圆形。于是在椭圆形的长轴两端就产生了柔

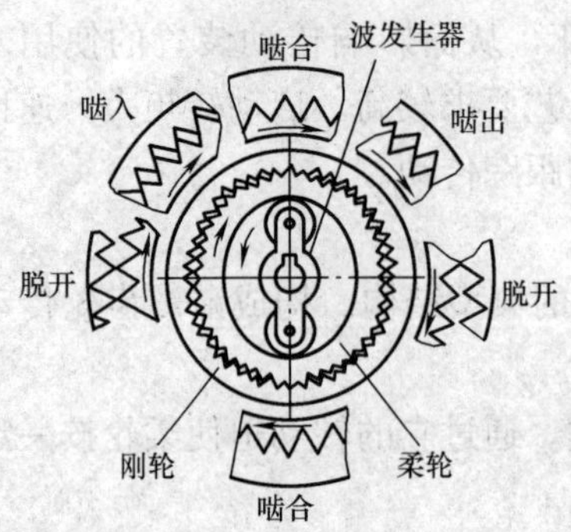

图 14-64　谐波齿轮工作原理示意图

轮轮齿与刚轮轮齿的两个局部啮合区；同时，在椭圆形的短轴两端，两轮轮齿则完全脱开。在其余各处，则视柔轮回转方向的不同或者处于啮出状态，当波发生器连续回转时，柔轮长短轴的位置即随之不断变化，从而使轮齿为啮合处和脱开处也随之不断变化，于是在柔轮与刚轮之间就产生了相对位移，从而传递运动。在上述过程中，由于柔轮的长短轴相位是连续变化的，故柔轮变形在柔轮四周的展开图上是连续的简谐波形，如图 14-65 所示。谐波传动即由此而得名。图 14-65(a)、(b) 分别为双波和三波传动时柔轮的变形波展开图。

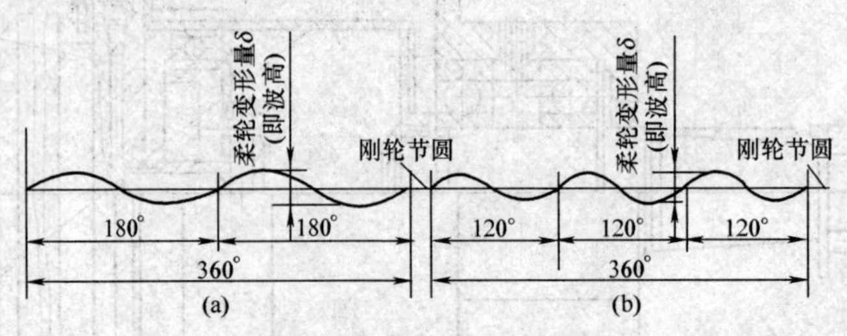

图 14-65　柔轮的变形波展开图

(a) 双波；(b) 三波

（二）谐波齿轮传动主要构件的结构形式

1. 柔轮结构形式

(1) 整体式筒形结构（Ⅰ型）。具有较大的扭转刚度，输出联接部分无空程，具有足够的寿命与较高的效率；可达较大的加工量，如图 14-66 所示。

(2) 整体式筒形结构（Ⅱ型）。吸收变形能力好，可充分利用柔轮空间；加工较复杂；其他性能同Ⅰ型，如图 14-67 所示。

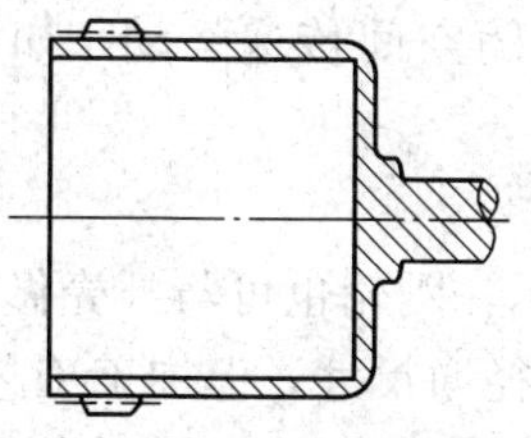
图 14-66　整体式筒形结构（Ⅰ型）

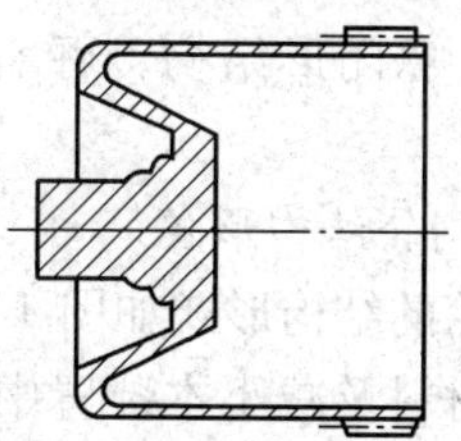
图 14-67　整体式筒形结构（Ⅱ型）

（3）筒形带底端面连接结构。制造较简单，基本性能同Ⅰ型，如图 14-68 所示。

（4）波动连接输出结构。结构简单、便于加工、轴向尺寸小、抗扭转刚度大；传动精度与效率略低于整体式筒形结构；柔轮有轴向位移的可能性应加以限制，如图 14-69 所示。

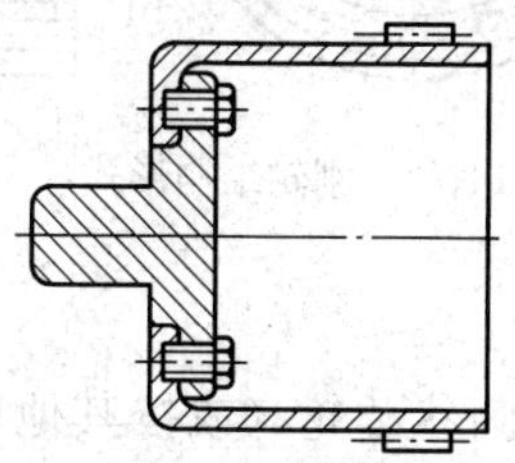
图 14-68　筒形带底端面连接结构

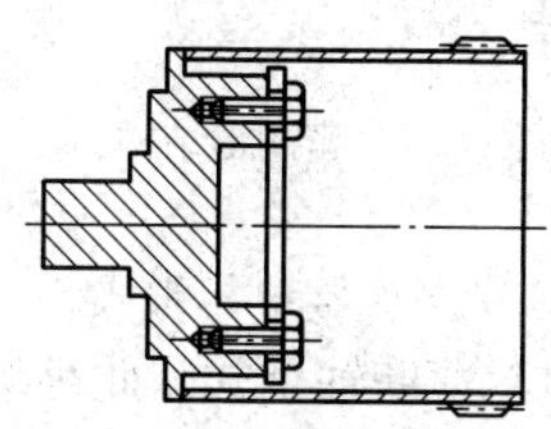
图 14-69　波动连接输出结构

（5）复波结构。基本性能同（4），其传动比极大，传动效率低，如图 14-70 所示。

（6）钟形结构。具有较高的抗扭转刚度及寿命，通常用于较小传动比（$50<i<100$）、负载大的传动装置中；结构较复杂、加工要求高，如图 14-71 所示。

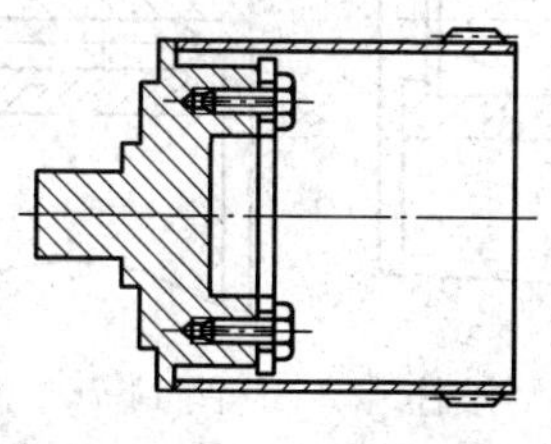
图 14-70　复波结构

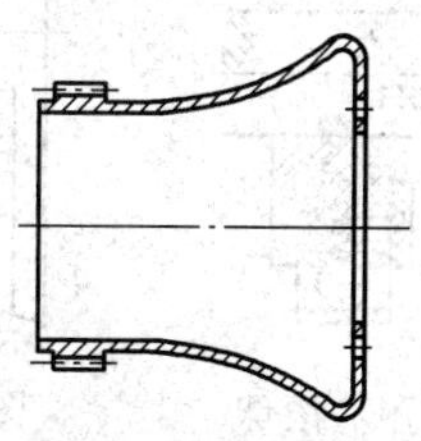
图 14-71　钟形结构

（7）密闭形结构。可实现向密闭空间传递运动，如图 14-72 所示。

2. 刚轮结构形式

刚轮的结构形式如图 14-73 所示，刚轮也可与外壳做成一体，以节省材料及减小本装置中必须的径向尺寸，但加工工艺较为复杂。输出的转矩较大时，必须考虑刚轮的刚度，不然会影响轮齿的正确啮合。

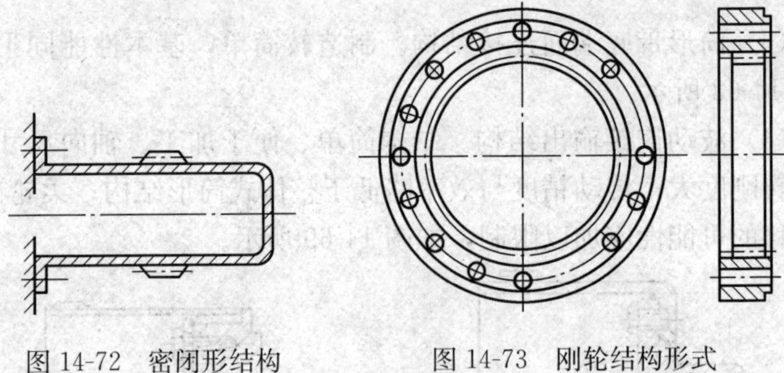

图 14-72　密闭形结构　　图 14-73　刚轮结构形式

3. 波发生器结构形式

（1）薄壁轴承式。此种结构由椭圆状凸轮（或按其他形状凸轮）与套在其上的可变形的薄壁轴承所组成。柔轮基本上按预想的要求进行变形，从而达到较好的啮合状态与合理的应力分布。此种结构可分为滚珠薄壁轴承式（见图 14-74）、滚柱薄壁轴承式（见图 14-75）和滚针薄壁轴承式（见图 14-76）。

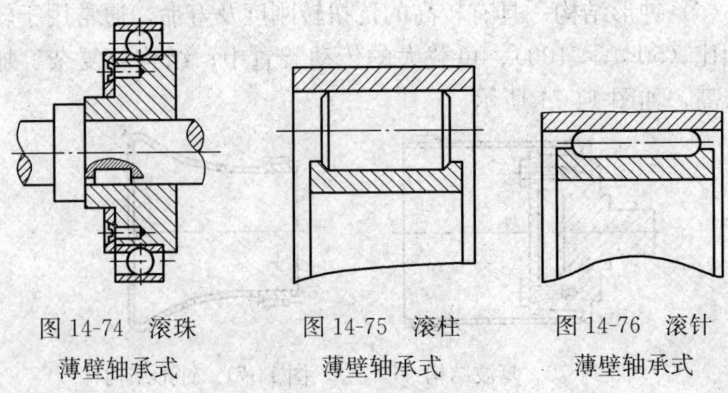

图 14-74　滚珠薄壁轴承式　　图 14-75　滚柱薄壁轴承式　　图 14-76　滚针薄壁轴承式

由于滚珠薄壁轴承可允许柔轮有一定的自位能力，故柔轮中应力分布较滚柱（滚针）薄壁轴承的应力分布合理。可在滚柱（滚针）薄壁轴承外环上制成圆弧形或进行倒角，以改善柔轮中的应力分布。

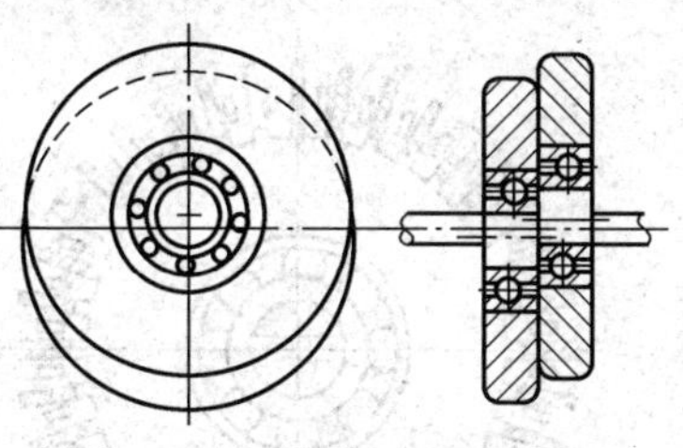

图 14-77　双偏心圆盘发生器

（2）圆盘式。此种结构由偏心轴及套在其上的轴承与圆盘组成，为避免轴向位移，圆盘与轴承都应加以定位。此种结构可分为双偏心圆盘发生器（见图 14-77）、三偏心圆盘发生器（见图 14-78）和牙嵌式圆盘发生器（见图 14-79）。

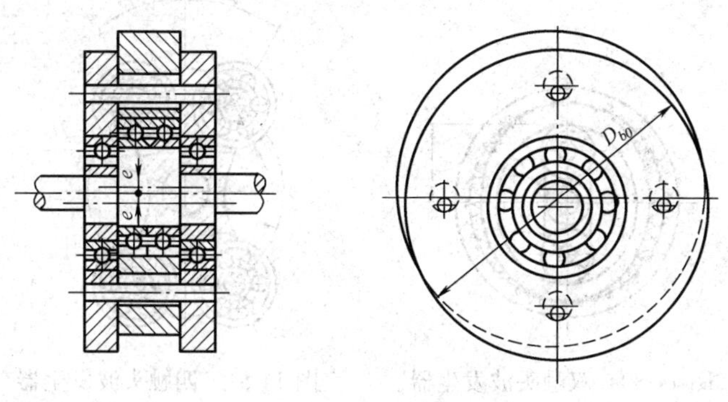

图 14-78　三偏心圆盘发生器

因该种结构其啮合区大，又去掉了薄壁轴承这一薄弱环节，故可应用在输出大转矩的谐波减速器之中，如牙嵌或圆盘发生器已成成功地应用于 25000N·m 的谐波减速器。

（3）触头式。此种波发生器结构简单，加工方便，适用于输入转速不高、载荷平稳、输出转矩较小的场合，目前常见的有双触头波发生器（见图 14-80）及四触头波发生器（见图 14-81）。

由于此种结构随工作载荷的增加，柔轮的畸变也随之增加，故采用此种结构时常增设抗弯环，以便延长柔轮的寿命。

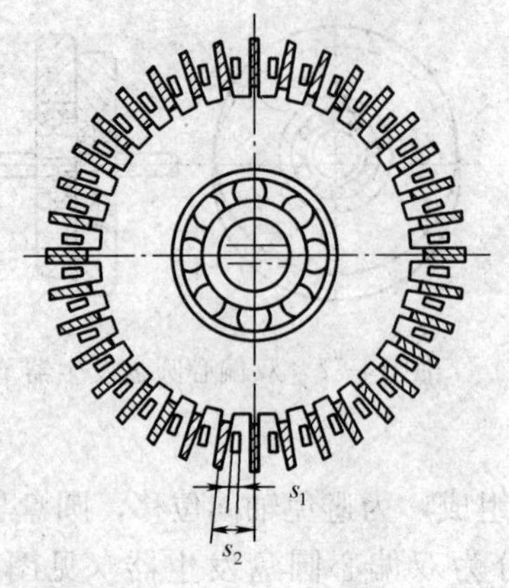

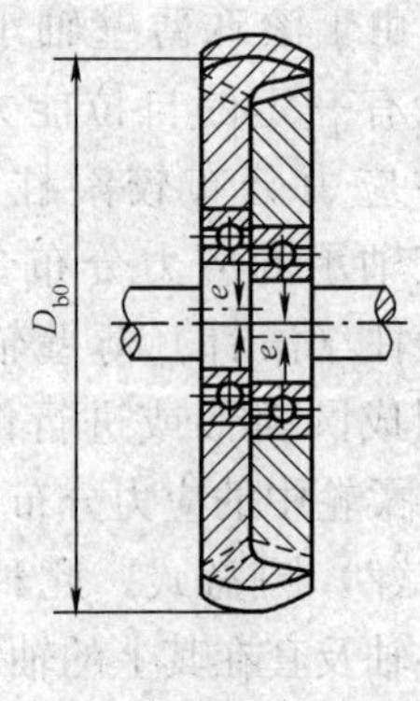

图 14-79　牙嵌式圆盘发生器

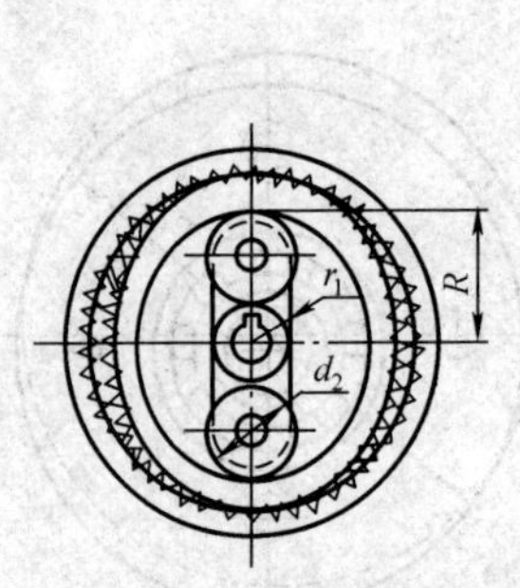

图 14-80　双触头波发生器

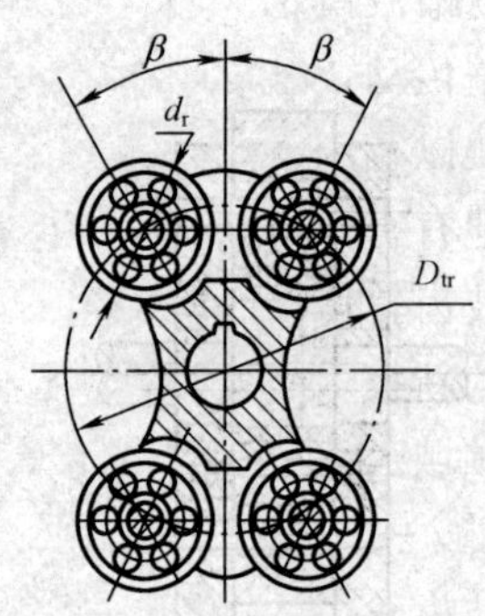

图 14-81　四触头波发生器

(4) 行星式。此种波发生器（见图 14-82）输入轴传动惯量小、传动比较大、结构简单、制造方便，但不能保证十分准确的传动比，常见的有行星式钢球及行星式圆柱式波发生器。

（三）谐波齿轮系的应用与维修

1. 谐波齿轮系的应用

由于谐波齿轮传动具有一系列其他传动所难达到的特殊性能，因此已广泛应用于空间技术、能源、机器人、雷达、通信、机床、仪表、造船、汽车、常规武器、医疗器械等方面，能实现一般传动机构很多不能实现的性能，例如：

(1) 由于谐波齿轮传动零件数目少、安装方便，故可用于要求输入轴与输出轴同轴的一般传动装置中。

（2）由于谐波齿轮传动比大、体积小、质量轻，故常用于要求大传动比、结构紧凑的传动装置中。

（3）由于谐波齿轮传动运动精度高，传动平稳及承载能力高，同时采用S齿形，目前已成功地将谐波减速器应用于工业机器人的某些关节的驱动部分、机床的进给与分度机构，以及必须实现高精度定位及高回转精度的精密机械等处。

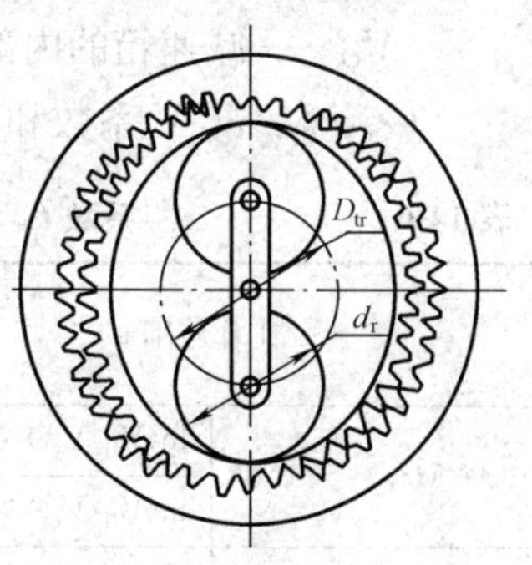

图 14-82　行星式波发生器

（4）谐波齿轮传动能实现密封空间传递运动，它的运动可以经过密封壁传动，故可用在要求密封传动的特殊场合，如在高真空的条件下，以及用于控制高温、高压的管道，用来驱动在有原子能辐射或其他有害介质空间工作的机构等。

谐波齿轮传动的应用相当广泛，随着科学技术的不断发展，越来越多的新技术必将用于实践，谐波齿轮传动也必将应用于越来越广泛的领域。

2. 谐波齿轮系的应用与维修

谐波齿轮系的维修必须在充分了解前面所介绍的主要结构常见结构形式的基础上，熟悉所要维修的谐波齿轮系结构，根据出现的故障进行具体分析，找出故障原因，加以解决。

（1）谐波齿轮传动严重发热。由于谐波齿轮传动的体积小、质量轻，因此散热及热容受到限制。在连续、重载的工作条件下，若不采取强迫冷却，谐波齿轮传动就会严重发热。除了采取断续工作及防止超载的措施外，最主要的解决措施应该是加足润滑油，采取强迫冷却。

谐波减速器的发热与波发生器的转速 n_H、承载转矩 M、油池容积 V_B、传动元件的浸油深度等因素有关。温升 t 可由下式计算

$$t = C_{ht} n_H^k (M/M_{LY})(V_B/V_O)^\tau$$

式中　M_{LY}——输出轴上的名义转矩，N·m；

V_O——减速箱的内部容积，cm^3；

C_{ht}、k、τ、V 系数和指数可由表 14-6 确定。

表 14-6　　系数 C_{ht} 和指数 k、τ、V 数值

工作范围		系数和指数值			
		C_{ht}	k	τ	V
$\ln(M/M_{LY})\leqslant-0.28$	$\ln(V_B/V_O)\leqslant-2.58$	2.636	0.614	0.156	0.579
	$\ln(V_B/V_O)>-2.58$	0.402	0.614	0.156	−0.141
$\ln(M/M_{LY})>-0.28$	$\ln(V_B/V_O)\leqslant-2.58$	1.739	0.614	0.591	0.387
	$\ln(V_B/V_O)<-2.58$	0.396	0.614	0.591	−0.195

油池高度、油池容积、承载转矩与波发生器转速间的大致搭配关系可按表 14-7 确定。

表 14-7　　油面高度与 V_B、M、n_H 间的大致搭配关系

承载转矩 M（N·m）	0	200	400	600	800	1000
波发生器转速 n_H（r/min）	1000		1500		2000	
油池容积 V_B（cm^3）	170		215	310		
油面高类别	Ⅰ		Ⅱ	Ⅲ		Ⅳ

注　油面高度：Ⅰ—柔轮齿圈浸入油池约一个齿高；Ⅱ—薄壁轴承的滚球接触到油池；Ⅲ—薄壁轴承下端的球心刚浸入油池；Ⅳ—薄壁轴承下端的整个球浸入油池。

按输入转速及使用条件决定润滑剂的型号。一般采用 L-AN32 全损耗用油 L-CKB68 齿轮油。高速时，采用黏度较低的高速机械油；重载时，采用黏度较高的润滑油或润滑脂。有时也可采用二硫化钼机械油或二硫化钼润滑脂。

（2）柔轮断裂。柔轮承受较大的交变应力，在启动时冲击负荷较大，都会使柔轮产生疲劳断裂，主要表现为谐波齿轮传动卡死，不能传递运动。此时应将谐波齿轮传动拆卸，将断裂的清除干净，不得留有断裂的碎块于谐波齿轮传动箱内，选取好的柔轮备件或对柔轮进行测绘重新制造，对谐波齿轮传动中断裂的柔轮进行更换。

由于柔轮的特殊性，对柔轮重新制造时，应注意材料选择及热处理工艺，使柔轮的强度和韧性都达到较高的要求。一般推荐采用碳的质量分数为35%～40%的铬钼系列钢种，如30CrMnSiNiA、30CrMnSiA、40CrMoA等，采用等温淬火的热处理工艺，使硬度达到32～36HRC，同时达到较高的屈服极限和疲劳极限。

（3）刚轮或柔轮的轮齿断裂。当谐波齿轮传动受到较大的冲击载荷时，刚轮或柔轮的轮齿会出现裂纹，直至断裂。此时主要表现为运动不平稳，出现周期性噪声。若断裂的轮齿较多时，谐波齿轮就不能传递运动。解决办法主要是更换刚轮或柔轮的备件，或对损坏的刚轮、柔轮进行测绘，重新制造，按照谐波齿轮传动的装配要求加以更换。刚轮的材料一般采用45号钢或40Cr钢，其热处理硬度略低于柔轮，一般为28～32HRC。

（4）柔轮内部磨损。柔轮承受较大的交变应力，随工作载荷的增加，波发生器对柔轮的作用也随之增加，在柔轮的内壁会出现磨损。主要表现为轮齿啮合出现一定的侧隙、传动精度下降、出现噪声。因此，为改善柔轮内壁的磨损的情况，增加柔轮的刚度，提高柔轮的承载能力及寿命，在结构条件允许的情况下，可在柔轮内壁与波发生器之间增加一个抗弯环。由于抗弯环承受很大的弯曲应力和接触应力，因此抗弯环材料应取GCr15、60Si2Mn、30CrMnSi等，热处理硬度可取为55～60HRC，厚度约为柔轮厚度的1.5倍。

刚轮与柔轮、柔轮与抗弯环、抗弯环与波发生器之间，不应采用硬度相同的同种材料。

第五节　精密及大型机床的修理

一、M1432A型万能外圆磨床的修理

（一）M1432A型万能外圆磨床的传动原理和结构特点

1. 主要技术性能

M1432A型万能外圆磨床的主要技术性能见表14-8。

表 14-8　　M1432A 型万能外圆磨床的主要技术性能

技术性能参数名称	参　数　值
万能外圆磨床的主参数为磨削工件的最大直径	ϕ320mm
外圆磨削直径	ϕ8～ϕ320mm
外圆最大磨削长度（共有三种规格）	1000mm；1500mm；2000mm
内孔磨削直径	ϕ30～ϕ100mm
内孔最大磨削长度	125mm
磨削工件最大质量	150kg
砂轮尺寸（外径×宽度×内径）	40mm×50mm×ϕ203mm
砂轮转速	1670r/min
砂轮架回转角度	±30°
头架主轴转速（6 级）	25r/min；50r/min；112r/min；160r/min；224r/min
头架体座可能回转角度	90°
内圆砂轮转速	10000r/min；15000r/min
内圆砂轮尺寸	最大 ϕ17mm×25mm×ϕ13mm；最小 ϕ17mm×20mm×ϕ6mm
工作台纵向移动速度（液压无级调速）	4～0.05m/min
液压主油路调整压力	9～11kg/cm^2
砂轮架主电动机	4kW（1440r/min）
头架电动机	0.55～1.1kW（700～1360r/min）
内圆磨具电动机	1.1kW（2840r/min）
机床外形尺寸（三种规格）	
长度	3200mm；4200mm；5200mm
宽度	1800～1500mm
高度	1420mm
机床质量（三种规格）	3200kg；4500kg；5000kg

2. M1432A 型万能外圆磨床的主要组成部分

图 14-83 为 M1432A 型万能外圆磨床的外形图。

3. M1432A 型万能外圆磨床的传动原理

图 14-84 为 M1432A 型万能外圆磨床的机械传动系统图，图 14-85 为 M1432A 型万能外圆磨床的液压传动系统图。

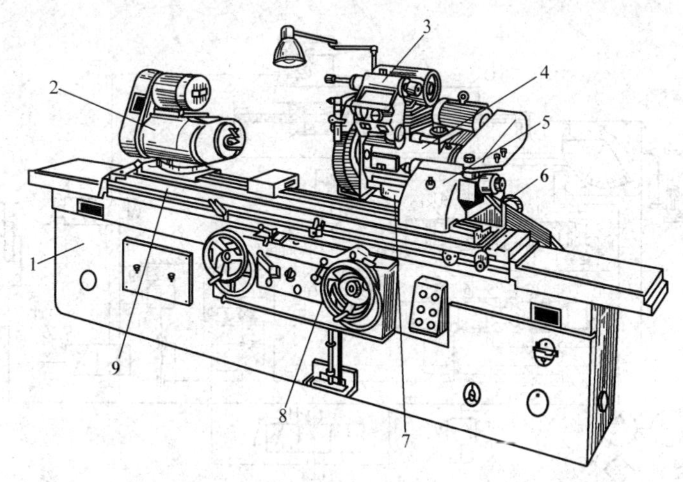

图 14-83　M1432A 型万能外圆磨床外形图

1—床身；2—头架；3—内圆磨具；4—砂轮架；5—尾架；6—床身垫板；7—滑鞍；8—横向进给手柄；9—工作台

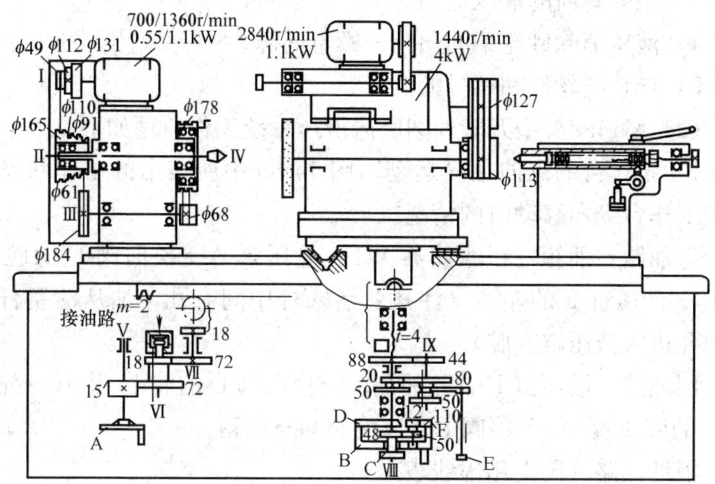

图 14-84　M1432A 型万能外圆磨床的机械传动系统图

（1）液压系统的功能有如下 5 个：

1）实现磨床工作台的纵向往复运动。

2）实现砂轮架横向快进和快退。

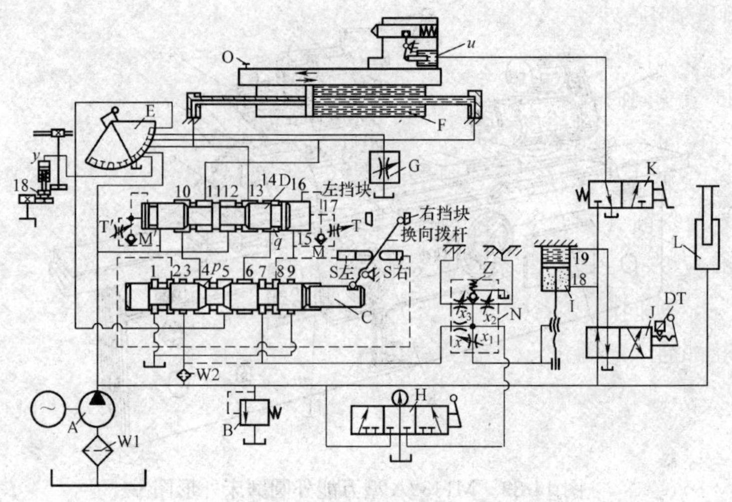

图 14-85　M1432A 型万能外圆磨床液压系统图

3）尾架套筒的液压退回。

4）液压消除砂轮架的丝杠—螺母间隙。

5）导轨、丝杠和螺母的润滑。

（2）M1432A 型万能外圆磨床液压系统工作原理如下：

1）工作台的纵向往复运动。图 14-85 中所表示的工作状态相当于工作台纵向移动时的情况。

进油路：油箱→粗滤油器 W1→液压泵 A→换向阀 D 的腔 12 及 13→液压缸 F 的左腔（注意：活塞杆中间有孔，油从活塞杆的中间孔进入液压缸左腔）。

回油路：液压缸 F 右腔的油液→换向阀 D 的腔 11 及 10→先导阀 C 的腔 4 及 5→开停阀 E→节流阀 G→油箱。

辅助油路（图上用虚线表示）：

进油路——液压泵 A→精滤油器 W2→先导阀 C 的腔 7 及 8→换向阀 D 的右腔。

回油路——换向阀 D 左腔的油液→先导阀 C 的腔 2 及 1→油箱。

这时，换向阀 D 的右腔是压力油，左腔与油箱连通，使换向阀 D 的阀芯处于左端位置。

当工作台向左移动至一定的位置时，固定在工作台上的右挡块便推动换向阀拨杆，带动先导阀 C 的阀芯向右移动，于是，使工作台换向。下面把换向过程分成三步来加以说明：

a. 首先对工作台的移动实现制动及减速。当先导阀 C 的阀芯向右移动时，阀芯上的锥面 P 逐渐地关小回油通道，使回油流量逐渐减少，于是，工作台被制动及减速。

b. 换向阀 D 的阀芯快速移动至中间位置，使液压缸 F 的左、右腔都通入压力油，于是，工作台暂停。随着先导阀 C 的阀芯向右移动，腔 1 关闭，腔 2 和腔 3 接通；腔 7 关闭，腔 8 和腔 9 接通。这时，先导阀的阀芯锥面 P 将腔 4 完全关闭，使辅助油路变换成：

进油路——液压泵 A→精滤油器 W2→先导阀 C 的腔 3 及 2→换向阀 D 的左腔。

回油路——换向阀的右腔中的油液→先导阀 C 的腔 8 及 9→油箱。

于是使换向阀 D 的阀芯向右移动，当它移至中间位置时，腔 11 和腔 13 相通，因此，工作台停住。这时，换向阀 D 继续向右移动，关闭通道 15，回流油液由 17→节流阀 T→先导阀 C 的腔 8 及 9→油箱。因此，换向阀 D 的阀芯右移速度受节流阀 T 控制。调节 T 的开口大小，就可调节换向阀 D 的阀芯右移速度，并控制工作台停留时间的长短。

c. 工作台换向。当换向阀 D 的阀芯继续右移，达到使通道 16 和阀芯上沉割槽 q 接通的位置时，换向阀 D 右端的回油经腔 17→腔 16→q→腔 15→先导阀 C 的腔 8 及 9→油箱。这时，回油阻力减小，使换向阀 D 的阀芯快速右移（即所谓“快跳动作”），关闭了腔 12 与 13 间的通路，接通了腔 12 与腔 11 的通路。主油路变换成：

进油路——液压泵 A→换向阀 D 的腔 12 及 11→液压缸 F 的右腔。

回油路——液压缸 F 左腔的油液→换向阀 D 的腔 13 及 14→先

导阀 C 的腔 6 及 5→开停阀 E→节流阀 G→油箱。于是，工作台换向，开始向右移动。

当工作台向右移动到预定位置，左挡块换向拨杆时，就又重复上述的换向动作。这样的动作不断循环，实现了工作台的纵向往复运动。

2）砂轮架横向快速进退运动。为了缩短加工的辅助时间，砂轮架的横向空行程应能快速移动（快进和快退）。快进和快退是由液压传动来实现的。当“二位四通”换向阀在如图 14-85 所示位置时，压力油由泵 A 经换向阀 J 流到液压缸 I 的前油腔 18，而液压缸 I 后油腔 19 中的油液经换向阀 J 流回油箱。于是，砂轮架快速退回。

如果将换向阀 J 的阀芯推至左端位置，使阀 J 按右部的工作状态接通，这时，液压缸 I 的腔 19 进压力油，腔 18 与回油路接通。于是，砂轮架便快速前进。

3）尾架套筒的液压退回。为了便于装卸工件，脚踩机床的脚踏板时，压力油使尾架套筒退回。

图 14-85 中阀 K 的工作状态是使尾架液压缸 u 接通回油路时的情况。这时，尾架套筒在弹簧力的作用下，用后顶尖顶住工件。

如果砂轮架在快速退出的位置，即图 14-85 中阀 J 处在左工作状态。脚踏脚踏板时，使阀 K 的阀芯移动，接通阀 K 的右边工作状态。这时，压力油进入尾架液压缸 u，推动柱塞，使尾架套筒退回；如果砂轮架处在快进到前面的磨削工作位置（即阀 J 处在右边的工作位置），虽然脚踏脚踏板，使阀 K 的阀芯移动，接通了阀 K 的右边工作状态，但是，尾架液压缸 u 仍然与回油路接通，尾架套筒不能缩回。这样就保证了工作安全。即在磨削工件时，即使操作者误踩了脚踏板，也不会使尾架套筒缩回。

a. 消除砂轮架丝杠—螺母的间隙。图 14-85 中的柱塞液压缸 L，固定在垫板上，当油泵 A 开动后，压力油进入柱塞液压缸 L 中，推动柱塞顶紧砂轮架，消除了砂轮架丝杠—螺母的间隙。

b. 导轨及砂轮架丝杠—螺母的润滑。压力油经精滤油器 W2 之后，有一路至润滑油稳定器 N（见图 14-85）。由 N 出来的各条支路油液，分别润滑平导轨、V 形导轨及砂轮架的丝杠—螺母。

4. M1432A 型万能外圆磨床的结构特点

（1）砂轮架主轴轴承采用整体式多油楔动压轴承或静压轴承。砂轮架电动机经严格动平衡。主轴采用无接头皮带传动。采用上述结构主要是为了提高砂轮架主轴部件及头架主轴部件的旋转精度、刚度及抗振性。

（2）提高横向进给传动的刚性，如尽量缩短机械传动链的长度，甚至采用直接传动（并且消除间隙）的丝杠—螺母机构；改善滑动导轨面的润滑状况，以减少动、静摩擦因数之间的差值。采用上述结构的目的是提高微进给的精度。

（3）床身采用双壁结构，提高了主要部件的刚度。对高速旋转件进行精确的动平衡，将电动机等易产生振动部分。单独装在地基上，和机床本体隔开，并在床身及电动机底下加弹簧防振垫。采用以上结构和措施主要是为进一步提高机床刚度及尽量减少振动。

（4）将主要热源—液压油、冷却液等存放在单独的箱中，安放在远离机床的位置；采用预热器和冷凝器，使液体保持恒温；机床安装在恒温车间内工作；被磨削的工件，也必须在恒温车间内存放 24h 后才能进行加工。采用以上结构和措施主要减少发热变形对高精度外圆磨床的加工精度影响。

（二）设备修理技术准备

1. 设备修理前预检

（1）预检的技术准备工作，包括以下几个方面：

1）阅读设备说明书和图册中的总装配图及部件装配图，熟悉设备的主要结构和主要性能。

2）有条件的情况下，查看被修设备的设备档案，了解历次修理情况。

3）了解备件图册和专用工、检、研具图册是否齐全，以便补遗。

4）查看设备的日常点检卡片、设备监测、诊断记录。

5）确定预检项目，根据设备的结构特点制订预检的拆卸工艺和准备专用的拆卸工具。

（2）预检内容，包括以下几个方面：

1）向被修设备操作者了解设备精度、技术性能、泄漏情况、机床附件、附件工具缺损情况，向机修人员了解设备事故、故障及存在的主要缺陷。

2）外观检查导轨、滑动面的磨损和研伤情况，外露部件的磨损和缺件情况。

3）设备运行检查，检查部件在高速运动时的平稳性、振动、噪声及低速运转时的爬行情况，设备的变速档次及操纵的灵活性和准确性。对液压系统则检查运转有无发热现象和泄漏情况。

4）检查机床的主要几何精度和运动精度。

5）进行部分解体检查。目的在于掌握设备零部件的磨损情况，以确定更换件。它是预检工作的主要内容，其中包括对零件的清洗、调整，对磨损件换修的确定，图纸的核对与测绘，并认真填写设备换件和外购件明细表，以便安排制造或外购。

6）对安全装置进行检查。对指示仪表、安全连锁装置、挡块及限位装置的检查，检查是否缺损和是否灵敏可靠。

7）对电气部分检查。

8）预检技术资料的编制和整理。

（3）对预检的要求，包括以下3个方面：

1）全面准确地确定更换件和修复件。

2）落实更换件、修复件的图纸资料。

3）复检后应认真填写各种技术文件。

2. 机床修理工艺规程及修理方案的制定

（1）机床修理工艺规程的编制（以B220型龙门刨床工作台刮研工艺为例，详见表14-9、图14-86和图14-87）。机床修理工艺规程的编制，主要依据机床的几何精度标准和实际生产中的技术及工艺要求来确定。机床修理工艺规程的内容主要有机床零、部件相对配合、表面几何精度的恢复及要求、机床装配时传动链的调整和机床部分改装的说明等内容。

表 14-9　　　　　　B220 型龙门刨床工作台刮研工艺

<table>
<tr><th rowspan="2">工序名称</th><th colspan="2">技术条件</th><th rowspan="2">需用工具、检具名称及规格</th><th rowspan="2">工艺说明</th></tr>
<tr><th>要求项目</th><th>允差（mm）</th></tr>
<tr><td>刮研表面1、2</td><td>（1）与表面3、4的平行度。
（2）表面3与床身上装蜗杆箱表面4的平行度：横向、纵向。
（3）接触点</td><td>每1m上：
0.015mm
全长上：
0.04mm
0.04mm
0.08mm
（10～12点）/（25mm×25mm）</td><td>（1）V形座。
（2）ϕ100mm×500mm。
（3）200mm垫铁</td><td>（1）将工作台放在已修复的床身导轨面上，以卷扬机装置作低速往复拖研，刮至要求。
（2）为减少修后精刨工作台的加工量，以及确保表面3与床身上装蜗杆箱表面的平行度，在修刮工作台导轨时，随时检查以下两项精度：
1）横向：在床身V形导轨上放ϕ100mm圆柱，平导轨上放已修至一定厚度的垫铁（在“床身的修理”中已叙述），其上放行平尺，检查工作台表面应与平行平尺顶面保持平行，根据允差折算到整个工作台宽度上为0.14mm。
2）纵向：用内径百分尺检查工作台前后两端的表面3至床身上装蜗杆箱表面4的平行度，其允差为0.08mm</td></tr>
</table>

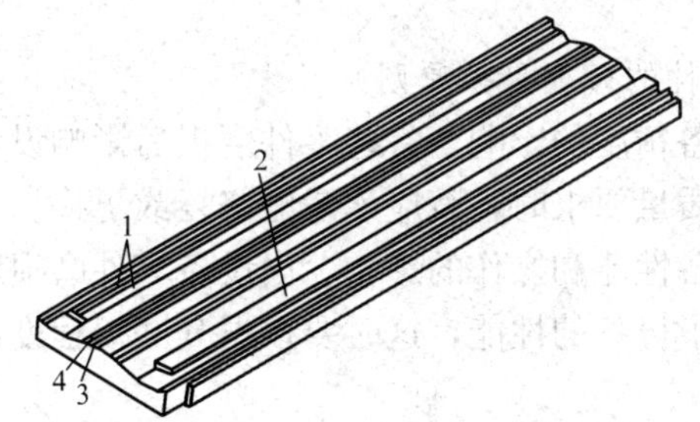

图 14-86　B220 型龙门刨床工作台

1～4—表面

零部件的修理工艺内容如下：

1）部件所要修理的部位（导轨面或滑道面）及必要尺寸。

2）修理后的技术要求（精度及表面粗糙度）。

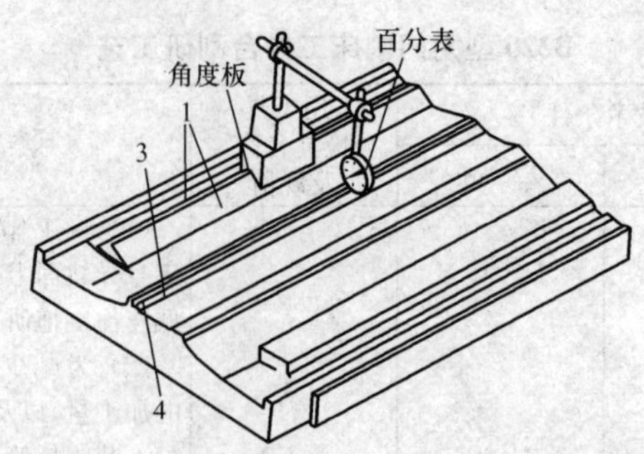

图 14-87　测量表面 1 与表面 3、4 的平行度

3）修理中所需要采用的测量工具及测量方法。

（2）传动部件的安装（以 B220 型龙门刨床为例，详见表 14-10、图 14-88）。

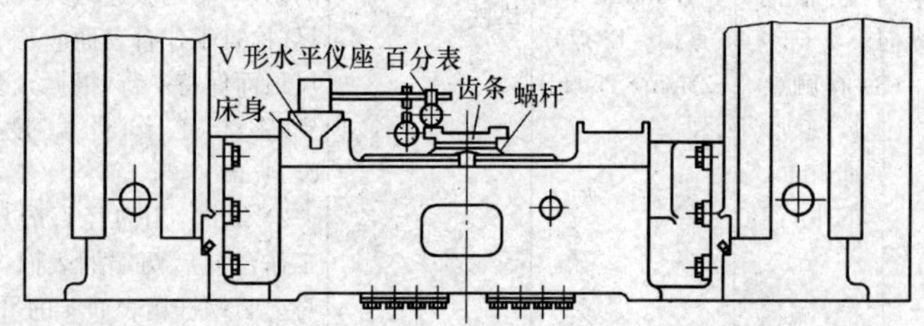

图 14-88　标准齿条侧面、顶面与床身导轨平行度

3. 磨损零件的修理更换原则

（1）对设备精度的影响。有些零件磨损后影响设备精度而不能达到零件加工质量要求时，就应该考虑修复或更换。

（2）对设备性能和操作的影响。当设备零件磨损后，虽还能使用，但是降低了设备的性能，这时要根据其磨损程度而决定其是否修换。

（3）对设备生产率的影响。当设备零件磨损时，由于不能利用较高的切削用量进行工作，或者增加设备空行程的时间，或者增加工人的精力消耗，从而降低设备的生产率，应根据磨损情况决定是否修换。

（4）对完成预定功能的影响。当设备零件磨损而不能完成预定的使用功能时予以修换。

（5）对零件强度的影响。磨损零件的修换原则是按零件材料的强度极限来考虑的。

（6）对磨损零件恶化的影响。磨损零件继续使用，除磨损加剧外，一般还会出现效率下降、发热、表面剥蚀等现象，即引起咬住和断裂等事故，因此必须修换。

表 14-10　B220 型龙门刨床主传动部件的安装说明

工序名称	技术条件		需用工具、检具名称及规格	工艺说明
	要求项目	允差		
安装蜗杆箱	（1）齿条顶面侧面与导轨的平行度。 （2）齿条与蜗杆的侧隙。 （3）齿条与蜗杆的接触面： 沿齿宽 沿齿长	在齿条全长上：0.03mm 0.4～0.6mm ≥50% ≥60%		（1）将蜗杆箱放于床身安装部位，从工作台上拆一块齿条合在蜗杆上。将V形水平仪座放在V形导轨上，百分表触针分别触及齿条顶面和侧面，移动V形水平仪座，检查齿条顶面、侧面与导轨的平行度。 （2）将工作台移至使齿条与蜗杆相啮合，用塞尺检查蜗杆与齿条的侧隙。如过小，则修磨蜗杆箱的垫片，修磨后重装蜗杆箱时，必须重复测量技术条件（1）、（2）两项精度，直至符合要求。 （3）技术要求（1）、（2）项合格后，转动蜗杆，在工作台的几处检查蜗杆与齿条的接触面
安装减速箱与传动轴	同轴度	0.2mm		安装主传动轴、减速箱以及主电机时必须保证同轴度

4. 磨损零件的修复原则

（1）修理的经济性。磨损零件是否应该修换，首先考虑的是设备精度问题，而对磨损零件选择修复或更换，应该既要保证维修质量，又要降低修理费用。

（2）修理后要能保持或恢复零件的原有技术要求，包括零件尺寸公差、形位公差、表面粗糙度和硬度等。

（3）修理后零件还必须保持或恢复足够的强度和刚度。

（4）修理后要考虑零件的使用寿命。

（5）工厂现有的修理工艺技术水平也将影响磨损零件的修理或更换的选择。

（三）机床拆卸及修理顺序

1. 机床拆卸顺序

（1）切断电源，卸下外防护罩壳及头架、磨头上的电动机。

（2）卸下头架、尾座、磨头。

（3）拆上、下工作台及圆盘。

（4）卸下工作台手摇机构、横向进给机构、横向进给丝杠及后底座。

（5）液压部件的拆卸。

（6）各部件的拆卸。其中包括：

1）拆卸磨头。将体壳内的磨头油放掉，然后拆下带轮，打开两端法兰盘，松开轴瓦调整螺钉的全部螺母和球头螺钉，取出轴瓦，即能抽出主轴。

2）拆卸头架。拆下全部带轮，松开偏心套两侧的锁紧圆螺母，即可拆下偏心套内的轴。拆下主轴前、后法兰盖即可将主轴抽出。将全部轴承拆下。

3）卸尾座。拆下后盖，将丝杠旋出尾座，同时将扳动套筒所用的手柄和拨杆拆下，再拆下前盖，松开夹紧套筒装置，取出夹紧块，将尾座套筒从体壳中抽出。

2. 主要部件的修理顺序

主要部件的修理顺序见图 14-89。

（四）床身导轨及垫板导轨的修理

（1）修理要求。掌握 M1432A 型万能外圆磨床床身导轨及垫板导轨的修理工艺。修理后符合技术要求。

（2）床身、垫板导轨的修理内容及操作要点见表 14-11。

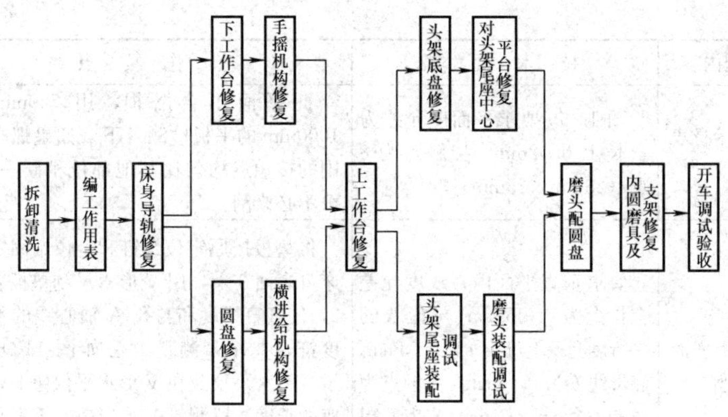

图 14-89　主要部件修理顺序方框图

表 14-11　　床身、垫板导轨的修理内容及操作要点

修理内容	技术要求	操作要点
调整床身安装位置	要求平面 3［见图 14-90（a)］纵向水平度允差为 0.02mm/1000mm；V 型导轨在垂直平面内的直线度允差为 0.02mm/1000mm（两数值越接近越好）	刮削导轨时［见图 14-90（b)］，将一精度为 0.02mm/1000mm 的水平仪放在床身平导轨的中央，另一水平仪横向放在后平面上，调整至要求
刮削床身导轨表面 2	要求垂直平面内直线度允差为 0.01mm/1000mm，全长上为 0.03mm；水平面内直线度允差 0.01mm/1000mm，全长上为 0.03mm；水平面内直线度允差 0.01mm/1000mm，全长上为 0.02mm；表面粗糙度 *Ra*0.8μm，或接触点≥11 点/(25mm×25mm)	将水平仪放在 V 形水平仪座上，见图 14-91、图 14-92，按其长度逐段测量，画出垂直平面内导轨的直线度曲线，并按其误差修刮至要求；画出水平平面内导轨直线度的曲线，再按曲线修正，使其直线度符合要求
刮削床身表面 1（见图 14-93）	要求对导轨表面 2 的平行度允差为 0.02mm/1000mm，全长上为 0.04mm；在垂直平面内的直线度允差为 0.01mm/1000mm；全长上为 0.03mm；接触点≥14 点/(25mm×25mm) 或表面粗糙度为 *Ra*0.8μm	导轨刮削时，如图 14-94 所示，按可调式桥板长度逐段测量，其最大值即为平行度误差；水平仪直接安放在平导轨上，逐段测量，可测出垂直平面内的直线度

续表

修理内容	技 术 要 求	操 作 要 点
刮床身表面 3	图 14-95 要求平面度允差为全长上 0.02mm；接触点为 8 点/(25mm×25mm)	此平面不会磨损，用 750mm × 1000mm 的平板检测一下。如果螺孔周围的接触点均匀比其他部位稍硬一些，可不必修刮
垫板表面 2 的刮削	要求垂直平面内直线度允差全长上为 0.015mm；与孔 A 的平行度允差上母线 a 为 0.05mm，侧母线 b 为 0.05mm；接触点为 12 点/(25mm×25mm)或表面粗糙度为 $Ra0.8\mu m$	将垫板按原定位螺钉和定位销固定在床身表面 3 上，用 V 形直尺刮垫板表面 2，使其直线度和与孔 A 轴心线的平行度符合要求，测量方法如图 14-96 所示。将水平仪放在 V 形水平仪座上，按座的长度逐段测量 V 形导轨在垂直平面内的直线度，也可将水平仪放在桥板上测量平行度和直线度，如图 14-96 所示

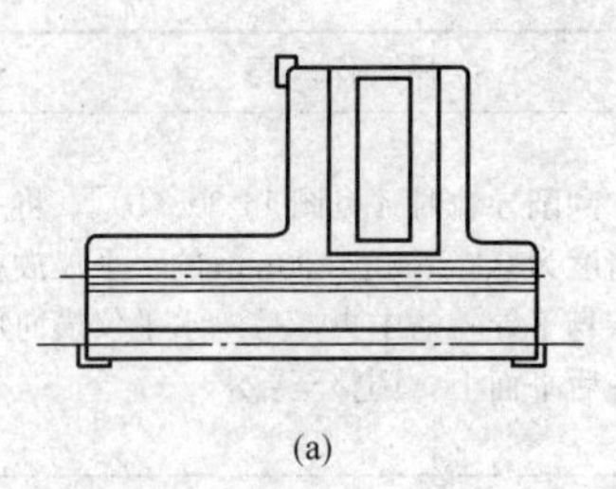

(a)

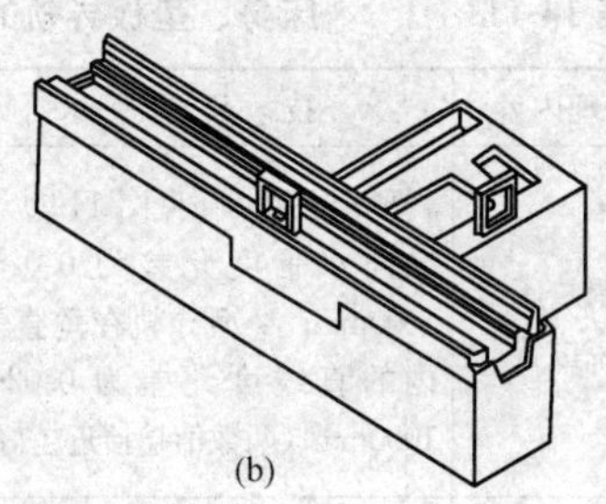

(b)

图 14-90　床身的安装与调整

(a) 磨削时床身导轨的安放与调整；(b) 刮削时床身导轨的安放与调整

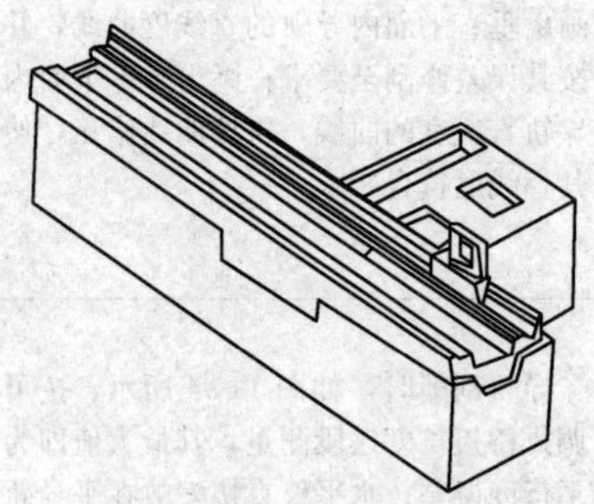

图 14-91　垂直平面内直线度的测量

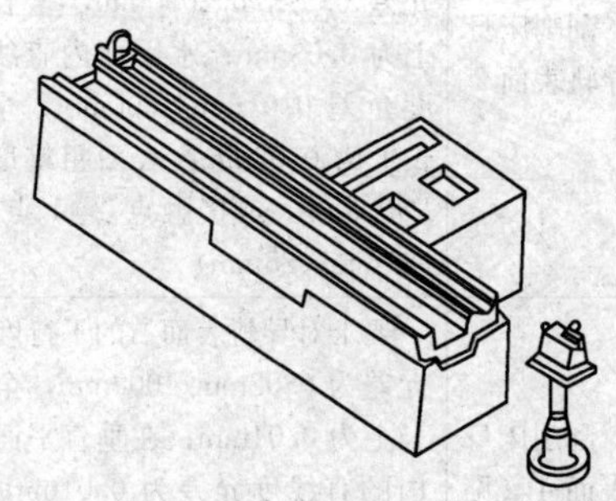

图 14-92　水平面内直线度的测量

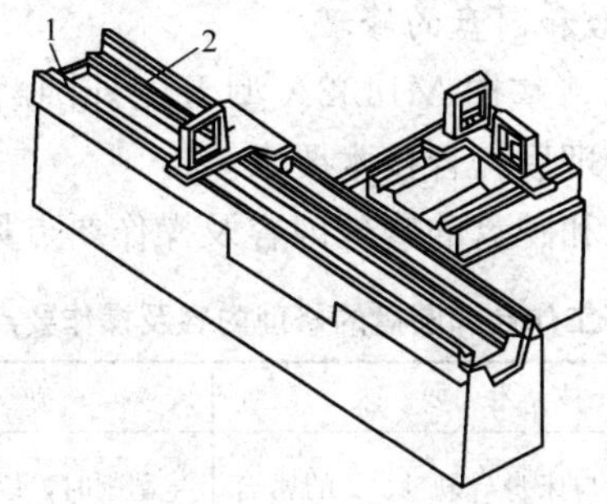

图 14-93　床身导轨与垫板导轨的平行度的测量

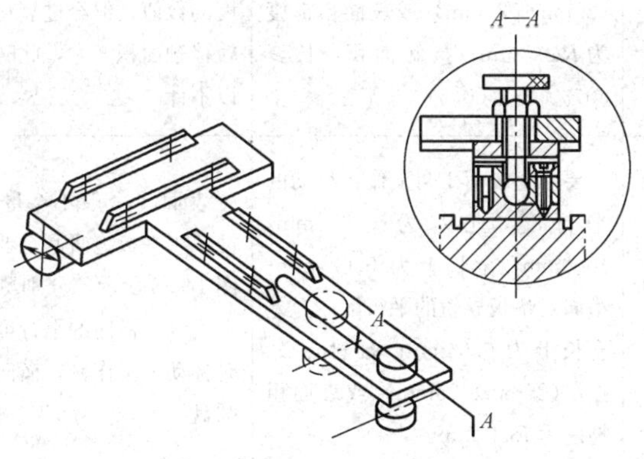

图 14-94　可调式桥板

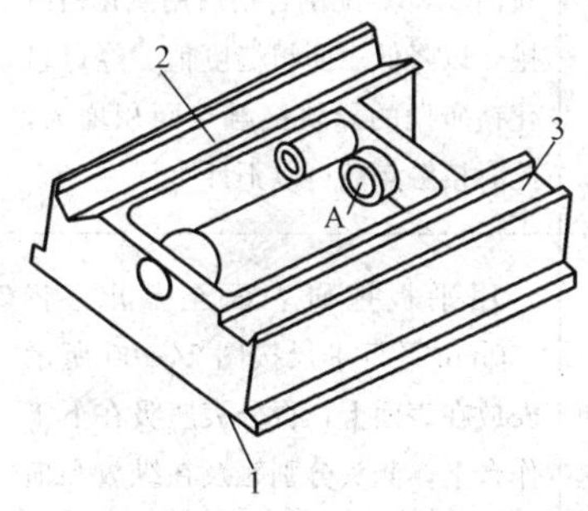

图 14-95　刮床身表面

1～3—表面

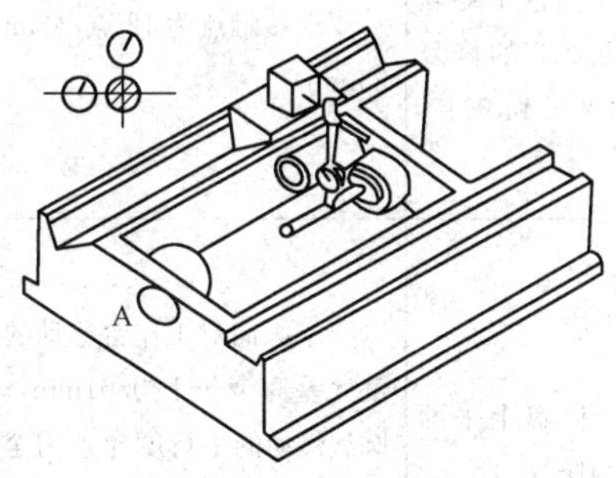

图 14-96　垫板 V 形导轨与孔 A 轴线的平行度测量

（五）下工作台和圆盘的修理

（1）修理要求。掌握 M1432A 型万能外圆磨床下工作台和圆盘的修理方法，修理后符合技术要求。

（2）下工作台和圆盘的修理内容及操作要点见表 14-12。

表 14-12　　下工作台和圆盘的修理内容及操作要点

修理内容	技术要求	操作要点
修复下工作台导轨面 2、3（见图 14-97）	要求与床身导轨 1、2 的密合度，允差为 0.03mm，塞尺插入深度≤20mm；接触点 12 点/（25mm×25mm）或表面粗糙度为 *Ra*0.8μm；接触面积：长≥60%、宽≥60%	刮削时，以床身导轨为基准，拖研工作台导轨面 2、3。配刮后，用氧化铬研抛，以降低导轨表面粗糙度的数值，但经过氧化铬研抛的导轨接触面积增大，此时接触点数可以不计
下工作台上平面的修复	要求上表面 1 与工作台移动的平行度，允差为 0.015mm/1000mm，全长上为 0.025mm；横向对垫板导轨的平行度，允差全长上为 0.04mm；接触点 10 点/（25mm×25mm）或表面粗糙度为 *Ra*1.6μm	表面 1 一般不会磨损，多为锈蚀，用平板拖研刮至要求即可。按图 14-98 所示，分别测量下工作台平面纵、横向的平行度，纵向测量时移动下工作台，横向测量时移动圆盘
圆盘下导轨面 2、3 的修复（见图 14-99）	要求接触点为 12 点/(25mm×25mm)	以垫板表面为基准，刮研圆盘导轨面 2、3。配刮合格后用氧化铬研抛，以降低表面粗糙度值。经过氧化铬研抛的导轨接触点面积增大，此时接触点数可以不计
圆盘上平面的修复	要求纵向对工作台移动的平行度允差为全长上 0.01mm，横向圆盘移动的平行度允差为全长上 0.02mm；接触点为 10 点/(25mm×25mm)	用平板拖研表面至要求。将 500mm 平行平尺按图 14-100 所示安放在表面上，百分表座吸在下工作台上，测头分别触及在纵放和横放的直尺上，测量纵向时移动下工作台，测量横向时移动圆盘，检查纵向和横向的平行度

续表

修理内容	技术要求	操作要点
垫板对床身导轨垂直度的修复(见图14-101)	要求垫板导轨对床身导轨的全长垂直度允差为0.01mm	在床身上吸附一百分表座。触针触及在测量角尺上，拉动工作台，可微量移动角尺，以使此面与工作台移动时的平行度误差降至最低甚至为零。百分表吸在圆盘上拉动圆盘，其触头靠在角尺的另一面，其读数误差即为垂直度误差。若误差超差可松开垫板固定在床身上的螺钉，拔出定位销敲击垫板，使垂直度符合要求，然后紧固垫板，重铰定位销孔，并装上定位销

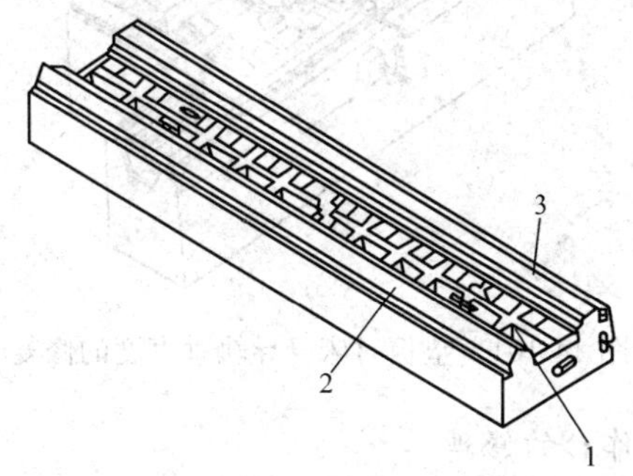

图 14-97　下工作台

1～3—表面

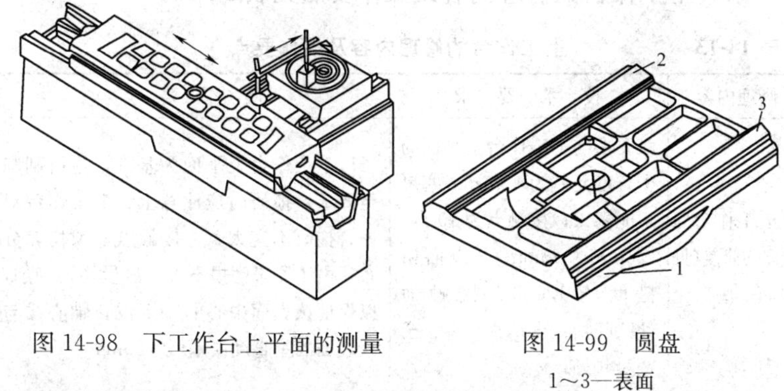

图 14-98　下工作台上平面的测量

图 14-99　圆盘

1～3—表面

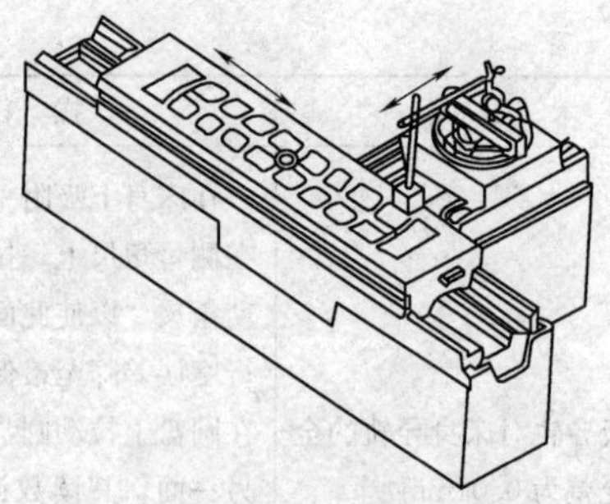

图 14-100　圆盘十字线的测量

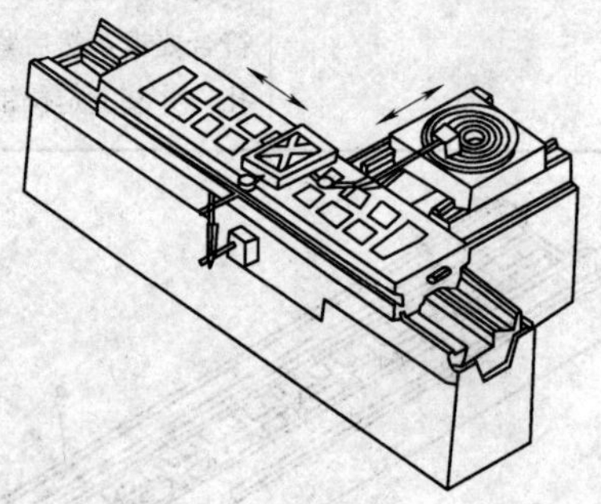

图 14-101　垫板对床身导轨垂直度的修复

（六）上工作台的修理

（1）修理要求。M1432A 型万能外圆磨床上工作台的修理方法，修理后符合技术要求。

（2）上工作台的修理内容及操作要点见表 14-13。

表 14-13　　上工作台的修理内容及操作要点

修理内容	技 术 要 求	操 作 要 点
上工作台底面 1 的修复(见图 14-102)	要求与下工作台上平面的密合度允差为 0.03mm 塞尺不能塞入；接触点为 10 点/(25mm × 25mm)、表面粗糙度 $Ra1.6\mu m$；接触面(磨削时)：全长≥60%、全宽≥40%	以下工作台上平面为基准，拖研刮削至要求。拖研时应注意上、下工作台对齐，拖研不宜太长，接触点必须均匀分布。由于原来磨损不大，尽量均匀刮削，以保证该表面中心的一定位孔轴心线与该表面的垂直度误差≤0.05mm

续表

修理内容	技术要求	操作要点
刮上工作台两压板面4	要求对表面1的平行度允差在全长上为0.02mm；接触点为8点/(25mm×25mm)	用40mm×80mm直尺拖研上工作台两端的压板面4，刮削至要求。用千分尺测量压板面的厚薄（见图14-103）
刮压板（见图14-104）	要求与上工作台表面4的密合度允差为0.02mm塞尺不能塞入；与下工作台表面1的密合度允差为0.02mm塞尺不能塞入；接触点为(6～8点)/(25mm×25mm)	以上工作台表面4与下工作台表面1为基准，分别刮压板表面1、2。拖研压板时，不宜超出下工作台50mm，并且稍加正压力（见图14-105）。压板刮研合格后，用螺钉旋紧压板，上工作台不得转动
刮上工作台表面2、3	要求表面3对工作台移动的平行度允差为0.01mm/1000mm、全长上为0.02mm；表面2对工作台移动的平行度允差为0.01mm/1000mm，全长上为0.015mm；接触点为12点/(25mm×25mm)；表面粗糙度为*Ra*0.8μm	用500mm×1500mm平板拖研表面3，刮削至要求。用50mm×1500mm直尺拖研表面2，刮削至要求。必须将两端的压板压紧，且压紧与放松时上工作台面无弹性变形，用千分表检测，应不大于0.002mm，如超差，说明上工作台下平面与下工作台上平面没有配好，应重新配刮。上工作台表面2、3的测量方法如图14-106所示。因工作台移动距离有限，不能从一头测量到另一头，应以中间为界分两段测量

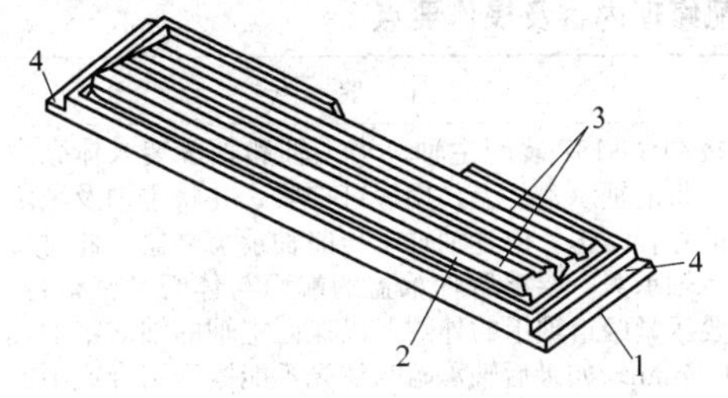

图14-102　上工作台

1～4—表面

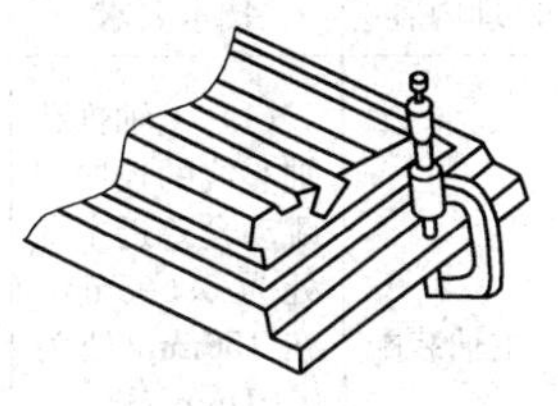

图14-103　压板面厚薄的测量

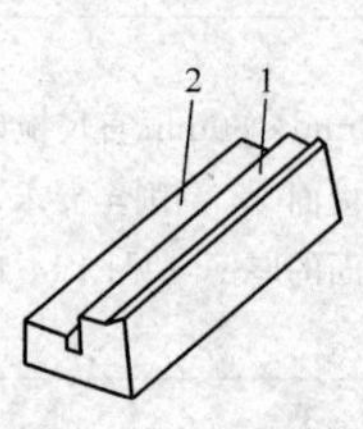

图 14-104　压板

1、2—表面

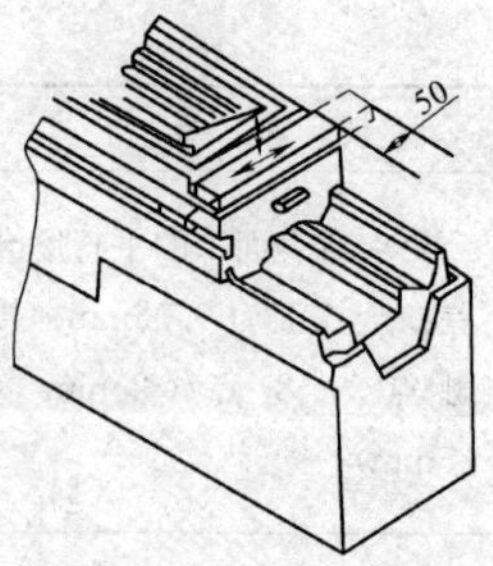

图 14-105　压板刮研

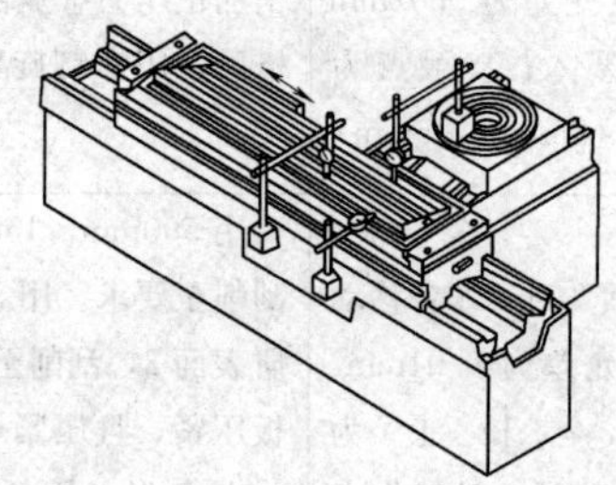

图 14-106　上工作台的测量

（七）头架装配修理

（1）修理要求。掌握 M1432A 型万能外圆磨床头架装配修理方法，装配修理后符合技术要求。

（2）头架装配修理内容及操作要点见表 14-14。

表 14-14　　头架装配修理内容及操作要点

修理内容	技术要求	操作要点
主轴装配	（1）主轴锥孔轴心线的径向圆跳动允差近主轴处为 0.005mm；在 150mm 处为 0.01mm。 （2）主轴的轴向窜动允差≤0.004mm	按图 14-107 装配主轴。当主轴和轴承装入体壳内后，将前轴承盖装上，用螺钉拧紧，并将主轴及轴承向前轻轻敲击，使主轴轴承与前轴承盖贴紧。此时可装后轴承盖。要求后轴承盖的端面与体壳紧密结合，又要压紧两组轴承的外圈，以保证主轴的轴向窜动≤0.004mm。如果后轴承盖与体壳不能紧密结合或不能压紧轴承的外圈时，应以调整垫圈的厚度来解决。该调整垫圈的平行度允差为 0.005mm，表面粗糙度为 $Ra0.8\mu m$。轴承压装配时滚道内加适量锂基润滑脂。按图 14-108 所示，对头架主轴振摆进行测量

续表

修理内容	技术要求	操 作 要 点
刮头架底面	（1）与主轴轴线的平行度允差，在 150mm 时为 0.01mm。 （2）接触点为 12 点/(25mm×25mm)	用 300mm×300mm 平板为基准刮研头架底面至要求。按图 14-109 的方法对头架主轴轴线与底面的平行度进行测量
头架与架底盘配刮	（1）主轴锥孔轴心线对工作台移动的平行度，上母线允差为 0.01mm（只许远端向上偏），侧母线允差为 0.01mm（只许远端向磨头方向偏）。 （2）主轴锥孔轴心线在回转时的等高度	头架主轴装配调整好和底面刮好后，将头架放在底盘的上平面上研复一下接触情况，要求接触均匀，装固定螺钉的外圈对中间的硬一些，以保证头架在拧紧螺钉时不变形。为方便上母线的测量，应先对侧母线进行调整，如图 14-110 所示，百分表座吸在圆盘上，百分表测头触及在检验棒的侧母线上，按图 14-108 所示，其 $A—A$ 剖视为头架定位块和头架底盘的定位块。在两定位块碰到一起时，头架侧母线为合格状态，若不合格，可以调整头架底盘上偏心定位块的偏心量，一直调到侧母线合格为止，此时，头架主轴尾座套筒的中心连线与床身导轨夹角为 0°。上母线的测量也如图 14-110 所示，前后移动圆盘可找到上母线，移动工作台可测量检验棒的近端和远端。由于底盘的十字线已刮好，一般上母线是合格的，如有超差，视头架回转时的等高精度来决定修底盘还是修头架底面；如回转不等高与零位不变，则应修刮头架底面；反之，则修刮底盘的上平面。如图 14-111 所示，转动头架成 45°位置，测量检验棒的远端与头架在零位时的远端，其等高度是否合格；如不合格，则应修刮底盘的上平面

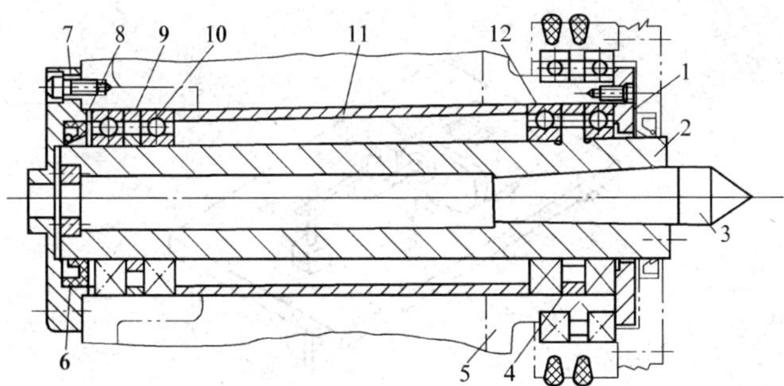

图 14-107　主轴结构

1—轴承盖；2—主轴；3—顶尖；4—外挡圈；5—体壳；6—封油圈；7—轴承盖；8—调整圈；9—外挡圈；10—内挡圈；11—撑圈；12—向心推力球轴承

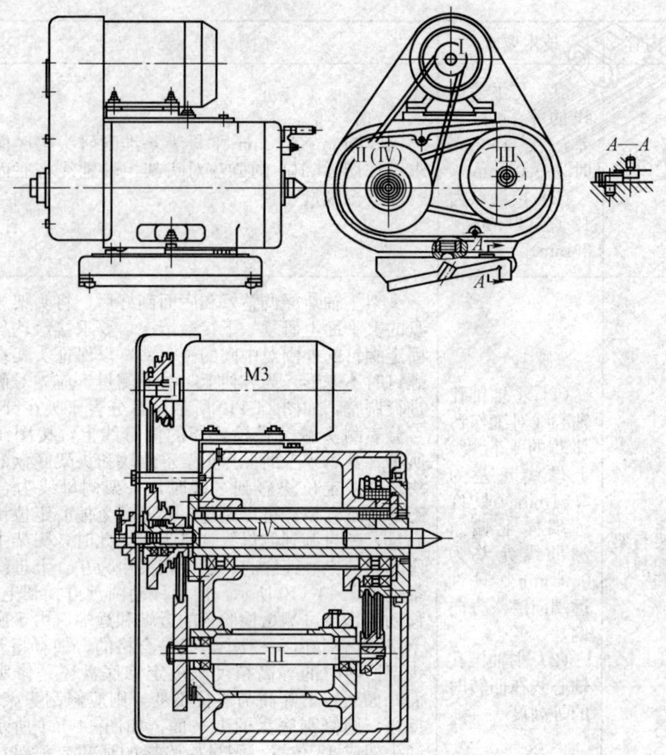

图 14-108　头架装配图

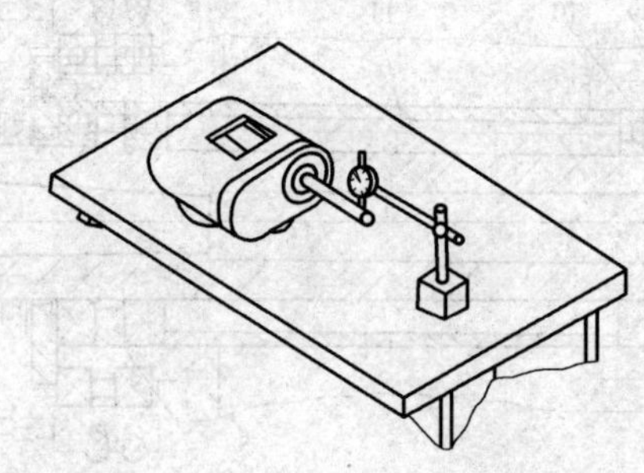

图 14-109　头架主轴线与底面平行度的测量

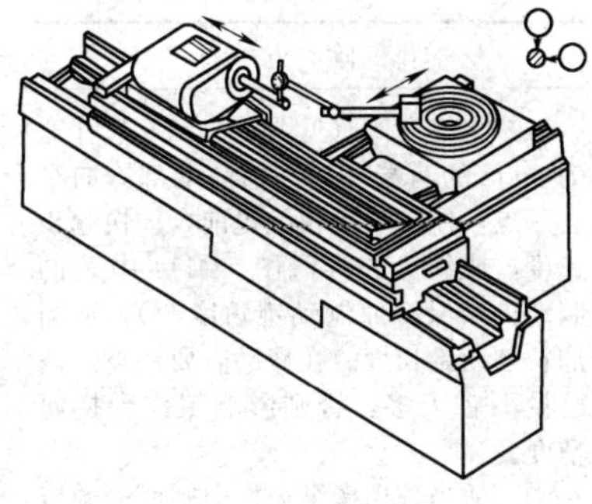

图 14-110　头架上母线的测量

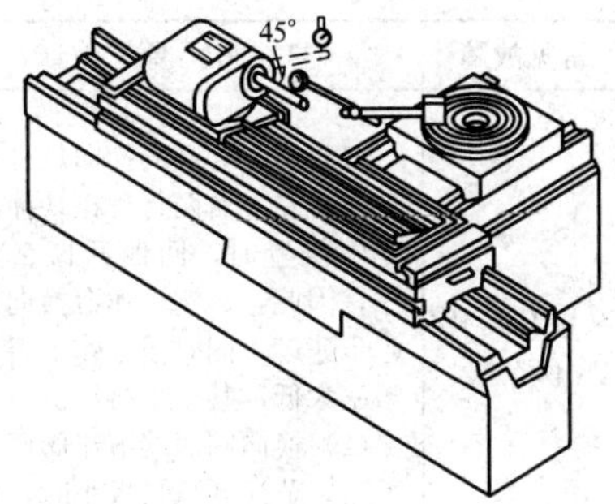

图 14-111　头架作角度偏转时各位置主轴轴线等高的测量

（八）M1432A 型万能外圆磨床液压系统常见故障及其排除

M1432A 型万能外圆磨床液压系统常见故障及其排除见表 14-15。

表 14-15　M1432A 型万能外圆磨床液压系统常见故障及其排除

常见故障	产生原因	排除方法
节流阀关闭。工作台仍有微动	（1）操纵箱的节流阀与阀体孔圆度误差较大。 （2）节流阀与阀体孔配合间隙太大。 （3）系统渗漏	（1）研磨阀体孔，重做节流阀（见图 14-112），其圆度要求为 0.001～0.002mm。 （2）重配间隙应为 0.08～0.012mm。 （3）严防渗漏
工作台换向时砂轮架有微量抖动	（1）系统压力波动大，特别是在换向时，使砂轮架向前微动，磨削工件换向时，磨削火花突然增多。 （2）系统工作压力调整过高。 （3）系统中存在大量空气	（1）清洗和调整溢流阀，同时在柱塞缸和快速进给液压缸后腔的油路上增设止回阀。 （2）调整系统工作压力至 0.9～1.1MPa。 （3）排除系统空气

续表

常见故障	产 生 原 因	排 除 方 法
工作台快跳不稳定	（1）当先导阀的换向杠杆被工作台左、右两行程挡块撞在正中位置时，回油开口量太小，因此，影响工作台换向后起步速度，同时使工作台抖动频率太低，甚至不抖动。 （2）换向阀两端节流阀调整不当，节流开口量太小时，换向阀移动速度慢	（1）将换向阀（见图 14-113）尺寸宽为 3mm 的两端环形油槽向端部方向车去一点，使第二次快跳提前，加快起步速度，或修磨先导阀图 14-114 中 3°的制动锥（保持原制动锥角度 3°），适当加长制动锥长度。在修磨时要注意，修磨量不宜太多，否则影响工作台换向精度。 （2）适当拧出操纵箱换向阀两端的节流螺钉，加大节流开口量
启动泵时工作台有纵向冲击	泵关闭时，驱动泵的电动机倒转，系统中油液回油池，而空气混入液压系统。泵启动时，由于液压缸一腔通压力油，另一腔空气存在而缺乏背压，故有纵向冲击	在进入操纵箱的主油路中，增设单向阀，增设单向阀的规格应与油泵规格相匹配，如图 14-115 所示

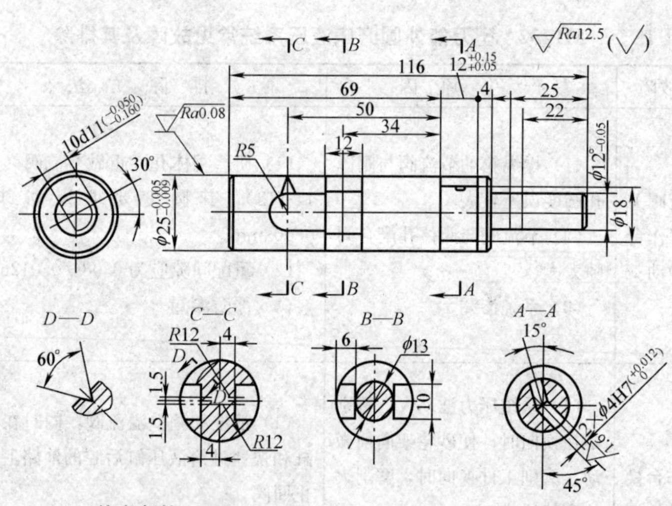

技术条件：

1. $\phi25_{-0.009}^{-0.005}$圆度≤0.001mm；母线平行度≤0.002mm。

2. 热处理：C48。

3. 材料：40Cr。

图 14-112 节流阀

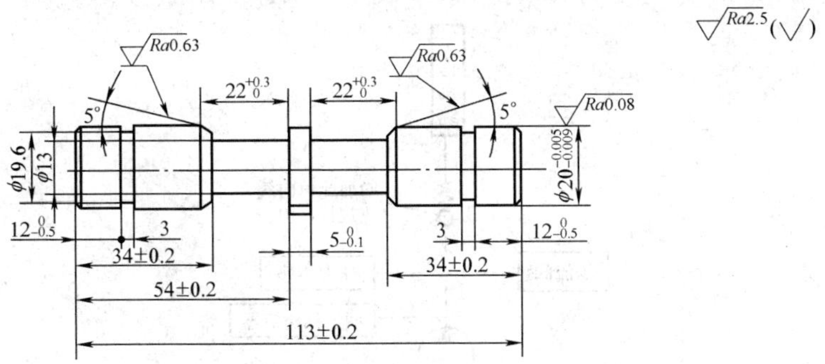

技术条件：

1. $\phi 20_{-0.009}^{-0.005}$圆度≤0.001mm；母线平行度≤0.002mm。

2. 锐边不得倒角，其余倒角 0.5×45°。

3. 热处理：C48。

4. 材料：40Cr。

图 14-113　换向阀

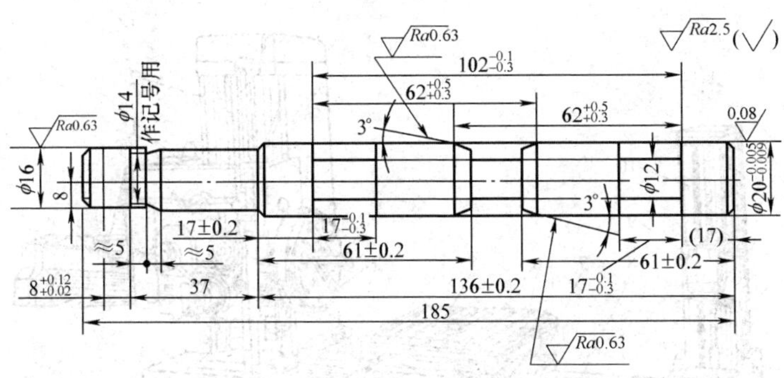

技术条件：

1. $\phi 20_{-0.009}^{-0.005}$圆度≤0.001mm；母线平行度≤0.002mm。

2. 锥面与圆面分界线应清晰。

3. 锐边处不得倒角，其余倒角 0.5×45°。

4. 热处理：C48。

5. 材料：40Cr。

图 14-114　先导阀

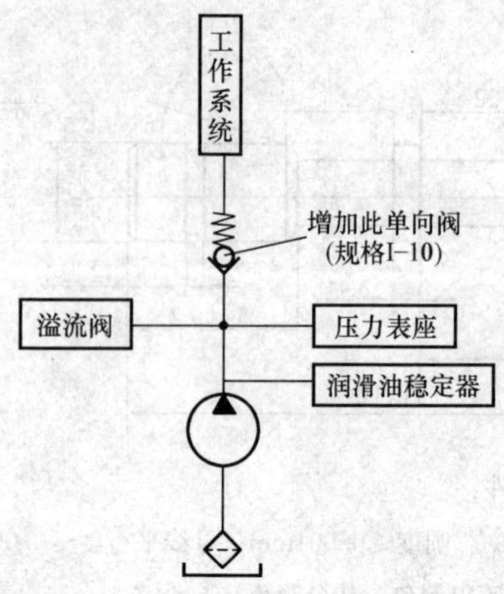

图14-115　增设单向阀位置示意图

二、T68 型卧式镗床的修理

（一）卧式镗床外形图

T68 型卧式镗床的外形如图 14-116 所示。

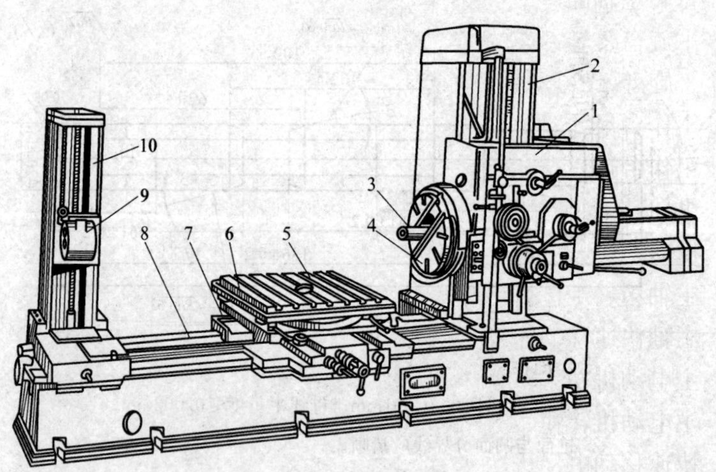

图 14-116　T68 型卧式镗床外形图

1—主轴箱；2—前立柱；3—镗轴；4—平旋盘；5—工作台；6—上滑座；7—下滑座；8—床身导轨；9—后支承；10—后立柱

（二）主要技术性能

T68 型卧式镗床主要技术性能如下：

主轴直径	85mm
主轴最大许用扭转力矩	22000N
最大切削抗力	13000N
最大进给抗力	13000N
平旋盘最大许用扭转力矩	4400N・m
主轴锥孔	莫氏 5 号
主轴水平行程	600mm
平旋盘刀架行程	170mm
主轴中心线至工作台距离	42.5～800mm
平旋盘端面到后支柱镗杆支承端面的最大距离	2290mm
主轴转速范围（18 级）	20～1000r/min
平旋盘转速范围（14 级）	10～200r/min
每转主轴的进给量范围	0.05～16mm
平旋盘每转刀架的进给量范围	0.025～8mm
平旋盘每转主轴箱和工作台的进给范围	0.05～16mm
工作台尺寸（宽×长）	800mm×1000mm
工作台行程	
纵向	1140mm
横向	850mm
主轴箱、工作台快速移动速度	2.2～2.4m/min
主轴快速移动速度	4.4～4.8m/min
主电动机功率	5.5、7.5kW
主电动机转速	1500、3000r/min
快速移动电动机功率	3kW
快速移动电动机转速	1440r/min
推荐经济的最大镗孔直径	240mm
平旋盘刀架最大加工端面直径	450mm
平旋盘刀架最大加工外圆直径	450mm

平旋盘刀架最大加工长度（有刀杆） 400mm
钻孔最大直径（按主轴锥孔） 65mm
最大工件质量 2000kg
外形尺寸（长×宽×高） 5075mm×2345mm×2730mm
机床质量 10500kg

（三）传动系统图

T68 型卧式镗床传动系统如图 14-117 所示。

（四）传动路线及传动表达式

T68 型卧式镗床的传动路线及传动表达式如图 14-118 所示。

（五）镗床的结构特点

（1）主轴部件采用主轴、空心气主轴、平旋盘轴等组成固定式平旋盘，主轴为两支承，具体结构如图 14-119 所示，主轴前后端各装一列轴承。

（2）主运动采用 10 级齿轮变速（平旋盘 14 级），机械式操纵，多手柄单独操纵。变速、传动装置以及其他操纵机构均装于主轴箱内，是集中传动的典型例子。

（3）工作台为三层结构，上、下滑鞍实现纵、横向运动，工作台能绕定心装置回转。工作台回转为手动形式。

（4）镗床设后立柱，在镗削长工件及车削螺纹时用以支承镗杆。

（六）T68 型卧式镗床主轴组装草图的绘制

绘图步骤如下：

1. 对主轴进行相关分析

图 14-120 为 T68 型卧式镗床主轴组件图。图中 4 是镗轴，3 是主轴套筒。平旋盘主轴 2 安装在主轴箱左壁和中间孔的精密圆锥滚子轴承中。它的前端装在平旋盘主轴前端的孔中，后轴承则直接装在主轴箱体右壁的孔中。在主轴套筒的两端压入精密的衬套 12、11 和 9，用来支承镗轴 4。镗轴前端有莫氏 5 号的锥孔，供安装刀具或刀杆。镗轴的旋转运动由齿轮传入，经双键传至主轴套筒 3，套筒上装有两个导向键 10，与镗轴上两条对称的长键槽配合，因此，镗轴既能由主轴套筒 3 带动旋转，又能在套筒的衬套中移动。镗轴

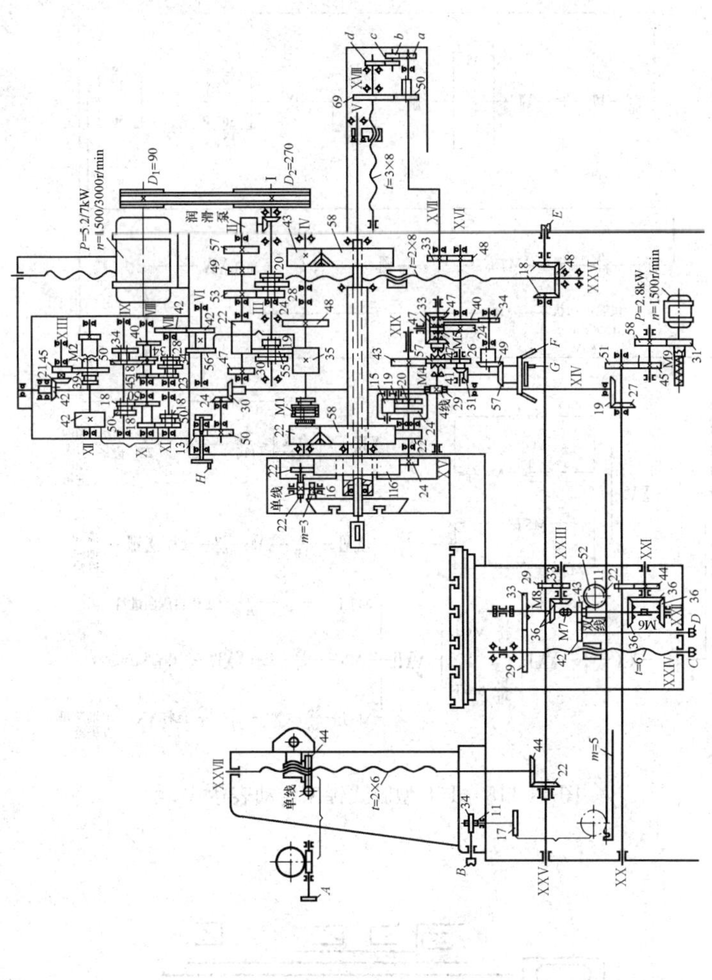

图 14-117　T68 型卧式镗床传动系统图（件号为传动齿轮齿数等）

电动机 $\left[\begin{matrix}1500/3000\ r/min\\5.2kW\end{matrix}\right]$ — $\frac{\phi 90}{\phi 270}$ — Ⅰ — $\left[\begin{matrix}\frac{20}{57}\\\frac{28}{49}\\\frac{24}{53}\end{matrix}\right]$ — Ⅱ — $\left[\begin{matrix}\frac{22}{55}-Ⅲ-\frac{19}{48}\\\frac{22}{55}-Ⅲ-\frac{55}{35}\\\frac{47}{30}-Ⅲ-\frac{55}{35}\end{matrix}\right]$ — Ⅳ — $\left[\begin{matrix}\frac{43}{58}-镗轴旋转\\M1左-\frac{22}{58}\ 平旋盘旋转\end{matrix}\right]$

Ⅳ — $\frac{35}{56}$ — Ⅵ — $\frac{42}{42}$ — Ⅶ — $\left[\begin{matrix}\frac{23}{45}\\\frac{28}{40}\\\frac{34}{34}\end{matrix}\right]$ — Ⅷ — $\left[\begin{matrix}\frac{18}{50}\\\frac{34}{34}\end{matrix}\right]$ — Ⅸ — $\left[\begin{matrix}\frac{18}{50}\\\frac{50}{18}\end{matrix}\right]$ — Ⅹ — $\left[\begin{matrix}\frac{18}{50}\\\frac{50}{18}\end{matrix}\right]$

— Ⅵ — $\frac{50}{42}$ — Ⅶ — M2右 — $\frac{39}{45}$ — Ⅷ — $\frac{21}{42}$ — 光杠 ⅩⅣ

快速电动机 $\left[\begin{matrix}1500r/min\\2.8kW\end{matrix}\right]$ — M9 — $\frac{31}{58}$ — $\frac{45}{51}$ — $\frac{27}{19}$ — 光杠 ⅩⅣ

ⅩⅣ — $\frac{4}{29}$ — ⅩⅤ — $\left[\begin{matrix}M4左\\\frac{47}{47}-\frac{47}{47}-M4右\end{matrix}\right]$ — $\frac{57}{43}$ — ⅩⅨ — 合成机构（平旋盘 $\frac{58}{22}$）— $\frac{24}{116}$ — $\frac{116}{22}$ — $\frac{1}{22}$ — $\frac{16}{齿条}$ 径向刀架径向进给

ⅩⅤ — $\left[\begin{matrix}M5右\\M5左-\frac{47}{47}-\frac{47}{47}\end{matrix}\right]$ — $\frac{33}{24}$ — ⅩⅥ — $\frac{48}{33}$ — ⅩⅦ — $\frac{50}{69}$ — 丝杠 ⅩⅧ — 镗轴轴向进给

ⅩⅣ — $\frac{19}{27}$ — ⅩⅩ — $\frac{22}{44}$ — ⅩⅩⅠ — $\left[\begin{matrix}\frac{36}{36}-M6上\\\frac{36}{36}-M6下\end{matrix}\right]$ — ⅩⅩⅡ — $\left[\begin{matrix}M7下-\frac{2}{52}-\frac{11}{齿条}\ 工作台纵向进给\\M8-\frac{33}{29}-丝杠ⅩⅩⅣ-工作台横向进给\\M8上-\frac{36}{36}-ⅩⅩⅡ-\frac{23}{29}-\frac{18}{48}\ 丝杠ⅩⅩⅥ-主轴箱垂直进给\end{matrix}\right]$

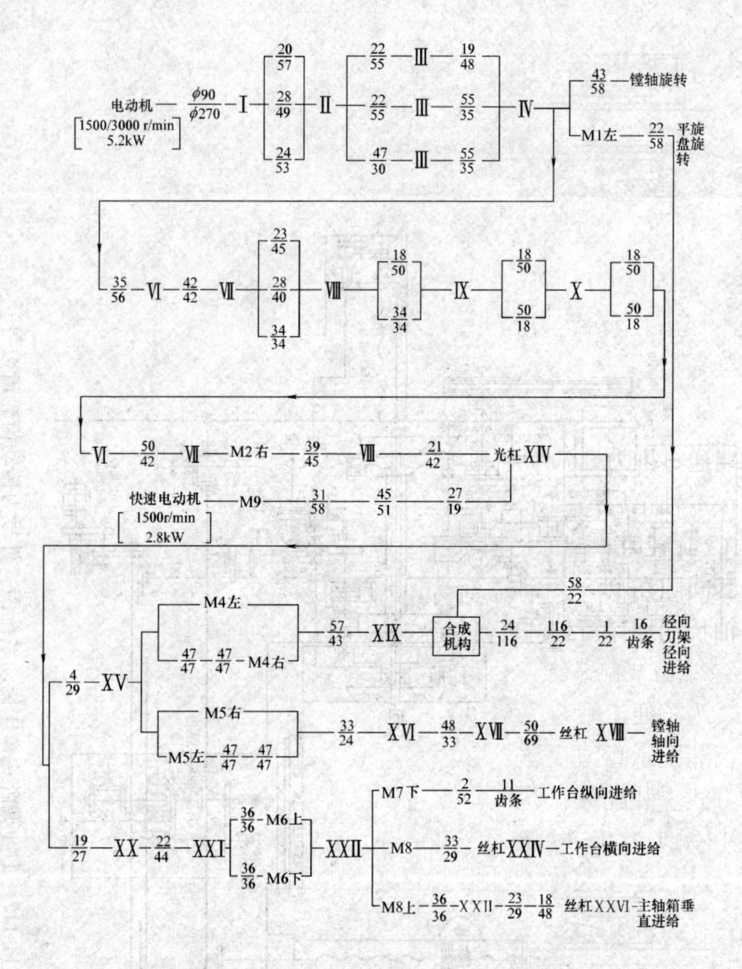

图 14-118　T68 型卧式镗床传动表达式

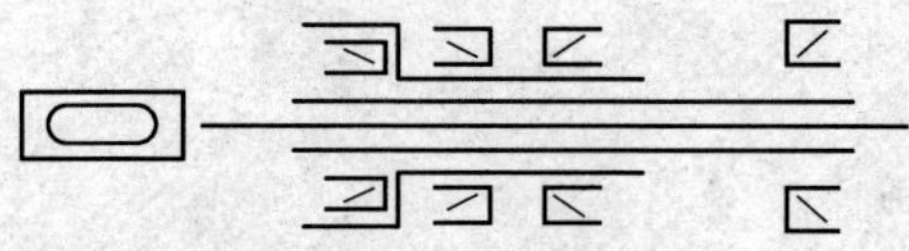

图 14-119　主轴结构轴承的组合形式

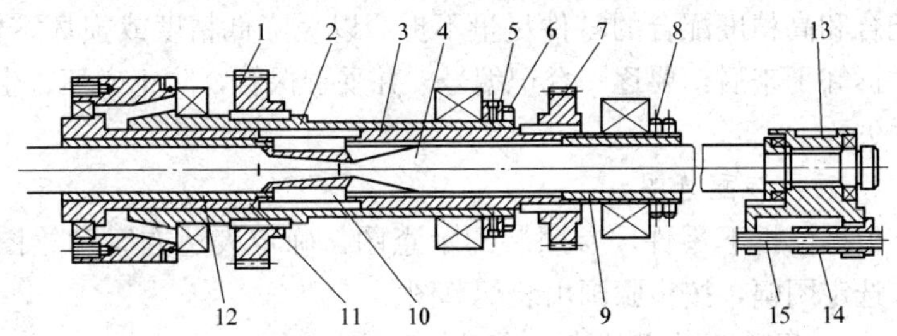

图 14-120　T68 型卧式镗床主轴组

1—齿轮；2—平旋盘主轴；3—主轴套筒；4—镗轴；5—垫片；6—螺母；7—齿轮；8—螺母；9—衬套；10—导向键；11、12—衬套；13—支承座；14—螺母；15—丝杠

后端通过推力球轴承和圆锥滚子轴承与支承座 13 连接，支承座安装在主轴箱后尾筒的水平导轨上。支承座上固定着螺母 14，当丝杆 15 旋转时，便带动镗轴作轴向进给运动。与镗杆相配合的 3 个衬套间隙在 0.01mm 左右，前后衬套间的距离较远，这样就可使镗轴长期地保持较高的导向精度。

2. 画装配示意图

为了便于画装配草图，在拆卸前可先画出主轴组的装配示意图。装配示意图就是徒手用符号和线条画出零件间的相对位置、连接方式、装配关系等，按透明方法画出，不存在零件的遮盖问题。图 14-121 为 T68 型卧式镗床主轴组的装配示意图。

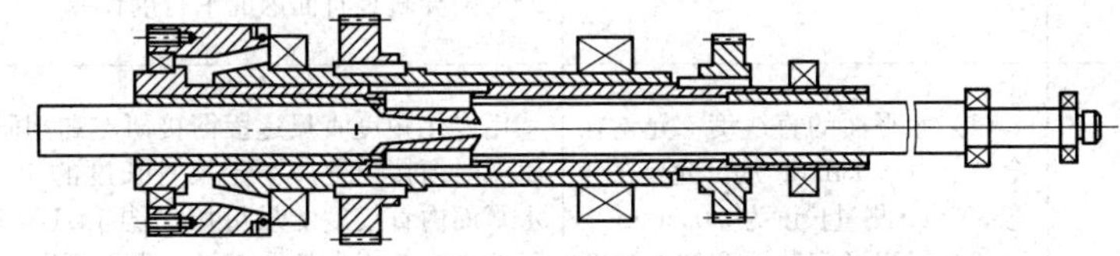

图 14-121　T68 型卧式镗床主轴组装配示意图

3. 拆卸零件

在熟悉装配体结构特点的基础上，依次拆卸零件。拆卸前，对一些重要的装配尺寸应先量得数据，并校验一些主要精度，如相对位置尺寸、极限尺寸、装配间隙等。拆卸时按可拆的顺序进行，过

盈配合和高精度配合的零件尽量不拆，以免降低精度或损坏零件。零件拆卸下来后，要逐一登记编号，并妥善保管，防止碰坏、生锈或丢失。

4. 画出装配草图

根据已拆下零件，参照装配示意图，确定表达方案和绘图比例，选定图幅，按步骤画出装配草图。

（七）T68 型卧式镗床床身刮研

(1) 刮研要求。掌握 T68 型卧式镗床床身的刮研方法，刮研后符合技术要求。

(2) T68 型卧式镗床床身刮研及操作要点见表 14-16。

表 14-16　T68 型卧式镗床床身刮研及操作要点

刮研内容	技术要求	操作要点
刮削 1、2 面（图 14-122）	(1) 垂直平面内的直线度：允差在全长上为 0.03mm；局部允差任意 300mm 测量长度上为 0.006mm。 (2) 对齿条安装表面 7 的平行度：允差在全长上为 0.03mm。 (3) 导轨面 1 与 2 的平行度：允差在全长为 0.02mm。 (4) 接触点：(8～10 点)/(25mm×25mm)	用 0.02mm/1000mm 框式水平仪和平行平尺找正床身水平，在自由状态下测量不少于 4 段。用 750mm×1000mm 通用平板拖研，刮削至要求。用图 14-123 的方法，纵向测量导轨面 1 与 2 对齿条安装面 7 的平行度。用水平仪每 150mm 测量一次，记录误差值后绘制导轨误差曲线，求出直线度。用平行平尺和等高垫块测量 1、2 面平行度时，要求平尺安放位置准确。平行度测量时应沿导轨全长移动测量工具，水平仪读数最大代数差为两导轨垂直面内的平行度误差
刮削侧导轨面 3	(1) 水平面的直线度：允差在全长上为 0.03mm；局部允差在任意 300mm 测量长度为 0.006mm。 (2) 对齿条安装面 8 的平行度允差为 0.03mm。 (3) 刮削 3 面时应检查它对齿条安装面 8 的平行度，检验以面 3 为基准，用专用平行度测量工具装上百分表，全长移动测量表面 8，读数为平行度误差，如图 14-126 所示	用专用角度直尺逐段衔接研点和刮研。研点时衔接长度应小于尺身长度的 1/2。水平面内直线度测量可按如图 14-124 所示的方法使用光学平直仪，也可用图 14-125 的方法测量。用后一种方法测量时，在机床外或导轨 2 上水平放置一平行平尺，将测量指示器固定在检具上，使其触及平尺测量面，纵向移动检具，调整平尺使指示器读数两端相等，在全行程上移动检具测量。误差以指示器读数最大代数差计

续表

刮研内容	技 术 要 求	操 作 要 点
刮削压板导轨面 4	(1) 对导轨面 2 的平行度：允差在全长上为 0.02mm。 (2) 接触点：(6～8 点)/(25mm×25mm)	用平行平尺的研点，逐段刮至要求。刮后用千分尺测量导轨厚度，检查对面 2 的平行度（图 14-127），或用专用平行度测量工具测量此项精度
刮削导轨面 5	(1) 对导轨面 3 的平行度：允差在全长上为 0.02mm。 (2) 接触点：(6～8 点)/(25mm×25mm)	刮削方法和刮削导轨面 3 相同。全长移动专用平行度测量工具作不少于两次的测量，每次必须改变千分表触头位置
刮削斜面 6	(1) 对导轨面 3 的平行度：允差在全长上为 0.02mm。 (2) 接触点：(6～8 点)/(25mm×25mm)	用 55°角形座配刮导轨面 6，用图 14-128 的方法测量其直线度。测量时将装有千分表的磁性表架固定在角形座上，全长移动，测量不少于两次
刮削面 9	(1) 对导轨面 1、2 的平行度：允差在全宽上为 0.01mm。 (2) 接触点：(6～8 点)/(25mm×25mm)	在平尺上装上磁性表座和百分表纵向移动测量面 9
刮削面 11	(1) 对导轨面 3 的垂直度：允差在 200mm 长度上为 0.01mm。 (2) 对导轨面 1、2 的垂直度：允差在全宽上为 0.005mm。 (3) 接触点：(6～8 点)/(25mm×25mm)	用图 14-129 的方法，在导轨面上安置一方尺，校正方尺对导轨 3 的平行度，应小于 0.01mm，并用 C 形轨头将其固定。在磁性表架上安装百分表，测量面 11 对方尺的垂直度

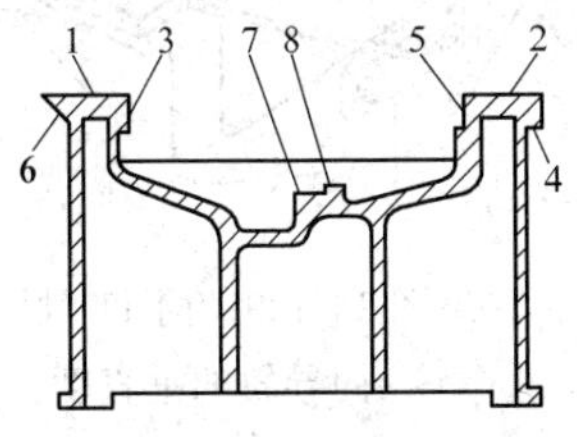

图 14-122　T68 型卧式镗床床身导轨
1～8—床身导轨各表面

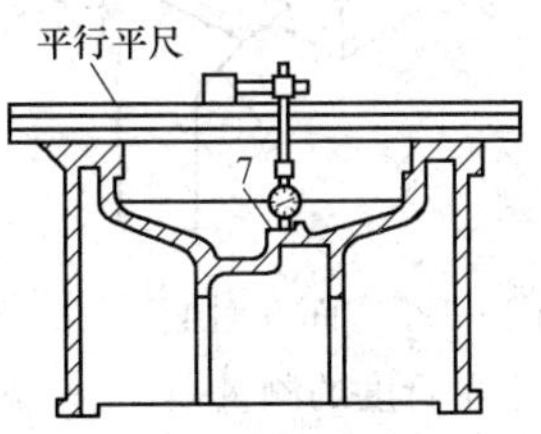

图 14-123　对齿条安装面 7 的平行度测量

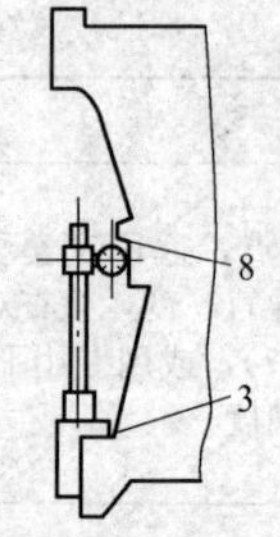

图14-124　面3对齿条安装面8的平行度测量

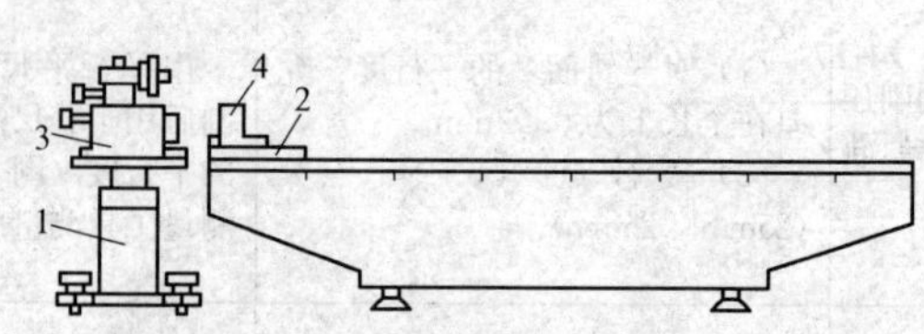

图14-125　用光学平直仪测量导向导轨的直线度

1～4—表面

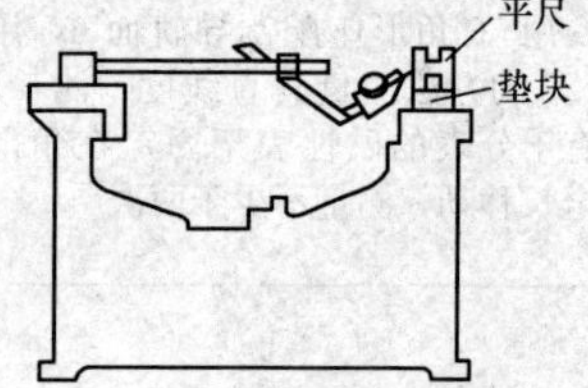

图14-126　用平尺测量水平面内的直线度

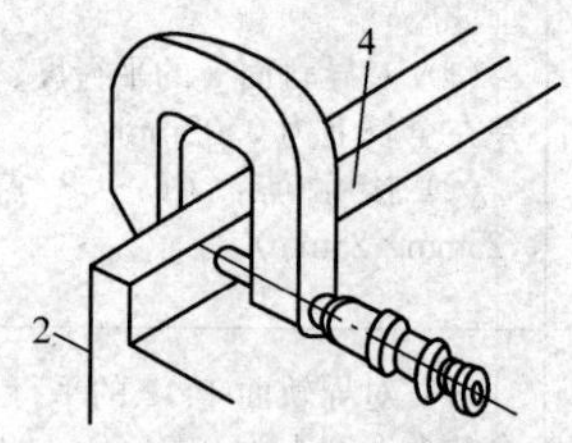

图14-127　平行度的测量

2、4—表面

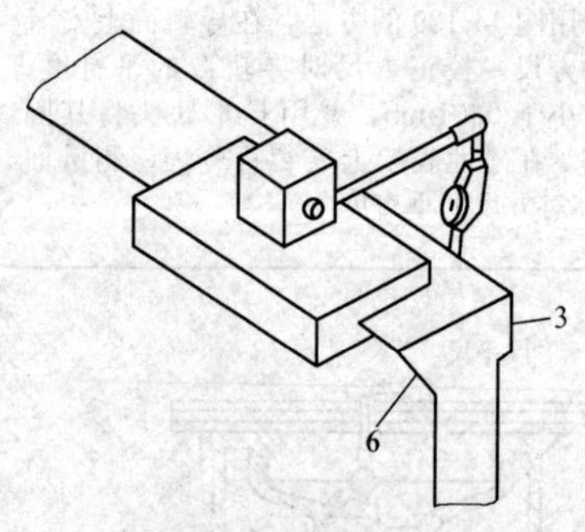

图14-128　面6对面3平行度的测量

3、6—表面

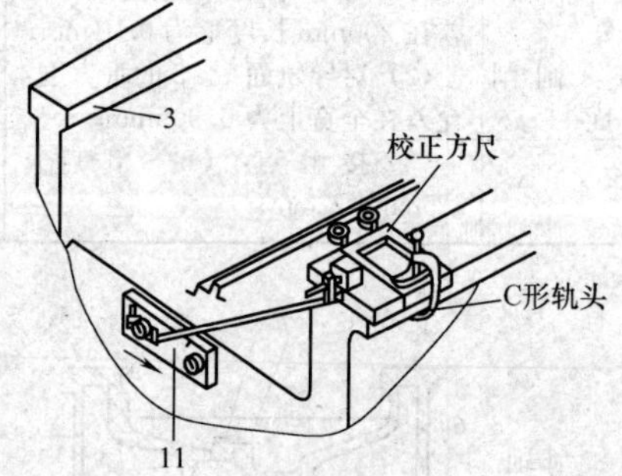

图14-129　面11对导向导轨的垂直度

3、11—表面

（八）T68型卧式镗床下滑座的刮研

（1）刮研要求。掌握T68型卧式镗床下滑座的刮研方法，刮研后符合技术要求。

（2）T68型卧式镗床下滑座的刮研内容及操作要点见表14-17。

表14-17　T68型卧式镗床下滑座的刮研内容及操作要点

刮研内容	技术要求	操作要点
刮削下滑座导轨1（图14-130）	（1）直线度：允差0.01mm/1000mm，全长上为0.03mm。 （2）两条导轨的平行度：允差为0.02mm/1000mm，全长上为0.03mm。 （3）对孔A、B上母线的平行度：允差在全长上为0.02mm。 （4）接触点（8～10点）/（25mm×25mm）	将下滑座1面朝上放至床身导轨上，刮前用水平仪座和装有百分表及磁性表架的检具测量表面1对两端A、B孔的平行度，测前A、B两孔另分装上检验心轴，如图14-130所示。用750mm×1000mm平板研点，逐段刮削，注意保证两孔的平行度。用图14-131所示的方法，用平行平尺、百分表测量1面的直线度
刮削侧导轨面2	（1）直线度允差在全长上为0.02mm。 （2）对A、B两孔的平行度允差在全长上为0.02mm。 （3）接触点：（8～10点）/（25mm×25mm）	下滑座仍置于床身导轨上，刮前测量2面对A、B两孔平行度，方法如图14-132所示，百分表测头触及两心轴的侧母线。刮时将下滑座斜置，使导轨面2朝上，用平行平尺刮削至要求。用图14-132的方法测量直线度，移动装有百分表的水平仪座，校正放置在床身导轨上的直尺，读两端读数，并全长移动测得导轨面2的直线度。测量时应不少于两个位置。用图14-133所示的方法测量直线度
刮削侧面3	（1）对表面2的平行度允差在全长上为0.02mm。 （2）接触点：（6～8点）/（25mm×25mm）	用平行平尺研点，刮削至要求。用图14-134的方法测量平行度，测量不少于两次
刮削斜面4	（1）侧面2的平行度：允差在全长上为0.02mm。 （2）接触点：（6～8点）/（25mm×25mm）	下滑座放置同上，用角形平尺研点刮至要求。平行度的测量方法和床身导轨刮削斜面的测量不少于两次
刮削压板面5	（1）对导轨面1的平行度：允差在全长上为0.02mm。 （2）接触点：（4～6点）/（25mm×25mm）	下滑座下导轨朝上放稳后，用平行平尺研点后，刮削此面。平行度测量方法和图14-134、图14-135相同

续表

刮研内容	技术要求	操作要点
刮削下导轨面 6、7 和侧面 8	(1) 上导轨面 1 对床身导轨的平行度允差在全长上为 0.02mm（中凹），宽度上为 0.01mm。 (2) 对上导轨侧面 2 的垂直度允差在 500mm 上为 0.01mm。 (3) 接触点：(8～10 点)/(25mm×25mm)	复校床面至要求。以床身导轨为基准配刮表面 6、7、8 至要求（中间略软）。用图 14-135 所示的方法，将检具横向移动，在床身前后导轨四处分别测量表面 1 与床身导轨的平行度。上、下侧导轨的垂直度测量方法如图 14-136 所示。测量时在导轨面 1 上安置百分表放于水平仪座上，沿导轨面 3 全长移动检具，读数差即为垂直度误差
刮压板面 9	(1) 对表面 6 的平行度允差在全长上为 0.02mm (2) 接触点：(4～6 点)/(25mm ×25mm)	将压板面 9 朝上放置后刮研。可用装有百分表的磁性表架的平尺测量 6 对 9 的平行度
检查面 10 和配刮塞铁、压板	接触点：(6～8 点)/(25mm×25mm)	面 10 是塞铁的固定接触面，用平尺检查接触点。将粗刮后的塞铁和斜压板用图 14-137 所示的方法放入，调整后与床身拖研，刮塞铁接触点至要求。固定面间用 0.03mm 塞尺不得塞入，滑动面用 0.03mm 塞尺塞入，深度≤20mm。将平压板装上下滑座 9 面，按接触点要求配刮至要求。塞铁（见图 14-138）如不重做，可通过修复后再使用。用粘接或涂镀方法将磨损量重新恢复配刮后至要求

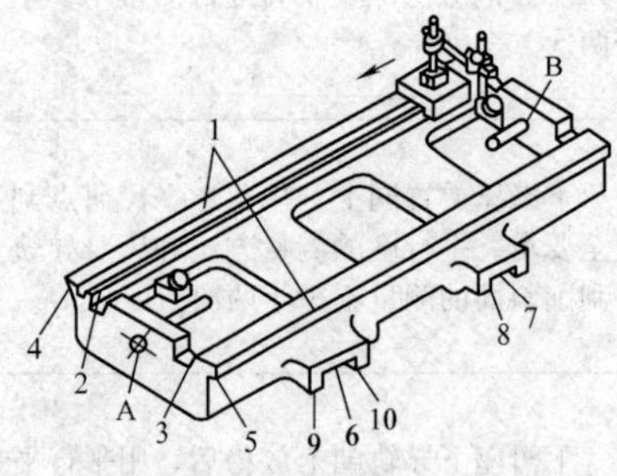

图 14-130　下滑座导轨示意图

1～10—表面

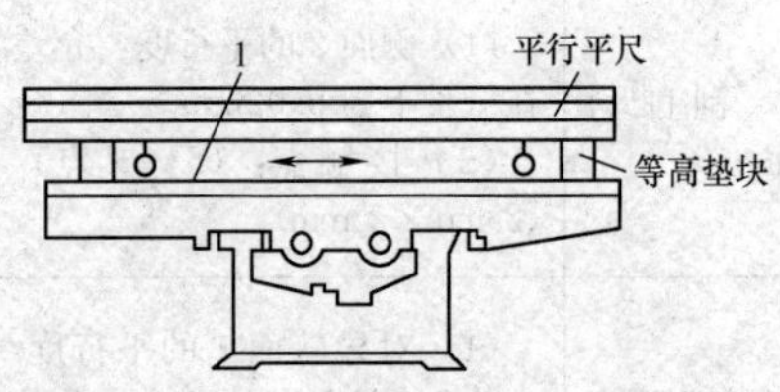

图 14-131　1 面直线度测量方法

1—表面

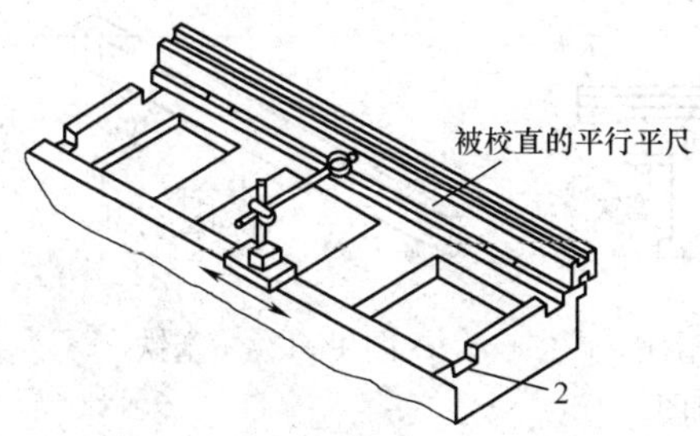

图 14-132　用平行平尺、百分表测量表面 2 的直线度

2—表面

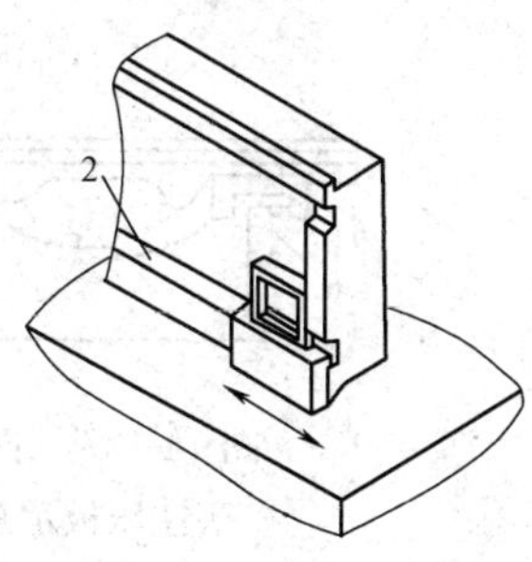

图 14-133　用水平仪测量表面 2 的直线度

2—表面

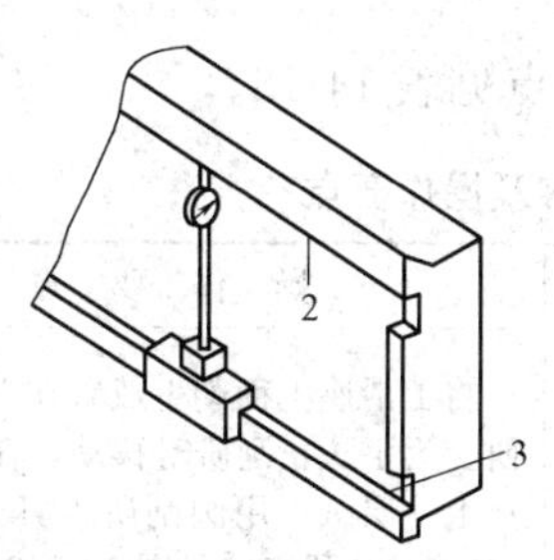

图 14-134　侧面 3 对表面 2 的平行度测量

2、3—表面

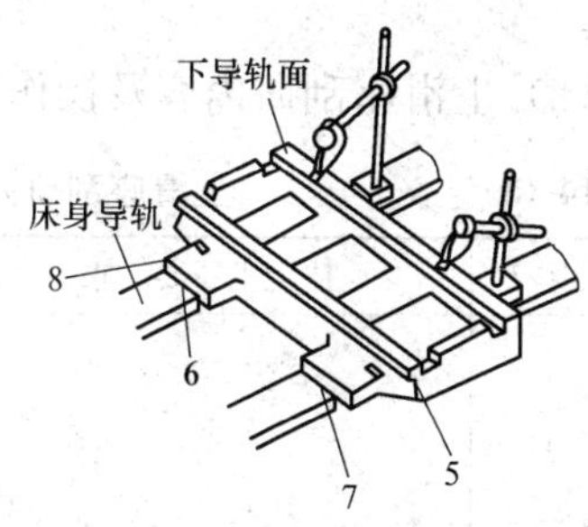

图 14-135　上导轨 1 对床身导轨的平行度测量

5、6、7、8—表面

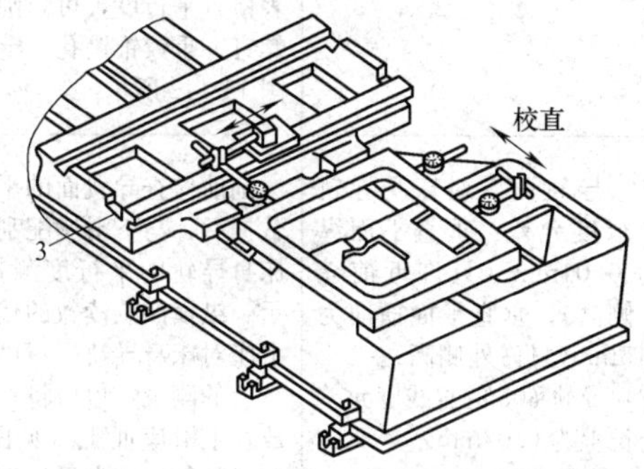

图 14-136　下滑座上、下导轨垂直度的测量

3—表面

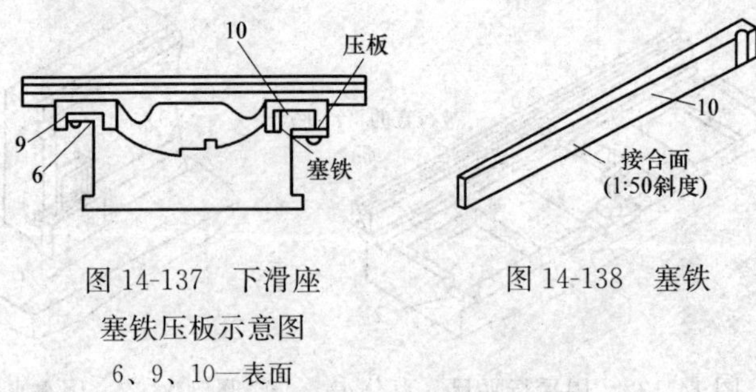

图 14-137 下滑座塞铁压板示意图
6、9、10—表面

图 14-138 塞铁

（九）上滑座刮研

（1）刮研要求。掌握上滑座刮研的工艺方法，刮研后符合技术要求。

（2）上滑座刮研内容及操作要点见表 14-18。

表 14-18 上滑座刮研内容及操作要点

刮研内容	技术要求	操作要点
刮圆导轨面 1、2（图 14-139）	平面度允差应为 0.02mm（中凸） 对 A 面的平行度允差在 130mm 长度上为 0.005mm	将上滑座上面朝上放置在下滑座上刮研。为了防止刮研时移动，在导轨之间垫上一层纸。用圆刮研工具［见图 14-140（a）］研点［见图 14-140（b）］。钢环钢球导轨 1、2 面用圆刮研工具着色检查。刮前检查 1、2 面对 A 面的平行度，以便掌握刮研数据，测量方法见图 14-141。用等高垫块、平行平尺、百分表检查平行度，可修刮 A 面等距后旋紧螺钉，重铰锥销孔。定心轴磨削要求如图 14-142 所示
刮下导轨面 3、4、5	（1）导轨面 2 对床身导轨的平行度允差：垂直平面纵向为 0.01mm（只许近前立柱一侧高）；垂直平面横向为 0.015mm(只许外侧高)。 （2）导轨面 5 的直线度允差在全长上为 0.02mm。 （3）接触点：（8～10 点）/（25mm×25mm）	刮前检查导轨面的平行度，掌握刮研数据后，与下滑座配刮 3、4 面。2 面对床身导轨的平行度测量如图 14-143 所示。纵横四点读数的代数差即为上、下滑座对床身导轨平行度累计的误差。平行度的测量，也可将百分表、磁性表架放在上滑座面上（见图 14-144），回转测量放置在床身导轨上的量块，测量位置同上

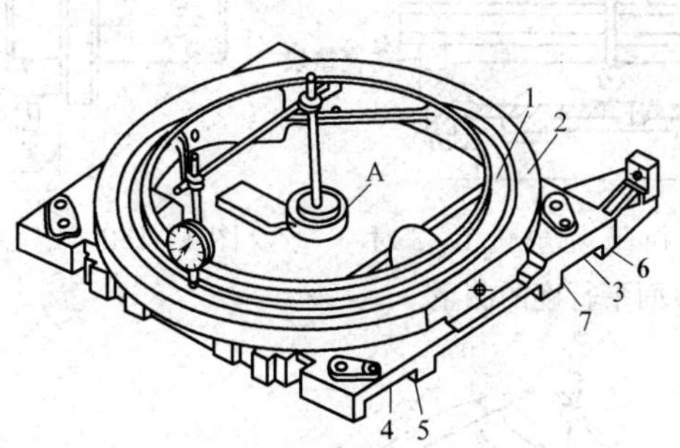

图 14-139　上滑座导轨示意图

1～7—表面

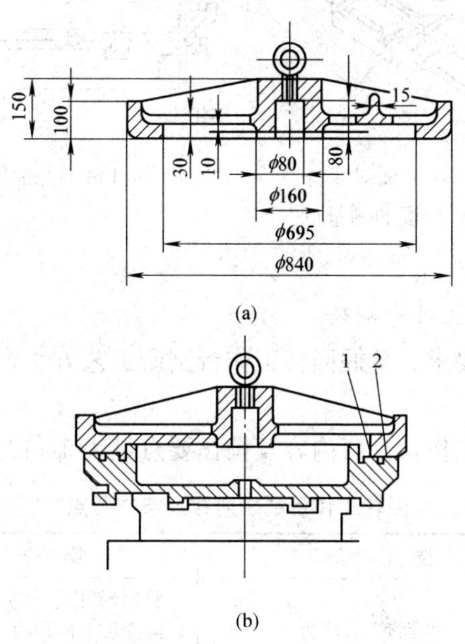

图 14-140

(a) 圆刮研工具；(b) 用圆刮研工具研 1、2 面

1、2—表面

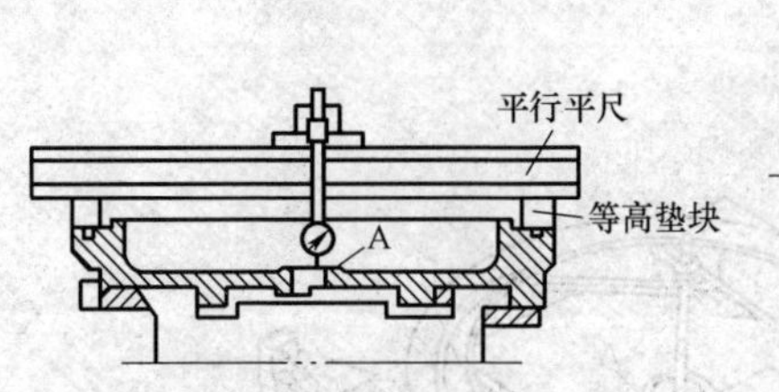

图 14-141　圆导轨 1、2 对 A 面平行度的测量

图 14-142　定心轴加工要求

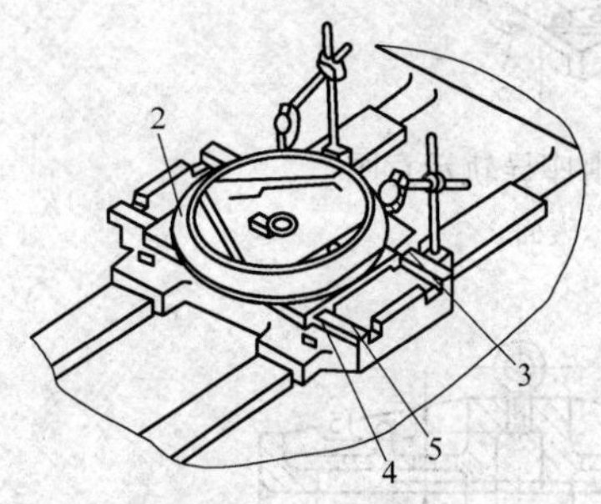

图 14-143　2 面对床身导轨平行度的测量
2、3、4、5—表面

图 14-144　上滑座示意图

（十）回转工作台刮研

(1) 刮研要求。掌握回转工作台刮研工艺方法，刮研后符合技术要求。

(2) 回转工作台刮研内容及操作要点见表 14-19。

表 14-19　　回转工作台刮研内容及操作要点

刮研内容	技术要求	操作要点
刮圆导轨面 1（见图 14-145）	(1) 平面度允差为 0.01mm/1000mm。 (2) 对 D 孔轴线的垂直度允差为 0.01mm/1000mm。 (3) 接触点：(6～8 点)/(25mm×25mm)	将回转工作台 1、2 面朝上放稳，以防变形。两种回转导轨的刮研参见上滑座刮研的有关内容。刮前 1、2 面对 B 面的平行度检查和刮削参见上滑座刮研的有关内容。定心机构的轴承套参见上滑座刮研的有关内容。轴承套磨松时需和安装面一次磨出，同时保证与内孔的同轴度小于 0.01mm

续表

刮研内容	技 术 要 求	操 作 要 点
刮面 2	（1）平面度允差为 0.02mm。 （2）对表面 1 的平行度允差在全长上为 0.01mm。 （3）接触点：（8～10 点）/（25mm×25mm）	将回转工作台装在上滑座上，与滑座面 2 对研，刮工作台面 2，保证对面 1 的平行度。将百分表放在表面 2 上，测头触及表面 1，沿圆周移动百分表测量对表面 1 的平行度（见图 14-145）
刮面 3	（1）平面度允差应为 0.03mm（平或凹）。 （2）面 3 的端面圆跳动允差为 0.02mm/1000mm。 （3）接触点：（8～10 点）/（25mm×25mm）	将工作台装在上滑座上，配好三块垫块，通过调整使三点夹紧力大小一致，在零度位置夹紧后刮研至要求。按图 14-146 所示，将百分表放在床身导轨上触头顶在台面边缘一点，回转工作台测量表面 3 的端面圆跳动。检验平面度时要保证床身导轨在垂直面内平行度小于 0.02mm/1000mm。面 3 平面度采用三点法检查
刮中间 T 形槽	（1）直线度允差为 0.02mm/1000mm。 （2）侧面平行度允差为 0.02mm/1000mm。 （3）两侧面对表面 3 的垂直度允差为 0.04mm/1000mm	修刮中间 T 形槽侧面，兼顾其直线度和平行度

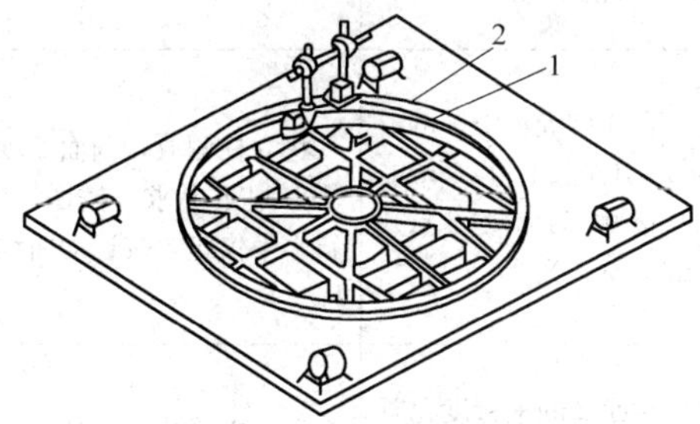

图 14-145　2 面对 1 面平行度的测量

1、2—表面

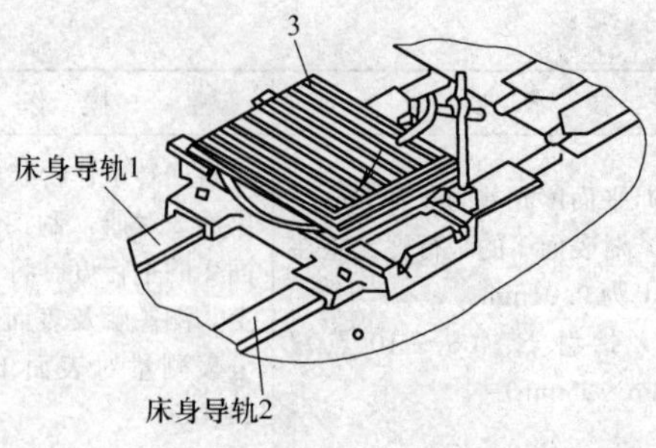

图 14-146　表面 3 端面圆跳动的测量

3—表面

（十一）立柱刮削

(1) 刮削要求。掌握立柱刮削工艺方法，刮削后应符合技术要求。

(2) 立柱刮削内容及操作要点见表 14-20。

表 14-20　立柱刮削内容及操作要点

刮削内容	技术要求	操作要点
刮面 1（见图 14-148）	(1) 纵向直线度允差 0.02mm/1000mm，在全长上为 0.03mm。 (2) 垂直面上平行度允差 0.02mm/1000mm。 (3) 接触点：(8～10 点)/(25mm×25mm)	将立柱卧放，导轨面 1 向上，用调整铁调整水平，使 1 面纵、横方向误差最小，用平板研点，刮至要求。纵向直线度用水平仪全长测量，用误差曲线求出。横向平行度在平行平尺上放水平仪全长移动测得(立柱导轨示意图见图 14-147)
刮面 2	(1) 直线度允差0.02mm/1000mm,在全长上为0.03mm。 (2) 接触点：(6～8 点)/(25mm×25mm)	将立柱侧放，刮面 2 朝上，用角形平尺研点刮至要求。按图 14-148 所示，移动斜水平仪座，按运动曲线求其直线度
刮塞铁面 3	(1) 对面 2 的平行度允差在全长上为 0.02mm。 (2) 接触点：(8～10 点)/(25mm×25mm)	如上序号放置立柱，刮研方法相同。如图 14-149 所示，测量对面 2 的不平行度，测量不少于两次

续表

刮削内容	技　术　要　求	操　作　要　点
刮斜面 4	（1）对面 3 的平行度允差在全长上为 0.02mm。 （2）接触点：（8～10 点）/(25mm×25mm)	将立柱翻身面 4 朝上放稳，刮削方法同前。平行度测量方法如图 14-150 所示，测量不少于两次

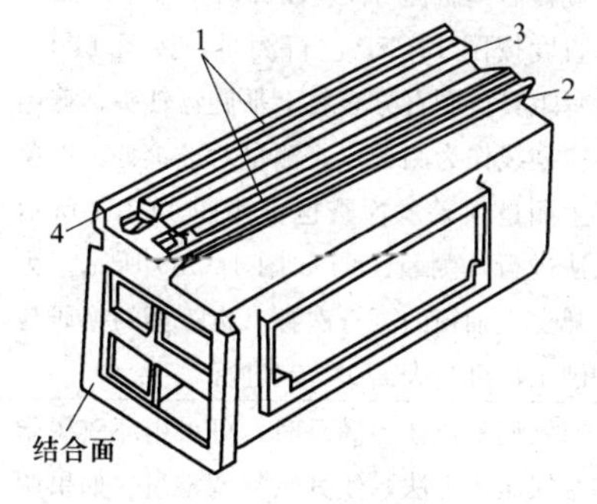

图 14-147　立柱导轨示意图

1、2、3、4—表面

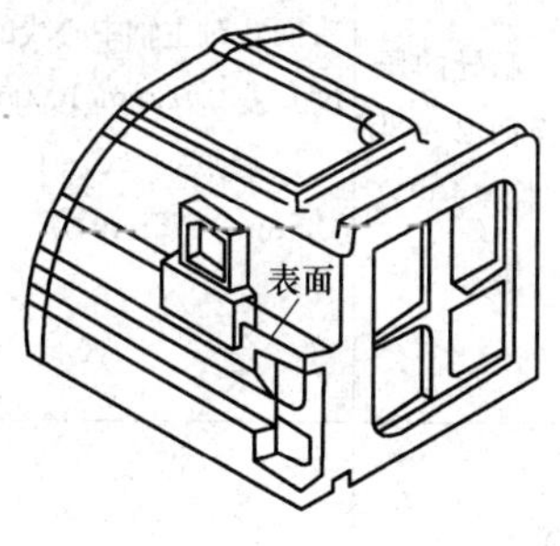

图 14-148　2 面直线度测量

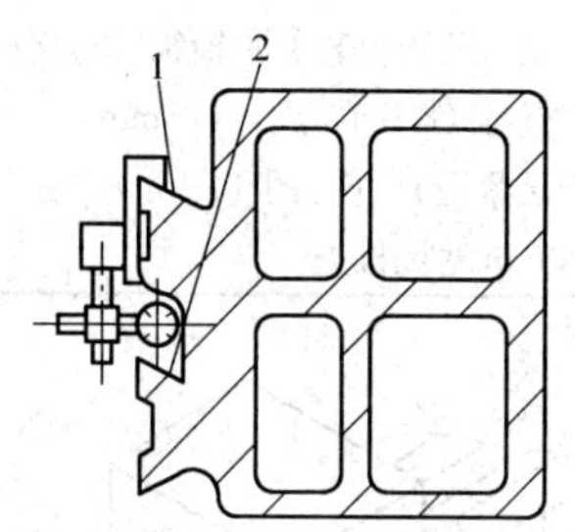

图 14-149　面 3 对面 2 平行度的测量

1、2—表面

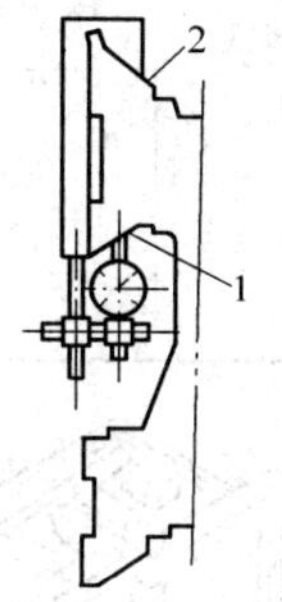

图 14-150　面 4 对面 3 平行度的测量

1、2—表面

（十二）主轴箱刮研

（1）刮研要求。掌握主轴箱刮研的工艺方法，刮研后应符合技术要求。

（2）主轴箱刮研内容及操作要点见表 14-21。

表 14-21　　主轴箱刮研内容及操作要点

刮研内容	技 术 要 求	操 作 要 点
刮表面 1（见图 14-151）	接触点：（8～10 点）/（25mm×25mm）	将两块压板拆去，表面 1 按立柱表面研点，刮削后着色检查接触情况，要求中间略软些
刮导向压板面 2（见图 14-152）	面 2 对主轴中心线的垂直度允差 0.03mm/1000mm； 接触点：（8～10 点）/（25mm×25mm）	将压板装在主轴箱上，并按前述方法装上平旋盘后刮研面 2。表面 2 对主轴中心线的垂直度按图 14-152 进行测量，按图 14-153 所示工具连同百分表装上平旋盘轴头，燕尾座应划线作为测量点。测量对准该处，以免产生测量误差。检查也可用图 14-154 所示方法进行，测量工具如图 14-155 所示。为了减少主轴箱的翻身次数，本表面的拖研与刮削工作可与表面 1 一起进行
刮塞铁	接触点：（6～8 点）/（25mm×25mm）	塞铁调整量如不满足时，可采用环氧树脂粘结层压板方法，使其恢复调整量。如果调整量较小时，也可刨削两个导向压板的安装面，使塞铁恢复调整量。刨时应保持前述比例关系，同时加工量不宜超过 3mm。将刮后的塞铁以及压板装上主轴箱，与立柱对研修刮塞铁至（8～10 点）/（25mm×25mm），使配合松紧适宜（见图 14-156）。密合程度用 0.03mm 塞尺检查

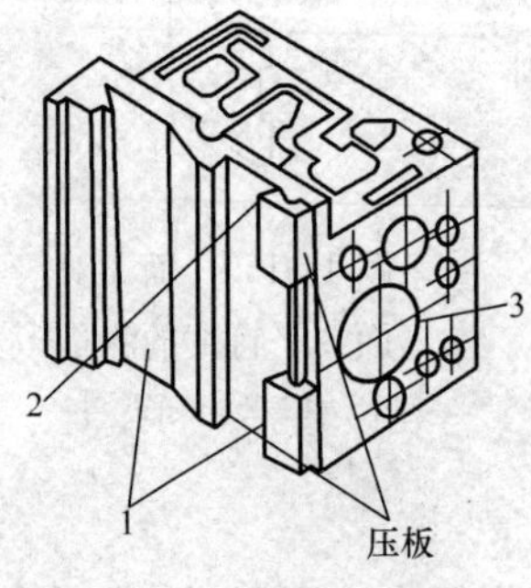

图 14-151　主轴箱导轨示意图

1～3—表面

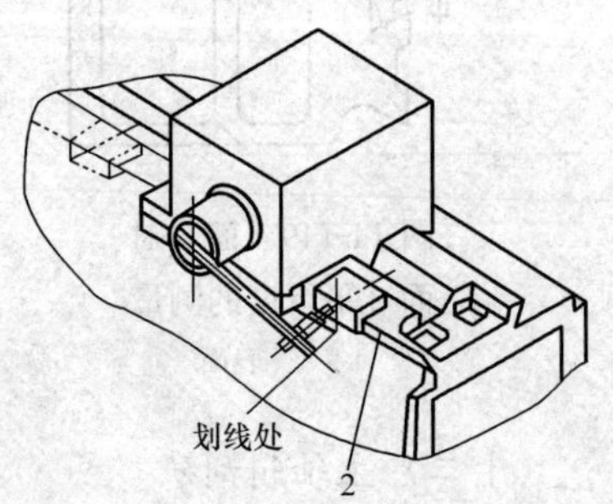

图 14-152　面 2 对主轴中心线垂直度的测量

2—表面

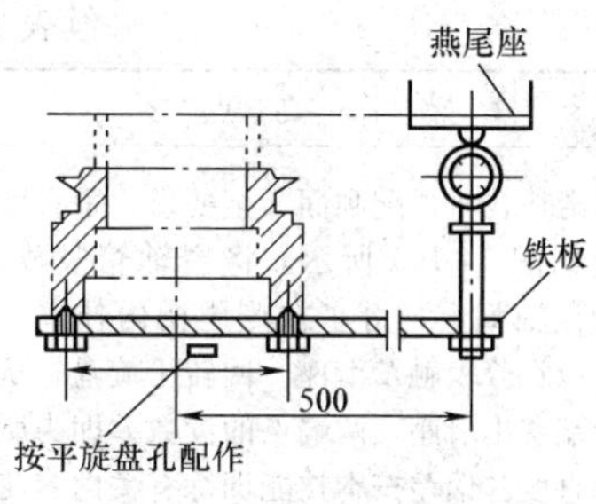

图 14-153　用百分表及测量工具测量

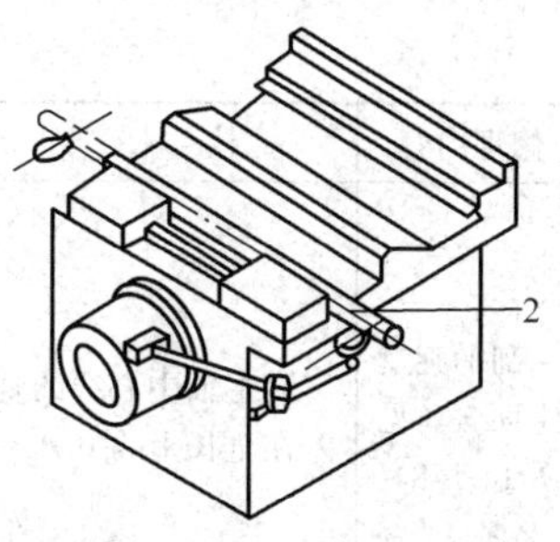

图 14-154　面 2 对主轴中心线垂直度的测量

2—表面

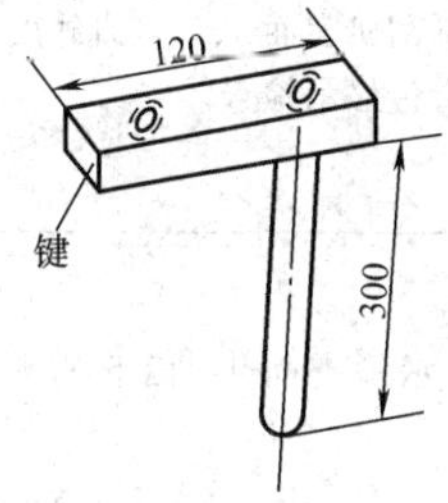

图 14-155　测量工具图

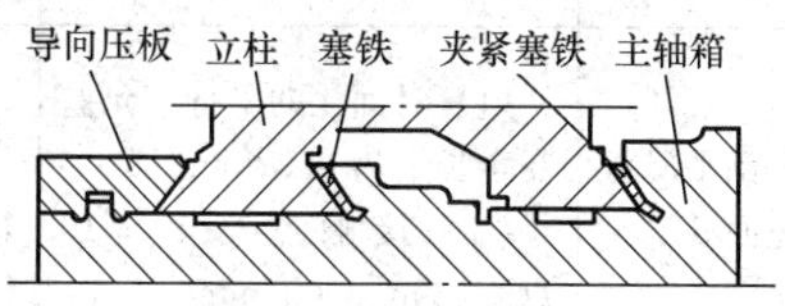

图 14-156　主轴箱立柱塞铁压板示意图

（十三）平旋盘修理

（1）修理要求。掌握平旋盘修理工艺方法，修理后符合技术要求。

（2）平旋盘修理内容及操作要点见表 14-22。

表 14-22　　平旋盘修理内容及操作要点

修理内容	技术要求	操作要点
磨滑块平面 1、2（见图 14-157）	（1）1 面平面度允差为 0.01mm。 （2）1 面在垂直平面内的平行度允差为 0.04mm/1000mm。 （3）2 面对 1 面的平行度允差为 0.02mm/1000mm。 （4）1 面对 9 面平面的平行度允差在全长上为 0.02mm	将滑块放至平面磨床工作台上，精磨 1、2 面。磨削时，先以 2 面为基准磨削 1 面，再精磨 2 面，用平板对研后着色研点，检查平面度。检查 1 面在垂直平面内的平行度时，可用三个千斤顶垫顶于面 2，然后将水平仪平尺放至面 1，调正安装水平后，测量该项平行度。面 1 对面 2 的平行度可用千分尺检查，或在平板上用百分表测量

续表

修理内容	技 术 要 求	操 作 要 点
刮平旋盘座面 3（见图 14-158）	对主轴中心线的垂直度允差在全长上为 0.03mm	用滑块合研，配刮面 3 至要求。垂直度测量如图 14-159 所示。将主轴箱竖放，平旋盘轴朝上，滑座在燕尾槽内伸出一端，以百分表触及滑座。回转平旋盘，从另一端移出滑座，两端点的读数差即为所测垂直度。偏差按本技能训练有关内容使 *A* 处高于 *B* 处
刮平旋盘座面 4	（1）直线度允差在全长上为 0.01mm。 （2）接触点：（8～10 点）/(25mm×25mm)	用角形平尺分别刮研表面 4、5，直线度用平尺保证，由着色显示检查
刮平旋盘座面 5	（1）对面 4 的平行度允差在全长上为 0.02mm。 （2）接触点：（8～10 点）/(25mm×25mm)	按图 14-160 所示检查面 4、面 5 的平行度
刮滑座面 6、面 7	接触点：（8～10 点）/(25mm×25mm)	将滑块放入平旋盘燕尾槽内，按表面 4 配刮表面 6 的要求。将经初刮的塞铁装入滑座与平旋盘拖研，刮至要求（见图 14-161）。平旋盘座 10 面待总装后，在工作台上安装刀具或磨具加工，表面粗糙度 $Ra0.8\mu m$

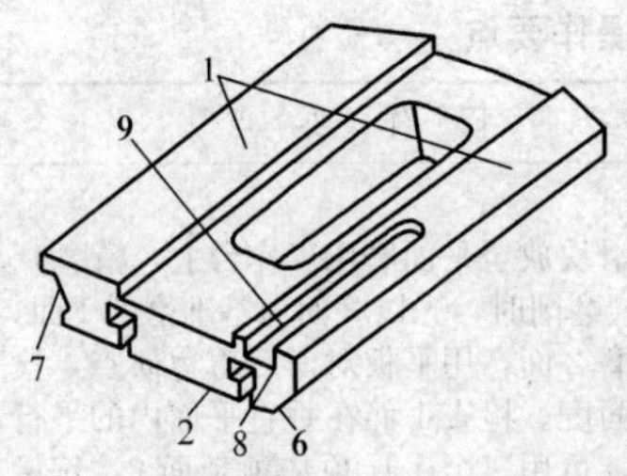

图 14-157 滑块表面示意图

1、2、6～9—表面

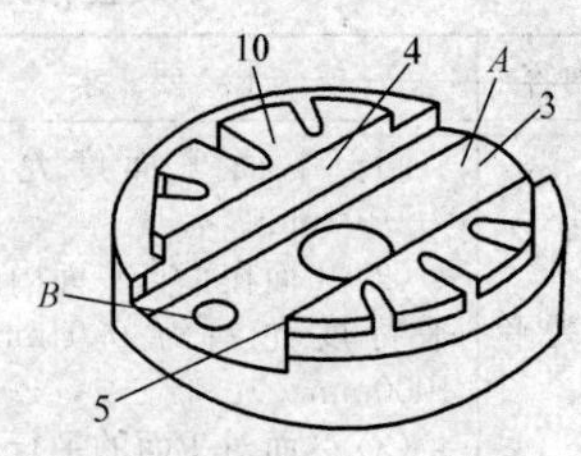

图 14-158 平旋盘座表面示意图

3～5、10—表面；*A*、*B*—表面

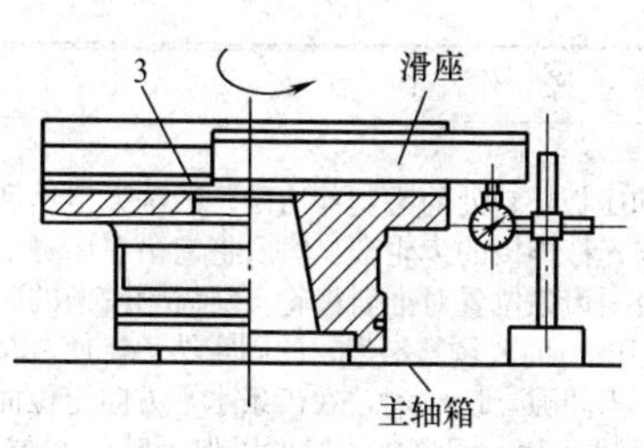

图 14-159　面 3 对主轴中心线的垂直度测量

3—表面

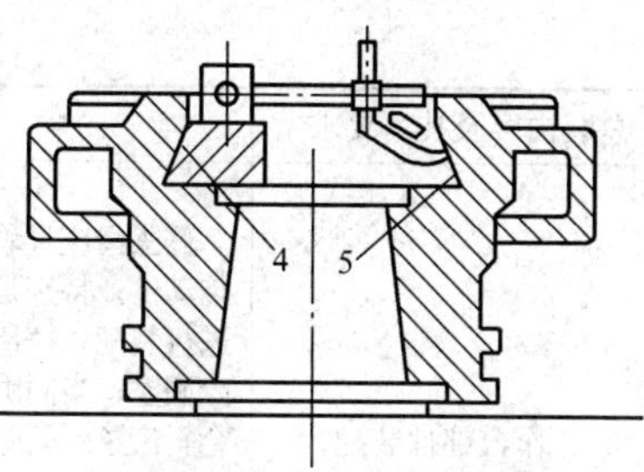

图 14-160　面 4、面 5 平行度的测量

4、5—表面

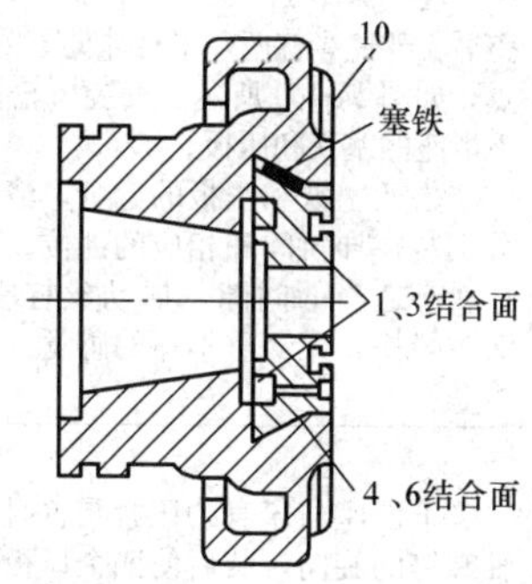

图 14-161　平旋盘、塞铁、压板示意图

1、3、4、6、10—表面

（十四）机床总装

（1）基本要求。掌握机床总装的工艺方法，装配后符合技术要求。

（2）机床总装内容及操作要点见表 14-23。

表 14-23　　机床总装内容及操作要点

总装内容及技术要求	操　作　要　点
1. 床身上装齿条 （1）相邻齿条中线对床身导向导轨的平行度允差为 0.05mm/1000mm。 （2）三齿条中线对床身导向导轨的平行度允差为 0.1mm/1000mm。 （3）定位基面间隙 0.04mm 塞尺不得塞入	在更换第三根齿条时，先在平板上测量齿条中径对齿条底面的平行度，保持等高，然后按原螺孔尺寸装配，保持两条接缝处的齿距一致

续表

总装内容及技术要求	操 作 要 点
2. 工作台部件装配 （1）间隙为0.15～0.25mm （2）垂直平面内光杠对床身导轨的平行度允差为0.08mm/1000mm （3）水平面内光杠对床身导轨的平行度允差为0.15mm/1000mm	修去滑座导轨和压板导轨处的毛刺并清洗。清洗下滑座和传动件，特别是与光杠连接的齿轮套，然后将它吊在床身上进行装配，按床身斜齿条位置对准斜齿轮。斜齿轮齿条的间隙调整：当间隙<1mm时，调整斜齿轮的固定法兰，使之符合斜齿条副间隙；当间隙>1mm时，在齿条水平方向定位面和齿条底面之间增垫垫片，调整垫片厚度以保证啮合间隙。若上滑座螺母需要更换新件，新螺母坯体安装配位置钻孔，然后按实际丝杠孔定中心后，重新配车螺纹，经安装配钻并铰锥销孔。安装两根水平光杠，用百分表检查两光杠的安装平行度［见图14-162（a）］。检查时下滑座移至床身中段，调整后支架使光杠两端平行［见图14-162（b）］。后支架端面研点，如图14-163所示。安装齿轮及各传动件。装配调整上、下滑座的塞铁和压板。 修去两塞铁和压板的毛刺，清洗后注上N68机油，然后分别装在导轨间和相应的部位。调整塞铁螺钉，使塞铁与导轨有适当的间隙，摇动丝杠手柄时，滑座移动要求灵活、轻松，无轻重不一的感觉
3. 装下滑座夹紧装置	装下滑座与床身的压紧装置时，应分清左右两侧的夹紧轴螺钉的旋向，装后使四个压板能同时刹紧和松开。转动压紧摇手时，要求轻松。调整上述装置，可先在压板和导轨间放入塞尺，试作夹紧，再次测得间隙后逐次调整，塞尺不得塞入25mm长度。调整完毕应拧紧防松螺帽
4. 装前立柱	清洗前立柱安装底面，将试装后的前立柱重新装上床身，对准锥定位孔，并用螺钉作初固定。在ϕ16mm×80mm锥销上涂机油，用手压入锥孔内，用木锤轻击立柱底边的法兰缘，使锥销自由滑入孔内，此时锥销外露约10mm，再用纯铜棒将锥销击实。检验前立柱对床身导轨的垂直度，先紧固前立柱法兰边四角的螺钉，记下床身水平读数和前立柱垂直方向的水平仪读数，若精度不符时需刮研床身与前立柱接合面，或精铣立柱底面
5. 装重锤和滑轮架	在立柱中间的孔内插入ϕ50mm×400mm的圆棒，将重锤按方向放入立柱内。装滑轮架及钢丝绳，在滑轮架油杯内注放N68机油

续表

总装内容及技术要求	操　作　要　点
6. 装回转工作台 (1) 平行度允差为0.01mm/1000mm。 (2) 调整好钢板与两环形面的间隙。 (3) 装定位轴承。 (4) 复检工作台平面度允差为0.03mm。 (5) 复检工作台圆跳动允差为0.02mm/1000mm	先不装入钢环。工作台装上上滑座。在工作台上加配重，用千分表测量工作台圆环和上滑座圆导轨之间的平行度以及三个夹紧处的数值，按此尺寸配磨钢环。装中间定位轴承。注意不要过分压紧轴承内环，希望间隙量要少，以防止工作台中间变形
7. 装主轴箱	修去主轴箱压板塞铁毛刺并予以清洗，注上N68机械油，待装。将主轴箱吊上前立柱，装上压板。用千斤顶或100mm×100mm×500mm方木垫在主轴箱底面，检查主轴箱与前立柱导轨，上下应紧密贴合。将滑轮架上的钢丝绳与主轴箱顶部的吊环相连，(另一端与重锤相连)，装入丝杠螺母，并作固定，将主轴箱升至最高位置，配作丝杠上支架固定螺孔及定位销孔，装上锥销。装上主塞铁，调节适当后，将制动螺母拧紧。装后主轴箱行程应能达到规定数值。装上丝杠螺母，旋紧螺母固定螺钉；将主轴箱升至最高位置，配作丝杠上支架固定螺孔及定位销孔，装销子定位。装主轴箱后复检精度要求。装上主轴箱夹紧机构
8. 装垂直光杠	装上垂直花键轴。检查主轴箱轴孔端，除去毛刺，并保持清洁。检查并修整光杠轴端、键槽的毛刺及倒钝锐边，然后作清洗处理。检查主轴箱与进给箱孔内滑键，应与轴槽贴合。装光杠轴。将光杠穿入箱内锥齿轮的孔内，转动光杠，找出第一个滑键并推光杠至第二个滑键处（需缓缓推进，以防冲击）；拖动手摇微进给机构，手轮产生转动；继续使锥齿轮上滑键对准光杠键槽后，再推光杠，降至第三个键槽。用上述方法，将光杠轴伸入蜗杆孔，对准滑键后再与床身的光杠连接套连接
9. 调正后立柱刀杆支座与主轴的重合度	游标尺对准刻线后不应移动，根据主轴箱游标读数手动调正刀杆支座，使读数与之相符。同时升高主轴箱和刀杆支座，以校正重合度

续表

总装内容及技术要求	操　作　要　点
10. 总装精度调整	按检验标准检验几何精度。调整项目有：①工作台移动对工作台的平行度；②超差时修正滑座导轨；③主轴箱垂直移动对工作台平面的垂直度；④超差时调整床身垫铁，有可能修刮床身与立柱的接合面；⑤主轴轴线对前立柱导轨的垂直度，超差时修刮压板和塞铁；⑥工作台移动对主轴侧母线的平行度；⑦工作台分度重复定位精度。若超差，可修磨工作台四个定位点的调整垫

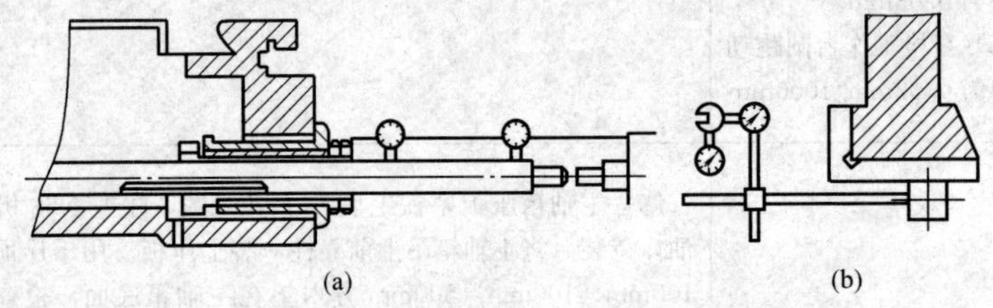

图 14-162　校正光杠对床身导轨的平行度

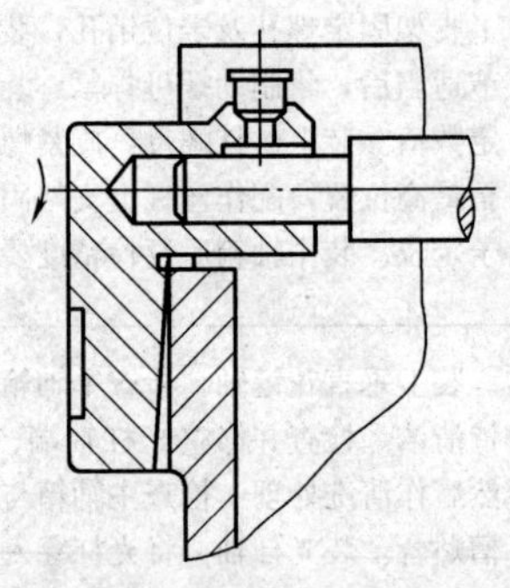

图 14-163　后支架端面研点

三、X62W 型铣床的修理

（一）X62W 型铣床外形图

X62W 型铣床外形如图 14-164 所示。

（二）主要技术性能

X62W 型铣床的主要技术性能如下：

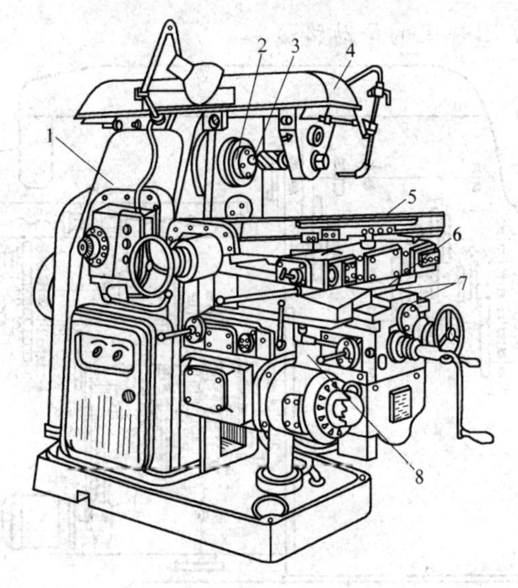

图 14-164　X62W 型铣床外形图

1—床身；2—主轴；3—刀杆；4—横梁；
5—工作台；6—回转盘；7—横溜板；8—升降台

工作台的工作面积	320mm×1250mm
工作台最大行程（机动）	
纵向	680mm
横向	240mm
垂直	300mm
工作台最大回转角度	±45°
主轴轴线至工作台面间的距离	30～350mm
床身垂直导轨至工作台中心线的距离	215～470mm
主轴转速（18 级）	30～1500r/min
工作台纵向、横向进给量（18 级）	23.5～1180mm/min
主电动机功率	7.5kW
进给电动机功率	1.5kW

（三）X62W 型铣床传动系统

1. 铣床的传动系统

图 14-165 为 X62W 型铣床的传动系统图。

2. X62W 型铣床的传动路线

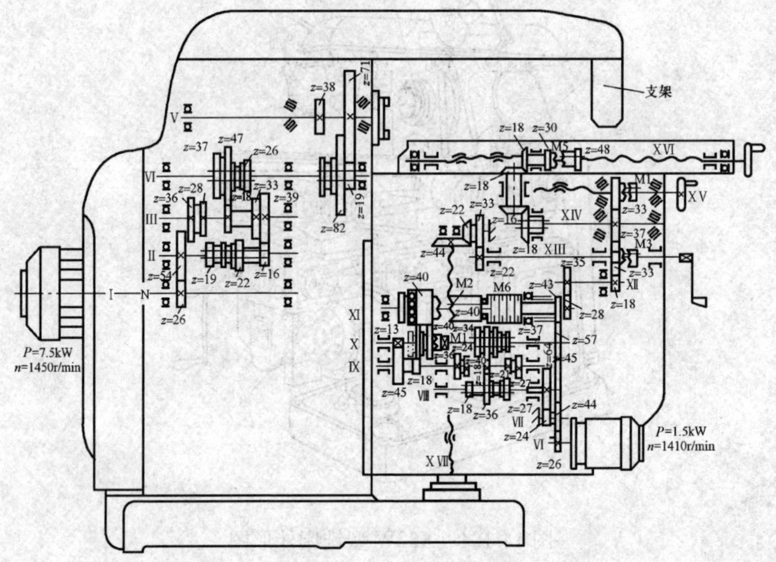

图 14-165 X62W 型铣床传动系统图

（1）主轴传动路线。主轴的传动结构式为

$$\text{电动机}\rightarrow \mathrm{I}\rightarrow \frac{26}{54}\rightarrow \mathrm{II}\rightarrow \left\{\begin{matrix}\frac{22}{33}\\ \frac{19}{36}\\ \frac{16}{39}\end{matrix}\right\}\rightarrow \mathrm{III}\rightarrow \left\{\begin{matrix}\frac{29}{26}\\ \frac{28}{37}\\ \frac{18}{47}\end{matrix}\right\}\rightarrow \mathrm{IV}\rightarrow \left\{\begin{matrix}\frac{82}{38}\\ \\ \frac{19}{11}\end{matrix}\right\}\rightarrow \text{主轴}\mathrm{V}$$

（2）进给运动的传动路线。进给运动的传动结构式为

$$\text{电动机}\mathrm{VI}\rightarrow \frac{26}{44}(\mathrm{VII})\rightarrow \frac{24}{64}(\mathrm{VIII})\rightarrow \left\{\begin{matrix}\frac{36}{18}\\ \frac{27}{27}\\ \frac{18}{36}\end{matrix}\right\}(\mathrm{IX})\rightarrow \left\{\begin{matrix}\frac{24}{34}\\ \frac{21}{37}\\ \frac{18}{40}\end{matrix}\right\}(\mathrm{X})\rightarrow$$

$$\left\{\begin{matrix}\frac{40}{40}\\ \frac{13}{45}\end{matrix}\right\}\frac{18}{40}\times \frac{40}{40}\rightarrow (\mathrm{XI})\ \frac{28}{35}\ (\mathrm{XII})$$

$$\rightarrow \frac{44}{57}(\mathrm{X})\rightarrow \frac{57}{43}(\mathrm{XI})\rightarrow \text{快速移动}$$

$\frac{33}{37}$（XIV）→$\frac{18}{16}$→$\frac{18}{18}$（XVI）→纵向进给

（XII）→$\frac{18}{33}$（XIII）→$\frac{33}{37}$（XIV）→$\frac{37}{33}$（XV）→横向进给

$\frac{22}{33}$→$\frac{22}{33}$→$\frac{22}{44}$（XVII）→垂直进给

（四）机床主要部件的结构及主要部件的修理工艺

X62W型铣床由床身、主轴、刀杆、横梁、工作台、回转盘、横溜板、升降台等部件组成。其中X62W型铣床的主轴是该机床修理中最重要的基准。在修理过程中，床身、升降台、工作台等部件都是以主轴作为恢复精度的基准。所以说主轴精度和装配质量直接影响机床精度和切削性能。

1. 主轴装配

X62W型铣床的主轴装配图如图14-166所示。

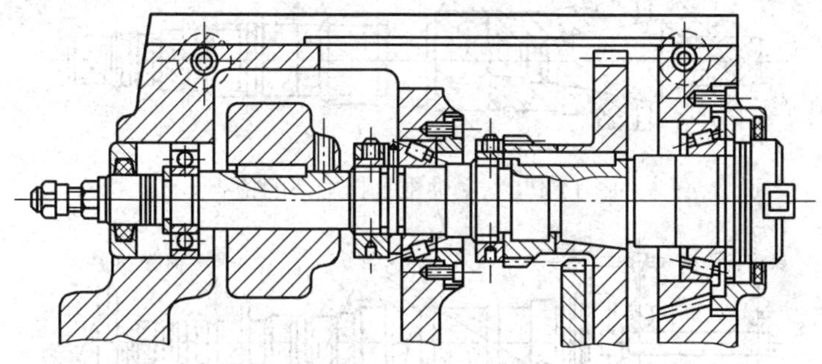

图14-166　主轴装配图

2. 主轴的修复工艺要求

如图14-167所示。

(1) 表面1、2、3的径向圆跳动和同轴度的允差为0.005mm。

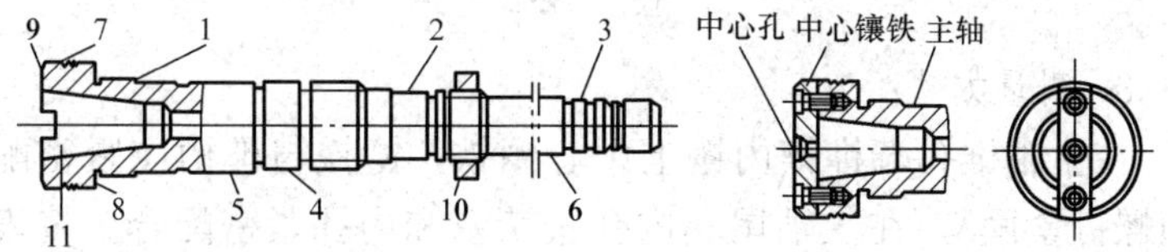

图14-167　主轴

1～11—表面

圆度允差为0.005mm。锥度允差为0.005mm。

（2）表面4、5、6、7的径向圆跳动及对表面1、3的同轴度允差为0.007mm。

（3）表面5、6、7的圆度、锥度允差为0.07mm。

（4）表面8、9的端面圆跳动允差为0.07mm。

（5）表面10的端面圆跳动允差为0.06mm。

（6）锥孔接触率不少于70%。

（7）主轴锥孔的径向圆跳动允差，在近主轴端为0.005mm，离主轴300mm处为0.01mm。图14-168所示为主轴锥孔接触率的检查。

用图14-169所示的方法回转主轴，分别在近主轴端1和2处及主轴端300mm处，检查锥孔的径向圆跳动。

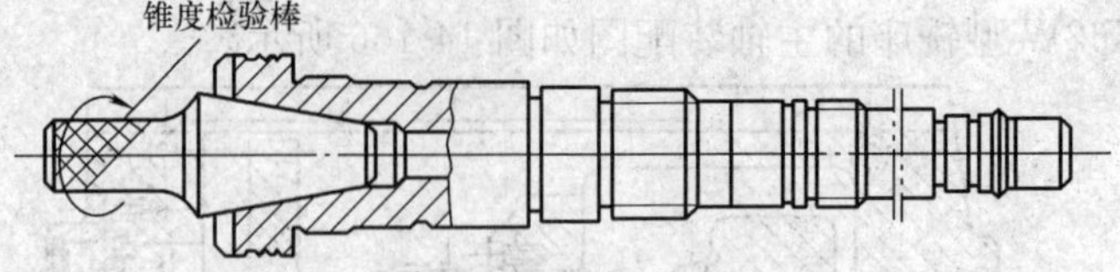

图14-168　主轴锥孔接触率的检查

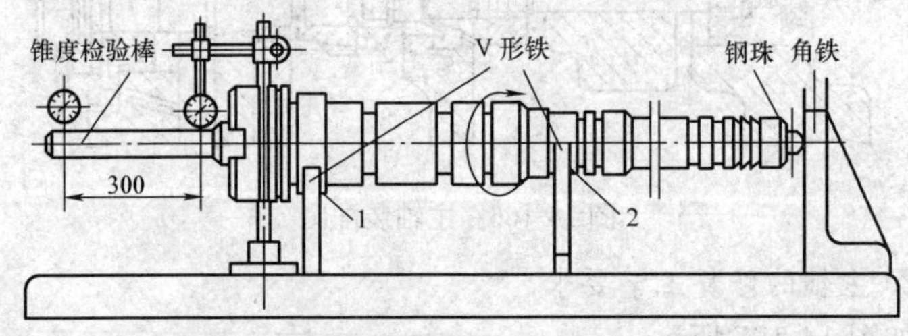

图14-169　主轴锥孔径向圆跳动的检查

1、2—表面

3. 测量方法

在主轴锥孔端榫槽内镶上中心镶铁，镶铁与榫槽应紧密配合（用螺钉紧固）。在主轴尾端内孔镶堵塞和内孔紧密配合。将表面1、3校正径向圆跳动0.005mm，在车床上打两端中心孔。在偏摆仪上，用千分表测量各表面的同轴度。如超差，可以采用振动堆焊或镀铬等方法重新加工修磨至要求。

4. 主轴部件定向装配法

采用定向装配法，能提高主轴部件的装配质量。定向装配法的原理就是装配误差补偿原则。定向装配法如下：

(1) 测量主轴前轴承（7518D 圆锥滚子轴承）和中轴承（7513E 圆锥滚子轴承）内环的最高点和最低点。以轴承外环为基准，在专用检具上固定百分表，百分表测头与轴承内环相接触，旋转内环，记下最高点（即内环最厚处）和最低点，做好标记。

(2) 在两可调等高 V 形铁上放置主轴，两等高 V 形块分别支承前轴承颈和中轴颈，在锥孔内插入 7∶24 锥度检验量棒。如图 14-169 所示，转动主轴，在百分表读数的最高点和最低点对应主轴位置上做好标记。

(3) 定向装配。将前轴承的最高点与主轴的最低点对齐，中轴承的最高点与主轴的最高点对齐后装配。

（五）X62W 型铣床主轴部件的装配

(1) 技术要求。掌握 X62W 型铣床主轴部件的装配方法，装配后符合技术要求。

(2) X62W 型铣床主轴部件的装配及操作要点见表 14-24。

表 14-24　　X62W 型铣床主轴部件的装配及操作要点

装配内容及要求	操作要点
主轴部件的装配如图 14-166 所示： (1) 主轴锥孔中心线的径向圆跳动允差近主轴端 1、2 处为 0.01mm，离主轴 300mm 处为 0.02mm。 (2) 主轴的轴向窜动允差为 0.015mm。 (3) 主轴轴肩的端面圆跳动允差为 0.025mm。 (4) 主轴轴颈的径向圆跳动允差为 0.015mm	调整主轴轴承间隙时，拧紧调整螺母至主轴不能转动，然后调松螺母反转 1/10 圈左右，在主轴尾部垫好铜皮，用锤敲击数次，主轴即能转动。用图 14-170 (a)、(b) 的方法，检查主轴轴颈径向圆跳动及轴向窜动。用图 14-170 (c)、(d) 的方法，分别检查主轴轴肩的端面圆跳动和轴颈的径向圆跳动。主轴轴向窜动如超差，可在该机床总装试车时，在工作台上装一内圆磨具，修磨主轴锥孔、轴肩端面和轴颈，使其精度达到要求

（六）X62W 型铣床床身的修理

(1) 技术要求。掌握 X62W 型铣床床身的修理方法，修理后符合技术要求。

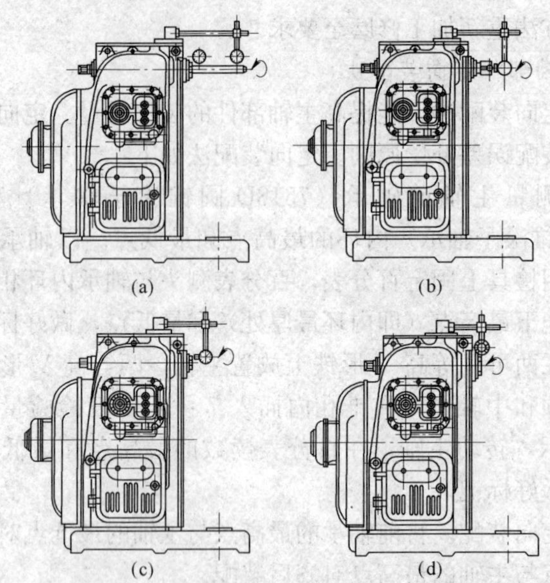

图 14-170 X62W 型铣床主轴装配精度的测量

(a) 主轴锥孔径向圆跳动的检查；(b) 主轴轴向窜动的检查；

(c) 主轴轴肩端面圆跳动的检查；(d) 主轴轴颈径向圆跳动的检查

（2）X62W 型铣床床身的修理内容及操作要点见表 14-25。

表 14-25　X62W 型铣床床身的修理内容及操作要点

修理内容及要求	操 作 要 点
1. 刮削导轨表面 1（见图 14-171） （1）平面度允差为 0.02mm/1000mm（只许中间凹）。 （2）对主轴回转中心的垂直度：纵向允差为 0.015mm（只许主轴回转中心向下偏）；横向允差为 0.01mm。接触点：(8～10 点) / (25mm×25mm)	
2. 刮削导轨表面 2（见图 14-172） （1）直线度允差为 0.02mm/1000mm（只许中间凹）。 （2）接触点：(8～10 点)/(25mm×25mm)	如图 14-172 所示，用角形平尺拖研、刮削至要求。表面 2 的直线度以角形平尺的精度及接触点保证。表面 4 只需要清除毛刺即可
3. 刮削导轨表面 3（见图 14-173） 对表面 2 的平行度允差在全长上为 0.02mm	用角形平尺拖研表面 3，刮削至要求。用图 14-173 所示的方法检查表面 2 的平行度。用图 14-174、图 14-175 所示的方法从纵向、横向上分别测量导轨 1 对主轴回转中心的垂直度

续表

修理内容及要求	操　作　要　点
4. 主轴传动齿轮箱的修理（见图 14-176）	从主轴传动齿轮箱的传动结构可以看出，齿轮箱的各表面及孔在运转过程中都不产生磨损。修理过程中应重点检查传动零件、轴承、传动轴及齿轮精度的磨损情况
5. 下拖板的修理 在下拖板刮研修复之前做好补偿准备工作。按图 14-178 所示，将下拖板安装在刨床工作台上，校正表面 3 及表面 2，达到如下技术条件： （1）表面 3 的直线度允差在全长上为 0.02mm。 （2）表面 3 对表面 2 的垂直度允差为 0.03mm/100mm。 （3）表面粗糙度 $Ra1.6\mu m$	按图 14-177 补偿垫片，配合表面 3 的 5 个 M6 螺孔并攻丝

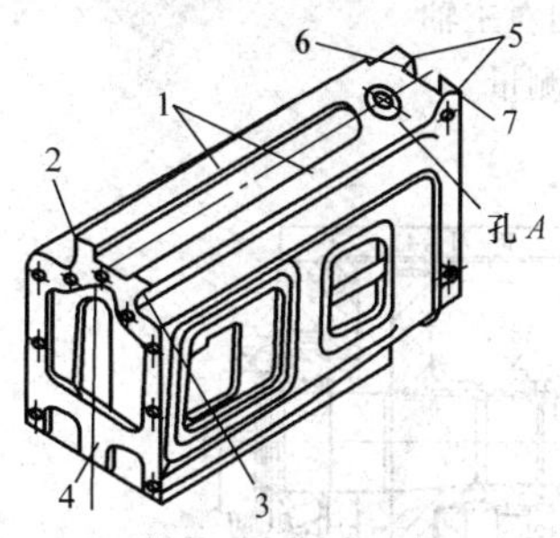

图 14-171　床身示意图
1～7—表面

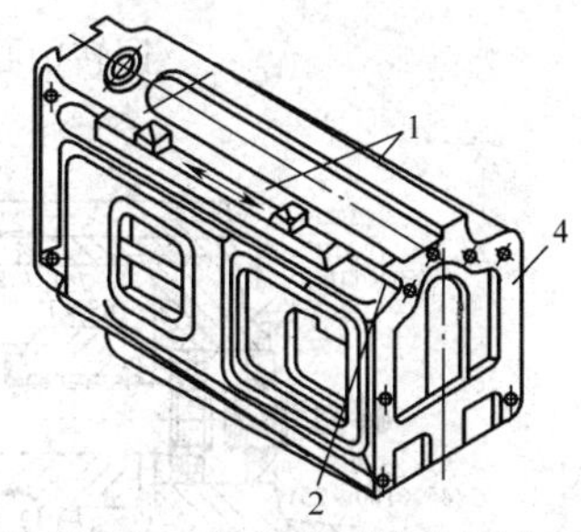

图 14-172　用角形平尺拖研表面 2
1、2、4—表面

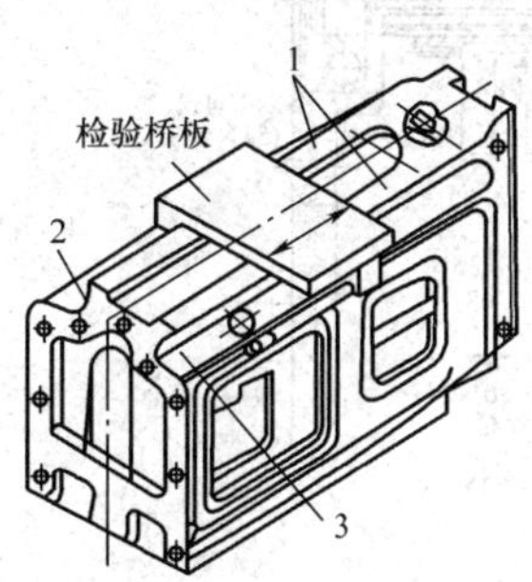

图 14-173　表面 2 对表面 3 的平行度检查
1～3—表面

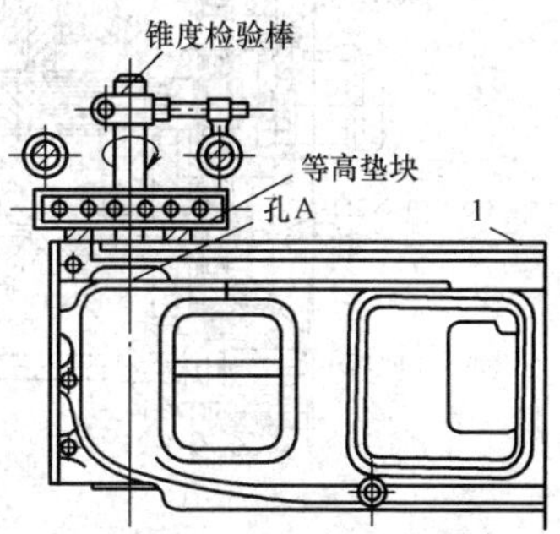

图 14-174　导轨 1 纵向对主轴回转中心垂直度的测量

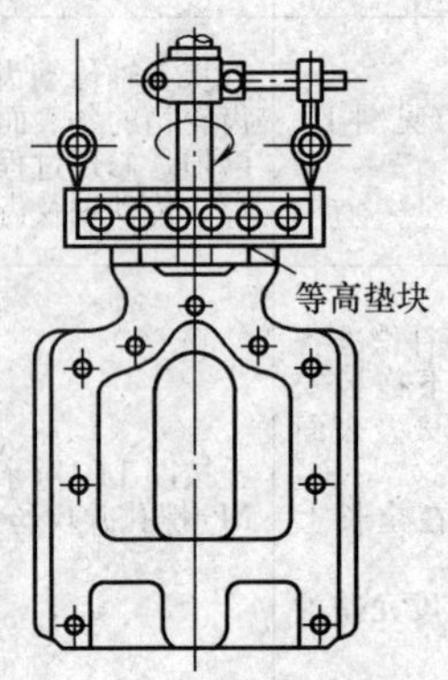

图 14-175　导轨 1 横向对主轴回转中心垂直度的测量

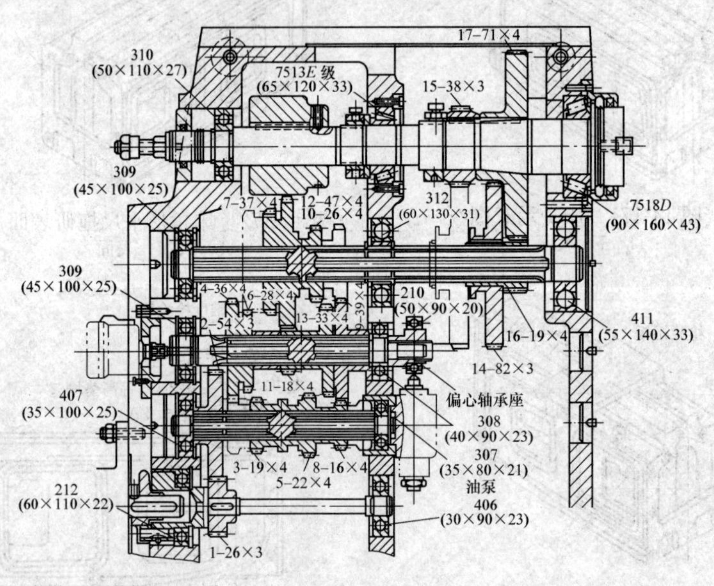

图 14-176　主传动变速箱展开图

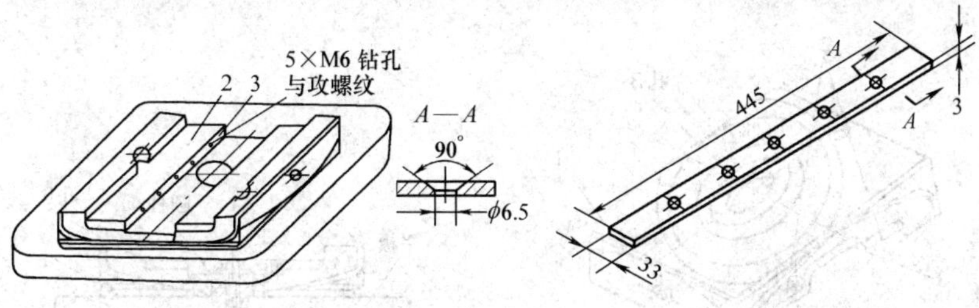

图 14-177　下拖板补偿垫片示意图
2、3—表面

图 14-178　下拖板刨钻加工示意图

（七）X62W 型铣床下拖板刮研修复

（1）技术要求。掌握 X62W 型铣床下拖板刮研修复方法，刮研修复后符合技术要求。

（2）X62W 型铣床下拖板刮研内容及操作要点见表 14-26。

表 14-26

刮研内容及要求	操　作　要　点
1. 刮削表面 1（见图 14-179） （1）平面度允差在全长上为 0.015mm（只许中间凹）。 （2）对孔 B 的垂直度允差为 0.03mm/100mm	用图 14-180 的方法，下拖板扣装妥后与平板转研，刮削至要求。表面 1 的平面度以平板精度及接触点来保证
2. 刮研表面 2 （1）平面度允差在全长上为 0.015mm，在 300mm 上为 0.01mm（只许左端厚）。 （2）对表面 1 的平行度允差全长上为 0.02mm（只许前端厚）。 （3）接触点：（8～10 点）/（25mm×25mm）	用图 14-181 的方法，用平板拖研表面 2，刮削至要求。用图 14-182 的方法，移动百分表架，检查表面 2 对表面 1 的平行度
3. 刮削表面 3（见图 14-183） （1）直线度允差 0.02mm/m（只许中间凹）。 （2）接触点：（8～10 点）/（25mm×25mm）	用 150mm×45mm×90mm 的平尺拖研表面 3，刮削至要求。对表面 2 的垂直度一般不检查，在操作时予以注意。表面 3 的直线度以平尺精度及接触点保证。如采用补偿工艺，补偿后再刮削
4. 升降台的刮研修复（见图 14-184）	

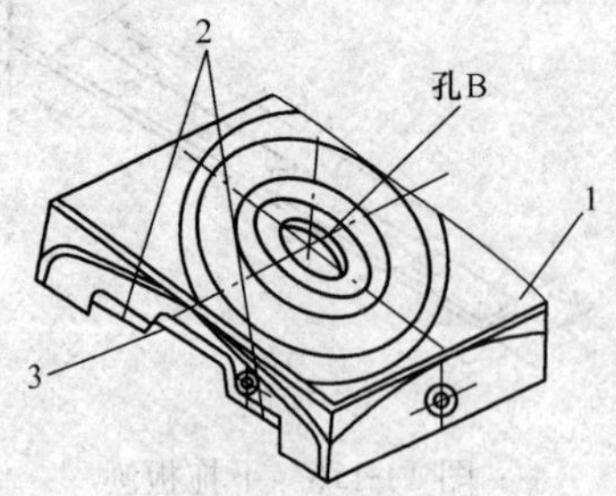

图 14-179 下拖板

1～3—表面

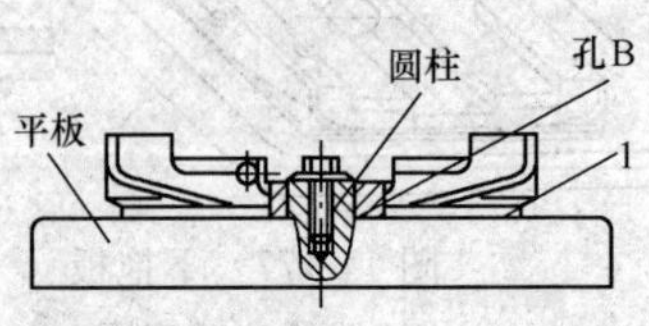

图 14-180 刮研表面 1 示意图

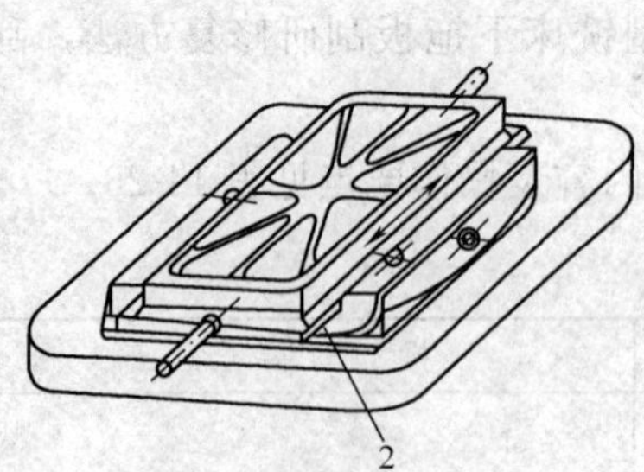

图 14-181 用平板拖研表面 2 示意图

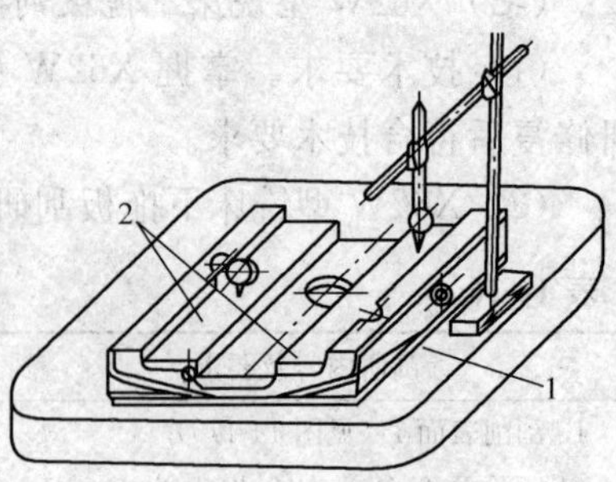

图 14-182 表面 2 对表面 1 的平行度测量

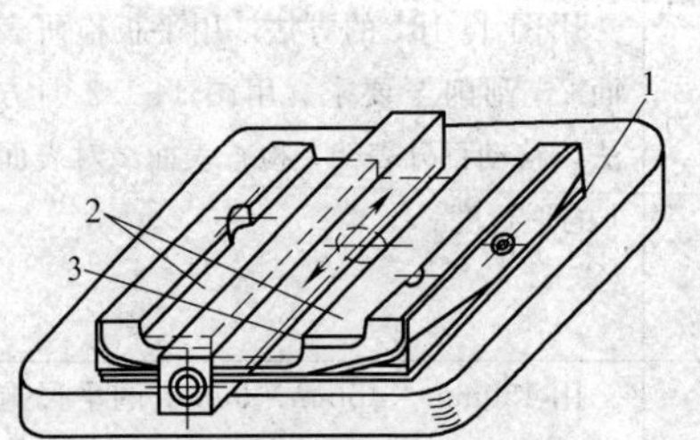

图 14-183 用平板拖研表面 2 示意图

1～3—表面

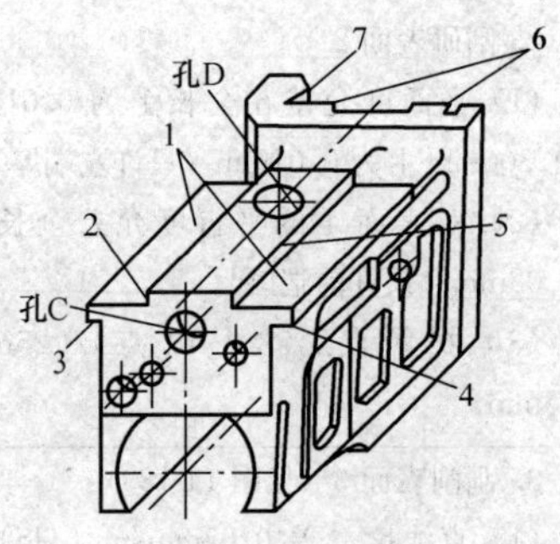

图 14-184 升降台

1～7—表面

（八）X62W 型铣床升降台的刮研修复

（1）技术要求。掌握 X62W 型铣床升降台的刮研修复方法，刮研修复后符合技术要求。

（2）X62W 型铣床升降台的刮研及操作要点见表 14-27。

表 14-27　X62W 型铣床升降台的刮研及操作要点

刮研内容及要求	操　作　要　点
1. 刮削表面 4、5 （1）表面 4 的平面度允差在全长上为 0.01mm（只许中间凹）。 （2）表面 5 的直线度允差 0.02mm/1000mm（只许中间凹）。 （3）表面 4 对升降台丝杠孔 D 的垂直度允差在 300mm 长度上为 0.01mm（只许前端的百分表读数大）。 （4）表面 5 对横进给丝杠孔 C 的平行度允差 0.02mm/300mm。 （5）接触点：（6～8 点）/（25mm×25mm）	用图 14-185 所示的方法，进行下拖板与升降台的刮配。用图 14-186 所示的方法，百分表固定在检验心轴上，测头触及拖板表面 1，回转检验心轴，间接测量表面 4 对孔 D 的垂直度。用图 14-187 所示的方法，在孔 C 中装入圆柱检验心轴，百分表固定在角度板上，测头分别触及心轴的上母线及侧母线，角度板沿表面 5 移动，检查表面对孔 C 中心线的平行度。表面 5 的直线度以平尺精度及接触点数来保证
2. 刮削表面 6（见图 14-188） （1）对表面 5 的平行度允差在全长上为 0.02mm。 （2）接触点：（6～8 点）/（25mm×25mm）	将升降台反向安置，用 500mm 平尺分别拖研表面 7、8，刮削至要求。用图 14-189 的方法，检查表面 4 的平行度或用外径千分尺测量对表面 4 的平行度

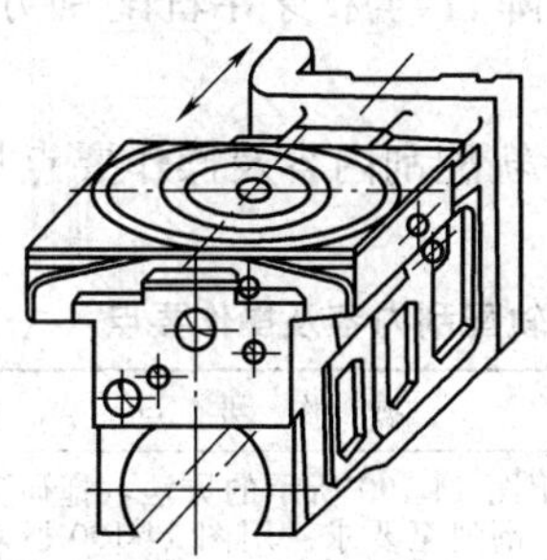

图 14-185　下拖板与升降台配刮

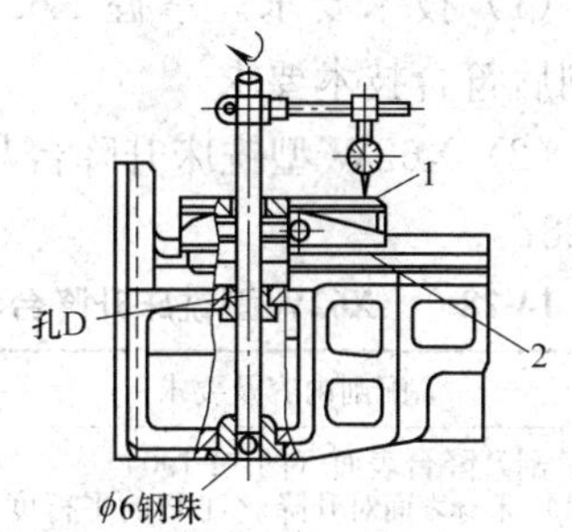

图 14-186　表面 4 对孔 D 垂直度的检验
1、2—表面

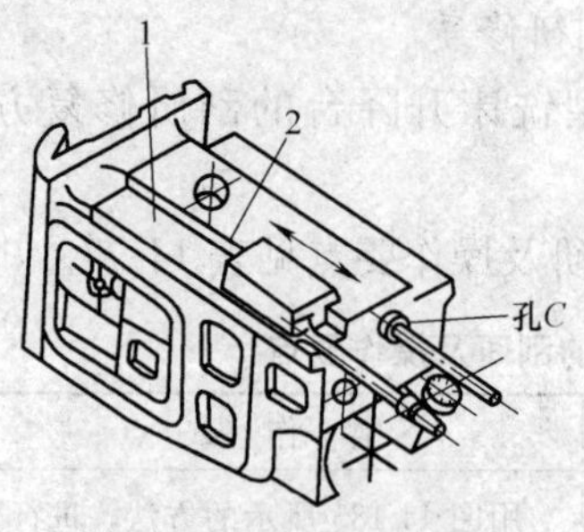

图 14-187　表面 5 对孔 C 平行度的检查
1、2—表面

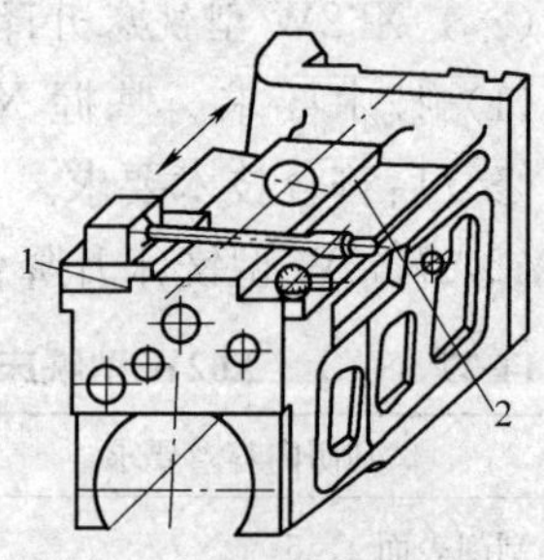

图 14-188　表面 6 对表面 5 的平行度检查
1、2—表面

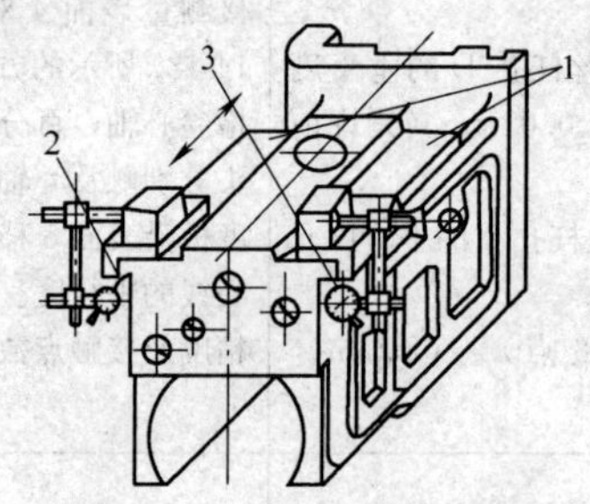

图 14-189　表面 7、8 对表面 4 的平行度的检查
1～3—表面

（九）X62W 型铣床升降台与床身导轨配刮

（1）技术要求。掌握 X62W 型升降台与床身导轨配刮方法，配刮后符合技术要求。

（2）X62W 型铣床升降台与床身导轨配刮内容及操作要点见表 14-28。

表 14-28　X62W 型铣床升降台与床身导轨配刮内容及操作要点

配刮内容及要求	操　作　要　点
1. 刮升降台表面（图 14-190） （1）床身表面对升降丝杠 D 的平行度允差为 0.05mm/1000mm（只许升降台向上倾斜）。 （2）升降台表面对床身表面的垂直度允差为（0.02～0.03mm）/300mm（升降台前端必须向上倾斜）。 （3）接触点：（6～8 点）/（25mm×25mm）	用图 14-190 所示的方法，拖研升降台，刮削至要求。用图 14-190 所示的方法，移动 55°角度板，检查表面 2 对孔 D 的平行度。用图 14-191 和图 14-192 所示的方法，移动 90°角度板，分别检查升降台表面 4 及表面 5 对床身表面 1 的垂直度

续表

配刮内容及要求	操 作 要 点
2. 刮塞铁（见图 14-193） (1) 滑动面接触点：(8～10 点)/(25mm×25mm)。 (2) 非滑动面接触点：(8～10 点)/(25mm×25mm)。 (3) 与床身导轨的密合程度允差用 0.03mm 塞尺插入深度应不超过 20mm	塞铁在修理中应更换或采用补偿修复方法，使大端处放长 75～100mm，从而留有足够的刮削余量。塞铁粗刮后，用图 14-194 所示的方法，拖研塞铁表面，刮削至要求。切去塞铁多余长度，留 15～20mm 长度用来调整塞铁松紧之用。用塞尺检查与导轨面的密合程度

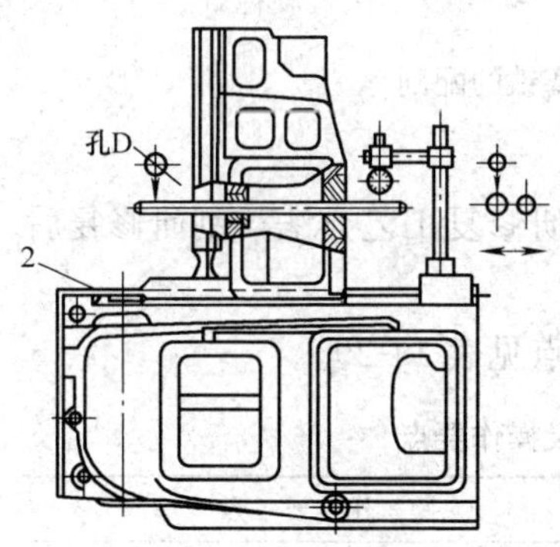

图 14-190　床身表面 2 对升降台孔 D 平行度的测量

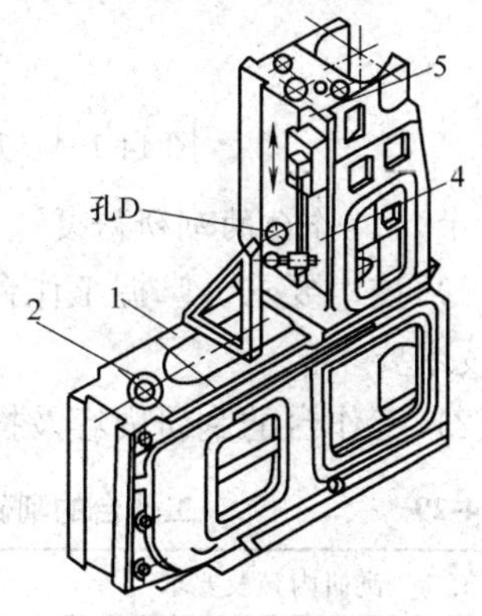

图 14-191　升降台表面 4 对床身表面 1 的垂直度的测量

1、2、4、5—表面

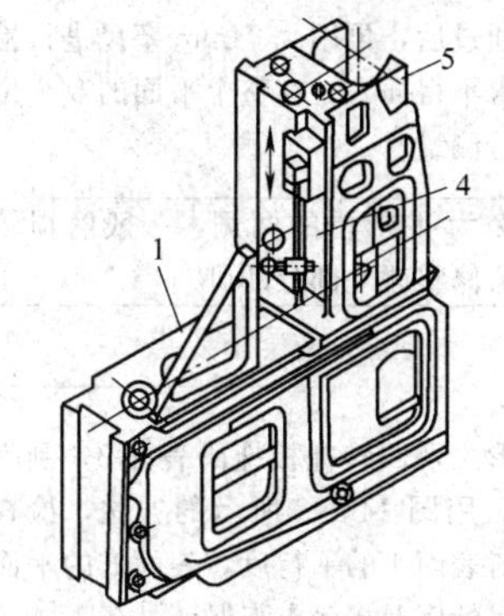

图 14-192　升降台表面 5 对床身表面 1 的垂直度的测量

1、4、5—表面

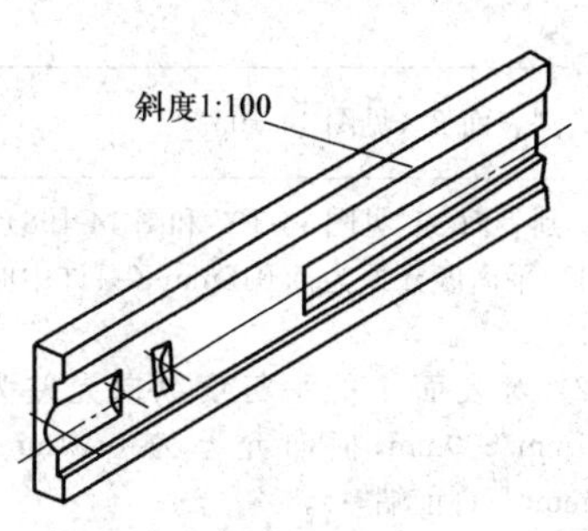

图 14-193　塞铁示意图

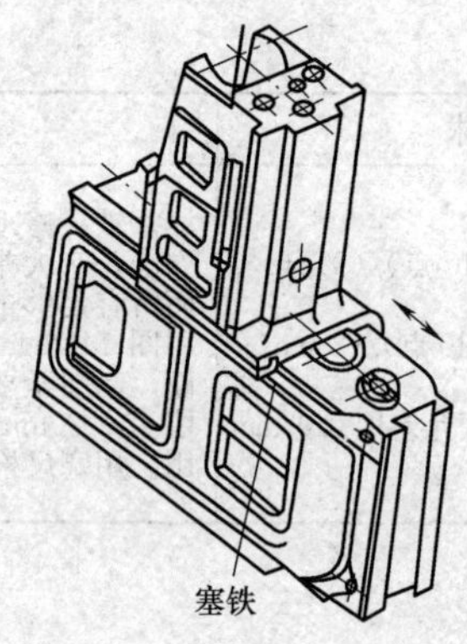

图 14-194　升降台塞铁的配刮

（十）工作台的刮研修复

（1）技术要求。掌握工作台的刮研修复工艺方法，刮研修复后符合技术要求。

（2）工作台的刮研内容及操作要点见表 14-29。

表 14-29　　工作台的刮研内容及操作要点

刮研内容及要求	操作要点
1. 刮表面 1（见图 14-195） （1）平面度允差为 0.03mm/1000mm（只许中间凹）。 （2）接触点为：（8～10 点）/（25mm×25mm）	以平板拖研表面 1，刮削至要求。按图 14-196 所示的方法，将平行平尺以两等高垫块垫在表面 1 上，两等高垫块间距为平尺长度的 5/9，将另一等高块放入中央，当塞入通过后，再用 0.04mm 塞尺进行检查，要求不得插入。在整个平面的 5 个位置上进行测量
2. 刮表面 2（见图 14-195）	表面 2 为 T 形槽的两侧，一般磨损较小，只需修整碰毛部分即可
3. 刮表面 3（见图 14-197 和图 14-198） （1）平面度允差为 0.015mm（只许中间凹）。 （2）对表面 1 的平行度纵向允差为 0.01mm/500mm，横向允差为 0.01mm/300mm（只许前端厚）。 （3）接触点为：（8～10 点）/（25mm×25mm）	用角形尺及回转拖板拖研表面 3，刮削至要求。用图 14-198 所示的方法，检查表面 3 对表面 1 的平行度。表面 3 的平面度以平尺精度及接触点来保证

续表

刮研内容及要求	操 作 要 点
4. 刮表面 4（见图 14-199） （1）直线度允差为 0.02mm/m（只许中间凹）。 （2）对中央 T 形槽表面 2 的平行度允差在全长上为 0.02mm。 （3）接触点为：（8～10 点）/（25mm×25mm）	用角形平尺结合旋转拖板拖研表面 4，刮削至要求。用图 14-200 所示的方法，移动角铁，检查表面 4 对表面 2 的平行度。表面 4 的直线度以平尺精度及接触点来保证。表面 4 如以磨代刮时，须以表面 2 为基准
5. 刮表面 5（见图 14-201） （1）对表面 4 的平行度允差在全长上为 0.02mm。 （2）接触点为：（8～10 点）/（25mm×25mm）	用角形平尺拖研表面 5 刮至要求。用图 14-202 所示的方法，移动角铁，检查表面 5 对表面 4 的平行度
6. 刮塞铁（见图 14-203） （1）滑动面接触点为(8～10 点)/(25mm×25mm)。 （2）非滑动面接触点为（6～8 点）/（25mm×25mm）。 （3）与导轨面的密合程度用 0.03mm 塞尺插入深度应不超过 20mm	将在平板上粗刮过的塞铁装入回转拖板，与工作台拖研、刮削至要求。用塞尺检查塞铁两端与导轨面的密合程度

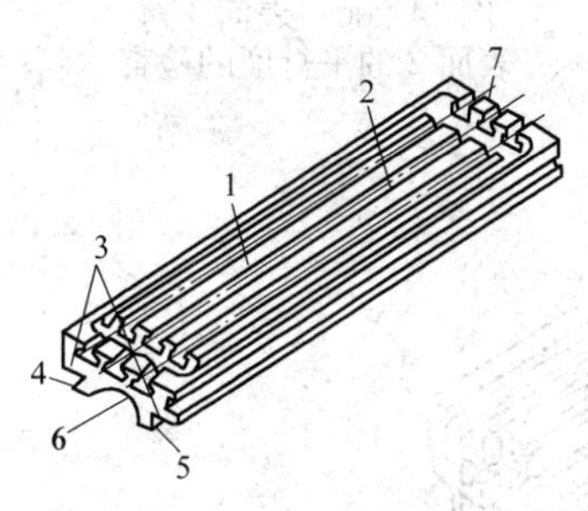

图 14-195 工作台示意图

1～7—表面

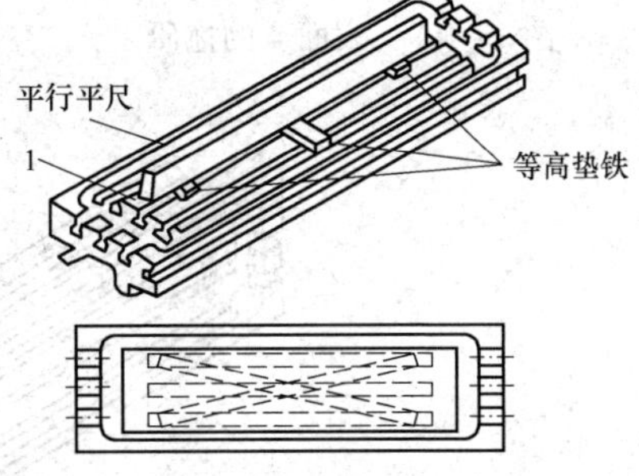

图 14-196 表面 1 平面度的检查

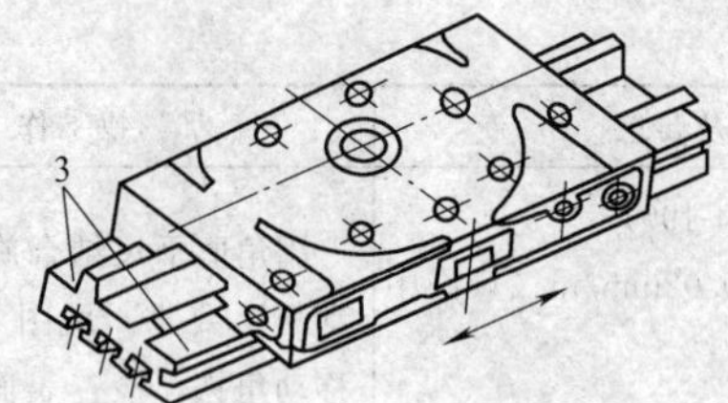

图 14-197　表面 3 的拖研

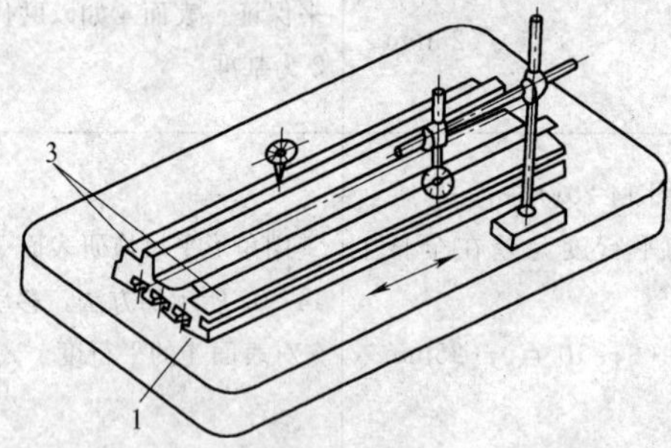

图 14-198　表面 3 对表面 1 平行度的检查

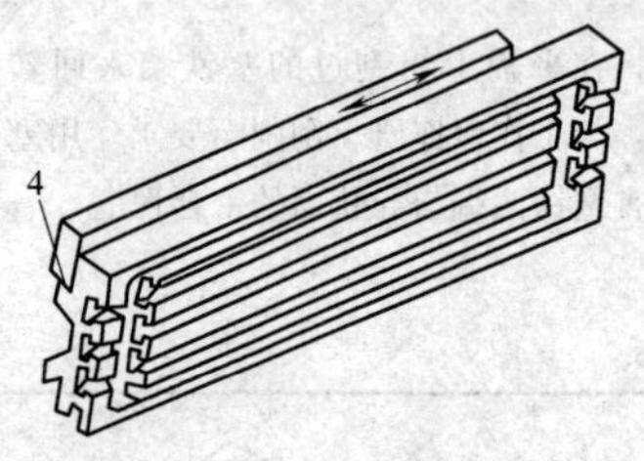

图 14-199　表面 4 的拖研

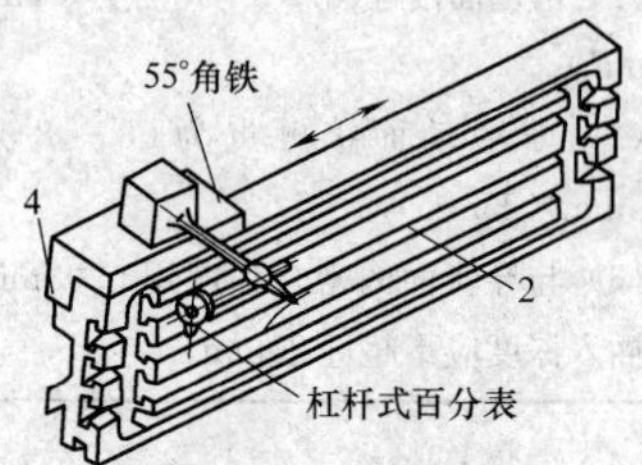

图 14-200　表面 4 对表面 2 的平行度的检查

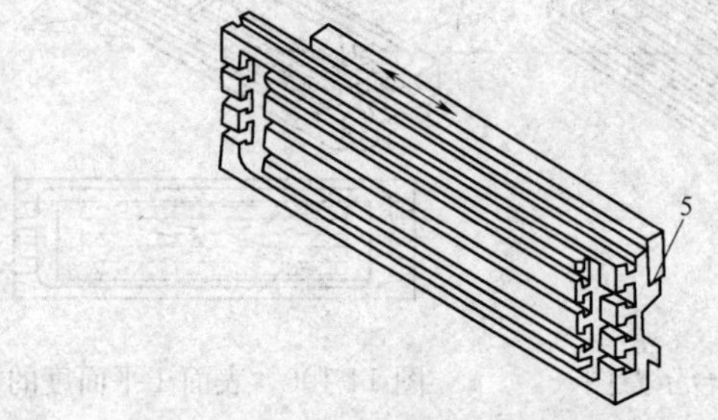

图 14-201　表面 5 的拖研

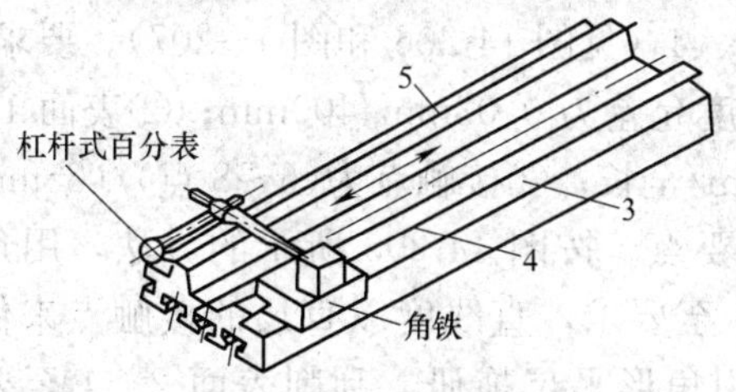

图 14-202　表面 5 对表面 4 的平行度的检查

3～5—表面

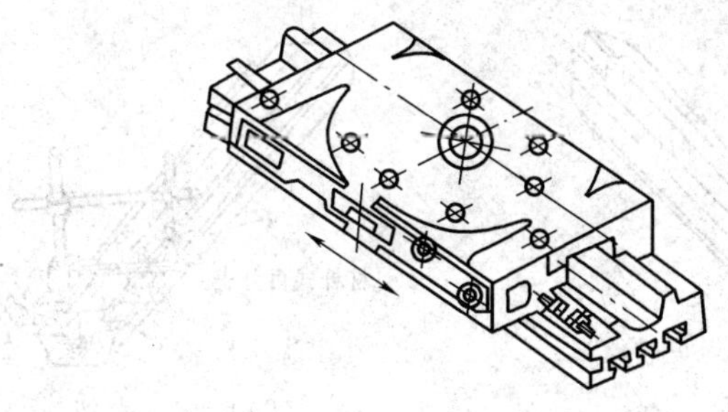

图 14-203　塞铁配刮示意图

（十一）悬梁刮研修复

（1）技术要求。掌握悬梁刮研修复的工艺方法，刮研修复后符合技术要求。

（2）修复内容及要求如下：

1）刮表面 1、3（见图 14-204 和图 14-205）。要求：①直线度允差为 0.015mm/1000mm；②接触点为(6～8 点)/(25mm×25mm)。

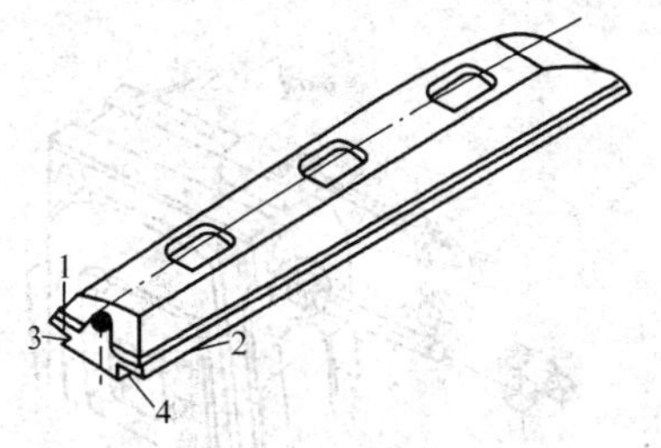

图 14-204　悬梁刮研面示意图

1～4—表面

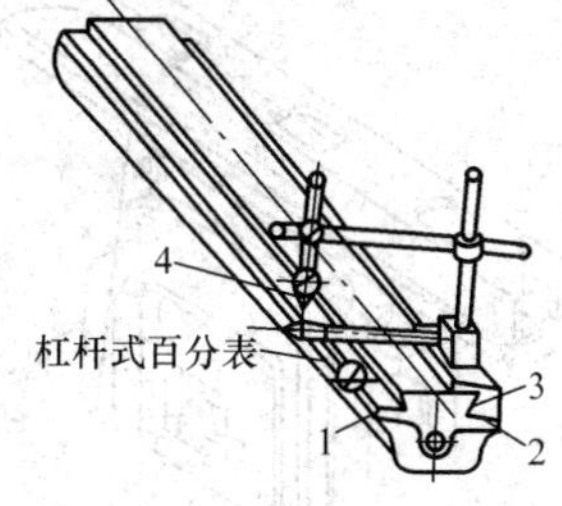

图 14-205　悬梁表面 1、2 的拖研

1～4—表面

2）表面 2、4（见图 14-206 和图 14-207）。要求：①表面 3 对表面 4 的平行度允差为 0.03mm/400mm；②表面 1 对表面 2 的平行度为 0.02mm/全长；③接触点为(6～8 点)/(25mm×25mm)。

(3) 操作要点。按图 14-205 所示的方法，用角形平尺拖研、刮削表面 1、3 至要求，直线度以直尺的接触点来保证；按图 14-206 的方法，用角形平尺拖研、刮削表面 2、4 至要求；按图 14-207 的方法，移动角度板，分别检查表面 3 对表面 4 及表面 1 对表面 2 的平行度。

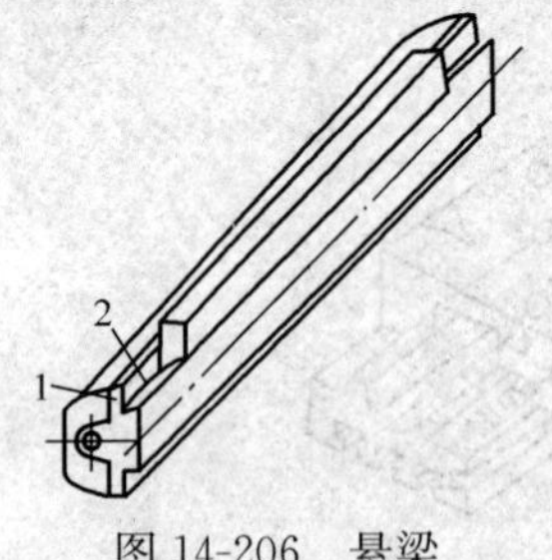

图 14-206 悬梁表面 1、2 的拖研

1、2—表面

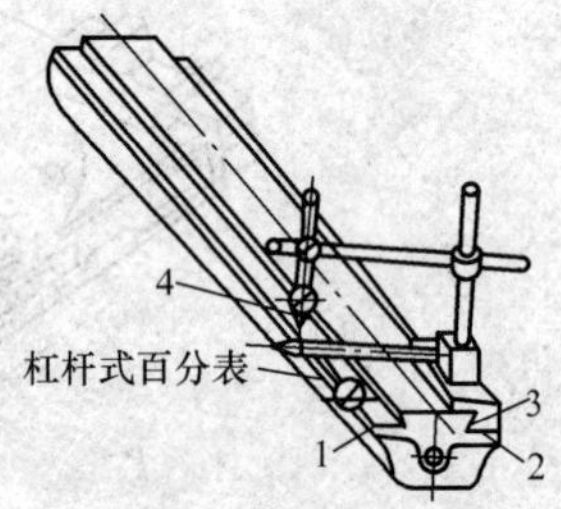

图 14-207 悬梁导轨的精度检查

1～4—表面

(十二) 悬梁与床身顶面导轨的配刮

(1) 技术要求。掌握悬梁与床身顶面导轨的配刮工艺方法，配刮后符合技术要求。

(2) 配刮内容。刮床身表面 5、6（见图 14-208 和图 14-209）。

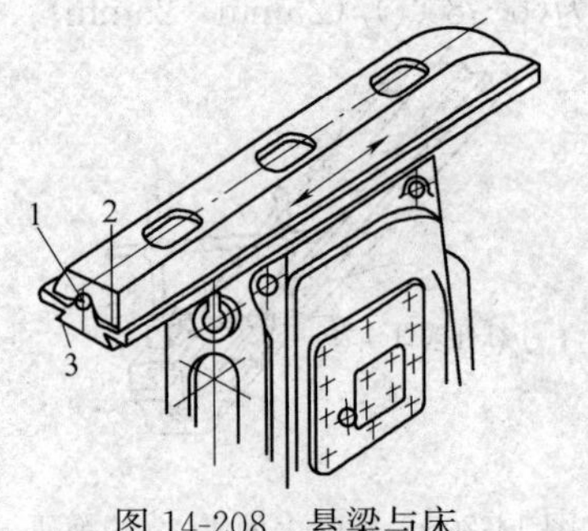

图 14-208 悬梁与床身顶面导轨的配刮

1～3—表面

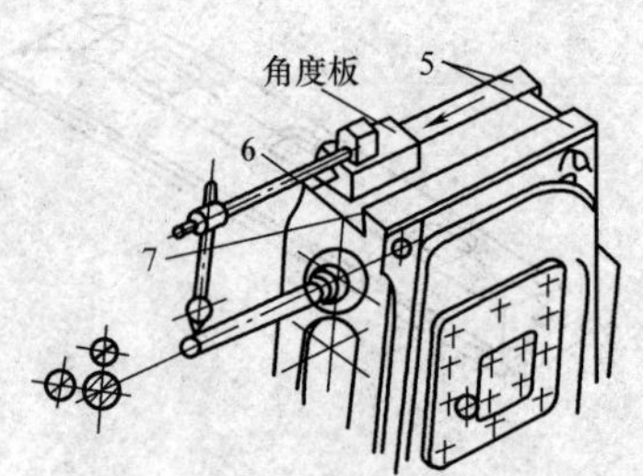

图 14-209 床身顶面导轨对主轴中心线平行度的检查

5～7—表面

1）表面5的平面度允差在全长上为0.02mm（只许中间凹）。

2）表面5对主轴中心线的平行度（上母线）允差为0.025mm/300mm。

3）表面6对主轴中心线的平行度（侧母线）允差为0.025mm/300mm。

4）接触点为(6～8点)/(25mm×25mm)。

（3）操作要点。用图14-208和图14-209所示的方法，以悬梁表面1、2来拖研，刮削床身表面5、6至要求。用图14-209所示的方法，移动角度板，分别检查床身表面5、6对主轴中心线的平行度。表面5的平面度以悬梁表面1、2的精度及接触点来保证。床身表面7无要求，只需要修去毛刺。

四、CK1436型数控车床的常见机械故障及排除

CK1436型数控车床的常见机械故障及排除方法见表14-30。

表14-30　CK1436型数控车床常见机械故障及排除方法

故障现象	检查项目	排除方法
机床导轨没有润滑或润滑状况不良	检查润滑泵（TM-1）电动润滑泵	往润滑泵油箱中加入G100号导轨润滑油至油标位置
	检查机床导轨的润滑油管	清除油管内管路堵塞物、更换压扁、破裂的油管、拧紧油管接头
	检查润滑泵的供油量情况	松开润滑泵扳手孔内的紧固螺钉，保证柱塞泵每隔7.5min注出0.2～1mL的油液，也可用手动方式提压泵的手柄数次，疏通润滑管路
机床滚珠丝杠副润滑状况不良	检查十字滑板（x轴）及z轴滚珠丝杠副	移动十字滑板、取下导轨防护罩、改善润滑条件使其定时润滑
十字滑板（进给传动）x轴、z轴移动不畅或不能移动	检查机床各坐标轴与滚珠丝杠副过载离合器是否脱开	取下十字滑板导轨防护罩将同步带固定不动，再用8mm内六角扳手插入安全离合器外表面孔中，并以与过载前驱动相同的方向转动滚珠丝杠直至离合器重新结合时并听到清晰的结合声即可

续表

故障现象	检 查 项 目	排 除 方 法
十字滑板（进给传动）x 轴、z 轴移动不畅或不能移动	检查十字滑板压板是否研伤	拆卸下压板，修磨调整，使压板与导轨间隙在 0.015～0.02mm 之间
	检查十字滑板镶条	松开镶条调整螺钉，用一字旋具顺时针旋转镶条螺栓，使两个坐标轴能灵活移动，重新调整镶条使其间隙为 0.006～0.010mm，然后锁紧调整螺钉
	检查十字滑板及床身导轨面是否划伤	用金相砂纸修磨机床导轨的划伤痕
	检查十字滑板导轨刮屑板是否损坏或压入量过大	更换所损坏的刮屑板，调整刮屑板与导轨的正常压入量
	检查十字滑板导轨润滑状况	改善润滑条件，使其润滑正常
十字滑板移动时有噪声	检查两个坐标轴滚珠丝杠副支承轴承	如果轴承损坏，更换轴承
	轴承润滑脂耗尽	填充 NBU15 润滑脂，每个轴承填充量约为 2g
	伺服电动机与滚珠丝杠副连接传动同步带过紧	松开电动机安装板螺钉，适度调整同步带，然后将螺钉锁紧
回转刀架在工作时发生干涉（碰撞）	回转刀架在锁紧状态下发生干涉	松开位于刀盘端面紧固齿盘的螺钉（共计 7 个）、卸下刀盘端面定位销孔保护螺钉（1 个）、将刀盘转位至正确位置并用 8mm 的圆锥销（1 件随机附件）插入锥销孔校准刀盘，重新将 7 个螺钉紧固，取出定位销保存，最终装好保护螺钉
	回转刀架在换位时发生干涉	排除故障方法同上，同时在重新工作前还必须进一步用手动换位检查刀盘箱体内换位机构是否损坏

续表

故障现象	检 查 项 目	排 除 方 法
回转刀架在工作时发生干涉（碰撞）	检查换位机构	用随机供应的金属棒、拨动已拆卸下回转刀架驱动电动机罩壳的风叶，直至刀盘无阻碍地完成一次换位，若无法换位证明换位机构已经损坏，损坏的零件必须更换，需要拆下换位机构，换上新零件。完成后手动换位使刀盘进入某一工位，必须检查荧光屏上所显示的刀位号与刀盘处于工作位置的实际刀位号一致
主轴轴承温升过高	主轴轴承预紧力过大	重新预紧轴承、预紧力矩为 150N·m
	检查主轴前、后轴承是否损伤或轴承不清洁	更换损坏轴承，消除脏物
	轴承润滑脂耗尽或润滑脂填充量过多	填充 NBU 润滑脂，每个轴承填充量 5g
主轴在强力切削时丢转或停转	主传动同步带过松	松开电动机安装螺钉、按规定张紧带、然后锁紧电动机安装螺钉
	带表面有油	用汽油清洗干净，重新装复
	带使用时间太久、性能失效	更换新带
主轴箱噪声	轴承缺少润滑脂	填充 NBU15 润滑，脂量每个轴承 5g
	主轴传动带过紧	适度重新张紧传动带
	传动齿轮损坏	重新更换齿轮
	传动齿轮花键副松动	更换花键

五、TK54100 型数控立式铣镗床的修理

（一）机床的外形

TK54100 型数控立式铣镗床的外形见图 14-210。

（二）机床的主要技术性能

TK54100 型数控立式铣镗床的主要技术性能数据如下：

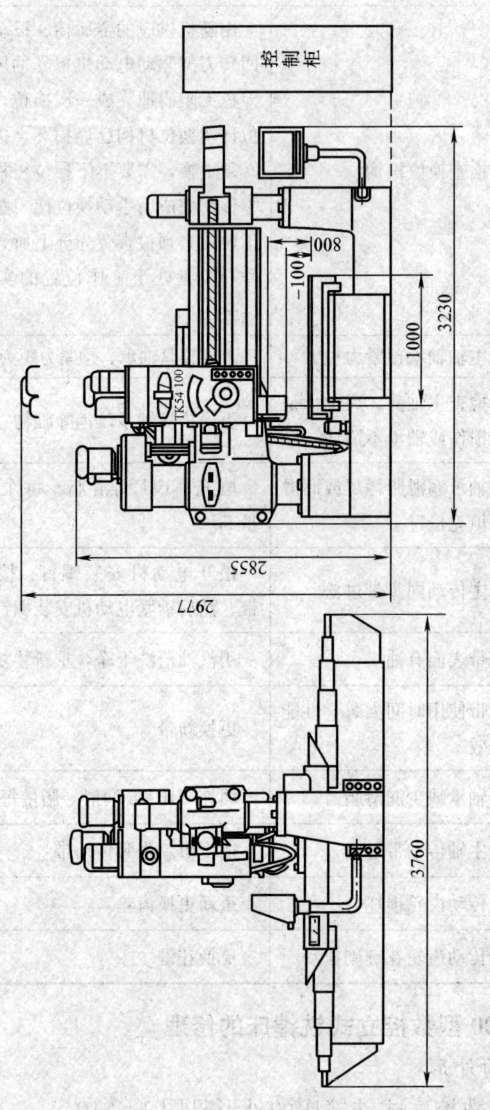

图 14-210　TK54100 型数控立式铣镗床

工作台尺寸	1000mm×1250mm
最大镗孔直径	ϕ200mm
工作台允许最大承重	1000kg
工作台最大行程(x 轴)	1250mm
主轴箱最大行程(y 轴)	1000mm
主轴行程(z 轴)	300mm
主轴端面至工作台面最大距离	800mm
最小距离	100mm
主轴锥孔	7/24　ISO50
主轴头外径	ϕ130mm
主轴转速范围	16～1250r/min
主轴转速级数	16 级
主轴承受最大轴向抗力	7840N
主轴电动机功率	4kW
主轴工作进给(z 坐标)速度	1～2000mm/min
工作台、主轴箱工作进给(x、y 坐标)速度	1～2000mm/min
主轴箱、工作台(x、y 坐标)快速移动速度	10m/min
主轴(z 坐标)快速移动速度	5m/min
x 轴驱动电动机(直流伺服电动机)FB-15 型	1.4kW
y 轴驱动电动机(直流伺服电动机)FB-15 型	2kW
z 轴驱动电动机(直流伺服电动机)FB-25 型	1kW
机床定位精度	
x、y 轴定位精度	±0.02mm/300mm
z 轴定位精度	±0.08mm/100mm
x、y 轴重复定位精度	±0.01mm
机床轮廓尺寸(长×宽×高)	3760mm×3230mm×2855mm
机床质量	6000kg

（三）机床的机械传动系统

TK54100 型数控立式铣镗床的机械传动系统见图 14-211。

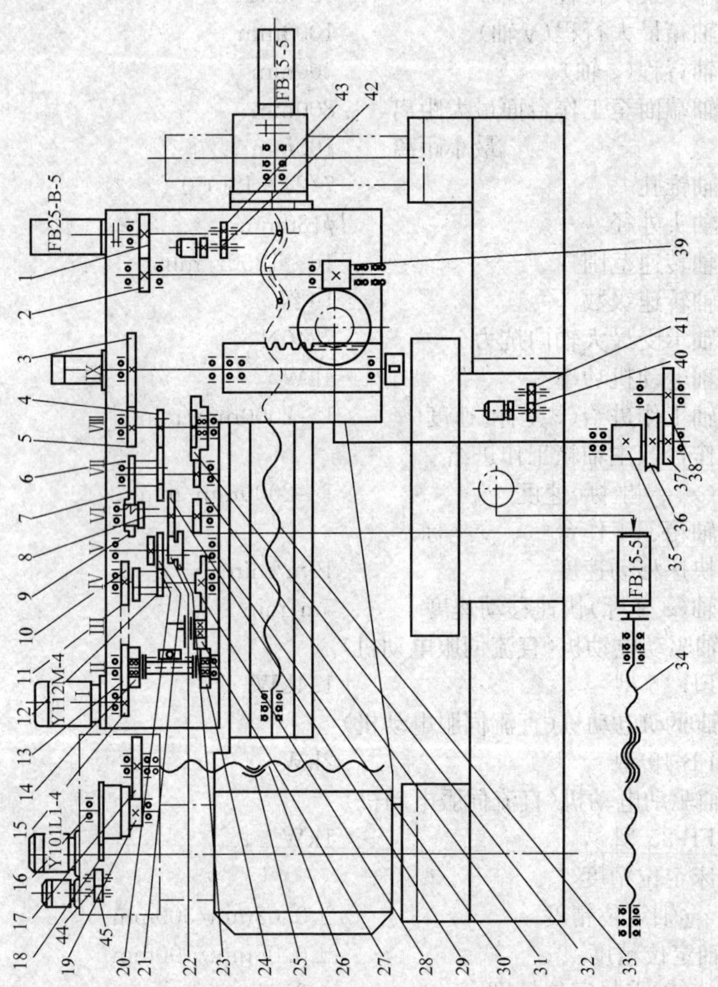

图 14-211　TK54100 型数控立式铣镗床机械传动系统图

1～24—传动齿轮；25—螺母；26—丝杆；27～32—传动齿轮；33、34—丝杠；35～45—传动齿轮

（四）机床的液压系统

TK54100 型数控方式铣镗床的液压系统原理见图 14-212。

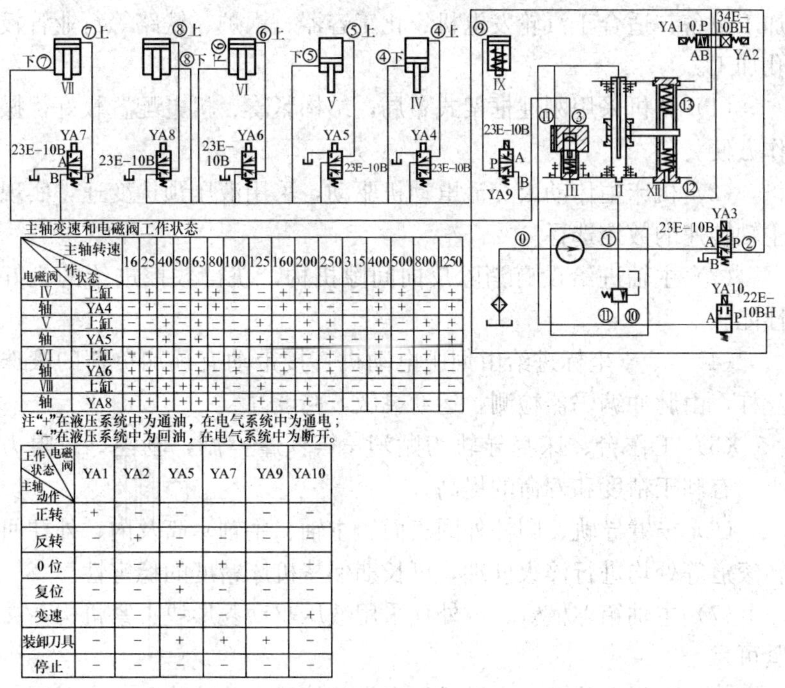

电磁阀 \ 工作状态 \ 主轴转速		16	25	40	50	63	80	100	125	160	200	250	315	400	500	800	1250
Ⅳ	上缸	−	+	−	−	+	+	−	−	+	+	−	−	+	+	−	+
轴	YA4	−	+	−	−	+	+	−	−	+	+	−	−	+	+	−	+
Ⅴ	上缸	−	−	+	−	+	−	−	+	−	+	+	−	+	−	+	+
轴	YA5	−	−	+	−	+	−	−	+	−	+	+	−	+	−	+	+
Ⅵ	上缸	+	+	+	−	+	−	+	−	+	−	+	−	+	−	+	−
轴	YA6	+	+	+	−	+	−	+	−	+	−	+	−	+	−	+	−
Ⅷ	上缸	+	+	+	+	+	+	−	+	−	+	−	−	−	−	−	−
轴	YA8	+	+	+	+	+	+	−	+	−	+	−	−	−	−	−	−

注“+”在液压系统中为通油，在电气系统中为通电；
“−”在液压系统中为回油，在电气系统中为断开。

主轴动作 \ 工作状态 \ 电磁阀	YA1	YA2	YA5	YA7	YA9	YA10
正转	+	−	−		−	−
反转	−	+	−	−	−	−
0 位	−	−	+	+	−	−
复位	−	−	+	−	−	−
变速	−	−	−	−	−	+
装卸刀具	−	−	+	+	+	−
停止	−	−	−	−	−	−

图 14-212　TK54100 型机床主轴变速液压原理图

机床的液压系统是用于主轴变换转速和变换进给传动速度的，其功能还可以实现主轴的正、反转、主轴的零位（空档），取得零位后的复位、刀具的装卸和运动的停止，以及变速过程的缓速。其中，复位是主轴取得零位后，由电路系统控制，通过液压系统实现的。变速过程开始时的缓速动作，是靠反、正车液压缸中的面积差从而产生压力差来实现的。

液压系统是由传动系统第Ⅱ轴驱动液压泵供油的。主电动机启动即供压力油，其压力的大小由液压泵侧面的螺堵调整。整个液压系统的动作是由 3M-A 系统控制电磁阀和限位开关实现的。

（五）机床主要部件的结构特点

TK54100 机床适应扁平形箱体、板形零件、管板多孔零件的数控加工。其布局为刚性框架结构，CNC 三坐标控制，可以三坐标连动，切削性能好、操作方便，是多品种、小批量生产的现代化加工设备，适合于汽轮发电机、化工容器、锅炉、铁路等行业管板孔加工。

（1）整机采用刚性框架式布局，结构紧凑、机电配置较好，操作方便。

（2）机床主传动由交流电动机驱动，采用液压预选变速，实现主轴转速的数控选择。

（3）主轴进给设有消除反向间隙机构，获得数控进给的良好性能。

（4）x、y 坐标进给由伺服电动机直接带动有预加负荷的滚珠丝杠，由脉冲编码器检测，运动灵敏，精度高。

（5）工作台、床身导轨为贴塑—铸铁摩擦副，刚性好、阻力小，有利于精度和寿命的提高。

（6）横臂导轨、圆柱外圆表面、主轴、主轴套筒及内、外柱回转滚道等处均进行淬火处理，可长期保持机床精度的稳定性。

（7）主轴箱、横臂、内外柱采用液压驱动菱形块夹紧机构，夹紧可靠。

（8）工作台移动、床身导轨有完善的拉板防护装置。

（9）控制系统功能全，具有直线三坐标和圆弧二坐标联动功能，可进行插补运算，并提供 CRT 显示和 MDI 手动数据输入功能，操作方便、维修简单。

（10）控制电路采用可编程序控制器（PC），可保证长时期无故障工作。

（六）机床各部件的使用、维护和调整

1. 主轴箱

（1）主传动及变速。主传动系统由交流电动机驱动。转速变换是以液压缸中的活塞杆推拉滑移齿轮的方式实现有级变速，见图 14-213。

主轴速度的变换可以根据程序自变换，也可以通过数控柜的 S 机能，以手动的方式实现。手动选用主轴转速时，可以按主轴箱正

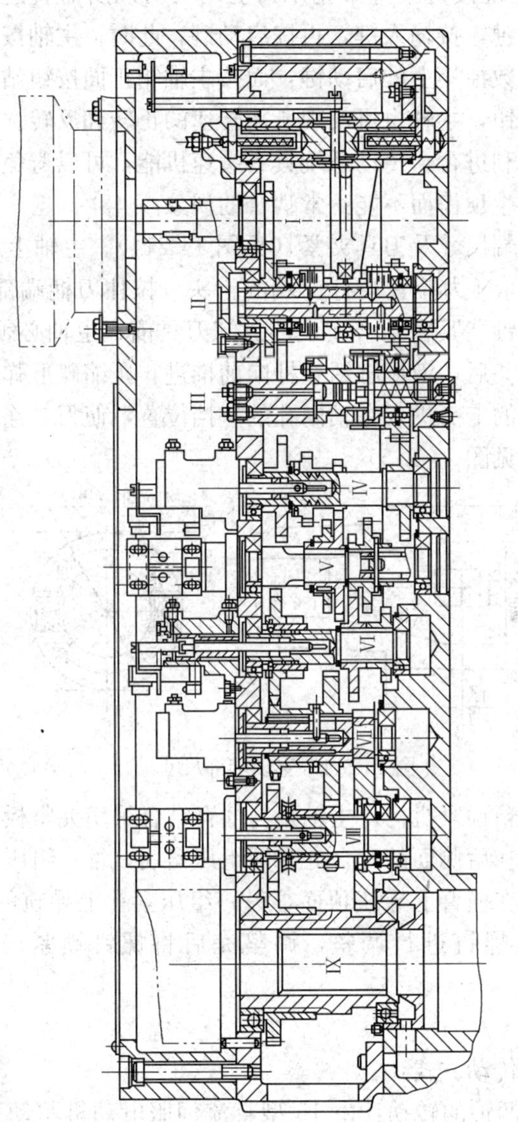

图 14-213　主轴变速机构

面的S代码与转速对照标牌，按下数控柜手动数据输入装置（MPI）上的地址按键，待S指示灯亮时，再以所需转速对应的S代码，按数字键，按输入键，再按启动键，此时，主轴按所需转速回转。若不按数控柜上的启动键，而按主轴箱正面按钮站上的主轴正转或反转按钮，主轴也可实现所需转速的正转和反转。

为变速顺利进行，传动系统具有缓速机能，可以避免变速过程中滑移齿轮产生顶齿而不能正常啮合的现象。

（2）主轴端尺寸及刀具夹紧（见图14-214）。主轴上刀具是靠蝶形弹簧以10kN力拉紧拉杆前端的卡头，拉住刀柄端部的拉柱，使刀具与主轴锥孔紧密结合实现的。卸刀具前，主轴必须先回零。当扳动卸刀开关后，液压缸活塞杆向前推进，压缩碟形弹簧，拉住刀柄端部拉柱的卡头进入主轴内孔的空挡位置，使刀具连同刀柄拉柱自动卸下（见图14-215）。

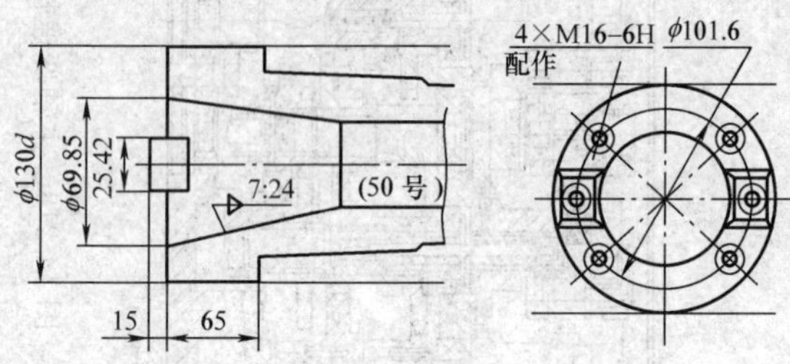

图14-214　主轴端部尺寸

（3）主轴箱预紧机构。主轴箱与摇臂结合采用夹紧板，在横臂上导轨的顶面和后侧面的配合处有两组压紧块，每一组压紧块为两处，一组压紧在横臂上导轨顶面，另一组压紧在上导轨的后侧面。压力的大小由螺钉进行调整，调整完后将螺钉锁紧（见图14-216）。

2．进给系统

（1）进给传动方式：

1）x、y两轴的转动：由15型直流伺服电动机驱动滚珠丝杠来实现。电动机和滚珠丝杠通过无间隙的弹性联轴器直接连接，丝杠端部连接部位为光轴，是无键连接，如图14-217所示。

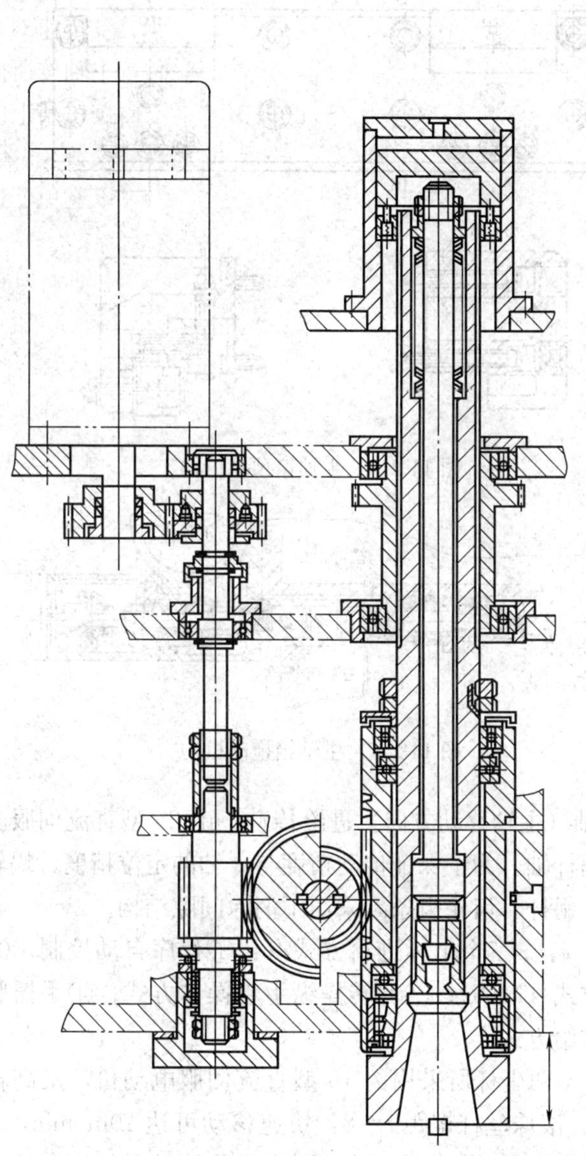

图 14-215　主轴结构及进给

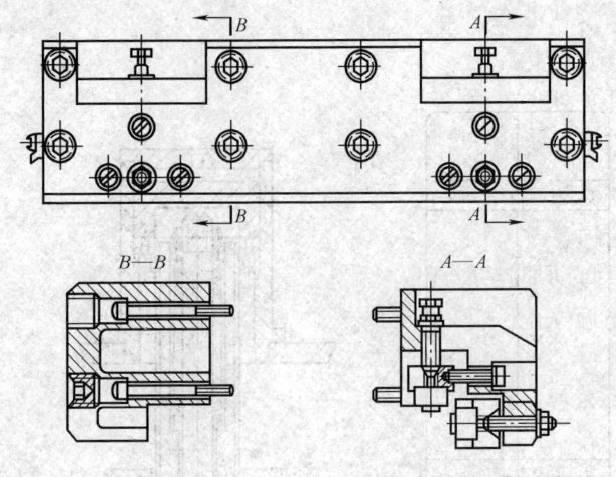

图 14-216　主轴箱预紧机构

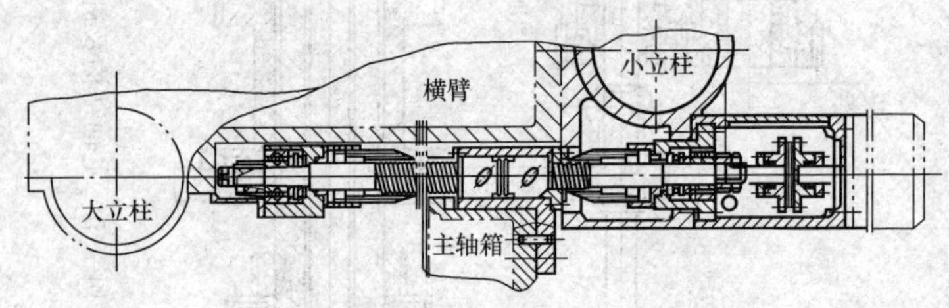

图 14-217　主轴箱拖动机构

2）z 轴（主轴移动方向）进给传动：由 25 型直流伺服电动机直接驱动蜗杆轴。为了保证传动精度与 z 轴的定位精度，蜗轮副采用了双导程蜗杆。齿轮齿条副采用了消除间隙结构。

3）x、y、z 三个坐标进给方式有：①程序自动控制；②手动数据输入方式（MDI）；③回转操纵手动操作方式；④手摇脉冲发生器微动进给方式。

4）x、y 两坐标所采用的 15 型直流伺服电动机，最高转速为 1500r/min，滚珠丝杠螺距 $t=8$，快速移动可达 10m/min，z 轴快速移动为 5m/min。拖动系统装配时，已将滚珠丝杠固定拉紧，以提高丝杠刚度，克服因环境温度升高使丝杠产生的挠度。

手动数据输入方式，操作方法与前主轴转速变换操纵基本相同，只是按地址键使 F 地址亮灯。在操纵台上手动操纵方式比较直观。首先将状态选择开关的旋钮拨到手动操作位置，在手动进给量选择开关处选好进刀量，然后在手动操纵按钮处按动相应按钮，即可实现手动进给。点动进给方式与之基本相同，快速进给是在已设定快速进给速度的前提下扳动快速进给开关来实现。手动进给，可用进给倍率开关扩大手动进给旋钮的使用范围。

(2) 自动加减与返回坐标零点。自动定位和手动定位时，启动加速，趋近停止位置减速，靠自动加减速电路实现。当返回坐标零点时，经过零点前减速开关，到达零点，如图 14-218 所示。

返回零点必须在距离零件 40mm 的尺寸时，减速趋向零点，如图 14-219 所示。

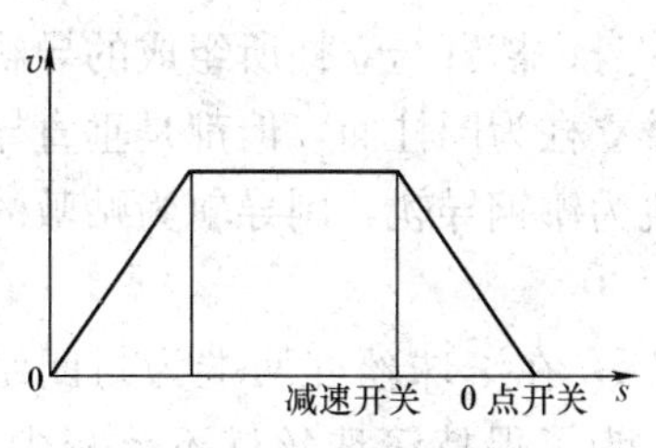

图 14-218 自动加减速与返回零点（一）

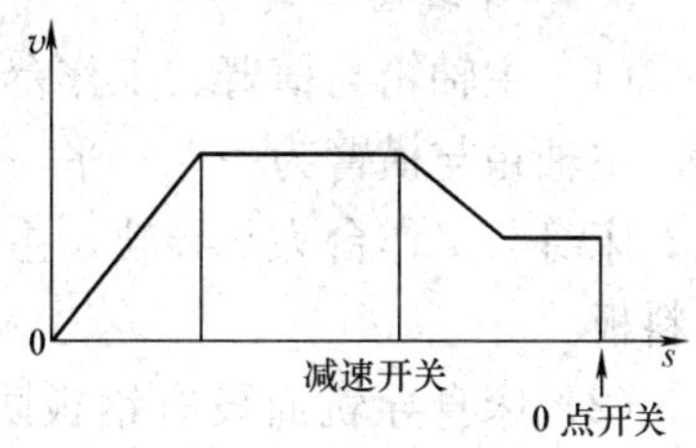

图 14-219 自动加减速与返回零点（二）

(3) 反向间隙补偿和螺距误差补偿。首先测准反向间隙（一般根据矢动量），然后输入计算机线路。在反向前，即可按已输入值补进去尺寸，用以保证坐标双向定位精度。

螺距误差补偿原理（见图 14-220）与反向间隙补偿相同，应反复测量校准，并画出坐标定位尺寸的全行程误差曲线图，而后选择补偿点，输入到计算机电路。每点补偿尺寸为一单位指令，即 0.01mm。当正、负方向运动时，电路自动加或减尺寸，用这样的方法来提高定位精度。

螺距误差补偿是测量各坐标实际位移的误差，即实际位移与输入脉冲指令的误差（由脉冲当量折合成机械位移）或与坐标位移显示的误差。

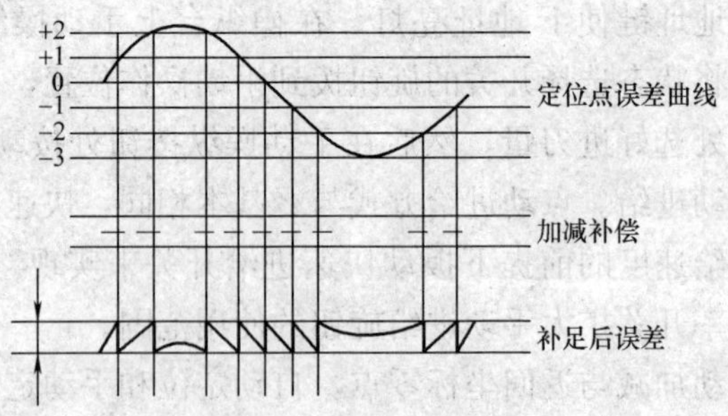

图 14-220　螺距补偿原理图

螺距误差补偿在制造厂中已经设定，一般情况下不需要变更。反向间隙由矢动量决定。

3. 各导轨面及其防护

（1）主轴箱与横臂、工作台与床身、横臂与立柱所组成的导轨副。主轴箱与横臂为一 V—平，横臂立柱为圆柱面，但都是垂直导轨。床身与工作台为平导轨，主导轨为镶钢导轨，副导轨为贴敷的塑料板。

（2）床身导轨面设有钢板防护罩，在滚珠丝杠两端为封闭结构。y 向滚珠丝杠设有弹簧保护罩。为了保持滚珠丝杠不落灰尘、油污，并保持传动精度，当打开防护罩时，需要细心保持滚珠丝杠和导轨面的洁净。

（3）在工作台下面也有 4 块拉紧块，其作用与主轴箱夹紧块相同。使用一两年以后，导轨若有磨损，需要换调整垫，以保持其正常预紧力。除了调整拉力外，还要注意使支承体的固定面与导轨下受力面之间的间隙不大于 0.03mm（见图 14-221）。

4. 冷却系统

对刀具的冷却，是由 3M-A 系统的 M 机能实现的，可以用程序自动控制，也可由手动方式实现。冷却液流量的大小可以转动冷却组上的转阀进行调节。

（七）机床机械故障的排除

数控机床中机械部分的修理与常规机床有许多共同之处，由于采用数控装置，机械结构比普通机床大为简化。常见的机械故障多

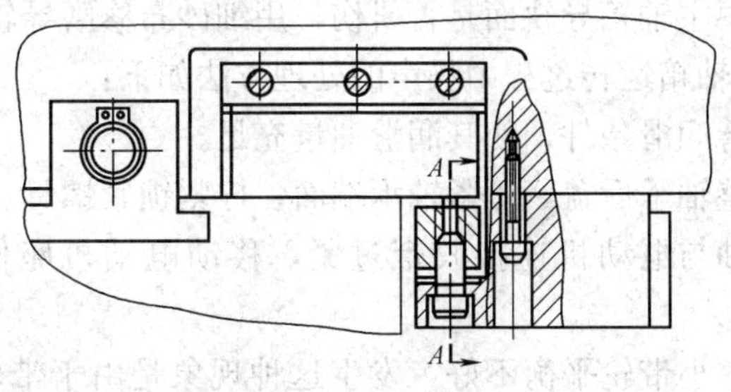

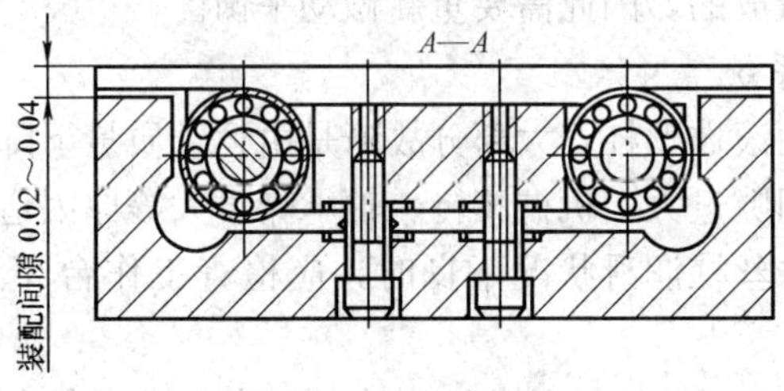

图 14-221 支承体的固定面与导轨下受力面之间的间隙

数是由冲撞造成的。由于操作错误，还会引发机械部分发生故障甚至产生损伤。下面以加工中心常见故障为例，介绍数控机床机械故障的排除方法。

1. 主轴部件

主轴部件出现的故障有自动拉紧刀柄装置、自动调速装置、主轴快速运动的精度保持性等。

（1）主轴运转发生异常的声音，当声音越来越大造成机床运转停止时，可以判断主轴轴承破损。此时需要停机，拆卸主轴箱更换轴承。

（2）主轴箱不能够移动时，需要做如下工作：

1）检查机床坐标上的联轴节，拧紧联轴节上的螺钉。

2）卸下压板，观察压板是否研伤，调整压板与导轨间隙，保证间隙为 0.02～0.03mm。

3）检查主轴箱镶条，首先松开镶条止退螺钉，用螺丝刀顺时针旋转镶条螺栓，使坐标轴能灵活移动（塞尺不能塞入），将止退螺钉锁紧。

4）观察主轴箱导轨面是否研伤，用细砂布修磨导轨面的伤痕。

（3）主轴箱运转过程中噪声的处理方法如下：

1）改善润滑条件，使其润滑油量充足。

2）调整轴承后盖，压紧轴承端面，拧紧锁紧螺母。

3）主轴与电动机连接胶带过紧，移动电动机座使胶带松紧合适。

4）大、小带轮平衡不好，发生这种现象是由于带轮的平衡块脱落或位移造成的，因此需要重新做动平衡。

2. 进给系统

由于采用滚珠丝杠，大部分故障是由运动质量下降、定位精度下降、反向间隙过大、机械爬行、轴承噪声大等原因造成的。

（1）滚珠丝杠润滑状况不良时，应检查工作台 x、y 轴滑座，涂上润滑脂。

（2）工作台 x、y 向不能移动时，应检查机床各坐标上的电动机与丝杠联轴节上的螺钉是否松动，调整工作台移动导轨的间隙，使各坐标轴能灵活移动。用砂布去掉导轨面上的伤痕。充分供给润滑油。调整滚动丝杠的间隙，调整滚动螺母的预紧力，调整补偿精度。

（3）x、y 坐标轴抖动现象时，应对 x 轴进行单独运转试验，排除 x 轴机械传动链和伺服电动机的影响。若数控系统控制很均匀，就排除了控制系统的原因。x 轴的伺服电动机若装在 y 轴的床鞍上，x 轴的控制电缆在 y 轴运动时被来回拖动。当 x 轴单轴往复运动时，用手拖动 x 轴电动机控制电缆，若出现抖动现象，就证明 x 轴控制电缆接触不良。电缆的插头由于长期受油污腐蚀而引起绝缘丧失、插头松动时，需要更换。

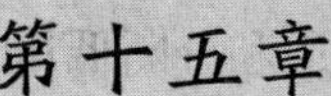

机床电气维修

第一节 常用低压电器

凡是用来接通和断开电路，以达到控制、调节、转换和保护的电气设备都称为电器。工作在交流1000V及以下、直流1200V及以下电路中的电器称为低压电器。

一、低压电器的分类

（一）型号组成

低压电器产品全型号组成形式如下：

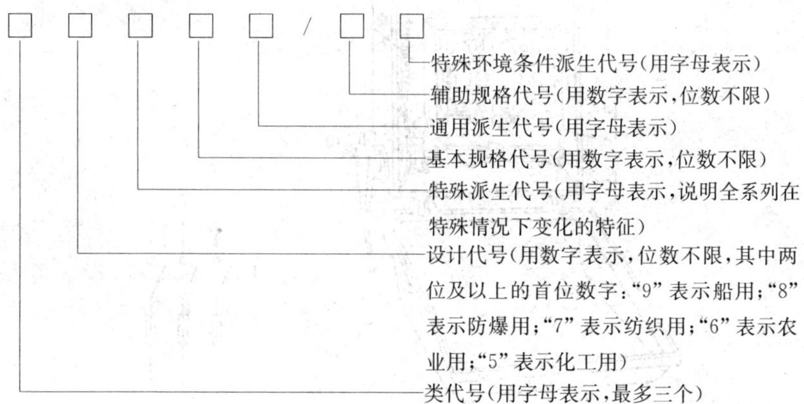

（二）分类

根据在电气线路中所处的地位和作用，低压电器可分为低压配电电器和低压控制电器两类；按动作方式可分为自动切换和非自动切换两类；按有无触点的结构分可分为有触点和无触点两类。

二、低压开关

低压开关广泛用于各种配电设备和供电线路中，作为不频繁接通和分断低压供电线路，以隔离电源用。另外，它也可用于小容量笼型异步电动机的直接启动。

（一）负荷开关

负荷开关有开启式（俗称胶盖瓷底刀开关）和封闭式（俗称铁壳开关）两种，如图 15-1 所示。

刀开关按线路的额定电压、计算电流及断开电流选择，按短路

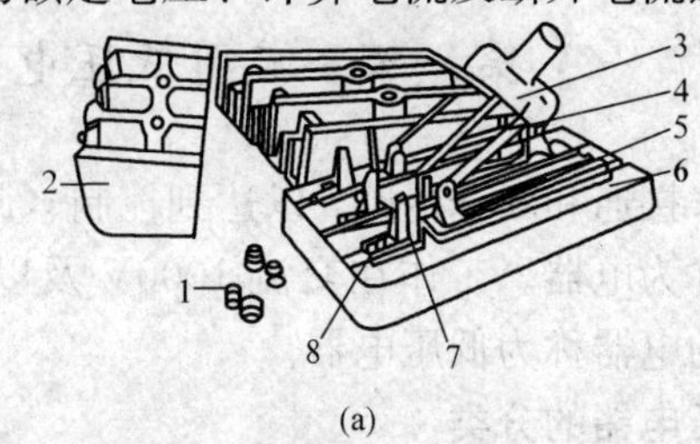

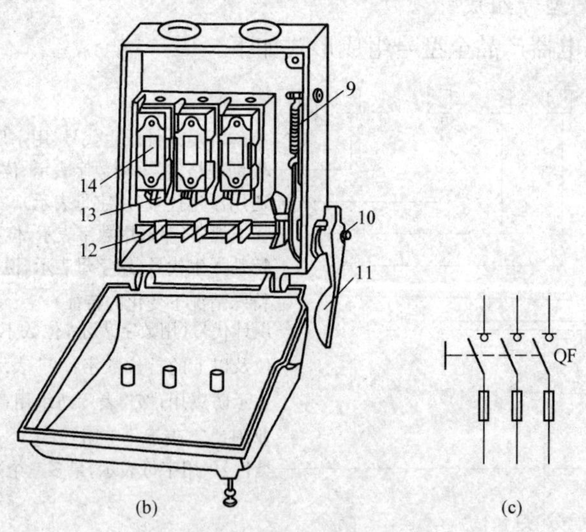

图 15-1　负荷开关

（a）开启式负荷开关；（b）封闭式负荷开关；（c）电气符号

1—胶盖紧固螺钉；2—胶盖；3—瓷柄；4—动触头；5—出线座；6—瓷底；7—静触头；8—进线座；9—速断弹簧；10—转轴；11—手柄；12—闸刀；13—夹座；14—熔断器

电流校验其动、热稳定值。

刀开关断开负载电流不应大于制造厂允许断开的电流值。一般结构的刀开关通常不允许带负载操作，但装有灭弧室的刀开关可做不频繁带负载操作。

刀开关所在线路的三相短路电流不应超过制造厂规定的动、热稳定值，其值见表 15-1。

表 15-1　　刀开关动、热稳定性和保安性技术数据

额定工作电流 I_N（A）	1s 热稳定电流有效值（kA）		电动稳定电流峰值（kA）		极限保安电流峰值（kA）	
	中央手柄式	杠杆操作式	中央手柄式	杠杆操作式	中央手柄式	杠杆操作式
$I_N \leqslant 100$	6	7	15	15	30	30
$100 < I_N \leqslant 250$	10	12	20	25	40	40
$250 < I_N \leqslant 400$	20	20	30	40	50	50
$400 < I_N \leqslant 630$	25	25	40	50	60	60
$630 < I_N \leqslant 1000$	30	30	50	70	—	95
$1000 < I_N \leqslant 1600$	—	35	—	90	—	110

型号含义：

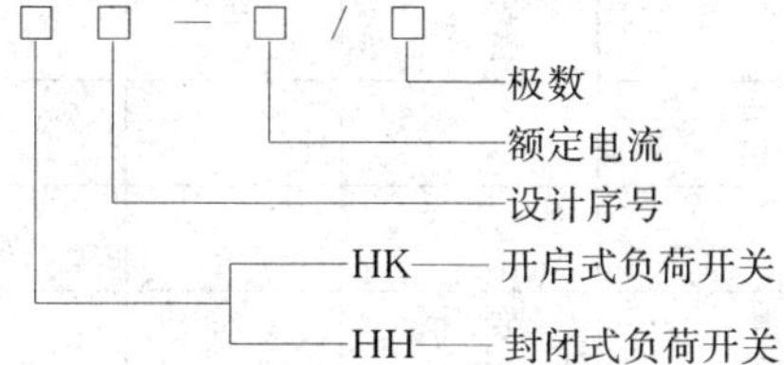

表 15-2　　通用派生代号表

派生字母	代 表 意 义
A、B、C、…	结构设计稍有改进或变化
J	交流、防溅式
Z	直流、自动复位、防震、重任务
W	无灭弧装置
N	可逆
S	有锁住机构、手动复位、防水式、三相、三个电源、双线圈
P	电磁复位，防滴、单相、两个电源、电压
K	开启式
H	保护式、带缓冲装置
M	密封式、灭磁
Q	防尘式、手车式
L	电流的
F	高返回、带分励脱扣

表 15-3　低压电器产品型号类组代号表

代号	名称	A	B	C	D	G	H	J	K	L	M	P	Q	R	S	T	U	W	X	Y	Z
H	刀开关和转换开关				刀开关		封闭式负荷开关		开启式负荷开关					熔断器式刀开关	刀形转换开关					其他	组合开关
R	熔断器			插入式			汇流排式			螺栓式					快速	有填料管式			限流	其他	
D	自动开关									照明	灭磁				快速			柜架式①	限流	其他	塑料外壳式②
K	控制器			鼓形								平面				凸轮				其他	
C	接触器					高压		交流				中频			时间					其他	直流
Q	起动器	按钮式		磁力				减压							手动		油浸		星三角	其他	综合

续表

代号	名称	A	B	C	D	G	H	J	K	L	M	P	Q	R	S	T	U	W	X	Y	Z
J	控制继电器									电流				热	时间	通用		温度		其他	中间
L	主令电器	按钮							主令控制器						主令开关	足踏开关	旋钮	万能转换开关	行程开关	其他	
Z	电阻器		板形元件	冲片元件		管形元件									烧结元件	铸铁元件			电阻器	其他	
B	变阻器			旋臂式						励磁		频敏		起动	石墨	起动调速	油浸起动	液体起动	滑线式	其他	
T	调整器				电流																
M	电磁铁													牵引				起重			制动
A	其他		保护器	插销	灯		接线盒			铃											

① 原称万能式。
② 原称装置式。

表 15-4　　特殊环境条件派生代号表

派生字母	表示内容	备　注
T	按湿带临时措施制造	此项派生代号加注在产品全型号后
TH	湿热带适用	
TA	干热带适用	
C	高原适用	
H	船用	
Y	化工防腐用	

1. 技术数据

常用 HK 和 HH 系列负荷开关的技术数据见表 15-5 和表 15-6。

表 15-5　　HK 系列开启式负荷开关的技术数据

型号	额定电流 I（A）	极数	额定电压 U（V）	可控制电动机功率 P（kW）	熔丝规格	
					熔丝线径 ϕ（mm）	熔丝材料
HK1	15	2	220	1.5	1.45～1.59	铅熔丝
	30			3.0	2.30～2.52	
	60			4.5	3.36～4.00	
	15	3	380	2.2	1.45～1.59	
	30			4.0	2.30～2.52	
	60			5.5	3.36～4.00	
HK2	10	2	250	1.1	0.25	纯铜丝
	15			1.5	0.41	
	30			3.0	0.56	
	10	3	380	2.2	0.45	
	15			4.0	0.71	
	30			5.5	1.12	

表 15-6　　HH 系列封闭式负荷开关的技术数据

型号	额定电压 U（V）	额定电流 I（A）	极数	熔丝规格		
				额定电流（A）	线径 ϕ（mm）	材　料
HH3	250/440	15	2/3	6	0.26	纯铜丝
				10	0.35	
				15	0.46	

续表

型号	额定电压 U（V）	额定电流 I（A）	极数	熔丝规格		
				额定电流（A）	线径 ϕ（mm）	材　料
HH3	250/440	30	2/3	20	0.65	纯铜丝
				25	0.71	
				30	0.81	
		60		40	1.02	
				50	1.22	
				60	1.32	
		100		80	1.62	
				100	1.81	
		200		200		
HH4	380	15	2/3	6	1.08	铅熔丝
				10	1.25	
				15	1.98	
		30		20	0.61	纯铜丝
				25	0.71	
				30	0.80	
		60		40	0.92	
				50	1.07	
				60	1.20	
	440	100	3	60、80、100	—	RTO 系列熔断器
		200		100、150、200		
		300		200、250、300		
		400		300、350、400		

2. 选择原则

(1) 用于照明或电热电路的负荷开关额定电流，应大于或等于被控制电路所有负载额定电流之和。

(2) 用于电动机的电路，根据经验，开启式负荷开关的额定电流一般可为电动机额定电流的 3 倍，封闭式负荷开关的额定电流一般可为电动机额定电流的 1.5 倍。

3. 使用与维护

(1) 负荷开关不允许横装或倒装，必须垂直安装在控制屏或开关板上，不允许将开关放在地上使用。

(2) 负荷开关安装接线时，电源进线和出线不能接反。开启式负荷开关的电源进线应接在上端进线座，负载接在下端出线座，以便更换熔丝。60A 以上的封闭式负荷开关的电源进线应接在上端进线座，60A 以下应接在下端进线座。

(3) 封闭式负荷开关的外壳应可靠接地，以防意外漏电造成触电事故。

(4) 更换熔丝必须在闸刀断开的情况下进行，而且应换上与原用熔丝规格相同的新熔丝。

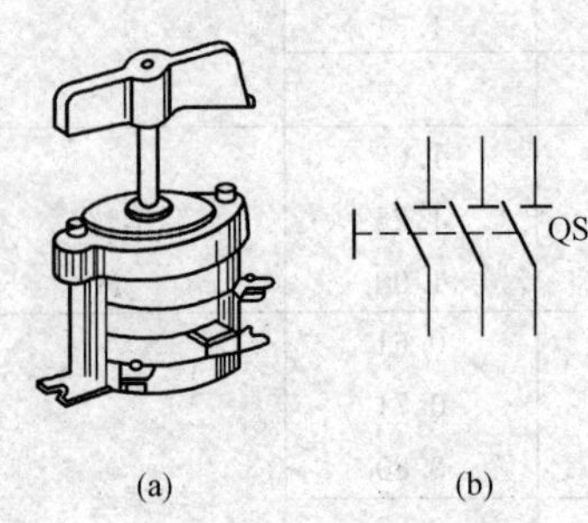

图 15-2　HZ10 组合开关
(a) 外形；(b) 电路图形符号及文字符号

(5) 应经常检查开关的触头，清理灰尘和油污等物。操作机构的摩擦处应定期加润油，使其动作灵活，延长使用寿命。

(6) 在修理负荷开关时，要注意保持手柄与门的联锁，不可轻易拆除。

(二) 组合开关

组合开关又名转换开关，常用的 HZ10 系列组合开关的外形如图 15-2 所示。

1. 技术数据

常用 HZ10 系列组合开关的技术数据见表 15-7。3SB 和 3ST 系列开关是德国西门子的引进产品，其技术数据见表 15-8。

表 15-7　　HZ10 系列组合开关的技术数据

<table>
<tr><th rowspan="2">型　号</th><th colspan="2">额定电压（V）</th><th rowspan="2">额定电流（A）</th><th rowspan="2">极数</th></tr>
<tr><th>交流</th><th>直流</th></tr>
<tr><td>HZ10-10/2</td><td rowspan="5">380</td><td rowspan="5">220</td><td rowspan="2">10</td><td>2</td></tr>
<tr><td>HZ10-10/3</td><td rowspan="4">3</td></tr>
<tr><td>HZ10-25/3</td><td>25</td></tr>
<tr><td>HZ10-60/3</td><td>60</td></tr>
<tr><td>HZ10-100/3</td><td>100</td></tr>
</table>

型号含义：

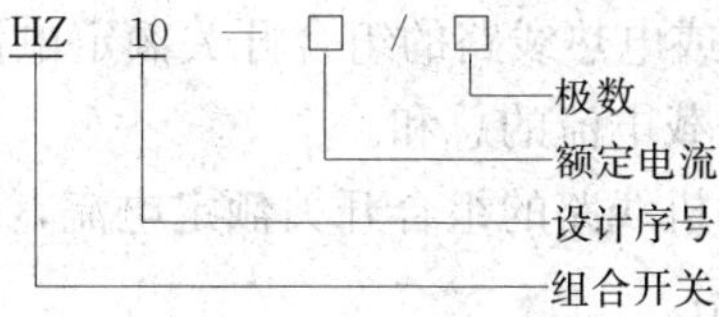

表 15-8　　3SB 和 3ST 系列开关技术数据

型号	单相交流 50Hz 电源开关额定工作电流（A）	三相交流 50Hz 电动机开关额定工作电流（A）	三相交流 50Hz Y-△转换开关额定工作电流（A）	机械寿命（次）	操作频率（次/h）
3ST1	10	8.5	8.5	3×10^6	500
3LB3	25	16.5	25		
3LB4	40	30	35	1×10^6	100
3LB5	63	45	45		

型号含义：

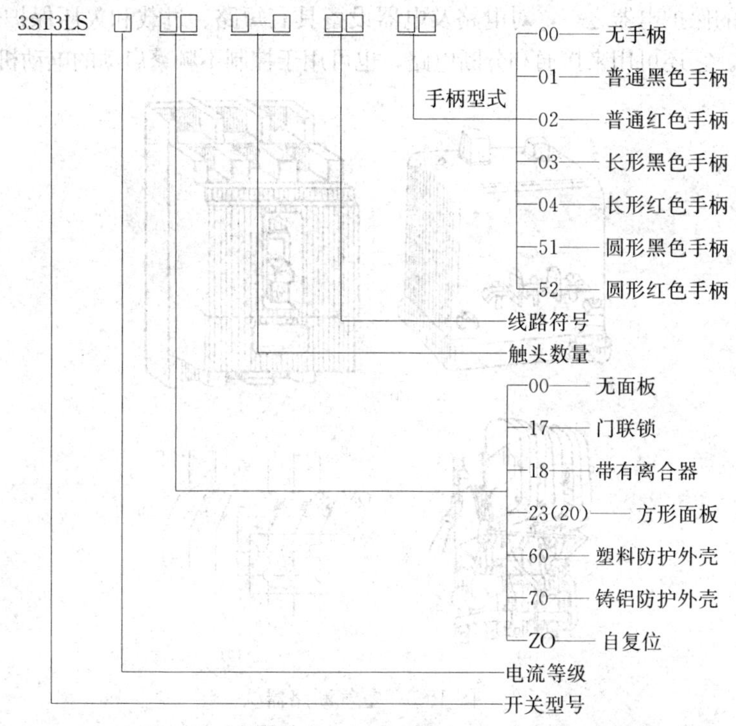

2. 选择原则

(1) 用于照明或电热线路的组合开关额定电流，应大于或等于被控制电路中各负载电流的总和。

(2) 用于电动机线路的组合开关额定电流，一般取电动机额定电流的 1.5～2.5 倍。

3. 使用与维护

(1) 由于转换开关的通断能力较低，故不能用来分断故障电流。当用于控制电动机作可逆运转时，必须在电动机完全停止后，才允许反向接通。

(2) 当操作频率过高或负载功率因数较低时，转换开关要降低容量使用，否则会影响开关的使用寿命。

(三) 空气断路器（自动空气开关）

空气断路器又名自动空气开关，简称空气开关，是低压电路中重要的保护电器之一，对电路及电器设备具有短路、过载和欠压保护作用。它还可用来接通和分断电路，也可用于控制不频繁启动的电动机。

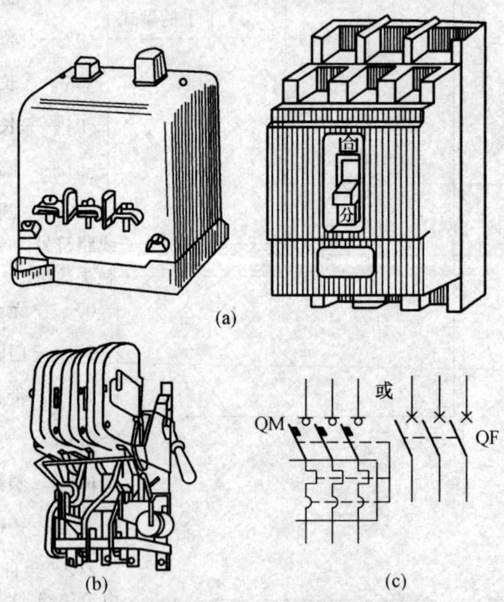

图 15-3　空气断路器

(a) 塑壳式；(b) 万能式；(c) 电气图形和文字符号

常用的塑壳式（装车式）和万能式（框架式）空气断路器的外形，如图 15-3 所示。

1. 技术数据

常用 DZ5-20、DZ10-100 系列塑壳式空气断路器和 DW10 系列塑壳万能式空气断路器的技术数据如表 15-9～表 15-11 所列。

表 15-9　DZ5-20 系列塑壳式空气断路器技术数据

型　号	额定电压（V）	额定电流（A）	极数	脱扣器类别	热脱扣器额定电流（A）（括号内为整定电流调节范围）	电磁脱扣器瞬时动作整定值（A）
DZ5-20/200	交流 380	20	2	无脱扣器	—	—
DZ5-20/300			3			
DZ5-20/210	直流 220		2	热脱扣	0.15（0.1～0.15） 0.20（0.15～0.20） 0.30（0.20～0.30） 0.45（0.30～0.45） 0.65（0.45～0.65） 1.00（0.65～1.00） 2.00（1.00～2.00） 3.00（2.00～3.00） 4.50（3.00～4.50） 6.50（4.50～6.50） 10.00（6.50～10.00） 15.00（10.00～15.00） 20.00（15.00～20.00）	为热脱扣器额定电流的 8～10 倍（出厂时整定于 10 倍）
DZ5-20/310			3			
DZ5-20/220			2	电磁脱扣		
DZ5-20/320			3			
DZ5-20/230			2	复式脱扣		
DZ5-20/330			3			

表 15-10　DZ10-100 系列塑壳式空气断路器技术数据

型　号	额定电压（V）	额定电流（A）	极数	脱扣器类别	复式脱扣器		电磁脱扣器	
					额定电流（A）	瞬时动作整定电流	额定电流（A）	瞬时动作整定电流
DZ10-100/200	交流 380 直流 220	100	2	无脱扣器	15 20 25 30 40 50 60 80 100	脱扣器额定电流的 10 倍	15 20 25 30 40 50	脱扣器额定电流的 10 倍
DZ10-100/300			3					
DZ10-100/210			2	热脱扣				
DZ10-100/310			3					
DZ10-100/230			2	复式脱扣			100	脱扣器额定电流的 6～10 倍
DZ10-100/330			3					

表 15-11　DW10 系列塑壳万能式空气断路器的技术数据

型号	额定电流（A）	过电流脱扣器额定电流（A）	整定电流范围（A）	分励脱扣器需要视在功率（VA）		失压脱扣器需要视在功率（VA）		电磁铁操作机构需要视在功率（VA）		电动机操作机构需要视在功率（VA）		极限通断能力 交流 380V $\cos\varphi \geqslant 0.4$（A）
				220V	380V	220V	380V	220V	380V	220V	380V	
DW10-200/2 DW10-200/3	200	100	100～150～300	145	145	40	40	10k	10k	—	—	10000
		150	150～225～450									
		200	200～300～600									
DW10-400/2 DW10-400/3	400	100	100～150～300					20k	20k	—	—	15000
		150	150～225～450									
		200	200～300～600									
		250	250～375～750									
		300	300～450～900									
		350	350～525～1050									
		400	400～600～1200									
DW10-600/2 DW10-600/3	600	500	400～750～1500									15000
		600	600～900～1800									
DW10-1000/2 DW10-1000/3	1000	400	400～600～1200					—	—	500	500	20000

续表

型　号	额定电流（A）	过电流脱扣器额定电流（A）	整定电流范围（A）	分励脱扣器需要视在功率（VA）		失压脱扣器需要视在功率（VA）		电磁铁操作机构需要视在功率（VA）		电动机操作机构需要视在功率（VA）		极限通断能力交流 380V $\cos\varphi \geqslant 0.4$（A）
				220V	380V	220V	380V	220V	380V	220V	380V	
DW10-1000/2 DW10-1000/3	1000	500	500～750～1500	145	145	40	40	—	—	500	500	20000
		600	600～900～1800									
		800	800～1200～2400									
		1000	1000～1500～3000									
DW10-1500/2 DW10-1500/3	1500	1500	1500～2250～4500									20000
DW10-2500/2 DW10-2500/3	2500	1000	1000～1500～3000							700	700	30000
		1500	1500～2250～4500									
		2000	2000～3000～6000									
		2500	2500～3150～7500									
DW10-4000/2 DW10-4000/3	4000	2000	2000～3000～6000									40000
		2500	2500～3750～7500									
		3000	3000～4500～9000									
		4000	4600～6000～12000									

型号含义：

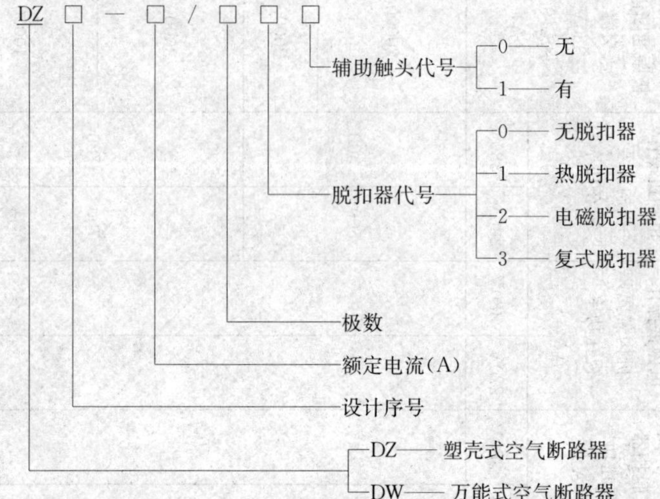

2. 选择原则

（1）额定工作电压应不低于线路额定电压。

（2）额定电流应不低于线路计算负载电流。

（3）额定短路通断能力应不低于线路中可能出现的最大短路电流（一般按有效值计算）。

（4）线路末端对地短路电流不低于 1.25 倍断路器瞬时（或短延时）脱扣整定电流。

（5）欠压脱扣器额定电压等于线路额定电压。

（6）分励脱扣器额定电压等于控制电源电压。

（7）电动传动机构的额定工作电压等于控制电源电压。

（8）用于照明电路时，电磁脱扣器的瞬时整定电流一般取负载电流的 6 倍。

（9）用于电动机保护时，延时电流整定值等于电动机额定电流；对保护笼型电动机时，断路器的电磁脱扣器瞬时整定电流等于 8～15 倍电动机额定电流；对于保护绕线式转子电动机的断路器，电磁脱扣器瞬时整定电流等于 3～6 倍电动机额定电流。

3. 使用及维护

（1）断路器安装前，应将脱扣器电磁铁工作面上的防锈油脂抹净，以免影响电磁机构的动作值。

（2）断路器与熔断器配合使用时，熔断器应尽可能装在断路器之前，以保证使用安全。

（3）电磁脱扣器的整定值一经调好后，不允许随意更动。长时间使用后，要检查其弹簧是否生锈，以免影响其动作。

（4）断路器在分断短路电流后，应在切除上一级电源的情况下，及时地检查触头。若发现有严重的电灼痕迹，可用干布擦去；若发现触头烧毛，可用砂布或细锉小心修整，但主触头一般不允许用锉刀修整。

（5）应定期清除断路器上的积尘和检查各脱扣器的动作值。操作机构在使用一段时间后（可考虑1～2年一次），在传动机构部分应加润滑油（小容量塑壳式断路器不需要）。

（6）灭弧室在分断短路电流后，或较长时间使用之后，应清除灭弧室内壁和栅片上的金属颗粒和黑烟灰。如灭弧室已损坏，不能再使用。长时间未使用的灭弧室，在使用前应先烘一次，以保证良好的绝缘。

三、熔断器

熔断器主要用作短路保护。当通过熔断器的电流大于规定值时，以其自身产生的热量使熔体熔化而自动分断电路。机床常用熔断器的外形如图15-4所示。

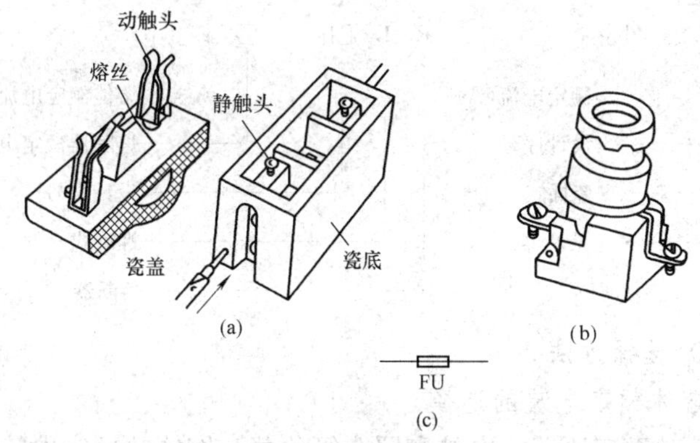

图15-4　熔断器

（a）RC系列瓷插式；（b）RL系列螺旋式；（c）熔断器符号

（一）技术数据

常用熔断器技术数据见表 15-12。

表 15-12　　常用熔断器技术数据

型号	熔管额定电压（V）	熔管额定电流（A）	熔体额定电流等级（A）	最大分断能力（A）（500V）
RC1A-5	交流三相380或单相220	5	2、5	250
RC1A-10		10	2、4、6、10	500
RC1A-15		15	6、10、15	
RC1A-30		30	15、20、25、30	1500
RC1A-60		60	40、50、60	3000
RC1A-100		100	60、80、100	
RC1A-200		200	120、150、200	
RL1-15	交流500 380 220	15	2、4、6、10、15	2000
RL1-60		60	20、25、30、35、40、50、60	3500
RL1-100		100	60、80、100	20000
RL1-200		200	100、125、150、200	50000
RL2-25		25	2、4、6、10、15、20	1000
RL2-60		60	25、35、50、60	2000
RL2-100		100	80、100	3500

型号含义：

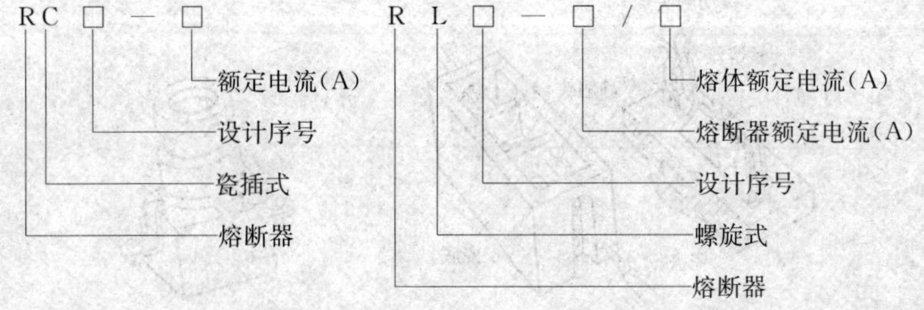

（二）选择方法

1. 熔体额定电流的选择

（1）对于变压器、电炉和照明等负载，熔体的额定电流应略大于或等于负载电流。

（2）对于输配电线路，熔体的额定电流应略小于或等于线路的安全电流。

（3）对电动机负载，一般可按下列公式计算：

1）对于一台电动机的负载的短路保护，有

$$I_1 \geqslant (1.5 \sim 2.5) I_2$$

式中 I_1 为熔体额定电流，I_2 为电动机额定电流，系数1.5～2.5 视负载性质和启动方式而选取。对于轻载启动、启动次数少、时间短或降压启动的，取小值；对于重载启动、启动频繁、启动时间长或全压启动的，取大值。

2）对于多台电动负载的短路保护

$$\text{熔体额定电流} \geqslant (1.5 \sim 2.5) \times \text{电动机额定电流} + \begin{matrix}\text{其余电动机的}\\\text{计算负荷电流总和}\end{matrix}$$

2. 熔断器的选择

（1）熔断器的额定电压应不低于线路工作电压。

（2）熔断器的额定电流应不低于所装熔体的额定电流。

3. 使用及维护

（1）应正确选用熔体和熔断器。有分支电路时，分支电路的熔体额定电流应比前一级小 2～3 级。对不同性质的负载，应尽量分别保护，装设单独的熔断器。

（2）安装螺旋式熔断器时，必须注意将电源线接到瓷底的下接线端，以保证安全。

（3）瓷插式熔断器安装熔丝时，熔丝应顺着螺钉旋紧方向绕过去，同时应注意不要划伤熔丝或把熔丝绷紧，以免减小熔丝的截面尺寸或插断熔丝。

（4）更换熔体时应切断电源。应换上相同额定电流的熔体，不能随意加大熔体。

四、交流接触器

交流接触器是一种适应于远距离频繁地接通和分断交流电路的电器。常用交流接触器的外形如图 15-5 所示。

（一）技术数据

1. 技术数据

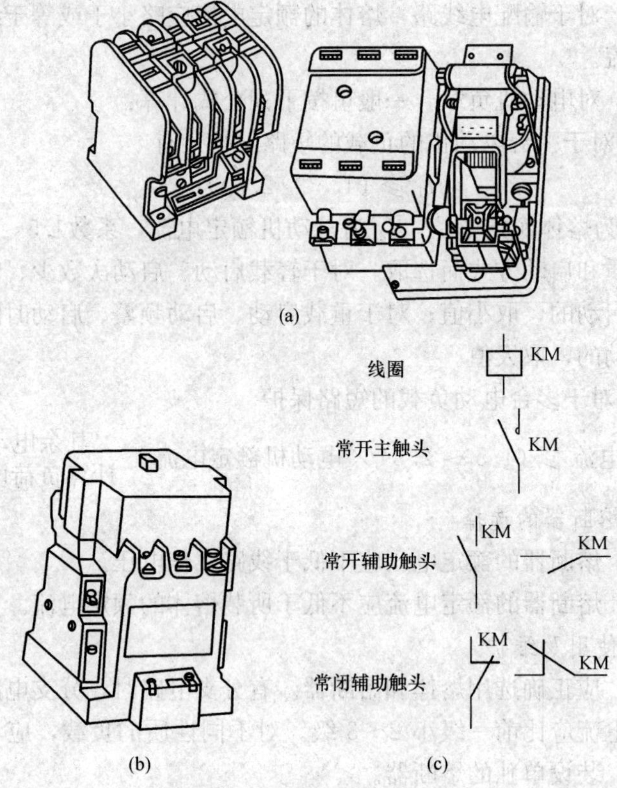

图 15-5　交流接触器

（a）CJ10-10 型；（b）CJ20-40 型；（c）电气图形和文字符号

常用交流接触器的技术数据见表 15-13。

2. 型号含义

型号含义如下：

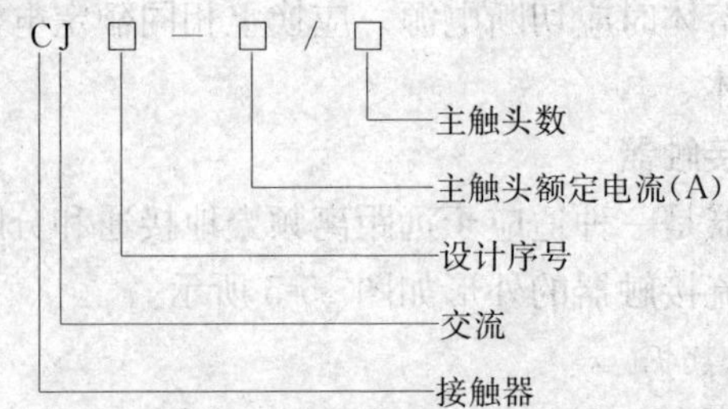

表 15-13　　交流接触器的技术数据

型　号	主触头额定电流（A）			辅助触头额定电流（A）		可控制电动机的最大功率（kW）			吸引线圈电压（V）	辅助触头数量	操作频率（次/h）		电寿命（万次）	
	380V	660V	1140V	380V	660V	220V	380V	660V			AC-3	AC-4	AC-3	AC-4
CJ10-5	5					1.2	2.2		除 CJ10-5 和 CJ10-150 为 36、110、220、380 外，其余均为 36、110、127、220、380	1 动合				
CJ10-10	10					2.2	4							
CJ10-20	20					5.5	10							
CJ10-40	40	—	—	5	—	11	20	—		2 动合 2 动断	500	—	60	—
CJ10-60	60					17	30							
CJ10-100	100					29	50							
CJ10-150	150					47	75							
CJ12 CJ12B -100	100						50							
CJ12 CJ12B -150	150						75			5 动合 1 动断或	600		15	
CJ12 CJ12B -250	250	—	—	10	—	—	125	—	36、127、220、380	4 动合 2 动断或		—		—
CJ12 CJ12B -400	400						200			3 动合 3 动断	300		10	
CJ12 CJ12B -600	600						300							

续表

型号	主触头额定电流（A）			辅助触头额定电流（A）		可控制电动机的最大功率（kW）			吸引线圈电压（V）	辅助触头数量	操作频率（次/h）		电寿命（万次）	
	380V	660V	1140V	380V	660V	220V	380V	660V			AC-3	AC-4	AC-3	AC-4
CJ20-40	40	25	—	6	—	—	22		36 127 220 380	2 动合 2 动断	1200	300	100	4
CJ20-63	63	40					30	35			1200	300	200	8
CJ20-160	160	100					85	85			1200	300	200	1.5
CJ20-160/11			80					85			300	60	200	1.5
CJ20-250	250		—	10			132		127 220 380		600	120	120	1
CJ20-250/06		200						190			300	60	120	1
CJ20-630	630						300				600	120	120	0.5
CJ20-630/11		400	400					400			300	60	120	0.5
3TB40	9	7.2	—	6	2	—	4	5.5	24 36 48 110 220 380	1 动合或 1 动断或 1 动合 1 动断或 2 动合 2 动断	1000	1.2×10^6	250	2×10^5
3TB41	12	9.5					5.5	7.5						
3TB42	16	13.5					7.5	11			750	1.2×10^6	250	2×10^5
3TB43	22	13.5					11	11						
3TB44	32	18	—	4	2.5		15	15						

（二）接触器的选择

正确选择接触器，就是要使所选用接触器的技术数据满足控制线路对它提出的要求。

（1）选择接触器的类型。交流负载应使用交流接触器，直流负载应使用直流接触器。如果控制系统中主要是交流电动机，而直流电动机或直流负载的容量比较小，也可全用交流接触器控制，但触头的额定电流应适当选择大些。

三相交流电路中，一般选三极接触器；单相及直流系统中，则常用两极或三极并联。当交流接触器用于直流系统时，也可采用各级串联方式，以提高分断能力。

（2）选择接触器主触头的额定电压和额定电流。通常选择接触器触头的额定电压不低于负载回路的额定电压。主触头的额定电流不低于负载回路的额定电流。

（3）控制电路、辅助电路参数的确定。接触器的线圈电压，应按选定的控制电路电压确定。一般情况下多用交流电控制，当操作频繁时则选用直流电（220、110V两种）控制。

接触器辅助触头种类及数量一般可在一定范围内根据系统控制要求确定其动合、动断数量及组合形式，同时应注意辅助触头的通断能力。当触头数量和其他额定参数不能满足系统要求时，可增加接触器或继电器以扩大功能。

一般情况下，回路有 1～5 个接触器时，控制电压可采用 380V；当回路超过 5 个接触器时，控制电压采用 220V 或 110V，此时均需加装隔离用的控制变压器。

（4）动、热稳定校验。当线路发生三相短路时，其短路电流不应超过接触器的动、热稳定值；当使用接触器切断短路电流时，还应校验其分断能力。

（5）允许动作频率校验。根据操作次数校验接触器所允许的动作频率。接触器在实际操作频率超过允许值、密接启动、反接制动及频繁正、反转等操作时，为了防止主触头的烧蚀和过早损坏，应将触头的额定电流降低使用，或者改用重任务型接触器（这种接触器由于采用了银铁粉末冶金触头，改善了灭弧措施，因而在同样的额定电流下能适应更繁重的工作）。

（三）使用及维护

（1）接触器安装前，应先检查线圈的额定电压等技术数据是否与实际使用要求相符，然后将铁芯极面上的防锈油脂或黏结在极面上的锈垢用汽油擦净，以免多次使用后被油垢粘住，造成接触器断电时不能释放。

（2）接触器安装时，除特殊订货外，一般应安装在垂直面上，其倾斜角度不得超过 5°。应将散热孔放在上下位置，以利降低线圈的温度。

（3）安装接触器时，应注意不要把零件落入接触器内，以免引起卡阻而烧毁线圈，同时应将螺钉拧紧，以防振动松脱。

（4）接触器触头应定期清扫和保持整洁，但不允许涂油。当接触器表面因电弧作用形成金属小珠时，应及时铲除，但银及银合金触头表面产生的氧化膜，由于接触电阻很小，可以不必锉修。

第二节　常用电动机的控制与保护

一、常用电动机的控制

（一）三相异步电动机的正反转控制线路

1. 倒顺开关正反转控制线路

用倒顺开关实现三相异步电动机正反转控制的电路如图 15-6 所示。

倒顺开关正反转控制线路是一种较为简单、手动的控制线路。其工作原理如下。

合上电源开关 QS1，操作倒顺开关 QS2：当手柄处于“停”的位置时，QS2 的动、静触头不接触，电路不通，电动机不转。当手柄扳到“顺”位置时，QS2 的动触头和左边的静触头接触，电路按 L1—U、L2—V、L3—W 接通，输入电动机定子绕组的电源电压相序为 L1—L2—L3，电动机正转。当手柄扳到“倒”的位置时，QS2 的动触头和右边的静触头相接触，电路按 L1—W、L2—V、L3—U 接通，输入电动机定子绕组的电源电压相序为

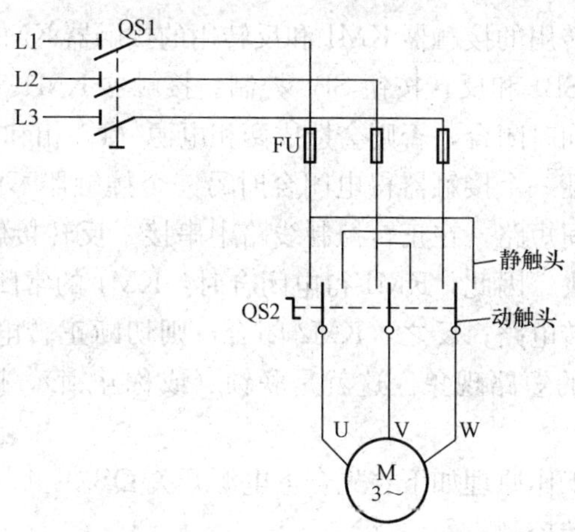

图 15-6　倒顺开关正反转控制线路

L3—L2—L1，电动机反转。

当电动机处于正转状态时，要使它反转，应先把手柄扳到“停”的位置，使电动机先停转，然后再把手柄扳到“倒”的位置，使它反转，若直接将手柄由“顺”扳到“倒”的位置，电动机定子绕组中会因电流突然反接而生产很大的反接电流，易使电动机定子绕组因过热而损坏。

2. 接触器联锁的正反转控制线路

图 15-7 所示接触器联锁的正反转控制线路中，采用了两个接

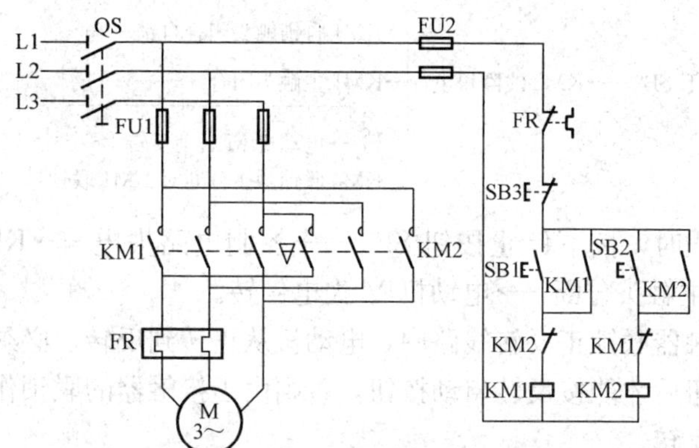

图 15-7　接触器联锁的正反转控制线路

触器，即正转用的接触器KM1和反转用的接触器KM2，它们分别由正转按钮SB1和反转按钮SB2控制。接触器KM1和KM2的主触头不允许同时闭合，否则会造成两相电源（L1相和L3）短路事故。为了保证一个接触器得电闭合时另一个接触器不能得电动作，以免电源相间短路，在正转控制线路中串接了反转接触器KM2的常闭辅助触头。因此，KM1得电闭合时，KM1的常闭辅助触头断开，切断反转电路；反之，KM2闭合，则切断正转电路，从而避免了相与相的短路现象。这就是联锁（或称互锁），图中用“▽”表示互锁。

线路的工作原理如下：先合上电源开关QS。

（1）正转控制：

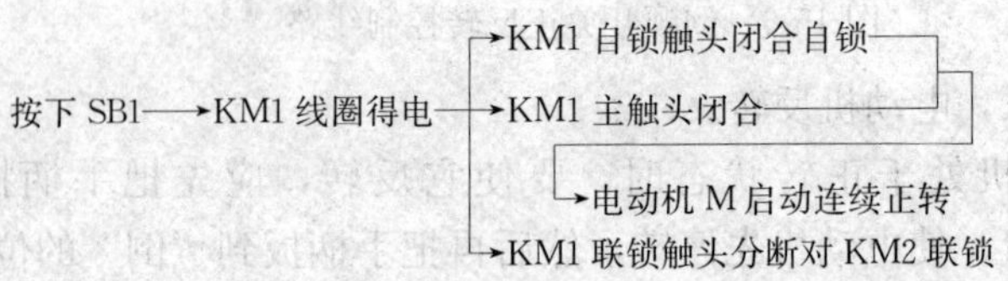

（2）反转控制：

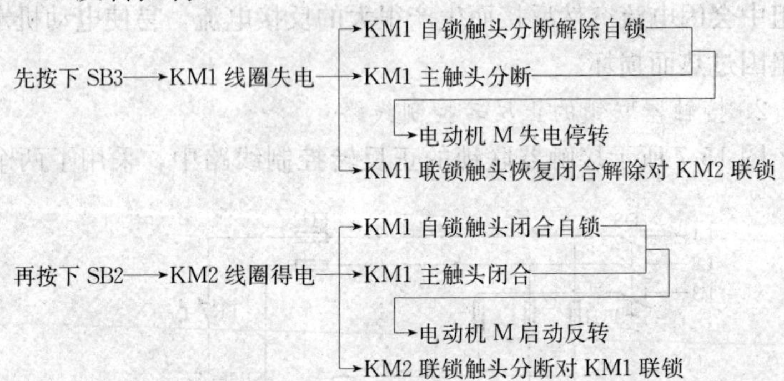

停止时，按下停止按钮SB3⟶控制电路失电⟶KM1（或KM2）主触头分断⟶电动机M失电停转。

接触器联锁正反转线路中，电动机从正转到反转，必须先按下停止按钮后才能按反转启动按钮，否则由于接触器的联锁作用，不能实现反转。

3. 按钮联锁正反转控制线路

图 15-8 为按钮联锁正反转控制线路。与图 15-7 相比，这里采用两个复合按钮代替正、反转按钮 SB1、SB2，并使复合按钮的常闭触头代替了接触器的常闭联锁触头。其工作原理与接触器联锁正反转线路的工作原理基本相同，只是电动机从正转改为反转时，可直接按下反转按钮 SB2 来实现，不必先按停止按钮。

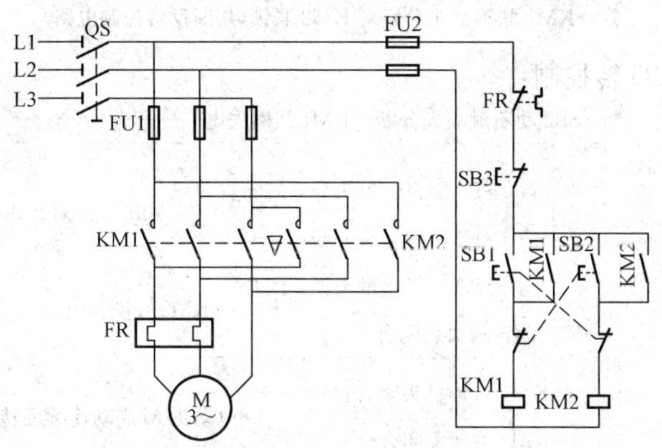

图 15-8　按钮联锁正反转控制线路

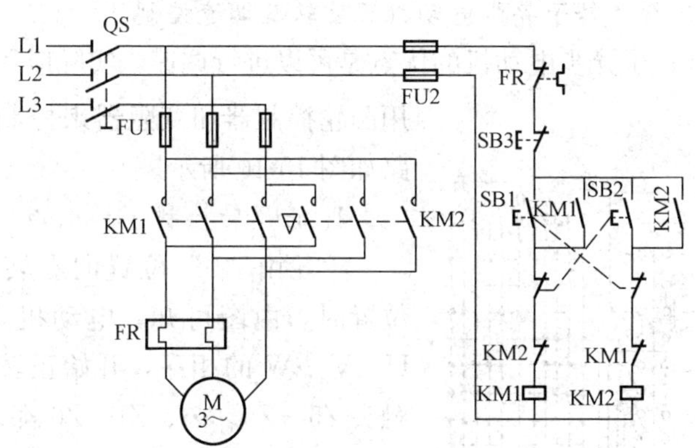

图 15-9　双重联锁的正反转控制线路

4. 按钮、接触器双重联锁的正反转控制线路

图 15-9 为双重联锁的正反转控制线路，它是在按钮联锁的基础上又增加了接触器联锁，使线路操作方便，工作更加安全可靠。

(1) 正转控制：

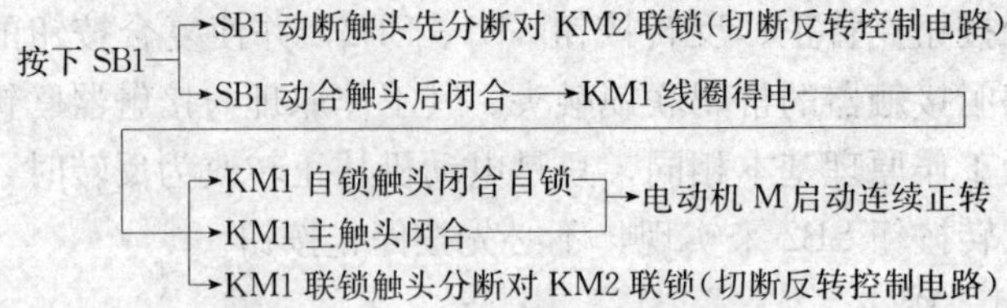

(2) 反转控制：

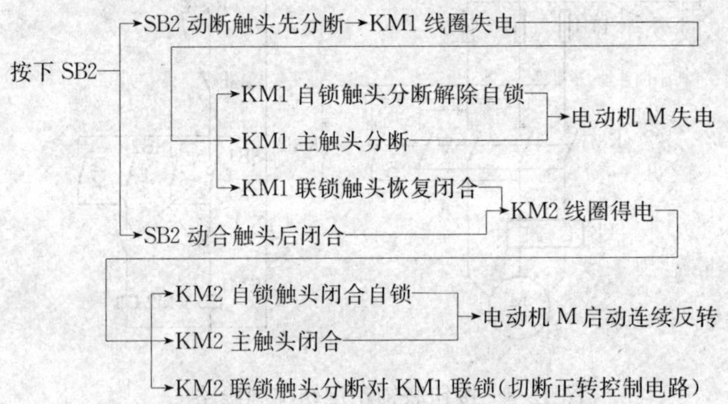

（二）绕线转子异步电动机正反转及调速控制

绕线转子异步电动机的优点是可以进行调速，实际应用中通常用凸轮控制器和变阻器来控制，其电路如图 15-10 所示。

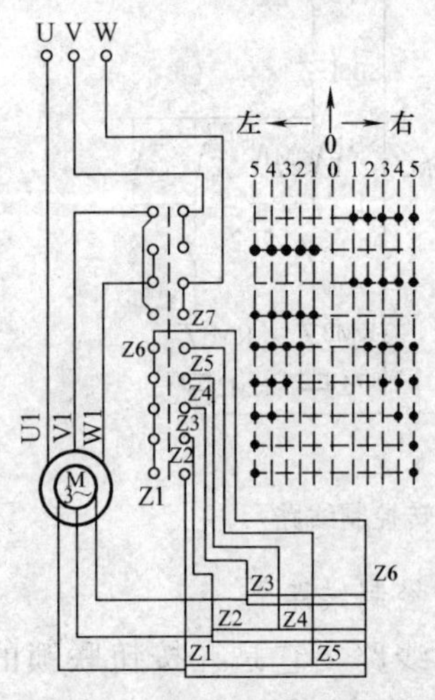

图 15-10 绕线转子异步电动机的正反转及调速控制线路

1. 正反转控制

手轮由“0”位置向右转到“1”位置时，由图可知，电动机 M 通入 U、V 、W 的相序，开始正转。由于触头 Z5—Z6、…、Z1—Z6 都未接通，启动电阻全部接入转子电路。将手轮反转，即由“0”位置向左转到“1”位置时，从图中可以看出，电动机电源改变相序（U、W、V），所以电动机反转，这时电动机的转子回路也串入了全部电阻。

2. 调速控制

当手轮处于左边“1”的位置或右边“1 ”的位置正反转及调速控制线路时，使电动机转动，其电阻是全部串入转子电路的，这时转速最低。若要改变电动机转速时，只要将手轮继续向左或右转到“2”“3”“4”“5”位置，触头 Z5—Z6、Z4—Z6、Z3—Z6、Z2—Z6、Z1—Z6 依次闭合。随着触头的闭合，逐步切除串入电路中的电阻，每切除一部分电阻，电动机转速就相应升高一点。那么，只要改变手轮的位置，就可控制电动机的转速，从而达到调节电动机转速的目的。

（三）绕线转子异步电动机自动控制

因为手动控制在实际操作中不方便，也满足不了自动化的要求，所以绕线转子异步电动机目前多采用如图 15-11 所示的自动启动控制电路。

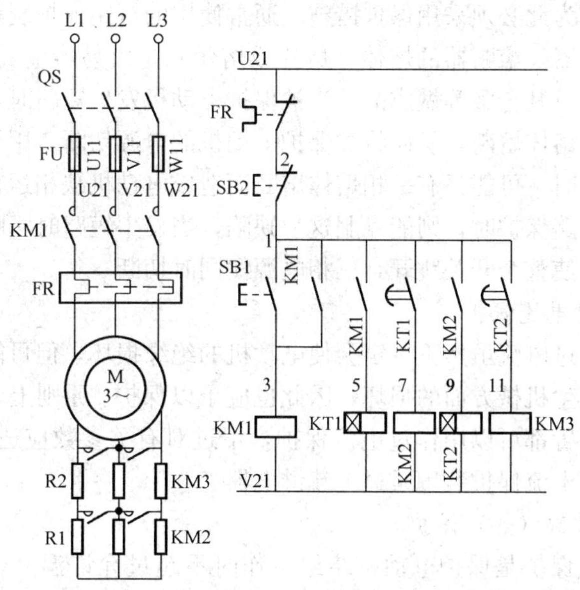

图 15-11　绕线转子异步电动机自动启动控制电路

自动控制是随着电动机启动后转速的升高自动地分级切除串接在转子回路中的电阻。实现这种控制的方法有两种：一种是采用时间继电器，另一种是采用电流继电器。图 15-11 所示为采用时间继电器来控制切除电阻。其动作过程是：按启动按钮 SB1，KM1（1—3）闭合并自保；主触头闭合，R1、R2 全部接入，电动机 M 开始启动；KM1（1—5）触头闭合，KT1 线圈通电，其触头（1—7）延时闭合，KM2 通电，主触头闭合，切除电阻 R1；KM2 通电，（1—9）触头闭合，KT2 通电，延时闭合触头（1—11），KM3 通电，主触头闭合切除电阻 R2，启动结束。

采用启动变阻器启动绕线转子异步电动机，控制系统较复杂，所用电器元件较多、费用较高。

二、电动机的保护

笼型异步电动机常采用的保护措施有如下几种。

1. 短路保护

当电动机发生短路时，短路电流将引起电动机和供电线路的严重损坏，为此必须采用保护措施。通常使用的短路保护装置是熔断器、断路器。熔断器的熔体（熔片或熔丝）是由易熔金属（如铅、锌、锡）及其合金等做成的。当被保护电动机发生短路时，短路电流首先使熔体熔断，从而将被保护电动机的电源切断。用熔断器保护电动机时，可能只有一相熔体熔断而造成电动机缺相运行。用断路器作短路保护时，则能克服这一缺陷，当发生短路时，瞬时动作的脱扣器使整个开关跳开，三相电源便同时切断。

2. 过电流保护

短时过电流虽然不一定会使电动机的绝缘损坏，但可能会引起电动机发生机械方面的损坏，因此也应予以保护。原则上，短路保护所用装置都可以用作过电流保护，不过对有关参数应适当选择。常用的过电流保护装置是过电流继电器。

3. 过载（热）保护

过载保护是保护电动机绕组工作时不超过允许温升。引起电动机过热的原因很多，例如，负载过大、三相电动机缺相运行、欠电压运行及电动机启动故障造成启动时间过长等。过载保护装置则必须具备反时限特性（即动作时间随过载倍数的增大而迅速减少）。为了使过载保护装置能可靠而合理地保护电动机，应尽可能使保护装置与电动机的环境温度一致。为了能准确地反映电动机的发热情况，某些大容量和专用的电动机制造时就在电动机易发热处设置了热电偶、热动开关等温度检测元件，用以配合接触器控制它的电源通断。常用的过载保护装置是热继电器和带有热脱扣的断路器。

4. 欠电压保护

正常工作的电动机，由于电源停电而停止转动后，当电源电压恢复时它可能自行启动（也称自启动）。电动机的自启动可能造成人身事故和设备、工件的损坏。为防止电动机自启动，应设置失压保护。通常由电动机的电源接触器兼做失电压保护。

5. 缺相保护

缺相保护用于防止电动机缺相运行。可用 ZDX-1 型、DDX-1 型电动机缺相保护继电器以及其他各种缺相保护装置完成对电动机的这种保护。

第三节 电动机及低压电器的修理

一、电动机的故障诊断

（一）电动机的噪声诊断

电动机噪声故障的诊断，要根据电动机所驱动的设备类型、用途、转速及电动机机座尺寸等因素而定。电动机的噪声源不外乎电磁噪声、机械振动噪声和通风噪声三大类，一般可用以下方法判别其噪声的故障类别：

（1）电磁噪声会随外加电压及负载的升高而增强。电动机启动时，该噪声显著增大，而在电动机空转时，噪声会立即消失。

（2）机械振动噪声和通风噪声却与外加电压及负载电流无关，而与转速的高低有关。

（3）由定子三相绕组不对称或匝间短路等故障所造成的电磁噪声会导致三相电流的不平衡。

（4）由笼型转子断笼或绕线式转子三相绕组不对称所造成的故障，则会导致定子电流的波动并产生周期性的振动。

（5）电磁噪声与机械振动噪声会时隐时现，通风噪声则相对稳定。

（6）电动机如出现以通风噪声为主的噪声，在其进、出风口和风扇附近的噪声较其他部位要强。

（二）电动机绝缘的诊断

电动机绝缘诊断最常用的方法是绝缘电阻的测定，其方法如下：

（1）测定其绝缘电阻应在电动机运转以前用绝缘电阻表进行。额定电压低于500V的电动机，宜用500V绝缘电阻表测定；额定电压500V以上及3000V以下的电动机，要用1000V绝缘电阻表测定；而额定电压为3000V及以上的电动机，则要用2500V绝缘电阻表测定。

（2）绝缘电阻值是指施加在电动机绕组上的直流电压与指定时间内流过绝缘的总电流之商。在测量过程中，流过绝缘的泄漏电流始终不变，但绝缘中的充电电流和吸收电流，将随时间的延续而衰减，因而绝缘电阻值不断增加，开始时增加迅速，而后渐趋稳定。中小型电动机一般在30s后可达最终值，而干燥、良好的绝缘及分布较大电容的大型电动机，其绝缘电阻要数分钟才能趋于稳定。此时，以外施电压1min时的绝缘电阻（R_{60}）为准。

（3）在诊断测定绝缘电阻的过程中，绝缘电阻表的转速要保持基本恒定，以免测量电压波动而引起电动机绝缘的充放电而导致绝缘电阻表指针的摆动；测电容较大的电动机时，在读数后，应将绝缘电阻表的转速逐渐降低，以免电动机在测定过程中所贮存的电荷向绝缘电阻表迅速放电而使其指针受到冲击。测定电机的绝缘电阻后，应进行放电（可将绕组与机壳短接），以免人体触及时受到电击。如需重复测量，则放电时间应不低于测量时间，否则会在第二次测量时受残留电荷的影响，而使充电电流减小，并使所测绝缘电阻值 R 偏高。

（三）电动机振动的诊断

1. 电动机振动的三种情况

（1）空载时振动。

（2）加负载后振动。

（3）运行中突然发生振动。

在处理和分析电动机振动问题时，首先应检查周围设备或基础对电动机的影响，然后再拆开联轴器，使电动机空转检查。

2. 检查振动的目的以及一般振动测试前应做的检查内容

检查振动的目的，是为了考核电动机装配质量、转子平衡质量和轴承装配质量。一般振动测试前应做如下检查：

（1）检查振动之前，应把电动机按电动机振动测试方法进行安装，因为在检查电动机振动过程中，经常发现电动机振动原因是电动机安装不当引起的。

（2）在检查振动之前，还应测量电动机轴伸的径向偏摆，其允许值见表 15-14。

（3）检查定、转子间气隙不均匀度。气隙平均值应由测定相互间隔 120°的三点位置的气隙值进行计算，对于大型电动机，应测量四点后计算出平均值。电动机定、转子间气隙不均匀度计算如下，其允许值见表 15-15 中的规定。

$$\text{不均匀度} = \frac{\text{最大或最小气隙值} - \text{平均气隙值}}{\text{平均气隙值}} \times 100\%$$

表 15-14 电动机轴伸的径向偏摆值最大允许偏差

轴伸公称直径（mm）	最大允许偏摆（mm）
10～18	0.03
18～30	0.04
30～50	0.04
50～80	0.05
90～110	0.08

表 15-15 气隙不均匀度允许值

公称气隙（mm）	不均匀度（%）
0.2～0.5	±25
0.5～0.75	±20
0.75～1.0	±18
1.0～1.3	±15
>1.4	±10

（4）对于用滑动轴承的电动机，还要检查电动机的轴伸窜动量，其允许值见表 15-16 中规定。

表 15-16　　　　电动机轴伸窜动量允许值

电动机容量（kW）	轴向移动量（mm）	
	向一侧	向两侧
＞10	0.5	1.0
10～20	0.75	1.5
30～70	1.0	2.0
70～125	1.5	3.0
＞125	2.0	4.0
轴颈直径＞200mm	轴颈直径的 2%	

3. 空载时引起电动机振动的原因

如果空载时电动机产生较大振动，则可能是以下原因引起的：

（1）安装电动机的基础不水平、刚度不够或地脚螺钉固定不紧。

（2）电动机转子不平衡或在转子平衡后平衡块发生移动或风扇叶片损坏。

（3）电动机转轴弯曲或轴颈严重磨损。

（4）电动机的结构强度较差（如固定定子铁芯的纵横筋条数量不够）或机壳较薄。

（5）电动机的轴承或轴瓦严重磨损、间隙过大，产生“轴伸”现象，通常称为“拍瓦”，同时有轴与轴承拍击的声音。

（6）多台设备同时运行，基础发生共振，但这种现象较为少见。

（7）电动机气隙不均匀或电动机绕组存在故障。

4. 电动机加负载后，产生振动的原因及排除方法

如果电动机加负载后有较大振动，则产生的原因及排除方法如下：

（1）带轮或联轴器的转动不平衡。可校正转动装置使之平衡。

（2）两联轴器轴心线不一致，使电动机与被传动机械轴线不重合。此时应重新调整安装联轴器。

（3）传动带接头不平滑。可修整接头或换新带。

(4) 电动机定子铁芯松动，并伴有电磁噪声。检修电动机定子铁芯，将其固定好。

(5) 被传动机械存在故障、振动大，传给电动机。修理被传动机械、减小振动。

5. 电动机运行中突然产生振动的检修方法

如果电动机运行中突然产生振动，可按如下方法检修：

(1) 电动机缺相运行。应重点检查熔断器熔体是否熔断及电源是否各相都有电、电源开关是否接触良好等。

(2) 笼型转子有多条笼条和端环开焊或断裂。此时应补焊笼条和端环。

二、电动机的维护和修理

(一) 电动机的维护

1. 电动机的拆卸顺序及需用工具

电动机拆卸顺序如下（需用的工具如图 15-12～图 15-15 所示）：

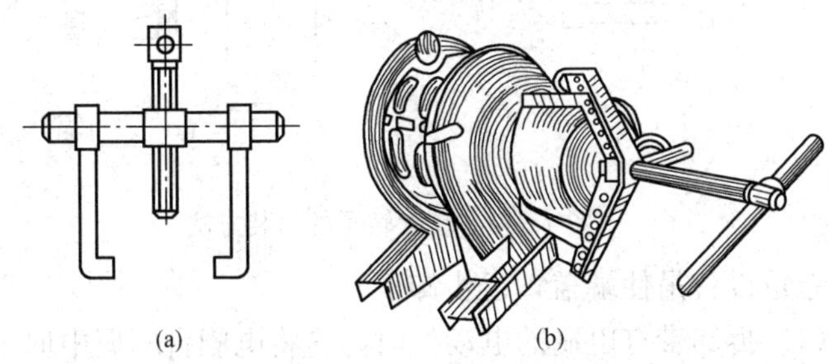

图 15-12　拆卸带轮的工具

(a) 两脚顶拔器；(b) 三脚顶拔器

(1) 先拆下电动机的外部接线，并做好标记。然后把电动机与传动机械分开，将地脚螺钉松开。

(2) 拆卸电动机轴上的带轮或联轴器。拆卸工具如图 15-12 所示。

(3) 对于装有滚动轴承的电动机，应先拆下轴承外盖，再松开端盖的紧固螺钉，并在端盖与机座外壳的接缝处做好标记（前后两个端盖的标记不应相同），将端盖从机座上卸下来。如端盖较重，

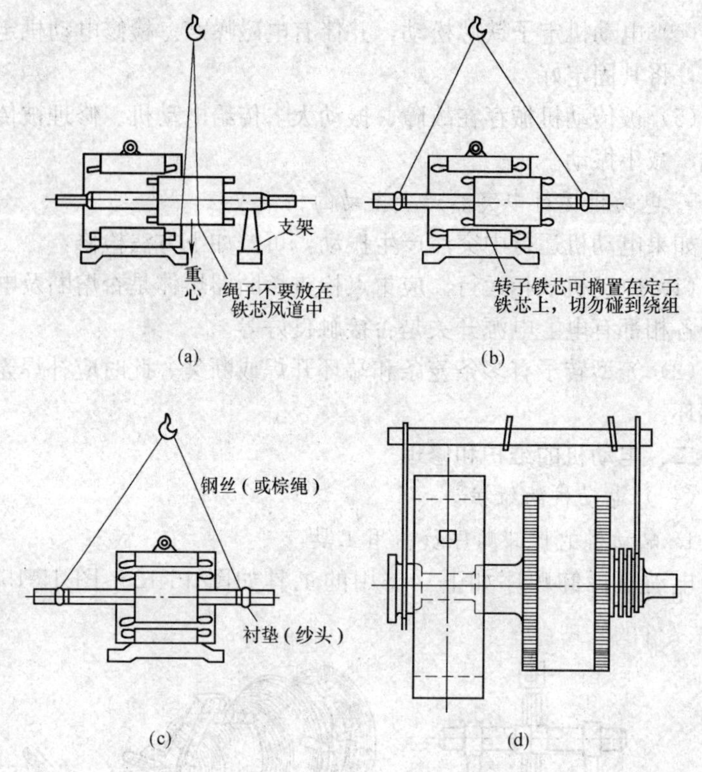

图 15-13　较大转子的吊装方法

应用起重设备吊住端盖，逐步卸下。

（4）拆卸带有电刷的电动机时，应将电刷自刷握中取出，对于直流电动机，还要将电刷中性线的位置做上标记。

（5）抽出转子时，必须注意不要碰伤定子线圈。当电动机转子重量较小时，可直接用手将转子从定子内抽出。转子重量较大，且轴伸较长，则应使用起吊工具吊起转子进行抽出和装入。吊装方法如图 15-13 所示。

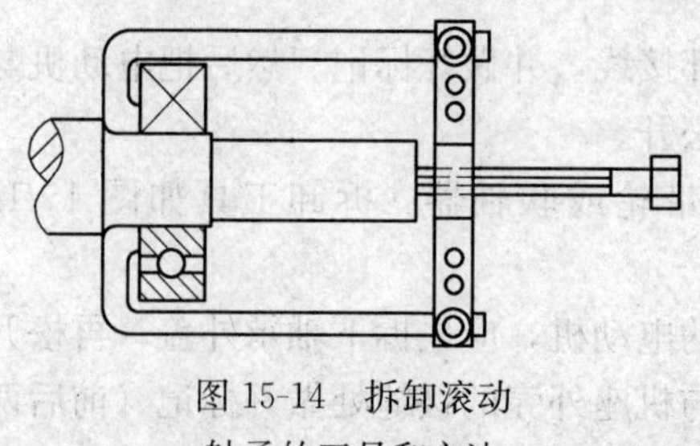

图 15-14　拆卸滚动轴承的工具和方法

（6）拆卸滚动轴承。

其工具（顶拔器）如图 15-14 所示。拆卸滑动轴承的方法如图 15-15 所示。

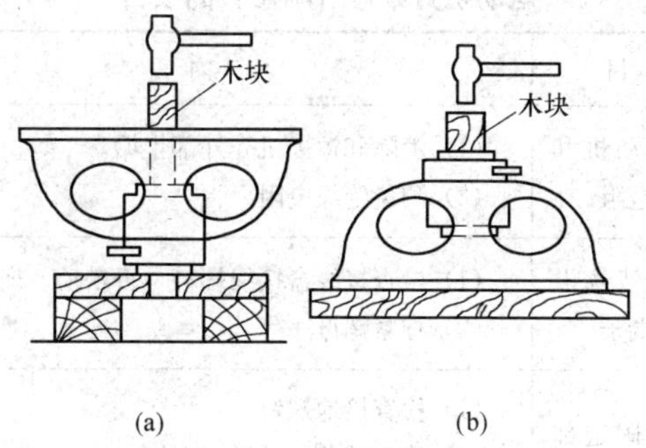

图 15-15　拆卸滑动轴承的方法

（a）正确；（b）不正确

2. 电动机的修理工艺程序

电动机修理时，为了缩短修理时间，可将绕组的修理和电动机机械零件的修理进行平行作业。一般可按图 15-16 所示的工艺程序进行。

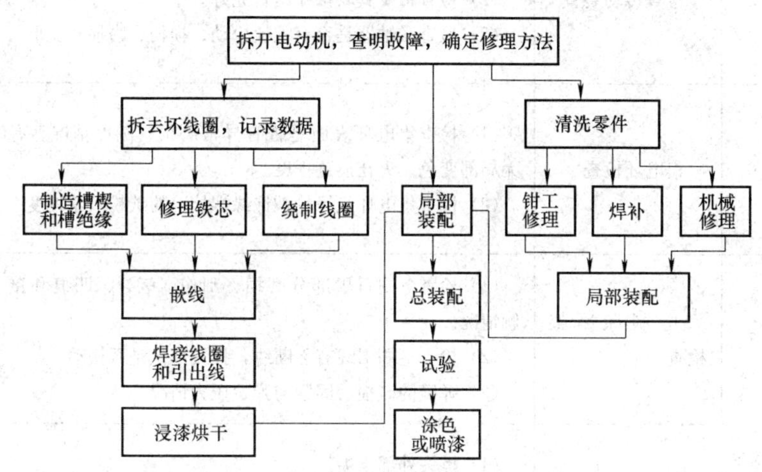

图 15-16　电动机修理的工艺程序图

（二）电动机的定期维修

电动机定期维修分月维修和年维修，俗称小修和大修。其中，月维修（小修）项目见表15-17，年维修（大修）项目见表15-18。

表15-17　　电动机月维修（小修）的项目

序号	项　目	内　容
1	清擦电动机和测量绝缘电阻	（1）消除和擦去机壳外部尘垢。 （2）测量绝缘电阻
2	检查和清擦电动机接线端子	（1）检查接线盒接线螺钉是否松动、烧伤。 （2）拧紧螺母
3	检量各固定部分螺栓和接地线	（1）检查接地螺钉。 （2）检查端盖、轴承盖螺钉。 （3）检查接地线联接及安装情况
4	检查轴承	（1）拆下轴承盖，检查轴承油是否变脏、干涸。缺少时须适量补充。 （2）检查轴承是否有杂声
5	检查传动装置	（1）检查带或联轴器有无破裂损坏、安装是否牢固。 （2）检查带及其联接扣是否完好。 （3）检查联轴器是否有螺栓松动、损伤、磨损和变形
6	集电环检查	（1）检查集电环表面是否有异常磨损、圆度情况、有无局部变色、火花痕迹程度。 （2）检查集电环绝缘轮被绝缘螺栓上的碳粉敷着程度
7	电刷和刷架检查	（1）检查电刷石墨部分磨损、刮伤、龟裂、凹痕和接触情况。 （2）检查电刷引线有无断线，接线部位是否松动。 （3）弹簧的破损、固紧与弹簧压力情况
8	检查和清擦启动设备	（1）擦去外部尘垢。 （2）清擦触头，检查有无烧损。 （3）检查接地线是否良好。 （4）测量绝缘电阻

表 15-18 电动机年维修（大修）的项目

序号	项 目	内 容
1	电动机外部检查	(1) 外部有无损坏，零部件是否齐全。 (2) 彻底清擦，去掉尘垢，补修损坏部分
2	电动机内部清理和检查	(1) 检查定子绕组污染和损伤情况。先去掉定子上的灰尘，擦去污垢，若定子绕组积留油垢，先用干布擦去，再用干布沾少量汽油擦净，同时仔细检查绕组绝缘是否出现老化痕迹（深棕色）或有无脱落，若有，应补修，刷漆。 (2) 检查转子绕组污染和损伤情况；用目测或比色检查转子端环是否断裂、污损；用目测或手锤敲击检查绕组端部绑扎线和铁芯是否松动。 (3) 检查定、转子铁芯有无磨损变形。如有变形，则应予修整
3	绕组检查	(1) 检查定子绕组和绕线转子绕组是否有相间短路、匝间短路、断路、错接等现象；检查笼型转子是否断条，应针对发现的问题予以修理。 (2) 用绝缘电阻表测量所有带电部位的绝缘电阻，阻值应大于 5MΩ
4	清洗轴承并检查轴承磨损情况	(1) 清洗轴承。 (2) 检查轴承，若轴承表面粗糙，说明轴承油中有酸碱物质或水分，改用合格的润滑脂；若滚珠或轴承圈等处出现蓝紫色时，说明轴承已受热退火，严重者应更换轴承。 (3) 有条件时，对轴承的尺寸精度和其他指标进行全面测量。 (4) 检查密封挡的油环是否变形、磨损，轴颈是否有条痕，表面粗糙度如何
5	其他项目	同随机主要零部件通用情况表
6	安装基础检查	用水平仪测定基础的水平误差，用锤子和扳手检查螺栓的固紧状况
7	修理后试车	若电动机的绕组完好，大修后要做一般性试运转：测量绝缘电阻，检查各部分是否灵活，电动机空载运转 0.5h，然后带负载运转。若绕组已重绕，则进行必要的试验

（三）电动机机座和端盖的修理

电动机机座和端盖最常见的缺陷是裂缝。大多数电动机的机座和端盖是铸铁制成的。其裂缝可以用铸铁电焊条热焊（必须预热到700～800℃），或用铜焊条补焊（不必预热）。焊接电源可用弧焊整流器。补焊后应把焊件放在保温炉内逐渐冷却，以消除焊件中的内应力。

修理时，电动机的机座和端盖应保持精确的同轴度，所以在补焊时要注意防止铸件的变形，以免在装配时发生很大的困难，甚至因变形过大而无法使用。

（四）电刷更换

电刷磨损后，应按电机制造厂的规定进行更换。更换部分电刷时，必须保证整台电动机电刷牌号一致，因为电刷牌号不同，会引起各电刷间电流分配不均。假如配不到和原来牌号相同的电刷，则需将整台电动机的电刷全部更换。

更换电刷后，一定要将电刷与集电环（或换向器）的接触面用00号玻璃砂纸磨好，而不要用金刚砂布来磨，因为脱落的金刚砂粒会附着在电刷的接触面上或落入换向片之间的沟缝中，使电刷、集电环（换向器）磨坏。

磨电刷的方法如图15-17所示。电刷磨好后，用压缩空气吹净磨粒。

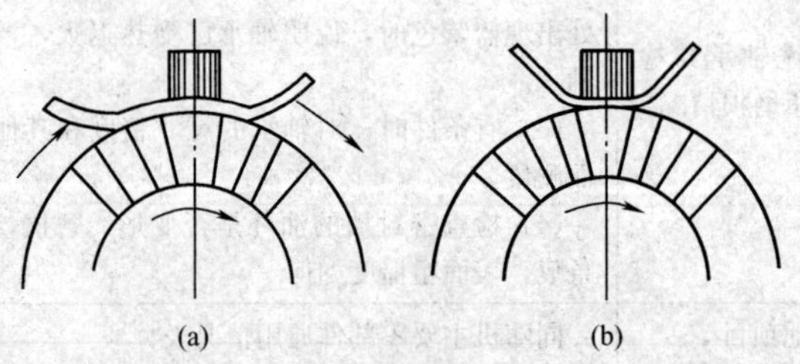

图15-17　磨电刷的方法

（a）正确；（b）不正确

电刷的压力可用刷握上的弹簧来调整。各电刷压力之差不应超过±10%，压力可以用弹簧秤来测量，以20～25kPa[相当于0.2～0.25kg·f/cm^2]为宜（说明书中有规定的按其规定）。

一台电动机一次更换半数以上的电刷之后，最好先以轻载运行12h以上，使电刷与集电环（或换向器）之间有较好的配合之后再满载运行。

（五）电刷运行中常见故障的排除

电刷运行中常见的故障及排除方法见表 15-19。

表 15-19　　电刷运行中常见的故障及排除方法

序号	故障现象	产生的原因	排除方法
1	电刷磨损严重	（1）电刷选型不当。 （2）换向器（或集电环）偏心、摆动或云母绝缘片凸起	（1）根据电动机的技术状况，按照标准规定选配合适的电刷。 （2）修理换向器（或集电环）
2	电刷磨损不均匀	（1）电刷质量不一致。 （2）刷握上弹簧压力不均匀	（1）更换电刷。 （2）调整各弹簧压力
3	电刷下连续出现 2 级或 3 级火花	（1）换向器偏心、摆动或云母片凸起。 （2）电动机过载；电刷不在中性线上；换向极绕组接反等	（1）修理换向器。 （2）降低负载，检查换向极绕组并改正
4	电刷引线烧坏或变色，使引线脱落	（1）电刷与引线之间铆压的质量不高。 （2）各刷握弹簧压力不均匀	（1）更换电刷。 （2）调整各弹簧压力
5	换向器（或集电环）表面磨出沟槽	（1）电刷硬度过高或质量不一致。 （2）电刷工作表面夹有硬颗粒。 （3）换向器（或集电环）的质量不佳	（1）更换电刷。 （2）清理或更换电刷。 （3）修理或更换之
6	电刷或刷握过热	（1）电动机过载或通风不良。 （2）电刷上压力太大。 （3）各电刷牌号或质量不一致	（1）降低负载或改善通风。 （2）调整刷握对电刷的压力。 （3）更换电刷
7	电刷在电动机运转中出现噪声	（1）电刷的工作面未磨好。 （2）电动机转速超过额定转速。 （3）电刷的摩擦因数太大	（1）按图 15-17 所示方法磨好。 （2）将电动机转速调整到额定转速。 （3）换以摩擦因数较小的电刷

续表

序号	故障现象	产生的原因	排除方法
8	运行中电刷破损，边缘碎裂	（1）电刷材质较脆或质软。 （2）电动机振动太大	（1）换以材质合适的电刷。 （2）减轻电动机的振动

（六）电动机常见故障原因及排除方法

1. 直流电动机转速过高的故障原因及排除方法

直流电动机转速过高的故障原因及排除方法如下：

（1）电枢电压超过额定值时，应降低到额定值。

（2）励磁电流减少过多时应增大励磁电流。

（3）励磁电路有断路故障时应检查修复。

（4）电刷未在中性线上，可用感应法调整电刷位置。

2. 直流电动机内部冒火或冒烟的故障原因及排除方法

电动机内部冒火或冒烟故障产生的原因及排除方法如下：

（1）发现电刷下火花过大时，应检查电刷和换向器的工作情况。

（2）若电枢绕组有短路故障，应检查各电枢线圈的发热情况是否均匀。或当电动机切除外部电源时，在电枢中通入低压直流电，测量各相邻两换向片之间的电压降。

（3）若换向器的升高片之间及各电枢线圈之间充满了电刷粉末和油垢引起燃烧，则应清除油垢，吹净粉尘，必要时做烘干处理。

（4）电动机内部各引线的连接点松动或有断路状态时，应检查修复。

（5）若因电动机过载所致，则应减轻电动机的负载或换一台容量较大的电动机。

3. 笼型异步电动机转子绕组常见故障及修理方法

笼型异步电动机转子绕组（铸铝或铜条）常见的故障是铝条断裂和铜条脱焊。铝条断裂的局部修理方法如下：

（1）确定断裂位置后，用钻孔的方法将断裂处稍加扩大，然后将转子加热到 450℃左右，再用由锡（63％）、锌（33％）和铝（4％）混合组成的焊料补焊。

（2）对准断裂点，钻一个大小与转子铝条宽度相近的孔，用丝锥攻螺纹，然后将规格相同的铝质螺钉拧入，将高出转子外径部分的螺钉削平即可。

如果上述修理后仍未修复或断裂处较多，只能将转子全部铝条更换为铜条和铜环，或重新铸铝。为此，应先将转轴压出，然后将转子放在 750℃ 左右的加热炉中，将铝条全部熔化，清除残余的铝，必要时拆散转子叠片，最后重新叠片、压装、铸铝。

如果铸铝有困难，在转子铁芯压装复原后，用截面与铝条相似的铜条穿入槽中，再在车床上车两个铜端环，用气焊（乙炔和氧气）焊接，焊料用磷铜（含磷 4%）焊料，其流动性较好。

铜质笼型转子常在铜条与铜环的焊接处脱焊。修理时，应先将脱焊处用锉刀清理，然后用上述的磷铜焊料和气焊焊接。对于气焊接触不到的补焊点，例如双笼型转子下层铜条与铜环脱焊时，可先将补焊处局部预热到 200～300℃，再用铜焊条和弧焊整流器焊接。

经过补焊或更换铜条后的转子必须做静平衡校验。有条件时应做动平衡校验。

4. 电机轴常见的损坏情况及修复工艺

电机轴常见的损坏情况有轴弯曲、轴颈磨损、轴裂纹和轴伸部分断裂等。

轴的弯曲可以在车床上用千分表找出。当轴的弯曲不超过 0.2mm 时，可以不矫正。当弯曲不大时，可以稍稍磨光轴颈。如弯曲较大，则可用压力机矫正，或者架在车床上用杠杆矫正。如弯曲过大，就需要在锻压车间里将轴加热后用锻压机械来矫正，然后在轴伸端、轴颈处用车床或外圆磨床加工修复。

键槽磨损时，可先用电焊堆焊，除去焊渣后在车床上车圆再重铣键槽。键槽磨损不大时，也可用加宽键槽的方法来补救，但加宽的宽度不应大于正常键槽宽度的 15%，这时键也要相应更换。如键槽已无法加宽，也可将轴转过一个角度而另铣一个键槽。

对于滑动轴承的电动机轴，当轴颈稍有磨损时，可在磨床或车床上加工，稍加修整，但轴颈的减少量不能超过原来直径的 5%～6%，同时滑动轴承也要相应地更换。

对于有裂纹或已断裂的轴，最好是换一根新轴。小型电动机轴一般用 35 号或 45 号钢制成。对于大、中型电动机的轴，在配制新轴前应由理化试验室分析和试验旧轴的化学成分和力学性能，以决定钢的牌号。

第四节 常用机床控制线路与维修

一、机床电气故障的测试与检修

（一）阅读电气原理图

电气控制线路原理图，是指用规定的图形符号和文字符号代表各种电器、电机及元件，根据生产机械对控制的要求和各电器的动作原理，用线条连接起来，表示它们之间的联系。

电气原理图一般分为主电路和辅助电路两大部分。主电路主要是对电动机等主要用电设备供电，一般用粗实线画在图样的左方或上方。辅助电路主要是对控制电器供电，它是控制主电路动作的电路，所以又叫控制电路，一般用细实线画在图样右边或下方。

1. 常用电路图形符号和文字符号

看图前，应熟悉电气图形符号及其含义。常用电器、电机符号见表 15-20。

表 15-20　常用电器、电机电路图形符号和文字符号

编号	名　称	新标准		旧标准	
		图形符号	文字符号	图形符号	文字符号
1	开　关		QS		K
	单极开关	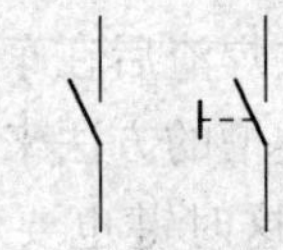	QS	 或 	K
	三极开关	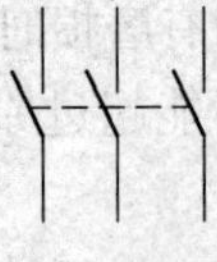	QS	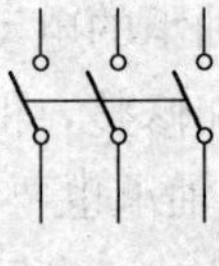	K
	闸刀开关		QS		DK
	组合开关		SCB		HK

续表

编号	名　称	新标准		旧标准	
		图形符号	文字符号	图形符号	文字符号
1	控制器或操作开关	与右边旧符号相同	SA		ZK
2	限位开关		SQ		XWK
	动合触头		SQ		XWK
	动断触头		SQ		XWK
	复合触头		SQ		XWK
3	按　钮		SB		A
	启动按钮		SB		QA
	停止按钮		SB		TA
	复合按钮		SB		

续表

编号	名　称	新标准		旧标准	
		图形符号	文字符号	图形符号	文字符号
4	接触器		KM		C
	线　圈		KM		C
	动合触头		KM		C
	动断触头		KM		C
	带灭弧装置的动合触头		KM		C
	带灭弧装置的动断触头		KM		C
5	中间继电器		KA		ZJ
	速度继电器		KS		SDJ
	电压继电器		KV		YJ
	一般线圈		KA		—
	欠压继电器的线圈	U<	FV	U<	OYJ
	过电流继电器的线圈	I>	FA	I>	GLJ
	动合触头		KA		—
	动断触头		KA		—

续表

编号	名　称	新标准		旧标准	
		图形符号	文字符号	图形符号	文字符号
6	时间继电器		KT		SJ
	线圈的一般符号		KT		SJ
	缓放继电器线圈	同右旧标准	KT		SJ
	缓吸继电器线圈		KT		SJ
	瞬时闭合动合触头		KT		SJ
	瞬时断开动断触头		KT		SJ
	延时闭合动合触头		KT		SJ
	延时断开动断触头		KT		SJ
	延时断开动合触头		KT		SJ
	延时闭合动断触头		KT		SJ
7	热继电器		FR		RJ
	热元件		FR		RJ
	动断触头		FR		RJ

续表

编号	名称	新标准		旧标准	
		图形符号	文字符号	图形符号	文字符号
8	电磁铁	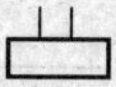	YA	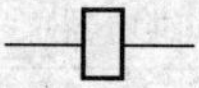	CT
	电磁吸盘	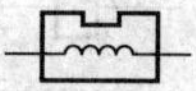	YA		DX
9	接插器		XS-XP	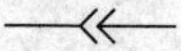	CZ
10	熔断器		FU		RD
11	单相变压器	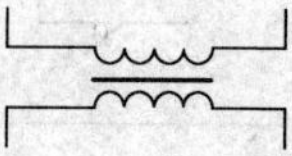	T	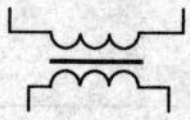	B
	电力变压器		TM		LB
	照明变压器		TL		ZB
	整流变压器		TR		ZLB
12	照明灯		EL		ZD
	信号灯		HL		ZSD
13	三相自耦变压器	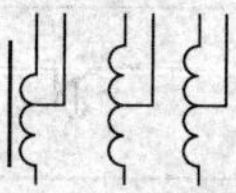	TM	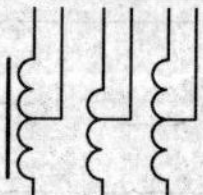	ZOB
14	三相笼型异步电动机	 M 3～	MC		LD
15	三相绕线转子异步电动机	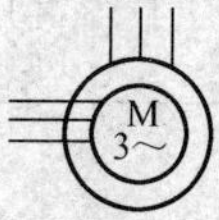 M 3～	MW	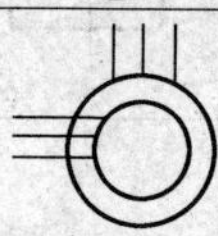	D
16	串励直流电动机	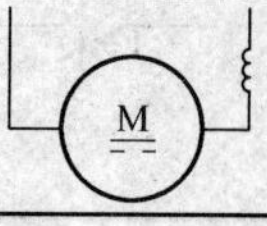 M	M	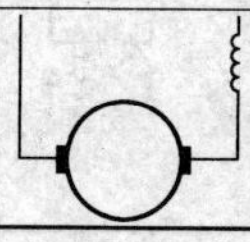	D

续表

编号	名　称	新标准		旧标准	
		图形符号	文字符号	图形符号	文字符号
17	并励直流电动机	M	M		D

2. 看电路图的方法步骤

看图时，先看主电路，再看辅助电路，最后看信号、保护、照明等电路。其步骤如下：

（1）看主电路。通过看主电路，了解和掌握以下内容。

1）看主电路中有哪些用电设备。

2）看主电路中的用电设备是用哪些电器控制的。

3）看电源。了解电源电压是多少，例如是 380V 还是 220V。

4）看主电路中还接有哪些其他电器。

（2）看辅助电路。通过看辅助电路，了解和掌握以下内容：

1）看电源。看清电源是交流电源还是直流电源，电源是从何处接来的，电压为多少等。一般从主电路的两根相线上接来的电源，其线电压为 380V。从主电路的一根相线和一根地线上接来的电源，其相电压为 220V。

2）根据辅助电路研究主电路的动作情况及控制电器的作用。

3）研究电器之间的相互联系。因为电路中的所有电器都是相互联系、相互制约的。

（3）看其他电路。如信号、保护、照明等电路。如果电路比较复杂，也可以先看简单的部分，后看较复杂的部分。

（二）一般机床电气故障产生的原因

机床电气设备是由各种开关、按钮、接触器等多种元器件通过导线连接而组成的。它们在运行中经常会发生各种各样的故障。当遇到故障时，切忌无目的地乱找，这样不仅不能迅速排除故障，相反还会扩大故障而造成严重事故。

一般机床电气故障产生的原因，大致可分为如下两大类。

1. 自然发展的故障

电气元件经长期使用，必然会产生开关触头烧损，开关、电动机等可动部分机械磨损，以及各种元器件、导线绝缘老化等自然现象。这些现象如不能有计划地预防或加以排除，就会影响电气设备正常运行。

2. 人为的故障

系指电气设备受到不应有的机械外力破坏，以及元器件质量不好或因操作不当等原因而造成人为的、不应有的故障。

（三）机床电气故障的检查步骤

机床电气故障的检查步骤包括的内容见表15-21。

表 15-21　　机床电气故障检查步骤

步骤		内容
1	电气故障的调查	（1）故障发生在开动前、开动后，还是发生在运行中，是运行中自动停止，还是发现异常情况后由操作者停下来的。 （2）发生故障时，机床处在什么工作状态，按过哪个按钮，扳动过哪个开关。 （3）故障发生前后有何异常情况。 （4）以前是否发生过类似故障现象，是如何处置的。 （5）在听取操作者介绍故障时，要认真正确地分析和判断出是机械或液压的故障，还是电气故障，或者是综合故障
2	电路分析	（1）根据调查的结果，参阅该机床的电气原理图及有关技术说明书进行电路分析，大致估计有可能产生故障的部位，是主电路还是控制电路，是交流电路还是直流电路。 （2）对复杂的机床电气线路，要掌握机床的性能，工艺要求。分析电路时，可将复杂电路划分成若干单元，以便于分析，并正确判断出故障点
3	断电检查	（1）检查电源线进口处，有无碰伤而引起的电源接地、短路等现象。 （2）电气箱内熔断器有无烧损痕迹。 （3）观察配线、电气元件有无明显的变形损坏或因过热、烧焦和变色而有焦臭气味。 （4）检查限位开关，继电保护以及热继电器是否动作。 （5）检查可调电阻的滑动触点，电刷支架是否有窜动离开原点。 （6）检查断路器、接触器、继电器等电器元件的可动部分，动作是否灵活。 （7）用绝缘电子表检查电动机及控制线路的绝缘电阻，不应小于0.5MΩ。 （8）对故障部分导线、元件、电动机等，可用电灯泡或万用表进行通断电检查

续表

步　骤		内　容
4	通电检查	（1）作通电检查前，要尽量使电动机和传动的机械部分脱开，将电气控制装置上相应的转换开关置于零位，行程开关恢复到正常位置。 （2）作通电检查时，一般按先易后难，一部分一部分地进行下去，而每次通电检查的部位范围不要太大，范围越小，故障越明显。 （3）断开所有开关，取下所有的熔断体，再按顺序逐一插入需检查部位的熔断体，然后合上开关，观察有无冒火、冒烟、熔片熔断现象

（四）检测电路的注意事项

（1）用绝缘电阻表测量绝缘电阻时，在低压系统中，用500V绝缘电阻表，但测量前应将弱电系统的元器件（如晶体管、晶闸管、电容器等）断开，以免造成过电压而击穿、损坏元器件。

（2）对电动机、电动机扩大机、磁放大器、各种继电器及继电保护装置作重新调整时，一定要参阅有关说明书及技术文件，熟悉调整方法、步骤，达到规定的技术参数，并做详细记录，以供下次调整时参考。

（3）检测中，如需拆开电动机或电气元件接线端子时，首先要检查拆开处两侧是否有标号，是否符合图样的要求。如果没有，应立即标上，不要凭记忆记标号，否则易出差错。断开线头要作通电试验时，要检查是否有接地、短路或人体接触的可能，尽可能用绝缘包布临时包绕，以免发生事故。

（4）更换熔断器熔体时，一定要按规定容量更换，熔体不允许用铜丝或铁丝代替。在没处理故障前，尽量临时换用规格较小的熔体，以免电气故障扩大。

（5）检修完毕在试机前，应先清理现场，恢复所有拆开的端子线头、所有熔断器、各种开关的手把、行程开关的正常位置，然后按说明书上所规定的方法、步骤进行试车。

二、常用机床电气控制线路一般维修方法

（一）电气设备的日常维护

电气设备的日常维护一般包括以下两个方面。

1. 整机设备维护

（1）注意经常清除切屑，擦干净油垢，保持设备整洁。

（2）检查电气设备的接地或接零是否可靠。

（3）在高温梅雨季节，注意对设备进行检查。

（4）经常检查保护导线的软管和接头是否损坏、松动。

2. 异步电动机的日常维护

（1）定期测量电动机的绝缘电阻。三相380V电动机的绝缘电阻一般不应小于5MΩ，否则应进行烘干或浸漆等。

（2）应经常保持清洁，不允许有金属屑、油垢或水滴等进入电动机的内部。如发现有杂物落入内部，可用压缩空气吹干净。

（3）用钳形电流表经常检查是否过载、三相电流是否一致，经常检查三相电压是否平衡。

（4）检查电动机的接地装置是否牢靠。

（5）注意电动机启动是否灵活，运转中有没有不正常的摩擦声、尖叫声和其他噪声。

（6）检查电动机的温升有没有过高。

（7）检查轴承有没有过热和漏油现象。轴承的润滑油脂一般一年左右应进行清洗和更换。

（8）检查电动机的通风是否良好。

（二）机床电气修理的质量要求

1. 外观检查

（1）机床电气设备应可靠接地，地线的截面面积不小于$4mm^2$。

（2）所有电气设备外表清洁、安装稳定可靠，而且能方便拆卸、修理和调整。

（3）所有电气设备、元件按图样要求配备齐全。如有代用，需经有关设计人员研究后在图样上签字。

2. 外部配线

（1）全部配线必须整齐、清洁，绝缘无破损现象。

（2）电线管应整齐完好、可靠固定。管与管联接采用管接头，管子终端应设有管扣保护圈。

（3）敷设在易受机械损伤部位的导线，应采用铁管或金属软管保护；敷设在不可能遭受到机械损伤部位的导线，可采用塑料软管保护。在发热体上方或旁边经过的导线，可加耐热瓷管保护。

（4）联接活动部分，如箱门、活动刀架、溜板等处的导线，严禁采用单股导线，应采用多股导线，最好用软线。多根导线应用线绳、螺旋管捆扎或用塑料管、金属软管保护，防止磨伤擦伤。对于活动线束，应留有足够的弯曲活动长度，使线束在活动中心不承受拉力。

（5）导线端头上有线号，线头弯曲方向应和螺帽拧紧方向一致，合股线端头应压接或烫焊锡。

（6）压接导线的螺钉应有平垫圈和弹簧垫圈。

（7）主电路、控制电路，特别是接地线颜色应有区别。

3. 电器柜

（1）盘面平整、油漆完好、箱门合拢严密、门锁灵活好用。

（2）柜内电器固定牢靠，无倾斜不正现象，应有防震措施。

（3）盘上电器布置应符合图样要求，附件无缺损。

（4）盘上导线配置美观大方、横平竖直。对成束捆线，应有线夹可靠地固定在盘上。

（5）盘上导线敷设，应不妨碍电器的拆卸，导线端头应有线号，字母清晰可辨。

（6）各导电部分对地绝缘电阻应不小于1MΩ。

4. 熔断器及过电流继电器

（1）熔体应符合图样要求，熔管与熔片的接触应牢固可靠，无偏斜现象。

（2）继电器动作电流应与图样规定的整定值一致。

5. 接触器与继电器

（1）外观清洁、无油、无尘，电木无烧伤痕迹。

（2）触头平整完好、接触可靠。

（3）衔铁动作灵活，无粘卡现象。

（4）接触器应有可靠的机械联锁。

（5）交流接触器应保证三相同时通断，在85％的额定电压下应能可靠地动作。

（6）接触器的灭弧装置应无缺损。

6. 各行程开关和按钮、调速电阻器

（1）安装牢固、外观良好，动作灵活、准确、可靠。

（2）调整时应灵活、平滑，无卡住现象。

（3）接触可靠，无自动变位现象。

（4）绝缘瓷管、手柄定位销子、指针、刻度盘等附件均应完整无缺。

7. 电磁铁

（1）行程不超过说明书中规定的距离。

（2）工作衔铁动作灵活、可靠，无特殊声响。

（3）在85%额定电压下能可靠地动作。

8. 电气仪表

（1）表盘玻璃完整，盘面刻度、字码清楚。

（2）表针动作灵活，计量准确。

（三）典型机床控制线路故障分析

1. 单向直接启动控制电路产生故障的原因及排除方法

图15-18所示为用按钮操作、接触器控制电动机启动和停止的电路图，电动机只能作单方向的转动。其故障产生的原因及排除方法见表15-22。

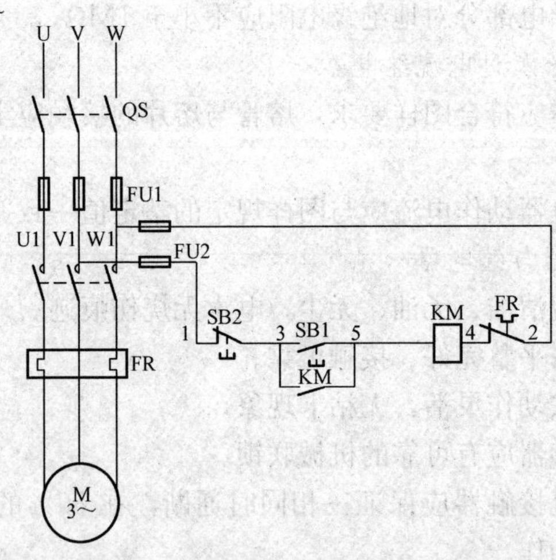

图15-18 单向直接启动控制电路

表 15-22　　单向直接启动控制电路故障产生的原因及排除方法

故障现象	产生原因及排除方法
按 SB1 接触器 KM 不吸合	（1）电源开关 QS 损坏或接触不良。 （2）熔断器 FU1、FU2 熔断或接触不良。 （3）热继电器 FR（4-2）接触不良或动作未恢复，这时应检查电动机是否过载。 （4）接触器线圈断线。 （5）按钮 SB2（1-3）、SB1（3-5）接触不良
接触器 KM 不自保	（1）KM 触头（3-5）接触不良。 （2）SB（3-5）自保回路断线
压下停止按钮 SB2 接触器不释放	（1）按钮 SB2 触头焊住或卡住。 （2）接触器铁芯接触面上油污，上下粘住，可用四氯化碳或汽油擦洗接触面，在安装前都应擦洗铁芯接触面。 （3）接触器 KM 已失电，但可动部分卡住。 （4）接触器主触头烧焊住，这时应检查是短路电流造成的，还是接触器容量不够造成的，如负载过大，操作频繁，经常出现触头烧焊时，可将接触器加大一级
接触器吸合后有较大的响声	（1）电源电压太低。 （2）接触器铁芯接触面之间有异物，铁芯接触不严密。 （3）接触器铁芯短路环断裂。焊接修复或换以新的
控制线路正常，电动机不能启动，并有嗡嗡声	（1）电源缺一相。 （2）接触器主触头接触不良，造成电动机单极供电。 （3）电动机定子绕组断线或绕组匝间短路。用万用表测绕组是否有断路并用钳形电流表测电动机三相电流。 （4）定子与转子气隙中有灰尘，油液太多，将转子抱住。 （5）轴承损坏，转子扫膛
电动机加负载后转速明显下降	（1）在运行中电路断一相。 （2）转子笼条断裂

2. 单向启动反接控制电路产生故障的原因及排除方法

图 15-19 为单向启动反接制动控制电路。其故障现象、产生原因及排除方法见表 15-23。

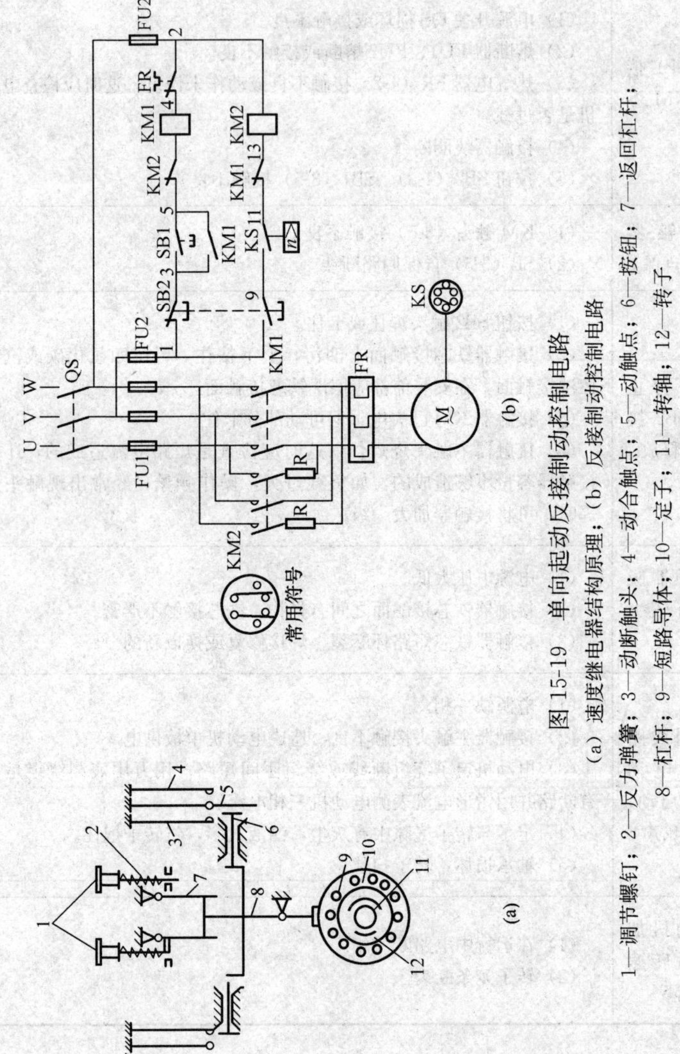

图 15-19 单向起动反接制动控制电路

（a）速度继电器结构原理；（b）反接制动控制电路

1—调节螺钉；2—反力弹簧；3—动断触头；4—动合触点；5—动触点；6—按钮；7—返回杠杆；8—杠杆；9—短路导体；10—定子；11—转轴；12—转子

表 15-23 单向启动反接控制电路故障的原因及排除方法

故障现象	产生原因及排除方法
按停止按钮SB2，KM1释放，但没有制动	（1）SB2 触点（1-9）接触不好。 （2）KM1 触点（11-13）接触不良。 （3）接触器 KM2 线圈断线。 （4）速度继电器 KS（9-11）接触不良。可调节速度继电器的调节螺钉，使弹簧力适中，触头接触良好。 （5）速度继电器与电动机之间连接不好
制动效果不显著	（1）速度继电器的整定转速太高，可调松弹簧。 （2）速度继电器永磁转子磁性减退。 （3）限流电阻 *R* 阻值太大
制动后电动机反转	制动太强，速度继电器的整定转速太低，可拧紧调节螺钉，加强弹簧弹力
制动时电动机振动太大	制动太强，限流电阻 *R* 阻值太小

3. 可逆启动控制电路产生故障的原因及排除方法

可逆启动控制电路见图 15-20，其故障原因及排除方法见表 15-24。

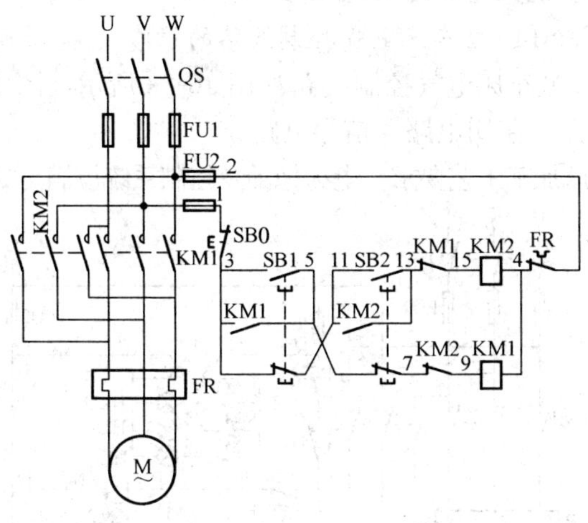

图 15-20 可逆启动控制电路

表 15-24 可逆启动控制电路故障原因及排除方法

故障现象	产生原因及排除方法
正转正常，按反向按钮 SB2，KM1 能释放，KM2 不吸合	（1）KM1 触头（13-15）接触不良或有断线。 （2）反向按钮 SB2（11-13）接触不良。 （3）正向按钮 SB1（3-5）接触不良

续表

故障现象	产生原因及排除方法
接触器 KM1 和 KM2 都不吸合	（1）停正按钮 SB0（1-3）接触不良。 （2）没有控制电源。 （3）热继电器 FR（4-2）动作后没有复位。应查清过载原因

4. 星-三角形启动控制电路产生故障的原因及排除方法

星-三角形启动控制电路见图 15-21，其故障原因及排除方法见表 15-25。

表 15-25　星-三角形启动控制电路故障原因及排除方法

故障现象	产生原因及排除方法
启动正常，带负载后电动机发热而转速明显下降	（1）时间继电器 KT 有故障而误动作，电动机长期运行在星形联接情况下。 （2）接触器 KM3 主触头接触不良，电动机缺相运行
KM3 过早动作，主触头烧损严重	时间继电器 KT 延时过短

三、典型机床控制线路与维修

（一）CA6140 型车床电气控制线路的维修

CA6140 型车床电气控制线路如图 15-22 所示，图中分为主电路、控制电路、照明电路、信号电路。

根据车床加工工艺要求，电力拖动及控制系统应满足如下条件：

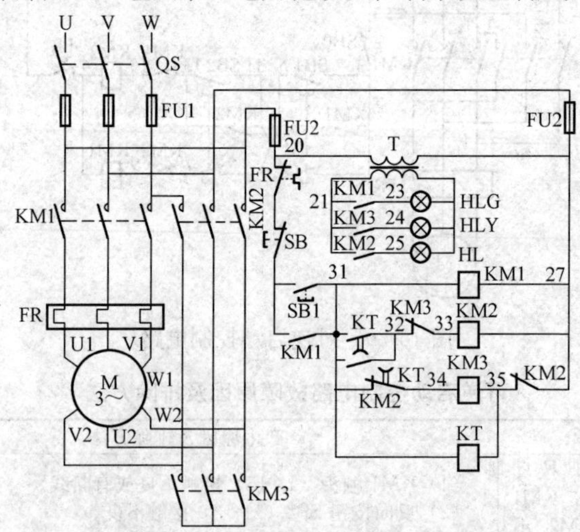

图 15-21　星-三角形启动控制电路

（1）车削加工时，刀具及工件都可能产生高温。为此，必须有使冷却切削液循环的冷却泵。

（2）主拖动电动机常用直接启动的笼型异步电动机。应使该电动机具有过载及短路保护。

（3）除了一般照明外，尚需有由安全电压供电的局部照明设施。

常见故障分析如下。

1. 主轴电动机 M1 不能启动

（1）电源有故障。先检查电源的总熔断器 FU 的熔体是否熔断，接线头是否脱落、松动或过热。如无异常，可用万用表检查电源开关 QSl 出线端的线电压是否正常，以判断 QSl 接触是否良好。

（2）控制电路故障。如电源和主电路无故障，则故障必定在控制电路中。可依次检查熔断器 FU2、热继电器 FR1 和 FR2 的常闭触点，停止按钮，启动按钮和接触器的线圈是否断路。

2. 主轴电动机 M1 不能停车

这类故障的原因多数是因接触器 KM1 的主触点发生熔焊或停止按钮 SB1 触点短路所致。

3. 刀架快速移动电动机 M3 不能启动

首先检查熔断器 FU1 的熔丝是否熔断，然后检查接触器的主触点的接触是否良好；如无异常或按下点动按钮 SB3 时，接触器 KM3 不吸合，则故障一定在控制线路中。这时可用万用表进行分段电压测量法依次检查热继电器 FR1 和 FR2 的常闭触点，点动按钮 SB3 及接触器 KM3 的线圈是否断路。

（二）Y3150 型滚齿机电气控制线路的维修

Y3150 型滚齿机的电气控制线路图如图 15-23 所示。常见故障分析如下。

1. 主轴电机不能启动

先检查电源开关 QS1 的出线端电压是否正常，然后检查电源的熔断器 FU1 的熔体是否熔断，接线头是否脱落，接触器 KM1 或 KM2 的主触点接触是否良好。如主电路无异常，则故障必定在控制电路中。可依次检查熔断器 FU2、热继电器 FR1 和 FR2 的动断触头，停止按钮 SB1，行程开关 SQ1 是否复位，启动按钮 SB4 以及

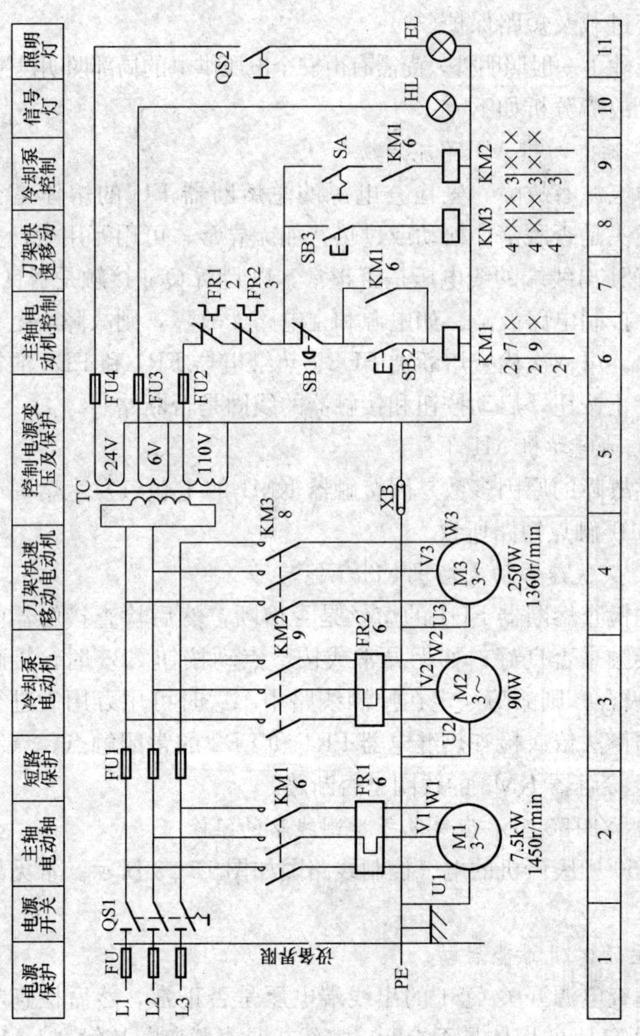

图 15-22 CA6140 型车床电气控制线路

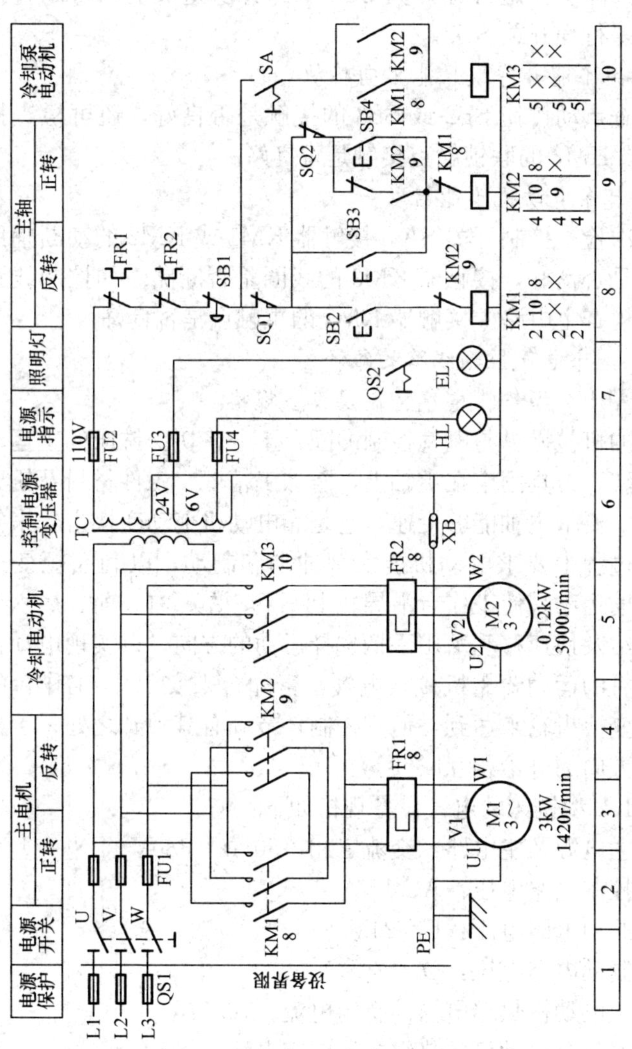

图 15-23 Y3150 型滚机的电气控制线路

接触器 KM1 的联锁触头等接触是否良好。

2. 工件加工完毕后不能自动停车

这种故障主要是行程开关 SQ2 未断开所造成的，可调整挡铁位置或修复行程开关 SQ2。

3. 刀架不能升降或只能单向移动

可检查点动按钮 SB2 或 SB3 的接触是否良好，还可检查接触器 KM1 或 KM2 的联锁触点接触是否良好。

4. 冷却泵电动机不能启动

可依次检查控制开关 SA，接触器 KM1 或 KM2 的动断辅助触点的接触是否良好，接触器 KM3 的线圈是否断路。如控制线路无故障，应检查主电路中接触器 KM3 的主触点是否良好。

（三）铣床电气控制线路的维修

1. XA6132 型铣床电气控制及设备规格

铣床的机械操纵与电气控制的配合十分密切。铣床的主运动是刀具的旋转。刀具固定在主轴上，随加工精度、工件材料及铣刀规格的差异，要求主轴能够变速，它是靠电动机拖动变换齿轮来实现的。变速过程中要求电动机能实现冲动和制动，以利缩短变速过程。其辅助运动是使工作台沿导轨上、下、左、右、前、后六个方向实现进给及快速移动。用手柄选择运动的方向，以实现电动机的正反转（有的运动要靠机械与电气紧密配合来实现）。工作台的进给速度靠变换齿轮来达到，但其控制环节确有其独到之处，手柄操纵使三个方向的进给相互联锁。

XA6132 型铣床的电气设备规格如下：

（1）主电源及主电路：交流三相，50Hz，380V。

（2）控制电路电压：AC 110V。

（3）照明电路电压：DC 24V。

（4）制动电路电压：DC 24V。

（5）主电动机热继电器的整定电流：16.5A。

（6）冷却泵电动机的热继电器整定电流：0.5A。

（7）进给电动机的热继电器整定电流：4A。

2. X6132 型万能铣床电气控制线路图的识读

图 15-24 是 X6132 型万能铣床电气控制线路图。

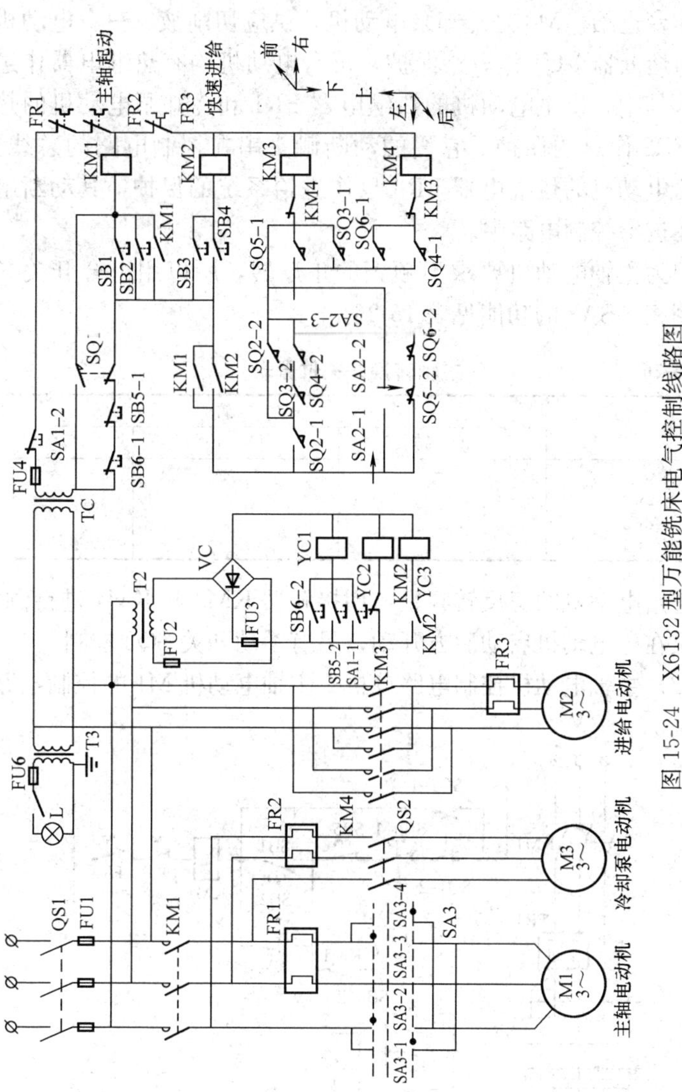

图 15-24　X6132 型万能铣床电气控制线路图

（1）主电路分析。主电路中有三台电动机。M1 是主电动机，拖动主轴带动铣刀进行铣削加工。M2 是进给电动机，拖动升降台及工作台进给。M3 是冷却泵电动机，供应切削液。三台电动机共用一组熔断器 FU1 作短路保护，每台电动机均有热继电器作过载保护。其中，以主电动机的热继电器 FR1 和冷却泵电动机的热继电器 FR2 作总的保护，它们的动断触头串在控制电路的总线上，而进给电动机的热继电器 FR3 只作进给系统的保护，其动断触头串接在进给控制电路中。

因为主轴电动机要求不频繁的正反转，所以用组合开关 SA3 控制倒相。SA3 的功能见表 15-26。

表 15-26　主轴转换开关位置表

触　点	位　置		
	正　转	停　止	反　转
SA3-1	−	−	+
SA3-2	+	−	−
SA3-3	+	−	−
SA3-4	−	−	+

进给电动机的正反转频繁，用接触器 KM3 和 KM4 进行倒相。冷却泵在主电动机启动后方开动，另有手动开关 SQ2 控制。

（2）主轴电动机控制电路分析。主轴电动机 M1 的控制电路见图 15-25。

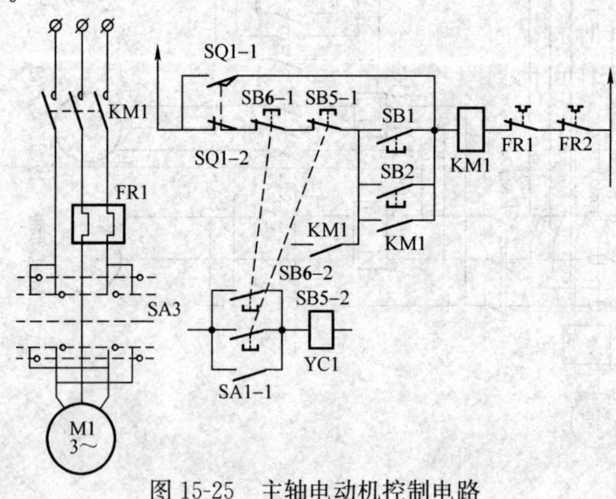

图 15-25　主轴电动机控制电路

1）主轴启动时，按下启动按钮 SB1 或 SB2，接触器 KM1 通电吸合并自锁，主轴电动机 M1 启动。当主轴电动机启动后，KM1 的辅助触点接通控制电路的进给控制部分，才可以开动进给电动机。

2）当主轴停止及制动时，按下停止按钮 SB3 或 SB6，接触器 KM1 断电释放，电动机失电而停转。但由于机械系统有较大的惯性，所以必需制动，将停止按钮按到底。其动合触点 SB5-2 或 SB6-2 接通电磁离合器，对主轴电动机实行制动，当主轴停止转动后方可松开。

3）主轴换铣刀控制。可将开关 SA1 拨向换刀位置，动合触点 AS1-1 接通电磁离合器，将电动机抱住，主轴不可能再自由转动，上刀时将十分方便。但开关 SA1-2 必须将控制电路的电源切断，确保人身安全。

4）当手柄推进时，手柄上凸轮将弹簧杆推动一下又返回。这时弹簧杆推动位置开关 SQ1，SQ1 的动断触点 SQ1-2 先断开，而后动合触点 SQ1-1 闭合，使接触器 KM1 通电吸合，电动机 M1 启动。但凸轮放开弹簧杆，SQ1 复位，动合触点 SQ1-1 先断开，动断触点 SQ1-2 后闭合。此时电动机 M1 断电，但并没有制动，产生一个冲动齿轮系统的力，足以使齿轮系统抖动。在抖动时刻，将变速手柄继续推进去，齿轮将很顺利地啮合。

（3）进给控制电路分析。

1）工作台纵向（左右）进给电路见图 15-26。

a. 工作台向右进给。当主轴启动后，工作台控制电源接通。

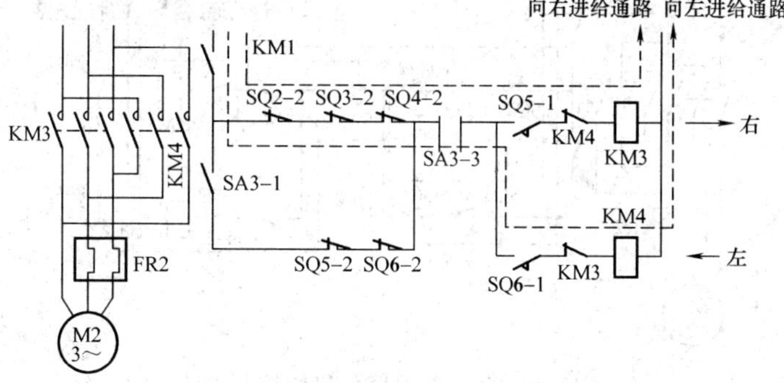

图 15-26　工作台纵向进给电路

将左右操作手柄压向右边位置，联动机构将位置开关 SQ5 压动，动合触头 SQ5-1 压合，动断触头 SQ5-2 断开。这时控制电路中通电路经图 15-26 中虚线表示出的“向右进给通路”所示。接触器 KM3 通电吸合，电动机 M2 正转启动。在手柄压向右边位置的同时，将电动机的传动链和左右移动丝杠相联，电动机正转时，使丝杆转动，将工作台向右进给。工件放置在工作台上，主轴铣刀在工件上加工。当加工到预定位置时，手柄和工作台上挡块相碰，手柄复位到中间位置，丝杆和电动机传动链脱离关系，工作台停止进给。位置开关 SQ5 复位，电动机 M2 停止转动。

b. 工作台向左进给。控制过程与向右相似，只是将左右操作手柄拨向左。这时位置开关 SQ6 被压着，SQ6-1 闭合，SQ6-2 断开，接触器 KM4 通电吸合，电动机反转，工作台向左移动。

c. 联锁问题。当 SQ5 或 SQ6 被压着时，它们的动断触头 SQ5-2 或 SQ6-2 是断开的，所以不论电动机正反转，接触器 KM3 和 KM4 的线圈电流都由 SQ3-2 和 SQ4-2 接通。若机床正在向左或向右进给时，发生误操作，压着上下前后手柄，则一定使 SQ3-2 或 SQ4-2 中的一个断开，使 KM3 或 KM4 断电释放，电动机 M2 停止运转，以确保安全。

2）工作台升降和横向（前后）进给电路。图 15-27 是工作台升降、横向控制电路。工作台纵向进给开关位置见表 15-27，工作台升降、横向进给开关位置见表 15-28。

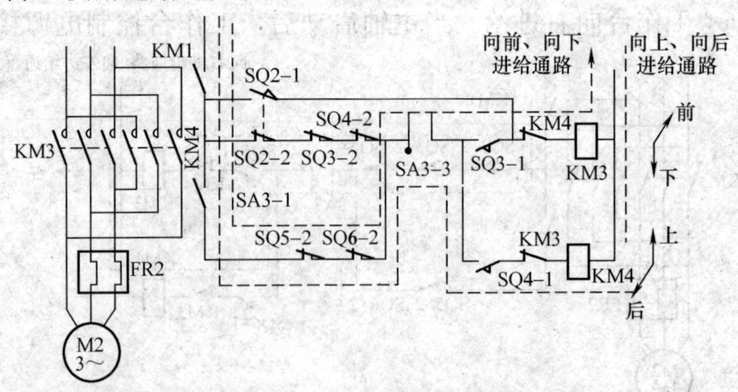

图 15-27　工作台升降、横向控制电路

表 15-27　工作台纵向进给开关位置表

触点	位置		
	左	停止	右
SQ5-1	−	−	+
SQ5-2	+	+	−
SQ6-1	+	−	−
SQ6-2	−	+	+

表 15-28　工作台升降、横向进给开关位置表

触点	位置		
	前、下	停止	后、上
SQ3-1	+	−	−
SQ3-2	−	+	+
SQ4-1	−	−	+
SQ4-2	+	+	−

a. 工作台向下运动。在主轴电动机启动后，工作台进给电路接通电源，将左右操作手柄放到中间位置，把上下前后控制手柄拨向上。这时位置开关 SQ3-1 压合，电动机 M2 正转；手柄又将电动机传动链和直丝杆相联，升降台带着工作台向下进给。调节垂直导轨上的挡块位置，当工作台降到手柄连杆和挡块相碰，手柄复位于中间位置，传动链脱开，电动机停转。

b. 工作台向上运动。控制过程和下降相似，只是压着位置开关 SQ4，使 SQ4-1 压合，电动机反转，升降台向上进给。上限也有一个可以调位置的挡块，当手柄连杆和上限挡块相碰时，工作台停止上升。

c. 工作台向右移动。向右移动过程和工作台向上运动一样，只不过手柄往后拨动时，机械机构使传动链和工作台前后移动丝杆相联，压着位置开关 SQ4，使电动机反转，工作台向后进给。

d. 工作台向前移动。向前移动过程和工作台向后运动一样，只不过手柄压着位置开关 SQ3，电动机正转，工作台向前进给。

e. 联锁问题。从图 15-27 中可以看到，若左右手柄拨向任一方向，SQ5-2 或 SQ6-2 两个位置开关中的一个被压开，接触器 KM3 或 KM4 立刻失电，电动机 M2 停转，从而得到保护。

3）如图 15-28 所示，在推进时挡块压动位置开关 SQ2，首先将动断触头 SQ2-2 断开，然后动合触头 SQ2-1 闭合，接触器 KM3 通电吸合，电动机 M2 启动。但电动机 M2 并未转起来，位置开关 SQ2 已复位，首先断开 SQ2-1，而后闭合 SQ2-2。接触器 KM3 失电，电动机 M2 失电停转。这样，使电动机接通一下电源，齿轮系统产生一次抖动，使齿轮啮合顺利进行。

4）在安装工件及对刀时，为了减少辅助工时，必须使工作台快速移动，可调整刀刃和工件之间的位置。

图 15-28 为快速进给控制线路。在安装好工件后，按下按钮 SB3 或 SB4（两地控制），接触器 KM2 通电吸合，KM2 的一个动合触点接通进给电路，另一个动合触点接通电磁离合器 YC3，动断触点断开电磁离合器 YC2。离合器 YC2 是将齿轮系统和变速进给系统相联，离合器 YC3 是快速进给变换用的，它的吸合，使进给传动系统跳过齿轮变速链，电动机可直接拖动丝杆套，让工作台快速进给。进给的方向，仍由进给操作手柄来决定。当快速移动到预定位置时，松开按钮 SB3 或 SB4，接触器 KM2 断电释放，电动机 M2 停转，快速进给过程结束。YC2 又吸合，YC3 断开。恢复原来的进给传动状态。

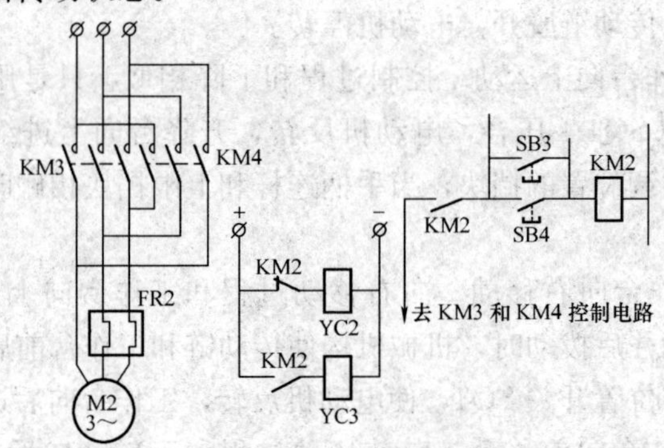

图 15-28　快速进给控制线路

（4）圆工作台控制。如图 15-29 所示，当工件在圆工作台上安

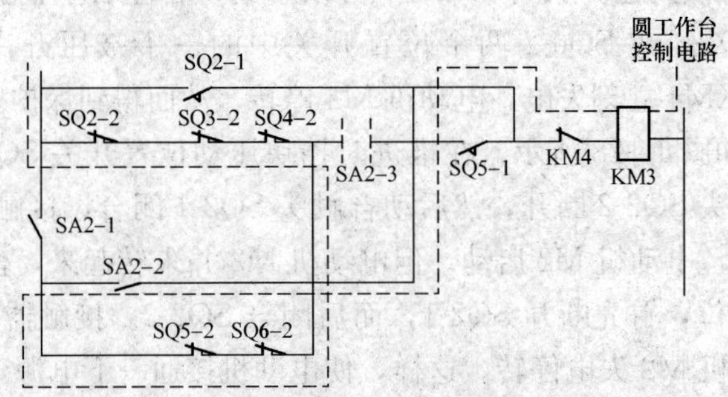

图 15-29　圆工作台控制线路

装好后，用快速移动方法将铣刀和工件之间位置调整好。在机床床身下面的配电箱门上有一个开关，注明圆工作台的位置，将这个开关拨向“圆工作台”字样。圆工作台开关位置见表 15-29。当主电动机启动后，圆工作台开始工作。

表 15-29　　圆工作台开关位置

触　点	位　置	
	圆工作台	铣　削
SA2-1	－	＋
SA2-2	＋	－
SA2-3	－	＋

圆工作台控制电路是：电源→SQ2-2→SQ3-2→SQ4-2→SQ6-2→SQ5-2→SA2-2→KM4（动断）→KM3（线圈）→电源。接触器 KM3 通电吸合，电动机 M2 旋转。电动机将带动一根专用轴，使圆工作台绕轴心回转，铣刀将铣出圆弧。在圆工作台开动时，其余进给一律不准拖动，所以两个进给手柄必须放在零位。若有误动作，拨动两个手柄中的任意一个，则必然会使位置开关 SQ3～SQ6 中的任意一个被压动，则其动断触头将断开，使电动机停转，从而得到保护。

（5）换刀控制。为了更换铣刀，必须将主轴卡住，否则在主轴可自由转动的情况下换刀将十分困难。在机床上设置了换刀专用开关 SA1，将开关 SA 拨向换向位置，SA1-1 闭合，SA1-2 断开。SA1-1 闭合，使主轴电动机的制动离合器吸合，将主电动机的轴制动，更换铣刀就方便了。SA1-2 断开，将控制电路切断。因为在更换铣刀时，绝对不允许开动机床的任何部件，否则将造成人身事故。铣刀更换完毕，必须将开关 SA1 拨回原处。

（6）冷却和照明控制。冷却泵只有在主电动机启动后才能启动，所以主电路中将 M3 接在主接触器 KM1 触点后面，另外又可用开关 QS2 控制。照明电路用安全电压 24V。

3. X62W 型万能铣床电气控制线路的维修

X62W 型万能铣床的电气控制线路图见图 15-30。表 15-30 是 X62W 万能铣床电器元件明细表。

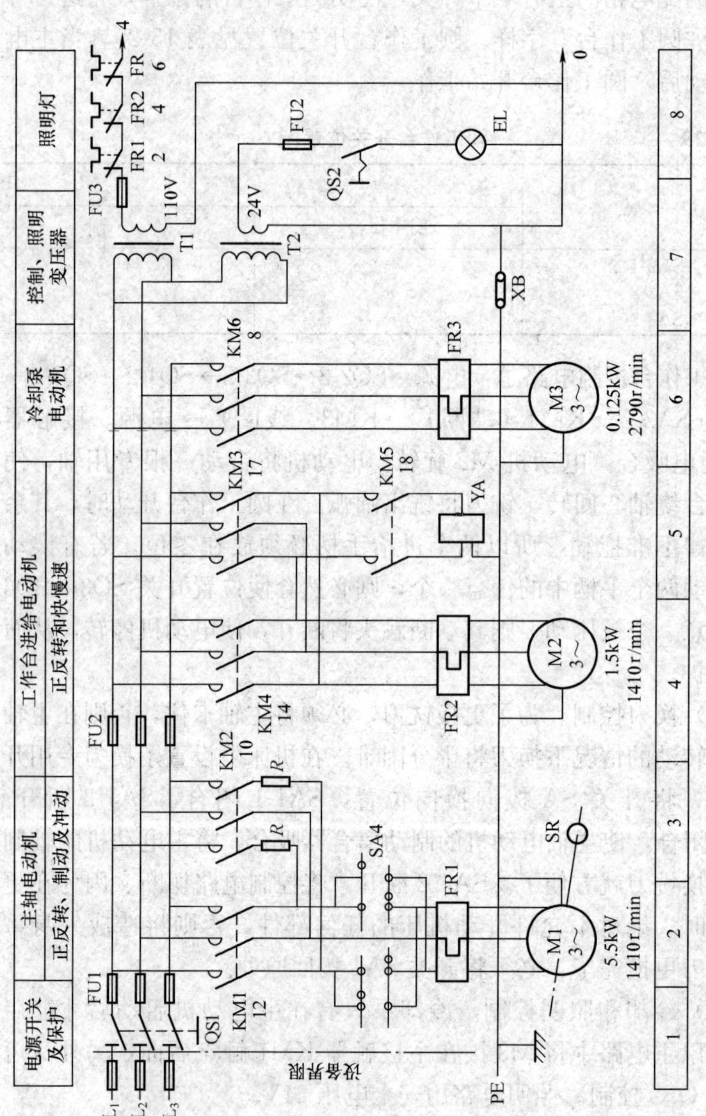

图 15-30　X62W 型万能铣床的电气控制线路（一）

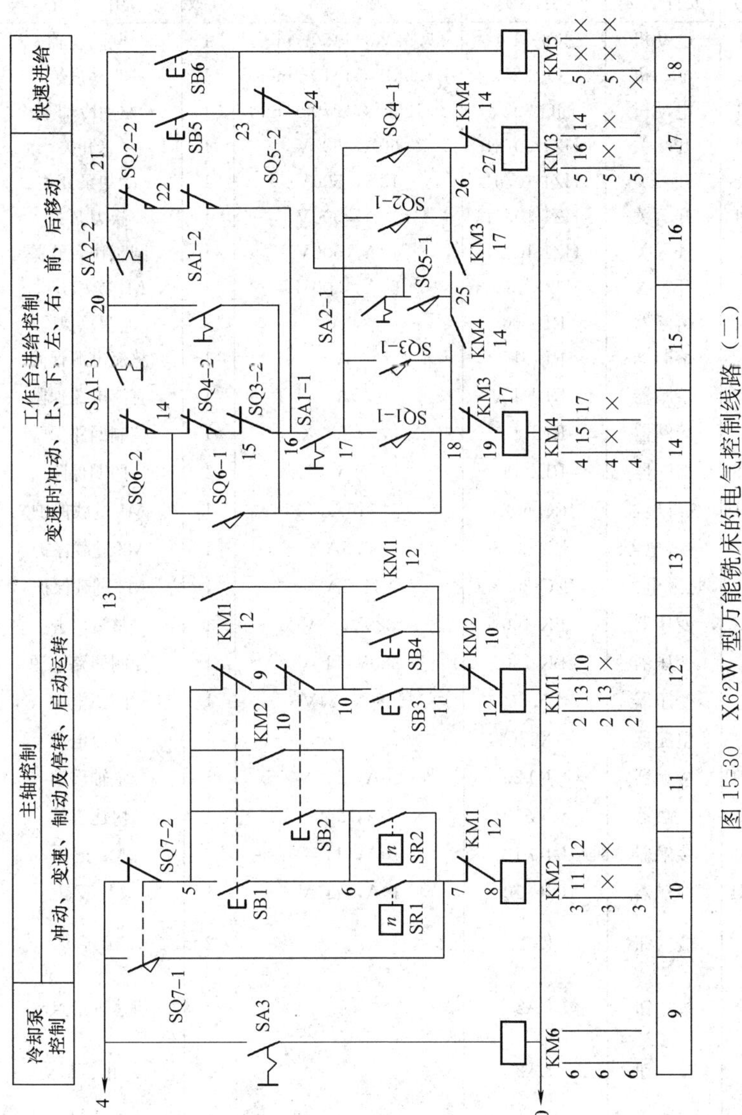

图 15-30　X62W 型万能铣床的电气控制线路（二）

表 15-30　　X62W 万能铣床电器元件明细表

代号	元件名称	型　号	规　　格	件数	用　　途
M1	电动机	JO_2-51-4	7.5kW，1450r/min	1	驱动主轴
M2	电动机	JO_2-22-4	1.5kW，1410r/min	1	驱动进给
M3	电动机	JCB-22	0.125kW，2790r/min	1	驱动冷却泵
QS1	开　关	HZ1-60/3J	60A，500V	1	总开关
QS2	开　关	HZ1-10/3J	10A，500V	1	冷却泵开关
SA1	开　关	HZ1-10/3J	10A，500V	1	换刀开关
SA2	开　关	HZ1-10/3J	10A，500V	1	圆工作台开关
SA3	开　关	HZ3-133	60A，500V	1	M1 换相开关
FU1	熔断器	RL1-60	60A	3	电源总保险
FU2	熔断器	RL1-15	5A	1	整流电源保险
FU3	熔断器	RL1-15	5A	1	直流电路保险
FU4	熔断器	RL1-15	5A	1	控制回路保险
FU5	熔断器	RL1-15	1A	1	照明保险
FR1	热继电器	JRO-60/3	16A	1	M1 过载保护
FR2	热继电器	JRO-20/3	0.5A	1	M2 过载保护
FR3	热继电器	JRO-20/3	1.5A	1	M3 过载保护
T2	变压器	BK-100	380V/36V	1	整流电源
TC	变压器	BK-150	380V/110V	1	控制回路电源
T1	变压器	BK-50	380V/24V	1	照明电源
VC	整流器	4X2ZC		1	直流电源
KM1	接触器	CJO-20	20A，110V	1	主轴启动
KM2	接触器	CJO-10	10A，110V	1	快速进给
KM3	接触器	CJO-10	10A，110V	1	M2 正转
KM4	接触器	CJO-10	10A，110V	1	M2 反转
SB1、SB2	按　钮	LA2		2	M1 启动
SB3、SB4	按　钮	LA2		2	快速进给点动
SB5、SB6	按　钮	LA2		2	停止、制动
YC1	电磁离合器	定做		1	主轴制动
YC2	电磁离合器	定做		1	正常进给
YC3	电磁离合器	定做		1	快速进给

续表

代号	元件名称	型　号	规　　格	件数	用　　途
SQ1	位置开关	LX1-11K		1	主轴冲动开关
SQ2	位置开关	LX3-11K		1	进给冲动开关
SQ3	位置开关	LX2-131		1	M2 正、反转及联锁
SQ4	位置开关	LX2-131		1	
SQ5	位置开关	LX2-131		1	
SQ6	位置开关	LX2-131		1	

常见故障分析如下：

（1）主轴电动机不能启动：

1）控制电路熔断器 FU3 熔断。

2）换刀开关 SA2 在制动位置。

3）主轴换向开关 SA5 在停止位置。

4）按钮 SB1、SB2、SB3 或 SB4 的触点接触不良。

5）主轴变速冲动行程开关 SQ7 的动断触点不通。

6）热继电器 FR1 或 FR2 已跳开。

（2）主轴不能变速冲动。故障原因是主轴变速冲动行程开关 SQ7 位置移动，撞坏或断线。

（3）主轴不能制动：

1）熔断器 FU4 或 FU6 熔丝已熔断，应更换熔丝。

2）主轴制动电磁离合器线圈已烧毁。

（4）按下停止按钮后主轴不停。故障的原因一般是接触器 KM1 触点已熔焊。

（5）工作台不能进给：

1）熔断器 FU3 熔丝已熔断。

2）主轴电动机未启动。

3）接触器 KM2、KM3 线圈断开或主触点接触不良。

4）行程开关 SQ1、SQ2、SQ3 或 SQ4 的动断触点接触不良、接线松动或接线脱落。

5）热继电器 FR2 动断触点脱开。

6）进给变速冲动开关 SQ6 的动断触点 SQ6-2 断开脱落。

7）两个进给操作手柄不是都在零位。

（6）进给变速不能变冲动：

1）进给变速行程开关 SQ6 的位置移动、撞坏或接线松脱。

2）进给操作手柄不是都在零位。

（7）工作台向左、向右、向前和向下进给正常，没向上和向后进给。这一故障的原因是行程开关 SQ4 的动合触点 SQ4-1 断开。

（8）工作台的横向进给和垂直进给都正常，不能纵向进给。这一故障的原因是触点 SQ6-4、SQ4-2 和 SQ3-2 有断开的地方。

（9）工作台不能快速移动：

1）熔断器 FU3、FU4 或 FU6 的熔丝已熔断。

2）快速移动按钮 SB5 或 SB6 的触点接触不良或接线松动、脱落。

3）接触器 KM4 的线圈已损坏。

4）整流二极管损坏。

5）快速移动离合器 YC3 损坏。

（四）Z3040 型摇臂钻床的电气控制线路

Z3040 型摇臂钻床的电气控制线路如图 15-31 所示。其中，M1 为主轴电动机，M2 为摇臂升降电动机，M3 为液压泵电动机，M4 为冷却泵电动机。

1. 主电路

M1 为单向旋转，由接触器 KM1 控制。主轴的正反转则由机床液压系统操纵机构配合正反转摩擦离合器实现，并由热继电器 FR1 作电动机长期过载保护。

M2 由正反转接触器 KM2、KM3 控制实现正反转。控制电路保证，在操纵摇臂升降时，首先使液压泵电动机启动旋转，供出压力油，经液压系统将摇臂松开，然后才使电动机 M2 启动，拖动摇臂上升或下降。当移动到位后，控制电路又保证 M2 先停下，再自动通过液压系统将摇臂夹紧，最后液压泵电机停下。M2 为短时工作，不用设长期的过载保护。

M3 由接触器 KM4、KM5 实现正反转控制，并有热继电器 FR2 作长期过载保护。

M4 电动机容量小，仅 0.125kW，由开关 SA 控制。

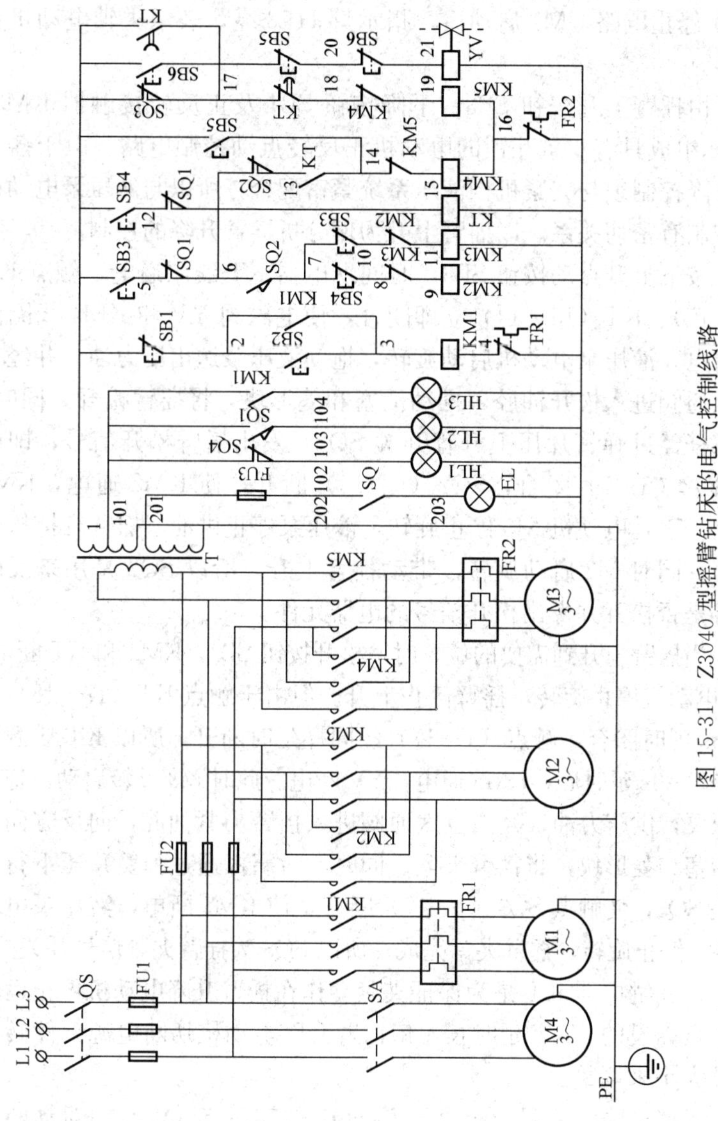

图 15-31　Z3040 型摇臂钻床的电气控制线路

2. 控制电路

由按钮 SB1、SB2 与 KM1 构成主轴电动机 M1 的单方向旋转启动-停止电路。M1 启动后，指示灯 HL3 亮，表示主轴电动机在旋转。

由摇臂上升按钮 SB3、下降按钮 SB4 及正反转接触器 KM2，KM3 组成具有双重互锁的电动机正反转点动控制电路。由于摇臂的升降控制须与夹紧机构液压系统紧密配合，所以与液压泵电动机的控制有密切关系。以摇臂上升为例分析摇臂升降的控制。

按下上升点动按钮 SB3，时间继电器 KT 线圈通电，触点 KT（1—17）、KT（13—14）立即闭合，使电磁阀 YV 和 KM4 线圈同时通电。液压泵电动机启动旋转，拖动液压泵送出压力油，并经二位六通阀进入松开油腔，推动活塞和菱形块，将摇臂松开。同时，活塞杆经过弹簧片压上升程开关 SQ2，发出摇臂松开信号，即触点 SQ2（6—7）闭合，SQ2（6—13）断开，使 KM2 通电，KM4 断电。于是电动机 M3 停止旋转，液压泵停止供油，摇臂维持松开状态；同时 M2 启动旋转，带动摇臂上升。所以 SQ2 是用来反映摇臂是否松开并发出松开信号的电器元件。

当摇臂上升到需要的位置时，松开按钮 SB3，KM2 和 KT 断电，M2 电动机停止旋转，摇臂停止上升。但由于触点 KT（17—18）经 1～3s 延时闭合，触点（1—17）经同样延时断开，所以 KT 线圈断电经 1～3s 延时后，KM5 通电，YV 断电。此时 M3 反转启动，拖动液压泵，供压力油，经二位六通阀进入摇臂夹紧油腔，向反方向推动活塞和菱形块，将摇臂夹紧。同时，活塞杆通过弹簧片压下行程开关 SQ3，使触点 SQ3（1—17）断开，使 KM5 断电，液压泵电动机 M3 停止旋转，摇臂夹紧完成。所以 SQ3 为摇臂夹紧信号开关。

时间继电器 KT 是为保证夹紧动作在摇臂升降电动机停止运转后进行而设的。KT 延时长短依摇臂升降电动机切断电源到停转的惯性大小来调整。

摇臂升降的极限由组合开关 SQ1 来实现。SQ1 有两对动断触点，当摇臂上升或下降到极限位置时相应触点动作，切断对应上升或下降接触器 KM2 与 KM3，使 M2 停止旋转，摇臂停止移动，实现极限位置保护。SQ1 开关两对触点平时应调整在同时接通位置，一旦动作时，应使一对触点断开，而另一对触点仍保持闭合。

摇臂自动夹紧程度由行程开关 SQ3 控制。如果夹紧机构液压系统出现故障而不能夹紧，那么触点 SQ3（1—17）断不开，或者 SQ3 开关安装调整不当，摇臂夹紧后仍不能压下 SQ3。这时都会使电动机 M3 处于长期过载状态，易将电动机烧毁，为此 M3 采用热继电器 FR2 作过载保护。

主轴箱和立柱松开与夹紧的控制：主轴箱和立柱的夹紧与松开是同时进行的。当按下松开按钮 SB5 时，KM4 通电，M3 电动机正转，拖动液压泵，送出压力油。这时 YV 处于断电状态，压力油经二位六通阀进入主轴箱松开油腔与立柱松开油腔，推动活塞和菱形块，使主轴箱和立柱实现松开。在松开的同时通过行程开关 SQ4 控制指示灯发出信号。当主轴箱与立柱松开时，开关 SQ4 不受压，触点 SQ4（101—102）闭合，指示灯 HL1 亮，表示确已松开，可操作主轴箱和立柱移动。当夹紧时，将 SQ4 压下，触点（101—103）闭合，指示灯 HL2 亮，可以进行钻削加工。

机床安装后，接通电源，可利用主轴箱和立柱的夹紧、松开来检查电源相序，当电源相序正确后，再调整电动机 M2 的接线。

（五）T68 型卧式镗床电气控制线路的维修

T68 型卧式镗床电气控制线路见图 15-32。常见故障分析如下。

1. 主轴能低速启动而不能高速运转

（1）手柄在高速位置时没把行程开关 SQ5 压下，主要原因是 SQ5 位置变动或松动，应重新调整好位置，拧紧螺钉。

（2）行程开关 SQ5 或时间继电器 KT 触点接触不良或接线脱落。

2. 主轴电动机不能制动

（1）速度继电器损坏，其正转动合触点 KA3 和反转动合触点 KA2 不能闭合。

（2）接触器 KM2 或 KM3 的动断触点接触不良。

3. 主轴变速手柄拉开时不能制动

（1）主轴变速行程开关 SQ2 的位置移动，所以主轴变速手柄拉开时 SQ2 不能复位。

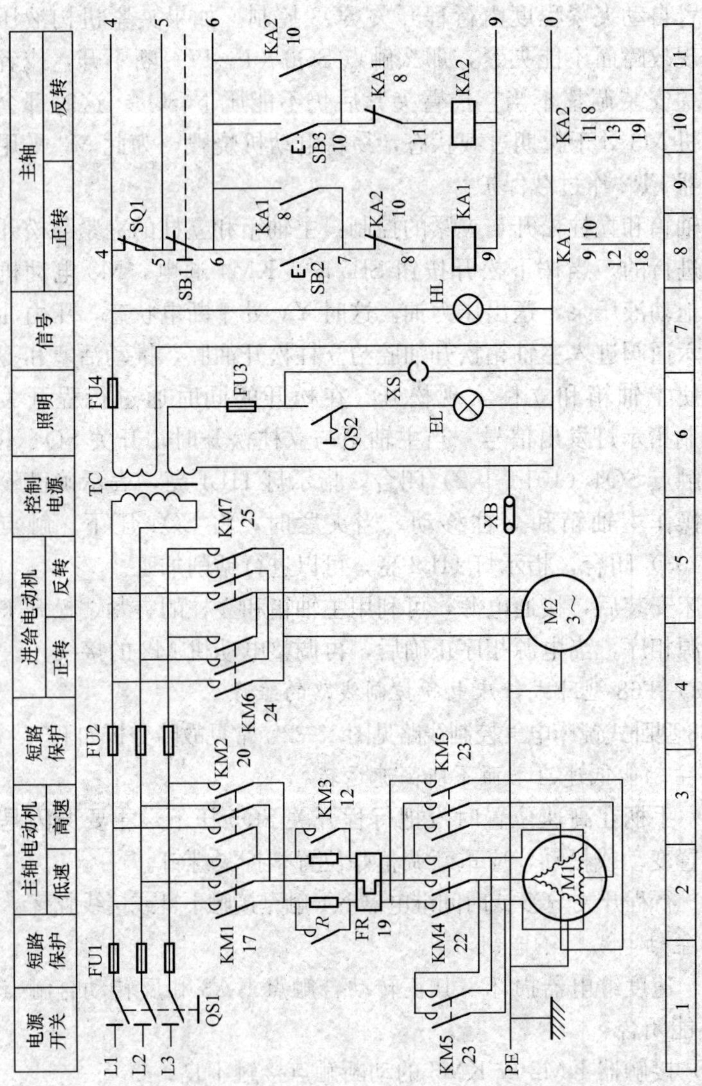

图 15-32 T68 型卧式镗床电气控制线路（一）

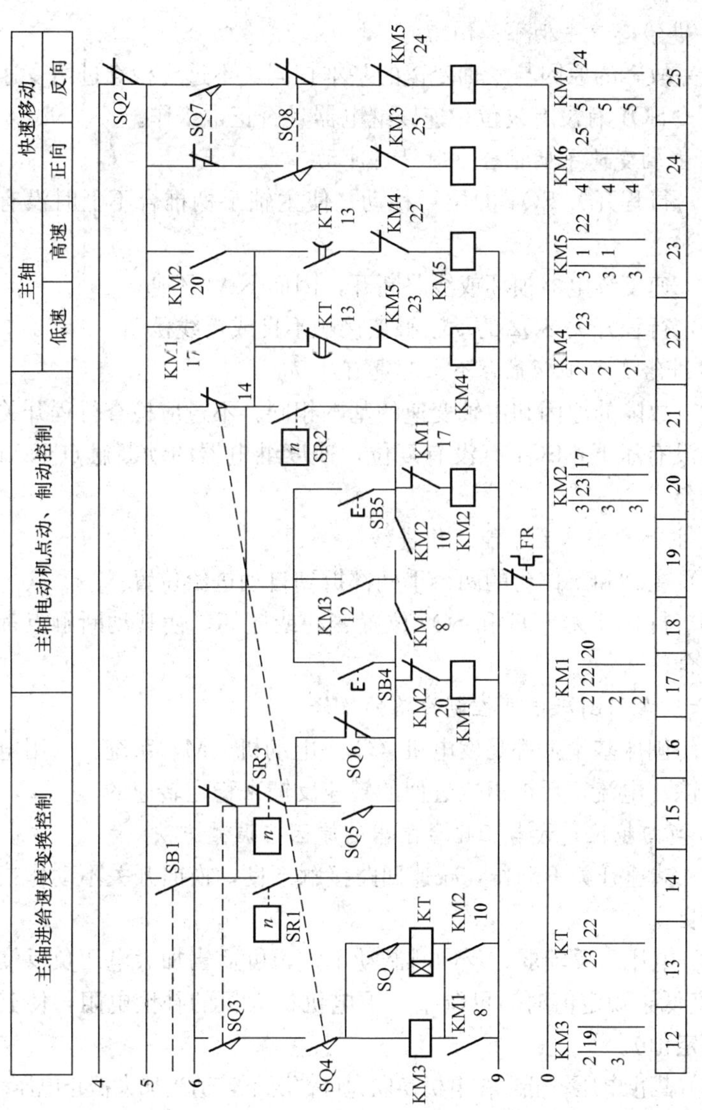

图 15-32 T68 型卧式镗床电气控制线路（二）

（2）速度继电器损坏，其动合触点不能闭合，使反接制动接触器不能吸合。

4. 进给变速手柄不能制动

这一故障的原因与主轴变速的基本相同，不过应检查进给变速行程开关 SQ1 有没有复位，速度继电器是否正常工作。

5. 主轴变速手柄推合上时没有冲动

（1）行程开关 SQ4 的位置移动，使主轴手柄推合不上时没有压下 SQ4。

（2）速度继电器损坏或线路断开，因而 KA1 不通。

（3）行程开关 SQ2 的动断触点接触不良或接线松动。

6. 进给变速手柄推合不上时没有冲动

这一故障的原因和主轴变速的基本相同，不过应检查行程开关 SQ3 有没有压下，SQ1 有没有复位，速度继电器的动断触点 KA1 能否闭合。

7. 主轴和工作台不能工作进给

（1）主轴和工作台的两个手柄都扳到自动进给位置。

（2）行程开关 SQ8 和 SQ9 位置变动或撞坏，使其动断触点都不能闭合。

（六）龙门刨床电气控制线路的维修

龙门刨床基本上都是发电机（G）-电动机（M）系统，采用电压负反馈、电流正反馈组成近似的转速反馈来稳定转速的。

1. 换向越位过大与工作台跑出的原因与调整方法

（1）减速开关不动作，减速回路接触不良，换向开关不动作或接触不良。

（2）电压负反馈弱，反向时制动不强，可适当加大电压负反馈（如速度低于规定值时，可调整一下电机扩大机的补偿电阻，使其达到额定值）。

（3）截止电压较低，在电机换向允许情况下，适当加大截止电压。

（4）稳定环节作用太强，过渡过程太长。

调整时，不要片面追求减小越位、加强制动，这样会引起冲击增加、换向条件恶化，一般在不碰极限开关的情况下，可适当放宽越位的距离。在整个调节过程中，要把加速度调节器放在“越位减小”边，使用中应告诉操作者，根据加工情况，向“反向平稳”方向适当调节，以不碰安全极限开关、换向又平稳为准则。

2. 龙门刨床工作台速度升不高的原因

（1）电机扩大机交轴电刷接触不好，经过放大后产生很大电压降，造成速度上不去。

（2）电压负反馈太强。

（3）减速接触器铁芯粘住，工作台始终运行在减速速度上。

3. 造成工作台速度太高的原因

（1）电压负反馈回路断线，电压负反馈作用消失，绕组中电流增大，使电机扩大机和发电机过电压，一开车工作台就产生“飞车”现象。

（2）直流电动机励磁出线端接触不良，使励磁减弱，工作台产生“飞车”现象。

（七）MG1432A 高精度万能外圆磨床头架传动调速系统及主要技术数据

MG1432A 是上海机床厂生产的高精度万能外圆磨床，其头架传动采用晶闸管-直流电动机无级调速系统，电动机容量 550W，调速比为 1∶30。

其主要技术数据如下：

电源电压：交流 220×（1±10%）V。

输出电压：直流 0～180V。

额定电流：5、10、20、50A。

输出励磁电压：直流 220×（1±10%）V。

输出励磁电流：1、2A。

调速范围：1∶30。

静差率：≤5%。

环境温度：－10～＋40℃。

（八）C5263 型立式车床 KT 系列晶闸管直流调速系统故障分析与排除

晶闸管直流调速系统见图 15-33，其故障分析与排除方法见表 15-31。

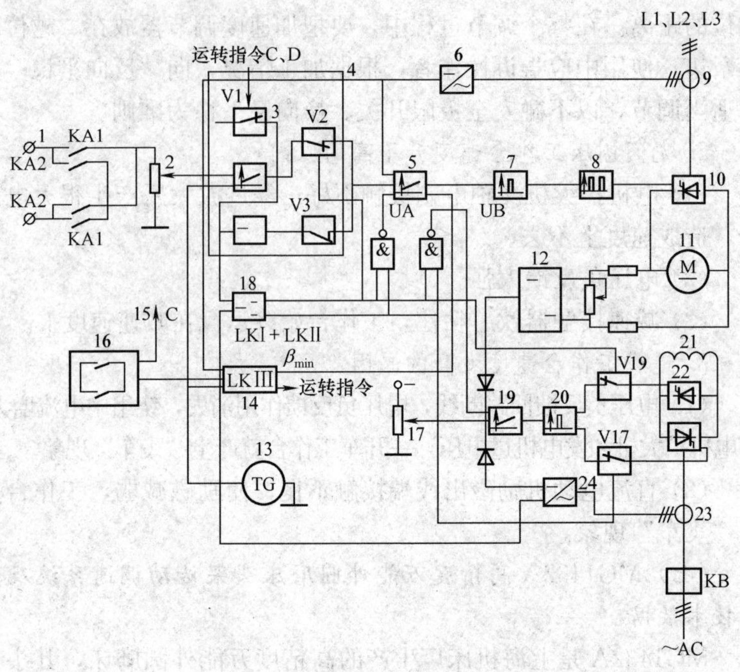

图 15-33　晶闸管直流调速系统图

表 15-31　C5263 型立式车床 KT 系列晶闸管直流调速系统故障分析与排除

故障名称	原因分析	维修方法
电动机不能启动	熔断器熔断，磁场没有电流	检查熔断器及磁场电路
	速度给定电压未加到速度调节器上	当按下启动按钮后，检查速度调节器面板上的输入测试孔是否有电压，若无电压则检查以下内容： （1）给定电源电压是否正常。 （2）继电器 KA1、KA2 是否动作，触发接触如何。 （3）调速电位器进线是否掉线
	触发脉冲回路故障	（1）检查触发电源电压值，正常值为 16V。 （2）检查电源线有无断线
	电流调节器输出始终为点向限中高值	按下启动按钮后，若速度调节器输出为正值，检查电流调节器输出为负值，则电流调节器有故障

续表

故障名称	原因分析	维修方法
电动机不能启动	控制用稳压电源故障	(1) 检查稳压电源电压值，正常值为±12V。 (2) 检查电源有无断线
	切换逻辑故障 UA 不能撤销	对照切换逻辑动作图表，检查逻辑单元 LKⅠ和 LKⅡ
	运转指令逻辑故障 VA 始终导通	检查逻辑单元 LKⅡ
电动机一启动熔断器就熔断	电流反馈回路断线	检查电流反馈电路
电动机降速或停车过程中熔断器熔断	逆变失败	(1) 脉冲有无丢失。 (2) 检查 B_{min} 是否变小，若小于 20°，在高速下有可能引起逆变失败
晶闸管整流桥输出电压波形不对称	电流互感器故障	检查电流互感器二次绕组电阻值，正常值为 37Ω 左右
	电流反馈回路故障	(1) 检查电感器出线是否断线。 (2) 检查电流反馈整流桥器件有无损坏
	给定电源故障脉冲太大	检查给定电源电压波形有无脉动，正常脉冲在 20mV 以下
	测速发电励磁滤波电容失效	检查滤波电容
晶闸管整流桥波形缺相	桥臂熔断器熔断	检查滤波电容
	移相触发器故障	检查移相触发器功率级的输出波形
	脉冲分配器故障	检查脉冲分配器
	晶闸管整流器损坏	检查晶闸管整流器
电动机没有制动	切换逻辑故障，在需要制动时 VA 不能撤销	检查切换逻辑电路

续表

故障名称	原因分析	维修方法
电动机没有制动	倘若在一个方向上没有制动而另一个方向启动不了，则可能是切换逻辑中的电子开关有故障	检查 LKⅡ中的 V17、V19。拨出移相触发器接正向启动按钮，这时电子开关 V19 输出端 3、13 和控制电源零线间约有 12V 电压，若小于 10V 便不正常。按下反转按钮三极管 V17 的情况也与此一样
速度不稳	若空载情况下出现此种故障，加上负载又正常了，则可能是电流自适应故障	（1）观察电流调节器面板上“自适应”测试孔的波形呈开关波形则正常，若呈直线则有故障。 （2）检查三极管 V4
	测速发电机和拖动电动机的机械部分联接不良	检查机械联接有无不同轴
	速度反馈电路接触不良	（1）检查电路联接处有无松动。 （2）检查测速发电机碳刷换向器接情况。 （3）检查测速发电机电枢电路中正反向接触器触点接触情况
启动电机时经常跳（动）主接触器 KM	反向发光二极管不亮	波头、检查脉冲移相触发板上是否有输出脉冲或有干扰脉冲，此时应更换集成触点器块

（九）M1380 型外圆磨床三相晶闸管调速系统故障分析与排除

M1380 型外圆磨床三相晶闸管调速系统见图 15-34，其故障分析与排除方法见表 15-32。

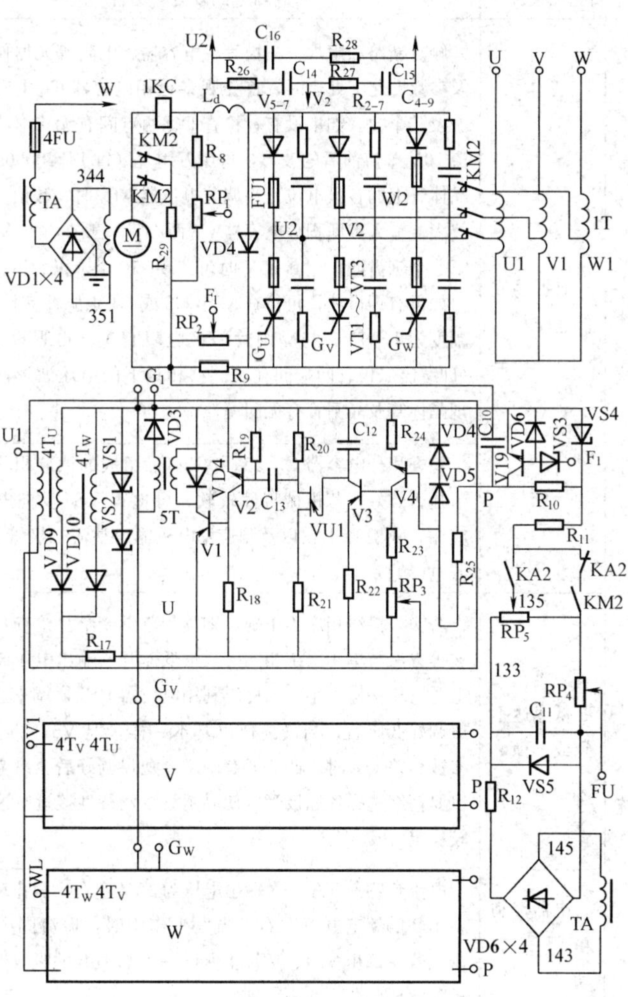

图 15-34　M1380 型外圆磨床三相晶闸管调速系统

表 15-32　M1380 型外圆磨床三相晶闸管调速系统故障原因与排除

系统种类	故障现象	故障原因及处理方法
单相系统	有振荡或低速爬行	触点断路和虚焊，三极管、电容器、电阻等元器件的损坏及参数变化。处理时，首先观察移相电容器 C_{12} 上有无锯齿波及其个数，如果没有，检查 DQ 两点间有无梯形波以及交流 70V 整流前后的波形，再用万用表（每 1V 20000Ω）测量晶体管上的各极电位。当调节电位器 RP_3 时，数值变化，在放大器输入点即积分电容器 C_{11} 两端，一般在 0.65V 时出现第一个锯齿波，至 0.85V 时可达 5～10 个，以后不再增加。 如果有锯齿波，再检查 M 至 G2 或 G1 点脉冲应是正极性，幅度为 1～7V，与晶闸管门极电阻有关。再观察 4 与 M_1（即续流二极管两端间在不同移相角下的电压波形，可以发现晶体管及晶闸管有无问题）
		检查积分电容器 C_1 参数及 $R_{13}C_{10}$ 组成的微分积分校准环节是否焊好，若机械特性较软，可检查 VS6 反向电阻至少应在 500kΩ 以上，以及测速发电机输出整流二极管及 C_{11} 的漏电影响
三相系统	低速达不到或不稳	若输入接线相序不正确，则移相范围变窄。检查每相锯齿波等方法与单相系统相同，从最低速开始输出电压波形基本上要三相一样大小，这可以利用电位器 RP_3 微调来达到，一般调好低速后，到最高速也基本一样，但 V3、V4 及 VU1 参数相差太大时，调节就有困难，勉强调好后容易漂移，所以要精细选择各三极管以使晶闸管触发特性接近，这样运行较稳定
	电器控制箱门有振动声	电流互感器 TA 二次输出电压为 15V 左右，截止环节调整在 1.2 倍额定电流左右。当发生作用时，振流圈中电流冲击，若在每相 VS1、VS2 上并联一个 0.1μF 的吸收器，便可排除此现象